科学出版社“十四五”普通高等教育研究生规划教材
基础医学核心课程系列教材

细胞与分子生物学

主　　编　史岸冰　边惠洁
副主编　陈　娟　喻　红　李　凌　李　丰　贾　大　朱华庆
编　　委　（按姓氏拼音排序）

边惠洁	空军军医大学	卜友泉	重庆医科大学
陈　娟	华中科技大学	陈　姗	陆军军医大学
初　波	山东大学	丁　童	南京医科大学
龚　青	广州医科大学	贾　大	四川大学
贾竹青	北京大学	李　丰	中国医科大学
李　凌	南方医科大学	李冬妹	石河子大学
陆　蒙	空军军医大学	吕立夏	同济大学
潘超云	中山大学	史岸冰	华中科技大学
王中原	中国药科大学	徐鹏飞	浙江大学
喻　红	武汉大学	张思河	南开大学
朱华庆	安徽医科大学	祝建洪	温州医科大学

科学出版社
北　京

内 容 简 介

本教材系统性讲解细胞与分子生物学核心概念与前沿研究。教材内容涵盖细胞生物学和分子生物学的基础知识、实验技术，以及在各类生物现象中的应用。教材中首先介绍了细胞的基本结构与功能，随后深入探讨了基因表达调控、信号转导、细胞周期与分裂、细胞间的相互作用等重要主题。同时，教材中还包括了一些新的研究进展和前沿技术，如基因组编辑、单细胞分析等。

本教材适用于医学院校的研究生、高年级本科生，以及相关领域的科研工作者。无论是初学者，还是具有一定研究基础的读者，都可以通过本教材深入理解细胞与分子生物学的复杂概念及其在实际中的应用。同时，本教材也适合作为医学院校教师的教学参考书籍，可提供系统的教学框架和丰富的课堂讨论材料。

图书在版编目（CIP）数据

细胞与分子生物学 / 史岸冰，边惠洁主编 . -- 北京：科学出版社，2024.12. -- （科学出版社“十四五”普通高等教育研究生规划教材）（基础医学核心课程系列教材）. -- ISBN 978-7-03-079851-0

Ⅰ. Q2；Q7

中国国家版本馆 CIP 数据核字第 20249SP503 号

责任编辑：钟　慧/责任校对：周思梦
责任印制：赵　博/封面设计：无极书装

科学出版社 出版
北京东黄城根北街 16 号
邮政编码：100717
http://www.sciencep.com
北京市金木堂数码科技有限公司印刷
科学出版社发行　各地新华书店经销
*
2024 年 12 月第　一　版　开本：787×1092　1/16
2025 年　7　月第二次印刷　印张：35 1/4
字数：1 042 000

定价：218.00 元

（如有印装质量问题，我社负责调换）

细胞与分子生物学

数字拓展内容编委会

主　　编　史岸冰　王玉刚　陈　娟

副 主 编　刘　琳　左　莉　潘超云　杜　芬　雍　鑫　高　媛

编　　委（按姓氏拼音排序）

边惠洁	空军军医大学	曹　轩	华中科技大学
陈　娟	华中科技大学	陈　姗	陆军军医大学
杜　芬	武汉大学	高　媛	南方医科大学
高芙蓉	同济大学	郭雨松	华中科技大学
过健俐	华中科技大学	贾　大	四川大学
贾竹青	北京大学	季维克	华中科技大学
李晓东	中国医科大学	林　珑	华中科技大学
刘　琳	华中科技大学	陆　蒙	空军军医大学
潘超云	中山大学	彭　燕	广州医科大学
史岸冰	华中科技大学	王　静	南京医科大学
王义涛	重庆医科大学	王玉刚	华中科技大学
杨　丽	石河子大学	雍　鑫	四川大学
于洪军	华中科技大学	余山河	上海交通大学
喻　红	武汉大学	周　洁	华中科技大学
朱娟娟	中国药科大学	朱师国	温州医科大学
庄　洁	南开大学	左　莉	安徽医科大学

科学出版社“十四五”普通高等教育研究生规划教材
基础医学核心课程系列教材
编审专家委员会

序

医学教育是卫生健康事业发展的重要基石。近年来，我国医学教育蓬勃发展，为健康卫生事业输送了大批高素质人才，为应对重大公共卫生事件提供了坚实保障。研究生教育作为高层次医学人才培养的核心环节，其质量直接关系到国家医疗水平和公共卫生安全。为加快医学教育创新发展，全面优化人才培养结构和质量，迫切需要将高水平医学人才培养体系建设纳入健康中国和教育强国建设的重要战略内容，为课程设置、教学实践和质量评估提供科学依据与实践参考。

基础医学是医学的根基，犹如大厦之基、树木之根，其教育不仅承担基础医学专业学生的系统培养，还与临床医学、预防医学、卫生事业管理、药学及护理学等专业教学深度相关。基础医学的学习可帮助学生全面掌握医学科学基本理论知识和实验技能，培养严谨的科学态度和创新思维能力。然而，面对新时代基础医学研究生课程设置的迫切需求，高质量、系统性的专业教材仍显不足，难以满足培养高层次医学人才的现实需要。

为此，我们立足时代发展，以提升教学质量为核心目标，致力于构建“课程 - 教材 - 实践”一体化人才培养体系，结合现代医学发展前沿和科技创新成果，组织全国一线专家联合编写科学出版社“十四五”普通高等教育研究生规划教材·基础医学核心课程系列教材。这套教材涵盖基础医学一级学科，面向基础、临床、口腔、影像、法医、药学、公共卫生、生物医学、护理等医学相关专业研究生。其内容以《学术学位研究生核心课程指南》为纲，深入拓展本科理论知识广度与深度；融入国际学科前沿研究进展；以学科逻辑、科学思维、研究方法为特色，帮助学生实现本研贯通和知识体系升级，兼具科学性、前沿性、思想性和实用性。

这套教材是新时代医学教育工作者胸怀祖国、服务人民、追求真理、严谨治学、团结奉献精神的生动体现，将为全面提升医学研究生教学质量，加快建设现代化一体化人才培养体系，促进医学教育改革创新发展提供强劲动力，为推动健康中国建设和教育强国战略实施做出积极贡献，助力培养更多德才兼备的高素质医学人才。

马　丁
中国工程院院士
华中科技大学
2024 年 11 月

前　言

在过去的半个世纪里，细胞与分子生物学作为生命科学的重要分支，经历了快速的发展和深刻的变革。这一学科从细胞的基本结构和功能研究起步，逐步深入到分子层面的基因表达调控、细胞信号转导、细胞周期调控及分子机制探讨等领域。如今，细胞与分子生物学已经成为揭示生命奥秘、理解疾病机制、推动新药研发及生物技术创新的核心学科之一。

本教材的编写初衷在于为读者提供一本系统、全面的细胞与分子生物学教材，既涵盖基础知识，又紧跟学科前沿。通过深入浅出的讲解，我们力图帮助读者从基本概念出发，逐步掌握细胞与分子生物学的复杂理论和实验技术，最终能够独立进行相关领域的研究和应用。在编写过程中，我们特别注重以下几个方面的内容安排和讲解策略。

第一，本教材致力于基础知识的系统性和全面性。细胞生物学部分从细胞的基本结构和功能入手，详细讨论了细胞膜、细胞器、细胞骨架等细胞结构的组成及其在细胞活动中的功能。此外，分子生物学部分涵盖了从 DNA 到蛋白质的遗传信息流传递过程，包括 DNA 复制、转录、翻译及其调控机制等。这些内容的设置旨在为读者奠定坚实的理论基础，使其能够对细胞和分子的行为及其相互作用有一个全面的理解。

第二，我们特别关注前沿研究成果和新兴技术的介绍。近年来，随着生命医学科技的飞速进步，基因编辑、单细胞测序、系统生物学等技术已成为生命医学研究的热点和难点。因此，本教材在讲解基础知识的同时，穿插介绍了这些前沿技术的原理、应用及其在细胞与分子生物学研究中的重要性。我们希望通过这些内容，激发读者的科研兴趣，并为他们今后的研究提供理论支持和技术参考。

第三，本教材注重理论与实践相结合。在讲解理论知识的同时，我们提供了多个实验案例，涵盖从基础实验操作到复杂实验设计的内容。这些实验案例不仅有助于读者加深对理论知识的理解，还能够帮助他们掌握基本的实验技能，并学会如何将理论应用于实际科研工作中。我们相信，这种理论与实践相结合的编写方式，能够更好地培养读者的科研思维和动手能力。

第四，我们力求将复杂的概念通俗化、抽象的问题具体化。细胞与分子生物学涉及大量复杂的分子机制和实验技术，对于初学者来说，可能会感到晦涩难懂。为了帮助读者更好地理解这些内容，我们在编写过程中力求采用通俗易懂的语言，配以形象的图示和简洁的表格，尽量将抽象的概念具体化、复杂的问题简单化，使读者能够轻松地掌握书中的内容。

本教材不仅可作为医学院校的研究生、高年级本科生课程学习的教材，还可以作为相关领域科研工作者的参考资料。对于学生而言，本教材能够帮助他们系统地学习细胞与分子生物学的基础理论和实验技术，培养独立思考和科研创新能力。对于科研工作者来说，本教材提供了丰富的前沿研究和技术资料，能够为其科研工作提供参考和启发。

在此，我要特别感谢为本教材编写付出辛勤努力的作者和编辑团队。正是他们的专业精神和不懈努力，使得这本教材得以顺利出版。此外，我也要感谢所有在细胞与分子生物学领域辛勤耕耘的科学家们，是他们的研究成果和理论贡献，为本教材的编写提供了丰富的素材和理论依据。

最后，我衷心希望这本教材能够为广大的读者提供帮助和启发，无论是在课堂学习中，还是在科研工作中，都能成为他们不可或缺的良师益友。我相信，通过对这本教材的学习，读者们不仅可以掌握细胞与分子生物学的核心理论和技术，还能激发对生命医学的浓厚兴趣，为他们未来的学术和职业生涯打下坚实的基础。

细胞与分子生物学是一门充满挑战的基础学科，但同时也是一门充满无限可能的前沿学科。愿这本教材能够陪伴读者们走过学习和研究的每一个阶段，为推动人类健康与科技进步作出贡献。

史岸冰

2024 年 10 月

目　　录

第一篇　基因与基因组

第二篇　基因表达调控

第三篇　细胞生命活动的分子调控

第四篇 细胞的结构与生物学功能

第五篇 细胞与分子生物学常用技术

第一篇　基因与基因组

基因是遗传的基本单位，是控制生物性状的实体。因此了解基因的结构有助于理解基因的表达调控机制。基因组是指一个细胞或病毒颗粒所含 DNA 的全部序列（包括编码序列和非编码序列），即遗传物质的总量。原核生物、真核生物及病毒基因组各有不同的结构特点。基因组学的目标是阐明整个基因组的结构与功能及基因之间的相互作用，而转录物组学则是全面了解基因组的整体转录情况及调控规律。

真核生物 DNA 复制的过程和参与的分子类型复杂，调控精确。各种内外因素所导致的生物体 DNA 组成与结构的变化可使 DNA 发生损伤，在长期的生物进化过程中，生物体细胞已形成自己的 DNA 损伤修复系统，生物体细胞 DNA 发生损伤的同时即伴有 DNA 损伤修复系统的启动。当 DNA 发生不完全修复时，DNA 则发生突变，可诱导细胞出现功能改变或细胞发生恶性转化等生理病理变化。

疾病的发生是基因和环境因素之间相互作用的结果，不同的疾病其发生的分子机制各不相同，尽管如此，几乎所有疾病都直接或间接地与基因有关。要弄清疾病的发生发展机制，以提供有效的预防和治疗方法，必须先找到疾病基因。只有对致病基因有了实质性的认识和了解，对疾病发生发展机制的认识才有牢固的基础。

癌基因存在于细胞正常的功能基因中，其表达通常被严格控制，只有在因某种原因使之异常活化时，才表现其致癌性。抑癌基因抑制细胞的生长增殖，具有阻止细胞恶性转化，抑制肿瘤发生的作用。抑癌基因异常失活同样具有促进细胞恶性转化、诱导肿瘤发生的作用。癌基因异常激活和抑癌基因失活是细胞癌变的中心环节，研究癌基因与抑癌基因对揭开肿瘤发生之谜有重要意义。

本篇围绕基因、基因组学与转录组学，真核生物 DNA 复制及损伤与修复，基因和基因组异常与疾病，癌基因和抑癌基因异常与肿瘤四章内容进行学习，为深入学习后续章节奠定坚实的基础。

第一章　基因、基因组学与转录组学

自然界所有生物的遗传信息都是以基因作为基本单位储存于核酸分子中的。基因（gene）是指储存编码 RNA 和蛋白质序列信息及表达这些信息所必需的核苷酸序列，而基因组（genome）则是一个生命单元（细胞或生物个体）所载的全部遗传信息，这些信息决定了生物体的发生、发展和各种生命现象的产生。随着整体分析技术的出现，近年来兴起的“组学”（omics）即从组群或集合的角度整体检视生物体内各类分子的结构与功能及它们之间的相互联系。基因组学（genomics）的目标是阐明整个基因组的结构与功能及基因之间的相互作用，而转录组学则要全面了解基因组的整体转录情况及调控规律。本章重点介绍基因、基因组、转录组的概念，基因组学、转录组学研究内容与策略及其在医学上的应用。

第一节　基因与基因组

DNA、RNA 是基因的物质基础，基因一方面通过复制将其遗传信息稳定、忠实地遗传给子代细胞；另一方面，基因通过表达（转录和翻译）将其所携带的遗传信息表现出各种生物学性状（表型）。

一、基　因

（一）基因的概念

1. 遗传因子是基因的早期概念　1856～1864年，现代遗传学奠基人孟德尔（Mendel）通过豌豆杂交实验，提出了“遗传因子”（hereditary factor）的概念，并对其基本性质做了最早的论述。Mendel根据实验结果认为，遗传性状是由成对的遗传因子决定的。在生殖细胞形成时，成对的遗传因子分离，分别进入两个生殖细胞中，这被后人称为Mendel第一定律或分离定律（law of segregation）。Mendel还认为，在生殖细胞形成时，不同对的遗传因子可以自由组合，即Mendel第二定律或自由组合定律（law of independent assortment）。这两个定律是Mendel遗传因子学说的核心内容。

1909年，丹麦植物学家威廉·约翰逊（William Johannsen）将Mendel提出的遗传因子改称为基因，并提出了基因型（genotype）和表型（phenotype）的概念。基因型是指逐代传递下去的成对因子的集合，因子中一个来源于父本，另一个来源于母本；表型则是指一些容易区分的个体特征的总和。自此，“基因”一词一直伴随着遗传学发展至今。

1910～1930年，美国遗传学家摩尔根（Morgan）等通过果蝇性状的杂交实验，发现了基因连锁和交换现象，确立了遗传学的第三定律——连锁与交换定律（law of linkage and crossing-over），其成果总结成《基因论》，于1926年出版。Morgan认为，基因是染色体上的实体；基因就像链珠一样，孤立地呈线状排列在染色体上；基因是染色体功能、突变和交换的最小单位。Morgan第一次将代表某一特定性状的基因与某一特定的染色体联系起来，基因不再是代表某种性状的抽象符号，而是染色体上具有一定空间位置的实体。

2. 转化现象的研究确定了基因的本质为DNA　肺炎球菌在揭示DNA作为遗传信息携带者的研究中发挥了极为重要的作用。1928年，英国医生弗雷德里克·格里菲斯（Frederic Griffth）发现非致病性粗糙型（R型）肺炎球菌可以转变为致病性光滑型（S型）肺炎球菌，他推测某种物质在两个菌株间发生了转移，从而使R型肺炎球菌获得了致病性。

1944年，美国洛克菲勒（Rockefeller）医学研究所的奥斯瓦尔德·艾弗里（Oswald Avery）等在*J Exp Med*上发表了有关“转化因子”（transforming factor）化学本质的研究结果。他们利用灭活的S型肺炎球菌无细胞提取液进行了一系列分析，证实DNA就是S型肺炎球菌将其致病性转移给R型肺炎球菌的物质。这一工作成为生物化学发展史上的重要事件。在此之前，人们普遍认为蛋白质是遗传信息的携带者。Avery的工作为“基因是由DNA组成”的理论奠定了基础。

3. 现代基因的概念不断完善与发展

（1）“一个基因一种酶”假说：1941年，美国科学家乔治·比德尔（George Beadle）和爱德华·塔特姆（Edward Tatum）以粗糙脉孢霉（*Neurospora crassa*）为材料进行生化遗传研究，他们通过诱变获得了多种氨基酸和维生素营养缺陷突变体。这些突变基因不能产生某种酶，或只产生有缺陷的酶。例如，有一个突变体不能合成色氨酸，是由于它不能产生色氨酸合成酶。两人在这一研究的基础上，提出了“一个基因一种酶”（one gene-one enzyme）的假说。

（2）顺反子理论：1955年，美国物理学家西莫尔·本泽尔（Seymour Benzer）以T4噬菌体为材料，在DNA分子水平上研究基因内部的精细结构，提出了顺反子（cistron）、突变子（muton）和重组子（recon）的概念。Benzer认为，顺反子是一个遗传功能单位，实际上就是一个功能水平上的基因，一个顺反子决定一条多肽链，这就使“一个基因一种酶”的假说发展为“一个基因一种多肽”（one gene-one polypeptide）的假说。能产生一种多肽的是一个顺反子，顺反子也就是基因的同义词。顺反子可以包含一系列突变单位（突变子）。突变子是DNA中构成基因的一个或若干个核苷酸。由于基因内的各个突变子之间有一定距离，所以彼此间能发生重组，这样，基因就有了第三个内涵——重组子。重组子代表一个空间单位，它有起点和终点，可以是若干个密码子的重组，也可以是单个核苷酸的互换。如果是后者，重组子也就是突变子。顺反子理论把基因具体化为DNA分子的一段序列，它负责传递遗传信息，是决定一条多肽链完整的功能单位；但它又是可分的，组成顺反子的核苷酸可以独自发生突变或重组，而且基因与基因之间还有相互作用。基因排列位置的不同，会产生不同的效应。

（3）操纵子模型：1961年，法国遗传学家弗朗索瓦·雅各布（François Jacob）和雅克·莫诺（Jacques Monod）提出了原核基因表达调控机制——大肠埃希菌乳糖操纵子模型（operon model）。该理论认为，很多生化功能上相关的结构基因在染色体上串联排列，由一个共同的控制区来操纵这些基因的转录。包含这些结构基因和控制区的整个核苷酸序列就称为操纵子（operon）。操纵子模型表明基因不但在结构上是可分的，而且在功能上也是有差别的，可分为负责编码蛋白质的结构基因（structural gene）和负责调节编码（结构）基因表达的调控基因（regulatory gene）。

（4）现代基因的概念：20世纪70年代后，随着基因作为重要遗传物质的不断认识，基因结构与功能的研究一直是生命科学领域研究的重中之重，并引领着生命科学的发展方向。目前从分子生物学角度对基因的定义是：基因是核酸分子中储存遗传信息的基本单位，是RNA和蛋白质相关遗传信息的基本存在形式，是编码RNA和蛋白质多肽链序列信息及表达这些信息所必需的全部核苷酸序列。大部分生物中构成基因的核酸物质是DNA，少数生物（如RNA病毒等）中是RNA。这一概念确切地表述了基因的本质和功能。

（二）基因包含的序列

一个完整的基因是由两部分构成的：一是可以在细胞内表达为多肽链（蛋白质）或功能RNA的结构基因序列；二是为表达这些结构基因（合成RNA）所需要的启动子、增强子等调控序列。真核生物、原核生物基因组构成各有其特点。

1. 结构基因编码RNA和多肽链　结构基因决定了其表达产物RNA或多肽链的序列。有的结构基因仅编码一些有特定功能的RNA，如核糖体RNA（rRNA）、转移RNA（tRNA）、微RNA（microRNA，miRNA）等；而有的结构基因则通过信使RNA（mRNA）进一步编码蛋白质，编码蛋白质的结构基因中除含有一段储存着一个特定多肽链一级结构的信息外，还存在一些与编码多肽链信息无关的DNA序列，如内含子和编码mRNA的非翻译区序列等，这些序列与mRNA的加工、翻译调控等有关。

一般来说，原核生物编码蛋白质的结构基因是连续的，而真核生物的结构基因则是不连续的，因而将真核生物的结构基因称为断裂基因（split gene）。如果将成熟的mRNA序列与其结构基因相比较，可以发现并不是全部的结构基因序列都保留在成熟的mRNA分子中，有一些区段（序列）通过剪接（splicing）被去除了。在结构基因序列中，与成熟mRNA分子相对应的序列称为外显子（exon）；位于外显子之间、在mRNA剪接过程中被删除部分相对应的序列则称为内含子（intron）。外显子与内含子相间排列，共同组成结构基因。

2. 调控序列保证结构基因的表达　单个基因的组成结构中除结构基因的编码序列外，还包括对结构基因表达起调控作用的调控序列，如启动子、增强子、转录终止信号等。对一个基因的完整描述不仅针对它的编码区，同时也包括它的调控区。如果一个基因的调控区和结构基因位于同一染色体中的相邻部位，这种调节方式称为顺式调节（*cis*-regulation），相应的DNA序列称为顺式调控元件或称顺式作用元件（*cis*-acting element）。顺式作用元件的作用需通过结合相应的蛋白质因子（多为转录因子）方可实现，而这些蛋白质一般由位于另外的染色体或同一染色体远距离部位的基因来编码，因而被称为反式作用因子（*trans*-acting factor）。反式作用因子通过直接结合或间接作用于DNA，对基因表达发挥不同作用（促进或阻遏）。

3. 原核生物基因的调控序列　原核生物基因的调控序列发挥最主要作用的是启动子（promoter）和终止子（terminator）。在不同的基因中尚有可被其他调节蛋白（阻遏蛋白或激活蛋白）所识别和结合的顺式作用元件。

（1）启动子提供转录起始信号：启动子是指与DNA依赖的RNA聚合酶（RNA polymerase，

RNA pol）相结合的一段 DNA 序列（20～300bp），包括 RNA 聚合酶识别位点和 mRNA 转录起始位点，其功能是转录出目的基因的 mRNA。启动子具有方向性，一般位于结构基因转录起始点的上游。不同基因间的启动子序列存在一定保守性，称为一致性序列（consensus sequence）或共有序列。启动子序列本身不出现于 RNA 产物中，仅提供转录起始信号。大肠埃希菌启动子区的长度为 40～60bp，至少包括 3 个功能区：一是 RNA 合成的起点，即+1 位碱基；二是位于 −10bp 区的 RNA 聚合酶结合部位，由 6～8bp 组成，富含腺嘌呤（A）、胸腺嘧啶（T），称为 TATA 框（TATA box），又称普里布诺（Pribnow）盒或 −10 区；三是转录起始识别位点（recognition site），位于 −35bp 区，共有序列是 TGACA。尽管存在着上述共有序列，但原核生物启动子间序列可有较大差异。启动子的序列越接近共有序列，起始转录的作用越强，称为强启动子，反之越弱，称为弱启动子。例如，λ 噬菌体的 PL、PR 是强启动子，而乳糖操纵子（P_{lac}）是较弱的启动子，T7 噬菌体 RNA 聚合酶启动子（PT7）是一个很强的启动子，在外源蛋白的原核表达中得到广泛应用。

（2）终止子提供 RNA 合成终止信号：原核生物转录终止子可分成两类，一类为在 Rho（ρ）因子的作用下使 mRNA 的转录终止；另一类是 DNA 模板上靠近终止区的一段序列，其转录出的一段 mRNA 可形成茎-环（stem-loop）或发夹（hairpin）结构，使转录终止。

（3）操纵元件被阻遏蛋白识别与结合：操纵元件或称操纵基因（operator），是启动子邻近部位的一小段特定序列，可被具有抑制转录作用的阻遏蛋白识别并结合，通常与启动子区域有部分重叠。

（4）正调控蛋白结合位点可加强下游结构基因的转录：在前已述及的原核基因的弱启动子附近常有一些特殊的 DNA 序列，某些具有转录激活作用的正调控蛋白可以识别并结合这种 DNA 序列，促进转录的启动。

4. 真核生物基因的调控序列 真核生物基因的调控序列远较原核生物复杂，真核生物顺式作用元件主要包括启动子、上游调控元件（增强子、沉默子）、加尾信号等（图 1-1）。

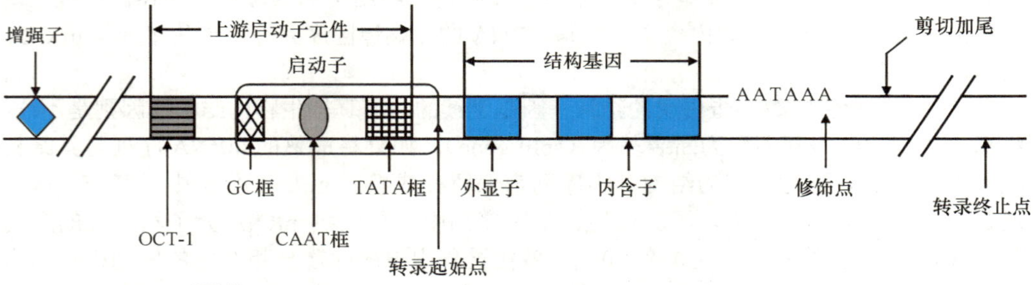

图 1-1 真核生物基因的一般结构

（1）启动子提供转录起始信号：真核生物基因的启动子是位于转录起始点附近，由转录因子识别和结合并决定 RNA 聚合酶结合和起始转录的核苷酸序列。真核生物主要有三类启动子，分别结合细胞内 3 种不同的 RNA 聚合酶（RNA 聚合酶Ⅰ、Ⅱ和Ⅲ）和转录因子，启动转录。①Ⅰ型启动子富含 GC 碱基对：具有Ⅰ型启动子的基因主要是编码 rRNA 的基因。Ⅰ型启动子包括核糖体起始子（ribosomal initiator，rInr）和上游启动子元件（upstream promoter element，UPE），能增强转录的起始。两部分序列都富含 GC 碱基对。②Ⅱ型启动子具有 TATA 框特征结构：具有Ⅱ型启动子的基因主要是编码蛋白质（mRNA）的基因和一些小 RNA 基因。Ⅱ型启动子通常是由 TATA 框、上游启动子元件和增强子的起始元件（initiator element，Inr）组成。TATA 框的核心序列是 TATA（A/T）A（A/T），决定着 RNA 合成的起始位点。有的Ⅱ型启动子在 TATA 框的上游还可存在 CAAT 框、GC 框等特征序列，共同组成启动子。③Ⅲ型启动子包括 A 框、B 框和 C 框：具有Ⅲ型启动子的基因包括 5S rRNA、tRNA、U6 snRNA 等 RNA 分子的编码基因。

（2）增强子增强邻近基因的转录：增强子（enhancer）是一段短的DNA序列，其中含有多个作用元件，可特异性结合转录因子，增强基因的转录活性。与启动子不同，增强子可以位于基因的任何位置。增强子通常处于转录起始点上游 −300～−100bp 处，但有的距离所调控的基因远达几千碱基对。通常数个增强子序列形成一簇，有时增强子序列也可位于内含子之中。增强子的功能与其位置和方向无关，可以是 5′→3′ 方向，也可以是 3′→5′ 方向。不同的增强子序列结合不同的调节蛋白。

（3）沉默子是负性调节元件：沉默子（silencer）又称沉默子元件，是真核基因中的一种负性调控序列，与增强子有许多类似之处，但作用相反。沉默子能够与反式作用因子结合从而阻断增强子及反式激活因子的作用，阻遏基因的转录活性，使基因沉默。

二、基　因　组

基因组指的是一个生命单元所拥有的全部遗传物质（包括核内、核外遗传信息），其本质就是DNA/RNA。真核生物（如人类基因组）包含细胞核染色体（常染色体和性染色体）及线粒体DNA所携带的全部遗传物质；原核生物（如细菌）的基因组则由存在于拟核中的DNA及质粒（plasmid）DNA组成；而病毒（包括噬菌体）的基因组则由DNA（DNA病毒）或RNA（RNA病毒）组成。不同生物体基因组的大小和复杂程度各不相同。例如，大肠埃希菌的基因组大小为 4.6×10^6bp，酵母基因组则为 1.3×10^7bp，而哺乳动物基因组一般可达 1×10^9bp。然而，基因组大小与生物种类及基因数目并没有必然的线性关系。例如，非洲肺鱼属（*Protopterus*）的基因组可高达 10^{11} bp，是人类的100倍，但其基因数目及功能远没有人类复杂。当然，不同生物的基因组在结构与组织形式上各有其不同的特点。

（一）人类基因组

人类基因组大小为 3.1×10^9bp，目前已鉴定出63 086个基因，其中蛋白质编码基因19 411个，长链非编码RNA基因20 310个，小非编码RNA基因7565个，假基因（pseudogene，Ψ）14 716个，以及免疫球蛋白/T细胞受体片段（Genecode Version 46，2024年7月）。线粒体仅含37个编码基因，其中13个编码蛋白质，其余24个基因中22个编码tRNA、2个编码rRNA。

研究表明，人类基因组中约90%的序列是可以转录的，这些序列实际上都属于编码序列。因此，目前编码序列的概念已不再局限于先前的“蛋白质编码序列”或“基因编码序列”，凡是可以转录出RNA（mRNA及所有其他RNA）的序列均属编码序列的范畴。在这些编码序列中，只有很小一部分（约2%）编码mRNA并翻译成蛋白质；而其他大部分编码序列所转录出的RNA分子中没有编码蛋白质的信息，均不能指导蛋白质的合成，因而称为非编码RNA（non-coding RNA，ncRNA），但这些RNA可直接或间接参与蛋白质编码基因的表达与调控，是蛋白质生物合成所必需的因素。

1. 人类基因组中存在许多重复序列　人类基因组中的重复序列可分为高度重复序列（highly repetitive sequence）、中度重复序列（moderately repetitive sequence）和散在重复序列（interspersed repeat sequence）。

高度重复序列的重复频率可高达数百万次（$>1\times10^6$），典型的高度重复序列有反向重复序列（inverted repeat）和卫星DNA（satellite DNA）。反向重复序列是指两个顺序相同的拷贝在DNA链上呈反向排列，卫星DNA是出现在非编码区的串联重复（tandem repeat）序列。长为2～6bp的反向重复序列可能与基因的复制、转录调控有关，而卫星DNA可能与染色体减数分裂时的染色体配对有关。

中度重复序列在基因组中重复次数为 $10\sim1\times10^5$，散在分布于基因组中。中度重复序列可分为短散在重复序列（short interspersed repeated segment，SINE）和长散在重复序列（long interspersed repeated segment，LINVE）两种类型。SINE的平均长度为300～500bp，拷贝数可达 1×10^5 左右，

Alu 家族是人类基因组中含量最丰富的一种 SINE；LINE 的平均长度为 3500～5000bp，大多不编码蛋白质。中度重复序列的功能可能类似于高度重复序列。

散在重复序列又称低度重复序列，在单倍体基因组中只出现一次或数次，大多数蛋白质编码基因属于这一类。在基因组中，散在重复序列的两侧往往为散在分布的重复序列。散在重复序列编码的蛋白质维系着细胞的功能，如酶、激素、受体、结构蛋白和调节蛋白等，因此对这些序列的功能研究显得尤为重要。

2. 人类基因组中存在多基因家族和假基因 多基因家族（multigene family）是指核苷酸序列相同或相似，或其编码产物具有相似功能的一类基因，主要包括三类：①核酸序列相同的多基因家族，如 rRNA、tRNA 和组蛋白基因家族等，它们实际上分别是一个基因的多次拷贝；②核酸序列高度同源的多基因家族，如人生长激素基因家族，含编码 3 种激素即生长激素、绒毛膜生长催乳素和催乳素的基因 *GH*、*CS* 和 *PRL*，它们之间的同源性非常高，尤其是 *GH* 和 *CS* 之间；③编码产物的功能或功能区同源的多基因家族，如 *SRC* 癌基因家族，各成员基因结构并无明显的同源性，但每个基因产物都含有一个由 250 个氨基酸组成的同源蛋白激酶结构域。

基因超家族（gene superfamily）是指 DNA 序列有一定的相似性，但功能不一定相同的若干个多基因家族的集合。最经典的是免疫球蛋白基因超家族，该基因超家族编码免疫球蛋白、多种细胞表面蛋白及一些黏附分子等，它们在氨基酸组成上具有较高的同源性，并均含有一个或几个免疫球蛋白样结构域。这类基因超家族可能从同一祖先基因进化而来。

假基因是指与某些有功能的基因结构相似，但不能表达产物的基因。假基因是由功能基因发生突变而致。由突变而引起的功能缺失通常是在编码区引入了终止密码子，这种假基因称为重复假基因或传统假基因。由 mRNA 逆转录生成的互补 DNA（cDNA）的插入而造成的假基因称为加工假基因（processed pseudogene）或返座假基因。加工假基因不含内含子，大多也没有基因表达所需要的调控区，因此不能被表达。

3. 人类线粒体基因组包含 37 个基因 线粒体是细胞内的一种重要细胞器，是生物氧化的场所，一个细胞可拥有数百至上千个线粒体。线粒体 DNA（mitochondrial DNA，mtDNA）可以独立编码线粒体中的一些蛋白质，因此 mtDNA 是核外遗传物质。mtDNA 的结构与原核生物的 DNA 类似，是环状分子。线粒体基因的结构特点也与原核生物相似。

人线粒体基因组全长 16 569bp，共编码 37 个基因，包括 13 个编码构成呼吸链多酶体系的一些多肽的基因、22 个编码线粒体-转运 RNA（mt-tRNA）的基因、2 个编码线粒体-核糖体 RNA（mt-rRNA）的基因。

（二）原核基因组

原核生物的基因组较小，主要存在于拟核 DNA 中。某些原核生物还有质粒等其他携带遗传物质的 DNA。原核生物基因组的结构和功能与真核生物相比有如下特点：①编码的结构基因大多是连续的；②基因组中的重复序列很少；③编码蛋白质的结构基因多为单拷贝基因，但编码 rRNA 的基因仍然是多拷贝基因；④结构基因在基因组中所占的比例（约占 50%）远远大于真核基因组，但小于病毒基因组；⑤许多结构基因在基因组中以操纵子为单位排列。

1. 原核生物基因组以操纵子模型为其特征 原核生物基因组的重要特征就是结构基因与调控序列以操纵子的形式存在。在操纵子结构中，数个功能上有关联的结构基因串联排列，共同构成编码区。这些结构基因共用一个启动子和一个转录终止信号序列，因此转录合成时仅产生一条 mRNA 长链，编码几种不同的蛋白质，称为多顺反子（polycistron）mRNA。

2. 质粒也是原核生物的遗传物质 质粒是细菌细胞内一种自我复制的环状双链 DNA 分子，不整合到宿主染色体 DNA 上，能稳定地独立存在，并传递到子代。质粒的分子量一般为 $1×10^6$～$1×10^8$bp，小型质粒的长度一般为 1.5～15kb。质粒只有在宿主细胞内才能完成自我复制，一旦离开宿主就丧失复制和扩增功能。质粒对宿主细胞的生存不是必需的，宿主细胞离开了质粒依旧能够存活。尽管质粒不是细菌生长、繁殖所必需的物质，但它所携带的遗传信息能赋予细菌特定的遗传性状，如耐药性质粒带有耐药基因，可以使宿主细菌获得耐受相应抗生素的能力；一些人类致病菌的毒力基因亦存在于质粒中，如炭疽杆菌中编码炭疽毒素的基因。质粒常含抗生素抗性基因，经过人工改造后的质粒是重组 DNA 技术中常用的载体。

（三）病毒基因组

与真核生物和细菌基因组相比，病毒基因组要小得多。不同病毒的基因组在大小和结构上有较大差异。如乙型肝炎病毒（hepatitis B virus，HBV）DNA 只有 3kb 大小，只能编码 4 种蛋白质；而痘病毒的基因组为 175.7kb，含有 186 个基因，编码 186 种蛋白质，不但可编码病毒复制所需的酶类，而且可编码核苷酸代谢所需的酶类。因此，痘病毒对宿主的依赖性较乙型肝炎病毒小得多。

1. 病毒基因组只含一种类型的核酸　每种病毒只含有一种类型的核酸，或为 DNA 或为 RNA，两者不共存于同一病毒中。基因组为 DNA 的病毒称为 DNA 病毒，基因组为 RNA 的病毒则称为 RNA 病毒。组成病毒基因组的 DNA 或 RNA 可以是单链结构，也可以是双链结构；可以是闭环分子，也可以是线性分子。

2. RNA 病毒基因组可以由数条不相连的 RNA 链组成　RNA 病毒基因组可以由不相连的几条 RNA 链构成。如流感病毒的基因组由 8 个 RNA 分子构成，每个 RNA 分子都含有编码不同蛋白质分子的信息；呼肠孤病毒的基因组由 10 个不相连的双链 RNA 片段构成，同样每段 RNA 分子都编码一种蛋白质。

3. 病毒基因组存在基因重叠　病毒基因组大小十分有限，因此在进化过程中形成了基因重叠现象。所谓重叠基因（overlap ping gene）是指两个或两个以上的基因共有一段 DNA 序列，或是指一段 DNA 序列成为两个或两个以上基因的组成部分。

第二节　基 因 组 学

1986 年美国科学家罗德里克 · 托马斯（Thomas Roderick）提出了基因组学（genomics）概念，是指对所有基因进行基因组作图、核苷酸序列分析、基因定位和基因功能分析的一门科学。根据研究目的的不同，基因组研究包括 3 个方面的内容：以全基因组测序为目标的结构基因组学（structural genomics）、以基因功能鉴定为目标的功能基因组学（functional genomics）和以鉴别基因组相似性与差异性为目标的比较基因组学（comparative genomics）。

一、结构基因组学

结构基因组学是一门通过基因作图、核苷酸序列分析确定基因组成、基因定位的学科，是基因组学的一个重要组成部分和研究领域。结构基因组学的主要任务是通过人类基因组计划，解析人类自身 DNA 的序列和结构，构建人类基因组图谱，即遗传图谱（genetic map）、物理图谱（physical map）、序列图谱（sequence map）和转录图谱（transcription map）。

（一）遗传图谱

通过遗传重组所得到的基因或 DNA 标记在染色体上的线性排列图称为遗传图谱，又称连锁图谱（linkage map）。它是通过计算连锁的遗传标志之间的重组频率，确定它们的相对距离，用厘摩（centi morgan，cM）表示。当两个遗传标记之间的重组值为 1%，图距即为 1cM。对于人类，1cM 相当于 1×10^6bp。由于微卫星多态性标志的应用，人类遗传图谱已经完成，确定了全部标志密度为 0.7cM、含 5826 个转座子、大小为 4000cM 的线性遗传图。建立精细遗传图谱的关键是获得足够的、高度多态性的遗传标记，在人类基因组计划（HGP）实施过程中先后采用了三代 DNA

标志。第一代以限制性片段长度多态性（restriction fragment length polymorphism，RFLP）作为标志，第二代以可变数目串联重复序列（variable number of tandem repeat，VNTR）作为标志，第三代则以单核苷酸多态性（single nucleotide polymorphism，SNP）作为标志，精确度不断提高。

（二）物理图谱

物理图谱是利用限制性内切酶将染色体切成片段，再根据重叠序列把片段连接成染色体，确定遗传标志之间物理距离［碱基对（bp）或千碱基对（kb）或兆碱基（Mb）］的图谱。物理图谱的构建方法包括：①荧光原位杂交图（fluorescence *in situ* hybridization map，FISH map），将荧光标记的探针与染色体杂交确定分子标记所在的位置；②限制性酶切图（restriction map），将限制性酶切位点标记在 DNA 分子的相对位置；③克隆重叠群图（clone contig map），采用酶切位点稀有的限制性内切酶或高频超声波破碎技术将 DNA 分解成大片段后，再通过构建酵母人工染色体（yeast artificial chromosome，YAC）或细菌人工染色体（bacterial artificial chromosome，BAC）获取含已知基因组序列标签位点（sequence tagged site，STS）的 DNA 片段，在 STS 基础上构建能够覆盖每条染色体的大片段 DNA 连续克隆系。物理图谱的绘制是进行 DNA 序列分析和基因组结构研究的基础。

（三）序列图谱

随着遗传图谱和物理图谱绘制的完成，基因组测序就成为结构基因组学重要的研究工作。序列图谱为人类基因组的全部核苷酸排列顺序，是最详细和最准确的物理图谱。目前序列图谱的绘制策略是通过 BAC 克隆系的建立和鸟枪法测序（shotgun sequencing），再辅以生物信息学手段，进而构建基因组的序列图谱。2003 年 4 月 14 日，美、英、法等国共同宣布，人类基因组计划序列测定已经较原计划提前两年完成。

BAC 载体是一种装载较大片段 DNA 的克隆系统，用于基因组文库构建。全基因组鸟枪法测序是直接将整个基因组打成不同大小的 DNA 片段，构建 BAC 文库，然后对文库进行随机测序，最后运用生物信息学方法将测序片段拼接成全基因组序列（图 1-2）。该法的主要步骤是：①建立高度随机、插入片段大小为 1.6～4kb 的基因组文库。②高效、大规模的克隆双向测序。③序列组装（sequence assembly）。借助 Phred/Phrap/Consed 等软件将所测得的序列进行组装，产生一定数量的重叠群。④缺口填补。利用引物延伸或其他方法对 BAC 克隆中还存在的缺口进行填补。

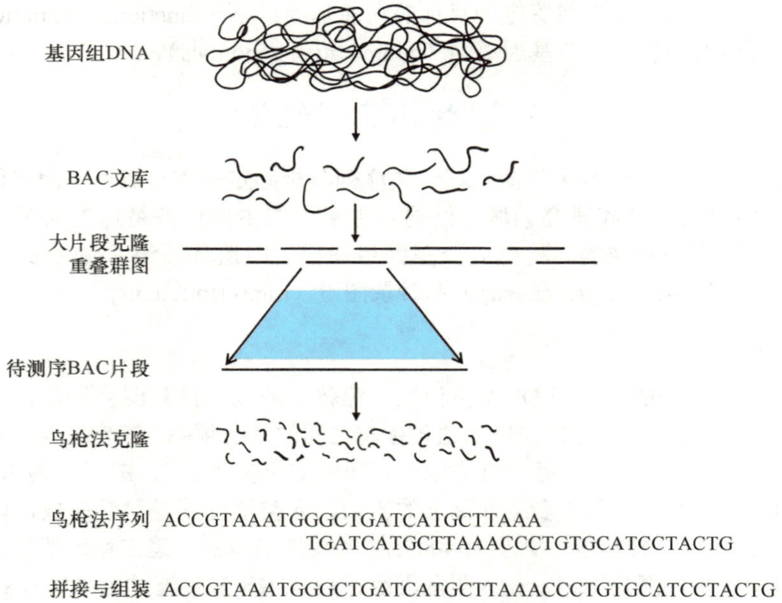

图 1-2 BAC 文库的构建与鸟枪法测序流程示意图

（四）转录图谱

转录图谱又称 cDNA 图谱或表达图谱（expression map），是利用表达序列标签（expressed sequence tag，EST）作为标记所构建的分子遗传图谱。通过从 cDNA 文库中随机调取的克隆进行测序，所获得 5′ 端或 3′ 端部分 cDNA 称为 EST，一般长 300～500bp。将 mRNA 逆转录合成的 cDNA 片段作为探针与基因组 DNA 进行分子杂交，标记转录基因，绘制出可表达基因的转录图谱，最终绘制出人体所有组织、所有细胞以及不同发育阶段的全基因组转录图谱。

二、功能基因组学

功能基因组学代表基因分析的新阶段，又称后基因组学（post genomics）研究，它利用结构基因组提供的信息和产物，在基因组或系统水平上全面分析所有基因的功能，是后基因组时代生命科学发展的主流方向。功能基因组学研究的内容包括基因组的表达、基因组功能注释、基因组表达调控网络及机制的研究等。它从整体水平上研究一种组织或细胞在同一时间或同一条件下所表达基因的种类、数量、功能，或同一细胞在不同状态下基因表达的差异。

（一）鉴定 DNA 序列中的基因

以人类基因组 DNA 序列数据库为基础，加工和注释人类基因组的 DNA 序列，进行新基因预测、蛋白质功能预测及疾病基因的发现。主要采用计算机技术进行全基因组扫描，鉴定内含子与外显子之间的衔接，寻找全长可读框（open reading frame，ORF），确定多肽链编码序列。

（二）搜索同源基因

同源基因在进化过程中来自共同的祖先，因此通过核苷酸或氨基酸序列的同源性比较，可以推测基因组内具有相似功能的基因。这种同源搜索涉及序列比较分析，美国国家生物技术信息中心（National Center for Biotechnology Information，NCBI）基本局部比对搜索工具（Basic Local Alignment Search Tool，BLAST）是一套在蛋白质数据库或 DNA 数据库中进行相似性比较的分析工具，用于基因同源性搜索和对比。

（三）实验性设计基因功能

可设计一系列的实验来验证基因的功能，包括转基因、基因过表达、基因敲除（gene knock-out）、基因敲减（gene knock-down）或基因沉默等方法，结合所观察到的表型变化即可验证基因功能。

（四）描述基因表达模式

描述基因表达模式，这里涉及两个重要概念，转录组（transcriptome）和蛋白质组（proteome）。转录组是指一个细胞内的一套 mRNA 转录产物，包含了某一环境条件、某一生命阶段、某一生理或病理状态下，生命体的细胞或组织所表达的基因种类和水平；蛋白质组是指一个细胞内的全套蛋白质，反映了特殊阶段、环境、状态下细胞或组织在翻译水平的蛋白质表达谱。蛋白质表达模式的描述主要是通过基因转录组分析和蛋白质组分析来进行的。

三、比较基因组学

比较基因组学是在基因组图谱和测序的基础上，与已知生物基因和基因组进行比较，通过鉴别两者的相似性和差异性，来阐明物种进化关系、预测相关基因功能的学科。比较基因组学可以利用 FASTA（快速序列比对）、BLAST（基本局部比对搜索工具）和 ClustalW（簇合序列比对工具）等序列比对工具，让人们了解物种间在基因组结构上的差异，发现基因的功能、物种的进化关系，也有助于深入了解生命体的遗传机制，阐明人类复杂疾病的致病机制，揭示生命的本质规律。根据研究目的的不同，将比较基因组学分为种间比较基因组学和种内比较基因组学。

（一）种间比较基因组学

通过对不同亲缘关系物种的基因组序列进行比较，可以鉴定出编码序列、非编码调控序列及特定物种独有的序列，从而了解不同物种在核苷酸组成、基因构成和基因顺序方面的异同，进而得到基因分析预测与定位等方面的信息，并为阐明生物系统发生进化关系提供数据。比较基因组学实际上是比较相关生物基因组在组成和顺序等方面的相似性与差异性。如果两种生物之间存在很近的亲缘关系，那么它们的基因序列会出现大部分或全部保守，此称为种间同源基因（orthologous gene）。利用与已知生物基因组编码序列和结构同源性或相似性的比对结果，就可以定位其他物种基因组中的同源基因，对揭示基因的结构和物种进化关系至关重要。

（二）种内比较基因组学

同种群体内基因组存在大量的变异和多态性，这种基因组序列的差异构成了不同个体与群体对疾病的易感性和对药物、环境因素等不同反应的遗传学基础。SNP 最大限度地代表了不同个体之间的遗传差异，因而成为研究多基因疾病、药物遗传学及人类进化的重要遗传标记，是开展个体化医疗（personalized medicine）的重要基础。

第三节 转录组学

转录组（transcriptome）是指生命单元所能转录出来的全部转录本，包括 mRNA、rRNA、tRNA 和其他非编码 RNA。因此，转录组学是在整体水平上研究细胞编码基因（编码 RNA 和蛋白质）转录情况及转录调控规律的科学。与基因组相比，转录组最大的特点是受到内外多种因素的调节，因而是动态可变的。这同时也决定了它最大的魅力在于揭示不同物种、不同个体、不同细胞、不同发育阶段和不同生理病理状态下的基因差异表达的信息。

一、转录组学全面分析基因表达谱

转录组学是基因组功能研究的一个重要部分，它上承基因组，下接蛋白质组，其主要内容为大规模基因表达谱分析和功能注释。大规模基因表达谱或全表达谱（global expression profile）是生物体（组织、细胞）在某一状态下基因表达的整体状况。长期以来，基因组功能的研究通常采用基因的差异表达方法，效率低，无法满足大规模功能基因组研究的需要。利用近年来建立起来整体性基因表达分析如微阵列（芯片）、高通量 RNA 测序等技术，可以同时监控成千上万个基因在不同状态（如生理、病理、发育不同时期、诱导刺激等）下的表达变化，从而为推断基因间的相互作用，揭示基因与疾病发生发展的内在关系提供思路。

二、转录组学研究技术

任何一种细胞在特定条件下所表达的基因种类和数量都有特定的模式，称为基因表达谱，它决定着细胞的生物学行为。而转录组学就是要阐明生物体或细胞在特定生理或病理状态下表达的所有种类的 RNA 及其功能。目前，转录组研究的重要技术包括微阵列、基因表达系列分析（serial analysis of gene expression，SAGE），以及大规模平行标签测序（massively parallel signature sequencing，MPSS）等。

（一）微阵列

微阵列或基因芯片是近年发展起来的可用于大规模基因组表达谱研究、快速检测基因差异表达、鉴别致病基因或疾病相关基因的一项新型基因功能研究技术。微阵列基本制作原理是通过在固相支持物上原位合成寡核苷酸或者直接将大量预先制备的 DNA 探针以显微打印的方式有序地固化于支持物表面，然后与待测的荧光标记样品杂交，通过对杂交信号的检测分析，得出样品的遗传信息（基因序列及表达）。其优点是可以同时对大量基因，甚至整个基因组的基因表达进行对比分析。

（二）SAGE 技术

SAGE 技术是一种可以定量并同时分析大量转录本的方法，基本原理是用来自 cDNA 3′ 端特定位置 9～10bp 长度的序列含有的足够特定信息来鉴定基因组中的所有基因。可利用限制性内切酶——锚定酶和位标酶切割 DNA 分子的特定位置，分离 SAGE 标签，并将这些标签串联起来，然后对其进行测序。这种方法不仅可以全面提供生物体基因表达谱信息，还可用来定量、比较不同状态下组织或细胞中所有差异表达基因。

（三）MPSS

MPSS 以测序为基础的大规模高通的基因分析技术，原理是一个标签序列（10～20bp）含有能够特异识别转录子的信息，标签序列与长的连续分子连接在一起，便于克隆和序列分析，每一标签序列在样品中的频率（拷贝数）就代表了与该标签序列相应的基因表达水平。所测定的基因表达水平是以计算 mRNA 拷贝数为基础，是一个数字表达系统。只要将病理和对照样品分别进行测序，即可进行严格的统计检验，能测定表达水平较低、差异较小的基因，而且不必预先知道基因的序列。

三、疾病和单细胞转录组

目前，转录组学的核心任务侧重于疾病转录组研究和单细胞转录组分析两个方面。

（一）疾病转录组研究

疾病表达谱研究对于阐明复杂性疾病的基因表达调控具有重要意义。RNA 测序（RNA-seq）技术提供了大量的转录起始位点、可变启动子及新的可变剪接，这些调节元件及过程与人类疾病的关系非常密切。因此，全面理解这些调控元件的表达和调控网络，对于深入阐明重大疾病的病因、发生发展和转归机制，以及指导新的分子诊断、预测、预防和治疗措施的发展具有重要的意义。RNA-seq 还可鉴定出众多疾病相关的 SNP、等位基因特异性表达谱及基因融合等，这些同样对于深入理解复杂性疾病的整个发展过程具有重要意义。

人类病原体的转录组分析可以监控基因表达变化、鉴定新的致病因子、预测抗生素抵抗状况、揭示宿主-病原体免疫相互作用机制，以指导发展最优化的感染控制措施和个体化治疗。目前发展起来的双向 RNA-seq（宿主、病原体）可以同时鉴定病原体和宿主在感染整个过程中的 RNA 表达水平，其结果有助于理解从入侵、感染及宿主免疫系统清除等整个过程中种间基因调节网络的动力学响应机制。

（二）单细胞转录组分析

随着现代生物学的发展，细胞群体的研究已不再能满足科学研究的需求。不同类型的细胞具有不同的转录组表型，并决定细胞的最终命运，所以从理论上讲，转录组分析应该以单细胞为研究模型。单细胞测序解决了用全组织样本测序无法解决的细胞异质性难题，为解析单个细胞行为、机制、与机体的关系等提供了新方向。

单细胞转录组测序是单细胞测序的一个重要内容。单细胞转录组分析主要用于在全基因组范围内挖掘基因调节网络，尤其适用于存在高度异质性的干细胞及胚胎发育早期的细胞群体。与活细胞成像系统相结合，单细胞转录组分析更有助于深入理解细胞分化、细胞重编程及转分化等过程及相关的基因调节网络。单细胞转录组分析在临床上可以连续追踪疾病基因表达的动力学变化，监测病程变化、预测疾病预后。但是，鉴于目前的技术手段，单细胞转录组测序仍然存在覆盖率低的弊端，导致除 mRNA 以外的长链非编码 RNA（long non-coding RNA，lncRNA）难以检测。最近发展的单分子测序技术无须逆转录和扩增步骤即可直接对单个细胞的全长 mRNA 进行测序，从而可准确地检测基因不同剪切亚型的表达水平。

第四节　基因组学和转录组学的医学应用

人类基因组计划的实施与完成极大促进了医学科学的发展。各种“组学”的不断发展与医学、药学等领域交叉产生的疾病基因组学、药物基因组学等，更是吸引着众多的医学家和药物学家从分子水平突破对疾病的传统认识，从而彻底改变和革新现有的治疗模式。

一、基因组学研究在医学中的应用

人类基因组测序及基因组学的研究与发展，使得疾病基因和疾病易感基因的克隆及鉴定变得更加快捷与方便，疾病基因组学研究的任务，包括疾病基因或疾病相关基因及疾病易感性的遗传学基础。联合结构基因组学与功能基因组学的分析手段，对组织或细胞水平 RNA、蛋白质，以及细胞功能或表型的综合分析，将会对疾病发病机制产生新的认识。基因组学与医学的结合极大推进了分子医学（molecular medicine）的发展。

（一）疾病基因组学

HGP 在医学上最重要的意义是确定各种疾病的遗传学基础，即疾病基因或疾病相关基因的结构基础。定位克隆技术的发展极大地推动了疾病基因的发现和鉴定。HGP 后所进行的定位候选克隆（positional candidate cloning），是将疾病相关位点定位于某一染色体区域后，根据该区域的基因、EST 或模式生物所对应的同源区的已知基因等有关信息，直接进行基因突变筛查，经过多次重复，可最终确定疾病相关基因。目前，通过定位候选克隆技术，已发现了包括囊性纤维化、遗传性结肠癌和乳腺癌等一大批单基因遗传病致病基因，为这些疾病的基因诊断和基因治疗奠定了基础。

有些疾病的发生涉及多个基因的变异和环境的影响，因此，在疾病相关基因的研究中，由单基因病向多基因病的重点转移已成为必然趋势。基因组序列中有些 SNP 与疾病的易感性密切相关，疾病基因组学的研究将在全基因组 SNP 图谱基础上，通过比较患者和对照人群之间 SNP 的差异，鉴定与疾病相关的 SNP，从而彻底阐明各种疾病易感人群的遗传学背景，为疾病的诊断和治疗提供新的理论基础。

（二）药物基因组学

药物基因组学是研究遗传变异对药物效能和毒性的影响，即研究患者的遗传组成是如何决定对药物反应性的科学。药物基因组学区别于一般意义上的基因组学，它不是以发现人体基因组基因为主要目的，而是运用已知的基因组学知识改善患者的药物治疗方案。药物基因组学以药物效应及安全性为目标，研究各种基因突变与药效及安全性的关系。正因为药物基因组学是研究基因序列变异及其对药物不同反应的科学，所以它是研究高效/特效药物的重要途径，通过它可为患者或者特定人群寻找合适的药物。药物基因组学使药物治疗模式由诊断定向治疗转为基因定向治疗。

药物基因组学研究影响药物吸收、转运、代谢和清除整个过程的个体差异的基因特性。因此，基因多态性所致个体对药物不同反应性的遗传基础是其重要的研究内容。药物基因组学研究基因多态性主要包括药物代谢酶、药物转运蛋白、药物作用靶点等基因多态性。药物代谢酶多态性由同一基因位点上的多个等位基因引起，其多态性决定表型多态性和药物代谢酶的活性，并呈显著的基因剂量-效应关系，从而造成不同个体间药物代谢反应的差异，是产生药物毒副作用、降低或丧失药效的主要原因。转运蛋白在药物的吸收、排泄、分布、转运等方面起重要作用，其变异对药物吸收和清除具有重要意义。大多数药物与其特异性靶蛋白相互作用产生效应，药物作用靶点的基因多态性使靶蛋白对特定药物产生不同的亲和力，导致药物疗效的不同。

药物基因组学将广泛应用遗传学、基因组学、蛋白质组学和代谢组学信息来预测患病人群对药物的反应，从而指导临床试验和药物开发过程，还将被应用于临床患者的选择和排除，并且提供区别的标准。新的基因组学技术，如基因变异检测技术、DNA 和蛋白质芯片技术、SNP 研究的高通量技术、药物作用显示技术、生物分析统计技术、基因分型研究技术及蛋白质组学技术等，为药物基因组学的进一步发展提供了技术支撑。

二、转录组学研究在医学中的应用

（一）疾病转录组学

疾病转录组学是通过比较、研究正常和疾病条件下或疾病不同阶段基因表达的差异情况及转录调控规律，为阐明复杂疾病的发生发展机制、筛选新的诊断标志物、鉴定新的药物靶点、发展新的疾病分子分型技术以及开展个体化治疗提供理论依据。如 Raf 信号通路与多种恶性肿瘤的发生发展密切相关。对前列腺癌、胃癌、肝癌、黑色素瘤等样本的转录组测序表明，存在于 Raf 信号途径中的 *BRAF* 和 *RAF1* 基因可发生融合现象，提示 Raf 信号通路中的融合基因有潜力成为抗肿瘤治疗与抗肿瘤药物筛选的靶点。

外周血转录组也可作为冠状动脉疾病诊断与判定病程、预后的生物标志物。如在进行心肌扩张患者心肌细胞转录组研究时发现，ST2 受体基因表达显著升高，在随后的研究中发现心力衰竭患者其外周血可溶性 ST2 亦显著上升，美国食品药品监督管理局（FDA）近期已批准可溶性 ST2 试剂盒 Pressage 用于慢性心力衰竭的预后评估。

（二）空间转录组学

空间转录组是一种能够获取组织空间信息和转录组数据的技术。相比单细胞测序，空间转录组技术弥补了单细胞测序技术在组织解离过程中丢失的空间位置信息。通过空间解析转录组学方法，可以获得转录组数据并了解这些细胞在组织中的空间位置。空间转录组技术的核心在于如何获取组织中不同空间位置的信息。基于此，空间转录组技术可大致分为基于显微切割、原位杂交（ISH）、内含子剪接沉默子（ISS）和微阵列技术等类型。不同方法各有其优劣势并寻求实现全转录组、高分辨率和高基因检测效率的平衡。

空间转录组数据的分析要经过质控、去批次、降维聚类、差异表达等基本分析，然后进行富集分析、共表达分析、相互作用分析、去卷积分析等深度分析。这些分析方法的基本原理与单细胞转录组数据分析类似。研究的共性及重要前提是，测定区域已经有明确或经验证的组织学区域划分（如脑、心脏等），或者易于自行设计区域划分和病理状态评估（如癌症或其他疾病病灶等）。此外，该技术通常会与其他组学的技术联合应用，从多个角度对科学问题进行解释。例如，空间转录组学通常与单细胞数据联合应用，以验证或揭示空间位置上的相互作用机制或发育轨迹。空间转录组技术已被广泛应用于各个领域，涵盖了发育、神经、肿瘤等领域，涉及大脑、肿瘤、胚胎、肝、皮肤等组织。

（朱华庆）

第二章　真核生物 DNA 复制及损伤与修复

DNA 是生命体的遗传物质，DNA 的生物合成以复制的方式进行。DNA 复制（DNA replication）是指以亲代 DNA 链为模板按照碱基互补配对原则合成子代 DNA 链的过程。各种生物通过其自身 DNA 准确、完整的复制将其中蕴藏的生物遗传信息忠实地传给子代，以保证物种的连续性和基因组的完整性。

DNA 复制是受蛋白质、酶等生物大分子调控的有序复杂过程，原核生物和真核生物 DNA 复制的规律具有相似之处，但也存在差异，真核生物 DNA 复制的过程和参与的分子类型更为复杂，调控更为精确。各种体内外因素所导致的 DNA 组成与结构的变化会引起 DNA 损伤。在长期的进化中，无论是低等生物还是高等生物都形成了自身 DNA 损伤修复系统，可随时修复损伤的 DNA。DNA 如能得到正确修复，其结构恢复正常，细胞则可维持正常状态；当 DNA 修复不完全时，DNA 发生突变，可诱导细胞出现功能改变，其与疾病的发生密切相关。总之，研究 DNA 复制及损伤与修复的机制是探讨生命遗传奥秘的基础。

本章将重点讲述真核生物 DNA 复制及其调控，DNA 损伤与修复，以及 DNA 损伤修复缺陷与疾病的关系。

第一节　真核生物 DNA 复制及其调控

DNA 复制具有 4 个基本特性：①半保留复制；②双向复制；③半不连续复制；④复制的高保真性。由于真核生物 DNA 是线性的，其末端 DNA 的复制还涉及逆转录过程。真核生物 DNA 复制过程与原核生物相似，但参与复制的酶和蛋白调节因子更为多样，其过程也更为复杂并受到严格调控。因此，本节重点介绍真核生物 DNA 复制基本过程及调控和线粒体 DNA 复制与调控。

一、真核生物 DNA 复制的基本过程

针对参与真核生物 DNA 复制的酶和蛋白质因子及真核生物 DNA 复制的基本过程，本部分只概括介绍，读者可以参照原核生物 DNA 复制过程进行对比学习。

（一）主要参与真核生物 DNA 复制的酶类和蛋白质因子

DNA 的复制是一个多酶催化的反应过程，有多种酶类和蛋白质因子参与真核生物 DNA 的复制过程。

1. DNA 拓扑异构酶　拓扑是指物体或图像做弹性移位而保持物体原有的性质。当 DNA 复制从复制起点开始向两个方向复制时，局部 DNA 双链的打开主要靠解旋酶的作用，但在复制叉向复制起点两侧移动时能引起 DNA 盘绕过度，产生正超螺旋结构，从而造成 DNA 分子打结、缠绕、连环等现象。DNA 拓扑异构酶（简称拓扑酶）能改变 DNA 超螺旋状态，可以松弛正超螺旋，从而有利于复制叉的前进和 DNA 的合成。在 DNA 复制完成后，拓扑酶又可将超螺旋结构引入 DNA 分子，使 DNA 缠绕、折叠、压缩形成染色体。

拓扑酶广泛存在于原核生物和真核生物中，主要分为 Ⅰ 型拓扑酶和 Ⅱ 型拓扑酶两种。拓扑酶通过切断正超螺旋中的一条链（Ⅰ 型拓扑酶）或两条链（Ⅱ 型拓扑酶），使复制中的 DNA 解结、连环或解连环，从而使 DNA 适度盘绕。在 DNA 复制末期，母链 DNA 与新合成的 DNA 链也会互相缠绕，形成打结或连环，也需要拓扑酶进行理顺，使 DNA 分子一边解链，一边复制。可见，拓扑酶参与了 DNA 复制全过程。

2. DNA 聚合酶　在真核细胞中发现至少有 15 种 DNA 聚合酶（表 2-1），其中 5 种常见的真核

DNA 聚合酶是聚合酶 α、聚合酶 β、聚合酶 γ、聚合酶 δ 和聚合酶 ε。聚合酶 α 负责引物合成；聚合酶 δ 负责 DNA 随从链复制，核苷酸切除修复和碱基切除修复；聚合酶 ε 负责 DNA 前导链复制，DNA 修复；聚合酶 β 可能与碱基切除修复有关；聚合酶 γ 负责线粒体 DNA 复制和损伤修复。

表 2-1　真核细胞 DNA 聚合酶的类型和功能

聚合酶	亚基数目	功能
聚合酶 α	4	引物合成
聚合酶 β	1	碱基切除修复
聚合酶 γ	3	线粒体 DNA 复制和损伤修复
聚合酶 δ	2～3	DNA 随从链复制，核苷酸切除修复和碱基切除修复
聚合酶 ε	4	DNA 前导链复制，DNA 修复
聚合酶 θ	1	DNA 交联损伤修复
聚合酶 ζ	1	跨损伤 DNA 合成
聚合酶 λ	1	减数分裂相关的 DNA损伤修复
聚合酶 μ	1	体细胞高频突变
聚合酶 κ	1	跨损伤 DNA 合成
聚合酶 η	1	跨损伤 DNA 合成（可穿越环丁烷二聚体）
聚合酶 τ	1	跨损伤 DNA 合成，体细胞高频突变
Rev 1	1	跨损伤 DNA 合成

3. 复制蛋白 A（replication protein A，RPA）　是单链 DNA 结合蛋白，以异源三聚体形式存在。RPA 可促使双螺旋 DNA 进一步解旋，在一定条件下激活聚合酶 α（引发酶）活性，并且是复制因子 C（replication factor C，RFC）和增殖细胞核抗原（proliferating cell nuclear antigen，PCNA）合成 DNA 所必需的。RPA 三聚体中 P70 亚基可结合聚合酶 α 亚基。这些相互作用是组装引发体复合物所必需的。RPA 还参与 DNA 的重组和修复。

4. 复制因子 C　真核生物复制因子 C（RFC）含有 5 个亚基（P140、P40、P38、P37 和 P36）。其中大亚基 P140 的 N 端具有 DNA 结合活性，负责结合 PCNA。3 个小亚基 P40、P37 和 P36 组成稳定的核心复合物，具有依赖 DNA 的 ATPase 活性，但必须有大亚基 P140 存在下，其 ATPase 活性才可被 PCNA 所激活。此外，P38 可能在 P140 和核心复合物之间起连接作用。

RFC 的主要作用是促使同源三聚体 PCNA 环形分子结合引物模板链或双螺旋 DNA 的切口。此外，RFC 还具有夹子装配器的功能——将环形 DNA 夹子 PCNA 装配到 DNA 模板上。

5. 增殖细胞核抗原（PCNA）　为同源三聚体，可形成闭合环形的“DNA 夹子”。通过 RFC 介导，PCNA 三聚体装载于 DNA 模板链，并可沿 DNA 滑动。当 DNA 合成完成时，RFC 还能将 PCNA 三聚体从 DNA 上卸载。所以，PCNA 是在 DNA 复制中使聚合酶 δ 获得持续合成能力的进行性因子。

PCNA 还可与许多蛋白质分子相结合，如核酸酶 FEN1、DNA 连接酶 Ⅰ、周期蛋白依赖性激酶（CDK）抑制蛋白 P21、P53 诱导蛋白 GADD45、核苷酸切除修复蛋白 XPG、DNA（胞嘧啶-5）甲基转移酶、错配修复蛋白 MLH1 和 MSH2，以及细胞周期蛋白 D 等。提示 PCNA 是参与协调 DNA 复制、修复、表观遗传和细胞周期调控的核心因子。

6. DNA 连接酶　可以在 DNA 链的 3′-OH 端和相邻 DNA 链的 5′-P 端之间形成磷酸二酯键，从而把两段相邻的 DNA 链连接起来。DNA 连接酶的催化作用需要消耗 ATP。实验证明：DNA 连接酶可以连接互补双链中的单链缺口，但不能连接单独存在的 DNA 单链或 RNA 单链。DNA 复制中模板链是连续的，新合成的随从链是不连续的分段合成，片段间的缺口由 DNA 连接酶形成磷酸二酯键进行封闭。

DNA 连接酶不但在 DNA 复制中起最后接合缺口的作用，在 DNA 修复、重组和剪接中也起缝合缺口的作用。如 DNA 两股都有单链缺口，只要缺口前后的碱基互补，DNA 连接酶就可发挥作用。因此，DNA 连接酶也是基因工程的重要工具酶之一。

7. 核酸酶 FEN1 和 RNase H Ⅰ 核酸酶 FEN1 是一种可特异性切割具有“盖子”（flap）结构的 DNA 内切酶。人和小鼠的 FEN1 分子为一条多肽链，具有核酸内切酶和 5′ → 3′ 核酸外切酶活性。FEN1 可特异性地去除冈崎片段 5′ 端的 RNA 引物，这一过程还需要其他因子如 PCNA、DNA2 解旋酶参与。如果 DNA 双螺旋的一端发生解旋，一条链的 5′ 端因部分序列游离而形成盖子结构，FEN1 可发挥核酸内切酶活性，有效切割盖子结构的分支点，释放未配对片段。如果 DNA（或 RNA）的 5′ 端序列完全互补，没有盖子结构，FEN1 就通过 5′ → 3′ 外切酶活性降解 DNA（或 RNA）片段。

RNase H Ⅰ 是核酸内切酶，在冈崎片段合成完成时参与切除 5′ 端 RNA 引物，具有底物识别特异性，其底物 RNA 连接在 DNA 链的 5′ 端（像冈崎片段中那样），但切割后仍在 DNA 链的 5′ 端残留一个核糖核苷酸，这个核苷酸可再被 FEN1 进行切除。

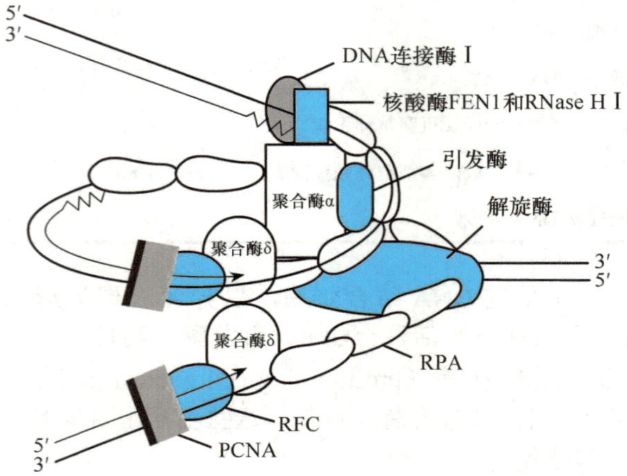

图 2-1 真核生物 DNA 复制叉模型

（二）真核生物 DNA 复制叉形成

瓦加（Vaga）和列文（Levin）等提出了真核生物 DNA 复制叉形成模型，该模型总结了参与真核生物 DNA 复制叉的主要分子及其在复制起始阶段的主要功能（图 2-1）。每个复制叉有一个聚合酶 α 复合物和两个聚合酶 δ 复合物，前者合成 RNA-DNA 引物，而后者的功能类似于大肠埃希菌的 DNA 聚合酶Ⅲ，即一个聚合酶 δ 复合物负责合成前导链（目前已证明前导链由聚合酶 ε 合成），另一个合成后随链。

RFC 识别引物和起始 DNA（initiator DNA，iDNA）的 3′ 端并去除聚合酶 α，然后 PCNA 结合 DNA 模板链并引入聚合酶 δ。核酸酶 RNase H Ⅰ 和 FEN1 负责切除成熟冈崎片段 5′ 端的 RNA 引物，然后聚合酶 δ（或聚合酶 ε）负责填补冈崎片段之间的空隙，最后由 DNA 连接酶 Ⅰ 封口。RPA 的功能类似于大肠埃希菌的单链结合蛋白（single stranded DNA-binding protein，SSB）。另外，解旋酶对于复制叉的形成和移动必不可少。拓扑异构酶对于释放复制叉前进时产生的扭曲应力十分重要。

（三）真核生物 DNA 链延伸

识别染色体 DNA 复制起点和 DNA 局部解旋后，聚合酶 α 复合物结合于复制起点，这一步叫作引发体组装。引发体组装包括 DNA 解旋酶与聚合酶 α 相互作用。在 SV40 DNA 复制起点，T 抗原（DNA 解旋酶）、聚合酶 α 和 RPA 相互作用，协调一致，共同起始 DNA 合成。

DNA 链的延伸需要 DNA 聚合酶 α/δ 转换。在前导链，DNA 聚合酶 α/δ 转换出现在引发阶段，而随从链则发生于每个冈崎片段合成之际（图 2-2）。

聚合酶 α 在被 RPA 覆盖的单链 DNA 模板上合成 RNA-DNA 引物（≈40nt）。引物一旦合成，RFC 立即结合 iDNA 的 3′ 端，取代聚合酶 α。发生 DNA 聚合酶 α/δ 转换可能是因为聚合酶 α 不具备持续合成能力，而且 RFC 紧密结合引物-模板接合处，促使 PCNA 和聚合酶 δ 接踵而至，由具有持续合成能力的聚合酶 δ 延伸 DNA 链。可见，DNA 聚合酶 α/δ 转换的关键蛋白是

RFC。在前导链，PCNA/聚合酶 δ 复合物至少连续合成 5～10kb。在随从链，冈崎片段合成至遇到前一个冈崎片段为止，后者的 RNA 引物被 RNase H Ⅰ和 FEN1 切除，留下的切口由 DNA 连接酶连接。

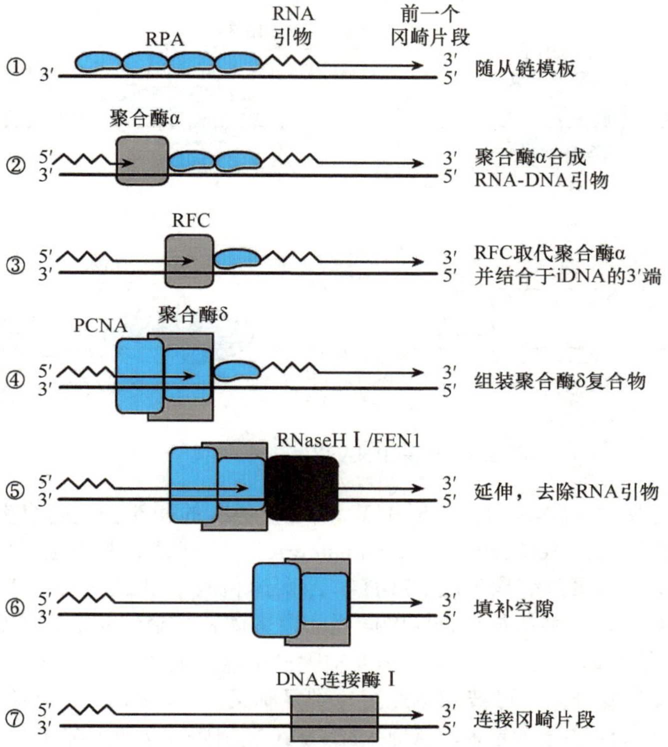

图 2-2　真核生物 DNA 聚合酶转换和后随链合成

（四）切除 RNA 引物的机制

冈崎片段的成熟过程是指将不连续合成产生的短冈崎片段转变成长的无间隙 DNA 产物，这一过程包括切除 RNA 引物、填补间隙、连接两个 DNA 片段等。在随从链的成熟过程中，切除冈崎片段 5′端 RNA 引物依赖两种核酸酶（RNase H Ⅰ和 FEN1）。具体步骤是，首先 RNase H Ⅰ切割连接在冈崎片段 5′端的 RNA 引物片段，在 RNA-DNA 引物连接点旁留下一个核糖核苷酸，然后由 FEN1 切除最后这个核糖核苷酸（图 2-3A）。

还有一种方式切除冈崎片段 5′端的 RNA 引物。DNA2 解旋酶具有依赖 DNA 的 ATPase、3′→5′解旋酶活性，其解旋作用可以使前一个冈崎片段的 5′端引物形成盖子结构，再由 FEN1 的内切酶活性切除（图 2-3B）。不仅冈崎片段 5′端的 RNA 引物被切除，由聚合酶 α 合成的 iDNA 也可能在 DNA2 解旋酶的解旋作用下被新生的冈崎片段所置换，然后被 FEN1 切除，形成的空隙由聚合酶 δ 或聚合酶 ε 负责填补，这两种酶的 3′→5′外切核酸酶活性将增强复制的准确性，维持细胞基因组的完整。

（五）真核生物 DNA 合成后组装成核小体

真核生物 DNA 不是裸露的 DNA，而是需要与组蛋白组装形成核小体结构。复制后的染色质 DNA 需要重新装配，原有组蛋白及新合成的组蛋白结合到复制叉后的 DNA 链上，使 DNA 合成后立即组装形成核小体。核小体的破坏仅局限在紧邻复制叉的一段短的区域内，复制叉的移动使核小体破坏，但是复制叉向前移动时，核小体在子链上又迅速形成。

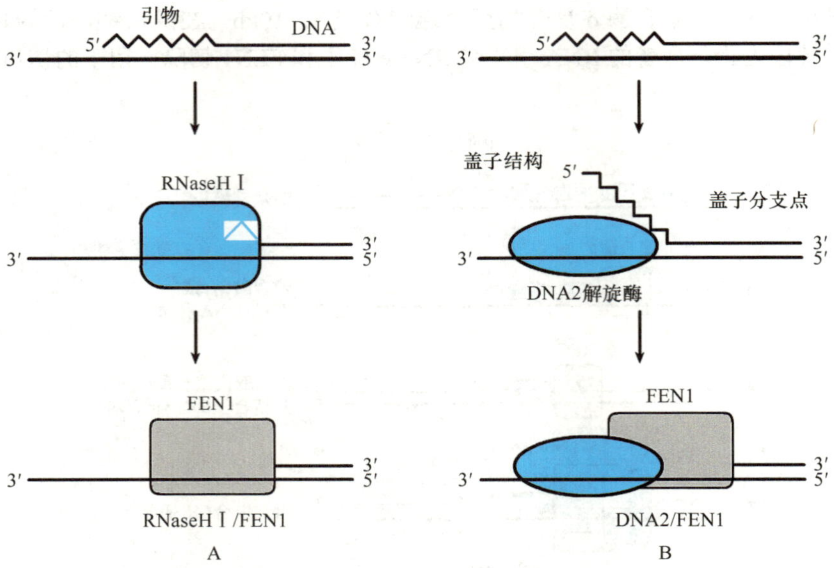

图 2-3 切除 RNA 引物的两种机制

在真核生物细胞的 S 期（DNA 复制的时期），用等量已有的和新合成的组蛋白混合物装配染色质的途径称作复制-偶联途径（replication-coupled pathway）。其基本过程是 DNA 复制时复制叉向前移行，前方核小体组蛋白八聚体解聚形成 $(H3\text{-}H4)_2$ 四聚体和两个 H2A-H2B 二聚体，产生的已有的 $(H3\text{-}H4)_2$ 四聚体和 H2A-H2B 二聚体与新合成的同样的四聚体和二聚体在复制叉后约 600bp 处与两条子链随机组装形成新的核小体。核小体的形成需要辅因子染色质组装因子 1（CAF-1）的参与。CAF-1 是由 5 个亚基组成的蛋白复合体，可被 PCNA 招募到复制叉上。CAF-1 作为与组蛋白结合的伴侣分子，将 DNA 复制和核小体组装连接起来，保证了在 DNA 复制后可立即组装成核小体。

二、真核生物 DNA 复制的调控

真核生物 DNA 复制的调控主要发生在 DNA 复制的起始和末端，且和细胞周期密切相关。

（一）真核生物 DNA 复制起始的调控

真核生物的细胞周期分为 4 个时期，其中 G_1 期、S 期和 G_2 期为细胞间期，主要执行细胞正常的代谢，M 期为细胞分裂期，即母细胞分裂为两个子细胞。在细胞周期中，细胞在进入下一个细胞时期前必须准备有足够的物质和原料，以防 DNA 复制和细胞分裂发生紊乱。因此，细胞周期存在一些检查点（checkpoint），可防止在细胞周期的上一个时期还没完全完成时过早进入到下一个时期。细胞周期中至少存在着两个检查点，分别存在于 G_1 期和 G_2 期，主要由周期蛋白（cyclin）和周期蛋白依赖性激酶（CDK）进行调控。

1. 参与 DNA 复制的酶和相关蛋白质因子的表达调控 在一些因子的作用下，cyclin 的基因被激活表达上调，与 CDK 结合，进而激活 CDK 的激酶活性，在细胞核中激活相关因子，促进 DNA 复制相关的酶和蛋白质因子的合成。

2. 参与 DNA 复制起始的调控 真核细胞染色体 DNA 的复制仅仅出现在细胞周期的 S 期，而且只能复制一次。染色体任何一部分的不完全复制，均可能导致子代染色体分离时发生断裂和丢失。不适当的 DNA 复制也可能产生严重后果，如增加基因组中基因调控区的拷贝数，从而可能在基因表达、细胞分裂、对环境信号的应答等方面产生灾难性影响。

真核生物 DNA 复制的起始分为两个阶段，即复制基因的选择和复制起始点的激活，分别出现于细胞周期的特定阶段。复制基因（replicator）是指 DNA 复制起始所必需的全部 DNA 序列。

复制基因的选择出现于 G_1 期，在这一阶段，基因组的每个复制基因位点均组装为前复制复合体（pre-replication complex，pre-RC），又称复制许可因子（replication licensing factor，RLF）。复制起始点的激活仅出现于细胞进入 S 期以后，这一阶段将激活 pre-RC，募集若干复制基因结合蛋白和 DNA 聚合酶，并起始 DNA 解旋。因此，DNA 复制起始的这两个阶段可以确保每个染色体在每个细胞周期中仅复制一次。

在复制基因的选择阶段（G_1 期）将组装形成 pre-RC。pre-RC 由 4 种蛋白组成，它们按顺序在每个复制基因位点进行组装（图 2-4）。首先，由起点识别复合物（origin recognition complex，ORC）识别并结合复制基因；随后，ORC 至少募集两种解旋酶加载蛋白 Cdc6 和 Cdt1；最后，这 3 种蛋白一起募集真核细胞解旋酶 Mcm2-7。

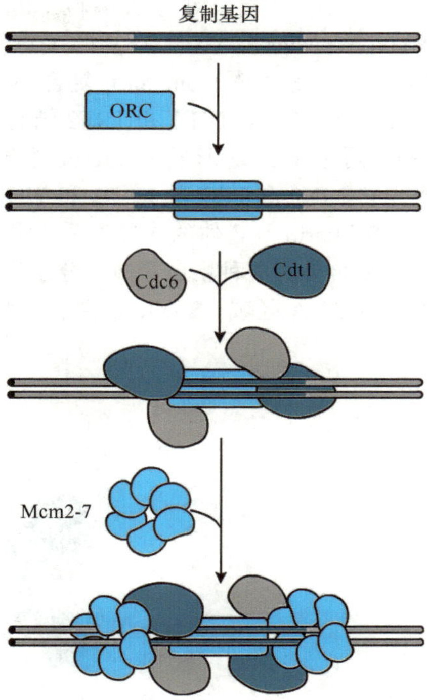

图 2-4　前复制复合体（pre-RC）的形成

真核细胞中，pre-RC 只能在 S 期被 CDK2 激活并起始复制。pre-RC 在 G_1 期形成时，复制起始点并不会立即进行解旋或募集 DNA 聚合酶。当细胞周期进入 S 期，cyclin A 与 CDK2 结合后进而激活 CDK2，促使 pre-RC 磷酸化，从而被激活。pre-RC 磷酸化后可在复制起点招募其他复制因子组装并起始复制，这些复制因子包括 3 种 DNA 聚合酶（聚合酶 δ、聚合酶 ε 和聚合酶 α）。pre-RC 在被激活后或它们所结合的 DNA 被复制后即发生解体。cyclin 和 CDK 在细胞周期中的功能见第十章“细胞增殖的分子调控”。

（二）真核生物 DNA 复制末端的调控

真核生物染色体是线性 DNA。线性 DNA 复制时，随从链合成的各片段去除引物后，由 DNA 聚合酶来填补空隙，但线性 DNA 末端的 RNA 引物去除后，由于 DNA 聚合酶不能催化 3′→5′ 的聚合反应，末端的空隙无法填充，可能会造成染色体 DNA 随着复制而逐渐缩短。但事实并非如此，因为真核生物线性染色体的末端有一种特殊结构，称为端粒（telomere），在端粒酶（telomerase）的参与下，端粒以特殊的复制机制来确保染色体 DNA 链的完整性。

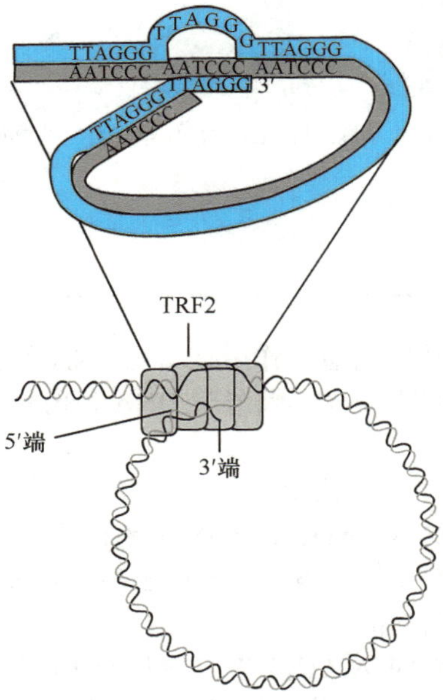

图 2-5　T-loop 结构

1. 端粒的结构　端粒是真核生物染色体末端膨大成颗粒状的结构，形态学上像顶帽子那样盖在染色体的末端，这是因为末端 DNA 上有与之紧密结合的端粒结合蛋白。真核生物的染色体末端为线性的 3′ 突出末端，与许多端粒蛋白结合组成端粒帽子结构从而保护其不被降解。不同物种真核生物的端粒长度存在差异，在酵母中大概为几百个碱基对，人类为 5～15kb，而在鼠类则达到 40～50kb。哺乳动物端粒 DNA 由富含 G 的 5′-TTAGGG-3′ 重复序列链（G 链）和富含 C 的 3′-CCCTAA-5′ 重复序列链（C 链）组成。在结构上，端粒是由双链 DNA 和单链 DNA 共同组成，其中双链 DNA 构成端粒的大部分，而单链 DNA 是 G 链上突出的大约 100 个核苷酸链。G 链上的突出部分（G-overhang）可穿插到端粒 DNA 双链的局部区域，代替双链中的一条链，并与相关的端粒结合蛋白共同形成 T 环（T-loop）结构（图 2-5）。

端粒结合蛋白是形成端粒 T-loop 结构和保护 DNA 端粒末端免受 DNA 双链断裂（double-strand breakage，DSB）修复的关键因素，主要有两大类端粒结合蛋白，分别为 Shelterin 复合体和 CST 复合体。Shelterin 复合体由 6 种蛋白组成，即 TRF1、TRF2、RAP1、TIN2、TPP1 和 POT1（图 2-6）。TRF1 和 TRF2 结合端粒双链部分，而 POT1 结合在 G 链的突出部分。TIN2 和 TPP1 两个蛋白是形成 Shelterin 复合物的连接蛋白，TIN2 结合 TRF1、TRF2 和 TPP1，TPP1 分别结合 TIN2 和 POT1，RAP1 和 TRF2 结合，从而使端粒双链结合蛋白和单链结合蛋白连接在一起。Shelterin 复合体的 6 种蛋白质组成一个功能单位，任何一个缺失将影响其对端粒的保护作用。CST 复合体由 3 种蛋白组成，分别为 CTC1、STN1 和 TEN1。哺乳动物的 CST 复合体结合在端粒的单链 DNA 区域。Shelterin 复合体和 CST 复合体的功能见表 2-2。

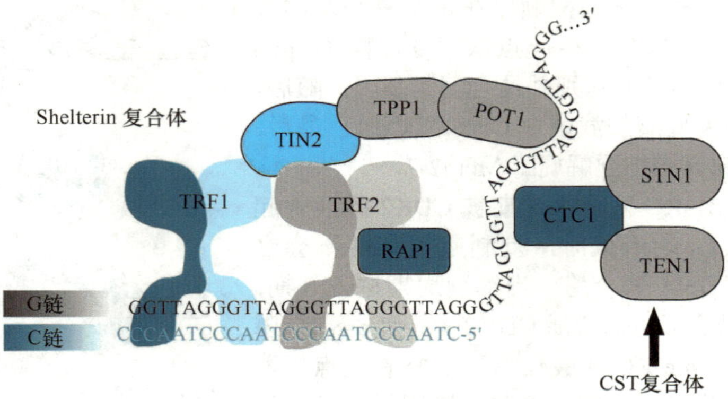

图 2-6 Shelterin 复合体和 CST 复合体示意图

表 2-2 人类 Shelterin 复合体和 CST 复合体的组成及功能

复合体	蛋白质分子	功能
Shelterin 复合体	TRF1	双链端粒结合蛋白；促进端粒复制；端粒长度负调控
	TRF2	保护端粒免受非同源末端连接蛋白（NHLJ）损伤
	RAP1	招募 TRF2，抑制端粒的再结合
	TIN2	稳定 Shelterin 复合物，与 TPP1 结合招募端粒酶
	TPP1	增加 POT1 与端粒单链结合；刺激端粒酶持续合成能力
	POT1	结合端粒单链；在缺少 TPP1 时抑制端粒酶活性
CST 复合体	CTC1	与 POT1/TPP1 结合抑制端粒酶活性，竞争性结合端粒单链；与 STN1/TEN1 结合增加引物酶结合 DNA 模板的能力
	STN1	与 CTC1 结合增加引物酶结合 DNA 模板的能力
	TEN1	稳定 CTC1 和 STN1 的结合

2. 端粒 DNA 的复制 真核生物端粒 DNA 复制在细胞分裂中起着重要作用。端粒 DNA 复制失败则不能产生特定的端粒 DNA 长度和序列，从而失去端粒的保护结构，将导致 DNA 损伤修复异常和基因不稳定性，最终导致细胞周期停止和细胞凋亡。

20 世纪 80 年代中期发现了端粒酶（telomerase）。1997 年，人端粒酶基因被克隆成功并鉴定出该酶由三部分组成：人端粒酶 RNA（human telomerase RNA，hTR）、人端粒酶协同蛋白（human telomerase associated protein 1，hTP1）和人端粒酶逆转录酶（human telomerase reverse transcriptase，hTRT）。端粒酶兼有提供 RNA 模板和催化逆转录的功能。

端粒酶是通过爬行模式（inchworm model）的机制合成端粒 DNA（图 2-7）。端粒 DNA 的合成过程可分为 3 个步骤（图 2-7）：①端粒酶借助其自身 RNA 与 DNA 单链的互补碱基序列进行配对，使端粒酶能结合到 DNA 的末端；②端粒酶以 RNA 为模板，以互补的 DNA 模板 3′ 端为引物，以 dGTP 和 dTTP 为原料，延长 DNA 模板链；③延长的 DNA 末端与互补的 RNA 模板解链，端粒酶重新定位于模板 DNA 的 3′ 端，开始下一轮的聚合反应。经过多次移位、聚合的反复循环，使端粒的 TG 链达到一定的长度，然后端粒酶脱离母链，随后 RNA 引物酶以母链为模板合成引物，招募 DNA 聚合酶，在 DNA 聚合酶催化下填充子链，最后引物被去除。端粒酶延长端粒主要由 CST 复合体进行调控。CST 复合体可以隔离端粒酶，防止端粒酶与端粒结合；还可与促进端粒酶持续合成的 POT1-TPP1 复合体结合，抑制端粒酶的活性。CST 复合体的缺失将导致端粒酶过度延长端粒。

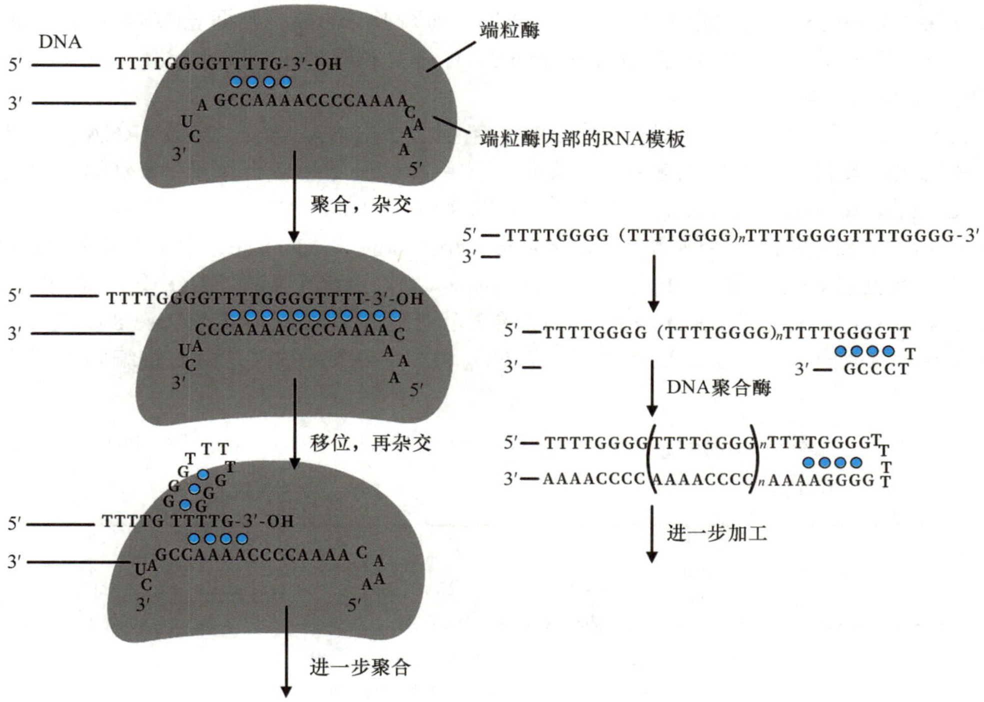

图 2-7　端粒酶催化的爬行模式和端粒的延长过程

（三）DNA 复制的时序调控

真核生物 DNA 复制遵循特定的时间顺序被称为复制时序（replication timing，RT），哺乳动物控制复制时序的碱基序列为 400～800kb，又称复制域（replication domain）。复制时序与基因组架构的生成和转录功能密切相关，复制时序的缺陷将导致染色体浓缩、染色体聚集和基因组不稳定性、基因表达调控异常，与一些疾病的发生密切相关。

细胞学研究表明早期 DNA 复制位点弥散分散于细胞核中，晚期 DNA 复制位点极为贴近细胞核纤层和核仁。利用高通量染色质构象捕获技术（Hi-C）在分子水平揭示了存在两个主要的被分隔开的染色质相互作用位点 A 和 B，A 和 B 位点分别关联复制时序的早期及晚期。Hi-C 也检测到存在调节染色质自身相互作用的 DNA 区域，被称为拓扑相关区域（topologically associating domain，TAD），A 和 B 位点分别由数个邻近的 TAD 组成，特定的 TAD 可以改变复制时序和 A、B 位点分布。TAD 结构和 A、B 位点的生成在细胞有丝分裂时被拆分，在细胞周期 G_1 早期又重建。最近的研究显示，在 16 号染色体发现了 3 种不连续的特定序列的 TAD，被命名为早期复制控制元件（early replication control element，ERCE），这些元件具有增强子和启动子功能，敲除这些元件，可损害 TAD 的空间结构，导致染色质复制时序从早期向晚期转换，并发生 A、B 位点的位移，以及转录功能的丧失等。

三、线粒体 DNA 复制与调控

动物线粒体和植物叶绿体环状双链 DNA 的复制常采用 D 环复制（D-loop replication）模式。下面主要以哺乳动物为例来说明线粒体 DNA 复制的基本过程与调控。

（一）线粒体 DNA 结构和复制基本过程

1. 线粒体 DNA 结构　一般一个线粒体有 4～6 个 mtDNA 拷贝，一个哺乳动物细胞中含有 1000～10 000 个 mtDNA 拷贝。与细胞核 DNA 相比，mtDNA 非常小，为结构紧密的双链闭合环状分子，是哺乳动物细胞存在于细胞核基因组之外唯一具有独立复制功能的遗传物质。1981 年，英国安德森（Anderson）等测定出人 mtDNA 全长序列为 16 569bp。根据 mtDNA 在氯化铯密度梯度离心中双链密度不同，分为重链（heavy strand，H 链）和轻链（light strand，L 链），其中 H 链富含嘌呤，L 链富含嘧啶。

人 mtDNA 含有 37 个编码基因（图 2-8），包括 2 个 rRNA 基因、22 个 tRNA 基因及 13 个与线粒体氧化磷酸化功能相关的多肽编码基因，这些多肽分布于复合体Ⅰ（NADH-泛醌还原酶，NADH: ubiquinone reductase，ND）中 7 个亚基（ND_1、ND_2、ND_3、ND_4、ND_{4L}、ND_5、ND_6）；复合体Ⅲ（泛醌-细胞色素 c 还原酶，ubiquinone-cytochrome c reductase）中 1 个亚基（Cytb）；复合体Ⅳ（细胞色素 c 氧化酶，cytochrome c oxidase，CO）中 3 个亚基（COⅠ、COⅡ、COⅢ）和复合体Ⅴ（ATP 合酶、ATP synthase）中 F_0 的 2 个亚基（ATPase 6 和 ATPase 8）。这 13 种多肽均是呼吸链的组成成分，位于线粒体内膜。除 ND_6 和 8 个 tRNA 基因是由 L 链编码外，其余基因均由 H 链编码。

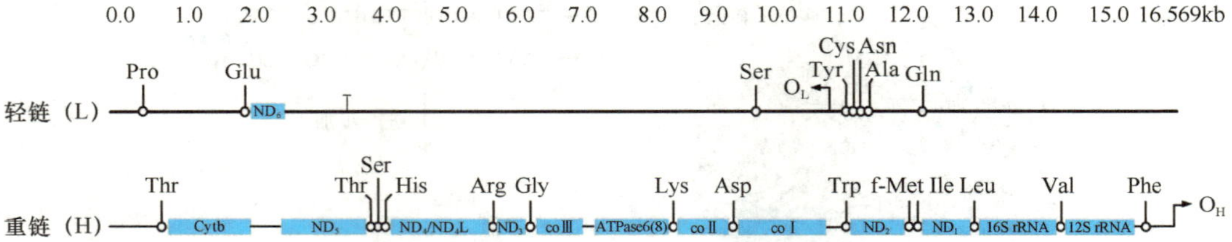

图 2-8　人线粒体基因组 DNA 图谱

O_H：重链复制起始点；O_L：轻链复制起始点

mtDNA 一般不与组蛋白结合，呈裸露的闭环结构，且 mtDNA 中基因排列紧密，无内含子，部分基因出现重叠，其遗传密码子与标准密码子不完全相同。

mtDNA 上的 D 环调控区（D-loop control region）位于 $tRNA^{pro}$ 和 $tRNA^{phe}$ 基因之间，包含 3 个保守序列节段（conserved sequence block，即 CSBⅠ、CSBⅡ、CSBⅢ）、终止结合序列（termination associated sequence，TAS）、重链复制起始点（origin of heavy-strand，O_H）等序列。重链复制起始点（O_H）与轻链复制起始点（origin of light-strand，O_L）相距整个环状 mtDNA 的 2/3 的位置。

2. mtDNA 复制的基本过程　哺乳动物 mtDNA 最常见的复制模式是 D 环复制，复制过程由 DNA 聚合酶 γ（pol γ）负责，复制起始点被分成 O_H 和 O_L 两个部分：首先在 O_H 处以 L 链为模板，从轻链启动子（light-strand promotor，LSP）启动转录出一段 RNA 引物，然后由 pol γ 催化，顺时针方向合成一个长度为 500～600bp 的 H 链片段，该片段与 L 链以氢键结合，取代亲代的 H 链，产生 D 环复制中间物。然后在各种复制相关酶和蛋白质因子的作用下，复制叉沿着 H 链合成的方向移动，新生成的 H 链片段继续合成。当 D 环膨胀到环形 mtDNA 约 2/3 位置时，即暴露出 L 链复制起始点 O_L，单股 DNA 吸引 mtDNA 引物酶合成第 2 个引物，并以原来的 H 链为模板，逆时针方向开始 L 链 DNA 的合成。L 链合成结束后，切除 RNA 引物，完成 DNA 环连接，最后以环状双螺旋结构释放（图 2-9）。

mtDNA 两个复制起始点的激活有先后顺序，两条链的复制也不是同时结束，D 环复制的特点是两条链的复制不同步。mtDNA 合成速度相当缓慢，每秒约合成 10 个核苷酸，整个复制过程需要 1 小时。新合成的 mtDNA 呈现松弛型，随后才进一步折叠为超螺旋 DNA。

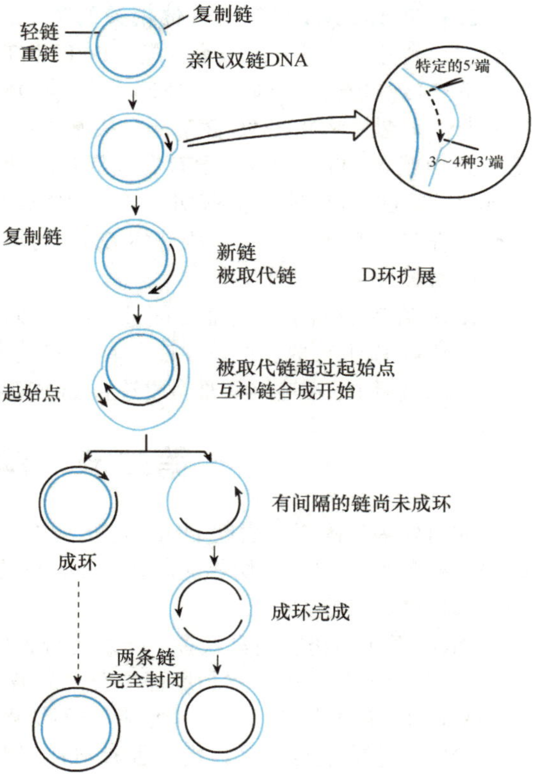

图 2-9　D 环复制模式

（二）参与线粒体 DNA 复制的主要分子及其调控

参与 mtDNA 复制体系的相关酶和蛋白质因子主要包括 DNA pol γ、解旋酶、拓扑异构酶、单链结合蛋白、引物酶、连接酶等。mtDNA 复制的调控包括复制起始的调控，编码复制组分核基因的表达调控，以及复制组件之间的相互作用。mtDNA 复制调控异常与疾病的发生密切相关。

1. DNA pol γ　是线粒体特殊的 DNA 聚合酶，具有持续合成 mtDNA 链和校正修复功能。DNA pol γ 是由两个亚基组成的异二聚体，不同生物的 DNA pol γ 区别很大。人 HeLa 细胞中提取的 DNA pol γ 是由核基因 *POLG1* 编码的催化亚基 α 和核基因 *POLG2* 编码的附属亚基 β 组成。α 亚基具有 5′ → 3′ 聚合酶活性，3 → 5′ 外切核酸酶活性，以及 5′-脱氧核糖磷酸裂解酶活性。β 亚基可增强 DNA 与 DNA pol γ 之间的亲和力，识别复制引物。

2. 解旋酶和拓扑异构酶　mtDNA 是环状 DNA 分子，在复制过程中解旋酶和拓扑异构酶负责改变 mtDNA 超螺旋结构，解开双链，在启动 mtDNA 复制的起始和延伸过程中发挥重要功能。TWINKLE 是哺乳动物线粒体内位于复制叉处的解旋酶，具有解旋酶活性，且需要消耗 ATP。TWINKLE 与 DNA pol γ 共同作用，利用单链 mtDNA 为模板，使 mtDNA 合成顺利进行。*TOP1* 基因编码线粒体拓扑异构酶，该蛋白的分子量约为 72kDa，具有缓解负超螺旋的能力。

3. 线粒体单链结合蛋白（mtSSB）　双链 DNA 解旋后，需要和 mtSSB 结合以保证链的延伸正常进行。和大肠埃希菌 SSB 序列相似，真核生物 mtSSB 与复制中间体的单链 DNA 结合，防止单链 DNA 再次复性或被 DNA 酶降解；同时 mtSSB 对 TWINKLE 的解旋活性和 DNA pol γ 的聚合活性具有促进作用，可确保 mtDNA 复制链的正常延伸。

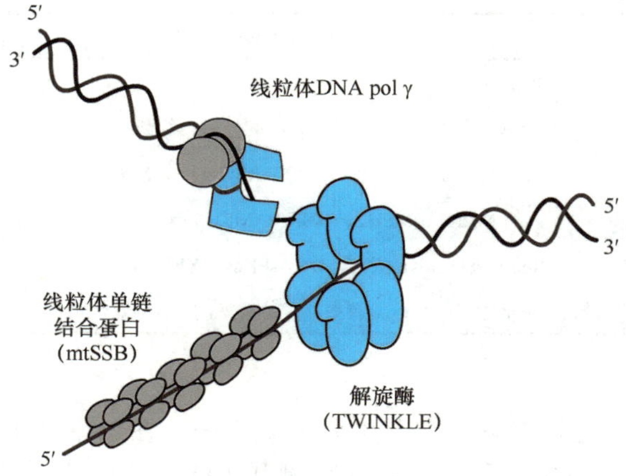

图 2-10　mtDNA 复制装置

4. mtDNA 复制装置　TWINKLE 单独存在时不能解开大于 55bp 的双链 DNA，DNA pol γ 单独存在时不能利用双链 DNA 作为模板合成新 DNA。因此，复制过程中 DNA pol γ 和 TWINKLE 首先需要形成特殊复制装置，利用双链 DNA 合成约 2kb 的单链 DNA 分子。随后，mtSSB 加入复合体中，进一步促进反应进行，最终产生约 16kb 的单链 DNA 产物（图 2-10）。

5. 参与 mtDNA 复制的其他相关酶类 mtDNA 的 H 链复制起始需要 RNA 引物。在 RNA 引物合成过程中，需要 RNA 聚合酶（POLRMT）、线粒体转录因子 A（TFAM）及线粒体转录因子 B（TFBM）参与。人体 POLRMT 为依赖 DNA 的 RNA 聚合酶，与 T3、T7 噬菌体的 RNA 聚合酶具有同源性。POLRMT 含有一个羧基端结构域（CTD）、一个氨基端结构域（NTD）和一个氨基端延伸域（NTE）。CTD 含有高度保守的催化功能域和引物识别域，NTD 包含启动子识别的重要元件，NTE 与转录抑制密切相关。TFAM 是第一个被发现的线粒体转录因子，可与 POLRMT 结合并在转录起始位点引发线粒体 DNA 的转录，促进引物的生成，TFBM 为 TFAM 和 POLRMT 连接的桥梁分子。

RNA 在完成其引物功能后即被切除，以确保 mtDNA 复制的完整性与高保真性。这一功能主要由 RNase H Ⅰ完成。RNase H Ⅰ具有核酸内切酶活性，主要在复制起始点发挥切除 RNA 引物的作用。最后 DNA 连接酶Ⅲ负责连接 mtDNA 单链切口。

第二节 DNA 损伤与修复

体内外多种因素会引起 DNA 损伤，生物体在进化过程中形成了 DNA 损伤修复系统，修复障碍与一些疾病的发生密切相关。研究 DNA 损伤与修复对于理解一些重要疾病的发生及寻找有效的干预措施意义重大。

DNA 损伤的诱发因素众多，一般可分为内部因素与外部因素。前者包括机体代谢过程中产生的有毒活性分子、DNA 复制过程中发生的碱基错配，以及 DNA 本身的热不稳定性等因素，可诱发 DNA 的“自发”损伤；后者包括电离辐射、化学毒物、药物、病毒感染、植物及微生物的代谢产物等。值得注意的是，内部因素与外部因素的作用有时是不能截然分开的，许多外部因素可通过影响内部因素来引发 DNA 损伤。DNA 损伤主要包括碱基丢失、碱基改变、核苷酸插入或缺失、DNA 链断裂和 DNA 链间或链内交联等类型。

一、DNA 损伤修复机制

DNA 损伤可能造成两种结果：一是导致复制或转录障碍；二是导致复制后产生基因突变（如胞嘧啶自发脱氨基转变为尿嘧啶），使 DNA 序列发生永久性改变。细胞内存在着灵敏的修复机制，能够识别和修复这些损伤，维持细胞的正常增殖和代谢。

DNA 损伤修复系统有几种类型（表 2-3），其中以切除修复最为普遍。一种 DNA 损伤可通过多种途径进行修复，而一种修复途径也可参与多种 DNA 损伤的修复过程。

表 2-3 真核细胞常见的 DNA 损伤修复类型

修复途径	修复对象	参与修复的酶或蛋白
直接修复	嘧啶二聚体	光修复酶
碱基切除修复	受损的碱基	DNA 糖基化酶、无嘌呤/无嘧啶核酸内切酶
核苷酸切除修复	嘧啶二聚体、DNA 螺旋结构的改变	人 XP 系列蛋白 XPA、XPB、XPC、…、XPG 等
错配修复	复制或重组中的碱基配对错误	人的 MLH1、MSH2、MSH3、MSH6 等
重组修复	双链断裂	RecA 蛋白、Ku 蛋白、DNA-PKcs、XRCC4
损伤跨越修复	大范围的损伤或复制中来不及修复的损伤	RecA 蛋白、LexA 蛋白，其他类型的 DNA 聚合酶

（一）碱基切除修复

碱基切除修复（base excision repair，BER）是较普遍的切除修复方式之一。在该系统中，DNA 糖苷酶（glycosidase）识别受损碱基并通过水解糖苷键切除受损碱基（图 2-11），从而在

DNA 骨架上产生一个无嘌呤嘧啶（脱氧核糖）位点（apurinic apyrimidinic site，AP 位点）。然后，AP 内切酶在 AP 位点的 5′端切断 DNA 骨架的磷酸二酯键，AP 外切酶再切割 AP 位点的 3′端，产生的缺口由 DNA 聚合酶利用未损伤的 DNA 链作为模板填补，最后 DNA 连接酶连接。这一方式可以修复细胞 DNA 中碱基（如 C）自发脱氨基产生的异常碱基（如 U）。脱嘌呤也是一种常见的细胞 DNA 损伤，也在 DNA 中产生 AP 位点，其修复和上述过程相似，只是不再需要 DNA 糖苷酶。

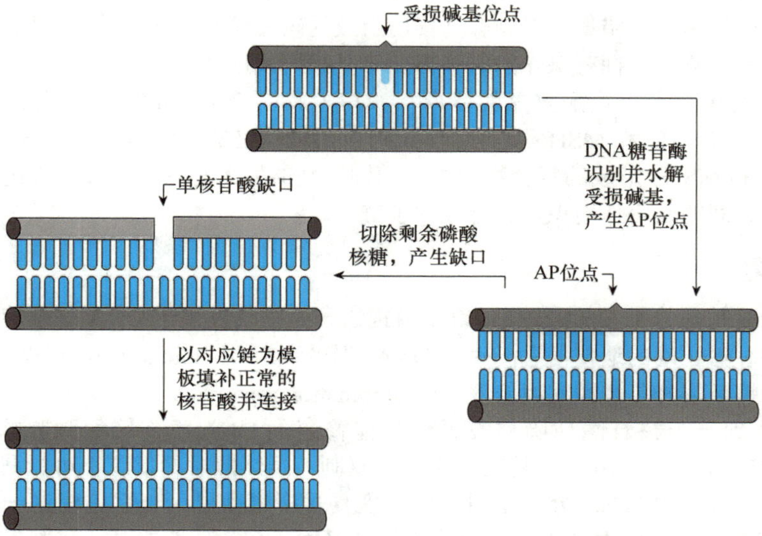

图 2-11 单碱基切除修复

在人细胞核中已发现 8 种 DNA 糖苷酶。它们参与的碱基切除修复具有 DNA 损伤位点识别特异性，其特异识别的异常碱基包括胞嘧啶脱氨基产生的尿嘧啶、氧化的鸟嘌呤（oxoG）、脱氨基的腺嘌呤、开环碱基及碳原子之间双键变成单键的碱基等。DNA 糖苷酶也可以切除 T-G 错配中的 T。T-G 错配产生于 5-甲基胞嘧啶自发脱氨基，这种现象在脊椎动物基因组中常见。由于 T 和 G 均为正常碱基，DNA 糖苷酶可特异性识别 T-G 错配中的 T（来自 5-甲基胞嘧啶自发脱氨基）进行切除。

（二）核苷酸切除修复系统

与碱基切除修复不同，核苷酸切除修复（nucleotide excision repair，NER）系统并不识别任何特殊的碱基损伤，而是识别 DNA 双螺旋形状的变形结构。例如紫外线（UV）照射产生的胸腺嘧啶二聚体及其他嘧啶二聚体（C-T 和 C-C），或某些致癌剂的巨大化学基团（如苯并芘、甲基胆蒽等烃基）对碱基的共价修饰而造成的 DNA 双螺旋形状变形。核苷酸切除修复系统可识别这种 DNA 的变形结构，在其两侧切断 DNA 链，接着解旋酶将包括损伤部位在内的单链 DNA 短片段去除，然后由 DNA 聚合酶和连接酶利用未损伤的 DNA 单链为模板修补缺口，从而恢复正常序列。

人类的 DNA 损伤的核苷酸切除修复过程需要 30 多种蛋白的参与。其修复过程如下：①首先由损伤部位识别蛋白 XPC 和 XPA 等，再加上单链结合蛋白 SSB，结合在损伤 DNA 的部位；② XPB、XPD 发挥解旋酶的活性，在上述蛋白共同作用下，受损 DNA 的周围形成一个凸起；③ XPG 与 XPF 发生构象改变，分别在凸起的 3′端和 5′端发挥核酸内切酶活性，在 PCNA 的帮助下，切除并释放受损的寡核苷酸；④遗留的缺损区由 DNA pol δ 或 pol ε 进行修补合成；⑤最后由 DNA 连接酶完成连接。

核苷酸切除修复不仅能够修复整个基因组中的损伤，而且能够修复那些正在转录的基因的模板链上的损伤，后者又称为转录偶联修复（transcription-coupled repair）。在此修复中，所不同的是，由 RNA 聚合酶承担起识别 DNA 损伤部位的任务。

（三）碱基错配修复

碱基错配是指非沃森-克里克（non-Watson-Crick）碱基配对。碱基错配修复也可被看作碱基切除修复的一种特殊形式，是维持细胞中 DNA 结构完整稳定的重要方式，主要负责纠正：①复制与重组中出现的碱基配对错误；②因碱基损伤所致的碱基配对错误；③碱基插入；④碱基缺失。从低等生物到高等生物，均拥有保守的碱基错配修复系统或途径。

真核细胞中有多种参与错配修复的蛋白，如与大肠埃希菌 MutS 高度同源的人类的 MSH2、MSH6、MSH3 等。MSH2 和 MSH6 复合体可识别包括碱基错配、碱基插入、碱基缺失等 DNA 损伤，而由 MSH2 和 MSH3 形成的复合物则主要识别碱基的插入与缺失。真核细胞可能是依赖修复酶与复制复合体之间的联合作用识别新合成的子链。

（四）重组修复

切除修复能够精确修复 DNA 损伤的重要前提之一是损伤发生于 DNA 双螺旋中的一条链，而另一条链仍然储存着正确的遗传信息。对于 DNA 双链断裂（double-strand breakage，DSB）损伤，细胞必须利用双链断裂修复，即重组修复（recombination repair）。

当复制叉遇到一个核苷酸切除修复系统未能修复的 DNA 损伤（如胸腺嘧啶二聚体）时，DNA 聚合酶有时将其暂停，并试图跨越损伤进行复制。虽然此时的复制不可能利用模板链，但通过与复制叉的另一个子代 DNA 分子重组，可以恢复其序列信息。一旦完成这一重组修复，核苷酸切除修复系统就获得另一次机会修复胸腺嘧啶二聚体。另一种情况是，复制叉遇到一个损伤缺口，复制叉跨越缺口将产生 DNA 断裂，修复这种损伤只能利用双链断裂修复。

大肠埃希菌的 *rec* 基因（*recA*、*recB*、*recC* 和 *recD*）编码的几种酶参与重组修复。RecBCD 酶复合物兼有解旋酶和核酸酶活性，它利用 ATP 水解提供能量沿着 DNA 运动。其中，RecB 和 RecD 是两种 DNA 解旋酶。当 RecBCD 酶遇到 chi 序列（5′-GCTGGTGG-3′），它就在其附近将单链 DNA 切断，从而使 DNA 重组成为可能。大肠埃希菌基因组大约有 1000 个 chi 序列，因 DNA 链交换位点的结构类似希腊字母 χ（chi）而得名。这种结构以发现者的姓名命为 Holliday 结构。RecA 蛋白在 DNA 重组中起关键作用，也被称为重组酶，RuvA 蛋白识别 Holliday 结构连接处，紧紧结合于单链 DNA，每圈结合 6 个 RecA 分子。

真核细胞参与重组修复的蛋白质的结构与功能和大肠埃希菌的相似。例如，RAD51 蛋白相当于 RecA，MRX 蛋白（或 RAD50、RAD58 和 RAD60）相当于 RecB、RecC、RecD。另一种参与重组修复的重要蛋白是 X-射线修复交叉互补蛋白（X-ray repair cross complementing，XRCC），它能与 DNA 连接酶形成复合物并增强连接酶的活力。真核生物 DNA 重组修复过程见图 2-12。

（五）跨损伤 DNA 合成修复

当 DNA 双链发生大范围的损伤时 DNA 损伤部位失去了模板作用，或复制叉已解开母链，致使修复系统无法通过上述方式进行有效修复。由于此类损伤是 DNA 聚合酶进行复制的障碍，复制体必须设法跨越损伤进行复制，或者被迫暂停复制。即使细胞不能修复这些损伤，自动防故障系统能够使复制体绕过损伤部位，这一机制就是跨损伤 DNA 合成（translesion DNA synthesis）。

跨损伤 DNA 合成使用一类特殊的 DNA 聚合酶，它们能够直接跨越损伤部位进行合成（图 2-13）。大肠埃希菌的跨损伤 DNA 合成由 UmuC-UmuD′ 复合物进行。UmuC 是 DNA pol γ 家族的成员。

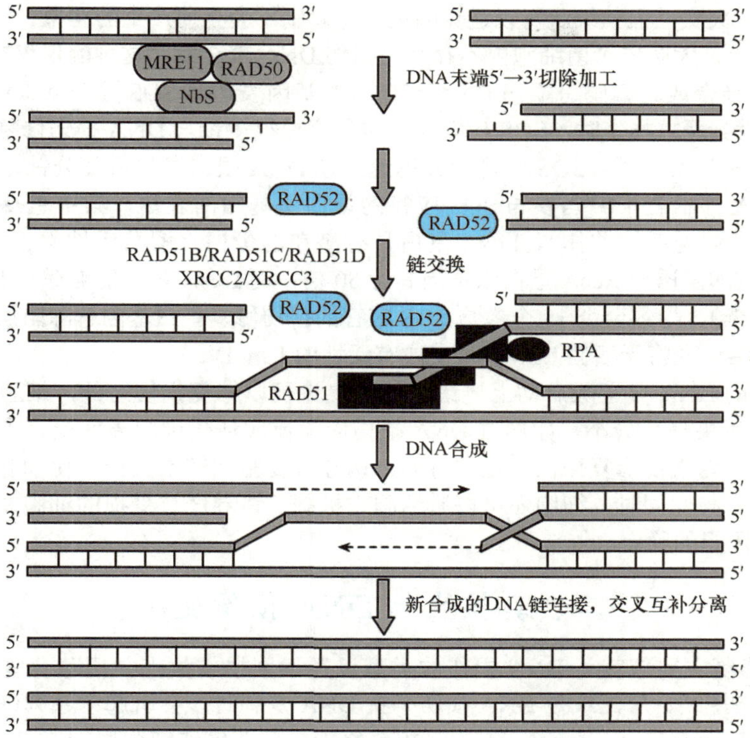

图 2-12　真核生物 DNA 重组修复过程

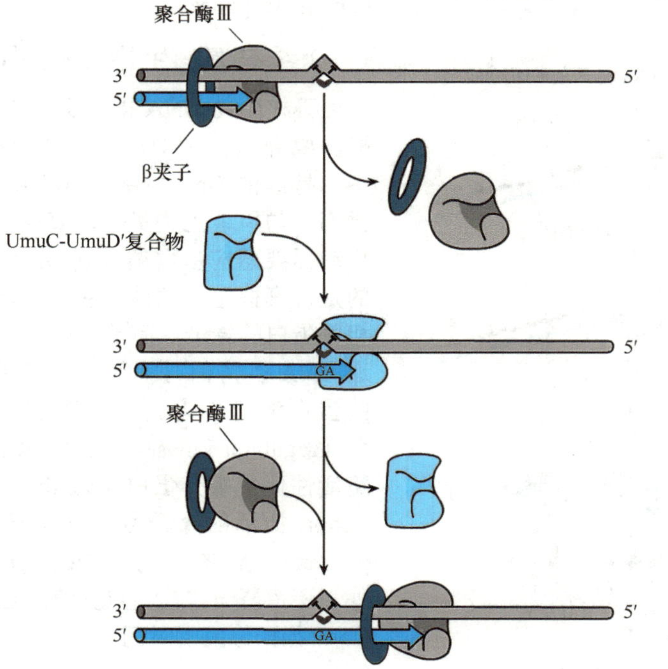

图 2-13　跨损伤 DNA 合成

这些跨损伤 DNA 聚合酶虽然依赖模板，但插入核苷酸时并不依赖碱基配对，这是它们能跨越模板链中的损伤合成 DNA 的原因。由于这些 DNA 聚合酶没有“阅读”模板链中的遗传信息，所以通常跨损伤 DNA 合成的差错率较高。虽然这种机制合成 DNA 具有高度的差错倾向（error-prone)，可能引入突变，但使细胞得以避免因染色体复制不完全而产生的恶果。

在正常环境中，大肠埃希菌细胞内不存在跨损伤DNA聚合酶，这种酶仅仅在对DNA损伤作出应答时才被诱导合成。编码跨损伤DNA聚合酶的基因表达是SOS应答（SOS response）的一部分。在DNA受到严重损伤时，SOS应答能够诱导合成很多参与DNA损伤修复（包括切除修复和重组修复）的酶和蛋白质。SOS应答十分迅速，在DNA损伤发生后几分钟之内即可出现。转录阻遏蛋白LexA抑制若干编码参与SOS应答的蛋白质基因的表达，其中包括UmuC和UmuD（UmuD是UmuD′的无活性前体）。LexA蛋白具有潜在的蛋白水解酶活性。大肠埃希菌的DNA损伤产生的单链DNA诱导RecA蛋白水平提高近50倍，而RecA蛋白能够激活LexA自我蛋白酶解（autoproteolysis），导致至少15个参与SOS应答的损伤修复蛋白基因解除阻遏状态而表达。相同的蛋白酶解激活途径将无活性UmuD转变成有活性的UmuD′。

此外，受损的DNA分子除启动上述诸多的修复途径以修复损伤之外，细胞还可以通过其他的途径将损伤的后果降至最小。如通过DNA损伤应激反应活化细胞周期检查点机制，延迟或阻断细胞周期进程，为损伤修复提供充足的时间，诱导修复基因转录翻译，使细胞能够安全进入新一轮的细胞周期。与此同时，细胞还可以激活凋亡机制，诱导严重受损的细胞发生凋亡，在整体上维持生物体基因组的稳定。

二、真核生物DNA损伤反应

DNA损伤修复主要依赖于DNA损伤的类型以及识别损伤位点并招募一些特异蛋白进行修复。但DNA损伤持续、广泛或是DNA损伤干扰DNA复制时，会引起一系列细胞反应，进一步招募修复蛋白并停滞细胞周期，直到DNA损伤修复完成。这些细胞反应统称为DNA损伤反应（DNA damage response）。

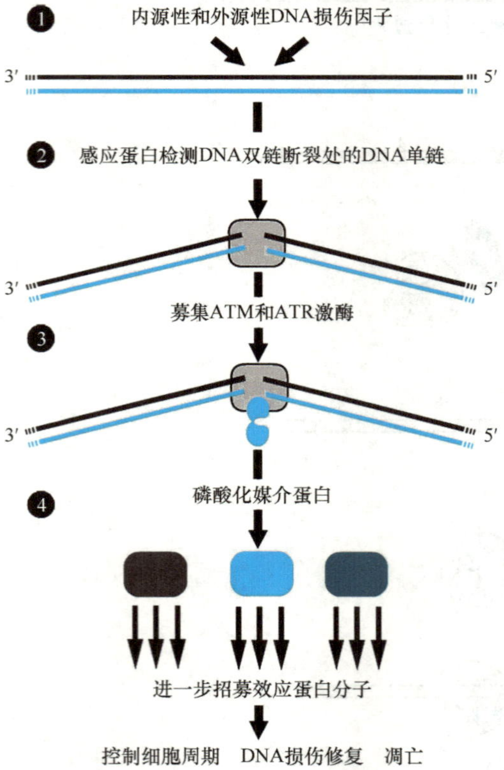

图 2-14 真核生物DNA损伤反应过程

ATM，共济失调毛细血管扩张症突变蛋白；ATR，共济失调毛细血管扩张突变基因Rad3相关激酶

（一）参与真核生物DNA损伤反应的相关蛋白

真核生物DNA损伤反应需要感应蛋白、调控激酶、媒介蛋白和效应蛋白的有序参与。在真核生物中，持续的DNA单链和双链的断裂提示DNA发生损伤。与原核生物类似，真核生物DNA损伤反应的启动需要感应蛋白结合到DNA损伤位点上。但不同的是，真核生物的感应蛋白并不直接调控DNA修复相关蛋白的转录，而是通过招募一系列蛋白激酶，传递DNA损伤信号而形成一个更加复杂的反应。这些蛋白激酶称为真核生物DNA损伤反应的调控激酶（regulator kinase）。磷酸化的调控激酶可发挥激酶活性促使媒介蛋白（mediator protein）磷酸化而被激活，激活的媒介蛋白进而招募效应蛋白（effector protein），后者参与DNA损伤修复（图2-14）。此外，还招募一些检查点激酶阻止细胞周期，从而延长DNA损伤修复的时间。

（二）感应蛋白RPA和MRN

在真核生物DNA损伤反应启动过程中，DNA单链结合蛋白RPA和DNA双链断裂结合蛋白MRN是最主要的两种感应蛋白。RPA能结合复制叉中DNA

聚合酶前面的 DNA 单链，保护 DNA 单链构象，发挥促进解旋酶结合 DNA 单链的作用。在正常的 DNA 复制中，RPA 随着 DNA 复制沿着 DNA 单链快速前进。在 DNA 损伤时，DNA 聚合酶被损伤部位阻止，而解旋酶仍可解开 DNA 双链，RPA 不断地结合到解开后的 DNA 单链中，由此不断累积 RPA-单链 DNA 作为 DNA 损伤信号，募集调控激酶并启动 DNA 损伤反应。此外，MRN 蛋白复合体可结合到 DNA 双链断裂处，并招募调控激酶或其他 DNA 双链断裂修复相关的蛋白，启动 DNA 损伤反应。

（三）调控激酶 ATR 和 ATM

ATR 和 ATM 都是磷酸肌醇 3-激酶相关蛋白激酶（phosphatidylinositide 3-kinase related protein kinase，PI3K），可传递 DNA 损伤反应信号。在 DNA 损伤位点，RPA 并不能直接激活调控激酶 ATR，而是招募 ATR 的相互作用蛋白 ATRIP、RAD17 和 TOPBP1 蛋白到 DNA 损伤位点，这些蛋白可与 ATR 相互作用，激活 ATR 并扩大 DNA 损伤反应。ATR 的激活可产生两种结果：通过磷酸化复制相关蛋白控制复制叉，还可通过磷酸化检查点激酶 1（check point kinase 1，ChK1）控制细胞周期的进程。

MRN 通过与 ATM 结合，招募 ATM 到 DNA 双链断裂处并使其激活。DNA 复制正常时，ATM 以失活的二聚体存在；DNA 双链发生断裂时，MRN-DNA 双链断裂复合体可结合 ATM，导致 ATM 二聚体解开，并使其发生自磷酸化而激活。H2AX 是 ATM 最主要的靶蛋白，磷酸化的 H2AX 可结合 MDC1，磷酸化的 MDC1 反过来招募 MRN 和 ATM 到 DNA 双链断裂处，进一步扩大 ATM 激活的效应。

（四）媒介蛋白 MDC1 和 H2AX

磷酸化的 MDC1 和 H2AX 作为媒介蛋白可招募其他效应蛋白（图 2-15）。与 MDC1 相互作用的关键效应蛋白是泛素连接酶 RFN8 和泛素结合酶 UBC13，后两者能使组蛋白泛素化，泛素化的组蛋白随后招募其他蛋白，例如 P53 结合蛋白 53BP1 和 BRCA1，发挥其相应的作用。此外，ATM 也能磷酸化检查点激酶 2（check point kinase 2，ChK2），从而阻滞细胞周期的进程。

（五）P53 的调控

P53 是转录因子，能直接调控多个基因表达，控制细胞周期、凋亡和衰老等。在 DNA 损伤中，53BP1 是传递 DNA 损伤信号给 P53 的关键蛋白，募集 P53 到 DNA 损伤位点发挥作用。由于 P53 在 DNA 损伤或是其他细胞应激中起重要作用，其含量和活性受到严格调控。

P53 含量和活性的最重要的调控蛋白是泛素化连接酶 MDM2 和乙酰转移酶 p300。MDM2 使 P53 泛素化促进其降解，而 p300 能乙酰化 P53 并抑制其泛素化，增强其稳定性。此外，p300 也能使组蛋白乙酰化，促进 P53 调控靶基因的表达。在 DNA 损伤时，ATR 或是 ATM 使 MDM2 磷酸化，而磷酸化的 MDM2 不能与 P53 结合故不能使 P53 泛素化，因此 P53 含量增加。此外，ATR 或是 ATM 也能直接磷酸化

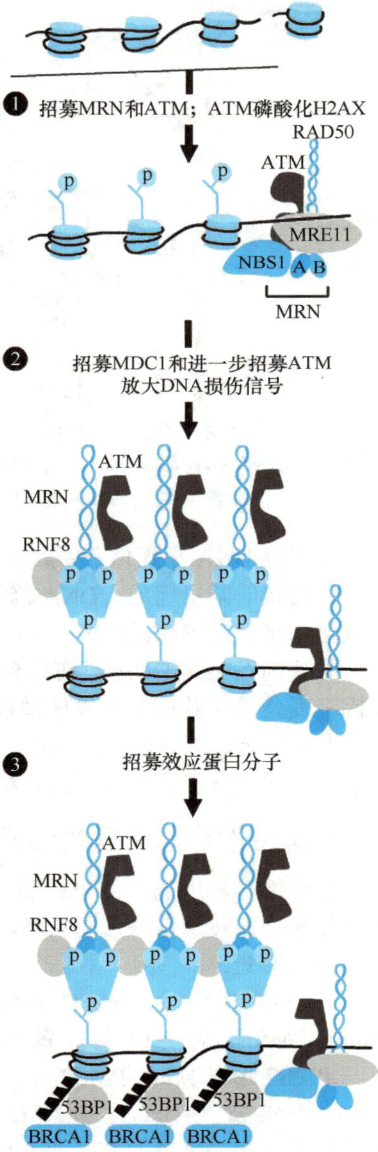

图 2-15　DNA 双链断裂导致 ATM 激活并募集相关蛋白

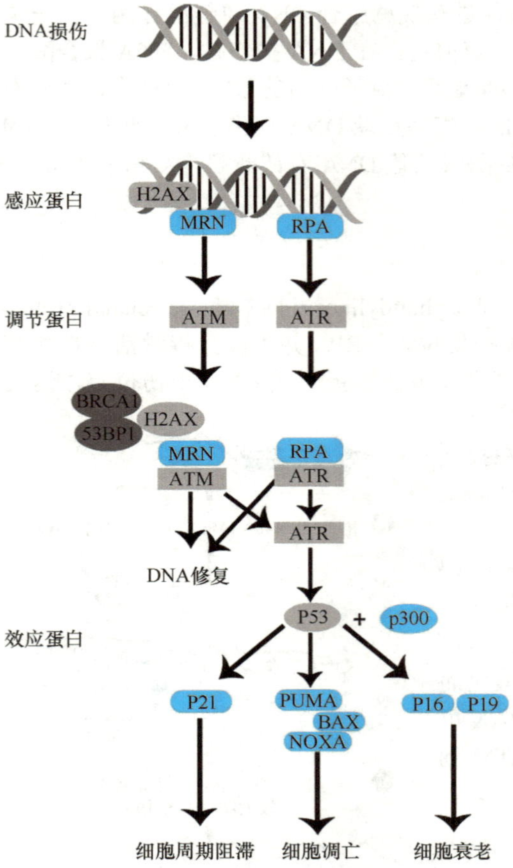

图 2-16　DNA 损伤激活 P53，诱导细胞周期阻滞、细胞凋亡和细胞衰老

P53，抑制 P53 与 MDM2 的结合，从而促进 p300 与 P53 结合并使其乙酰化，增加 P53 的稳定性和活性。

DNA 损伤时，P53 对靶基因的调控不仅与其稳定性和活性有关，而且与核内 P53 含量密切相关。在正常条件下，P53 被核输出信号（nuclear export signal）标记并运出细胞核；当 DNA 损伤时，P53 被磷酸化后形成四聚体而封闭核输出信号，从而促使 P53 逗留在核内，调控靶基因的表达。P53 调控的靶基因 *P21* 能导致细胞周期阻滞，延长细胞 DNA 损伤修复的时间；如果 DNA 损伤太大而无法修复，P53 则调控靶基因 *PUMA*、*BAX* 和 *NOXA* 诱导细胞凋亡，或是调控靶基因 *P16* 和 *P19* 促使细胞衰老（图 2-16）。

第三节　DNA 损伤修复缺陷与疾病的关系

DNA 损伤是疾病发生的分子基础，细胞中 DNA 损伤的生物学后果，主要取决于 DNA 损伤的程度和细胞的修复能力。人类基因组总是暴露在各种各样的损伤因素中，一旦 DNA 损伤超过细胞的修复能力或是修复功能缺陷，就会导致人类基因组的不稳定，最终会导致一些疾病的发生。

一、DNA 损伤修复缺陷与肿瘤

先天性 DNA 损伤修复系统缺陷患者容易发生恶性肿瘤，现在已知几种家族性癌症是由 DNA 修复的遗传缺陷引起的。DNA 修复系统是由大量蛋白质组成，如果编码其中某个蛋白质的基因存在缺陷，将促进癌症的形成。

肿瘤的发生是 DNA 损伤对机体的远期效应之一。众多研究表明，DNA 损伤与修复异常导致基因突变是贯穿肿瘤发生发展过程的。DNA 损伤可导致原癌基因激活，也可使抑癌基因失活。癌基因与抑癌基因的表达失衡是细胞恶变的重要机制。参与 DNA 修复的多种基因具有抑癌基因的功能，目前已发现这些基因在多种肿瘤中发生突变而失活。

（一）遗传性非息肉病性结直肠癌

遗传性非息肉病性结直肠癌（hereditary nonpolyposis colorectal cancer，HNPCC）细胞存在错配修复缺陷和转录偶联修复缺陷，造成细胞基因组的不稳定，进而引起调控细胞生长基因的突变，诱发细胞恶变。

在 DNA 损伤时，MSH2 分别与 MSH6 或 MSH3 蛋白，结合形成 MutSα（MSH2-MSH6）和 MutSβ（MSH2-MSH3）异二聚体，在错配修复中识别错配位点并招募其他修复蛋白；而 MLH1 可与 PMS2 形成 MutL-PMS2 异二聚体，介导 MutSα 识别错配的 DNA 并与之结合，启动错配修复。在 HNPCC 中 *MLH1* 和 *MSH2* 基因突变时有发生。*MLH1* 基因的突变形式主要有错义突变、无义突变、缺失和移码突变等。而 *MSH2* 同样具有上述突变，其中以第 622 位密码子发生 C/T 转换，导致脯氨酸突变为亮氨酸最为常见，MSH2 蛋白功能缺失，导致碱基错配修复难以正常进行。

MLH1 和 *MSH2* 基因突变导致 DNA 损伤修复机制缺陷，使 HNPCC 患者的癌基因和抑癌基因突变率及肿瘤发生的总体频率大幅提高。

（二）家族遗传性乳腺癌

乳腺癌相关基因（breast cancer related gene，*BRCA*）编码的蛋白参与 DNA 损伤修复的启动及细胞周期的调控。*BRCA* 失活可增加细胞对辐射的敏感性，导致细胞对 DNA 双链断裂修复能力下降。现已发现 70%的家族遗传性乳腺癌中存在 *BRCA1* 或 *BRCA2* 突变。*BRCA* 编码的蛋白对于修复 DNA 双链断裂（double-strand breakage，DSB）是必需的。当 *BRCA1* 或 *BRCA2* 的一个或两个拷贝有缺陷时，其修复 DSB 的能力丧失，最终导致更高频率的突变。

在 DSB 发生后，MRN 和 ATM 被激活，随后磷酸化 H2AX，后者招募多种 DNA 损伤反应蛋白到 DSB 位点，包括 BRCA1、RAD51、MDC1、53BP1 等，BRCA1 可与这些 DNA 损伤反应蛋白相互作用。如 BRCA1 作为同源重组修复 DSB 损伤所必需的关键因子，可将同源重组修复蛋白 RAD51 募集到损伤位点；BRCA2 也在 DSB 损伤的同源重组修复中起作用，由 CDK 介导的磷酸化调控 BRCA2 与 RAD51 相互结合，促进 DSB 损伤修复。

二、DNA 损伤修复缺陷与遗传性疾病

遗传性疾病是由于人类体内 DNA 受到损伤或突变，进而导致基因组发生错误，引起一系列遗传性疾病。下面将介绍几种常见的遗传性疾病。

（一）着色性干皮病

着色性干皮病（xeroderma pigmentosum，XP）是一种罕见的常染色体隐性遗传性皮肤病。在正常人皮肤成纤维细胞 DNA 中，紫外线辐射产生的嘧啶二聚体在 24 小时之内有一半被核苷酸切除修复系统修复，而 XP 患者的这种 DNA 损伤在相同时间内几乎没有任何改变。迄今已发现 8 个基因（*XP* 基因）与着色性干皮病有关，分别为 *XPA*～*XPG*，还有 *XPV*。这些基因包括核苷酸切除修复系统中的 *XPA*、*XPC*、*XPD*、*XPF* 和 *XPG*。XPE 识别 DNA 损伤位点，并招募 XPC 到损伤位点；同时 XPA 也结合到损伤位点，并进一步招募 XPB 和 XPD 与之结合；XPB 和 XPD 是转录因子ⅡH（TFⅡH）的组成部分，能打开损伤的 DNA 双链，利于 XPF 和 XPG 发挥核酸内切酶的活性，切割损伤的 DNA；随后，切割后的 DNA 空隙由 DNA 聚合酶填补。而 XPV 主要在跨损伤 DNA 合成修复中发挥作用。

（二）共济失调毛细血管扩张症

共济失调毛细血管扩张症（ataxia telangiectasia，AT）是一种常染色体隐性遗传病，AT 由 *ATM*（ataxia-telangiectasia-mutated）基因突变所致。ATM 蛋白是丝氨酸/苏氨酸蛋白激酶，其在 DNA 损伤修复，特别是在 DNA 双链断裂（DSB）的修复中发挥重要作用。ATM 能使 KAP-1 磷酸化，随后磷酸化的 KAP-1 可募集其他蛋白结合到 DNA 损伤部位。ATM 本身可被 MRE11、RAD50 和 NBS1 形成的 MRN 复合体激活，而 MRN 复合体也是 DSB 的效应分子。

（三）科凯恩综合征

科凯恩综合征（Cockayne syndrome，CS）是一种罕见的常染色体隐性遗传病。CS 患者的致病基因是 *CSA* 或 *CSB* 基因缺失，有些 CS 患者也出现 *XPB*、*XPD* 或 *XPG* 突变，表现出 CS-XP 复合的临床症状。CSA 和 CSB 在核苷酸切除修复（NER）中起重要作用。CSB 可识别 DNA 损伤位点，并进一步募集相关蛋白。CSA 属于 ROC1/CUL4A/DDB1 复合体的成分，该复合体具有泛素连接酶的活性，而泛素化过程是 NER 修复所必需的。CSB 蛋白中存在泛素结合结构域（ubiquitin-binding domain，UBD），当 *CSB* 基因发生缺失，CSB 蛋白缺少 UBD 时，NER 修复机制缺陷，不

能修复 DNA 损伤。

（四）范科尼贫血

范科尼贫血（Fanconi anemia，FA）为常染色体隐性遗传病。FA 相关的一些基因突变可导致 FA 的发生。大概有 8 个 *FA* 基因易发生突变，分别为 *FANC-A*、*FANC-B*、*FANC-C*、*FANC-E*、*FANC-F*、*FANC-G*、*FANC-L* 和 *FANC-M*。这些 *FA* 基因编码的蛋白组成核心复合体，具有泛素连接酶 E3 活性，能泛素化 FANC-I-FANC-D2（I-D）蛋白复合体。泛素化的 I-D 复合体与 FANC-D1、FANC-N 和 FANC-J 在 DNA 损伤位点结合，促进 DNA 损伤修复。

三、线粒体 DNA 损伤相关疾病

与细胞核 DNA 相比，线粒体 DNA（mtDNA）非常小，是动物细胞存在于细胞核基因组之外唯一具有独立复制功能的遗传物质。mtDNA 突变引起的相关疾病主要涉及氧化磷酸化功能下降、ATP 生成减少，表现为对能量需求较高的组织器官易发生病变，如脑、肌肉、眼等。

（一）莱伯遗传性视神经病变

莱伯遗传性视神经病变（Leber hereditary optic neuropathy，LHON）是一种极为常见的 mtDNA 相关疾病，此病在年轻成年人中表现为视力丢失，发病者主要是男性。LHON 的发病机制是编码呼吸链 complex Ⅰ 亚基的 3 个线粒体基因发生突变。这 3 个可能突变的基因位点分别是 NADH 脱氢酶 4 基因（*ND4*）1178 位点 G-A、*ND1* 基因 3460 位点 G-A 和 *ND6* 基因 14 484 位点 T-C。

（二）线粒体脑肌病伴高乳酸血症和卒中样发作

线粒体脑肌病伴高乳酸血症和卒中样发作（mitochondrial encephalomyopathy with lactic acidosis and stroke-like episodes，MELAS）是一种大脑、肌肉和内分泌系统多器官疾病，在儿童期和成人期常常致死。MELAS 以线粒体肌病、脑病、高乳酸血症和反复卒中样脑部损害为临床表现，有时会出现瘫痪和视听障碍。MELAS 的发病原因不明，其最常见的突变是编码转运亮氨酸的 tRNA 的基因 3243 位点 A-G。此外，还有十几种编码其他 tRNA 和蛋白的基因突变。

（三）线粒体脑肌病

线粒体脑肌病又称卡恩斯-塞尔综合征（Kearns-Sayre syndrome，KSS），是因 mtDNA 基因发生缺陷所导致的一种线粒体疾病，于 1958 年由卡恩斯（Kearns）及塞尔（Sayre）提出而得名。其临床症状主要表现为眼肌瘫痪、眼睑下垂、视网膜色素变性、心肌梗死、小脑共济失调等。此病大多数发病于 20 岁之前，主要由母系遗传。KSS 的 mtDNA 大规模缺失可存在于广泛组织中，为多系统疾病。KSS mtDNA 缺失有两个特点：①不同组织缺失的 mtDNA 比例明显不同，在肌肉中最常见，其他组织如淋巴细胞、白细胞、纤维细胞中也有发现；② mtDNA 缺失的部位常见重复序列。

（陈　娟）

第三章　基因和基因组异常与疾病

疾病的发生是基因和环境因素之间相互作用的结果，不同的疾病，其发生的分子机制各不相同，尽管如此，几乎所有疾病都直接或间接地与基因有关。镰状细胞贫血是人类在DNA水平上认识基因突变并用限制性内切酶对DNA进行分析，在基因水平上直接进行诊断的第一个遗传病，也是人类研究和认识自己的基因，特别是致病基因的开始。找到致病基因，弄清疾病的发生发展机制，有利于寻找有效的预防和治疗方法。只有对致病基因有了实质性的认识和了解，对疾病发生发展机制的认识才有牢固的基础。

第一节　基因和基因组异常

一、基因变异的概念

基因变异是指DNA的序列组成或结构发生了改变，又称基因突变。

（一）基因变异包括DNA多态性和致病突变

依据基因变异在人群中的分布和生物学效应，我们可将其划分为DNA多态性和致病突变。人基因组中最普遍的单核苷酸多态性（SNP）和拷贝数多态性在人群中的频率被定义为大于1%，而致病突变的频率通常很低，多态性这一名词着重说明DNA序列在人群中不同个体、不同等位基因间的差异性，而致病突变则强调遗传变异会引起基因功能的显著改变。

（二）人基因组中有多种类型的基因突变

根据DNA序列变异的物理形态及其对基因功能的影响，人类的基因变异有不同类型。发生在结构基因上的基因突变若不影响基因功能，则称为中性突变（neutral mutation）。

研究者发现拷贝数变异（copy number variation，CNV）在不同的人群中和同一人群的个体间较SNP存在着更大的差异性（可高达12%），且已积累了CNV作为人类遗传病原因的案例。这些研究结果提示，通过系统阐述CNV区域所含基因及其数目对基因表达的影响，以及研究其位置或结构域效应对基因功能的影响，可以揭示人类疾病的病因。

（三）基因变异是可以遗传的

无论是致病突变还是DNA多态性，只要它们是生殖系突变，即可通过生殖细胞产生的配子传递给后代，其遗传方式都遵循孟德尔定律，子代所拥有的基因变异来自于亲代的垂直传递。基因变异的可遗传性是目前遗传病诊断、亲子鉴定、基于家系的连锁分析和单体型构建的理论基础。

二、基因与基因组异常的类型

基因与基因组结构的异常发生于体细胞或生殖细胞中，既可在核内基因组，也可在线粒体DNA；既可在结构基因的编码区，也可在非编码区。有些分布广泛但不引起异常表型的基因与基因组变异可用作遗传标记（genetic marker），如SNP、短串联重复（short tandem repeat，STR）和CNV等，它们在疾病相关基因的定位和克隆中发挥着十分重要的作用。各种不同类型基因和基因组异常，即基因型（genotype）的改变，可导致截然不同的表型（phenotype）和生物学效应。

（一）染色体数目和结构异常

染色体数目异常包括多倍体（polyploidy）和非整倍体（aneuploidy）。非整倍体则包括三体性（trisomy），如可导致唐氏综合征的 21 三体性；一对同源染色体同时缺失的缺对染色体性（nullisomy）；缺失 1 条染色体的单体性（monosomy）。染色体数目的增多或丢失可对个体产生不可逆的影响，一般这种异常可导致多系统的严重紊乱，表现为不同的症候群。染色体结构异常主要包括缺失（deletion）、插入（insertion）、重复（duplication）、倒位（inversion）、环状染色体（ring chromosome）、易位（translocation）等。不少染色体数目和结构异常是致死性的，可直接导致妊娠的终止。

（二）单个核苷酸或核苷酸片段的序列突变

在基因特定位点出现单个或多个核苷酸序列的改变也可导致基因与基因组的异常。

1. 序列中单个核苷酸的改变 单个核苷酸的改变包括点突变及 SNP。

（1）点突变（point mutation）：指 DNA 链中单个碱基的变异，包括嘌呤替换嘌呤、嘧啶替换嘧啶，即转换（transition）；嘌呤与嘧啶之间的互换称为颠换（transversion）。

（2）SNP：是普遍存在于人类基因组中的单个核苷酸变异。在人类基因组中，大约每 300bp 就有一个 SNP，在人群中出现的频率达 1% 及以上。

（3）单个核苷酸的变异对基因功能的影响：单个核苷酸突变根据生物学影响，可分为错义突变（missense mutation）、同义突变（synonymous mutation）和无义突变（nonsense mutation）等。错义突变是碱基对的改变使决定某一种氨基酸的密码子变为决定另一种氨基酸的密码子的基因突变，这种基因突变有可能使它所编码的蛋白质部分或完全失活。有一些错义突变发生在蛋白质的非编码区，不影响或基本不影响蛋白质活性，没有明显的性状变化，这种突变称为中性突变。同义突变虽然碱基发生替换，但由于密码子的简并性，并不影响它所编码的氨基酸序列，因此在蛋白质水平上并没有引起变化。无义突变指碱基对改变使得某一氨基酸的密码子变成终止密码子，导致多肽链的合成终止，形成不完整的多肽链，即截短的多肽（truncated peptide）。

2. 序列中多个核苷酸异常 多个核苷酸异常包括插入/缺失、基因重排、可变数目串联重复等。

（1）插入/缺失（insertion-deletion，InDel）：插入和缺失分别代表一个或一段核苷酸插入到 DNA 链中，以及 DNA 链上一个或一段核苷酸序列的丢失。

（2）基因重排（gene rearrangement）：指不同基因片段以不同方向和衔接模式排列组合形成新的转录单位，是一种重要的基因变异方式。如果基因序列排列顺序出现 180° 变化即称为倒位。同源染色体减数分裂时发生交换（crossover），以及基因序列在非同源染色体间转移即为易位，均可导致基因重排。同源重组还可导致病原体外源基因整合入宿主基因组，也属于基因重排。

（3）可变数目串联重复：以相同的核心核苷酸重复序列为单元，按首尾相接的方式串联排列在一起，形成重复单元数目不等的特殊序列，称为可变数目串联重复。其中 1～6bp 核苷酸为核心的重复序列又称为 STR。有些串联重复拷贝数的增加可随世代的传递而扩大，因而称作动态突变，是解释遗传早现现象和临床表现严重程度的重要机制。

（4）核酸片段异常对基因功能的影响：单个碱基或片段的插入/缺失均可能使突变位点之后的三联体密码子阅读框发生改变，导致插入或缺失部位之后的所有密码子都随之发生变化，产生异常多肽链，即所谓的移码突变（frameshift mutation）。

此外，有些突变的发生可严重影响必需基因，使其蛋白质活性降低，甚至完全无活性，从而直接影响到生命的维系，被称为致死突变（lethal mutation）。突变若位于基因内含子与外显子内或两者的交界处，则可影响 mRNA 的剪接和正常基因的表达；若位于启动子区或 mRNA 的多聚腺苷尾，则可影响基因转录，使受累基因转录抑制或增强。

（三）基因拷贝数目变化

人类基因组中存在着大小不等的DNA大片段的CNV，与之对应的是功能蛋白质量的改变。这种变异也可处于非编码区作为遗传标记，用于疾病基因的关联分析。

第二节 基因变异的生物学效应

根据突变对基因功能的影响，可大致将基因突变划分为功能失去性突变（loss-of function mutation）和功能获得性突变（gain of function mutation）。无论是基因功能的丧失/减弱还是获得/增强，对于维持细胞的正常代谢和生命活动都是不利的，严重时就会导致疾病。基因突变导致基因产生不同生物学效应的机制各不相同，这与突变型、突变累及的基因及其发生的部位有关，本节选取一些有代表性的导致人类疾病发生的分子机制，来阐述突变引起基因功能减弱或增强这两类不同生物学效应的基本原理。

一、DNA变异可使基因功能减弱

（一）单体型不足

单体型的概念最初源于单倍体，一个配子中全部染色体的总和可称作单倍体，人体二倍体细胞中成对染色体中的一条染色体的全部基因组可称作单体型。分别来自父亲和母亲的两个单体型则组成个体的基因型（genotype）。单体型不足（haplotype insufficiency）是指给定基因的两个拷贝中的一个等位基因发生突变或缺失，另一个拷贝的表达产物不足以维持正常的细胞功能。这一概念着重于基因表达的剂量，简单来说就是正常基因所产生的蛋白质数量不能满足细胞代谢的需要。单体型不足是基因突变导致人类常染色体显性遗传病的重要机制之一。研究人员发现*GATA3*基因的单体型不足会导致人类患上巴拉卡特综合征（以甲状旁腺功能减退、神经性耳聋、肾脏疾病为临床特征）。*GATA3*基因属于锌指蛋白转录因子家族，在人类胚胎时期的肾、甲状旁腺和中耳处表达。作为转录因子，GATA3蛋白还参与调控胚胎发育时期其他基因的表达。*GATA3*基因突变所产生的截断突变型蛋白不能与DNA结合，从而丧失了作为转录因子的调控功能，并导致巴拉卡特综合征的发生。家族性高胆固醇血症的杂合子突变可减少50%低密度脂蛋白受体的量，杂合子个体与正常纯合子个体相比，前者胆固醇水平几乎是后者的两倍，因而心血管疾病的风险大大升高；而在突变纯合子中，疾病则更为严重。

单体型不足还是抑癌基因失活引发肿瘤的分子机制之一。它是解释当抑癌基因的活性剂量不足时，细胞容易发生癌变的遗传学原因。如抑癌基因*PTEN*的表达水平对于维持前列腺细胞的正常代谢十分重要，一个单倍体*PTEN*基因因突变而失活会引发包括细胞增殖、凋亡降低、肿瘤血管增生等一系列异常的生物活性变化，并促进前列腺癌的恶化。

（二）反义RNA转录位置效应/表观遗传学修饰

反义RNA转录位置效应/表观遗传学修饰是在一个有着特殊表型的α地中海贫血（α地贫）家系的研究中发现的。正常人一条染色体上有2个功能性α珠蛋白基因（*HBA2*和*HBA1*），该家系病例成员中均被鉴定缺失一个*HBA1*，且没有*HBA2*基因突变，但却表现出同时缺失*HBA2*和*HBA1*两个基因的典型血液学特征。导致结构完整的*HBA2*基因失活的分子机制见图3-1，*HBA2*基因下游23kb DNA片段的缺失（其中包含了*HBA1*基因、*HBQ1*基因和*LUC7L*基因的3′端最后3个外显子和多聚腺苷酸剪切位点），使其下游与*HBA2*基因转录方向相反的*LUC7L*基因靠近了*HBA2*基因。由于其终止密码子丢失，*LUC7L*基因的转录延伸覆盖了*HBA2*基因及其启动子，其反义RNA与*HBA2*的转录本形成部分双链RNA，使*HBA2*的RNA降解，同时介导*HBA2*上游位点的CpG岛发生甲基化，这样，结构完整的*HBA2*基因由于反义RNA封闭和甲基化作用而转录沉默，α 珠蛋白链缺乏，导致 α 地贫发生。

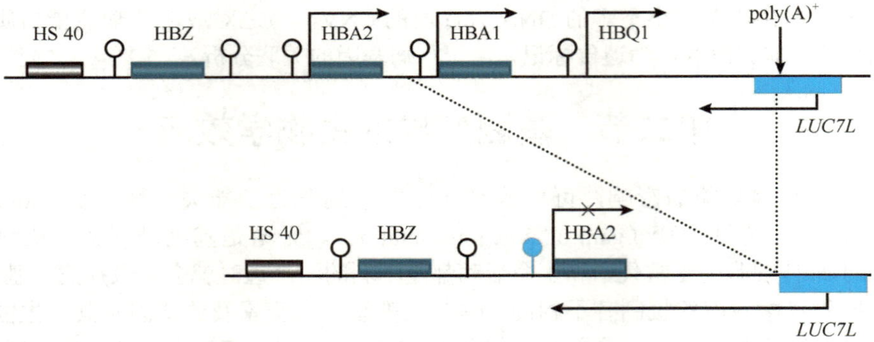

图 3-1　反义 RNA 转录位置效应示意图

（三）转录因子基因变异

转录因子调控基因表达，如果转录调节因子的基因本身发生突变，产生异常的调节蛋白，就会影响其调节的下游基因的正常转录，产生基因功能减弱的生物学效应。

β 珠蛋白基因的调节蛋白 *GATA-1* 基因突变所导致的 β 地中海贫血（β 地贫）就是转录调节因子基因变异所致。GATA-1 蛋白是一种锌指结构的转录因子，该蛋白氨基端的锌指基序负责与 DNA 分子的结合，它是造血作用中重要的调节蛋白。当 GATA-1 蛋白的 N 端锌指区的第 216 位氨基酸由精氨酸突变为谷氨酰胺时，GATA-1 蛋白与 DNA 分子的结合稳定性下降。与野生型蛋白相比，突变型蛋白虽然可以与 DNA 分子结合，但它从 DNA 分子上的解离速度快于野生型蛋白。人类 β 珠蛋白基因上游启动子区存在多个 GATA-1 蛋白的结合位点，该基因的突变会造成人 β 珠蛋白基因转录水平下降，使 β 珠蛋白表达量减少而不能生成足够的血红蛋白，引起 β 地贫发生。转录因子基因变异导致遗传病发生的分子机制见图 3-2。

我国科学家发现，常见的致盲性眼病——儿童遗传性白内障也是由转录因子发生突变导致的。晶状体由透明变为混浊称为白内障，1/3 的儿童白内障属于遗传病。研究人员在 3 个中国人家系和一个丹麦人家系中发现，*HSF4* 基因突变是儿童遗传性白内障的致病原因。*HSF4* 基因产物热激蛋白（heat shock protein，HSP）是转录因子，调控 *HSP70*、*HSP90a* 和 *HSP27* 基因的表达，而上述 *HSP* 基因家族的产物作为分子伴侣在人类晶状体的发育和维护中发挥重要作用。*HSF4* 基因的错义突变会导致 HSF4 蛋白的 DNA 结合序列发生变化，使得该蛋白与 DNA 分子的结合能力降低，从而下调相关 *HSP* 基因的转录水平，而 HSP 蛋白水平的下降会引发晶状体蛋白质合成、装配、降解等生理过程的障碍，最终导致儿童遗传性白内障发病。

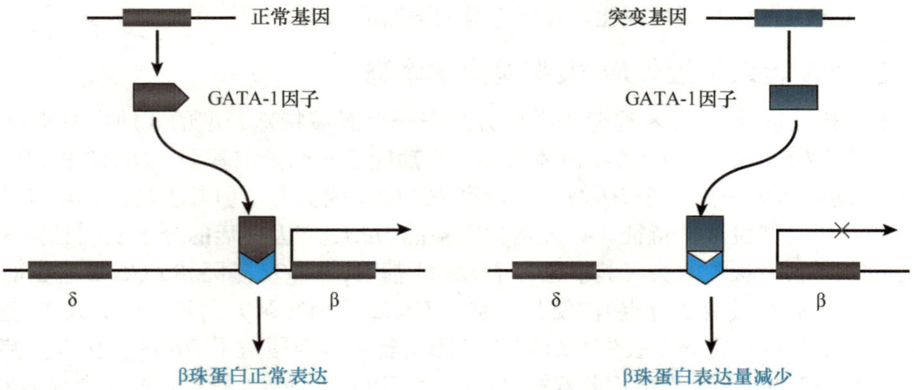

图 3-2　转录因子基因变异示意图

（四）影响 mRNA 稳定性的变异

真核生物 mRNA 的 3′ 非翻译区（3′-UTR）内存在一些参与 mRNA 稳定性的保守序列，如人 α 珠蛋白序列中的多聚腺苷酸信号序列 AAUAAA，以及其下游的多聚腺苷酸剪切位点，在紧邻 3′-UTR 的 3′ 端旁侧区还有一些其他的 mRNA 加工顺式元件，如一段 16 个碱基的富含 AU 的元件（AU rich element，ARE），这些元件与细胞核中的特异性反式作用因子结合是实现 mRNA 加工及保持其稳定性的分子基础。在这一保守序列区发现的一些天然突变是导致 α 地贫的原因，如 AAUAAA 序列中的 A → G 突变（AAUAAA → AAUAAG）是最先阐明的导致人类遗传病的 3′-UTR 功能减弱性突变，该突变导致无法在多聚腺苷酸剪切位点处进行 mRNA 加尾，进而产生大量的超越了剪切位点的“加长型”mRNA 加工产物，这种异常 mRNA 会被认为是“异己”而遭到细胞内 mRNA 降解机制的迅速清除。

（五）显性负效应

蛋白质复合体（protein complex）是细胞活动的重要功能单元，显性负效应（dominant negative effect）是指由基因变异导致参与组成蛋白质复合体的某一成员蛋白产生了功能缺陷，该突变型蛋白虽仍能与野生型蛋白形成多蛋白质复合体，但却使该蛋白质复合体完全或部分丧失了功能，因此可引发显性表型。简单来说就是突变型蛋白通过蛋白质-蛋白质相互作用干扰了正常蛋白质的活性，使之形成的蛋白质复合体功能丧失或减弱。显性负效应是解释部分常染色体显性遗传性长 Q-T 间期综合征的分子机制。遗传性长 Q-T 间期综合征是一种先天性发作性心脏疾病，以心电图 Q-T 间期异常延长（Q-Tc＞440ms）为主要特征，常突发严重心动过速、心室颤动等，并可导致晕厥，甚至猝死。该病是由于心肌细胞的离子通道异常引发细胞异常电活动所致。目前至少有 7 个离子通道蛋白编码基因被鉴定为致病基因，其中人群中最常见的是 *KVLQT1*（*KCNQ1*）和 *HERG* 基因。*KVLQT1* 基因定位于 11p15.5，研究者通过对该基因 3 种天然突变型蛋白（A177P、L272F 和 T311I）的功能研究，阐明了突变型蛋白通过蛋白质-蛋白质相互作用抑制野生型蛋白质复合体功能，进而产生显性负效应的分子机制。

此外，显性负效应还是与抑癌基因变异相关的恶性肿瘤发生的重要机制。在野生型等位基因拷贝存在并表达的情况下，抑癌基因编码的突变体蛋白通过抑制野生型蛋白的活性而产生显性负效应。例如，*TP53* 突变等位基因编码的 P53 蛋白突变体可以与野生型等位基因编码的 P53 蛋白形成寡聚蛋白质复合体，进而导致野生型 P53 蛋白功能丧失，最终引起细胞的转化和癌变。

二、DNA 变异可致基因功能获得

基因与基因组异常既可通过诸如剂量效应及增强转录等机制引起基因功能增强，也可通过受体突变及新启动子产生等导致全新的基因功能，两者统称为基因功能获得。

（一）转录增强作用

与许多转录抑制性突变相反，一部分调节序列的变异也会增强基因转录，使基因表达水平提高，产生异常表型。如在人类遗传性胎儿血红蛋白持续增多症个体中，已经鉴定了若干种位于 γ 基因启动子区的可促进该基因转录的点突变，这些突变包括 γ 启动子区 −202C → G、−175T → C 和 −114C → T 突变等，这些启动子变异可上调 γ 基因的表达水平，使成人期本已关闭的表达胎儿珠蛋白链的 γ 基因重新开放，引起成人红细胞中 γ 链持续高表达状态，产生疾病表型。γ 基因表达增强是由于这些突变改变了转录调节蛋白在启动子区的结合效应所致。

另外，如果转录因子编码基因发生变异或者与之结合的 DNA 特异序列产生突变，都会影响其结合性能，从而使该调节基因对其调节的下游靶基因失去转录抑制作用，从而产生转录增强的生物学效应。如在散发性或遗传性肾母细胞瘤的发生机制研究中发现，与编码转录因子的 *WT1* 基因突变有关，野生型 *WT1* 基因的表达产物是含锌指结构的蛋白质，可识别并特异性地结合在被调节基因的一段特异性碱基序列（5′-CGCCCCGC-3′），起到阻抑该基因转录的作用。而当细胞中的*WT1*基因发生了基因突变，所产生的突变型锌指蛋白就不能与该段特异性碱基序列结合，也就失去了转录调节作用，导致其下游多个靶基因，如血小板衍生生长因子A链基因（*PDGF-A*）、胰岛素样生长因子Ⅱ基因（*IGF-*Ⅱ）、集落刺激因子1（*CSF-1*）、维甲酸受体α及*WT1*基因本身的转录被抑制或激活，成为引起细胞癌变的原因之一。

（二）增强子的位置效应

基因表达的调控是一个很复杂的过程，除结构基因自身的顺式调节元件和反式作用因子参与外，还有一些远离结构基因的其他调节元件及其相关的细胞调节因子，如远离基因转录起始点的增强子的调节作用。增强子是DNA上一小段可与蛋白质结合的区域，与蛋白质结合后，基因的转录作用将会加强。增强子可能位于基因上游，也可能位于下游，该序列可通过染色质三维结构及其特异性蛋白质因子的结合作用接近被调节的靶基因，促进基因转录。在人群中发现的一类β地贫，以成人期胎儿血红蛋白异常持续升高为主要特征，其分子基础为基因的大片段缺失，包括成人期表达的β珠蛋白基因的丢失。*β*基因缺失却使本已关闭的*γ*基因重新开放，并替代*β*基因的功能，其产物γ珠蛋白肽链与*α*基因的产物α珠蛋白肽链生成HbF（$\alpha_2\gamma_2$）。在其3′端缺失位点下游远端已经鉴定出特异性增强子序列，该增强子序列因基因大段丢失而被带到了邻近*Gγ*基因的位点，此增强子可通过“距离效应”激活*Gγ*基因，并上调γ珠蛋白链的表达水平，实现红细胞特异性的*γ*基因替代*β*基因缺失的生物学效应。通过基因重排的位置效应使基因激活也是肿瘤发生的重要机制之一。

（三）剂量效应

CNV是使基因功能增强的主要机制之一。基因的剂量效应是解释肿瘤发生机制的基本理论基础之一。在肿瘤发生过程中，肿瘤抑制基因由于突变而失活，常可通过“去抑制”效应而使某些基因表达上调，细胞某些原癌基因的拷贝数异常增加（基因扩增），或由于基因突变（基因重复、倒位、插入和缺失等）激活受累位点的某些基因，也可导致细胞内相关基因表达增加而使细胞持续分裂而发生癌变。如在小细胞肺癌细胞株中就有*L-MYC*、*N-MYC*和*c-MYC*基因拷贝数的扩增，其中尤以*c-MYC*的扩增更为明显，其拷贝数增加了数十倍，甚至200倍之多。这类由基因扩增导致的基因剂量效应是肿瘤细胞的生物学活性特征之一。

（四）受体突变

受体突变可导致细胞信号通路异常激活。表皮生长因子受体（epidermal growth factor receptor，EGFR）属于酪氨酸蛋白激酶受体家族，参与包括Ras-MAPK通路、PI3K-Akt通路、Jak-STAT通路等细胞信号转导过程，调节细胞的正常生长、增殖和分化过程。非小细胞肺癌个体中经常可检测到*EGFR*基因突变，其中19号外显子的片段缺失可使EGFR分子产生不依赖与配体结合的酪氨酸激酶活性，引起所谓的激活型突变。异常的EGFR最终促使肿瘤细胞增殖、迁移、分化和血管新生。

（五）SNP创造新启动子

目前认为，人类基因组中广泛分布的SNP，包括发生在基因编码区的中性替代在内，绝大多数SNP并不直接影响基因编码功能，但一些有潜在具有调节功能的SNP正在被揭示。例如，α地贫的病因研究发现了一种由调节SNP导致人类遗传病的机制，SNP变异创造了一个新的转录启动子。被研究的对象是一组α地贫特征患病个体，通过α珠蛋白基因簇对该患病个体进行广泛分子筛查后，排除了导致α地贫表型的经典缺失或编码区点突变，且该基因簇的甲基化模式也无异常变化。进一步发现，患者DNA序列与正常对照组的重要区别是在α珠蛋白基因与其远端上游调节元件之间有一个SNP变异位点。研究人员鉴定出此位点为一个功能获得性的SNP突变，即该位点的突变增加了一个与转录因子 GATA-1 结合的位点，从而创造出一个新的转录启动子。新的启动子与原有的内源 α 珠蛋白启动子发生竞争，干扰了原有的内源性启动子活性，使其下游的 α 珠蛋白基因的表达显著下调，导致 α 地贫发生。这一病理学机制的阐明为人类遗传病的鉴定提供了新的思路。需要说明的是，这一 SNP 突变的直接生物学效应属于功能获得性突变，即增加了相关位点 DNA 序列的转录因子结合功能，但如果从 α 地贫这一遗传病的编码基因的功能来看，其效应是使 α 珠蛋白基因失去了功能。

（六）获得性 RNA 堆积

强直性肌营养不良和肢带型肌营养不良这两种疾病都与 RNA 在细胞内异常堆积有关。两种异常分别由各自相关基因的 STR 扩增导致 mRNA 3′-UTR 序列改变。这些不同的 STR 扩增导致大量异常 RNA 转录本的堆积，可抑制肌细胞分化或损伤肌细胞，也可干预正常基因 mRNA 转录本的剪接过程，导致新的异常剪接体的产生，最终导致发育障碍和肌萎缩。RNA 大量堆积细胞的毒性作用及其致病性有以下几个方面：①堆积的 RNA 抑制成肌细胞（myoblast）的分化，使肌细胞发育障碍；②堆积的 RNA 直接损伤肌细胞导致进行性肌萎缩；③ CUG-结合蛋白介导反式显性效应。当含 CUG 和 CCUG 扩增子的 RNA 堆积时，可使一组与之结合的可变剪接调节蛋白（如 CUG-结合蛋白）在细胞核内的含量增加，并改变其在细胞内的定位，CUG-结合蛋白等反式作用因子参与的可变剪接调节功能失常，其下游靶点前体 RNA 的正常剪接被破坏，因而产生功能异常的剪接体。这一异常剪接机制是直接导致强直性肌营养不良病理表型的重要原因，如骨骼肌细胞膜上的氯通道蛋白的异常剪接体直接产生肌强直；心肌细胞肌钙蛋白 T 蛋白的异常剪接体与心律失常和心脏畸形有关；胰岛素受体的异常剪接体可诱导强直性肌营养不良患者的胰岛素敏感性降低（胰岛素耐药）等，这一机制很好地解释了该病骨骼肌强直并发多器官疾病的临床表型。

上述两类产生相反生物学效应（基因功能的减弱或获得）的基因变异，以及其各自不同的致病机制的阐述，在解释人类疾病发生的分子机制的同时，也为我们理解人类基因及其调控的基本原理提供了范例。从分子生物学基本概念上讲，无论是何种致病机制或细胞内异常代谢通路，基因突变对于基因功能的影响，其本质性生物学效应可以理解为以下两个方面：①突变使受累基因所表达的蛋白质发生剂量改变（剂量不足或过量），从而影响其功能。影响基因转录水平（转录抑制或激活）的事件最为常见。以启动子为例的顺式元件的突变是这类变异的典型代表，其他有增强子突变和转录因子基因变异等。部分结构基因的剪接突变、无义突变和移码突变因导致基因表达产物迅速降解可降低基因剂量。部分三联体重复扩增使基因表达抑制。大片段突变中 DNA 缺失使基因丢失而无功能，以及基因重复使基因过量表达和导致基因转录激活的基因重排等也属此类基因变异。②蛋白质结构的改变，此类变异可伴有或不伴有基因表达水平的改变，即突变使受累基因所表达的蛋白质发生结构改变（一级结构导致高级结构改变），从而影响其功能。以错义突变为例的结构基因突变为这类变异的典型代表，其他还有部分结构基因的剪接突变、无义突变、移码突变和三联体重复扩增因可产生结构异常的基因表达产物，也可归为此类基因变异。经典的人类遗传病的基因突变及其致病机制模式主要围绕结构基因变异影响基因转录功能来展开说明，这是目前我们积累的与人类遗传病发生发展相关的主要知识，也是本章的主体内容所在。对基因变异的生物学功能的更深入理解，还有赖于未来的研究中在细胞和分子水平上对基因及其调节机制的深入、全面的了解，而以人类疾病为对象的细胞和分子病理学机制研究，将会为我们提供越来越丰富的人类基因的分子生物学基础知识。

第三节　疾病基因的检测方法与基因功能研究方法

基因结构改变是人类疾病发生的重要原因之一。对于由基因结构改变引起的疾病，弄清其发病机制的基本策略是突变基因的检测，并通过对突变基因的结构分析找到致病突变。主要方法有高通量测序技术、基因芯片技术等。基因的功能研究是确定其在疾病发生中作用的重要手段之一。只有在完成了基因功能研究并弄清了生物学功能之后，才能真正确定基因在疾病中的作用，弄清疾病发生的分子机制，特别是在人类基因组计划已经基本完成、生命科学已经进入后基因组时代以后，基因功能研究更是成为整个生命科学研究的热点。随着分子生物学技术的不断发展，基因功能的分析方法也日趋成熟和多样化，常用的基因功能分析策略包括转基因技术、基因敲除技术、反义技术、基因诱导过表达技术等。

一、基因结构变异检测方法

（一）高通量测序技术检测基因突变

在不同的时代背景下诞生的三代测序技术都不尽相同，但核心思想类似，都是边合成边测序，而成本、读长和通量仍是评价三代技术的标准。第二代测序比第一代测序在成本方面降低了许多，操作也相对简单，但同时也带来了读长较短，出现系统偏好性增加了假阳性的缺陷。为了解决二代测序的缺点，第三代测序应运而生，它主要利用单分子测序，省去了聚合酶链反应（PCR）过程，避免了因此而出现的系统偏好性。虽然第三代测序在第二代测序的基础上提高了读长，同时保持了其高通量低成本的优点，并且可通过重复测序校正错误，但是其错误率高仍很明显。高通量测序技术的快速发展得益于其前期部分不需要构建探针文库，以及后期只需利用成熟的生物信息学计算流程进行数据分析，从而减轻了科研工作者的大部分工作，也避免了亚克隆的误差，且结果也较准确。早前进行一些基因组的重测序发现，高通量测序技术可以为高度重复序列的基因组提供一个多态性分析的技术路线。另外，高通量测序在检测 DNA 甲基化方面的应用也占据十分突出的地位。DNA 甲基化是一个非常复杂的生物学过程，是最早发现的表观遗传修饰途径之一，进一步挖掘甲基化的生物学意义，对了解如何控制基因表达具有潜在的临床应用价值。高通量测序技术在单基因和多基因遗传病的研究中也发挥了重要作用，遗传性视网膜母细胞瘤是常见的单基因遗传病之一，视网膜母细胞瘤变主要是由于 RB 蛋白的失活，或者 *RB* 基因的无义突变造成。目前，已发现有多种 *RB* 基因突变可导致遗传性视网膜母细胞瘤的发生，通过基因测序确认 *RB* 基因突变对于降低医疗费用和筛查出高 *RB* 基因遗传性突变风险的儿童具有重大意义。

（二）基因芯片技术

芯片分析是一种高灵敏、高通量的技术，它可以用来全面、准确地检测基因突变，将基因片段标记成芯片上的分子标记，通过芯片分析，来检测基因中突变位点，确定是否存在基因突变。基因芯片又称为 DNA 芯片、生物芯片或 DNA 微阵列等，是将一定数量的 DNA 片段作为探针按照一定的规则有序地排列，固化于固相介质表面，并生成二维 DNA 探针阵列，再与染色标记后的待测样品进行杂交，根据带有荧光标记的目标 DNA 与探针杂交的数量不同，荧光的亮度会不一样，通过基因芯片扫描仪对芯片荧光信号扫描得到芯片荧光图；将图像信息结果转换成数据信息，再对数据进行处理，来实现对生物样品相关信息高效、全面、快速的检测分析。根据特定的应用，基因芯片可以细分为微阵列比较基因组杂交基因芯片、microRNA 基因芯片、SNP 基因芯片、表达谱基因芯片、DNA 甲基化芯片和染色质免疫沉淀芯片等。

二、疾病相关基因的功能研究方法

（一）转基因技术

转基因技术是揭示人类遗传病、肿瘤、心血管疾病、感染性疾病、神经及免疫病等发生的分子机制，确定基因在疾病发生中作用的重要手段之一。如用大鼠弹力蛋白酶 I 基因的增强子与激活的 *H-ras* 基因重组成融合基因并导入小鼠、制备的转基因小鼠 100% 都发生胰腺癌，证明原癌基因的突变是肿瘤发生的重要原因。

用转基因技术研究基因的功能或确定基因在疾病中的作用可以在细胞水平进行，也可以通过转基因动物在整体水平进行，基本策略都是细胞的基因转染，当在细胞水平进行时，采用外源基因转染体外培养细胞，通过转染后培养细胞的性状改变判断基因的生物学功能或在疾病发生中的作用。当在整体水平（如小鼠）进行时，则是用外源基因转染受精卵细胞，使之与小鼠胚胎的基因组发生整合，从而使转染基因在小鼠体内表达，通过转基因小鼠的性状改变判断基因的生物学功能或在疾病发生中的作用。

（二）基因敲除技术

基因敲除不仅是一种较理想的改造生物遗传物质的实验方法，也是研究基因功能、确定基因在疾病发生中的作用最直接和最有效的方法，在模拟基因相关疾病和确定基因在相应疾病中的作用中有着不可替代的作用。研究杂合子和纯合子基因敲除小鼠的表型改变，就能了解敲除的目的基因的功能，确定目的基因在疾病发生中的作用。如小鼠是一种对动脉粥样硬化有抗性的动物，当把小鼠的载脂蛋白 *apoE* 基因敲除后，纯合子 *apoE* 基因敲除小鼠以普通饲料或脂肪含量稍高的饲料喂养 2～3 个月后，血浆脂蛋白胆固醇含量大大升高，主动脉和冠状动脉出现明显的动脉粥样硬化斑块，从而证实了 *apoE* 基因具有促进脂蛋白代谢、抗动脉粥样硬化的作用。

（三）反义技术

利用反义技术能够特异性地抑制甚至阻断目的基因表达，对研究基因在疾病中的作用具有重要意义。反义技术主要包括反义寡核苷酸技术、反义 RNA 技术和 RNA 干扰技术。

1. 用反义寡核苷酸技术确定基因在疾病中的作用 将反义寡核苷酸导入细胞，与细胞内目的 DNA 或 RNA 特异性地结合，抑制甚至阻断目的基因的表达，达到人工调控基因表达的目的。目的基因被抑制后会发生表型的变化，通过表型改变的分析，就能了解被抑制基因的功能、确定其在相关疾病发生中的作用。

2. 用反义 RNA 技术确定基因在疾病中的作用 将反义 RNA 导入细胞，与目的基因转录的 mRNA 特异性结合，能够抑制目的蛋白质的合成。蛋白质合成被阻断后，就会产生相应的表型改变。分析这些表型改变，就能确定被抑制基因在疾病发生中的作用。

3. 用 RNA 干扰技术确定基因在疾病中的作用 利用 RNA 干扰研究基因在疾病发生中的作用时，先根据目的基因的 mRNA 结构特点，设计小干扰 RNA（small interfering RNA，siRNA），并将其导入细胞。进入细胞的 siRNA 就会启动 RNA 干扰，目的基因的 mRNA 被降解，相应基因的表达被阻断并产生表型改变。分析表达阻断前后的表型变化，就能了解目的基因的功能、确定目的基因在疾病发生中的作用。向细胞内引入 siRNA 的方法有 3 种，一种是设计并合成目的 mRNA 特异的 siRNA 并将其直接引入细胞；或用一种具有发夹结构的小分子 RNA（small hairpin RNA，shRNA）转染细胞，shRNA 在细胞中会自动被加工成 siRNA；还有一种是构建特定的 siRNA 表达载体，通过载体在体内表达产生 siRNA。

（四）基因诱导过表达技术

基因诱导过表达技术是将目的基因全长序列与高活性启动子或组织特异性启动子融合，经过转化后，在诱导剂的作用下或在特定的组织细胞中，目的基因过表达，相应的基因表达产物大量积累，基因诱导过表达技术实现了基因在时间、空间、数量上的有效人工调节。因为在没有诱导的条件下，基因不表达或不能表达产生具有生物活性的产物，不会干扰生物的正常生长发育，也不会导致多重效应，当给予诱导剂进行诱导后，目的基因迅速高效表达，产生大量具有生物活性的表达产物，或目的基因表达产物被迅速激活，并在一定时间保持稳定，引起相应的表型变化。比较加入诱导剂前后的表型变化，就能了解目的基因的功能、确定目的基因在疾病发生中的作用。

（龚 青）

第四章　癌基因和抑癌基因异常与肿瘤

肿瘤是细胞异常增殖所形成的细胞群。肿瘤的发生发展是一个多因素、多基因参与的多阶段的复杂过程。肿瘤细胞的基本特征是在正常细胞停止增殖的情况下仍然持续地进行细胞分裂，这是调节细胞的生长、分化、衰老和死亡等生理过程的基因异常改变的结果。这些基因主要包括癌基因和抑癌基因。实际上癌基因与抑癌基因是正常细胞的基本调控基因，在正常生命活动中发挥重要生理功能，并相互拮抗，维持平衡。当这两类基因发生突变或表达异常时，引起细胞的增殖和凋亡过程紊乱，从而导致肿瘤的发生。因此，癌基因异常激活和抑癌基因失活是细胞癌变的中心环节，研究癌基因与抑癌基因对揭开肿瘤发生之谜有重要意义。

第一节　癌基因与抑癌基因

一、癌　基　因

（一）癌基因的发现

癌基因的发现可追溯到 20 世纪初对动物致癌病毒的研究。当时人们注意到将患白血病家禽的细胞提取物注入正常家禽体内可引起白血病，并发现这些肿瘤细胞中含有病毒。

1910 年，佩顿・劳斯（Peyton Rous）甄别出第一种可能由病毒引发的癌症，这种病毒会使鸡胚成纤维细胞在成长过程中发生恶性转化，将此种恶性转化的细胞接种鸡后会长出一种名为肌肉瘤的恶性肿瘤。后来这种病毒被分离出来，命名为劳斯肉瘤病毒（Rous sarcoma virus，RSV），也被称为 Rous 肉瘤病毒，是一种 RNA 逆转录病毒，也是第一个被发现的肿瘤病毒，在此基础上建立了经典的病毒致癌学说，这项研究意义深远，佩顿・劳斯因此获得了 1966 年的诺贝尔生理学或医学奖。此后，其他能引起家鼠、仓鼠、猫、猴子等动物患上肿瘤的病毒也被一一发现。

20 世纪 70 年代，研究人员发现存在一种不致癌的 RSV，与致癌的病毒相比后发现，不致癌的病毒基因组末端少了一个基因，因此科学家推测这个基因与癌症的发生相关，随后，研究者很快证实了这一推断，将此基因命名为 *SRC*（源于“sarcoma”一词）。*SRC* 即成为第一个被发现的病毒癌基因。

1975 年，在追溯 *SRC* 来源时，迈克尔・毕晓普（Michael Bishop）和哈罗德・瓦尔姆斯（Harold Varmus）发现 *SRC* 是一个细胞基因，而并非原始存在于病毒的基因组中。具体过程为迈克尔・毕晓普和哈罗德・瓦尔姆斯用 *v-SRC* 序列作为探针作 DNA 印迹法（Southern blotting）分析正常鸡细胞及感染 RSV 的鸡细胞基因，发现在未感染病毒的细胞和感染病毒的细胞中都有与 *v-SRC* 相同的 *SRC* 基因。这说明正常鸡细胞在感染 RSV 之前，就已经拥有了 *SRC* 基因，*SRC* 基因本就是一个正常的鸡细胞基因，当 RSV 感染鸡细胞时，通过遗传重组，把鸡细胞的 *SRC* 基因插入病毒基因组中，使正常的细胞基因转化为癌基因，使病毒获得了一个源于细胞并被改造的癌基因，从而引起肿瘤的发生。随后，研究人员在鱼、鸟类和哺乳动物体内都发现了 *SRC* 基因。这种基因在物种中广泛存在，说明这个基因在正常细胞中是不可缺少的。迈克尔・毕晓普和哈罗德・瓦尔姆斯也因发现病毒癌基因来源于细胞基因的突出贡献而获得 1989 年诺贝尔生理学或医学奖。

1981 年，罗伯特・温伯格（Robert Weinberg）在人类膀胱肿瘤中发现一种癌基因 *RAS*，这是从人类肿瘤中分离出的首个癌基因。随着研究的进一步深入，目前已发现了上百种癌基因。

（二）细胞癌基因

癌基因是细胞内控制细胞生长、增殖、分化并具有诱导细胞恶性转化潜能的一类基因。存在于细胞基因组内的癌基因称为细胞癌基因（cellular oncogene，*c-onc*）。在正常细胞中原癌基因的功能是控制细胞的生长，其只调控细胞的增殖，不具有致癌性，所以将未激活、不发挥致癌作用的细胞癌基因又称原癌基因（proto-oncogene）。

原癌基因广泛存在于生物界，不仅是哺乳动物，在果蝇、海胆、酵母等的基因组中也有原癌基因的存在。从酵母到哺乳动物，原癌基因的外显子在进化上保持了高度的保守性。这也表明这些基因在正常细胞的生长分化的过程中具有重要作用。我们把结构上具有相似性，功能高度相关的细胞癌基因区分为不同的家族，如*RAS*、*MYC*、*SRC*、*SIS*等基因家族。原癌基因的表达严格地受到时间（细胞发育阶段、细胞周期某一时期）、空间（组织和细胞类型）、次序（表达的前后顺序）方面的控制。在某些因素的作用下，如放射线、有害的化学物质、病毒感染导致外源基因插入等的因素下，这些基因可能发生突变或者表达失控，从而导致细胞的增殖分化失控，最终导致细胞的恶性转化。

（三）病毒癌基因

能导致肿瘤的发生或使培养细胞转化成肿瘤细胞的病毒称为肿瘤病毒，分为RNA肿瘤病毒（即逆转录病毒）与DNA肿瘤病毒。RNA和DNA病毒的致癌机制不同。把肿瘤病毒基因组中能使靶细胞发生恶性转化的基因称为病毒癌基因（virus oncogene，*v-onc*），是一类可使敏感宿主产生肿瘤、体外诱导和维持培养细胞恶性转化的基因。这些基因多与正常细胞内调控细胞生长分化的基因同源。目前发现的病毒癌基因有几十种。需要注意的是，病毒有致癌能力，并不意味着其基因组中一定存在病毒癌基因。

1. RNA病毒 肿瘤病毒中大部分为RNA病毒，如RSV、Harvey大鼠肉瘤病毒、Kirsten鼠科肉瘤病毒等。由于逆转录的过程缺乏高效的保真和纠错系统，RNA病毒的遗传物质更容易发生变异。

RNA病毒的癌基因对病毒的复制包装是没有直接作用的，对逆转录病毒的基因组而言，这些基因不是必须存在的，可以将病毒癌基因视为原癌基因的活化或激活形式。有致癌性的RNA病毒又可被分为急性逆转录病毒和慢性逆转录病毒。

（1）急性逆转录病毒：获得癌基因的方式通常是将逆转录形成的cDNA整合到宿主的DNA中，通过重排或重组，捕获宿主DNA中的特定序列，从而变成携带恶性转化基因的病毒。病毒癌基因虽来自真核细胞，但在病毒中没有内含子。目前已检测到的急性逆转录病毒包含的癌基因都是相应的原癌基因（细胞癌基因）的突变形式，这种突变改变其表达产物的氨基酸序列，继而导致结构的差异，可能与病毒癌基因的急性转化作用有关。急性逆转录病毒含有病毒癌基因，能在几天内诱导宿主肿瘤的发生。

（2）慢性逆转录病毒：不含病毒癌基因，通常将病毒基因组插入宿主原癌基因的附近，通过激活原癌基因的方式发挥促癌的作用。其致癌时间较长，需要数月甚至数年，有较长的潜伏期。其RNA基因组中通常含有3个基本结构基因（*gag*、*pol*、*env*）及5′端、3′端长末端重复（long terminal repeat，LTR）序列，5′端有帽子结构，3′端有pol γ(A)*gag*基因编码病毒核心蛋白，*pol*基因编码逆转录酶，*env*基因编码病毒衣壳蛋白. RSV是典型的慢性逆转录病毒，其基因组包含上述典型的基因序列，结构图见4-1。当病毒进入宿主细胞后，首先以自身*pol*基因为模板合成逆转录酶，由此逆转录酶催化生成双链病毒DNA，整合到宿主基因组中进行表达，其中的病毒癌基因也随之表达，导致细胞恶性转化。LTR中常含有启动子、增强子的调控序列。这种整合到细胞基因组中，带有LTR的病毒被称为原病毒（provirus）。原病毒既可以随宿主细胞分裂传代，也能转录、表达，组装成新的病毒，再感染其他宿主细胞。慢性逆转录病毒可在人体中长期潜伏（5～10年）。

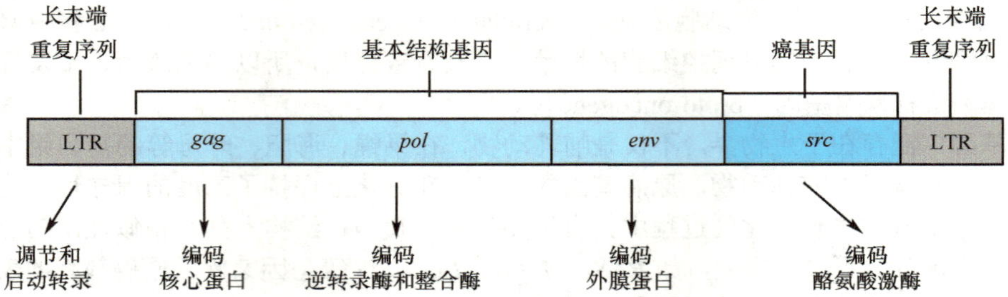

图 4-1 RSV 基因组结构模式图

2. DNA 病毒 常见的有人乳头瘤病毒（human papilloma virus，HPV）、EB 病毒（Epstein-Barr virus，EBV）和乙型肝炎病毒（hepatitis B virus，HBV）等。病毒癌基因是 DNA 病毒基因组不可缺少的部分，是病毒的复制所必需的，而且 DNA 病毒的癌基因序列具有特异性，目前没有发现和其同源的癌基因。因此，可以利用这种序列的特异性做是否感染病毒的分析判断。比如，HPV 病毒的癌基因 *E6*、*E7*。

（1）人乳头瘤病毒：是引起上皮肿瘤的小 DNA 病毒。有约 75 种人乳头瘤病毒，大多数与良性的生长有关，如疣。但有些与癌症有关，特别是宫颈癌。宫颈癌表达产生两种病毒相关的产物：E6 和 E7 蛋白质，它们能使靶细胞永生。

（2）腺病毒（adenovirus）：最初从人的腺样增殖组织中分离，类似的病毒也已从其他的哺乳动物中获得。它们组成了一个相互关联的病毒家族，有 80 多个成员。人类腺病毒研究最详细，并且与呼吸道病毒有关。它们能感染一定范围内不同的细胞。

腺病毒能高效地感染人类细胞并在感染细胞内复制。所有的腺病毒都能转化培养的细胞，但不同病毒的致癌力不同。人类腺病毒早期区域 1（E1）由两个不同的基因 *E1A* 和 *E1B* 组成。腺病毒转化细胞基因组，使之获得包含 *E1A* 和 *E1B* 基因的早期病毒区域的一部分，E1A 蛋白参与细胞周期的进程，E1B 蛋白属 BCL-2 家族，具有抗细胞凋亡作用。

（3）人疱疹病毒：与人类许多疾病有关，包括传染性单核细胞增多症、鼻咽癌、伯基特（Burkitt）淋巴瘤、卡波西肉瘤和其他淋巴增生紊乱。

（四）癌基因产物及功能

癌基因编码产物均是细胞信号网络的成分和基因转录调节的关键分子，不仅参与调控细胞生长、增殖、分化及细胞周期，同时，在细胞信号转导过程中也发挥重要作用。细胞外信号包括生长因子（growth factor，GF）、激素、药物、神经递质等，通过作用于细胞膜上的受体系统，或直接被传递至细胞内后再作用于细胞内受体，然后活化多种蛋白激酶，使胞内的相关蛋白质磷酸化，进而激活核内的转录因子，引发一系列下游靶基因的转录。癌基因编码的生长因子、生长因子受体、细胞内信号转导分子、DNA 结合蛋白和转录因子、细胞周期调节蛋白及细胞凋亡调节因子在这个过程中发挥了重要作用（表 4-1）。

1. 生长因子 是一类由细胞分泌至细胞外的信号分子，多为蛋白质或肽类物质，发挥类似激素的促进细胞生长与分化的作用。目前已经发现的生长因子有几十种，与细胞增殖、细胞分化、肿瘤的形成、组织再生和创伤愈合等生理、病理状态有关。例如，表皮生长因子（epidermal growth factor，EGF）：能够促进内皮与上皮细胞的生长；神经生长因子（nerve growth factor，NGF）：刺激神经元生长，营养神经元，防止其损伤退化；血管内皮生长因子（vascular endothelial growth factor，VEGF）：促进血管内皮细胞的生长和新生血管的生成；红细胞生成素（erythropoietin，EPO）：刺激红细胞的生成；转化生长因子-β（transforming growth factor，TGF-β）：对不同的细胞增殖起双向调节作用。

根据生长因子分泌细胞与被作用的靶细胞的关系，生长因子的作用方式可分为 3 种：①自分泌。生长因子作用于分泌该生长因子的细胞自身。②旁分泌。生长因子作用于生长因子邻近的其他类型的细胞。③内分泌。生长因子分泌后随血液运输到远端的靶细胞，以发挥作用。生长因子以前两种作用方式为主，将细胞联系起来成为有机的网络，保持沟通和联络。

SIS 表达产物可以与细胞膜血小板衍生的生长因子（platelet-derived growth factor，PDGF）受体结合而刺激 *SIS* 进一步表达，形成促进细胞生长的自分泌环路。EGF 广泛分布于各种体液，分子量为 5000Da，促进细胞分裂增殖。一些肿瘤细胞转化因子（transforming growth factor-α，TGF-α）与 EGF 属同一家族，从而形成肿瘤的自分泌机制。此外 *INT*-2、*HST* 和 *FGF*-5 编码的产物与纤维母细胞生长因子（fibroblast growth factor，FGF）同源。这些生长因子类癌基因异常表达时，产生许多与生长因子类似的产物，与相应受体结合后，使信号转导系统失调，从而使细胞异常增殖。

2. 生长因子受体　生长因子的受体多位于细胞膜上，是一类跨膜蛋白，与相应的生长因子结合后被激活，进一步激活下游分子，启动细胞的一系列信号转导过程。生长因子受体的基本结构包括细胞外配体结合的结构域、跨膜结构域及胞内结构域。多数受体具有蛋白激酶的活性，特别是酪氨酸激酶活性，也有的受体具有丝氨酸/苏氨酸激酶的活性。一些癌基因的产物与跨膜生长因子受体同源，能够接收细胞外信号并将其传入细胞内。这些癌基因编码蛋白的胞内结构域具有酪氨酸蛋白激酶活性，属于酪氨酸蛋白激酶类受体，这类酪氨酸蛋白激酶受体及其癌基因包括 EGF 受体、EGF 受体类似物、巨噬细胞集落刺激因子（macrophage colony stimulating factor，M-CSF）受体（FMS、KIT、ROS、RET、SEA）、神经生长因子（nerve growth factor，NGF）受体等，当受体的酪氨酸蛋白激酶的活性被激活时，会直接磷酸化下游蛋白，被活化的下游蛋白再激活核内转录因子，调节基因的转录过程，从而调节细胞的增殖分化。

另一些癌基因编码的受体则无酪氨酸蛋白激酶活性，如 *MPL* 癌基因编码的血小板生成素受体等可活化胞内非受体的酪氨酸蛋白激酶，又如 *MAS* 癌基因编码的血管紧张肽受体等通过活化 G 蛋白进而活化 cAMP、PIP_2 途径来发挥作用。

3. 细胞内信号转导分子　当生长因子与相应受体结合后，通过一系列细胞内信号转导分子将信号进一步传递到细胞内、核内，调节基因的表达。这些信号转导分子包括癌基因的产物以及由其作用而产生的第二信使（如 cAMP、cGMP、IP_3、Ca^{2+}、DAG 等）。其中属于细胞内信号转导分子的癌蛋白的癌基因包括：①小 G 蛋白基因（*H-RAS*、*K-RAS* 和 *N-RAS*）；②膜结合的酪氨酸蛋白激酶基因（*SRC*、*ABL*、*FES*、*YES* 等）；③丝氨酸/苏氨酸蛋白激酶基因（*RAF*、*MOS*、*COT*、*MIL*、*MHT* 等）；④磷脂酶基因（*CRK*）。

4. DNA 结合蛋白和转录因子　位于细胞核内，属于反式作用因子，通过调节基因的表达而影响细胞增殖。某些癌基因表达的蛋白质定位于细胞核内，起转录因子作用，与靶基因的调控元件结合直接调节转录活性。这类癌基因包括 *FOS*、*JUN*、*MYC*、*MYB* 等家族成员。FOS 蛋白可与 JUN 结合，形成异源二聚体转录因子 AP-1，AP-1 可接受多种信号通路的刺激，通过启动子激活多种增殖相关基因的表达，从而在促进肿瘤细胞增殖中发挥重要作用。NF-κB 属于转录因子，在 PIP_3 介导的信号通路中，AKT 通过级联反应使 NF-κB 释放出来，入核后与相应 NF-κB 位点结合从而调节相关基因的转录过程发挥相应生物学功能。

5. 细胞周期调节蛋白　细胞周期是生命的重要特征。细胞的增殖是通过调节细胞周期得以实现的。而癌细胞是一群增殖失控的细胞，因此细胞周期调节蛋白的表达或活性异常对肿瘤的发生具有重要意义。周期蛋白（cyclin）和某些周期蛋白依赖性激酶（CDK）等都属于细胞周期调节蛋白。这些细胞周期调节蛋白包含多个成员，例如 cyclin A～H、CDK1～7。cyclin 可以与 CDK 形成复合物，在细胞周期的不同时相中发挥作用，从而推动细胞周期的进程，促进细胞增殖。很多研究资料显示，*RAS* 基因的表达与细胞周期密切相关。PDGF 可通过 RAS/RAF/MAPK 信号通路正向调节 G_0/G_1 与 G_1/S 的转换。通过显微注射将 RAS 蛋白注入细胞可引起 G_0 期细胞合成 DNA。c-MYC 与 MAX 复合体也可引起 cyclin D 的转录水平升高。

6. 细胞凋亡调节因子 随着研究的深入，人们越来越认识到，很多肿瘤发生的机制不仅仅是因为增殖的加快，还有可能是因为凋亡速度的减慢，引起增殖和凋亡的平衡失调，导致肿瘤的发生。因此凋亡相关蛋白的表达或功能异常也是肿瘤研究的重要方向。肿瘤细胞对凋亡的敏感性也是决定化疗效果的重要因素。*BCL-2* 家族表达的蛋白与细胞凋亡的调控密切相关，根据其对凋亡调节的功能不同，可将其家族成员分为两类，其中能够促进凋亡的产物包括 BAX、BAD、BAK、BID、BIK 等；抗凋亡的产物有 BCL-2、BCL-W、MCL-1 和 BCL X_L 等。促凋亡蛋白表达水平的降低或者活性减弱，抑制凋亡蛋白的表达水平增加或活性增强，都有可能引发肿瘤。

表 4-1 常见癌基因及产物

类别	癌基因	编码产物
1. 生长因子	*SIS*	PDGF
	FGF-5、*HST*、*INT-2*	FGF
2. 生长因子受体		
（1）酪氨酸蛋白激酶类受体	*ERBB*	EGF 受体
	NEU（*ERBB2*、*HER2*）	EGF 受体类似物
	FMS、*KIT*、*RET*、*ROS*、*SEA*	M-CSF 受体
（2）可溶性酪氨酸蛋白激酶受体	*TRK*	NGF 受体
	MET	肝细胞生长因子受体
（3）非蛋白激酶受体	*MAS*	血管紧张肽受体
	ERB A	甲状腺激素受体
	MPL	血小板生成素受体
3. 细胞内信号转导分子		
（1）小 G 蛋白	*H-RAS*、*K-RAS*、*N-RAS*	P21 RAS 蛋白
（2）膜结合的酪氨酸蛋白激酶	*SRC*、*ABL*、*FES*、*YES* 等 *SRC* 家族	酪氨酸磷酸化的蛋白激酶
（3）丝氨酸/苏氨酸蛋白激酶	*RAF*、*MIL*、*MOS*、*COT*、*PIM-1* 等	丝氨酸/苏氨酸磷酸化的蛋白激酶
（4）磷脂酶	*CRK*	CRK 样蛋白
4. DNA 结合蛋白和转录因子	*c-MYC*、*N-MYC*、*L-MYC*、*MYB*	转录因子
	FOS、*JUN*	转录因子 *AP-1*
5. 细胞周期调节蛋白	*cyclin A-H*、*CDK1-7*	细胞周期蛋白 细胞周期蛋白依赖性激酶
6. 细胞凋亡调节因子	*BAX*、*BAD*、*BAK*、*BID*、*BIK*	促凋亡因子
	BCL-2、*BCL-W*、*MCL-1*、*BCL* X_L	抗凋亡因子

（五）癌基因激活机制

正常情况下，原癌基因并无致癌作用，而在细胞的生长、增殖、分化等过程发挥其生理功能，尤其是在个体发育早期或组织再生时。在某些致癌因素（如病毒感染、射线或化学致癌剂等）的作用下，原癌基因的结构改变或其表达调控发生变化，使之被激活，进而造成癌基因表达产物的结构改变或量的增加、活性异常增加，导致细胞生长失控而发生癌变。从正常的原癌基因变成具有使细胞发生恶性转化的癌基因的过程被称为原癌基因的转化。癌基因的激活主要有以下几种方式。

1. 点突变 在致癌因素的作用下，原癌基因的单个碱基发生突变，导致其编码蛋白质的某个氨基酸发生改变，使该蛋白质的活性增强，对细胞增殖的刺激作用增强，或增加蛋白质的稳定性，使其浓度增加，导致对增殖刺激的时间与强度也增加；点突变也可改变 RNA 的剪接位点，使其发生错误剪接而改变蛋白质的结构与功能。点突变是导致癌基因活化的主要方式。*RAS* 癌基因的激活是其中一个典型的例子。其编码产物 RAS 蛋白是细胞增殖与分化的重要分子开关。在膀胱癌中检测到 *RAS* 癌基因的点突变，即第 12 位密码子 GGC 突变为 GTC，该突变导致甘氨酸转变为缬氨酸，异常的蛋白产物可能刺激细胞发生恶性转化。RAS 蛋白是存在于细胞膜上的信号转导蛋白，当接受细胞外因子刺激时，从结合 GDP 的无活性状态转变为结合 GTP 的有活性状态，进而产生刺激细胞生长的信号。正常 RAS 的活化状态只持续约 30 分钟，而突变的 RAS 蛋白始终处于结合 GTP 的激活状态，持续激活下游如 MAPK 信号通路，从而促进细胞的恶性转化。RAS 的下游分子 RAF 也被发现在 66% 的恶性黑色素瘤中存在突变。

2. 基因扩增　原癌基因的扩增即原癌基因拷贝数的增加，造成 mRNA 的水平增高，进而表达出过量的癌蛋白，导致正常细胞调节功能紊乱而使细胞出现恶性转化。基因扩增的拷贝数可高达 100～1000。在肿瘤细胞中，由于原癌基因在某一特定染色体区域复制扩增，使该区域产生一系列重复 DNA 片段，而呈现的染色体某个节段上出现相对解旋的浅染区。另外，因染色体区域重复复制的许多 DNA 片段释放到细胞质中，还可看到染色体上有连在一起的双微体和均染区，这些都是原癌基因 DNA 片段扩增的表现。c-MYC 在进展的人类肿瘤中常被检测到扩增，同时被过量表达。

3. 启动子插入　原癌基因的附近一旦被插入一个强大的启动子，也可被激活。某些逆转录病毒感染细胞后，其基因组中的长末端重复序列（LTR）插入到细胞原癌基因的附近或内部，由于 LTR 中含有较强的启动子和增强子，因此可启动和促进原癌基因的转录，使其表达增加，导致细胞癌变。此外，染色体异位也有可能使癌基因获得增强子而表达增强。引起鸡淋巴瘤的病毒即是将其 LTR 序列整合到宿主 *c-MYC* 基因附近，LTR 可加强 c-MYC 的表达。

4. 染色体易位与重排　染色体易位在肿瘤中经常出现，其结果可导致原癌基因的易位或重排，使原癌基因的正常转录环境发生改变而被激活，如原来无活性的原癌基因易位于一些强的启动子或增强子附近而被活化；或者易位后失去原旁侧具有抑制转录启动的负调控区，使其表达产物显著增加，导致肿瘤的发生；这种易位还有可能产生新的融合基因，发挥促进细胞恶性转化的作用（表 4-2）。例如在人 Burkitt 淋巴瘤的 8q24 含有原癌基因 *c-MYC*，存在 3 种类型的染色体易位：t（8；14）（q24；q32）、t（8；22）（q24；q11）与 t（8；2）（q24；p11），其中第一种易位最常见，该易位使得染色体 8q24 的 *c-MYC* 基因转移到染色体 14q32 上免疫球蛋白重链（IgH）基因的调节区附近（图 4-2），与该区活性很高的启动子连接而被活化。

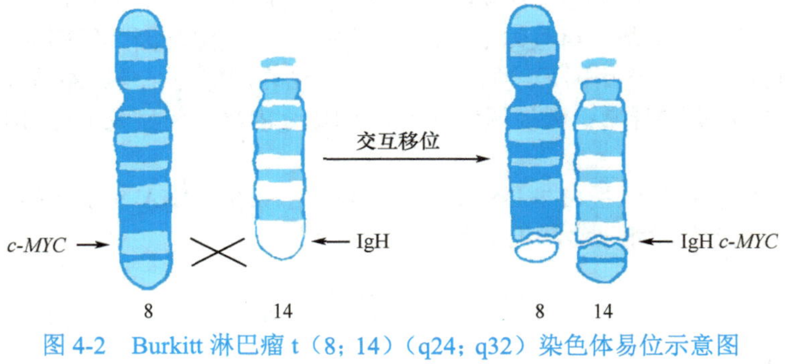

图 4-2　Burkitt 淋巴瘤 t（8；14）（q24；q32）染色体易位示意图

慢性髓细胞性白血病（chronic myelogenous leukemia，CML）患者中常存在一种典型的异位染色体，这种特殊的染色体于 1960 年在费城被发现，常被称为费城小体（Philadelphia chromosome），是诊断 CML 的标志性染色体。费城小体由 9 号染色体（9q34）与 22 号染色体（22q11）长臂交换产生，这种异位产生了新的融合基因 *BCR-ABL*，产生的 BCR-ABL 蛋白具有持续的酪氨酸蛋白激酶活性，通过信号转导使细胞有丝分裂增强。95% CML 患者有这种 *BCR-ABL* 融合基因的产生。

表 4-2 人类肿瘤中常见的染色体易位

易位基因	染色体重排	产物	相关肿瘤
ABL-BCR	t（9；22）（q34；q11）	酪氨酸蛋白激酶	慢性髓细胞性白血病和急性淋巴细胞白血病
ETV6-NTRK3	t（12；15）（p13；q25）	酪氨酸蛋白激酶	乳腺癌和其他肿瘤
EML4-ALK	inv（2）（p21；q23）	酪氨酸蛋白激酶	非小细胞肺癌
RET-NTRK1	t（1；10）（q11.2；q21）	酪氨酸蛋白激酶	甲状腺乳头状癌
H4-RET	inv（10）（q11.2；q21）	酪氨酸蛋白激酶	甲状腺乳头状癌
ALK-NPM	t（2；5）（p23；q35）	酪氨酸蛋白激酶	间变性大细胞淋巴瘤
RUNX1-RUNX1T1	t（8；21）（q22；q22）	转录因子	急性髓细胞性白血病
PML-RARA	t（15；17）（q22；q22）	转录因子	急性原髓细胞性白血病
HOX11-TCR	t（10；14）（q24；q11）	转录因子	急性淋巴细胞性白血病
ETV6-RUNX1	t（12；21）（p13；q22）	转录因子	急性淋巴细胞性白血病
EWSR1-FLI1	t（11；22）（q24；q12）	转录因子	尤因肉瘤
TMPRSS2-ETV1	t（7；21）（p21；q22）	转录因子	前列腺癌
PRCC-TFE3	t（x；1）（p11；q23）	转录因子	肾癌
c-MYC-IGH	t（8；14）（q24；q32）	c-MYC ↑	霍奇金淋巴瘤
IGH-BCL-2	t（14；18）（q32；q21）	BCL-2 ↑	滤泡淋巴瘤
CCND1-IGH	t（11；14）（q13；q32）	cyclin D1 ↑	非霍奇金淋巴瘤
BCL6-IGH	t（3；14）（q13；q32）	BCL-6 ↑	弥漫大 B 细胞淋巴瘤
TMPRSS2-ERG	del（21）（q22）	ERG ↑	前列腺癌

5. 表观遗传水平激活 表观遗传水平的激活机制主要包括以下几种。

（1）DNA 去甲基化：DNA 甲基化（DNA methylation）是重要的表观遗传学修饰的方式之一，是指由 DNA 甲基化酶（DNA methylase）介导，发生在 5′-CG-3′ 序列（CpG）二核苷酸胞嘧啶残基上的共价修饰，即选择性把 *S*-腺苷甲硫氨酸的甲基转移到胞嘧啶，形成 5-甲基胞嘧啶等。这种后天的变异可遗传，但并不改变核苷酸序列，且可能逆转。DNA 的甲基化增加了其结构的稳定性，抑制启动和转录。因此甲基化程度高的基因表达会下调。相反，低/去甲基化可导致癌基因大量表达，如 *H-RAS* 的低/去甲基化是细胞癌变的一个重要特征。在肿瘤形成和发展过程中，DNA 甲基化模式发生变化，包括基因组整体甲基化水平降低可激活癌基因。原癌基因调控序列如启动子序列去甲基化可增强反式作用因子，如转录因子与之结合的能力，是原癌基因激活的一种机制。

（2）非编码 RNA 调控异常：调控原癌基因的非编码 RNA，特别是 microRNA 表达下调，可致原癌基因激活。

（3）组蛋白乙酰化：致组蛋白与 DNA 之间相互作用减弱，DNA 易于解链，便于相关基因转录，也是癌基因表观遗传学水平激活机制之一。

二、抑癌基因

（一）抑癌基因的发现

20 世纪 60 年代，H · 哈里斯（H. Harris）应用微细胞技术，将含有一条正常染色体的鼠成纤维细胞与 HeLa 细胞在体外进行融合（微细胞融合实验）时发现，杂种细胞的生长受到抑制并具有相对正常的表型。当这条染色体丢失后，杂种细胞又恢复肿瘤表型，表明正常染色体中含有抑制肿瘤细胞生长的因子，为抑癌基因的研究提供了重要线索。

通过对家族性视网膜母细胞瘤（retinoblastoma，RB）的研究，人们定位、克隆和鉴定了首个人类抑癌基因。最初研究发现，家族性视网膜母细胞瘤患者肿瘤细胞 13 号染色体长臂存在中间缺失，虽然各患者缺失片段范围不同，但是，都包括同样的最小区域 13q14，称为最小重叠区（smallest overlapping region，SOR）。进一步研究发现，13q14 区段与视网膜母细胞瘤发生紧密联系，提示该区域存在与视网膜母细胞瘤发生密切相关的基因。最终，人们通过相关分子生物学技术在此区域克隆并鉴定了第一个人类抑癌基因 *RB1*。

与同一个体的癌旁正常组织相比，肿瘤细胞的杂合性等位基因（或遗传多态标记）中的一个丢失，称为杂合性丢失。抑癌基因杂合性丢失是肿瘤细胞中普遍存在的现象。通过杂合性丢失研究可以发现并精确定位抑癌基因，也是抑癌基因缺失突变的主要检测手段。

（二）抑癌基因的概念

人们在细胞融合实验中发现，一个肿瘤细胞与一个正常细胞融合后肿瘤的恶性表型受到抑制。当杂交细胞失去正常细胞中的某一染色体时又恢复了恶性生长的能力。这表明正常细胞中可能存在某种抑制肿瘤形成的基因。这类基因被称为抑癌基因，即肿瘤抑制基因（tumor suppressor gene）或抗癌基因（antioncogene）。目前认为抑癌基因是一类存在于正常细胞内，可抑制细胞生长、增殖并具有潜在抑制癌变作用的基因。当这类基因缺失或突变失活时，抑癌功能丧失，可导致肿瘤发生。

（三）抑癌基因编码产物的功能分类

在正常细胞的生长、增殖与分化等过程中，癌基因起着正调控作用，促进细胞进入增殖周期，阻止其分化；而抑癌基因起着负调控作用，抑制细胞增殖，诱导其分化。在细胞增殖的整个过程中，癌基因主要在细胞周期外的生长信号转导过程中发挥作用；而抑癌基因主要在细胞周期内部的调控中发挥作用。

目前已知的抑癌基因较少，其表达产物主要包括跨膜受体、胞质调节因子或结构蛋白、转录因子与转录调节因子、细胞周期因子、DNA 损伤修复因子及其他一些功能蛋白（表 4-3）。

表 4-3 常见的抑癌基因及其作用

基因分类	染色体定位	主要相关肿瘤	基因产物及作用
1. 跨膜受体类			
DCC	18q21	结直肠癌	表面糖蛋白（细胞黏附分子）
2. 胞质调节因子或结构蛋白			
NF1	17q11	神经纤维瘤	GTP 酶激活剂
NF2	22q12	神经鞘膜瘤、脑膜瘤	连接膜与细胞骨架
APC	5q21	结肠癌	可能编码 G 蛋白
MCC	5q21	结肠癌、肺癌	93kDa 蛋白（活化 G 蛋白）
PTEN	10q23	胶质母细胞瘤	细胞骨架蛋白和磷酸酯酶
3. 转录因子和转录调节因子			
RB	13q14	视网膜母细胞瘤、骨肉瘤	P105-RB 蛋白，转录因子
WT1	11p13	肾母细胞瘤（Wilms 瘤）	锌指蛋白（转录因子）
P53	17p13	多种肿瘤	P53 蛋白（转录因子）
VHL	3p25	嗜铬细胞瘤、肾癌	转录调节蛋白
BRCA1	17q21	乳腺癌、卵巢癌	锌指蛋白（转录因子）
BRCA2	13q12	乳腺癌、卵巢癌	锌指蛋白（转录因子）

续表

基因分类	染色体定位	主要相关肿瘤	基因产物及作用
4. 细胞周期因子			
P16（*MTS1*）	9p21	多种肿瘤	P16 蛋白（CDK4、CDK6 抑制剂）
P15（*MTS2*）	9p21	胶质母细胞瘤	P15 蛋白（CDK4、CDK6 抑制剂）
P21	6p21	前列腺癌	P21 蛋白（CDK2、CDK4、CDK3、CDK6 抑制剂）
5. DNA 损伤修复因子			
MSH2	2p21-22	与 HNPCC 相关的大肠癌	含 909 个氨基酸残基的蛋白质（修复 DNA）
MLH1	3p21	与 HNPCC 相关的大肠癌	含 756 个氨基酸残基的蛋白质（修复 DNA）

HNPCC：hereditary nonpolyposis colorectcal cancer，遗传性非息肉病性结直肠癌

抑癌基因分类如下：

1. 转录调节因子 能够通过调节转录因子活性来间接控制转录过程，进而改变细胞的生命活动。具有抑癌作用的转录调节因子能够抑制细胞的生长、迁移、周期进程等生命过程。属于这一类的典型肿瘤抑制基因有 *RB1*、*P53*、*SMAD* 家族、*TGFBR2*、*MAP2K4* 和 *VHL* 等。*WT*、*DCC* 等基因为负调控转录因子，它们在 DNA 损伤或染色体缺陷时触发细胞周期停止。

2. 周期蛋白依赖性激酶抑制因子 细胞周期的正常运行是细胞增殖的基本保证，因此当调节周期进程的激酶受到抑制时，细胞增殖也会相应受到影响。周期蛋白依赖性激酶抑制因子就是基于这一机制发挥抑癌作用的。属于这一类的典型肿瘤抑制基因包括 *CDKN2A*（*P16*）、*CDKN2B*（*P15*）、*CDKNIA*（*P21*）和 *CDKN1B*（*P27*）等。

3. 信号通路相关抑制因子 细胞的生长需要多种信号通路协同作用，有效抑制相应的通路能够实现对细胞增殖能力的调控。然而，当这些调节出现障碍时，细胞可能出现恶性增殖。编码肿瘤抑制性信号转导分子的基因有第 10 号染色体上缺失及张力蛋白同源的磷酸酶（phosphatase and tensin homolog deleted on chromosome ten，*PTEN*）、*NF1*、*TGF-β*、抑癌基因腺瘤性息肉病基因（adenomatous polyposis coli，*APC*）及 *MCC* 等。

4. 诱导凋亡蛋白的基因 细胞凋亡是维持生物体内细胞数量动态平衡的关键生命程序，当其出现功能障碍时，可导致肿瘤的发生。编码诱导凋亡蛋白的基因可通过调控细胞凋亡的进程而改变细胞的增殖状态，例如活化的 P53 蛋白可促进相关基因（如 *BAX* 基因）的表达，启动程序性死亡过程，诱导细胞自杀，以阻止有癌变倾向的突变细胞生成，从而防止细胞癌变。各种因素造成低水平的 DNA 损伤促使 *P16* 基因产物上调，使细胞停滞在 G_1 期，一旦损害达到一定程度时，细胞就可以进入凋亡途径。这类凋亡相关的肿瘤抑制基因还包括 *APC*、*CDX2*、*BAX*、*DCC* 和 *NF2* 等。

5. DNA 修复因子 基因组在复制、转录等生命过程中常产生 DNA 损伤，若未能及时合理修复，可能会引起基因组不稳定，甚至导致细胞的癌变。参与损伤修复过程的基因可以防止细胞的恶性转变。因此在 DNA 损伤修复中起到重要作用的因子都是抑制癌症发生的候选基因，包括：①参与同源重组修复的基因包括 *BRCA1/2*、*ATM*、*FANC* 家族、*WRN* 和 *BLM* 等；②参与碱基错配修复的基因包括 *MSH2*、*MSH6*、*MLH1*、*PMS1* 和 *PMS2* 等；③参与核苷酸切除修复的基因包括 *XPA*、*XPB*、*XPC*、*XPD*、*XPF* 和 *XPG* 等。

P53 蛋白又可促进生长停止和 DNA 损伤诱导基因 45（growth arrest and DNA damage inducible gene 45，GADD45）的表达，该基因表达产物与 PCNA、CDK3 结合成复合物抑制 DNA 合成。PCNA 具有 DNA 修复酶的活性，使损伤的 DNA 得到修复。

（四）抑癌基因的失活机制

1. 突变和缺失 许多抑癌基因发生突变和缺失后，会造成其编码的蛋白质功能或活性丧失或

降低，进而导致癌变。这种突变属于功能失去突变。最典型的例子就是抑癌基因 *P53* 的突变，目前已经发现 *P53* 基因在超过一半以上的人类肿瘤中发生了突变。

2. 启动子区甲基化　真核生物基因启动子区域 CpG 岛的甲基化修饰对于调节基因转录活性至关重要，甲基化程度与基因表达呈负相关。很多抑癌基因的启动子区 CpG 岛呈高度甲基化状态，从而导致相应的抑癌基因不表达或低表达。例如，约 70%散发肾癌患者中存在抑癌基因 *VHL* 启动子区甲基化失活现象；在家族性腺瘤息肉所致的结肠癌中，*APC* 基因启动子区因高度甲基化使转录受到抑制，导致 *APC* 基因失活，进而引起 β 连环蛋白在细胞内的积累，从而促进癌变发生。

3. 泛素-蛋白酶体功能异常　泛素-蛋白酶体途径是一种细胞蛋白质降解的机制。泛素-蛋白酶体功能异常激活或 E3 泛素连接酶异常表达导致的抑癌基因产物降解增多可能与肿瘤的发生有关。在大多数癌症中 P53 失活。P53 负向调节细胞周期，参与基因组稳定和血管生成。许多含有环指结构域的 E3 泛素连接酶，都能泛素化 P53，使其降解。INK4A 和 p14ARF 在细胞周期阻滞和细胞衰老中起关键作用，p14ARF 也是泛素-蛋白酶体降解的直接靶点。E3 泛素连接酶在 26S 蛋白酶体识别和降解转化生长因子-β（TGF-β）家族靶蛋白中起重要作用。

4. 抑癌基因编码蛋白定位错误　抑癌基因编码蛋白的转位为特定细胞信号转导提供了有效的途径。肿瘤抑制蛋白信号的时空动力学受损已被证明与癌症的发生和恶性进展有关。例如由核输出蛋白 exportin 1 介导的核输出导致 pRB 细胞质错位，这与肿瘤的形成有关，抑制 CDK 活性可有效逆转 pRB 核质错位。P53 含有一个核定位信号（nuclear localization signal，NLS）和一个核输出信号（nuclear export signal，NES），细胞核内 P53 的积聚会导致细胞周期停滞、衰老和凋亡，P53 的错误定位与肿瘤的发生有关。因此，最近有癌症治疗策略试图诱导野生型 P53 的核滞留。

APC 是一种肿瘤抑制因子，通常定位于健康细胞的细胞质中，但已被证明 APC 可定位于在人类癌细胞的细胞核。最近小鼠模型的研究表明，核 APC 通过抑制肠道组织中典型的 WNT 信号来调节上皮细胞的增殖。针对 APC 在 Wnt/β-catenin 信号转导中的定位和功能恢复，已有多种治疗方法问世。SMAD4 参与了许多细胞功能，包括分化、凋亡和细胞周期控制，核质穿梭的失调是导致核 SMAD4 功能丧失的一个机制。

5. 转录因子功能异常　转录因子是细胞增殖的关键驱动因子。这些因子的功能异常导致参与肿瘤发生的关键调控基因的表达异常。E-钙黏附素（E-cadherin，CDH1）是一种细胞黏附分子，对维持上皮细胞层细胞-细胞接触的完整性至关重要。CDH1 的丢失增强了上皮性肿瘤细胞的侵袭力。转录因子 SNAIL 和 SLUG，在 CDH1 的转录抑制中发挥重要作用。锌指蛋白 ZEB1 和 ZEB2 也能抑制 CDH1 的表达。在许多人类癌症中，*PTEN* 基因是完整的，但在转录上是沉默的，早期生长应答蛋白 1（EGR1）和 P53 能上调 PTEN 的表达，这些转录因子的失调可能会使 PTEN 表达下降，其与肿瘤的发生有关。

第二节　原癌基因异常与肿瘤

癌基因的激活是某些肿瘤发生过程中的关键步骤。一种癌基因在同一癌变过程中可通过不同的机制活化；同一致癌因素可通过不同的方式、不同致癌因素也可通过同一种方式来激活癌基因。因此，癌基因的激活是个复杂、相互协调的过程。癌基因激活的结果是使其表达产物发生量变或质变：表达出过量的产物；或使原先不表达的基因开始表达；或使非该时期表达的基因出现表达；或表达异常的产物（截短的蛋白质或融合蛋白）。进而在其他一些因素的协同下，最终导致肿瘤发生。

一、癌基因点突变与肿瘤

第一种人类癌基因是人膀胱癌细胞 *H-RAS* 癌基因。下面以 *RAS* 癌基因突变为例，描述癌基因点突变与肿瘤的关系。

1. *RAS* 癌基因的结构 *RAS* 癌基因定位于 1p22 或 1p23，编码的蛋白质为一种小 G 蛋白，含有 189 个氨基酸残基，分子量为 21kDa，称为 RAS 蛋白，具有结合 GTP 的活性与内源性 GTP 酶活性，参与信号转导。通常，RAS 蛋白的活性形式与非活性形式处于动态平衡。当 RAS 结合 GDP 时，处于非活性状态。在受到上游蛋白的刺激下，结合的 GDP 转变为结合 GTP，RAS 蛋白构象改变，转变成活性形式。这些 GTP 活化的 RAS 蛋白质与酪氨酸蛋白激酶结合，激活下游的丝氨酸/苏氨酸蛋白激酶如 RAF 及有丝分裂原激活的蛋白激酶（MAPK），从而介导信号的转导。随后，因其内在的 GTP 酶活性，GTP 水解生成 GDP，RAS 蛋白又变为非活性形式。

2. *RAS* 癌基因的激活 *RAS* 癌基因是人类肿瘤中最常见被激活的癌基因，其激活的主要依赖点突变。*RAS* 基因的突变热点集中于第Ⅰ、Ⅱ外显子中，最常见的是第 12、13 或 61 等密码子的突变。其中 *K-RAS* 基因更易成为突变的靶基因，已知 90% 的胰腺腺癌，50% 的结直肠癌，约 1/3 的肺腺癌患者都有 *K-RAS* 基因第 12 个密码子的突变。该密码子的正常序列为 GGT（编码甘氨酸），在肺癌中常突变为 TGT（编码半胱氨酸）。在结肠癌患者中 80% 的 *K-RAS* 突变为 GTT（编码缬氨酸），约 15% 结肠癌患者 *K-RAS* 突变发生在第 13 个密码子。另外 *N-RAS* 活化主要发生于白血病和淋巴瘤。*RAS* 基因突变后，RAS 蛋白将 GTP 水解为 GDP 的能力以及与 GTP 酶活化蛋白结合的能力降低，导致 RAS 蛋白与 GTP 的持续结合。如果 RAS 蛋白持续处于活性状态就会持续激活下游信号转导过程，刺激细胞的恶性增殖，最终发生细胞的恶性转化。此外，正常的 *RAS* 基因也可因过度表达而诱导细胞恶性转化。

二、基因扩增与肿瘤

原癌基因扩增和高表达可导致相应蛋白质表达增加，使正常细胞调节功能紊乱而致癌。*MYC* 癌基因家族的基因扩增常见于多种肿瘤如胃癌、乳腺癌、结肠癌、胶质瘤等，肿瘤中有 *c-MYC* 基因大量扩增；视网膜母细胞瘤与神经母细胞瘤中也发现 *c-MYC*、*N-MYC* 的扩增；在小细胞肺癌细胞株中则有 *c-MYC*、*N-MYC*、*L-MYC* 基因的扩增。*ERBB2* 在乳腺癌、卵巢癌、胃癌中有扩增和高表达。原癌基因的扩增程度不一，其拷贝数可增加几十倍、几百倍甚至上千倍（表 4-4）。除此之外，通过胶质瘤细胞的扩增 DNA 分析发现了 *GLI* 原癌基因。通过小鼠细胞系扩增 DNA 发现了 *Mdm2* 基因，人类癌细胞中，*MDM2* 基因有扩增。乳腺癌细胞系中发现 *BCL-1* 基因的扩增。这些癌基因的扩增和突变导致了肿瘤细胞的多药耐药性。

表 4-4 人类肿瘤中常见的高表达的癌基因

癌基因	肿瘤类型
c-MYC	小细胞肺癌
	乳腺癌
N-MYC	神经细胞癌
	小细胞肺癌
L-MYC	小细胞肺癌
C-ERBB	上皮瘤
	胶质细胞瘤
NEU/ERBB2	乳腺癌
	卵巢癌

三、染色体易位、基因重排与肿瘤

染色体的易位可使原癌基因失去其抑制性的调节，易位于启动子或增强子附近而激活其表达。如与人类慢性粒细胞性白血病有关的费城染色体即 t（9; 22）（q34; q11）发生易位，把处于不同染色体上的 *BCR* 基因和 *ABL* 基因连接到一起产生融合基因，编码一种杂种 mRNA，表达新的突变的蛋白质，而此蛋白质具有较高的酪氨酸蛋白激酶活性，从而促进细胞增殖与肿瘤发生。

四、启动子与增强子的插入与肿瘤

最常见的因插入被激活的原癌基因是 *c-MYC*。例如禽白血病病毒（avian leukosis virus，ALV）并不含 *v-onc*，但 ALV 感染宿主细胞后，ALV 的原病毒 DNA 整合到 *c-MYC* 基因的 5′ 端，其 3′ 端 LTR 的 U3 区成为 *c-MYC* 基因的启动子，使 *c-MYC* 的表达比正常增高几十甚至上百倍。

五、癌基因举例

（一）*SRC* 家族

这个家族的成员众多，包括 *SRC* 及 *ABL*、*BLK*、*FES*、*FGR*、*FPS*、*FYN*、*HCK*、*LCK*、*LYN*、*TKL*、*YES*、*YRK* 等基因。*SRC* 即为最早发现的肿瘤病毒 RSV 中的癌基因。其编码的蛋白质大部分具有同源性，定位于细胞膜内或跨膜分布，具有酪氨酸激酶活性，能使酪氨酸的羟基被磷酸化，从而改变相应蛋白质的活性，是多种细胞信号转导传输及整合的关键点。例如血小板源性生长因子（PDGF）受体，接受酪氨酸蛋白激酶活化信号的刺激，促进下游增殖信号的转导。通过信号转导调控细胞生长、分化和存活，影响细胞黏附、迁移和侵袭，同时还参与突触传递的调节。

（二）*RAS* 家族

RAS 家族包括 *H-RAS*、*K-RAS* 和 *N-RAS* 基因。*H-RAS* 最早在 Harvey 大鼠肉瘤中被克隆出来。*RAS* 家族基因包含四个外显子，编码的蛋白质为 21kDa 的小 G 蛋白，也被称为 $P21^{ras}$，位于细胞膜内。与受体偶联型 G 蛋白的区别是 RAS 蛋白只有一个亚单位，可与 GTP 结合，具有 GTP 酶活性使 GTP 水解，并参与 cAMP 水平的调节。*RAS* 癌基因参与细胞生长和分化的调控，参与多种肿瘤的形成与发展。*K-RAS* 基因的突变是肿瘤细胞最常见的突变之一，81% 胰腺癌患者中可以检测到 *K-RAS* 基因突变。

（三）*MYC* 家族

MYC 家族包括 *c-MYC*、*L-MYC*、*N-MYC* 等基因。*MYC* 基因最早在禽骨髓细胞瘤病毒（AMV）中被发现，编码转录因子。*MYC* 家族各成员的核苷酸序列同源性高，但其编码蛋白质的氨基酸序列相差很远。*MYC* 基因编码的产物为核内的 DNA 结合蛋白，可作为反式作用因子，调节其他基因的转录。*MYC* 基因参与不同的细胞功能，包括细胞周期、蛋白质的生物合成、细胞黏附、代谢、信号转导等（图 4-3）。MYC 在胚胎、再生肝和肿瘤组织中表达水平高，可与 MAX 蛋白形成异二聚体，促进细胞增殖、永生化、去分化和转化等，在多种肿瘤形成过程中处于重要地位。*MYC* 基因家族中的 *c-MYC*、*L-MYC*、*N-MYC* 在肿瘤形成中的作用及在不同类型肿瘤中的水平存在差异。*c-MYC* 的扩增与肿瘤发生及转归密切相关，在诱导细胞凋亡过程中也发挥重要作用。*N-MYC* 的扩增对肿瘤的预后判断有意义。*L-MYC* 的扩增与肿瘤的易患性和预后之间的关系在不同的肿瘤中表现不一样。

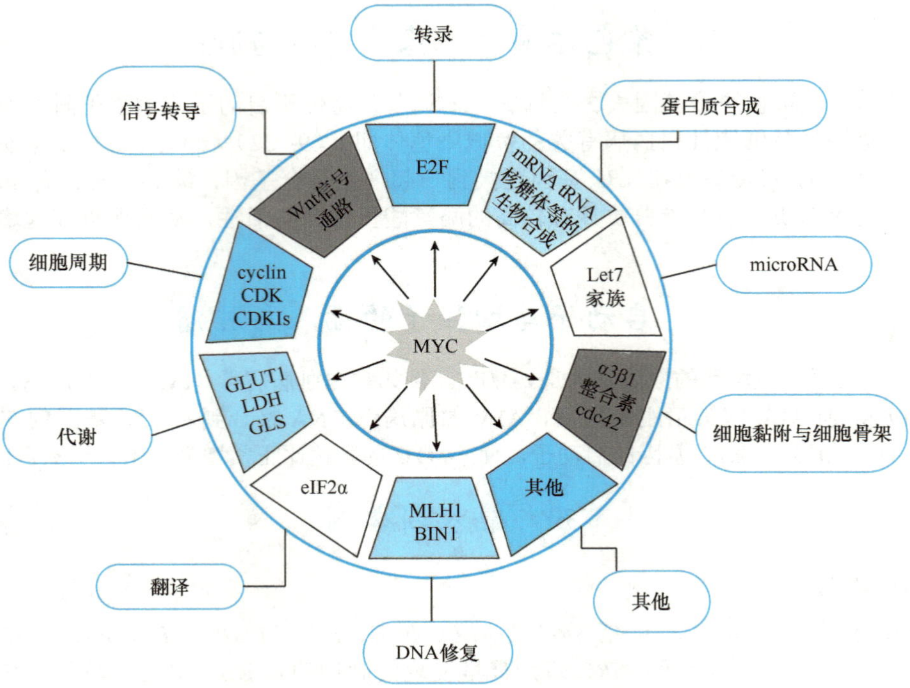

图 4-3　MYC 调节细胞功能

CDK，周期蛋白依赖性激酶（cyclin-dependent kinase）；CDKI，CDK 抑制蛋白（CDK inhibitor protein）；cyclin，周期蛋白；GLUT1，葡萄糖转运蛋白-1（glucose transporter-1）；LDH，乳酸脱氢酶（lactate dehydrogenase）；GLS，谷氨酰胺酶（glutaminase）；eIF2α，真核起始因子 2α（eukaryotic initiation factor-2α）；MLH1，错配修复蛋白 1；BIN1，桥连整合因子 1（bridging integrator 1）；E2F，一种转录因子

（四）*SIS* 家族

SIS 家族只有 *SIS* 一个成员，为生长因子活性样物质，包含 241 个氨基酸，分子量为 28kDa，也被称为 P28 蛋白。SIS 与人血小板源性生长因子（PDGF）B 链同源，PDGF 分子量为 30kDa，主要由凝血过程中的血小板分泌，能够促进内皮细胞、成纤维细胞及平滑肌细胞的增殖。PDGF 由 A 和 B 两条肽链组成，A 链和 B 链的氨基酸序列有 40% 的同源性，可以 AA、BB 或 AB 二聚体的活性形式存在。SIS 也可形成同源二聚体，与细胞膜上 PDGF 受体结合，并激活相应的蛋白激酶，在信号转导中产生与 PDGF 相似的效应，促进细胞的分裂与增殖。*C-SIS* 的表达产物还能促进肿瘤血管的生成，为肿瘤的增殖和转移提供有利的环境。

六、肿瘤的癌基因靶向治疗

虽然大多数肿瘤都有多个癌基因突变，但大量的临床前和临床数据支持，许多癌症对单个癌基因的抑制非常敏感，这被称为癌基因成瘾。在肿瘤的治疗中，可以针对启动和维持癌细胞增殖及存活的癌基因开展靶向治疗。在慢性髓细胞性白血病（CML）中，BCR-ABL 融合蛋白就是治疗的典型的分子靶点，伊马替尼（格列卫）是针对该靶点治疗 CML 的有效药物。除此之外，30% 的乳腺癌都有 *HER2* 基因的过表达或扩增，曲妥珠单抗（赫赛汀）即是针对 *HER2* 靶向治疗的有效药物。对于有耐药性的患者的研究发现一些基因和信号通路的改变帮助了肿瘤细胞产生耐药机制。肿瘤靶向治疗是目前抗肿瘤研究的一个重要方向。

第三节　抑癌基因异常与肿瘤

一、抑癌基因失活与肿瘤发生的关系

正常细胞增殖的调控信号分为正、负两大类。正信号（如原癌基因）促使细胞进入增殖周期，阻止分化；负信号（如抑癌基因）则抑制细胞进入分裂周期，促进细胞向终末分化。两类基因协调表达是调控细胞生长的重要分子机制之一，一旦这种控制发生了偏差，癌基因激活或过量表达以及抑癌基因丢失或失活，都可能导致细胞不断增殖，形成肿瘤。

P53 的发现是一个有趣的过程。最初在 SV40 转化细胞中测得 P53 可与 SV40T 抗原结合成蛋白复合物，而被视为能与 SV40T 抗原反应的癌蛋白。接着人们在多种转化细胞甚至正常细胞中发现 *P53* 基因，但 P53 蛋白在正常细胞内含量甚微，而在各种转化细胞中含量增加，P53 蛋白含量增加能使细胞获得永生性，且其能与 RAS 癌蛋白协同作用，故 *P53* 又被看作癌基因。随着研究的深入才发现“癌基因 *P53*”并不是正常的“野生型”，而是突变体。野生型 *P53* 基因是一种抑癌基因，他的失活对肿瘤发生起重要作用。从人们对 *P53* 的认识过程我们发现，*P53* 作为多种肿瘤易感基因，如发生碱基突变，不但丧失“分子警察”的监管作用，甚至反叛抑癌基因，促进癌变。在某些恶性肿瘤中 *P53* 基因完全丢失，而另一些肿瘤则与 *P53* 基因突变有关。这种突变可分为两类，一类是一对 *P53* 等位基因均失活，表现出典型的隐性基因特点。另一类是杂合突变产生纯合突变效应，肿瘤中只有一个 *P53* 基因发生突变，另一个仍是完整的野生型 *P53* 基因拷贝，但突变 *P53* 基因起主流作用，驱动细胞恶变。其行为有两种解释：第一个解释是，因 P53 蛋白以寡聚体形式存在，很可能仅一个亚基缺陷的寡聚体即无法行使正常功能；第二个解释是某些 *P53* 基因突变产生有缺陷的突变蛋白，促使随同翻译的野生型蛋白进入突变构象。

1971 年，克努森（Knudson）系统研究了常呈显性遗传的儿童视网膜母细胞瘤，提出了著名的“二次打击”学说。认为家族型与散发型起源于同一发病基因，家族型的第一次突变已存在于双亲之一的配子中，故胎儿的所有体细胞均含突变，第二次则发生于该儿童视网膜组织的任一细胞。散发型两次突变必须在同一视网膜母细胞，显然这种概率要小得多。克努森的假说简单明了，但未确定突变发生的染色体坐标。接着大量研究证实，家族性患者全身体细胞和散发性患者癌细胞的突变相同，都是 13 号染色体特定部位丢失。说明视网膜母细胞瘤的基因突变是一种功能丢失突变，需视网膜母细胞的两个等位基因完全丢失才发生癌变，这是个典型的隐性作用方式。如果婴儿从亲代得到一条 *RB* 基因缺失或失活的 13 号染色体，他视网膜母细胞中仅留一条正常 *RB* 基因，承受外界打击的能力自然减半，况且只要一个细胞突变即成肿瘤细胞，所以家族型患儿常发生双侧视网膜母细胞瘤。*RB* 基因的发现首次向人们展示，在家族中呈显性遗传的疾病，其基因作用方式却是隐性的。

某些 DNA 肿瘤病毒表达癌基因样转化蛋白，这些转化蛋白除转化细胞外，还可以促进侵入宿主细胞的病毒 DNA 复制。RB 和 P53 蛋白能与这些 DNA 肿瘤病毒的转化蛋白形成稳定的复合物，使 DNA 肿瘤病毒转化蛋白失去活性，但同时也影响了 RB 或 P53 负调控细胞 DNA 复制的功能。可见，病毒癌蛋白也是造成 RB 和 P53 抑癌作用丧失的重要因素之一。

二、视网膜母细胞瘤基因与肿瘤

视网膜母细胞瘤基因是最早分离得到的抑癌基因，因为首先在视网膜母细胞瘤（retinoblastoma，RB）中发现，所以称为 *RB* 基因。

（一）*RB* 基因及表达产物的结构

该基因的大小在 200kb 以上，含有 27 个外显子，转录 4.7kb 的 mRNA。编码的蛋白质（RB

蛋白）含有 928 个氨基酸残基，分子量为 105kDa，定位于核内。RB 蛋白存在磷酸化与非磷酸化两种形式，非磷酸化形式为活性型，可促进细胞分化，抑制增殖。

（二）*RB* 基因及表达产物功能

（1）对细胞周期的调控：RB 蛋白的磷酸化程度不一，并与细胞周期的调控密切相关。在 G_1 期 RB 蛋白的磷酸化程度最低，而 S 期的 RB 蛋白磷酸化程度最高。现已证实，低磷酸化的 RB 蛋白可控制细胞 G_1/S 期和 G_2/M 期的过渡而抑制细胞分裂增殖。RB 蛋白的磷酸化由 CDK 来控制。cyclin D1、cyclin D2、cyclin D3 通过激活 CDK4 和 CDK6 而在 G_1 期对 RB 蛋白进行初步磷酸化，导致细胞通过 G_1/S 控制点；cyclin A-CDK2 可能在 G_2 期对 RB 蛋白进行高磷酸化，从而导致细胞通过 G_2/M 控制点。

RB 蛋白可通过与 E2F 等转录因子及调节蛋白相互作用而控制细胞增殖与分化。在 G_0、G_1 期，低磷酸化的 RB 蛋白与 E2F 结合后，E2F 失去转录活化功能；在 S 期 RB 蛋白被磷酸化后与 E2F 解离，E2F 因而可调节多种基因的表达，如 *c-MYC*、*N-MYC*、*C-MYB*、*cdc2*、胸苷激酶、DNA pol α、二氢叶酸还原酶及 *RB* 基因等。可见，E2F 可促进 *RB* 基因的转录，而过量表达的 RB 蛋白有反馈抑制 E2F 功能，这种反馈调节机制对细胞周期的稳定可能具有重要意义。RB 蛋白还可与病毒转化蛋白如 SV40 的大 T 抗原、腺病毒的 E1A 蛋白及人乳头瘤病毒 E7 蛋白等结合而失去结合并抑制 E2F 的能力。

（2）抑制其他原癌基因表达：RB 蛋白还可通过与 cyclin D 的 N 端 LXCXE 区结合及抑制多种原癌基因的表达而抑制细胞分裂、增殖。

（3）帮助断裂的 DNA 链重新“黏合”到一起。

（三）*RB* 基因与肿瘤

RB 基因发生突变或缺失，可导致细胞过度增殖，形成肿瘤。细胞周期调节失控是癌变的重要原因。*RB* 基因编码的蛋白 pRB 是细胞重要的调节因子，在细胞周期 G_1 到 S 期中主要起负调节作用，以防细胞增殖失控向肿瘤性增生转化。有报道发现 *RB* 基因启动子区域 CpG 岛过度甲基化，导致其失活。已经在人类多种肿瘤中发现 *RB* 基因的突变或缺失，如已在视网膜母细胞瘤、食管癌、胃癌、乳腺癌、结肠癌、前列腺癌、肺癌等肿瘤中发现 *RB* 基因的突变或表达缺失。非小细胞肺癌中存在 *RB* 杂合缺失和蛋白表达不足，*RB* 缺失后预后不良。表明 *RB* 基因与肿瘤的发生密切相关。

（四）RB 蛋白与肿瘤细胞凋亡

pRB 在各种刺激下可直接激活促凋亡蛋白 BAX，参与线粒体凋亡而诱导细胞凋亡，抑制肿瘤发展。pRB 是一个稳定存在的肿瘤抑制因子，通过促进肿瘤细胞凋亡来发挥作用，是抑制肿瘤的核心。很多研究都证明 pRB 失活导致细胞异常增殖，通过促凋亡来抑制肿瘤。

（五）*RB* 与基因治疗

RB 基因作为第一个抑癌基因被成功克隆后，试图将其应用于基因治疗的研究也随之展开。如何提高肿瘤化疗和放疗敏感性，一直是肿瘤放、化疗研究的重点。众多研究证实野生型的 *RB* 基因产物（pRB，110kDa）不论在体外还是在体内对某些肿瘤有确实的抑制生长的作用，然而野生型 pRB 作为肿瘤抑制剂效果是非常有限的，因为它不论是在 *RB*（+）或 *RB*（−）的肿瘤细胞中都发生快速的磷酸化而失活。在 *RB* 突变的肿瘤细胞中，黄酮、磷脂酰肌醇 3-激酶抑制剂和组蛋白脱乙酰酶抑制剂均可再激活 pRB 使细胞周期 G_1 期阻滞，抑制肿瘤生长。pRB2/P130 是重要的肿瘤抑制剂，在正常组织中定位于细胞核，而在胃癌组织中定位于胞质，且与转录因子 E2F4 和 E2F5 作用负性调节细胞周期，故 pRB2/P130 可作为弥漫性胃癌的生物标志物或潜在靶向治疗物。而一种 N 端截短，缺少了 112 个氨基酸残基，分子量为 94kDa 的 pRB（pRB94）被证实在肿瘤抑

制方面比野生型的 pRB 具有更强的效果。

针对肿瘤治疗的放疗和化疗对处于不同生长周期的细胞敏感性不同，一般来说这两种治疗手段都对增殖期细胞（G_1/M）更为敏感，pRB 之所以能够提高放化疗敏感性可能是由于它是 G_1/S 关卡调控中的关键因素，pRB 的调控能使更多的细胞在 G_1/S 期聚集而更易受到放射线和周期特异性抗肿瘤药物的攻击，表现出良好的放化疗增敏作用。

三、*P53* 基因与肿瘤

P53 基因是迄今发现与人类肿瘤相关性最高的基因。

（一）*P53* 基因的结构

人 *P53* 基因定位于 17p13，全长约 20kb，含有 11 个外显子，转录 2.5kb 的 mRNA，编码蛋白质（P53）的分子量约为 53kDa，定位于核内。P53 蛋白含有 393 个氨基酸残基，按氨基酸序列的特征可分为 3 个区：①酸性区，包含 N 端 1～80 位氨基酸残基，其中酸性氨基酸较多，此区含有一些特殊的磷酸化位点，具有促进基因转录的作用；②核心区，由 102～290 位氨基酸残基组成，该区在进化上高度保守，包含与 DNA 特异性结合的氨基酸序列；③碱性区，由 C 端 319～393 位氨基酸残基组成，其中碱性氨基酸较多，此区含有四聚化位点、磷酸化位点。

（二）P53 蛋白的功能

在维持细胞正常生长、抑制恶性增殖中发挥重要作用，其作用机制可能是多方面的。

1. 参与细胞周期调控、促进 DNA 损伤的修复 在理化因素的作用下，细胞 DNA 受到损伤时，P53 蛋白活化，作为转录因子与 *P21* 基因的特异部位结合，激活 *P21* 基因的转录，P21 蛋白水平增加。当 P21 与 cyclin E-CDK2 结合时抑制其活性，不能使 RB 蛋白磷酸化，导致细胞周期停滞在 G_1/S 期；当 P21 与 cyclin A-CDK2 结合，则使细胞周期停滞在 G_2/M 期。这样有利于受损伤 DNA 的修复；同时活化的 P53 蛋白又可促进生长停止和 DNA 损伤诱导基因 45（growth arrest and DNA damage inducible gene 45，GADD45）的表达，该基因表达产物可与增殖细胞核抗原（proliferating cell nuclear antigen，PCNA）、CDK3 结合成复合物后可抑制 DNA 合成。PCNA 具有 DNA 修复酶的活性，使损伤的 DNA 修复。

2. 诱导细胞凋亡 当 DNA 损伤不能修复时，活化的 P53 蛋白可促进相关基因（如 *BAX* 基因）的表达，启动程序性死亡过程，诱导细胞自杀，以阻止有癌变倾向的突变细胞生成，从而防止细胞癌变。

3. 抑制细胞的增殖 P53 可通过阻止 DNA 聚合酶与复制起始复合物的结合而抑制 DNA 复制启动，从而在 DNA 复制水平上抑制细胞增殖；而且 P53 的酸性区可通过其转录激活作用活化一些具有抑制细胞分裂作用的基因，从而在转录水平上抑制细胞增殖。

4. P53 蛋白可被癌基因产物结合而失去活性 与 RB 蛋白类似，P53 也可与 SV40 的大 T 抗原结合，只是结合的部位不同；还可与腺病毒的 E1B 蛋白（RB 则与 E1A 蛋白结合）及人乳头瘤病毒 E6 蛋白（RB 蛋白与 E7）等相结合。

（三）*P53* 基因突变与肿瘤

P53 基因突变是人类癌症中最常见的基因改变，约 50% 以上的人类肿瘤都有 *P53* 基因突变，包括结直肠癌、乳腺癌、肺癌、食管癌、胃癌、肝癌、膀胱癌、胶质细胞瘤、软组织肉瘤及淋巴造血系统肿瘤等。

1. *P53* 基因突变的类型 *P53* 基因突变以点突变、杂合性缺失较多，其他突变如移码突变、无义突变、插入、基因重排等较少见。该基因的突变位点大部分集中于外显子 5 和外显子 8 之间，其中 86% 以上的点突变发生于进化保守区，包括 4 个突变热点：密码子 175、248、273 及 282 的突变。少数突变发生于其他外显子或内含子的剪切位点上，如某些突变可引起 *P53* mRNA 的剪接异常。

2. *P53* 基因的突变特点与肿瘤

（1）大多数点突变尤其是发生在进化保守区的点突变是错义突变，可引起 P53 蛋白功能的改变；少数是无义突变（往往发生在进化保守区以外）或终止突变，特别是在上皮源性的癌组织中；在肉瘤中则以基因重排、插入突变为主，错义突变罕见。发生了错义突变或无义突变后，由此产生的 P53 蛋白中的氨基酸残基发生了改变，失去了作为阻遏蛋白的功能，不再结合在肿瘤细胞的操纵基因上，肿瘤细胞或癌基因就可快速表达，最终形成恶性肿瘤。

（2）当一个等位基因发生点突变时，另一个等位基因便存在缺失的倾向，这种两个等位基因都失活的现象在结肠癌、乳腺癌中发生的频率较高，在原发性肝癌中，*P53* 基因杂合性缺失的频率可达 25%～60%。

（3）各种肿瘤 *P53* 基因突变的频率也不同，如小细胞肺癌中 *P53* 基因突变几乎为 100%，结肠癌中约为 70%，人乳腺癌约为 40%。各种肿瘤的组织类型不同，其 *P53* 基因突变也不同。

（4）*P53* 基因突变与内外环境因素（如致癌剂）相关，其突变位点的分布、类型和频率具有一定的特征性，如皮肤鳞状细胞癌中的 *P53* 突变，均发生于双嘧啶部位，且绝大部分突变为转换突变；肺癌中主要是颠换突变；表明 *P53* 基因的突变差异与不同的致癌因素作用有关。

（5）当 *P53* 发生突变后，空间结构发生改变，其转录活化的功能与磷酸化过程受到影响，因此失去了对细胞周期 G_1 检测点与 G_2 检测点的控制，细胞周期无法停止，结果导致遗传的不稳定性。许多可以引起肿瘤的 DNA 病毒（如 SV40、HPV、腺病毒等）通过其产物结合并灭活 P53 蛋白（有的还涉及 RB 蛋白）导致遗传不稳定性，降低细胞周期检测点功能。遗传不稳定性的增加、基因受损细胞的存活与继续增殖，或者遗传物质的改变，使细胞生长失控并最终发展为肿瘤。

（6）突变本身使该基因具有癌基因的功能，即突变的 P53 蛋白具有促进细胞形成肿瘤的能力；同时突变的 P53 蛋白可与正常的 P53 蛋白聚合为四聚体，这种四聚体使正常的 P53 蛋白也失去功能。因此 *P53* 基因突变对肿瘤形成具有非常重要的意义。

（四）*P53* 与肿瘤治疗

P53 在肿瘤治疗中的研究一直受到关注。科学家已经尝试在肿瘤动物模型中重新激活 *P53* 基因，结果发现在不同的癌细胞中，反应不同：肝癌细胞和淋巴癌细胞因为 *P53* 的再度活化而消失，但对肉瘤细胞没有太大的影响，说明不同类型的细胞中，*P53* 基因的功能和具体机制可能不同。也有研究发现用腺病毒介导的 *P53* 基因治疗肺癌及其他肿瘤，可明显抑制肿瘤血管的生成和肿瘤转移。国内的生物制药公司研发了重组人 *P53* 腺病毒载体，对鼻咽癌、头颈部鳞状细胞癌、肝癌、肺癌、乳腺癌和胃癌等四十余种实体瘤有一定的疗效。

P53 蛋白突变的癌症通常更具侵袭性且对化疗更具抵抗力。因此，许多研究已经并将继续研究使用靶向治疗、基因治疗、免疫治疗和联合治疗等多种方法来靶向突变型 P53 的癌症。大多数针对癌症的突变型 P53 靶向策略都集中于 3 种关键机制：①重新激活野生型 P53；②降解突变型 P53；③在重新激活野生型 P53 功能的同时干扰突变 *P53* 的功能。

随着人们对 *P53* 基因与肿瘤发生机制研究的深入，尤其是对 *P53* 基因抑制肿瘤血管再生、*P53* 通过调控 miRNA 抑制肿瘤发生及 *P53* 与干细胞相关研究的逐步深入，以及各种调控机制的相互渗透，利用 *P53* 基因对肿瘤的预防和治疗将更加有针对性，对人类攻克肿瘤具有重要意义。

四、*PTEN* 基因与肿瘤

第 10 号染色体上缺失与张力蛋白同源的磷酸酶（*PTEN*）是 1997 年发现的在肿瘤中第 2 个具有高突变率的抑癌基因。

（一）*PTEN* 基因的结构

PTEN 基因位于染色体 10q23.3，全长 200kb，由 9 个外显子和 8 个内含子组成，有 3 个主要

功能结构域：N端磷酸酶结构区，是 PTEN 抑制肿瘤活性的主要区域，还与肿瘤浸润、转移、血管生成有关；C2 区介导蛋白质与脂质结合，参与其在细胞膜的定位和胞内细胞信号转导；C 端区调节自身稳定性和酶活性，编码由 403 个氨基酸编码组成的蛋白质，分子量为 50kDa。

（二）PTEN 蛋白的功能

PTEN 基因是迄今发现的第一个双特异磷酸酶活性的抑癌基因。其编码的蛋白质有磷脂酰肌醇-3, 4, 5-三磷酸活性，可以催化 PIP_3 转变成 PIP_2。通过抑制 PI3K-PKB/Akt 信号途径而参与到胰岛素、表皮生长因子等细胞信号分子的作用，抑制细胞生长。还能促进黏着斑激酶的去磷酸化反应，而抑制整合蛋白介导的细胞迁移。该基因的突变失活与人类多种恶性肿瘤的发生发展密切相关，多表现在包括胶质母细胞瘤和前列腺癌等肿瘤上，在细胞凋亡、细胞周期和细胞迁移过程中起关键作用。PTEN 蛋白可通过拮抗酪氨酸激酶等磷酸化酶的活性而抑制肿瘤的发生发展。

（三）*PTEN* 基因突变与肿瘤

PTEN 基因具有抗增殖和阻止侵袭及转移的作用。30% 左右肿瘤呈现 *PTEN* 突变。*PTEN* 基因异常可存在于胶质母细胞瘤、前列腺癌、子宫内膜癌、肾癌、卵巢癌、乳腺癌、肺癌、膀胱癌、甲状腺癌、头颈部鳞状细胞癌、黑色素瘤、淋巴瘤等肿瘤中，被认为是继 *P53* 基因后，另一改变较为广泛、与肿瘤发生关系密切的抑癌基因。*PTEN* 基因主要通过等位基因缺失、基因突变和甲基化方式使其失活。在脑胶质瘤中存在各种类型的 *PTEN* 基因突变。

1. *PTEN* 基因的缺失　*PTEN* 基因在膀胱癌中的丢失或灭活与肿瘤的级别明显相关，在浸润性肿瘤中 PTEN 蛋白的表达率较浅表性肿瘤的表达率明显降低。PTEN 蛋白表达缺失在乳腺癌中较为普遍，而且 PTEN 蛋白表达缺失与不利的预后因素包括雌孕激素受体缺失、淋巴结转移及乳腺癌存活率明显相关，即 PTEN 蛋白表达缺失常与乳腺癌预后不良相关。

2. *PTEN* 基因的甲基化　*PTEN* 基因启动子的甲基化经常发生在某些类型的癌症中，如甲状腺癌、黑色素瘤、肺癌低分化、继发性胶质母细胞瘤。*PTEN* 基因甲基化和 Akt 的磷酸化与神经胶质肿瘤相关。

（四）*PTEN* 与肿瘤治疗

PTEN 基因是人类肿瘤组织中突变率很高的抑癌基因，近年来国内外医学界关于 *PTEN* 基因各方面都研究得很多，*PTEN* 作为一个重要的“节点”不仅在细胞生长信号通路中起作用，而且在很多生物学行为中起关键作用。针对 *PTEN* 异常肿瘤寻找能够协同作用的靶点，调节 *PTEN* 细胞内定位、调节 *PTEN* 转录和翻译后修饰的药物都是 *PTEN* 异常肿瘤治疗的研究方向。

PTEN 是针对 PI3K/Akt/mTOR 通路中的一种有效的肿瘤抑制因子。针对肿瘤患者 *PTEN* 基因情况，采用特定的诊断、治疗和预后判断方法，并采用特定的 PI3K 抑制剂、靶向 Akt 定向治疗和采用 DNA 损伤化疗药物等治疗已被认为是治疗 *PTEN* 突变的癌症患者的有效方法，是应用前景较好的 *PTEN* 异常肿瘤临床治疗方案。

五、*APC* 基因与肿瘤

抑癌基因腺瘤性息肉基因（*APC*）与大肠腺癌发生密切相关。*APC* 基因失活是大肠肿瘤发生的早期分子事件，但稳定于肿瘤发生发展的全过程。研究认为，*APC* 基因在 85%的结肠癌中缺失或失活，并且该基因的缺失与结肠癌的遗传易感性密切相关。

（一）*APC* 基因的结构

APC 基因位于染色体 5q21，cDNA 克隆系列分析显示其为 8535bp，共有 21 个外显子，第 15 外显子最大。该可读框 5′ 端含有一个甲硫氨酸密码子，其上游 9bp 处有一框内终止密码子，3′ 端有数个框内终止密码子。

（二）APC 蛋白的功能

APC 基因编码由 2843 个氨基酸组成的蛋白，即 APC 蛋白，分子量为 300kDa，是一胞质蛋白，亲水性，位于结直肠上皮细胞基底膜侧，当细胞迁移到隐窝柱表面时 APC 表达更为显著。APC 蛋白有多个功能区，其前 17 个氨基酸通过形成 α 螺旋介导同源二聚体形成，截短的 APC 蛋白可通过该区域与野生型 APC 蛋白联系；C 端包含可降解 β-catenin 的部位和结合细胞骨架微管的部位。APC 的 C 端与至少 3 种不同蛋白（EB1、HDLG 和 PTP-BL）结合从而在细胞周期进程和细胞生长调控中起作用。研究表明，APC 蛋白与 M3 毒蕈样乙酰胆碱样受体（mAChR）有同源序列，有人认为该序列跟正常 APC 蛋白抑制细胞过度增殖有关。

（三）*APC* 基因突变与肿瘤

APC 基因在 85% 结肠癌中缺失或失活，并且该基因的缺陷与结肠癌的遗传易感性直接相关。研究发现，*APC* 基因突变在散发性大肠癌的发生中也起着重要作用。*APC* 基因被认为是结肠上皮增殖中唯一的看门基因，*APC* 基因突变是结肠腺瘤癌变的早期分子事件，在正常黏膜组织向癌组织转化过程中起关键作用，是一个重要的抑癌基因。

1. *APC* 基因的突变 主要包括点突变和移码突变，前者包括无义突变、错义突变和拼接错误，后者包括缺失和插入。点突变大多数为 G → T 的转变，且大部分集中于 CpG 和 CpA 位点上；移码突变可产生截短蛋白，主要分布在编码序列区前 1/2。胚系突变散布于基因 5′ 端，约 20%生殖细胞突变发生于密码子 1061～1063 和密码子 1309～1311。*APC* 基因体细胞突变主要集中于外显子 15 的 5′ 端前半部，密码子 1286～1513 10%左右的编码区为“突变密集区”，约 65%的体细胞突变发生在此。*APC* 基因 3′ 端极少发生突变，*APC* 突变常可导致蛋白折断，失去羧基末端。

2. *APC* 与 Wnt 信号通路 *APC* 基因在许多组织中均有表达，起调节细胞生长和自身稳定的作用。它直接参与了 Wnt 的信号转导途径，正常 APC 蛋白与 AXIN、GSK-3β 形成复合物保证 Wnt 信号途径对细胞分化、增殖、极性及迁移的调节；*APC* 基因突变将导致其编码 APC 蛋白的改变，产生截短无活性的 APC 蛋白，截短 APC 蛋白可以通过与野生型 *APC* 基因产物结合而产生一种负显性作用，使其不能正常地发挥生理功能，导致细胞黏附、生长、分化、增殖、凋亡调控和细胞内信号等方面的重要改变，使细胞发生癌变。

3. *APC* 与细胞迁移和细胞黏附 在体外 APC 蛋白可与微管结合引起微管装配。用诺考达唑解聚的微管可抑制上皮细胞迁移，并可破坏 *APC* 的定位。有研究表明在微管的末端有 *APC* 存在。因此认为，APC 蛋白与细胞特定区域微管的稳定有关，可导致稳定的细胞突出形成而与细胞迁移密切相关。*APC* 突变通常引起包含微管结合位点的 C 端区缺失，这种突变的 APC 蛋白不能与微管结合而影响微管的稳定，就可能破坏肠黏膜上皮细胞的迁移，使他们在增殖性环境中的停留时间延长，增加他们与出现在肠腔中毒物接触的时间，接收异常的增殖信号引起息肉的异常增生。而与肠腔中毒物接触的时间增加可导致突变积累而发生变异，以致引起恶变。

4. *APC* 与细胞增殖和细胞凋亡 细胞癌变通常与细胞增殖增强和（或）细胞凋亡减弱有关，到目前为止，*APC* 在凋亡中的作用仍存在争议，其可诱导和抑制凋亡的作用均有报道。在正常肠上皮细胞，*APC* 过表达并未改变肠上皮细胞增殖和凋亡的比例；与正常组织相比，最早可发现息肉的细胞增殖和凋亡的比例亦无明显差别。*APC* 具有多个细胞周期素依赖性激酶的共同位点，本身也是这些酶的作用底物。培养的组织细胞 *APC* 过表达可致细胞周期受阻，突变型 *APC* 的这一作用减弱，CDK 的过表达可使其阻碍作用消除。将野生型 *APC* 导入突变型 *APC* 细胞发现大多数结肠肿瘤因 *APC* 突变失去了对 G_1/S 进程的控制作用。因在不同细胞周期细胞的 APC 磷酸化并无差别，所以 APC 与 CDK 介导的细胞周期调节的关系尚不清楚。

（李冬妹）

第二篇　基因表达调控

基因是细胞内遗传物质的最小功能单位。同一有机体所有细胞都含有相同的整套基因组，其携带的遗传信息是细胞生存、繁殖、发育和其他生命活动的基础。基因的功能之一是将遗传信息传递给生物活性物质，包括各种 RNA 和蛋白质。真核基因以染色质的形式存在，这种高度螺旋化的结构直接制约着遗传信息的表达。经典的基因表达是遗传信息经过转录和翻译，产生有生物活性蛋白质的过程，每个环节均受到严格的调控，是基因表达调控的核心。同时基因表达也具有“时间和空间”特异性，即不同种类的细胞在不同的发育阶段，具有不同的基因表达特性。这种特性不仅体现在基因表达的全或无，也体现在表达的高与低。除能表达蛋白质的基因外，细胞中还存在着大量表达非编码 RNA 的基因，虽然这些基因不表达蛋白质，但是它们在基因表达调控方面的作用不容忽视。

第五章　真核基因表达染色质水平调控

真核生物的基因组 DNA 在细胞核中与组蛋白结合形成核小体，核小体的核心颗粒再由 10～80bp 的游离 DNA 与组蛋白共同连接形成串珠式的染色质细丝，染色质细丝通过紧密折叠并高度压缩形成螺旋化的染色体结构。这些高度螺旋化的染色体结构在复制和转录时需要暴露出 DNA 序列，才能使转录因子和一些调控元件与之结合。染色质这种允许启动子、增强子、绝缘子、沉默子等顺式作用元件和反式作用因子可以接近的特性，就称为染色质可及性（chromatin accessibility）。也就是说，DNA 所携带的遗传信息的表达首先会受到染色质结构的制约，染色质呈疏松或紧密状态，是决定 RNA 聚合酶能否有效启动转录功能的关键。

染色质分为常染色质（euchromatin）和异染色质（heterochromatin）。常染色质指间期核内用碱性染料染色时着色浅的那些染色质。常染色质结构松散，折叠压缩程度低，处于伸展状态，其 DNA 序列具有转录活性，或可能在生长过程中的某个时间点变得具有转录活性。需要注意的是，并非所有基因都具有转录活性，常染色质状态只是基因转录的必要条件而非充分条件。常染色质位于细胞核的中心，占真核基因组的 90% 左右。异染色质是指碱性染料染色时着色较深的染色质组分，因为其处于紧凑折叠的结构状态。异染色质处于聚缩状态，无转录活性。异染色质又分为组成性异染色质（又称结构性异染色质）和功能性异染色质（也称为兼性异染色质）。前者是指在各种细胞中，在整个细胞周期内都处于凝聚状态的染色质，如着丝粒、端粒、核仁形成区等。后者指在某些特定的细胞中，或在一定的发育时期和生理条件下凝聚，由常染色质变成异染色质，这本身也是真核生物的一种表达调控的方式。

总之，染色质水平的调控是真核基生物因表达调控的重要环节，主要涉及染色质结构及与其变化相关的所有调控机制。本章主要论述 DNA 水平上的基因表达调控、组蛋白修饰调控基因表达及染色质重塑调控基因表达。

第一节　DNA 水平上的基因表达调控

一、DNA 甲基化调控基因表达

DNA 甲基化是指 DNA 序列上的碱基在 DNA 甲基化酶（DNMT）的作用下，以 *S*-腺苷甲硫氨酸（*S*-adenosyl methionine，SAM）作为甲基供体，通过共价键结合甲基基团的化学修饰过程。

甲基化是哺乳动物 DNA 最丰富的表观遗传修饰，在分化、发育、X 染色体失活和基因组印迹中起重要作用，异常的 DNA 甲基化与包括癌症在内的多种疾病有关。

（一）DNA 甲基化位点

最常见、最重要的 DNA 甲基化修饰是胞嘧啶在 DNMT 催化下，将其第 5 位碳原子上的氢替换为由 SAM 提供的甲基，生成 5-甲基胞嘧啶（5-methylcytosine，m^5C）。m^5C 广泛存在于植物、动物等真核生物基因组中。此外，DNA 甲基化催化反应还包括将腺嘌呤转变为 N6-甲基腺嘌呤（N6-methyladenosine，m^6A）、7-甲基鸟嘌呤（7-methylguanine，m^7G），将胞嘧啶转变为 5-羟甲基胞嘧啶（5-hydroxymethylcytosine，hm^5C）等（图 5-1）。

在脊椎动物中，胞嘧啶-磷酸-鸟嘌呤（cytosine-phosphate-guanine，CpG）二核苷酸是最主要的 DNA 甲基化位点，它在基因组中呈不均匀分布。在一些区域，常成簇存在，人们将这段富含 CpG 的 DNA 称为 CpG 岛（CpG island），通常长度在 1～2kb。CpG 岛常位于转录调控区附近，在基因组中，有 60％以上基因的启动子含有 CpG 岛，它的甲基化与基因的转录调控密切相关。

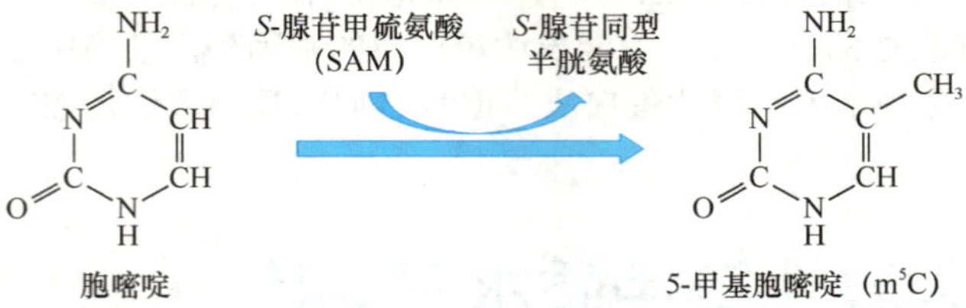

图 5-1　5-甲基胞嘧啶生成

（二）DNA 甲基化机制及对基因表达的调控作用

1. DNA 甲基化酶　DNA 甲基化由不同的 DNMT 催化完成。DNMT 家族 C 端为高度保守的催化结构域，直接参与 DNA 的甲基转移反应；N 端为具有不同功能的调节结构域，介导 DNMT 的细胞核定位并调节与其他蛋白的相互作用。在哺乳动物中，依据结构与功能的不同可将 DNMT 分为三类：DNMT1、DNMT2 和 DNMT3。

（1）DNMT1：1988 年贝斯特（Bestor）等克隆出第一个真核生物胞嘧啶 C5 特异性的 DNA 甲基转移酶并命名为 DNMT1。DNMT1 在哺乳动物各组织中高表达。DNMT1 由 1616 个氨基酸组成，含有 C端催化结构域和多个功能结构域连接形成的较大的 N端调节结构域。这些功能结构域由赖氨酸-甘氨酸二肽重复连接，包括 DNMT 相关蛋白（DNA methyltransferase associated protein，DMAP）结构域、PCNA 增殖结合结构域（proliferating binding domain，PBD）、复制灶靶向序列（replication foci targeting sequence，RFTS）、核定位信号（nuclear localization signal，NLS）、富含半胱氨酸结构域（cysteine-rich domain，CXXC）和溴-邻同源（bromo-adjacent homology，BAH）结构域。

DNMT1 的主要功能是维持已有的 CpG 岛的 DNA 甲基化模式。DNMT1 可以与半甲基化的 DNA 结合，在甲基化的 DNA 模板指导下使新合成的 DNA 链发生甲基化，这对于 DNA 甲基化模式的维持非常重要。DNA 复制时，DNMT1 定位至复制叉，结合并甲基化新合成子链 DNA 上 CpG 位点的胞嘧啶，从而维持 DNA 复制前的 DNA 甲基化谱。因此，DNMT1 亦被称为维持 DNA 甲基转移酶（maintenance DNMT）。DNMT1 的功能是与其结构密切相关的：DMAP 结构域参与调节 DNMT1 与转录阻遏物的相互作用，并有助于 DNMT1 与 DNA 的 CpG 位点的稳定结合。PBD 介导与 PCNA 的相互作用，从而使 DNMT1 与复制机制相关联。RFTS 结构域负责 DNMT1 的亚细胞定位并将 DNMT1 募集到复制灶。CXXC 结构域包含 8 个保守的半胱氨酸残基，结合 DNA 非甲基化 CpG 位点。BAH 结构域介导蛋白质-蛋白质相互作用。

（2）DNMT2：在人类和小鼠的多种组织中广泛存在。DNMT2 结构较特殊，仅含 C端保守的催化模体，缺乏 N端的调节结构域。DNMT2 的 DNMT 活性很弱，它的缺失不影响胚胎干细胞整个基因组 DNA 甲基化水平，因此 DNMT2 可能与基因组 DNA 甲基化无关。近年来研究发现，DNMT2 可能催化 RNA 甲基化。

（3）DNMT3：DNMT3 家族包括 DNMT3a、DNMT3b 和 DNMT3L。DNMT3a 和 DNMT3b 有相似的结构域，除 C 端含有催化功能的保守结构域外，N 端都包括脯氨酸-色氨酸-色氨酸-脯氨酸结构域（Pro-Trp-Trp-Pro domain，PWWP 结构域）和伴 α 珠蛋白生成障碍性贫血 X 连锁智力低下综合征（X-linked alpha thalassemia mental retardation syndrome，ATR-X）相关的富含半胱氨酸结构域。不仅如此，二者也具有相似的功能。DNMT3a 和 DNMT3b 的主要功能是将非甲基化的 CpG 转化为甲基化的 CpG，因此被称为从头 DNA 甲基转移酶（*de novo* DNMT）。DNMT3a 和 DNMT3b 的主要区别在于二者的表达谱不同。DNMT3a 的表达比较普遍；DNMT3b 除了在甲状腺、睾丸和骨髓中表达外，在其他组织中的表达水平较低。DNMT3L 则缺乏 C 端的催化结构域，因此它不具有催化活性，但 DNMT3L 可与 DNMT3a 和 DNMT3b 结合，增强它们的甲基转移酶活性。

2. DNA 甲基化抑制转录

（1）DNMT 定位到染色质：DNA 甲基化模式有两种，分别由不同的 DNMT 催化完成。一是维持性甲基化（maintenance methylation），指在细胞分裂过程中，根据亲本链上特异的甲基化位点，在新生链相应位置上进行甲基化修饰，由此合成与母链甲基化位点一致的子链；二是从头甲基化（*de novo* methylation），即催化未甲基化的 CpG 位点甲基化。其中，从头 DNA 甲基化是基因表达调控的重要因素，与细胞生长发育及疾病的发生密切相关。

在 DNA 从头甲基化生成过程中，DNMT3 首先需要与染色质 DNA 结合，这也是 DNA 甲基化过程的关键环节。DNMT3 可通过 3 条途径定位至染色质上。第一条途径：DNMT3 通过 N 端调节区域的 PWWP 结构域结合 DNA（图 5-2A）。研究发现，PWWP 的突变可阻断 DNMT3 与染色质的结合并导致卫星 DNA 甲基化水平减少。PWWP 与 DNA 的结合不具有序列特异性，因此，DNMT3 可能通过该途径参与整个基因组 DNA 的甲基化。第二条途径：DNMT3 通过与转录因子或抑制复合体组分结合，靶向定位至染色质的特异位点（图 5-2B）。例如，DNMT3a 可与转录因子 c-MYC 相互作用。c-MYC 通过与特异的顺式作用元件结合，把 DNMT3 招募至靶基因 *P21* 启动子区域，导致该区域 DNA 甲基化水平升高，从而抑制 P21 的表达。第三条途径：DNMT3 通过 siRNA 靶向定位至特异 DNA 序列（图 5-2C）。DNMT3 可与 siRNA 结合蛋白 AGO（argonaute）蛋白结合，然后通过 siRNA 靶向定位至特异 DNA 序列，与基因启动子互补的 siRNA 可通过转录基因沉默（transcriptional gene silencing，TGS）途径抑制基因转录，同时伴有启动子从头 DNA 甲基化。

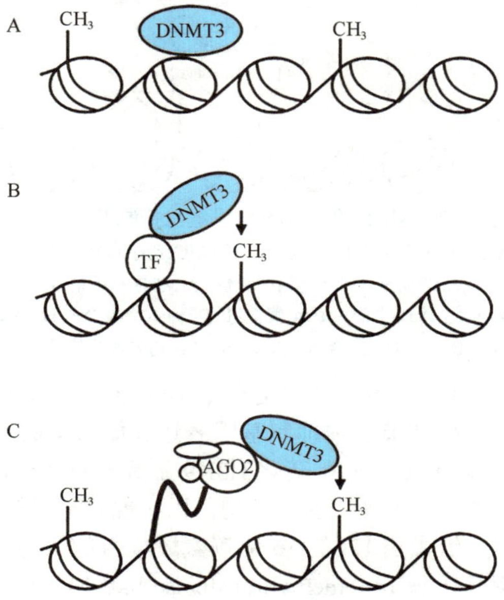

图 5-2　DNMT3 定位至染色质的 3 条途径

A. 途径一：DNMT3 通过 PWWP 结构域非特异结合 DNA；B. 途径二：DNMT3 通过与转录因子（transcription factor，TF）结合靶向定位至 DNA 的特异位点；C. 途径三：DNMT3 通过 AGO2 蛋白和 siRNA 靶向定位至特异 DNA 序列

（2）DNA 甲基化对基因转录的抑制作用：一般情况下，活性基因的 CpG 岛处于去甲基化状态，非活性基因的 CpG 岛处于甲基化状态。例如，管家基因的 CpG 岛在所有的组织细胞中都呈现去甲基化状态，而组织特异性基因的 CpG 岛只在其特异表达的细胞内才处于去甲基化状态。DNA 甲基化抑制基因表达的机制包括以下几种。

1）DNA 甲基化直接抑制转录因子与 DNA 结合：许多转录因子识别包含 CpG 的 GC 富集序列，其中一些转录因子，如 E2F、Ap-2、c-MYC 和 YYI，需要 CpG 提供结合位点。当相关基因的启动子区内发生 CpG 甲基化，即可阻碍这些转录因子与启动子的结合，抑制基因转录。

2）甲基化 CpG 结合蛋白介导 DNA 甲基化对基因表达的沉默：甲基化 CpG 结合区（methyl-CpG binding domain，MBD）蛋白家族目前已发现十余个家族成员，其中核心成员是 MeCP2、MBD1、MBD2、MBD3 和 MBD4。MBD 蛋白家族均含有一个保守的结合甲基化 DNA 的结构域 MBD，该结构域由 70～85 个氨基酸残基组成，具有结合单一对称的甲基化 CpG 岛的能力。此外，MeCP2、MBD1 和 MBD2 还含有一个转录抑制结构域（transcriptional repression domain，TRD），这 3 种 MBD 蛋白通过 MBD 识别并结合甲基化的 DNA 序列，然后通过 TRD 招募转录抑制因子至相应位点，从而抑制基因的表达。MBD3 和 MBD4 与这 3 种 MBD 蛋白不同。MBD3 的 MBD 结构域因突变而不能直接结合甲基化 DNA。MBD4 的 C 端含有一个 DNA 糖苷酶结构域，它优先识别甲基化 mCpG 突变生成的 TpG 或非甲基化的 CpG 突变生成的 UpG 位点，切除并修复这两个错配碱基。因此，MBD4 主要起 DNA 修复作用。

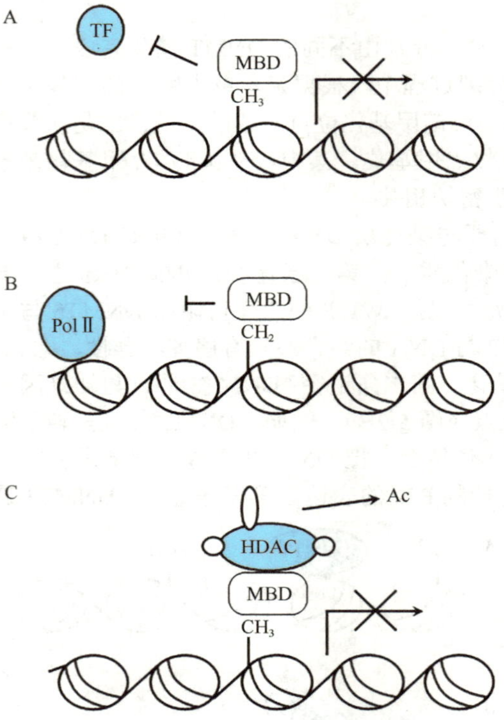

图 5-3　MBD 介导 DNA 甲基化抑制基因转录

A. MBD 与甲基化 DNA 结合阻碍了转录因子与其相应的顺式作用元件结合，抑制基因的转录；B. MBD 与甲基化 DNA 结合阻止转录过程中 RNA 聚合酶的延伸；C. MBD 通过招募 HDAC 等共抑制复合体，改变染色质结构来调控基因表达

MBD 与甲基化 DNA 结合后主要通过 3 种方式抑制基因转录（图 5-3）。第一种方式：在基因的启动子区域，MBD 与甲基化 DNA 结合，阻碍了转录因子与其相应的顺式作用元件结合，从而抑制了基因转录的启动。第二种方式：在基因内，MBD 与甲基化 DNA 结合阻断了转录过程中 RNA 聚合酶的延伸。第三种方式：MBD 读取甲基化标记后募集多种辅阻遏蛋白，如 DNMT1、组蛋白去乙酰化酶（histone deacetylase，HDAC）1/2、染色质重塑蛋白等，形成共抑制复合体（co-repressor complex），由此产生和维持转录失活的染色质区域。例如，当 MeCP2 与甲基化 DNA 结合，便将哺乳动物 SIN3 转录调控蛋白家族成员 A（mammalian SIN3 transcription regulator family member A，mSin3A）-组蛋白去乙酰化酶转录共阻遏复合物招募到相应的 DNA 位点，导致组蛋白去乙酰化及抑制性染色质的形成。此外，MeCP2 还可招募组蛋白甲基化酶（histone methylase，HM），促进组蛋白 H3 第 9 号位点赖氨酸（H3K9）甲基化的生成，从而抑制基因表达。不仅如此，组蛋白的修饰也可影响 DNA 的甲基化。如活化性组蛋白修饰 H3K4m3 阻碍 DNMT3a、DNMT3b 和 DNMT3L 与组蛋白 H3 尾的结合，从而抑制 DNA 甲基化。因此，DNA 甲基化与组蛋白修饰之间存在相互调节的关系。

3）DNMT 直接结合因子介导对基因转录的抑制除自身催化 DNA 甲基化外，DNMT 还可结合其他调节蛋白抑制基因表达。如 DNMT1 和 DNMT3a 可结合组蛋白甲基转移酶 SUV39H1，而 SUV39H1 可三甲基化 H3K9 生成 H3K9m3，抑制基因转录。因此，DNMT 可通过与组蛋白修饰酶的结合改变染色质结构，以实现对基因转录的抑制。

组蛋白 H3 的 36 位赖氨酸位点的三甲基化修饰（H3K36m3）（由 SETD2 催化）能够被 RNA 甲基化酶 14（methyltransferase-like 14，METTL14）识别，同时与 RNA pol Ⅱ结合，介导甲基转移酶复合体在转录延伸过程中对新生 RNA 的 m^6A 甲基化修饰。

（3）一些情况下 CpG 岛甲基化程度下降可能使原癌基因表达提高，甚至能够导致染色体的不稳定和反转位子的激活。这两种情况均可以导致癌症的发生。因此 DNA 甲基化样式的变化已作为癌症发生的一种早期信号。

DNA 甲基化除可以发生在 CpG 岛以外，近几年来发现在许多基因转录起始点的下游，即在基因的内部或基因的本体上也发现有 DNA 甲基化修饰。但与发生在基因启动子上的甲基化不同的是，发生在拟南芥和哺乳动物基因本体内的甲基化水平与基因转录活性呈正相关。

3. 非编码 RNA 对 DNA 甲基化的作用

（1）lncRNA 可促进 DNA 甲基化：lncRNA 可通过调控组蛋白修饰而调控 DNA 的甲基化状态。例如，G9a 是组蛋白甲基转移酶，可催化 H3K9 二甲基化和三甲基化。甲基化的 H3K9 可与异染色质蛋白 1（heterochromatin protein 1，HP1）结合，后者可募集 DNMT 将 DNA 甲基化。因此，当 lncRNA 将 G9a 募集到特定的染色质区域后，不仅可使该区域的组蛋白发生甲基化，还可导致该区域的 DNA 发生甲基化。

（2）miRNA 可通过调控 DNMT 的表达而调控 DNA 甲基化：miRNA 调控 DNMT 表达的机制包括：①直接抑制 DNMT 的表达。例如，DNMT3a 和 DNMT3b 基因都是 miR-29 家族（miR-29a、miR-29b、miR-29c）的直接靶基因。因此，miR-29 家族的成员可通过直接抑制 DNMT3a 和 DNMT3b 的表达而影响 DNA 甲基化。②间接抑制 DNMT 的表达。例如，转录因子 SP1 是 DNMT1 基因的转录激活因子，而 SP1 基因是 miR-29b 的靶基因，因此，miR-29 也可间接抑制 DNMT1 的表达，进而影响 DNA 的甲基化。③间接促进 DNMT 的表达。当 miRNA 的靶基因是 DNMT 基因的转录抑制因子时，miRNA 则可间接促进 DNMT 的表达。如 RBL2 是 DNMT3a 和 DNMT3b 基因转录的抑制因子，而 RBL2 基因是 miR-290 的靶基因。因此，miR-290 可通过下调 RBL2 表达而促进 DNMT3 基因的表达，进而影响 DNA 的甲基化。

（三）DNA 去甲基化

DNA 去甲基化（DNA demethylation）是 DNA 甲基化的反向过程，与甲基化形成动态平衡。在哺乳动物的个体发育中，甲基化 DNA 主要经历了两次大规模的重编程过程，一次发生在从受精至着床的早期胚胎发育时期，另一次发生在配子发生过程中。这两次重编程都涉及基因组范围的主动去甲基化反应。相对于基因组范围的大规模主动去甲基化，在体细胞中会发生局部的、高度位点特异性的主动去甲基化。DNA 去甲基化与 DNA 甲基化过程相互平衡，维持了 DNA 甲基化谱的稳定。任何一方的失调都会导致 DNA 甲基化谱紊乱，进而引起多种神经退行性变性疾病、免疫系统疾病及癌症。

DNA 去甲基化有两种方式：一种是与复制相关的被动 DNA 去甲基化（passive DNA demethylation），另一种是主动 DNA 去甲基化（active DNA demethylation）。

1. 被动 DNA 去甲基化　发生于分裂细胞。在 DNA 复制过程中，DNMT1 是维持 DNA 甲基化谱的主要甲基化酶，所以 DNMT1 被抑制或功能异常将导致新合成的子链 DNA 不能被甲基化，随着细胞的每次分裂，DNA 甲基化水平逐渐降低（图 5-4）。

2. 主动 DNA 去甲基化　主动 DNA 去甲基化过程主要有两种方式（图 5-5）：① m^5C 在 10-11 易位（ten-eleven translocation，TET）蛋白家族酶的催化下氧化形成 hm^5C。hm^5C 通过两条途径去甲基化生成未修饰胞嘧啶：一条途径是 hm^5C 经 TET 进一步氧化，依次生成 5-甲酰基胞嘧啶（5-formylcytosine，f^5C）和 5-羧基胞嘧啶（5-carboxycytosine，ca^5C），在胸腺嘧啶 DNA 糖基化酶（thymine DNA glycosylase，TDG）作用下，启动碱基切除修复（base excision repair，BER）途径，完成 DNA 去甲基化；另一条途径是 hm^5C 在活化诱导的胞苷脱氨酶/载脂蛋白 B mRNA 编辑酶复合体（activation-induced cytidine deaminase/apolipoprotein B mRNA-editing enzyme complex，AID/APOBEC）催化下脱氨基生成 5-羟甲基尿嘧啶（5-hydroxymethyluracil，hm^5U），接着在 TDG 和单链选择性单功能尿嘧啶 DNA 糖基化酶（single-strand selective monofunctional uracil DNA glycosylase，SMUG1）作用下，启动 BER 完成 DNA 去甲基化。② m^5C 在 AID/APOBEC 作用下脱氨，生成胸腺嘧啶（thymine，Thy）；后者在 TDG 作用下转化为胞嘧啶，从而实现 DNA 去甲基化。

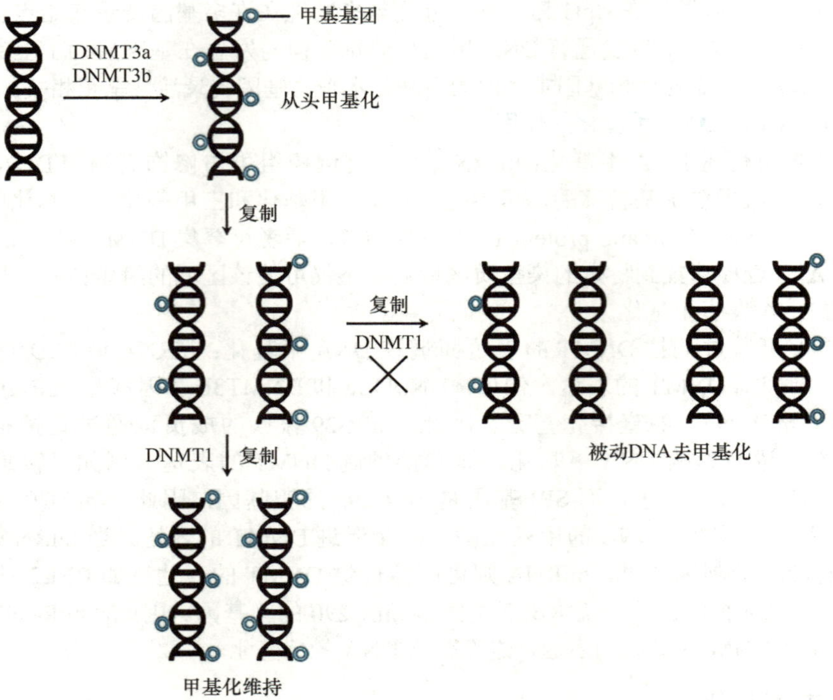

图 5-4 被动 DNA 去甲基化

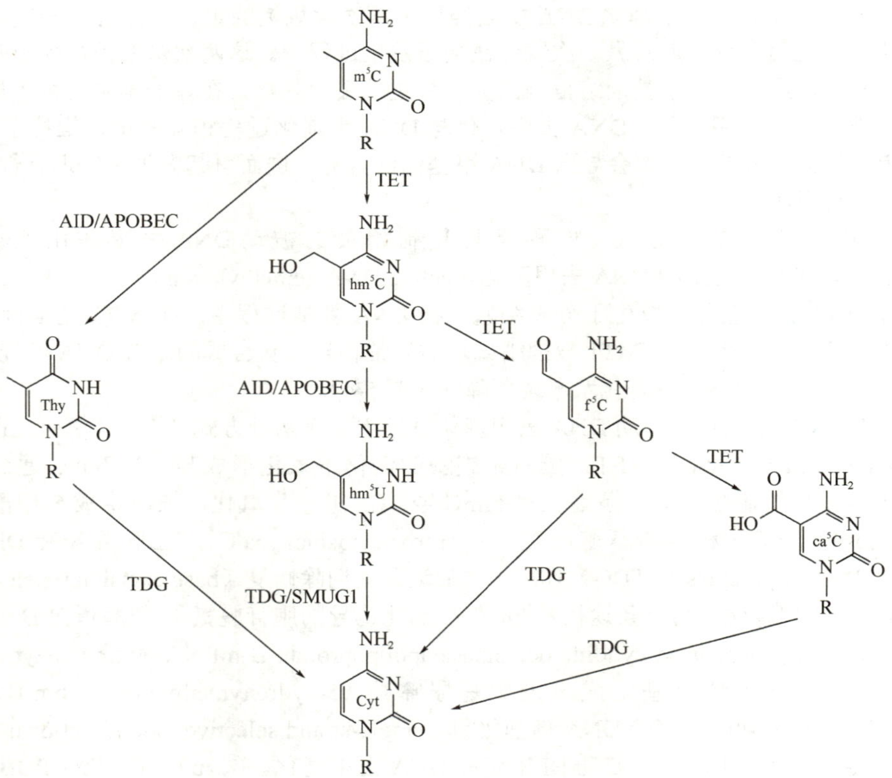

图 5-5 主动 DNA 去甲基化过程

二、DNA 扩增

基因扩增（gene amplification）是真核细胞基因组中的特定基因在某些情况下复制产生大量拷贝的现象。基因扩增使细胞在短期内产生大量专一基因产物以满足生长发育的需要，是基因活性调控的一种方式。

最早发现的是蛙的成熟卵细胞在受精后的发育过程中，其转录 rRNA 的基因可扩增 2000 倍。后续研究发现其他动物的卵细胞也有类似的情况。这种 DNA 扩增适应受精后迅速发育分裂过程中需要有大量核糖体合成大量蛋白质的生理需求。

三、DNA 重排

基因重排（gene rearrangement）是指在某些生物体的基因组中，由于基因片段的移动、插入、删除或倒位等现象，导致基因在 DNA 分子上的排列顺序发生改变。基因重排分为非定向重排和定向重排与变换两大类。

1. 非定向重排　例如转座子在染色体上的移动。转座子的插入可激活或抑制某些基因，比如顺向末端重复序列的转座可能导致某些片段的缺失；同时转座过程可能会影响到周边的宿主序列，从而导致宿主序列的重复和重排，而且可能会影响到功能基因或者其调控序列。

2. 定向重排与变换　定向重排可使一个基因从远离其启动子的位置移到启动子附近位点而被启动；基因表达的变换指的是由于 DNA 片段缺失使调控区和新基因受体连接成新调控启动基因，使原来无活性基因转变为有活性；环境条件不仅能影响生物的表型，也能修饰基因型，引起基因的永久性变化。改变环境温度、水分和 pH 等条件，可使植物改变了的表型得到遗传。环境引起的稳定变异很可能起因于某些 DNA 序列的不等复制、不等变换或某些染色体外因子导致的基因重排。

四、基因丢失

基因丢失是在一些低等真核生物的个体发育过程中，细胞分化时一些不需要的基因被消除的现象。高等生物尚未发现，也可能只存在于高度分化的体细胞中而不易找到。

五、DNA 印记

染色质结构对基因表达的影响可以遗传给子代细胞，称作表观遗传（epigenetic inheritance）。表观遗传是指在 DNA 序列不发生改变的情况下，基因的表达水平与功能发生改变，并产生可遗传的表型，其特征可概括为 DNA 序列不变，具有可遗传、可逆性。在分子角度也可定义为“在同一基因组上建立并将不同基因表达（转录）模式和基因沉默传递下去的染色质模板变化的总和”。在遗传的过程中，存在基因组印记（genomic imprinting）。基因组印记又称遗传印记，是指基因的表达与否取决于它们是在父源染色体上还是在母源染色体上，即有些印记基因只从母源染色体上表达，而有些则只从父源染色体上表达。印记现象是由特定的染色体片段所造成的，它不是一种全基因组的效应。基因组印记主要与胚胎发育和神经系统功能相关，目前已经发现的印记基因中有近一半是在脑中印记表达。近年来研究发现，印记基因位点处亲本的等位基因具有不同的特异 DNA 甲基化模式，这表明 DNA 甲基化可能对控制基因组印记具有重要的作用。

第二节　组蛋白修饰调控基因表达

染色质核小体每个核心组蛋白都有一个球形折叠结构域和一个突出于球形折叠区之外、像“尾巴”的氨基末端（N 端）结构域。组蛋白的球形折叠区与 DNA 结合及组蛋白之间相互作用有

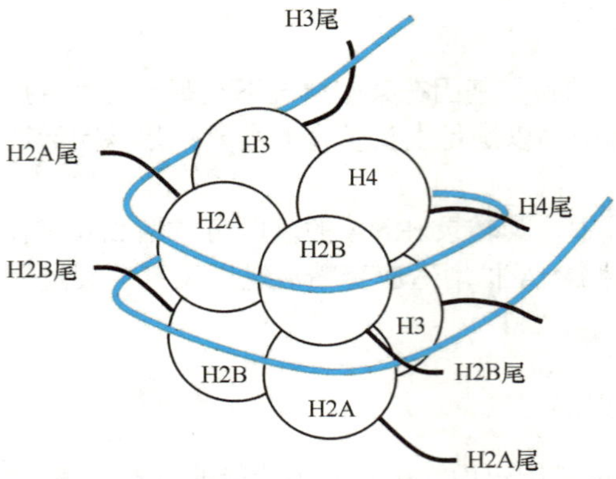

图 5-6　核小体核心组蛋白

关；N 端结构域“尾巴”可以形成核小体间相互作用的纽带，同时也是发生组蛋白修饰的位点（图 5-6）。

各种组蛋白均可发生不同的化学修饰，包括甲基化（methylation）、乙酰化（acetylation）、磷酸化（phosphorylation）、泛素化（ubiquitination）等。这些多样化的修饰及各种修饰在时间、空间上的组合与生物学功能的关系被视为一种重要的标志或语言，称为组蛋白密码（histone code）。转录活跃区域染色质中的组蛋白的特点是：①富含赖氨酸的 H1 组蛋白含量降低；② H2A-H2B 组蛋白二聚体的不稳定性增加，使它们容易从核小体核心中被置换出来；③组蛋白 H3、H4 可发生乙酰化、磷酸化、泛素化等修饰。这些都使得核小体的结构变得松弛而不稳定，降低核小体蛋白对 DNA 的亲和力，易于基因转录。

细胞内构成染色质的组蛋白通常都是常规组蛋白（canonical histone），即 H2A、H2B、H3 和 H4，特殊情况下可被替换为组蛋白变体（histone variant）。组蛋白变体是常规组蛋白的变异体，在染色质的特殊位置替换常规组蛋白，如着丝粒蛋白质 A（centromere protein-A，CENP-A）是组蛋白 H3 在染色体着丝粒部位的特征变体；而 MacroH2A 则是组蛋白 H2A 在雌性失活的 X 染色体上特异存在的组蛋白变体。目前有关组蛋白变体的研究主要集中在细胞分化发育及染色体分离等过程中调控染色质的高级结构。组蛋白变体和常规组蛋白的主要差别包括：①常规组蛋白在细胞有丝分裂 S 期表达，而变体不受这个限制；②常规组蛋白在伴随 DNA 复制过程中组装成核小体，而包含变体组蛋白的核小体组装则是非复制依赖型的；③常规组蛋白基因通常是簇状的，含有多个拷贝，基因不带内含子，而变体则类似普通基因，带内含子，只有单拷贝或少数几个拷贝。目前已知的组蛋白变体主要发生在组蛋白 H3 和 H2A 上。H3 变体主要包括 H3.3 和 CENP-A，H2A 变体包括 H2A.X、H2A.Z、MacroH2A 和 H2ABbd 等，而 H2B 变体只在睾丸中发现了组织特异性的变体 H2BFWT 和 hTSH2B。迄今为止，还没有发现组蛋白 H4 的变体。本章节讨论常规组蛋白的化学修饰。

一、组蛋白的化学修饰

（一）组蛋白甲基化

甲基化是组蛋白的另一种重要化学修饰。组蛋白的甲基化通常发生在组蛋白 N 端的赖氨酸（K）和精氨酸（R）残基上，最终体现为包括转录激活、抑制等在内的多种效应。与乙酰化修饰作用不同，依据甲基化位点不同，组蛋白甲基化可表现为基因转录活化和抑制两种特性。如组蛋白 H3 中 K4、K36 和 K79 的甲基化通常与基因的转录活化有关，而组蛋白 H3 中 K9、K27 和组蛋白 H4 中 K20 的甲基化通常作为沉默基因的标记。催化组蛋白精氨酸甲基化的酶统称为蛋白质精氨酸甲基转移酶（protein arginine methyltransferase，PRMT），催化精氨酸侧链的胍基发生对称或不对称的单甲基化、二甲基化。催化组蛋白赖氨酸甲基化的酶称为组蛋白赖氨酸甲基转移酶（K-histone lysine methyltransferase，KMT），催化赖氨酸的 ε-氨基发生单、双或三甲基化修饰。组蛋白甲基化可在去甲基化酶作用下脱掉甲基。甲基化酶和去甲基化酶共同维持组蛋白甲基化谱。目前已发现高达几十种组蛋白甲基化酶和去甲基化酶，这些酶常通过形成多蛋白复合体形式参与特异位点的甲基化反应。

1. 组蛋白甲基化酶的种类、结构及功能

（1）PRMT：哺乳动物 PRMT 主要有 9 个成员，即 PRMT1～9。PRMT 以 3 种不同的形式调控精氨酸甲基化：单甲基精氨酸（monomethyl arginine，MMA）、非对称二甲基精氨酸（asymmetric dimethyl arginine，ADMA）和对称二甲基精氨酸（symmetric dimethyl arginine，SDMA）甲基化。

PRMT 家族成员依据其催化的精氨酸甲基化修饰分为Ⅰ、Ⅱ、Ⅲ三型。其中：Ⅰ型包括 PRMT1、PRMT2、PRMT3、PRMT4/CARM1、PRMT6 和 PRMT8，能催化精氨酸单甲基化和非对称双甲基化；Ⅱ型包括 PRMT5 和 PRMT9，能催化精氨酸单甲基化和对称双甲基化；Ⅲ型的 PRMT7 只能催化精氨酸单甲基化（图 5-7）。不同 PRMT 可双甲基化同一精氨酸残基，由于甲基化的对称性不同，可产生完全不同的结果。如 PRMT1 和 PRMT5 均可双甲基化组蛋白 H4 第三位精氨酸生成 H4R3m2。PRMT1 催化生成的 H4R3m2 具有非对称双甲基，是活性转录的标志；而 PRMT5 催化生成的 H4R3m2 具有对称的双甲基，是抑制性转录的标志。

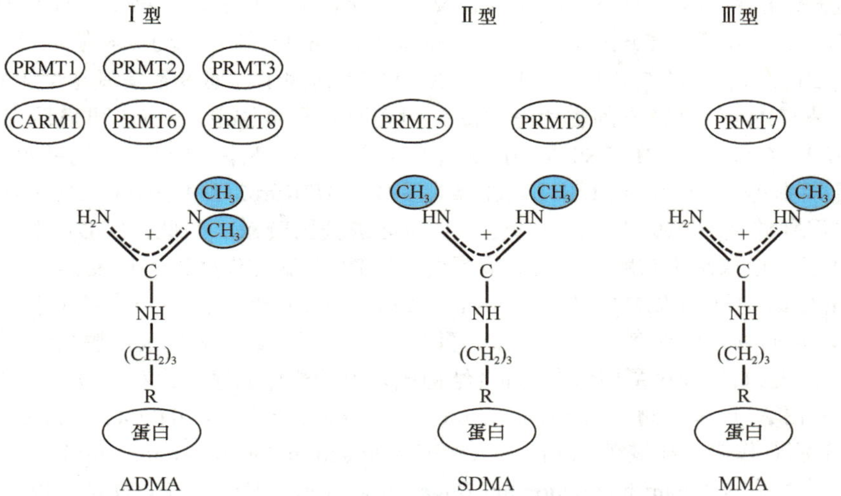

图 5-7　PRMT 家族成员催化精氨酸甲基化修饰的不同类型

PRMT：protein arginine methyltransferase，蛋白质精氨酸甲基转移酶；ADMA：asymmetric dimethyl arginine，非对称二甲基精氨酸；SDMA：symmetric dimethyl arginine，对称二甲基精氨酸；MMA：monomethyl arginine，单甲基精氨酸

（2）KMT：除 KMT4（又称 disruptor of telomeric silencing 1，Dot1，人类中为 DOT1L）外，KMT 均含有一个具有催化活性的 SET 结构域。SET 结构域是依据最早发现的含有这个结构域的 3 个果蝇的调节因子基因而命名，分别为 *Su(var)3～9*、*Enhancer of zeste* [*E(z)*] 和 *Trithorax(trx)*。SET 约含 110 个氨基酸残基，其同源结构在进化上高度保守。哺乳动物 KMT 的 SET 结构域主要由核心 SET 结构域、pre-SET 和 post-SET 结构域组成。pre-SET 结构域的主要作用是维持整个蛋白结构的稳定性；post-SET 结构域则提供一个芳香基团形成疏水通道，参与构成部分酶活性位点。此外，SET 结构域还含有一个称为 iSET 的插入结构，特异性识别底物和辅因子。KMT4 与其他 KMT 不同，没有 SET 结构域，它甲基化的对象不是 N 端“尾巴”上的赖氨酸，而是 H3 组蛋白核心的 K79。

KMT 对组蛋白赖氨酸位点的选择具有偏向性，比如 SUV39H1 甲基化 H3K9 生成 H3K9m3；MLL1 甲基化 H3K4 生成 H3K4m2/3；PRC2 甲基化 H3K27 生成 H3K27m3。表 5-1 显示 6 种主要 KMT 的作用位点、参与组成的复合体及生物学功能。

表 5-1　6 种主要 KMT 的作用位点、参与组成的复合体及生物学功能

甲基化酶	底物	复合体	生物学功能
KMT1	H3K9	KMT1A/B，KMT1C/D，KMT1E	异染色质形成和基因沉默
KMT2	H3K4	KMT2A/B，KMT2C/D，KMT2F/G	转录活化
KMT3	H3K36	KMT3A，KMT3B	转录活化
KMT4	H3K79	KMT4	转录活化
KMT5	H3K20	KMT5A，KMT5B/C	转录抑制
KMT6	H3K27	KMT6	基因沉默

2. 组蛋白去甲基化酶的种类、结构及功能

（1）组蛋白赖氨酸去甲基化酶（K-histone lysine demethylase，KDM）：根据催化反应活性中心的不同，KDM 分为两个家族：赖氨酸特异去甲基化酶 1（lysine specific demethylase 1，LSD1）和含 Jumonji C（JmjC）结构域的 KDM。

1）LSD1：属于单胺氧化酶（monoamino oxidase）类。含有 852 个氨基酸残基，晶体结构显示主要由三部分组成：N 端的 SWIRM 结构域（Swi3p/Rsc8p/Moira domain），C 端的胺氧化酶结构域以及中心定位的 Tower 结构域。SWIRM 结构域包含蛋白质-蛋白质相互作用基序。Tower 结构域由 C 端胺氧化酶结构域向外伸出的两条反向平行 α 螺旋形成，把胺氧化酶结构域分成两部分：黄素腺嘌呤二核苷酸（flavin adenine dinucleotide，FAD）结合结构域和催化活性中心。胺氧化酶结构域是组蛋白底物的结合位点。LSD1 以 FAD 为辅因子，通过氨基氧化反应催化组蛋白去甲基。LSD1 是 H3K4m1/2 特异的去甲基化酶。但在不同复合体中，LSD1 可表现出不同的作用。比如在由 LSD1、CoREST、BHC80 及 HDAC1/2 组成的复合体中，LSD1 识别并使 H3K4m1/2 去甲基化，从而抑制基因转录；当 LSD1 与雄激素受体及 H3K9m3 去甲基化酶 JMJD2C 形成复合体时，LSD1 则识别并使 H3K9ml/2 去甲基化，从而促进基因转录。因此，LSD1 既可作为抑制子，也可作为活化子，这取决于它所结合的调节蛋白。LSD1 的底物作用位点见表 5-2。

2）含 JmjC 结构域的 KDM：属于氧合酶（oxygenase）类，含有一个共同催化结构域——JmjC 结构域。它们以二价铁离子和 α-酮戊二酸作为辅因子，通过氧化反应脱去组蛋白上的甲基。在人的细胞中，大约有 30 种蛋白含有 JmjC 结构域，根据整体的序列比对大致可以分成含有 JmjC 结构域的组蛋白去甲基化酶 1（JmjC-domain histone demethylase，JHDM1）、JHDM2、JHDM3、Jmj 和富含 AT 相互作用结构域 1（Jmj-and AT-rich interaction domain-containing 1，JARID1）、植物同源结构域锌指蛋白 8（plant homeodomain finger protein 8，PHF8）、KDM6A，以及仅含 JmjC 结构域的蛋白质 7 个亚家族。各成员的底物作用位点见表 5-2。

（2）组蛋白精氨酸去甲基化酶：对于组蛋白精氨酸去甲基化的研究远不如赖氨酸去甲基化深入，至今发现与组蛋白精氨酸去甲基化相关的酶有肽酰基精氨酸脱亚氨酶 4（peptidylarginine deiminase 4，PADI4）和 JMJD6 两种。PADI4 的底物作用位点见表 5-2。

表 5-2　组蛋白去甲基化酶的种类和底物作用位点

酶系	酶的分类	酵母	果蝇	人	底物作用位点
LSD	LSD1	无	有	有	H3K4m2，H3K4m1
	LSD2	无	无	有	未确定
JmjC	JHDM1	有	有	有	H3K36m2，H3K36m1
	JHDM2	无	有	有	H3K9m2，H3K9m1
	JHDM3/JMJD2	有	有	有	H3K9m3，H3K9m2，K36m3，K36m2
	JARID1	有	有	有	H3K4m3，H3K4m2
	PHF8/PHF2	无	无	无	未确定
	KDM6A	无	有	有	未确定
	JmjC（仅）	无	无	有	羟基化天冬酰胺和其他未确定位点
PADI	PADI4	无	无	有	H3R2，H3R8，H3R17，H3R26，H4R3

3. 组蛋白甲基化的识别及功能“解读”　与乙酰化不同，组蛋白甲基化不改变组蛋白的电荷，故甲基化本身不直接影响核小体结构。组蛋白甲基化发挥作用是通过特异性识别甲基化组蛋白的效应蛋白实现的。能特异性识别组蛋白甲基化的结构域有许多种，包括克罗莫结构域

（chromodomain，CD）、Tudor 结构域、恶性脑肿瘤（malignant brain tumor，MBT）结构域、植物同源结构域（plant homeodomain，PHD），以及 WD40 和 Ankyrin 重复序列等结构域。这些结构域不仅可识别组蛋白特异位点的甲基化，而且可以区分同一位点不同数量的甲基化，如 CD 优先识别组蛋白 H3K9 三甲基化，而对单甲基化 H3K9 的结合能力较低。效应蛋白通过这些结构域特异结合甲基化的组蛋白，将甲基化修饰的信号"解读"成相应的生物学功能。如 HP1 通过其 N 端的 CD 识别并结合 H3K9m3，导致相应修饰位点异染色质形成，从而抑制基因转录。在体内，HP1 通过 C 端 chromoshadow 结构域（CSD）形成二聚体结构。这种结构使 HP1 可利用一个 CD 结合 H3K9m3，另一个 CD 结合与异染色质形成相关的甲基化组蛋白 H1.4K26，从而将不同位点组蛋白甲基化（H3K9m3 和 H1.4K26）信息整合在一起，加强异染色质的形成。因此这些效应蛋白也被称为组蛋白阅读器（histone reader）。

在解读组蛋白甲基化过程中，效应蛋白的作用分为两类。一类是直接作用，即效应蛋白或效应蛋白所在复合体本身具有酶活性，与甲基化组蛋白结合后，直接产生生物学效应。例如，具有 ATPase 活性的染色质重塑蛋白 CHD1（含 CD）与 H3K4m3 结合后，可直接导致染色质结构发生改变。另一类是间接作用，即效应蛋白本身不具有酶活性，而是作为组蛋白修饰与下游调节因子的连接分子。这类效应蛋白与甲基化组蛋白结合后，通过蛋白质-蛋白质的相互作用招募其他调节因子或染色质修饰酶。如 HP1 可通过 CD 结合 H3K9m3，并招募 SUV39h1 至相应染色质位点，催化附近的 H3K9 三甲基化生成 H3K9m3。附近的 H3K9m3 又沿着 HP1-SUV39h1 途径向远处传播，导致异染色质区域扩展。

组蛋白甲基化对基因表达的调控十分复杂，不同组蛋白位点的甲基化对基因转录的调控作用不同，即便对于同一甲基化组蛋白，因为结合的效应蛋白不同，也可能产生不同的结果。如 H3K4m3 被染色质重塑复合体 NURF 中的含溴域和 PHD 域的转录因子（bromodomain and PHD domain transcription factor，BPTF）识别后可以激活基因的转录，而被组蛋白去乙酰化酶复合体 Sin3/HDAC 中的生长蛋白 2 的抑制剂（inhibitor of growth protein 2，ING2) 识别后能使基因转录迅速转入抑制状态。

（二）组蛋白乙酰化

组蛋白乙酰化是最早被发现与基因转录调节相关的组蛋白修饰。一般认为，组蛋白乙酰化水平增加可促进基因转录，乙酰化水平不足通常引起基因沉默。组蛋白乙酰化修饰是通过组蛋白乙酰转移酶（histone acetyltransferase，HAT）将乙酰辅酶 A 的乙酰基转移到组蛋白 N 端内赖氨酸（K）侧链的 ε-氨基上实现的，其逆反应在 HDAC 的催化作用下完成。HAT 和 HDAC 对于组蛋白乙酰化的调节起着重要作用，二者表达或功能的改变可引起基因表达异常，从而导致疾病的发生。

HAT 和 HDAC 对于组蛋白赖氨酸位点的选择不具有特异性。一种酶可以催化组蛋白不同赖氨酸侧链的乙酰化；同一赖氨酸侧链乙酰化也可由不同酶所催化。除组蛋白外，许多非组蛋白也是 HAT 和 HDAC 的靶分子，包括 P53、RB、E2F 和 MYB 等。

1. HAT 的种类、结构及功能　HAT 分为 3 个主要家族，分别为 GNAT 家族（GCN5-related N-acetyltransferases family）、MYST 家族和 HAT 腺病毒 E1A 相关的 300kDa 蛋白（adenoviral E1A binding protein of 300kDa，p300）/环腺苷酸反应元件结合蛋白的结合蛋白（cAMP-respond element binding protein，CBP）家族。

（1）GNAT 家族：该家族成员包括 GCN5、p300/CBP 相关因子、ELP3、HAT1、HPA2 和 NUT1。GCN5 是 GNAT 家族的重要成员，位于分子量为 2MDa 的复合体 SAGA 中。SAGA 由组成复合体的主要亚单位 SPT、ADA、GCN5 及乙酰转移酶（acetyltransferase）的第一个字母缩写而成。SAGA 在酵母和人类中高度保守。哺乳动物 GCN5 蛋白 N 端含有一个 PCAF 同源结构域，C 端包含两个保守的功能区域：一个是乙酰转移酶催化活性结构域；另一个是布罗莫结构域

(bromodomain)。布罗莫结构域因作为果蝇 *brm* 基因表达产物被发现而命名，可以识别并结合组蛋白乙酰化赖氨酸。GCN5 优先乙酰化组蛋白 H3 N 端 4 个赖氨酸残基（K9、K14、K18 和 K36）。此外，GCN5 还可通过布罗莫结构域结合乙酰化的赖氨酸，参与乙酰化依赖的染色质重塑。

（2）MYST 家族：MYST 最初的命名是根据其在酵母和人中的主要成员 MOZ/Morf、Ybf2、Sas2 和 TIP60 的第一个字母缩写而成。该家族包括五个人类 HAT：单核细胞白血病锌指蛋白（monocytic leukemia zinc finger protein，MOZ，又称 MYST3）、MOZ 相关蛋白（又称 MYST4）、TIP60、MOF、结合 ORC1 的组蛋白乙酰转移酶（histone acetyltransferase binding to ORC1, HBO1，又称 MYST2）和 MOF。它们均具有典型的 MYST 结构域，即包含一个结合乙酰辅酶 A 的模体和一个锌指结构。MYST 家族成员参与组成不同的复合体，对组蛋白进行乙酰化修饰。

（3）p300/CBP 家族：由高度同源的 p300 和 CBP 组成的 p300/CBP 家族是转录调控过程中发挥重要作用的转录共激活因子。p300/CBP 包含一个 HAT 结构域，可以通过乙酰化组蛋白重塑染色质以改变其结构，影响基因的转录。同时，p300/CBP 的 HAT 活性也会使一些转录因子（如 TP53）乙酰化，从而调节关键转录调节因子的功能。

2. HDAC 的种类、结构和功能 HDAC 在基因表达调控中主要扮演转录共抑制因子（co-repressors）的角色。在人体已经发现 18 种 HDAC。基于酵母种系发育中不同 HDAC 的结构同源性分析，真核生物 HDAC 被分为四类：①Ⅰ类 HDAC 与酵母 Rpd3 具有同源性，包括 HDAC1、HDAC2、HDAC3、HDAC8。②Ⅱ类 HDAC 与酵母 Hda1 具有同源性，包括 HDAC4、HDAC5、HDAC6、HDAC7、HDAC9 和 HDAC10。Ⅱ类 HDAC 根据催化区域的不同又可分为两个亚类：Ⅱa 类具有一段催化区域，包括 HDAC4、HDAC5、HDAC7 和 HDAC9；Ⅱb 类具有两段催化区域，主要包括 HDAC6 和 HDAC10。③Ⅲ类 HDAC 是指与酵母沉默信息调节因子 2（silent information regulator 2，Sir2）相关的一类酶，即 sirtuin（SIRT）。SIRT 是 NAD^+ 依赖的组蛋白去乙酰化酶类。④Ⅳ类 HDAC 主要是 HDAC11。

HDAC 家族各成员主要定位于细胞核与细胞溶液中，另有少部分定位于胞质细胞器如线粒体中（主要是Ⅲ类 HDAC 中的 SIRT3、SIRT4 与 SIRT5）。图 5-8 显示各类 HDAC 所含的功能结构域。与 HAT 相似，HDAC 通过参与构成多蛋白质复合体与染色质 DNA 结合，如 HDAC1 和 HDAC2 组成 Sin3、Mi-2/NurD 和 CoREST 复合体的催化亚基。复合体将这些 HDAC 招募至特异的靶基因并抑制其转录。HDAC 的靶蛋白种类繁多，除组蛋白外，HDAC 还可作用于非组蛋白，如抑癌蛋白 P53、热激蛋白 HSP70、SMAD 蛋白家族等。

3. 组蛋白乙酰化与基因表达调控 一般认为，组蛋白乙酰化与基因活化有关，而去乙酰化与基因沉默相关。组蛋白乙酰化和去乙酰化可通过以下两种方式调节基因的表达。

（1）调节转录因子与 DNA 的结合：组蛋白乙酰化和去乙酰化改变核小体结构，从而影响转录因子与其相应顺式作用元件的结合。组蛋白与 DNA 分子紧密结合，阻止转录因子结合 DNA。组蛋白 N 端赖氨酸残基的 ε-氨基发生乙酰化后，氨基上的正电荷被消除，组蛋白容易从 DNA 上脱落，导致核小体的结构变得松散。这种松散的结构有利于转录因子接近并结合 DNA 序列中的调控元件，促进基因的转录。相反，组蛋白去乙酰化后，组蛋白正电荷恢复，与 DNA 的结合增强，导致核小体结构变得致密，转录因子与 DNA 结合受阻，从而抑制基因转录。

（2）乙酰化赖氨酸募集调控蛋白：组蛋白上乙酰化的赖氨酸具有一种特殊信号，能够招募转录调节因子或染色质重塑复合体至特异染色质区域，从而调节基因的表达。布罗莫结构域是目前发现的唯一可识别乙酰化赖氨酸的结构域，许多蛋白都含有该结构域，如转录因子 BPTF 和 SWI/SNF、染色质重塑复合体蛋白 Brahma 相关基因 1（Brahma-related gene 1，BRG1）等。由此，HAT 首先在特定区域染色质的组蛋白赖氨酸上“写下”乙酰化标记，该标记被布罗莫结构域识别，并招募效应蛋白至染色质相应位点，从而调节基因的转录。

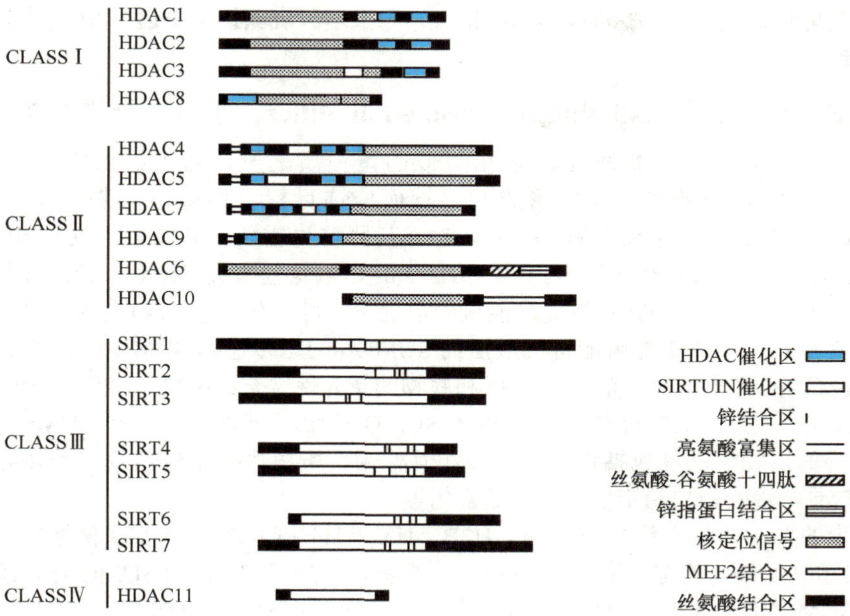

图 5-8　HDAC 的种类和结构

SIRT：sirtuin；MEF2：myocyte enhancer-binding factor 2，肌增强因子 2

（三）组蛋白磷酸化

组蛋白磷酸化是指对组蛋白 N 端氨基酸残基的磷酸化修饰。4 种核心组蛋白（H2A、H2B、H3 和 H4）均可被磷酸化修饰。如组蛋白 H3 第 10 位丝氨酸可在 MSK1/2、PIM1 和 Ikb 激酶-α（Ikb kinase-α，IKK-α）等激酶催化下进行磷酸化修饰。组蛋白上有多个位点可发生磷酸化修饰，如组蛋白 H3 的第 10 位、第 28 位丝氨酸（H3S10、H3S28）和第 3 位、第 11 位苏氨酸（H3T3、H3T11）及 H4 第 1 位丝氨酸（H4S1）。目前尚未发现组蛋白特异的蛋白激酶。

组蛋白磷酸化修饰可能通过两种方式调节基因表达：①磷酸基团携带的负电荷中和了组蛋白上的正电荷，造成组蛋白与 DNA 之间亲和力的下降，染色质结构松散，有利于转录因子与 DNA 的结合。②与乙酰化和甲基化修饰一样，磷酸化修饰作为一种标记，被效应蛋白识别、解读，从而改变染色质结构。如 14-3-3 蛋白（14-3-3 protein，又称酪氨酸 3-加单氧酶/色氨酸 5-加单氧酶激活蛋白）可识别磷酸化组蛋白 H3S10，导致 HP1 蛋白与染色质解离及基因活化。

（四）组蛋白泛素化

同其他蛋白质泛素化修饰过程一样，组蛋白泛素化修饰同样需要三类酶催化：E1 泛素活化酶（ubiquitin-activating enzyme）、E2 泛素结合酶（ubiquitin-conjugating enzyme）和 E3 泛素连接酶（ubiquitin-ligase enzyme）。泛素化途径过程同样是在 E1、E2、E3 三类酶的依次催化下，泛素被以特异性的方式连接到组蛋白上或组蛋白上已经连接的泛素链上。维持组蛋白泛素化的动态平衡主要由两个因素决定：一是细胞内可以利用的游离泛素，二是组蛋白泛素化或去泛素化酶的活性。组蛋白去泛素化需要去泛素化酶的作用。去泛素化酶实质是肽酶，它催化泛素第 76 位甘氨酸的肽键水解。目前发现至少有 90 种去泛素化酶，分为两个家族：泛素羧基末端水解酶家族（ubiquitin C-terminal hydrolase，UCH）和泛素特异性加工蛋白酶家族（ubiquitin-specific processing protease，UBP）。

与其他蛋白泛素化不同的是，组蛋白泛素化一般不引起组蛋白的降解。组蛋白泛素化修饰在基因转录调控中发挥重要作用。目前发现组蛋白 H2AK119 位点和 H2BK120 位点可发生泛素化修饰，而组蛋白 H3 和 H1 较少发生泛素化修饰。组蛋白泛素化因位点不同可以起不同作用。组蛋白

H2A 的泛素化能促进组蛋白 H1 与核小体的结合，导致基因沉默；组蛋白 H2B 泛素化可激活基因转录，并引起 H3K4 甲基化。

（五）组蛋白 SUMO（small ubiquitin-related modifier，小分子泛素相关修饰物）化

SUMO 是近年来被发现数种与泛素相类似的蛋白质之一，它可经由类似泛素化的过程与目标蛋白质上特定的赖氨酸支链形成共价键而修饰目标蛋白质，这个过程称为 SUMO 化（SUMOylation）。SUMO 化主要过程如下：SUMO 基团首先需要活化成熟，通过 SENP（sentrin-specific protease，sentrin 特异性蛋白酶）对 SUMO 的 C 端氨基酸进行水解，暴露双甘氨酸残基形成成熟的 SUMO 基团；在 ATP 水解提供能量的前提下，腺苷化的 SUMO 与 SUMO 激活酶 E1 的半胱氨酸残基相连，形成高能硫酯键；激活的 SUMO 从 E1 传递到 SUMO 结合酶 E2；SUMO 连接酶 E3 识别底物的保守序列，完成 SUMO 和底物间特异性结合；SUMO 化是可逆的过程，SENP 将底物的赖氨酸残基与 SUMO 解离，解离的 SUMO 基团又可以到下一个 SUMO 化过程中去。SUMO 化修饰的生物学功能包括调节蛋白质相互作用、蛋白质核浆转运及信号转导、蛋白质定位、蛋白质转录活性、蛋白稳定性及拮抗泛素化等。

酵母细胞的核小体核心组蛋白 H2A、H2B、H3 和 H4 都可以被 SUMO 化修饰。在哺乳动物中则只有 H3 和 H4 可以被有效地 SUMO 化，而组蛋白 H2A 和 H2B 的 SUMO 化程度非常低。组蛋白 H4 的 SUMO 化修饰可以招募 HDAC1 和异染色质蛋白 HP1 至 DNA，抑制基因转录，导致基因沉默。组蛋白 SUMO 化的作用通常是负性调节激活性组蛋白翻译后修饰（post-translational modification，PTM）的发生，其机制可能有两种：① SUMO 化直接封闭组蛋白上的赖氨酸位点，导致该位点不能进行其他修饰，如乙酰化和甲基化；②组蛋白 SUMO 化可被效应蛋白识别，通过招募染色质修饰酶，影响染色质结构及基因表达。

组蛋白 SUMO 化影响染色质的稳定性。端区组蛋白 SUMO 化程度较高，对维持端区染色质的致密性、调节端区长度和端区沉默起着重要的作用。通常情况下，组蛋白 SUMO 化可维持染色质的致密性，抑制基因转录，导致基因沉默。近年来研究又发现，一些活跃表达的基因，如核糖体蛋白基因的启动子区 SUMO 化程度增加，说明组蛋白 SUMO 化也可能激活某些基因的表达。

除上述组蛋白的修饰方式外，组蛋白还具有其他修饰，如腺苷酸化、ADP 核糖基化等。概而述之，组蛋白修饰是可逆共价修饰。这种共价修饰的发生、去除以及发挥作用又主要通过组蛋白修饰酶及相应的辅因子进行调控，包括 Writer（写入）、Eraser（擦除）和 Reader/Effector（读取）三大类。Writer 是催化化学基团添加到组蛋白上对其进行修饰的酶，如 HAT、HMT、激酶和泛素酶等。Eraser 是从组蛋白上去除这些修饰的酶，如 HDAC、去甲基化酶、磷酸酶和去泛素化酶等。Reader 是识别特定翻译后修饰的底物并与之特异性结合的蛋白质或蛋白质复合物。

二、组蛋白化学修饰的调节

（一）组蛋白不同化学修饰之间的相互调节

相同组蛋白氨基酸残基的乙酰化与去乙酰化、磷酸化与去磷酸化、甲基化与去甲基化等，以及不同组蛋白氨基酸残基的上述各种修饰之间既可相互协同，又可互相拮抗，形成了一个复杂的调节网络。组蛋白不同化学修饰之间存在相互调节作用，表现为同种组蛋白不同残基的一种修饰能加速或抑制另一修饰的发生。如组蛋白 H3S10 的磷酸化促进 H3K9 和 H3K14 的乙酰化，抑制 H3K9 的甲基化。H3K14 的乙酰化与 H3K4 的甲基化均可进一步抑制 H3K9 的甲基化，导致基因活化。同时，H3K4 的甲基化还可促进 H3K9 的乙酰化。相反，H3K9 的甲基化抑制了 H3S10 的磷酸化，并且抑制 H3K9、H3K14 的乙酰化，从而导致基因沉默。另外，组蛋白上相同氨基酸残基不同修饰之间也会发生协同或拮抗。组蛋白 H3K9 既可被乙酰化又可被甲基化，说明两者之间存在竞争性修饰。分析叶酸受体和珠蛋白基因间染色质区域发现，此区域 H3K9 几乎没有乙酰化，但 H3K9 甲基化

水平很高。在此区域两侧，H3K9 的乙酰化水平达峰值而检测不到甲基化 H3K9。相反，H3K4 的乙酰化与甲基化间存在正相关，H3K4 的乙酰化及甲基化峰值及低谷在同一区域发生。

（二）染色质共价修饰复合体

染色质修饰酶单独往往不具有功能，它们须与多种调节蛋白结合组成多蛋白复合体才能参与反应。这种多蛋白复合体通常在组蛋白或 DNA 上共价结合某些化学基团，从而调节染色质结构，影响基因表达，这种复合体又叫作染色质共价修饰复合体。这些复合体中的调节蛋白对于酶活性的调节、底物特异性的选择以及与其他蛋白质的相互作用等方面起着重要作用。染色质修饰酶复合体具有两个重要特点。第一，其组成呈现高度的可变性。以多梳抑制复合物（polycomb repressive complexes，PRC）为例。polycomb 基因最初在黑腹果蝇中发现，它在果蝇中能够抑制同源（Hox）基因，压缩 DNA。哺乳动物 PRC 包含催化核心，通过结合辅助蛋白而形成不同的 PRC1 和 PRC2。其中 PRC2 主要由四聚体核心复合物形成，有两个不同的亚单位：催化亚单位和靶向调节单位。在催化亚单位中，EZH2 与核小体 DNA 及 H3 尾部的 N 端部分结合，便于 Lys27 接近 PRC2 活性位点并被甲基化。靶向调节单位包括 SUZ12 的 N 端部分，它与 RBBP4 或 RBBP7 结合并与各种其他辅因子相互作用，从而产生具有不同生化特性的 PRC 形式。PRC2 包含可变的催化亚单位 EZH1/2、EED1/2/3/4、PCL（PHF1/MTF2/PHF19）和固定的靶向调节亚单位 SUZ12、RbAP46/48 和 JARID2。可变亚基的不同组合可产生几十种 PRC2 复合体，而每种 PRC2 复合体可表现出不同的作用。比如，EZH1 和 EZH2 结构高度相似并且与相同的核心亚单位结合，但两者组成的 PRC2 复合体却有不同的功能特点，PRC2-EZH2 具有更强的甲基化酶活性，主要在增殖细胞和胚胎发育中起作用，而 PRC2-EZH1 能够压缩多聚核小体，主要在非增殖细胞中发挥功能。第二，功能相关的修饰酶位于同一复合体中，以保证两种相互冲突的修饰方式不会同时出现。如在 MLL 复合体中含有组蛋白乙酰酶 CBP 和 H3K27m2/m3 去甲基化酶 UTX（又名 KDM6A）。MLL 复合体可使组蛋白 H3K4m3 活化基因转录；CBP 使组蛋白乙酰化，也与基因的活化相关；而 UTX 去除抑制性组蛋白修饰 H3K27m2/m3 的甲基，可协助 H3K4m3 和组蛋白乙酰化对基因的活化作用。

（三）组蛋白修饰酶活性调节

组蛋白修饰酶一般不具备识别特异染色质区域的功能域，它们定位到染色质上主要通过以下几种途径：①通过转录因子介导定位到特异染色质区域。如组蛋白乙酰转移酶 p300/CBP 可与多种转录因子结合调节基因的表达。当转录因子与其特异的 DNA 元件结合后，招募 p300/CBP 到特异染色质区域，使组蛋白乙酰化，从而导致染色质结构改变（图 5-9A）。②通过 DNA 甲基化介导定位到特异染色质区域。如前所述，DNA 甲基化结合蛋白 MeCP 与甲基化 DNA 结合后可招募组蛋白去乙酰化酶和 H3K9 甲基化酶到 DNA 甲基化区域（图 5-9B）。③通过不同组蛋白修饰的介导定位到特异染色质区域。如 H3K4m3 可被抑癌蛋白 ING 识别并招募 HAT 或 HDAC（图 5-9C）。

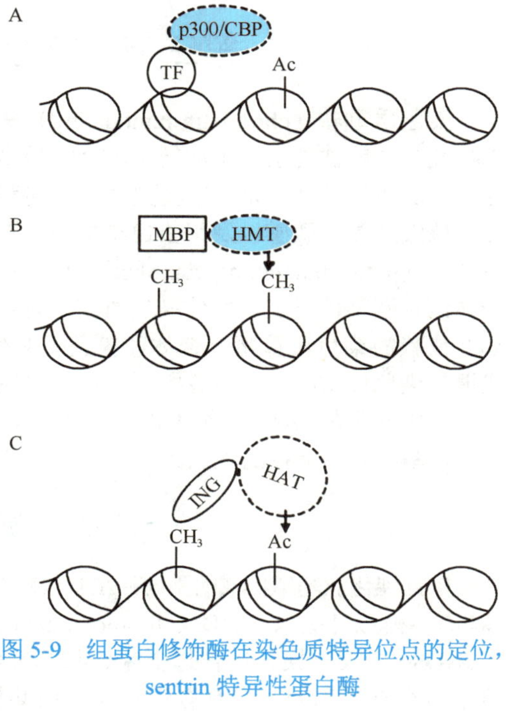

图 5-9　组蛋白修饰酶在染色质特异位点的定位，sentrin 特异性蛋白酶

组蛋白化学修饰受多种因素影响，其中修饰酶是影响组蛋白修饰的重要因素。一方面，修饰酶通过与不同调节蛋白结合形成不同的复合体调节组蛋

白修饰；另一方面，修饰酶可通过活性改变调节组蛋白修饰。机体调节组蛋白修饰酶活性主要有两种方式：①调节组蛋白修饰酶蛋白的表达。当用细菌裂解物或炎症细胞因子处理巨噬细胞时，巨噬细胞的 NF-κB 的转录活性升高，诱导组蛋白去甲基化酶 JMJD3 表达，导致抑制性染色质标志 H3K27m3 特异地去甲基化，从而诱导靶基因的表达。②化学修饰组蛋白修饰酶，从而改变其活性。如 PKA 可以磷酸化组蛋白去甲基化酶 PHF2。PHF2 是抑制性染色质标志 H3K9m2 的去甲基化酶。在未磷酸化时 PHF2 处于失活状态，一旦被 PKA 磷酸化，PHF2 活性增加。活化的 PHF2 结合并去甲基化 ARID5B（AT-rich interaction domain 5B，与富含 AT 互作的结构域 5B）。去甲基化的 ARID5B 可引导 PHF2/ARID5B 复合体至磷酸烯醇式丙酮酸羧激酶和葡糖-6-磷酸酶（两个与糖异生相关的酶）基因启动子区，去除抑制性 H3K9m2 标志，活化两个基因的表达，促进糖异生。

三、非编码 RNA 对组蛋白修饰的作用

（一）lncRNA 调控组蛋白修饰

lncRNA 调控组蛋白修饰可以是直接发挥作用，如 lncRNA HOTAIR 能调控 H3K27 的甲基化酶 PRC2 和 EZH2，引起组蛋白 H3K27 发生甲基化，而 H3K27m3 的甲基化让染色质形成异染色质状态，导致基因表达沉默。lncRNA 调控组蛋白修饰可以间接发挥作用，如研究发现，lncRNA LoNA 缺失导致核仁组装失败，核磷酸蛋白 1（nucleophosmin 1，NPM1）被释放到核基质，在乙酰酶 p300 催化下发生乙酰化修饰变成乙酰化 NPM1 蛋白（acNPM1）。acNPM1 可以结合 DNA 并招募 PRC2 复合物，最终催化 H3K27 的三甲基化修饰，从而抑制基因的转录。

（二）microRNA 影响组蛋白修饰

有些微 RNA（microRNA，miRNA）可影响表观遗传调控蛋白质的表达，从而间接影响基因表达的表观遗传调控（如组蛋白修饰），因而这些 miRNA 又称 epi-miRNA。例如，miR-1、miR-140、miR-29b 可直接靶向组蛋白去乙酰化酶 4 基因（HDAC4 基因），抑制 HDAC4 的表达；miR-449a 则结合 HDAC1 mRNA 的 3′-UTR，抑制 HDAC1 的表达。

第三节　染色质重塑调控基因表达

染色质重塑（chromatin remodeling）是指染色质结构的动态修饰过程，紧密凝聚的 DNA 结构松弛，能够被转录因子或转录辅因子等多种调节因子所接近，调节基因表达。染色质重塑是基因表达的先决条件，是调节重要生理功能和维持细胞内环境稳定的重要过程。重塑的染色质表现为对核酸酶高度敏感以及组蛋白结构和位置改变等特点。染色质重塑需要特异的染色质重塑复合体（chromatin remodeling complex）。染色质重塑复合体是调节染色质结构的蛋白复合体，这些复合体结合到染色质上，可使染色质结构发生改变。目前已知的染色质重塑复合体主要有两类，即 ATP 依赖的染色质重塑复合体和染色质共价修饰复合体；前者利用 ATP 水解的能量以非共价方式调节染色质结构，而后者主要通过给组蛋白或 DNA 加上或去掉共价修饰物来调节染色质结构。前两节中介绍的 DNA 和组蛋白修饰即为第二类复合体的作用。本节主要介绍 ATP 依赖的染色质重塑与基因表达调控的关系。

一、染色质重塑复合体的种类

依据催化亚基结构域的不同，ATP 依赖的染色质重塑复合体通常分为 SWI/SNF、ISWI（imitaition switch，模拟开关）、CHD（chromodomain helicase DNA-binding，染色素解旋酶 DNA 结合蛋白）和 INO80 四大家族。尽管每个家族都具有独特的亚基组成，但同时又具有一些共同特性：①对核小体有高亲和力；②具有识别组蛋白共价修饰的结构域；③具有依赖于 DNA 的 ATPase 结构

域，该结构域能破坏组蛋白与DNA的接触，是染色质重塑过程中的必需元件；④具有可以调控ATPase结构域的蛋白质；⑤具有可与其他染色质蛋白或转录因子相互作用的结构域或蛋白质。

1. SWI/SNF复合体　SWI/SNF是由8～14个蛋白质亚基组成的，约1.14MDa的多亚基复合体，在哺乳动物中又称BAF/PBAF复合体，是进化中非常保守的一类复合体。复合体有能够分别与DNA和组蛋白结合的结构域，可促进核小体组蛋白与DNA解离，使染色质结构松弛，从而促进转录因子与DNA的结合。现在发现，在某些管家基因的启动子区，SWI/SNF复合体明显增加，说明SWI/SNF复合体可能促进基因的转录。另外，SWI/SNF参与DNA双链损伤修复和核苷酸切除修复过程，因此在P53介导的DNA损伤应答过程中起着重要的作用。

2. ISWI复合体　ISWI复合体家族都是以ATPase ISWI作为催化核心，在结构上，除N端包含保守结构域DEXD ATPase和解旋酶结构域（存在于所有ATP依赖的染色质重塑复合体）外，ISWI家族成员还包含特异的HSS功能域（HAND-SANT-SLIDE domain），通过这些功能域，ISWI复合体和核小体、DNA相互作用，使染色质发生重塑。每种生物体含有多种类型的ISWI复合体，如CHRAC、WICH、NoRC、NURF/CERF等。ISWI复合体促进核小体的折叠压缩和DNA复制后染色质的组装，从而维持染色质的致密结构。

3. CHD复合体　CHD复合体家族分为三类亚家族。第一类亚家族包括酵母的CHD1复合体以及高等真核生物的CHD1-CHD2复合体。CHD1-CHD2复合体的N端包含两个克罗莫结构域，可识别H3K4m3，因此与活性染色质结构形成相关；C端区域包含一个DNA结合结构域，此结构域偏好于结合富含AT的DNA模序。第二类亚家族包括CHD3-CHD4复合体，其结构分别包含两个PHD和克罗莫结构域，但没有DNA结合结构域。第三类亚家族包括CHD5-CHD9复合体。CHD复合体主要起到转录抑制作用，并且参与维持胚胎干细胞的多能性。

4. INO80复合体　高度保守，包括INO80、SWR1/SRCAP（Snf2 related CREBBP activator protein，Snf2相关CREBBP激活蛋白）和TIP60/P400三种形式的复合体，由多个亚基组成。INO80复合体除具有转录调控功能外，还参与DNA损伤反应，通过其调控DSB位点附近DNA修复蛋白的可接近性以及核小体的重塑能力来参与多种DNA修复途径，且此过程不依赖于转录。SWR1/SRCAP复合体的主要功能是在核小体内形成H2A.Z-H2B二聚体去置换H2A-H2B，由此在染色质内形成结构和功能特异的区域。H2A.Z组蛋白变体参与转录激活、基因沉默和染色体稳定等过程。TIP60/P400复合体可检测DNA损伤位点，通过乙酰化组蛋白H4或H2A，使损伤位点附近染色质结构松弛，以利于DNA修复酶的靠近并促进DNA修复。因此，TIP60/P400复合体在DNA损伤修复过程中发挥重要作用。

二、染色质重塑复合体调控基因表达的机制

1. 染色质重塑复合体对核小体位置和结构的调节　染色质重塑的机制尚不清楚。目前，学界已提出若干种相关模型。①滑动模型：即SWI/SNF以ATP水解释放的能量对核小体进行重塑，结果组蛋白多聚体滑行到同一DNA分子的另一位点（称为顺式滑行），或滑行到不同DNA分子的某一位点（称为反式滑行）。顺式滑行或反式滑行可能取决于SWI/SNF相对于核小体的比率。SWI/SNF能在较低的比率（1∶200）下高效地进行顺式滑行，而反式滑行则需要高出前者10倍以上的比率才能进行。经过重塑复合体的作用，组蛋白八聚体与DNA发生相对移动，改变了核小体的位置，有利于转录因子与相应顺式作用元件的结合。②组蛋白异构体交换模型：含有组蛋白异构体H2A.Z的核小体在转录激活中较含有H2A的核小体易于发生解离，表明前者较不稳定，更容易被取代。INO80家族中的SWR1复合体的催化亚基SWR1能水解ATP，使H2A/H2B与H2A.Z/H2B二聚体发生交换。③重获环模型：该模型认为SWI/SNF能直接与核小体DNA的大部分相结合，这种相互作用有助于将核小体DNA从组蛋白八聚体表面剥离，并于核小体表面形成DNA环，使得转录激活子或抑制子与裸露的DNA相结合，但该过程中整个核小体没有发生平移性的位置改变。

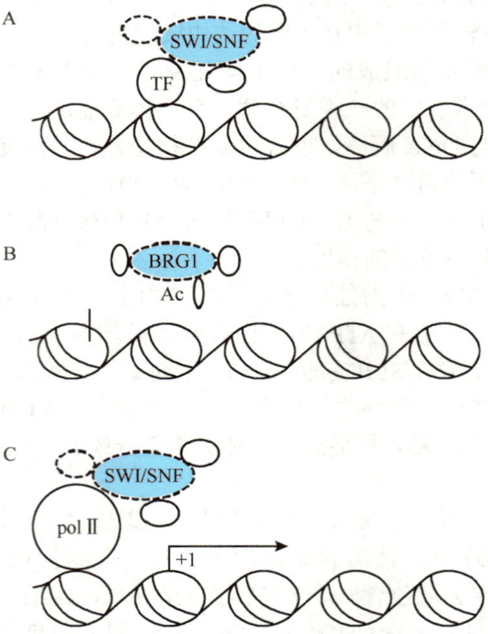

图 5-10 染色质重塑复合体在染色质特异位点的定位

2. 染色质重塑复合体定位到特异染色质区域的主要途径 染色质重塑复合体不包含识别特异染色质区域的功能域，它定位到染色质上主要有以下几种途径：①重塑复合体通过转录因子的介导定位到特定染色质位点。转录因子首先与其特异的DNA调节序列相结合，通过蛋白质-蛋白质相互作用将染色质重塑复合体招募到相应的染色质位点（图 5-10A）。②重塑复合体通过修饰组蛋白的介导定位到特定染色质位点。如 SWI/SNF 复合体中的 ATPase 亚单位 BRG1 或 Brm 包含一个可识别组蛋白乙酰化的布罗莫结构域。组蛋白的乙酰化可招募 SWI/SNF 复合体至染色质的特定区域，引起染色质重塑和基因的活化（图 5-10B）。③重塑复合体通过 RNA pol Ⅱ的作用连接到特定染色质位点（图 5-10C）。

三、非编码 RNA 参与调控染色质结构

1. lncRNA 促进形成致密的染色质结构 lncRNA 可通过与 DNA 相互作用或与染色质蛋白相互作用而结合到染色质上，并进一步募集调控染色质结构的蛋白质，改变染色质的结构和活性。染色质重塑复合体并不能直接与染色质结合，而是通过 lncRNA 与染色质结合。lncRNA 结合到染色质上，并募集特定的染色质重塑复合体，后者可使染色质结构发生改变，通过形成致密的染色质结构而形成基因沉默区。

2. lncRNA 通过募集染色质重塑复合体调控组蛋白修饰 lncRNA 募集的染色质重塑复合体中的一些酶，实际上就是修饰组蛋白的酶，因而能够通过修饰组蛋白而调控基因表达。

（1）lncRNA 介导组蛋白修饰酶与染色质的结合：染色质重塑复合体中具有酶活性的蛋白质（如组蛋白修饰酶）并没有 DNA 结合域，而具有 RNA 结合域，通过与 lncRNA 结合而被募集到染色质上，从而调控组蛋白修饰，进而调控相应基因的表达。例如，在 X 染色体上，lncRNA X 失活特异性转录本（X inactive specific transcript，XIST）通过其分子中的重复 A 区域（repeat A region，RepA）与多梳抑制复合体 2（polycomb repressive complex 2，PRC2）中的 EZH2 和 SUZ12 组分相互作用，将 PRC2 募集到一条 X 染色体，修饰产生大量的 H3K27 三甲基化，从而导致 X 染色体失活。

（2）lncRNA 可结合不同的染色质重塑复合体：lncRNA 分子较大，分子中形成的蛋白质结合位点不止一个。因此，有的 lncRNA 可以与两种以上的染色质重塑复合体结合。例如，在哺乳动物中，lncRNA HOTAIR 的 5′ 端可结合 PRC2 复合体，3′ 端可结合 LSD1/CoREST 复合体，从而将两种复合体同时募集到染色质的 HOXD 位点，使该位点的 H3K27 甲基化、H3K4 去甲基化，从而使位于该位点的基因沉默。

（3）一种染色质重塑复合体可被不同 lncRNA 募集到不同位点：一种染色质重塑复合体可与多种 lncRNA 结合，而 lncRNA 则决定该染色质重塑复合体与染色质结合的具体位点。也就是说，一种染色质重塑复合体可以被不同的 lncRNA 募集到不同的染色质位点，调控不同基因的表达。例如，PRC2 与 HOTAIR 结合，可靶向抑制 HOXD 位点的基因表达；而 PRC2 与 lncRNA Kcnq1ot1 结合，则会靶向抑制 KCNQ1 位点的基因表达。

（陈 姗）

第六章　真核基因表达转录调控

在生物体的发育过程中，不同的细胞表达不同的特定基因，由此建立和维持不同类型的细胞表型。这意味着细胞内的基因表达必须实现精细的调节，这种调节主要发生在转录水平方面。从某种程度上来说，每个组织或细胞的表型都是由其自身特定的基因转录模式所决定。真核基因转录的过程包括转录起始、转录延长、转录终止、转录后加工等，各个环节均受到严格和精细的调控。基因转录的调控异常与多种疾病的发生和发展密切相关。真核生物有三类 RNA 聚合酶（即 RNA 聚合酶Ⅰ、Ⅱ、Ⅲ），其中 RNA 聚合酶Ⅰ和Ⅲ主要介导组成性 RNA（如 tRNA 和 rRNA 等）的转录，而 RNA 聚合酶Ⅱ则主要介导大量蛋白质编码基因和一些长链非编码 RNA 基因的转录，其转录过程及调控机制尤为复杂。本章主要介绍 RNA 聚合酶Ⅱ介导的转录调控。

第一节　真核基因转录起始的调控

真核基因转录调节的关键节点是转录起始的激活。转录起始调控的实质是转录调控蛋白与基因转录调控区的顺式作用元件相互作用，涉及 DNA-蛋白质、蛋白质-蛋白质之间的相互作用，由此影响 RNA 聚合酶的活性，从而使基因表达水平提高（正性调控）或使基因表达水平降低（负性调控）。此外，目前已发现多种非编码 RNA 以多种方式参与真核细胞基因转录的调控（见第八章“非编码 RNA 调控基因表达”）。

一、基因转录调控区

基因转录调控区包括启动子、增强子和沉默子等，各自包含的顺式作用元件及结合的转录因子有所不同。顺式作用元件是指位于 DNA 中的一些能够调节相邻基因转录的特殊序列。转录因子正是通过与位于基因转录调控区的顺式作用元件结合而调控基因转录。

（一）启动子

启动子（promoter）则是指通常位于基因转录起始位点（transcription start site，TSS）上游、能够与 RNA 聚合酶和其他转录因子结合进而调节其下游目的基因转录起始和转录效率的一段 DNA 序列。因此，启动子是转录调控的关键部位。

真核生物基因的启动子分为三类，即Ⅰ型、Ⅱ型和Ⅲ型启动子，分别对应于 RNA 聚合酶Ⅰ、Ⅱ和Ⅲ。这三种类型启动子的特征各不相同，其中以 RNA 聚合酶Ⅱ对应的启动子，即Ⅱ型启动子最为复杂。典型的Ⅱ型启动子通常位于基因转录起始位点的上游，其长度一般约 2kb，含有很多特殊的短的 DNA 序列即顺式作用元件。这些各种各样的顺式作用元件能够特异性地与不同的转录因子结合，从而调节转录起始。

Ⅱ型启动子组成较为复杂，可以大致分为核心启动子（core promoter）、近端启动子（proximal promoter）和末端启动子（distal promoter）三个区域。其中，核心启动子是指 RNA 聚合酶精确起始转录所需要的最少的一段 DNA，长度约为 40 个核苷酸，能与 RNA 聚合酶和通用转录因子（general transcription factor）结合起始转录。

RNA 聚合酶Ⅱ识别、使用的典型的核心启动子中常见的保守性序列组件有 TFⅡB 识别组件（TFⅡB recognition element，BRE）、TATA 框（TATA box）、起始元件（initiator element，Inr）/起始子和下游启动子元件（downstream promoter element，DPE）。通常的核心启动子只含有这 4 个组件中的 2 个或 3 个。每一个组件的共有序列和与其结合的通用转录因子参见图 6-1。如典型的 TATA 框（TATA(A/T)A(A/T)），通常位于转录起始位点上游 −25bp 区域，与通用转录因子 TFⅡD 结合，控制转录起始的准确性及频率，其序列的完整与准确对维持启动子的功能是必需的。

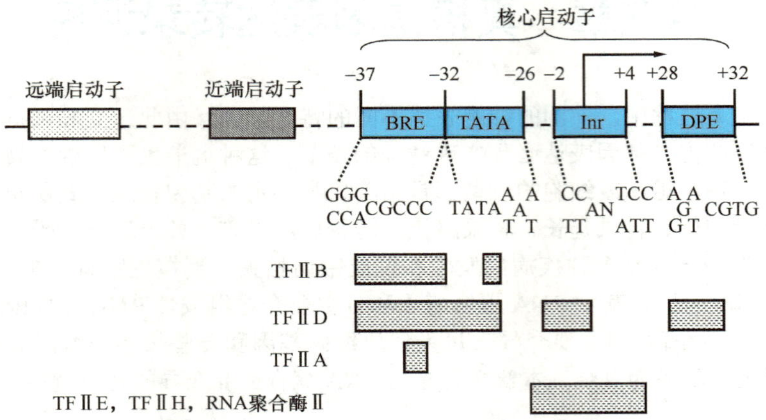

图 6-1　Ⅱ型启动子的共有序列和与其结合的通用转录因子

核心启动子区域平均长度为 71bp，通常包含多个相邻的转录起始位点，即转录起始位点并非固定为某个碱基。核心启动子可以区分为两类，锋利核心启动子（sharp core promoter）和宽阔核心启动子（broad core promoter）。还有一些核心启动子介于两者之间。核心启动子通常含有 TATA 框。宽阔核心启动子通常靠近 CpG 岛。此外，锋利核心启动子通常优先见于组织特异性基因的表达，而宽阔核心启动子通常与普遍表达的基因相关。宽阔核心启动子具有较长的基因组区域，具有多个转录起始位点，这使得翻译起始密码子 ATG 并不靠近转录起始位点，大约 82% 的人类结构基因含有一个长的 5′-UTR。大多数人类蛋白质编码基因有多个核心启动子区域，这些可变启动子（alternative promoter）通常在不同的组织细胞和不同生理病理条件下发挥作用，以便产生不同的蛋白质产物。可选择性启动子的使用增加了人类蛋白质组的复杂性。

近端启动子和远端启动子位于核心启动子区域的上游及更上游区域，主要含有能够与各种特异性转录因子结合的顺式作用元件，这些顺式作用元件主要参与调控不同细胞类型或不同生理/病理条件下各种基因的特异性转录。因此，不同基因的近端启动子和远端启动子，包含的顺式作用元件的种类差别很大。

如在近端启动子区域，常见的顺式作用元件如典型的 GC 框（GGGCGG）和 CAAT 框（GCCAAT），它们通常位于转录起始位点上游 −110～−30bp 区域。与 GC 框结合的转录因子是 Sp1，与 CAAT 框特异性结合并刺激基因转录的转录因子至少发现有两个，一个是 CAAT 转录因子（CAAT transcription factor，CTF），另一个是 CAAT/增强子结合蛋白（CAAT/enhancer binding protein，C/EBP）。这些转录因子通过调节通用转录因子与 TATA 框的结合、RNA 聚合酶与启动子的结合及转录前起始复合物（preinitiation transcription complex，PIC）的形成，从而协助调节基因的转录效率。

（二）增强子

增强子（enhancer）是一种位于核心启动子之外、距离转录起始位点较远（1～30kb，通常是在其上游）的调控序列。其长度约为 200bp，可使基因转录效率提高 100 倍或更多。增强子常和远端启动子区域交错覆盖或连续。尤为独特的是，增强子发挥作用往往不依赖于其所在的位置或方向，即能够在相对于启动子的任何方向和任何位置（上游或下游）上都发挥作用，因为染色体 DNA 可以通过卷曲折叠，使得结合到启动子和增强子上的转录因子之间可以相互作用。

增强子的功能及其作用特征如下：

（1）增强子与被调控基因位于同一条 DNA 链上。

（2）它往往含有多个密集排列的顺式作用元件，是组织特异性转录因子的结合部位，在各种基因的组织或时间特异性转录调控中具有重要作用。

（3）增强子不仅能够在基因的上游或下游起作用，而且可以远距离实施调节作用（通常情况为 1～4kb），甚至可以调控 30kb 以外的基因。

（4）增强子作用与序列的方向性无关。将增强子的方向倒置后依然能起作用，方向倒置后的启动子则不能起作用。

（5）增强子需要有启动子才能发挥作用，没有启动子存在，增强子不能表现活性。但增强子对启动子没有严格的专一性，同一增强子可以影响不同类型启动子的转录。

（三）超级增强子

超级增强子（super enhancer，SE）是长度跨越数千到数万碱基对的一大群增强子簇，通过与靶基因启动子的直接相互作用（通常是远距离）来调控特定细胞类型的基因表达。超级增强子概念是在 2004 年首次提出，最初被用来定义家蚕核型多角体病毒同源区的一个功能增强子，这一概念在近年来被进一步强化和使用。

超级增强子的主要特征：

（1）超级增强子包含密集分布的增强子簇。

（2）超级增强子比典型增强子长得多，超级增强子覆盖大约 20kb 的区域，而典型增强子仅跨越数百到 1000bp。

（3）超级增强子显示出对各种转录因子、辅因子和活性染色质标记的强烈富集性，例如中介蛋白复合物、RNA 聚合酶Ⅱ、表观调控蛋白 BRD4、活性染色质标记如 H3K27ac 和 H3K4me1 的富集在超级增强子区域比在典型增强子区域高 10～28 倍。

（4）与典型增强子类似，超级增强子也通过形成染色质环来激活一定距离靶基因的转录，且在靶基因的上游或下游均可发挥作用。超级增强子通常与 2 个以上的启动子形成环，其中约 5% 与 6 个以上的启动子相互作用。

（5）超级增强子结合到靶基因依赖于更高阶结构，例如，拓扑相关结构域（topologically associating domains，TAD），TAD 长度为 200kb～1Mb，其两侧结合的高度保守的锌指蛋白 CTCF，将超级增强子与其他区域隔绝。

（6）超级增强子发挥功能与相分离有关，超级增强子区域结合的大量转录因子等转录调节蛋白存在大量乙酰化和磷酸化等修饰，且大多含有固有无序区（intrinsically disordered region，IDR），超级增强子区还可转录生成增强子 RNA（enhancer RNA，eRNA），这些都促使了超级增强子区相分离结构的形成。

（7）超级增强子区的 GC 百分比和 CpG 密度显著高于典型增强子，更容易受到 CpG 甲基化的调节。

（8）在一个特定细胞内，活跃的超级增强子的数量远远少于活跃的典型增强子的数量。

（四）绝缘子

绝缘子（insulator）是染色质上相邻转录活性区的边界序列，它将染色质隔离成不同的转录区域，使其一侧基因的表达免受邻近区域调控元件的影响。绝缘子一般定位于核心启动子区与增强子或沉默子之间，包含基因组调节器 CTCF 的结合位点。绝缘子有两种类型：

1. 增强子阻断元件（enhancer blocker element） 防止增强子的延展效应。绝缘子作为一种转录调控元件，当其位于增强子和启动子之间时，可以阻断增强子对启动子的调控作用。这也可解释为什么增强子会受约束而只作用于特定启动子。一般而言，多数增强子可调控其附近的任何启动子，而绝缘子则可限制增强子对启动子不加选择的作用，从而使增强子只作用于特定启动子。

2. 边界元件（boundary element） 阻止受抑制的异染色质从沉默子区域向其他区域延伸，边界元件位于凝集和非凝集性的染色质交界处的附近，也就是活跃和非活跃位点之间的交界处。异染色质区域可发生扩展和传播，使更多的基因被抑制；在异染色质延伸过程中，绝缘子可以充当异染色质传播的屏障，当绝缘子位于活性基因和异染色质之间时，可使启动子保持活性，保护活性基因免受邻近异染色质沉默效应的影响。

有的绝缘子可同时具有阻断增强子和屏障异染色质的作用，而有的绝缘子则只具有其中一种功能。绝缘子的上述作用提高了基因转录调控的时空准确性。

（五）沉默子

沉默子（silencer）是位于基因调控区中的、能抑制或阻遏该基因转录的 DNA 序列。作为基因表达的负性调控元件，沉默子一方面能促进局部 DNA 的染色质形成致密结构，从而阻止转录激活因子与 DNA 结合；另一方面能够同反式作用因子结合，阻断增强子及转录激活因子的作用，从而抑制基因的转录活性。

有的沉默子与增强子相似，由多个功能组件构成，不同的组件和特异蛋白质因子结合后协同产生复杂的阻遏模式。同时，沉默子的作用也不受序列方向的影响，亦可远距离发挥作用。此外，基因转录调控区中的某些顺式作用元件既能发挥增强子的作用，又能发挥沉默子样作用，这取决于细胞内所存在的 DNA 结合蛋白的性质。

二、转录调控分子

转录调控分子泛指调控基因转录的生物分子，主要是蛋白质分子，近年来发现一些 RNA 也具有转录调控作用。此处重点介绍转录调控蛋白。转录调控蛋白绝大多数以反式发挥调控作用，故也称反式作用因子。反式作用因子（*trans*-acting factor）是指能够通过直接结合或间接作用于 DNA 或 RNA 的核酸分子，对基因表达发挥不同调节作用（激活或抑制）的各类蛋白质分子。“trans”是拉丁语，与“cis”意思相反，意为“不在同一侧的”。也就是说，反式作用因子的编码基因与其调控的基因是不同的，两者往往相距很远或在不同的染色体 DNA 上。

转录调控蛋白大致区分为三类：转录因子、转录辅因子、表观调控因子。

（一）转录因子

转录因子（transcription factor）是能够直接结合或间接作用于靶基因启动子、促进转录前起始复合物形成的蛋白质因子。绝大多数真核细胞的转录因子都属于反式作用因子，它由相应的编码基因表达后，进入细胞核，通过与其靶基因启动子或增强子区域的特异的顺式作用元件识别、结合（即 DNA-蛋白质相互作用），从而激活靶基因的转录，这种调节方式称为反式调节。真核生物转录调控的基本方式就是依赖反式作用因子与顺式作用元件的识别与结合，即通过 DNA-蛋白质相互作用实施调控。并不是所有真核转录调节蛋白都起反式作用，有些基因产物可特异识别、结合自身基因的调节序列，调节自身基因的开启或关闭，这就是顺式调节作用，具有这种调节方式的调节蛋白称为顺式作用因子（*cis*-acting factor）。

1. 转录因子的分类 按照其行为机制，可分为：①通用转录因子（general transcription factor）：又称基本转录因子（basal transcription factor），主要与核心启动子区域的顺式作用元件相结合，与 RNA 聚合酶结合组成转录前起始复合物即基础转录装置。相应于真核生物 RNA 聚合酶Ⅰ、Ⅱ、Ⅲ的通用转录因子，分别称为 TFⅠ、TFⅡ、TFⅢ。如通用转录因子 TFⅡD 能与核心启动子中的 TATA 框相结合。②特异性转录因子（specific transcription factor）：又称上游转录因子（upstream transcription factor），主要与转录起始位点上游的近端和远端启动子以及增强子区域的顺式作用元件相结合，决定该基因的时间、空间特异性表达。有的起转录激活作用，有的起转录抑制作用。前者称转录激活因子（transcription activator），后者称转录抑制因子（transcription inhibitor）。如能与 GC 框结合的转录因子 Sp1，以及能与 CAAT 框特异性结合的转录因子 C/EBP，属于转录激活因子。

按照其调节功能，可分为：①组成性激活（constitutively active）转录因子：在所有细胞中所有时间持续激活，如通用转录因子、Sp1 和 NF-Y 等，主要参与管家基因的转录。②条件性激活（conditionally active）转录因子：在特定细胞内或特定条件下被激活，又分为细胞特异性（cell specificity）转录因子和信号依赖性（signal-dependent）转录因子。前者又称发育特异性（developmental）转录因子，其表达主要受时间的限制，一旦表达则不需要额外激活，但其活性经常受到翻译后修饰如磷酸化的调节，发育过程主要依赖于此类转录因子的时序表达，如控制肌肉分化的 MyoD 等。后者通常没有活性或活性很低，在细胞接受合适的胞内或胞外信号时才被激活，又分为胞外配体依赖性（extracellular ligand）转录因子（如内分泌核受体）、胞内配体依赖性（intracellular ligand）转录因子（如 SREBP）、磷酸化修饰激活的转录因子（如 AP1、CREB1、SMAD 和 STAT 等）。

按照其 DNA 结合结构域的结构相似性，可分为：①碱性结构域超家族，包括亮氨酸拉链家族、螺旋环螺旋家族和 NF-1 家族等；②锌指结构域超家族，包括 Cys4、Cys2His2 和 Cys6 家族等；③螺旋-转角-螺旋超家族，包括同源异型域（homeodomain）家族、配对框（paired box）结构域家族、叉头框（fork head box）或称翼状螺旋（winged helix）结构域家族、热激转录因子（heat shock factor，HSF）家族、色氨酸簇（tryptophan cluster）家族、转录增强子因子（transcriptional enhancer factor，TEA）结构域家族等；④β 支架因子超家族，包括 Rel 同源区（Rel homology region，RHR）家族、STAT 家族、P53 家族、TATA 结合蛋白（TATA binding protein，TBP）家族、HMG 框（HMG-box）家族、Runt 家族等；⑤其他家族，如口袋结构域（pocket domain）家族、AP2/EREBP 相关因子家族等。

在不同的组织或细胞中，各种特异转录因子的含量、活性和分布明显不同，正是这些组织特异性的转录因子决定着基因的时间、空间特异性表达。细胞分化和组织发育也主要通过关键的特异转录因子的作用而实现。譬如，2006 年，日本科学家山中伸弥（Shinya Yamanaka）采用 4 个关键转录因子 Oct3/4、Sox2、c-MYC 和 Klf4，使终末分化的皮肤成纤维细胞重编程转变成为类似于胚胎干细胞样的具有多向分化能力的细胞，称为诱导多能干细胞（induced pluripotent stem cell，iPS cell）。该研究获得 2012 年诺贝尔生理学或医学奖。此外，细胞内外的各种刺激因素也是通过影响这些特异转录因子的活性而调节特定基因的表达。如在缺氧状态下，细胞会诱导激活特异转录因子即缺氧诱导因子 1（hypoxia-inducible factor 1，HIF-1）以应对缺氧状态。而在 DNA 损伤等条件下，细胞会诱导激活特异转录因子 P53 以应对 DNA 损伤。

2. 转录因子的结构特点 大多数转录因子是 DNA 结合蛋白，至少包括 DNA 结合域（DNA binding domain，DBD）和转录激活结构域（transcription activating domain，TAD）两个不同的结构域。常见的 DNA 结合结构域主要有螺旋-环-螺旋（helix-loop-helix，HLH）、锌指结构域（zinc finger motif）、碱性亮氨酸拉链（basic leucine zipper，bZIP）等。常见的转录激活结构域有酸性激活结构域（acidic activation domain）、富含谷氨酰胺结构域（glutamine-rich domain）、富含脯氨酸结构域（proline-rich domain）等。此外，很多转录因子还包含一个介导蛋白质-蛋白质相互作用的结构域，最常见的是二聚化结构域。

（二）其他转录调节蛋白

1. 转录辅因子 有的转录调节蛋白质，不能与 DNA 直接结合，但可以与序列特异性转录因子通过蛋白质-蛋白质相互作用而发挥功能，称为转录辅因子（transcriptional cofactor），包括具有增强转录激活的辅激活物（coactivator）和阻碍基因转录激活的辅阻遏物（corepressor）。

2. 中介体复合物（mediator complex） 又称中介蛋白复合物，属于增强转录激活的辅激活物，是一种大的复合物。中介蛋白复合物在酵母中由 25 个亚基组成，在哺乳动物中含有 33 个亚基。它参与调控转录的多个阶段。在转录起始阶段，它与通用转录因子（GTF）相互作用，促进 PIC 的形成和 RNA 聚合酶Ⅱ羧基端结构域（carboxy-terminal domain，CTD）的磷酸化。它还可促进结合增强子的转录因子与启动子区域的转录装置间相互作用。它还可与超级延长复合物（super elongation complex，SEC）相互作用，调控 RNA 聚合酶Ⅱ的暂停和延长过程。

它是介于特异转录因子与 RNA 聚合酶Ⅱ基础转录装置之间的连接桥梁，基础转录装置通过中介蛋白复合物与起激活或抑制效应的转录因子联系在一起。它参与几乎所有 RNA 聚合酶Ⅱ介导的转录调控，并且具有调节大多数转录因子的作用。它可以感受并收集大量的信号，并将正确的输出信号传递给转录装置。作为增强转录激活的辅激活物，中介蛋白复合物一方面可促进通用转录因子 TBP 和 TFⅡB 与核心启动子区结合，另一方面可激活 TFⅡH 的激酶活性，后者使 RNA 聚合酶Ⅱ的 CTD 磷酸化，起始转录。

中介蛋白复合物在结构上分成头部、中部、尾部和激酶 4 个模块。头部包括 MED6、MED8、MED11、MED17、MED18、MED20、MED22，中部包括 MED1、MED4、MED7、MED9、MED10、MED19、MED21、MED26、MED31，尾部包括 MED15、MED27/3、MED28、MED29/2、MED30、MED16、MED23、MED24/5、MED25。头部、中部和尾部模块形成了中介蛋白复合物相对稳定的核心结构。MED14 作为中介蛋白复合物的骨架，具有促进模块之间相互作用、稳定复合物的功能。头部和中部模块的亚基通过 MED14 形成一个功能性和结构性的核心，与 RNA 聚合酶Ⅱ基础转录装置相互作用。尾部模块具有可变性，包含与激活子和抑制子作用的亚基，尾部亚基与各种各样的转录因子相互作用。激酶模块包括 CDK8、细胞周期蛋白 C、MED12 和 MED13，可以可逆地与复合物结合。激酶模块与 RNA 聚合酶Ⅱ相互作用，激酶模块缺失时，导致基因转录抑制。

3. 其他 包括染色质调节蛋白（如组蛋白修饰酶、染色质重塑蛋白）、染色质结构蛋白（如组蛋白、鱼精蛋白）、信号转导蛋白等（见第五章“真核基因表达染色质水平调控”）。染色质调节蛋白和染色质结构蛋白有时又被统称为表观调控因子。

三、真核基因转录起始的基本过程

（一）起始阶段的主要通用转录因子

相应于真核生物 RNA 聚合酶Ⅰ、Ⅱ、Ⅲ的通用转录因子，分别称为 TFⅠ、TFⅡ、TFⅢ。TFⅡ包括 TFⅡA、TAⅡB、TFⅡD、TFⅡE、TFⅡF 和 TFⅡH，它们在生物进化中高度保守，其功能多已基本清楚（表 6-1）。

表 6-1 参与 RNA 聚合酶Ⅱ转录的 TFⅡ

转录因子	亚基种类	功能
TFⅡA	2	稳定 TFⅡB 和 TBP 与启动子的结合
TFⅡB	1	结合 TATA 结合蛋白；招募 RNA 聚合酶Ⅱ -TFⅡF 复合物
TFⅡD	TBP（1）	特异性地识别结合 TATA 框
	TAF（11）	辅助 TBP-DNA 结合；对于无 TATA 框启动子转录起始必需
TFⅡE	2	招募激活 TFⅡH；具有 ATP 酶和解旋酶活性
TFⅡF	2	与 RNA 聚合酶Ⅱ紧密结合；与 TFⅡB 结合并防止 RNA 聚合酶Ⅱ结合至非特异性 DNA 序列
TFⅡH	10	解开启动子区 DNA 双螺旋（解旋酶活性）；使 RNA 聚合酶Ⅱ的 CTD 磷酸化（激酶活性）；招募核苷酸切除修复蛋白
中介蛋白	约 35	转录因子与转录前起始复合物之间的桥梁，刺激 CDK7，参与早期延长调节

1. TFⅡD 是一个分子量很大的多亚基蛋白复合物，由 TATA 结合蛋白（TATA binding protein，TBP）及多个 TBP 相关因子（TBP associated factor，TAF）组成，前者能与核心启动子中的 TATA 框结合，后者辅助 TBP-DNA 结合。TBP 只支持基础转录，不支持诱导所致的增强转录；而

TFⅡD 中的 TAF（在人类细胞中至少有 11 种）对诱导引起的增强转录是必要的，故又将 TAF 称为共激活因子。

TFⅡD 结合于启动子的 TATA 框是转录起始的第一步。在转录起始时，首先由 TFⅡD 的核心成分 TBP 与基因启动子核心序列 TATA 框（通常位于 TSS 上游 25～30bp 处）结合，形成 TBP-TATA 复合物。TBP 与 TATA 框结合后，可改变该处 DNA 双链构象并初步解螺旋，以便于其他转录因子及 RNA 聚合酶Ⅱ的结合，而且能使位于 TATA 框两侧的调控区与 TSS 相互靠近，以利于激活转录。此外，一些转录调节因子能以 TFⅡD 为靶分子，通过影响转录前起始复合物的形成或稳定性，实现在转录水平对基因表达的调节。

2. TFⅡE 是由 α 和 β 两个亚基组成的 $\alpha_2\beta_2$ 四聚体。人 TFⅡEα 呈强酸性（pH4.5），可与 TBP、TFⅡEβ 及 TFⅡH 紧密结合，而与 RNA 聚合酶Ⅱ、TFⅡFα 及 TFⅡFβ 松散结合。TFⅡEβ 呈强碱性（pH9.5），可与 RNA 聚合酶Ⅱ、TFⅡB、TFⅡEα、TFⅡFβ 及 TFⅡH 的部分亚基紧密结合。TFⅡE 具有 ATPase 活性和解旋酶活性，结合于转录前起始复合物后，可募集 TFⅡH，并增强 TFⅡH 的 ATPase 活性和 CTD 激酶活性，密切参与调节转录起始与延长。

3.TFⅡH 具有多种酶活性。人 TFⅡH 由 10 个亚基组成，其中核心组分含有 6 个亚基（XPB、P62、P52、P44、P34 和 P8），CAK 组分包括 3 个亚基（CDK7、细胞周期蛋白 H 和 MAT1），XPD 亚基负责连接以上两个组分（表 6-2）。

表 6-2 TFⅡH 的组成及功能

TFⅡH 组分	人类	酵母	功能
核心组分	XPB	SSL2	3′→5′ATP 依赖的解旋酶活性
	P62	TFB1	构架功能以及与 TF 和核苷酸切除修复因子相互作用
	P52	TFB2	调节 XBP 的 ATPase 活性
	P44	SSL1	在酵母中发挥 E3 泛素连接酶活性
	P34	TFB4	构架功能以及与 p44 紧密相互作用
	P8	TFB5	调节 XBP 的 ATPase 活性
CAK 组分	CDK7	KIN28	激酶活性
	cyclin H	CCL1	调节 CDK7 激酶活性
	MAT1	TFB3	在酵母中稳定 CAK 和调节 Cullin 的 neddylation（一种类泛素化修饰）
XPD 亚基	XPD	RAD3	5′→3′ATP 依赖的解旋酶活性，作为连接 CAK 和核心组分的桥梁

TFⅡH 的解旋酶活性能使 TSS 附近的 DNA 双螺旋解开，使闭合的转录复合物成为开放的复合物，启动转录。当合成 10～15nt 后，RNA 聚合酶Ⅱ与启动子和通用转录因子脱离，称为启动子解脱（promoter escape）。TFⅡE、TFⅡF 及 TFⅡH 在调节启动子解脱和早期延长中发挥重要作用。延长早期的转录产物（小于 9nt）极不稳定，容易降解。TFⅡF 结合到启动子上，可阻止启动子解脱；而 TFⅡH 中 XPB 亚基的 DNA 解旋酶活性可以干扰 TFⅡF 与启动子的相互作用，从而促进启动子解脱，进入延长早期。此时，很容易发生转录阻滞现象，TFⅡE 和 TFⅡH 可通过其解旋酶活性来抑制延长早期的转录阻滞。从第 1 个到第 8 个磷酸二酯键的形成是转录起始到转录延长的过渡期，这一过程中许多转录起始因子脱离转录前起始复合物，取而代之的是延长因子结合于 RNA 聚合酶Ⅱ，形成延长复合物。TFⅡE 在转录延长到+10 前脱离转录起始前复合物，TFⅡH 则在延长到+30～+68 时脱离转录前起始复合物。

（二）基本过程

真核生物的转录起始与原核生物较为类似，同样分为 3 个主要步骤：先识别启动子形成封闭的转录前起始复合物，然后 DNA 解链形成开放复合物；最后通过“启动子解脱”过渡到延长阶段即有效起始完成。真核生物 RNA 聚合酶不与 DNA 分子直接结合，而需依靠众多的转录因子。通用转录因子的作用与原核生物的 σ 因子类似，它们帮助 RNA 聚合酶结合到启动子上并解开 DNA 双链，帮助 RNA 聚合酶从启动子上逃离而开始延长阶段。

首先，TFⅡD 中的 TBP 识别并结合于核心启动子区的 TATA 框，TFⅡD 中的 TAF 有多种，在不同基因或不同状态下与 TBP 作不同搭配以辅助 TBP-DNA 结合。然后，TFⅡB 与 TBP 结合，TFⅡB 也能与 DNA 结合，TFⅡA 能够稳定已与 DNA 结合 TFⅡB-TBP 复合物。TFⅡB-TBP 复合物再与由 RNA 聚合酶Ⅱ和 TFⅡF 组成的复合物结合，TFⅡF 的作用是通过与 RNA 聚合酶Ⅱ一起与 TFⅡB 相互作用，降低 RNA 聚合酶Ⅱ与 DNA 非特异性部位的结合，协助 RNA 聚合酶Ⅱ靶向结合启动子。最后，TFⅡE 和 TFⅡH 加入，形成闭合复合物，装配完成，这就是转录前起始复合物（图 6-2）。

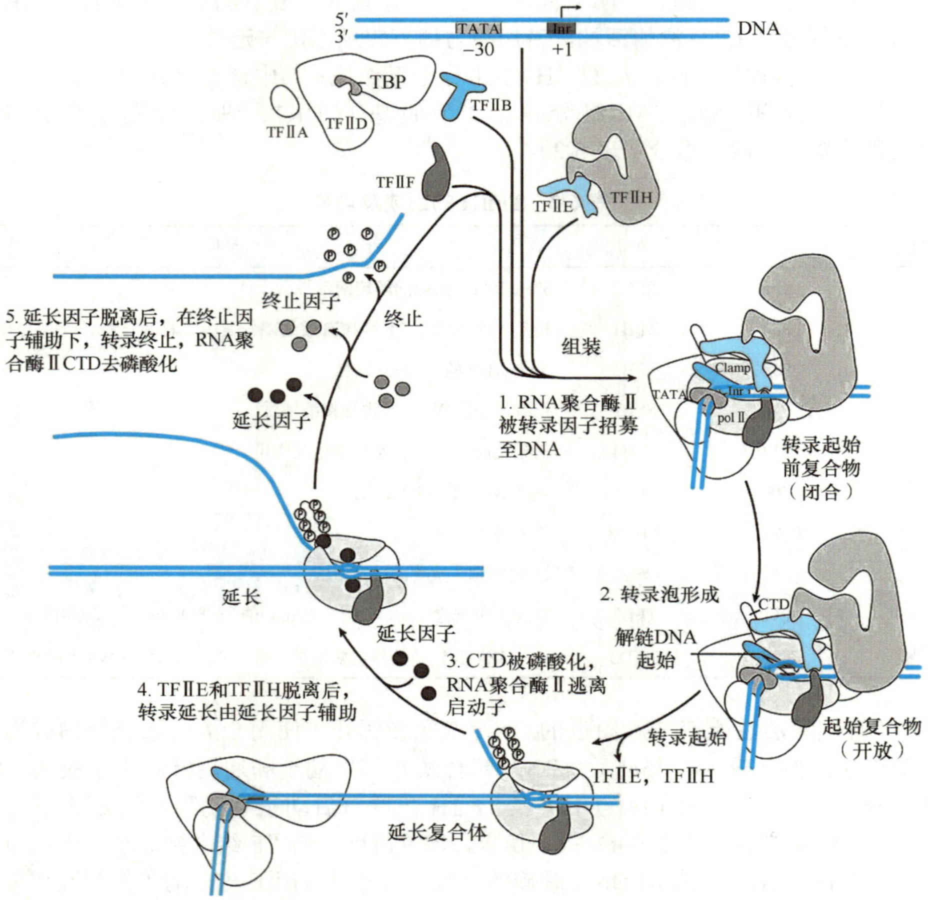

图 6-2 真核生物转录前起始复合物的形成及转录过程

TFⅡH 具有解旋酶活性，能使转录起始位点附近的 DNA 双螺旋解开，使闭合复合物成为开放复合物（open complex），启动转录。TFⅡH 还具有激酶活性，它的一个亚基能使 RNA 聚合酶Ⅱ的 CTD 磷酸化，磷酸化位点为 CTD 尾巴中重复序列的 Ser5。CTD 磷酸化能使开放复合物的构象发生改变，启动转录。CTD 磷酸化在转录延长期也很重要，而且影响转录后加工过程中转录复合物和参与加工的酶之间的相互作用。

在真正进入延长阶段之前，会经历一个流产性起始（abortive initiation）过程。在该过程中，

RNA 聚合酶仍然保持结合在启动子区，通过拉取转录起始位点附近模板链上游的片段来合成一些长度小于 10 个核苷酸的 RNA 分子，这些短的 RNA 分子会从 RNA 聚合酶上脱落，但 RNA 聚合酶不会从模板上脱离，而是重新合成 RNA。当合成一段含有 60～70 个核苷酸的 RNA 时，TFⅡE 和 TFⅡH 相继释放，RNA 聚合酶Ⅱ逃离启动子，进入转录延长期。此后，大多数的转录因子都会脱离转录前起始复合物。RNA 聚合酶离开启动子的这一分子行为被称为启动子解脱（promoter escape）或启动子清除（promoter clearance）。此时转录起始才算真正完成，并转入延长阶段。

需要注意的是，上述主要描述的是在体外（*in vitro*）条件下 RNA 聚合酶Ⅱ从一条裸露的 DNA 模板起始转录所需的条件。但实际上，在体内（*in vivo*）条件下，细胞内的真实情况要更为复杂，细胞内高水平的、受调节的转录还需要额外的大量转录调节蛋白尤其是特异性转录因子及中介体复合物（mediator complex）的参与。特异性转录因子主要结合核心启动子上游或远距离的近端和远端启动子，以及增强子中的 DNA 调控组件而发挥作用。而中介体复合物则是介于转录因子与 RNA 聚合酶Ⅱ基础转录装置之间的连接桥梁，它是由大约 30 个蛋白质组成的多蛋白复合物。此外，真核细胞的基因组 DNA 高度包装压缩在核小体和染色质内部，因此还需要一些染色质或核小体修饰因子参与（见第五章“真核基因表达染色质水平调控”）。这也是真核基因转录与原核生物转录的一个显著不同之处。

四、转录起始激活的基本机制

真核基因的转录调节通常是正性调节。也就是说，基因只有被激活才被转录，否则就处于不表达的被抑制状态。真核基因转录调节的关键节点是转录起始的激活，该步骤的关键是转录前起始复合物，转录前起始复合物的装配速度就决定着基因转录水平的高低。这不仅涉及染色质结构的活化，还需要大量转录因子、中介体等的参与；不仅涉及各种转录因子之间及其与 RNA 聚合酶之间的蛋白质-蛋白质相互作用，而且涉及转录因子与基因调控区的顺式作用元件之间的蛋白质-DNA 相互作用。

目前认为，RNA 聚合酶Ⅱ介导的转录起始激活的基本机制如下（图 6-3）：首先，在各种体内外因素刺激条件下，通过细胞信号转导途径，细胞内相应的特异转录因子（多为转录激活因子）被激活，被激活的转录激活因子特异性地与位于增强子区域中的相应的顺式作用元件结合；而后，转录激活因子进一步募集组蛋白修饰酶如组蛋白乙酰化酶、染色质重塑因子使染色质结构活化以开放转录，转录激活因

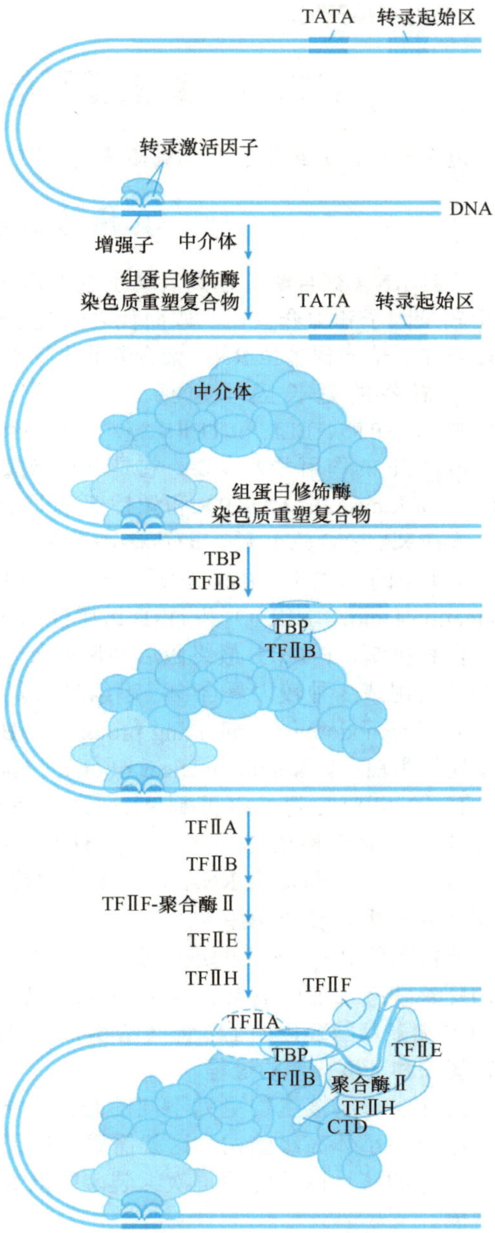

图 6-3　RNA 聚合酶Ⅱ介导的转录起始激活的基本机制

子同时还招募形成中介体；最后，中介体促使通用转录因子 TBP 和 TFⅡB 与核心启动子区域的 TATA 框等顺式作用元件结合，紧接着 RNA 聚合酶Ⅱ和其他通用转录因子进一步结合，最终使转录前起始复合物装配完成。

五、信号转导通路对转录因子活性的调节

生命的核心特征是对外部环境因子的响应。这些响应通过细胞信号转导通路级联转导，主要起始于胞外信号分子，通过膜受体和核受体介导的信号途径，最终通过活化的转录因子发挥效应。转录因子是这些相应途径的核心组分。因此，转录因子的活性不是一成不变的，其活性的变化受信号转导通路的调控。各种信号转导通路对各种转录因子活性的调节参见第九章“细胞信息传递”，此处不再赘述。

第二节　真核基因转录延长和转录终止的调控

近年来的研究结果表明，真核基因的转录延长阶段和终止阶段，也受到严格的调控。

一、真核基因转录延长的基本过程

一旦 RNA 聚合酶Ⅱ逃离启动子进入延长阶段后，RNA 聚合酶Ⅱ脱落其大部分起始因子，如通用转录因子和中介蛋白，取而代之的是延长因子和 RNA 加工酶或因子。这些因子或酶在延长阶段被先后依序招募至 RNA 聚合酶Ⅱ大亚基羧基端的 CTD 尾巴上。

被招募的延长因子包括正性转录延长因子 b（positive transcription elongation factor b，P-TEFb）、SPT5、ELL 和 TFⅡS 等，它们可刺激延长，抑制转录暂停。

P-TEFb 的作用尤为重要。它是一种激酶，由催化亚基即细胞周期蛋白依赖性激酶 9（cyclin-dependent kinase 9，CDK9）和调控亚基即细胞周期蛋白 T（cyclin T）组成。它经转录激活因子招募至 RNA 聚合酶Ⅱ后，即可磷酸化 RNA 聚合酶Ⅱ的 CTD 尾巴的 Ser2。P-TEFb 还可磷酸化激活延长因子 SPT5、招募延长因子 TAT-SF1，以及磷酸化转录停顿因子如负延伸因子（negative elongation factor，NELF）和 DRB 敏感性诱导因子（DRB sensitivity-inducing factor，DSIF）。通过上述多种机制，P-TEFb 最终激活并使转录延长高效进行。P-TEFb 的活性受到高度调节，P-TEFb 至少参与组成 3 种较大复合物：超级延长复合物（super elongation complex，SEC）、含溴结构域蛋白 4（bromodomain-containing protein 4，BRD4）结合的 P-TEFb（BRD4-P-TEFb）和 7SK 核内小核糖核蛋白（7SK small nuclear ribonucleoprotein，snRNP）结合的 P-TEFb（7SK-P-TEFb）。

TFⅡS 和 ELL 则具有抑制 RNA 聚合酶Ⅱ转录暂停的作用。此外，TFⅡS 还能够激发 RNA 聚合酶Ⅱ（非活性位点的部分）固有的 RNA 酶活性，通过局部的有限的 RNA 降解而去除错误加入的碱基，即促进 RNA 聚合酶Ⅱ的校对作用。这类似于原核基因转录过程中的水解编辑（hydrolytic editing）校读机制。

被招募的 RNA 加工酶或因子包括加帽酶、剪接因子和多聚腺苷化因子。这些酶或因子在转录的延长和终止过程中先后与 RNA 初级转录产物的不同部位结合，分别对其进行 5′端加帽、剪接和 3′端多聚腺苷化加工修饰（图 6-4）。因此，真核基因的转录和转录后加工修饰实际上是一个紧密偶联和高度协调的过程。

此外，与原核生物更为不同的是，由于真核生物基因组 DNA 在双螺旋结构的基础上与组蛋白组成核小体高级结构，这就需要其他因子（如 FACT）在转录延长过程中不断拆卸 RNA 聚合酶前方的核小体并随后再次组装。所以真核生物转录延长过程可以观察到核小体的移位和解聚现象。

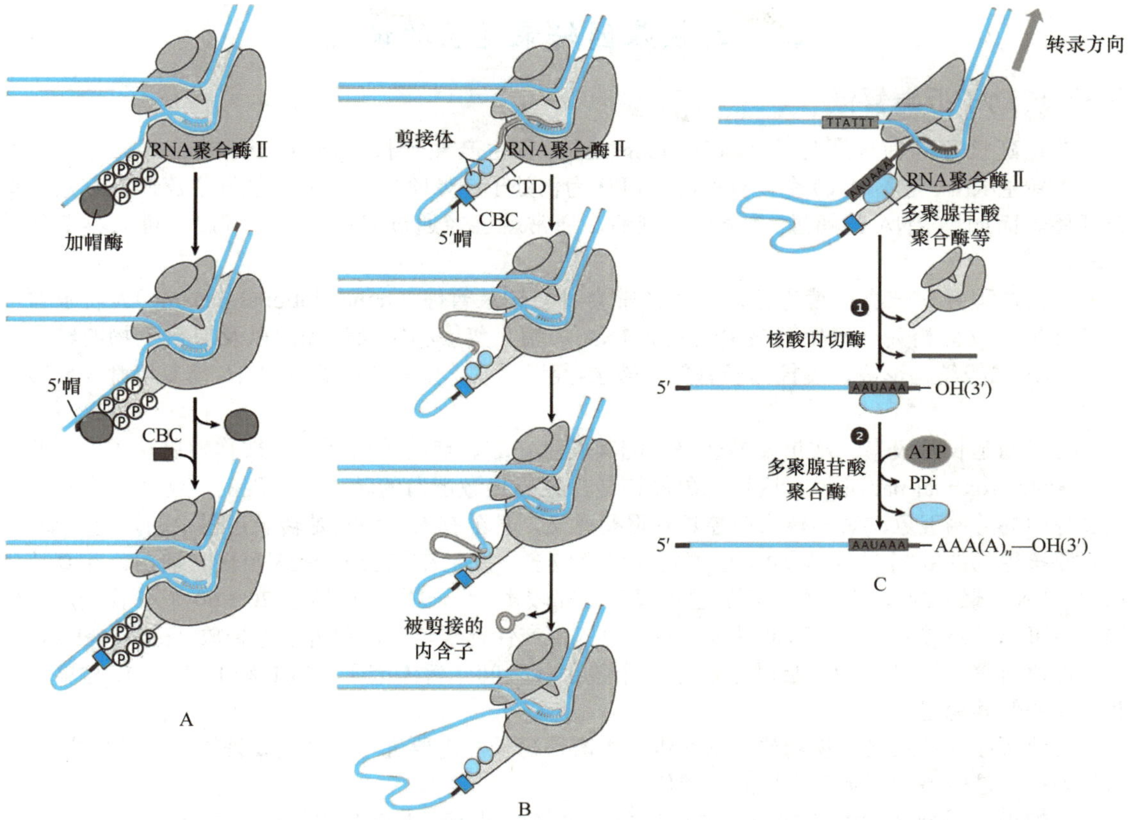

图 6-4　真核生物转录与转录后加工修饰过程紧密偶联

A. 转录起始后的 5′ 端加帽；B. 转录延长中的剪接；C. 转录终止阶段的 3′ 端多聚腺苷化加尾；B 图和 C 图中为简便起见，CTD 尾巴的磷酸化略去未显示，其中 CBC 为帽结构复合物

常见的真核基因 RNA 聚合酶Ⅱ转录延长因子及其功能参见表 6-3。

表 6-3　常见的 RNA 聚合酶Ⅱ转录延长因子

转录因子	亚基种类	功能
DSIF	2	使 RNA 聚合酶Ⅱ暂停和激活转录延长，招募延长和 3′ 加工因子
加帽酶	3	催化 5′RNA 帽结构形成，防止 pre-mRNA 被 5′ 核酸外切酶降解
NELF	4	稳定启动子近端暂停的 RNA 聚合酶Ⅱ
P-TEFb	2	触发启动子近端暂停的 RNA 聚合酶Ⅱ被磷酸化的 RNA 聚合酶Ⅱ和延长因子激活
SEC	6	包含 P-TEFb 和 ELL
SPT6	1	识别磷酸化的 CTD 接头（linker），刺激延长
PAF1C	6	刺激延长，招募染色质修饰酶
CHD1	1	共转录重塑核小体，ATP 依赖
FACT	2	组蛋白分子伴侣，促进核小体通过
SET1	7	组蛋白甲基化酶，靶向组蛋白 H3K4
SET2	1	组蛋白甲基化酶，靶向组蛋白 H3K4
TFⅡS	1	刺激 RNA 切割，改善 RNA 校对，用原路返回合成的 RNA 重新启动停滞的 RNA 聚合酶Ⅱ
Gdown1		与 RNA 聚合酶Ⅱ紧密结合，稳定暂停

二、真核基因转录延长的调控

（一）启动子近端暂停

转录延长可分为早期延长（early elongation）和生产性延长（productive elongation）两个阶段。当新生 RNA 链不足 10 个核苷酸时，可认为仍处于起始阶段，随时可能发生流产性起始而重新开始。而如果 RNA 链超过 12 个核苷酸后，通常就已经通过启动子解脱程序，进入早期延长阶段。

延长过程并非一直持续进行，中间经常会发生转录暂停（transcriptional pausing）。转录暂停与多种生物过程相关。例如真核生物的 mRNA 加帽、剪接和转录调控，以及原核生物的转录终止、RNA 二级结构形成、调控因子募集、转录-翻译偶联、蛋白质折叠及 DNA 修复等都需要转录暂停。

在早期延长阶段有一次重要的暂停，因其发生在靠近启动子的区域，被称为启动子近端暂停（promoter-proximal pausing）。这种现象最初是在果蝇热激蛋白的转录中发现的，现在认为它是转录过程中的普遍现象，对于转录调控具有重要意义，甚至有人认为它是转录过程中的限速步骤。

原核生物的 σ^{70} 依赖性启动子近侧暂停研究较多，发生在转录 15～25 个核苷酸后。在真核生物中，RNA 聚合酶Ⅱ相关的启动子近侧暂停研究较多，一般发生在转录 20～60 个核苷酸后。暂停之后可能转录被终止，也可能继续转录，进入生产性延长阶段，称为暂停释放（pause release）。

暂停时聚合酶Ⅱ停留在启动子和第一个核小体之间。暂停因子 NELF 和 DSIF 可以与聚合酶Ⅱ结合并使其稳定。

要使暂停的转录复合物释放，从而进入生产性延长，需要进行两个重要修饰：一是新生 RNA 的加帽；二是暂停的转录复合物的磷酸化。

加帽过程需要 3 种酶活性，其中加帽酶的募集可以缓解 NELF 的作用，并有助于 P-TEFb 加载。有人认为加帽是进入生产性延长的检查点。

转录复合物的磷酸化是由蛋白激酶复合物 P-TEFb 介导的，该复合物也使暂停因子 DSIF 和 NELF 磷酸化。这些修饰有助于募集更多的延长因子和 RNA 加工因子，以帮助聚合酶克服转录的后续障碍。

在人类细胞中，P-TEFb 的非活性形式是与 7SK snRNP 结合的。P-TEFb 可以被多种机制（BRD4、中介体或某些直接与 DNA 结合的激活剂）激活并募集到已暂停的聚合酶Ⅱ复合物中。

磷酸化的 NELF 从聚合酶Ⅱ上解离，DSIF 被 P-TEFb 磷酸化后变成正性延长因子。在完成其功能后，P-TEFb 可以从复合物中解离出去，但在一些高活性基因中，也可仍与聚合酶Ⅱ结合。

启动子近侧暂停及其释放受到多种因素调控。细胞可以响应外界环境变化，或发育及分化信号的刺激，通过一些依赖核受体（NR）的信号转导途径对其进行调节。

进入生产性延长之后，转录过程仍然需要克服许多障碍，如真核生物的核小体。已经发现的突破核小体屏障的机制包括核小体重塑、组蛋白变体交换和组蛋白尾部修饰等。

（二）RNA 聚合酶Ⅱ暂停的建立、维持和释放

1. RNA 聚合酶Ⅱ暂停的建立 通用转录因子（GTF）将 RNA 聚合酶Ⅱ募集到启动子上形成转录前起始复合物。通用转录因子 TFⅡH，具有双重作用，通过解旋酶亚基即着色性干皮病 B 组互补蛋白（xeroderma pigmentosum group B-complementing protein，XPB）打开双链 DNA，使 RNA 聚合酶Ⅱ起始转录，并通过其 CDK7 亚基磷酸化 RNA 聚合酶Ⅱ羧基端结构域（CTD）的 Ser5，使转录暂停建立。介导复合物能够形成长程增强子-启动子相互作用；TFⅡF 在促进转录起始和早期延长方面具有双重作用。

2. RNA 聚合酶Ⅱ暂停的维持 暂停的 RNA 聚合酶Ⅱ通过与几种暂停因子相互作用而稳定，

如 NELF、DSIF、RNA 聚合酶Ⅱ相关因子 1 复合物（pol Ⅱ -associated factor 1 complex，PAF1C）和 Gdown1。研究表明，抑制 NELF 表达可导致 RNA 聚合酶Ⅱ在通过转录起始位点下游的+1 核小体之前不稳定和导致启动子近端转录终止。抑制 PAF1C 表达可导致超级延长复合物（SEC）的募集增加，使暂停的 RNA 聚合酶Ⅱ释放到延长阶段。Gdown1 通过阻断 TFⅡF 的募集而有助于转录暂停。

3. RNA 聚合酶Ⅱ暂停的释放 暂停释放是由 P-TEFb 复合物的募集和激活驱动的。例如 SEC，可磷酸化 NELF、DSIF 和 RNA 聚合酶Ⅱ CTD 的 Ser2 残基。磷酸化的 NELF 与染色质解离，而 PAF1C 和磷酸化的 DSIF 则从暂停因子转变为正性延长因子，促进 RNA 聚合酶Ⅱ的持续延长能力和促进共转录 RNA 加工。

三、RNA 聚合酶Ⅱ CTD 磷酸化对转录的调节作用

真核生物的 RNA 聚合酶Ⅱ含有 12 个亚基，其最大亚基的羧基末端有一段由-Tyr-Ser-Pro-Thr-Ser-Pro-Ser-(-YSPTSPS-)7 个氨基酸残基组成的共有序列重复片段尾巴，称为羧基端结构域（CTD）。CTD 尾巴的长度约是 RNA 聚合酶Ⅱ其他部分长度的 7 倍。RNA 聚合酶Ⅰ和 RNA 聚合酶Ⅲ没有 CTD。所有真核生物的 RNA 聚合酶Ⅱ都具有 CTD，只是不同生物种属共有序列的重复程度不同。在酵母中有 27 个重复共有序列，在哺乳动物中有 52 个重复共有序列。CTD 对于维持细胞的活性是必需的。CTD 上的 Tyr、Ser 和 Thr 可被蛋白激酶作用发生磷酸化。CTD 的磷酸化在转录起始、转录延长和转录后加工过程中均起着非常重要的作用。

（一）催化 CTD 磷酸化的激酶

CTD 的磷酸化可由多种激酶催化，主要包括：① CDK（主要是 CDK7 和 CDK9）。在转录起始期，由 CDK7 磷酸化 CTD 的 Ser5 和 Ser7；而在转录延长期，则是由 P-TEFb（由 CDK9 和细胞周期蛋白 T 组成）的 CDK9 来磷酸化 CTD 的 Ser2 和 Thr4。除 CDK9 外，在一些基因的转录延长期也发现 CDK12 可使 Ser2 磷酸化。② PLK3 能使 CTD 的 Thr4 磷酸化。③酪氨酸激酶 ABL1 和 ABL2 可使 CTD 上的酪氨酸残基磷酸化。

（二）CTD 磷酸化密切调控转录进程

当转录前起始复合物在启动子上形成后，在 CDK7 的作用下，CTD 的 Ser5 和 Ser7 发生磷酸化，导致 RNA 聚合酶Ⅱ的构象发生改变，进而从启动子上脱离，沿模板进行转录。进入转录延长期后，RTR1（可能间接结合其他磷酸酶）和 SSU72（在脯氨酰异构酶 PIN1 的辅助下）使 p-Ser5 和 p-Ser7 去磷酸化，而 CDK9 则使 Ser2/Thr4 磷酸化（CDK12 也可使 Ser2 磷酸化），直到进入转录终止期，再由 FCP1 使 p-Ser2/p-Thr4 去磷酸化，最终使 CTD 回到非磷酸化状态，RNA 聚合酶Ⅱ进入新的转录循环周期（图 6-5）。因此，CTD 磷酸化的动态变化可密切调控 RNA 聚合酶Ⅱ的转录循环周期。

（三）CTD 磷酸化可约束一些不成功的转录起始

在某些基因的启动子上，当 RNA 聚合酶Ⅱ开始转录时，会进行得不顺利，RNA 聚合酶Ⅱ在前进了一小段距离后便终止转录，已转录出的小段 RNA 会被迅速降解，这种现象称为流产性起始（abortive initiation）。这些不成功的转录起始若要继续下去并进入到转录延长，就需要 CTD 的进一步磷酸化。

在 CDK7 使 CTD 的 Ser5 和 Ser7 磷酸化的基础上，P-TEFb 激酶复合物中的 CDK9 可作用于 CTD 的 Ser2，使 CTD 进一步磷酸化，从而使转录得以继续。另外，P-TEFb 还可调节延长因子 DSIF 和 NELF 的活性。当转录起始后，DSIF 和 NELF 结合于 RNA 聚合酶Ⅱ，阻止转录的延长。为了克服这种阻力，P-TEFb 使这两个因子磷酸化，从而使其从 RNA 聚合酶Ⅱ复合物上脱离，使

转录得以延长。在昆虫和人类中，大约有 1/3 基因的 RNA 聚合酶Ⅱ在 TSS 下游会发生流产型转录起始，这种转录暂停的现象被认为是机体在进化过程中或适应更多外界刺激时，为了获得更快速或更多协同转录调节的一个机制。

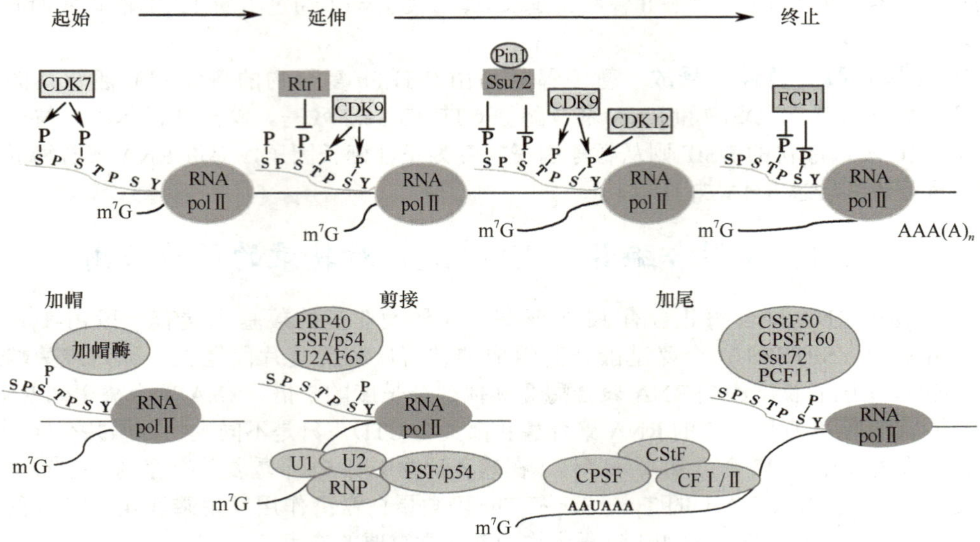

图 6-5　CTD 磷酸化对 RNA 聚合酶Ⅱ转录及转录后加工的调控

（四）CTD 参与调节转录后加工

CTD 上的每个磷酸化位点均可作为一些蛋白质的识别或锚定位点，从而使得这些蛋白质能与 RNA 聚合酶Ⅱ结合在一起，进而在 RNA 的转录加工过程中发挥调节功能（见图 6-5）。磷酸化 CTD 的作用包括：①当 mRNA 的 5′ 端刚被合成时，就被加帽酶修饰，使 mRNA 免遭核酸酶的攻击。加帽酶的鸟苷酸转移酶结构域与 Ser5 磷酸化的 CTD 结合，可促进 5′ 帽结构的形成。②在前体 mRNA 的剪接过程中，Ser2 磷酸化的同时 p-Ser5 去磷酸化的 CTD 可募集许多剪接因子，包括识别 5′ 剪接位点的 PRP40、识别 3′ 剪接位点的 U2 相关因子（U2 associated factor，U2AF）和识别剪接分支点下游序列的 PSF（polypyrimidine tract-binding protein-associated splicing factor）等，这些剪接因子都直接与磷酸化的 CTD 结合，加速剪接过程。③在 3′ 端加尾过程中，CTD 可结合多种 3′ 端加工因子，促进 3′ 端加尾修饰。Ser2 磷酸化的 CTD 可募集 3′ 端加工因子（如 PCF11、CStF50、CPSF160 等），随着 Ser2 磷酸化达到顶峰，CTD 所募集的多种 3′ 端加工因子也达顶峰。因此，Ser2 磷酸化的 CTD 在前体 mRNA 3′ 端加多聚腺苷酸 [poly(A)] 尾序列的修饰中发挥着重要作用。

四、真核基因转录终止的调控

真核生物 RNA 聚合酶Ⅱ的转录终止与其 3′ 端多聚腺苷化加工修饰紧密偶联。当 RNA 聚合酶Ⅱ转录到达一个基因的末端时，会遇到一段特殊的保守性序列，该序列在被转录为 RNA 后会引发一些酶和蛋白质因子与之结合，从而引发转录终止和 3′ 端多聚腺苷化加工修饰，包括初级转录产物 3′ 端序列的切除、许多腺嘌呤碱基被添加到其 3′ 端、被切除 3′ 端序列的降解及随后的转录终止。该段 RNA 序列的典型特征是有一个高度保守的 AAUAAA 序列，也被称为多腺苷酸化信号（polyadenylation signal，PAS）或加尾信号，通常出现在被切割点上游的 10～30nt 处，在被切割点下游的 20～40nt 处还有一段富含 G 和 U 的序列。

参与这一转录终止和多聚腺苷化加工修饰的酶和蛋白质因子包括切割和聚腺苷酸化特异因

子 [cleavage and poly(A)denylation specificity factor，CPSF]、切割刺激因子 [cleavage stimulatory factor，CStF] 及多聚腺苷酸聚合酶 [poly(A)polymerase，PAP] 等（表 6-4）。其中，CPSF 与 CStF 首先分别与上述 RNA 中的 AAUAAA 信号序列和富含 GU 序列结合，进而引发 PAP 等的结合。CPSF 的核酸内切酶活性从切割位点处切开 RNA 链。CPSF 与 PAS 结合后还激活磷酸酶 PP1 及其催化亚基 PNUTS，使 RNA 聚合酶Ⅱ CTD 和延长因子 SPT5 去磷酸化，从而允许募集终止因子。PAP 则催化多聚腺苷化加尾反应，它以 ATP 为原料，与常规的 RNA 合成类似，但其特殊之处在于不需要模板。因此，真核生物 mRNA 的 poly(A) 尾序列是经加工修饰生成的，相应的 DNA 模板链上并没有与之互补的多聚胸苷酸序列 [poly(dT)]。多聚腺苷化尾合成后，poly(A) 结合蛋白与之结合，poly(A) 结合蛋白能控制 poly(A) 尾的长度。

表 6-4 常见的 RNA 聚合酶Ⅱ转录终止因子

转录因子	亚基数量	功能
CPSF	14	识别多聚腺苷酸化序列，切割 pre-mRNA，去磷酸化转录装置
CStF	5	结合 CTD，有助于 RNA 结合
XRN2	3	鱼雷核酸酶复合物，从 5′ 端降解被切割的新生 RNA，终止转录

值得注意的是，RNA 聚合酶Ⅱ并不是在 RNA 被切割和多聚腺苷酸化时就立刻终止转录。它仍可继续合成 500～2000 个核苷酸的 RNA 链。这一段 RNA 分子不被进行 5′ 端加帽和 3′ 端多聚腺苷化修饰，会被一些核酸外切酶（如 XRN2）识别并迅速降解。目前认为，可能正是这些核酸外切酶对该段 RNA 的快速降解从而迫使 RNA 聚合酶Ⅱ离开 DNA 模板，最终导致转录终止。

当 RNA 聚合酶Ⅱ完成一个基因的转录后，它会离开 DNA 模板，可溶性磷酸酶会去除其 CTD 尾巴上的磷酸基团。去磷酸化且只有完全去磷酸化的 RNA 聚合酶Ⅱ才能再次在待转录基因的启动子区域起始转录，其 CTD 尾巴上在转录过程中会被再次磷酸化。这也就是说，RNA 聚合酶Ⅱ的 CTD 尾巴的磷酸化/去磷酸化修饰在整个转录过程中发生周期性改变。

目前，RNA 聚合酶Ⅱ的转录终止机制主要有两个模型。①变构模型（allosteric model）：又称抗终止子模型（antiterminator model），该模型认为，延长复合物通过 PAS 位点会引起延长因子的解离或终止因子的结合，导致复合物构象变化造成转录终止。②鱼雷模型（torpedo model）：该模型认为，pre-mRNA 被切割后，RNA 聚合酶Ⅱ在 PAS 位点后仍继续合成的一段 RNA，被特异的“鱼雷”5′-3′ 核糖核酸外切酶 2（exoribonuclease 2，XRN2）识别攻击降解，其速度快于合成的速度，直到追上“击中”RNA 聚合酶Ⅱ，与 RNA 聚合酶Ⅱ CTD 上结合的蛋白质相互作用，触发复合物解体，RNA 聚合酶Ⅱ从 DNA 模板上释放，导致转录终止。变构模型和鱼雷模型并不相互排斥，也有一些模型将两者结合起来，反映 mRNA 3′ 端的加工对于转录终止十分关键，mRNA poly(A) 的形成传递了对 RNA 聚合酶Ⅱ转录终止的信号。

第三节 真核基因转录后的调控

真核生物首先转录出初级转录物称为前体 mRNA（precursor mRNA，pre-mRNA）。mRNA 前体需要经过复杂的加工过程才能成为成熟 mRNA，然后从细胞核被转运到细胞质的核糖体，作为模板指导蛋白质的翻译。pre-mRNA 有时也被称为不均一核 RNA（heterogeneous nuclear RNA，hnRNA），但实际上 hnRNA 是一个集合名词，指的是存在于细胞核内，经转录生成的一类不稳定、分子量大小不均一的 RNA，包括了 pre-mRNA 和其他的 snRNA 等。

多种因素参与调控了 mRNA 的加工修饰、转运和细胞质定位及稳定性等。异常的 mRNA 将被监督系统发现并降解。

一、mRNA 5′ 端加帽和脱帽的调控

绝大多数真核 mRNA 的 5′ 端均具有帽子结构，它是经特定的酶加工修饰形成的。mRNA 5′ 端的帽结构具有多种重要功能，主要包括：①调控 mRNA 的细胞核输出；②阻止 mRNA 被核酸外切酶降解；③促进翻译；④促进除去 5′ 近端的内含子。5′ 帽结构的添加和去除受到相应酶和其他多种蛋白质的调控。

（一）mRNA 5′ 端加帽的调控

加帽酶的鸟苷酸转移酶结构域与 Ser5 磷酸化的 RNA 聚合酶Ⅱ的 CTD 结合后，可促进 mRNA 的 5′ 帽结构的形成。在体外，转录延长因子 SPT5 也能促进加帽的发生。

在细胞核中，已加帽的 mRNA 与帽结合复合物（cap binding complex，CBC）结合，从而促进 mRNA 的核输出。到达细胞质后，真核细胞翻译起始因子 4E（eukaryotic translation initiation factor 4E，eIF4E）取代 CBC，形成 eIF4E-5′ 帽-RNA 复合物，该复合物与核糖体亚基相互作用，从而促进翻译装置的起始和再循环。

（二）mRNA 5′ 端脱帽的调控

mRNA 的脱帽是作为翻译模板的 mRNA 功能完成后或加工异常的 mRNA 进入降解途径的必经过程，该过程受脱帽酶和其他多种蛋白质的调控。

1. 脱帽酶 脱帽的基本过程包括：① poly(A) 的降解或失活，当 poly(A) 缩短至 10～15 个残基时，便可起始脱帽。② mRNA 进入 P 小体（processing body），脱腺苷酸的 mRNA 退出翻译并结合于特异的信使核糖核蛋白（messenger ribonucleoprotein，mRNP）复合物，随后 mRNA-mRNP 复合物在细胞质中转变形成被隔离的 P 小体。另外，若翻译起始时发生错误，也可导致 mRNA 不能与核糖体结合，而是被引导进入 P 小体。③脱帽：在 P 小体中，mRNA-mRNP 复合物可募集脱帽相关的酶并开始脱帽。完成脱帽后，mRNP 解聚。

脱帽全酶由脱帽蛋白质 1（decapping protein 1，DCP1）和 DCP2 组成，其中 DCP2 为催化亚基，DCP1 主要起提高 DCP2 功能的作用。带帽 mRNA 经脱帽形成 5′ 单磷酸 mRNA，而 5′ 单磷酸 mRNA 的形成具有重要意义，因为这种结构的形成可激活具有 5′ → 3′ 核酸外切酶活性的 XRN1，从而使 mRNA 降解。

2. 其他脱帽调节蛋白 除脱帽酶外，大多数 mRNA 的高效脱帽还需要其他多种蛋白质的参与，包括脱帽必需蛋白质和非必需蛋白质。① mRNA 脱帽所必需的蛋白质：主要有两类，一类是 mRNA 特异结合蛋白质 PUF，能与 mRNA 结合并控制脱帽速率；另一类是在由无义介导的 mRNA 衰变（nonsense-mediated mRNA decay，NMD）所诱导的快速脱帽中所必需的 UPF1、UPF2 和 UPF3 蛋白。②参与脱帽但并不是必需的蛋白质：主要包括 LSM 1～7 形成的复合物、PAT1P/MRT1P 和 DHH1P，三者可通过相互作用而促进脱帽。同时，DHH1P 还可通过与 DCP1 相互作用而促进脱帽。另外，EDC3 和 EDC4 等蛋白质也能促进脱帽。

除上述促进脱帽的蛋白质外，也有一些蛋白质可抑制脱帽过程，如 poly(A) 结合蛋白Ⅰ［poly(A) binding protein Ⅰ，PABP Ⅰ］可显著抑制脱帽的发生。此外，翻译起始复合物的成员也能抑制脱帽，其中最显著的是 eIF4E，其在体内和体外都能高效抑制脱帽。

二、剪接过程的调控

通过剪接可使前体 mRNA 转变为成熟 mRNA，该过程受到多种因素的调控。如前所述，RNA 聚合酶Ⅱ大亚基的 CTD 参与前体 mRNA 的剪接调控过程。此处主要介绍选择性剪接的调控。

（一）选择性剪接与剪接变体

选择性剪接（alternative splicing）或称可变剪接，是指一个 mRNA 前体通过不同的剪接方式（主要是选择不同的剪接位点组合）产生不同的 mRNA 剪接变异体（splicing variants）的过程。据估计，人类基因组中约 90% 以上的蛋白质编码基因可通过选择性剪接产生多种不同的 mRNA 剪接变异体，从而编码产生不同的多肽链或蛋白质。因此，mRNA 前体的选择性剪接极大地增加了 mRNA 和蛋白质的多样性以及基因表达的复杂程度。

（二）选择性剪接的调控

选择性剪接的调控机制与剪接位点的选择及相关剪接因子密切相关。剪接位点的选择受到许多反式作用因子和存在于前体 mRNA 中的顺式作用元件的调控。反式作用因子通过识别前体 mRNA 中的顺式作用元件而对不同的剪接位点进行选择。

1. 调控元件调控选择性剪接　根据顺式作用元件在前体 mRNA 中的位置以及对剪接的作用，将其分为外显子剪接增强子（exonic splicing enhancer，ESE）或外显子剪接沉默子（exonic splicing silencer，ESS），以及内含子剪接增强子（intronic splicing enhancer，ISE）或内含子剪接沉默子（intronic splicing silencer，ISS）。ESE 多位于前体 mRNA 分子中被调节的剪接位点附近，有助于吸引剪接因子结合到剪接位点上。ESE 位置的变更可使剪接活性发生很大改变，甚至可转变为负调控元件。最常见的 ESE 是一类富含嘌呤核苷酸的序列，如果蝇 *dsx* 第四外显子序列中的 ESE，可通过加强较弱的 3′ 端剪接位点的作用而促进上游内含子序列的剪切。

2. 调控因子可调控选择性剪接　剪接调控因子主要有 SR 蛋白家族、hnRNP 家族、TIA-1、PTB、SF2/ASF 等。

不同的剪接调控因子通过不同的机制影响剪接：① SR 蛋白可与富含嘌呤的剪接增强子结合，从而促进 U1 和 U2 snRNP（small nuclear ribonucleoprotein，核小核糖核蛋白颗粒）与剪接位点的结合，并募集 U4/U6/U5 snRNP 三聚体到剪接体上，对特定位点的剪接产生促进作用。② hnRNP 蛋白通常识别剪接沉默子，抑制剪接位点的选择和利用，从而抑制特定位点的剪接。如 hnRNP A1 可结合前体 mRNA，从而使 U1 snRNP 只能结合远端较强的 5′ 端剪接位点，而不能结合近端较弱的 5′ 端剪接位点。③ PTB 也是一种剪接负调控因子，能与 U2AF 竞争结合多聚嘧啶区域，对 5′ 端及 3′ 端剪接位点均起负调控作用，并可通过包裹外显子使其不被剪接体识别和结合，从而使该外显子不被剪接。④ SF2/ASF 是一种可变剪接因子，其水平的增加可促进 U2AF65 与 3′ 端剪接位点保守区结合，而 hnRNP A1 水平的增加则可抑制这种结合。

除上述常见的剪接调节因子外，还有一些特异性剪接因子只在特定组织或特定的发育阶段起作用，如果蝇的 SXL（sex-lethal，性致死）蛋白（类似 hnRNP 蛋白）。SXL 与 *tra* 基因 mRNA 前体中的多聚嘧啶区结合后，可阻遏 U2AF 与多聚嘧啶区的结合，迫使 U2AF 选择下游较弱的 3′ 端剪接位点，从而导致 *tra* 只在雌性个体中表达，最终决定了果蝇的性别分化。

三、mRNA 3′ 端加尾的调控

除组蛋白 mRNA 外，真核生物 mRNA 在 3′ 端都有一个 80～250 个腺苷酸残基构成的多聚腺苷酸即 poly(A) 尾结构。现在已经知道，前体 mRNA 生成后，在 CPSF、核酸内切酶和多聚腺苷酸聚合酶（PAP）等蛋白质因子和酶的参与下，由核酸内切酶在 3′ 端的特异性位点切割、由 PAP 催化在断裂点末端加上多聚腺苷酸尾，这一过程与转录终止几乎是同时进行的（图 6-4）。加尾过程受位于终止密码子 3′ 端的 poly(A) 信号及多种蛋白质因子的调控。

（一）poly(A) 信号的组成

poly(A) 信号包括断裂点（cleavage site）、AAUAAA 序列、poly(A) 位点的下游序列（downstream element，DSE）及辅助序列（auxiliary sequence）。断裂点是存在于前体 mRNA 上的多聚腺苷酸化的起始点。大多数基因的断裂位点是 A，断裂位点前一个碱基通常是 C，CA 断裂位点通常被称为 poly(A) 位点。AAUAAA 序列存在于大多数具有 poly(A) 的 mRNA 上，位于断裂点的上游 10～30nt，是高度保守的特异性 poly(A) 信号，与 RNA 的断裂和 poly(A) 的加入密切相关。DSE 序列位于断裂点的下游 20～40nt，是保守性差的 poly(A) 信号，有富含 U（U-rich）和富含 GU（GU-rich）两种类型，两者可同时存在或单独存在于 poly(A) 信号中。辅助序列是一些可以增强或减弱 3′ 端加尾修饰的序列，最常见的是位于 AAUAAA 序列上游的增强序列（upstream of the AAUAAA element，USE）。USE 通常富含 U，但在不同物种间，USE 没有保守的特定序列。

（二）促进 poly(A) 尾形成的因素

poly(A) 是前体 mRNA 在核内由 poly(A) 聚合酶（PAP）催化生成的，在该过程中，多种蛋白质因子和某些序列元件发挥了正性调控作用。

1. 蛋白质因子 促进 poly(A) 尾形成的蛋白质主要包括以下几种。

（1）CPSF：其可通过与前体 mRNA 中的加 poly(A) 信号序列 AAUAAA 结合，形成不稳定的复合物。CPSF 还具有核酸内切酶活性。CPSF 由 CPSF-160、CPSF-100、CPSF-70 和 CPSF-30 等多个亚基组成，其中 CPSF-160 亚基直接结合 AAUAAA 序列和 CStF。

（2）CStF：其与 CPSF-前体 RNA 复合物结合后，便可形成稳定的多蛋白质-RNA 复合物。CStF 由 77kDa、64kDa 和 50kDa 的 3 个亚基组成，CStF-77 作为桥梁连接 CStF-64 和 CStF-50，并直接与 CPSF-160 结合，可稳定 CPSF-CStF-RNA 复合物。CStF-64 通过结合断裂点下游富含 U 和富含 G/U 的 DSE 序列，也可起到稳定 CPSF-CStF-RNA 复合物的作用。

（3）PAP：其加入稳定的多蛋白质-RNA 复合物后，前体 mRNA 便经 CPSF 作用而在断裂点断裂，随后在 PAP 的催化下，在断裂产生的游离 3′-OH 端逐一加上 AMP。在加入大约前 12 个 AMP 时，速度较慢，随后快速加入 AMP，完成多聚腺苷酸化。

（4）PABP Ⅱ：其可与慢速期加入的多聚腺苷酸结合，通过调节 CPSF 和 PAP 之间的相互作用而加速 PAP 的反应速度，使 AMP 快速加入。当 poly(A) 足够长时，PABP Ⅱ又可使 PAP 停止作用，从而控制 poly(A) 尾的长度。

（5）U2AF6（U2AF 的大亚基）：其可结合于最后一个内含子的 3′ 端剪接位点的多聚嘧啶区，通过在 poly(A) 位点募集异源二聚体断裂因子 CFIm59/25 而促进断裂和多聚腺苷酸化，从而促进 poly(A) 尾的生成。

（6）RNA 聚合酶Ⅱ：其大亚基的 CTD 可促进 3′ 端加尾修饰（见本章第二节“真核基因转录延长和转录终止的调控”）。

2. 某些序列元件 例如前体 mRNA 断裂位点附近的 USE 和 DSE 通常可提高断裂效率，从而促进 poly(A) 尾的生成。USE 可作为结合位点来募集辅助或必需的加工因子；DSE 可通过结合调节因子而促进断裂尾部的形成。

（三）抑制 poly(A) 尾形成的因素

除上述促进 poly(A) 尾形成的蛋白质因子和序列元件外，还有一些蛋白质因子可负性调节 poly(A) 尾的生成。

1. 多聚腺苷酸化因子 多聚腺苷酸化装置的组装依赖于 CPSF 和 CStF 与加 poly(A) 信号序列的结合，而多聚腺苷酸化因子 [poly(A)denylation factor] 可通过识别和结合加 poly(A) 信号序列而竞争性抑制 CPSF-CStF-RNA 复合物的形成。大多数情况下，多聚腺苷酸化因子通过直接结合于 DSE 来阻止 CStF 与 DSE 的结合，进而使断裂反应受阻，从而抑制 poly(A) 尾的形成。

2. 多聚嘧啶结合蛋白质 PTB PTB 可通过直接竞争 CStF 的 DSE 结合位点而抑制 mRNA 3′ 端 poly(A) 尾的形成。此外，如果 PTB 与 USE 结合，则可促进 3′ 端的加工，因为 PTB 可增加另一个结合于 DSE 区的 3′ 端加工因子 hnRNP H 与 RNA 的结合活性，然后由 hnRNP H 募集 CStF 或 PAP 促进 3′ 端加工反应。也就是说，PTB 对 poly(A) 的生成具有双向调节作用。

3. U1A 等剪接因子　U1A 通常结合于 poly(A) 裂解位点下游的两个富含 G/U 的区域之间，从而抑制 CStF64 与富含 G/U 区和 poly(A) 位点断裂区的结合，导致多聚腺苷酸化的位点发生改变。同时，U1A 具有 PAP 调节蛋白质结构域，能抑制 PAP 的活性。有的剪接因子可结合于 AAUAAA 的上游，从而封闭加 poly(A) 尾的位点。此外，U1 snRNP 的 U170K 亚基和富含丝氨酸/精氨酸的蛋白质 U2AF65 及 SRp75，都有和 U1A 类似的 PAP 调节蛋白质结构域，也能抑制 PAP 的活性，进而抑制 poly(A) 尾的形成。

4. 引起靶蛋白质转位的 CSR1 和 IRBIT 蛋白　CSR1 可通过与 CPSF73 相互作用，诱导 CPSF73 从细胞核转位至细胞质，从而抑制 poly(A) 化的发生。IRBIT 可与 PAP 及 CPSF 的 hFIP1 亚基结合，从而抑制 poly(A) 化，并导致 hFIP1 转位到细胞质。

四、mRNA 转运及细胞质定位的调控

mRNA 在细胞核内完成转录和加工后，经核孔运输到细胞质。mRNA 的转运和细胞质定位受到多种序列元件和蛋白质因子的调控，若转运或定位环节发生错误，翻译将被抑制。

（一）mRNA 转运及定位的机制

目前已知机制主要有以下 4 种。

（1）沿细胞骨架进行的 mRNA 主动转运：又称主动运输，是 mRNA 定位的最普遍机制，需要细胞骨架系统和蛋白质马达分子的参与。

（2）局部保护（localized protection）机制：起初在细胞中呈弥散分布的 mRNA，通过只在特定亚细胞区域中才受保护，而在其他位置则被广泛降解的机制来达到定位。

（3）mRNA 通过被动扩散到达特定的亚细胞区域中，随即被捕获而锚定在该位点，该机制也称扩散及定点锚定（diffusion and local anchoring）机制。

（4）mRNA 由核向特定靶位的转运，又称定点合成（localized synthesis）机制，该机制主要发生于多核细胞中，特定的 mRNA 仅在特定区域的核中转录，并定位于附近的细胞质。

实际上，上述 mRNA 的四种转运及定位机制之间并不相互排斥，很多 mRNA 的转运和定位是上述多种机制协同作用的结果，或是多种机制在 mRNA 多步转运和定位中依次起作用。

（二）mRNA 转运及定位的调控

mRNA 在核输出及细胞质运输过程中，均以核糖核蛋白（RNP）复合物的形式进行。在到达目标区域后，其锚定也需相关的蛋白质因子参与。因此，在 mRNA 的转运及定位过程中，mRNA 分子中的某些序列元件及与之结合的蛋白质因子必不可少。调节 mRNA 定位的序列元件可为相应蛋白质因子提供识别和结合位点。大多数 mRNA 定位相关的序列元件位于 3′-UTR，一个可能的原因是这些区域对翻译无太大的干扰；但有的元件也可位于 5′-UTR，甚至位于编码序列中。

1. mRNA 核输出的调控　含有 9 种以上蛋白质的外显子连接复合物（exon junction complex，EJC）对 mRNA 的核输出具有重要作用。EJC 通过识别剪接复合物而结合于前体 RNA，经剪接后，EJC 仍然保留在外显子-外显子连接处。EJC 是含有一组 RNA 输出因子（RNA export factor，REF）家族的蛋白质。REF 蛋白和转运蛋白质（称为 TAP 或 MEX）结合，形成复合物；而 TAP/MEX 可直接与核孔相互作用，从而将 mRNA 携带出核。可见，REF 和 TAP/MEX 是 mRNA 出核的关键蛋白质。当 mRNA 到达细胞质后，TAP/MEX 便与 REF 解离，从复合物中释放出来。

2. mRNA 细胞质定位的调控　调节 mRNA 定位的蛋白质因子可识别并结合 mRNA 分子中的定位元件，进而使 mRNA 与马达蛋白质结合（或通过其他蛋白质间接结合到马达蛋白质上），从而介导 mRNA 的运输与细胞质定位。mRNA 的定位信号序列又称“邮政编码”（zip code），因此，

与之结合的蛋白质因子也被称为邮政编码结合蛋白质（zip code binding protein，ZBP）。通过定位信号序列与 ZBP 的相互作用，使得 mRNA 在细胞质完成准确定位。

根据结合 mRNA 的结构域的不同，可将 ZBP 分为三类：①核不均一 RNP 样蛋白质（hnRNP protein），具有 mRNA 识别结构域；② ZBP-1 样蛋白质（ZBP-1 protein），具有 mRNA 识别结构域和 KH 结构域；③双链 mRNA 结合蛋白质，具有双链 RNA 结合结构域。

五、mRNA 稳定性的调控

相同细胞内不同的 mRNA 分子具有不同的半衰期（稳定性）。哺乳动物细胞内，mRNA 半衰期通常为数分钟至数天。mRNA 半衰期的微弱变化可在短时间内使 mRNA 的丰度发生上千倍的改变，可显著影响基因表达。mRNA 的稳定性或降解调节是基因表达调控的主要机制之一。真核细胞的 mRNA 降解途径有两种：正常 mRNA 的降解和异常 mRNA 的降解，两者均受到严格的调节。

（一）正常 mRNA 的稳定性调节

真核细胞的细胞质中绝大多数 mRNA 的降解是由 poly(A) 尾的缩短引起的。去腺苷酸化的 mRNA 通过外切体复合物（exosome complex）以 3′ → 5′ 方向降解，或者通过脱帽并继而在 P 小体中被核酸外切酶 XRN1 以 5′ → 3′ 方向降解。外切体复合物是一个由多种 3′ → 5′ 核酸外切酶构成的大分子复合物，可降解各种 RNA 以及对小分子 RNA 的 3′ 端进行加工。

参与正常 mRNA 稳定性调控的主要因素包括 mRNA 自身的某些序列、mRNA 特异性结合蛋白及其他因素。

1. mRNA 自身的某些序列 参与调控 mRNA 稳定性的自身序列主要包括以下几种。

（1）5′ 端帽结构：其可保护 mRNA 5′ 端免受磷酸酶和核酸酶的水解，并提高 mRNA 的翻译活性。

（2）5′-UTR：其序列过长或过短、GC 含量过高或存在复杂的二级结构等因素时，都可导致 mRNA 稳定性的改变，也会阻碍 mRNA 与核糖体的结合，从而降低翻译效率。

（3）编码区：有些基因 mRNA 的编码区序列突变后，其半衰期可比正常转录本增加 2 倍以上。

（4）poly(A) 尾：其能抑制 3′ → 5′ 核酸外切酶对 mRNA 的降解，从而增加 mRNA 的稳定性。去除 poly(A)，可使 mRNA 的半衰期大幅下降。通常在 poly(A) 尾剩下不足 10 个 A 时，mRNA 便开始降解，因为少于 10 个 A 的序列长度无法与结合蛋白稳定结合。

（5）3′-UTR：由 3′-UTR 中的稳定子序列（即 IR 序列）形成的茎-环结构具有促进 mRNA 稳定的作用；其中的不稳定子序列，即富含 AU 的元件（AU rich element，ARE）可降低 mRNA 的稳定性，加速 mRNA 降解。ARE 在哺乳动物 mRNA 的 3′-UTR 中普遍存在，其核心序列通常是 AUUUA。ARE 启动 mRNA 降解的机制是：先激活某一特异核酸内切酶切割转录本，使之脱去 poly(A) 尾，从而增加对核酸外切酶的敏感性，进而发生降解过程。

2. mRNA 特异性结合蛋白 影响 mRNA 稳定性的 mRNA 特异性结合蛋白主要包括以下几种。

（1）CBP：主要有两种，一种存在于细胞质中，即 eIF4E；另一种是存在于细胞核内的蛋白质复合物，即帽结合蛋白质复合物（CBC）。两种 CBP 以不同的方式识别和结合帽结构，从而调控 mRNA 的稳定性。

（2）编码区结合蛋白：一些能与 mRNA 编码区结合的蛋白质也能调控 mRNA 的稳定性，如 p70 蛋白与 *c-MYC* mRNA 的编码区结合后，可防止 mRNA 降解；而竞争性 RNA 与 p70 蛋白结合后，则会促进 *c-MYC* mRNA 编码区暴露，导致 mRNA 被核酸酶降解。

（3）3′-UTR 结合蛋白：这类蛋白质可增加 mRNA 的稳定性。

（4）PABP：在哺乳类动物细胞，PABP 与 poly(A) 结合形成复合物后，可保护 mRNA 不被迅速降解。然而在酵母细胞中，PABP-poly(A) 复合物却可启动 poly(A) 的降解，因在酵母中 PABP 具有激活 poly(A)-RNase 复合物的活性。

3. 其他因素　除上述调控因素外，许多其他因素（如激素、病毒、核酸酶、离子、非编码 RNA 等）也能影响 mRNA 的稳定性。如雌激素可提高两栖动物卵黄蛋白原 mRNA 的稳定性，生长激素有助于催乳素 mRNA 的稳定；单纯疱疹病毒通过加速降解宿主细胞的 mRNA 来获得足够的核糖体与病毒 RNA 偶联，合成病毒所需要的蛋白质；参与 poly(A) 降解的 RNase（与其他真核 RNase 不同，需要蛋白质-RNA 复合物作为底物）可通过降解 poly(A) 而降低 mRNA 的稳定性；细胞内外铁离子水平的变化可影响转铁蛋白受体 mRNA 的稳定性；某些长链非编码 RNA 可通过与相应 mRNA 结合而影响 mRNA 的稳定性等。

（二）NMD 系统可降解异常的 mRNA

真核生物 mRNA 的质量受到严密监控，异常的 mRNA 将被监督系统发现并降解，这种降解是基因转录后调控的重要内容，旨在保证只有完全正确的 mRNA 才能被翻译成蛋白质。异常 mRNA 的降解途径主要有无义介导的 mRNA 降解（nonsense-mediated mRNA decay，NMD）、无终止降解、无停滞降解、核糖体延伸介导的降解等。此处主要介绍 NMD。

NMD 是真核细胞中广泛存在的一种保守性 mRNA 质量监控系统，其一方面可快速、选择性地降解含有提前终止密码子（premature termination codon,PTC）的异常 mRNA，避免生成可能损害细胞的截短蛋白质；另一方面可降解约 1/3 的自然生成的选择性剪接 mRNA。NMD 在基因的转录后调控中发挥着重要而广泛的作用，是调节基因表达的机制之一。

所有受 NMD 调控的 mRNA 都有 PTC，因此 PTC 是 NMD 的一种信号。产生 PTC 的机制有多种，主要包括：① DNA 突变，例如碱基置换可使正常的编码密码子变成终止密码子，或者转移突变产生终止密码子；② mRNA 前体加工时发生异常，这种异常加工可能产生 PTC。此外，一些生理性转录本（如非编码转录本和含有上游可读框的转录本）也可能含有 PTC。

哺乳动物细胞中的 NMD 通常降解由剪接产生的两个外显子连接（exon-exon junction，EJ）处上游 50～55nt 处终止翻译的 mRNA。经剪接后的 mRNA 通常与 CBP80 和 CBP20、poly(A) 结合蛋白 PABPN1[poly(A) binding protein nuclear 1] 及 EJC 结合，形成复合物，其中 EJC 包含了 NMD 因子 UPF3（UPF3a）、UPF3X（UPF3b）、UPF2 和 UPF1。UPF3 和 UPF3X 主要定位于细胞核，但也可进入细胞质并募集主要定位于细胞质的 UPF2。上述复合物组成了翻译起始复合物的前体 mRNP，这些复合物大部分在核内进行 NMD，小部分在细胞质进行 NMD，这意味着 mRNA 的降解主要发生在新合成的 mRNA 进入细胞质之前。一旦 mRNA 加工完成，eIF4E 替换 5′ 帽端的 CBP80-CBP20，PABPC 替换 poly(A) 尾部的 PABPN1，然后 EJC 从 mRNA 中脱离，此时 mRNA 可耐受 NMD。因此，NMD 只作用于新合成的 mRNA，而对处于稳定状态的 mRNA 不起作用。

有关 NMD 的可能机制有两种：

（1）细胞核 NMD：如果 EJ 处上游的无义编码区（non-sense codon，NC）的长度＞50nt，则由 EJC 中的 UPF3 进入细胞质并募集细胞质中的 UPF2，随后两者返回细胞核，在核内引发两种形式的 NMD，一是脱帽后按 5′ → 3′ 方向降解；二是去除 poly(A) 后按 3′ → 5′ 方向降解。

（2）细胞质 NMD：部分携带 mRNA 的 mRNP 也可进入细胞质并与 UPF1 和 UPF2 结合。此时如果 EJ 处上游 NC 的长度＞ 50nt，则可在细胞质发生 NMD；如果 EJ 处上游无 NC 或 NC 长度 ≤ 50nt，则不会发生 NMD，但这种含 PTC 的 mRNA 不能与核糖体结合，故不会产生翻译产物。

（卜友泉）

第七章　真核基因表达的翻译调控

蛋白质由基因编码，其体内的生物合成过程称为翻译。它是指以 mRNA 为模板，将 mRNA 分子的遗传信息转变为蛋白质的氨基酸序列的过程。蛋白质翻译包括翻译的起始、延伸和终止。参与翻译的成分除作为模板的 mRNA、转运氨基酸的 tRNA 和提供合成场所的核糖体外，还需要许多关键的酶和蛋白质。因此，蛋白质翻译的各个过程都有相应的调控机制。

第一节　真核基因翻译起始的调控

翻译起始是指 mRNA、起始氨酰 tRNA 分别与核糖体结合形成翻译起始复合物的过程。在真核生物中，起始氨酰 tRNA 先于 mRNA 结合于小亚基，形成 43S 转录前起始复合物（43S preinitiation transcription complex，43S PIC）；接着 mRNA 与 43S PIC 结合，形成 48S PIC，该复合物从 mRNA 分子的 5′ 端向 3′ 端扫描起始并定位起始密码子，最后大亚基加入，起始因子解离，形成翻译起始复合物。真核生物翻译起始有多种特定的蛋白质参与，称为真核起始因子（eukaryotic initiation factor，eIF），真核起始因子能把 $tRNAi^{Met}$（起始甲硫氨酰 tRNA）和核糖体亚基引导到 mRNA 的 AUG 密码子。

一、43S PIC 的形成

（一）titC 的形成

$tRNAi^{Met}$ 先与 eIF2 · GTP 结合形成 eIF2 · GTP · $tRNAi^{Met}$ 复合物，即翻译起始三元复合物（translation initiation ternary complex，titC）。titC 形成后，在 eIF5、eIF5B、eIF1、eIF1A 和 eIF3 帮助下，titC 与 40S 核糖体亚基结合，形成一个更大的 43S PIC 才可稳定存在，eIF2 是翻译起始的关键分子。而 $tRNAi^{Met}$ 对 eIF2 · GTP 的亲和力是对 eIF2 · GDP 的 20～50 倍。

eIF5 是一种可以稳定 GDP 与 eIF2 结合的 GDP 解离抑制因子，其氨基端结构域（ATD）对 eIF5 执行 GTP 酶活化蛋白的功能至关重要，而 GDP 解离抑制的活性需要 eIF5 的羧基端结构域（CTD）和中央连接区域的进化保守的片段完成。eIF5 的 CTD、连接区域与 eIF2 的 γ 和 β 亚基相互作用，限制 eIF2 自发释放 GDP。此外，eIF5 还对 eIF2 · GDP 有高度亲和力，一旦翻译起始过程结束，相关作用因子被释放（包括 eIF2 · GDP、eIF5B · GDP、eIF1、eIF3、eIF5、eIF4A、eIF4B 和 eIF4G 等），eIF5 立即与 eIF2 · GDP 形成 eIF2 · GDP/eIF5 复合物。因此，在酵母细胞中，尽管 eIF2 · GDP 是 eIF2 的稳定形式，却几乎没有游离的 eIF2 · GDP。

翻译起始前，eIF2 · GDP 向 eIF2 · GTP 的转化需要依赖鸟苷酸交换因子（guanine nucleotide exchange factor，GEF）eIF2B。eIF2B 是一个多功能蛋白质，由五个亚基 α、β、γ、δ、ε 组成，其 α、β 和 δ 亚基形成一个三元调节亚单位，被磷酸化的 eIF2α 所抑制；ε 与 γ 亚基形成二元催化亚单位，执行对 eIF2 的激活功能，并从 eIF2 · GDP/eIF5 复合物中替换 eIF5。

eIF2 由 α、β 和 γ 三个亚基组成，其中 γ 亚基含有 GDP/GTP 结合区域，β 亚基可与 eIF2B 及 eIF5 相互作用，α 亚基（eIF2α）则含有磷酸化位点。在多种应激条件下，如病毒性感染、内质网应激、氨基酸剥夺或血红素缺乏等都可以激活 eIF2α 的激酶从而导致 eIF2α 磷酸化，磷酸化的 eIF2α 能抑制蛋白质合成。当 eIF2α 没有被磷酸化时，eIF2B 能取代 eIF2 · GDP/eIF5 复合物中的 eIF5，并同时发生微小的构象改变，使 eIF2γ 与 eIF2B 的催化亚单位接近并发生相互作用，催化无活性的 eIF2 · GDP 进行鸟苷酸交换，转变为有活性的 eIF2 · GTP。当 eIF2α 发生磷酸化时，能阻止 eIF2B 的变构作用，从而抑制鸟苷酸交换，不能形成 eIF2 · GTP。eIF2α 的磷酸化能稳定

eIF2·GDP/eIF5 复合物并抑制 eIF2B 的周转。

（二）tiTC 与 eIF1、eIF1A 和 eIF3 的结合

tiTC 形成之后，eIF1、eIF1A 和 eIF3 参与了将 tiTC 募集到核糖体 40S 亚基的过程。它们协同诱导核糖体发生构象改变，促进 tiTC 与 40S 亚基的结合，在 eIF5 协同作用下进而形成一个更大的 43S PIC。

eIF1 是一种小分子蛋白质，它结合于核糖体 40S 亚基中靠近 P 位点和 mRNA 通道的部位。eIF1A 与 eIF1 相邻，它结合在 40S 亚基的 A 位点。核糖体的解码中心位于 40S 亚基的 18S rRNA 螺旋 44 的基部，监控 A 位点 tRNA 反密码子-mRNA 密码子在延伸过程中的配对。eIF1 和 eIF1A 协同结合于解码中心。eIF1 和 eIF1A 在起始途径的很多步骤中都起着关键作用，其中任何一个因子的突变都会影响 tiTC 的募集、扫描和 AUG 识别的准确性。此外，eIF1A 对核糖体 60S 亚基的结合也很重要。

eIF3 是一个多亚基复合物，不同的物种所含的亚基数量差异很大。酵母的 eIF3 较小，有 a、b、c、g、i 和 j 六个亚基。哺乳动物 eIF3 由 13 个亚基组成，其分子量超过 600kDa，包括 8 个核心亚基（a、c、e、f、h、l、k 和 m）和 5 个外围亚基（b、d、g、i 和 j），其中 eIF3j 与 eIF3 的其他亚基作用不同，且关系并不密切，故被视为 eIF3 的相关因子。但 eIF3j 能增强 43S PIC 各组分之间的亲和力。通过对 eIF3 的结构研究显示，eIF3 复合物结合在 40S 亚基的表面，其特殊的结构及结合部位决定它可以监控 tRNA 入口通道（A 位点）、tRNA 出口通道（E 位点）以及与其内部亚基结合的相邻起始因子的活动。eIF3 对于将 tiTC 带入 40S 亚基，以及稳定 mRNA 的相互作用至关重要。eIF4G/eIF3 的相互作用有助于 43S PIC 与 7-甲基鸟苷帽（m^7G 帽）结合 eIF4F。此外，eIF3 在翻译过程中还参与终止后核糖体的再循环和再起始。

eIF 之间与核糖体之间存在着大量的相互作用，构成了一个作用网络。其中，eIF3 是介导这一相互作用网络的中心点。

（三）43S PIC 形成的其他途径

除上述 43S PIC 形成的经典途径外，另一条则是 eIF3 和 eIF1 先与 tiTC 和 eIF5 形成独立的多因子复合物（multifactor complex，MFC），然后再与 40S 亚基结合形成 43S PIC。MFC 最初在酵母中发现，目前在植物和哺乳动物细胞中也被发现。

二、mRNA 的募集、扫描和起始密码子的识别

形成 43S PIC 后，下一步就是 mRNA 的募集。在多种 eIF 作用下，mRNA 的 5′ 端与 43S PIC 结合，形成 48S PIC。该复合物从 m^7G 帽沿 mRNA 向 3′ 端方向移动，扫描 AUG 起始密码子。AUG 识别后，48S PIC 构象发生改变重排，为连接核糖体 60S 亚基做好准备。

（一）mRNA 的募集

eIF4A、eIF4B、eIF4E 和 eIF4G 都是 mRNA 募集过程所需要的 eIFs。帽结合蛋白质（cap-binding protein，CBP）复合物 eIF4F 是由 eIF4E、eIF4G 和 eIF4A 组成，在细胞内不能稳定存在。eIF4G 作为支架蛋白质，它将 eIF4E、eIF4A 和 mRNA 等连接在一起，eIF3 也可以将 eIF4F/mRNA/PABP[PABP，poly(A)-binding protein，poly(A) 结合蛋白质] 复合物连接到 43S PIC 上。但是它们在翻译起始途径中的作用顺序仍不能完全确定。

eIF4E 是真核生物 mRNA m^7G 帽的主要识别因子，可特异性识别并结合 m^7G 帽，这种结合不受 mRNA 5′ 端二级结构的影响。eIF4E 还能与 eIF4E 结合蛋白质（4E-BP）结合，而 4E-BP 与 eIF4G 存在共同模体 YX4Lϕ（X 和 ϕ 分别表示任何氨基酸和疏水残基），故 eIF4E 与 4E-BP 的结合会限制 eIF4E 与 eIF4G 之间的相互作用。4E-BP 与 eIF4E 的结合受磷酸化调控，磷酸化的

4E-BP 不与 eIF4E 结合。此时，eIF4E 可以与 eIF4G 相互作用，eIF4G 又反过来增强了 eIF4E 对 m^7G 帽的亲和力，从而促进翻译起始。

mRNA 从细胞核到细胞质后，需两步反应进行活化。第一步是通过 eIF4E 序贯识别（sequential recognition）m^7G 帽，然后以 ATP 非依赖的方式结合于 mRNA 的 5′ 端。这种识别确保了结合的 RNA 是 mRNA，即具有 m^7G 帽。同时，PABP 结合到 3′ 端 poly(A) 尾上。第二步是单链 RNA 的生成，即从 mRNA 的 5′ 端起消除二级结构和（或）蛋白质，该步骤消耗 ATP，eIF4B 大大增强这一消除过程。生成的单链 RNA 可以装在 43S PIC 上。

活化过程的核心是 eIF4A 打开 mRNA 的二级结构，以促进在 m^7G 帽或接近 m^7G 帽的位置募集 43S PIC，形成一个 mRNA · 43S 复合物。eIF4A 是 RNA 解旋酶，也是 DEAD-box RNA 解旋酶的组分之一。eIF4A 是已知的唯一结合 ATP 的起始因子，在 mRNA 激活和 mRNA 扫描过程中都发挥重要的作用。eIF4A 可用于减少或消除 mRNA 中的二级结构，从 RNA 中分离蛋白质。这两个作用对于将单链 RNA 装载到 43S PIC 上的 mRNA 通道中都非常重要。

另外，mRNA 3′ 端的 poly(A) 尾可以加速翻译的起始。含有 poly(A) 的 mRNA 其激活翻译的速度显著快于没有 poly(A) 的 mRNA。poly(A) 对翻译激活的影响是由 PABP 介导的。eIF4E、PABP 和 mRNA 结合于 eIF4G 大亚基上，形成一个“闭环”的 mRNA-结合蛋白质复合物。eIF4B 与 eIF4A 的结合及 eIF4F 的形成均增强了 eIF4A 的活性。在起始途径中，eIF4A 的 ATP 依赖性解旋酶作用必须通过复合物 eIF4F 发挥作用，还是单独发挥作用目前尚不清楚。

eIF3 是 43S PIC 募集 mRNA 的一个重要因子，eIF3d 和 eIF3l 有与 m^7G 帽相互作用的结构域，能够将结合 eIF4E 的 m^7G 帽转变为结合 eIF3 的 m^7G 帽。eIF3 的这种作用与 48S PIC 形成时 eIF4E 含量的显著减少是一致的。在适当情况下，4E-BP 可以通过调控 eIF4E 的释放来完成这种转变。

eIF3j 与 40S 亚基解码中心结合，并与解码中心 eIF1A 相互作用。如果 tiTC 不存在，eIF3j 的结合会损害 40S 复合物对 mRNA 的募集。mRNA 活化后，eIF3 与活化的 mRNA 上的 eIF4G 区域进一步相互作用，促进了 mRNA · 43S 中间复合物的形成和稳定；同时，eIF4F 与 PABP 相互作用，将 mRNA 结合到 40S 亚基上。因此，起始因子、$tRNA_i^{Met}$、40S 核糖体之间通过多重相互作用的网络，共同促进 mRNA 的募集，从而形成 48S PIC。

（二）mRNA 的扫描

扫描是 48S PIC 从 m^7G 帽沿 mRNA 向 3′ 端方向移动，在合适的位点寻找 AUG 起始密码子，以使 mRNA 密码子-起始 tRNA 反密码子发生稳定的互补配对，这个过程消耗 ATP。因为 mRNA 结合和扫描都需要 eIF4A、eIF4B、eIF4F 和 ATP，因此，很难保证获得的 48S PIC 中 mRNA 维持在与 40S 亚基结合的初始位置。1978 年科扎克（Kozak）就确立了 mRNA 扫描需要 ATP。eIF4A 消耗 ATP, 无论是单独使用 eIF4A，还是在 eIF4F 内，eIF4A 都足以在起始密码子上形成 48S PIC。mRNA 在活化之前需要 eIF4 解旋酶作用消除二级结构。eIF4A 的 RNA 解旋酶活性是如何驱动扫描过程的机制有待于深入研究。

mRNA 翻译通常需要从 5′ 非翻译区（5′-UTR）和可读框（ORF）暂时去除其丰富的二级结构和一些 RNA 结合蛋白质。在翻译终止时，40S 亚基和 60S 亚基释放后需再次参与下一轮的翻译起始。mRNA 5′-UTR 位于 m^7G 帽和主要 ORF 起始密码子之间，在长度、序列和结构上各不相同。通常情况下，最接近 m^7G 帽的 AUG 密码子启始蛋白质的合成。一些 mRNA 的 5′-UTR 具有丰富的二级结构，长度较长，因此需要额外的“解旋酶”作用，这种作用可通过增加 eIF4A 或 eIF4B 浓度或其他 RNA 解旋酶（如哺乳动物 DHX29 和酵母 DED1）的方式获得。目前认为，RNA 解旋酶参与许多起始过程，且对于具有复杂结构 5′-UTR 的 mRNA 的最佳起始至关重要。

（三）起始密码子的识别

1. AUG 的识别导致 48S PIC 构象改变 在 mRNA 5′ 端与 40S 亚基完成结合时，40S 亚

基上的 $tRNA_i^{Met}$ 尚未与 AUG 正确配对。通常情况下，如果 mRNA 上具有 Kozak 序列，即 GCCPuCCAUGG（Pu=A 或 G），则遇到的第一个 AUG 为起始密码子。该序列中，−3 位的嘌呤核苷酸和+4 位的鸟苷酸最重要（以上位次都相对于 AUG 的 A, 指定 A 为+1 位）。相反，若 AUG 前后序列与此序列差异较大，则被绕过，这一过程称为漏扫描（leaky scanning）。漏扫描可被特定的 mRNA 用来调节表达水平。另外，漏扫描可改变最终蛋白质产物的 NTD 信号序列。例如，单个 mRNA 用不同的起始密码子编码一个具有细胞质靶向和线粒体靶向两种形式的酶。同样，上游可读框的漏扫描可以调节核糖体向下游可读框的移动。值得注意的是，具有长前导序列的 mRNA 可以像具有非常短的前导序列的 mRNA 一样被有效地翻译。

eIF1、eIF1A、eIF2 和 eIF5 都参与了 AUG 的严格识别。$tRNA_i^{Met}$ 反密码子识别 AUG 后，这种相互作用信号会传递给复合物中的相关因子，驱动 48S PIC 的构象改变，将其从“开放”构象转换到“关闭”构象，此时扫描停止，48S PIC 释放 eIF1、eIF2 · GDP 和 eIF5，进而使复合物能够募集 60S 亚基。

eIF1 可能会阻止接近 m^7G 帽处的翻译起始，在没有 eIF1 参与的情况下，紧挨着 m^7G 帽的 AUG 密码子才可以被直接有效利用。但也有例外，如短的 5′-UTR 翻译启动子（translation initiator of short 5′-UTR，TISU）序列 SAASAUGGCGGC（S=G 或 C）对靠近 m^7G 帽的翻译起始要宽松很多。

从空间位置上看，eIF1 位于靠近 P 位点的位置。在“开放”的扫描构象中，eIF1 的位置阻碍了 $tRNA_i^{Met}$-AUG 的完全配对。在没有 eIF1 参与的情况下，紧挨着 m^7G 帽的 AUG 密码子才可以被直接有效利用。eIF2β 在 eIF1 和 eIF1A 之间，并使它们与 $tRNA_i^{Met}$ 连接。eIF1、eIF2β 和 $tRNA_i^{Met}$ 反密码子茎之间的彼此连接有助于稳定此“开放”扫描构象。AUG 识别后，扫描停止，“开放”构象转变为中间封闭构象之后会发生一系列重排，成为“关闭”构象。重排包括 40S 亚基的运动及其所结合因子的相对位置变化。此时，$tRNA_i^{Met}$ 重新定位，并与 mRNA 建立密码子-反密码子配对。eIF1A NTD 能稳定密码子-反密码子配对。eIF2α 能通过其 54 位精氨酸结合-3 位的核苷酸。相反，eIF2β 从 tRNA 受体茎和 eIF1A 中回缩。在“关闭”构象中，eIF1 部分移位，使 $tRNA_i^{Met}$ 和 AUG 密码子之间发生碱基互补配对。

eIF5 在 48S PIC 重排过程中移动并介导开放-关闭构象转换。eIF1A 和 eIF5 相互作用有助于在开放扫描 PIC 中保留 eIF1，而 eIF5-eIF3c 相互作用则参与协调 48S PIC 重排。另外，RPS5/uS7 等 40S 核糖体蛋白质与 mRNA、$tRNA_i^{Met}$ 和 AUG 识别相关的翻译因子也有相互作用。RPS5/uS7 位于 40S 的 mRNA 出口通道，连接 tiTC 和 −3/−4 位前后的核苷酸序列，而 RPS5/uS7 的突变会影响 AUG 的识别。

2. eIF2 · GTP 水解和因子释放 在 AUG 识别之后，eIF1 重新定位，刺激 eIF2 构象改变，触发 eIF2 结合的 GTP 水解，这一水解过程需要 eIF5 的参与。eIF5-CTD 参与扫描过程，而激活 eIF2 GTP 酶活性的是 eIF5-NTD。eIF1A-CTD 在 AUG 识别时向 eIF5-NTD 移动，这一运动伴随着 eIF1 从 48S PIC 解离和 Pi 从 eIF2 释放。

GTP 水解释放 Pi 后，eIF2 · GDP 对 $tRNA_i^{Met}$ 的亲和力较低，使得 eIF2 · GDP 从 48S PIC 中被释放。eIF5 可以抑制 GDP 的过早释放，所以 eIF5 与 eIF2 一起离开。在参与下一轮翻译起始之前，eIF2 必须被 eIF2B 再次激活，形成 eIF2 · GTP 复合物。eIF3 和 eIF4 因子解离的过程和机制尚不清楚。

三、80S 复合物的形成

在自然情况下，核糖体 40S 亚基和 60S 亚基结合，形成一个没有活性的 80S 核糖体。高浓度 Mg^{2+} 使 80S 核糖体形成 120S 的二聚体，而低浓度 Mg^{2+} 使 80S 核糖体又可解离为 60S 与 40S 的大小亚基。

与 60S 亚基连接之前，需 48S PIC 的 40S 亚基释放 eIF2 · GDP/eIF5 等因子，为募集 eIF5B · GTP 打开 40S 亚基表面，而仍然与 40S 亚基相结合的 eIF1A 辅助完成了此募集过程。eIF5B 具有核糖体亚基依赖性的 GTP 酶活性，但这种特性不依赖于任何其他起始因子或 $tRNA_i^{Met}$。eIF5B 水解自身所带的 GTP，帮助 60S 亚基结合到 40S 亚基-mRNA 复合物上，最终形成 80S 复合物。此时，eIF1A 等其余 eIF 从 80S 复合物上释放。eIF5B 因其 GTP 水解成 GDP，与核糖体的亲和力减弱而从核糖体上脱落。至此，mRNA 上的 80S 核糖体形成，$tRNA_i^{Met}$-AUG 位于核糖体 P 位点并且有一个空余的 A 位点，准备开始翻译的延伸。

四、其他翻译起始途径

对于处于对数生长期的细胞，几乎所有的翻译起始都是按上述方式进行的。然而，确实存在一小部分 mRNA 通过不同的途径起始翻译。这些 mRNA 的表达特点要么是细胞类型特异的，或是在应激条件下表达的。因此，这些机制对整体蛋白质翻译的影响比较有限。

目前研究比较多的翻译起始替代途径（alternative initiation route）包括：①内部核糖体进入位点（internal ribosome entry site，IRES）促使的起始。IRES 是一段核酸序列，它能够使蛋白质翻译起始不依赖于 5′ 端的 m^7G 帽结构，无须从头开始扫描 AUG，而是招募 43S PIC 到起始密码子上直接从 mRNA 中间起始翻译。②对 GCN4、ATF4 和其他具多个上游可读框（upstream open reading frame，uORF）的 mRNA 的调控性再起始（regulated-reinitiation）。uORF 是一类短小的可读框，位于 mRNA 的 5′ 端，可调控下游主要可读框（main open reading frame，mORF）的翻译。③ TISU 的短 5′-UTR 序列可在没有扫描的情况下，促进靠近 5′ 端的 AUG 密码子的有效起始。④ 5′-UTR 的 N6-甲基腺苷（N6-methyladenosine，m^6A）修饰。m^6A 是指腺苷碱基的第六位氮发生甲基化修饰，可以促进帽非依赖性的翻译。

某些情况下，引导 $tRNA_i^{Met}$ 结合的起始因子不是 eIF2，而是其他蛋白质，比如 eIF2A、eIF2D、eIF5B 和 MCT-1/DENR。其中最常见的是 eIF2A 在启动主要组织相容性复合体（major histocompatibility complex，MHC）Ⅰ类多肽的翻译、整合应激反应、肿瘤进展和病毒复制等方面发挥着重要作用。

同样，$tRNA_i^{Met}$ 并不总是参与翻译起始。例如，细胞利用亮氨酰 tRNA 以依赖于 eIF2A 的方式在 CUG 密码子上起始翻译。利用这种替代方式通常要通过激活 eIF2 激酶，使 eIF2α 发生磷酸化，从而降低 tiTC 的浓度。还有一种替代方式是重复序列相关的非 ATG（repeat associated non-ATG，RAN）翻译。这种翻译多发生在亨廷顿病等微卫星重复疾病中，且在所有三个可读框中都可起始翻译，其起始能力或与 eIF2D 和 eEF1A 相关。但是这些替代方式所介导的确切起始机制仍有待进一步阐明。

第二节　真核基因翻译延伸的调控

一旦 $tRNA_i^{Met}$ 进入到核糖体 P 位点，多肽链的合成就可以开始。多肽链的合成主要包括进位、成肽和转位，这个过程称为蛋白质翻译延伸，由真核延伸因子（eukaryotic elongation factor，eEF）协助完成。

一、eEF1A 和 eEF1B 介导的氨酰 tRNA 进入 A 位点

完成一个氨酰 tRNA 进入 A 位点可分为两个步骤：① eEF1A 介导的氨酰 tRNA 进入 A 位点；② eEF1B 协助将失活的 eEF1A · GDP 快速转变成有活性的 eEF1A · GTP（图 7-1A），为下一轮氨酰 tRNA 的进入做好准备。

（一）eEF1A 介导的氨酰 tRNA 进入 A 位

氨酰 tRNA 不能单独直接与核糖体结合，需要 eEF1A 的辅助。eEF1A 是一种 GTP 水解酶，和 GTP 结合后可再与氨酰 tRNA 结合，形成延伸过程中的翻译延伸三元复合物（translation elongation ternary complex，teTC）。当 teTC 中的 tRNA 与核糖体 A 位点通过密码子-反密码子正确配对后，eEF1A 水解与其结合的 GTP 被释放出来，而氨酰 tRNA 则被留在 A 位点（图 7-1A）。

（二）eEF1B 介导的 eEF1A-GTP 的形成

eEF1A · GDP 是失活状态，需要在鸟苷酸交换因子 eEF1B 的帮助下将其结合的 GDP 置换成 GTP 后，再结合后续的氨酰 tRNA 分子。eEFIB 通常由 2～3 个亚基组成，在酵母中，eEF1B 是由催化亚基 α 和 γ 亚基形成一个二聚体复合物；哺乳动物中，α、β 和 γ 形成三聚体复合物；在植物中，α、γ 和 δ 形成三聚体复合物。

人类的 eEF1A 是由 *EEFIA1* 和 *EEFIA2* 两个基因编码，*EEFIA2* 的突变与一种新型智力残疾和癫痫综合征相关，而且 eEF1A2 在多种癌症中过表达。

二、eEF2 介导的肽酰 tRNA 转位

当氨酰 tRNA 进入核糖体 A 位点后，会快速地与 P 位点上的肽酰 tRNA 形成一个肽键。与此同时，多肽链从 P 位点的肽酰 tRNA 转移到 A 位点的氨酰 tRNA 上，形成一个新的肽酰 tRNA，而 P 位点上则因为肽链转移剩下脱酰 tRNA（deacylated tRNA）。如果肽链延伸想要开始新的一个循环，则 A 位点必须要先空出来。因此 A 位点的肽酰 tRNA 必须要进入 P 位点，原来 P 位点的脱酰 tRNA 则要进入 E 位点，这个过程称为转位。

在翻译延伸过程中，eIF5A 结合在核糖体的 E 位点，其羟腐胺赖氨酸残基与 P 位点的肽酰 tRNA 的受体臂相互作用，能协助定位 P 位点 tRNA 的受体臂与肽基转移酶中心（peptidyl transferase center，PTC）的 A 位点底物更好地相互作用（图 7-1B）。

（一）eEF2 介导的肽酰 tRNA 的转位

完成转位需要 eEF2 的参与。eEF2 的结构域Ⅳ类似于 tRNA 的反密码子环，活性形式的 eEF2（eEF2 · GTP）可通过该结构域结合于 A 位点。随后 GTP 水解成 GDP，刺激 A 位点的肽酰 tRNA 向 P 位点转位。转位完成后，eEF2-GDP 被释放。此时，核糖体已可以重新接收下一个氨基酸的进入（图 7-1C、D）。

（二）白喉酰胺和磷酸化修饰对 eEF2 的调控

1. 白喉酰胺（diphthamide）修饰对 eEF2 功能的调控作用 eEF2 结构域Ⅳ存在一个保守的组氨酸残基，其发生翻译后修饰的残基称为白喉酰胺（图 7-1C），这种修饰方式在真核生物和古细菌保守存在，但是并不存在于细菌中。白喉酰胺修饰对 eEF2 功能有着重要的作用。白喉杆菌产生的白喉毒素、假单胞杆菌产生的外毒素 A 和霍乱弧菌产生的肠毒素可以使白喉酰胺残基发生 ADP 核糖基化，而使 eEF2 失活，抑制蛋白质合成从而损害细胞生长。

目前白喉酰胺修饰在 eEF2 功能中的确切作用机制仍不清楚。白喉酰胺合成酶（Dph1、Dph2、Dph3 或者 Dph4）缺失的小鼠中，白喉酰胺修饰不能进行，会导致小鼠出现严重的发育缺陷或者胚胎致死现象。酵母天然缺失合成白喉酰胺步骤中所需的第一种酶，但酵母依然能正常生长、成活。哺乳动物细胞 CHO 和 MCF7 细胞，缺失白喉酰胺合成酶而无法合成白喉酰胺，并不影响其生长、成活。

白喉酰胺可能对蛋白质翻译的保真度起重要作用，能够增强 eEF2 的功能，促进核糖体的精确转位。体外合成肽实验中，不管 eEF2 是否发生白喉酰胺修饰，翻译延伸的过程无明显差异。

但在某些病毒中，为了保证 IRES 介导的翻译起始所必需的转位的高保真度，需要白喉酰胺修饰。IRES 的假结（pseudoknot）结合在 A 位点。为了保证翻译正常进行，假结必须转位到 P 位点。eEF2 介导假结转位时，eEF2 的结构域Ⅳ被插入到 A 位点稳定假结。白喉酰胺残基可以直接和假结相互作用，从而促进假结转位。在真核生物中，白喉酰胺和密码子-反密码子螺旋之间相互作用的缺失会导致在缺乏白喉酰胺修饰的细胞中发生更多的核糖体移码。

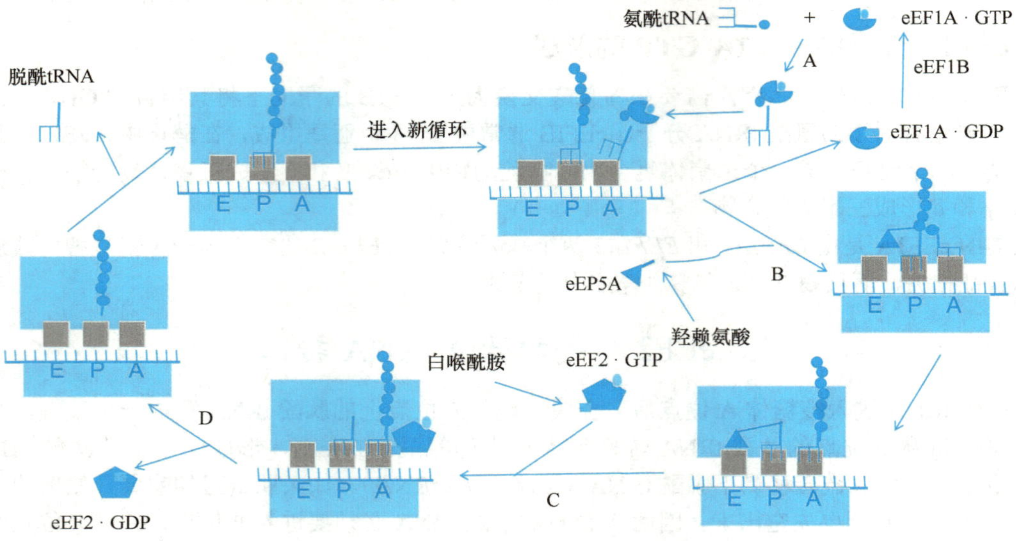

图 7-1 eEF1A、eEF2 和 eIF5A 对翻译延伸的调控

A. eEF1A 介导氨酰 tRNA 进入 A 位点；B. eIF5A 促进肽键形成；C、D. eEF2 介导的肽酰 RNA 转位

2. 磷酸化修饰对 eEF2 功能的调控作用 除白喉酰胺修饰外，磷酸化修饰也可以影响 eEF2 的功能。在后生动物中，Ca^{2+} 依赖性激酶 eEF2K 会磷酸化 eEF2 的第 56 位苏氨酸残基，破坏 eEF2 结合核糖体的过程从而抑制翻译。在哺乳动物中，eEF2 活性受到 mTORC1 和 AMPK 的调控。

三、eIF5A 对翻译延伸的调控作用

除 eEF1A 和 eEF2 外，还有一种 eIF5A 也参与调控蛋白质的翻译延伸过程。

（一）eIF5A 的结构

eIF5A 最初从兔网织红细胞核糖体的高盐洗脱物组分获得，是一个分子相对量约为 18kDa 的酸性蛋白，广泛存在于各种真核细胞中，曾被命名为 IF-M2Bα 或者 eIF4D。除真细菌生物外，eIF5A 从古细菌到哺乳动物中都高度保守，特别是在引起羟腐胺赖氨酸作用的赖氨酸前后的氨基酸残基。真核生物 eIF5A 的羟腐胺赖氨酸周围的氨基酸残基极端保守，其前后的 Ser-Thr-Ser-Lys-Thr-Gly-Hyp-His-Gly-His-Ala-Lys 12 个残基是几乎不变的。eIF5A 含有两个结构域Ⅰ和Ⅱ，而每个结构域都由多个反平行的 β 片层组成，结构域之间通过 1 个活动的铰链连接。eIF5A 的 NTD Ⅰ折叠成和 SH3 结构域相似的 β 桶，而 CTD Ⅱ的折叠与结合寡核苷酸/寡糖的折叠（oligonucleotide/oligosaccharide-binding fold，OB fold）类似，OB 折叠是已知能和核酸结合的区域。

（二）eIF5A 的功能

eIF5A 最初被认为是一个翻译起始因子，后续研究提示 eIF5A 在全基因组范围内对翻译延伸具有促进作用。羟腐胺赖氨酸合成是真核生物特有的生物学过程。eIF5A 是唯一含有羟腐胺赖氨酸残基的蛋白质。羟腐胺赖氨酸对于 eIF5A 的功能发挥具有重要的作用。

在酵母细胞中，eIF5A 失活会导致含有多聚脯氨酸残基的报告基因的翻译受损。eIF5A 的作用对象不只是局限于多聚脯氨酸，也可以促进非多聚脯氨酸肽链的合成。在缺失 eIF5A 的细胞中，核糖体谱分析显示大部分 mRNA 的翻译延伸都有障碍，且核糖体在翻译延伸期间有停滞现象。

四、延伸过程的再编码事件

一般来说，蛋白质翻译都遵循以下规则：①不同物种中密码子具有通用性；② ORF 是恒定不变的。但从 20 世纪 70 年代中期开始，研究发现一些 mRNA 序列中特定信号能够暂时打破原本的解码规则，称为翻译再编码。常见的再编码事件是 mRNA 元件所指导的，包括核糖体再编码密码子、程序性核糖体移码（programmed ribosomal frameshifting，PRF）和核糖体分流（ribosome shunting）等。

（一）再编码的动力学陷阱

翻译再编码事件是由 mRNA 上的顺式作用元件驱动的。这些顺式作用元件可以改变翻译延伸过程中的核糖体动力学，这些元件称为“动力学陷阱”(kinetics trap)。“动力学陷阱”改变了翻译延伸过程中正常的常规解码和再编码事件之间的动力学分配比率，能引导核糖体暂时停滞在 mRNA 上的特定位置，促进再编码事件的发生。“动力学陷阱”是一些简单顺式作用元件的“平铺”序列（仅由初级结构组成而不形成更高级的结构），也可以是具有复杂拓扑结构特征的 mRNA 元件，包括完全由 mRNA 组成的顺式元件、由与特定 mRNA 序列相互作用的蛋白质和（或）其他 RNA 组成的反式元件，或两者的组合。

（二）顺式作用元件平铺序列指导的再编码

由“平铺”的顺式作用元件指导的再编码事件一般需要特定的条件。正常翻译因子水平低下是引导核糖体暂时停滞在 mRNA 上特定位置的重要前提。例如，酵母 Ty1 逆转录转座子受到简单的七聚体序列 CUUAGGC 的影响，发生+1 位 PRF，其“动力学陷阱”由本来的（即 0 位）A 位点 AGG 密码子提供，由极低丰度的 Arg-tRNA^{CCU} 解码。核糖体停滞在 AGG 密码子处，使 P 位点的肽酰 tRNA 从 0 位 CUU 进入到+1 位 UUA（图 7-2）。

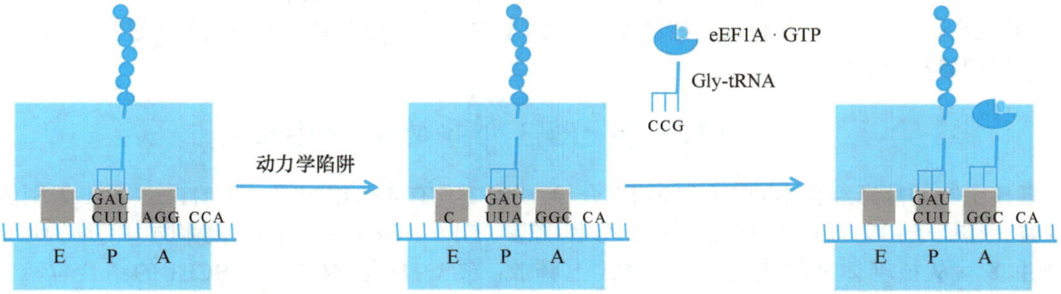

图 7-2 翻译延伸过程中的核糖体移码

在酵母中，Ty1 逆转录转座子遇到“动力学陷阱”，发生+1 位 PRF，P 位点肽酰 tRNA 向 mRNA 的 3′ 端方向移动一个碱基

在 P 位点 tRNA 亲和力减弱的突变型酵母中，表现为 Ty1 介导的+1 位 PRF 增加，而这些效应可被能增加核糖体对肽酰 tRNA 亲和力的司帕索霉素所拮抗。

（三）反式作用因子指导的再编码

翻译再编码也受到反式作用因子的调节，可以分为三大类：小分子、反式作用蛋白质和反式作用核酸。

1. 小分子 鸟氨酸脱羧酶抗酶（ornithine decarboxylase antizyme，OAZ）调控多胺小分子的合成途径。鸟氨酸脱羧酶是催化多胺合成第一步的酶。OAZ 可导致鸟氨酸脱羧酶的降解，进而下调多胺的合成。在编码 OAZ 时，多胺小分子可以刺激其 mRNA 发生+1 位 PRF。当多胺水平低时，OAZ mRNA 上的+1 位 PRF 水平较低，因而 OAZ 表达水平下调，多胺水平增加。这些多胺反过来促进了+1 位 PRF 和 OAZ 的表达，对多胺合成产生负反馈作用。

2. 反式作用蛋白质 硒代半胱氨酸（selenocysteine，Sec）是一种特殊的氨基酸，被称为第 21 种氨基酸。编码它的密码子是终止密码子 UGA。因此，Sec 的掺入也是一种翻译再编码事件。Sec 再编码需要反式作用因子辅助。硒-半胱氨酸插入序列（seleno-cysteine insertion sequence，SECIS）顺式元件结合蛋白质 SBP2 与特异性延伸因子 eEFsec 的特定结构域相互作用，以增强 Sec-tRNA$^{(Ser)Sec}$ 向 SECIS 元件的募集，从而增强对延伸核糖体的募集。另一个蛋白质 SECp43 使位于 Sec-tRNA$^{(Ser)Sec}$ 摆动（wobble）位置的核糖 2 位羟基甲基化，从而增强硒蛋白表达。

3. 反式作用核酸 人工合成的小核酸分子与典型滑动序列的 3′ 端杂交，可以反式激活核糖体移码。在细胞中，miRNA 与人 CCR5 mRNA 中的假结相互作用可以刺激 −1 位 PRF 发生。这种相互作用使得下游的假结更难以被解开，从而增加了核糖体在滑动序列处被分配到 −1 位的概率。因此，−1 位 PRF 信号和 miRNA 之间的碱基配对相互作用为 −1 位移码的序列特异性调控提供了可能，这也是控制 CCR5 基因产物表达的一种方法。另外，miRNA 也会影响人类其他一些滑动序列的移码，可能是一种广泛用于调节高等真核生物中基因表达的方式。

第三节 真核基因翻译终止的调控

当终止密码子进入到核糖体的 A 位点时，诱发 mRNA 翻译的终止。翻译终止过程包括终止密码子识别和 P 位点肽酰 tRNA 酯键水解，从而释放新生多肽。真核生物中，翻译终止由真核释放因子（eukaryotic release factor，eRF）eRF1 和 eRF3 调控，两者与 ATP 结合，形成 eRF1/eRF3 · GTP 三元复合物。其中，eRF1 负责识别 mRNA 上的 3 种终止密码子，介导新生多肽从 P 位点的 tRNA 上释放。eRF3 是 GTP 酶，促进多肽的释放。多肽释放后，核糖体复合物分解，核糖体再循环，其步骤包括 ATP 结合盒蛋白 E1（ATP-binding cassette protein E1，ABCE1）介导 80S 核糖体分解释放 60S 亚基，以及 eIF1 等起始因子、eIF2D 或者 MCT-1/DENR 介导的脱酰 tRNA 和 mRNA 从 40S 亚基释放。核糖体和 mRNA 在重新装配后参与新一轮翻译过程，核糖体再循环使得翻译高效进行。

一、eRF1 和 eRF3 介导的翻译终止

真核生物的翻译终止由 eRF1 和 eRF3 介导。eRF1 具有 4 个结构域：① NTD：负责识别 A 位点的终止密码子；②含有甘氨酸-甘氨酸-谷氨酰胺（Gly-Gly-Gln，GGQ）模体的中间结构域：介导新生多肽从核糖体 P 位点的肽酰 tRNA 上释放；③ CTD 是 eRF3 和 ABCE1 的结合位点；④影响终止密码子特异性的微结构域。eRF3 有两种异构体，即 eRF3a 和 eRF3b, 分别由不同的基因编码，具有不同的 NTD，两者都可以与 eRF1 结合，都是终止因子。其中，eRF3a 广泛表达，而 eRF3b 主要在脑组织中表达。eRF3 也具有 4 个结构域：一个是不保守的 NTD, 该结构域不是 eRF3 介导终止所必需的，但却是结合 PABP 及 NMD 调节因子 UPF3b 所必需的；另外 3 个结构域包括一个典型的 GTP 结合结构域和两个 β 桶结构域。此外，与所有 GTP 酶一样，eRF3 的 GTP 结合结构域含有两个开关元件，即“开关 I ”和“开关 II ”，这两个元件是 GTP 结合和水解必不可少的。

（一）eRF1/eRF3 · GTP 复合物的形成

eRF1 和 eRF3 在核糖体内外存在广泛的相互作用。游离 eRF3 的“开关 I ”和“开关 II ”是

无次序的，eRF1 作为 GTP 解离的抑制剂可以增强 GTP 与 eRF3 的结合。因此在 eRF1 存在的情况下，eRF3 的“开关Ⅰ/开关Ⅱ”与 GTP 的 γ-磷酸结合，使三者形成稳定的 eRF1/eRF3 · GTP 三元复合物。

当终止密码子进入到 80S 复合物核糖体的 A 位点时，形成翻译前终止复合物（pre-termination complex，pre-TC），即 eRFl/eRF3 · GTP 与 Pre-TC 结合。此时，eRF1 的中间结构域插入在 eRF3 的 β 桶结构域 2 和 GTP 结合结构域之间，并与 GTP 结合结构域的“开关Ⅱ”连接，而其 GGQ 模体被固定在靠近“开关Ⅰ”的位置。同时，eRF1 的 NTD 延伸到 40S 亚基的解码中心，CTD 与 60S 亚基的茎基相互作用，微结构域则与 40S 亚基的喙部相互作用。eRF3 与 GTP 酶结合中心（GTPase-associated center，GAC）结合。GAC 位于 60S 亚基帚曲毒蛋白-蓖麻毒蛋白环（sarcin-ricin loop，SRL）和 18S 的螺旋 5 及螺旋 14 之间。

（二）终止密码子的识别

标准的遗传密码有 3 个终止密码子，即 UAA、UAG 和 UGA。当+4 或+5 位是嘌呤核苷酸时，终止密码子的终止效率会被增强。但在纤毛虫原生生物、绿藻和双滴虫等一些生物中，这 3 个终止密码子某一个或两个可以被重新分配为有义密码子，如 UAG 为有义密码子，UAA 和 UGA 为终止密码子。甚至在个别生物中，3 个终止密码子全部为有义密码子，只有当其位于 mRNA 的 3′ 端附近时，这些密码子发挥终止作用，即终止密码子的终止过程具有一定的位置依赖性。终止密码子的这种重分配在一定程度上依赖于 eRF1 的序列变化。突变分析和对“变异密码”生物的 eRF1 序列鉴定发现，在 eRF1-NTD 中有影响终止密码子的高度保守模体，这些模体包括 GTS31-33、E55、TASNIKS58-64 和 YxCxxxF125-130（人源 eRF1 的序列编号）。

eRF1 与终止密码子的多重相互作用会影响终止密码子的识别。eRF1 结合到 80S 复合物核糖体的过程中，NTD 会延伸到核糖体 A 位点，形成一个口袋结构，将终止密码子和+4 位核苷酸容纳在一个致密构象（compact conformation）中。这种致密结构及 eRF1 与终止密码子的相互作用在整个终止过程中一直保持，直到 eRF1 解离。而稳定致密结构需要+1 位尿苷酸，它是终止密码子识别的决定因素。此外，+2、+4 和+5 位核苷酸分别与 18SrRNA 的 A1825、G626 和 C1698 产生堆积作用（stacking interaction），也会影响终止密码子的识别。+1 位尿苷酸可以与 TASNIKS 模体的 N61 和 K63 产生稳定的相互作用，但是在这个位置胞苷酸不能与其发生相互作用，嘌呤核苷酸由于空间位阻也不能与其结合。eRF1 的 YxCxxxF 模体和 E55 模体只能与+2 和+3 位嘌呤核苷酸相互作用，这为识别终止密码子区别有义密码子提供了基础。甘氨酸-苏氨酸-丝氨酸（glycine-threonine-serine，GTS）模体的 T32 可以与 UAG 的+3 位核苷酸形成氢键，但是不能与 UGA 或 UGG 密码子形成氢键。UGG 不能作为终止密码子被 eRF1 识别，正是与 GTS 模体的这种特异性以及+2 和+3 位置上 G 残基的相互排斥有主要关系。因此，eRF1 对终止密码子的识别，特别是 UGA，可能是通过多个步骤进行的，包括 A 位点处 RNA 结构的致密化、eRF1 的 TASNIKS 模体和 GTS 模体构象变化以及其他 eRF3 引起的局部变化等。

（三）eRF3 介导的 GTP 水解

整个翻译过程都需要翻译相关 GTP 酶家族的参与，该家族包括 eEF1A、eRF3 及其旁系同源蛋白质（homologous protein）Hbs1 等，它们各自能将氨酰 tRNA、eRF1 及其旁系同源蛋白质 Pelota 运送到 A 位点。

eEF1A 先与 GTP 结合，激活后进一步与氨酰 tRNA 结合形成 teTC。该复合物结合到核糖体后，同工氨酰 tRNA 上的密码子和核糖体 A 位密码子之间即发生互补配对，导致核糖体 40S 亚基的结构域闭合。同时，eEF1A 的 GTP 酶结构域发生位移，并与 SRL 结合活化，导致 GTP 水解，释放氨酰 tRNA 留在 PTC 中。由于 eEF1A 的 GTP 酶活性位点与 40S 亚基解码中心的距离大于 70A，因此，结构域位移是其活化和水解 GTP 的必要步骤。

与 eEF1A 相同的是，eRF3 与 40S 亚基肩部具有相似的相互作用，而且 SRL 也是 eRF3 的 GTP 酶活化所必需的。eRF3 的“开关 I ”会与 SRL 的 G4600 相互作用。因此，如果 SRL 发生碱基置换或者 pre-TC 中靠近 SRL 的 eRF3 发生置换，将会造成翻译终止缺陷。但是与 eEF1A 相比，eRF3 的 GTP 酶活性的激活机制又略有不同，其活化还需要 eRF1 的中间结构域和 CTD，以及核糖体亚基的共同参与。eRF1 可以在没有 NTD 和 A 位点终止密码子的情况下激活 eRF3 的 GTP 酶活性，不过 eRF1 对终止密码子的识别可以加速 eRF3 水解 GTP。但是，eRF1 或 Pelota 与糖核体 A 位点的结合不足以导致 40S 亚基的结构域闭合，进而使 eRF3 结构域发生相对位移。

（四）eRF1 的构象重排和肽链的释放

在 eRF3 水解 GTP 之后，eRF1 会转变为一种扩展构象（extended conformation），使位于中间结构域顶端的 GGQ 模体能够进入 PTC，即在 eRF1 的扩展构象中，eRF1 的 GGQ 模体被定位在 PTC 的 P 位点肽酰 tRNA 的 CCA 端，Q135 定位在肽酰 tRNA 的酯键附近。这种构象变化，导致肽酰 tRNA 酯键暴露于水的亲核性攻击下，促进裂解，释放出新生多肽（图 7-3）。此时的复合物为翻译终止后复合物（post-termination complex，post-TC）。

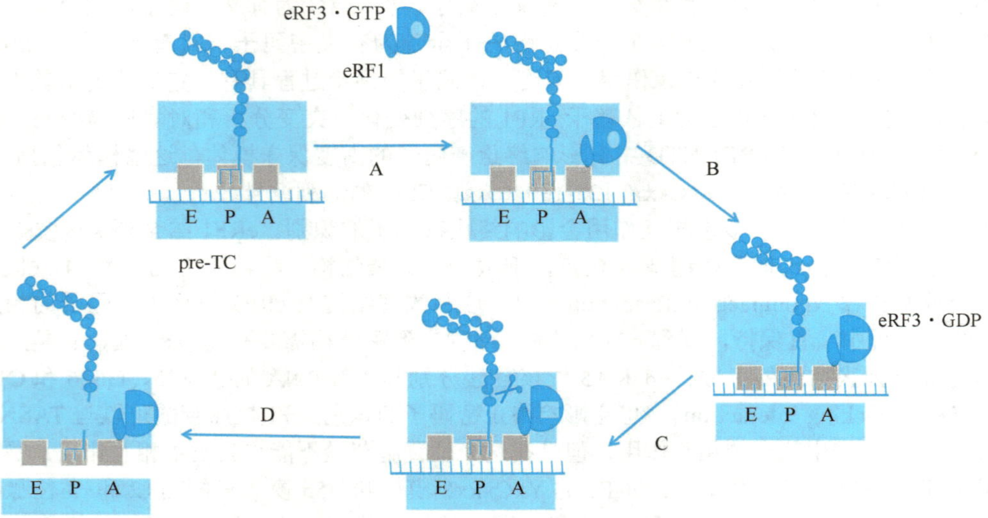

图 7-3 翻译终止过程

A. 终止密码子进入到核糖体的 A 位点，eRF1/eRF3 · GTP 与 pre-TC 结合并识别终止密码子；B. eRF3 介导 GTP 水解，eRF1 构象进行重排；C. eRF1 转变为扩展构象；D. 肽酰 tRNA 酯键裂解，新生多肽释放

虽然 eRF1 对肽释放的诱导过程不依赖于 eRF3，但是 eRF3 的参与可以显著提高这种活性，这意味着 eRF3 水解 GTP 的过程伴随着 eRF1 所介导的终止密码子识别和肽酰 tRNA 水解。eRF3 对 eRF1 的调控主要体现在以下 3 个方面：① eRF3 间接促进 post-TC 分解后的 eRF1 释放，推动 eRF1 再循环，直接促进 eRF1 被招募至 pre-TC。② eRF3 稳定 pre-TC 的生成、促进肽酰 tRNA 的水解。eRF1 以 eRF1/eRF3 · GTP 的形式与 pre-TC 结合，并引起 pre-TC 的构象变化，促使核糖体向 3′ 端前移两个核苷酸。eRF3 水解 GTP 可以增强这种移位，使 eRF1 的 GGQ 模体进入 PTC，并且引起肽酰 tRNA 水解。③ eRF3 可通过动力学校对来提高 eRF1 的保真度，其主要机制是在终止密码子识别和肽酰 tRNA 水解之间引入一个不可逆的 GTP 水解步骤。eRF1 结合 pre-TC 并识别终止密码子后，可以诱导 eRF3 水解 GTP。但是对于不同终止密码子，GTP 水解情况存在差异：在 UAA 和 UAG 密码子上 GTP 水解速度较快，而在 UGA 密码子上 GTP 水解速度较慢。此外，GTP 水解后，pre-TC 中的 eRF1 在 UAA/UAG 密码子（状态 a）和 UGA 密码子（状态 b）上的最终位置和构象可能有所不同。虽然这两种状态都能促进有效的多肽释放，但是在 UGA 密码子上观察

到多肽链的基数水平较高，在 UAA/UAG 密码子上的肽链释放可能更有效。这两个构象中，状态 a 可能是使 eRF1 容易识别 UAA 和 UAG 密码子所必需的，状态 b 则使 eRF1 既能识别 UGA，同时还能区分 UGG（色氨酸）密码子。

二、核糖体再循环

eRF3 在 GTP 水解后与核糖体复合物分离，但是 eRF1 在肽链释放后仍然与 post-TC 结合。肽释放之后，post-TC 中核糖体的再循环由高度保守的 ABCE1 启动。ABCE1 可以通过其核苷酸结合域 2（nucleotide-binding domain，NBD）直接与 eRF1 相互作用。

（一）ABCE1 的结构及其与 eRF1 的相互作用

ABCE1 具有两个 NBD，即 NBD1 和 NBD2，其中 NBD1 中含有 HLH 模体。此外，ABCE1 还含有一个由两个 $[4Fe\text{-}4S]^{2+}$簇组成的独特氨基端 FeS 结构域，该结构域通过铰链悬臂（hinged cantilever arm）连接到 NBD 核心。ABCE1 的结合位点位于 40S 和 60S 两个核糖体亚基之间，其通过 NBD2 与 60S 亚基上的核糖体蛋白 rpL9 结合，通过 HLH 模体和铰链元件与 40S 亚基螺旋 5-15 和螺旋 8-14 上的位点相互作用，构成翻译相关 GTP 酶的结合位点。ABCE1 的活性随着核苷酸的结合状态发生周期性的构象变化。ABCE1-NBD 与游离核苷酸或 ADP 结合时呈“开放”状态，与 ATP 结合之后会转变为“关闭”状态。ABCE1 在 80S 核糖体上处于“半关闭”状态，必须经过结构域闭合，才具有 ATP 酶活性和介导再循环的功能（图 7-4A）。

ABCE1 介导的 post-TC 的再循环依赖于核糖体 A 位点中的 eRF1。因此，eRF1 参与蛋白质合成的两个连续阶段：终止和再循环。但是，ABCE1 在 eRF1 和 40S 亚基上的结合位点也可以与 eRF3 相互作用，所以 ABCE1 能与 post-TC 的结合需要 eRF3 预先与 post-TC 分离。

（二）ABCE1 介导的核糖体分离

ABCE1 的双核 NBD 结合 ATP（呈“关闭”状态）、水解 ATP 和释放 ADP（呈“开放”状态）这一循环过程中的能量改变，会导致 ABCE1 的构象变化（图 7-4B）。在 NBD1 和 NBD2 之间形成复合 ATP 结合位点期间，NBD2 相对于 FeS-NBD1 发生 40° 旋转。NBD2 的重定向导致与 FeS 结构域的空间碰撞，造成 FeS 结构的重新定位，这反过来，又会影响 ABCE1 与核糖体的相互作用。在酵母中，在不包含 eRF1 的 40S 亚基和 ABCE1 · AMP-PNP 的复合物中，FeS 结构域会发生移位。由于 eRF1-CTD 与 FeS 结构域的紧密连接，因此，FeS 结构域的重新定位会导致 eRF1 构象的进一步改变。但是，关于 ABCE1、eRF1 和核糖体的构象变化以及 ATP 结合到 ABCE1 双 NBD 进行水解的循环机制仍有待确定。这些构象改变可能会破坏亚基间连接的稳定性，导致 80S 核糖体分解成游离的 60S 亚基，以及结合 tRNA 和 mRNA 的 40S 亚基（图 7-4C）。

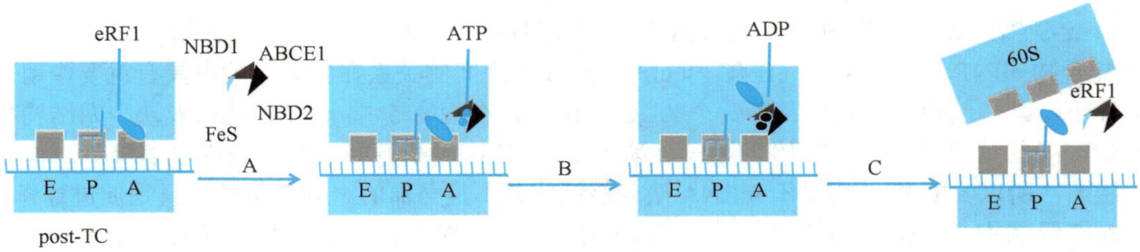

图 7-4 ABCE1 介导的核糖体分解

A.ABCE1 通过其 NBD1/NBD2 和 FeS 等结构域与 post-TC 结合，并与 ATP 结合成为“关闭”状态；B.ABCE1 介导 ATP 水解，构象发生变化；C. 60S 亚基从 post-TC 解离

ABCE1 介导的核糖体分解，需要水解 ATP，才能拆分 eRF1 结合的 post-TC 和 Pelota 结合的停滞核糖体复合物。而空置的 80S 核糖体分解依赖于 ATP 的结合，但不依赖于 ATP 水解，

ATP 水解是 40S 亚基释放 ABCE1 所必需的。虽然 40S 亚基与 ABCE1 有紧密的结合，但是其对 ABCE1 的 ATP 酶活化作用很弱，而包含 eRF1 的核糖体可以显著地激活 ABCE1 的 ATP 酶活性。另外，ABCE1 会与起始因子一同出现在 43S PIC 中，且在核糖体 40S 亚基界面上 ABCE1 的空间位置接近于 eIF3。因此认为 ABCE1 可能在翻译起始过程中具有一定功能，但是 ABCE1 的具体作用还尚待进一步研究。

（三）核糖体复合物的 mRNA 和脱酰 tRNA 的释放

核糖体分解之后，脱酰 tRNA 和 mRNA 仍与 40S 亚基结合，这两者的释放主要由 eIF1、eIF1A、eIF3 及 eIF3j 介导。在 40S 亚基的交界面上，eIF1 结合于 P 位点 tRNA 和 40S 亚基平台之间，eIF1A 结合在 A 位点，eIF1A 的 N 端和 C 端延伸进入 P 位点。eIF1 会排斥 P 位点上的非起始 tRNA（此处即为脱酰 tRNA），破坏其结合的稳定性，而 eIF1A 特别是 eIF3 可以增强这种破坏作用。当 eIF3 存在时，P 位点 tRNA 的释放会导致 mRNA 发生部分解离，而 eIF3 不存在时，P 位点 tRNA 的释放会导致 mRNA 发生完全解离，而 eIF3j 则可以促进 mRNA 的释放。

此外，eIF2D 及 MCT-1/DENR 也可以介导脱酰 tRNA 和 mRNA 从 40S 亚基上释放，但 MCT-1/DENR 的介导效果比较弱。MCT-1 和 DENR 分别与 eIF2D 的氨基端和羧基端是同源的。MCT-1 和 eIF2D 氨基末端都含有 DUF1947 和 PUA 结构域，DENR 和 eIF2D 羧基末端都包含 SWIB/MDM2 和 SUIl/eIF1 结构域。eIF2D 还含有一个中心翼螺旋结构域（winged-helix domain，WHD）。在 40S 亚基的界面上，MCT1 和 eIF2D-WHD 的结合位点可能与 eIF3ac 或者 eIF3b 的结合位点相似。DENR 和 eIF2D 的 SUIl/eIF1 结构域会与 P 位点脱酰 tRNA 的反密码子环发生冲突使其解离。

第四节　mRNA 结构对真核基因翻译的调控

蛋白质翻译是解码 mRNA 中所蕴含的遗传信息，这些信息存在于 mRNA 的编码区（coding sequence，CDS）。在真核生物中，CDS 是指 mRNA 起始密码子到终止密码子之间的区域。因为真核生物的 CDS 几乎只包含一个可读框，也称为单顺反子。在可读框的上下游有 3′-UTR 和 5′-UTR。mRNA 3 个区域（可读框、3′-UTR 和 5′-UTR）一些特殊的结构和性质，对蛋白质翻译的效率及 mRNA 本身的稳定性有重要的调控作用。

一、5′-UTR 对翻译的调控作用

5′-UTR 位于 CDS 的上游，是核糖体识别结合并启动翻译的区域。5′-UTR 的长度、二级结构及甲基化帽子都能够影响蛋白质的翻译。

（一）5′-UTR 对翻译起始的影响

1. m^7G 帽　真核生物内所有 mRNA 的 5′ 端都具有一个帽结构，即 m^7G 帽。m^7G 帽及其与 CBP 复合物 eIF4F（由 eIF4A、eIF4G 和 eIF4E 组成）之间的关系在翻译起始中具有重要作用。正常情况下，翻译起始都是发生在第一个 AUG 密码子。在没有 5′ 端 m^7G 帽结构或缺少帽结构相关的起始因子的情况下，翻译起始仍然只从第一个 AUG 密码子开始，翻译效率显著降低，但没有完全阻断，所以 m^7G 帽结构对于 mRNA 结合核糖体并不是必需的。m^7G 帽结构只是促进翻译。

2. 二级结构　mRNA 的 5′-UTR 长短影响翻译效率，缩短到足够短时会降低翻译效率；而适当增加 5′-UTR 的长度可以提高翻译效率，因为可以招募更多的 43S PIC。但是，当一个较长的前导序列包含二级结构时，核糖体扫描就会受到阻碍。哺乳动物 5′-UTR 的 GC 富含区含有大量的二级结构，如果碱基配对形成的二级结构非常靠近 mRNA 的 5′ 端，核糖体进入受到最强的抑制作用。不过一旦核糖体与 mRNA 成功结合后，负责扫描的 40S 亚基复合物就可以破坏部分碱基对，从而保证翻译继续进行。总之，一个包含大量二级结构的 5′-UTR 会大大降低翻译效率，但不完

全抑制扫描。

如果一些重要调控蛋白质需要增加表达量，可以通过选择性剪接或激活下游转录启动子，改变 5′-UTR 结构，从而提高蛋白质的翻译效率。

3. RNA 和蛋白质相互作用 5′-UTR 中一些特殊的 mRNA 顺式作用元件与相应蛋白质相互作用也可以调节蛋白质的翻译。铁蛋白（ferritin）是非造血组织中主要的铁结合蛋白质，主要储存细胞内多余的铁离子，防止有害的氧自由基和氮自由基破坏 DNA。铁蛋白的翻译过程受铁调节蛋白（iron regulatory protein，IRP）调控，IRP 结合在 mRNA 5′ 端一个铁反应元件（iron-responsive element，IRE）上时会抑制铁蛋白翻译。抑制机制如下：IRP 与 IRE 结合可以阻止 40S 核糖体亚基进入，从而导致翻译不能正常进行。除控制铁蛋白的翻译外，IRE-IRP 机制还可以调控其他一些参与铁元素吸收和利用的基因的表达。对于运铁蛋白（transferrin）的翻译，IRE 位于其 mRNA 的 5′ 端附近，调控运铁蛋白的翻译。而对于运铁蛋白受体（transferrin receptor），IRE 则位于其 mRNA 的 3′-UTR，调控的是 mRNA 的稳定性。

（二）5′-UTR 对 mRNA 稳定性的影响

m^7G 帽结构保护转录本免受 5′ → 3′ 核酸外切酶的损伤，对维持 mRNA 的稳定性至关重要。因此，脱去帽结构在许多 mRNA 的降解过程中是一个重要的步骤。脱帽蛋白质 2（decapping protein 2, DCP2）是已知的可去除 mRNA 5′ 端 m^7G 帽结构的蛋白质之一。DCP2 靶向 mRNA 是一个相当复杂的过程。DCP2 需要其他的辅助因子才能有效地接近 mRNA 底物，并获得具有最佳酶活性的构象。脱帽辅因子主要包括脱帽蛋白质 DCP1、Lsm1-7RNA 结合复合物、RNA 结合蛋白质 PATL1、ATP 依赖的 RNA 解旋酶 DDX6、核糖核蛋白 LSM14 和一组 EDC 蛋白质。DCP2/DCP1 复合物与 mRNA 帽结构相互作用并催化帽结构的水解，但通常亲和力较弱。Lsm1-7 复合物可以与脱腺苷酸化的转录本结合，并与 PATL1 相互作用，促进 DCP2/DCP1 募集到 mRNA 上。EDC1、EDC2、EDC3 及 LSM14 蛋白质可作为骨架，用于组装并激活脱帽蛋白质 DCP1/2。RNA 解旋酶 DDX6 是一种进化保守的因子，与其他脱帽相关的激活因子相互作用，可改变转录本的结构，使其更容易募集脱帽复合物。此外，在 mRNA 脱帽过程中，除上述这些脱帽复合物相关的因子与 RNA 直接相互作用外，还有多个 RNA 结合蛋白质及 RNA 末端修饰蛋白质也在识别 mRNA 的 5′ 帽结构中发挥着关键作用。

（三）IRES 对翻译起始的影响

一般蛋白质翻译起始需要真核起始因子（eIF4A、eIF4G 和 eIF4E 等）识别 5′ 端 m^7G 帽结构和 3′ 端的 poly(A) 尾，激活 mRNA，结合 43S PIC 后，开始扫描 AUG 起始密码子。但是，细胞在应激状态下，一些真核起始因子不能活化，mRNA 活化水平下调，从而导致大多数 mRNA 的翻译减少。所以在某些特殊状态下，细胞为了保证一些关键蛋白质的表达，还存在一些替代翻译途径，IRES 是其中之一。

IRES 序列使翻译起始不依赖于 5′ 端 m^7G 帽，无须从头扫描，而是直接招募 43S PIC 到 mRNA 中间的起始密码子起始翻译。真核生物中 IRES 较少，在病毒 mRNA 中很常见。IRES 首次在小 RNA 病毒中发现，此类病毒中翻译起始不需要 eIF4E 识别 m^7G 帽，但需要其他所有的起始因子来招募 40S 亚基结合 mRNA。

二、可读框（ORF）对翻译的调控作用

ORF 是指起始密码子与终止密码子之间的序列，也是蛋白质翻译延伸过程中核糖体所经过的区域。一个 ORF 的存在并不一定意味着该区域总是被翻译，除受到翻译因子、5′-UTR、3′-UTR 等影响外，ORF 的密码子最优性（codon optimality）也可以调控蛋白质翻译。此外，位于 5′ 端的 uORF 也调控下游 mORF 的翻译，从而调控真核基因的表达。

（一）密码子最优性对 mRNA 稳定性和翻译延伸的影响

生物体内有 64 个密码子，其中 61 个密码子编码 20 个氨基酸，其余 3 个是终止密码子。20 个氨基酸中有 18 个氨基酸是由多个同义密码子编码，即密码子的简并性。分析不同生物基因中同义密码子的分布规律发现，编码同一氨基酸的不同密码子并非平均使用，即具有密码子偏倚性（codon usage bias）。某一物种或某一基因在翻译过程中似乎更倾向于利用特定的一种或几种密码子，这种现象称为密码子最优性。

1. 对 mRNA 稳定性的影响 对全基因组 RNA 衰变分析显示，稳定性较高的 mRNA 通常富含最优密码子（optimal codon），即利用最频繁的密码子。而稳定性较差的 mRNA 主要含有非最优密码子，即不常用的密码子。研究证实 mRNA 中最优密码子含量与 mRNA 稳定性正相关。因此，最优密码子在 mRNA 中的含量是影响 mRNA 稳定性的一个关键因素。其可能的机制之一是通过调控 mRNA 的 5′-UTR 脱帽和 3′-UTR 的脱腺苷酸化速率，影响 mRNA 的降解速率，从而影响 mRNA 稳定性（图 7-5）。

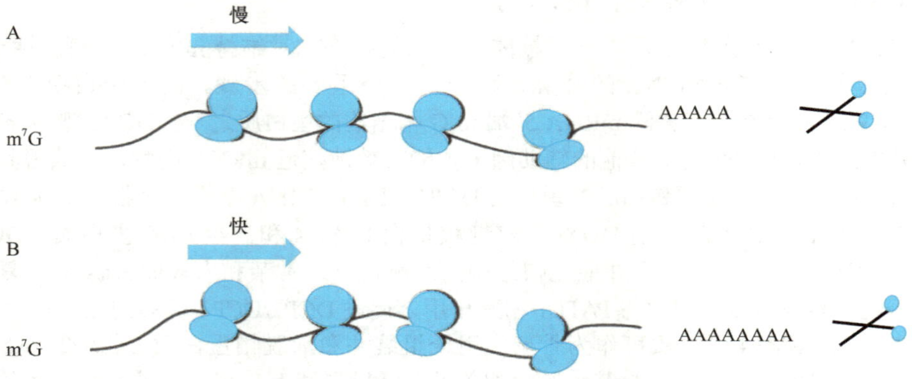

图 7-5 密码子最优性不同的两种 mRNA 模型

A. 低密码子最适性 mRNA 模型：核糖体扫描速率低，mRNA 稳定性降低，促进 mRNA 降解；B. 高密码子最适性 mRNA 模型：核糖体通过 ORF 的速率更快，mRNA 稳定性提高

2. 对翻译延伸的影响 人们认为不同的密码子翻译的速度也不同。通过放射性标记氨基酸研究发现，密码子的识别可影响翻译延伸速率。同义密码子中，密码子-反密码子配对强度适中时最有利于翻译进行；配对作用较弱时，氨酰 tRNA 进入 A 位点需要较长时间，影响翻译的速度；而配对作用太强时，氨酰 tRNA 离开 A 位点进入 P 位点的时间也需要延长，也不利于翻译的进行。因此，核糖体在最优密码子含量高的转录本中通过 ORF 的速度最快。此外，翻译延伸的速率也会影响到 mRNA 的衰变速度，但具体的机制尚不清楚。

（二）uORF 对翻译的影响

核糖体从 mRNA 的 5′ 端方向滑动扫描，会优先翻译最接近 5′ 端的 uORF。而下游的 mORF 主要会面临两种结局：一是核糖体有可能在 uORF 翻译的延伸或终止阶段停滞，不能重新起始翻译，使下游的 mORF 得不到翻译；二是核糖体能够继续重新起始下游的 mORF 翻译，但是受 uORF 影响，mORF 的表达显著降低。

酵母转录激活因子 GCN4 mRNA 的 mORF 上游依次存在 4 个 uORF（uORF1～4）。在 uORF1 翻译完成之后，核糖体 40S 亚基结合 tiTC 能再次扫描并重新起始翻译下游的 uORF2～4。当所有的 uORF 翻译终止后，扫描不能再重新开始，翻译将终结。因此，4 个 uORF 的存在会阻断 GCN4 mORF 的翻译。eIF2 参与了 uORF 调控的翻译的再起始，解除 4 个 uORF 对 mORF 的抑制作用，激活 GCN4 的翻译。可能的机制是在受到外界应激时，eIF2α 亚基的 51 位丝氨酸磷酸化，使得 eIF2-GDP 转变为自身的竞争性抑制剂，抑制 tiTC 的形成，导致部分核糖体 40S 绕过 uORF2～4，再重新与 tiTC 结合，激活了 GCN4 的翻译。

GCN4 的 uORF1 比较特殊，能使终止后核糖体 40S 亚基有效重新起始下游的翻译，这依赖于 uORF 5′ 端和 3′ 端的增强子序列。其 5′ 端增强子序列与 eIF3 的 NTD 相互作用，最终终止核糖体 40 亚基再起始 mRNA 的翻译。在猫杯状病毒中多顺反子 mRNA 的一段长的 uORF 翻译后，eIF3 可以结合 uORF 3′ 端，从而刺激翻译再起始。在植物中，eIF3 也用于再起始翻译。

三、3′-UTR 对翻译的调控作用

在真核生物中，许多蛋白质的翻译都是受到 3′-UTR 中的序列及末端的 poly(A) 尾的调控。如微 RNA（miRNA）主要的靶向区域就是 3′-UTR，进而调控 mRNA 稳定性。poly(A) 尾长度的变化常常也影响翻译活性的变化，如 poly(A) 尾长度的增加通常与翻译量的增加相关，而 poly(A) 尾长度的减少与翻译抑制相关。此外，m^6A 修饰也经常出现在 3′-UTR 附近，对 mRNA 稳定性有显著的调控作用。

（一）poly(A) 对 mRNA 稳定性的影响

真核生物 mRNA 的 3′ 端 poly(A) 尾的长度因 mRNA 种类不同而变化，一般为 40～200 个腺苷酸。poly(A) 尾是 mRNA 由细胞核进入细胞质所必需的结构，它大大提高了 mRNA 在细胞质中的稳定性。mRNA 进入细胞质初期，其 poly(A) 尾一般比较长，随着 mRNA 在细胞质内停留的时间延长，在 3′ 核酸外切酶的作用下，poly(A) 尾被降解，逐渐变短消失，称为脱腺苷酸化（deadenylation）。脱腺苷酸化使 mRNA 稳定性下降，进入降解过程。真核生物脱腺苷酸化过程中涉及的关键酶和因子见表 7-1。

表 7-1　真核生物脱腺苷酸化过程中涉及的关键酶和因子

蛋白质	全称	功能
PAN2	poly(A) 核酸酶脱腺苷酸化亚基 2	PAN2/3 复合物的酶活性亚基，负责 poly(A) 初始加工
PAN3	poly(A) 核酸酶脱腺苷酸化亚基 3	PAN2/3 复合物的辅因子和调节亚基，负责 poly(A) 初始加工
CNOT6/CCR4	CCR4-NOT 复合物亚基 6	3′ → 5′ 核酸外切酶，是 CCR4-NOT 复合物的主要催化活性成分，负责大部分的 mRNA 脱腺苷酸化
CNOT1/NOT1	CCR4-NOT 复合物亚基 1	CCR4-NOT 脱腺苷酸化复合物的支架元件
CNOT7/CAF-1/POP2	CCR4-NOT 复合物亚基 7	CCR4-NOT 复合物的脱腺苷酸化酶
PARN	poly(A) 核糖核酸酶	3′ → 5′ 核酸外切酶，与 5′ 端帽相互作用，降解 poly(A) 尾

脱腺苷酸化是核外降解 mRNA 途径的第一步，也是限速步骤。脱腺苷酸化酶由多种 RNA 结合蛋白质和复合物（包括翻译起始因子转运体 4E-T）招募到靶 mRNA 上。在真核生物中，有两种酶复合物负责大部分的细胞质脱腺苷酸化。第一种是 PAN2/3 复合物。PAN2/3 复合物负责 poly(A) 尾的初始加工。其中 PAN2 是催化亚基，负责 poly(A) 尾的初始修剪，而 PAN3 主要负责招募 PAN2 聚集到 poly(A) 尾。随后，大部分的脱腺苷酸化是由 CCR4-NOT 复合物完成的，其由多种蛋白质组成，其中 CNOT1、CNOT6 和 CNOT7 是 3 种起主要作用的关键蛋白质。CNOT1 是 CCR4-NOT 复合物的结构骨架，而 CNOT6 和 CNOT7 是具有催化活性的脱腺苷酸化酶。除 PAN2/3 和 CCR4-NOT 外，真核细胞还含有一些其他的脱腺苷酸化酶，它们可以影响 poly(A) 尾的长度，并在小分子 RNA 的生物合成中发挥作用。例如 PARN 具有脱腺苷酸化酶活性，可以结合底物 mRNA 的 5′ 帽，增强自身的酶活性和持续作用能力，从而使 poly(A) 尾脱腺苷酸化，导致 mRNA 降解。PARN 的突变与多种人类疾病有关，如骨质疏松症、骨髓衰竭和髓鞘形成减少。

（二）m^6A 修饰对 mRNA 稳定性的影响

m^6A 是真核生物 mRNA 中最丰富的修饰方式，可影响 mRNA 的稳定性、翻译效率、可变剪

接和定位等。此外，lncRNA 及 miRNA 等非编码 RNA, 也存在 m^6A 位点。通过 m^6A-RNA 免疫沉淀和深度测序相结合的方法，在哺乳动物 mRNA 中发现了数万个 m^6A 位点。虽然 m^6A 也偶尔出现在编码区和 5′-UTR，但它通常出现在长外显子、终止密码子附近和 3′-UTR。

哺乳动物 m^6A 修饰系统至少有三类关键蛋白：甲基转移酶（METTL3 和 METTL14 等）、去甲基化酶（FTO 等）和识别并结合 m^6A 的效应蛋白（effector protein，如 YTHDF1-3）。通过对 m^6A 效应蛋白的研究发现，m^6A 修饰与 mRNA 更新之间存在联系。例如，YTH 结构域家族（YTHDF）蛋白质与 m^6A-RNA 结合，可以调控 mRNA 的稳定性。其中，YTHDF2 可以结合没有翻译活性的含 m^6A 的 mRNA，并将靶 mRNA 招募到 P 小体中进行降解或沉默翻译（图 7-6A）。P 小体中富含脱帽蛋白质、核酸外切酶等降解因子和翻译抑制因子。但也有研究发现 THDF2 可以结合正常稳定的 mRNA 的 3′-UTR 并直接快速降解 mRNA。与 YTHDF2 相反，YTHDF1 也可以选择性地结合 m^6A 修饰的 mRNA，促进核糖体结合于 m^6A 修饰的 mRNA，促进靶 mRNA 的翻译。这种效应在细胞应激反应中特别容易观察到，当细胞处于应激状态时，YTHDF1 被作为应激颗粒（stress granule），将停滞的翻译起始复合物稳定在应激颗粒中。一旦应激缓解，与 YTHDF1 结合的停滞 mRNA 就能迅速恢复翻译。因此，在应激反应中，m^6A 修饰的 mRNA 通常比没有修饰的转录本具有优势。另外，YTHDF1 和 YTHDF2 存在大量共同的 mRNA 靶点，说明 YTHDF1 和 YTHDF2 对一些 mRNA 的调控可能存在一个动态平衡。

除通过 m^6A 效应蛋白调控 mRNA 稳定性以外，影响 RNA 结构是 m^6A 调控 mRNA 稳定性的另一条途径。m^6A 位点附近的 RNA 结构比没有甲基化修饰的区域通常更易于形成单链结构。而可逆的 m^6A 修饰作为改变 RNA 结构的开关，能打开或关闭某些特定的 RNA 结构模体。这种由 m^6A 驱动的 RNA 结构改变可能影响整个转录组中 RNA 与蛋白质、RNA 与 RNA 甚至 RNA 与 DNA 间的相互作用。例如，RNA 茎-环结构中的尿嘧啶碱基束通常与 m^6A 修饰的共有序列（consensus sequence）RRACH（R=A/G,H=A/C/U）发生碱基配对。RRACH 序列上的 m^6A 修饰会使 mRNA 茎环失去稳定性，尿嘧啶碱基束变成单链与异质核糖核蛋白 C（hnRNPC）结合。另外，当 mRNA 发生 m^6A 修饰时，在 m^6A 附近 RNA 结合蛋白质 HuR 与其靶 mRNA 结合位点的相互作用受损，而 HuR 可以稳定含有富含 AU 的元件的 mRNA（图 7-6B）。

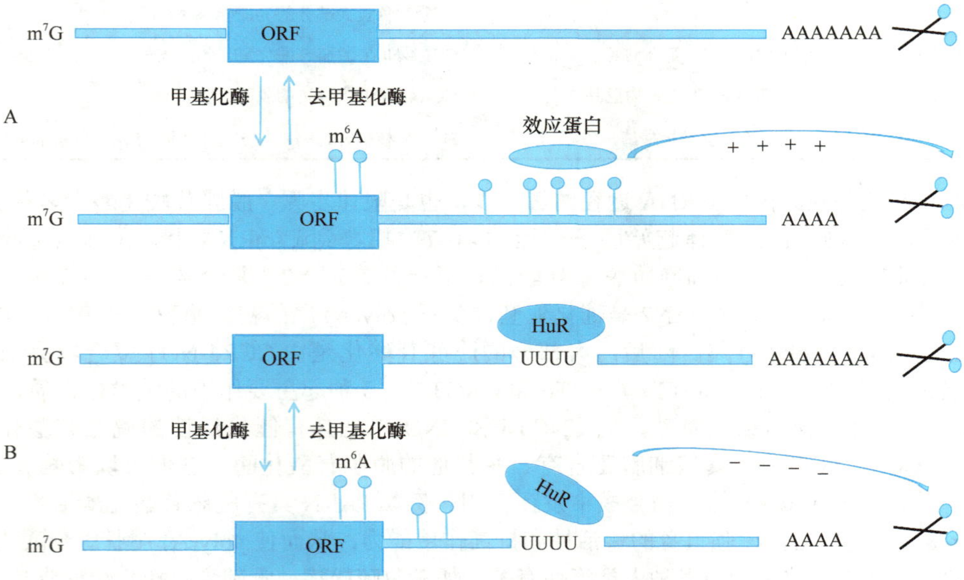

图 7-6 m^6A 修饰影响 mRNA 稳定性的模型

A. 当 mRNA 发生 m^6A 修饰时，效应蛋白与 m^6A 位点结合，促进靶 mRNA 的降解；B. HuR 与 3′-UTR 的尿嘧啶富集区结合，稳定靶 mRNA。当这种结合被邻近的 m^6A 修饰破坏时，mRNA 不再稳定

四、蛋白质翻译失调与疾病

（一）tRNA 功能障碍

tRNA 是蛋白质合成中信使核糖核酸翻译过程中破译遗传密码的关键衔接分子。与 tRNA 作为普遍表达的管家分子的传统观点相反，目前认为编码 tRNA 基因的表达具有组织和细胞的特异性。tRNA 基因的表达和功能都受到转录后 RNA 修饰的动态调节。此外，tRNA 丰度或功能的改变可能会产生有害后果，导致多种疾病的发生。研究表明，通过改变 tRNA 活性来重编程 mRNA 翻译是以密码子依赖的方式驱动的。

1. tRNA 的修饰及修饰酶　目前关于 RNA 修饰有 200 多种，其中约一半存在于 tRNA 中，包括甲基化、乙酰脱氨化、异构化、糖基化、硫代化反应和假尿苷化，其频率和分布取决于 tRNA 物种。在这些修饰中，tRNA 的甲基化是最显著的转录后修饰之一，发生在几乎所有碱基的氮环上，主要包括 N-甲基腺苷/鸟苷、N-甲基胞苷和 5-甲基尿苷（m^5U）。tRNA 的甲基化对其成熟和功能的执行至关重要。

tRNA 的甲基化是以 *S*-腺苷甲硫氨酸为甲基供体，由甲基转移酶催化的，包括 TRM10、NSUN 家族和 METTL 家族，而 ALKB 家族成员催化去甲基化。N4-乙酰胞苷（ac4C）通常被认为是一种保守的化学修饰核苷，ac4C 只能存在于真核 tRNA 的第 12 位。THUMPD1 与 tRNA 结合，tRNA 的 ac4C 是由 N-乙酰转移酶 10 借助 THUMPD1 催化产生。假尿苷（Ψ）是迄今为止已知的最丰富的 tRNA 修饰类型。在真核生物中，Ψ 合成酶（pseudouridine synthases，PUS）有 10 种不同的类型，即 PUS1～PUS10。

tRNA 因其高丰度和存在大量的修饰被认为是研究 RNA 修饰的一个很好的模型，碱基修饰可以影响 tRNA 的正确折叠和稳定的三级结构，对于准确和高效的翻译及影响细胞的耐热性和应激都有重要的作用。

2. tRNA 修饰与生物学过程　tRNA 修饰影响 tRNA 结构稳定性、蛋白翻译、细胞周期、免疫以及氧化应激。

（1）tRNA 的稳定性与 tRNA 修饰有关：发生在 tRNA 上的甲基化修饰通常会破坏典型的碱基配对，从而影响 tRNA 的高级结构。在 tRNA 中，大部分碱基修饰位点集中在两个区域，一个位于 tRNA 三级结构的核心区域（D 环或 T 环），另一个位于反密码子结构区。修饰对结构的影响取决于它们在 tRNA 中的类型和位置，包括对碱基疏水性的影响、碱基配对和堆叠，以及核苷酸的电荷稳定性的影响。发生在 tRNA 结构的核心区域修饰，特别是甲基化修饰，是维持 tRNA 二级和三级结构稳定性的必要条件。在人类 mt-tRNA 第 9 位腺苷酸的 m^1A9 修饰破坏了碱基配对的形成。与 m^1A 类似，tRNA 碱基的 m^1G 修饰也可破坏典型的碱基配对，干扰二级结构的形成。此外，tRNA 的修饰可以通过为局部结构的碱基提供一个疏水或亲水的环境来稳定 tRNA 的结构。m^5C48 增强了碱基之间的疏水性，促进了碱基的堆积，从而稳定了 tRNA 的 L 型三级结构。m^5C40 促进 Mg^{2+} 与 tRNA 的结合，可以稳定 tRNA 的三级结构。

此外，N6-苏酰氨基甲酰腺苷（t^6A）的侧链通过分子内氢键延伸，稳定反密码子环结构。Ψ 广泛分布于 tRNA 结构上，也有助于保持 tRNA 的正确形状。TΨC 结构域和 D 环上的正电荷与 tRNA 的三级折叠有关。研究表明，m^7G 和 m^1A 都可以通过携带正电荷来影响非沃森-克里克氢键的形成，从而影响 tRNA 结构的稳定性。在线粒体 tRNA 中，m^3C32 的修饰与 mt-tRNASer/Thr（UCN）的折叠有关，这是因为 m^3C32 带来正电荷来增强静电稳定性。

低修饰的 tRNA 对 RNA 降解体更加敏感，容易快速降解。因此，修饰后的核苷酸以多种方式影响 tRNA 的折叠和结构，进行有效翻译。

（2）tRNA 反密码环的修饰影响翻译的保真度：大多数转录后修饰发生在 tRNA 的反密码子环，对于不同翻译步骤的准确合成，如氨基酰化、解码和易位至关重要。1966 年经典的摆动假说认为反密码子的第 1 位为“摆动”位置，即这个位点的碱基可以与非标准配对的碱基结合。1991

年科学家修正了摆动假说，认为特定的碱基修饰选择了特定的密码子。tRNA 34 位和 37 位的核苷酸修饰对于遗传密码的准确有效翻译至关重要，34 位的修饰可以限制或扩展 tRNA 的解码能力。第 34 位的低修饰状态不利于密码子和反密码子的结合，影响翻译的保真度。此外，发现 34 位的修饰直接影响反密码环的碱基稳定性，从而影响翻译。

低修饰的 tRNA，如缺乏 mcm^5s^2U34，不能有效地解码其同源密码子，导致核糖体悬浮，从而影响蛋白质稳态。在 $tRNA^{Met}$ 摆动位置的 ac4C 可以提高 tRNA 读取非起始 AUG 密码子的准确性，削弱 tRNA 与密码子 AUG 之间的亲和力，从而减少密码子的翻译，最终影响蛋白质的合成。此外，ac4C 的“远端”构象可以阻碍蛋白质翻译过程中对 AUA 密码子的误读。在 tRNA 中，m^5C 能够优化密码子-反密码子配对，并控制翻译效率和准确性。相应 tRNA 的 m^7G 可能影响核糖体易位。在 $tRNA^{Met}$ 摆动位置的 ac4C 可以提高 tRNA 读取非起始 AUG 密码子的准确性，削弱 tRNA 与密码子 AUG 之间的亲和力，从而减少密码子的翻译，最终影响蛋白质的合成。此外，ac4C 的“远端”构象可以阻碍蛋白质翻译过程中对 AUA 密码子的误读。在 tRNA 中，m^5C 已被证明可以优化密码子-反密码子配对，并控制翻译效率和准确性。相应 tRNA 的 m^7G 可能影响核糖体易位。缺乏 METTL1 则促进核糖体在 mRNA 上的运动，导致 m^7G tRNA 解码频率更高，说明 m^7G tRNA 的修饰和相关修饰酶的表达影响翻译效率。

t^6A 通常是位于 tRNA 第 37 位的保守修饰，可以促进 tRNA 与 A 位点密码子的结合和高效易位，保证了翻译的效率和正确性。在酿酒酵母中，PUS1 依赖的假尿苷化对于体内特定的解码事件非常重要。PUS1 的缺失显著增加了 $tRNA^{His}$ 对 CGC（Arg）密码子的误读。这些修饰共同影响密码子与反密码子的结合，从而影响蛋白质的翻译过程。

（3）tRNA 修饰影响细胞周期：tRNA 修饰水平影响 Cdc13 的聚集状态和细胞分裂。在 tad3-1 突变体细胞中，由于 tRNA 的第 34 位 A 到 I 的转换受损，G_1 期和 G_2 期均有阻滞。在 Trm9 突变体细胞中，缺乏 Trm9 依赖的 tRNA 修饰（mcm^5U），相对 G_2 期，S 期有所增加。mcm^5U 可能通过延长因子相互调控 mTORC 信号通路和 tRNA 修饰影响细胞周期。METTL1 介导 m^7G tRNA 修饰。在小鼠胚胎干细胞和肝内胆管癌细胞中，*METTL1* 基因敲除后，G_2 期的百分比增加，导致细胞增殖减缓和集落形成能力受损。此外，TRMT2A 参与了 tRNA 第 54 位（m^5U54）尿嘧啶的 5-甲基化，是哺乳动物细胞周期的潜在调控因子。

（4）tRNA 修饰与氧化应激相关：定量质谱分析用以评估和比较 tRNA 修饰丰度的变化。诸多明确的证据支持 tRNA 修饰，特别是甲基化，与应激密切相关。特异性 m^5C 调节细胞应激反应。氧化应激下，tRNA48 位点 m^5C 量减少。NOP2/Sun RNA 甲基转移酶 3（NOP2/Sun RNA3，NSUN3）介导的线粒体 $tRNA^{Met}$ 反密码子环中的 m^5C 缺失导致应激下线粒体活性氧（reactive oxygen species，ROS）的减少。NSUN2 介导的 tRNA 甲基化的缺失使细胞对氧化应激刺激更敏感，而过表达 NSUN2 的细胞在应激条件下具有更高的细胞活力。此外，在热休克后，DNMT2 重新定位到应激颗粒上，而应激诱导的 tRNA 的裂解依赖于 DNMT2。

（5）某些 tRNA 修饰与感染相关，可以调节免疫功能：阿德林·加尔瓦尼等研究表明在饥饿和抗生素应激条件下，tRNA 中的 G_{m18} 甲基化选择性地增加，通过 RNA/TLR7 轴抑制宿主的免疫应答。在 T 细胞激活过程中，tRNA 的修饰水平发生了改变。也有研究表明 TRMT61a 介导的 tRNA58 位 m^1A 修饰通过调节密码子解码，翻译多个关键蛋白，如 MYC，以确保 $CD4^+T$ 细胞的快速免疫应答，将为改善 $CD4^+T$ 细胞介导的炎症反应和提高肿瘤免疫治疗疗效提供新的 RNA 表观遗传学策略。

3. tRNA 修饰和疾病 tRNA 修饰缺陷所导致的病理后果称为“tRNA 病变”，发生在许多组织和细胞中。异常的 tRNA 修饰通过破坏 tRNA 的稳定而影响正常的翻译，导致各种疾病，包括癌症、神经系统疾病、糖尿病、线粒体疾病等。

（1）tRNA 修饰和它们修饰的酶的表达与癌症进展有关：已发现的 tRNA 修饰类型与癌症之间的关系，包括 m^7G、m^6A、m^1A、mcm^5U34、m^5C 和 Ψ。

m^7G 位于 tRNA 的 46 位，是最常见的 tRNA 修饰。在哺乳动物中广泛存在的 m^7G tRNA 甲基化组与肿瘤的癌变和发展有关。METTL1 介导 m^7G 修饰的 tRNA 的改变，并使特异性 tRNA 富集，特别是 $tRNA^{Arg}$-TCT-4-1，它增加了具有 AGA 起始密码子的 mRNA 的翻译，从而调节细胞周期。在黑色素瘤、脂肪肉瘤、多形性胶质母细胞瘤和急性髓细胞性白血病等肿瘤中，METTL1 的缺失导致 m^7G tRNA 甲基化和表达降低，细胞周期和整体翻译及细胞生长均受到抑制。

在肝内胆管癌中，METTL1/WDR4 介导 m^7G tRNA 修饰水平增加与临床肿瘤淋巴结转移（tumor node metastasis，TNM）晚期分期和不良预后相关，这可能是因为 METTL1/WDR4 介导的 m^7G tRNA 修饰以选择性的方式影响癌细胞周期基因和 EGFR 信号通路的基因的翻译，在肝内胆管癌中有更高频率的 m^7G 相关的密码子。m^7G tRNA 修饰通过密码子频率依赖机制增强了靶 mRNA 的翻译。高水平的 METTL1 与接受放疗治疗的不良预后显著相关。射频消融术不足与肝细胞肝癌的高复发率相关。m^7G tRNA 修饰促进亚致死热应激下 SLUG/SNAIL 的翻译，METTL1-m^7G-SLUG/SNAIL 轴有可能成为预防射频热消融后肝细胞肝癌转移的治疗靶点。此外，m^7G tRNA 修饰对于增强体内的仑伐替尼（lenvatinib）耐药性至关重要，而 METTL1 与海拉（HeLa）细胞中的 5-氟尿嘧啶敏感性有关。

METTL1 介导的 m^7G tRNA 通过调节 PI3K/Akt/mTOR 分子轴的整体 mRNA 翻译来增强头颈部鳞状细胞癌的发展和恶性程度。在肺癌中，METTL1 介导的 m^7G tRNA 修饰和 m^7G tRNA 解码密码子的使用，增强 mRNA 的翻译，进而促进肺癌进展。METTL1 可能参与了 A549 细胞的自噬，并可能通过 Akt/mTORC1 通路在 LUAD 细胞中发挥作用。在鼻咽癌中，METTL1/WDR4 和 m^7G tRNA 修饰通过 WNT/β-catenin 通路增强鼻咽癌细胞的上皮-间充质转换过程，促进鼻咽癌进展，而 METTL1 与鼻咽癌细胞对顺铂和多西紫杉醇的化学敏感性有关。在食管鳞状细胞癌中，发现一种新的由 m^7G tRNA 修饰介导的翻译调节机制，METTL1 过表达与 RPTOR/ULK1 轴密切相关，该机制将自噬与翻译机制联系起来。综上所述，m^7G tRNA 修饰可以通过多种方式影响癌症的发生和发展，METTL1 可作为癌症诊断和预后的标志物及治疗靶点。

肿瘤 tRNA 中的 m^6A 是另一个重要的转录后修饰。这种甲基化是一种动态可逆的 tRNA 修饰，可以被去甲基化酶 ALKBH5 逆转，通过增强肿瘤干细胞的增殖和自我更新来促进脑胶质瘤的发展。ALKBH3 去甲基化酶修饰的 tRNA 可以提高细胞中的蛋白翻译效率，这对肿瘤增殖至关重要，并被认为是人胰腺癌的治疗靶点。在结直肠癌中，m^6A 调节因子的突变影响患者的预后，并可能与结肠组织中的免疫细胞浸润有关。此外，m^6A RNA 甲基化调控因子作为结肠癌和前列腺癌的预后因子及潜在治疗靶点，在临床癌症预后模型中具有很高的前景。

（2）tRNA 修饰与神经系统疾病有关：与 tRNA 修饰的相关基因已被证明与神经发育障碍相关。

在甲基化修饰方面，*NSUN2* 基因突变导致缺乏特定的 5-胞嘧啶甲基化 C47 和 $C48tRNA^{Asp}$，患者出现中度至重度智力障碍、面部畸形和远端肌病。NSUN2 介导的 tRNA 甲基化对于中间祖细胞的迁移和分化是必不可少的。NSUN3 突变的患者表现为早发性线粒体脑病和癫痫发作，可能是由于 mt-$tRNA^{Met}$ 甲基化受损影响线粒体翻译所致。

此外，人类细胞中 DARLD3 的缺失阻断了 $tRNA^{Arg}$ 的 m^3C 形成。*DALRD3* 基因缺失的个体将会出现早发性癫痫性脑病和严重的发育迟缓；m^7G tRNA 修饰参与了神经分化和大脑发育。WDR4 的突变与 METTL1 相互作用形成复合物，导致 m^7G 介导的 tRNA 修饰缺陷，并干扰神经谱基因的正确表达。

ac4C 和神经系统 THUMPD1 参与调控 tRNA 的修饰。马丁 · 布罗利（Martin Broly）等报道了来自 8 个家族的 13 个个体出现了罕见的 THUMPD1 突变，导致 $tRNA^{Ser}$-CGA 的 ac4C 修饰缺陷，最终导致蛋白质合成受损，从而影响神经发育重要阶段的蛋白稳态。

Ψ 修饰和神经系统功能密切相关。PUS3 突变可导致一种罕见的神经发育障碍。PUS3 中一个新的纯合子截短突变与智力损伤相关，该突变的患者在 tRNA38 和 39 位置的尿嘧啶异构化水平下降。PUS7 突变的患者表现出延迟的言语和攻击行为。此外，腺苷脱氨酶 tRNA 特异性的 ADAT2/3（ADAT2/ADAT3）复合物可以催化腺苷的脱氨作用。如果 ADAT2/3 发生突变，可导致常染色体隐性遗传性精神障碍。EPL3 是延长复合体的一个亚基，它修饰 tRNA 摆动位置的尿苷，在肌萎缩性侧索硬化症的运动皮质中低表达，这可能与 mcm^5s^2U 修饰的 tRNA 水平有关。

（3）tRNA 修饰和 2 型糖尿病有关：TRMT10A 是一种 tRNA 甲基化酶，将 tRNA9 位的鸟苷甲基化，TRMT10A 的缺失会使 β 细胞对凋亡敏感。TRMT10A 的纯合突变与儿童糖尿病相关。

（4）tRNA 修饰与线粒体疾病相关：线粒体病又称线粒体脑病，是一种由线粒体功能障碍引起的疾病，具有多种临床表型，包括失明、耳聋、运动障碍和肌病。没有 tRNA 修饰的线粒体常导致严重的病理后果。例如，PUS1 的一个错义突变与人类中伴有乳酸酸中毒和铁母细胞性贫血的线粒体肌病有关。TRMT10C 的突变会影响 mt-tRNA 的加工和线粒体蛋白的合成，导致新生儿的耳聋等线粒体疾病。NSUN3 是 mt-tRNA 的一种 m^5C 甲基化酶，专门修饰 mt-$tRNA^{Met}$ 的“摆动”第 34 位。大多数 mt-$tRNA^{Met}$-C34 形成 m^5C，并被 ALKBH1 进一步氧化生成 f^5C。NSUN3 或 ALKBH1 的缺失会影响线粒体翻译，导致细胞增殖减少，并可能与早发性线粒体脑肌病和癫痫发作有关。线粒体脑肌病、乳酸酸中毒、卒中样发作和肌阵挛性癫痫是一组由 mt-$tRNA^{Leu}$（UUR）第一个反密码子核苷酸缺乏牛磺酸修饰引起的线粒体疾病。由于缺少位于 $tRNA^{Leu}$-C34 的自然发生的修饰核苷 5-牛氨基甲基尿苷（τm^5U），导致密码子翻译的错误。高剂量牛磺酸可改善外周血白细胞线粒体 $tRNA^{Leu}$（UUR）修饰缺陷。Mtu1（Trmu）是一种高度保守的 tRNA 修饰酶，与 $tRNA^{Lys}$、$tRNA^{Glu}$ 和 $tRNA^{Gln}$ 的“摆动”第 34 位点的 τm^5s^2U 修饰有关。这些异常修饰通过影响线粒体呼吸来影响翻译功能。

（二）核糖体病

核糖体作为蛋白质翻译的场所，其组装和（或）功能的非致命性变化会导致细胞功能障碍和潜在的疾病。核糖体病（ribosomopathy）是由核糖体成分（RP、rRNA）或与核糖体组装有关的因子缺陷引起的疾病。

1. 核糖体病的特征 核糖体病的一个显著的特征是表型异常的组织特异性。尽管每个细胞都依赖于核糖体将 mRNA 翻译为蛋白质，但核糖体病的相关异常表型仅限于特定的组织，如造血系统。核糖体病的第二个特征是疾病表型的进化，即从细胞低增殖引起的早期症状到后期癌症风险的升高。

2. 先天性核糖体病 1999 年在戴-布综合征（Diamond-Blackfan sydrome，DBS）患者中首次描述了复发的 RPS19 突变。后来在 50% DBS 患者中发现了 RP 突变，其中 RPS19、RPL5（UL18）、RPL11（UL5）和 RPS10（ES10）的功能丧失突变是最常见的突变形式。除 DBS 外，研究最多的核糖体病包括施瓦赫曼-戴蒙德综合征（Shwachman-Diamond syndrome，SDS）、先天性角化不良（dyskeratosis congenita，DC）、软骨毛发发育不全（cartilage-hair hypoplasia，CHH）和特雷彻 · 柯林斯综合征（TCS）。

在抑郁症中，90% 的患者表现出 *SBDS* 基因的失活突变。*SBDS* 编码一种反式作用因子，通过促进真核细胞 eIF6 从 60S 前亚基的释放而参与 60S 亚基的胞质晚期成熟。eIF6 通过防止与 40S 亚基的过早结合，使新生的 60S 亚基在细胞质 60S 组装过程中保持不活跃。在抑郁症患者中，没有发生有效的 eIF6 释放，从而阻碍了 60S 的成熟。

在 CHH 患者中，发现 RMRP 突变。RMRP 为 RNA Component of Mitochondrial RNA Processing Endoribonuclease 的缩写，即线粒体 RNA 加工的内核糖核酸酶的 RNA 成分。RMRP 突变或敲除通过抑制内部转录间隔区 1（ITS1）中前体 rRNA 的切割，限制 18S 和 5.8S rRNA 的成熟，影响 rRNA 的加工。

25% 的 DC 患者携带 *DKC1* 突变，*DKC1* 编码假尿苷合成酶 1，使 rRNA 发生假尿苷化。DKC1 还在端粒维持中发挥作用，并与在 DC 中反复突变的其他基因，如 TERF1 互作的核因子 2、端粒 RNA 组分或端粒逆转录酶等基因共同发挥作用。

TCS 是由 TCOF1、POLR1C 和 POLR1D 缺失或突变导致聚合酶Ⅰ/Ⅲ活性缺乏引起的。这些缺陷导致成熟核糖体水平降低和整体翻译降低，从而削弱细胞功能并促进静止状态。DBS、SDS 和 DC 的特点是在生命早期出现骨髓衰竭表型，随后在生命后期发展为癌症的风险增加。但是，TCS 与癌症发病率增加与骨髓衰竭无关。

最近，RPS20 的种系截短突变（uS10）被确定为结肠癌易感突变，RPS20 的敲低也被证明会损害核糖体前体 RNA 的成熟。

3. 体细胞核糖体病变　体细胞核糖体病变的分子机制包括 RP 突变和 rRNA 拷贝数改变。对癌症患者样本和细胞系的基因组分析显示，出现 RP 缺失。超过 95% 的这些 RP 缺失是杂合的，对于非必要的 RP（如 RPL22）也存在纯合缺失。癌症患者中 *RP* 基因的缺失有时也会影响抑癌基因，如 TP53 和 CDKN2A/B。动物模型实验已证实 *RP* 基因杂合缺失的致癌作用。

目前关于 rDNA 变异在人类疾病中的作用的研究很少。个体之间的 rDNA 拷贝数在 50 到 1500 份之间不等。rDNA 操纵子在组装和活跃翻译核糖体的 rRNA 组分中编码了数千个单核苷酸变体，支持 rDNA 基因组变异可以产生异质核糖体的可能。rDNA 位点的基因组不稳定性存在于与癌症风险升高相关的先天性疾病中，如布卢姆综合征和共济失调毛细血管扩张症。多种肿瘤类型中发现 45S rDNA 的拷贝数减少。肿瘤中 45S rDNA 拷贝数的丢失通常伴随着核糖体生物发生的激活因子 mTOR 的过度活跃。因此，rDNA 的丢失可能是重新平衡核糖体生物发生的一种机制。此外，在肿瘤中发现 rDNA 拷贝数丢失而伴有组蛋白 H3 的伴侣 ATRX 突变的富集，支持 ATRX 在 rDNA 维持中的作用。rDNA 拷贝数丢失的肿瘤细胞对 DNA 损伤剂和 RNA 聚合酶Ⅰ抑制剂表现出更高的敏感性。

4. 核糖体病的致癌机制　核糖体病中的致癌机制分为三类：第一类涉及核糖体基因缺陷对核糖体蛋白合成功能的直接影响。核糖体缺陷不仅会致核糖体错误组装导致核糖体不足，还改变了错误组装的、结构不同的核糖体的翻译输出。因此，由此产生的翻译组可以转向促进生长和致癌蛋白的表达特征。第二类是参与核糖体病变的 RP 的核糖体外的功能可能有助于致癌转化，因为一些 RPs 以不依赖翻译的方式调节主要的癌症蛋白。第三类涉及核糖体缺陷对细胞蛋白质和能量代谢的影响，这可能导致细胞应激，从而促进继发性突变的获得。

在细胞和分子水平，核糖体病的特征是一系列促进癌症的细胞表型，体现在以下 5 个方面：

（1）重编程翻译过程，影响造血和促进癌症 mRNA 子集的翻译：核糖体在核心 RP、rRNA 和与核糖体相互作用的蛋白质水平上存在异质性。不同组成的核糖体表现出特殊的功能，优先翻译特定的 mRNA。在核糖体病和癌症中，RP 突变不仅对核糖体组装产生负面影响，这些突变还改变了核糖体对特定 mRNA 的内在偏好，由此产生的特化蛋白质组可能有助于实现癌前状态。

许多 RP 突变细胞模型显示出翻译速度和保真度的改变。例如，mRNA 中的内部 IRES 元件可以招募不依赖于典型的帽驱动的翻译起始的核糖体。这些元件经常在编码应激反应基因的 mRNA 上发现，在细胞应激的条件下，当帽依赖的翻译被抑制时，它们的翻译能够迅速激活。在生理环境中，特定的 RPS 可以促进含有 IRES 的 mRNA 的翻译。一个例子是 Rpl38，它是 IRES 介导的 *HOXA* 基因翻译所必需的。核糖体的突变可以影响 IRES 介导的翻译速率。例如，RPL10-R98S 突变驱动 IRES 介导的抗凋亡因子 BCL-2 在白血病细胞中的特异性和结构性过表达。这使核糖体突变细胞能够在与 RPL10-R98S 突变相关的高水平氧化应激中存活。

除 RP 突变外，有缺陷的 RNA 修饰也会影响 IRES 介导的翻译。与 DC 相关的 DKC1 突变抑制了含有 IRES 的特定 mRNA 的翻译，例如编码肿瘤抑制因子 TP53 和 CDKN1B，以及抗凋亡因子 BCL2L1 和 XIAP 的 mRNA，它们增强了 VEGF 的 mRNA 的 IRES 翻译。此外，TP53 失活的癌细胞表现出 rRNA 甲基化酶 fibrillarin 的表达增加，导致 rRNA2′-O 甲基化改变，并增加了癌症基因的 IRES 依赖的翻译。以上提示缺陷核糖体依赖于 IRES 的翻译改变可能通过将平衡转移到致癌蛋白而牺牲抑癌基因来促进核糖体疾病中的癌症转化。

（2）蛋白酶体功能的改变，导致蛋白质亚群的稳定或降解增加，包括癌基因和抑癌基因的编码蛋白产物：蛋白酶体发挥与核糖体相反的细胞功能，即降解被泛素标记的蛋白质。核糖体和蛋白酶体的功能是相互关联的。例如，在从小鼠胚胎成纤维细胞中获得核糖体相互作用组研究中，鉴定出了15个蛋白酶体蛋白成分。在人类细胞中发现RPL5-SMB1之间，以及RPL11-PSMD4之间的核糖体蛋白-蛋白酶体相互作用。RPS19在25%DBS患者中受到影响，并与蛋白酶体亚基、PSMC5和PSMC6相互作用，这种相互作用在与DBS相关的R62W和R101H RPS19突变体中消失。核糖体缺陷对蛋白酶体的功能有影响，而蛋白酶体抑制剂可能有用于治疗RP突变体疾病的潜力。

（3）细胞代谢重编程的变化，包括糖酵解、丝氨酸/甘氨酸合成的改变：细胞蛋白质合成是细胞中最消耗能量的过程之一，消耗30%的细胞ATP。在与核糖体病相关的疾病中观察到糖酵解改变。CHH患者的白细胞显示糖酵解酶mRNA表达升高，如果糖-1,6-双磷酸酶1、葡萄糖激酶和己糖激酶2。SDS患者淋巴母细胞中丙酮酸降低和乳酸水平升高。在DBS中，RPL11缺陷的斑马鱼和RPS19缺陷的小鼠胎儿肝细胞下调编码糖酵解酶的基因，并增加参与有氧呼吸的基因的表达。关键的糖酵解酶丙酮酸激酶同工酶2、果糖-二磷酸醛缩酶A和乳酸脱氢酶A直接与核糖体结合，推测核糖体病变中核糖体可用性的改变可能直接影响糖酵解酶的可用性和活性。

丝氨酸合成的调节是一种糖酵解转移途径。对表达RPL10-R98S突变的细胞进行转录组和翻译组联合分析发现，丝氨酸合成的关键酶磷酸丝氨酸磷酸酶（phosphoserine phosphatase，PSPH）在RPL10-R98S突变细胞中转录和翻译效率更高。这种突变体核糖体依赖PSPH翻译的增加导致丝氨酸/甘氨酸合成增强，从而促进嘌呤合成。DBS患者的成纤维细胞中丝氨酸/甘氨酸合成酶、磷酸甘油脱氢酶、磷酸丝氨酸转氨酶1和线粒体丝氨酸羟甲基化酶2水平均升高。

（4）核糖体病的体细胞显示出较高水平的ROS和DNA损伤，可促进次级突变的发生，并在癌症转化中起关键作用：RP表达水平、RP突变或组装因子的变化可导致细胞代谢偏好的动态性适应。增强的ROS水平可诱导不同的细胞结果：低ROS水平通过激活PI3K和MAPK信号通路刺激细胞增殖，而高水平的ROS抑制细胞增殖。ROS水平的升高与癌症中DNA损伤和基因组不稳定性的增加有关，白血病相关的RP缺陷与DNA损伤的升高有关，并具有与氧化应激相一致的突变特征。DBS模型也显示出氧化应激和DNA损伤的增强。与白血病相关的RPL10-R98S突变可能是由过氧化物酶体活性的增强引起的。野生型RPL10可调节与ROS产生相关的蛋白的表达，并控制胰腺癌中线粒体ROS的产生。高氧化应激还可诱导线粒体功能障碍，干扰ATP的产生，可能导致了早期核糖体病的低增殖特性。rRNA是氧化碱基损伤的靶点，氧化应激水平的增强会干扰核糖体组装和翻译延伸周期的不同子步骤，并降低蛋白质合成的保真度可进一步增加ROS的产生，导致一个氧化和翻译缺陷的细胞反馈回路，甚至可能进一步推进诱变表型。

（5）突变RP影响与翻译无关的其他功能的变化：RPS突变引起与翻译无关的其他功能的改变为肿瘤发生的一个重要的机制。RP的核糖体外的功能在RPL5和RPL11中最为明确。

c-MYC通过诱导rRNA和RP转录来增强核糖体的生物发生。RPL11结合c-MYC靶基因的启动子区域，从而减少c-MYC依赖的转录。RPL5和RPL11可以联合结合c-MYC mRNA并引导其进入RNA诱导沉默复合体进行降解。RPS14抑制c-MYC表达和功能。这些RP的突变或缺失可能通过c-MYC过表达促进转化。在小鼠淋巴瘤模型中，c-MYC上调被杂合Rpl11或Rpl22缺失加速。

第二个明确的RP核糖体外的功能是RP参与对TP53调控。大多数核糖体病的低增殖状态被认为与TP53激活有关。MDM2蛋白是TP53的核心调节因子，作为E3泛素连接酶，引导TP53降解。核糖体组装缺陷导致一些RP（如RPL5/RPL11）可以结合并隔离MDM2，从而诱导TP53活性。DBS细胞中的RPL5和RPL11突变与核糖体生物发生缺陷和细胞周期进展有关。RPL5或RPL11功能丧失可能通过丧失激活TP53的能力使DBS患者易患癌症。

（三）整合应激反应失调

整合应激反应（integrated stress response，ISR）是指细胞在接收到应激信号后，迅速减少整体的蛋白质合成，同时增加特定蛋白翻译以维持细胞稳态的反应。ISR 是一种进化保守的细胞内信号网络，帮助细胞、组织和机体适应环境的变化并维持健康状态。当受到营养缺乏、病毒感染或氧化还原失衡等刺激后，ISR 通过控制翻译效率来维持蛋白质稳态。通过下调 mRNA 的整体翻译水平为细胞在应激条件下修复应激损伤提供时间，同时上调特定蛋白质的合成以修复损伤。如果应激不能及时解除，ISR 会触发细胞凋亡以清除受损细胞。

1. ISR 的概念 ISR 的本质特征是调节细胞翻译起始 tiTC 的形成，这是整个翻译起始过程中的限速步骤。在细胞受到应激后，ISR 被激活，eIF2α 亚基在 Ser51 位点磷酸化，导致 eIF2α 构象发生改变，并与 eIF2B 发生强结合，使 eIF2 无法恢复到活化状态。细胞内 eIF2 的含量远远高于 eIF2B。因此，少量的 eIF2 被磷酸化即可对 eIF2B 产生明显的抑制效果，从而实现对 tiTC 及整体蛋白合成的调控。与此同时，tiTC 可用性降低也会上调一些特异性 mRNA 的翻译，其中最经典、最常见的是转录激活因子 4（activating transcription factor 4，ATF4）。ATF4 蛋白被翻译后，被转运到细胞核，参与调控一系列与应激相关的基因转录，包括伴侣蛋白、热激蛋白及与翻译恢复相关的蛋白如 GADD34 蛋白等，从而实现负反馈调控，在应激解除后迅速将蛋白质合成恢复到正常水平。

ISR 活性水平的精准调控对于机体生长发育及维持健康至关重要。异常的 ISR 包括 ISR 异常激活和过度抑制。ISR 异常激活在神经退行性变性疾病（阿尔茨海默病、帕金森病、肌萎缩侧索硬化）、肿瘤和心血管疾病等疾病发生和发展中发挥重要作用。ISR 过度抑制也会引起疾病发生，如 eIF2α 磷酸化位点突变致使 ISR 过度抑制，导致小鼠缺乏胰腺 β 细胞并在出生后 18 小时内死于低血糖。

2. IRS 的调控机制 机体对 ISR 的调控涉及多种激酶、磷酸酶及其他蛋白的共同参与及相互协作。根据其靶点位置不同，可将其分为三类：eIF2α 激酶、eIF2B 和 eIF2α 磷酸酶。

（1）eIF2α 激酶：不同的应激信号主要通过 4 种激酶被细胞感知，分别为一般性调控阻遏蛋白激酶 2（general control non-derepressible-2 kinase，GCN2）、双链 RNA 活化蛋白激酶（double-stranded RNA-activated protein kinase，PKR）、PKR 样内质网激酶（PKR-like endoplasmic reticulum kinase，PERK）及血红素调节抑制剂激酶（heme-regulated inhibitor kinase，HRI）。通过激活或抑制以上 4 种激酶对 ISR 进行调控。氨基酸缺乏、紫外线等应激信号可使 GCN2 在 Thr898/Thr903 位点发生自磷酸化，继而磷酸化 eIF2α。未折叠或错误折叠蛋白可促使 PERK 发生二聚化及自磷酸化，进而使 eIF2α 发生磷酸化。PKR 可感知病毒来源的 dsRNA 和类似于 mRNA 上 dsRNA 的二级结构，随后发生自磷酸化，激活 ISR。低血红素浓度可导致 HRI 自磷酸化，随后磷酸化 eIF2α 并调节蛋白质稳态。

（2）eIF2B：是一种双重对称的异十聚体复合物。机体细胞在感知不同应激后，4 种激酶被激活，eIF2α 被磷酸化，致使其构象发生改变，并与 eIF2B 发生强结合，使 eIF2B 无法从 eIF2-GDP 转化为 eIF2-GTP，从而抑制整体 mRNA 的翻译水平。VWMD 患者存在的相关 eIF2B 突变，如编码 eIF2Bε 亚基的 *EIF2B5* 基因发生 R113H 突变，编码 eIF2Bγ 亚基的 *EIF2B3* 基因发生 I346T 突变等，会破坏 eIF2B 十聚体的稳定性，造成其催化活性受损，使得 ISR 持续激活，最终导致疾病发生和发展。通过基因编辑或药物作用等方式增强 eIF2B 稳定性或活性，可抑制持续激活的 ISR，恢复蛋白质稳态。

（3）eIF2α 磷酸酶：eIF2α 磷酸化受 2 个磷酸酶复合物 PP1/CReP 和 PP1/GADD34 调控。PP1/CReP 持续性地对磷酸化的 eIF2α（phospho-eIF2α，p-eIF2α）进行去磷酸化，使得蛋白质合成保持在一个稳定的状态；PP1/GADD34 则是在应激情况下促进 p-eIF2α 去磷酸化，从而实现对 tiTC 浓度及蛋白质翻译速率的调控。因此，提高 eIF2α 磷酸酶表达水平或活性可有效抑制 ISR。

基于 ISR 在疾病中的重要病理作用，以 ISR 为靶点可以调控细胞内蛋白稳态，从而延缓或逆转疾病的进程。目前，靶向 ISR 的靶向药物的作用靶点分别为 eIF2α 激酶（PKR 抑制剂 SAR439883、PERK 抑制剂 GSK26064142、GCN2 抑制剂 GCN2iB）、eIF2B（整合应激反应抑制剂，促进 eIF2B 十聚体的组装并维持其稳定性，有利于 eIF2 恢复至活性状态）和 eIF2α 磷酸酶（槲皮素、Guanabenz、Sephin1），降低 p-eIF2α 水平。调控 eIF2α 磷酸酶活性或其表达水平或许可成为延缓阿尔茨海默病进程的有效靶点。

（吕立夏）

第八章　非编码 RNA 调控基因表达

第一节　调节性非编码 RNA 的表达

随着测序技术的发展，人类对基因组中蛋白质的编码基因的了解也在逐步加深。人类基因组的测序结果表明，只有大约 2% 的基因最终编码蛋白质，剩下 98% 的基因被认为只是无功能的“垃圾”。作为蛋白质合成的模板，信使 RNA（mRNA）长期以来已成为主要研究热点，而非编码 RNA（non-coding RNA，ncRNA）被认为是大量转录的副产物，其生物学意义较小。然而，研究显示，基因组的非编码部分会被“传递”到数千个 RNA 分子中，这些分子非但不是“垃圾”，还能调节生长、发育和器官功能等基本生物过程，而且似乎在整个人类疾病谱——特别是癌症中，起着关键作用。2005 年，人类在哺乳动物基因组中检测到了丰富的长链 ncRNA（long non-coding RNA，incRNA）。ncRNA 的发现为了解基因组其余部分的影响打开了一个新窗口，同时为理解癌症的发展过程以及治疗方式开创了新维度。

按照是否编码蛋白质，生物体内的 RNA 一般分为编码 RNA 和非编码 RNA 两大类，前者即 mRNA，后者种类较多，如参与氨基酸转运的 tRNA、核糖体 rRNA 等。ncRNA 参与多种生物过程，调节生理和发育过程，甚至疾病。它们已被确定为各种癌症类型的肿瘤抑制因子和致癌驱动因素。随着实验技术和大数据分析的发展，ncRNA 的多种相互作用逐渐被表征，并形成相互关联的复杂网络。

一、调节性非编码 RNA 的定义与分类

在 21 世纪初，对人类和小鼠基因组的初步测序和分析表明，98%“垃圾”DNA 可以被转录。除已被研究的 mRNA 之外，大多数转录本似乎并不编码蛋白质。因此，这些不编码蛋白质的转录本通常被称为非编码 RNA（ncRNA）。考虑到其调控作用，ncRNA 可分为两类（表 8-1）：管家 ncRNA 和调节性 ncRNA。

表 8-1　ncRNA 分类

ncRNA 分类	缩写	全名	核苷酸大小（nt）
管家 ncRNA（housekeeping ncRNA）	rRNA	ribosomal RNA	120～4500
	tRNA	tansfer RNA	76～90
	snRNA	small nuclear RNA	100～300
	snoRNA	small nucleolar RNA	60～400
	TERC	telomerase RNA component	/
	tRF	tRNA-derived fragment	16～28
	tiRNA	tRNA halves	29～50
调节性 ncRNA（regulatory ncRNA）	miRNA	microRNA	21～23
	siRNA	small interfering RNA	20～25
	piRNA	piwi-interacting RNA	26～32
	eRNA	enhancer RNA	50～2000
	lncRNA	long non-coding RNA	＞200
	circRNA	circular RNA	100～10 000

（一）管家 ncRNA

管家 ncRNA 在细胞中大量且普遍表达，主要调节一般细胞功能。虽然调节性 ncRNA 通常被认为是关键的调控 RNA 分子，但管家 ncRNA 也在表观遗传、转录和转录后水平上充当基因表达的调节因子。作为早期发现的 ncRNA 物种，管家 ncRNA 在过去几十年中得到了深入的研究，包括 rRNA、tRNA、小核 RNA（snRNA）、小核仁 RNA（snoRNA）和端粒酶 RNA。这些 ncRNA 通常很小，范围为 50～500nt，在所有细胞类型中均有表达，并且是细胞活力所必需的。除蛋白质合成中的 rRNA 和 tRNA，RNA 剪接中的 snRNA 和 RNA 修饰中的 snoRNA 等重要作用外，一些管家 ncRNA 还可以通过切割发挥调节作用。tRNA 延伸片段（tRNA-derived fragment，tRF）和翻译干扰 tRNA（translation interfering tRNA，tiRNA）是来源于 tRNA 或前 tRNA 的新型小调控 ncRNA。研究表明，tiRNA 可以通过在应激情况下招募蛋白质和 RNA 的聚集体来抑制翻译。此外，通过深度测序结合生物信息学分析，已经发现了一些源自 snoRNA 的小 RNA，如 sno 衍生 RNA、sno-miRNA 和 sno-piRNA 等。

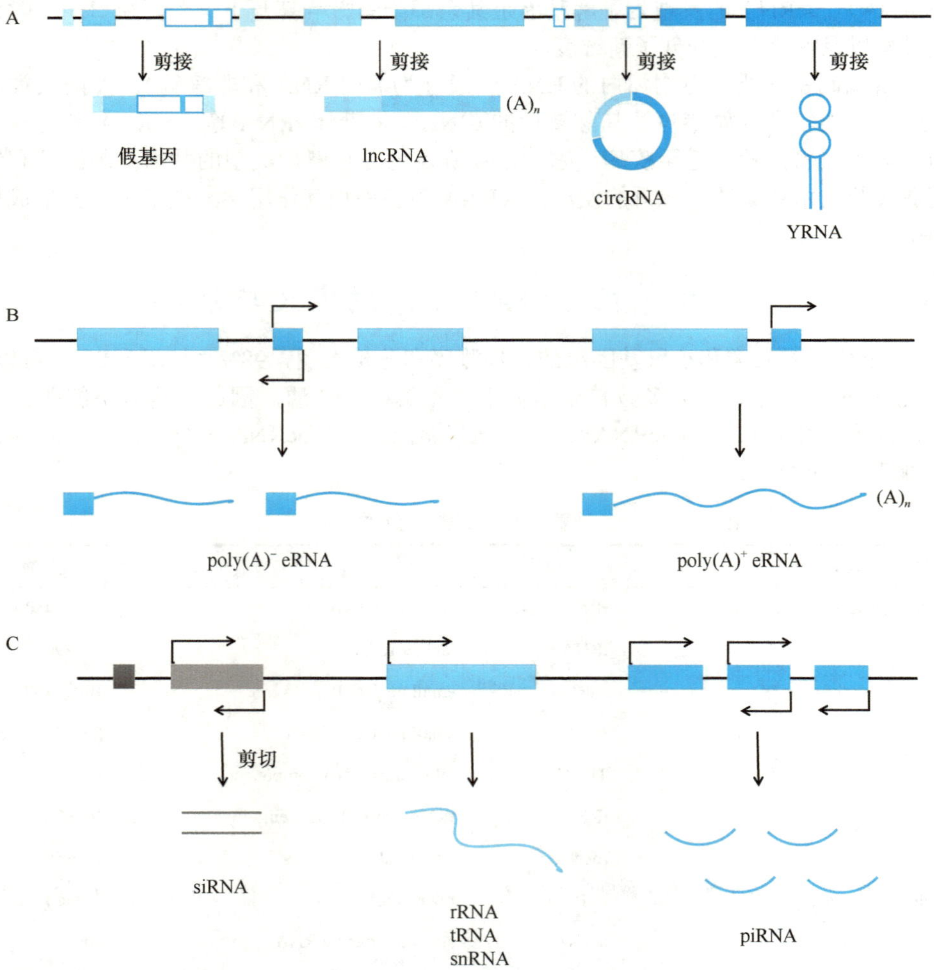

图 8-1 由真核基因组转录而来的不同类型的 ncRNA

A. 蛋白质编码基因中的外显子可以转录成假基因、lncRNA、circRNA 及从单个基因转录的 YRNA，其中大多数有丢弃内含子。B. 增强子区域可以转录为不同的转录本，称为 eRNA。C. TE 可以转录成 siRNA。rRNA、tRNA 或 snRNA 的基因是从单独的基因转录而来的。piRNA 和 miRNA 也可以来自各种基因间区域

（二）调节性 ncRNA

根据其平均大小，调节性 ncRNA 可进一步分为包含小于 200nt 转录本的小 ncRNA（small non-coding RNA，sncRNA）和大于等于 200nt 的 lncRNA。小 ncRNA 的主要类别是 microRNA（microRNA，miRNA）、小干扰 RNA（small interfering RNA，siRNA）、piwi 相互作用 RNA（piRNA）。lncRNA 则包括环状 RNA（circRNA）、线性 RNA（linearRNA）等（表 8-2）。然而，一些长度可变的 ncRNA 可能同时属于两个分类，例如启动子相关转录本、增强子 RNA（enhancer RNA，eRNA）和环状 RNA（circRNA）。各种小 RNA 类别之间的边界变得越来越难以辨别，但仍然存在一些区别。siRNA 和 miRNA 在系统发育和生理学方面分布最广泛，其特征在于其前体的双链性质。相比之下，piRNA 主要存在于动物中，在种系中发挥最明显的功能，并且来源于知之甚少但似乎是单链的前体。

表 8-2　调节性 ncRNA 分类及其基本特征

分类	ncRNA	特征	功能
sncRNA	miRNA	由转录的发夹环结构产生的单链小分子 RNA，长度为 18～25nt，内源性表达产物，只存在于真核生物中	可与靶基因 3′-UTR 互补配对，实现转录后水平的基因沉默
	siRNA	双链 RNA 分子，长度为 20～25nt，类似于 miRNA，只存在于真核生物中	在 RNA 干扰（RNAi）中，针对靶基因编码区降解该基因，从而降低基因表达
	piRNA	只存在于真核生物中，以 PIWI 蛋白命名，一类动物特异性小 ncRNA，长度为 24～31nt，由转座子和称为 piRNA 簇的离散基因组位点产生	在生殖细胞的生长发育中形成 piRNA 诱导的沉默复合物，调控转座子沉默，在转录和转录后水平沉默其靶标，在配子发育的过程中起重要作用
lncRNA	circRNA	一类独特的内源性 ncRNA，具有共价闭环结构，不具有 5′ 帽和 3′-poly(A) 尾，不仅保守性很好，而且相对稳定，更具组织特异性	circRNA 在多种生物过程中发挥着重要作用，如调节替代 RNA 剪接或转录、充当竞争的内源性 RNA、翻译蛋白等
	linearRNA	与 circRNA 不同，成熟的 linearRNA 具有 5′ 帽和 3′-poly(A) 尾	功能不详

二、不同调节性非编码 RNA 的生物合成途径

（一）miRNA

miRNA 于 20 世纪 90 年代首次发现于秀丽隐杆线虫中，之后又于果蝇、植物和哺乳动物中发现了数千种 miRNA，目前发现 miRNA 在几乎所有真核生物中都有表达，甚至有几种病毒也能够编码 miRNA。miRNA 的长度为 21～23nt，属于单链 ncRNA，它们是内源性表达的，并在转录后水平调控靶基因的表达。深入了解 miRNA 的保守结构和生物发生机制是理解 miRNA 调控基因表达的关键。异常的 miRNA 表达与多种疾病有关，包括癌症和神经系统疾病等。

编码 miRNA 的基因遍布整个基因组，其中很大一部分成簇存在。在某种程度上，miRNA 存在于蛋白质编码或非编码基因内，甚至与之重叠，这些基因的表达与人体对基因的转录和加工有关。在生物发生过程中，miRNA 经过转录、核成熟、输出和细胞质加工等步骤，才成为功能性 RNA（图 8-2）。

大部分 miRNA 基因通过 RNA 聚合酶Ⅱ(pol Ⅱ) 转录为多顺反子，而少数 miRNA 基因依赖于 RNA pol Ⅲ。转录产生 pri-miRNA，具有 mRNA 样修饰的特点，包括 5' 加帽和 3' 多聚腺苷酰化，pri-miRNA 的特征是覆盖茎-环结构中成熟 miRNA 序列的发夹结构。接着，由 microprocessor 核复合物（该核复合物包含 DGCR8 蛋白）介导，识别 pri-miRNA，之后由 RNase Ⅲ内切酶 Drosha 进行剪切，产生约 60 个核苷酸的发夹前体（pre-miRNA）。这些 pre-miRNA 由 Exportin-5 和

RAN-GTP 介导从细胞核转运到细胞质。随后，RNase Ⅲ 内切酶 Dicer 与 TRBP（TAR RNA binding protein，TAR RNA 结合蛋白）相互作用，切割靠近末端环的前体，释放约 22 个核苷酸的 RNA 双链。这种双链直接与 AGO 蛋白（argonaute protein）结合，组成 miRNA 诱导的沉默复合体（miRISC）。成熟的 miRNA（引导链）保留在复合体中，而双链的另一条链（过客链，miRNA*）被降解（图 8-2）。引导链的选择在空间上和时间上都是不同的，并且取决于前驱体的性质或进一步的加工因素。

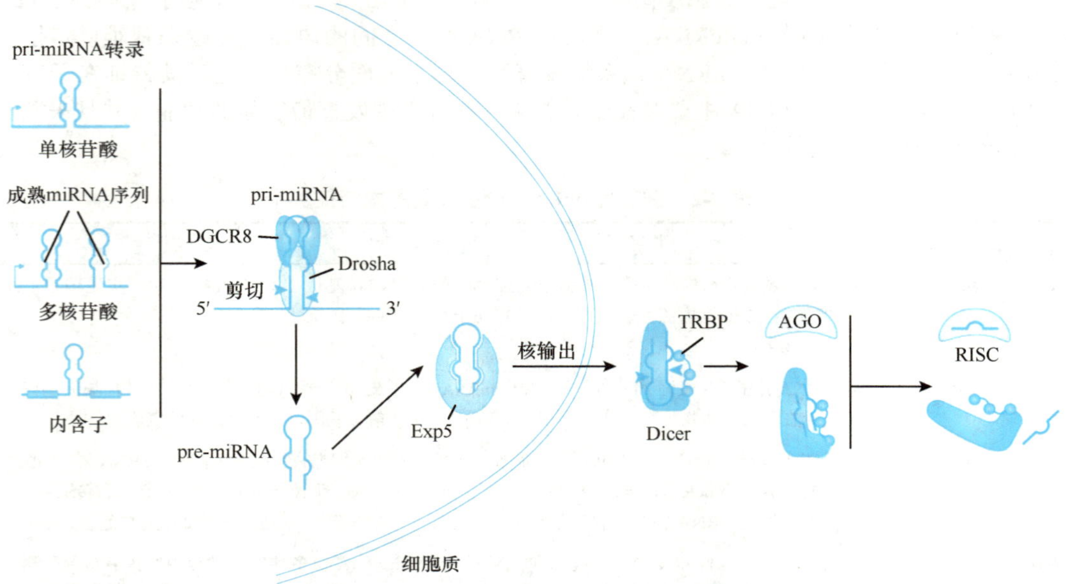

图 8-2　miRNA 的生物发生和功能

动物 miRNA 以单个基因（单核苷酸）、基因簇（多核苷酸）或宿主基因内含子（内含子）的形式编码。RNA 聚合酶 Ⅱ（图 8-2 中未显示）产生初级 miRNA（pri-miRNA）转录本，其中含有发夹和 5′ 及 3′ 侧翼序列。由 DGCR8 二聚体和 Drosha 组成的微处理器复合物会在发夹的茎部裂解 pri-miRNA，并释放出具有 2 个核苷酸悬垂的前体 miRNA（pre-miRNA）。输出蛋白 5（exportin 5，Exp5）结合 pre-miRNA，并促进其导出到细胞质中，Dicer 在靠近末端环的茎内将其裂解，并生成 miRNA 双链中间体。Dicer、TRBP 和 AGO 蛋白组装成 RNA 诱导的沉默复合体（RNA-induced silencing complex，RISC）装载复合体，一条 miRNA 链转移到 AGO 蛋白上，从而形成 RISC。

并非所有已知的 miRNA 都符合这种经典的生物发生途径。在另一种非经典途径中，miRNA 来源于短发夹内含子，称为 mirtron。Drosha 的第一个加工步骤由拼接体系代替。这一剪切事件产生的中间体在发夹结构形成之前被脱支。产生的 pre-miRNA 通过典型的生物发生途径加工。此外，前体 miRNA 还可以来源于小核仁 RNA（snoRNA）或 tRNA 前体。

（二）siRNA

小干扰 RNA（siRNA）又称短干扰 RNA 或沉默 RNA，是一类双链 RNA 分子，长度为 20～25nt，类似于 miRNA，但也存在着显著差异（表 8-3）。siRNA 通过与靶 mRNA 特异结合使靶 mRNA 降解，进而导致基因表达沉默。

siRNA 由双链 RNA (double strand RNA，dsRNA) 在细胞内被 RNase Ⅲ（如 Dicer）切割成 20～25nt 大小的双链 RNA。dsRNA 可以是外源的，如病毒 RNA 复制中间体或人工导入的 dsRNA；也可以是内源的，如细胞中单链 RNA 在 RNA 依赖的 RNA 聚合酶的作用下形成的 dsRNA。

表 8-3 miRNA 和 siRNA 的异同点

		miRNA	siRNA
相同点	前体	双链的 RNA 或 RNA 前体	
	长度	都在 22nt 左右	
	加工方式	都依赖 Dicer 酶的加工，是 Dicer 的产物，所以具有 Dicer 产物的特点；其生成都需要 Argonaute 家族蛋白存在	
	组分	都是 RISC 组分，所以其功能界限不清晰，如在介导沉默机制上有重叠	
不同点	来源	内源，是生物体的固有因素	人工体外合成的，通过转染进入人体内，是 RNA 干涉的中间产物
	结构	单链 RNA	双链 RNA
	Dicer 的加工过程	不对称加工，miRNA 仅是剪切 pre-miRNA 的一个侧臂，其他部分降解	对称地来源于双链 RNA 的前体的两侧臂
	作用位置	主要作用于靶基因的 3′-UTR 区	可作用于 mRNA 的任何部位
	作用方式	可抑制靶标基因的翻译，也可以导致靶标基因降解，即在转录水平后和翻译水平起作用	只能导致靶标基因的降解，即为转录水平后调控
	作用时机	主要在发育过程中起作用，调节内源基因表达	不参与生物生长，是 RNAi 的产物，原始作用是抑制转座子活性和病毒感染

（三）piRNA

piRNA 是一类小 RNA，大小为 26～32nt，由转座子和 piRNA 簇 14 产生。PIWI 蛋白具有核酸内切酶活性，可直接剪切细胞质中的靶 RNA，piRNA 在这一过程中起引导作用。此外，PIWI 蛋白的一个亚基介导细胞核中的转录沉默。在生殖细胞中，来自转座子和 piRNA 簇的互补转录本相结合，这一过程即为 piRNA 的生物发生，称为乒乓循环。为了得到成熟的 piRNA，PIWI 蛋白首先需要合成带有 5′ 单磷酸盐的长单链 RNA 片段，该片段称为 pre-pre-piRNA。之后，在 PIWI 结合区域下游 3′ 的位置，pre-pre-piRNA 进行核内分解，产生两个切割片段（称为 pre-piRNA）。

Zucchini 核酸内切酶（小鼠中的 MitoPLD 或 PLD6），位于线粒体外膜，介导 PIWI 结合的 pre-pre-piRNA 的切割，被认为是催化 pre-pre-piRNA 剪切为 pre-piRNA 的主要酶。研究人员发现 pre-piRNA 的产生存在两种机制：Zucchini 依赖性和非依赖性。Zucchini 依赖性机制中，切割发生在 pre-pre-RNA 的某段共有基序上，此过程需要 RNA 解旋酶 Armitage 的参与，会伴有 pre-piRNA 的 2′-*O*- 甲基化。相比之下，具有弱 Zucchini 共有基序的 pre-pre-piRNA 的切割是通过下游互补 piRNA 实现的，没有 pre-piRNA 的 2′-*O*- 甲基化。无论是哪种机制产生的 pre-piRNA，最终都被 Trimmer 和 Hen1 加工成熟。

（四）circRNA

circRNA 的鉴定重塑了人类对于 RNA 世界的理解。尽管已经发现了几十年，但先进的深度测序和生物信息学分析使 circRNA 最近获得了更多的关注。circRNA 的大小范围很广（100～10 000nt），而哺乳动物和植物中的大多数是数百个核苷酸。circRNA 是剪接事件的环化产物，由外显子、内含子、基因间区、非翻译区（UTR），甚至 tRNA 产生。与已知的一维 lncRNA 不同，circRNA 的 3′ 和 5′ 端共价连接在一起，形成单链连续环结构。circRNA 存在于所有生命体中，在真核生物中尤其丰富，进化保守，并且在某些细胞类型或发育阶段中具有特异性。与线性 lncRNA 一样，circRNA 种类繁多，含有单个或多个外显子。circRNA 的特殊之处在于其具有非凡的稳定性，这是由 circRNA 缺乏易发生核酸分解降解的暴露末端所致。

目前有关 circRNA 生物合成机制的解释仍不完全。circRNA 的发生不仅依赖于经典的剪接性位点，同时还依赖于经典的剪接性机制。circRNA 是由 pre-mRNA 的反向剪接产生的，内含子下游 5′ 端剪接位点反向与上游 3′ 端剪接位点连接，形成环状 RNA，并在反向剪接的外显子之间形成 3′,5′-磷酸二酯键。此外，在 mRNA 剪接过程中切除的内含子套索有时可以避免被降解，并在剪接供体和分支点之间形成具有 2′,5′-磷酸二酯键的环状 RNA，这些 RNA 环被称为环状内含子 RNA。circRNA 与成熟的 mRNA 均由同一个基因转录产生，circRNA 可以视为一种特殊的 mRNA 可变剪切产物，绝大部分的 circRNA 与 mRNA 使用相同的拼接位点和剪切机制（图 8-3）。

与线性 RNA 剪接相比，circRNA 的选择性剪接至少有 3 个独特的方面。首先，circRNA 的产生可以通过某种方式绕过其同源 mRNA 产生过程中使用的剪接位点。例如，在 *CAMSAP1* 基因中可以产生包括或不包括内含子的两种 circRNA 异构体。其次，通过选择性反向剪接，circRNA 中包含了数千个以前未注释的外显子，这些外显子在 mRNA 中往往是检测不到的。最后，circRNA 特异性的外显子似乎是高度动态调节的。例如，人类胚胎干细胞向神经系分化的过程中，一些外显子在环状 RNA（如 *XPO1* 基因产生的环状 RNA）中的含量显著增加，但在线性 RNA 中并没有。circRNA 的选择性反向剪接是如何实现的，以及选择性剪接的 circRNA 是否保留功能，仍需进一步研究。

最近的研究结果表明，侧翼内含子互补序列介导外显子环状化。内含子 circRNA 的生物发生既可以依赖剪接体，也可以不依赖剪接体。在剪接体剪接中，circRNA 来源于在 2′-5′ 分支点环状的内含子。这个分支包含一个从末端到分支点修剪的 3′ 尾部，但不知为何没有被完全降解，形成了稳定的 circRNA。自主剪接的内含子 circRNA 需要自催化核酶活性。有的内含子需要外源鸟苷酸交换因子，而有的内含子则进行自剪接。最后，由共价的 2′-5′ 磷酸二酯键形成一个连续的环。在其生物合成之后，circRNA 通过某种转运机制从细胞核释放到细胞质，在细胞质中发挥其生物学功能。

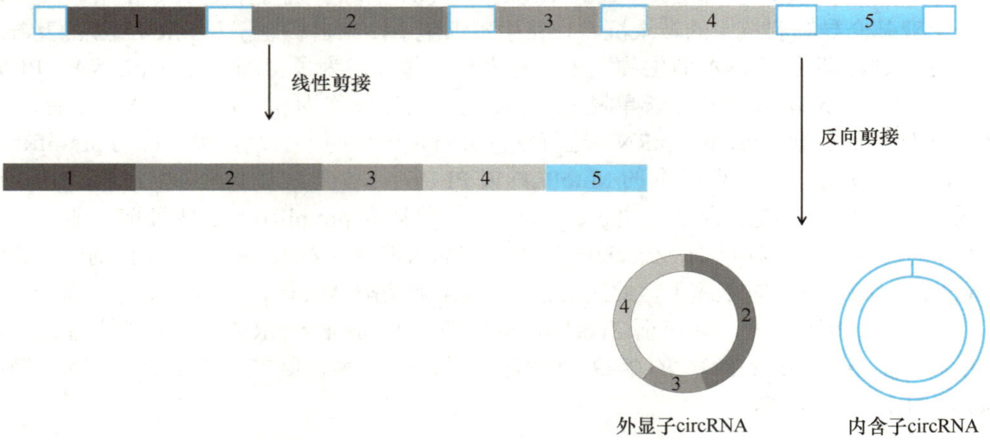

图 8-3　circRNA 的生物发生

图中显示的是线性和反向剪接产生线性 mRNA 和外显子或内含子 circRNA

第二节　非编码 RNA 调控基因表达的分子机制

一、调节性非编码 RNA 的一般途径

（一）ncRNA 与 mRNA 的相互作用

miRNA 与 mRNA 之间的相互作用会导致 mRNA 表达沉默。在肿瘤中，上调的 miRNA

可通过沉默编码肿瘤抑制蛋白的 mRNA 而成为致癌基因。循环 RNA hsa_circ_0032462、hsa_circ_0028173、hsa_circ_0005909 可调控细胞黏附分子 1（cell adhesion molecule 1，CADM1）基因，而在人类骨肉瘤中，该基因作为 miRNA 海绵的共表达 mRNA。因此，这些与骨肉瘤相关的 miRNA 可为人类骨肉瘤新疗法的开发提供解决方案。

（二）ncRNA-ncRNA 相互作用

ncRNA-ncRNA 相互作用表明非编码世界相互交叉，这些相互作用可能会影响许多生物过程，如表观遗传修饰、转录和翻译，从而获得新的基因组调控层。这些 miRNA 响应元件（miRNA response element，MRE），如 circRNA、lncRNA 和 eRNA，可作为竞争性内源 RNA（competitive endogenous RNA，ceRNA），在转录后水平上对多种生理和病理生理过程中的基因调控具有丰富的意义。例如，功能实验表明，circRNA hsa_circ_0001368 通过调节 miR-6506-5p/FOXO3 轴，作为海绵 miR-6506-5p 的 ceRNA，能减缓胃癌的生长。因此，hsa_circ_0001368 在胃癌中发挥着抑制肿瘤的作用，可用于胃癌治疗。

除上述不同 ncRNA（如 ceRNA）之间的相互作用外，还有同类 ncRNA 之间的相互作用，如 miRNA-miRNA 和 lncRNA-lncRNA。多个 miRNA 之间的相互作用丰富了转录后调控的复杂机制。在哺乳动物中，克尔克（Krek）等通过实验验证了 miR-375、miR-124 和 let-7b 的组合能协同抑制靶标。此外，miR-125a、miR-125b 和 miR-205 的功能性合作可共同抑制乳腺癌细胞中 erbB2/erbB3 的表达，这体现了通过 miRNA 依赖性/非依赖性机制治疗乳腺癌的新方法。更有证据表明，lncRNA-lncRNA 协同网络在肿瘤发生和肿瘤抑制通路中发挥着重要作用。例如，lncRNA 对 P53 生物网络有贡献，可作为 P53 调控因子 lncRNA 和 P53 效应因子 lncRNA，从而可促进以这些非编码分子为重点的诊断方法和疗法的发展。通过对全基因组表达数据集和功能信息的综合分析，可以确定协同的 lncRNA 对。

据报道，一种名为“全局 RNA 与 DNA 相互作用深度测序”的 RNA 测序技术可全面检测染色质与 RNA 之间的相互作用。通过 GRID-seq 发现了两个高表达的人类 lncRNA NEAT1（nuclear paraspeckle assembly transcript 1，核旁斑组装转录本 1）和 MALAT1（metastasis associated lung adenocarcinoma transcript 1，肺腺癌转移相关转录本 1），它们定位到哺乳动物的数百个基因组位点（大多是过度活跃的基因）。虽然 NEAT1 和 MALAT1 在活跃染色质上显示出不同的基因体结合模式，但它们表现出共定位。此外，增强子相关 miRNA 的功能已被证实能够通过 miRNA 与启动子的相互作用上调转录。miR-24-1 与激活 eRNA 表达、改变组蛋白修饰从而导致 p300 和 RNA pol Ⅱ在增强子位点富集增加的功能有关。

（三）ncRNA 与蛋白质的相互作用

ncRNA 与蛋白质的相互作用在基因表达的各个方面都起着至关重要的作用，因此，人们创造了许多方法来进行全面分析。深度测序方法和 RNA 结合蛋白免疫沉淀法的发展显示了 ncRNA 相关蛋白的多样性。

与蛋白质相互作用的管家 ncRNA 可形成各种核糖核蛋白（ribonucleoprotein，RNP）复合物，发挥各种功能。例如，snRNA 与多种蛋白质一起形成剪接体（snRNP），参与规范剪接和替代剪接。pre-rRNA、pre-snRNA 和 pre-tRNA 中的许多核苷酸会通过核仁 RNP 小颗粒进行转录后修饰。此外，调控 RNA 与蛋白质之间的相互作用对于干预基本的细胞过程至关重要。众所周知，小的 ncRNA，如 miRNA、siRNA 和 piRNA，在 RNA 干扰途径中与 Argonaute 家族蛋白相互作用，从而影响 RNA 的稳定性和翻译。lncRNA 通过多种方式实现其作为 RNP 的功能，如招募、抑制，以及通过基因组组织和转录间接发挥作用。有一种研究得很清楚的 lncRNA Xist 在雌性哺乳动物的发育过程中是必需的。与 Xist 相互作用的 2 个蛋白（SHARP、SAF-ALBR）是转录沉默所必需的。此外，circRNA 还能作为蛋白质海绵将蛋白质转运到特定的亚细胞位置。在癌细胞凋亡过程中，circRNA-Foxo3 的表达明显增加，实验探索了通过递送 circRNA-Foxo3 质粒抑制肿瘤生长的可能性。研究表明，lncRNA 和 circRNA 对蛋白质的招募改变了蛋白质在细胞中的浓度和定位。

越来越多的证据证明，ncRNA 在细胞中具有多种调控功能。这些由 RNA 介导的相互作用通常相互关联，从而构建了复杂的调控 RNA 网络。大多数 ncRNA，尤其是管家 ncRNA，都是通过它们在细胞核中的功能来描述的，它们与各类核机制的相互作用可能有助于它们在核内的保留。然而，许多 ncRNA 也能在细胞质中被检测到并发挥调控功能。ceRNA 网络是转录组学中最具代表性的 ncRNA 调控网络之一，而这些网络也涉及基因组学和蛋白质组学之间的关键阶段。

根据 ceRNA 网络假说，RNA 之间通过 MRE 的交叉对话可在转录组中形成一个大规模的调控网络，包括编码 RNA 和非编码 RNA。与其他 ceRNA（即假基因、lncRNA 和 circRNA）一样，mRNA 也含有 MRE，它们通常位于 3′-UTR 内。所有这些 RNA 都有可能竞争性地与 miRNA 结合，从而调节 miRNA 的抑制作用。因此，mRNA、不同类型的 ceRNA 和 miRNA 会形成一个相互作用的网络，即 ceRNA 网络。ceRNA 通常携带多个 miRNA 的 MRE，每个 miRNA 可调控多个 ceRNA，大多数 ceRNA 受不止一个 miRNA 的调控。

根据 ceRNA 网络假说，这一网络的存在有 3 个重要条件。首先，ceRNA 及其 miRNA 的相对浓度会影响竞争性 ceRNA 的表达。考虑到 ceRNA 网络连接的密度，只有 ceRNA 的表达水平足够高，才能克服或缓解 miRNA 对下游 mRNA 靶标的抑制。其次，MRE 的数量通常会影响 ceRNA 的有效性。此外，在特定细胞类型或特定时刻，ceRNA 和 miRNA 物种的特性、浓度和亚细胞分布也会影响 ceRNA 网络。最后，miRNA 的结合受到 MRE 的影响，但 ceRNA 上的 MRE 并非都一样。即使预测 MRE 与相同的 miRNA 结合，它们的特定核苷酸组成也可能存在部分差异。每个 MRE 的结合效果对 ceRNA 的整体功能至关重要。此外，如果 miRNA 被 ceRNA 封闭，其主要靶标将受到优先影响。虽然预测有数百种 RNA 会成为 miRNA 的靶标，但它们的抑制程度并不相同；其中只有少数几种是主要靶标，其余的都是微调靶标。

在 ceRNA 网络中，大多数经过验证的 ceRNA 都是 mRNA。它们竞争 miRNA 的结合，将 miRNA 从潜在的替代靶标中分离出来，这种生物学作用取决于它们竞争 miRNA 结合的能力，与蛋白质编码功能无关。锌指 E-box binding homeobox 2（ZEB2）mRNA 已被证实是一种 ceRNA，它通过封存几种 miRNA（包括 miR-181、miR-200b、miR-25 和 miR-92a）来调节 PTEN 的表达水平。削弱 ZEB2 的表达会抑制人类黑色素瘤中 PTEN 的表达。此外，含有多个 miRNA 的 MRE 的 3′-UTR 对于 mRNA 作为 ceRNA 的功能至关重要。据报道，versican（VCAN）3′-UTR 与 miR-144 和 miR-136 结合可调节 PTEN 水平，而 miR-199a-3p 和 miR-144 靶向的细胞周期调节因子视网膜母细胞瘤 1（retinoblastoma 1，Rb1）可作为 VCAN 的 ceRNA。因此，VCAN 3′-UTR 作为 miRNA 海绵结合并调节 miRNA 活性，Rb1 和 PTEN mRNA 被释放出来进行翻译。CD34 和 FN1 是另外两种经过验证的 VCAN ceRNA，它们与 miR-133a、miR-144、miR-199a-3p 和 miR-431 竞争结合。作为研究最多的 lncRNA 之一，H19 在未分化的肌肉细胞中高度表达，并与 let-7 miRNA 家族有规范和非规范结合位点。当分化细胞中 H19 的表达减少时，let-7 的表达会同时增加。研究表明，H19 与 DICER 和 HMGA2 竞争，作为分子海绵调节 let-7 的可用性。此外，H19 与 circRNA MYLK 和 CTDP1 竞争 miRNA-29a-3p 的结合，从而调节其靶基因的表达，导致癌症生长和转移。Pbcas4 是乳腺癌扩增序列 4（breast carcinoma amplified sequence 4，BCAS4）的假基因，是小鼠和人类中保守的 ceRNA，其转录本与 BCAS4 mRNA 竞争与共同的 miR-185 结合。

（四）基因组学和蛋白质组学中的 ncRNA 介导网络

ncRNA 及其介导的网络是基因组学和蛋白质组学不可分割的一部分。ncRNA 可促进局部和长程基因组相互作用。对 eRNA 和一些 lncRNA 的功能研究表明，ncRNA 介导启动子-增强子相互作用，调节各种蛋白编码基因的表达。在细胞核中，ncRNA 在基因组的构建中发挥关键作用，协调基因簇的表达。最近的研究表明，在 X 染色体失活过程中，Xist 复合物会结合一些较大的基因组结构域，以帮助转录抑制复合物的扩散。这种策略也可用于建立活性和抑制区域，这些区域涉及同一染色体甚至不同染色体上线性距离较长的基因组片段，进而可能有助于基因组在三维空间中的构建。

在转录和转录后水平，受调控的基因表达决定了细胞类型特异性蛋白质组，而 ncRNA 则广泛参与蛋白质介导的相互作用网络。细胞中存在大量依赖 RNA 的蛋白质-蛋白质和蛋白质-DNA 相互作用，ncRNA 在这些调控中起着关键作用，RBPs、lncRNA、miRNA，甚至 circRNA 都参与其中。RBP HuR 的正向前馈是蛋白质-ncRNA 相互作用网络的一个很好的例子。HuR（Human antigen R）可能与许多 mRNA 相关联，这些 mRNA 影响细胞增殖、存活、免疫、癌变和应激反应。HuR 和 lincMD1 都参与了肌肉分化，而这两者都受 miR-133 的抑制控制。有趣的是，HuR 被确定为 lincMD1 调节回路的另一个组成部分。在该回路中，HuR 与 lincMD1 结合，并保护其免受 Drosha 的裂解，同时牺牲 miR-133b 的生物生成。

二、不同调节性非编码 RNA 调控基因表达的作用机制

（一）miRNA

miRNA 以序列特异的方式结合其靶 RNA 抑制基因表达，miRNA 种子区与靶 RNA 3′-UTR 以沃森-克里克原则识别、配对。靶点与 miRNA 结合的强度取决于完全或部分互补，这是决定靶点抑制性质的主要因素。靶位点、侧翼区域和二级结构的数量、位置和可及性以及 RNA 对序列的改变是次要决定因素。

miRNA-RNA 靶向不仅依赖于裸 RNA 分子之间的相互作用，还依赖于 miRISC 中与效应蛋白的关联。在结合时，miRNA 激活该复合体并使其活性作用于目标位点。最后，miRNA 和 RISC 之间的相互作用阻碍翻译机制或 mRNA 降解使得靶标抑制。翻译抑制是由 AGO 蛋白介导的，这些 AGO 蛋白可与引导核糖体亚基或使得翻译起始的因子竞争，该蛋白也可导致翻译机制解离。通过 3′ 端去烷基化或 5′ 端脱帽的过程，靶标降解可以激活核内溶活性和核外溶活性。

除它们在转录后基因调控中的作用外，另有一些证据表明，这些 ncRNA 也具有其他功能。科学家们发现 miRNA 通过招募相应的核糖核蛋白复合物诱导靶标翻译。还有研究发现 miRNA 的生物学功能依赖于其在细胞核中的分布。与以往的假设相反，miRNA 的生物发生和功能并不在细胞质隔室中。邻近的 AGO 蛋白能够在细胞核中积累，并影响其他 miRNA 和其他种类 RNA 的生物发生。目前对 miRNA 调控基因表达的潜在机制的了解有限，其功能需要更深入地研究。

（二）siRNA

1998 年，“RNAi”一词被创造出来，指的是基因表达的翻译后沉默现象，这种现象是由于将双链 RNA（dsRNA）引入细胞而发生的。2006 年，安德鲁·菲尔和克雷格·梅洛因发现双链 RNAi 基因沉默而获得诺贝尔生理学或医学奖。RNA 抑制的自然机制是由 19～25 个核苷酸的小双链 RNA 分子介导的，即小干扰 RNA（siRNA），其作用机制基于转录后基因沉默。siRNA 最初是在植物中转基因和病毒诱导的沉默期间观察到的，与基因组防御中的自然作用一致。siRNA 分子通常在敲低疾病相关基因方面具有特异性和有效性。然而，它们的特点是细胞摄取低，并且容易受到核酸酶介导的降解。siRNA 诱导基因沉默主要分为两个阶段：

第一阶段（起始阶段），较长的 dsRNA 或短发夹 RNA（shRNA）通过核酸内切酶 Dicer 被切割成小的 dsRNA 片段（siRNA）。

第二阶段（效应阶段），成熟的 siRNA 与 AGO2 蛋白等形成诱导沉默复合物（RISC），RISC 组装过程中，AGO2 将 siRNA 分离成两条单链：引导链（guide strand）和过客链（passenger strand），且会导致过客链降解，而引导链被保留下来作为与 mRNA 比对的模板，并在 RISC 中的核酸内切酶作用下切割靶 mRNA，从而起到基因沉默的效果。

siRNA 使得科学家可以通过这种敲低方法有意识地沉默编码致病蛋白质的基因。尽管 siRNA 在体外显示出良好的前景，但在体内却面临着许多限制，如其消除、免疫破坏、不稳定性、毒性和脱靶效应。因此，首先必须对 siRNA 进行改造，使其能够承受体内的生物环境，从而最大限度地提高其稳定性和有效性。值得注意的是，siRNA 的长度是影响结果的关键因素，因为 siRNA 长度超过 30 个核苷酸会导致干扰素诱导，并通过 Toll 样受体产生免疫反应。siRNA 的导入还可能干扰与靶 mRNA 具有部分同源性的其他 mRNA 的表达，从而产生脱靶效应。在这种情况下，非靶基因会无意中被 siRNA 下调，从而影响数据解读和引起潜在毒性。因此，有必要确定特定 siRNA 能够诱导有效基因沉默的最低浓度。

（三）piRNA

piRNA 是一类长度 26～32nt 的小 RNA，通常与 AGO 蛋白的 PIWI 亚家族和种系发育中的转座子沉默相关。piRNA 前体可通过物种特异性途径产生，但 piRNA 序列不是很保守。在哺乳动物中，piRNA 由长单链转录本处理得到，其基因位点聚集在整个基因组中，由 RNA 聚合酶Ⅱ转录，人类基因组中存在约 20 000 个 piRNA。如上所述，miRNA 与普遍表达的 AGO 家族 AGO 蛋白相关。顾名思义，piRNA 则与 PIWI 家族的 AGO 蛋白相关，这些蛋白质通常仅限于性腺细胞。piRNA 的经典功能是沉默转座子，它们通过两种机制达到这一目的。第一种机制中，piRNA 引导 PIWI 蛋白结合到新生的转座子转录本，并在该转录本处形成抑制性染色质状态使得其转录沉默。在第二种情况下，piRNA 将 PIWI 复合物引导至转座子 mRNA，piRNA 在此处剪切转录本。piRNA 虽然通常被认为仅在性腺细胞中起作用，但最近的研究表明，也有一些 piRNA 在体细胞中表达，尽管其表达水平非常低，并且在癌症中错误表达，但这同时表明这些 piRNA 也可能是癌症的生物标志物。piRNA 在体细胞和癌症中的功能作用仍在阐明中。

（四）circRNA

circRNA 已被报道可调节细胞核中的基因表达，充当 miRNA 和蛋白质的诱饵，并作为 circRNA-蛋白质复合物的支架。一些 circRNA 可以作为翻译模板或作为假基因生成的来源，甚至被证明是 DNA 在蛋白质结合中的竞争者。

1. circRNA 调节转录、剪接和染色质相互作用 细胞核中的 circRNA 参与转录、替代剪接和染色质循环的调控。在拟南芥中，circSEP3 可调控 SEPALLATA3（又称 SEP3）的剪接，SEPALLATA3 是花同源表型所需的同源 MADS-box 转录因子。CircSEP3 源自 SEP3 的第 6 号外显子，与其同源 DNA 形成 RNA-DNA 杂交，导致转录暂停，随后第 6 号外显子被跳过，形成替代剪接的 SEP3 mRNA（图 8-4A）。在玉米中，从中心粒反转座子转录的 RNA 中发现了反向剪接现象；由此产生的 circRNA 与中心粒结合，并通过在这些区域形成 R 环促进染色质循环。研究中心粒的 circRNA 如何保留在细胞核中，以及它们如何参与基因调控，对于了解并应用 circRNA 来说具有重要意义。

2. circRNA 可以充当 microRNA 诱饵 一些 circRNA 进入细胞质后，可作为 ceRNA，此时它们被定义为 miRNA 海绵。miRNA 海绵在“吸满”了 miRNA 的情况下，无法再与其他的天然靶点结合。尽管细胞中实现可测量效果所需的 ceRNA 和 miRNA 结合位点的数量较少，但已有几种丰富的 circRNA 可以充当 miRNA 海绵。例如，小鼠 circSry 包含 miR-16 的 138 个靶位点，并与睾丸发育有关。在人类细胞中，circHIPK2 可以作为 miR124-2HG 的 miRNA 海绵，并且可以调节自噬和内质网应激期间的星形胶质细胞活化，而 circHIPK3 的高表达促进细胞增殖，它还可以通过 miRNA 海绵处理多种不同的 miRNA，以此调节胰岛素分泌。circZNF1 是 miR-23b-3p 在人表皮干细胞分化过程中的 miRNA 海绵。circBIRC6 可通过隔离 miR-34a 和 miR-145 调节人胚胎干细胞的多能性和分化。其他几种 circRNA、circMAT2B97 和 circASAP1，能激活 circMAT2B-miR-338-3p-PKM2 轴（缺氧条件下）或 circASAP1-miR-326-miR-532-5p-MAPK1-CSF1 信号通路以促进肝细胞癌的进展。

在所有已报道过的 circRNA 中，也许最引人注目的例子是 CDR1as（又称 ciRS-7）（图 8-4B），它包含 70 多个 miR-7 的保守结合位点，并在哺乳动物大脑中大量表达。人细胞系中 CDR1as 表达的降低导致含有 miR-7 结合位点的 mRNA 水平降低，这表明 CDR1as 的行为类似于 miR-7 的 ceRNA 海绵。在小鼠中，CDR1as 高度表达于兴奋性神经元中，并且可以通过去除 *CDR1as* 单外显子的基因组区域来构建 *CDR1as* 敲除小鼠模型。缺乏这种外显子或 CDR1as 的小鼠表现出神经精神疾病，伴有兴奋性突触传递功能障碍。然而，在 *CDR1as* 基因敲除小鼠中 miR-1 的表达减少而不是增加，表明还有其他机制可能成为观察到的表型的基础。

3. circRNA 作为蛋白质支架发挥作用　circRNA 在其生命周期中经常与不同的蛋白质结合。circRNA 能作为蛋白质支架发挥功能（图 8-4C）。含外显子、内含子的 circRNA 可以通过与 U1 小核糖核蛋白相互作用及与其亲本基因启动子处的聚合酶Ⅱ相互作用来促进其亲本基因的转录。在细胞质中，circFoxo3 在小鼠非癌细胞中高表达，并与细胞周期进程有关。它与周期蛋白依赖性激酶 2（CDK2）和周期蛋白依赖性激酶抑制因子（p21）相互作用，形成 circFoxo3-p21-CDK2 三元复合物并抑制 CDK2 功能，这是细胞周期进程所需的。circFoxo3 通过与细胞质中的衰老相关蛋白 ID-1 和 E2F1，以及应激相关蛋白 FAK 和 HIF-1α 相互作用来促进心脏细胞衰老，从而防止 FAK 定位于线粒体或 HIF1α 易位到应激细胞中的细胞核。另外，circACC1 通过与 AMPK 调节亚基 β 和 γ 形成三元复合物，通过促进代谢 AMP 活化蛋白激酶（AMP-activated protein kinase，AMPK）全酶的酶活性，在代谢适应血清剥夺中发挥作用（图 8-4C）。这种类型的调节的另一个例子是 circAMOTL1，它在新生儿人心脏组织中高度表达。它同时与激酶 AKT1 和 3-磷酸肌醇依赖性蛋白激酶 1（phosphoinositide-dependent kinase 1，PDK1）结合，导致 PDK1 磷酸化 AKT1，从而促进 AKT1 的心脏保护性核易位。在小鼠心肌细胞中，circNfix 增强了 RBPY 盒结合蛋白 1 与 E3 泛素连接酶 NEDD4-1 的相互作用，从而抑制心肌细胞增殖。

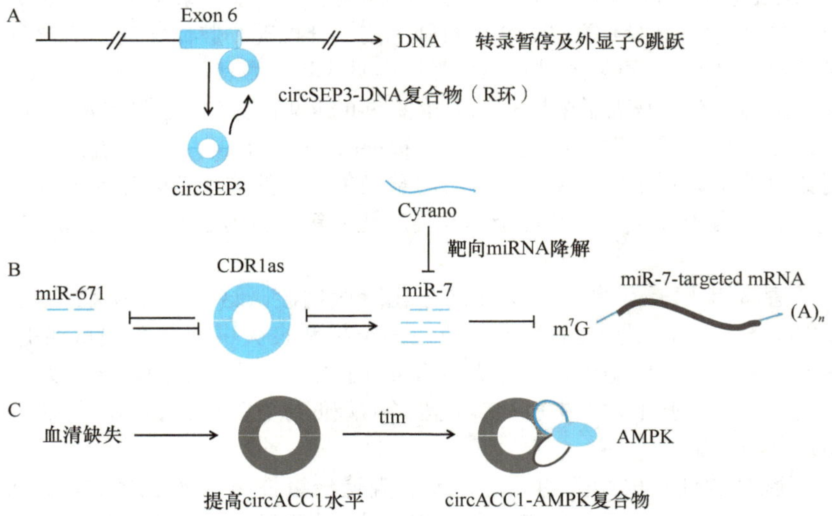

图 8-4　circRNA 调控基因表达的作用机制

A. circRNA circSEP3 由拟南芥 *SEPALLATA3*（又称 *SEP3*）基因的外显子 3 产生。circSEP3 可与其同源 DNA 形成 R 环，影响 RNA 聚合酶Ⅱ活性，导致转录暂停，并在基因的线性 mRNA 剪接过程中跳过外显子 6。B. circRNA 可作为 miRNA 海绵发挥作用，例如 circRNA CDR1as（小脑变性相关蛋白 1 反义转录物），其中包含 70 多个保守的 miR-7 靶位点。相反，miR-7 依赖性和 miR-671 依赖性机制降解 CDR1as。值得注意的是，大脑 CDR1as-miR-7 轴也受到长非编码 RNA-Cyrano 的调节。C. circRNA 可作为蛋白质支架发挥作用，如 circACC1 可促进 AMP 激活蛋白激酶（AMPK）全酶与其调控亚基 β 和 γ 形成三元复合物

4. circRNA 可以螯合蛋白质　circRNA 结合蛋白质的能力在一些 circRNA 中表现为海绵蛋白

质的能力。通过促进 circMBL 的产生，多功能蛋白甘露糖结合凝集素（MBL）表达的增加使得线性 MBL mRNA 的产生减少；反之，circMBL 螯合 MBL 并阻止其执行其他神经功能。CircANRIL 与动脉粥样硬化性心血管疾病相关，通过与必需的 60S 核糖体亚基组装因子 pescadillo homolo 同系物 1 结合，抑制血管平滑肌细胞和巨噬细胞中的核糖体生物发生，导致动脉粥样硬化相关的核仁应激和细胞死亡。最后，circPABPN1 在很大程度上定位于细胞质，并抑制 RBP HuR（又称 ELAVL1）与其同源线性 PABPN1 mRNA 的结合，导致 mRNA 翻译减少。

除单个 circRNA 和蛋白质之间的相互作用外，circRNA 基团还可以结合和调节 dsRNA 结合蛋白 NF90、NF110 和干扰素诱导的 dsRNA 活化蛋白激酶抗体（double stranded RNA-dependent protein kinase，PKR）。细胞中的许多 circRNA 倾向于形成 16～26 个碱基对长、不完美的 dsRNA 区域，这使得它们作为一个基团，以序列无关的方式优先结合到几个 dsRNA 结合蛋白。早期研究表明，内含子 lariats 的积累可能会螯合 RBP TDP43 并降低其在肌萎缩侧索硬化疾病模型中的毒性。在人类中，DBR1（编码 lariats 脱支酶）中的某些双等位基因突变导致 lariats RNA 的积累，并使得脑干对严重病毒感染易感。尽管潜在的机制仍有待确定，但这种内含子 lariats 衍生的 RNA 环可能作为一个整体与未知的蛋白质相互作用。

第三节　非编码 RNA 调控基因表达的生物学意义与潜在应用

一、非编码 RNA 在生理病理中的功能

（一）动物发育中非编码 RNA 功能

miRNA 是保守分子，具有严格调控的表达模式，在发育中发挥重要作用。事实上，由于 Dicer 缺失导致缺乏 miRNA 的小鼠在胚胎时期第 7.5 天死亡，这意味着多能干细胞被耗尽。

为了避免 Dicer 缺失在胚胎期致死，研究人员构建了一些条件敲除小鼠，结果表明，至少在小鼠中，Dicer 的缺失及 miRNA 的缺失会导致肺上皮、脊椎动物肢体和皮肤的形态发生受损。在心脏中，有条件地敲除 Dicer 可导致进行性扩张性心肌病和心力衰竭及先天性心血管异常。

发育复杂的生物体在其基因组中拥有越来越多的 lncRNA 位点，这些 ncRNA 似乎调节了许多发育过程，如细胞分化、器官发生和遗传印记（genetic imprinting）（正常孟德尔遗传定律中，子代基因在一对染色体上分别来自于父母双方，两条染色体上的这个基因都会表达。而当出现遗传印记的时候，只有来自于父母一方的这个基因会表达）等。目前已知有几种 lncRNA 在神经发育中发挥作用。

发育的一个基本步骤是从多能性阶段向分化阶段过渡，这一阶段明显伴随着大量的表观遗传变化。此时，lncRNA 在胚胎干细胞多能性的维持和丧失中起着至关重要的作用。古特曼（Guttman）等对小鼠胚胎干细胞中表达的大多数 lncRNA 进行了全面的功能缺失研究，这引起了基因表达的变化，与干细胞生物学中已知转录因子的敲低导致的变化相当，包括了全能性的丧失或细胞系定型过程的上调。

与胚胎干细胞全能性丧失相关的一个重要表观遗传事件是 X 染色体失活。lncRNA Xist 及其反义对应物在这一过程中发挥了关键作用。将成体分化细胞重编程为诱导多能干细胞（iPSC）需要 X 染色体（XCR）的再激活，这与全能性丧失直接相关。佩尔（Payer）等已经证明生殖系因子 PRDM14 和 lncRNA 是 XCR 所必需的，这两个因子的缺乏会影响 XCR 和 iPSC 获得全能性。

另一个可以控制全能性和神经细胞系定型的 lncRNA 是 TUNA（Tcl1 上游神经元相关 lncRNA）。通过合成针对小鼠胚胎干细胞中 lncRNA 的 shRNA 文库，林（Lin）等鉴定出 20 种参与维持全能状态的 lncRNA。其中，他们发现 lncRNA TUNA 与其他 RNA 结合蛋白形成复合物，以靶向 Nanog、Sox2 和 Fgf4 的启动子。除局限于中枢神经系统外，TUNA 在人类和斑马

鱼中是保守的，其敲低导致运动功能受损。此外，TUNA 的表达与人类亨廷顿病的严重程度显著相关。

lncRNA linc-RoR 是一种竞争性内源性 RNA，与 Oct4、Sox2、Nanog 等多能干细胞的关键转录因子具有共同的 miRNA 应答元件。因此，linc-RoR 可能阻止 miRNA 介导的对这些转录因子的抑制，并维持胚胎干细胞的自我更新潜能。

除在干细胞分化中发挥关键作用外，lncRNA 还参与动物妊娠，特别是 Neat1，它是一种存在于动物细胞中的 lncRNA，作为旁斑的核体的组成部分。Neat1 通过保留超编辑 mRNA 和（或）转录因子来调节基因表达，但其生理作用尚不清楚。

研究表明，Neat1 对小鼠怀孕至关重要。事实上，*Neat1* 基因敲除小鼠表现出正常的排卵，但由于黄体组织形成严重受损和由此导致的低孕酮而无法怀孕。

Neat1 也参与乳腺的发育和泌乳。当 *Neat1* 基因被敲除时，乳腺的形态出现严重受损，导致泌乳缺陷。

（二）心脑血管系统中非编码 RNA 功能

lncRNA 不仅参与一般发育，还参与特定器官的发育。例如，心肌细胞系定型所需的 lncRNA 是 lncRNA Braveheart（Bvht）。Bvht 的功能是促进心血管祖细胞发育所必需的中胚层后 1（mesoderm posterior 1，MesP1）蛋白的表达。这种功能可能是通过抑制 PCR2 介导的沉默实现的。然而，Bvht 目前仅发现在小鼠体内参与心脏发育，因为这种 lncRNA 在人类中并不保守。

在缺乏 Fendrr 的小鼠胚胎中，参与侧板和心脏中胚层发育的转录因子出现了上调。这种上调与 PRC2 复合物对这些因子的利用减少及活性表达的表观遗传特征相关。由于 Fendrr 可以结合包括 PRC2 和 TrxG/MLL 在内的表观遗传修饰复合物，因此有学者认为 Fendrr 的功能可能是调节这些复合物的活性，以促进外侧中胚层的正常发育。

在心肌发育过程中涉及 lncRNA 的调控网络通常较为复杂。例如，参与细胞系分化的 lncRNA SRA1 和 linc-MD1，其调控必须在空间和时间上受到严格控制。linc-MD1 最初被认为是 miR-133 和 miR-135 的海绵，阻止这些 miRNA 靶向 Mef2c 和 Maml1, 因为 f2c 和 Maml1 抑制作用的减弱会导致肌肉分化。近期研究展示了在肌肉分化的早期阶段涉及 ncRNA linc-MD1、miR-133 和 HuR 蛋白的负反馈及正反馈回路（图 8-5）。

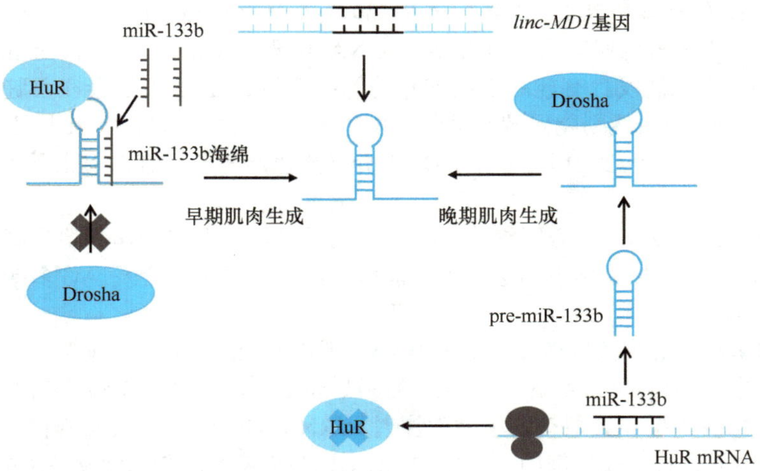

图 8-5　涉及 HuR 蛋白和 linc-MD1 的前馈调节环

在肌肉生成的早期阶段，HuR 蛋白通过抑制 Drosha 介导的裂解来巩固 linc-MD1 的表达。完整的 linc-MD1 转录本不会受到 miR-133b 的干扰，从而阻止了 HuR 的降解。在肌肉生成的晚期阶段，来自无关基因位点的 miR-133b 增加会导致 HuR 下调，进而裂解 linc-MD1，生成更多的 pre-miR-133b

具体来说，调节 linc-MD1 的表达可以激活肌肉向后期分化阶段的进程。linc-MD1 是 miR-133 和 miR-135 的海绵，miR-133 是由 *linc-MD1* 基因本身承载的。因此，一个非编码分子的转录排除了另一个非编码分子的生物生成。控制 linc-MD1 和 miR-133 之间转换的因素是 HuR 蛋白，它是 miR-133 的靶点，通常通过与转录本结合并抑制 Drosha 裂解引起 linc-MD1 的积累（图 8-5）。另外，由于 HuR 是 miR-133 的靶点，linc-MD1 的吞噬活性增强了 HuR 的表达。此外，HuR 可以与细胞质中的 linc-MD1 协同作用，增强 linc-MD1 的海绵作用能力。这一调控回路的退出是由 miR-133 的增加触发的，而 miR-133 的增加是由两个不相关的 miR-133 位点促进的，从而导致 linc-MD1 下调并进展到后期的肌肉分化阶段。

lncRNA SRA1（steroid receptor RNA activator 1，类固醇受体 RNA 激活子 1）可提高转录因子 MyoD（myogenic differentiation antigen，成肌分化抗原）的活性，导致肌源性分化。*SRA1* 基因很特别，由于其第一个内含子的选择性剪接，即可编码产生 lncRNA SRA1，也可编码产生蛋白质 SRAP。SRAP 蛋白通过结合 lncRNA SRA1 的功能亚结构 STR7，拮抗肌肉分化和 lncRNA SRA1 的功能。

此外，尚发现多种 lncRNA 对肌肉和（或）心脏发育具有潜在的调节作用。例如，马特科维奇（Matkovich）等鉴定了 117 个心脏富集的 lncRNA，并比较了这些 ncRNA 在正常胚胎、正常成人和肥厚成人心脏中的表达谱。在某些情况下，这些 lncRNA 可以直接调节与其自身位点相距 10kb 范围内的编码基因或调节 NF-κB 和 CREB1 调节基因，这表明它们对胚胎心脏生长具有重要作用。

此外，宋（Song）等发现了一些 lncRNA 与室间隔缺损（ventricular septal defect，VSD）之间存在关联，其中，ENST00000513542 和 RP11-473L15.2 两种 lncRNA 的表达与 VSD 的发生密切相关。

1. 心脏生物学中的 miRNA 和 lncRNA 在此仅举例说明 miRNA 和 lncRNA 在直接影响心肌细胞生物学以及开发治疗靶点中的潜在用途。通过功能性高通量文库筛选发现，miR-132 在心脏肥大小鼠模型和人类病理性心脏重构中均被激活，与心脏肥大关系密切。通过沉默 miR-132，可使模型小鼠心脏大小正常化并抑制纤维化阻断心脏重构，这为未来阻断患者病理性心脏重构的潜在临床试验打下了基础。

与 miRNA 一样，lncRNA 也被证明能调节心肌细胞的功能。例如，lncRNA Chrf——心脏肥大相关因子，Chrf 充分竞争 RNA 并螯合 miR-489，从而导致心肌肥大。一种更具有心脏特异性的反义 lncRNA 被命名为肌球蛋白重链相关 RNA 转录物（myosin heavy-chain-associated RNA transcript，Mhrt），它也能发挥有趣的心肌细胞功能；抑制 Mhrt 的表达会在心脏负荷过重后诱发心肌病，而恢复 Mhrt 的表达则能保护心脏免于发生肥大和心力衰竭。Mhrt 与转录激活因子 Brg1 的螺旋酶结构域结合，促进 Brg1 靶向结合 DNA 介导染色质重塑，进而阻止压力期间诱导的基因表达。

这些例子表明了 lncRNA 在心肌细胞生物学中的重要性，尤其是作为治疗靶点的重要性。只有少数 lncRNA 在心血管生物学方面进行了功能研究，未来很可能会发现许多新的观察结果和潜在的临床有用靶点。

2. 血管生物学和缺血中的 miRNA 及 lncRNA 非编码 RNA 对维持血管功能至关重要。某些在血管应激过程中被激活的 miRNA，如 miR-92a 或 miR-24，已被用作治疗靶点进行研究，如在心肌梗死或肾缺血的小型和大型动物模型中注射 miRNA 抑制剂。与缺血器官不同，miR 调控也可用于阻断癌症中的血管生成；例如，miR-92a 的输送被证明可阻断癌症模型中的内皮增殖。

目前，人们正努力探索 lncRNA 在血管生物学中的作用。主要采用深度测序方法，发现了一些内皮表达的 lncRNA，如 MALAT1 或 TUG1。抑制 MALAT1 会损害人体视网膜或后肢血管形成，因此，尽管它普遍表达在体内许多细胞中，但它仍可能是一个潜在的治疗靶标。最近利用新一代 RNA 测序技术鉴定了缺氧时人内皮细胞中的 lncRNA，并对几个缺氧敏感的 lncRNA（如

LINC00323 和 MIR503HG）进行了更详细的表征。沉默这些 lncRNA 转录本会导致血管生成缺陷，包括生长因子信号和（或）关键内皮转录因子 GATA2 的抑制。在基于人类诱导多能干细胞的体外工程心脏组织模型中，研究人员证实了这些 lncRNA 对血管结构完整性的重要性，挖掘出了这些 lncRNA 在调节组织血管化方面的巨大价值。研究表明，lncRNA p21 在血管内皮细胞凋亡和细胞周期调控中发挥作用。

（三）肿瘤发生发展中非编码 RNA 功能（图 8-6，图 8-7）

1. miRNA　对于癌症，miRNA 为发现新的遗传风险因素提供了新途径。在小型 lncRNA 种类中，与 tsRNA 和 piRNA 相比，miRNA 是迄今为止在癌症研究中最为广泛的。研究发现，在所有癌症类型中，miRNA 都发生了改变，而且 miRNA 的改变已被证明在影响癌症状态的分子和细胞过程中起着至关重要的作用。尽管研究人员仍在了解 miRNA 对癌症的影响，但这些小的 ncRNA 似乎以两种方式在发挥作用——作为肿瘤抑制因子或促进癌症生长或转移的癌基因（通常称为 oncomiR）。miRNA 虽然很小，但功能强大，每个分子通常能够调节一个以上的靶标，反之亦然，mRNA 经常被多个 miRNA 靶向。因此，miRNA 发挥着主调节因子的作用，控制着数千个编码基因和非编码基因的表达，其中包括 RAS、MYC 和表皮生长因子受体等大多数隐匿的致癌基因，以及 TP53、PTEN 和 BRCA1 等关键的肿瘤抑制因子。

（1）miRNA 作为致癌基因：研究表明，miRNA 可作为致癌基因发挥作用，促进细胞异常生长并促成肿瘤的形成。这些 miRNA 可直接抑制肿瘤抑制因子的活性，或通过降低的遗传抑制间接发挥作用。例如，miR-155 可促进 B 细胞异常增殖，引发一系列变化，最终导致白血病和淋巴瘤的发生。重要的是，输送靶向 miR-155 的抗 miR 可以抑制肿瘤生长（图 8-6A）。另一种 miRNA-miR-21 在前 B 细胞淋巴瘤中过度表达，并通过靶向 Ras 信号转导的负调控因子与肺癌等其他癌症有关。在胶质母细胞瘤中，一种致癌 miRNA——miR-10b 的表达水平高于正常脑组织，并且是肿瘤生长所必需的。因为肿瘤的生存依赖于 miRNA 的持续表达，这些致癌 miRNA 表现出癌基因成瘾（oncomiR addiction）现象，因此是抗癌治疗的重要潜在靶点。最近，患者肿瘤中独特过表达的 oncomiR 的治疗潜力得到了证实，为研究个性化 miRNA 疗法开辟了道路。

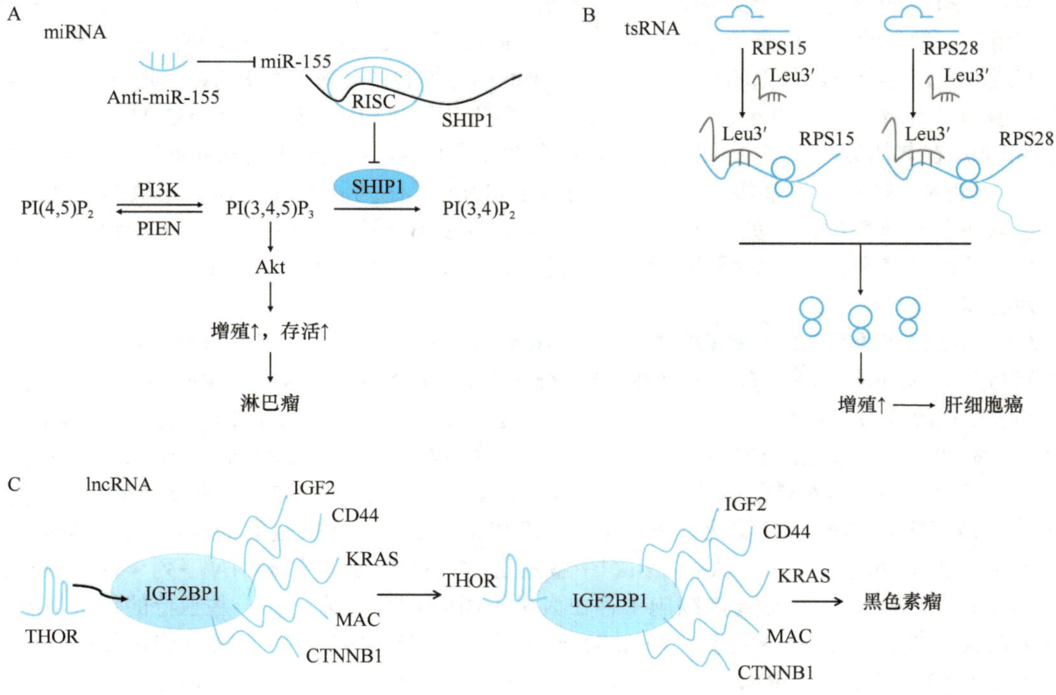

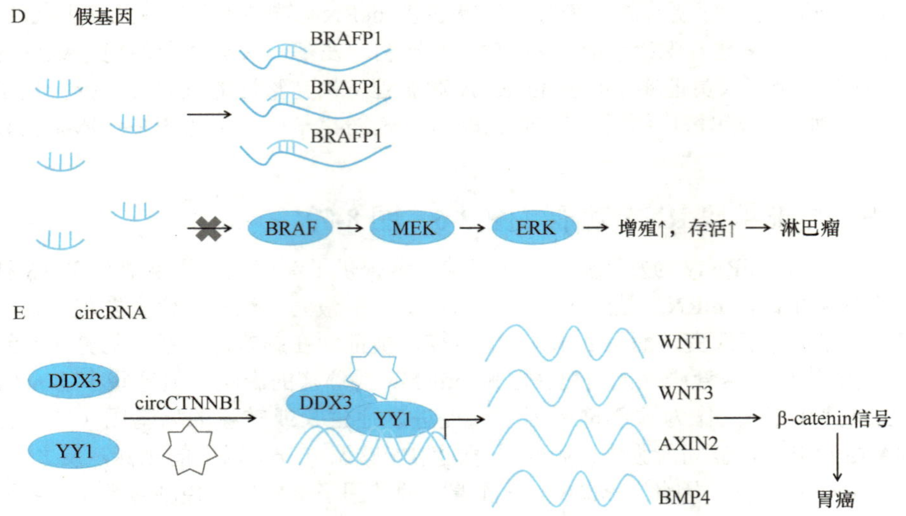

图 8-6 致癌非编码 RNA 和癌症促进机制

A. miRNA：miR-155 直接靶向并降低 SHIP1 的表达，SHIP3 是一种造血细胞特异性磷酸酶，可水解磷脂酰肌醇-3,4,5-三磷酸 [PI(3,4,5)P_3]，生成磷脂酰肌醇-3,4-二磷酸 [PI(3,4)P_2]。降低 SHIP1 可驱动 Akt 信号转导、增殖和存活，导致淋巴瘤。如图所示，抗 miR-155（NCT02580522/NCT03713320）的临床试验正在进行中。B. tsRNA：LeuCAG3′tsRNA（图中缩写为 Leu3′）通过展开 RPS15 和 RPS28 转录本的二级结构直接结合并增强其翻译。因此，Leu3′ 可以增加这些小核糖体蛋白的水平和核糖体的生物发生，促进肝细胞癌中癌细胞的增殖。C. lncRNA：IGF2BP1 是一种 RNA 结合蛋白，与其他蛋白质形成信使核糖核蛋白（mRNP）复合物。lncRNA THOR 与 mRNP 复合物内 IGF2BP1 的相互作用导致 IGF2BP1 靶 mRNA 的稳定和增加翻译。这些蛋白质包括已知的癌基因编码蛋白，影响较广，可导致黑色素瘤等癌症。D. 假基因：BRAFP1 通过结合共享的 miRNA 作为 BRAF 的 ceRNA。这导致 BRAF 表达增加和下游增殖性 MAPK 信号转导，从而引起淋巴瘤等癌症。E. circRNA：circCTNNB1 与 DDX3 结合并增加其与 YY1 转录因子的相互作用，从而增强 YY1 靶启动子的反式活化。这包括参与 Wnt/β-连环蛋白信号转导的许多基因的启动子

（2）miRNA 作为肿瘤抑制因子：研究表明，miRNA 也可以作为肿瘤抑制因子，当它们的功能丧失时，其保护能力也会丧失。例如，保守的 miRNA let-7 可抑制 RAS，而 RAS 是与大约 1/3 的人类癌症有关的癌基因家族。因此，let-7 的表达能降低 RAS 的水平，表明它是一种肿瘤抑制因子，可用作一种新的、有前景的治疗剂。另外，miR-15a 和 miR-16-1 通常是肿瘤抑制因子，一旦发生突变或缺失，会导致最常见的白血病类型——慢性淋巴细胞白血病（图 8-7A）。此外，miR-34a 是 miRNA 家族中保守、冗余的 miR-34 家族成员，它调控多个癌基因的表达，是 p53 的直接下游靶标。这些 miRNA 在其他类型的癌症中也会失效，如多发性骨髓瘤、巨细胞淋巴瘤和前列腺癌等。

（3）miRNA 有些作用需视情况而定：有些 miRNA 可作为肿瘤抑制因子或致癌基因发挥作用，这取决于具体情况。例如，miR-29 有助于防止轻型 B-慢性淋巴细胞白血病的疾病进展，但在急性髓性白血病和侵袭性更强的 B-慢性淋巴细胞白血病中也会升高，这意味着这种 miRNA 也能作为癌基因发挥作用。

2. 转运核糖核酸衍生的小核糖核酸（又称 tRNA 片段） 在过去几年，研究人员发现了一组新的临床相关小非编码 RNA，它们来自 tRNA，统称为 tRNA 衍生小 RNA（tsRNA）；这些分子也被称为 tRNA 片段或 tRNA 衍生应激诱导 RNA。转运 RNA 由 RNA 聚合酶Ⅲ转录为前 tRNA，然后经过修饰和加工产生成熟的 tRNA。一个 tRNA 可以生成不同类型的 tsRNA，这取决于裂解发生的位置，以及是在前 tRNA 转录本中还是在成熟 tRNA 中。负责产生 tsRNA 的酶仍在不断研究中，但在某些情况下科学家已经发现 AGO、Dicer 和 RNase Z 等核糖核酸酶的作用。MINTbase v2.0 分析了 TCGA 的所有数据集，从癌症组织中鉴定出 26 531 个独特的 tsRNA 序列（算法中只包括成熟 tRNA 产生的片段）。尽管癌细胞中存在大量不同的 tsRNA 分子和一些独特的作用机制，但 tsRNA 在某些方面与 miRNA 重叠。与 miRNA 一样，tsRNA 也被发现与 AGO 蛋白相关，可以通过与靶 3′-UTR 结合介导 mRNA 的翻译抑制，并且可以致癌或抑制肿瘤。在最近一项研究中，一

种源自亮氨酸 tRNA 的 tsRNA 通过调节核糖体成分编码基因的表达，在全局蛋白质翻译中发挥作用（图 8-6B）。重要的是，这种 tsRNA 在肝脏肿瘤中上调，如果在体外和体内用锁核酸（locked nucleic acid，LNA）（详见“使用 miRNA 的抑制剂进行治疗”）寡核苷酸靶向该 tsRNA，会导致肝脏肿瘤细胞发生细胞死亡。这些结果表明，tsRNA 是抗癌疗法的另一个潜在新靶点。

3. piRNA　虽然人们通常认为 piRNA 只在性腺细胞中发挥作用，但最近的研究表明，数以万计的 piRNA 中有一些在体细胞组织中表达，尽管表达水平很低，而且在癌症中表达失调，这表明这些小的非编码 RNA 也可能是有用的生物标志物。然而，piRNA 在体细胞组织和癌症中的功能作用仍有待阐明。

4. lncRNA　lncRNA 与蛋白编码基因类似，它们的基因组位置以转录起始位点的 H3K4 三甲基化和整个基因组的 H3K36 三甲基化富集为标志。lncRNA 转录本由多个外显子组成，通过规范机制剪接成成熟转录本，通常包括 5′ 帽和 3′-poly(A) 尾。然而，与蛋白质编码转录本相比，lncRNA 的外显子较少，总体表达水平较低。有趣的是，lncRNA 的进化保守性也不高，只有 5%～6% lncRNA 具有保守序列。对此，有一种观点认为，高度保守的 lncRNA 更有可能具有功能性。然而，也有一些灵长类特有的 lncRNA 可能与疾病过程有关。RNA 测序显示，与蛋白质编码基因相比，独特的 lncRNA 转录本的绝对数量要高得多。

lncRNA 能通过直接与蛋白质复合物结合发挥作用，其中一种最典型的机制是引导染色质修饰复合物进入目标基因启动子，从而影响转录抑制/激活。除蛋白质外，lncRNA 还能直接与核酸结合，介导其分子作用机制。例如，lncRNA ARLNC1，它与 AR mRNA 相互作用，调节其在前列腺癌中的细胞质水平，以及 lincRNA-p21，它直接结合 JUNB 和 CTNNB1 转录本，抑制它们的翻译。另一种常见机制涉及 lncRNA 作为 ceRNA 或 miRNA 的“海绵”。H19 是最早被发现的 lncRNA 之一，它充当了几种肿瘤抑制 miRNA 的诱饵。

鉴于调控机制的广泛性和受影响下游通路的多样性，许多 lncRNA 在体内实验中被发现是癌症进展的重要因素和可能的治疗靶点也就不足为奇了。由于 lncRNA 的物种保守性较差，这些研究大多依赖于调节小鼠异种移植的人类癌细胞系中 lncRNA 的表达。与 miRNA 一样，lncRNA 也被发现具有肿瘤抑制因子、致癌基因或一些取决于具体情况的作用。

（1）lncRNA 作为致癌基因：lncRNA 的许多细胞作用已被阐明，这些 lncRNA 是促进肿瘤生长的致癌基因，通常在癌症中过度表达。HOTAIR 是研究最深入的致癌 lncRNA 之一，它最初被定性为 HOX 家族基因的调控因子，有助于控制细胞特性。然而，人们很快注意到 HOTAIR 通过靶向 PRC2 和 LSD1/CoREST/REST，能在控制基因抑制方面发挥着更全面的作用。HOTAIR 的过表达与乳腺癌和其他几种癌症的不良预后有关，可能是由于其促进肿瘤转移和增加肿瘤侵袭性的特性。一些新型致癌 lncRNA 的功能在过去几年中才得到研究，包括前面提到的 THOR（图 8-6C）和 ARLNC1，以及 SAMMSON、DSCAM-AS1、lncARSR、CamK-A 和 EPIC1。作为一种黑色素瘤特异性 lncRNA，SAMMSON 最近引起了广泛关注，无论 TP53、BRAF 或 NRAS 突变状态如何，它都是细胞生长和存活所必需的。从机制上讲，SAMMSON 通过与 P32、CARF 和 XRN2 蛋白相互作用促进细胞生长，这些蛋白有助于平衡核糖体 RNA 成熟核细胞膜及线粒体中的蛋白质合成。重要的是，在患者衍生异种移植模型中，GapmeR 沉默 SAMMSON 可抑制肿瘤生长，证明了这种 lncRNA 的治疗潜力。

（2）lncRNA 作为肿瘤抑制因子：一些 lncRNA 通过抑制增殖、激活凋亡、维持基因组稳定性或促进肿瘤抑制因子的表达，起到抑制或延缓癌症发展的作用。例如，MEG3 就是特征最明显的肿瘤抑制 lncRNA 之一。除调控上述 TGF-β 通路外，MEG3 还能下调 MDM2 的表达并提高 TP53 蛋白水平（图 8-7B）；这些和其他通路的调控会导致细胞增殖减少。此外，在癌症中经常会发现 MEG3 的拷贝数缺失及其启动子的 CpG 甲基化增加。GAS5 是另一种具有已知肿瘤抑制作用的 lncRNA，在癌症中经常被发现呈现下调的趋势，并在乳腺癌和胶质母细胞瘤模型中具有直接的体内实验证据。除影响 GR 信号转导外，GAS5 还参与了与 miRNA 的相互作用，最终导致细胞增殖减少、凋亡增加及侵袭潜力下降。

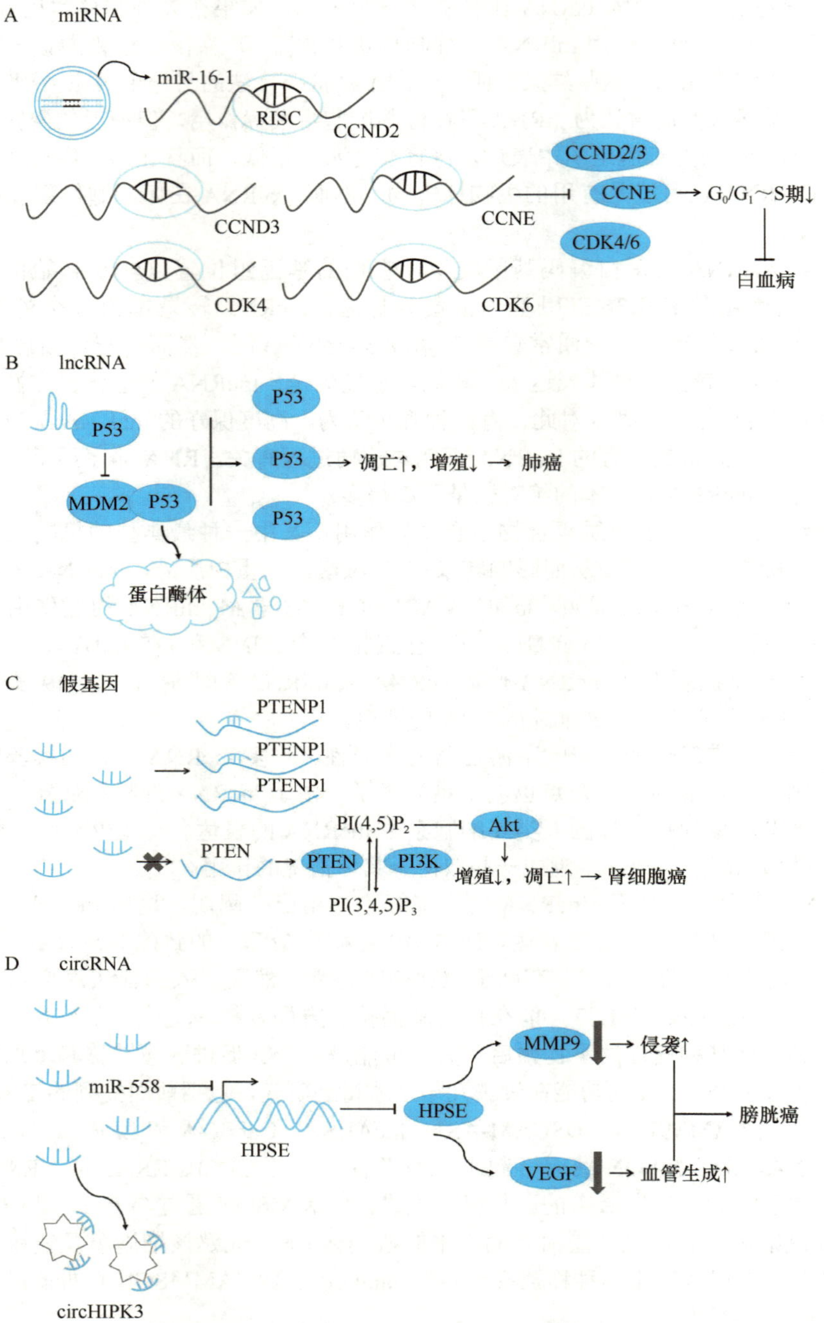

图 8-7 肿瘤抑制非编码 RNA 和抑制肿瘤进展的途径

A. miRNA：在 miR-16-1 的靶标中，有几个转录本编码细胞周期蛋白和周期蛋白依赖性激酶，它们对细胞周期的 G_0/G_1～S 期转变非常重要。减少这些细胞周期调节因子的表达可以防止癌症的发生，而在慢性淋巴细胞白血病中，编码 miR-16-1 的基因座常常被删除。最近的一项临床试验（NCT02369198）研究了使用 TargomiR 策略在恶性胸膜间皮瘤和非小细胞肺癌中补充这种抑制肿瘤的 miRNA 的效果。B. lncRNA：MEG3 通过直接与 P53 蛋白结合来增强 P53 的稳定性。MEG3 还能抑制 MDM2 的表达，从而稳定 P53。这两种途径都会导致 P53 活性增强、增殖抑制和凋亡激活。C. 假基因：PTENP1 作为 PTEN 的 ceRNA，通过海绵状共享 miRNA 发挥作用，从而提高 PTEN 的水平。PTEN 水平升高可抑制 Akt 信号转导、激活细胞凋亡、抑制细胞增殖，从而防止肾细胞癌等恶性肿瘤的发生。D. circRNA：circHIPK3 是抑制肿瘤的 circRNA 的一个例子，它是 miRNA（尤其是 miR-558）海绵。因此，circHIPK3 对 miR-558 的疏导作用会降低肝素酶的水平，进而导致 MMP9 和 VEGF 的减少。这些变化导致侵袭、迁移和血管生成减少，并能抑制膀胱癌的进展

（3）lncRNA 有些作用需视情况而定：许多 lncRNA 同时具有抑制肿瘤和致癌的功能。例如，在乳腺癌中，lncRNA NKILA 负向调节核因子 κB（NF-κB）信号转导和下游炎症反应。在过表达 NKILA（NF-KappaB interacting lncRNA，NF-κB 互作 lncRNA）的人类乳腺癌细胞系的小鼠异种移植模型中，表现为肿瘤细胞转移的减少和存活的增加，表明其具有抑制肿瘤的作用。然而，最近也有研究表明，NKILA 的增加可通过激活诱导细胞毒性 T 细胞和 TH1 细胞的细胞死亡，促进肿瘤免疫逃避，这是一种致癌特性。

5. 假基因　是 lncRNA 转录本的一个亚类，其序列与编码基因相似，但已失活，不再产生功能蛋白。RNA-seq 研究发现，整个基因组中有数千个假基因的表达，其中许多假基因被证明对特定癌症类型具有特异性。尽管假基因有时被认为是无用的，但研究表明，它们具有重要的功能，既能防止癌症的发生，也能促进癌症的发展。假基因发挥作用的一种方式是充当诱饵，将 miRNA 和其他分子从对应的编码基因上引开。*PTENP1* 伪基因的大小和结构与编码基因 *PTEN*（磷酸酶张力蛋白同源基因）几乎相同，而 PTEN 是一种强大的肿瘤抑制因子。当功能正常时，假基因 *PTENP1* 可以充当诱饵，像海绵一样吸收 miRNA，否则会减少 PTEN 的产生（图 8-7C）。通过作为 ceRNA，*PTENP1* 假基因发挥了肿瘤抑制因子的作用。其他假基因 ceRNA 可促进癌症生长。在一个小鼠模型中，假基因 *BRAFP1* 的异常水平被证明会导致侵袭性 B 细胞淋巴瘤。当过表达假基因时，假基因作为 miRNA 诱饵，增加 BRAF 蛋白（B-Raf Proto-Oncogene，Serine/Threonine Kinase，B-Raf 原癌基因、丝氨酸/苏氨酸激酶）的数量（图 8-6D）。事实上，与具有异常假基因的小鼠相比，具有蛋白编码对应 *BRAF* 癌基因的小鼠的患癌速度与其不相上下。这表明，假基因远非“死亡”基因，而是可能直接导致癌症的发生。虽然研究才刚刚开始，但假基因在生理学和癌症中的作用比以前所认识到的更加深入。

6. circRNA　lncRNA 中还包含 circRNA，顾名思义，它们是单链共价封闭的 RNA 分子，这些分子通常通过反向剪接过程生成。研究表明，circRNA 的母基因表达并不能用于预测 circRNA 的表达。过去几年研究人员发表了几个细胞系中发现的 circRNA 数据库，但以直接鉴定临床样本中 circRNA 种类为中心的研究只是最近才开展的。在一项研究中，研究人员利用 40 多个癌症部位的临床肿瘤样本对 circRNA 进行了分析，最终生成了 MiOncoCirc 数据库。值得注意的是，这项工作确定了超过 16 万个显著表达的 circRNA。最近另一项专门针对局部前列腺癌的研究通过前列腺肿瘤标本的 RNA-seq 鉴定出了 76 311 个 circRNA。综合来看，这些研究证明了 circRNA 在癌症中的高分布率。有趣的是，总体 circRNA 丰度已被证明与细胞增殖呈负相关。

尽管 circRNA 广泛表达，但大多数作用机制和功能作用仍有待阐明。对于少数已进行功能研究的 circRNA，已展现了与其他 lncRNA 相似的机制，以及作为致癌基因或肿瘤抑制因子发挥作用的能力。与 lncRNA 一样，circRNA 的作用机制之一是 miRNA 海绵，如 circCCDC66 在结直肠癌中具有致癌功能，circHIPK3 在膀胱癌中具有肿瘤抑制作用（图 8-7D）。circRNA 与 miRNA 的相互作用还可能起到稳定 miRNA 结合的作用，最近有研究表明，在前列腺癌中，circCSNK1G3 能与 miR-181 相互作用，促进细胞增殖。也有人提出，circRNA 可直接与蛋白质结合，要么充当复合物组装的支架，如 circCTNNB1 和 DDX3X（DEAD-Box Helicase 3 X-Linked，DEAD-Box 解旋酶 3X-连锁）（图 8-6E），要么吸附相关蛋白质，阻止其介导的作用。还需要注意的是，也有研究表明一些 circRNA 可能会被翻译。虽然对 circRNA 的功能研究和治疗潜力评估还处于起步阶段，但很明显，circRNA 具有更强的稳定性，这使其成为新型癌症生物标志物的主要候选者。

二、非编码 RNA 疾病治疗中的潜在应用

得益于测序技术和生物信息学方法的快速发展，在过去的几十年中，人们已经检测和发现了不同类别的非编码 RNA，从而形成了一个复杂的非编码 RNA 世界。足够的证据表明，非编码 RNA 起着重要的生物学作用，并且与更高的真核生物复杂性有关。非编码 RNA 可以与不同种类的分子相互作用，并通过产生复杂网络的各种分子机制来调节它们。非编码 RNA 介导的网络不

仅包含 RNA 之间的相互作用，还参与细胞核和细胞质中的基因组学及蛋白质组学。随着这类非编码 RNA 的发现，一个全新的机制理解和可能的治疗干预领域已经发展起来。由于 microRNA 和 lncRNA 参与了多种疾病的调控，因此将新发现转化为诊疗方法是一种很有前景的研究。

（一）非编码 RNA 作为疾病诊断的生物标志物

非编码 RNA 是有用的分子生物标志物，因为在各种癌症中观察到失调的非编码 RNA 表达。非编码 RNA 的表达模式通常与疾病类型相关，可提供特定的诊断，甚至预后临床信息。事实上，目前亟须能确定疾病亚型的生物标志物来指导治疗干预。个性化医疗将有助于更有效地治疗患者，从而降低卫生和经济系统的成本。许多临床前研究中发现，非编码 RNA 作为诊断和预后生物标志物的前景，其中特别值得注意的是 miRNA、lncRNA 和 circRNA。尽管它们在功能上的研究才刚刚开始，但 circRNA 是一类特别有趣的生物标志物，因为它们具有很强的稳定性，这是因为它特殊的共价闭合末端。重要的是，在血液和尿液中也可以找到几种生物标志物，而获取血液或尿液相对于获得肿瘤样本来说是侵入性较小的操作。与正常样本相比，给定生物标志物的表达可以检测癌症的存在，或者在癌症发现后预测生存、转移或治疗反应，因此，识别新的单一生物标志物或新的生物标志物组合的潜力是无穷无尽的。

1. 作为生物标志物的循环 miRNA 研究体液中作为循环生物标志物的 miRNA 是一个潜力无穷的新研究领域。miRNA 的分泌过程可能是细胞和（或）器官系统之间进行细胞间交流的另一种方式。非编码 RNA 可以通过外泌体、微囊泡或凋亡体等活跃的循环颗粒分泌。此外，它们还可与高密度脂蛋白和其他脂蛋白复合物结合。与这种主动分泌的非编码 RNA 相反，也有一些 miRNA 通过被动泄露进入循环系统。虽然人们一度认为 miRNA 不稳定，但事实证明，循环中的 miRNA 易于检测且相对稳定。事实上，将 miRNA 纳入微囊泡、外泌体、凋亡体及与蛋白质的复合物中，可使其免受 RNase 依赖性降解的影响。因此，miRNA 非常稳定，故可以在血液、血清、脑脊液或尿液等体液中轻松测量其水平。它们在疾病早期的非侵入性检测方面具有巨大潜力。

在心血管领域，miRNA 作为新的细胞间通信工具受到了关注。邦（Bang）等发现，miR-21 可从成纤维细胞的外泌体分泌到心肌细胞中。这种非编码 RNA 的交换方式被证明会导致心肌肥大。另有研究显示，通过 miRNA 图谱可以区分射血分数降低的心力衰竭患者和射血分数保留的心力衰竭患者。目前正在进行 Meta 研究，比较不同组的研究结果，以寻找最佳的生物标志物组合。德尔达（Derda）等在区分不同形式的肥厚型心肌病时证明，与只测量一种特定的生物标志物相比，检测多种循环 miRNA 可能成为一种更强大的诊断工具。

2. 作为生物标志物的 lncRNA 循环中的 lncRNA 能够作为生物标志物发挥功能，但仍需研究 lncRNA 如何释放到细胞外。已有研究表明，lncRNA 包裹在囊泡中，但缺乏详细的特征描述。PCA3 就是一种循环 lncRNA，它是诊断前列腺癌最特异的生物标志物。PCA3（prostate cancer antigen 3，前列腺癌抗原 3）是迄今为止第一个也是唯一一个获得美国食品药品监督管理局批准作为癌症生物标志物测试的非编码 RNA，通常在前列腺癌中过度表达，重要的是，可以通过非侵入性尿液收集轻松检测到。当与尿液 TMPRSS2：ERG 水平（另一种在前列腺癌中经常过度表达的转录本）结合使用时，PCA3 的诊断能力甚至更强。PCA3 下调肿瘤抑制基因 *PRUNE2*，揭示了这种 lncRNA 是一种负致癌调节因子。

鉴于此，更多的 lncRNA 有希望用于诊断的特征。急性肾损伤患者血浆中循环 lncRNA TapSaki 的水平是患者死亡率的预测因子，在肾活检和血浆中都能检测到。lncRNA 不仅能在血浆中检测到，还能在患者的尿液中检测到。例如，通过筛查尿液中的特定 lncRNA，可以预测肾移植后正在发生肾排斥反应的患者。

研究人员在患者血浆和全血中研究了心脏 lncRNA 生物标志物的潜在用途。在心肌梗死后左心室重塑和未重塑的患者中，首次进行了检测血浆中 lncRNA 的原理验证研究。研究人员发现了一种名为 Lipcar 的线粒体衍生 lncRNA，它的表达情况与患者未来心脏重构和心力衰竭死亡的风险息相关。沃索特（Vausort）等在患者的全血中发现了 ANRIL 和 KCNQ1OT1，对这些 lncRNA 的测量提高了对左心室功能障碍的预测能力。然而，lncRNA 作为生物标志物的潜力仍有待深入研究，需要进一步研究体液中的 lncRNA 作为各种疾病生物标志物的可能性，关键是要确保 lncRNA 生物标志物真的优于正在使用的生物标志物。此外，将传统生物标志物与新型 lncRNA 生物标志物结合使用，可能有助于克服预后预测方面的某些不足。除 lncRNA 和 miRNA 之外，circRNA 在体液中的含量更高且更稳定，因此也是有希望用于生物标志物检测的新候选者，但目前只有少数报道。

（二）人工干预非编码 RNA 的体内水平来调控基因表达

1. 基于 miRNA 的疗法 人们已经对 miRNA 进行了较为详细的研究，并对几种治疗干预措施进行了测试。一般来说，有两种不同的方法可以改变疾病环境中的 miRNA 水平。miRNA 的活性可能是有益的，也可能是有害的。因此，可以通过模拟 miRNA 来增强其功能，也可以通过反义寡核苷酸（antisense oligonucleotide，ASO）靶向 miRNA 序列来抑制其功能。

（1）上调 miRNA 用于治疗：要提高有益 miRNA 的表达水平，可以利用腺相关病毒（adeno-associated virus，AAV）或其他病毒功能获得的方法。注射这些病毒可将基因拷贝瞬时引入宿主体内，从而促进体内 miRNA 的强效持久表达。通过注射 AAV，还可以转导到特定组织，因为每种血清型对不同器官都有趋向性。例如，AAV6、AAV8 和 AAV9 亚型在全身注射时具有心脏毒性。然而，由于可能会在其他器官发生意外上调，因此需要对其分布情况进行单独评估。如有必要，使用新的 AAV 变体，通过使用特定细胞类型的启动子，使其只针对特定器官甚至特定细胞类型。

另一种可能方法是利用 miRNA 拟态来提高 miRNA 水平。这些 miRNA“模拟物”是经过化学修饰的小型合成双链寡核苷酸。miRNA mimics 易于合成，但其化学性质在递送和设计方面存在一些挑战。

MRX34 是已开发的一种 miRNA 治疗方法，用于治疗肝细胞肝癌（hepatocellular carcinoma，HCC）。在小鼠模型中，miR-34 的注射使小鼠体内的 HCC 完全消退。目前，它正处于多中心、开放标签的一期临床试验中（ClinicalTrials.gov Identifier：NCT01829971）。

一般来说，靶向 miRNA 的试剂需要通过细胞膜。它们应当能防止降解，而且需要高度稳定。这些特性对 miRNA 模拟物和 miRNA 抑制剂的化学性质都有影响。

（2）使用 miRNA 的抑制剂进行治疗：靶向 ASO 对 miRNA 进行抑制。这些反 miRNA（或 Antagomirs）是单链寡聚体，与目标 miRNA 互补。科学家已经测试了几种化学修饰，可能增强 miRNA 试剂的药效学和药代动力学并改善其功能。

对母体磷酸二酯骨架连接的修饰可增强核酸酶抗性，促进细胞吸收。此外，它还能改善与血浆蛋白的结合，降低尿液清除率。在序列的 3′ 端连接胆固醇有助于细胞吸收，并提高体内稳定性。

对糖分子 2′ 位点进行修饰的效果是增加 Antagomirs 寡核苷酸对核酸酶的抗性，并提高其与目标 miRNA 的亲和力。这种修饰可以是 2′-*O*-甲基化、2′-*O*-甲氧基乙基化或 2′-*O*-F 修饰。引入 2′-*O*、4′-*C*-亚甲基桥会导致 LNA 化学反应。

LNA 化学成分可提高目标亲和力。它们含有一个亚甲基桥来锁定呋喃糖环。这就提高了效率，并且可以用更短的序列来靶向 miRNA 的种子序列（“微小 LNA”）。由于一整套相关的 miRNA 都可能与疾病有关，因此微小 LNA 是一种很有前景的方法，可用于靶向一整套与疾病相关的 miRNA，而无须逐一处理。贝纳多（BeRNArdo）等在 2012 年进行的一项研究比较了只靶向心力衰竭相关 miR-34 家族中一个成员与用一个微小 LNA 靶向整个家族后的结果。miR 家族成员 miR-34a、miR-34b 和 miR-34c 在心脏组织中的水平会因应激反应而升高，因此它们是一个很有希望的治疗靶点。发生心肌梗死的小鼠使用了针对 miR-34 家族的八聚体 LNA 或仅针对 miR-34a 的十五聚体 LNA。接受以 miR-34a 为靶标的 LNA 小鼠在心肌梗死后没有获益。有趣的是，小鼠接受针对多种 miR34 形式的微小 LNA 治疗后，心肌梗死诱导的形态学变化有所减轻，功能也有所改善。然而，只有使用与单个全长 miR 序列互补的抗-miRNA 才能提高特异性。此外，有时

miRNA 种子序列之外的序列对 miRNA 的表达也很重要。

最近有一种新的临床治疗方法，使用 miRNA 抑制方法治疗丙型病毒性肝炎患者。这种名为米拉韦森（Miravirsen）的药物是一种与 miR-122 的 5′ 端区域互补的 LNA/DNA 硫代磷酸混合序列。这种肝脏特异性 miRNA 在丙型肝炎的生命周期中是必需的。使用 LNA 可使试剂抗核酸酶降解，并使其对靶点具有高亲和力。最近的研究表明，米拉韦森不仅能与成熟的 miR-122 结合，还能与 pri-miR-122 和 pre-miR-122 的茎-环结构相结合，抑制 miR-122 前体的处理过程。目前有几家公司利用抗 miRNA 方法开发了抗肝炎药物。

2. 基于 lncRNA 的疗法 由于 lncRNA 参与发育，并以特定细胞类型发挥普遍作用，它们被认为是极具吸引力的治疗靶标。遗憾的是，在体内调节 lncRNA 并不容易。因此，迄今为止还没有一种 lncRNA 药物进入临床试验阶段，许多在治疗层面上调节 lncRNA 的有前途的方法都处于临床前阶段。

孟（Meng）等探究了靶向 lncRNA Ube3a-ATS 治疗单基因疾病快乐木偶综合征（Angelman syndrome，AS）的可能性。AS 是一种复杂的神经发育障碍，以智力低下为特征。这种疾病是由于大脑中编码 E3 泛素连接酶的 UBE3A 母系等位基因缺失引起的。该基因组区域受印记中心调控，导致父系等位基因的 UBE3A 表达沉默。母体染色体上的额外缺陷导致 UBE3A 表达缺失，从而导致 AS。潜在的沉默机制是由 lncRNA Ube3a-ATS 的表达引起的，该 lncRNA 与父系基因反义并导致其沉默。在 AS 小鼠模型中，通过 ASO 治疗可以减少 Ube3a-ATS，从而恢复父系 Ube3a 的水平，进而改善与该疾病相关的一些症状。这项研究提供了有望治疗一种严重疾病的方法，特别是 ASO 疗法已经过详细测试，是一种沉默 RNA（包括 lncRNA）的较为完善的方法。

使用所谓的“GapmerRs”也可以靶向 lncRNA。这些 DNA-LNA 嵌合反义寡核苷酸是单链的，通过招募 RNAse H 催化目标 lncRNA 的降解。RNAse H 存在于细胞核和细胞质中，能降解 RNA-DNA 异质复合物，但目前针对 lncRNA 的 GapmerRs 治疗应用仍处于起步阶段。

研究 lncRNA 所面临的一个挑战是其保存状况不佳。即使在小鼠模型中针对一种 lncRNA 的治疗取得了重大成功，也不一定意味着可以应用于人类。因此，研究人类 lncRNA 的治疗方法尤为重要。

非编码 RNA 可能会继续更好地使研究人员和临床医生发现有助于微调诊断和区分恶性组织与良性组织及一种癌症与另一种癌症的分子特征。这一领域很可能会发展成为一个新的领域，开发出更具特异性和更强效的药物及个性化医疗方案，将患者的医疗保健提升到新的水平。越来越多的非编码 RNA 疗法将进入正式的药物开发流程，这就需要临床医生和科研人员收集更多信息，测试潜在非编码 RNA 药物的药代动力学和动态变化，并进行详细的毒性研究。要推动这一领域的发展，更多的工具必不可少。这些测试也可能用于确定预后，例如确定转移风险或对化疗等治疗产生反应的可能性。尽管治疗应用仍处于早期阶段，但有朝一日，基于参与癌症通路的非编码 RNA 的药物将被用于癌症患者。为了确定候选生物标志物或治疗靶点，专注于谱系和疾病特异性非编码 RNA 似乎是理想的方法，就像上面提到的前列腺癌中的 PCA3 一样。表达水平也是开发基于非编码 RNA 的诊断和治疗方法的关键因素。如前所述，与蛋白质编码基因相比，lncRNA 的表达水平通常较低，因此确定那些容易检测到的候选基因非常重要。此外，在尿液或血液中发现的诊断生物标志物的开发是理想的，可以使患者免于通常与组织收集相关的非侵入性程序。

与生物制剂或小分子相比，应考虑与 RNA 疗法相关的重要益处和挑战。RNA 药物基于核苷酸杂交，因此可以轻松接近靶标；人们只需要确定序列并测试候选疗法的活性。对于小分子或生物制剂，必须采用更长和费力的筛选或基于结构的设计方法，还有可能设计基于 RNA 的方法，可以很容易地靶向 RNA 的多种组合。尽管有这些优点，但必须考虑和优化基于 RNA 的药物的递送方法，这通常是一个具有挑战性的过程。与小分子和生物制剂相比，口服制剂对于基于 RNA 的疗法也更加困难。如上所述，基于 RNA 的药物还存在免疫相关毒性和其他不良事件的问题。在未来的研究中，不断改进寡核苷酸化学和递送方法，以慢慢解决这些问题。

（潘超云）

第三篇　细胞生命活动的分子调控

高等生物的各个细胞、组织都需要依赖细胞间的信息联系才能构成一个有生命活动的、协调统一的整体。细胞通过多种活性分子的相互作用，感受或发送信号，引起细胞代谢变化、基因表达、细胞生长、细胞分裂等应答反应，构成了完善而复杂的细胞通信系统。

细胞信号转导是细胞通信的最主要环节，是指细胞通过多种分子相互作用的有序反应将内外源刺激信号传递到效应分子，完成对细胞的调节，反映了外界环境变化如何影响细胞生物学效应的分子机制。参与信号转导途径的主要分子有受体和细胞内信号转导分子，受体分为膜受体和细胞内受体，各种信号转导途径之间可发生交叉调控，形成复杂的信号转导网络。

细胞增殖、分化与细胞分裂是生物体生长、发育及生命活动中的基本过程。细胞增殖是指一个亲代细胞通过分裂成为两个子代细胞的生物学行为。细胞从一次分裂完成开始到下一次分裂结束所经历的全过程即为细胞周期。细胞周期分为 G_1 期、S 期、G_2 期、M 期四个时相，其调控机制涉及细胞周期相关蛋白及细胞周期调控系统。构成生物体的不同类型的细胞都源于同一个受精卵。由受精卵产生的同源细胞在形态、组成和功能方面发生稳定性差异的过程称为细胞分化。个体发育是通过细胞分裂、细胞分化和细胞死亡等生命活动实现的。细胞衰老是个体衰老的细胞基础，是指细胞在生命活动过程中发生不可逆的细胞周期阻滞，处于一种生长停滞的稳定和终末状态，表现为细胞结构与功能的退行性变化，衰老细胞最终发生细胞死亡；细胞死亡有细胞坏死和细胞凋亡两种，细胞凋亡是机体为维持内环境稳定而产生的有序性死亡，是多细胞生物发育及成体维持细胞数目平衡的一种正常生命活动形式。

本篇将介绍细胞信息传递，细胞增殖的分子调控、细胞分化的分子调控、细胞衰老与死亡的分子调控、细胞膜、内膜系统、线粒体等六章。

第九章　细胞信息传递

多细胞生物的生命活动中，各种细胞之间存在着信息交流，通过细胞间的相互识别和相互作用实现功能上的协调统一。细胞通信（cell communication）是指不同细胞间高效、准确地发送与接收信息，并通过活性分子的相互作用，快速引起周围细胞或远距离细胞生理反应的过程。细胞可感受的环境信息主要为物理信号（如光、声、电磁场、压力、温度等）和化学信号（如激素、细胞因子、离子及神经递质等），其中化学信号种类繁多且复杂，是多细胞生物体内调节细胞活动的主要信号。当靶细胞（target cell）感受到众多的内外环境信号后，发生胞内多种分子的特异性识别和相互作用，形成有序的分子级联反应传递信息，最终引起细胞在基因表达、新陈代谢和细胞运动等行为中的变化，这种细胞针对内外源信号所发生的应答过程称为信号转导（signal transduction）。细胞信号转导是细胞通信的最主要环节，涉及许多活性分子与蛋白质的参与，存在信号传递方式和转导途径的多样性，由此构成了复杂的信号转导网络。

细胞通信及信号转导是高等生物生命活动的基本机制，这种胞间、胞内信息联合作用的意义在于接受环境刺激，处理并发送各种信息，协调不同组织或器官之间的细胞应答反应和系统稳态，从而保证了细胞生长与分化、个体发育，以及多细胞、多组织系统执行正常功能的需要。阐明细胞信号转导的分子机制不仅对于理解生命活动的本质有重要理论意义，同时也为医学领域中认识疾病的发病机制、创新诊疗手段与研发药物提供新的机遇与挑战。

第一节 细胞间信息传递的方式和途径

相对于单细胞生物对外界环境的直接应答反应，多细胞生物中绝大多数细胞并不与外界直接接触，而是通过细胞与细胞之间的通信来协调细胞的行为。细胞间信息传递是指一个细胞发送信息来改变另一个（靶）细胞的功能机制，细胞之间主要是通过两类信息传递模式进行交流：第一类是细胞之间有直接接触，被称为接触依赖模式或近分泌；第二类模式中信号发送细胞并不直接与靶细胞接触，而是释放一种分泌因子，通过细胞外环境扩散至靶细胞并与受体蛋白相互作用，从而引起靶细胞胞内信号的激活和功能改变。

一、细胞接触依赖的信息传递

（一）细胞间隙连接通信

细胞间隙连接（gap junction）是动物细胞间最普遍的细胞连接。细胞间隙连接通信是指两个相邻细胞利用连接蛋白（nectin）作为通道而进行的一种直接通信方式。连接蛋白两端分别嵌入两个相邻的细胞，形成一个亲水性孔道，允许分子量小于 1500Da 的水溶性分子在两个细胞间自由交换，因此，相邻的细胞通过共享一些特殊的小分子物质（无机离子、第二信使、代谢物等），可以快速、可逆地促进相邻细胞对外界信号产生协同的应答反应，在细胞生长、分化、发育、定位及维持细胞形态等方面有重要意义。

（二）膜表面分子接触通信

通过信号发送细胞的膜外表面蛋白与相邻的靶细胞膜表面分子特异地相互识别和相互作用，两种细胞达到功能上相互协调，这种细胞间的直接通信方式称为膜表面分子接触通信。细胞膜外表面结合性信号分子作为细胞的触角，改变了靶细胞膜表面分子的结构而触发其后的信号转导，从而影响靶细胞的迁移、增殖和活化等功能。如表达于髓样细胞、T 细胞和成纤维细胞膜表面的 Fas（CD95）蛋白与其配体 FasL 的结合可启动凋亡信号转导而引起细胞凋亡。

二、胞外可溶性分子介导的通信

多细胞生物的一些细胞可分泌可溶性化学分子，通过扩散或体液运输到达靶细胞，产生近距离或远距离的细胞间通信。根据信号细胞与靶细胞的距离和分泌分子的性质，信号传递方式可分为四种，内分泌（endocrine）、旁分泌（paracrine）、自分泌（autocrine）和突触分泌（图 9-1）。

内分泌是指组织合成的物质分泌入血，进行远距离细胞间的信号传递。内分泌腺体的发送细胞合成并分泌一种称为激素的信号分子，激素通过血液远距离运输至靶细胞，可高亲和性、特异性与细胞受体结合，使靶细胞对激素产生应答效应。此种传递方式具有的特点：①激素与受体结合后发生酶促反应，形成级联放大效应；②激素仅作用于特定的靶器官、靶组织和靶细胞，具有相对特异性；③调节同一生理活动的多种激素之间存在协同或拮抗作用；④某些激素（性激素）的分泌存在周期性节律变化。

旁分泌是指发送信号细胞分泌的信号不通过血液运输，只是通过扩散到邻近细胞而进行信号传递的方式。旁分泌的局部调节信号分子可以聚集至靶细胞的附近或周围环境，产生细胞间快速和局部的交流应答。生长因子、细胞因子、前列腺素等主要通过此种方式发挥作用。自分泌可看作是旁分泌的一种形式，即信号发送细胞的同时也是能产生受体蛋白的靶细胞，这种通信常见于生长因子的信号传递，发生在胚胎/新生儿组织和器官发育过程中，也见于肿瘤细胞产生过量的生长因子刺激自身细胞无限制增殖。神经细胞在突触部位的信号传递也可看作是一种作用距离最短的旁分泌，突触前神经细胞释放的神经递质仅在严密的突触间隙近距离、高浓度作用于靶细胞受体，并随神经递质局部浓度的降低而与受体解离，发生快速而短暂的信号通信。

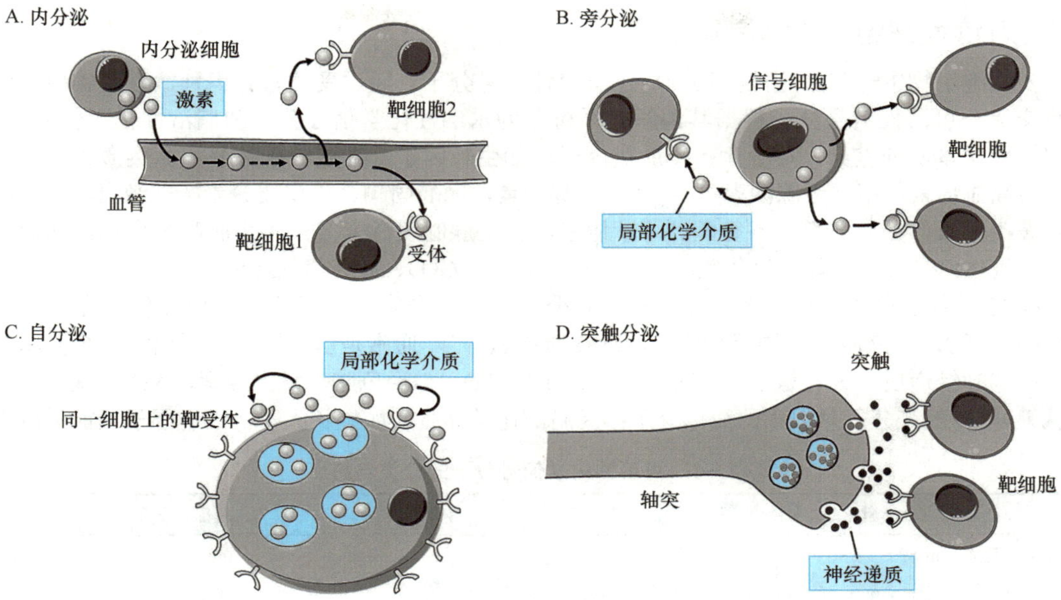

图 9-1　细胞外信号分子的传递方式模式图

第二节　细胞信号转导的关键分子

细胞信号转导是多种蛋白质和小分子活性物质之间相互作用的一系列有序反应。按信号传递顺序，这些分子大致分为 5 个层次：①细胞外信号分子；②转导信号的受体：如跨膜转换胞外信息的蛋白质；③细胞内的信号转导分子；④影响细胞外形和细胞移动的胞内结构分子；⑤结合 DNA 影响基因表达的转录因子。其中一些特殊信号转导模式中的受体分子被激活后就是转录因子（如核受体类）。

一、细胞外信号分子

高等生物利用数百种信号分子进行着细胞之间的交流信息，大多数胞外信号分子是由细胞通过胞吐方式分泌或穿膜扩散释放的、作用于邻近或远距离细胞的化学分子。相对于细胞内的信号小分子，这些介导细胞间通信的信号分子被称为“第一信使”，包括蛋白质、多肽、氨基酸、核苷酸、类固醇、脂肪酸衍生物及某些气体分子等，因其专一性识别并结合相应受体而发挥作用，故又称为配体（ligand）。化学信号分子不具备酶活性，也不直接参与细胞的物质与能量代谢过程，其与靶细胞上受体结合，引发受体蛋白的构象改变，进而将细胞外化学信号转换为靶细胞内信号发挥其效应。

根据产生的生物学效应不同，细胞外信号分子可分为激动剂（agonist）和拮抗剂（antagonist）两种类型。激动剂是指与受体结合后能使细胞产生效应的细胞外信号分子，拮抗剂是指与受体结合后不但不产生细胞效应，还可阻碍其他分子或激动剂对细胞作用的细胞外信号分子。根据存在部位与作用方式、化学性质等，膜结合型和可溶型细胞外化学信号分子都是常见的配体。

（一）膜结合型细胞外化学信号分子

细胞质膜的外表面存在众多蛋白质、糖蛋白、蛋白聚糖和糖脂分子。细胞之间通过这些分子的特殊结构相互识别和相互作用而传递信息，如邻近细胞间的黏附因子、凝集素、钙黏蛋白和免疫球蛋白等。

（二）可溶性细胞外化学信号分子

多细胞生物中一些细胞能分泌释放出可溶性信号分子，通过受体特异识别，进而实现细胞间信息交流。可溶性信号分子根据其溶解性质可分为水溶性化学信号分子和脂溶性化学信号分子；根据其化学本质的差异，可分为：①肽类因子（如生长因子、细胞因子等）和肽类激素（如胰岛素、胰高血糖素、甲状旁腺激素等）；②类固醇激素，如醛固酮、糖皮质激素、性激素等；③氨基酸及胺类激素，如甘氨酸、谷氨酸、甲状腺素、肾上腺髓质激素等；④脂肪酸衍生物，如前列腺素；⑤气体信号分子，如一氧化氮（NO）、一氧化碳（CO）、硫化氢（H_2S）。

根据分泌方式的不同，化学信号分子常分为内分泌激素、神经递质、局部化学介质三大类（表 9-1）：①内分泌激素（如甲状腺素、糖皮质激素等），通常是蛋白质、糖蛋白、聚合多肽或类固醇；②神经递质（如谷氨酸、γ-氨基丁酸、NO、CO、5-羟色胺、肾上腺素、ATP、腺苷、乙酰胆碱等），一般是分子量很小的简单分子；③局部化学介质（如生长因子、细胞因子、前列腺素）。

表 9-1　可溶性化学信号分子的分类与特点

	内分泌激素	神经递质	局部化学介质
信号作用距离	m	nm	μm
受体位置	质膜或细胞内	质膜	质膜
举例	胰岛素、甲状腺素、糖皮质激素	γ-氨基丁酸、NO、5-羟色胺、乙酰胆碱	生长因子、白介素、前列腺素

二、转导信号的受体

受体（receptor）是位于细胞膜上或细胞内能特异识别并结合外源信号分子（配体），从而引起细胞生物学效应的分子。受体与配体高亲和力、选择性、可逆的结合，依赖于分子间特定的结构域和非共价键作用，两者结合决定了转导信号的特异性，也体现了受体活性的可饱和性和可逆性。大多数受体为糖蛋白，个别为糖脂（如神经节苷脂为霍乱毒素的受体）。根据细胞定位，受体可分为细胞膜受体（membrane receptor）和细胞内受体（intracellular receptor）。水溶性化学信号的受体一般在细胞膜上（甲状腺素受体除外），脂溶性化学信号的受体一般位于细胞质或细胞核内（图 9-2）。

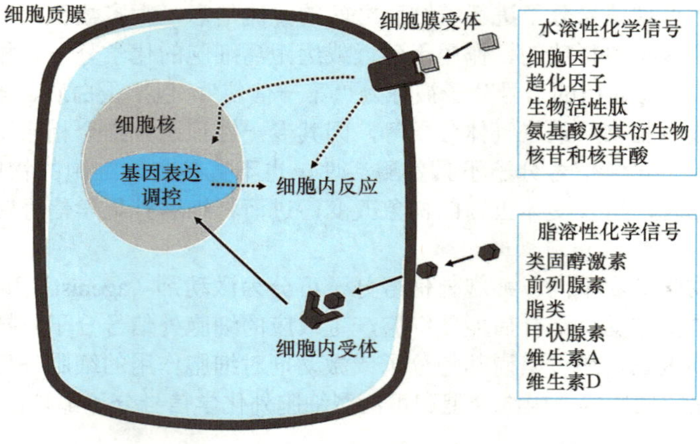

图 9-2　水溶性和脂溶性化学信号受体的细胞定位

（一）细胞膜受体

细胞膜受体的结构包括胞外结构域、跨膜结构域和胞内结构域三部分。受体根据结合其配体后引起信号转导的机制不同，从结构和功能上可分为最主要的三类：配体门控离子通道型受体

（ligand-gated ion channel receptor）、G 蛋白偶联受体（G-protein coupled receptor，GPCR）、酶偶联型受体（enzyme-linked receptor）。

1. 配体门控离子通道型受体　这类受体自身为离子通道，是由多亚基的寡聚体环绕而成的跨膜通道结构。配体主要为小分子的神经递质，其与受体的胞外段结合后可改变受体结构，直接控制离子通道的开放，引发细胞膜电位改变，即将化学信号转变为电信号而影响细胞功能。该类受体有阳离子通道型受体，由乙酰胆碱、谷氨酸和 5-羟色胺等兴奋性神经递质控制；也有阴离子通道型受体，由甘氨酸和 γ-氨基丁酸等抑制性神经递质控制。这些离子通道的激活可进一步控制许多电压门控通道（激活或抑制），如 Ca^{2+}门控通道，其变化可改变一种关键的第二信使——Ca^{2+}的细胞溶胶浓度，从而引发其他的应答效应。

烟碱型乙酰胆碱受体（nicotinic acetylcholine receptor，nAChR）是一种典型的离子通道型受体，由 α2βγδ 四种亚基组成五聚体。每个亚基都有 4 个 α 螺旋结构组成的跨膜区，5 个亚基共同在膜中组成一个亲水的穿梭通道。当受体的 α 亚基结合 2 分子乙酰胆碱后变构重排，引起通道短暂活化开放，使细胞膜局部去极化引起神经冲动，但很快亚基再次重排而转为失活关闭状态（配体仍与受体结合的状态），随着乙酰胆碱与受体解离，受体通道才能被重新激活（图 9-3）。

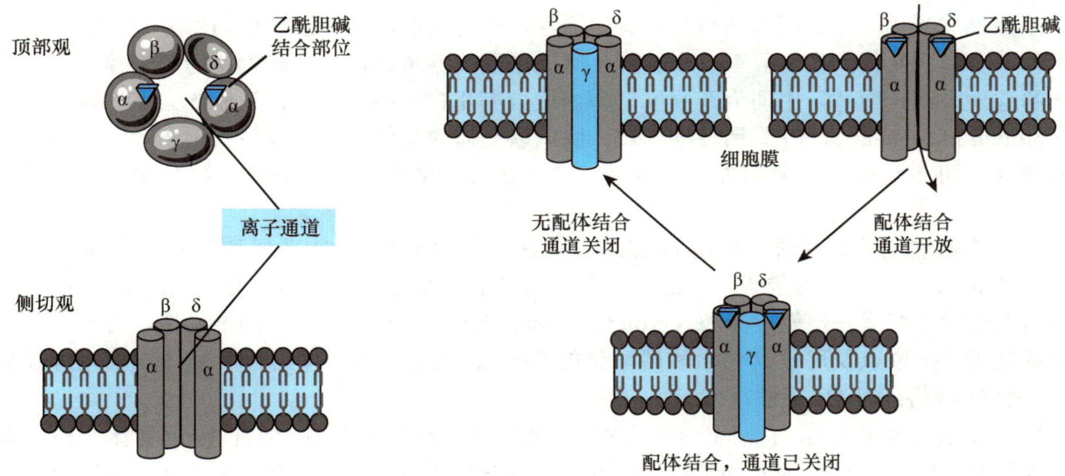

图 9-3　烟碱型乙酰胆碱受体的结构与功能模式图

2. G 蛋白偶联受体（GPCR）　这类膜受体均为由一条多肽链组成的糖蛋白，因其胞内段总是偶联一个鸟苷酸结合蛋白（guanine nucleotide-binding protein，G-protein），即 G 蛋白而得名。受体多肽链的 N 端在细胞膜外侧，C 端在细胞膜内侧，中间是七个 α 螺旋的跨膜区，形成 3 个细胞外环和 3 个细胞内环，因而又称七次跨膜受体（图 9-4）。GPCR 的胞外第 1 个和第 2 个环状结构中有 Cys 残基形成的分子内二硫键，用以维系蛋白质胞外结构域的正确构象；细胞内侧 C 端和第 3 个环有多个 Thr/Ser 残基，可被蛋白激酶 A（protein kinase A，PKA）、蛋白激酶 C（protein kinase C，PKC）和 GPCR 激酶等磷酸化，参与受体的失敏、内吞等调节过程。目前报道，GPCR 是人类基因组编码最多的一个超家族，成员超过 1000 种，主要包括视紫红质样受体（约占 85%）、分泌素受体家族、cAMP 受体、代谢型谷氨酸受体等，可以介导多种内外环境刺激因子（如光、气味、神经递质、激素、趋化因子等）引发的信号转导，参与调节视觉、味觉、嗅觉、神经传导、离子通道、细胞增殖、分化及免疫炎症反应等一系列细胞生物学效应。

GPCR 被激活后也必须有终止反应，否则就会因信号持久过强而引起病理性后果。GPCR 转导信号的终止可有 3 种方式：①α 亚基本身具有 GTP 酶活性，活化型 α-GTP 很快被自身催化水解成非活化型的 α-GDP，终止反应。②结合配体的 GPCR，被细胞内吞降解。③发生同源脱敏（homologous desensitization），细胞质内存在一种 GPCR 激酶（G-protein coupled receptor kinase，

GRK），通过其分子内的 PH 域（pleckstrin homology domain）结合 G 蛋白的 βγ 二聚体，催化 GPCR 的第三个胞内环上的 Ser 磷酸化，终止 GPCR 的作用。这是 GPCR 特有的快速信号终止反应。

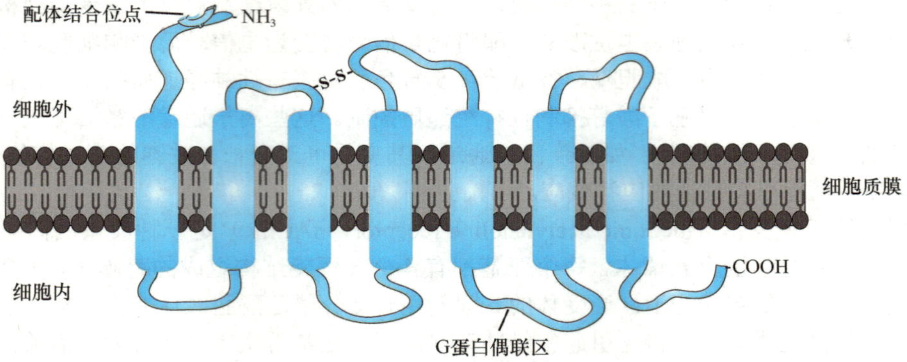

图 9-4　G 蛋白偶联受体的结构示意图

3. 酶偶联受体　这是指那些自身具有酶活性，或者自身没有酶活性但与酶分子结合存在的一类受体。酶偶联受体大多为只有 1 个跨膜 α 螺旋区段的糖蛋白，故又称为单跨膜受体。其结构中 N 端的胞外区结合配体，中间为跨膜区，胞内段含有蛋白激酶（protein kinase，PK）或蛋白磷酸酶（protein phosphatase，PP）活性结构域。酶偶联受体的配体大部分是生长因子和细胞因子，当两者结合后可激活受体的酶活性，使受体或底物蛋白磷酸化或去磷酸化，触发细胞内信号转导过程。

（1）酪氨酸激酶型受体（tyrosine kinase receptor，TKR）：又称受体型酪氨酸激酶（receptor tyrosine kinase，RTK）。这类膜受体的 N 端胞外段常含寡糖链，为配体结合位点；中部为跨膜区，C 端的胞内段含有蛋白酪氨酸激酶（protein tyrosine kinase，PTK）活性的结构域，有若干个可自身磷酸化的 Tyr 位点及可被其他激酶磷酸化的 Ser/Thr 残基，与配体结合后受体二聚化进行交叉 Tyr 磷酸化而激活其 PTK 活性。

目前发现人类基因组可编码 58 种 TKR，包括胰岛素受体和多种生长因子受体。根据受体的胞外段结构特征，可分为 4 种类型（图 9-5）：①第一类型 TKR 的胞外段含有 2 个富含 Cys 的重复序列域，如表皮生长因子（epidermal growth factor，EGF）受体。②第二类型 TKR 是由二硫键连接的 a2β2 四聚体，其胞外的两个 α 亚基亦含有一个富含 Cys 的重复序列，如胰岛素受体（insulin receptor，IR）和胰岛素样生长因子受体（insulin-like growth factor receptor，IGFR）等。③第三类型 TKR 的胞外段含有 5 个免疫球蛋白样域，其胞内段的 PTK 活性结构域被亲水性插入序列分开，如血小板源性生长因子（platelet derived growth factor，PDGF）受体和集落刺激因子 1（colony stimulating factor-1，CSF-1）受体等。④第四类型 TKR 的胞外段仅含有 3 个免疫球蛋白样域，其胞内段的 PTK 活性结构域呈间隔的串联结构，如成纤维细胞生长因子（fibroblast growth factor，FGF）受体等。它们介导多条重要信号通路，与细胞的增殖、分化和代谢调节有关。

（2）丝氨酸/苏氨酸蛋白激酶型受体（serine/threonine protein kinase receptor，SPKR）：又称受体 Ser/Thr 蛋白激酶。这类膜受体的 C 端胞内区含有 Ser/Thr 蛋白激酶（serine/threonine protein kinase，SPK）结构域，配体与受体结合后促使其形成二聚体，催化自身 Ser/Thr 磷酸化及邻近的底物蛋白磷酸化，参与细胞增殖、分化、迁移和凋亡，以及刺激细胞外基质合成等生物学效应。如转化生长因子 β（transformation growth factor beta receptor，TGF-β）受体、骨形成蛋白受体等。

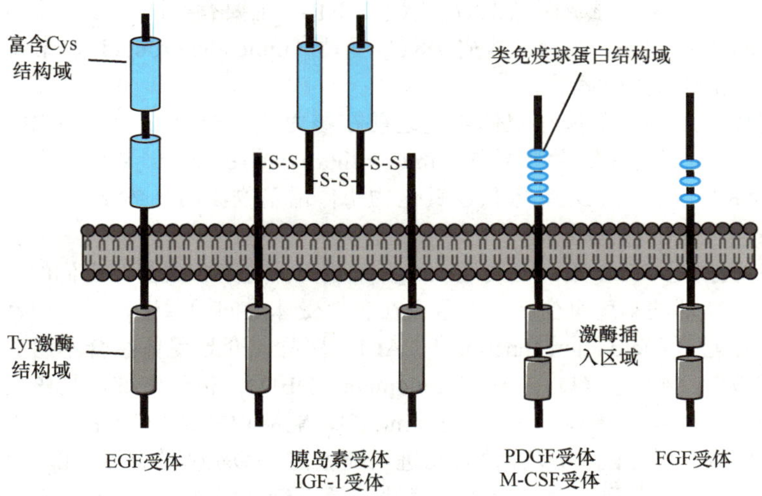

图 9-5 酪氨酸激酶型受体结构示意图

（3）鸟苷酸环化酶型受体：该类受体的胞内区具有鸟苷酸环化酶（guanylate cyclase，GC）活性。受体被配体激活后可催化细胞内 GTP 产生环鸟苷酸（cyclic GMP，cGMP）。哺乳动物可编码 7 种此类受体，如心钠素（又称心房利尿钠肽）受体、鸟苷蛋白受体和内毒素受体等。

（4）蛋白酪氨酸激酶偶联受体：也是单跨膜 α 螺旋受体，其本身不具有 PTK 活性，为非催化性受体。但结构中有可被磷酸化的 Tyr 残基，通过偶联细胞内可溶性非受体型 PTK 而激活，如白介素（IL）受体的胞内段近膜处可偶联具有 PTK 活性的 JAK（Janus kinase）家族分子，进而传递调节信号，引起靶细胞的增殖、分化、免疫反应等细胞效应。

许多细胞因子受体（cytokine receptor，CR）属于此类非催化性受体。CR 的组成比较复杂，按结构特点及信号传递功能，CR 主要分为Ⅰ型与Ⅱ型两类。Ⅰ型包括 IL-2、IL-3、IL-4、IL-5、IL-6、IL-7 受体及粒细胞集落刺激因子（granulocyte colony stimulating factor，G-CSF）受体、红细胞生成素受体等。Ⅱ型包括干扰素（interferon，IFN）受体家族、IL-10 受体等。另外，也有按组成特点将肿瘤坏死因子 α（tumor necrosis factor-α，TNF-α）受体、CD40 受体、免疫球蛋白样受体、IL-1 受体家族等另作分型。

此外，也有膜受体的胞内段包含一些特殊功能的结构域而介导不同效应。如整合素（integrin）的膜受体是由 α 链和 β 链组成的杂二聚体，在其 β 链胞内段可偶联具有 SPK 活性的黏着斑激酶（focal adhesion kinase，FAK）；Toll 样受体（Toll-like receptor，TLR）的胞内段有 Toll 受体/IL-1 受体（Toll receptor/IL-1R domain，TIR）结构域，其介导的信号转导与免疫调节有关；TNF 受体（TNF receptor，TNF-R）家族的胞内段含有死亡结构域（death domain，DD），如 TNF-R1、Fas、DR3/4（death receptor 3/4）等，其介导的信号转导与细胞凋亡有关。

（二）细胞内受体

脂溶性信号分子可以自由透过细胞膜及核膜进入胞质或核内结合特异性细胞内受体。这些受体有些是存在于细胞质内、结合相应配体后亦转位入核，有些是存在于细胞核内，多是激素依赖性的转录因子，即 DNA 结合蛋白，在核内可结合特定基因的激素反应元件（hormone response element，HRE）而影响基因转录，故统称为核受体（nuclear receptor，NR）。NR 表现其转录活性时，通常需要有一些辅激活物（coactivator，CoA）、辅阻遏物（corepressor，CoR）和核受体 CoA/CoR 交换因子（nuclear receptor CoA/CoR exchange factor，N-CoEX）等相关的协同调节因子参与。根据定位与作用方式可分为Ⅰ型核受体（NR-Ⅰ）和Ⅱ型核受体（NR-Ⅱ）。

1. Ⅰ型核受体 此类核受体大多定位在胞质，与配体结合之前常偶联热激蛋白 90（heat shock

protein 90，HSP90）、P23 等分子而呈无活性状态。NR-Ⅰ主要有类固醇激素受体，如糖皮质激素受体（glucocorticoid receptor，GR）、盐皮质激素受体（mineralocorticoid receptor，MR）、雌激素受体、孕激素受体和雄激素受体等。

2. Ⅱ型核受体 此类核受体与配体结合之前在核内，结合 DNA 上的 HRE 及辅阻遏物，为无活性状态。NR-Ⅱ主要有甲状腺素受体（thyroid hormone receptor，TR）、视黄酸受体（retinoic acid receptor，RAR）、维生素 D_3 受体和过氧化物酶体增殖物激活受体γ（peroxisome proliferator-activated receptor γ，PPARγ）等。

自 1985 年首次报道 GR 以来，已发现 150 多个核受体超家族成员。它们的分子结构一般都包括 5 个结构域：① N 端的高度可变区：此区段在各核受体之间同源性较低，但都含有一个非配体依赖性转录激活功能 1（activation function 1，AF1）序列，介导受体结合不同的辅激活物，起转录激活作用。② DNA 结合域（DNA binding domain，DBD）：位于中部，是核受体家族的保守性结构域，其内含有两个锌指模体（zinc finger motif），能够识别结合 HRE；③铰链区，维系分子构象，含核定位信号，引导配体-受体复合物进入细胞核。④配体结合域（ligand binding domain，LBD）：位于 C 端的保守序列，含有配体依赖性转录激活功能 2（activation function 2，AF2）序列，与特定配体结合，还具有介导结合热激蛋白，促进受体二聚化及转录激活等作用。⑤ C 端区（F 区），不同受体该区的序列差异大，功能尚未明了。

三、细胞内的信号转导分子

受体结合配体后将细胞外信号跨膜转入胞内，通过细胞内一些特定的小分子物质和多种蛋白质进行传递，这些分子被称为细胞内信号转导分子（signal transducer）。细胞内信号转导分子是构成细胞信号转导途径的基础，按其作用特点可分为三类：第二信使（second messenger）、信号转导蛋白和信号转导的酶类。在信号转导过程中可通过改变细胞内信号转导分子的浓度和分布、分子构象或复合物的形成与解聚等方式传递信息。

（一）第二信使

受细胞外信号作用在细胞内产生并能传递信息的小分子化合物称为第二信使。配体与受体结合后并不进入细胞，但能间接激活一些可扩散的小分子信使分子，使其发生细胞内浓度或亚细胞分布的快速变化，通过变构调节相应靶分子的活性，从而将信息向下游传递，发挥作用后第二信使可被快速水解或转移以终止信号。

常见的第二信使有环腺苷酸（cyclic AMP，cAMP）、环鸟苷酸（cGMP）、Ca^{2+}、甘油二酯（diacylglycerol，DAG）、肌醇-1,4,5-三磷酸（inositol-1,4,5-triphosphate，IP_3）、磷脂酰肌醇-3,4,5-三磷酸（phosphatidylinositol-3,4,5-trisphosphate，PIP_3）等，此外，细胞内还有一些小分子物质如花生四烯酸、神经酰胺、NO、CO、环二核苷酸等也有第二信使的作用。

1. 环核苷酸类第二信使 最早被发现的第二信使是 cAMP。1965 年，萨瑟兰（Sutherland）因发现肾上腺素和胰高血糖素的升血糖作用依赖于细胞内产生的小分子 cAMP 对磷酸化酶的调控，提出了 cAMP 是激素信号跨膜传递的第二信使学说，因此获得了 1971 年诺贝尔生理学或医学奖。经典的环核苷酸类第二信使有 cAMP 和 cGMP，在细胞内分别由腺苷酸环化酶（adenylate cyclase，AC）和 GC 特异催化生成，他们可调节细胞内特定蛋白激酶活性，其中 cAMP 激活 PKA，cGMP 激活 PKG，也可作用于其他非蛋白激酶类分子。cAMP 和 cGMP 最后分别被特异的磷酸二酯酶（phosphodiesterase，PDE）降解清除。

此外，近年研究发现，多种环二核苷酸，包含 c-di-GMP、c-di-AMP、2′,3′-cGAMP 可作为一类新的信使分子。哺乳动物细胞中，异源 DNA 可激活环 GMP-AMP 合成酶（cyclic GMP-AMP synthetase，cGAS）产生 cGAMP，并通过激活下游 STING 蛋白-干扰素免疫信号通路等驱动先天免疫反应、细胞凋亡和坏死等效应，在抗病毒、抗肿瘤免疫以及介导自身免疫反应方面有着重要作用。

2. 脂类第二信使　具有第二信使特征的脂类衍生物有多种，包括 DAG、IP_3、PIP_3、PIP_2、花生四烯酸、磷脂酸、溶血磷脂酸等。催化生成脂类第二信使的酶主要有两类：磷脂酰肌醇激酶（phosphatidylinositol kinase，PI-K）和磷脂酰肌醇特异磷脂酶 C（phosphatidylinositol-specific phospholipase C，PI-PLC），分别催化磷脂酰肌醇（phosphatidylinositol，PI）磷酸化和磷脂水解，如 PI-PLC 可将 PIP_2 分解为 DAG 和 IP_3（图 9-6）。

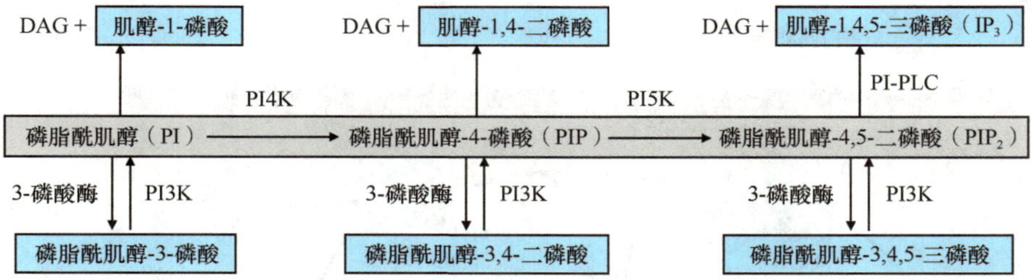

图 9-6　脂类第二信使的生成过程

DAG：甘油二酯；PI3K：磷脂酰肌醇 3-激酶；PI4K：磷脂酰肌醇 4-激酶；PI5K：磷脂酰肌醇 5-激酶；PI-PLC：磷脂酰肌醇特异磷脂酶 C

脂类第二信使的种类不同，其作用部位和靶蛋白分子也不同，产生的效应也有多种。如质膜上的 PIP_2 可水解生成 DAG 和 IP_3，脂溶性的 DAG 留存于质膜上，水溶性的 IP_3 可扩散至细胞溶胶中，与位于内质网或肌质网膜上的受体（Ca^{2+}通道）结合，后者激活开放，促使钙库内 Ca^{2+}快速释放，细胞内局部升高的 Ca^{2+}和质膜上的 DAG 均可激活细胞内的下游靶分子，如 PKC，进而催化底物蛋白磷酸化而引起细胞相应的效应。

3. Ca^{2+}和 NO 等小分子信使　Ca^{2+} 在细胞中的分布具有明显的区域特征，细胞外液游离钙浓度远高于细胞内钙浓度，细胞内 90% 以上的钙储存于钙库（细胞肌质网、内质网、线粒体）。细胞质膜或细胞内钙库上的 Ca^{2+}通道开放可导致细胞内 Ca^{2+}的局部升高，质膜及钙库膜上的钙泵（Ca-ATP 酶）可促使 Ca^{2+}返回细胞外或钙库内储存。细胞内的钙调蛋白（calmodulin，CaM）是 Ca^{2+}的下游信号转导分子，其结构中含有 4 个 Ca^{2+}结合位点，通过感应 Ca^{2+}浓度的增高而结合形成不同构象的 Ca^{2+}/CaM 复合物，从而进一步调节钙调蛋白依赖性蛋白激酶的活性，此外，升高的 Ca^{2+}也可结合并激活 PKC、AC、PDE 等信号转导分子发挥多种效应。

细胞内 NO、CO、H_2S 等小分子也被证实具有信使功能。细胞的 NO 合酶（nitric oxide synthase，NOS）作用下可生成 NO，其能激活 GC、ADP-核糖转移酶、环氧化酶等而传递信号。

（二）信号转导蛋白

细胞内的信号转导蛋白主要包括鸟苷酸结合蛋白（G 蛋白）、衔接蛋白和支架蛋白。这些信号转导蛋白并不表现特殊的酶活性，但往往通过分子间的相互作用构成了信号转导途径的各种开关和接头。

1. G 蛋白　与 7 次跨膜受体偶联的 G 蛋白是一类重要的信号转导开关分子，其也称为 GTP 结合蛋白，可分别以不同构象结合 GTP 和 GDP 两种分子，结合 GTP 为活化形式，而结合 GDP 为无活性形式。G 蛋白的结构种类众多，在多种细胞信号转导途径中可转导信号给不同的效应蛋白。G 蛋白主要包括异源三聚体 G 蛋白和低分子量 G 蛋白两大类。

（1）异源三聚体 G 蛋白：这是由 α、β 和 γ 3 个亚基组成的三聚体分子。G 蛋白的 α 亚基最大，分子量约为 45kDa，其结构中有多个功能位点，可亲和结合 GDP 或 GTP 的位点、结合 βγ 亚基的位点、结合 GPCR 并受其活化的调节位点以及与效应分子相互作用的部位等。

G 蛋白的激活与失活过程通过 G 蛋白循环来完成（图 9-7）。①在 GPCR 未接收刺激信号时，G 蛋白以 αβγ 三聚体形式定位于质膜内侧，α 亚基结合 GDP，为无活性状态；②当 GPCR 结合相应配体后变构，进而引起 G 蛋白构象改变，导致 α 亚基水解释放 GDP 速率增加，而与 GTP 的亲和力增加，促使 α 亚基与 GTP 结合，并与 βγ 二聚物分离，此时 α-GTP 为活化状态，G 蛋白活化的 α 亚基及 βγ 二聚体可分别激活效应酶分子，如 AC、PLC 等，进而改变第二信使的水平，也能激活或抑制下游的离子通道（Ca^{2+}通道、Na^{+}通道）等不同效应分子，引发多种生物学效应。③ α 亚基本身具有 GTP 酶活性，可自身催化 GTP 水解为 GDP，并再与 βγ 亚基结合，恢复成 α-GDP 的无活性形式，此时信号转导途径关闭。

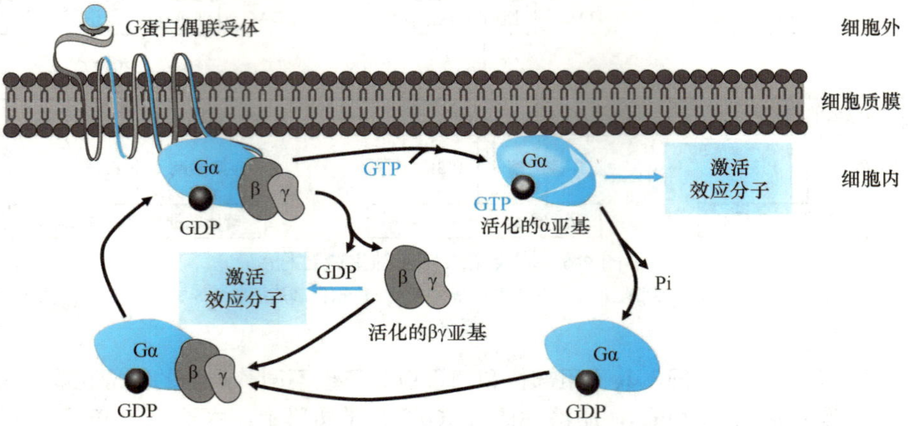

图 9-7　G 蛋白的结构与 G 蛋白循环示意图

已发现 G 蛋白的 α 亚基和 β、γ 亚基各有多种，如人类的 G 蛋白有 20 余种 α 亚基、6 种 β 亚基和 12 种 γ 亚基，因此，由不同亚基组合形成了 G 蛋白超家族。根据 α 亚基的结构与功能相似性，G 蛋白可分为 G_s（激动型）、G_i（抑制型）、G_t[转导蛋白（transducin）型]、$G_{q/11}$、$G_{12/13}$ 等亚类。哺乳类动物细胞中 G 蛋白的不同种类对应的偶联受体及下游的效应分子见表 9-2。

表 9-2　哺乳类动物细胞中 G 蛋白的种类及效应

G 蛋白家族	亚基	偶联受体	下游效应分子
G_s	α_s	胰高血糖素受体、β 肾上腺素受体	激活腺苷酸环化酶、激活 Ca^{2+}通道
	α_{olf}	嗅觉受体	激活腺苷酸环化酶、激活 Ca^{2+}通道
G_i	α_i	乙酰胆碱受体、α_2 肾上腺能受体	抑制腺苷酸环化酶、激活 K^{+}通道、
		M_2 胆碱能受体	抑制 Ca^{2+}通道
	α_o	阿片肽受体、内啡肽受体	激活 K^{+}通道、抑制 Ca^{2+}通道
	α_t	视紫红质（光受体）	激活视细胞 cGMP-磷酸二酯酶
$G_{q/11}$	α_q	α_1 肾上腺能受体、$M_1/M_2/M_3$ 胆碱能受体	激活磷脂酶 Cβ
$G_{12/13}$	$\alpha_{12/13}$	M_3 胆碱能受体	结合鸟苷酸交换因子激活 Rho、激活磷脂酶 D

（2）低分子量 G 蛋白：是一条多肽链的蛋白质，分子量为 20kDa～30kDa，故称为小 G 蛋白（small GTP-binding protein）。Ras 蛋白是首个被发现的小 G 蛋白，分子量为 21kDa，故又称 p21 蛋白。小 G 蛋白属于 Ras 蛋白超家族成员，是一类广泛参与细胞生长、分化等多种信号转导途径的重要蛋白质。

哺乳动物 Ras 超家族已有 150 多个成员，根据它们序列同源性的相似程度又分为 Ras、Rho、Arf、Rab、Ran 和 Rap 等多个亚家族（表 9-3）。Ras 家族成员亦具有 GTP 酶活性以及结合 GTP 时活化而结合 GDP 时失活的特征，其与 GDP/GTP 的结合状态决定了信号转导途径的开关。细胞中还存在一些调节因子专门控制小 G 蛋白活性，如增强其活性的鸟苷酸交换因子（GEF）和鸟苷酸释放蛋白（guanine nucleotide release protein，GNRP）；降低其活性的鸟苷酸解离抑制因子（guanine nucleotide dissociation inhibitor，GDI）、GTP 酶激活蛋白（GTPase activating protein，GAP）等。

表 9-3　Ras 超家族族主要成员及功能

亚家族	成员	主要功能
Ras	H-Ras、K-Ras、N-Ras	自受体型酪氨酸激酶传递信号
	Rheb、Rag（RagA～RagD）、RalA	调控 mTOR 信号通路
Rho	Rho、Rac、Cdc42	从细胞膜受体传递信号至细胞骨架等
Arf	Arf1～Arf6	激活霍乱毒素的 ADP-核糖基化、调节囊泡转运途径，活化磷脂酶 D
Rab	Rab1～Rab60	在分泌和入胞途径中起关键作用
Ran	Ran	RNA、蛋白质进出胞核转运中起作用
Rap	Rap1A、Rap1B、Rap2A、Rap2B、Rap2C	细胞黏附

2. 衔接蛋白（adaptor protein）　细胞转导途径中有一些在信号转导网络中起连接作用的蛋白质，称为衔接蛋白。常见的衔接蛋白有生长因子受体结合蛋白 2（growth factor receptor-bound protein 2，GRB2）、髓样分化因子 88（myeloid differentiation factor 88，MyD88）和 Nck 接头蛋白等，这些分子既无酶的活性也无转录活性，但充当了信号转导途径中不同信号转导分子的接头。其结构中大多含有 2 个或以上的蛋白质相互作用结构域，但几乎不含有其他的功能序列，因此，衔接蛋白的功能是利用其特有的结构域引导多个信号转导分子的相互作用，结合成多蛋白信号分子复合体或称信号转导体。

已确认的蛋白质相互作用结构域已经超过 40 种，如 Src 同源 2 结构域（Src homology 2 domain，SH2）和 Src 同源 3 结构域（Src homology 3 domain，SH3）、磷酸酪氨酸结合域（phosphotryosine-binding domain，PTB）、PH 域等。如，EGF 受体的衔接蛋白——GRB2 的结构中含有 1 个 SH2 和 2 个 SH3，通过 SH2 和 SH3 分别识别并结合蛋白激酶 Src、含特定磷酸化酪氨酸模体（pYXXhy）及富含脯氨酸模体（hyXNPXY）的不同蛋白质，从而连接上游、下游信号转导分子。

3. 支架蛋白（scaffold protein）　这类蛋白质一般分子量较大，可同时结合多个位于同一信号转导途径中的转导分子，支架蛋白是许多关键信号通路中的重要调控分子，可将通路组分结合在支架蛋白上，以复合物形式定位于细胞的特定区域，如细胞膜、细胞核、细胞质、高尔基体、内质网及线粒体等。支架蛋白不仅使相关信号转导分子相对隔离与定位，避免与其他通路分子发生交叉，以维持信号通路的特异性；同时多个信号转导分子的直接接触可更有效、迅速地传递信号，并可增强或抑制结合的信号转导分子的活性，保证了信号转导的精确和高效性；另外，支架蛋白的存在也增加了调控的复杂性和多样性。

例如，GRB2 相关联结物（GRB2-associated binder，GAB）家族蛋白是一类广泛表达的支架蛋白，包括哺乳动物内 GAB1～GAB4、果蝇属 DOS 及秀丽线虫内 Soc1。GAB2 结构中无催化域，但有 PH 域和多个能与 SH2、SH3 域结合的位点，使其能招募多种接头蛋白及酶类分子，完成信号传递，在细胞增殖、分化、凋亡及迁移中有重要作用。

（三）信号转导的酶类

细胞内许多信号转导分子都是酶，主要有两大类：一类是催化第二信使生成和降解的酶，如 AC、GC、PLC、PDE 等；另一类是催化蛋白质化学修饰的酶类，如蛋白激酶（PK）、蛋白磷酸酶等。由 PK 和蛋白磷酸酶催化信号蛋白磷酸化与去磷酸化的可逆转变，是控制信号转导分子活性的最主要方式，也是重要的信号通路调节开关。

1. 蛋白激酶　由蛋白激酶催化 ATP 分子中的 γ-磷酸基团转移至靶蛋白中特殊氨基酸残基上发生磷酸化修饰，可提高或降低靶蛋白或酶的活性。蛋白激酶的种类繁多，人类基因组含有约 560

种蛋白激酶基因。根据磷酸化氨基酸残基的不同，蛋白激酶主要有 Ser/Thr 蛋白激酶（SPK）和酪氨酸蛋白激酶（PTK），前者催化靶蛋白特异 Ser/Thr 残基磷酸化，如 PKA、PKB、PKC、PKG、丝裂原活化蛋白激酶（mitogen activated protein kinase，MAPK）等；后者催化靶蛋白特异 Tyr 残基磷酸化，分为受体型 PTK 和非受体型 PTK 两类。此外，还有作用于靶蛋白其他氨基酸残基（Cys、酸性氨基酸、酸性氨基酸）的蛋白激酶，如半胱氨酸蛋白激酶、组氨酸/赖氨酸/精氨酸蛋白激酶和天冬氨酸/谷氨酸蛋白激酶等（表 9-4）。

表 9-4　蛋白激酶的类别

激酶	磷酸基团受体
丝氨酸/苏氨酸蛋白激酶	丝氨酸/苏氨酸羟基
酪氨酸蛋白激酶	酪氨酸的酚羟基
组氨酸/赖氨酸/精氨酸蛋白激酶	咪唑环/胍基/ε-氨基
半胱氨酸蛋白激酶	巯基
天冬氨酸/谷氨酸蛋白激酶	酰基

很多信号转导途径涉及多种激酶相互偶联，有的激酶既是上游信号酶的底物，又可作用于下游信号转导分子。因此，细胞外信号能够通过连续的酶促反应传递并形成放大调节的信号转导酶级联（enzyme cascade）系统。例如，MAPK 是一个高度保守的 Ser/Thr 蛋白激酶家族。多种胞外信号分子，包括细胞分裂素、细胞因子、生长因子等通过受体依赖性或非依赖性机制，刺激一个或多个 MAPK 激酶激酶（MAPK kinase kinase，MAPKKK）的活化后，其会磷酸化下游 MAPK 激酶（MAPK kinase，MAPKK），后者又磷酸化并激活 MAPK，因此启动了典型的 MAPKKK-MAPKK-MAPK 三级级联反应。活化的 MAPK 可导致特定 MAPK 活化蛋白激酶的磷酸化与激活，从而介导由不同的 MAPK 调控的细胞生物学反应。

2. 蛋白磷酸酶　这是催化磷酸化的蛋白质发生去磷酸化反应的一类酶。与蛋白激酶相对应存在，共同构成了磷酸化和去磷酸化的蛋白质活性的调控系统，无论蛋白激酶对其下游分子是正调节作用还是负调节作用，蛋白磷酸酶都将衰减其信号。蛋白磷酸酶根据其去磷酸的氨基酸残基的不同，主要有蛋白丝氨酸/苏氨酸磷酸酶、蛋白酪氨酸磷酸酶两大类，也有特异性磷酸化酶具有双向作用，可去除磷酸化 Ser/Thr 和 His 残基上的磷酸基团。

第三节　受体介导的细胞信号转导途径

细胞的信号转导分子相互识别、相互作用，有序地转换和传递信号并最终产生细胞的应答效应，构成了信号转导途径/通路（signal transduction pathway）。细胞对内外环境因子引起的信号转导，主要是通过相应受体介导的。其基本信号转导途径可总结为：细胞外信号→受体→细胞内多种信号转导分子和效应分子→细胞应答。因受体及信号转导分子的种类众多，同一类受体介导的信号转导有共同的特点，不同受体介导的信号转导途径之间也有交叉点。受体介导的细胞信号转导途径是目前细胞分子生物学研究的核心内容及研究热点。

一、膜受体介导的信号转导途径

膜受体有离子通道型受体、GPCR 和酶偶联受体三大类。离子通道型受体为自身通道蛋白，其开放或关闭直接受配体（神经递质等）控制，并通过膜电位改变产生细胞去极化效应。细胞内还有大量的信号转导途径是以调节代谢、蛋白质活性，以及调控基因表达为主要效应的，这里主要介绍几条代表性的 GPCR 和酶偶联受体介导的信号转导途径。

（一）cAMP-PKA 信号途径

cAMP-PKA 信号途径是 GPCR 介导的信号转导途径之一，其以靶细胞内 cAMP 第二信使的浓度变化和蛋白激酶 A（PKA）激活为主要特征。胰高血糖素、肾上腺素、促肾上腺皮质激素、多巴胺受体、组胺 H_2 受体、α 促黑素受体，以及味觉和嗅觉受体等可激活此途径。

当配体与相应的特异性 GPCR 结合，诱导 Gs 的 αs 亚基活化，激活 AC，催化 ATP 生成 cAMP。cAMP 是小分子水溶性分子，在胞内激活 PKA。PKA 是由两个调节亚基（R）和两个催化亚基（C）组成的无活性的 R2C2 异四聚体，每个 R 亚基上有 2 个 cAMP 结合位点。当 4 分子 cAMP 与 2 个 R 亚基结合后，R 亚基变构解离出来，PKA 的 C 亚基被激活。活化的 PKA 可使多种蛋白质底物的 Ser/Thr 残基发生磷酸化而改变活性，产生相应的生物学效应（图 9-8）。

PKA 的底物分子涉及一些糖脂代谢相关的限速酶类、离子通道和某些转录因子（表 9-5）。如活化的 PKA 可进入细胞核，使 cAMP 反应元件（cAMP response element，CRE）结合蛋白（CRE binding protein，CREB）磷酸化，进而与某些基因的 CRE 结合，在 CREB 结合蛋白（CREB binding protein，p300/CBP）和其他辅调节蛋白的辅助下，促进相应靶基因转录表达（图 9-8）。因此，cAMP-PKA 信号途径在代谢调节、基因表达调控、细胞极性调节中发挥重要作用。

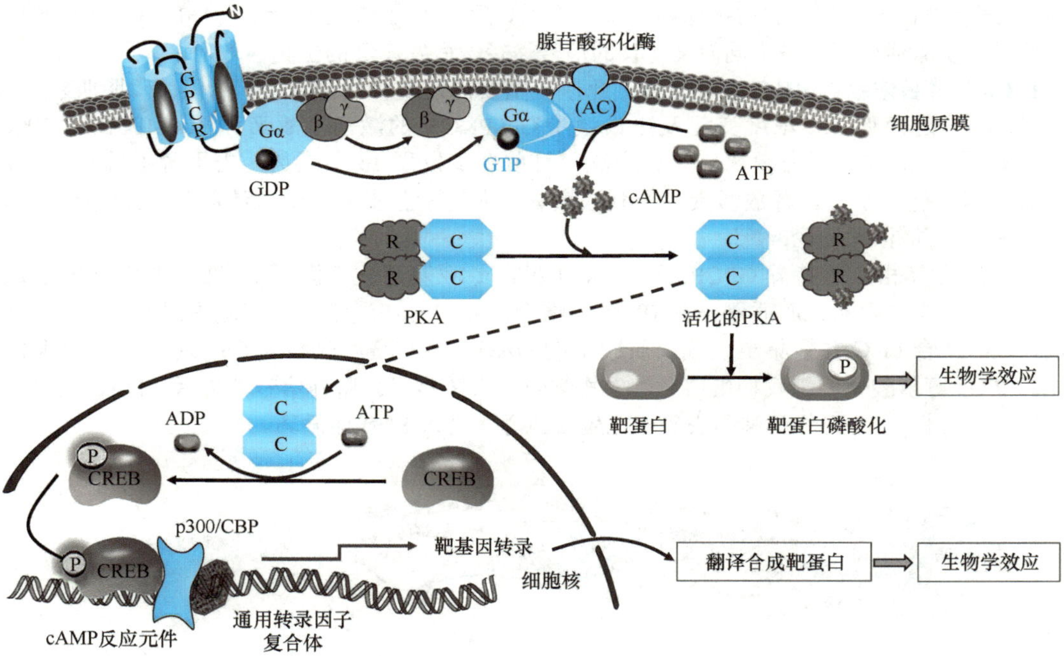

图 9-8　G 蛋白介导的 cAMP-PKA 信号转导途径

表 9-5　PKA 对底物蛋白磷酸化的效应

底物蛋白	磷酸化效果	生理作用
糖原合酶	失活	抑制糖原合成
磷酸化酶 b 激酶	激活	促进糖原分解
丙酮酸激酶	激活	促进糖原分解
丙酮酸脱氢酶复合体	激活	促进糖原分解
磷酸果糖激酶-2/果糖二磷酸酶-2	激活/抑制	促进糖原分解，抑制糖异生
激素敏感脂肪酶	激活	促进脂动员、脂肪酸氧化
cAMP 反应元件结合蛋白（CREB）	激活转录因子	促进基因转录

续表

底物蛋白	磷酸化效果	生理作用
组蛋白 H_1、H_2B	失去对转录的阻遏作用	加速转录，促进蛋白质的合成
核蛋白体蛋白	加速翻译	促进蛋白质的合成
微管蛋白	膜蛋白构象及功能改变	改变膜对水及离子的通透性
心肌肌原蛋白	易与 Ca^{2+}结合	影响细胞分泌
心肌肌质网膜蛋白	加速 Ca^{2+}入肌质网	加速肌纤维舒张

某些激素与特异性抑制型激素受体结合，导致 G 蛋白活化，发挥抑制 AC 活性的作用，继而降低细胞内 cAMP 浓度从而抑制蛋白质磷酸化作用。胰腺内如生长抑素（somatostatin）受体通过这种方式抑制胰腺内多种激素（如胰高血糖素和胰岛素）的分泌。

（二）Ca^{2+}依赖性蛋白激酶信号途径

GPCR 至少可以通过 3 种方式引起细胞内 Ca^{2+} 浓度升高：①通过 cAMP-PKA 途径激活细胞质膜 Ca^{2+}通道；②激活 G_q 蛋白直接激活细胞质膜 Ca^{2+}通道；③通过 IP_3 激活内质网 Ca^{2+}通道（IP_3 受体）。细胞外钙内流和细胞内钙库内钙释放均可导致细胞内 Ca^{2+}浓度迅速升高，Ca^{2+}作为第二信使，可进一步激活以下两条不同而又协调的信号途径，引发广泛的生物学效应。

1. Ca^{2+}-磷脂依赖性 PKC 信号途径　此途径主要涉及受体刺激 PLCβ 活化、磷脂肌醇水解产生 IP_3/DAG，进而促 Ca^{2+}浓度变化及蛋白激酶 C（PKC）的激活，故又称 PLC-IP_3/DAG-PKC 途径。PKC 属于 Ser/Thr 蛋白激酶，分布广泛，目前至少发现 15 个成员。去甲肾上腺素、促肾上腺皮质激素、促甲状腺素释放激素、抗利尿激素、血管紧张素Ⅱ、溶血磷脂酸（lysophosphatidic acid，LPA）可激活此途径。

配体结合其相应的特异 GPCR 后，诱导 Gq 的 $α_q$ 亚基活化，激活 PLCβ，催化 PIP_2 生成 IP_3 和 DAG。IP_3 与内质网或肌质网上的 IP_3 受体结合，开放 Ca^{2+}通道，促细胞内局部 Ca^{2+} 浓度快速升高，Ca^{2+}结合 PKC 并聚集至质膜。质膜上的 DAG、磷脂酰丝氨酸与 Ca^{2+}共同作用激活 PKC。活化的 PKC 可磷酸化多种底物蛋白产生生物学效应（图 9-9）。胞外信号消失后，DAG 与 PKC 分离使酶失去活性，IP_3 可经磷酸酶去磷酸化生成肌醇，进入 PI 代谢循环。

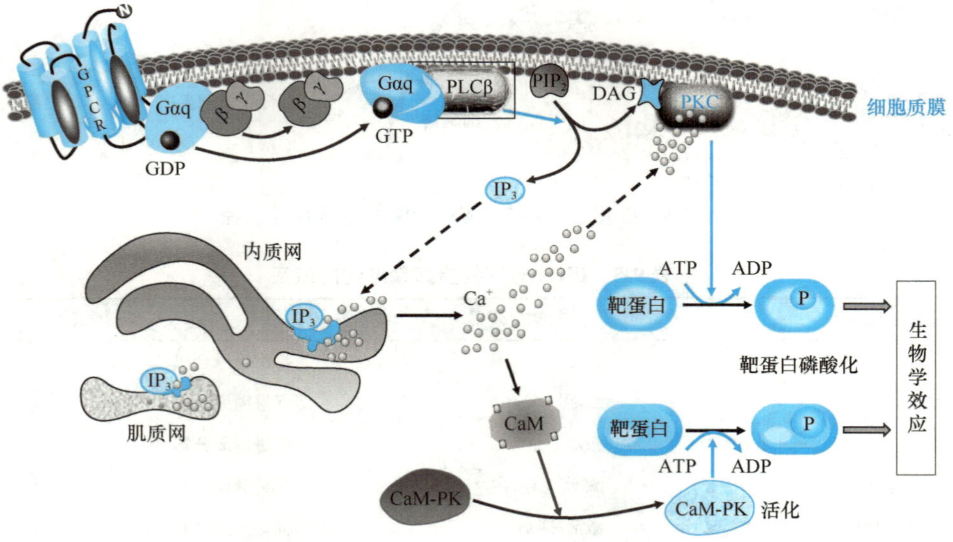

图 9-9　Ca^{2+}依赖性蛋白激酶信号途径

PKC 的底物蛋白包括一些膜受体、膜蛋白、通道蛋白、细胞骨架蛋白及多种信号转导酶类。因此，Ca^{2+}-PKC 途径广泛参与多种生理功能调节，尤其调节某些转录因子活化：①促进即早期基因（immediate early gene）表达，PKC 活化后进入细胞核，磷酸化激活血清应答因子（serum response factor，SRF），它可结合于基因的血清应答元件（serum response element，SRE），增加 *fos*、*myc*、*jun* 等立早基因的表达。②促进转录因子 FOS、JUN 磷酸化，磷酸化的 JUN 和 FOS 可形成二聚体的转录激活因子（如 AP-1），后者可进一步促进细胞生长、分裂相关基因的转录表达。③核因子 κB（nuclear factor κB，NF-κB）的活化，PKC 可使结合在 NF-κB 上的抑制蛋白 iκB 磷酸化而被分离，NF-κB 则进入细胞核中促进炎症相关基因的转录表达。④还激活 RAF-1-MAPK 途径，促进细胞增殖。佛波酯是一种化学致癌剂，因可模拟 DAG 结合并持续激活 PKC，导致细胞异常生长、分裂而致癌。

2. Ca^{2+}-钙调蛋白依赖性蛋白激酶途径 钙调蛋白（CaM）是细胞内钙结合的重要调节蛋白，广泛分布于各种组织。CaM 是由 148 个氨基酸残基组成的单链蛋白质，分子量为 16.7kDa，含 4 个 Ca 结合位点。细胞溶胶中 Ca^{2+}浓度低时，CaM 不易与 Ca^{2+}结合，随着胞内局部 Ca^{2+} 浓度瞬时增加，CaM 可结合不同数量的 Ca^{2+}形成 Ca^{2+}-CaM 复合物而变构活化，进而激活下游一系列称为 CaM 依赖性蛋白激酶（calmodulin-dependent protein kinase，CaM-PK）的信号转导分子，CaM-PK 属于 Ser/Thr 蛋白激酶，如 CaM-PK Ⅰ～Ⅳ、肌球蛋白轻链激酶、NOS 等，可进一步激活多种效应蛋白，包括多种通道蛋白（Ca^{2+}-依赖 Na^{+}通道、Ca^{2+}-释放通道、cAMP 门控嗅觉通道、cGMP 门控 Na^{+}及 Ca^{2+}通道）和多种酶（AC、cAMP-PDE、谷氨酸脱羧酶、NAD 激酶、磷脂酰肌醇-3 激酶、质膜的 Ca-ATPase、RNA 解旋酶）等，在物质代谢与基因表达调节、平滑肌收缩、运动、神经递质的合成与释放、细胞分泌和分裂等生理过程中起重要作用（图 9-9）。

（三）cGMP-PKG 信号途径

细胞内由 cGMP 为第二信使，特异激活蛋白激酶 G（PKG）而介导的信号转导过程，称为 cGMP-PKG 信号途径。介导此信号途径的膜受体具有鸟苷酸环化酶（GC）活性，其催化 GTP 生成 cGMP，cGMP 又可被 cGMP 特异性 PDE 催化降解而进行信号分子的动态调节。PKG 又称为 cGMP 依赖的蛋白激酶，属 Ser/Thr 蛋白激酶类。PKG 由相同亚基构成二聚体，每个亚基都包含调节结构域和催化结构域，其调节域的 2 个 cGMP 结合位点结合 cGMP 而激活。哺乳动物的 PKG 分为胞质可溶性Ⅰ型（PKG Ⅰ）和膜结合性Ⅱ型（PKG Ⅱ）。

信号分子识别并结合靶细胞膜上 GC 型受体，如心房肌细胞分泌的利尿钠肽（natriuretic peptide，NP）与肾集合管细胞膜或血管壁平滑肌细胞膜上的 NP 受体（NP receptor，NPR）结合，引起受体变构导致二聚化，激活受体胞内段的 GC 活性，活化的 GC 催化生成 cGMP，进而结合并激活 PKG，PKG 的底物包括结构蛋白、离子转运蛋白、新陈代谢酶类，活化的 PKG 使靶蛋白特定位点的 Ser/Thr 磷酸化，产生相应的生物学效应。如 NP 可产生排钠、利尿、血管扩张、血压下降等效应，血管扩张作用是刺激磷蛋白抑制依赖性收缩或运动，导致平滑肌松弛和舒张，包括：①内质网中减弱 Ca^{2+}通道释放蛋白；②抑制肌球蛋白轻链磷酸酶；③导致细胞膜过极化并抑制电压门控 Ca^{2+}流的 K^{+}通道（图 9-10）。cGMP 也可直接调控视网膜组织的环核苷酸门控阳离子通道。

胞内可溶性 GC 是信号分子 NO 的受体。细胞内 NOS 可催化精氨酸分解生成 NO，NOS 活性主要受 Ca^{2+}和 CaM 调节。NO 可迅速降解，半衰期仅 1～5 秒。NO 通过激活可溶性 GC，经 cGMP-PKG 信号转导途径，产生促进平滑肌松弛、舒张血管、促进和维持心肌收缩功能等生物学效应。另外，气体分子 CO 也可激活可溶性 GC，升高 cGMP 介导血管舒张效应。

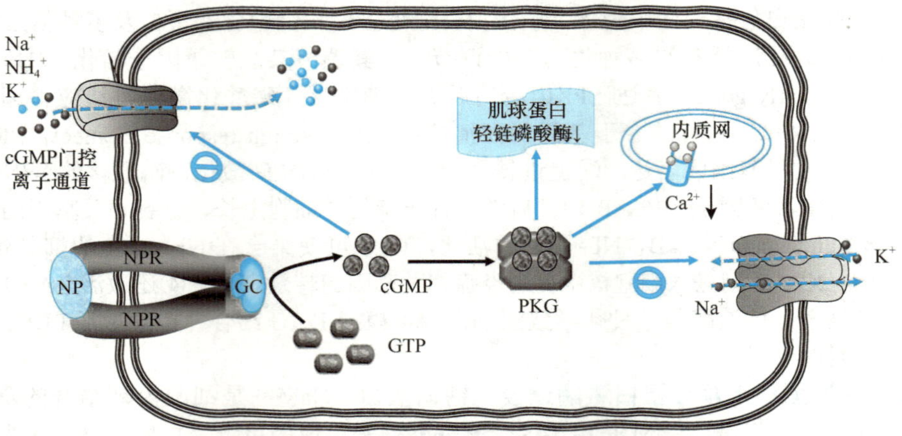

图 9-10　cGMP-PKG 信号途径

（四）TKR 介导的信号途径

生长因子受体、胰岛素受体属于典型的酪氨酸激酶型受体（TKR），即这类膜受体的胞内段具有酪氨酸蛋白激酶（PTK）催化活性。生长因子、胰岛素等与相应 TKR 结合后，诱导受体二聚体化引起变构，PTK 活性增强，进而交叉性自身磷酸化若干 Tyr 位点。酪氨酸位点磷酸化的受体亲和结合含有 SH2 域和（或）PTB 域的衔接蛋白或效应分子，进一步募集结合多种下游信号转导分子，启动多种蛋白激酶、磷酸酶和其他蛋白级联反应。这里主要介绍典型的 TKR-Ras-MAPK 信号途径和 PI3K-蛋白激酶 B（PKB）信号途径。

1. TKR-Ras-MAPK 信号途径　以表皮生长因子（EGF）受体为例，EGF 与相应 TKR 结合后，受体的 Tyr 磷酸化形成 SH2 结合位点。衔接蛋白 GRB2 通过其分子中的一个 SH2 域可结合活化受体的磷酸化 Tyr 肽段，而在 SH2 域两端的 2 个 SH3 域与信号分子 SOS 的富含脯氨酸模体（P-X-X-P）结合。当 GRB2 结合在受体磷酸化 Tyr 位点，SOS 分子就被位移至细胞膜内侧而接近小 G 蛋白 Ras，促使无活性的 Ras-GDP 释放并结合 GTP，活化的 Ras（Ras-GTP）可募集并激活 Ser/Thr 蛋白激酶 RAF-1（属于 MAPKKK），启动下游 MAPK 级联反应，即活化的 RAF-1 依次激活 MAPKK（MAPK kinase，又称 MAPK/ERK kinase，MEK）和 ERK（extracellular signal regulated kinase，属于 MAPK）。MAPKK/MEK 是苏氨酸、酪氨酸双重蛋白激酶，可特异性催化靶分子 MAPK/ERK 活性域中的 Thr 和 Tyr 磷酸化；MAPK 还可 Ser/Thr 磷酸化激活细胞内多种效应蛋白或核内靶分子，如核内磷酸化转录因子，调节基因表达，促进细胞生长、增殖，产生相应细胞应答（图 9-11）。

胰岛素受体（IR）和 FGF 受体与 EGF 受体信号转导途径稍有不同。活化的 IR 和 FGF 受体的磷酸化 Tyr 位点不是直接募集结合 GRB2，而是分别结合含有 PTB 域的胰岛素受体底物 1（insulin-receptor substrate1，IRS1）和 FGF 受体底物 2（FGF-receptor substrate 2，FRS2）。当 IRS1 和 FRS2 被相应活化的受体结合而发生 Tyr 磷酸化，将于膜内侧再亲和结合含有 SH2 的信号分子（如 GRB2）。

2. PI3K-PKB 信号途径　生长因子及胰岛素、生长激素等信号激活 TKR，再通过募集含 SH2 域的磷脂酰肌醇-3-激酶（PI3K）而介导 PI3K-PKB 信号途径。PI3K 存在于所有组织和细胞，是由含有 SH2 域和 SH3 域的调节亚基（P85）和 1 个催化亚基（P110）组成的二聚体，其 P110 催化亚基上有 Ras 结合域、PI3K 域和 Ser/Thr 激酶催化域。活化的 PI3K 特异性催化各种 PI 分子肌醇环 3-OH 磷酸化，如使 PIP_2 磷酸化生成 PIP_3。PI3K 可被 TKR、细胞因子受体、整合素和 GPCR 等受体介导激活。而特异磷酸酶-张力蛋白同源物（phosphatase and tensin homolog，PTEN）可催化 PIP_3 的 3 位去磷酸化而逆转 PI3K 的作用。

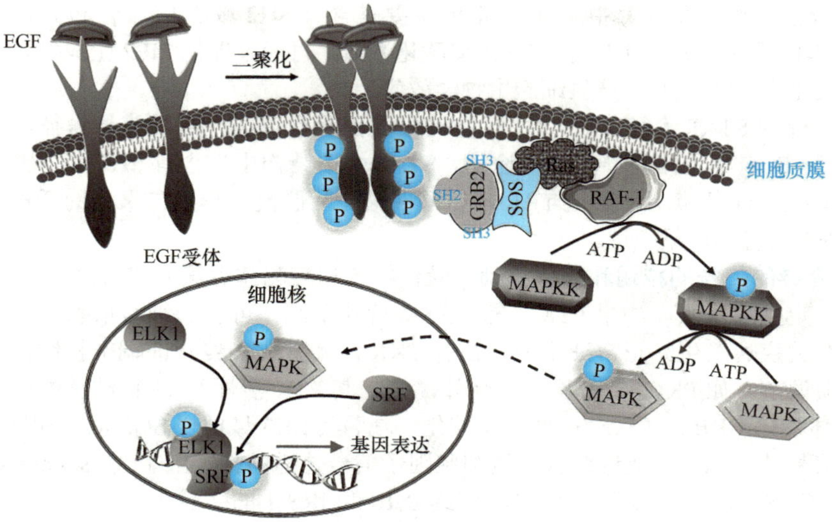

图 9-11 EGF 受体的激活和 TKR-Ras-MAPK 信号转导途径

蛋白激酶 B（PKB）又称 Akt，有 3 个重要结构域：①N 端的 PH 域；②Ser/Thr 激酶催化域，其 Thr308 磷酸化时 PKB 活化；③C 端的调节区，其 Ser473 磷酸化后变构，解除自身抑制，使 PKB 活化。

配体与受体结合后激活 TKR 活性发生自身 Tyr 磷酸化，PI3K 以其 P85 亚基的 SH2 域结合受体，其 P110 亚基即被酪氨酸磷酸化激活。活化的 Ras 蛋白也可直接使 PI3K 激活。活化的 PI3K 催化细胞质膜上 PIP_2 磷酸化生成 PIP_3。PKB 和一类磷脂依赖蛋白激酶（phospholipid-dependent protein kinase，PDK）均可通过其自身 PH 域识别结合 PIP_3 而被募集于质膜并活化。PDK 可特异催化 PKB 的 Thr308 和 Ser473 残基磷酸化，导致 PKB 完全激活。活化的 PKB 进入细胞质和胞核，可广泛催化多种靶蛋白磷酸化而调节其活性，如糖原合酶激酶-3、凋亡相关蛋白 BAD、核糖体蛋白 S6 激酶和某些转录因子等，产生促进蛋白质合成、糖原合成、细胞生长、增殖及抑制细胞凋亡等生物学效应（图 9-12）。

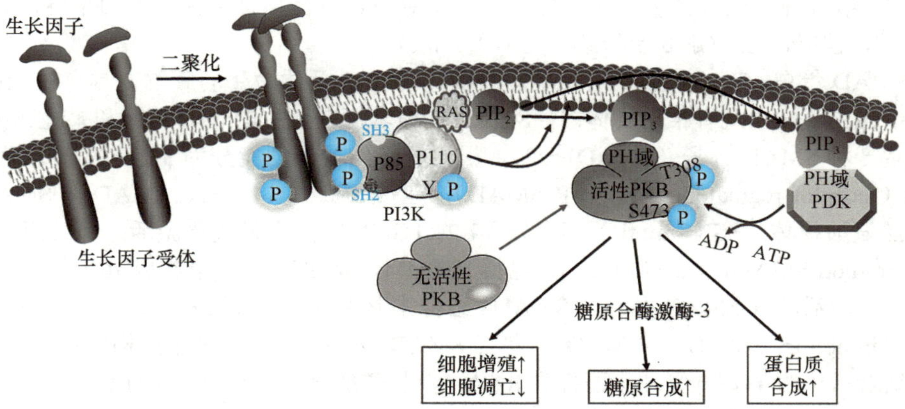

图 9-12 PI3K-PKB 信号途径

3. TKR 介导的其他信号途径 除 MAPK 途径、PI3K-Akt/PKB 途径外，活化的 TKR 还可亲和结合并激活其他的含有 SH2 域［如 PLC、信号转导因子和转录激活因子（signal-transducer and activator of transcription，STAT）等］，或含有 PTB 域（如 IRS1/2、FRS2 和 SHC 等）的信号分子，参与多条信号转导途径。1980 年研究证明了 TKR 可诱导激活 PLC-PKC 途径。PLC 族含有

α、$β_{1-3}$、$γ_{1-2}$、$δ_{1-3}$ 等同工型，其中 TKR 激活的主要是含有 SH2 域的 PLC-$γ_1$ 和 PLC-$γ_2$，可以募集结合在 TKR 胞内段的 Tyr 位点上而被 TKR 磷酸化激活，再通过催化 PIP2 生成 IP_3 和 DAG，继而激活 PKC 信号转导级联反应，产生细胞生物学效应。

TKR 还可介导 STAT 途径，STAT 不仅参与细胞因子受体类介导的信号途径，亦被证明参与 PDGF、EGF 和 FGF 等受体介导的信号途径。STAT 分子结构中也含有 SH2 域，因此可募集结合在 TKR 的磷酸化 Tyr 位点上，其被 TKR 酪氨酸磷酸化后脱离，形成二聚化的活性转录因子，移位入核内促进有关基因转录表达。

4. TKR 介导的信号的减弱和终止机制 受体结合相应配体后其 PTK 活性被激活并在正常情况下保持在一定生理水平。如果 PTK 活性过强或持续不减，可引起细胞增殖失控、恶性转化或代谢紊乱等有关疾病发生。正常细胞内存在有 TKR 活性减弱和终止的调节机制，大致有 4 种方式：①负反馈调节。如 PKC 磷酸化 EGF 受体，抑制其 PTK 活性及 TKR 结合配体的亲和力；活化的 EGF 受体催化 GRB2 的 Tyr209 位点磷酸化，减弱其 SH3 域结合 SOS 的亲和性，反馈性下调 EGF 受体的信号转导；IR 可促进细胞表达细胞因子信号传递的抑制因子 3（suppressor of cytokine signaling 3，SOCS3），SOCS3 利用其 SH2 域结合 IR 和 IRS-1 的磷酸化 Tyr 位点，反馈抑制 IR 的信号转导。②酪氨酸去磷酸化。IR 和 IRS1 的酪氨酸磷酸化可被蛋白酪氨酸磷酸酶 1B（protein tyrosine phosphatase 1B，PTP1B）去磷酸化，呈负调控作用。③泛素化蛋白分解。具有 E3 泛素连接酶活性的 CBL 蛋白（分子量为 100kDa，其 N 端含有 SH2 域）可通过分子互作结合 TKR 内磷酸化的 Tyr，将 TKR 泛素化分解。④胞吞作用（endocytosis）。

（五）TGF-β 受体介导的信号途径

TGF-β 受体介导的信号转导途径是 TGF-β 超家族成员中研究最清楚并最受重视的信号通路。TGF-β 受体为 Ser/Thr 蛋白激酶型受体（SPKR），其胞内段含 SPK 结构域，活化的受体可通过多种信号转导分子产生生物学效应。

1. TGF-β 受体介导信号转导中的参与分子 参与此信号途径的分子种类很多，包括 TGF-βs、TGF-β 受体、SMAD、SARA、DNA 结合辅因子及转录共激活因子和转录抑制因子等。

（1）人体细胞中 TGF-βs：主要有 TGF-$β_1$、TGF-$β_2$ 和 TGF-$β_3$ 三种。它们单体的组成和分子量都是 112 个氨基酸和 12.5kDa，都是由二硫键连接形成稳定的同二聚体。

（2）TGF-β 受体：也包括Ⅰ、Ⅱ、Ⅲ 3 种，其中 TGF-β 受体Ⅲ又称 β-蛋白聚糖，其分子内不含有 SPK 域，但能加强 TGF-β 亲和结合受体Ⅰ/Ⅱ。

（3）SMAD 蛋白：SMAD 家族是最早被证实为 TGF-β 受体激酶的底物，具有转录因子功能，广泛存在于昆虫、线虫及脊椎动物体内，SMAD 的命名源自线虫的 *Sma* 基因和果蝇的 *Mad* 基因。人体内发现 8 种 SMAD 分子（SMAD1～8），根据分子结构及功能分为 3 组：第一组为受体调节的 SMAD（receptor regulated SMAD，R-SMAD），包括 SMAD（1～3）、SMAD5、SMAD8，都含有特征性丝氨酸模体（SSXS motif），可被活化的 TGF-β 受体Ⅰ磷酸化激活；第二组称为共用的 SMAD（common SMAD，Co-SMAD）只包括 SMAD4，是 TGF-β 超家族成员介导的信号转导中的共同分子，激活的 R-SMAD 必须与 SMAD4 结合才形成活性的转录复合体；第三组为抑制作用的 SMAD（inhibitory SMAD，I-SMAD），包括 SMAD6 和 SMAD7，分子结构中不含丝氨酸模体，可以牢固结合活化的 TGF-β 受体Ⅰ而抑制 R-SMAD 被磷酸化，故有信号负性调节作用。

（4）供受体激活的 SMAD 锚定分子（SMAD anchor for receptor activation，SARA）：该分子中含有 FYVE 域，通过结合 IP_3 定位于胞膜内侧，再牵引 R-SMAD 靠近 TGF-β 受体Ⅰ，当激活的受体使 R-SMAD 的丝氨酸磷酸化，则活化 R-SMAD 将从 SARA 上脱落下来。

（5）核内 SMAD 转录复合体：此复合体中除含 R-SMAD 和 Co-SMAD 外，尚有促进转录或抑制的分子。促进转录分子包括叉头激活素信号转导因子 2（forkhead activin signal transducer 2，FAST2）和共激活因子 p300，前者是 SMAD 结合 DNA 的辅因子，后者是含有组蛋白乙酰转移酶活性区的共激活因子；抑制转录的分子则是阻止 p300 结合 SMAD，如 TGIF、SKi 等。

2. TGF-β 受体介导的信号转导过程　①首先 TGF-β 受体配体化激活，即细胞膜上同二聚化的 TGF-β 在 TGF-β 受体Ⅲ参与下结合和激活 TGF-β 受体Ⅱ，再聚集结合 TGF-β 受体Ⅰ，活化的 TGF-β 受体Ⅱ中 SPK 磷酸化激活 TGF-β 受体Ⅰ的 SPK。②在膜内侧 SARA 分子的帮助下，胞质内转录因子 SMAD2 和 SMAD3（SMAD2/3）靠近活化的 TGF-β 受体Ⅰ而被磷酸化，磷酸化的 SMAD2/3 从 SARA 上脱离，而与 SMAD4 形成有活性的三聚体。③在 TGF-β 反应基因（TGF-β responsive gene）的启动子区均含有一段回文结构式的顺式作用元件（-GTCTAGAC-），称为 SMAD 结合元件（SMAD-binding element，SBE）。④转移入核内的 SMAD2/3 和 SMAD4 三聚体识别结合 SBE，同时募集 p300 和 FAST2 组成核内 SMAD 转录复合体，从而增强转录。现已发现 TGF-β 可上调 P15 和 P21，下调 c-MYC 和细胞周期蛋白等基因的转录表达，调控细胞增殖（图 9-13）。

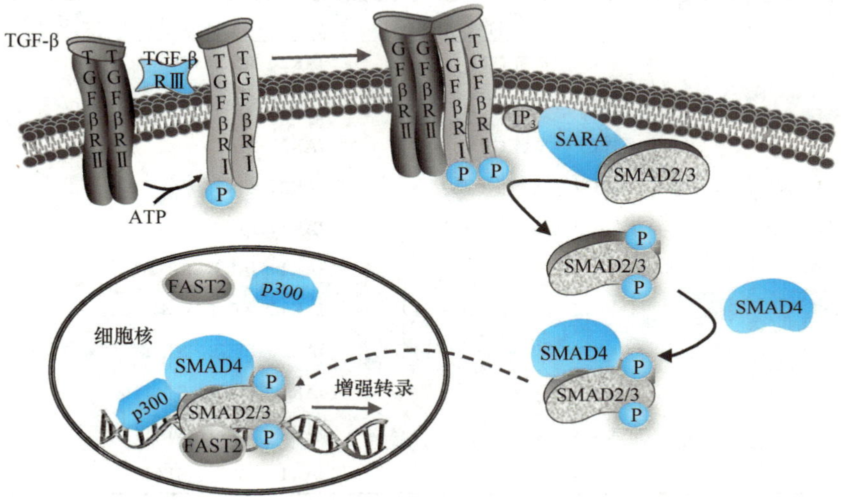

图 9-13　TGF-β 受体介导的信号转导途径

（六）细胞因子信号途径

细胞因子（cytokine，CK）包括 IL、IFN、集落刺激因子、趋化因子等数十种。细胞因子受体（CR）本身没有激酶结构域，但能与酪氨酸蛋白激酶 JAK 分子偶联结合在一起。受体与配体结合后激活 JAK，JAK 催化自身和胞内底物 STAT 的磷酸化而介导信号转导。其中Ⅰ型 CR 介导 JAK-STAT、Ras-MAPK 和 PI3K-Akt/PKB 信号途径，Ⅱ型 CR 仅介导 JAK-STAT 信号途径，生物学效应亦大多参与免疫炎症反应。

1. 细胞因子信号途径中的主要参与分子

（1）细胞因子受体：CR 组成的种类众多，除Ⅰ型 CR 和Ⅱ型 CR 分类外，还因为受体的组成有单肽链和多亚基组成的不同，以及含有的通用亚基种类，又可分成 4 类（表 9-6）：①单链 CR，为单链跨膜受体，配体有生长激素（growth hormone，GH）、催乳素、EPO、G-CSF 和瘦素（leptin）等。②共有通用 β 亚基（common β-chain，又称 gp140）的 CR，由特异的 α 亚基和一个通用的结合 JAK2 的 β 亚基组成，配体有粒细胞-巨噬细胞集落刺激因子（granulocyte-macrophage-colony stimulating factor，GM-CSF）、IL-3 和 IL-5。③共有 gp130 的 CR，由特异的 α 亚基和一个通用的结合 JAK 的 gp130 亚基（分子量为 130kDa）组成，配体有 IL-6、IL-11、白血病抑制因子（leukemia inhibitory factor，LIF）等。④共有通用 γ 亚基（common γ chain）的 CR：受体含有特异的 α 亚基和一个 γ 亚基，其中 IL-4、IL-7 和 IL-9 等的受体为二聚体，IL-2 和 IL-15 的受体是 α、β 和 γ 亚基组成的三聚体，该类受体的配体为 IL-10 家族，如 IL-10、IL-19、IL-20、IL-22、IL-24 及 IL-26 等。

（2）JAK 家族（Janus kinase family）：JAK 属于非受体型 PTK 家族，包括 JAK1～3 和 TYK2 4 个成员。其分子中均含有 JH1～7（JAK-homology domain 1～7），包括 SH2 域和 PTK 活性结构域，以及结合受体胞内段的疏水性 α 螺旋区的 FERM 域。

（3）STAT 家族：人体细胞内的 STAT 有 1、2、3、4、5A、5B 和 6 七种。STAT 既是信号转导分子，又是转录因子。分子结构中均含有 SH2 域、DNA 结合域（DNA binding domain，DBD）和转录激活域（transcription activating domain，TAD）等保守性区段，分子的 C 端含有可被磷酸化的 Tyr 和 Ser 位点。

由于细胞因子及其受体的结构组成与种类的不同，JAK-STAT 信号转导途径中参与的信号转导分子也有不同（表 9-6）。

表 9-6 不同细胞因子受体介导信号转导中参与的 JAK 和 STAT 分子

细胞因子（配体）	受体种类	相关信号转导分子
催乳素、GH	Ⅰ型 CR（单链 CR）	JAK2、STAT5a/5b
EPO	Ⅰ型 CR（单链 CR）	JAK2、STAT5
G-CSF、瘦素	Ⅰ型 CR（单链 CR）	JAK2、STAT3
GM-CSF、IL-3、L-5 等	Ⅰ型 CR（共含 β 亚基）	JAK2、STAT5
IL-2、IL-7、IL-9、IL-15	Ⅰ型 CR（共含 γ 亚基）	JAK1、JAK3、STAT5
IL-4		JAK1、JAK3、STAT6
IL-6、IL-11、LIF	Ⅰ型 CR（共含 gp130 亚基）	JAK1/2、TYK2、STAT3
IL-12		JAK2、TYK2、STAT4
IFNα/β	Ⅱ型 CR	JAK1、TYK2、STAT1/2
IFN-γ	Ⅱ型 CR	JAK1、TYK2、STAT1
IL-10 家族	Ⅱ型 CR	JAK1、TYK2、STAT3

2. Ⅰ型 CR 介导的信号转导 Ⅰ型 CR 有不同的跨膜组成结构，下面介绍Ⅰ型 CR 介导的最主要的 JAK-STAT 信号转导基本过程。

（1）单链跨膜 CR 介导的信号转导：当这些受体的膜外段被相应的 CK 识别结合后，立即诱导受体二聚化，促使受体胞内段上结合的 JAK 被活化，进而级联磷酸化受体胞内段 C 端的酪氨酸（Y）位点，然后将 STAT 分子募集到受体胞内段上，被活化的 JAK 分子进行酪氨酸磷酸化，STAT 家族含有 SH2 结合位点和 SH2 域，被磷酸化的 STAT 形成活性的同二聚体转录因子并与受体脱离，转位入核后结合 DNA 促进基因转录（图 9-14）。此外，活化的 CR 也介导 MAPK 途径和 PI3K-Akt/PKB 途径等。

（2）含 β 或 γ 亚基 CR 介导的信号转导：这两类 CR 是由结合特异细胞因子的 α 亚基和另一个通用的结合 JAK 的 β 亚基或 γ 亚基组成。当 GM-CSF、IL-3、IL-5 等细胞因子结合 α 亚基诱导受体二聚化，JAK 激活及 β 亚基被酪氨酸磷酸化，其后相关的 STAT 磷酸化及二聚化后进入细胞核，促进基因转录（图 9-15）。结合 IL-4、IL-7 和 IL-9 的含 γ 亚基 CR 介导相似的信号转导途径，不同的是结合 IL-2 和 IL-15 的异三聚体 CR，其 β 和 γ 亚基都参与信号转导。

（3）含 gp130 亚基 CR 介导的信号转导：此类 CR 介导的信号转导主要是 JAK 和（或）TYK2 激活受体 gp130 亚基上的酪氨酸位点，进一步使 STAT 磷酸化和二聚化，入核结合 DNA 促进基因转录；同时由 gp130 亚基也可以通过 MAPK 途径活化转录因子，促进基因转录。图中含 SH2 域的酪氨酸磷酸酶（SH2 containing tyrosine phosphatase，SHP-2）在其中主要起衔接分子作用（图 9-16）。

3. Ⅱ型 CR 介导的信号转导 IFNα/β、IFN-γ 和 IL-10 家族的受体均是以二聚体形式存在。最早在研究 IFN 时发现其介导的 JAK-STAT 信号转导途径。

配体 IFNα/β 结合特异受体胞外区后，诱导其胞内段上偶联的 JAK1 和（或）TYK2 磷酸化而激活其 PTK 活性，从而催化受体 2 个亚基的 C 端自身 Tyr 磷酸化，募集 STAT1 和 STAT2，其后即被 JAK1/TYK2 酪氨酸磷酸化后脱离下来，形成一个由 STAT1、STAT2 和干扰素调节因子 9（interferon regulatory factor-9，IRF-9）组成的活化转录复合体，特异结合 DNA 上 IFN 刺激性反应元件（IFN stimulated response element，ISRE），激活靶基因转录表达，产生抗病毒和免疫激活功能（图 9-15）。IFN-γ 和 IL-10 的受体介导信号转导途径稍有不同点：IFN-γ 受体上偶联的是 2 个 JAK1，活化后促磷酸化 STAT1 二聚体形成，其特异结合 IFN-γ 活化位点（IFN-γ activated site，GAS）；IL-10 受体偶联的 JAK1 和 TYK2 激活后，促两分子 STAT3 酪氨酸磷酸化，生成活化的转录因子（磷酸化的 STAT3 二聚体），促进有关基因转录（图 9-17）。

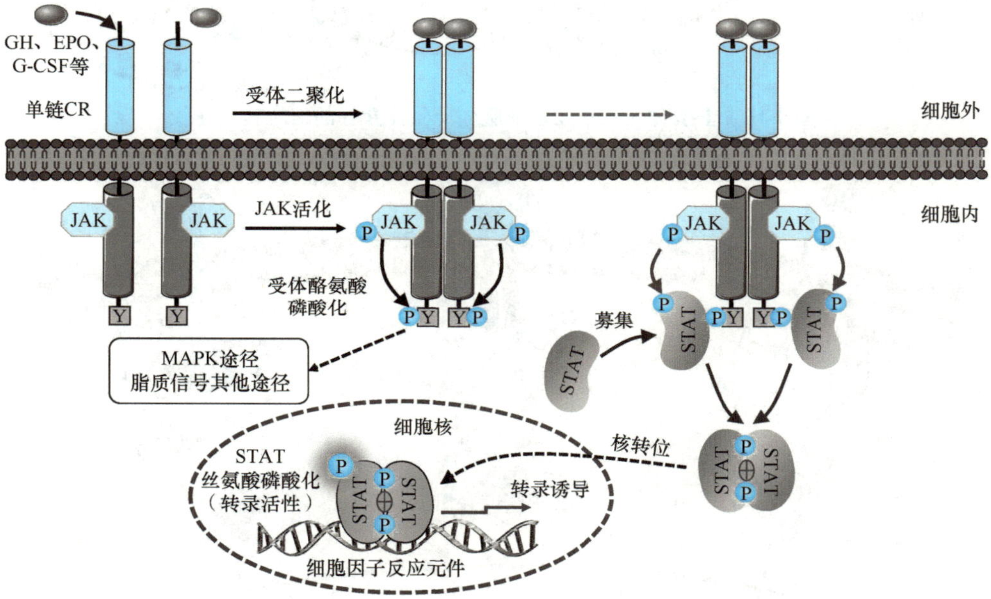

图 9-14　Ⅰ型单链细胞因子受体介导的信号转导途径

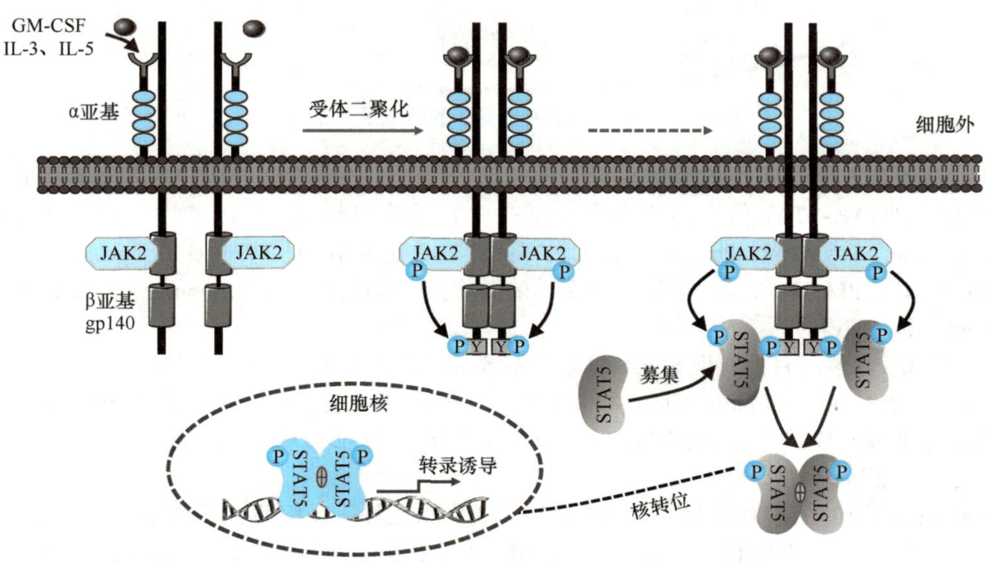

图 9-15　Ⅰ型含 β 亚基细胞因子受体介导的信号转导途径

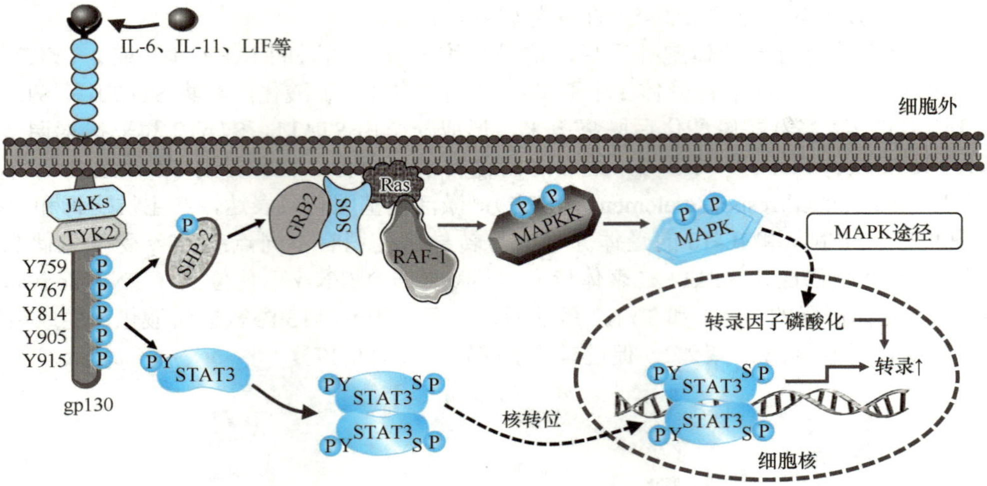

图 9-16 Ⅰ型含 gp130 亚基细胞因子受体介导的信号转导途径

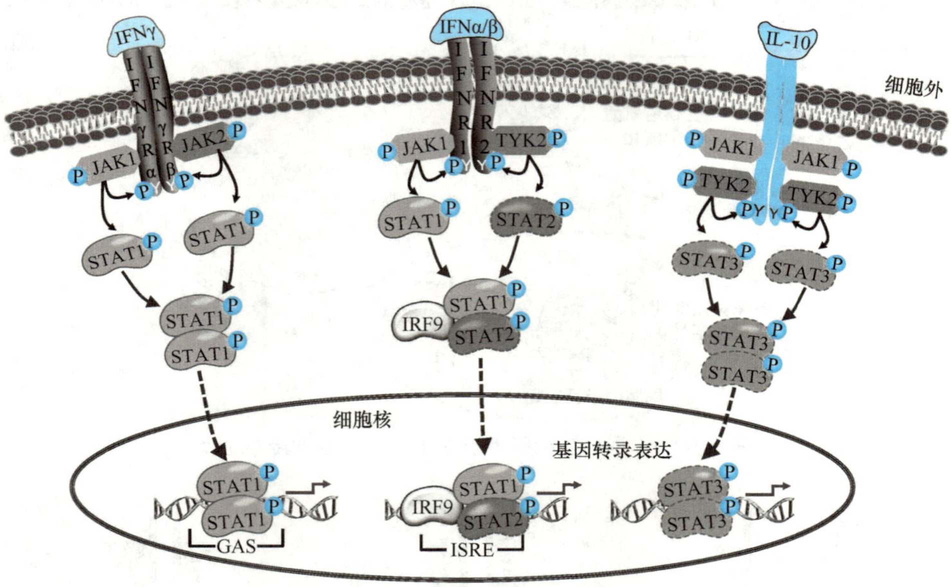

图 9-17 Ⅱ型细胞因子受体的组成及其信号转导

4. JAK-STAT 信号途径的反馈调控 近年来关于 CR 介导的信号转导的减弱和终止研究有很大进展，在 JAK-STAT 信号通路中至少存在三类反馈抑制因子：细胞因子信号传递抑制因子（suppressor of cytokine signaling，SOCS）家族、活化 STAT 的抑制因子（protein inhibitor of activated STAT，PIAS）家族，以及含 SH2 的酪氨酸蛋白磷酸酶-1（SH2-containing tyrosine protein phosphatase 1，SHP-1）。

（1）SOCS 家族：目前发现 SOCS 家族包括含 SH2 域的细胞因子诱导蛋白（cytokine-inducible SH2-domain containing protein，CIS）和 SOCS 1～7 等 8 个成员。它们的分子结构中依次含有保守的 N 端区、激酶抑制区（kinase-inhibitory region，KIR）、SH2 域和 SOCS 盒（具有被泛素化蛋白分解的特性）等区段。

SOCS 族基因的上游存在有结合 STAT 的顺式作用元件，受细胞因子作用即刻诱导 SOCS 族基因表达。如 CIS 可被 EPO、IL-2、IL-3 和 GH 等刺激表达，其结合受体的磷酸化 Tyr 位点竞争抑制 STAT5；SOCS1 被 IL-6、IL-2、IL-4、LIF、IFNs、GH 和 G-CSF 等刺激表达，利用其 SH2 结合活化的 JAK1/2 和 TYK2 后，以其 KIR 域抑制它们的 PTK 活性，从而终止 JAK-STAT 途径。

（2）PIAS 族：有 PIAS-1、PIAS-3、PIAS-X 和 PIAS-Y 四个成员，都具有非特异性结合抑制活化的 STAT 而阻断信号传递作用。

（3）SHP-1：这是造血因子类（IL-4、EPO、GH 和 IL-2）受体介导信号转导中的重要负调控因子。SHP-1 在被 JAK 磷酸化激活后，立即以其 SH2 域结合在 JAK 或受体胞内段上的磷酸化 Tyr 位点上，通过其 PTP 活性使活化的 JAK 或受体去磷酸化而减弱或终止信号转导。

二、细胞内受体介导的信号转导途径

类固醇激素受体、甲状腺素受体、维甲酸受体、维生素 D_3 受体均是位于细胞内的核受体（NR），与配体结合后变构，进而与特定基因的 HRE 结合，促进基因转录。按细胞内受体的分类，NR-Ⅰ和 NR-Ⅱ介导的信号转导过程有所不同。

NR-Ⅰ在未结合配体前都以无活性的单体存在于胞质内，并与 2 分子 HSP90、1 分子 P23 及 1 分子免疫亲和素相关蛋白（immunophilin related protein，IRP）组成约 330kDa 的复合体。其中 HSP90 的功能是维持 NR-Ⅰ适于结合配体的构象并阻止 NR-Ⅰ核转位。当 NR-Ⅰ结合相应激素而变构，解离并释放出 HSP90、P23 和 IRP 分子，形成二聚体后暴露受体核转移部位和 DNA 结合位点，转位入核并识别结合特异基因启动子区的 HRE，再利用受体的 AF2 序列结合 SRC 和 p300/CBP 等协同激活因子（CoA），促进相关基因的转录（图 9-18）。

NR-Ⅱ在未结合相应配体前已存在于核内。未活化的 NR-Ⅱ利用其 AF2 序列结合 CoR 和 N-CoEX 等辅阻遏物一起结合在 DNA 的 HRE 上，形成阻遏复合物，抑制基因转录。当 NR-Ⅱ结合配体后，N-CoEX 泛素化分解 CoR 蛋白，并促使交换上 CoA，由此激活 NR-Ⅱ，促进基因转录。但是转录活性会很快因 N-CoEX 的作用，将 CoR 交换出 CoA 而终止（图 9-18）。

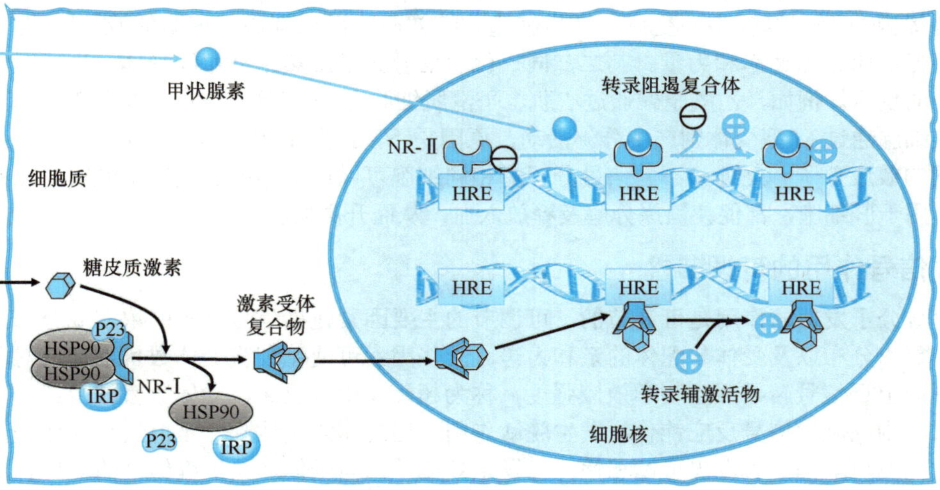

图 9-18　核受体介导的细胞内信号转导过程

第四节　细胞信号转导的整合与调控

细胞通过一系列特定的信号转导分子有序地进行相互作用，从而产生独特的信号转导途径。这种信号转导机制有基本的规律，但不同的信号转导途径之间并不是完全孤立的，它们在交叉调控点发生信号串流（cross-talk），从而整合为十分复杂的信号转导网络（signal transduction network）系统。

一、细胞信号作用的基本特征

（一）信号分子结合受体的高效性和专一性

首先，信号分子的浓度一般都小于 10^{-8}mmol/L，受体与配体的高亲和力结合及信号阈值的较低（大多信号分子的浓度相差 2 倍，即可启动或关闭信号），确保了启动信号传递的高效性。其次，配体与特定受体结合的高度专一性决定了信号转导途径的特异性。例如，胰岛素结合 IR 诱导激活的 PI3K 途径可促进葡萄糖转运的代谢反应；而 EGF 结合 EGF 受体激活 Ras-MAPK 途径促进细胞的生长和增殖效应。也有些受体可以识别结合两种及两种以上不同的配体（如整合素、GPCR），呈现相对专一性。

（二）信号分子作用的时效性

不同信号分子发挥作用的时间效应不同，通常完成一次信号应答后，信号分子通过修饰、水解等方式失去活性而终止其作用。动物体内神经递质（如乙酰胆碱）介导的反应最快，引起骨骼肌细胞的收缩与松弛按毫秒计；调节细胞代谢的多数激素的效应也比较快，如胰岛素降低血糖水平的作用；而发育过程中一些分泌性激素信号作用时间较持久，如青春期卵巢内分泌细胞产生的雌二醇，对女性形体和性器官发育的作用可以延续数年。

（三）信号传递的级联放大作用

细胞对外源信号的转导，大多因为激酶活性分子的参与而产生信号级联放大效应。如 GPCR 介导的信号转导过程和蛋白激酶偶联受体介导的 MAPK 信号途经都是典型的级联反应过程。

（四）信号分子作用的复杂性

其一，同一化学信号可结合不同的受体诱导产生不同的细胞效应。例如，乙酰胆碱作用于骨骼肌终板内 N 型（烟碱型）受体，产生细胞收缩效应，而识别心肌细胞的 M 型（毒蕈型）受体则会降低心肌收缩速率和力量。其二，同一化学信号分子虽然结合相同受体，也可对不同细胞产生不同的反应。例如，乙酰胆碱通过心肌、平滑肌细胞上 M 型受体作用引起肌肉收缩的变化，而对分泌细胞通过 M 型受体则产生分泌活动，原因是不同细胞上的受体接收化学信号后传递到其下游不同的效应分子。此外，不同信号分子对相同细胞可以产生相同的反应，如胰高血糖素与肾上腺素作用于肝细胞，都促使糖原分解及释放入血，从而升高血糖。

（五）信号作用的可调节性

信号分子发挥的作用是可调节的，可调节的主要因素包括信号分子的浓度或分布，受体的数目、构象、分布以及受体与配体的亲和力等。一些因素可使靶细胞受体数目增加或对配体的亲和力增高而上调信号转导后生物学效应强度，称为超敏作用，反之，受体数目减少或与配体的亲和力降低，则细胞对信号反应钝化，发生脱敏作用。当配体浓度达到一定值后，受体全部被配体结合，效应不再增强，表现出可饱和性；当发生效应后，与受体非共价键结合的配体解离，被分解灭活而终止作用，受体可恢复原来状态再次利用。受体活性的调节因素主要有磷酸化与去磷酸化的修饰调节、膜磷脂代谢的影响、酶促水解作用和 G 蛋白的调节等。

二、细胞信号转导途径的网络性调控

细胞内存在有许多条不同的信号转导途径，每一条信号转导途径都是由多种信号转导分子组成，上游分子引起下游分子的数量、分布或活性状态发生变化，使信号向下游传递。但信号转导分子的种类和数量有限，有些信号分子是共用的，这些分子相互影响和交联，互相制约和协调，使得细胞内信号通路之间交会，即一种受体转换的信号可通过一条或多条信号转导途径传递，而不同类型受体分子转换的信号也可通过相同信号转导途径传递，由此共同构成了复杂的细胞信号转导网络及对信号转导途径的调控。这种调控网络的存在可使机体内信号分子的效应具有一定程度的冗余和代偿性，单一缺陷不易导致对机体的严重损害。

不同信号转导途径之间呈现互相调控的交会现象，主要表现在以下几个方面。

1. 受体与信号转导途径的多样性组合　虽然受体与配体结合有专一性，但并非一种受体只能激活一条信号转导途径。形成信号网络的基础是信号转导分子依赖一些连接功能域（SH2、PTB 和 PH 等）进行交会和聚合。例如，PDGF 受体激活后，其胞内段上有 7 个被磷酸化的 Tyr 位点，根据周围的序列特征，可产生多个蛋白质互作的位点，分别专一性连接并激活 Src 激酶、激活 PI3K、激活 PLCγ、结合含 SH2 的 GRB2 并激活 Ras 等，故而单一受体可诱导激活多条信号转导途径，引起复杂的细胞应答反应。又如，趋化因子通过趋化因子受体（一类 GPCR）也可以作用于不同的信号转导途径，能够激活 cAMP-PKA 通路，利用 G 蛋白 βγ 亚单位的作用及细胞内 Ca^{2+}浓度变化等协同激活 PI3K 通路和 MAPK 通路，还可激活 JAK-STAT 通路，虽然信号通路不同，但同一受体通过不同信号转导途径都参与了调控细胞趋化运动调节。

一条信号转导通路也不是只能由一种受体激活，许多重要的胞内信号反应可被不同种类和家族的受体协同调控，例如，PLC-PKC 通路和 MAPK 通路都可以被 GPCR 及生长因子受体激酶调控（图 9-19），这使细胞能够整合多种细胞外刺激信号并形成相同的细胞应答模式。

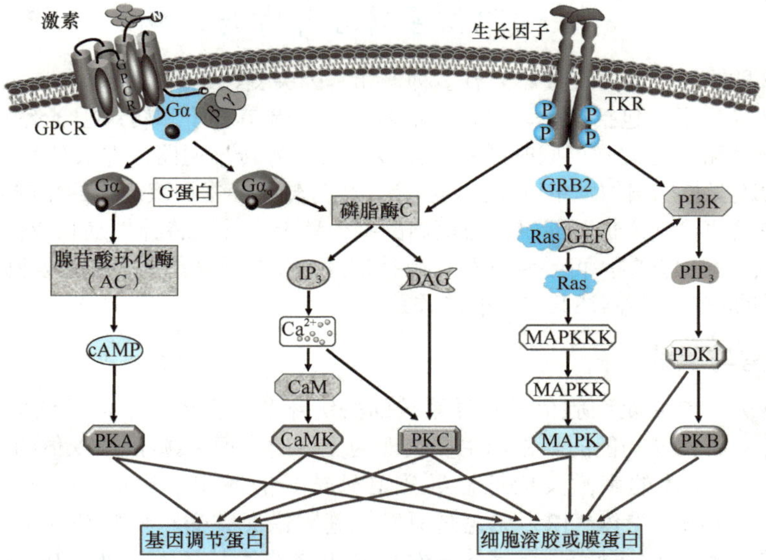

图 9-19　不同细胞膜受体调控的细胞内信号转导途径的交互与整合

2. 不同信号转导途径中信号分子的相互作用　一个信号途径中的信号分子可受另一信号途径的信号转导分子的影响，可表现为抑制或促进作用。信号转导是通过蛋白质修饰或相互作用来调节信号分子的功能，例如，TKR → Ras → RAF-1 → MAPK 途径中的 RAF-1 可受 G_SPCR → AC → cAMP → PKA 途径中的 PKA 磷酸化抑制，也可受 G_qPCR → PLC → DAG-PKC 途径中的 PKC 磷酸化而激活。由此可见，两个不同的信号转导途径在 RAF-1 处进行交会后，可引起正或负的调控作用。

另外，GPCR 介导的信号转导对 TKR 的转录激活（transcription activation）作用也是分子信号转导途径之间的联系机制，包括两种方式：①胞外激活方式，活化的 GPCR 促使自身分泌 EGF，结合并激活 EGF 受体；②胞内激活方式，GPCR 激活 PI3K，可激活 Src 而催化 TKR 胞内段 Tyr 位点磷酸化，由此激活下游特定信号途径。

3. 两个不同信号转导途径的共同靶效应分子或复合体　形成网络的信号分子复合体是可塑性

动态的。受体未被结合配体时，信号分子是散在的，可锚定于膜内侧（如 Src、Ras 等），或是存在于胞质内（如 GRB2-SOS、PI3K、PLC、PKC 等），当受体结合配体后可立即诱导这些信号分子聚集成有活性的复合体。例如，IL-1 和 TNF-α 可以通过各自特异性受体介导的信号转导途径汇合于 IKK 复合体，激活 NF-κB 而引起共同的炎症反应。又如 TKR 和 $G_{12/13}$PCR 两者介导的信号途径下游，分别磷酸化激活 TCF（ternary complex factor）和 SRF 两个转录因子，由此形成活性的转录复合体，协同促进含有 SRE 的 *fos* 基因转录。

4. 细胞内的特殊事件可以启动或调节共同的信号转导 一些特殊的细胞内事件（如 DNA 损伤、活性氧、低氧状态等），可以通过激活特定的共用信号分子在细胞内启动或调节某一信号转导途径，也可以启动一些特殊的通路（如凋亡信号转导通路）。

第五节 细胞间信息传递障碍与疾病

正常情况下，内外环境中复杂的刺激因子可通过细胞信号转导，诱导产生相应的细胞效应，以促使整个机体的组织细胞之间互相协调、维系自身的稳态。一旦信号转导系统发生异常，不能正常传递信号或信号通路持续激活状态，均会引起疾病的发生。不断深入研究信号转导机制及信号转导异常与疾病的关系，将为新的诊断和治疗技术提供更多的依据。

一、细胞信号转导异常与疾病

引起细胞信号转导异常的直接原因有多种，如基因突变、细菌毒素、自身抗体和应激等；异常可源于信号转导分子（包括配体、受体、信号分子、调节分子和转录因子等）中的任一环节，不仅表现于单一通路，也常常可同时或先后累及多条信号转导通路，造成信号转导网络的失衡；细胞信号转导的改变与疾病的发生可以互为因果，信号转导异常在疾病中的作用亦表现为多样性，既可以是原发性发病机制，也可能仅参与疾病的某个环节而导致特异性症状或体征。如脑中儿茶酚胺或 5-羟色胺浓度的异常，可导致狂躁症或抑郁症；EGF 受体基因突变诱发肺癌。以下从细胞内信号转导分子的功能异常阐述其与疾病的关系。

（一）受体异常与疾病

受体与信号分子结合是细胞信号转导系统的关键环节。受体异常可以包括基因突变导致受体数目、亲和力、结构与功能的异常，主要表现为受体的下调/减敏，或受体的上调/增敏，均会影响受体数量及对配体的刺激反应性，导致信号转导的障碍，进而影响疾病的发生和发展（表 9-7）。例如，胰岛素受体（IR）无论是原发性基因错义突变，影响 IR 基因的编码区、调控区，以及配体结合域、催化域等，还是继发性产生 IR 的自身抗体，均可使 IR 数目减少或影响其结构与功能，导致遗传性胰岛素抗性糖尿病和肥胖的发生。

表 9-7 信号转导受体异常相关的疾病举例

异常受体种类	疾病	主要临床特征
1. 遗传性受体异常		
LDL 受体	家族性高胆固醇血症	血浆 LDL-C 升高，动脉粥样硬化
抗利尿激素 V_2 受体	家族性肾性尿崩症	多尿、口渴和多饮
视紫红质（光受体）	视网膜色素变性	进行性视力减退
视锥细胞视蛋白	遗传性色盲	色觉异常
IL-2 受体 γ 链	重症联合免疫缺陷病	T 细胞缺失或减少，反复感染
糖皮质激素受体	糖皮质激素抵抗综合征	多毛症、性早熟、低肾素性高血压
雌激素受体	雌激素抵抗综合征	女性骨质疏松、不孕症

续表

异常受体种类	疾病	主要临床特征
雄激素受体	雄激素抵抗综合征	男性不育症，睾丸女性化
维生素 D 受体	维生素 D 抵抗佝偻病	佝偻病性骨损害
β-甲状腺素受体	甲状腺素抵抗综合征	甲状腺功能减退，生长迟缓
2. 自身免疫因素		
乙酰胆碱受体	重症肌无力	骨骼肌收缩障碍
刺激性/抑制性 TSH 受体	自身免疫性甲状腺病	甲亢和甲状腺肿，或甲状腺功能减退
胰岛素受体	2 型糖尿病、肥胖	高血糖，血浆胰岛素正常或升高
ACTH 受体	原发性肾上腺皮质功能减退	色素沉着，乏力，低血压
3. 继发性受体异常		
肾上腺素能受体	心力衰竭	心肌收缩力降低
多巴胺受体	帕金森病	肌张力增高或强直僵硬
生长因子受体	肿瘤	细胞过度增殖

（二）G 蛋白异常与疾病

1. G 蛋白基因突变与遗传病　1989 年首次从假性甲状旁腺素低下症家系中分离到一个异常的 $G\alpha_s$ 蛋白。该异常的 $G\alpha_s$ 蛋白可以与抗 $G\alpha_s$ 的 C 端抗体反应但不能被抗 $G\alpha_s$ 的 N 端抗体识别。序列分析发现 $G\alpha_s$ 的第一个外显子中起始密码 ATG 突变为 GTG，从而使得 $G\alpha_s$ 的翻译起始延至第二个 ATG，导致产生 $G\alpha_s$ 的 N 端缺失了 59 个氨基酸残基。此外，G 蛋白基因突变还可以导致家族性尿钙过低性高钙血症、先天性甲状旁腺素过高症、Albright 遗传性骨发育不全和纤维性骨营养不良综合征等遗传性疾病。与 G 蛋白基因突变相关的遗传性疾病症状可表现为色盲、色素性视网膜炎、家族性 ACTH 抗性综合征、侏儒症、先天性甲状旁腺功能低下、先天性甲状腺功能低下或亢进等。

2. G 蛋白的化学修饰　细菌毒素（如霍乱毒素、破伤风毒素、百日咳毒素等）可使 G 蛋白发生化学修饰导致细胞功能异常而引发疾病症状。

霍乱是由霍乱弧菌引起的烈性肠道传染病。其是由 G 蛋白的 α 亚基被化学修饰后持续活化导致细胞内 cAMP 含量持续升高所致。霍乱毒素（cholera toxin，CT）是霍乱弧菌分泌的外毒素，由 1 个 A 亚基和 4～6 个 B 亚基结合组成。其受体是存在于小肠黏膜上皮细胞表面的神经节苷脂中的单唾液酸四己糖神经节苷脂（GM1）。当霍乱毒素的所有 B 亚基与细胞膜上的 GM1 结合，可释放 A 亚基进入细胞直接作用于 G 蛋白的 α_s 亚基，使 $G\alpha_s$ 的精氨酸发生 ADP-核糖基化修饰。修饰的 α_s 亚基丧失了 GTP 酶活性，G 蛋白的持续活化使胞内 cAMP 含量持续升高，通过 PKA 使小肠上皮细胞膜上的离子通道蛋白磷酸化而导致 Na^+通道、Cl^- 通道持续开放，从而造成水与电解质的大量丢失，引起腹泻和水、电解质紊乱等症状。

百日咳是百日咳杆菌感染而引起的严重呼吸道疾病。百日咳毒素（pertussis toxin，PT）是百日咳杆菌分泌的一种外毒素，它能催化抑制型 $G\alpha_i$ 亚基发生 ADP-核糖基化，阻止 $G\alpha_i$ 亚基上的 GDP 被 GTP 取代，使其失去对 AC 的抑制作用，其结果也导致 cAMP 的浓度增加。百日咳杆菌是经呼吸道感染的，这些细胞中 cAMP 的增加促使大量体液分泌进入肺，引起严重咳嗽。

（三）其他细胞信息传递障碍与疾病

细胞内各种信号转导分子发生功能改变激活或失活，均可影响疾病的发生与进程。如在免疫细胞因子受体介导的信号转导中缺失了 JAK3，或 T 细胞中缺失了 ZAP70（是一种酪氨酸激酶），可导致免疫细胞信号转导缺陷，引发重症联合免疫缺陷（severe combined immunodeficiency，

SCID)；PI3K 基因突变可产生胰岛素抵抗；肥胖者高分泌瘦素，结合其受体后促进表达 SOCS3，抑制 IR 的信号转导而引发 2 型糖尿病。癌基因的表达产物大多是细胞信号转导系统的组成，如 *sis* 癌基因的表达产物与 PDGFβ 链高度同源，在神经胶质母细胞瘤、骨肉瘤和纤维肉瘤中可见 *sis* 基因的异常表达；*erb-B* 癌基因编码的是可激活下游信号的变异型 EGF 受体，在人乳腺癌、肺癌、胰腺癌和卵巢肿瘤中已发现其过度表达；某些癌基因可通过编码非受体 PTK 或丝氨酸/苏氨酸激酶类干扰细胞信号转导而致肿瘤细胞的增殖与分化异常。

二、细胞信号转导分子与药物靶标

对细胞信号转导分子机制研究的不断深入，尤其是对于各种疾病发生过程中的信号转导异常本质的认识，为发展新的疾病诊断和治疗提供了理论基础。发现的信号转导分子结构与功能改变也为新药物的研发提供了靶点，并由此产生了信号转导药物。

研发有效且副作用小的信号转导干扰药物，要考虑：①干扰的信号转导途径的特异性，如果该途径广泛存在于各种细胞内，其副作用则就很难控制；②药物对信号转导分子的选择性，选择性越高，副作用就越小。目前信号转导药物的主要研究方向是针对重要信号转导途径中的关键靶分子设计其激动剂或抑制剂，包括信号分子衍生物、信号分子代谢酶抑制剂以及神经递质和离子转运体抑制剂；离子通道开放和拮抗剂、受体拮抗剂和激动剂；第二信使 cAMP 和 cGMP 结构类似物、代谢酶抑制剂/调节剂等；在肿瘤、心血管疾病治疗研究领域，已经开发多种直接针对信号转导分子的药物用于临床。

1. EGF 受体酪氨酸激酶作为肿瘤化疗的药物靶点 如针对各种蛋白激酶的抑制剂经常被作为抗肿瘤药物的母体进行研究。人类 *ErbB1* 基因编码有酪氨酸激酶活性的 EGF 受体（HER1），已先后发现 HER1、HER3 和 HER4 在不同的恶性肿瘤（如膀胱癌、乳腺癌、前列腺癌、结肠癌、胃癌和非小细胞肺癌等）中异常高表达或突变。值得注意的是，*ErbB2* 基因编码的 HER2 缺乏结合任何生长因子的能力，但其具有一种构象，可以与其他非配体结合的 HER2 形成同二聚体，或与其他型 HER1/3/4 形成异二聚体，二聚化是活化此类受体的酪氨酸激酶活性的第一步，所以在乳腺癌中 HER2 的高表达水平改变了正常细胞的生长调控。因此，以此类受体为靶点抑制其酪氨酸激酶活性，可望发展对多种肿瘤的药物疗法。一类治疗试剂是结合不同 HER 亚型胞外功能区的单克隆抗体，例如，曲妥珠单抗是一种抗 HER2 的抗体，被用于治疗高表达 ErbB/HER 的乳腺癌，其抗肿瘤机制主要是杀肿瘤细胞免疫因子的抗体依赖性募集，以及降低 HER2 外功能区的二聚化；西妥昔单抗是另一种与 ErbB1/HER1 蛋白配体结合区互作的抗体，其阻止受体激活，用于非小细胞肺癌的治疗；人们还设计了多种以 TK 区为靶点的小分子药物，如 ATP 结合位点的竞争性抑制剂。

2. NO-cGMP-PKG 信号通路作为治疗心血管疾病的药物靶点 硝酸甘油是目前用于快速缓解心绞痛的常用药物，尽管具体机制目前还未完全清楚，但硝酸甘油是外源性 NO 供体，进入体内可代谢生成 NO，能激活平滑肌细胞中可溶的 GC，进而通过活化 cGMP-PKG 信号通路诱导平滑肌松弛，舒张血管，促外周血流量增加，从而减少心脏回流血液（前负荷）和降低外周血压（后负荷），改善心肌收缩力与氧耗，这可能是硝酸甘油缓解心绞痛的机制之一。

（喻 红 杜 芬）

第十章　细胞增殖的分子调控

地球上所有的生物，不论是结构比较简单的单细胞生物，还是结构比较复杂的植物或者哺乳动物，均是通过重复的细胞生长增殖来维持生存和保持物种的延续。细胞生长（cell growth）有两种方式，包括细胞体积的增大和细胞数目的增加，其中细胞数目的增加即为细胞增殖（cell proliferation）。细胞增殖是指细胞通过细胞分裂（cell division）的方式，由原本的一个亲代细胞变为两个子代细胞的生物学行为。原核细胞（细菌、衣藻等）主要通过简单的二分裂产生后代子细胞，而真核细胞的分裂方式较为复杂，包括有丝分裂（mitosis）、减数分裂（meiosis）和无丝分裂（amitosis）。

各种单细胞生物均是依赖大量的细胞增殖来增加个体的数量。对于多细胞生物而言，它们是由受精卵开始，经过多次细胞分裂和分化，最终发育成一个完整的个体。同时，成体生物本身也需要增殖来弥补新陈代谢过程中的细胞损失。要维持细胞数量的平衡和细胞周期的正常功能，就必须要依赖于细胞生长与增殖。因此，细胞增殖对于生物体的生长、发育至关重要，也是生物体的重要生命特征之一。

各种细胞在进行细胞分裂之前，需要通过一系列生化事件来进行一定的物质准备，且过程中呈现高度受控和相互连续的特征，分裂产生的新细胞再经过下一轮物质准备以及新一轮的细胞分裂，形成更多的子代细胞，如此周而复始，使细胞数目不断增加。我们把这种细胞增殖的过程称为细胞周期（cell cycle）或者细胞分裂周期（cell division cycle），又称细胞生命周期（cell life cycle）或细胞繁殖周期（cell reproductive cycle）。总体而言，通常将细胞从上一次分裂结束到下一次分裂结束所经历的规律变化过程称为一个细胞周期。

第一节　细 胞 周 期

细胞在细胞周期中发生着一系列生化反应，细胞形态及结构也经历着复杂的动态变化，这一切是在机体内外多种因素的共同调控下，有规律、协调地进行的。其中，真核细胞在长期进化中，形成了一套由多种蛋白构成的复杂精细网络——“细胞周期调控体系”，这种调控网络在细胞周期的各个阶段处于一种进化保守的状态，因此它能够精细而协调地控制着细胞周期进程，使其呈现出高度的有序性和协同性。如果某些细胞由于自身或环境因素改变，使其正常的细胞周期调控体系受到破坏，则可能出现异常的细胞周期，最终导致疾病发生。

一、细胞周期的进程

细胞周期包括必要的物质准备和高度受控的细胞分裂两个连续过程。因此，细胞周期就是细胞完成物质准备与细胞分裂这样一个循环的过程。

20 世纪 50 年代，人们对细胞周期的认知局限于光镜下有丝分裂时期染色体形态的变化，认为分裂间期为“细胞静止期”。1953 年霍华德（Howard）和贝利（Pele）利用 ^{32}P 标记物研究了蚕豆根尖 DNA，发现 DNA 复制发生在有丝分裂间期，而并非发生在当时人们认为的有丝分裂期。后来进一步研究证实，DNA 复制期（S 期）是在间期的中间时期，而不是在其开始或者末尾。由此，两位科学家推断在 S 期与前次和本次分裂之间分别存在一个时间间隔，前一个时间间隔称为 DNA 合成前期（G_1 期），后一个时间间隔称为 DNA 合成后期（G_2 期），于是提出了细胞周期的概念，并将其划分为 G_1、S、G_2、M 期，这一理论在后续的实验中得到了证实，并为后面一系列研究奠定了基础。

由 G_1 期、S 期、G_2 期、M 期四个时相组成的细胞周期称为标准细胞周期（standard cell cycle）（图 10-1）。我们把 G_1、S、G_2 合称为间期（interphase），M 期称为分裂期（mitotic phase），M 期按照分裂时相进一步分为前期、前中期、中期、后期、末期、胞质分裂期。

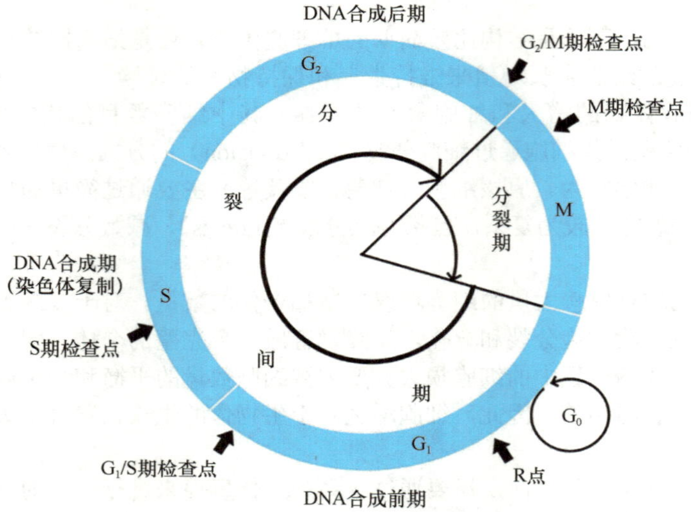

图 10-1 标准细胞周期模式图

细胞周期时间（T_c）长短与细胞本身的种类有关，同种细胞的细胞周期时间相同或者相似，不同种细胞的细胞周期差别可能会很大，所以不同细胞的增殖时间不等。对于高等生物细胞而言，S 期、G_2 期、M 期总时间相对稳定，其中 M 期持续时间最为稳定，为 30～60 分钟，但 G_1 期时间长短差异大，是影响细胞周期时间长短的关键阶段（表 10-1）。G_1 期的时间长度与 G_1 期细胞中特定 mRNA 和蛋白质的积累过程有关。此外，激素、生长因子、温度等环境因素也能影响细胞周期的时长。

表 10-1 哺乳动物细胞周期时间（小时）

细胞类型	T_C	T_{G_1}	T_S	T_{G_2+M}
人				
结肠上皮细胞	25.0	9.0	14.0	2.0
直肠上皮细胞	48.0	33.0	10.0	5.0
胃上皮细胞	24.0	9.0	12.0	3.0
骨髓细胞	18.0	2.0	12.0	4.0
大鼠				
十二指肠隐窝细胞	10.4	2.2	7.0	1.2
内釉上皮细胞	27.3	16.0	8.0	3.3
淋巴细胞	12.0	3.0	8.0	1.0
肝细胞	47.5	28.0	16.0	3.5
精原细胞	60.0	18.0	24.5	15.5+2.0
小鼠				
小肠隐窝上皮细胞	13.1	4.6	6.9	1.0+0.7
十二指肠上皮细胞	10.3	1.3	7.5	1.5
结肠上皮细胞	19.0	9.0	8.0	2.0

对于多细胞生物，尤其是包括人类在内的高等真核生物，构成机体的细胞按照其在细胞周期中的增殖行为可以分为以下三类。

（1）增殖型细胞：又称持续分裂细胞或者周期中细胞（cycling cell）。这类细胞可能会持续分裂，即在细胞周期中连续运转。这类细胞持续分裂、分化产生新细胞，使得机体内的组织细胞不断更新。例如，产生红细胞和白细胞等细胞的造血干细胞，产生上皮组织表层细胞的基底层细胞等。

（2）暂不增殖型细胞：又称 G_0 期细胞或者静止期细胞（quiescent cell）。这类细胞会暂时脱离细胞周期，停止细胞分裂和 DNA 复制，进入静息状态，但代谢活动仍然活跃进行，并执行相应的生物学功能。一旦受到一定的刺激后，即可进入细胞周期，重新开始分裂。此外，细胞转化为 G_0 期细胞一般发生在 G_1 期。这类细胞对于生物体的组织再生、创伤愈合、免疫反应等有重要意义，如成纤维细胞以及肝、肾等器官的实质细胞等。

（3）不增殖型细胞：又称终末分化细胞（terminally differentiated cell）。这类细胞是一类分化程度高、结构和功能都高度特异化的、执行特定功能、终生都不再分裂的细胞，如神经元细胞、横纹肌细胞、成熟的红细胞等。

二、细胞周期时相的分子特征

细胞周期中各期主要动态变化围绕 DNA 复制和细胞分裂展开。

（一）G_1 期

G_1 期又称 DNA 合成前期，是 DNA 复制的准备期。G_1 期的特点主要有以下两个。

首先，进行活跃的 RNA 和蛋白质合成，细胞体积迅速增大。G_1 早期，RNA 聚合酶活性升高，催化不断地产生 rRNA、tRNA 和 mRNA，促使蛋白质含量显著增加；cAMP、cGMP 加速合成，氨基酸、糖类加速转运。因此，G_1 期合成 RNA 是进入 S 期的必要条件。同时，G_1 期相关的蛋白质合成增加，包括 S 期 DNA 合成所需的各种酶（如 DNA 聚合酶、腺苷激酶等）、G_1 期向 S 期转化所需的蛋白质[如钙调蛋白（calmodulin）、细胞周期蛋白、抑素等]。

其次，G_1 期发生多种蛋白质的磷酸化。G_1 期开始发生组蛋白 H1 磷酸化，以此利于染色质结构的重排。蛋白激酶在 G_1 期的磷酸化有利于细胞周期蛋白的活化以及细胞周期调控。

G_1 期在推动整个细胞周期演进中发挥重要的始发作用。G_1 早期依赖于细胞外生长和分裂的信号刺激，如细胞生长因子。而当 G_1 晚期物质合成充足时，细胞则需要通过一个特定时期，才能进入 S 期并进入 DNA 复制及完成后续的过程。在芽殖酵母中，这个特殊的时期被称为起始点，而在其他真核细胞中，这个特殊时期被称为限制点（restriction point），又称 R 点。细胞需要在多种因素共同作用下才能顺利通过 R 点并进入 S 期。因此，R 点被认为是 G_1 晚期的基本事件。

细胞顺利通过 R 点受到触发蛋白的调控。触发蛋白是一种 G_1 期向 S 期转化进程中所必需的、专一性蛋白质，又称不稳定蛋白（unstable protein），简称 U 蛋白。只有当 G_1 期细胞中 U 蛋白含量积累到一定程度，细胞周期才能向 S 期转化。处于暂不增殖状态的 G_0 期细胞，可能与 U 蛋白缺乏有关。

此外，细胞顺利通过 R 点还受到细胞内外因素的影响。内在因素主要是各种调控基因（如 *cdc* 基因，见本章第二节“细胞周期相关蛋白”）；外在因素主要包括营养和激素刺激等。

（二）S 期

S 期也称 DNA 合成期，是 DNA 的复制期。经过了 G_1 期的物质准备，细胞进入了 S 期并开始进行 DNA 的复制。S 期细胞主要的特征如下。

首先，由于 G_1 后期，DNA 合成所需的酶含量或活性显著增高，如 DNA 聚合酶等，因此，S 期会进行大量的 DNA 复制。而 S 期为细胞周期中最为重要的时期，因此它需要严格的时序性。例如，GC 含量较高的 DNA 序列较早复制，AT 含量较高的 DNA 序列较晚复制；常染色质的复制在先，异染色质的复制在后；可以转录的 DNA 先复制，不可以转录的 DNA 后复制。

其次，S 期是组蛋白的主要合成时期。在时间上组蛋白的合成与 DNA 复制是同步进行、相互依存的，因此，组蛋白在合成后与复制后的 DNA 结合并形成核小体，进而组装形成染色质。同时，组蛋白在 DNA 复制时有延长 DNA 的作用，DNA 复制的停止可能与组蛋白的缺失有关。再者，在 G_1 期蛋白质磷酸化的基础上，组蛋白在 S 期进一步发生磷酸化。

此外，中心粒的复制开始于 G_1 期，完成于 S 期。一开始，一对中心粒彼此分离，然后各自形成一个子代中心粒，由此形成了两对中心粒。随后这两对中心粒将作为微管组织中心，在微管等物质的形成中发挥作用。

（三）G_2 期

G_2 期又称 DNA 合成后期，是细胞完成 DNA 复制后，细胞分裂的准备期。此时细胞 DNA 含量加倍，每条染色质含有两个相同拷贝的 DNA。G_2 期的主要特征如下。

首先，S 期组蛋白与 DNA 组装形成染色质，进入到 G_2 期时，形成的染色质便开始进行凝聚或者螺旋化。

其次，这一时期细胞大量合成 ATP、RNA、蛋白质（微管蛋白、促成熟因子等）。以上这两种生物学行为皆为 M 期做物质准备。

此外，中心粒会在 G_2 期逐渐体积变大并向细胞两极分离。

需要说明的是，并非所有真核细胞都会经历 G_2 期，如一些癌细胞和爪蟾胚胎细胞会在 S 期 DNA 复制之后直接进入 M 期。

（四）M 期

M 期也称分裂期，细胞会在此期完成细胞分裂。而此阶段细胞的结构和生化过程也会发生重要变化：M 期细胞外形较圆，原因主要是 M 期细胞膜组分（如磷脂、糖蛋白等）发生变化。在生化特征方面，该期细胞中 RNA 合成处于抑制状态，导致细胞中大多数蛋白质合成显著降低，可能是染色质凝集后，其包含的 DNA 模板活性降低。

真核细胞的分裂方式较多，包括有丝分裂、减数分裂和无丝分裂等。

1. 有丝分裂 主要包括核分裂（karyokinesis）和胞质分裂（cytokinesis）两个过程，也称间接分裂（indirect division），它是高等真核生物体细胞的主要分裂方式。

根据分裂细胞形态和结构的变化，可将有丝分裂的动态变化过程划分为前期、前中期、中期、后期、末期、胞质分裂 6 个时期。其中前期、前中期、中期、后期、末期为一个连续的核分裂过程。在整个时间段内，细胞会经历染色体凝集及分离、核膜破裂、染色质凝集成染色体、姐妹染色单体分离、染色单体平均分配到两个子细胞中、胞质分裂、细胞分裂成两个子细胞的过程，并进入下一个细胞周期（图 10-2）。

（1）前期（prophase）：有丝分裂的开始阶段，其主要特征是染色质凝集、分裂极确定、核仁缩小解体。

染色质凝集：是指已经复制完成的染色质组装成染色体的过程。

已复制的染色质纤维开始螺旋化，凝集成具有棒状或杆状的染色体，原本多个位点结合在一起的两条姐妹染色单体彼此分离，仅在着丝粒处相连。而染色质的凝集与凝缩蛋白（condensin）和黏连蛋白（cohesin）密切相关。

凝缩蛋白是由 5 种蛋白质亚基组成的复合体，包含两种染色体结构维持蛋白（structure maintenance of chromosome protein，SMC，即 SMC2、SMC4）和三种非 SMC 蛋白（CAP-H、CAP-G、CAP-D2）。SMC 是一种卷曲螺旋结构的蛋白质分子，头部末端含有 ATP 酶活性结构域，凝缩蛋白复合体中的其中一个 SMC 分子穿过 DNA 的双螺旋结构，并与另一 SMC 分子尾部互相连接，形成一个 V 形结构；而三种非 SMC 蛋白将两个 SMC 分子头部连接在一起，使整个复合体呈现一种环状结构。实验已证实，凝缩蛋白复合体可通过 ATP 水解释放的能量，促使 DNA 分子盘绕、卷曲，改变 DNA 分子螺旋化程度，进而促进染色体进一步压缩。此外，凝缩蛋白磷酸化后，其对 DNA 分子的卷曲、盘绕活性将进一步增强。总之，凝缩蛋白为 DNA 提供能量，使 DNA 分子螺旋化程度加深，进而促进染色质的凝集（图 10-3）。

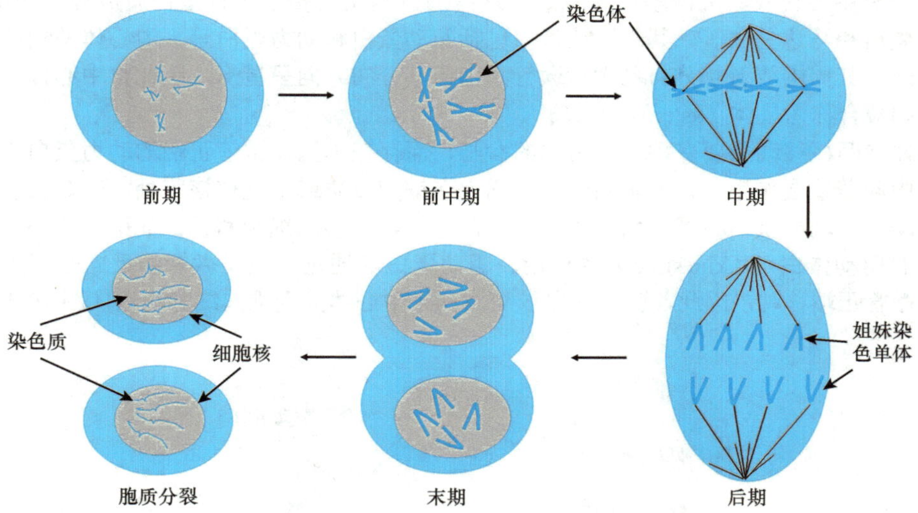

图 10-2 细胞有丝分裂示意图

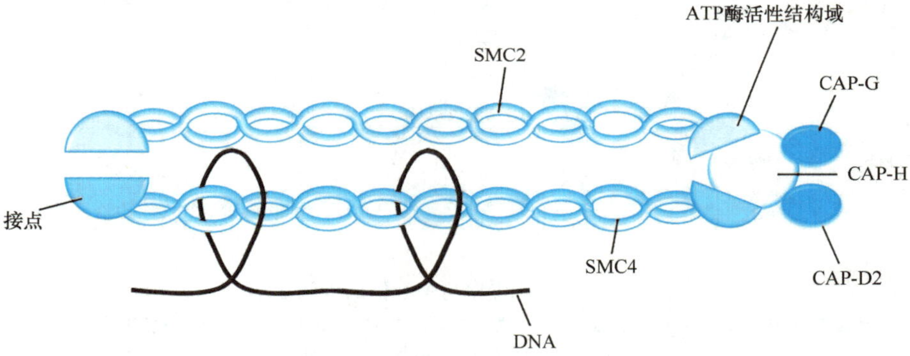

图 10-3 凝缩蛋白结构示意图

由 SMC2、SMC4 与 CAP-H、CAP-G 和 CAP-D2 构成的凝缩蛋白复合体在 DNA 分子螺旋间形成环状结构

黏连蛋白是由 SMC1、SMC3 与两种非 SMC 蛋白 SCC1、SCC3 组成的蛋白质复合体，其结构与凝缩蛋白相似。黏连蛋白可使两条姐妹染色单体纵向结合在一起。具体方式是通过在姐妹染色单体间环绕，促使其结合。然而，随着细胞分裂进入前期，除着丝粒所在位置外，姐妹染色单体的其他部位结合的黏连蛋白逐渐脱离，致姐妹染色单体的两臂分开，最终姐妹染色单体仅在着丝粒处相连（图 10-4）。

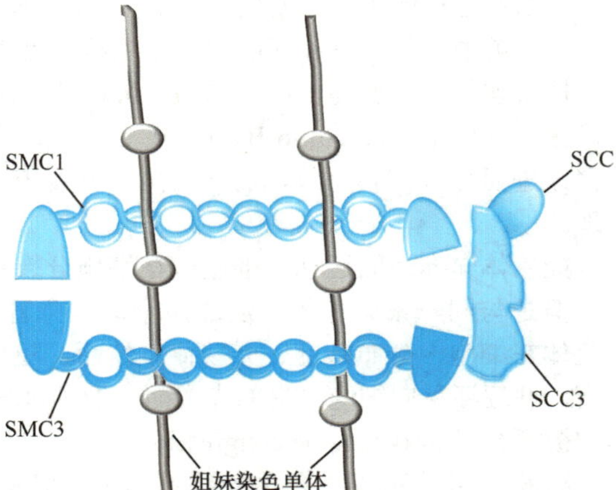

图 10-4 黏连蛋白的结构示意图

由 SMC1、SMC3 与 SCC1、SCC3 组成的黏连蛋白环绕在染色体外围，使两条姐妹染色单体纵向结合在一起

因此，凝缩蛋白介导分子内部的交联（intramolecular crosslinker），使 DNA 螺旋化和染色质凝集；黏连蛋白介导分子之间的交联（intermolecular crosslinker），组装姐妹染色单体。

分裂极的确定：随着染色质的凝集，细胞的两个中心体开始沿核膜外部，同时分别向细胞两极移动，其最后所到达的位置将决定细胞分裂极，因此，中心体与分裂极相关。

中心体是动物细胞与低等植物细胞所特有的、与细胞分裂和染色体分离相关的细胞器，一个中心体由一对中心粒及其周围基质所构成，这些周围基质包括了多种蛋白质成分，如微管蛋白、微管结合蛋白和马达蛋白等，其中马达蛋白包括驱动蛋白和动力蛋白等。中心体是细胞的微管组织中心之一，其周围放射状分布着大量微管，由于其分布方向呈星形，因此将中心体与其放射出的微管一起被合称为星体（aster）。

中心体向两极移动需要多种马达蛋白的参与，而存在于星体微管正端的动力蛋白在中心体的早期分离中起着重要作用。动力蛋白一开始锚定在细胞皮质或细胞核核膜处，当其沿着星体微管向负端移动时，动力蛋白将牵引两个中心体彼此分离，并移向细胞两极。而两个中心体的进一步分离，还有驱动蛋白-5（kinesin-5）的作用。驱动蛋白-5 通过与极间微管的反向平行重叠末端联结，并向微管正端移动，因此，驱动蛋白-5 可将两个中心体分别推向细胞两极（图 10-5）。

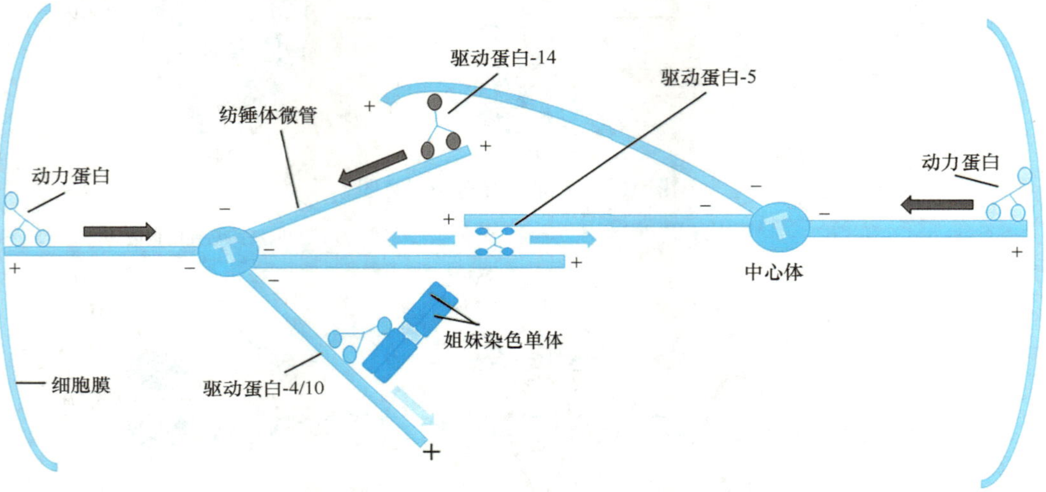

图 10-5　马达蛋白与中心体的极间运动

动力蛋白沿着星体微管向负端移动，将牵引中心体彼此分离并移向细胞两极。驱动蛋白-5 通过与极间微管反向平行的重叠末端交联，可将两个中心体分别推向细胞两极

核仁的缩小与解体：在染色质凝集过程中，染色质上的核仁组织组装到了其所属染色体中，导致 rRNA 合成停止，致使核仁逐渐分解消失，其组分随着染色体平均分配到两个子细胞中。

（2）前中期（prometaphase）：主要特征是核膜解体，纺锤体形成，染色体向赤道面运动。

核膜解体：主要与核纤层蛋白（lamin）的磷酸化有关。核纤层（nuclear lamina）是由三种核纤层蛋白（lamin A、lamin B、lamin C）构成的网架体系。若核纤层蛋白磷酸化，则使网架体系解聚，进而导致核膜解体，而一旦到了分裂末期，核纤层蛋白又会发生去磷酸化，致使核膜重新出现。

染色体向赤道面运动：细胞核在细胞分裂进入前期末时，染色体凝集程度增高，形状更加粗短，但是与同一条染色体相连的两个动粒微管长短不等，微管产生的合力方向时刻变化，因此，染色体在细胞中分布杂乱、无规律。然而，随着动粒微管正端不断聚合与解聚，染色体发生位置改变，并逐渐移向细胞中央的赤道面，这种过程称为染色体列队（chromosome alignment）或染色体中板聚合（chromosome congression）。

纺锤体组装完成，有丝分裂器形成：纺锤体（spindle）是一种出现于前期末，对细胞分裂和染色体分离有重要作用的临时性细胞器，外观呈纺锤样，有两极，由纵向排列的微管及其相关蛋白如星体微管（astral microtubule）、动粒微管（kinetochore microtubule）和极微管（polar microtubule）等组成（图 10-6）。星体微管排列于中心体周围，帮助中心体向细胞两极的移动；动粒微管由纺锤体一极发出，末端附着于染色体动粒上，与染色体在后面阶段的移动有关；极微管来自纺锤体两极，彼此在纺锤体赤道面重叠、交叉，也称重叠微管，并且极微管间通过侧面相连，使其可以从纺锤体的一极通向另一极。三类纺锤体微管的负端均朝向中心体，正端远离中心体。

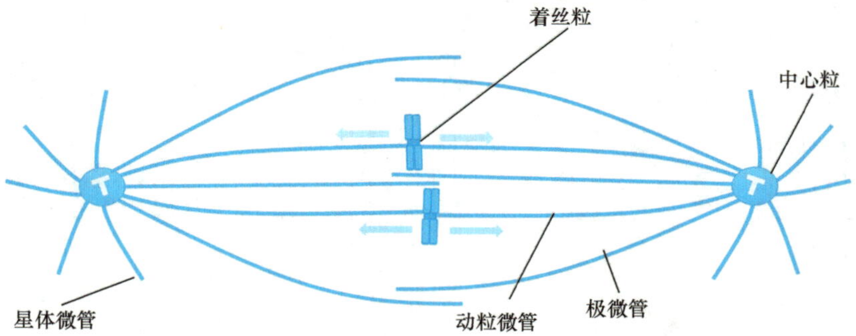

图 10-6　纺锤体结构示意图

纺锤体的组装始于有丝分裂前期，最终形成在前中期末。其间，星体微管起着主导作用，即核膜崩裂后，星体微管一方面逐渐向细胞中心原细胞核所在的部位延伸，另一方面连接到染色体动粒上形成动粒微管，或者彼此重叠、交叉形成极微管

同时，实验证实，动物细胞的染色体动粒内部通常含有 10～40 个微管附着点（酵母细胞仅有 1 个），而动粒微管的正端也在其中。每一微管附着点都含有一个蛋白质环，围绕在靠近微管正端的部位，可使微管紧紧地与动粒连在一起，同时也不影响微管蛋白在该微管正端末的聚合或解聚（图 10-7）。因此这种结构既有助于微管与染色体的连接，也有助于微管在分裂后期、末期的解体。

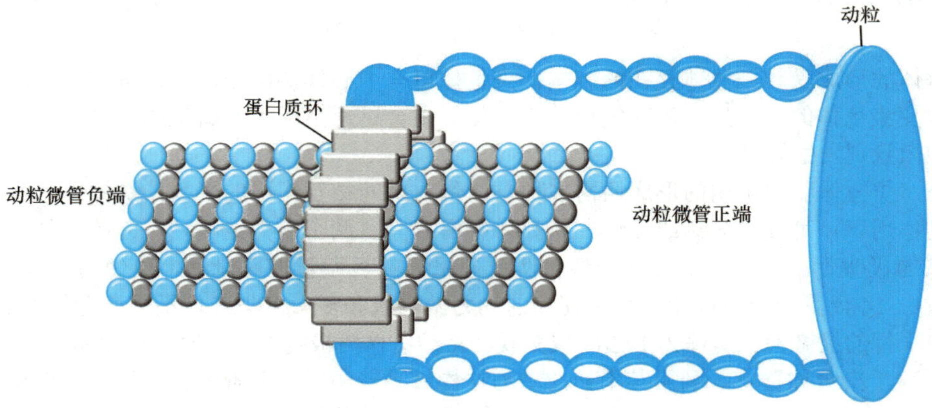

图 10-7　染色体动粒中的微管附着点

染色体动粒内部存在微管附着点，动粒微管的正端埋藏于其中。每一微管附着点都含有一个蛋白质环，围绕在靠近微管正端的部位

细胞完成纺锤体微管对染色体附着的机制如下：首先，纺锤体一极的中心体放射性发出一根星体微管，且其正端不断发生变化，最终其侧面与染色体的其中一个姐妹染色单体的动粒相连，将其捕获，并促使动粒微管形成。其次，染色体将沿着该微管向中心体滑动，在这一过程中，纺锤体微管对染色体动粒的连接方式由侧面附着转换为末端附着。最后，纺锤体的其他微管可以不同的方式结合于染色体动粒上，其中正确的结合方式是来自纺锤体相反极的微管结合于染色体另一姐妹染色单体的动粒上，其结果是实现了纺锤体双极对染色体的稳定附着（图 10-8）。错误的结合方式包括来自同一极的微管同时结合于染色体的两个动粒上或来自两极的微管均与同一动粒结合，其结果使得纺锤体微管对动粒的附着高度不稳定，不能持续存在。纺锤体（包括星体微管和三种星体周围微管）及与之结合的染色体共同形成有丝分裂器（mitotic apparatus）。有丝分裂器

在分裂过程并非一成不变，而是会有一个动态变化。它的动态变化在维护染色体的运动和平均分配染色体到两个子细胞中起到了重要作用。

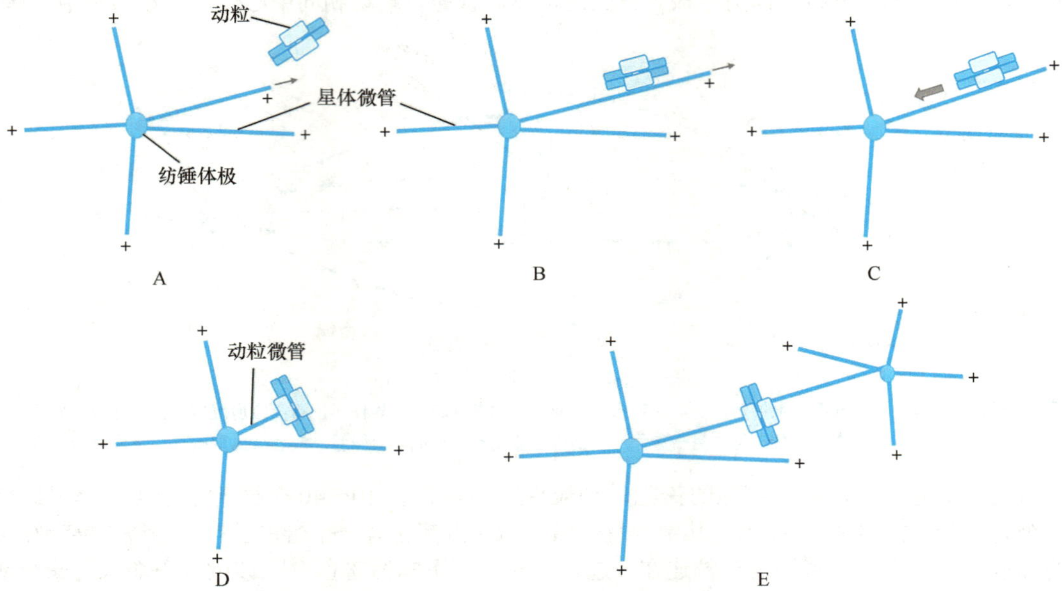

图 10-8　星体微管对染色体动粒的正确附着

A. 无微管附着的染色体；B. 一根星体微管的侧面附着在染色体的其中一个动粒上；C. 染色体沿着微管向中心体滑动；D. 微管对染色体动粒的连接方式由侧面附着转换为末端附着，动粒微管形成；E. 来自纺锤体相反极的微管结合于染色体另一姐妹染色单体的动粒上，纺锤体双极完成对染色体动粒的稳定附着

纺锤体的形成受到染色体存在的影响。染色体可与中心体协同作用，促进纺锤体的形成。当人为地改变染色体的位置后，重新定位的染色体周围会迅速出现大量新生的微管，而染色体原来所在处的微管则发生解聚。

此外，纺锤体稳定结构的形成还需多种马达蛋白之间相互作用的平衡。纺锤体两极在不同马达蛋白的作用下，可发生分离或靠近。如驱动蛋白-5 具有两个动力结构域，因此可结合于纺锤体中心区域的极微管上并向正端移动，致使两反向平行的极微管彼此滑动，迫使纺锤体两极分开；而驱动蛋白-14 仅具一个可向微管负端移动的动力结构域和多个可与其他不同微管结合的结构域，能使反向平行的极微管在纺锤体中心区域交联，将纺锤体两极拉近；同时，驱动蛋白-10、驱动蛋白-4 可附着于染色体臂上，利用其单一的动力结构域沿着纺锤体微管的正端移动，使染色体远离纺锤体两极；此外，动力蛋白可结合于星体微管的正端，并将其与细胞皮质中的肌动蛋白骨架相连，当动力蛋白向星体微管负端移动时，纺锤体两极被拉向细胞皮质，彼此分离（图 10-5）。

（3）中期（metaphase）：主要特征是染色质凝集程度最大化，且非随机地排列在细胞中央的赤道面上并构成赤道板。

此期染色体在形态上比其他任何时期都短粗，同时两条姐妹染色单体的臂较易分离，故特别适合进行染色体数目、结构等细胞遗传学的研究。中期所有染色体的着丝粒均位于同一平面，染色体两侧的动粒均面朝纺锤体两极，每个动粒上结合的微管可达数十根，微管长度两两相等，使细胞和染色体处于受力平衡状态中。同时，纺锤体赤道面直径变小，两极距离增长。有趣的是，在人类细胞中，最大的几条染色体靠近赤道板中部，较小染色体则位于其周围。

（4）后期（anaphase）：主要特征是两姐妹染色单体发生分离，子代染色体形成并移向细胞两极。

实验已证实，细胞经秋水仙碱处理后，虽微管形成被破坏，但两条姐妹染色单体仍可分离。

因此，科学家认为姐妹染色单体分离的原因主要是彼此间的连接骤然消失，而动粒微管的张力对其影响不大。其中，分离姐妹染色单体的极向运动依然要依靠纺锤体微管的牵引完成，按照染色体极向运动的主导因素不同，我们将分裂后期分为后期 A 与后期 B。

后期 A 发生于染色体极向运动的起始阶段，其主导因素与动粒微管相关。当动粒微管正端的微管蛋白发生去组装时，其长度将不断地缩短，由此带动染色体的动粒向两极移动。在后期 A 中，染色体两臂的移动常落后于动粒，因此在形态上可呈现 V 形、J 形或棒形。

后期 B 的主导因素主要与纺锤体两极不断分开有关：当姐妹染色单体分开一定距离后，后期 B 启动，极微管通过使纺锤体拉长、细胞两极间的距离增大，促使染色体发生极向运动。其中，极微管长度的增长和彼此间的滑动，以及星体微管向外的作用力均能使纺锤体两极分开（图 10-9）。

此外，分离姐妹染色单体的极向运动还与马达蛋白的作用有关，该类蛋白质分子无论在后期 A 或后期 B 中均能协同纺锤体微管，将染色体向两极牵引。如驱动蛋白-5 和动力蛋白等，均能促使纺锤体两极分开。

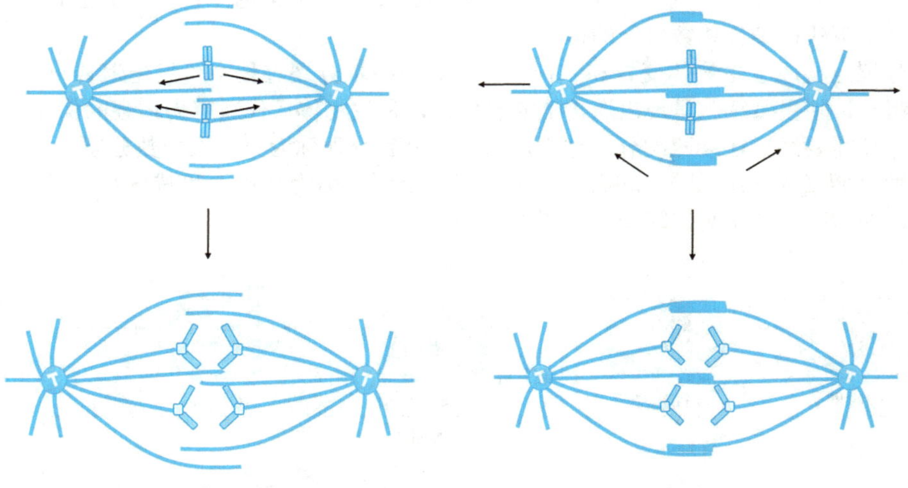

图 10-9 有丝分裂的后期 A 与后期 B

后期 A 中动粒微管正端的微管蛋白发生去组装，其长度不断缩短，由此带动染色体的动粒向两极移动；后期 B 中，通过极微管长度的增长及彼此间的滑动和星体微管向外的作用力，细胞两极间的距离增大，促使染色体发生极向运动

（5）末期（telophase）：主要特征是子细胞核出现。

随着后期末染色体移动到两极，染色体被平均分配，此时染色体上的组蛋白 H1 发生去磷酸化，高度凝聚的染色体解旋，染色质纤维重新出现，RNA 合成恢复，核仁重新形成。

此时，分散在细胞质中的核膜小泡与染色体表面相连，并相互融合，形成双层核膜，并重新与内质网相连；核孔复合体在核膜上重新组装，去磷酸化的核纤层蛋白又结合形成核纤层，并连接于核膜上，至此两个子细胞核形成，核分裂完成。

（6）胞质分裂（cytokinesis）：形成于分裂后期末或末期初，细胞会在中部质膜的下方出现一种环状结构，这种结构由肌动蛋白、肌球蛋白Ⅱ和其他多种结构蛋白、调节蛋白形成，我们称为收缩环（contractile ring）。

收缩环中的肌动蛋白、肌球蛋白纤维相互滑动使收缩环不断缢缩，直径减小，与其相连的细胞膜逐渐内陷，形成分裂沟。同时，伴随着收缩环的缩小，一些来自细胞内部的囊泡聚集于收缩环处，继而与收缩环邻近的细胞膜融合，形成新生膜，以此增加细胞表面积（图 10-10）。随后，分裂沟不断加深，细胞形状随之变为椭圆形、哑铃形，当分裂沟加深至一定程度时，细胞在此处

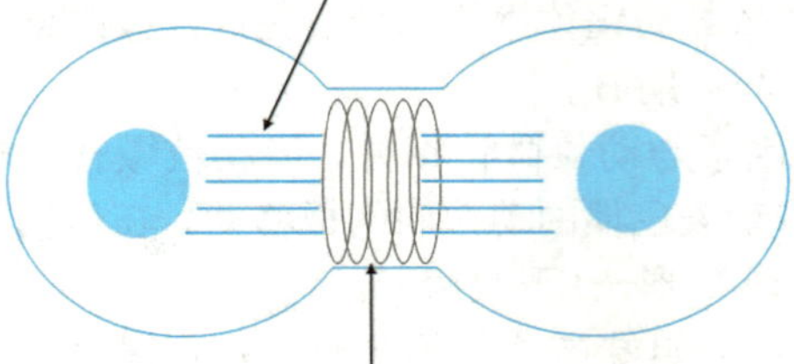

图 10-10 收缩环与胞质分裂

收缩环中的肌动蛋白、肌球蛋白纤维相互滑动使收缩环不断缢缩，直径减小，与其相连的细胞膜逐渐内陷，形成分裂沟

发生断裂，胞质分裂完成。需要注意的是，上述过程要由 ATP 供能。胞质分裂一般结束于分裂末期之后的 1～2 小时。

通过核分裂和胞质分裂两个过程，同时在细胞骨架重排等过程的协助下，有丝分裂的细胞完成了染色体和细胞质等物质在子细胞中的平均分配。

2. 减数分裂（meiosis） 是一种发生于有性生殖的配子成熟过程中，与配子产生相关的特殊细胞分裂方式，又称成熟分裂（maturation division）。其主要特征是 DNA 只复制一次，细胞连续分裂两次，所产生的子细胞中染色体数目比亲代细胞减少一半。

减数分裂对于维持生物世代间遗传的稳定性有重要意义。经减数分裂，有性生殖生物体中配子的染色体数目减半。之后经受精作用，雌雄配子融合形成的受精卵中染色体数恢复，由此保证了有性生殖的生物体上下代在染色体数目上的恒定。

减数分裂也构成了生物体变异和多样性的基础，减数分裂过程中可发生遗传物质的交换、重组和自由组合，使生殖细胞呈现出遗传上的多样性，是生物体后代适应力增强的保证。

减数分裂需要经过连续两次分裂过程，这两次分裂分别称为第一次减数分裂（meiosis Ⅰ）和第二次减数分裂（meiosis Ⅱ），这两种分裂过程也分别简称为减数Ⅰ和减数Ⅱ。减数Ⅰ和减数Ⅱ分裂之间，通常有一个短暂的间隔期（图 10-11）。

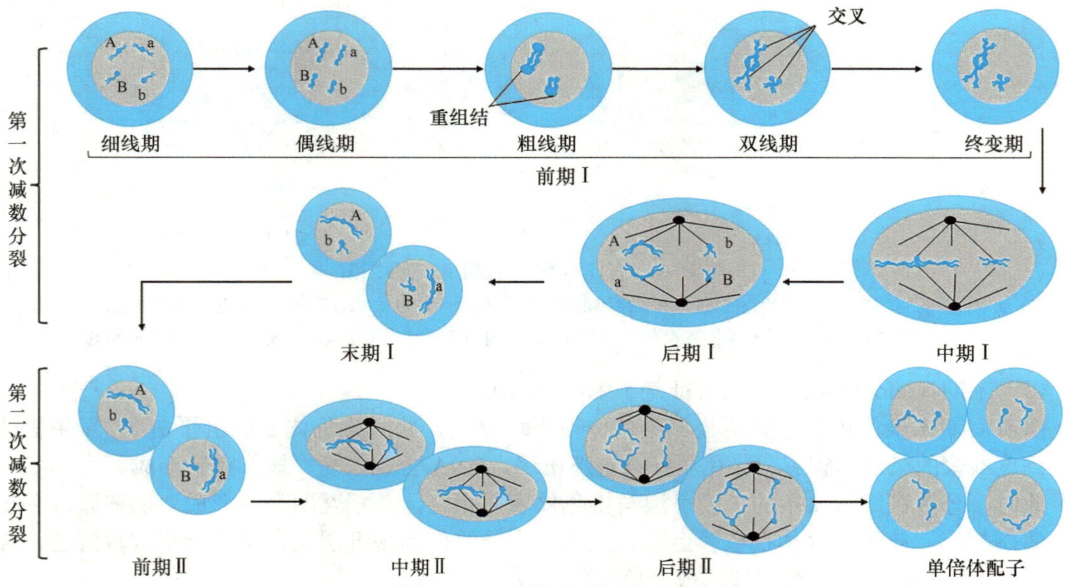

图 10-11 减数分裂示意图

（1）第一次减数分裂：染色体数目减半和遗传物质的交换等变化均发生于第一次减数分裂，按时相可分为前期Ⅰ、中期Ⅰ、后期Ⅰ、末期Ⅰ。

1）前期Ⅰ：该期的特点为持续时间长、细胞变化复杂、细胞核显著增大，且减数分裂所特有的过程如染色体配对、交换等均发生于此期。根据细胞染色体形态变化的特点可将前期Ⅰ细分为 5 个不同阶段。

细线期（leptotene stage）：在间期完成复制的染色质开始凝集，虽每一染色体具有两条姐妹染色单体，但在光镜下仍呈单条细线状，故称为细线期。此阶段中，姐妹染色单体的臂未分离，这可能与染色体上某些 DNA 片段未完成复制有关。细线状染色体通过其端粒附着于核膜上，在局部形成一种成串的、大小不一的珠状结构，称为染色粒。此期细胞中，细胞核和核仁的体积均增大，推测与 RNA 和蛋白质的合成有关。

偶线期（zygotene stage）：染色质进一步凝集，分别来自父母双方的、形态和大小相同的同源染色体（homologous chromosome）两两配对，称为联会（synapsis）。配对从同源染色体上的若干不同部位的接触点开始，沿其长轴迅速扩展到整个染色体。同源染色体完全配对后形成的复合结构即为二价体（bivalent），因其共有四条染色单体，又被称为四分体（tetrad）。

同源染色体的相互识别是配对的前提，其机制可能与染色体端粒对核膜的附着有关。每条同源染色体通过端粒与核膜内表面相连，联会开始时，首先是两条同源染色体端粒与核膜的接触点彼此逐渐靠近、结合，其后是结合位点向染色体其他部位延伸。这时，联会的同源染色体之间，在沿纵轴方向上可形成一种特殊的、高度保守的结构，宽 90～150nm，即联会复合体（synaptonemal complex），在电镜下显示为 3 个平行的部分：侧生成分、中央成分、横向纤维。侧生成分位于联会复合体两侧，其电子密度较高；中央成分则位于两个侧生成分之间；侧生成分与中央成分之间相连的部分，则由横向纤维组成（图 10-12）。

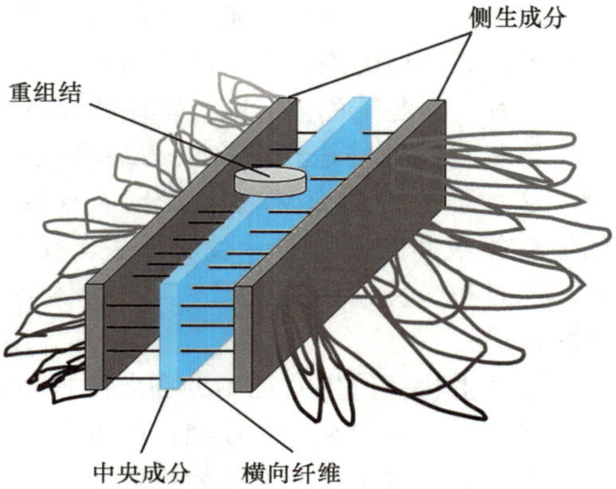

图 10-12　联会复合体的结构示意图

联会复合体在结构上由 3 个平行的部分组成，即侧生成分、中央成分和横向纤维

联会复合体由多种蛋白质组成。在哺乳动物中，侧生成分主要由 SYCP2、SYCP3 等蛋白质分子构成，中央成分则是由 SYCP1、SYCP2、SYCP3 和 TEX12 等蛋白质分子组成，SYCP1 是横向纤维的关键成分。

联会复合体是同源染色体配对过程中细胞临时生成的特殊结构，其装配最早发生于偶线期，在粗线期完成，双线期解聚，与同源染色体间的配对过程密切相关。联会复合体的组装和解聚受蛋白质磷酸化调控，如 ZIP1 蛋白的磷酸化和去磷酸化可以控制 ZIP1 在 N 端的二聚化。

粗线期（pachytene stage）：通过联会紧密结合在一起的两条同源染色体进一步地凝集而缩短、变粗，同时基于此时的染色体短而粗的结构，同源染色体非姐妹染色单体之间出现染色体片段的交换和重组。此阶段中有一种保守的、减数分裂所特有的蛋白质，它可通过姐妹染色单体 DNA 双链的断裂，触发同源染色体之间发生交换，这种蛋白叫作 SPO11。此外，在联会复合体中央新出现一些椭圆形或球形、富含蛋白质和酶的棒状结构，称为重组结（recombination nodule），多个重组结相间地分布于联会复合体上，也可能与染色体片段的重组直接相关（图 10-12）。

同源染色体间交换的功能很多，其中较为明确的功能有两个：第一，它可将同源染色体维系在一起，以保证它们在第一次减数分裂完成时，能被正确地分离到两个子细胞中；第二，它可使减数分裂最终形成的配子发生遗传变异。因此，减数分裂中，同源染色体间的交换是受到细胞高度调控的，如调控双链 DNA 断裂的数量和部位。在第一次减数分裂中，DNA 的断裂似乎可沿染色体任意部位发生，但实际上 DNA 断裂点的分布并非随机，而是主要集中于染色单体上的“热点”部位，这些部位容易被其他重要调控分子接近，而在着丝粒和端粒周围的异染色质区域，DNA 断裂的发生较为少见，这被称为断裂的“冷点”。这种“冷点”“热点”分布是体现细胞调控减数分裂过程的一个很重要的证据。

同时，核仁在粗线期也会发生变化。它会互相融合，形成一个大核仁，并与核仁形成中心所在的染色体相连。

在生化活动方面，粗线期细胞不仅能合成减数分裂所特有的组蛋白，同时也可进行少量的

DNA 合成，该期所合成的 DNA 称为 P-DNA，可在染色体片段交换过程中对 DNA 链的修复、连接等方面发挥作用。

双线期（diplotene stage）：此阶段联会复合体发生去组装，并逐渐趋于消失，配对的同源染色体会相互分离，仅在非姐妹染色单体之间的某些部位上残留一些接触点，这些残留的接触点称为交叉（chiasma）。

人们认为交叉是粗线期同源染色体交换的形态学证据，其数量与物种和细胞的类型、染色体长度有关。通常情况下，每个染色体至少有一个交叉存在，同时染色体越长，交叉一般也越多。人类平均每对染色体的交叉数为 2～3 个。

此外，交叉的分布与重组结密切相关。实验证实，在整体的数量上，交叉与重组结是相等的，且两者在联会后的染色体上的分布也一致。

再者，同源染色体的四分体结构在双线期较为清晰，较易被观察。

随着双线期的进行，交叉将逐渐远离着丝粒，往染色体臂的末尾推移，交叉的数目因此减少，这种现象称为交叉端化（chiasma terminalization），并且它会持续到中期，这可能与同源染色体着丝粒间的某种排斥反应有关。交叉端化的存在表明交叉与交换的位置两者并不能完全等同。同时在交叉端化的过程中，二价体会呈现 V、8、X、O 等形状，因此这些形状可作为此期的判断标志。

某些生物体的生殖细胞会在此阶段持续很长时间。例如，两栖类卵母细胞的双线期持续时间近 1 年，人卵母细胞的双线期甚至可以持续 50 年之久。同时，在这一时期中，细胞分裂会处于一种停滞状态，这种状态被称为不成熟。不成熟的细胞还会继续进行生长，而在其生长结束的时候，这些细胞将恢复其减数分裂活性，这种恢复的过程被称为成熟。

终变期（diakinesis stage）：在此阶段，同源染色体进一步凝集，显著缩短和变粗成短棒状，交叉端化继续进行。

终变期末，同源染色体只靠端部交叉使其结合在一起，形态上呈现多样化。并且此时核仁消失，中心体完成复制后移向两极最终形成纺锤体。纺锤体在核膜解体后会伸入核区，染色体在纺锤体作用下开始移向细胞中部的赤道面上。此时，终变期结束，同时标志着前期 I 的完成。

2）中期 I：此阶段中，四分体逐渐向细胞中部汇集，最终排列于细胞的赤道面上，通过动粒微管分别与细胞不同极相连。虽然此时每一染色体仍有两个动粒，但均连接于同侧的纺锤体动粒微管上，而在有丝分裂中，两个动粒则是连接于两侧的微管上，这是减数分裂与有丝分裂两种分裂方式比较重要的不同之处（图 10-13）。

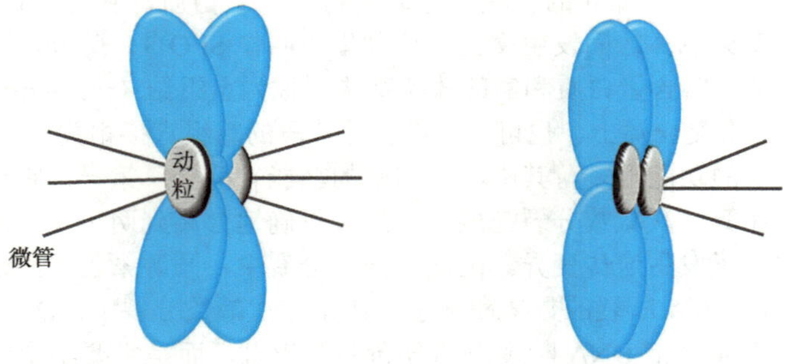

图 10-13 有丝分裂中期染色体（左）与减数分裂中期 I 染色体（右）动粒微管连接方式比较

有丝分裂中期：染色体两个动粒分别与来自不同极的纺锤体动粒微管相连；减数分裂中期 I：染色体两个动粒均与来自同极的纺锤体动粒微管相连

3）后期 I：这个阶段中，同源染色体会在纺锤体微管的作用下，彼此分离并开始移向细胞的两极。此时每极的染色体数为细胞原有染色体数的一半，但每条染色体包含了两条姐妹染色单体。然而，同源染色体向两极的移动是随机的，因此，非同源染色体间以自由组合的方式进入两极。

在此期间，同源染色体间的交叉对于其分离的过程可能有重要的作用。如某些联会的同源染色体如果缺失彼此间的交叉，那么其正常分离便会受阻，所产生的子细胞中染色体数目将发生增多或减少等异常。人类常见的一些染色体病，如唐氏（Down）综合征（又称 21 三体综合征）等的病因可能就与染色体不分离有关，而染色体发生不分离的重要原因包括孕妇高龄、卵子老化等因素。

4）末期Ⅰ：在末期Ⅰ阶段中，染色体到达细胞两极，并发生去凝集，逐渐成为细丝状的染色质纤维。然后核仁、核膜重新出现。最后在胞质分裂后形成两个子代细胞，且子代细胞各拥有比亲代细胞（$2n$）少一半的染色体（n），每条染色体着丝粒上连接有两条姐妹染色单体。需要注意的是，某些生物体的细胞在末期Ⅰ时不发生染色体去凝集，而依然保持凝集状态。

子细胞间在第一次减数分裂中就产生了染色体组成和组合上的差异，这种差异对于生物的遗传多样性具有重要作用。

（2）减数Ⅰ与减数Ⅱ之间的间期：第一次减数分裂后可出现一个短暂的间期。减数分裂间期与有丝分裂间期相比，通常持续时间较短，不发生 DNA 合成，无染色体复制，细胞中染色体数目已经减半。

不过部分生物体第一次减数分裂结束后，可以不经过这一间期，而直接进入第二次减数分裂。

（3）第二次减数分裂：各时期与有丝分裂的对应时期类似，可分为前期Ⅱ、中期Ⅱ、后期Ⅱ、末期Ⅱ、胞质分裂几个时期。

1）前期Ⅱ：在前期Ⅱ中，去凝集的染色体再次发生凝集，呈棒状或杆状形态，每一条染色体由两条姐妹染色单体组成。纺锤体再次逐渐形成，不同极的动粒微管分别与每一条染色体上的两个动粒相连，并使其逐渐向细胞中央的赤道面移动。直到前期Ⅱ末，核仁、核膜消失。

2）中期Ⅱ：染色体排列在赤道面上。

3）后期Ⅱ：姐妹染色单体在着丝粒处发生断裂，彼此分离，经纺锤体动粒微管牵引进入两极。

4）末期Ⅱ：姐妹染色单体分离结束后，又经历去凝集的过程，并再次成为染色质纤维，同时核仁、核膜重新出现。

5）胞质分裂：结束后，新的子细胞形成，其染色体数目与此次分裂前相同。在第二次减数分裂结束时，一个亲代细胞共形成 4 个子细胞，各子细胞中染色体数目与分裂前相比，均减少了一半。减数分裂与有丝分裂的比较见表 10-2。

表 10-2 减数分裂与有丝分裂的比较

	有丝分裂	减数分裂
发生范围	主要为体细胞	主要为生殖细胞
分裂次数	1	2
分裂过程		
前期	无染色体的配对、交换、重组	有染色体的配对、交换、重组（前期Ⅰ）
中期	染色体排列于赤道面上，动粒微管与染色体两侧的动粒相连	四分体排列于赤道面上，动粒微管只与染色体一侧的动粒相连（中期Ⅰ）
后期	姐妹染色单体移向细胞两极	同源染色体分别移向细胞两极（后期Ⅰ）
末期	染色体数目不变	染色体数目减半（末期Ⅰ）
分裂结果	子细胞染色体数目与分裂前相同；子细胞遗传物质与亲代细胞相同	子细胞染色体数目比分裂前少一半；遗传物质在子细胞与亲代细胞之间，以及子细胞之间均不相同
分裂持续时间	较短，一般为 1～2 小时	较长，可为数月、数年，甚至数十年

3. 无丝分裂 又称为直接分裂（direct division），是最早发现的一种细胞分裂方式，其分裂过程首先是胞核拉长后从中间断裂，胞质随后被一分为二，两个子细胞由此形成。

无丝分裂中，胞核的核膜不消失，无纺锤丝形成和染色体组装，子细胞核来自于亲代细胞胞核的直接断裂，因此两个子细胞中的遗传物质可能并不是均等的。

无丝分裂不仅在低等生物中较为常见，还可存在于高等生物的多种正常组织细胞中，如动物的上皮组织、疏松结缔组织、肌组织和肝脏等组织细胞中。人体创伤、癌变和衰老的组织细胞中，也常能观察到无丝分裂的存在。有研究表明，无丝分裂和有丝分裂能够相互转化。

需要注意的是，无丝分裂是真核细胞特有的增殖方式，与原生动物细胞的二分裂（binary fission）有着本质区别：二分裂的遗传物质多是平均分配到两个子细胞中，这与无丝分裂的遗传物质非均等分配特点显著不同。

第二节 细胞周期相关蛋白

细胞周期中，不同的基因及其产物（如相应蛋白质）会按照一定的时序性来严格控制细胞周期各时相的细胞结构、功能等变化。同时，细胞周期的调节还会受到生长因子及其受体、外界刺激信号等的控制。由此可以看出，细胞周期调控是极其复杂的过程且会涉及多种不同层次的因素。因此，研究细胞周期的调控机制及其调控因子，对人们了解生物体的生长发育机制以及疾病治疗等具有重要意义。其中，细胞周期相关蛋白为细胞周期的重要调控因子之一。

1970 年，利兰·哈特韦尔（Leland Hartwell）等科学家利用芽殖酵母模型研究细胞周期，分离到上百个涉及细胞周期调控的基因，命名为 *cdc* 基因（cell division cycle gene），即细胞分裂周期基因。*cdc* 基因是一类具有细胞周期依赖性或直接参与细胞周期调控的基因，人们根据其发现的顺序进行命名。其中 *cdc28* 是第一个分离到的为具有蛋白激酶活性的细胞周期相关蛋白编码的基因，它被认为是细胞周期的起始基因（start gene）。

cdc 基因主要包括 cyclin、Cdk 和 Cki 等蛋白的编码基因（如 *cdc2* 基因产物为 Cdc2，而后者表现出蛋白激酶性质，遂又名为 Cdk1）。此外，与 DNA 复制密切相关的基因，如 DNA 聚合酶基因和 DNA 连接酶基因等也属于 *cdc* 基因。就本质而言，*cdc* 基因产物是一些蛋白激酶、蛋白磷酸酶等，而且这些酶会直接影响细胞周期的变化（表 10-3）。

表 10-3 重要 *cdc* 基因及其产物在细胞周期中的作用

cdc 基因名称	基因产物	作用
cdc2	Cdk1	MPF 促成熟因子组成成分，促进 G_2/M 期转换
cdc6	蛋白激酶	参与 S 期复制复合体形成以及 S 期启动
cdc7	蛋白激酶	参与 S 期启动，对 S 期启动因子 Mcm 蛋白磷酸化
cdc13	cyclin B 类似物	MPF 组成成分，促进 G_2 期/M 期转换
cdc14	蛋白激酶	参与 cyclin B 多聚泛素化降解，促进 M 后期/末期转换
cdc20	APC 特异性因子	介导 APC 对 securin 多聚化，促进 M 中期/后期转换
cdc25a	蛋白磷酸酶	使磷酸化后的 Cdk2 去磷酸化，促进 G_1/S 期转换
cdc25c	蛋白磷酸酶	使磷酸化后的 Cdk1 去磷酸化，促进 G_2/M 期转换
cdc28	Cdc28	促进 G_2/M 期转换
cdc48	蛋白激酶	与 S 期复制复合体的形成有关

一、细胞周期蛋白

科学家蒂莫西·亨特（Timothy Hunt）于 1983 年在实验中发现，海胆卵细胞中存在一种随着细胞周期进程而变化的特殊蛋白质，并且这种蛋白质的含量会随着细胞周期的周期性变化而改变，即这种蛋白质在细胞分裂间期积累而在分裂期降解，并在下一个周期又重复出现和消失，如此周而复始，遂将这种蛋白质命名为细胞周期蛋白（cyclin），后来 cyclin 又被实验证明在其他真核细胞中存在。这一类普遍存在于真核细胞中、随细胞周期进程而发生周期性合成与降解的蛋白质分子称为细胞周期蛋白。

细胞周期蛋白在真核细胞中虽然由同源基因家族编码，但是其种类繁多。哺乳动物细胞周期蛋白包括细胞周期蛋白 cyclin A～H 等，其中 cyclin B 包含 cyclin B1/B2，cyclin D 包含 cyclin D1/D2/D3，cyclin E 包含 cyclin E1/E2。而酵母细胞周期蛋白则包括 Cln、Clb、Cig 等。对于哺乳动物细胞而言，这些蛋白质也根据其在不同时相表达，分为不同种类：G_1 期细胞周期蛋白，cyclin D；G_1/S 期细胞周期蛋白，cyclin E；S 期细胞周期蛋白，cyclin A；M 期细胞周期蛋白，cyclin B。同时，不同种类的细胞周期蛋白在细胞周期中表达和执行功能的时期不同。比如：cyclin A 在 G_1 期表达，于 S 期和 G_2 期达到峰值，于 M 期降解；cyclin B 在 G_1 晚期开始表达，于 M 前中期达到峰值，于 M 后期快速降解；cyclin D 在整个细胞周期持续表达并稳定存在；cyclin E 在 G_1 早期开始表达，于 G_1 晚期达到峰值，随后缓慢降解直至 G_2 期降至最低点（图 10-14）。

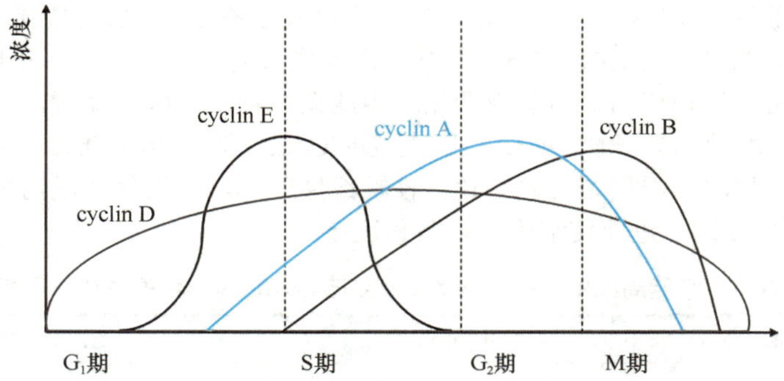

图 10-14　细胞周期蛋白在细胞周期各时相的浓度变化

各种细胞周期蛋白的分子结构也各有异同：

首先，它们的共同特点就是拥有一段高度保守的氨基酸序列，大约含有 100 个氨基酸残基，称为细胞周期蛋白框（cyclin box）（图 10-15），其功能是介导 cyclin 与周期蛋白依赖性激酶（CDK）结合形成 cyclin-CDK 复合物，激活 CDK 活性，进而调节相应的细胞周期活动。

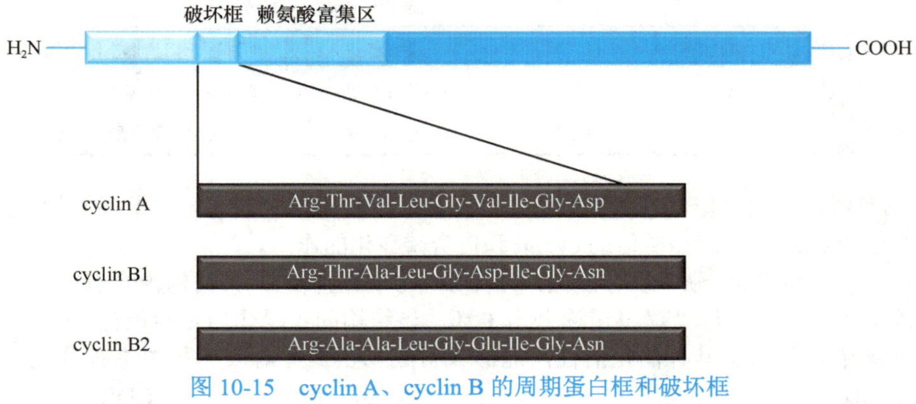

图 10-15　cyclin A、cyclin B 的周期蛋白框和破坏框

其次，处于 S 期和 M 期的细胞周期蛋白（如 cyclin A、cyclin B 等）分子的 N 端存在一段含有 9 个氨基酸组成的序列，称为破坏框（destruction box，RXXLGXIXN，其中 X 为可变氨基酸）或者降解框，其下游存在一段富集的赖氨酸区域（图 10-15）。破坏框的功能主要是通过泛素介导 cyclin A 和 cyclin B 的降解。

需要注意的是，G_1 期细胞周期蛋白（主要包括 cyclin C、cyclin D、cyclin E 等）的 N 端一般不存在典型的破坏框，只在其 C 端存在一段富含脯氨酸（P）、谷氨酸（E）、丝氨酸（S）和苏氨酸（T）的氨基酸序列，因此根据这几个氨基酸的简写得名为 PEST 序列，此序列可能调控 G_1 期细胞周期蛋白的降解，参与其更新。

二、周期蛋白依赖性激酶

科学家保罗·纳斯（Paul Nurse）在 1990 年发现，*cdc2* 与 *cdc28* 两个基因同源，前者编码约 32kDa 的蛋白激酶 Cdc2，其活性依赖于 cyclin，遂将这种激酶命名为周期蛋白依赖性激酶（cyclin-dependent kinase，CDK），后来科学家们正式把 Cdc2 命名为 Cdk1。

CDK 是一类必须与细胞周期蛋白结合才能具有激酶活性的蛋白激酶，富含丝/苏氨酸序列。其共同特点为：①它们都具有一段含有保守序列的 CDK 激酶结构域，称为 PESTAIRE 区域；② PESTAIRE 区域的保守序列可以与相应的周期蛋白框结合，进而对 CDK 起到激活作用，使 CDK 具有蛋白激酶活性。

人们按照发现顺序将 CDK 分为 CDK1～12。至少发现有 5 种 CDK 直接调控细胞周期进程，即 CDK1、CDK2、CDK4、CDK6、CDK7 在细胞周期中具有活性。显然，不同的 CDK 通过结合特定的细胞周期蛋白，使相应的蛋白质磷酸化，由此调控特定细胞周期阶段的相应生化事件，使细胞周期顺利进行（表 10-4）。例如 *cdc2* 基因表达的 Cdc2 蛋白，即 CDK1，可以通过磷酸化产生效应，比如 CDK1 可以将核纤层蛋白磷酸化，使核纤层降解，进而使核膜消失，也可以使组蛋白 H1 磷酸化导致染色体凝缩，进而使细胞周期顺利运行。

表 10-4 细胞周期中一些主要的 CDK 与 cyclin 的结合关系和作用特点

CDK 类型	结合的 cyclin	主要作用时相	作用特点
CDK1	cyclin A	G_2 期	促进 G_2 期向 M 期转换
	cyclin B	G_2 期、M 期	磷酸化与有丝分裂相关的多种蛋白质，促进 G_2 期向 M 期转换
CDK2	cyclin A	S 期	能启动 S 期的 DNA 复制，并阻止已复制的 DNA 再发生复制
	cyclin E	G_1 晚期	使 G_1 晚期细胞跨越限制点向 S 期发生转换
CDK3	cyclin C	G_0 期	促进 G_0 期向 G_1 期转换
CDK4	cyclin D（D1/D2/D3）	G_1 早期	使细胞进入细胞周期进程，阻止退出细胞周期
CDK6	cyclin D（D1/D3）	G_1 早期	使细胞进入细胞周期进程，阻止退出细胞周期
CDK7	cyclin H	G_1 期	与 cyclin H、环指蛋白 MAT1 结合形成 CAK

CDK 具有激酶活性，但其本身的激酶活性并非一直处于活化状态。因此要发挥 CDK 的激酶特性，需要激活 CDK，这就需要借助 cyclin 和自身磷酸化的作用。

实验证实，如果 CDK 分子没有活性，即处于非磷酸化状态，其结构内含有一段弯曲的环状结构域，因形状类似于字母“T”，遂称之为 T 环。该结构的主要作用是封闭住 CDK 的袋状部位的入口，而这个袋装部位具有催化活性，能够吸引底物蛋白并对底物蛋白进行催化，因此 T 环以此阻止了 CDK 对于底物蛋白的结合和催化。然而，当非磷酸化状态的 CDK 与 cyclin 结合后，cyclin 就会与 CDK 中的 T 环产生相互作用，并使 T 环结构发生位移、回缩等构象改变，进而打开 CDK 的袋状部位入口，使得袋状催化活性位点暴露，这就给 CDK 的完全活化创建了先决条件。同时，CDK 分子 N 端的一段 α 螺旋于此时也会发生旋转，在其旋转 90° 后进行重新定位，而这段 α 螺旋的底物附着位点因此转向 CDK 袋状催化活性部位分布，使得 CDK 产生了部分活性，虽然此时 CDK 尚未完全活化，但其活化的“准备工作”已经基本完成（图 10-16）。

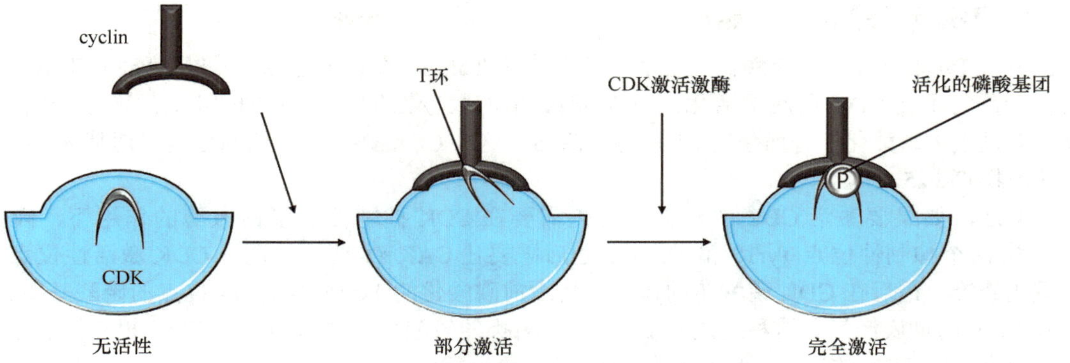

图 10-16 CDK 与 cyclin 的结合

无活性的 CDK 分子中含有一弯曲的 T 环结构，将 CDK 的袋状催化活性部位入口封闭，阻止了底物蛋白对活性位点的附着；CDK 与 cyclin 结合使 T 环结构位移、缩回，CDK 底物附着位点由此转向其袋状催化活性部位分布，CDK 具有了部分活性；CDK 完全激活还需 T 环上的特定位点发生磷酸化

激活 CDK 的激酶活性，除上述与 cyclin 的结合作用外，还需要在 CAK（CDK 活化激酶）的作用下对 T 环上的特定位点进行磷酸化。

此外，CDK 分子自身位点的磷酸化修饰作用，以及各种调节因子对 CDK 的修饰，可以参与 CDK 活性的调控。CDK 与细胞周期蛋白的结合效应，以及各种调节因子对 CDK 修饰调控效应，使得细胞周期重复循环，由此我们将 CDK 和其各种各样的调节因子称为细胞周期引擎，调节细胞周期的顺利进行。

三、CDK 活化激酶及相关酶类

（一）CDK 活化激酶

周期蛋白依赖性激酶激活激酶（cyclin-denpendent kinase-activating kinase，CAK）又称 CDK 活化激酶。CAK 是细胞周期进程的主要驱动因子。在细胞周期进程中，CDK 的活化除需要其与 cyclin 结合外，还需要依靠 CDK 自身特殊位点的磷酸化，才能激发 CDK 的活性，而这一作用是由 CAK 执行的。

CDK 的磷酸化发生于其两种氨基酸残基位点上，其中一种位点是位于 T 环的第 161 位苏氨酸残基（Thr161），CAK 对其磷酸化后，cyclin-CDK 复合物上底物附着部位形状明显改变，且与底物的结合能力进一步增强，是 CDK 激活的条件之一。

（二）CDK 抑制性的蛋白激酶

如前所述，CDK 的磷酸化发生于其两种氨基酸残基位点上，除激活性的 Thr161 位点外，还有一种位点位于 CDK 与 ATP 的结合区域，为第 15 位酪氨酸残基（Tyr15），这个位点对于 CDK 自身的功能是抑制性的。Tyr15 磷酸化的时间发生于 Thr161 磷酸化之前，即 CAK 对 CDK 产生作用之前，且由于 Tyr15 磷酸化由 Weel 蛋白激酶催化，因此，把能够磷酸化 CDK 的 Tyr15 位点的 Weel 激酶称为 CDK 抑制性的蛋白激酶。

此外，在脊椎动物中，除 Tyr15 位点外，CDK 蛋白上还有一个第 14 位苏氨酸残基（Thr14）位点，其特点与 Tyr15 基本一致，分布于 CDK 与 ATP 结合部位，对于 CDK 自身的功能是有抑制性。MYT 蛋白激酶（MYT protein kinase）对 Thr14 位点进行磷酸化修饰。

因为 Tyr15 和 Thr14 在磷酸化后都对 CDK 的活性具有抑制性，因此要想彻底激活 CDK，除需要 CAK 磷酸化 Thr161 这个激活位点外，还需要后续的蛋白磷酸酶类对磷酸化的 Tyr15 和 Thr14 位点进行去磷酸化处理，解除其抑制作用。

（三）CDK 磷酸酶

由于 Tyr15 和 Thr14 磷酸化过程的时间发生于 Thr161 磷酸化之前，所以当随后 Thr161 被磷酸化后，为了使 CDK 彻底被活化，CDK 磷酸酶将磷酸化的 Tyr15 和 Thr14 上的磷酸基团去除，使两者发生去磷酸化，进而使得 CDK 完全激活。这种 CDK 磷酸酶是细胞分裂周期基因 *cdc25* 的表达产物 Cdc25。

总之，如果要激活 CDK 的活性，首先需要在 CDK 抑制性的蛋白激酶的作用下，磷酸化 CDK 的两个抑制性位点 Tyr15 和 Thr14，之后需要让 CAK 对 Thr161 这个 CDK 激活性位点进行磷酸化修饰，最后在 CDK 磷酸酶的作用下将之前磷酸化的 Tyr15 和 Thr14 位点的磷酸基团去除，达到 CDK 的彻底激活。这种通过 CAK 等多种酶类的磷酸化和去磷酸化对 CDK 相应位点进行修饰，最终激活 CDK 的过程，我们称为 CDK 的多重磷酸化（图 10-17）。

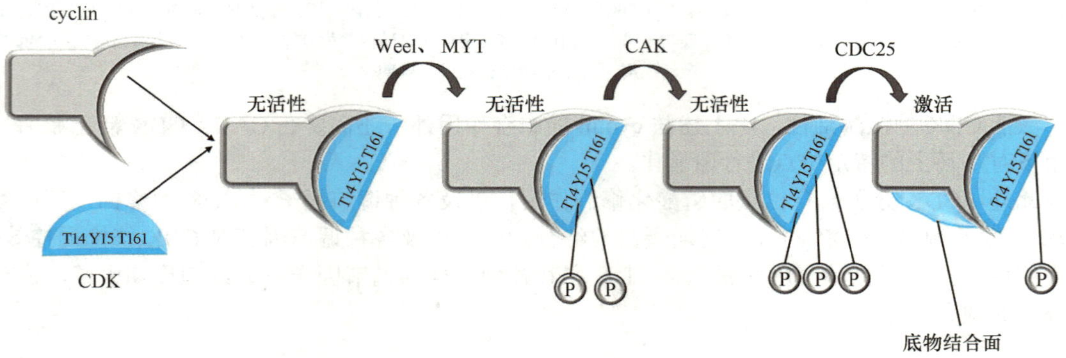

图 10-17　多重磷酸化对 CDK 活性的影响

CDK 的 3 个氨基酸残基位点 Thr161、Tyr15、Thr14 的磷酸化状态与其活性密切相关。Thr161 位于 T 环上，在其磷酸化后，cyclin-CDK 复合物与底物的结合能力明显增强，CDK 活性显著升高。Tyr15 和 Thr14 存在于 CDK 与 ATP 结合的区域，其磷酸化发生于 Thr161 磷酸化前。当 Thr161 被磷酸化后，Tyr15 和 Thr14 再发生去磷酸化，CDK 最终被激活

综上，CDK 活化激酶（CAK）、CDK 抑制性的蛋白激酶、CDK 磷酸酶通过对 CDK 特殊位点的磷酸化和去磷酸化作用，密切影响 CDK 的活性，使 CDK 彻底活化，从而发挥激酶的活性。

四、CDK 激酶抑制物

周期蛋白依赖性激酶抑制物（cyclin-denpendent kinase inhibitor，CKI）又称 CDK 抑制物。它能够对 CDK 进行负调控，且调控具有时空性，即不同 CKI 在不同的细胞周期时相，可以与对应的 cyclin-CDK 复合物相结合，并改变 CDK 分子催化活性位点空间位置来实现抑制作用。其中，CKI 主要在 G_1 期和 S 期发挥作用。

依据 CKI 分子量的不同，其在哺乳动物细胞中可分为两类：

一类为 INK4（inhibitor of CDK4）家族，其特异性抑制 cyclin D1-CDK4、cyclin D1-CDK6 的激酶活性。INK4 家族成员主要抑制 CDK4/6，它们可以通过与 cyclin D 竞争结合 CDK4/6，阻断各种蛋白质尤其是 RB 蛋白的磷酸化过程。而 RB 蛋白由 *RB* 抑癌基因编码，能抑制原癌基因 *MYC* 和 *FOS* 的转录，还能促进生长抑制基因 *TGFβ* 的表达，并且可与 E2F（一种转录因子家族，可以促使各种致使细胞进入 S 期相关基因的转录）结合。然而 RB 蛋白磷酸化为非活化状态，此时磷酸化的 RB 蛋白与 E2F 分离则会使 E2F 产生作用，使细胞进入 S 期；反之，RB 蛋白去磷酸化为活化状态，此时去磷酸化的 RB 蛋白与 E2F 结合则会抑制 E2F 作用，阻止细胞进入 S 期。因此一旦 RB 蛋白磷酸化受到阻断，则其活性受到增强，与 E2F 结合后会抑制 E2F 作用，最终阻止细胞由 G_1 期向 S 期转化。此家族成员包括 $P16^{INK4a}$（MTS1）、$P15^{INK4b}$（MTS2）、$P18^{INK4c}$、$P19^{INK4d}$ 等。该家族作用机制如下：INK4 家族蛋白在 N 端有一段结构域，该结构域与 cyclin D1 的周期

蛋白框的编码区同源，因此 INK4 家族可以与 cyclin D1 竞争性结合 CDK4/6。这样 CDK4/6 在与 cyclin D1 特异性结合前，INK4 家族能与 CDK4/6 特异性结合，形成稳定的复合物，阻止 CDK4/6 与 cyclin D 的结合，从而特异性抑制 CDK4/6 的作用。

同时，$P19^{INK4d}$ 可与 MDM2 蛋白（一种癌基因编码的蛋白）结合，阻止 MDM2 介导的 P53 蛋白水解作用。因为 MDM2 蛋白可以结合并抑制 P53 的转录活性，并使 P53 在泛素依赖的蛋白水解途径中降解，所以一旦 $P19^{INK4d}$ 结合 MDM2 后，P53 就无法被泛素降解，进而 P53 能发挥其细胞周期阻滞作用。同时，因 P53 是较为重要的抑癌基因，所以高表达的 MDM2 蛋白可以抑制 P53 蛋白的功能进而导致肿瘤发生，而 $P19^{INK4d}$ 与 MDM2 蛋白的结合可以作为肿瘤治疗的一种策略。

另一类为 CIP/KIP 家族，其抑制大部分 cyclin-CDK 的激酶活性，主要作用于 CDK2/4 及 G_1 期相关的大部分 cyclin-CDK，家族成员包括 $P21^{Cip1/Waf1}$、$P27^{Cip2/Kip1}$、$P57^{Kip2}$ 等。该家族成员作用机制如下：例如，$P27^{Cip2/Kip1}$ 的 N 端有两部分区域，其中一部分可以与 cyclin B-CDK2 复合物的 cyclin B 相连，而 N 端的另一部分区域则可以插入到 CDK2 的 N 端，进而会使 CDK2 结构受到损坏，这样 $P27^{Kip1}$ 通过对 cyclin B-CDK2 复合物两部分结构的作用，最终抑制复合物的调控作用。除此之外，$P27^{Kip1}$ 分子上存在一个结构域，这段结构域在结构上与 ATP 类似，因此它可结合于 CDK 分子的 ATP 结合位点上，从而让 ATP 无法附着在 CDK 上，最终使 CDK 无法被完全活化。

此外，CIP1（P21）N 端可以结合并抑制 cyclin-CDK，C 端则可以结合并抑制增殖细胞核抗原（PCNA），PCNA 为 DNA 聚合酶 δ 的辅因子，若受到抑制，会使其不能与 DNA 聚合酶 δ 形成复合物，影响 DNA 聚合酶 δ 的作用与活性，同时也会使 DNA 全酶复合物在 DNA 单链上无法滑动。因此在上述的双重作用下，Cip1（P21）可以直接参与抑制 DNA 复制的进程。而 KIP2（P57）只在部分组织和细胞中表达，尤其在终末分化细胞（如神经细胞）中高表达。它能抑制多种 cyclin-CDK 的活性，使细胞停滞于 G_1 期，防止细胞周期进行。

五、后期促进复合物（APC/C）和 SKP1-CUL1-F-box 蛋白（SCF）

如前所述，CDK 等蛋白对细胞周期具有推动作用。CDK 等蛋白的合成需要调控，而这些蛋白质的分解过程也需要调控，这样会使细胞周期蛋白的含量和功能处于一种动态平衡的状态。其中，泛素-蛋白酶体系统是一种非常重要的对蛋白质进行泛素化降解的系统，它对于细胞周期蛋白的动态平衡具有重要调节作用。

泛素（ubiquitin）是一种包含 76 个氨基酸序列的高度保守的蛋白质，这种蛋白质在真核细胞中普遍存在，因此得名为泛素。泛素可以与蛋白质共价结合，相当于给需要进行降解的蛋白质进行一个“标识”，这个“标识”可以吸引蛋白酶（如 26S 蛋白酶）对相应蛋白质进行识别，然后将蛋白质分解为短肽。泛素与蛋白质共价结合的现象称为蛋白质的泛素化，这种泛素化降解的过程称为泛素-蛋白酶体降解途径，大部分短寿命蛋白（如细胞周期蛋白）和异常蛋白是通过泛素-蛋白酶体降解途径进行泛素化降解的。cyclin A 和 cyclin B 等周期蛋白主要通过多聚泛素介导而降解。其作用机制为：泛素首先依靠自己的 C 端与 E1 泛素活化酶的半胱氨酸残基以硫酯键共价键结合，以此达到被活化的目的；活化之后，E1 泛素活化酶形成复合体，并将泛素转移到 E2 泛素结合酶的半胱氨酸残基上；随后，经过特异性高、包含多种蛋白质亚基的 E3 泛素连接酶的介导，泛素最终连接于底物 cyclin A 或 cyclin B 分子破坏框附近的赖氨酸残基上；最后，第一个泛素分子连接到底物之后，会驱使其他的泛素分子相继与前一个泛素分子的赖氨酸残基进行相连，直至在 cyclin 上构成一条多聚泛素链，最终此多聚泛素链会被蛋白酶体所识别，从而使 cyclin 被蛋白酶体降解（图 10-18）。

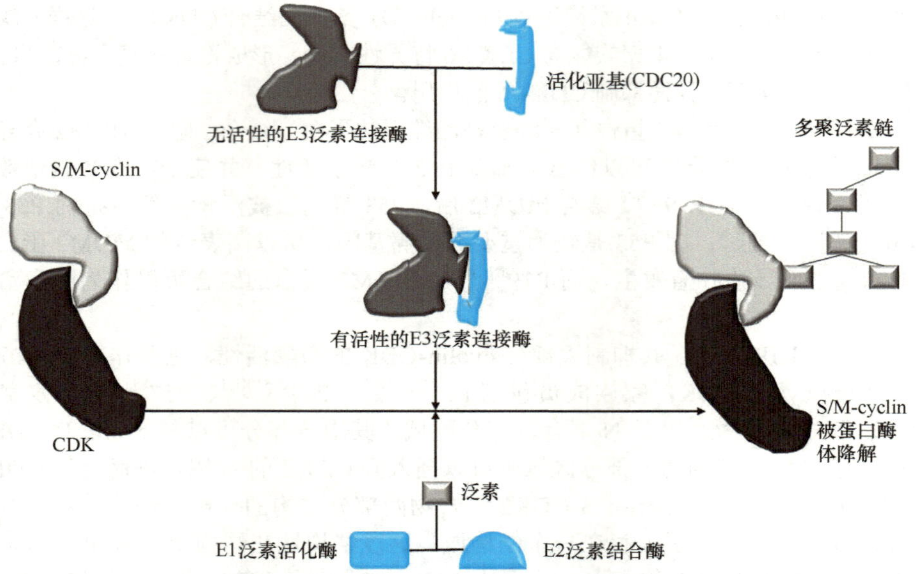

图 10-18　cyclin A 和 cyclin B 经多聚泛素化途径被降解

在 E1 泛素活化酶作用下泛素被活化，进而被转移到 E2 泛素结合酶上，经 E3 泛素连接酶催化，泛素连接于 cyclin 分子破坏框附近的赖氨酸残基上，其他的泛素分子相继与前一个泛素分子相连，在 cyclin 分子上构成一条多聚泛素链，经蛋白酶体识别后 cyclin 被降解

在此过程中，E3 泛素连接酶起到非常重要的作用，决定底物的特异性泛素化修饰。参与细胞周期调控的 E3 泛素连接酶主要包含两类，即 SKP1-CUL1-F-box 蛋白（SKP1-CUL1-F-box，SCF）和后期促进复合物 / 细胞周期体（anaphase-promoting complex/cyclosome，APC/C），两者均属于包含 RING（really interesting new gene）结构域的 E3 泛素连接酶，催化连接到 E2 泛素结合酶上的泛素分子转移到底物蛋白上，随后泛素化的底物蛋白被蛋白酶体识别而降解（图 10-19）。

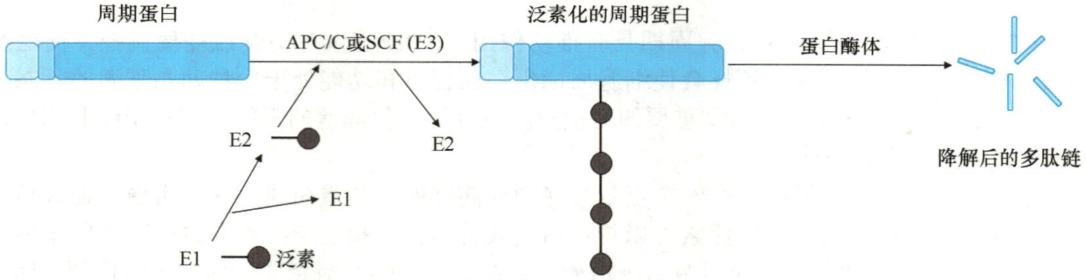

图 10-19　APC/C 和 SCF 介导的周期蛋白泛素化降解过程

（一）后期促进复合物

后期促进复合物（APC/C）又称细胞周期体，是一种 E3 泛素连接酶复合体，该复合物的亚基从酵母到人在进化上高度保守，主要介导细胞周期调控蛋白的泛素化途径降解，尤其调控细胞周期 M 后期的进入和有丝分裂的退出。APC/C 由三类亚单位复合物组成：催化核心（如 APC2、APC10 和 APC11）、肽重复序列结构域的 TPR 臂（如 APC3、APC6、APC7、APC8、APC12、APC13 和 APC16）、支架亚复合体平台（如 APC1、APC4、APC5 和 APC15）。APC/C 还和共激活因子 cdc20 或 CDH1（由 *FZR1* 基因编码）结合，它们负责连接底物和调节 APC/C 的活性。其中，APC/C-cdc20 复合物主要调控 M 前中期和中期相关底物蛋白的降解；APC/C-CDH1 复合物主要调控 M 后期和 G_1 期的进程。

当 APC/C 介导泛素连接到 M 期的 cyclin 上时，可对 M 期产生作用，尤其对姐妹染色单体分离和子细胞分裂产生重要作用。其作用过程如下：在促成熟因子（maturation promoting factor，MPF）作用下，APC/C 发生磷酸化，之后与 Cdc20 结合，随后使 APC/C 自身激活，激活后的 APC/C-Cdc20 促使蛋白酶体降解分离酶的抑制蛋白——securin。分离酶被释放、活化，使黏连蛋白复合体中的 SCC1 被分解，进而导致黏连蛋白复合体解体，最后姐妹染色单体的着丝粒发生分离，并在纺锤体微管的牵引下分别移向两极。APC/C 还可以使 M 期 cyclin 失活，进而导致 M 期 CDK 失活，从而使 M 期 CDK 底物去磷酸化并完成 M 期有丝分裂。在 M 期，APC/C 与 CDH1 蛋白结合，形成 APC/C-CDH1 复合物，随后开始降解细胞周期蛋白，最终子细胞形成，细胞返回 G_1 期，促进细胞周期的进行。

（二）SKP1-CUL1-F-box 蛋白

SKP1-CUL1-F-box 蛋白（SCF）又称三蛋白复合体，本质也为一种在细胞周期进程中发挥作用的 E3 泛素连接酶，主要介导细胞周期调控蛋白的泛素化途径降解。

与 APC/C 不同的是，SCF 主要催化泛素连接到 G_1/S 期的 cyclin 和部分 CKI 蛋白上。SCF 的功能主要依赖于 CAND1 等分子调控。CAND1 类似于交换因子，可与 SCF 蛋白中的 F-box 蛋白进行交换，从而回收 SCF 中的 Cul1 核心，也可以使多种 F-box 蛋白活化，进而组装 SCF 复合体。

SCF 是 cullin-RING 连接酶（cullin-RING ligase，CRL）E3 超家族成员之一，该家族是哺乳动物中最大的 E3 泛素连接酶家族。SCF 复合体由一个接头蛋白 SKP1、一个支架蛋白 cullin-1（8 个 cullins 家族中的第一个成员）、一个 F-box 蛋白（共有约 69 种 F-box 蛋白）和一个 RING 家族蛋白（RBX1/ROC1 或 RBX2/ROC2/SAG/RNF7）组成。细胞周期在 G_1 期结束时，SCF 复合体可以通过泛素化介导的方式，降解 S 期磷酸化的抑制因子，以此解除其对 G_1/S 期转化的抑制作用，最终使细胞顺利进入 S 期。

同时，除 G_1/S 期的 cyclin 外，SCF 复合体还可以对部分 CKI 蛋白产生作用。$P19^{INK4d}$ 作为一种 CKI，可与 MDM2 蛋白结合，阻止 MDM2 介导的 P53 蛋白水解作用，并在 P53 作用下防止细胞周期继续进行。SCF 在此过程中可以将泛素连接到 $P19^{INK4d}$ 这样的 CKI 上，引起该 CKI 降解，从而导致 MDM2 蛋白积累并使其对 P53 产生水解作用，进而促使细胞周期继续进行。然而，由于 P53 蛋白是由 *P53* 抑癌基因编码，因此此时容易导致细胞癌变，造成肿瘤的发生。

第三节　细胞增殖的调控

处于不同细胞周期时相的细胞，其生化形态和结构等方面会产生变化，而细胞周期时相的有序转化是在细胞本身和外界环境因素的严格控制下有序完成的。细胞中存在的由多种蛋白质分子构成的网络系统，通过调控一系列有规律的生化反应对细胞周期主要事件进行操控，尤其对细胞周期事件的关键点，如 G_1 期到 S 期、G_2 期到 M 期的调控，从而达到对细胞周期整体的精确操控。

一、cyclin-CDK 调控系统

cyclin 和 CDK 都属于细胞周期密切相关的调控因子，而两者需要特异性结合才能发挥调控作用，因此两者结合形成的 cyclin-CDK 复合物对于细胞周期的调控至关重要。

cyclin-CDK 复合物按照结构分为两部分：cyclin 和 CDK。由于 cyclin 对细胞周期具有直接调节作用，而 CDK 具有催化激活作用，因此把 cyclin 又称 cyclin-CDK 复合物的调节亚基，同理，把 CDK 称为 cyclin-CDK 复合物的催化亚基。cyclin-CDK 复合物是细胞周期调控体系的核心，其周期性的合成和降解，引发了细胞周期进程中特定事件的出现，并促成了 G_1 期向 S 期、G_2 期向 M 期等关键过程不可逆的转换。因此，cyclin-CDK 复合物对于细胞周期进程具有正向调控作用。

（一）G_1/S 期 cyclin-CDK 复合物的调控作用

由 cyclin D、cyclin E 与 CDK2、CDK4/6 结合构成的 cyclin-CDK 复合物在 G_1 期起作用，其主要作用是跨越 G_1/S 期的限制点（R 点），进而调控细胞从 G_1 期进入 S 期。以下是 G_1 期 cyclin-CDK 复合物具体作用方式。

第一，cyclin D-CDK4/6 复合物，使诸如 RB 等下游蛋白质磷酸化，磷酸化的 RB 蛋白会释放 E2F 转录因子，调控 cyclin E、cyclin A、CDK1 的转录，最终使 G_1 前中期细胞向 S 期转换（图 10-20）。

第二，在 G_1/S 期中活性达到高峰的 cyclin E/A-CDK2 复合物，可以调控多种与 DNA 复制相关的基因表达，为 DNA 复制所需的酶和蛋白质做充分准备，促使 G_1 后期细胞向 S 期转换。

第三，G_1 期 cyclin-CDK 复合物在 G_1 中后期还具有磷酸化 SIC1 蛋白的作用，SIC1 蛋白即为 S 期 cyclin-CDK 复合物抑制蛋白，这种蛋白一旦被磷酸化就会失去活性，进而被泛素-蛋白酶体系统进行降解，恢复 S 期 cyclin-CDK 复合物活性，进而使 DNA 合成正常进行，并最终促进细胞周期由 G_1 期向 S 期转换（图 10-21）。

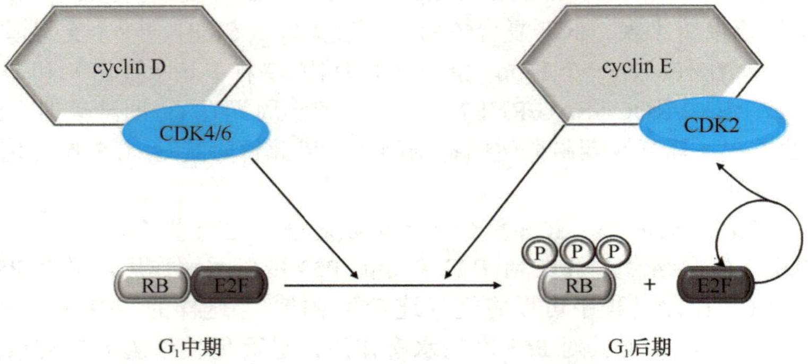

图 10-20 cyclin D、cyclin E 与 CDK 组成的复合物在不同细胞周期时相促进基因转录

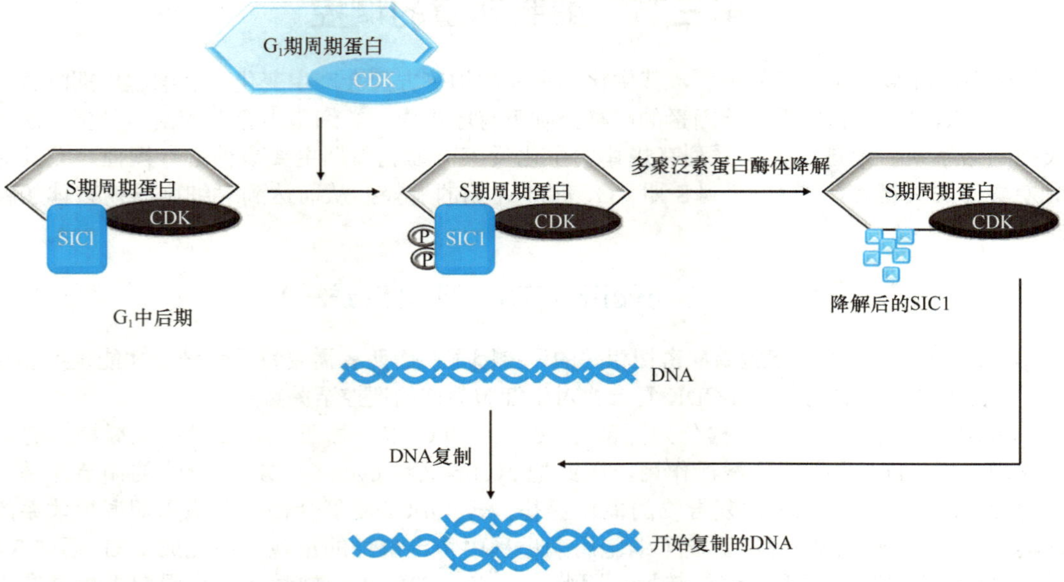

图 10-21 S 期 cyclin-CDK 复合物介导抑制蛋白 SIC1 降解，进而促进 G_1 期向 S 期转换

（二）S 期 cyclin-CDK 复合物的调控作用

当细胞进入 S 期后，cyclin-CDK 复合物发生的主要变化包括 cyclin D/E-CDK 复合物中的 cyclin 发生降解以及 cyclin A-CDK 复合物形成。第一，cyclin D/E 的降解是不可逆的过程，所以已进入 S 期的细胞无法向 G_1 期逆转。第二，cyclin A-CDK 复合物会在 S 期形成，它是 S 期中最主要的 cyclin-CDK 复合物，主要功能是启动 DNA 的复制，同时阻止已复制的 DNA 再发生复制。

目前对于 cyclin A-CDK 复合物启动 DNA 复制的机制，多数人认为是由于真核细胞 DNA 分子复制起始点及其附近 DNA 序列上存在一个由多种蛋白质构成的结构，即前复制复合体（pre-replication complex，pre-RC），发生在该结构上的一系列反应影响了 cyclin A-CDK 复合物启动 DNA 复制的过程。cyclin A-CDK 主要在 S 期发挥作用，因此又被称为 S-CDK 复合物。构成 pre-RC 的蛋白质主要包括复制起点识别复合物（origin recognition complex，ORC）、Cdc6、Cdc45 和微小染色体维持蛋白（minichromosome maintenance protein，MCM）等。其简要作用机制如下：cyclin A-CDK 复合物（S-CDK）作为一个“触发点”，利用其激酶活性使 ORC 发生磷酸化，激活复制起始点，使 DNA 合成启动；此外，cyclin A-CDK 复合物还可激活 MCM 蛋白，活化的 MCM 蛋白具有解旋酶的功能，可将 DNA 双链打开，使 DNA 聚合酶等 DNA 复制相关酶在开链处聚集，进而发生 DNA 复制；同时，Cdc6 和 Cdc45 也与 DNA 复制的调控有关，它们会在 G_1 期的不同时段与染色质结合，Cdc6 的结合时间为 G_1 早期而 Cdc45 则在 G_1 晚期与染色质结合。随后，cyclin A-CDK 复合物可进一步在 DNA 复制启动后对 pre-RC 进行磷酸化修饰，导致 Cdc6 蛋白降解或 MCM 蛋白向核外转运，阻止了 pre-RC 的重新装配，进而使 DNA 复制不会再启动。

综上所述，通过上面的机制，cyclin A-CDK 保证了 S 期细胞 DNA 不能重复复制。此外，cyclin A-CDK 复合物即使到 G_2 期和 M 期也能保持作用，因此一直到 M 后期，DNA 都不会再次复制（图 10-22）。

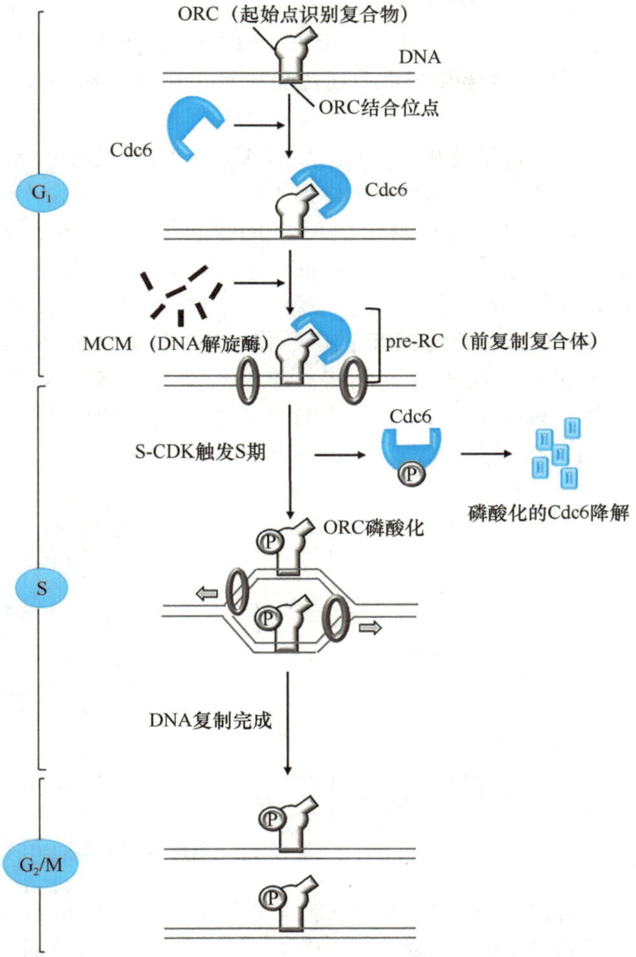

图 10-22　S 期 cyclin-CDK 复合物的作用

ORC 与 Cdc6 及 MCM 等蛋白构成前复制复合体。cyclin A-CDK 复合物通过磷酸化 ORC 激活复制起始点，启动 DNA 合成。在 cyclin A-CDK 复合物作用下，MCM 蛋白被活化并产生解旋酶功能，使 DNA 复制点处 DNA 双链打开，促进 DNA 复制发生。Cdc6 和 Cdc45 可以在 G_1 期与染色质结合产生作用。以上是细胞周期只启动一次 DNA 复制的作用机制

（三）G_2/M 期 cyclin-CDK 复合物的调控作用

G_2 期的 cyclin-CDK 复合物主要作用是调控 G_2 期向 M 期的转换。其中，最为重要的 G_2 期 cyclin-CDK 复合物是促成熟因子。

G_2 晚期，cyclin A、cyclin B、CDK1 会形成 cyclinA/B-CDK1 复合物，在促进 G_2 期向 M 期转换的过程中起着关键

作用，该复合物被称为促成熟因子（MPF），又称有丝分裂促进因子或M期促进因子（M phase promoting factor）。此概念于1971年由马苏伊（Masui）和马克尔特（Markert）提出，并于1988年由马勒（Maller）实验室从非洲爪蟾卵中纯化并证明了MPF的激酶活性。MPF被证实几乎普遍存在所有处于分裂期的真核细胞中，且发挥着重要作用。

G_2/M期中，cyclin B的编码基因转录增强，cyclin B蛋白积累并在G_2晚期达到峰值，并与CDK1在此时结合。CDK1虽然此时与cyclin B结合，但CDK1本身尚未激活，原因是CDK1的Tyr15、Thr14受到Weel激酶调控，处于磷酸化状态，不过这种机制主要是保证cyclin B-CDK1能够在没有彻底激活的状态下不断积累并在最终突然大量释放。

cyclin B在G_2晚期的表达达到峰值，其与CDK1结合后，CDK1的Tyr15和Thr14磷酸化状态，经Cdc25蛋白作用发生去磷酸化，而Thr161位点则保持磷酸化状态，此时CDK1活性被激活，最终使MPF活性增高，促进了G_2期向M期的转换。

（四）M期cyclin-CDK复合物的调控作用

M期细胞中也有许多cyclin-CDK复合物，但其中最重要的是MPF复合物，它不仅对G_2/M期的转化有重要作用，而且与M期各阶段转化、M期向下一个G_1期的转换等均息息相关。MPF在M期中主要起到染色质凝集、核膜裂解、纺锤丝形成、姐妹染色单体分离、胞质收缩分裂等作用。

首先，细胞由G_2期进入M期后，MPF发挥其蛋白激酶效应（磷酸化效果），对M期早期的细胞产生作用：①MPF与染色体的凝集直接相关。在M早期、中期，组蛋白H1上与有丝分裂有关的特殊位点可以受到MPF的磷酸化修饰，进而使染色质凝集，并随即启动有丝分裂。②凝缩蛋白也会受到MPF的磷酸化调控，致使游离的DNA分子在磷酸化的凝缩蛋白上结合，并让DNA围绕表面发生缠绕、聚集，介导染色体形成超螺旋化结构，从而发生凝集。③核纤层蛋白（lamin）也会受到MPF的磷酸化修饰，lamin特定的丝氨酸残基在被MPF作用后，可以发生高度磷酸化，由此引起核纤层纤维结构解体，核膜崩裂成小泡。④MPF也能对多种微管结合蛋白进行磷酸化，进而调节细胞周期中微管的动态变化，使微管发生重排，促进纺锤体的形成（图10-23）。

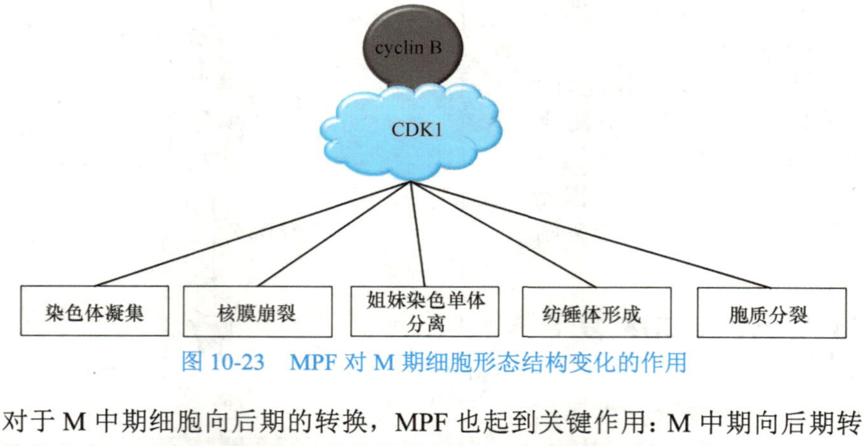

图10-23　MPF对M期细胞形态结构变化的作用

其次，对于M中期细胞向后期的转换，MPF也起到关键作用：M中期向后期转化的关键是姐妹染色单体的分离，而中期姐妹染色单体着丝粒间主要由黏连蛋白SCC1与SMC构成的复合体组成，称为黏连蛋白复合体，由securin蛋白调控该复合体的活性；然而后期之前securin蛋白与分离酶（separase）结合，使后者活性被抑制；因此，中期较晚的阶段，所有染色体的动粒均会与纺锤体微管相连，APC/C作为E3泛素连接酶，可在MPF作用下发生磷酸化，进而使APC/C与Cdc20结合而被激活，引起securin发生多聚泛素化降解，导致分离酶被释放、活化，随后在分离酶作用下，黏连蛋白复合体中的SCC1蛋白被分解，姐妹染色单体的着丝粒发生分离，并且在纺锤体微管的牵引下，姐妹染色单体分别移向两极，细胞进入后期（图 10-24）。

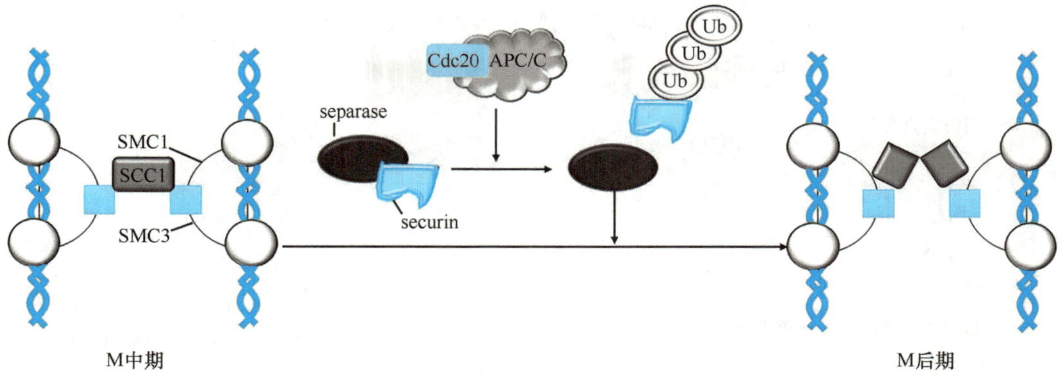

图 10-24　APC/C 的激活与姐妹染色单体的分离

有丝分裂中期末，APC/C 被 MPF 磷酸化后激活，使 securin 蛋白经多聚泛素化修饰，然后被降解，分离酶（separase）被释放、活化，进而降解 SCC1 蛋白，导致黏连蛋白复合体解体，姐妹染色单体的着丝粒发生分离，细胞进入有丝分裂后期

再者，由于 M 中期末中，APC/C 被激活，因此到了 M 后期末，cyclin B 被激活的 APC/C 进行了多聚泛素化修饰，随后 cyclin B 被降解，致使 cyclin B 与 CDK1 分离并解体，CDK1 的 Tyr15 和 Thr14 又发生磷酸化，最终使 MPF 失活，促使细胞转向末期，并进一步引导细胞由 M 期转化至下一个 G_1 期。同时，细胞中失去了有活性的 MPF，之前在 M 前期磷酸化的组蛋白、核纤层蛋白等可在磷酸酶作用下发生去磷酸化，染色体解除凝集状态、核膜再次组装，子细胞核逐渐形成。此外，M 后期末 MPF 活性降低，促进了胞质分裂发生：在 M 前期，MPF 可对肌球蛋白进行磷酸化，该蛋白可以参与胞质分裂收缩环的形成；然而随着 M 后期 MPF 的失活，磷酸酶使肌球蛋白去磷酸化，后者与肌动蛋白相互作用，致使胞质分裂收缩环不断缢缩，分裂沟不断加深，最终发生胞质分裂。

二、细胞周期检测点

细胞周期具有严格的时序性，各个生化事件必须按照严格的顺序准确进行。但是，如果细胞周期中上一个阶段的各种关键生化活动发生错误或者尚未结束，这时细胞直接就进入下一个阶段，那么该细胞的遗传特性将受到严重损害。因此为了保证遗传物质的完整性和细胞周期的正常运转，细胞中的特定监控系统可对细胞周期发生的关键事件和出现的错误加以检测和修复，只有当这些关键事件完成或者错误被修复后，才允许细胞周期进一步运行，这种监控系统称为检测点（checkpoint）或者检验点。

检测点的概念于 20 世纪 70 年代由哈特韦尔（Hartwell）在酵母细胞对放射性敏感程度的研究中提出。检测点包括 DNA 损伤检测点（DNA damage checkpoint）、DNA 复制检测点（DNA replication checkpoint）、纺锤体组装检测点（spindle assembly checkpoint）和染色体分离检测点（chromosome separation checkpoint）（图 10-25）。

（一）DNA 损伤检测点

主要包括 G_1/S 期 DNA 损伤检测点和 G_2/M 期 DNA 损伤检测点。

1. G_1/S 期 DNA 损伤检测点　是细胞周期中最重要的检测点之一，决定细胞命运的主要阶段。其主要作用是控制细胞由 G_1 期进入 S 期，并检查 DNA 是否损伤等，决定细胞能否顺利进入 S 期。作为 G_1 晚期的基本事件之一，确保 DNA 的完整性和细胞形态与功能的正常。某些肿瘤抑制蛋白如 CHK1/2、ATM/ATR 和 P53 等分子，在该 DNA 损伤检测点中起着关键作用。

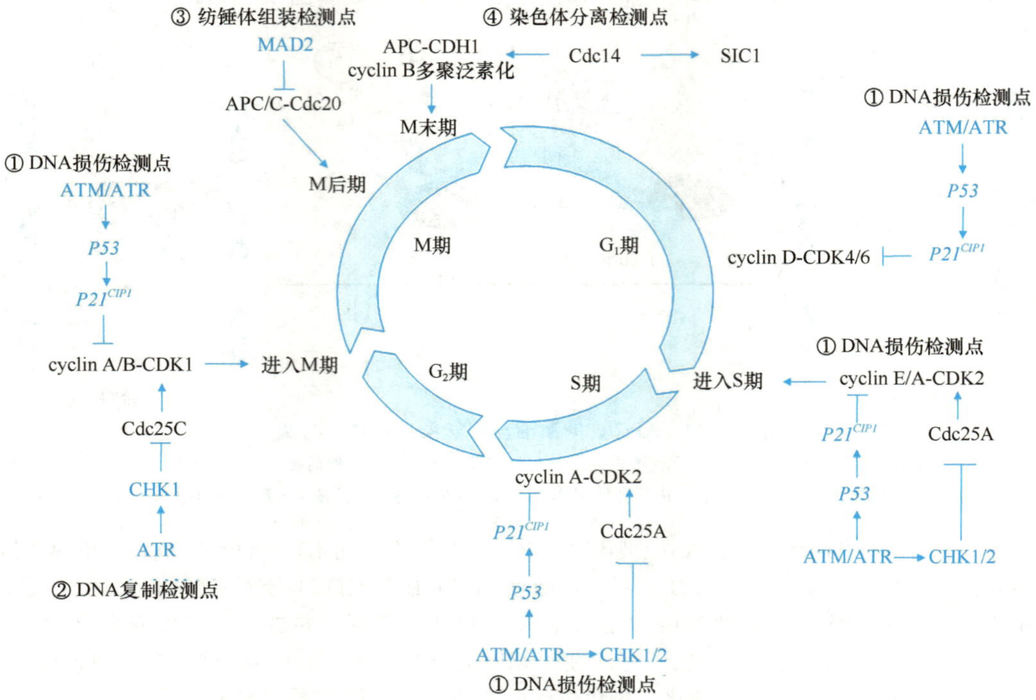

图 10-25　细胞周期的检测点

在细胞周期过程中，DNA 可能由于外界因素的影响受到损伤，此时，DNA 损伤检测点将阻止细胞周期继续进行，为 DNA 的修复争取时间，直到 DNA 被完全修复。当细胞周期因此停滞于 G_1、S 期时，因各种原因受损的碱基在 DNA 完全修复之前将不能被复制，这样可避免基因组产生突变、染色体结构发生重排。若 DNA 损伤严重，检测点则可以诱导细胞凋亡。

在参与 DNA 损伤检测点发挥功能的多种蛋白质分子中，P53 蛋白较为重要。P53 蛋白由 *P53* 基因编码。*P53* 基因是细胞内一种重要的抑癌基因，是至今为止发现的与人类肿瘤相关性最高的抑癌基因。它位于人类 17 号染色体的短臂上，包含有 11 个外显子和 10 个内含子，编码蛋白质的分子量为 53kDa，这种蛋白即为 P53 蛋白。正常生理状态下，P53 蛋白表达水平很低，且活性不高，但当细胞受到外界刺激后，如 DNA 损伤、原癌基因刺激等情况，则其表达水平升高且稳定性增强。

P53 蛋白的抗肿瘤作用主要是阻滞 G_1/G_0 期的细胞不能进入 S 期，从而抑制细胞的生长；同时，P53 蛋白可以进入细胞核，作为转录因子或与其他转录因子结合，影响细胞周期相关基因的转录。

DNA 损伤检测点按照是否有 P53 参与分为 P53 依赖途径和 P53 非依赖途径。

P53 非依赖途径的作用机制如下：当 DNA 因紫外线或射线等作用发生损伤时，DNA 损伤检测点将被激活，即蛋白激酶 CHK2 受到活化，进而使磷酸酶 Cdc25 磷酸化，导致 Cdc25 被多聚泛素化降解。而在哺乳动物中，Cdc25 失活将导致 CDK2 不能活化，进而 cyclin E/A-CDK2 介导的 G_1 期或 S 期的进程将不能发生，细胞因此被滞留于 G_1 或 S 期。

P53 依赖途径的作用机制如下：正常情况下 MDM2 蛋白可以诱导 P53 出核并使其被水解，因此一般情况下 P53 的活性很低。但是当 DNA 受到损伤时，两种具有蛋白激酶活性的分子 ATM 和 ATR 会被激活，使 MDM2 磷酸化，这时 MDM2 与 P53 的亲和力下降，P53 随即被磷酸化激活，并使 P21 表达，抑制 CDK 活性，使细胞停留在 G_1 期。

2. G_2/M 期 DNA 损伤检测点　该检测点会使 DNA 损伤的细胞停滞在 G_2 期转化为 M 期的时

段，控制细胞由 G_2 期进入 M 期，使细胞有足够时间修复 DNA。主要发挥功能的分子为 cyclin B-CDK1。作用机制如下：正常情况下，G_2 期转化为 M 期的时候，CDK1 会受到 Cdc25 活化作用，使前者从失活状态转变为活化状态，进而驱动细胞进入 M 期。但当 DNA 损伤时，DNA-PK/ATM/ATR 活化，进而会诱导 cyclin B-CDK1 失活，阻止细胞进入 M 期。

DNA-PK/ATM/ATR 诱导 cyclin B-CDK1 失活的机制有两种：一种是快速机制，即 DNA-PK/ATM/ATR 诱导 CHK 磷酸化，导致 Cdc25 失活，进而影响 CDK1 激活，最终影响 cyclin B-CDK1 活性；另一种为缓慢机制，即 DNA-PK/ATM/ATR 诱导 P53 磷酸化，P53 可以作为转录因子，调控多种基因转录表达，如 P21、GADD45 等，这些分子可使 CDK1 失活。

（二）DNA 复制检测点

DNA 复制检测点是指 S 期检测点，其主要作用是检验 DNA 复制是否按照严格的规则进行复制，如检测 DNA 复制是否完整或者是否重复复制，防止 DNA 受损、DNA 复制未完成以及 DNA 重复复制的细胞进入后面的阶段。主要发挥作用的分子为 CDK1、CHK1、Cdc25 等。如果 DNA 损伤严重或者复制出现的问题较为严重，则该检测点会启动细胞凋亡程序。

其作用机制类似于 DNA 损伤检测点的 P53 非依赖途径：DNA 复制如出现错误，ATR 将被激活，进而激活 CHK1/2。CHK1/2 可以磷酸化激活 WAF1/CIP1，以此磷酸化 CDK1，使 cyclin A/B-CDK1 复合物保持被抑制状态，无法磷酸化启动 M 期的靶蛋白；也可以磷酸化 CDC25，进而使 CDK2 无法被失活的 Cdc25 活化，cyclin A-CDK2 活性受到抑制，最终阻止细胞进入 M 期。总之，该检测点通过对 CDK1/2 双重抑制，保证出现复制错误的细胞不会进入 M 期，为 DNA 修复争取时间。

（三）纺锤体组装检测点

该检测点又称分裂检测点或中/后期检测点，主要作用是保证纺锤体组装顺利，防止纺锤体装配不完全或发生错误的中期细胞进入后期，进而保证有丝分裂和减数分裂的染色体分配准确无误。因此在这个检测点的作用下，只要细胞中有一个染色体的动粒与纺锤体微管连接不正确，细胞就无法进入后期。

酵母纺锤体组装检测点突变体研究证实，MAD2 是该检测点的关键因子，其机制如下：MAD2 对 APC/C-Cdc20 具有抑制作用。有丝分裂中期，如果有某一染色体的动粒没有与纺锤体微管连接，MAD2 会结合于该动粒上，并使 MAD2 自身短暂激活，进而使 Cdc20 失去活性，APC/C-Cdc20 受到抑制，继而 APC/C 的活化及 securin 蛋白的多聚泛素化受阻，最终导致姐妹染色单体着丝粒间不能分离，由此阻止细胞进入后期。所以只要染色体上所有的动粒均被动粒微管附着，纺锤体组装完成，该系统就会失活，MAD2 与动粒的结合停止，并且使 MAD2 失活，Cdc20 和 APC/C-Cdc20 重新活化，APC/C 活化，导致 securin 蛋白的多聚泛素化降解，启动姐妹染色单体的分离并使细胞向后期转化。

（四）染色体分离检测点

该检测点主要作用于 M 末期，它通过监测发生分离的姐妹染色单体在后期末细胞中的位置，来决定 Cdc14 磷酸酶是否活化，以促进细胞进入末期，并发生胞质分裂，最终形成子细胞。该检测点的存在阻止了在子代染色体未正确分离前，末期和胞质分裂的发生，保证了子细胞有且只有一套完整的染色体。

Cdc14 磷酸酶的活化，引发 APC/C 等分子的多聚泛素化修饰，促使 M 期的各种 cyclin 被降解，进而导致 MPF 活性的丧失，而 MPF 的失活会启动胞质收缩等事件发生，最终引发细胞转向末期。

同时，TEM1 分子是 GTP 结合蛋白，所结合的 GTP 会为 Cdc14 磷酸酶的活化提供能量，使

Cdc14 磷酸酶更加顺利地活化，最终导致细胞进入末期，发生胞质分裂。

此外，周期蛋白依赖性激酶抑制剂 SIC1 能抑制末期相关 CDK，阻止末期继续进行，因此正常情况下若要继续进行末期转化，则需要某个分子磷酸化修饰 SIC1，使其失活，进而保证末期的进行，Cdc14 磷酸酶可使 SIC1 发生去磷酸化修饰，从而发挥 SIC1 的抑制功能。

以上 4 种细胞周期检测点的特点和作用机制总结如表 10-5 所示。

表 10-5　细胞周期检测点的特点和作用机制

检测点类型	作用特点	发挥功能的主要蛋白质
DNA 损伤检测点	监控 DNA 损伤的修复，决定细胞周期是否继续进行	ATM/ATR、CHK1/2、P53、Cdc25、cyclin E/A-CDK2
DNA 复制检测点	监控 DNA 复制，决定细胞是否进入 M 期	ATR、CHK1、Cdc25、cyclin A/B-CDK1
纺锤体组装检测点	监控纺锤体组装，决定细胞是否进入后期	MAD2、APC/C、securin
染色体分离检测点	监控后期末子代染色体在细胞中的位置，决定细胞是否进入末期和发生胞质分裂	TEM1、Cdc14、M 期 cyclin、SIC1

三、生长因子

生长因子（growth factor，GF）是由细胞自分泌或旁分泌产生的一类多肽物质，生长因子与细胞膜上特异性受体结合后，受体被激活，产生生化信号，并经相应的信号通路传递，激活胞内多种酶（如蛋白激酶），调控下游基因表达。这样生长因子通过促进或抑制细胞周期相关蛋白的表达，参与细胞周期的调控。

生长因子激活相应的蛋白激酶（如 CDK）刺激细胞周期的进程。若用生长因子处理 G_0 期或者 G_1 早期的细胞，会使其启动后续的细胞周期进程；反之，如果 G_0 期或者 G_1 早期的细胞缺乏生长因子的刺激，将不能向后面的时相转换，甚至停滞于静止状态。

调控细胞周期进程的生长因子有多种，常见的如表皮生长因子（epidermal growth factor，EGF）、血小板衍生生长因子（platelet derived growth factor，PDGF）、转化生长因子（transforming growth factor，TGF）、白介素（IL）等，它们主要在 G_0 期或者 G_1 期起作用，刺激或抑制该时期细胞转化至 G_1 期或 S 期。不同因子在调节的具体时相上存在差异，如 PDGF 的调节点一般在 G_0 期向 G_1 期转换过程中，而 EGF、IL、TGF-α 等的调节点则一般在 G_1 期向 S 期转换过程中。

诚然，并非所有的生长因子都是促进细胞周期进展的。实验已证实，TGF-β 可在 G_1 期向 S 期转换中起负调节作用。TGF-β 可使 cyclin E 表达降低，进而使 cyclin E-CDK2 复合物形成受阻，让细胞停滞于 G_1/S 期，不能向 S 期转换。

大多数生长因子的作用是通过激活受体酪氨酸激酶（receptor tyrosine kinase，RTK）而发挥功能的。生长因子通过 RTK 激活下游信号分子，影响细胞周期，驱动细胞增殖。信号分子级联的异常活性通常会导致细胞异常增殖，进而引发肿瘤。生长因子通常与其细胞表面的受体 RTK 结合，刺激 RTK 的二聚化，激活 RTK 的激酶活性，介导信号通路的活化。在此过程中，RTK 二聚体的两个单体相互磷酸化，使自身充分激活，其 C 端的 Tyr 残基发生磷酸化，成为招募多个下游信号分子的结合位点，从而形成 RTK-信号蛋白复合物。

RTK-信号蛋白复合物的形成导致了多种信号通路的激活，包括 RAS/ERK、PI3K/AKT、SRC/JAK/STAT 通路和 PLC-γ1 等通路。这些信号通路相互作用，形成一个复杂的信号网络，最终汇聚在相应转录节点，进而调节相应的细胞周期功能。几个主要的转录节点：① P53：主要介导细胞生长的停滞和凋亡，影响细胞的有丝分裂，抑制损伤 DNA 的复制等。② SMAD 节点：主要介导 TGF-β 诱导的细胞抑制因子（细胞生长和增殖的阻滞）和凋亡因子的表达。③ FOXO 节点：一般对氧化应激和饥饿等产生反应，主要介导胰岛素和胰岛素样生长因子通路，参与细胞分化、凋亡和机体能量代谢等过程。④ ID/MYC 节点：主要抑制 CDK 抑制剂，促进细胞增殖。

因此，通过控制特定基因的转录，生长因子启动的细胞信号可以调节多种细胞功能，包括细胞迁移、细胞存活、细胞周期进程和分化等过程（详情见第九章内容）。

第四节 细胞增殖异常与疾病

细胞周期的各种调控因子（如 cyclin、CDK 等）行使正常功能，才能发挥正常的调控系统，以保证细胞的正常增殖。各个细胞周期检测点的运行是细胞周期顺利进行的保障，以确保异常的细胞无法继续增殖。

然而，当调控因子及其调控系统发生紊乱，导致细胞周期失调，则会引起细胞的过度增殖，最终导致组织、器官、系统乃至整个生物个体产生异常，进而致病。因此，各种疾病，尤其是神经退行性变性疾病以及肿瘤都与细胞周期的异常关系密不可分。

一、细胞周期异常与神经退行性变性疾病

神经退行性变性疾病（neurodegenerative disease，NDD）又称神经系统疾病，是中枢神经系统（CNS）或周围神经系统（PNS）的神经元进行性丢失的一组神经系统疾病。由于神经元为终末分化的细胞，所以它们不能有效地自我更新，因此一旦出现神经元的丢失，神经网络的结构和功能就会崩溃，进而导致核心沟通回路的崩溃，最终导致记忆、认知、行为、感觉和（或）运动功能受损。

NDD 包括阿尔茨海默病（Alzheimer disease，AD）、帕金森病（Parkinson disease，PD）、原发性 Tau 蛋白病、额颞叶痴呆（frontotemporal dementia，FTD）、肌萎缩侧索硬化（amyotrophic lateral sclerosis，ALS）、突触核蛋白病（如路易体痴呆和多系统萎缩等）、亨廷顿病（HD）和多聚谷氨酰胺疾病（如脊髓小脑共济失调、朊病毒病、创伤性脑损伤、慢性创伤性脑病、脑卒中、脊髓损伤和多发性硬化）等。这些疾病的确切病理机制尚不清楚，但都可能与细胞周期的异常有关。同时，有研究指出，NDD 具有多组共性特征，如病理性蛋白聚集、神经突触和神经元网络功能障碍、蛋白质稳态异常、细胞骨架异常、能量代谢改变、DNA 和 RNA 缺陷、炎症机制影响等。而无论是哪种特征，都与细胞周期的调控密不可分。

（1）特征性的病理蛋白聚集：是多种 NDD 的关键病理学标志，对于许多 NDD，在相应病理样本中发现了对应的病理蛋白的聚集物，则会对 NDD 的诊断和疾病分类起到帮助作用。依据这些病理性蛋白的不同，可以将 NDD 进行分类。同时，实验证明，相关编码基因的致病突变与编码蛋白聚集增加之间也具有因果联系。例如，淀粉样前体蛋白（APP）的编码基因突变，致使 APP 病理蛋白聚集，导致 AD 的发生；Tau 的编码基因突变，导致 Tau 病理蛋白堆积，最终致原发性 Tau 蛋白病产生。此外还有 α 突触核蛋白的编码基因与突触核蛋白病、亨廷顿蛋白的编码基因与 HD 等。在神经元中，这些蛋白的编码基因产生突变，形成了病理性蛋白并堆积，造成了神经元周期调控系统异常，最终造成了 NDD。

（2）神经元网络的紊乱：在 NDD 中经常性出现并作为其主要特征之一。同时，突触耗竭的现象经常出现，并作为神经元丧失的早期事件之一，引发神经元的丧失，最终导致了 NDD 的产生。此外，突触还会受到神经递质变化的影响、细胞骨架影响、囊泡的影响、钙离子的影响等，一旦这些因素出现变化，突触系统也会受到影响，进而影响整个神经元网络。总之，突触系统受到影响，引发神经元网络的紊乱，神经元细胞周期也会发生紊乱，进而导致疾病发生。

（3）蛋白质稳态失衡：也经常被发现于 NDD 中。蛋白质稳态的机制主要有两种：泛素-蛋白酶体系统（UPS）和自噬-溶酶体途径（ALP）。其中，UPS 主要降解已经被标记的蛋白质，而 ALP 主要负责清除功能有缺陷的蛋白质复合体和细胞器（如利用线粒体自噬机制降解功能缺陷的线粒体）。需要注意的是，UPS 和 ALP 都会涉及目标蛋白和分子的泛素化过程，一旦目标分子经过泛素化，并通过 P62（即 SQSTM1）连接到 UPS 或者 ALP 系统，就能将泛素化后的目标分子

与两个系统进行结合，进而降解相应的分子，达到细胞内动态平衡。一旦目标分子（如细胞周期中各种 CDK、cyclin 等）的泛素化或者连接过程出现问题，则降解过程异常，进而引发相应蛋白质稳态平衡失常。蛋白质稳态的失衡，尤其是细胞周期相关蛋白的稳态失衡，引起神经元细胞周期调控的异常，引发一系列的 NDD 等疾病。

（4）细胞骨架异常：与其他真核细胞一样，神经元细胞骨架有 3 个重要的组成成分：微丝、微管、中间纤维。这些结构具有维持神经元的细胞结构、促进物质和信号转运等重要功能。其中，微管蛋白在真核细胞中组成了细胞的中心体，这种细胞器与细胞周期密不可分。同时微管蛋白、中间纤维在神经元轴浆运输中发挥重要作用，而轴浆运输对于营养物质、神经递质的传递具有极其重要的作用，这直接影响神经元生理功能的正常进行。因此，细胞骨架的稳定对于神经元的各项功能（如细胞周期、物质传递等）具有深远影响，一旦出现问题，NDD 就有可能会发生。

（5）能量稳态改变：神经元能量需求旺盛、在体内高度活跃，而能量代谢缺陷，则会深刻影响神经元的正常生理功能，同时实验已被证明能量代谢的缺陷在多种 NDD 中都有发现。细胞周期的维持与稳定是需要消耗能量的，因此如果神经元出现能量稳态的调节失衡，那么其细胞周期就会受到极大影响，进而引发 NDD。

（6）DNA 和 RNA 缺陷：实验证实，DNA 损伤的累积和 RNA 代谢的缺陷在多种 NDD 中起关键作用。这种现象首先会引发编码相关蛋白的基因突变或者蛋白质修饰出现异常，其次也会激活细胞周期检测点，影响神经元功能甚至直接导致其凋亡，进而引发 NDD。

（7）神经系统炎症：是 NDD（包括 AD、PD、ALS、HD 和卒中）的病理标志之一，神经系统炎症的类型很多，但能够引起 NDD 的主要包括小胶质细胞增生和星形胶质细胞增生。

小胶质细胞增生在所有 NDD 中都会被检测到。因其常常在大脑中发挥防御、传递信号等作用，因此当小胶质细胞增生时，会产生各种趋化因子和细胞因子，引发一系列炎症反应，同时会促使上述这些功能的异常，进而可导致神经元出现异常。同时，小胶质细胞可以激活星形胶质细胞，而后者也可以通过释放细胞因子等物质，保持谷氨酸稳态，维持突触的正常功能，而一旦星形胶质细胞增生，炎症因子会进一步增多，引起神经系统功能的紊乱。此外，小胶质细胞增生和星形胶质细胞增生会释放大量细胞因子，这对于细胞周期的影响也是极为重要的。综上，小胶质细胞增生与星形胶质细胞增生共同作用，释放多种趋化因子和细胞因子，引发炎症反应，造成神经元的细胞周期紊乱，进而引发 NDD。

科研工作者依据这些 NDD 的特征，将该疾病进行了亚型分类和分层，形成 NDD 的亚型框架，这对于临床上 NDD 患者的分类治疗和靶向治疗具有极大的帮助。

由此观之，NDD 的发病机制有多种途径，且这些途径与细胞周期的关系较为密切，因此对于细胞周期的调控修复（如修复细胞周期相关的病理蛋白的编码基因、解除神经系统炎症反应、营养神经元、突触补充等），可以作为治疗 NDD 的治疗方案和手段。

二、细胞周期异常与肿瘤发生

在生物体内，正常组织细胞增殖过度，进而形成的赘生物，我们称为肿瘤，其产生与细胞周期调控发生异常相关，是一类渐进性细胞周期调控机制破坏的疾病。通常基因突变会以多种方式阻止细胞周期退出。因此了解肿瘤细胞周期的特点，研究其形成的原因，对肿瘤的诊断及治疗有重要的意义。

（一）肿瘤细胞的细胞周期异常表现

1. 肿瘤细胞周期特征异常 跟正常细胞类似，G_1、G_2、S、M 期也构成了肿瘤细胞的细胞周期，但是细胞周期时间与正常细胞相近或更长一些，原因主要与 G_1 期时间变长有关。

肿瘤细胞群体根据周期行为不同，分为 3 种细胞：增殖型细胞、暂不增殖型细胞与不增殖型细胞。肿瘤恶性的程度，由增殖型细胞在肿瘤中所占的数量比例所决定，我们把肿瘤细胞总量中增殖型细胞所占的比例称为增殖比率。而暂不增殖型细胞因为其可能会在外界某些因素的刺激下，重新进入细胞周期，所以该细胞也是肿瘤复发的根源。

肿瘤的生长快慢与多种因素相关，如细胞增殖比率、细胞周期的长短及细胞丢失和死亡的速率等。其中，增殖比率高是让肿瘤快速生长的主要原因，因为与正常细胞相比，虽然绝大部分的肿瘤细胞增殖时间较长，但处于 G_0 期的细胞非常少，因此有更多的细胞可以进入细胞周期、发生分裂，进而引起肿瘤的快速增长。

肿瘤类型不同，其增殖比率会存在差异：白血病、绒毛膜癌等增殖比率常在 0.6 以上，是增长速度较快的肿瘤；增殖比率在 0.5 以下的肿瘤大多生长缓慢，如肺癌、乳腺癌、肝癌等。此外，同一种肿瘤可因生长时期不同（即分期不同），其增殖比率值将有所变化，癌症早期的增殖比率要比癌症晚期高。

2. 肿瘤细胞周期调控异常　除高增殖比率外，肿瘤细胞周期中各种重要调节因子发生异常，是导致肿瘤增殖无限性和肿瘤发生的另一个非常重要的原因。

（1）细胞周期蛋白异常：细胞周期蛋白随着细胞周期的进行而周期性地表达和降解，因此一旦细胞周期蛋白出现异常，则整个细胞周期也会受到影响。

例如，cyclin D1 作为发现最早、研究最深的细胞周期蛋白，可作为生长因子感受器，将生长因子刺激的信号传递到胞内并使细胞周期顺利运行。然而当编码 cyclin D1 基因突变或者异常表达，那么即使没有生长因子刺激也会让细胞周期运行，这样便可能使细胞过度增生并导致肿瘤发生，肿瘤细胞中 cyclin D1 的异常也是在多种实体瘤和部分血液系统瘤中检测到的现象。此外，在血液系统瘤中，也常检测到与 cyclin D1 同家族的 cyclin D2、cyclin D3 的异常表达。人们推测 cyclin D2、cyclin D3 会阻断细胞的分化并发生恶性变。

cyclin E 与 CDK2 结合，共同调节细胞周期，其主要是控制细胞从 G_1 期向 S 期转化和进行。在肺癌、乳腺癌、卵巢癌、结肠癌、胃癌、膀胱癌、白血病等肿瘤中，都会检测到 cyclin E 的异常表达，并与肿瘤转移、预后密切相关。

（2）CKI 异常：CKI 是特异性抑制 CDK 的分子，是细胞周期中的负性调控因子，它可以与 CDK 或者 cyclin-CDK 复合物结合，抑制 CDK 的蛋白激酶活性。如果编码 CKI 的基因出现异常，则可能会使抑制 CDK 的效果削弱甚至缺失。

例如，P16 是 CKI 家族的成员，可以与 cyclin D-CDK4 或者 cyclin D-CDK6 特异性结合，抑制其功能，使细胞不能通过 G_1 期。同时 P16 还能抑制 cyclin D 和 CDK4 等基因的转录。如果编码基因 *P16* 发生异常，细胞便可无限制通过 G_1 期，最终形成肿瘤。在部分神经胶质瘤、间质瘤、急性淋巴细胞白血病以及鼻咽、胰腺、胆管等肿瘤细胞中，人们检测到 *P16* 基因的高频率缺失。

P27 可以与 cyclin E-CDK2 或者 cyclin D-CDK4 特异性结合，抑制其功能。当它的编码基因 *P27* 缺失，会造成多种肿瘤发展，并且还会影响肿瘤的侵袭性。肺癌、乳腺癌、膀胱癌等都报道过 *P27* 基因的缺失，并且此类缺失还会与肿瘤患者预后不良以及肿瘤侵袭性有关。

（3）CDK 异常：CDK 正向调控细胞周期进程，因此当 CDK 调控异常时，肿瘤也容易发生。据报道，90% 肿瘤中都存在 CDK 活性异常增强，所以 CDK 的异常调控已经是肿瘤发生的重要标志之一。

多种肿瘤中都会检测到 CDK 分子的异常。例如，胃癌的恶性程度与 CDK2 表达水平有关，因此 CDK2 可以作为该肿瘤的预后指标之一；也有研究表明 CDK4 和 cyclin D1 在肺癌中表达量增高，同时这些肺癌细胞中 RB 蛋白表达水平也异常，因此三者可能共同促进了癌症的发生。

（4）细胞周期检测点异常：细胞周期检测点对于亲代细胞形成正常的子代细胞而言非常重要。细胞周期检测点和损伤修复途径会在 DNA 损伤之后，维持细胞内部基因组的稳定。

然而，如果这些检测点发生突变，携带损伤 DNA 的细胞就会通过检测点并继续生长增殖，致使细胞恶性程度加深。CHK2 作为肿瘤抑制剂，如果其数量不够，则会引起功能检测点缺陷，进而引发细胞恶性转化，最终导致肿瘤发生。

同时，*BRCA* 基因为一种抑癌基因家族，其表达蛋白之一 BRCA1 为 ATM、ATR、CHK2 的作用靶点，并对 S 期、G_2 期/M 期检测点产生作用。*BRCA1* 在 *P53* 基因缺失的基础上会产生突变，增加乳腺癌和淋巴癌的患病率。该家族另一个表达蛋白 BRCA2 可结合 RAD51 重组酶，参与 S 期检测点和同源重组。*BRCA2* 被证实与细胞周期检测点基因有协同作用，其异常促进遗传性乳腺癌等疾病的发生。

（5）*P53* 基因异常：*P53* 基因是至今为止发现的与人类肿瘤相关性最高的抑癌基因。约 50% 肿瘤都存在该基因的突变。肿瘤发生过程与监控机制破坏息息相关，而该机制破坏中最典型的就是 *P53* 基因的突变。

细胞周期进程中有两个关键停滞点：G_1/S 和 S/G_2。其中 *P53* 在 G_1 期检测点中起到重要作用。研究表明突变型 *P53* 基因会使细胞停滞于 G_1 期，而再把野生型 *P53* 基因恢复表达则细胞将不会停滞在 G_1 期。同时，P53 蛋白可以作为转录因子调控其他蛋白，进而影响细胞周期进行（图 10-26）。

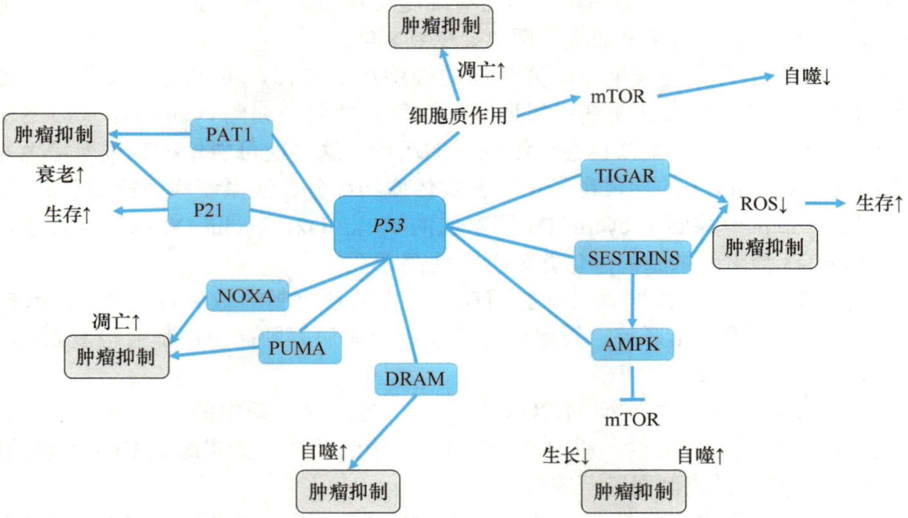

图 10-26　*P53* 基因与肿瘤抑制模式图

P53 蛋白的作用机制如下：

第一，P53 可以诱导 P21 表达。*P21* 基因会在 DNA 受损后，在 P53 诱导下，其表达水平升高，从而抑制 CDK 或者 cyclin-CDK 复合物活性（如 cyclin D2-CDK4 复合物），阻止细胞从 G_1 期进入 S 期，为细胞进行 DNA 修复争取时间。若损伤严重，则会引起细胞凋亡，阻止恶性细胞生长增殖。同时，只有野生型 *P53* 才能激活 *P21* 基因的转录过程，突变型 *P53* 则无法激活 *P21* 基因，因此依据其作用机制，*P53* 基因的突变会使 P53 蛋白功能失调，*P21* 基因激活失败，导致细胞恶性增殖，可能会引发肿瘤（图 10-27）。

第二，P53 可以诱导 GADD45 表达，GADD45 与 PCNA 结合后会抑制 DNA 合成，阻止细胞进入 S 期。同理，*P53* 基因突变后，该功能也会受到影响，进而导致细胞恶性增殖。

第三，P53 可以诱导 BAX 表达，BAX 的编码基因 *BAX* 为凋亡相关基因，它可以与 *BCL-2* 共同调节凋亡。因此，一旦 *P53* 突变，凋亡功能受损，即可能引发肿瘤。

第四，MDM2 为 *P53* 基因的下游靶点，同时 MDM2 还能与 P53 结合负反馈抑制 *P53* 基因转录活性，阻止产生凋亡相关蛋白质。这样，若 *P53* 产生异常，则 MDM2-P53 反馈机制会受到影响，进而可能引发肿瘤。

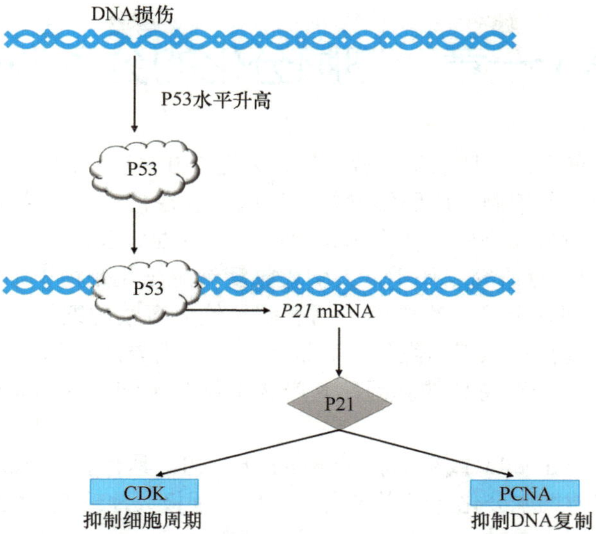

图 10-27　DNA 损伤后 P53 抑制细胞周期和 DNA 复制的机制

P53 及其基因产物在细胞周期的调控中至关重要，与多种肿瘤皆有密切联系，然而 *P53* 在何种情况下激活、如何激活、其上下游信号转导通路的具体情况，仍然是现如今科学家探索的热点和难点。

（二）细胞周期与肿瘤治疗

细胞周期与肿瘤密切相关，因此对肿瘤细胞周期特点的透彻了解，可为临床上肿瘤的治疗提供理论依据。

首先，需要根据肿瘤组织中细胞增殖或者肿瘤细胞组成比例情况，以此确定高效的治疗方法。例如，若肿瘤中暂不增殖型细胞所占比例较高，便可以利用其代谢不活跃、对药物及外界因素刺激反应不敏感等特点，使用部分生长因子（如血小板衍生生长因子）来激活其分裂的潜力，促使其进入细胞周期。然后再通过放疗、化疗手段对其加以治疗，达到治疗目的。

然而，若肿瘤是以增殖型细胞为主，则需要分类讨论：第一，肿瘤细胞如果处于 S 期，则以化疗为主，并主要选择那些能作用于 DNA 合成中的相关酶或 DNA 单链模板活性部位的药物，以此抑制 DNA 合成，进而阻止肿瘤细胞进入到 M 期，限制其进一步的生长；第二，肿瘤细胞如果处于 G_2 期，因该期细胞对放射线较为敏感，则以放疗为主；第三，肿瘤细胞如果处于 M 期，则可以利用秋水仙碱、长春碱等药物进行化疗，这样可使纺锤体微管解聚，以此破坏纺锤体的结构，使肿瘤细胞被迫停滞于中期，使细胞增殖受阻。

同时，肿瘤分子靶向治疗近些年是肿瘤治疗的热点。临床上可用 CDK4/6 抑制剂，如帕博西尼（Palbociclib）、瑞博西尼（Ribociclib）和阿贝西利（Abemaciclib）等药物使肿瘤细胞永久退出细胞周期，从而抑制持续的细胞周期进程，研究表明这些抑制剂在激素受体阳性的转移性乳腺癌中显示出良好的临床疗效，可作为肿瘤治疗的新方法。

（边惠洁）

第十一章　细胞分化的分子调控

多细胞生物通常含有不止一种细胞类型，如人体由200多种不同类型的细胞组成，包括肌细胞、神经元、淋巴细胞、血细胞、脂肪细胞等。这些细胞通常是由一个单细胞，也就是受精卵，经过分裂、增殖和分化衍生而来的。在个体发育中，这种细胞多样性的产生称为细胞分化（cell differentiation）。在早期发育研究工作中，人们曾推测细胞分化是由干细胞在发育过程中遗传物质的选择性丢失所致。现代分子生物学的证据表明，绝大多数的细胞分化不是因为遗传物质的丢失，而是由于干细胞选择性地表达组织特异性基因，从而导致细胞形态、结构与功能的差异。不同类型的细胞各自表达一套特异的基因，其产物不仅决定细胞的形态结构，同时执行特定的生理功能。

多能性的干细胞（stem cell）或祖细胞（progenitor cell）具有能够形成两种或两种以上类型细胞的潜力，这种潜能随着细胞分化而慢慢丧失。分化过程极大地改变了细胞的形状、大小和能量需求。细胞分化是不同刺激在时空上整合的结果，对来自环境的机械和化学刺激都很敏感。细胞分化过程不是一个线性的、不可逆的过程。分化的细胞可以通过重新编程来表达一组特定的基因，从而被操纵回更原始或类似干细胞的状态。细胞分化异常与多种疾病的发生和发展有关，尤其是癌细胞的产生。因此，细胞分化是个体发育的核心事件，充分理解细胞分化的分子调控机制，对于认识个体发育的机制和寻找新的疾病预防及治疗措施有着重要意义。

第一节　细胞分化的基本概念

一、细胞命运的特化与决定

（一）细胞命运的特化

自然界中的动物具有广泛的多样性，尽管不同动物成体之间外貌特征和生理机能存在巨大差异，但是几乎所有的动物在其早期发育过程中都会经历一系列类似的事件，称为胚胎发生（embryogenesis）。虽然胚胎发生已经被研究了一个多世纪，但直到近几十年，科学家们才发现一些特定的蛋白质和mRNA参与到多种动物的胚胎发生过程中。通过研究多种模式动物，以及随着生物信息学技术的发展，人们发现细胞的命运是通过多种方式决定的，其中细胞特异性转录因子的调控网络和细胞间的相互作用起到主导作用，决定了细胞命运和功能。细胞分化是一个细胞停止分裂，发育成特定结构基础和明显功能特性的过程。然而，分化只是胚胎的一个未分化细胞被定型变成一个特殊细胞类型这个过程中所发生的一系列事件的最后和最明显的时期。在细胞产生生化和功能上的差异之前有一个使细胞定型成特定命运的过程。一个细胞在命运定型（commitment）期间与胚胎中最邻近或最远端的细胞看起来没有区别，也显示不出来任何可见的分化标记，但其发育命运却受到了限制。

在细胞分化发育过程中，一个未分化的细胞在经历两个特定的时期后成熟，这些时期逐渐将其定型成一个特定命运。第一个时期是特化（specification）。如果一个细胞或组织被放置在中性的发育途径（neutral with respect to the developmental pathway）的环境中，如培养皿或试管，自身仍能自主地进行分化，代表着它的命运已经被特化。在特化时期，细胞命运的定型仍不稳定（即可以被改变）。如果一个特化的细胞被移植到与其特化方向不同的一簇细胞或微环境中，则移植细胞的命运可能会通过与相邻细胞的相互作用而被改变（图11-1）。

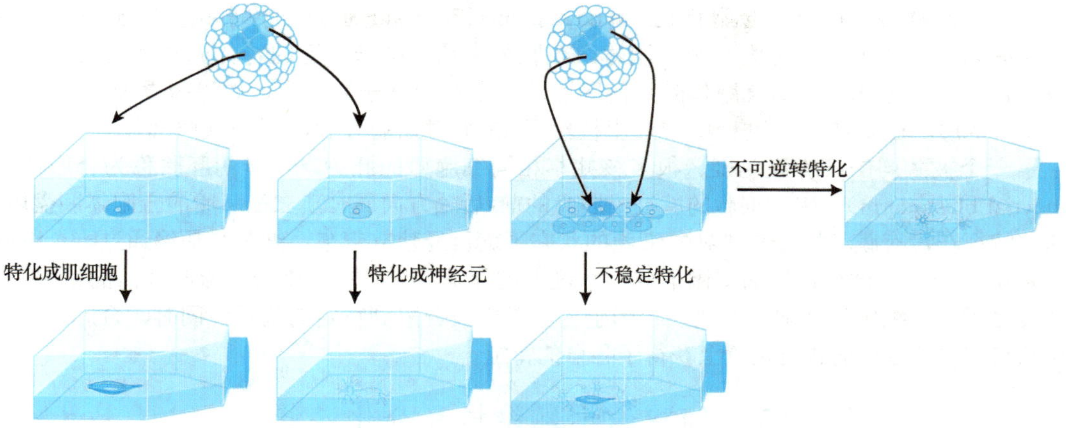

图 11-1　细胞命运决定

（二）细胞命运的决定

细胞命运定型的第二个时期是命运决定（determination）。如果一个细胞或组织即使被置入胚胎的其他位置，或在培养皿中与一簇特化方向不同的细胞混合后不受周围环境的影响，仍能自主地进行分化，则代表它的命运已经被决定。在诸如这样的情况，如果一个细胞或组织仍能按照它特化的命运进行分化，就可以假设它的命运定型是不可逆转的。

细胞命运定型的一个主要策略是自主特化（autonomous specification）。早期胚胎的卵裂球继承了卵细胞质中的一些关键决定因子。卵细胞质呈不均匀分布，其不同区域含有各种影响细胞发育的形态发生决定子（morphogenetic determinant）。这些决定子通常是一些转录因子，通过调节基因表达把细胞指向特定的发育途径。在自主性特化中，一个细胞很早就确定它将要变成的类型，并不需要受到其他细胞调控。自主性特化在大多数无脊椎动物细胞中占据主导地位，细胞类型的特化发生在任何大规模的细胞迁移之前。被囊动物（海鞘）胚胎中的一些细胞是很好的自主性特化范例。1905 年，在美国伍兹·霍尔（Woods Hole）海洋生物学研究所工作的胚胎学家埃德温·康克林（Edwin Conklin）发表了著名的被囊动物柄海鞘的命运图谱。Conklin 细致地追踪了每个早期细胞的命运，证明“幼体中所有主要器官的最终位置和等比关系都在 2 细胞期被不同种类的原生质标示出来”。通过细胞剔除实验，Conklin 提出的命运图谱与自主性特化之间的关联被证实。

虽然被囊动物胚胎中多数细胞的命运是以自主性特化的方式被决定，但是，仍然有一些细胞如神经系统，是以条件特化（conditional specification）的方式产生。条件特化是一些细胞通过与其他细胞相互作用，进而获得各自命运的过程，在脊椎动物和少数无脊椎动物中占据主导地位。在条件特化的情况下，一个细胞的未来命运受它与相邻细胞之间的一系列相互作用所决定，这包括细胞与细胞的接触（近分泌因子）、分泌的信号（旁分泌因子）或其局部环境的物理特性（机械应力）。一个典型的例子是，一些脊椎动物（如蛙、斑马鱼、鸡或小鼠）的预定发育为胚胎背部区域的囊胚细胞被移植到另一个胚胎的预定腹部，移植的“供体”细胞将改变它们的命运而分化成腹部细胞。而且供体胚胎中细胞被去除的预定背部区域最后也能正常发育。汉斯·杜里舒（Hans Dreisch）等在蛙胚胎上的一系列实验胚胎学研究成果显示，4 细胞期或 8 细胞期胚胎的卵裂球被分离后，每个卵裂球能够调整其发育产生一个完整的生物，而不是自我分化形成预定的胚胎部分。这些实验首次提供了可观察的实验证据，显示一个细胞的命运取决于其相邻的细胞。在条件特化中，细胞之间的相互作用决定了它们的命运，而不是细胞命运受这种细胞类型中特定的细胞质因子所特化。

除以上两种特化以外，合胞特化（syncytial specification）也是一种常见的细胞命运决定方式。含有多个核的细胞质称为一个合胞体，合胞体中预定细胞命运的特化同时使用自主性特化与条件性特化的方式。经历合胞体时期的胚胎的一个典型例子为昆虫，如黑腹果蝇（*Drosophila melanogaster*）。在早期卵裂过程中，细胞核经历 13 个周期的分裂，而细胞质却没有任何分裂，产生了一个被共同的细胞膜包围、很多核共享相同细胞质的胚胎。这样的胚胎称为合胞体胚盘（syncytial blastoderm）。未来细胞的特征沿胚盘的前-后轴方向同时建立在胚胎的合胞体胚盘内部。而这些特征在没有膜将核分割成独立细胞的状态下就已经建立起来。细胞膜最终通过一个细胞化（cellularization）的过程在核的周围形成，而这个过程发生在胚胎即将形成原肠胚前的第 13 次有丝分裂之后。在细胞化之前，一些决定因子在胚盘中被分隔到特定的位置，同时，合胞体中的细胞核从它们与邻近核的相对位置上获得了各自的特征。

二、细胞的干性维持和分化潜能

（一）胚胎干细胞

胚胎干细胞是一种多潜能干细胞，与胚胎发育密切相关。精子和卵细胞结合形成受精卵后经过细胞分裂和桑葚胚形成，会出现一个被称为囊胚的球状结构，其外围为滋养外胚层细胞。滋养外胚层将发育成为胎盘的一部分，为胚胎提供营养。囊胚腔内有一群被称为内细胞团（inner cell mass）的细胞黏附在滋养外胚层细胞的一侧。内细胞团具有分化成胚胎和成体组织中各种细胞类型的多向分化潜能，将其取出并体外培养可产生胚胎干细胞（embryonic stem cell）。

胚胎干细胞的分化受内源性和外源性两种因素的调节。内源性因素为基因在时间和空间上的状态，如开启和关闭；外源性因素则是细胞之间的分化诱导或抑制以及胞外物质的介导作用。由于胚胎干细胞体外培养的成功，通过实验方法证实了在个体发育中胚胎干细胞具有向 3 个胚层分化的潜能。将人胚胎干细胞移植到重症联合免疫缺陷小鼠的皮下，其移植细胞可以产生胚胎组织瘤，对瘤组织进行观察，可看到外胚层（如神经表皮、神经节）、中胚层（如软骨组织、平滑肌）和内胚层（如胃上皮）等细胞的存在；将体外培养的小鼠胚胎干细胞植入小鼠的囊胚腔中继续发育，对所发育小鼠的各组织进行分析，发现组成这些组织的部分细胞来源于外源胚胎干细胞，此实验证明了胚胎干细胞的确具有分化为各种组织细胞的潜能（图 11-2）。这种多潜能的实现导致了干细胞研究领域的超速发展。

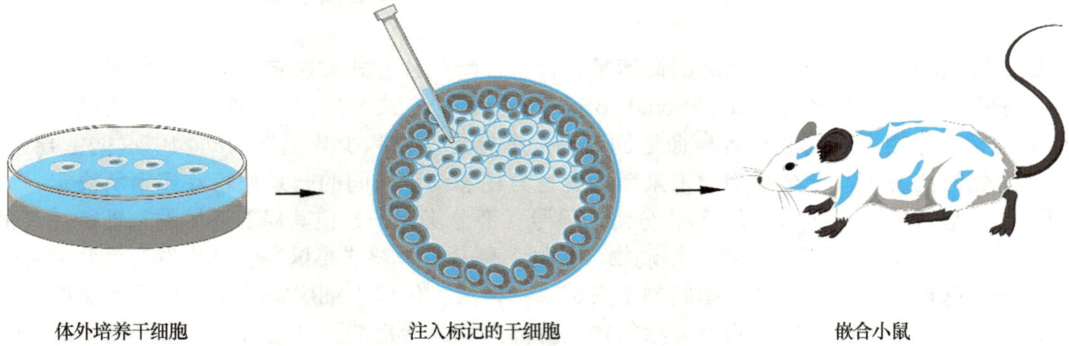

图 11-2　嵌合小鼠形成

随着研究的深入，胚胎干细胞的多能性、自我更新的维持等生物学特性以及定向分化的机制逐渐被阐明，其主要受控于不同类型的信号分子和信号通路网络，如一些信号分子通过调控转录因子 Oct4 蛋白、Sox 蛋白和 Nanog 蛋白对内细胞团中干细胞的状态及多能性起关键作用。然而，不同类型的干细胞所受到的调控信号和通路有所不同，同一信号通路的调控作用对于不同类型的干细胞也可能不同。

（二）成体干细胞

成体组织和器官中，大多数细胞的存活寿命要远远短于生物体的寿命，并且各种理化因素的改变会加快生物体细胞的衰老死亡。因此机体为维持平衡，需要及时更新足够多的各种不同类型的细胞，这就需要成体干细胞（adult stem cell）发挥作用。成体干细胞是在多种成熟的组织或器官中发现的一种未分化的细胞，可以自我更新，并分化产生所在组织或器官的主要特化细胞类型（图 11-3）。据报道，有成体干细胞的组织包括脑、肠道上皮、骨髓、造血系统、骨骼肌、皮肤、肾脏、结缔组织和肝脏等。

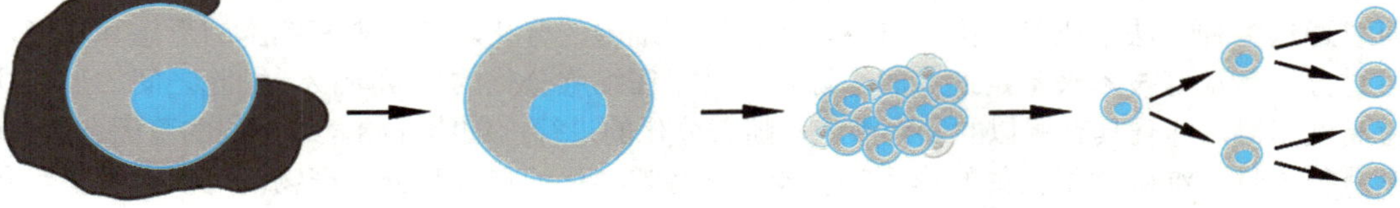

图 11-3　成体干细胞的分化

成体干细胞自我更新能力的维持主要是通过不对称分裂模式产生一个干细胞和一个分化细胞来实现的，这种不对称分裂机制使生物体对干细胞的调控更具灵活性，以便应对其生理变化的需要。它还有一种分裂模式为对称分裂，即产生的两个子代细胞都是干细胞或都是分化细胞。分裂以后的干细胞在它们被组织损伤激活之前可能会在组织的特定区域保持静止不分裂状态，这种静息状态的维持或激活的调控在组织再生、功能发挥、组织衰老与死亡中更是起决定作用的因素。成体干细胞处于特定的微环境中，微环境包括周边的细胞、胞外基质和内外源信号等，可调节干细胞的自我更新、存活以及离开微环境后的子代细胞的分化。

成体干细胞的细胞分裂通常进行得很慢，并且它通常不产生其他组织中的细胞类型，只能分化产生自身所在组织中或者与其功能相对应的细胞，如小肠上皮组织中的干细胞能分化为小肠上皮细胞等类型，神经干细胞产生神经元、星形胶质细胞或少突胶质细胞等。然而，也有研究认为成体干细胞可能具有可塑性（plasticity），可塑性是指细胞对内、外源因子发生反应而改变细胞现有状态的能力，如造血干细胞除产生血液细胞外，还可能分化为脑组织中的胶质细胞、骨骼肌细胞和肝细胞等。

三、多细胞生物的个体发育

（一）发育过程中的细胞分化和谱系

多细胞生物的个体发育一般包括受精卵经细胞分裂、分化形成成熟个体等过程，细胞分化是胚胎发育的基础，是原始未分化细胞根据其命运和功能的不同，经过基因调控和表达模式的变化，逐渐转变形成具有稳定性差异的细胞的过程。

在发育过程中，未分化细胞会经历一个命运定型过程，此时细胞形态上与其他细胞没有任何区别，也没有任何分化标记，但其命运已经受到限制，即在发生可识别的分化特征之前，这些细胞就已经决定了未来的发育命运，只能向特定方向分化。决定被认为是稳定可遗传的，每个被决定的细胞的子代细胞与它们的亲本细胞具有相同的有限潜力。细胞分化的去向取决于细胞决定。将原肠胚早期阶段中预定发育为表皮的细胞移植到另一个胚胎预定发育为脑组织的区域，原本的表皮细胞将发育为脑组织，而到原肠胚晚期阶段移植时表皮细胞仍然发育成表皮。

细胞分化的机制涉及许多调控因素，包括转录因子。转录因子是一类蛋白质，能够结合 DNA 特定区域，调控目标基因的转录活性。不同类型的细胞具有特定的转录因子组合，它们通过与

DNA 结合，激活或抑制特定基因的转录，从而实现细胞功能的差异化。细胞外环境中的信号分子也可以影响细胞的分化命运。这些信号可以通过细胞表面的受体，激活细胞内的信号转导途径，调控基因表达和细胞命运的决定性事件。此外，表观遗传也参与了细胞分化的调控，表观遗传调控是一种与 DNA 序列没有直接关联的遗传调控机制。例如，DNA 甲基化和组蛋白修饰等改变可以影响基因的可及性（accessibility）和表达，从而在细胞分化中起到重要作用。

细胞谱系（cell lineage）是指受精卵细胞从第一次卵裂时开始，逐渐分化为各组织器官的终末细胞时的发育史。很多生物的卵裂过程都按照严格的图式（pattern）进行，各类型细胞产生的时间、位置和顺序在发育早期就已经大致确定，细胞谱系的研究对于理解细胞分化的规律和发育过程中各类器官和细胞的发育机制、比较各种类生物早期发育之间的演化关系具有重要作用。我们可以通过多种方法来研究和推断谱系，包括追踪细胞的分化轨迹、观察细胞的形态和功能，以及通过分子标记等技术来鉴定细胞的起源和关系。在细胞分化的早期阶段，细胞之间的形态往往保持高度相似，并且具有相似的发育潜能，随着分化的进行，细胞开始表达不同的基因和蛋白质，逐渐获得与特定细胞类型相关的形态和功能，这些差异化的特征和分化产物便可以用于追踪和划分细胞的谱系关系。现代生物学中，研究者可以使用多种技术来追踪细胞的分化过程，比如活体成像、细胞追踪染料、分子标记和基因编辑技术等，通过标记细胞或其后代，可以在长时间跨度内观察和追踪细胞分化的过程，鉴定和标记特定细胞类型或细胞祖先的特征，进而推断细胞的谱系发展关系。

康克林在被囊动物柄海鞘中利用颜色标记细胞质以区分不同细胞，以此追踪了胚胎中细胞的命运。他在研究中发现含透明细胞质的细胞变成了外胚层，含黄色细胞质的细胞最终变成中胚层，带有瓦灰色包涵体的细胞变成内胚层，而浅灰色的细胞则变成神经管和脊索。总之，细胞谱系的研究发展极大地促进了生物医学的进步。

（二）细胞分化的协同作用和组织器官形成

多细胞个体在发育过程中，随着胚胎细胞数目的不断增加，细胞之间的相互作用对细胞分化的影响越发重要，这种相互作用协调了细胞分化的方向。

在胚胎发育过程中，一部分细胞会影响邻近细胞的行为，使其向一定的方向分化，这种作用称为胚胎诱导（embryonic induction）。能产生改变另一个细胞行为信号的细胞称为诱导细胞，被诱导而发生应答的细胞称为反应细胞。在脊椎动物眼形成的早期，原脑两侧的视泡向外凸出与头部的表面外胚层相接触。视泡产生一些旁分泌因子诱导头部外胚层形成眼的晶状体，然后在晶状体细胞分泌的旁分泌因子的诱导下，视泡形成视网膜，最终经过它们相互诱导得以形成眼。旁分泌因子是由细胞直接合成并分泌到胞外，通过扩散作用形成浓度梯度，与反应细胞表面的受体结合将信号传递到胞内，调节反应细胞的基因表达而作用于细胞的发育分化。常见的旁分泌因子有成纤维细胞生长因子、Hedgehog 家族、Wnt 家族、转化生长因子-β 家族等，这些因子在胚胎的不同发育阶段、不同位置中差异性表达，可以提供胚胎发育过程中的空间信息。

在细胞发育分化过程中，除相邻细胞间可发生相互作用外，远距离细胞之间也可发生相互协调的作用。激素可以借助血液循环沟通诱导细胞和反应细胞，是个体发育晚期阶段中细胞分化的主要调控方式。激素所引起的反应是按预先决定的分化程序进行的，即与细胞表达的受体和其他因素相关，而通常与细胞在个体中的位置没有直接关系。在多数情况下，细胞分化的最终完成需要激素和胚胎诱导的信号分子协同作用，如哺乳动物的乳腺发育受激素的远程调控，而腺泡的发育、泌乳细胞的分化则是通过胚胎诱导作用实现的。

由于细胞数目的增加，细胞的分化程度也越来越复杂，细胞之间的差异也越来越大，同一个体的细胞因空间位置的不同可以有不同的形态和功能，这种时空差异确定了其发育命运，最终发育成头、四肢、消化器官和皮肤结构等组织器官。细胞在基因组中编码信息的严格调控下，增殖分化成不同的细胞类型和状态，进而形成生物体的各个组织器官，但是，组织器官的这种发育方式并不是由细胞自主形成的。胚胎在形成原肠胚后产生内胚层、中胚层和外胚层（图 11-4）。3 个胚层细胞虽然在很早就已经被命运指向不同的分化方向，但它们可以通过相互作用，包括化学信号交换，使细胞在原位或经历长距离迁移后，最终在特定的位置形成特定的器官。例如蛙的某些器官形成开始于中胚层背部的一个致密区域，此区域细胞产生信号，诱导影响其上部外胚层细胞，使上胚层的细胞形成神经系统细胞，而不再变为表皮。

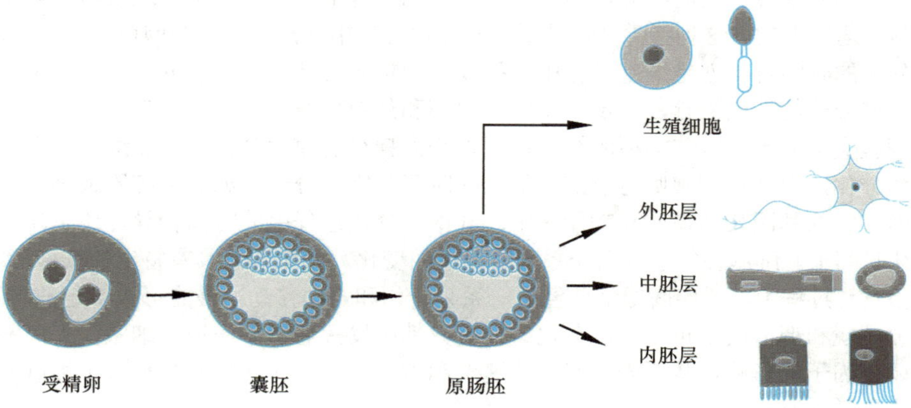

图 11-4　胚层的形成

第二节　细胞分化的调控机制

一、细胞分化的时空调控

（一）基因的选择性表达

作为生物体发育过程中的一个关键步骤，细胞分化涉及基因的选择性表达。现代分子生物学的证据表明，绝大多数的细胞分化是由于细胞选择性地表达组织特异性基因，从而导致细胞形态、结构与功能的差异。如鸡的输卵管细胞合成卵清蛋白，成红细胞合成 β 珠蛋白，胰岛 β 细胞合成胰岛素，这些细胞都是在个体发育中逐渐产生的。分别用编码上述 3 种蛋白质的基因作探针，对 3 种细胞中提取的总 DNA 进行 Southern blotting 实验，结果显示，上述 3 种细胞的基因组 DNA 中都含有卵清蛋白基因、β 珠蛋白基因和胰岛素基因，然而用同样的 3 种探针，对上述 3 种细胞中提取的总 RNA 进行 Northern blotting 实验，结果表明，卵清蛋白 mRNA 仅在输卵管细胞中表达，成红细胞中仅表达 β 珠蛋白，mRNA 胰岛 β 细胞中仅表达胰岛素 mRNA。目前，人们可用 RNA 测序等技术检测特定类型细胞中的基因表达谱，包括所表达的几乎所有种类的 mRNA 及其丰度，用质谱技术等分析蛋白质表达谱，从而为深入了解细胞分化的机制提供了重要的研究途径。

参与细胞分化过程的基因大致可以分为以下两类。一类是维持细胞基本生命活动所必需的管家基因（house-keeping gene），此类基因在所有细胞中都表达，约占所有转录基因的 3%。另一类是赋予细胞特异性形态结构和功能的组织特异性基因（tissue-specific gene），占所有转录基因的绝大多数（97%）。管家基因一般都在细胞分裂的 S 期早期就开始复制，而组织特异性基因在 S 期复制的早晚取决于是否在此类细胞中有表达，如果细胞表达这类基因，那么会在 S 期早期开始复制，而如果细胞不表达这类基因，则会在 S 期晚期复制。

细胞分化的过程中，不同细胞类型需要不同的功能基因表达来执行特定的生理功能。不同基因的选择性表达依赖于特定的转录因子和相关蛋白的调控。一些转录因子能够与 DNA 上的特定区域结合，启动或抑制基因的转录过程。在细胞分化的不同阶段，这些转录因子和其他调控蛋白的组合方式和活性会发生变化，从而导致基因的选择性表达。正是由于基因选择性表达的存在，保证了不同细胞类型具有特定的形态和功能。

（二）细胞分化的时间和空间特异性

细胞分化是在空间和时间上通过严格而精密的基因表达调控实现的，未分化细胞经过一系列特定的时间和空间调节，逐步转变成具有特定功能和形态的成熟细胞的过程。时间特异性指的是不同类型的细胞在分化过程中所经历的时间长短和顺序上的差异。这种特异性反映了细胞分化过程中的动态性和复杂性。空间特异性则指细胞在分化过程中所处的特定组织或器官环境对其分化方向和细胞命运的影响。这种特异性反映了细胞分化过程中外部环境对细胞命运决定的重要性。

细胞分化的时间特异性是细胞发育中不可或缺的重要特征。在细胞分化的过程中，时间的流逝不仅意味着分化的持续进行，还反映了细胞内部和外部环境因素的动态调节。首先，细胞分化的速度因细胞类型而异。有些类型的细胞可能以令人瞩目的速度分化，如白细胞在免疫反应中的迅速增殖和分化，而其他细胞则可能需要更长的时间来完成分化，如肌肉细胞或神经元。这种差异源于细胞特定的基因表达模式和功能需求。其次，分化过程中的时间特异性还表现在不同分化阶段的持续时间上。细胞往往会经历一系列阶段性的变化，每个阶段具有特定的细胞形态和功能。例如，胚胎发育过程中，原始胚层细胞经历一系列分化和定向移动，最终形成特定的组织和器官。最后，外部环境和调节因素也在细胞分化时间特异性中发挥着重要作用。细胞受到周围环境的信号和分子调控因子的影响，从而影响其分化速度和方向。这种时间特异性反映了细胞发育过程中的动态变化和复杂调节。

细胞分化的空间特异性在生物体内广泛存在，并且对于生物体的正常发育和功能维持至关重要。在多细胞生物的组织和器官中，细胞的空间排列和分布往往与其功能密切相关。一个典型的例子是多层上皮组织。在这样的组织中，基底层的细胞往往是干细胞或未分化的细胞，它们通过细胞分裂不断增殖，并且具有自我更新的能力。而上层的细胞则逐渐向外分化，最终形成不同的细胞类型。在皮肤组织中，基底层的细胞可能分化为角质细胞，形成角质层，起到保护和防水的作用。而在消化道黏膜中，基底层的干细胞则分化成不同的消化道细胞，如吸收细胞、分泌细胞等，以完成消化和吸收的功能。细胞分化的空间特异性还在胚胎发育过程中发挥着关键作用。胚胎发育是一个高度有序的过程，其中包括了细胞分化、迁移和器官形成等一系列复杂事件。这些过程受到胚胎体内外环境的精确调控。通过细胞间信号通信、细胞外基质的支持和生长因子的影响，胚胎中的细胞得以在特定的位置和时机发生特定的分化事件，最终形成心脏、肺部、神经系统等不同器官。

二、细胞分化的内外调控因素

（一）细胞分化的内在调控

内在调控是影响细胞分化的重要因素之一，包括细胞的代谢水平、DNA 和 RNA 含量、蛋白质合成等方面。不同的细胞内在因素可以调控不同的基因表达，从而控制细胞分化。在多种生物体中，影响细胞分化的内在因素可溯源至单细胞受精卵时的细胞质作用。受精卵的细胞质具有不均匀性，内含不同的细胞器和分子，包括多种由母源基因产生的 mRNA 和蛋白质。这些区域性分布的母源基因产物，在受精后通过级联反应，激活或抑制合子相应的基因表达，从而进一步导致裂隙基因、成对规则基因和体节极性基因等合子基因表达的区域化。这一过程决定了果蝇胚胎的前后轴、背腹轴和体节的形成，确保了在早期胚胎发育中各细胞拥有不同的命运。

人体中有 200 多种的细胞，如果每种细胞分化需要一种调控因子，那将存在 200 种以上调控蛋白。然而，实际上只有少量调控因子启动了众多特异细胞类型的分化。这就是组合调控（combinatory control），是多种调控因子共同作用于目标基因，通过协同或竞争性相互作用，调节基因的转录水平。理论上，如果调控因子的数目是 n，则其调控的组合可以启动分化的细胞类型为 2^n。举例来说，如果有 3 种调控因子（调控蛋白 1/2/3），则其组合可以调控产生 8 种不同类型的细胞（图 11-5）。

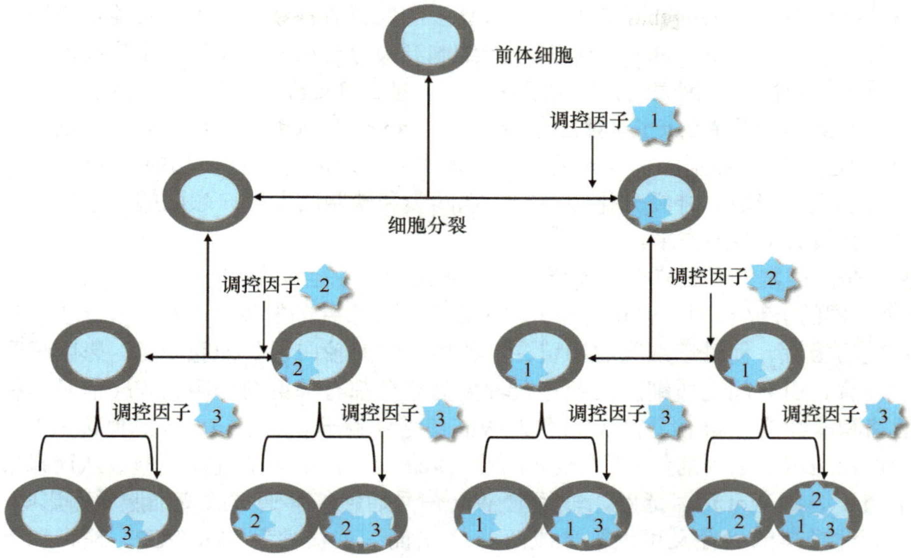

图 11-5 组合调控的作用机制示意图

组合调控中各类调控蛋白在启动细胞分化中的作用往往不是均等的，存在一两种起决定作用的调控蛋白，编码这些蛋白的基因称为主导基因（master gene）。有时候，仅单一主导基因的表达就能启动整个细胞的分化过程。而且，某种关键性基因不仅可以将一种类型的细胞分化成另一种类型，通过对其他调节蛋白的级联启动甚至可以诱发整个器官的形成。这种调控方式是一种生命体内高效而经济的细胞分化调控机制。

miRNA 也是细胞内调控基因表达的重要分子，其可以通过与转录因子和染色质修饰酶等在特定的组织或细胞类型中共同作用，形成复杂的调控网络，从而决定特定基因在特定组织中的表达模式。例如，转录因子可以结合到基因启动子区域，并招募其他调控因子，如组蛋白修饰酶，共同调节基因的表达。而 miRNA 则通过对靶基因的 mRNA 进行靶向调控，进一步调节基因的表达水平。通过精密地调节多种调控因子的相互作用，细胞能够实现特定基因在特定组织中的精确表达，从而实现组织的特异性功能和结构。

（二）细胞分化的外源调控

细胞分化并不仅仅是内在调控的结果，它还受到外部环境的强烈影响。细胞间通信是影响细胞分化重要的外源调控方式。细胞间通信经常通过生长因子、激素和细胞因子等信号分子进行，这些分子可以影响接收信号的细胞的行为和命运，影响细胞分化。细胞之间的信息传递发生在邻近细胞之间，称为近分泌信号传递（juxtacrine signaling），而通过分泌到细胞外机制的蛋白质进行远距离的信号传递称为旁分泌信号传递（paracrine signaling）。大多数旁分泌因子根据其结构，可以被归类为四个主要家族：成纤维细胞生长因子（FGF）家族、Hedgehog 家族、Wnt 家族和转化生长因子-β（TGF-β）超家族。以下简单介绍前 3 个家族。

FGF 家族包括 20 多个成员，并且 FGF 的基因在不同组织中通过改变 RNA 剪接或起始密码子能产生几百种蛋白异构体。FGF7 又称角质细胞生长因子，在皮肤发育中起到关键作用。FGF8，对体节分节、肢发育和晶状体诱导至关重要。FGF 通过激活一组称为成纤维细胞生长因子受体（fibroblast growth factor receptor，FGFR）的受体酪氨酸激酶而发挥功能。FGF 也能激活 JAK-STAT 级联反应，这对血细胞分化和调节胎儿的骨生长等起关键作用。FGF 的突变与很多骨骼畸形综合征相关，包括头、肋或肢软骨不能生长或分化的一些综合征。

Hedgehog 家族成员能够在胚胎中通过一些信号转导途径诱导产生特定的细胞类型，以及通过其他方式影响细胞命运。Hedgehog 信号能调节众多的发育事件，而这种多功能性是因为它们以形态发生素的方式起作用。Hedgehog 蛋白从一个细胞源头分泌出来，呈现一个空间的梯度，以不同的阈值浓度诱导差异性的基因表达，产生各种细胞特征。Hedgehog 信号主要的转导途径是通过与受体 Patched 结合后，解除 Patched 对信号转导蛋白 Smoothened 的抑制，然后 Smoothened 将 Ci/Gli 从微管释放出并进入细胞核，入核的 Ci/Gli 将作为转录激活物行使功能。Hedgehog 信号途径在脊椎动物肢的图式形成、神经分化和寻径、视网膜和胰腺的发育、颅面的形态发生，以及很多其他过程中都有极其重要的作用。

Wnt 蛋白是一类富含半胱氨酸的糖蛋白，在脊椎动物中至少有 11 个保守成员，在人类中更是有多达 19 个不同的 *Wnt* 基因。Wnt 同样参与了众多发育事件的发生。例如，Wnt 蛋白对建立昆虫和脊椎动物肢的极性、促进干细胞的增殖、沿各种组织的轴向调节细胞命运、影响哺乳动物泌尿生殖系统的发育、引导间充质细胞的迁移及轴突的寻径都有关键的作用。Wnt 信号途径包括经典 Wnt 信号通路和非经典 Wnt 信号通路。经典 Wnt 信号依赖于 β-catenin，因此也称为 Wnt/β-catenin 途径，这个途径通过一系列的信号转导事件激活 β-catenin 转录因子进入细胞核从而调节特定基因的表达。不同于经典 Wnt 信号通路，非经典 Wnt 信号通路能够通过改变细胞质而影响细胞功能、形态和行为。非经典的途径又可以被分成两种：“平面细胞极性”（Wnt/PCP）途径和“Wnt/钙离子”（Wnt/Calcium）途径。Wnt/PCP 途径主要调节肌动蛋白和微管细胞骨架，影响细胞形态和运动。Wnt/钙离子信号途径能够引发细胞内储存的钙离子的释放，而被释放的钙离子可以作为一个重要的第二信使调节很多下游靶点的功能。

三、细胞分裂、迁移和分化

（一）细胞分裂与分化

多细胞生物从一个受精卵发育成由亿万个细胞构成的生物体，必须通过细胞分裂和细胞分化才能实现。细胞分裂是细胞分化的基础，分裂和分化共同完成生物体正常的生长发育。原始细胞分化为特化细胞的过程中，增殖能力通常受到越来越多的限制，最终导致其永久性退出细胞周期。大多数细胞遵循一个渐进的特化过程，最后一步是终末分化。为了确保在适当的时间产生适当数量的分化细胞，需要精确调节终末分化细胞。

近年来研究发现，有些终末分化的细胞仍然存在增殖能力，如平滑肌细胞和肝细胞能够继续分裂产生与亲代相同的细胞类型，这可能与细胞记忆有关。细胞记忆可能通过两种方式实现：一是正反馈途径，即细胞接受信号刺激后，激活转录调节因子，该因子不仅诱导自身基因的表达，还诱导其他组织特异性基因的表达。二是染色体结构变化（DNA 与蛋白质相互作用及其修饰）的信息传到子代细胞，如两条 X 染色体中，其中一条始终保持凝集失活状态并可在细胞世代间稳定遗传。表观遗传学的研究结果发现染色质构象的改变及 DNA 与组蛋白的化学修饰在细胞增殖中具有重要作用，显然，这与细胞的记忆有密切的关系。

调控细胞周期阻滞和细胞分化之间的时间耦合对生物的正常生长发育、对组织结构的稳态和功能至关重要。周期蛋白依赖性激酶（CDK）是细胞分裂周期的主要调控因子。在细胞 G_1 期，由胞外信号和胞内信号共同调控的 cyclin-CDK 复合物的活性高低对细胞周期的起始和停止起到关键作用，这可能会影响细胞增殖和分化。早期对胚胎癌细胞（P19 细胞）的研究表明，细胞分化可以在 G_1 期，而非 S 期被诱导。因此，对 G_1 期长度的控制被认为是一种细胞分化的调节机制。在包括果蝇、蛙和斑马鱼等许多动物的早期胚胎中，未分化的细胞经历了快速的细胞分裂，几乎没有 G_1 和 G_2 期。在哺乳动物胚胎发生过程中，植入前胚胎的细胞周期在进入囊胚期后明显变短。同样，从着床前胚胎的内细胞群中获得的胚胎干细胞具有较短的 G_1 期，约为 2 小时。而对人和小鼠多种胚胎干细胞群的研究证实，具有最短 G_1 期的干细胞处于原始态。与之相反，当小鼠大脑中的神经干细胞和祖细胞在发育中从对称扩增分裂（symmetric amplifying division）转变为神经源性分裂（neurogenic division）时，G_1 期的时间从大约 3 小时增加到 12 小时。细胞周期的调节因子直接或间接地参与了细胞分化的调控。细胞周期正调控因子抑制细胞分化，相反，细胞周期负调控因子促进分化，尤其是来自 CIP/KIP 家族的 CDK 抑制因子对于调节细胞周期退出和细胞分化起到关键作用（图 11-6）。

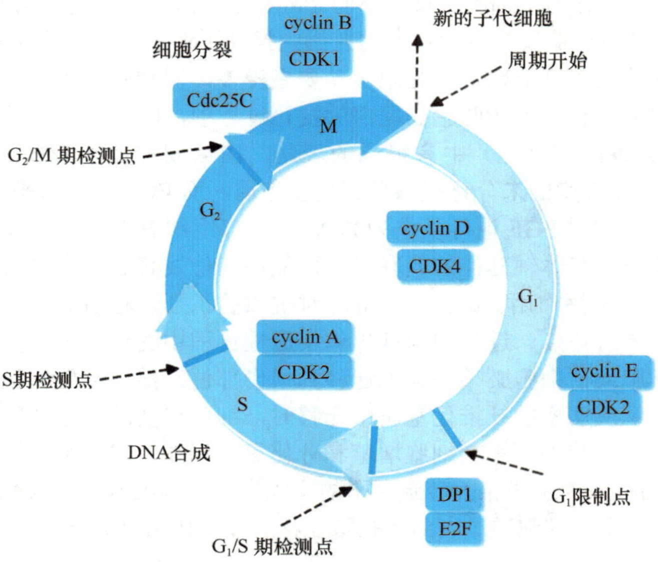

图 11-6　细胞周期及其相关调控

（二）细胞迁移与分化

细胞迁移（cell migration）也称为细胞爬行、细胞移动或细胞运动，是指细胞在接收到迁移信号或感受到某些物质的梯度后而产生的移动。细胞迁移是正常细胞的基本功能之一，是机体正常生长发育的生理过程，也是活细胞普遍存在的一种运动形式。细胞迁移普遍存在于动物体内，如在神经系统发育过程中，神经嵴细胞从神经管向外迁移（图 11-7）；在发生炎症反应时，中性粒细胞向炎症组织迁移。

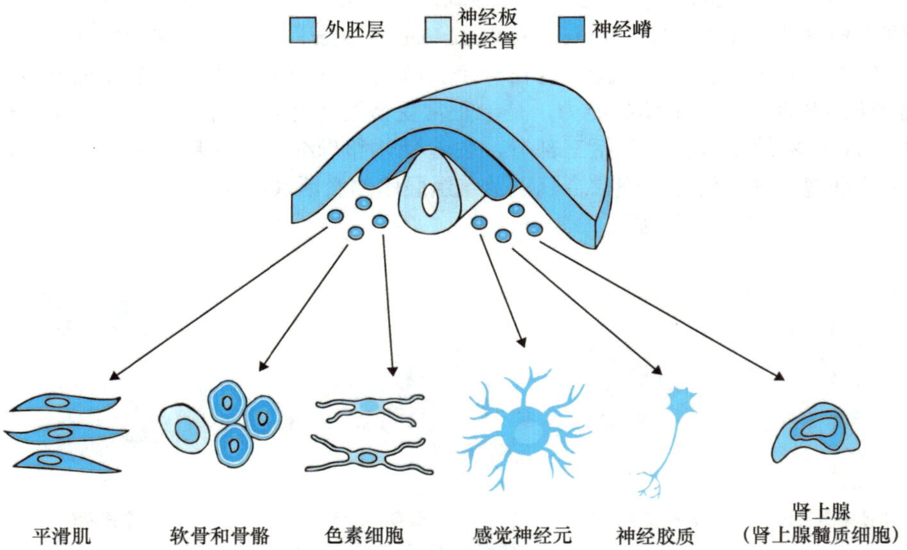

图 11-7　神经嵴细胞迁移和分化

细胞迁移是通过胞体形变进行的定向移动，这有别于其他运动方式，如扩散移动和纤毛运动。细胞迁移受到包括化学和物理条件、周围细胞外基质的弹性和刚度等因素的影响。许多细胞具有向刚度更高的底物迁移的趋势，这种特性对生物体发育和癌细胞侵袭都有重要影响。细胞迁移可以分为单细胞迁移和集体迁移（collective migration）。单细胞迁移与生物体发育、免疫监视和癌症转移密切相关。集体迁移与单细胞迁移的不同之处在于，细胞迁移时保持连接，形成迁移队列。体内细胞群的集体迁移在胚胎发生过程中尤为普遍，推动了许多复杂组织和器官的形成。

细胞迁移虽然在移动速度上比其他细胞运动要慢得多，但却是胚胎发生、免疫反应和损伤痊愈等生理活动所必需的。脊椎动物胚胎在尾部的发育过程中，FGF 信号分子在胚胎后部前体节中胚层（presomitic mesoderm，PSM）中有很强的表达，由后向前逐渐减弱，形成一个浓度梯度。FGF 对于维持后部 PSM 细胞的未分化状态具有重要作用，而 FGF 表达水平的降低是前部 PSM 进入成熟程序所必需的。同时 FGF 也可以作为 PSM 后尾部组织者细胞向前迁移的趋化因子，促进尾部延伸。这种细胞分化和体轴延伸的偶联机制可能在其他发育过程中同样发挥关键作用。生物体内 T 细胞在局部区域发挥作用，因此，T 细胞对抗原的识别、随后的自身活化和分化及其在感染控制、肿瘤根除、自身免疫、过敏和同种异体反应性过程中的作用与自身迁移密切相关。对于许多实体组织，干细胞或祖细胞必须物理地迁移到损伤部位，然后起始增殖和分化以进行组织再生。当细胞在致密组织或病变的纤维化基质中迁移时，细胞形变总会导致细胞核扭曲，而这种扭曲可能会影响细胞的生理状态，影响细胞增殖和分化等。例如，成肌细胞通过小空隙迁移时会引起核破裂、DNA 损伤和肌肉生成相关转录因子的错误定位，导致其肌肉分化能力严重受损。与成肌细胞不同，骨髓间充质干细胞通过高曲率孔隙迁移后成骨作用显著增加。

第三节　细胞命运的重编程与转分化

一、细胞命运重编程和诱导多能干细胞

（一）细胞核移植和克隆技术

在动物的早期胚胎发育过程中，具有全能性的受精卵经过一系列程序性的调控发育至各个阶段的胚胎乃至动物个体。多细胞生物个体的细胞在发育过程中命运被逐渐决定，通过一系列动态调控机制维持稳态，不同类型分化细胞之间的转化在自然条件下极少自发发生。然而，利用人工技术，可以覆盖细胞分化状态的“记忆”并强制从一种分化细胞切换到另一种完全不同的细胞。其中，体细胞核移植技术 SCNT（somatic cell nuclear transfer）是最早发现的能够逆转细胞命运的人工技术。SCNT 又称克隆，主要操作为在一个去核的卵母细胞内注入一个体细胞核，这个重构胚通过激活获得发育成动物个体的能力，是除正常受精发育之外，可以实现细胞全能性的另一获得方式。SCNT 技术的核心主要包括三部分，去除受体卵母细胞或受精卵的遗传物质，注射供体细胞核或供体细胞与去核受体细胞融合，以及重组胚胎的激活（图 11-8）。

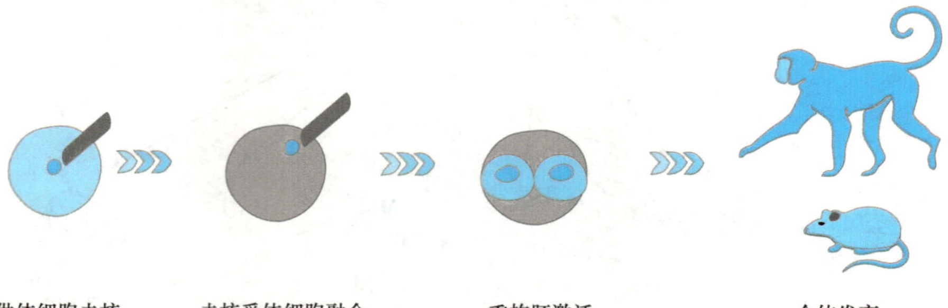

图 11-8　体细胞核移植技术过程

供体细胞核的核膜在进入去核卵母细胞后迅速破裂，形成浓缩染色体，这个过程被称为染色体超前凝聚（prematurely chromosome condensed，PCC），是由卵母细胞的细胞质中的 M 期促进因子 MPF（M-phase promoting factor）介导的。PCC 过程是 SCNT 胚胎重编程所必需的，而 MPF 是卵母细胞中最重要的胞质影响因子，其活性在卵母细胞减数分裂的 MⅠ期和 MⅡ期达到峰值。在 SCNT 受体细胞的选择上，因为 MⅡ时期卵母细胞中高水平的 MPF 可以有效介导供体细胞核发生 PCC，所以采用 MⅡ时期的卵母细胞，而原核期合子的 MPF 活性因受精或胚胎激活已经开始快速下降。随着受精正常进行，精子携带的磷脂酶 CZ1 通过引发卵母细胞胞质内的钙离子振荡，同时伴随 MPF 失活，使卵母细胞活化并起始后续发育。

在正常受精的合子中，来自精子和卵母细胞的两个核分别称为父本和母本原核，原核的一个独有之处是体积较大。哺乳动物合子形成初期，卵母细胞和精子的转录都是沉默的，随后合子基因组逐渐开始转录的过程称为合子基因组激活（zygotic genome activation，ZGA），这一过程伴随着母源 RNA 的快速降解以及合子 RNA 的大量合成。小鼠的 ZGA 起始于 1-细胞胚胎的 S 期，在 2- 细胞时期达到顶点。在 SCNT 胚胎中，供体细胞基因组在 G_1 期形成核膜进而形成假原核，根据 PCC 染色体的随机分布情况，SCNT 胚胎通常形成一个或两个假原核。与正常胚胎的原核一样，SCNT 胚胎假原核的体积也比供体细胞核大得多。尽管 SCNT 胚胎的 DNA 复制及 ZGA 动态变化与正常胚胎相似，但是每个 SCNT 胚胎 DNA 起始复制的时间是不一致的，并且 SCNT 胚胎中很多基因在 ZGA 期间不能被有效激活。

1997 年，英国科学家伊恩·维尔穆特（Ian Wilmut）将处理过的成年羊乳腺上皮细胞与去核的卵母细胞融合，获得了克隆动物明星“多莉”羊，首次证明克隆技术可以应用于哺乳动物。在后来的二十多年，通过 SCNT 技术成功获得多种克隆哺乳动物。但是，在 SCNT 技术的实际应用中仍然存在一些障碍，主要表现为几乎所有物种的克隆效率都很低、克隆胚胎的胚外组织发育异常，以及克隆动物出生后出现免疫缺陷甚至早期死亡等异常。2018 年，得益于前期体细胞重编程机制的研究成果，中国科学院神经科学研究所孙强与刘真发现了体细胞克隆胚胎发育的主要障碍——克隆胚胎基因组上大量 H3K9 三甲基化的存在，他们利用食蟹猴胎儿皮肤成纤维细胞进行核移植，在克隆猴的过程中注射了 H3K9 三甲基化去甲基化酶 KDM4d，并同时使用了此前科学家在其他哺乳动物中使用的组蛋白去乙酰化酶 HDAC 抑制剂 Trichostatin A，成功获得了两只健康的克隆猴个体，首次利用 SCNT 技术真正意义上实现了灵长类动物的克隆。

（二）诱导多能干细胞

多能干细胞具有能够分化为生物体所有功能细胞类型的潜能。在人类等哺乳动物的自然发育过程中，多能干细胞只在胚胎发育的早期阶段短暂存在，随后它们会分化为各种类型的成体细胞。而诱导性多能干细胞（induced pluripotent stem cell，iPSC）技术是能够通过导入特定的转录因子将终末分化的体细胞重编程为多能干细胞。日本京都大学山中伸弥（Shinya Yamanaka）实验室选取了 24 个对胚胎干细胞维持重要的基因，在小鼠的成纤维细胞中分组表达，结果发现，利用逆转录病毒，同时转入 4 种基因（*Oct4*、*Sox2*、*c-MYC* 和 *Klf4*）就可以诱导成纤维细胞变成 iPSC（图 11-9）。

iPSC 细胞可以保留其原始体细胞的表观遗传记忆，并表现出其他表观遗传异常，最终诱导产生的绝大多数是始发态多能干细胞，而非原始态多能干细胞。iPSC 的发现为重编程提供了分子机制，相比于体细胞核移植，iPSC 的形成时间较长，通常需要 2～3 周，并且重编程效率低（1%～3%）。此外，原癌基因 *c-MYC* 一方面能促进细胞更新能力；另一方面却会增加 iPSC 的成瘤性，带来一定的临床风险。因此，科学家们陆续发现了一些优化改良 iPSC 的重编程方法，包括利用其他转录因子进行替代，如 UTF1 和 LIN28 等；诱导过程中在培养基里同时添加丙戊酸和维生素 C 等提高重编程效率。2013 年邓宏魁团队在培养液里添加小分子化合物便可将小鼠胚胎成纤维细胞 MEF（mouse embryo fibroblast）重编程为 CiPSC（chemically induced pluripotent stem cell），只用组蛋白去乙酰化酶抑制剂 VPA、CHIR99021、TGF-β 抑制剂 616452、H3K4 去甲基化酶抑制剂 Tranylcypromine、cAMP 抑制剂 Forskolin、EZH2 抑制剂 3-deazaneplanocin A 和维甲酸受体配体 TTNPB 七种小分子化合物进行重编程产生的 CiPSC 也具备分化至三胚层组织的多能性。2022 年彼得 · 鲁 · 冈恩（Peter Rugg Gunn）研究团队发现表观遗传复合物（PRC1.3）能够在不改变潜在 DNA 序列的情况下调节基因表达，如果没有这种复合物，经过重编程细胞就会变成一种完全不同的细胞类型，而不是始发态 iPSC。

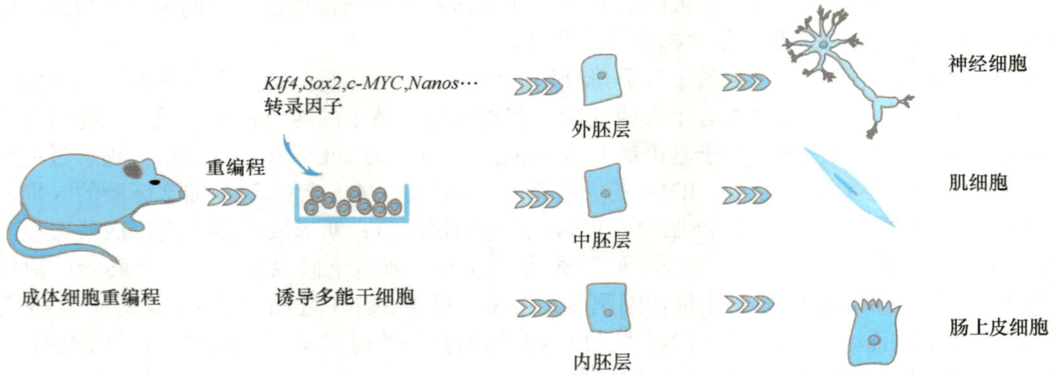

图 11-9 诱导多能干细胞技术

二、细胞命运的转分化

（一）细胞命运的转分化概述

1957 年，发育生物学家沃丁顿（Waddington）将每个胚胎干细胞比喻成每块位于山丘顶部的石头，而正常细胞的发育过程则好比是石头从山丘滚至山谷的过程。在山丘上不同的位置存在岔路，石头在滚落的过程中在不同的岔路之间做出选择，最后停在其中一个山谷之中，大理石最后的落脚处被称为细胞的“命运”。随着发育过程的推进，细胞的发育更为成熟，但同时也失去了变为其他细胞类型的能力。

细胞转分化技术是将一种类型的细胞直接重编程成另一种具有不同形态功能的细胞类型。细胞转分化技术具有不需要经过多能干细胞阶段的特点，通过基因编辑、转录因子和生长因子等方式在病变部位原位诱导病变细胞转变为有功能的靶细胞类型，最终实现细胞再生，这一特点可大大缩短病人获得治疗所需的时间，同时也可避免诱导多能干细胞本身所带来的潜在致瘤风险。同时陆续有研究报道在多种细胞类型间均实现了细胞直接重编程，如将星形胶质细胞重编程为神经细胞，将心肌成纤维细胞重编程为心肌细胞，将胚胎成纤维细胞重编程为肝细胞等。

成功构建一个细胞转分化系统，主要需要考虑以下 4 个方面的内容。第一，筛选细胞转分化的转录因子，通过比对体细胞以及靶细胞转录组的差别，从而推算重编程所需转录因子；或通过 CRISPR 激活技术（CRISPRa）对转录因子进行测试，从而找到实现有效重编程的最优组合。第二，对体细胞类型的选择。需要满足具有可塑性及在靶器官内大量存活这两个特点。第三，获得有功能的成熟靶细胞。目前，通过直接重编程获得的靶细胞，其分子学特征与体内原本存在的功能体细胞还存在一定差别。有研究表明通过模拟体内的微环境，比如 3D 培养技术或者加入某些细胞因子可以促进重编程细胞的成熟。第四，高效以及安全的递送方式。为了避免病毒载体插入基因组带来的健康风险，研究人员开发了非插入性的递送方式，比如使用 mRNA、sgRNA 等载体，来诱导细胞重编程。

（二）细胞重编程及其应用

细胞命运重编程技术除体细胞核移植和诱导多能干细胞技术外，还有细胞融合技术。细胞融合技术通过化学刺激或者电激手段，将体细胞与胚胎干细胞融合，从而获得多能性。但由于融合后产生的细胞为四倍体，往往难以应用于临床研究，因此这一技术并未得以推广。

细胞治疗是人多潜能干细胞技术中最引人注目的应用领域。近年来，通过体外对人胚胎干细胞的定向诱导分化，已成功获得了血细胞、神经细胞、心肌细胞、肝实质细胞、胰岛 β 细胞等多种人体细胞，从而为细胞治疗和再生医学的临床应用打下基础。同时，也为药物筛选和毒性评估提供了新的平台。如胰岛移植是治疗 1 型糖尿病的有效方法，但是胰岛细胞的来源问题，极大地限制了其临床应用。因此人们将人多潜能干细胞，在体外定向分化为胰岛 β 细胞，当移植到糖尿病模型小鼠体内后，血糖明显地恢复到正常值。这为 1 型糖尿病的治疗提供了一条可行的途径，相关的临床试验已开始启动。

相对于人胚胎干细胞，诱导性多潜能干细胞在临床应用中规避了伦理问题，因此有着更为广泛的应用前景。从理论上讲，可以从患者身上获取体细胞，诱导形成 iPSC 细胞，进而遵循再生医学的思路，设计出有针对性的、个体化的治疗方案。2014 年，日本笹井芳树（Yoshiki Sasai）等取患者的皮肤细胞，经细胞重编程处理后获得 iPSC 细胞，再将其诱导分化成视网膜色素上皮细胞（retinal pigment epithelium cell）用于治疗老年性黄斑变性。

如何获得功能成熟的细胞类型，是干细胞研究和应用领域中的一大难题。基于三维培养体系形成的类器官（organoid），具有更成熟的功能，成为近年来干细胞领域的重要研究手段。类器官是一种由干细胞发育而来的具有器官特性的细胞集合体，这种细胞集合体能够模拟体内的细胞分化和器官空间构成。最近十年，类器官的定义逐渐演变成在三维培养体系中，具有器官特性和空间结构的细胞群体，其主要来源于多潜能性干细胞和成体干细胞。目前，通过这种途径已经能获得多种类器官，包括肠、胃、肝、肺、肾和脑等。其中，利用人多潜能干细胞分化产生的脑类器官已初步具备不同的人脑区域，为研究神经相关疾病提供很好的模型。另外，小鼠多潜能干细胞来源的肾脏类器官，形成了肾脏三维结构，为今后获得完整生理功能以及器官移植奠定了基础。类器官不仅为干细胞研究提供了新手段，更为干细胞研究向临床转化研究向前迈进了一大步。

第四节　细胞分化异常与疾病

一、细胞的异常分化和肿瘤发生

（一）肿瘤的低分化状态

正常机体中既有新生细胞的增殖，也有衰老细胞的死亡，从而在动态平衡中维持组织与器官的稳定，因此机体中正常细胞的生长、分裂等过程都是受到严格调控的。但是肿瘤细胞的增殖是失控的，往往表现为短时间内的过度增殖和失控性生长，获得了永生化的潜力。

各种不同类型的肿瘤通常都是源于自身正常组织，即使肿瘤已经发生迁移，并在远端形成了转移灶，通常也可被溯源到肿瘤发生的最初位点，即原发性肿瘤。原发性肿瘤被认为是由单个细胞经历一些可遗传的变化而产生的，这些变化会在该细胞的子代细胞中积累，并使它们的生长、分裂和生存时间均强于邻近的正常细胞。尽管原发性肿瘤十分凶险，但它们只引起 10% 左右肿瘤患者的死亡，而约 90% 肿瘤患者最终死于肿瘤的侵袭和转移，这是由于当肿瘤细胞扩散到全身时，几乎不可能通过手术或局部放疗来根治。如果肿瘤细胞仅位于某些组织特定部位，称为良性肿瘤；如果肿瘤细胞具有浸润性和扩散性，则称为恶性肿瘤。肿瘤细胞的浸润及扩散能力和肿瘤的分化程度具有较强的相关性。

肿瘤组织在形态和功能上与正常组织的相似度称为肿瘤的分化程度。尽管肿瘤细胞已经与其发源的正常细胞在行为等方面具有了很大的差别，但是它们仍然保留了一些正常组织细胞的显著特征。肿瘤的组织形态和功能越是类似某种正常组织，说明其分化程度越高，相反，与正常组织相似性越小，则分化程度越低，而分化程度越低肿瘤恶性的程度越高。肿瘤的分化程度可以分为高分化、中分化、低分化和未分化4种，其中高分化肿瘤的分化程度较高，细胞排列整齐，异型性小，表现为与周围正常组织具有较高的相似性，有时很难区分两者之间的不同，恶性程度较低，生长速度较慢，转移速度较慢，病理表现为肿瘤周围浸润性较低，侵袭性较小，对化疗药物不敏感。而低分化肿瘤细胞明显异常，细胞形态不规则，表现为细胞排列紊乱，细胞呈多边形或者不规则形，细胞核较大，胞质丰富，出现病理性核分裂现象，与正常细胞差异较大，生长迅速，出现转移早，预后比较差，对放化疗较敏感。

（二）肿瘤的代谢及其异常分化

肿瘤发生和发展需要肿瘤细胞的代谢重编程。1921年，德国科学家奥托·海因里希·瓦尔堡（Otto Heinrich Warburg）研究发现一种奇怪现象，与正常组织相比，肿瘤细胞即使在有氧情况下也倾向于把大量葡萄糖“发酵”成乳酸，这种现象称为有氧糖酵解或Warburg效应（图11-10）。20世纪90年代，人们发现参与糖酵解的乳酸脱氢酶（LDHA）是癌基因*c-MYC*的转录靶点，这为Warburg效应提供了分子基础。此外，同期发现的PI3K、哺乳动物雷帕霉素靶蛋白mTOR和HIF的表达失调，也是肿瘤生存和生长所必需的。除Warburg效应外，肿瘤细胞还表现出了其他的代谢异常，包括增强的脂质合成、异常的氨基酸代谢和改变的乳酸代谢等。肿瘤细胞发展过程中出现的这些代谢的改变即为代谢重编程。肿瘤代谢水平的改变主要有以下6个特征：①葡萄糖与氨基酸摄取失控；②营养获取途径的投机性；③利用糖酵解/三羧酸循环的中间产物合成生物大分子与NADPH；④氮源需求增加；⑤代谢物驱动的基因表达失控；⑥代谢物与微环境相互作用。很少有肿瘤能够同时展现以上6个特征，多数仅占其中的一部分。

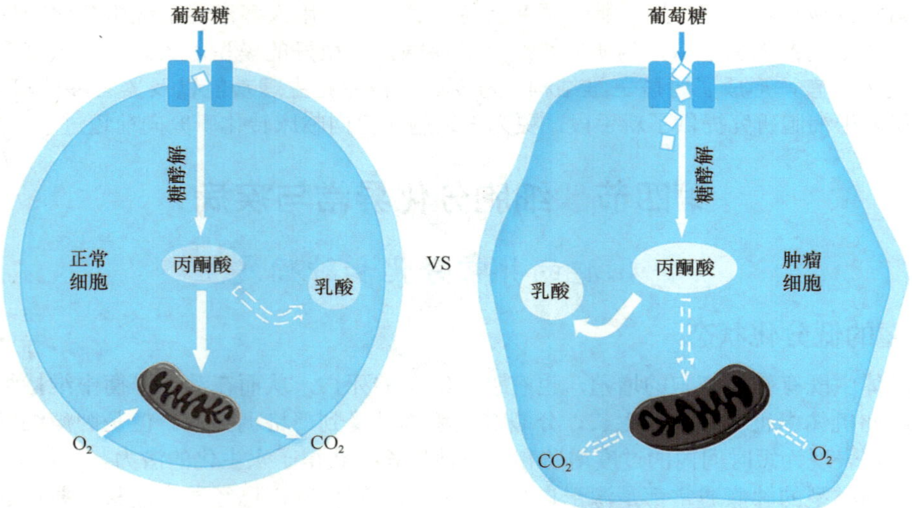

图11-10　Warburg效应

异常分化是肿瘤的基本特征之一。通常来说，干细胞的分化导致两种类型的变化：特化的、分化特异性基因产物的表达和细胞进一步增殖能力的部分或完全限制。因此，肿瘤细胞产生的另一种可能机制是通过突变使干细胞部分或完全无法分化。在绝大多数情况下，肿瘤的标志性特征是存在未成熟的干细胞和缺乏成熟的终末分化细胞。肿瘤干细胞是一小部分具有多种细胞系分化潜能的细胞。肿瘤干细胞分化和代谢的调控机制是影响肿瘤干细胞生长和死亡的重要因素。不同代谢途径的改变和调控，影响肿瘤干细胞的增殖、分化、凋亡及免疫逃逸等多种生物学行为。在很长一段时间中，人们认为肿瘤干细胞是肿瘤扩散、转移、复发的源头，终末分化的成熟细胞不会转变为肿瘤细胞。例如，很早就发现分化程度较低的成肌细胞和神经元干细胞能够转变为肿瘤细胞，而一直没有找到来自成熟的肌肉或神经细胞产生的肿瘤。但是随后的研究发现，成熟的肌肉纤维（而不是邻近的未成熟细胞）能够变成恶性的软组织癌。近期的研究也表明，成熟细胞可实现去分化，恢复成干细胞样状态，同时恢复干细胞的快速分裂能力。令人意外的是，当成熟细胞恢复成干细胞样状态时，之前分裂分化产生的突变并不会消失，而是完全累积下来，这会导致这些细胞的某些成员发展成癌前病变。

二、细胞分化和再生

（一）再生过程中的细胞去分化

生物成体丢失的组织或器官重新生长和修复的过程称为再生（regeneration）。再生的类型包括变形再生（morphallaxis）和新建再生（epimorphosis）。变形再生是指通过尚存组织重新进行模式形成和重新建立边界而进行的再生过程。而新建再生则是依靠新的生长，重新组建失去结构的过程。许多较低等的动物具有很强的再生能力，包括海绵、节肢动物（甲壳类的附肢）、棘皮动物（海参、海星）等。而具有非凡再生能力的两栖类动物蝾螈，被誉为“再生冠军”。蝾螈不仅是脚，连眼睛、大脑、心脏等器官都能自己恢复原状，还能反复再生。此外，蛙类蝌蚪的肢体和尾巴，鸟类的羽毛以及蜥蜴的尾等都具有再生能力。然而，更高等的哺乳动物再生能力十分有限，仅存在于组织水平，如骨骼、肌肉和皮肤等。而在人体中，肝脏是内脏中唯一能够进行大规模自然再生的器官。

再生的过程包括细胞去分化（dedifferentiation）和细胞再分化。去分化是指已经分化成熟的细胞，当受到创伤或进行离体培养（也受到创伤）时，已停止分裂的细胞又重新恢复分裂，细胞改变原有的分化程序，失去原有的结构和功能，变回相对原始幼稚的状态（图 11-11）。例如，血管内皮细胞去分化后，成为内皮祖细胞，成纤维细胞去分化后成为间充质干细胞等。2010 年，乔普林（Jopling）通过 GFP 标记描述了一段斑马鱼心脏再生的过程，首次为斑马鱼心脏再生过程中增殖的心肌细胞的来源提供了直接证据。令人惊讶的是，这一过程中起到主要参与作用的不是干细胞或祖细胞，而是终末分化的细胞，即终末分化的心肌细胞的增殖导致了再生心肌细胞的形成。斑马鱼心肌细胞在心脏再生过程中进行有限程度的去分化，主要特征有肌节结构的解体和彼此分离以及细胞周期进程调控因子的表达。蝾螈手臂肌肉受伤后的再生依赖于在伤口附近的肌肉细胞去分化成干细胞样细胞，然后进一步分化为各种肌肉细胞。近期研究发现，蝾螈中发出再生指令的可能是红细胞。蝾螈中含有一种其他动物没有的 Newtic1 蛋白，它能够聚集在再生部位红细胞的细胞核周围。当红细胞到达伤口后，与再生有关的蛋白进入 Newtic1 制造的颗粒中，随后将再生蛋白释放到红细胞外的特定场所，由此打开了去分化开关。在这些动物中观察到的再生现象，为我们利用去分化方式治疗和再生受损组织及器官带来了启发。去分化现象在植物中十分常见，一些分化的细胞经过细胞分裂素的诱导，可以去分化为具有再生能力的薄壁细胞，进而形成植物的愈伤组织（callus）。愈伤组织在一定的培养条件下，又再分化出幼根和芽，形成完整的小植株。

（二）再生过程中的细胞分化

再生过程中的细胞分化，包括祖细胞或干细胞分化。而再生过程中去分化细胞的重新分化，称为再分化（redifferentiation）。此外，再生过程中可能还存在转分化（transdifferentiation）现象。转分化是指细胞从一种已分化的细胞类型不可逆地转化为另一种细胞。虽然转分化在哺乳动物中很少见，但仍然有一些研究成果证实存在转分化这一过程。例如，在小鼠食管的肌肉组织中，观察到出生后早期发育中平滑肌可以转变为骨骼肌。在这个过程中，平滑肌细胞转分化成肌细胞。然后它们排列并融合形成肌管，成为圆柱形骨骼肌纤维。

在成年生物体中，细胞大多处在特化或终末分化状态，是形成复杂组织和器官的一部分，并且增殖能力受到抑制，这严重限制了再生能力。基于这种限制，在多数动物中，存在于成体特定组织或器官中具有一定分化潜能的成体干细胞或祖细胞就成为再生的关键因素。人体之所以有一定的再生能力，主要是因为内源性成体干细胞。组织、器官甚至生物体在因病理、肿瘤、先天性疾病或创伤等原因造成的严重身体伤害或损害后进行再生的过程中，涉及祖细胞或干细胞的募集、生长、增殖和分化。其中细胞分化是再生成功的关键阶段，能够避免形成纤维性修复。而对于祖细胞或干细胞分化的调控中，形态发生素（morphogen）起着关键作用。例如，间充质干细胞在培养中添加形态发生素 TGF-β，其自我更新标志物（Oct4、Stella、Nanos3 和 Abcg2）表达显著降低，而诱导了成骨分化标志物（Runx2、Opn 和 Col1）的表达。不仅如此，形态发生素对体细胞的去分化和转分化也有调控作用。研究发现从角膜到晶状体的转分化需要形态发生素 WNT 和 BMP 信号的参与。在基因表达方面，除抑制周期蛋白依赖性激酶（CDK）外，对非增殖细胞中基因表达的控制也是一种重要的细胞分化调控机制，这主要通过转录因子实现。细胞分化过程还受到细胞外基质（ECM）的调控，ECM 可以通过其中分布的多个因子影响细胞分化，包括形态发生素、生长因子和趋化因子梯度等。ECM 中的纤连蛋白、蛋白聚糖和胶原蛋白等组分对细胞分化有着直接或间接作用。胶原蛋白在成体生物肝、胰腺、乳腺上皮等组织的修复和再生过程中都存在关键调控作用。

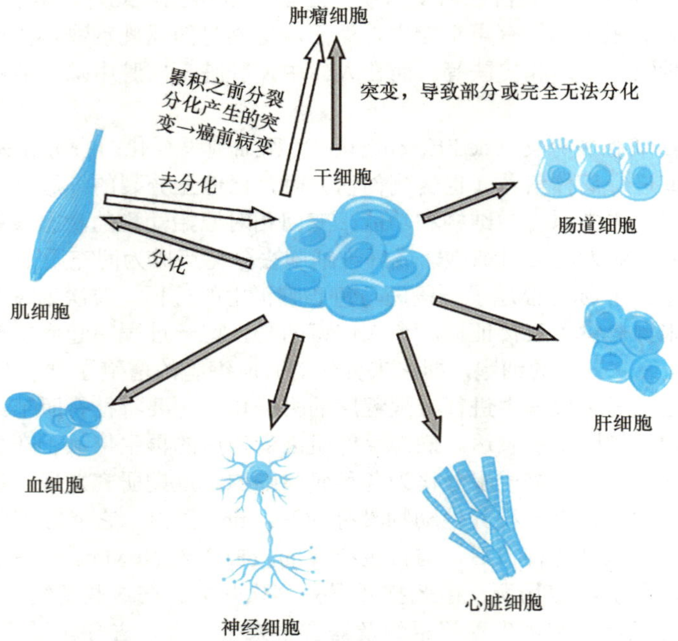

图 11-11　干细胞分化与成熟细胞去分化

总之，再生过程中细胞分化机制受到内在因素和外在因素之间的共同调控，触发信号反应并调节细胞行为以及基因表达。此外，分化过程中负责细胞行为调节的因素不仅适用于成体干细胞，对再生过程中其他类型的细胞去分化或再分化同样具有调节作用。

（徐鹏飞）

第十二章　细胞衰老与死亡的分子调控

第一节　细胞衰老的特征

一、细胞衰老的概念

（一）细胞衰老的发现

细胞衰老（cell aging 或 cell senescence）是指细胞处于一种生长停滞的稳定和终末状态。人体内存在的 200 余种不同类型的细胞，除干细胞、神经细胞和大多数的肿瘤细胞外，其余的细胞都要经历细胞衰老的过程。早在 1881 年，德国生物学家奥古斯特·魏斯曼（August Weismann）提出“有机体会走向死亡，因为组织不可能永远自我更新，而细胞凭借分裂增加数量的能力也是有限的”，但是这一观点在很长时间内，受到了以诺贝尔生理学或医学奖获得者亚历克西斯·卡雷尔（Alexis Carrel）为首的研究者们的反对，他们认为在体外培养的细胞能够永远增殖传代，之所以停止增殖是因为培养条件不适宜了。直到 1958 年，美国生物学家伦纳德·海夫利克（Leonard Hayflick）证实人成纤维细胞的复制能力是有限的，首次提出了“细胞衰老”的概念。

（二）细胞衰老与个体衰老的区别和联系

细胞衰老是与细胞增殖、分化等细胞生命活动一样，是客观存在的细胞规律。细胞衰老是指伴随生命体的进展，细胞的增殖能力和生理功能不断发生衰退的过程，衰老细胞处于生长停滞的状态并最终发生细胞死亡。对于单细胞生物来说，细胞衰老等同于个体衰老。但对于自然界存在的大多数多细胞生物，细胞衰老是个体衰老的细胞基础，参与生命体的多项生理和病理过程，例如组织损伤修复、肿瘤的发生等，并且与多种老年性疾病的发展密切相关。简而言之，个体衰老是建立在细胞衰老的基础上，每种衰老现象的发生都有其细胞学的基础，例如，神经性退行性疾病阿尔茨海默病的发生与小胶质细胞的衰老导致的 DNA 复制异常、细胞周期阻滞及星形胶质细胞的衰老基因高度表达有关。然而，个体衰老和细胞衰老是完全不同的两个概念，个体衰老是指生物体性成熟后，机体的形态结构和生理功能逐渐衰退发生老化的过程，是受遗传基因和环境调控的不可逆的生物学现象。衰老的个体并不代表所有的细胞都发生衰老，例如，70 岁老年人的生精细胞依然处于活跃增殖的阶段，细胞衰老和个体衰老并不完全同步。细胞衰老和个体衰老既有区别又有联系，因此解析细胞衰老的发生机制对于解析生命体的发展规律至关重要。

（三）Hayflick 界限

1961 年，Hayflick 首次定义了细胞衰老的现象，称为“Hayflick 界限”，Hayflick 报道的体外培养的人成纤维细胞具有增殖分裂的极限。他在研究中发现来源于胚胎的人成纤维细胞在分裂传至 50 代后，进入生长停滞的状态，而来源于成年组织的人成纤维细胞仅在体外培养 15～30 代后就出现生长停滞的现象。他们从患有早老症的儿童体内分离出成纤维细胞，发现体外培养仅能传 2～10 代。此外，Hayflick 等在研究中还发现体外细胞培养分裂的次数存在很大差异，如 Galapagos 龟的最高寿命 175 岁，其来源的细胞在体外培养分裂次数可达 100 次，而寿命仅几年的小鼠体内来源的细胞在体外培养分裂次数不超过 30 次。以上结果证实，体外培养的细胞其寿命长短与来源组织的物种、年龄及分裂能力密切相关。

（四）细胞的寿命

生物体内不同类型的细胞本身的寿命存在很大差异，其中能够保持持续分裂能力的细胞寿命较长，不易衰老，而分化程度较高缺乏继续分裂特性的细胞寿命较短，容易发生细胞衰老。根据此特性将细胞分为接近或等于动物自身寿命的细胞、缓慢更新细胞及快速更新细胞这三大类，表12-1 列出成年小鼠不同寿命细胞的特性。

表 12-1　成年小鼠各类细胞的寿命及特征

	接近或等于动物自身寿命的细胞	缓慢更新细胞（≥30 天）	快速更新细胞（<30 天）
细胞类型	神经元 脂肪细胞 肌细胞 骨细胞 胃酶原细胞 肾上腺髓质细胞	肾上腺皮质细胞 胃壁细胞 肝细胞 胰腺泡细胞或胰岛细胞 唾液腺细胞	红细胞 白细胞 角膜上皮细胞 皮肤表皮细胞 消化道上皮细胞
细胞特征	自出生后，不再分裂增殖，数量随着年龄增大而逐渐减少，体积在早期增大，但随着机体衰老，体积缩小，直至死亡	细胞寿命比机体寿命短，通常不分裂，但始终保留分裂能力	正常情况下，始终保持分裂能力

二、细胞衰老的特征

细胞衰老过程中有着显著的形态学和生化指标的改变。

（一）形态学改变

衰老细胞的形态学改变主要表现在细胞核及质膜上，细胞器同时出现异常改变，衰老细胞整体各结构呈现退行性改变。表 12-2 为衰老细胞的形态学改变。

表 12-2　衰老细胞的形态学改变

细胞器	形态改变
核	增大、染色深，核内有内含物
染色质	凝集、固缩、破裂、溶解
核膜	内陷
细胞质	空泡形成、色素沉积
质膜	黏度增加、流动性降低
线粒体	数目减少、体积增大、mtDNA 突变或缺失
高尔基复合体	破裂
尼氏体	消失
包含物	糖原减少、脂质沉积

（二）生化指标改变

1. 核酸合成及功能受损　细胞衰老发生时，最显著的特性是 DNA 复制异常受阻，转录水平普遍受抑制，但是个别基因存在异常激活，端粒 DNA 丢失，线粒体 DNA（mitochondrial DNA, mtDNA）缺失或突变，DNA 出现氧化、断裂、缺失和交联。随着年龄的增长，DNA 发生错配、异常插入或删除的现象明显增加，这是由细胞遗传机制决定的。研究发现在老年人的人体组织中，很多细胞内累积了大量的 DNA 遗传损伤，这提示如果能够找到修复 DNA 的机制，将有效改善，甚至延缓衰老进程。

2. 蛋白及酶分子的改变　细胞衰老发生时，内部代谢能力显著降低，蛋白合成含量减少，并发生糖基化、脱氨基等修饰反应，破坏蛋白的稳定性和可降解性，异常增多的自由基使蛋白质肽键发生断裂、交联变性，结构异常。酶活性中心被氧化，金属离子 Ca^{2+}、Fe^{2+} 等丢失，酶的结构、溶解度发生显著变化最终导致酶活性降低甚至丢失。但是β-半乳糖苷酶特异性增高，被认为是检测细胞衰老的特异性标志物，因此也称为衰老相关性β-半乳糖苷酶（senescence asscociated β-galactosidase）（图 12-1）。例如，人体细胞中蛋白质保持不断生成和清除的更新状态，随着年龄的增长，机体丧失了清除蛋白质的能力，导致大量无用蛋白质的异常推挤，最终诱发疾病的发生，其中阿尔茨海默病的主要诱因是淀粉样蛋白质聚集在大脑神经元细胞中，导致其丧失正常的功能，临床上表现为记忆力减退、语言功能障碍、行为异常等。

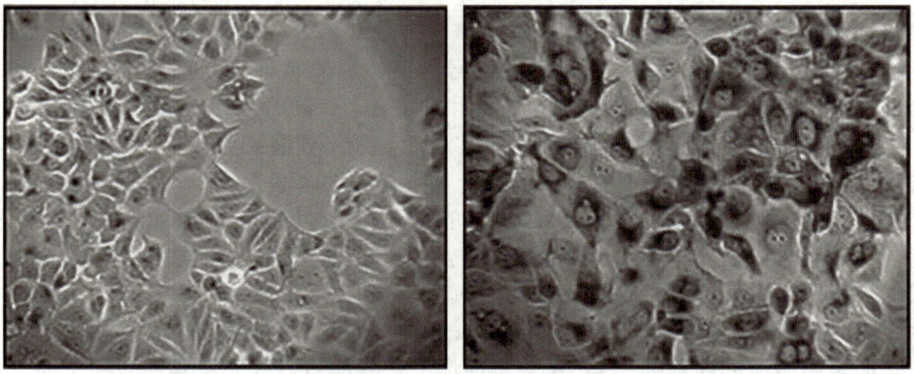

图 12-1 正常的肿瘤细胞和药物诱导后衰老的肿瘤细胞进行β-半乳糖苷酶染色 彩图 12-1

3. 脂质成分的改变 脂质在细胞膜完整性维持、能量产生及信号转导等方面发挥关键作用。细胞衰老发生时，因不饱和脂肪酸的氧化增加，导致细胞膜上脂质或脂质与蛋白之间异常交联，最终引发膜的流动性降低。

细胞衰老时，对于外界环境的适应能力和内环境稳态的维持能力降低，细胞线粒体功能紊乱，导致 ATP 生成受阻并产生大量的活性氧（reactive oxygen species，ROS），对蛋白质和脂质造成损伤，新陈代谢减缓、细胞间信息传递受阻、组织停止修复和更新，最终引发个体衰老，因此明确细胞衰老的发生及其调控机制对于延缓个体寿命至关重要。

第二节 细胞衰老的调控机制

细胞衰老是一个受到多基因和环境因素共同作用的复杂的生命过程，目前为止，尚未有任何机制能够详细地阐述细胞发生衰老的机制，且未形成统一的观点。但是随着科学的进步，有以下几种学说得到了广泛的认可。

一、遗传决定学说

（一）遗传决定学说的典型例子

遗传决定学说认为衰老是生命活动的基本现象，是遗传进化过程中的必经过程，受到生物体遗传基因组的程序性调控，控制衰老的相关基因在特定时间有序地启动和关闭。迄今为止，在人和动物体内已发现调控衰老的多个相关基因，分为衰老基因和抗衰老基因。

婴幼儿早老症［又称哈钦森·古尔福德综合征（Hutchinson-Gilford syndrome）］和成人早老症［又称沃纳综合征（Werner syndrome）］是编码衰老相关基因发生突变所诱发的人类疾病。患婴幼儿早老症的婴幼儿一出生就出现早衰的特征，表现为身体各器官发育和功能异常，生长发育明显受限，多在 18 岁之前出现死亡，研究发现该病与负责细胞核信息传递的 Lamin A 蛋白基因发生突变有关。成人早老症患者通常在青春期之前正常发育，进入青春期后迅速出现皮肤皱缩、头发花白、肌肉萎缩等现象，平均死亡年龄 47 岁，主要是参与 DNA 复制、转录、修复及重组的

WRN 基因功能缺失所致。研究发现将此类患者和正常人群的成纤维细胞同时进行体外培养，来源于成人早老症的成纤维细胞仅发生很少次数的传代后就发生细胞衰老和死亡。上述这 2 项典型例子说明细胞衰老是由遗传基因决定的。

（二）衰老基因

在衰老细胞中，我们通常能检测到衰老相关基因的表达水平显著增高，研究发现这些基因可以诱导永生化细胞使其发生衰老，敲除或丢失上述基因可使抵制细胞不再发生衰老。

细胞衰老时，DNA 损伤会诱发细胞周期阻滞，*P16* 和 *P21* 是两种经典的周期蛋白依赖性激酶（CDK）抑制因子。衰老过程中，*P53-P21* 信号通路被异常激活，阻滞 CDK 周期蛋白复合物的合成，从而抑制细胞周期基因，导致细胞周期阻滞和衰老。同时，激活的 *P21* 可诱导大量 ROS 产生，级联反应诱导 DNA 损伤，加剧 *P21* 的异常激活，最终诱发细胞衰老。*P16* 也是 CDK 抑制剂，可以抑制周期蛋白 D-CDK4/6 复合物的形成，抑制 RB 的磷酸化水平，进而促进 Rb-e2F 复合物的形成，最终抑制细胞周期基因的转录。有研究表明，*P21* 主要在衰老进化的早期被激活，而 *P16* 则维持细胞衰老。在衰老细胞内 *P16* 和 *P21* 转录及蛋白翻译水平明显增高，参与细胞周期阻滞，因此它们被用于识别器官和组织中的衰老细胞。

此外，衰老相关异染色质灶（senescence-associated heterochromatin foci，SAHF）也用于识别衰老细胞，它们是由激活的癌基因和 DNA 复制应激原诱导的衰老程序特异性的标志物。

（三）抗衰老基因

抗衰老基因又称长寿基因。研究者在果蝇生殖细胞中插入蛋白质生物合成延长因子 1α（elongation factor 1 alpha，EF-1α），发现子代果蝇的寿命时间延长了 40%，以上说明 EF-1α 为调控果蝇细胞衰老的长寿基因。有研究报道，*sgs1* 基因突变的酵母寿命明显低于野生型酵母，*sgs1* 与成人早老症的 WRN 基因同源，是保证 DNA 正确复制的必需基因，发生突变均导致细胞衰老提前出现最终导致寿命缩短。

1. *Klotho* 基因　编码 2 种类型 Klotho 蛋白，即膜蛋白和循环蛋白，主要分布在肾脏组织和大脑脉络丛，表达水平随着年龄的增长而降低，被称为“长寿基因”。研究发现 *Klotho* 基因缺陷的小鼠在出生 5～8 周龄就会出现早衰的体征，如皮肤变薄、肌肉脂肪组织流失、骨质疏松、动脉硬化、运动迟缓等，寿命缩短约 80%，过表达 *Klotho* 则可显著延长小鼠 20%～30% 寿命。

2. *SIRT1* 基因　*Sirtuins* 是在进化上保守的家族，包括 *SIRT1-7*，调控细胞代谢与氧化应激等多种生理或病理过程，其中 *SIRT1* 是最受关注的成员之一，被认为是经典的抗衰老基因。多项研究已证实 *SIRT1* 通过调控核因子 κB（NF-κB）、HIF-1α、核转录因子 E2 相关因子 2（nuclear factor erythroid 2-related factor 2，Nrf2）等下游靶基因或蛋白，抵抗氧化应激带来的细胞或组织损伤，抑制或延缓细胞衰老。研究发现，*SIRT1* 在衰老细胞中表现为其转录和蛋白水平明显降低，而缺失 *SIRT1* 基因的鼠存在胚胎发育异常。

二、复制衰老学说

（一）复制衰老学说的建立

海夫利克（Hayflick）在研究中发现将体外培养的人胚胎细胞冻存后复苏，表现为和未冻存细胞一样的增殖传代次数，这一现象说明细胞内部存在计数复制次数的机制。针对这一现象，研究者提出“端粒钟学说”（telomere clock）。

端粒是位于染色体末端的一种特殊结构，其 DNA 是由简单串联的重复序列组成。四膜虫的端粒是由 TTGGGG 重复序列组成，人的端粒是由 250～1500 个 TTAGGG/CCCTAA 高度重复序列组成。细胞分裂过程中，由于 DNA 聚合酶不能从头合成子链，复制母链 3′ 端时，子链 5′ 端与之配对的 RNA 引物被切除后会产生末端缺失，使得子链的 5′ 端随着复制次数的增加逐渐缩短。而端粒酶是一种存在于生殖细胞和癌细胞中的核酸核蛋白酶，它能够以自身的 RNA 为模板，逆转录出母链末端的端粒 DNA，从而避免了随着复制导致末端 DNA 缩短的现象。因此，在生精细胞、干细胞和大多数的肿瘤细胞中端粒酶具有较高的活性，但在正常细胞中，端粒酶处于低活性，甚至失活状态。研究者将活化的端粒酶插入正常的人成纤维细胞发现，细胞端粒不再缩短，细胞复制寿命增加了 5 倍。

1990 年，科学家首次利用人工合成的 TTAGGG 探针，测定不同年龄段的人成纤维细胞的端粒长度发现，端粒长度随着年龄的增长逐渐缩短，对于体外培养的细胞，端粒长度随着分裂次数逐渐缩短。“端粒钟学说”认为伴随着细胞的不断分裂，染色体末端的端粒结构会逐渐缩短，当缩短到一定程度时，细胞就会增殖停滞，发生衰老。因此，科学家们将这种端粒缩短诱发的细胞衰老又称为复制衰老（replicative senescence）。

复制衰老学说虽然在学术界得到了一定的认可，但是后续的研究中，科学家们发现，有些细胞在分裂过程中并不会发生复制缩短的现象，始终表达同样长度的端粒长度，但是依然在传代到一定程度时会出现细胞衰老，这说明复制衰老学说并不能解释所有衰老相关的现象。基于此，科学家们将衰老分为两大类，一类是与端粒相关的复制衰老，一类是与端粒无关的衰老，属于氧化应激诱导的非端粒依赖性衰老，又称早熟性衰老（premature senescence）。

（二）复制衰老学说的关键调控基因

端粒缩短诱发的细胞衰老与经典的抑癌基因 *P53* 有关，*P53* 通过诱导细胞发生凋亡或者生长阻滞，避免细胞因 DNA 损伤发生癌变。研究发现，DNA 损伤会诱导 P53 的表达，而端粒缩短也是一种 DNA 损伤，通过上调 P53 的表达，进一步激活 P21，抑制 CDK 活化，Rb 不能发生磷酸化，E2F 处于失活状态，导致细胞不能从 G_1 期进入 S 期，生长阻滞引发细胞衰老。研究人员发现衰老细胞中普遍存在 *P53* 的过度活化，*P53* 可能是细胞衰老的关键启动基因。

（三）端粒相关结合蛋白

端粒是位于染色体末端的一种特化的帽子状结构，由高度重复的 DNA 序列和相关的 DNA 结合蛋白构成，可为单链也可为双链结构。常见的单链端粒结合蛋白主要是端粒保护蛋白 1（protection of telomere1，POT1），能够特异性识别并结合在端粒的单链 DNA 上。双链 DNA 结合蛋白包括 TRF1 和 TRF2，TIN2 作为桥梁将两者结合在端粒的双链 DNA 上。TIN2 和 TPP1 将 POT1 与 TRF1 和 TRF2 连接起来，最终与核心蛋白 RAP1 组成复合体，称为“Shelterin 复合体”，共同维持端粒长度和结构的稳定。除此之外，科学家们还解析了 CST 复合体、RAP1-TRF2 复合体、MRN 复合体等结构，这些复合体通过与端粒酶相互作用，调节端粒稳态，影响细胞衰老进程。

三、活性氧自由基学说

有理论认为细胞代谢过程中产生的活性氧自由基造成的损伤也是引发细胞衰老的重要诱因，包括超氧阴离子、过氧化氢和羟基自由基等成分。研究发现，处于终末分化的细胞对活性氧成分尤其敏感，活性氧可以攻击各类生物大分子，如蛋白质、脂质、核酸等，还会诱发线粒体 DNA 的特异性突变。具体来说，过度累积的自由基氧化细胞膜上的多不饱和脂肪酸，破坏膜的完整性和功能；活性氧自由基还可将蛋白质的巯基氧化，导致蛋白质交联变性，直至功能丧失。老年人皮肤上的老年斑就是活性氧自由基对细胞损伤最典型的例子。

四、其他学说

此外，代谢物过度累积也会诱发细胞衰老。脂褐素的沉积是发生在哺乳动物细胞内衰老的一个重要标志物，它是由一些寿命较长的蛋白质与核酸、脂质共价结合形成的巨大交联物，主要位于次级溶酶体内。该交联物结构致密，不易水解且不易排出细胞外，阻碍了细胞正常的物质交流和信息传递，最终诱发细胞衰老，因此脂褐素的检测是细胞衰老的又一鉴定方法。

除以上学说外，还有“钙调蛋白学说”、“神经免疫网络学说”等。钙调蛋白学说，观察到在不同应激条件诱导的衰老细胞中，细胞内钙水平显著上调，主要来源于质膜钙通道的流入及内质网钙的释放，钙离子在线粒体中大量积累，诱发线粒体膜电位下降，同时产生大量的 ROS，加速细胞衰老。

第三节　细胞死亡的几种方式

一、细胞死亡的分类

细胞作为生命活动的基本单位，维持自然界各项生命活动的正常进行。与细胞增殖及分化一样，细胞死亡在调控生命体的生长发育、物质代谢及内环境稳态等方面也发挥着至关重要的作用。细胞死亡是指细胞生命活动的终止，根据死亡诱发因素的不同，细胞死亡命名委员会（nomenclature Committee on Cell Death，NCCD）将细胞分为调节性细胞死亡（regulated cell death，RCD）和意外细胞死亡（accidental cell death，ACD）。细胞在内、外环境及细胞因子的刺激下，由遗传机制调控诱导特定基因的表达并驱动细胞内“死亡程序”的发生，该过程是“主动”而非“被动”，因此将这种细胞死亡也称为程序性细胞死亡（programmed cell death，PCD）。而意外细胞死亡是指细胞受到强大的外部攻击或者自身难以承受的损伤而出现的死亡，该过程并不受到严密的分子机制调控和细胞内信号通路的应答。

细胞死亡的诱因复杂多样，所诱发的细胞死亡的形态学和生化特征的变化各有差异。细胞死亡不仅参与组织或细胞正常的生理代谢过程，也参与调控不同类型的疾病进程，如炎症、肿瘤、神经退行性变性疾病或者自身免疫病。因此，学习细胞死亡并深入解析潜在的分子机制对于明确细胞生理功能的发挥、预防疾病的发生是必要的。

二、细胞凋亡

（一）细胞凋亡的概念

细胞凋亡（apoptosis）是由基因调控的细胞进行有序自主的死亡方式，“apoptosis”来源于希腊语，“apo”意为“远离，分离”，“ptosis”意为“花瓣或树叶的脱落凋零”，目的是用来强调细胞凋亡是自然发生的生理过程。1885 年，德国生物学家瓦尔瑟·弗莱明（Walther Flemming ）首次描述了卵巢滤泡细胞死亡时伴随着染色质的水解，并将这种死亡现象命名为“染色质溶解”，但是当时并没有意识到这是一种完全不同于细胞坏死的新的细胞死亡方式。1965 年，澳大利亚病理学家约翰·克尔（John Kerr）在结扎大鼠门静脉时发现由于缺血造成肝脏局部组织中的肝脏细胞逐渐转变为小的圆形细胞团，该细胞团是由细胞质膜包裹细胞碎片形成，并将这种死亡现象称为“皱缩型坏死”。后来的研究发现，死亡细胞被组织周围的巨噬细胞吞噬，并不引起局部炎症反应，这与传统的细胞坏死截然不同。因此，1972 年，包括约翰·克尔（John Kerr）在内的 3 位科学家正式将这一死亡现象定义为细胞凋亡。

细胞凋亡普遍发生在所有动植物体内，是生命体维持正常的生理活动，进行新陈代谢，维持内环境稳定和适应外部环境的关键因素，贯穿生命的起始过程，是细胞死亡的最普遍的生理形式。

例如，蝌蚪变成青蛙的过变态过程中会伴随尾巴的消失，这一过程是在发育阶段受基因调控编码组织蛋白酶，通过水解尾部细胞促进细胞凋亡所致。细胞凋亡是胚胎发育过程中的生理现象，及时清除多余的或者已经完成使命的细胞，维持胚胎的正常发育。例如，哺乳动物发育前期手指或脚趾之间会有蹼状结构，随着胚胎发育，蹼状结构随着细胞凋亡消失，手指或脚趾会单独分开。另外，生物体内细胞数目的动态平衡，衰老细胞的清除，神经突触的连接，免疫系统的建立都有细胞凋亡的参与（图 12-2）。

一旦生物体内细胞凋亡的生理过程并未发生，则会导致胚胎畸形或疾病发生，例如新生儿蹼状指，免疫系统发育异常等。反之，细胞凋亡如果过度出现在正常细胞或组织中，同样会引发多种疾病的发生，如癌症、神经退行性变性疾病、感染或自身免疫病等，危害生物体健康。

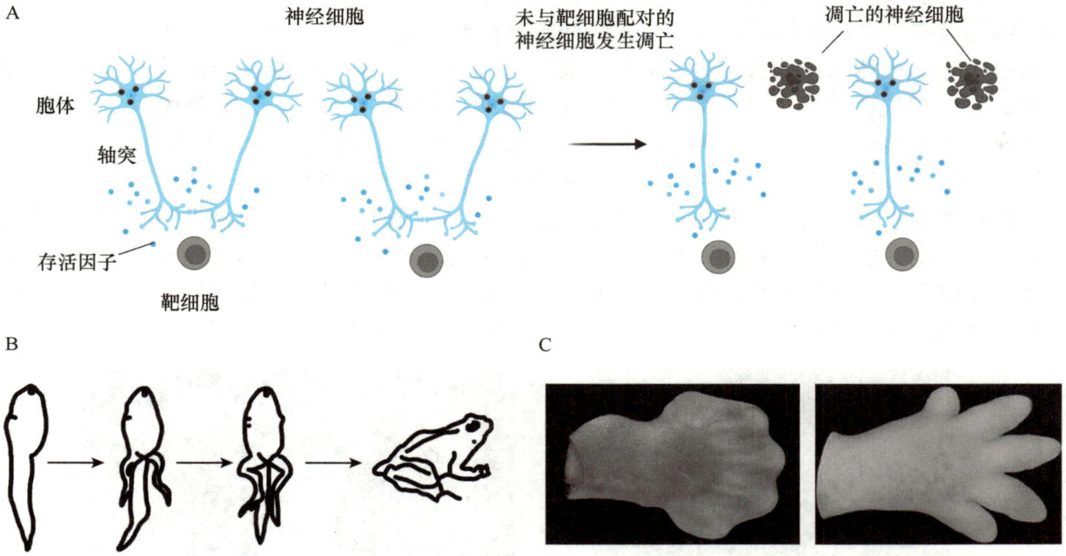

图 12-2　细胞凋亡的事例

A. 发育早期神经细胞的数量多于靶细胞数量，靶细胞通过分泌存活因子调节神经细胞的数量，未获得存活因子的细胞发生凋亡，最终维持神经细胞与靶细胞的数量相当；B. 蝌蚪向成体蛙发育过程中伴随着尾部细胞的凋亡；C. 哺乳动物在胚胎发育早期，手指和脚趾连在一起，形成蹼状指（趾），随着蹼状区域细胞的凋亡发生，形成单个分割的指（趾）

（二）细胞凋亡的特征

1. 形态学改变　动物细胞凋亡发生主要的改变是细胞体积皱缩，染色质聚集，凋亡小体出现，细胞骨架紊乱，膜泡形成（图 12-3）。

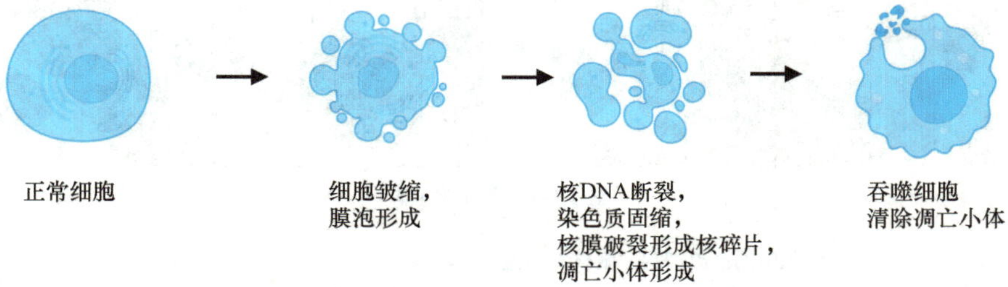

图 12-3　细胞凋亡的结构变化

（1）细胞膜改变：凋亡起始过程可能历时数分钟，在这个过程中，细胞膜依然保持完整性和选择通透性，但细胞膜原有的特化结构逐渐消失，例如微绒毛，细胞突起和细胞间连接的消失。

另外，凋亡过程中原位于细胞内侧的磷脂酰丝氨酸（phosphatidylserine，PS）外翻到细胞膜外侧，膜泡形成。

（2）细胞质的改变：细胞凋亡过程中，细胞皱缩导致细胞器发生改变，例如线粒体出现体积增大，嵴增多及空泡样改变；核糖体脱离内质网，内质网囊腔膨胀扩大，并逐渐与细胞膜形成融合，为凋亡小体的形成提供丰富的膜成分，但溶酶体结构正常。此外，由于细胞皱缩导致原本疏松有序的细胞骨架变得致密且紊乱。

（3）细胞核的改变：凋亡过程中，细胞核的变化最为显著。核 DNA 发生断裂形成大小不一的核小体片段，染色质固缩，并沿核膜分布形成新月状或花瓣状结构。凋亡后期，染色质进一步聚集时核膜破裂，最终形成核碎片或核残片。

（4）凋亡小体的形成：凋亡小体是细胞凋亡的特征性结构，光镜下多为圆形，椭圆形，大小不等。细胞质膜包裹断裂的核染色质或其他细胞器在细胞表面产生泡状或芽状突起，随后逐渐分隔脱离细胞，形成球状结构被称为“凋亡小体”。关于凋亡小体的形成机制目前有两种较为认可的说法。①发芽脱落机制：该机制认为在染色质聚集形成的大小不一的核碎片后，细胞通过发芽、起泡的方式形成球状结构的包膜突起，包裹胞质、细胞器和核碎片等内容物，即为凋亡小体。②自噬体的形成机制：该机制认为凋亡细胞中的细胞器或细胞质成分首先被内质网膜包裹形成自噬体，自噬体逐渐向细胞膜靠近并发生融合排出胞外，形成凋亡小体。此外，某些细胞在发生凋亡时，仅仅发生染色质固缩和胞质皱缩，并不会形成上述典型的凋亡小体的结构，也被称为凋亡小体。例如病毒性肝炎时，肝细胞脱水固缩，细胞质细胞核固缩消失，最后形成均一浓染的深红色圆形小体，称为嗜酸性小体，也是凋亡小体的典型例子（图 12-4）。

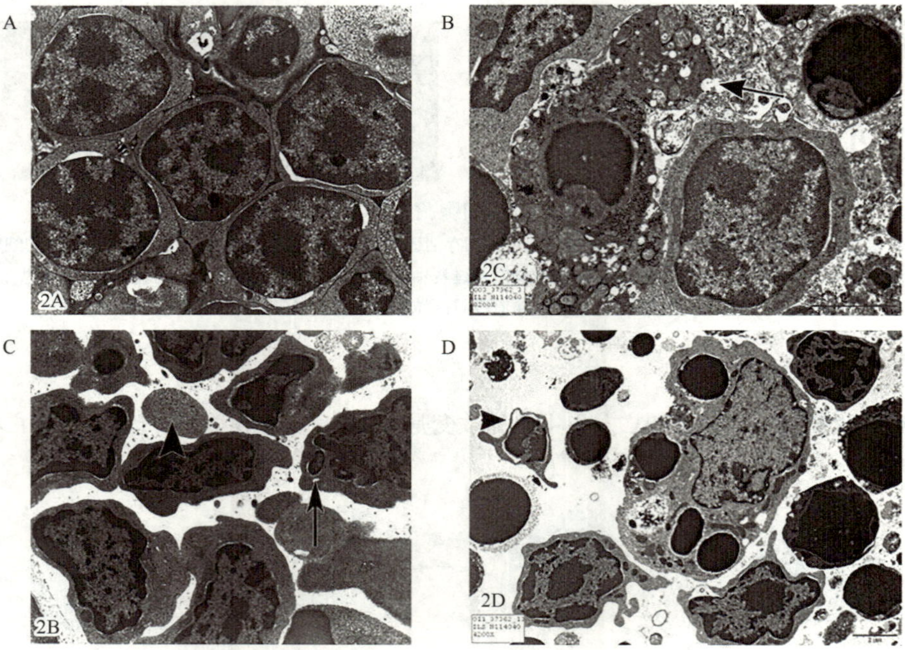

图 12-4　凋亡小体

A. 扫描电子显微镜下正常的胸腺组织中的淋巴细胞，胞核大，胞质少，染色质均匀分布在核内。B. 凋亡早期的细胞，淋巴细胞形态异常、染色质凝集并向核膜聚集。箭头所示为凋亡小体。C. 凋亡的淋巴细胞由膜包裹细胞器或细胞质形成的泡状“出芽”结构。D. 凋亡小体被巨噬细胞吞噬并清除的过程，中央位置为吞噬了多个凋亡小体的形态较大的巨噬细胞

（5）凋亡细胞的清除：在凋亡小体形成后，会被周围的吞噬细胞吞噬，并在溶酶体的作用下消化分解，此过程在半个小时或者几个小时内即可完成，整个过程不会有细胞内容物的释放，也不引发局部或者全身的炎症反应，因此从组织学层面基本观察不到凋亡现象的发生，这也是为什

么在凋亡现象发现后近一个世纪后才引起科学家关注的根本原因。

2. 生化指标改变

（1）DNA 片段化：核小体是细胞染色质的基本结构单位，每个核小体由 180～200bp 的 DNA 组成，而相邻核小体之间是以连接 DNA（linker DNA）相连，长度大小不一。细胞凋亡发生时，内源性的核酸内切酶的活性（如 DNase Ⅰ、DNase Ⅱ、Nuc-18）显著提高，特异性切割连接 DNA，形成不同长度但长度为 180～200bp 整数倍的核苷酸片段，称为 DNA 的片段化。

（2）蛋白酶活化驱动的级联反应：细胞凋亡是由多种蛋白酶参与调控的程序性细胞死亡，从凋亡的起始到后续的发生发展依赖蛋白酶的催化产生的级联反应，其中最为重要是半胱氨酸天冬氨酸特异性蛋白酶（cystein aspartic acid specific protease，caspase）家族成员。

（3）线粒体的改变：细胞凋亡主要有两种途径介导，分别是外源性途径和内源性途径，其中线粒体在内源性途径中发挥关键的调控作用。线粒体是双层膜包裹形成的细胞器，是细胞供能的主要场所。细胞凋亡发生时，伴随着一系列生化指标改变和生物大分子的合成。①在凋亡早期，线粒体膜电位下降，这一现象发生在磷脂酰丝氨酸外翻和细胞核固缩之前，被认为是细胞凋亡过程中最早发生的事件之一。②线粒体是氧化磷酸化的重要场所，凋亡发生时，呼吸链和能量代谢异常，ROS 生成增加，ATP 供应减少。③线粒体膜通透性增加，Ca^{2+}内流增加，线粒体膜渗透转变孔（mitochondrial permeability transition pore，MPTP）开放，细胞色素 c（cytochrome c，Cytc）经 MPTP 释放至胞质内，激活下游效应 caspase，产生级联放大反应，促进凋亡小体的形成。④生物大分子合成，细胞凋亡过程中，线粒体中会产生凋亡诱导因子（apoptosis-inducing factor，AIF），释放并运输至胞核内，参与染色质固缩和 DNA 片段化。此外，线粒体内膜上核酸内切酶（endonuclease）合成并释放至细胞核内，切割核小体两端使 DNA 片段化。

（4）细胞质 Ca^{2+}和 pH 改变：细胞凋亡发生时，胞质和线粒体中游离的 Ca^{2+}水平增高，降低细胞外 Ca^{2+}水平则抑制凋亡的发生，这提示 Ca^{2+}内流对于细胞凋亡是必需的。升高的 Ca^{2+}可作为凋亡启动信号，同时破坏细胞内环境稳态促进凋亡的进程。但是并不是所有的细胞发生凋亡均有 Ca^{2+}的上调，添加 Ca^{2+}螯合剂并不能阻止部分细胞凋亡的发生。另外，细胞凋亡发生时，细胞内的 pH 发生显著改变，细胞酸化是细胞凋亡的重要特征之一。例如，用地塞米松诱导巨噬细胞凋亡时，胞质的 pH 先大幅度升高，然后缓慢降低，胞质先发生酸化后逐渐碱化，细胞酸化可能启动凋亡程序，这与核酸内切酶在酸性条件下活性增高有关，而细胞碱化可能是细胞凋亡的必然结果，因此细胞内 pH 的调节与细胞凋亡密切相关。

3. 细胞凋亡的检测方法

（1）形态学观察：细胞凋亡发生时，细胞出现一系列特征性形态学改变，利用电子显微镜可观察到细胞内核膜完整，染色质高度凝聚，以新月状或花瓣状分布在核膜周围；线粒体空泡化，内质网肿胀，核小体出现等特征性改变。此外，通过染色法，例如吖啶橙、Hoechst 33342、4,6-二脒基-2-苯基吲哚（4,6-diamidino-2-phenylindole，DAPI）、吉姆萨（Giemsa）等染色细胞核，借助光学或荧光显微镜可直观观察到细胞核的改变。

（2）DNA 电泳：细胞凋亡时，核酸内切酶特异性切割核小体的两端，DNA 被降解大小不一但是 180～200bp 整数倍的寡聚核苷酸片段。因此在对凋亡细胞的 DNA 进行琼脂糖凝胶电泳时，呈现出梯状条带。值得一提的是，坏死细胞由于 DNA 断裂的随机性，在琼脂糖凝胶电泳时呈弥漫分布的连续模糊条带，因此通过 DNA 电泳可有效区分细胞凋亡和细胞坏死。

（3）原位末端标记法：正常细胞或处于增殖的细胞几乎很少发生 DNA 的断裂，而细胞凋亡时由于 DNA 的断裂，使其末端的 3-OH 发生暴露，利用转移酶介导的 dUTP 缺口末端标记测定法（terminal deoxynucleotidyl transferase，TdT-mediated Dutp nick end labeling，TUNEL）进行末端原位染色，借助荧光显微镜观察凋亡细胞。

（4）流式细胞术：是检测细胞凋亡有效简易的方法之一，不仅可以定性还可以定量观察细胞凋亡的发生。通过碘化丙啶染色细胞核 DNA，对比正常细胞的完整二倍体，凋亡细胞由于 DNA

的断裂丢失呈亚二倍体状态，流式细胞术分析发现凋亡细胞多滞留在细胞周期 G_0 或 G_1 期。此外，凋亡早期会出现磷脂酰丝氨酸的外翻，利用特异性探针进行标记可检测到处于凋亡早期的细胞。例如钙离子依赖的磷脂结合蛋白 Annexin V 特异性结合外翻的 PS，且具有极高的亲和力，通过流式细胞分析术检测早期凋亡细胞比例，该方法比 TUNEL 法灵敏性更强。

此外，针对线粒体膜电位、caspase 蛋白酶、细胞色素 c 的释放等检测方法已经运用到细胞凋亡的检测中。

三、细胞坏死

在很长的一段时间内，细胞坏死被认为是区别于细胞凋亡的，不受基因调控的被动的死亡形式。当细胞受到严重的物理、化学等外源性刺激或者内源性病理性刺激时，细胞内代谢紊乱，ATP 含量减少无法满足自身能量需求，不能维持钠-钾泵的正常运行，伴随着细胞膜通透性的增强，钠离子和水进入细胞内，K^+不能及时排出，细胞肿胀。同时，细胞内糖酵解造成乳酸增加，细胞内 pH 降低，内质网受损导致蛋白合成障碍，溶酶体受损导致大量蛋白水解酶释放至胞质内，引起其他细胞器结构进一步受损，细胞出现空泡样变，质膜最终破碎，大量的细胞内容物释放到周围组织中，引起严重的炎症反应。与细胞凋亡不同的是，在坏死过程中，细胞核 DNA 不会发生凝集，而是被随机降解，产生大小不一、无任何规律的寡聚核苷酸，在琼脂糖凝胶电泳时弥散分布，呈“拖尾”现象。

（一）坏死性凋亡的概念

随着分子生物学的研究深入，科学家们逐渐认识到细胞坏死也是一种受基因严格调控、主动的程序性细胞死亡方式。早在 1988 年，有研究报道，肿瘤坏死因子（TNF）除诱导细胞凋亡外，还可以诱导细胞坏死的发生，当时普遍认为细胞坏死是完全区别于细胞凋亡的被动死亡方式，直到 2000 年，研究发现 Fas 配体（Fas ligand，FasL）诱导的细胞坏死需要依赖受体相互作用丝氨酸/苏氨酸激酶 1（receptor interacting serine/threonine kinase 1，PIPK1），并且在 2005 年发现阻断 PIPK1 酶活性的抑制剂 Necrosatin-1 能够抑制坏死的发生，科学家将这种依赖 PIPK1 的细胞坏死称为坏死性凋亡（necroptosis），它是一种具有坏死形态学特征的程序性细胞死亡的方式。

（二）坏死性凋亡的调控机制

坏死性凋亡作为受基因调控的程序性细胞死亡，是为了防止细胞内凋亡受阻而被激活的细胞进行的主动的自我破坏过程，不依赖 caspase 活性。坏死性凋亡的发生过程主要分为以下 3 个阶段：信号触发阶段、信号传递阶段、效应阶段。

坏死性凋亡的触发因素可以是细胞内因素，例如受损的 DNA，也可是细胞外因素，常见的成员主要是肿瘤坏死因子超家族（TNF、TRAIL、FasL）、IFN、炎症诱导因子 LPS 等胞外因子，通过与位于细胞膜上的相应受体肿瘤坏死因子受体 1（tumor necrosis factor receptor 1，TNF-R1）、肿瘤坏死因子相关凋亡诱导配体受体（TNF-related apoptosis-inducing ligand receptor，TRAILR）、Fas 细胞表面死亡受体（Fas cell surface death receptor，FAS）、干扰素受体（interferon receptor，IFNR）、Toll 样受体 4（toll like receptor-4，TLR4）结合并将信号转导至胞内。例如，FasL 除诱导 T 细胞凋亡发生外，还可以诱导坏死性凋亡。

TNF-α 诱导细胞坏死是典型的坏死性凋亡模型。①复合体Ⅰ的形成：当 TNF-α 与 TNF-R1 结合后，在胞质侧招募包括 RIPK1，TNF-R1 相关死亡结构域（TNF-R1-associated death domain protein，TRADD），TNFR 相关因子 2/5（TNF receptor-associated factor 2/5，TRAF2/5）和细胞凋亡抑制因子 1/2（cellular inhibitor of apoptosis 1/2，cIAP1/2) 在内的一系列下游蛋白，形成复合体Ⅰ。PIPK1 在复合物中被 E3 泛素连接酶 cIAP1/2 泛素化，募集 TGF-β 活化激酶 1（TGF-β activated kinase 1，TAK1) 及相关蛋白，激活下游 NF-κB 及后续的炎症信号通路，促进细胞存活。②复合体Ⅱ a 的形

成：头帕肿瘤综合征蛋白（cylin-dromatosis，CYLD）或 cIAP1/2 的抑制剂 Smac 均可使 PIPK1 去泛素化，从复合物Ⅰ中脱离下来，与 Fas 相关的死亡结构域（Fas-associated death domain protein，FADD）和 caspase-8 形成复合体Ⅱa，通过诱导 caspase-8 二聚体形成促进细胞发生凋亡，在复合体Ⅱa 中，活化的 caspase-8 切割 PIPK1 和 PIPK3 进而抑制坏死性凋亡的发生，使细胞最终走向凋亡。③坏死小体的形成：当 caspase 或 FADD 缺乏或活性受到抑制时，PIPK1 和 PIPK3 通过本身含有的受体相关蛋白 1（receptor interaction protein 1，RIP1）同型相互作用基序（RIP homotypic interaction motifs，RHIM）紧密结合并发生磷酸化，227 位点磷酸化的 PIPK3 招募下游效应蛋白混合系列蛋白激酶样结构域（mixed-lineage kinase domain-like protein，MLKL），使其激酶结构域的 357 位点和 358 位点磷酸化，磷酸化的 MLKL 由单体状态转化为寡聚体状态，构象改变的 MLKL 从胞质转移到细胞膜上，与磷脂酰肌醇相互作用，增加细胞膜通透性，导致离子通道开放，大量的 Na^+和 Ca^{2+}进入细胞内，最终导致细胞膜破裂，损伤相关分子模式（damage-associated molecular pattern，DAMP）和内容物释放到细胞外，引发炎症反应。

PIPK1、PIPK3 和 MLKL 等其他组分形成坏死小体，而在该结构中磷酸化的发生对于坏死性凋亡具有至关重要的作用。抑制剂 Necrosastin-1 靶向抑制 PIPK1 激酶活性，阻断坏死性凋亡的发生，这提示 PIPK1 是坏死性凋亡调控中的关键基因，IFN 也通过 PKR-PIPK1-PIPK3-MLKL 信号通路调控坏死性凋亡，但是并不是所有坏死性凋亡的发生都需要 PIPK1 激酶的活化。研究发现，LPS 通过结合 Toll 样受体 TLR4，TRIF 与磷酸化的 PIPK3 和 MLKL 的结合诱导坏死性凋亡的发生。此外，最新研究报道，Z-DNA 结合蛋白-1（Z-DNA-binding protein 1，ZBP1）是干扰素诱导蛋白，作为双链 DNA 的感受器，诱导先天性炎症反应。ZBP1 含有 2 个 rip 同型相互作用基序（RIP homotypic interaction motif，RHIM）结构域，可直接招募 PIPK3 和 MLKL，参与病毒感染诱导的坏死性凋亡过程（图 12-5）。

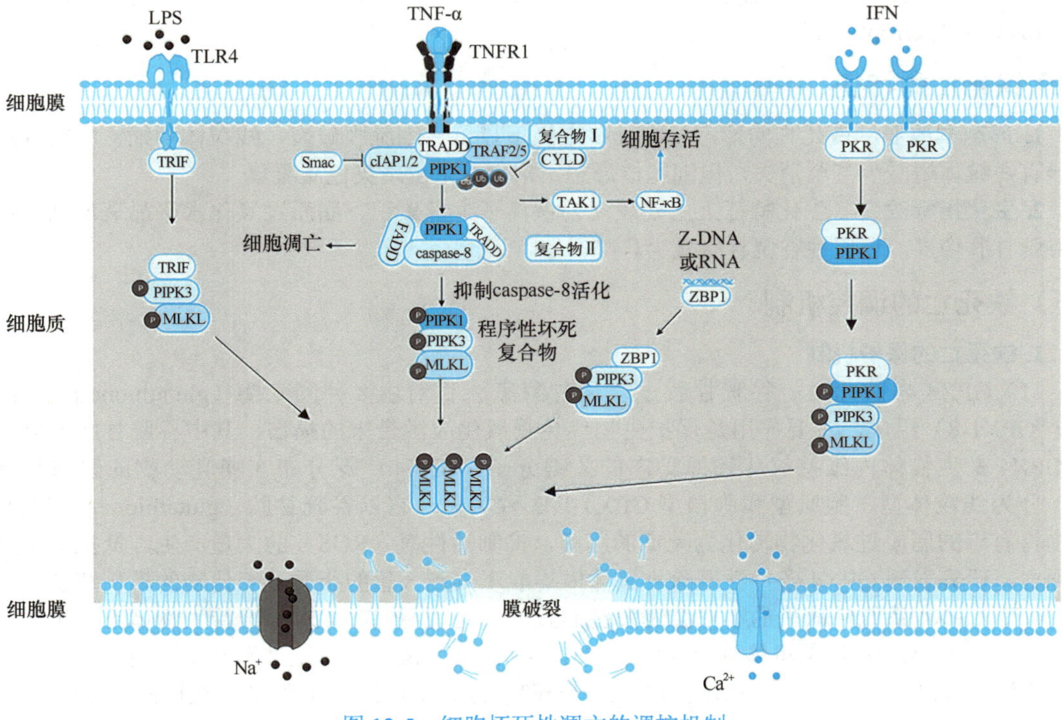

图 12-5　细胞坏死性凋亡的调控机制

（三）坏死性凋亡的检测方法

1. 形态学观察　坏死性凋亡具有细胞坏死相似的形态学改变，电镜下表现为细胞器肿胀、细胞膜破裂、细胞质和细胞核发生随机分解。

2. 标志物检测 通过免疫荧光或者蛋白质印迹实验检测坏死性凋亡的标志物，如磷酸化的PIPK1/3、MLKL，caspase-8/FADD 的活性，ZBP1 等分子，判断细胞是否发生坏死性凋亡。

此外，通过细胞活力检测、流式细胞术、荧光标志物染色等方法也能够检测坏死性凋亡的发生。

四、铁 死 亡

（一）铁死亡的概念提出

铁死亡（ferroptosis）是 2012 年由布伦特·斯托克韦尔（Brent Stockwell）实验室提出并定义的一种新型细胞死亡方式，它是铁离子依赖的脂质过氧化物过度累积而诱发的程序性细胞死亡，不同于传统的凋亡、坏死、自噬和焦亡。在铁死亡正式被定义之前，2001 年科学家们发现了谷氨酸可诱导神经细胞发生死亡，当时将这种死亡方式命名为氧化性死亡（oxytosis），与铁死亡极其相似。2001～2003 年，布伦特·斯托克韦尔（Brent Stockwell）实验室在针对 $HRAS^{V12}$ 突变的肿瘤细胞进行致死小分子化合物的高通量筛选时，发现了一种新的化合物 Erastin，可诱导非凋亡的细胞死亡并能够被铁离子螯合剂抑制。在随后的筛选工作中，他们发现小分子 RAS 选择性致死化合物 3（RAS-selective-lethal 3，RSL3）诱导的细胞死亡与 Erastin 诱导的死亡非常类似。2008 年，马库斯·康拉德（Marcus Conrad）实验室发现谷胱甘肽过氧化物酶 4（glutathione peroxidase 4，GPX4）失活通过诱导脂质过氧化引发一种非凋亡的细胞死亡，且能够被抗氧化剂 α 生育酚所抑制。此外，该实验室也提出过表达胱氨酸-谷氨酸反向转运蛋白 System X_{C^-}，向细胞内运输胱氨酸用于谷胱甘肽的合成，使细胞免受因脂质过氧化攻击而诱发的死亡。随着科学家对于这种新的死亡方式认识的加深及其调控机制的深入研究，2012 年 Brent Stockwell 实验室正式将这种新的死亡方式命名为“Ferroptosis”。

（二）铁死亡的特征

1. 形态学改变 铁死亡的形态学特征：电镜下显示，细胞膜破裂，线粒体萎缩，膜密度增高且伴有线粒体嵴减少甚至消失，但细胞核形态正常，并未出现染色质凝集。

2. 生化指标改变 生化特征上主要表现为铁离子大量累积，脂质过氧化水平显著增高，氧化性谷胱甘肽增多，还原性谷胱甘肽减少。

（三）铁死亡的调控机制

1. 铁死亡的保护机制

（1）GPX4 与铁死亡：谷胱甘肽过氧化物酶家族目前由 8 种同工酶（glutathione peroxidase 1-8，GPX1-8）组成，主要作用是保护生物体免受氧化应激带来的损伤，其中谷胱甘肽过氧化物酶 GPX4 是生物体内维持氧化还原稳态的关键分子。GPX4 广泛分布在哺乳动物的组织和细胞中，分为线粒体型、胞质型和胞核型 GPX4 共 3 种类型，它以谷胱甘肽（glutathione，GSH）为底物将有毒的脂质过氧化物转化为无毒的脂醇，抑制活性氧（ROS）的大量产生，抵抗细胞发生铁死亡。研究发现 GPX4 条件性敲除小鼠体内均能观察到大量的脂质过氧化物的累积和铁死亡的发生，而 GPX4 系统性缺失的小鼠会诱发胚胎致死，这说明 GPX4 对于维持生物体正常生理活动的进行至关重要。GSH 是机体内重要的抗氧化剂，由谷氨酸、半胱氨酸和甘氨酸组成，而细胞内半胱氨酸主要通过 System X_C-系统获得。System X_C-系统是广泛分布在细胞膜上的氨基酸转运体，是由 SLC7A11（solute carrier family 7A11）和 SLC3A2（solute carrier family 3A2）亚基组成的异二聚体，介导从细胞外摄取胱氨酸，同时排出谷氨酸至细胞外的过程。进入细胞内的胱氨酸被还原成半胱氨酸参与 GSH 的合成。铁死亡抑制剂 Erastin 通过抑制 System X_C-系统使细胞不能摄取胱氨酸，GSH 合成减少，GPX4 功能受阻，诱导铁死亡的发生。铁死亡抑制剂 RSL3 则直接抑制 GPX4 的酶活，使脂质 ROS 大量积累诱发铁死亡。综上所述，System X_C-/GSH/GPX4 信号轴是细胞发挥铁死亡抵抗作用的关键调控通路。

（2）FSP1 与铁死亡：2019 年，在 *Nature* 上背靠背发表的两篇文章同时提出了铁死亡抑制蛋白 1（ferroptosis suppressor protein 1，FSP1）是不依赖 GPX4 的保护细胞使其免受铁死亡的新蛋白。FSP1 最初被称为凋亡诱导因子线粒体 2（apoptosis-inducing factor mitochondrial 2，AIFM2），主要定位于质膜和脂滴，因与凋亡诱导相关因子 AIFM1 同序列而命名。传统研究认为的生物体内抑制铁死亡的发生主要是依赖 GPX4，虽然 GPX4 缺失会诱发细胞发生铁死亡，但是某些肿瘤细胞即使缺失 GPX4，细胞依然能够存活，这说明存在其他抵抗铁死亡的通路。马库斯·康拉德（Marcus Conrad）研究组通过在肿瘤细胞中缺失 GPX4 的情况下进行筛选，而乔斯·佩德罗·弗里德曼·安杰利（José Pedro Friedmann Angeli）研究组通过 RSL3 处理使细胞处于亚致死的情况下进行成簇规律间隔短回文重复序列-Cas9（clustered regularly interspaced short palindromic repeat Cas-9，CRISPR-Cas9）筛选，结果同时筛选到 FSP1 使细胞免于铁死亡，因此命名为铁死亡抑制蛋白 1（ferroptosis suppressor protein 1，FSP1）。两篇文章均指出，FSP1 依赖其 N 端的豆蔻酰化修饰序列定位在质膜和脂滴上，FSP1 作为黄素蛋白，具有还原型烟酰胺腺嘌呤二核苷酸磷酸 [reduced nicotinamide adenine dinucleotide phosphate，NAD(P)H] 氧化酶活性，可以催化用 NAD(P)H 介导细胞膜上还原性辅酶 Q 的生成，后者作为脂溶性抗氧化剂，能够捕获活性氧自由基，减少细胞膜上脂质过氧化物累积，从而抑制铁死亡的发生。

（3）GCH1 与铁死亡：有研究通过 CRISPR-Cas9 全基因组筛选出另外一条不依赖 GPX4 的抑制铁死亡的通路——三磷酸鸟苷环水解酶抗体（GTP cyclohydrolase 1，GCH1）。GCH1 是细胞内催化四氢生物蝶呤（BH4）的合成关键限速酶，BH4 除参与芳香族氨基酸代谢，介导一氧化氮和神经递质的合成外，还可以作为亲脂性抗氧化剂，捕获活性氧自由基，清除脂质过氧化，抑制铁死亡的发生，但这种保护作用完全不依赖于 GPX4。此外，研究者还证实 GCH1 会引起膜脂环境重塑，通过将苯丙氨酸转化为酪氨酸增加膜上还原性 CoQ_{10} 的丰度，消耗含多不饱和脂肪酸的磷脂，发挥抵抗铁死亡的作用。上述研究揭示了 GCH1/BH_4 信号通路通过两种不同的作用途径抑制细胞内铁死亡的发生。

（4）DHODH 与铁死亡：线粒体是双层膜包裹的细胞器，是细胞内重要的代谢场所，但是关于线粒体在铁死亡发生过程中的作用目前并不清楚。近期发表在 *Nature* 上的一项研究提出了不依赖 GPX4 的第 3 种铁死亡保护机制——二氢乳清脱氢酶（dihydroorotate dehydrogenase，DHODH），它位于线粒体内膜主要负责催化二氢乳清酸（dihydroorotic acid，DHO）生成乳清酸（orotic acid，OA）介导嘧啶核苷酸的合成，在此过程中，它将电子传导给线粒体内膜上的 CoQ_{10}，生成 CoQ_{10}-H_2。而在此研究中作者发现 DHODH 以一种不依赖嘧啶核苷酸合成途径的方式调节铁死亡。文中指出在低表达 GPX4 的肿瘤细胞中，DHODH 缺失可显著诱导细胞发生铁死亡，在高表达 GPX4 的细胞中 DHODH 缺失可以提高肿瘤细胞对铁死亡的敏感性，揭示了在线粒体中 GPX4 与 DHODH 组成抵抗铁死亡的两大重要防御机制，两者此消彼长，其中一条通路被抑制，细胞会自动启动另一条通路，协同抑制铁死亡。从机制上讲，DHODH 只有位于线粒体中才能发挥抵抗铁死亡的作用，且依赖于其本身的酶活性，DHODH 和线粒体的 GPX4 共同缺失会诱发线粒体上脂质过氧化物的大量募集诱导铁死亡的发生。此研究证实了 DHODH 通过将 CoQ_{10} 还原成 CoQ_{10}-H_2，与线粒体中的 GPX4 协同抑制线粒体脂质过氧化发生，这与位于胞质的 GPX4 和 FSP1 共同构成细胞内的铁死亡防御系统（图 12-6）。

2. 铁死亡的诱导机制

（1）铁离子负载与铁死亡：铁离子是人体中含量最多的微量元素，对于细胞增殖分化、DNA 合成、免疫功能的发挥等多种生理活动发挥着至关重要的作用。人体中铁的存在形式主要有两种，即二价铁（Fe^{2+}）和三价铁（Fe^{3+}）。循环中的 Fe^{3+} 结合转铁蛋白（transferrin，TF）通过转铁蛋白受体（transferrin receptor，TFRC）进入细胞内，在金属还原酶前列腺六跨膜上皮抗原 3（six-transmembrane epithelial antigen of prostate 3，STEAP3）的作用下还原性 Fe^{2+}，参与多种生化反应，一部分与铁蛋白结合形成储铁蛋白，另一部分经铁转出蛋白 Ferroportin 转运至细胞外，而多余游离的 Fe^{2+}储存在细胞内，形成不稳定铁池（labile iron pool，LIP）。研究表明在细胞中敲除 TF 或 TFRC 会抑制细胞对铁死亡的敏感性，这提示 TF 和 TFRC 在铁死亡调控中发挥关键作用。铁池中游离的 Fe^{2+}与过氧化氢发生反应生成羟基自由基等活性氧，称为芬顿（Fenton）反应。结合在膜上的 PUFA-PL 在 Fenton 反应和铁离子依赖酶花生四烯酸脂氧合酶（arachidonate lipoxygenase，ALOX）和细胞色素 P450 氧化还原酶（cytochrome P450 oxidoreductase，POR）的作用下，促进脂质过氧化的传播，诱导铁死亡的发生。综上所述，铁离子参与铁死亡是通过 Fenton 反应介导的非酶促途径和含铁酶催化的酶活途径来实现的。

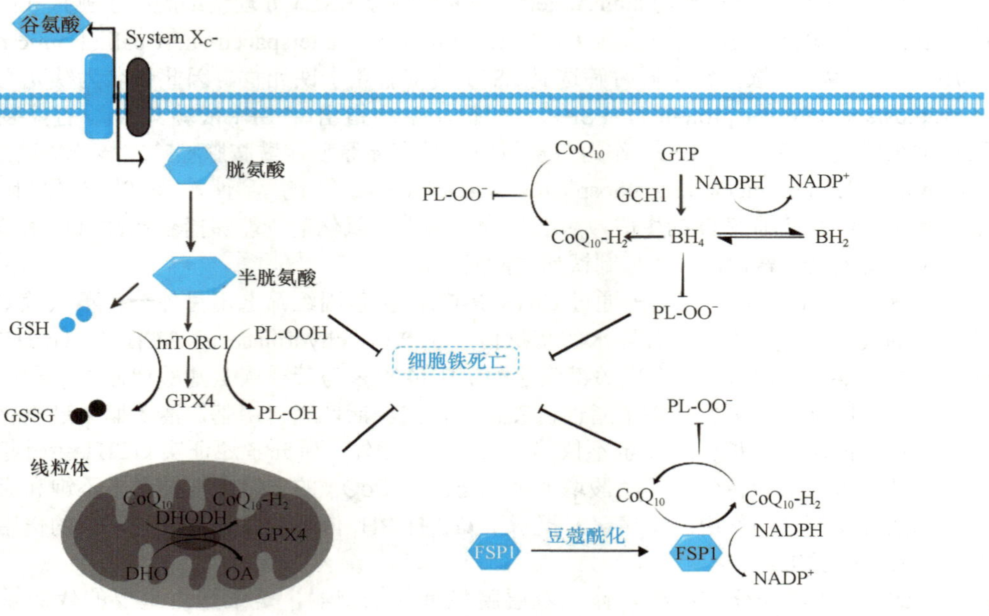

图 12-6　铁死亡的保护机制

铁稳态的维持主要是通过铁调节蛋白 1（iron regulatory protein 1，IRP1）和铁调节蛋白 2（iron regulatory protein 2，IRP2）来实现，IRP1 和 IRP2 受到介导铁储存、释放、摄取和排出等相关基因的转录后调控。研究发现铁自噬过程中，伴随着铁离子的释放，细胞更容易发生铁死亡；此外，增加铁离子的摄取也可促进铁死亡的发生。研究报道血红素加氧酶（heme-oxygenase 1，HO-1）介导的血红素降解过程，Fe^{2+}的释放促进铁死亡的发生。综上所述，铁离子稳态的打破是铁死亡的重要驱动因子。

（2）脂氧合酶与铁死亡：铁死亡的重要特征是磷脂双分子膜上脂质过氧化物大量产生，导致膜崩解而诱发的死亡。大量研究证明多不饱和脂肪酸（polyunsaturated fatty acids，PUFA）和磷脂（phospholipid，PL）是铁死亡的重要驱动力。2015 年的一项研究发现在细胞中缺失酰基辅酶 A（CoA）合成酶长链家族成员 4（acyl-CoA synthetase long-chain family member 4，ACSL4）和溶血磷脂酰胆碱酰基转移酶 3（lysophosphatidylcholine acyltransferase 3，LPCAT3）使细胞对铁死亡产生抵抗。在本身对铁死亡抵抗的细胞中过表达 ACSL4，细胞变得对铁死亡敏感，这提示 ACSL4 在细胞铁死亡可塑性调控中发挥重要作用。

马库斯·康拉德（Marcus Conrad）实验室指出，ACSL4 催化游离的 PUFA 与 CoA 生成 PUFA-CoA，后续 LPCAT3 介导 PUFA-PL 的生成并定位到磷脂双分子膜上，在一系列脂氧合酶的作用下启动后续的脂质过氧化物的大量产生，诱导铁死亡发生。因此，ACSL4-LPCAT3-脂氧合酶信号轴在促进细胞铁死亡发生中发挥关键作用（图 12-7）。

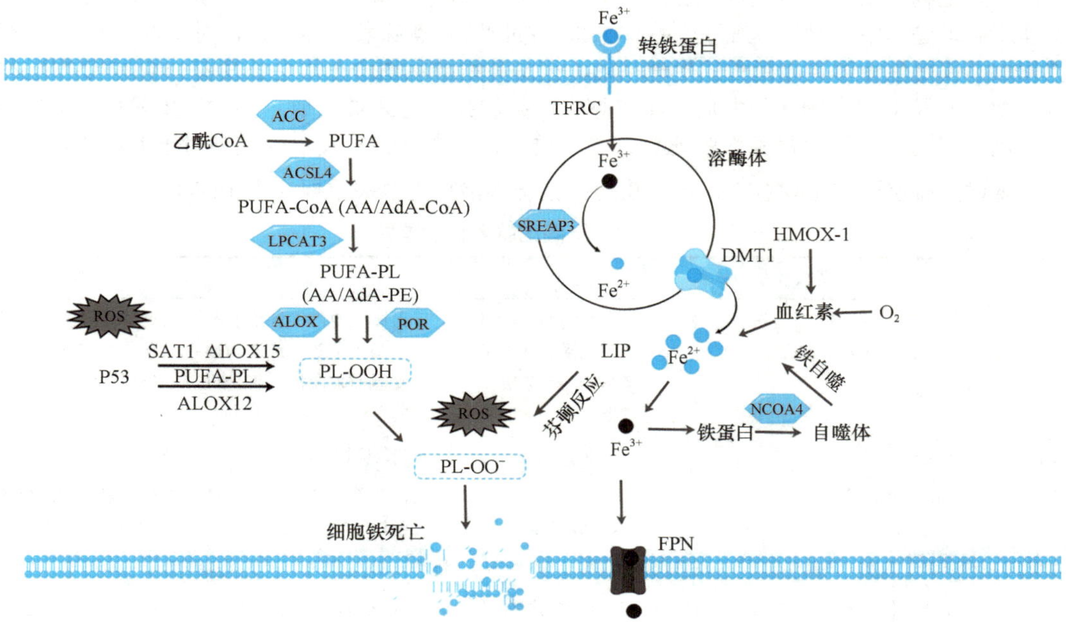

图 12-7　铁死亡的诱导机制

（四）铁死亡的检测方法

1. 形态学观察　光镜下，细胞铁死亡主要是以中心向四周传播的方式发生，形态上表现为细胞膜破裂，体积变小，呈光晕状，但是细胞核正常。电镜下还能观察到线粒体萎缩，膜密度增高的现象（图 12-8）。

2. 细胞活力检测　通过 CCK-8 检测细胞死亡情况，或者结合核酸染料绿菁（Sytox Green）标记死亡细胞借助荧光显微镜观察铁死亡发生情况。

3. 铁离子检测　铁死亡发生时，多伴有细胞内铁离子的超载，尤其是 Fe^{2+}，使用铁离子检测试剂盒检测细胞内 Fe^{2+} 含量。

4. 脂质过氧化检测　脂质过氧化是铁死亡发生的重要特征，可以借助 Bodipy C11 581/591 荧光探针检测细胞内脂质氧化态和还原态的相对水平，此外可以检测脂质过氧化过程中两个关键的副产物 4-羟基壬烯醛（4-hydroxynonenal，4-HNE）和丙二醛（malondialdehyde，MDA），上述两指标是铁死亡经典的标志物。

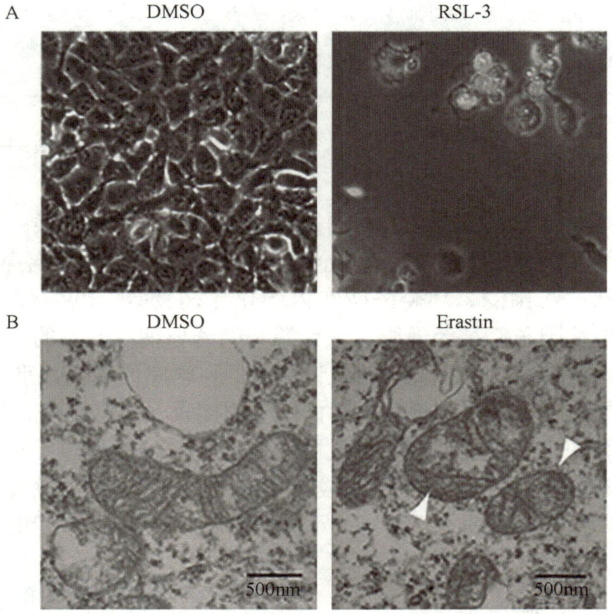

图 12-8　铁死亡的形态学改变

A. 人纤维肉瘤细胞 HT1080 经铁死亡诱导剂 RSL-3 处理后发生铁死亡，表现为细胞膜破裂、体积变小，但是细胞核正常，正常情况下，核酸染料 Sytox Green 不能通过细胞膜标记核酸，铁死亡发生时，Sytox Green 通过破碎的细胞膜进入细胞内，与核酸结合激发绿色荧光，用来标记发生铁死亡的细胞。B. 人包皮纤维母瘤细胞 BJeLR 细胞经铁死亡诱导剂埃拉斯汀（Erastin）处理后，电镜下表现为线粒体皱缩，膜密度增高

五、不同细胞死亡方式的差异

任何的生物体最终都会走向死亡，细胞作为生命体的基本单位，其死亡形式参与生命体的各项生理或病理进程中。对于单细胞生物体来讲，细胞死亡意味着个体死亡，对于多细胞生物来讲，细胞死亡不仅是生命体走向死亡的生理基础，也是其维持生物体正常生长发育、新陈代谢所必需。随着显微技术及细胞生物学的发展，越来越多的细胞死亡方式被发现，并进一步解析了潜在的分子发生机制。因此，了解每种细胞死亡方式的诱因、形态学特征及发生机制对于明确生命体的发生发展规律具有重要的生理意义，对于疾病的预防和治疗也至关重要（表 12-3）。

表 12-3　不同细胞死亡的差异

	凋亡	自噬	坏死	铁死亡
定义	由基因调控的细胞进行有序自主的死亡方式	细胞通过溶酶体和双层膜包涵、融合并降解自身物质的过程	受基因调控的程序性细胞死亡，是为了防止细胞内凋亡受阻而被激活的细胞进行的主动的自我破坏过程	铁离子依赖的脂质过氧化物过度累积诱发细胞膜崩解导致的死亡
程序性	是	是	分为非程序性和程序性	是
诱因	DNA 损伤等	营养或生长因子缺乏、氧化应激	缺氧、营养不良、物理性或化学性等病理损伤	铁离子累积或氧化还原稳态失衡
炎症反应	否	否	是	否
形态学改变	线粒体结构无明显变化，细胞核体积减小，染色质凝集，核碎裂，形成凋亡小体，细胞骨架崩解	双膜自溶酶体的形成，包括大自噬、微自噬和伴侣介导的自噬	细胞膜破裂，细胞器肿胀，染色质凝集，细胞成分外溢	线粒体萎缩、膜密度增高，线粒体嵴减少或者消失，细胞膜破裂，细胞核正常
生化指标改变	DNA 碎片、PS 外翻、caspase 切割活化，基因组 DNA 规律降解，电泳呈梯状	溶酶体活性增强	ATP 水平下降，基因组 DNA 随机降解，电泳呈涂抹状	铁离子累积、脂质过氧化

第四节　细胞凋亡的调控机制

诱发细胞凋亡的诱因很多，主要分为以下几类：①物理性因素，如温度（低温、高温）、紫外线、放疗 β 射线等。②化学性因素，包括 H_2O_2、羟基自由基和超氧自由基在内的活性氧成分，包括放线菌酮、环磷酰胺在内的化疗药物等。③生物因子，Ca^{2+}超载、细胞毒素、肿瘤坏死因子、炎症因子、神经递质、激素等均能诱导细胞凋亡的发生。

随着对细胞凋亡的认识加深，科学家们发现几乎在所有的细胞中存在类似的凋亡调控途径，主要涉及以下 4 个阶段：凋亡信号的接收、凋亡调控分子的活化、凋亡的执行及凋亡细胞的清除。细胞凋亡是基因调控的自发的细胞死亡，目前已验证有多种基因通过不同的信号通路调控细胞凋亡，其中蛋白酶 caspase 家族成员在细胞凋亡调控中发挥着至关重要的作用，不仅参与凋亡的起始阶段，还参与凋亡的执行阶段，不同的家族成员在内源性和外源性凋亡调控通路中均扮演着重要的角色。

一、*Ced* 基因和 caspase 基因家族

20 世纪 80 年代，美国科学家罗伯特·霍维茨（Robert Horvitz）在秀丽隐杆线虫（*Caenorhabditis elegans*）的研究中首次发现了调控细胞凋亡的 *ced* 基因。线虫是研究生物发育的常用模式生物，借助显微技术可追踪线虫从胚胎发育到每一个细胞定向分化的发育过程。线虫成虫的体细胞中有 1090 个细胞，在发育过程中有 131 个体细胞发生了凋亡。研究者通过分离线虫突变体发现，在所有凋亡细胞中，均有 *ced*-3 和 *ced*-4 的表达，这提示上述两个基因可能参与调控细胞凋亡过程。通

过基因突变的方式使 *ced*-3 和 *ced*-4 失活，本来应该凋亡的细胞不再发生凋亡，使其得以在成虫中得以存活，以上结果证实 *ced*-3 和 *ced*-4 基因使线虫胚胎发育早期细胞凋亡发生的关键基因。此外，*ced*-9 基因发挥与 *ced*-3 和 *ced*-4 基因相反的作用，抑制细胞凋亡的发生，当 *ced*-9 突变失活后，正常情况下应该存活的细胞发生凋亡得不到成虫，因此 *ced*-9 被称为“抗凋亡基因”。鉴于上述的重要发现，Robert Horvitz 和另外两位线虫模型的建立者悉尼·布伦纳（Sydney Brenner）和约翰·苏尔斯顿（John Sulston）共同获得 2002 年诺贝尔生理学或医学奖。目前研究已报道的与线虫凋亡相关的基因有十余种，除 *ced*-3、*ced*-4 和 *ced*-9 外，还有 *ced*-1、*ced*-2、*ced*-5、*ced*-8 和 *ced*-10 参与凋亡细胞被吞噬清除的过程。另外已鉴定出调控特定细胞的基因，*ces*-1、*ces*-2 及 *egl*-1 和 *her*-1 与线虫神经系统和生殖系统的体细胞的凋亡有关。

caspase 是位于哺乳动物胞质中具有类似的分子结构的蛋白酶类，是 *ced* 基因编码产物的高度同源物，前体蛋白都是以无活性的酶原形式存在，活性位点均包含半胱氨酸残基，能够特异性切割底物蛋白的天冬氨酸残基上的肽键，因此称为半胱氨酸蛋白水解酶。目前已发现的 caspase 家族成员有 15 种，不同的成员在细胞凋亡中发挥不同的作用（表 12-4）。根据 caspase 蛋白酶的功能不同，将 caspase 家族成员分为三类，包括起始 caspase、效应 caspase 和炎症相关 caspase，前两者是与凋亡密切相关的 caspase 成员。其中起始 caspases 包括 caspase-2、caspase-8、caspase-9、caspase-10，效应 casapase 包括 caspase-3、caspase-6、caspase-7。在哺乳动物中，白介素-1β 转化酶（interleukin-1β converting enzyme，ICE）是线虫 ced-3 的同源半胱氨酸蛋白酶，负责催化白介素-1β 前体的剪切成熟过程。研究者发现在哺乳动物细胞中表达 ICE 与在线虫中表达 *ced*-3 均展现出促进细胞凋亡的效果，这提示 ICE 与 *ced*-3 在凋亡调控中具有相似的结构和功能，因此 ICE 被命名为 caspase-1，是 caspase 家族的重要成员之一（表 12-4）。

表 12-4　caspase 家族成员及功能

名称	细胞凋亡中的功能
caspase-1（ICE）	负责白介素-1β 前体的剪切；参与死亡受体启动的细胞凋亡过程
caspase-2（Nedd-2/ICH1）	参与细胞凋亡的 caspase 启动和级联放大的过程，是启动 caspase 也是效应 caspase
caspase-3（apopain/CPP32/Yama）	效应 caspase
caspase-4（Tx/ICH2/ICE_{rel}- Ⅱ）	负责白介素前体的剪切
caspase-5（Ty/ICE_{rel}- Ⅲ）	负责白介素前体的剪切
caspase-6（Mch2）	效应 caspase
caspase-7（ICE-LAP3/Mch3/CMH-1）	效应 caspase
caspase-8（FLICE/MACH/Mch5）	响应死亡受体介导的起始 caspase
caspase-9（ICE-LAP6/Mch6）	起始 caspase
caspase-10（Mch4/FLICE2）	响应死亡受体介导的起始 caspase
caspase-11（ICH3）	负责白介素前体的剪切；响应死亡受体介导的起始 caspase
caspase-12	响应内质网凋亡途径的起始 caspase
caspase-13	作用不明
caspase-14	参与角化细胞的终末分化
caspase-15	作用不明

caspase 蛋白酶的 N 端结构域是高度多样化的结构域，在活化时，除切割 N 端结构域外，还需要切割两个亚基连接处的天冬氨酸序列位点后，才能生成活化的蛋白酶。起始 caspase 和效应 caspase 的活化形式完全不同，起始 caspase 酶原活化形式是同源活化（homo activation），而效应 caspase 酶原活化形式是异源活化（heteroactivation）。具体来说，当细胞接受凋亡信号刺激时，未

活化的酶原分子彼此结合或与接头蛋白形成复合体，随构象改变被活化进而在特异的天冬氨酸位点进行互相切割，每个酶原产生含有一个大亚基和一个小亚基形成的异二聚体，进而形成有酶活性的异四聚体。在起始 caspases 中，caspase-2 和 caspase-9 酶原分子中含有 caspase 募集结构域 [caspase 激活和招募结构域（caspase activation and recruitment domain，CARD）]，caspase-8 和 caspase-10 酶原中含有重复的死亡效应结构域（death effector domain，DED），而在凋亡相关接头蛋白分子中含有相同的结构域，通过上述结构域的聚合作用实现 caspase 的相互结合或 caspase 与接头蛋白的结合，发生同源活化。

效应 caspase 是由活化的起始 caspase 招募下游效应 caspase 酶原分子后，对其进行位点切割，产生具有酶活性的效应 caspase，进而切割细胞中的底物蛋白，产生级联放大效应，促进细胞凋亡的发生。目前已知的 caspase 效应底物 280 余种，分为被活化和被失活两类。例如，caspase 可激活核酸酶（caspase activated DNase，CAD），CAD 一般情况下与其抑制因子（inhibitor of caspase activated DNase，ICAD）结合，处于失活状态。当细胞受到凋亡信号刺激时，活化的 caspase-3 通过降解 ICAD，释放 CAD 进入胞核内切割核小体，形成 200bp 倍数大小的 DNA 片段，促进凋亡发生。而被 caspase 失活的蛋白维持细胞正常状态的稳态，如分布在大多数真核细胞中的聚腺苷酸二磷酸核糖聚合酶 [poly（ADP-ribose）polymerase，PARP]，能够感知并识别结构受损的 DNA 片段，使组蛋白发生 ADP-核糖基化，从 DNA 上脱离下来，帮助修复蛋白与 DNA 结合进行损伤修复。但在凋亡过程中，caspase 切割聚 ADP 核糖多聚酶（poly ADP-ribose polymerase，PARP）使其失活并不能感知 DNA 的损伤，损伤的 DNA 得不到及时修复从而被降解。此外，效应 caspase 还可切割细胞骨架蛋白使细胞形态发生改变，切割核纤层蛋白使核纤层解聚、核膜发生收缩，切割核孔蛋白和胞质骨架蛋白，阻断细胞内外信号的有序转导。综上所述，效应 caspase 经起始 caspase 激活后，通过级联放大反应在短时间内将凋亡信号传播至整个细胞，大量活化的 caspase 蛋白酶通过切割细胞内多种底物蛋白，破坏细胞正常的功能和修复机制，产生凋亡效应，该过程快速且不可逆（图 12-9）。

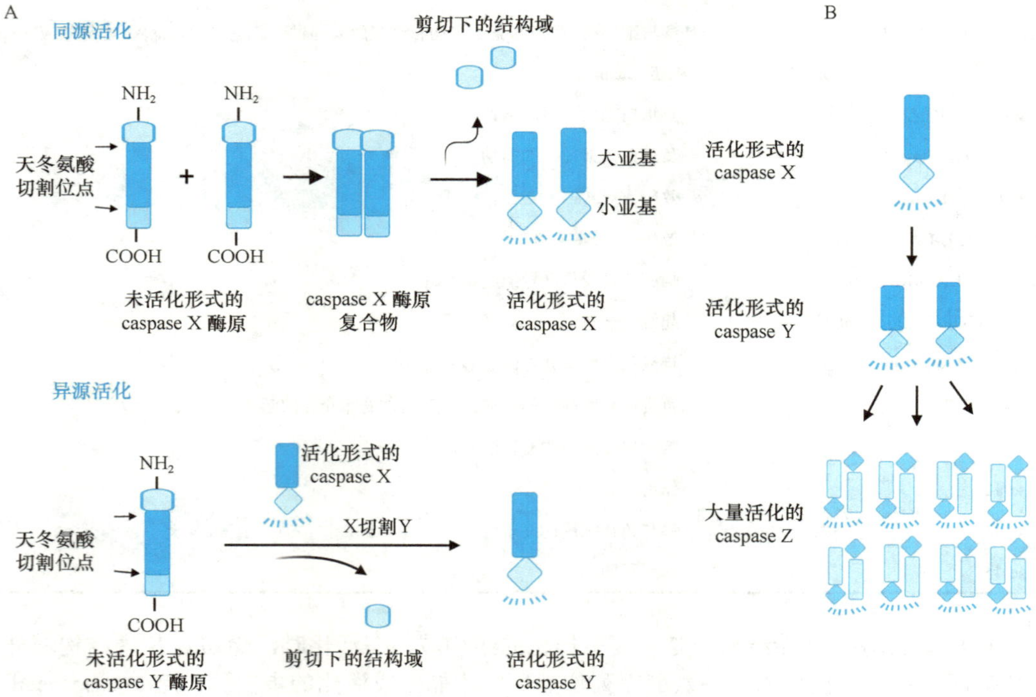

图 12-9 caspase 活化和级联放大过程

A. caspase 酶原活化过程；B. caspase 级联反应过程

二、Caspase 依赖性细胞调控途径

在绝大多数的真核细胞中，细胞凋亡主要依赖 caspase 家族成员来实现，主要分为两大调控途径：由死亡受体介导的外源性途径和由线粒体介导的内源性途径。

死亡受体介导的外源性途径是由死亡配体与受体结合而启动的，常见的死亡配体主要是肿瘤坏死家族成员（TNF），TNF 是由激活的单核巨噬细胞分泌，主要作用是诱发炎症反应和细胞凋亡。位于细胞膜表面的死亡受体主要有以下成员：Fas（又称凋亡抗原 1，apoptosis antigen 1，Apo1；或称白细胞分化抗原 95，cluster of differentiation 95，CD95）、肿瘤坏死因子受体 1（TNF-R1）、死亡受体 3（death receptor 3，DR 3，又称 apoptosis antigen 3，Apo 3；或称肿瘤坏死因子受体超家族成员 25，TNFRSF25）、死亡受体 4（death receptor 4，DR 4，又称肿瘤坏死因子相关凋亡诱导配体-受体 1（tumor necrosis factor-related apoptosis inducing ligand-receptor 1，TRAIL-R1），死亡受体 5（death receptor 5，DR5，又称肿瘤坏死因子相关凋亡诱导配体-受体 2（tumor necrosis factor-related apoptosis inducing ligand-receptor 2，TRAIL-R2）、死亡受体 6（death receptor，DR 6）、外胚层发育不良受体（ectodermal dysplasia receptor，EDA-R）和神经生长因子受体（nerve growth factor receptor，NGF-R）。Fas 是死亡受体家族中的代表成员，是肿瘤坏死因子受体和神经生长因子超家族的细胞表面分子，绝大多数的哺乳动物细胞均表达 Fas，而 Fas 配体（Fas ligand，FasL）TNF 家族成员的细胞表面分子，仅表达在活化的单核巨噬细胞。一方面，Fas 配体与受体结合后，其胞质侧的死亡结构域可招募接头蛋白 FADD 和 caspase-8 酶原，形成死亡诱导信号复合物（death inducing signaling complex，DISC）。Caspase 酶原在 DISC 中通过自身切割完成活化，进一步切割 caspase-3 酶原，产生有活性的 caspase-3，诱导细胞凋亡的发生。另一方面，活化的 caspase-8 还可以剪切信号分子（Bcl-2 homology 3 interacting domain death agonist，Bid），将凋亡信号传递到线粒体，激活凋亡的内源性途径。

FasL/Fas 结合具有重要的生理意义：①诱导细胞凋亡。②介导免疫系统细胞死亡的调控，以 Fas 为基础和以颗粒素-穿孔酶为基础的机制，是目前已知的 T 细胞介导的细胞毒性的两大重要机制。③介导免疫豁免，如眼睛是免疫豁免区，病毒感染的炎症细胞通过 FasL/Fas 实现细胞凋亡，但在缺乏 FasL 的突变小鼠可观察到眼内明显的炎症反应。综上所述，产生 FasL 的活性 T 细胞通过靶向结合被病毒感染细胞表面的 Fas 促进凋亡的发生，有效清除异常细胞，维持机体内稳态。一旦 FasL/Fas 异常会导致机体免疫细胞异常聚集，导致自身免疫系统疾病甚至死亡。

线粒体在内源性凋亡途径中占据核心地位。当线粒体受到凋亡信号刺激时，其膜通透性显著增加，向线粒体外释放凋亡诱导分子，进入胞质和胞核内，参与凋亡的执行阶段，其中广受关注的线粒体释放凋亡诱导分子是 Cytc。Cytc 是 1996 年由王晓东院士领导的研究小组通过对凋亡细胞的组分进行柱分析纯化发现并报道的，此外还发现了 Apaf-1（apoptosis protease activating factor）和 caspase-9，建立了以线粒体为中心的内源性凋亡调控模型。Cytc 是线粒体氧化呼吸链中的成员之一，主要负责电子传递。当细胞受到应激压力时，线粒体肿胀，膜通透性增强，此时 Cytc 通过线粒体膜释放至胞质内，与 Apaf-1 结合，形成凋亡复合体（apoptosome）。Apaf-1 是线虫凋亡诱导分子 ced-4 的同源蛋白，其 N 端含有 caspase 激活和招募结构域 (caspase activation and recruitment domain，CARD)，以复合体的形式招募同样含有 CARD 结构域的 caspase-9 酶原，通过自我切割实现活化，活化的 caspase-9 进一步切割并激活 caspase-3 和 caspase-7，导致细胞凋亡（图 12-10）。

在内源性凋亡途径中，Cytc 的释放主要源于线粒体膜通透性的增加。研究发现，线粒体的膜通透性主要受到 BCL-2（the B-cell lymphoma gene 2）家族基因的调控。BCL-2 是线虫凋亡抑制分子 ced-9 的同源蛋白，主要分布在线粒体外膜或胞质中，所有成员均含有一个或多个 BH（BCL-2 homology）结构域，命名为 BH1-4。根据分子的结构组成和功能，BCL-2 家族成员被分为 3 个亚

族：BCL-2 亚家族，有 4 个 BH 结构域，包括 BCL-2、BCL-X_L 和 BCL-W 等，发挥抑制细胞凋亡的作用；BAX 亚家族，有 3 个 BH 结构域，主要包括 BAX、BAK 等，发挥促进细胞凋亡的作用；BH3 亚家族，顾名思义，只有 BH3 结构域，包括 BIM、BID、BAD、BIK 等，可作为细胞内凋亡的信号感受器，同样发挥促进细胞凋亡的作用。当细胞接收到凋亡刺激信号后，BAX 和 BAK 发生寡聚化，从细胞质转移到线粒体外膜上，与位于外膜的电压依赖性阴离子通道蛋白（voltage-dependent anion channel，VDAC）相互作用，打开通道使 Cytc 得以释放到胞质内。研究发现，在基因突变的细胞中，绝大部分不发生凋亡，这提示 BAX 和 BAK 在细胞凋亡调控途径中发挥着举足轻重的作用。但在生理条件下，抑凋亡因子 BCL-2 和 BCL-X_L 与促凋亡因子 BAX 及 BAK 形成异二聚体，通过抑制 BAX 及 BAK 寡聚化进而阻断线粒体外膜通道的开放，这是其发挥抵抗细胞凋亡的根本原因（图 12-11）。

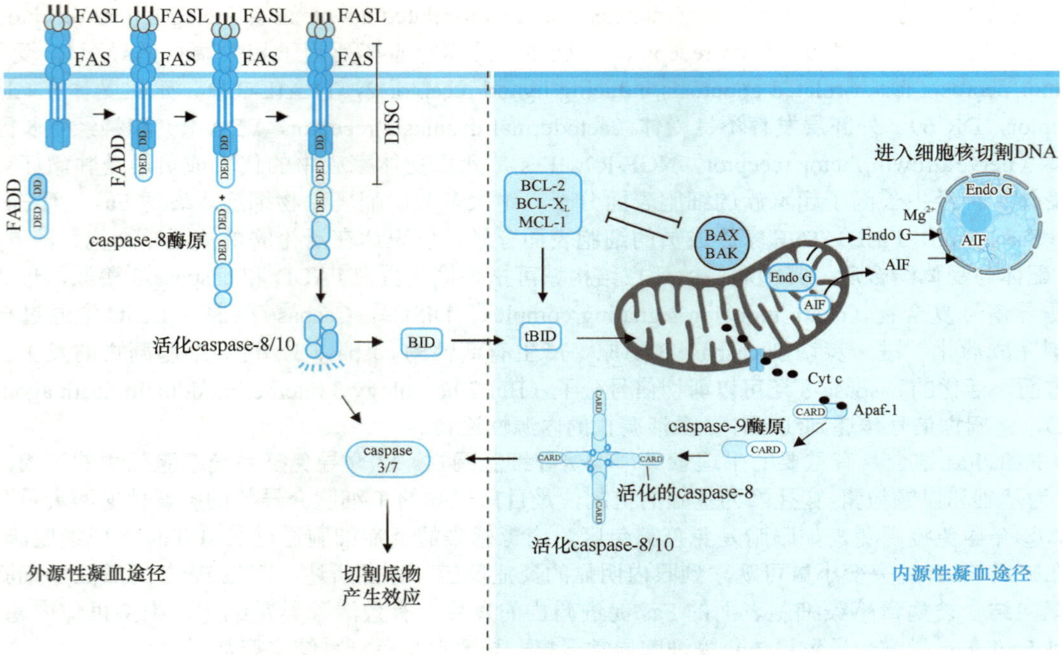

图 12-10　细胞凋亡信号途径

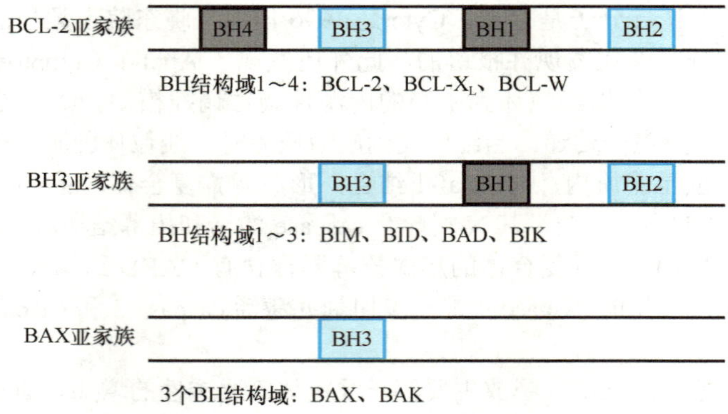

图 12-11　Bcl-2 家族成员结构示意图

除线粒体外，内质网应激也参与到 caspase 级联反应介导的细胞凋亡途径。研究发现，作为 Ca^{2+}储存库的内质网发生应激反应时，早期应激通过减少细胞蛋白质的合成、提高蛋白正确折叠的效率、维持 Ca^{2+}稳态，但随着应激反应程度的加深，错误折叠或未折叠的蛋白增多，诱发未折叠蛋白反应（unfolded protein response，UPR），最终触发细胞凋亡信号，这提示内质网在细胞凋亡发挥关键作用。目前研究认为，内质网应激诱发细胞凋亡主要是通过 3 个途径：蛋白激酶 R 样内质网激酶 [protein kinase R (PKR)-like endoplasmic reticulum kinase，PERK] 信号通路、内质网跨膜蛋白肌醇需求酶（inositol-requiring enzyme，IRE）和半胱氨酸内肽酶（calpain）。PERK 位于内质网膜上，应激状态下，UPR 会干扰本应正确折叠蛋白与 PERK 的相互作用，游离的 PERK 以低聚化和反向自身磷酸化的方式使其本身磷酸化水平升高，并发生活化，进而磷酸化翻译起始因子 2 的 α 亚单位（eIF2α）磷酸化，磷酸化的 eIF2α 在应激早期通过抑制蛋白合成保护细胞，而随着应激程度的加深，eIF2α 可激活下游转录因子 ATF4，促进凋亡相关分子 CHOP/CADD34 的表达，抗凋亡蛋白 BCL-2 及 BCL-X_L 下调，Ca^{2+}和活性氧自由基增加，最终诱发细胞凋亡。IRE 的作用方式和 PERK 类似，由于 UPR 的阻挡作用导致 IRE 游离并发生磷酸化，活化的 IRE1 可招募胞质调节蛋白肿瘤坏死因子受体相关因子 2（TRAF-2），进而激活 c-Jun N 端激酶（c-Jun N-terminal kinase，JNK）信号通路。活化的 JNK 启动凋亡信号调节激酶 1（apoptosis signal regulating kinase 1，ASK1）诱发细胞凋亡。此外，UPR 和 Ca^{2+}稳态失调激活半胱氨酸内肽酶，活化的半胱氨酸内肽酶进一步激活 caspase-12，caspase-12 除了进一步活化下游效应 caspase-9，caspase-3、caspase-7 和 caspase-6，还可以进入胞核内，导致细胞凋亡，但这个过程中并不涉及 Cytc 的释放，这提示内质网在细胞凋亡中发挥关键作用（图 12-12）。

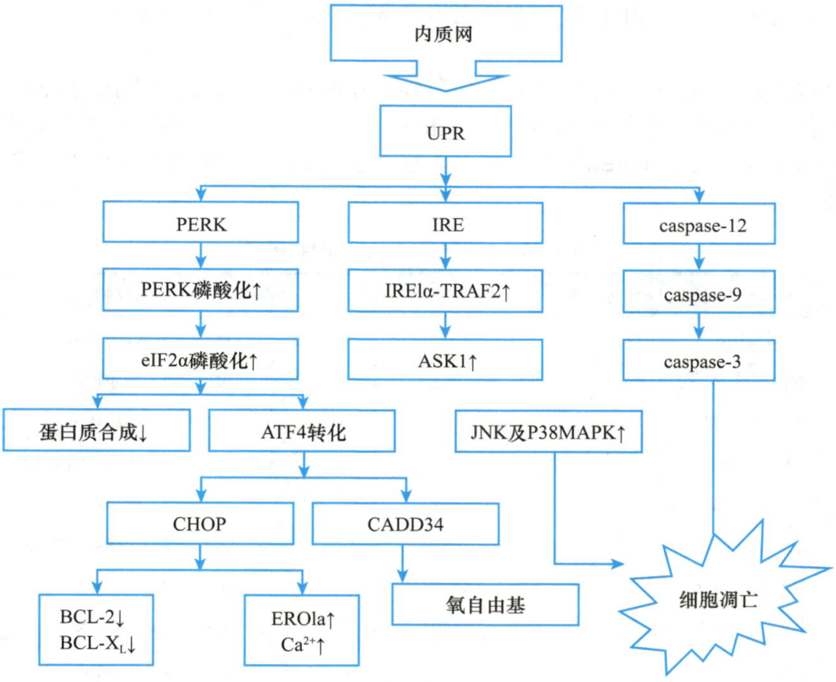

图 12-12　内质网应激介导的细胞凋亡调控途径

除此以外，溶酶体、高尔基体和细胞核等细胞器也参与凋亡的调控，但目前详细的分子机制并不清楚。

三、Caspase 非依赖性细胞调控途径

虽然 caspase 在细胞凋亡途径中发挥着关键作用，但有研究发现即使敲除 caspase，细胞依然能够发生凋亡，这说明细胞内存在不依赖 caspase 的凋亡调控途径。线粒体除释放 Cytc 外，还向

胞质内释放多种细胞凋亡调控因子，因此线粒体在 caspase 非依赖性细胞调控途径中同样占据重要地位。

凋亡诱导因子（apoptosis inducing factor，AIF）是第一个发现的不依赖 caspase 途径的凋亡调控蛋白。当细胞受到凋亡信号刺激时，位于线粒体外膜的 AIF 被释放至胞质中，进而运输至胞核内，引发核 DNA 固缩并剪切 DNA 形成 200bp 整数倍的寡聚核苷酸片段，促进凋亡发生。另外，线粒体还可以释放限制性核酸内切酶 G，位于线粒体内，是 Mg^{2+} 依赖的核酸酶，功能是负责线粒体 DNA 的复制和修复。当细胞线粒体接收到凋亡信号时，限制性核酸内切酶 G 从线粒体经胞质进入胞核中，切割核 DNA。研究人员在线虫中也找到了与限制性核酸内切酶 G 的同源蛋白，验证其具有促凋亡的作用，并且阻断该基因表达发现线虫出现凋亡进程延缓的表型。

四、其他调控细胞凋亡的因子

细胞凋亡是受到体内多基因调控的有序自主的细胞死亡形式，除 caspase 激活核效应级联反应发挥促进细胞凋亡的作用外，细胞内还存在抑制凋亡发生的诸多因子，这类因子被统称为存活因子。存活因子在保持细胞活性，抵抗凋亡发生中发挥关键作用。其主要包括生长因子，如表皮生长因子（EGF）、血小板衍生生长因子（PDGF）、神经生长因子（NGF）等，均可以通过激活下游激酶途径发挥抵抗凋亡的作用。例如，NGF 与神经细胞表面受体结合，激活 PI3 激酶途径，活化蛋白激酶 PKB，PKB 进一步磷酸化 BAD，使其失活无法抑制 BCL-2，从而发挥抗凋亡作用。

细胞中除激活 caspase 酶原活性的因子存在外，还存在一些重要的内源性 caspase 抑制因子，这类因子在哺乳动物和果蝇中被称为 c-IAP（inhibitor of apoptosis），该家族成员含有 70 个氨基酸组成的 BIR（baculoviral IAP repeat）结构域，能够直接与 caspase 活性分子结合，抑制其对底物的切割（表 12-5）。

表 12-5 内源性 caspase 抑制因子

名称	抑制底物
NAIP(BIRC1)	caspase-3，caspase-7
c-IAP1(BIRC2)	caspase-3，caspase-7
c-IAP1(BIRC3)	caspase-3，caspase-7
XIAP(BIRC4)	caspase-3，caspase-7，caspase-9
Survivin (BIRC5)	caspase-3，caspase-7
Livin(BIRC7)	caspase-3，caspase-7，caspase-9
ILP-2(BICR8)	caspase-9
c-FILP(I-FLICE)	caspase-8，caspase-10
ARC	caspase-2，caspase-8
BAR	caspase-8

除 c-IAP 外，细胞凋亡还受到细胞内转录因子的调控。例如经典的抑癌基因 *P53*，*P53* 具有维持基因完整性、修复损伤 DNA、保障细胞周期正常运转的作用。当 *P53* 基因突变时，失去对损伤细胞的监督作用，可能使原本应发生凋亡的细胞发生癌变，因此 *P53* 对于细胞凋亡的调控是作为机体保护机制的重要一环。此外，c-MYC 在凋亡调控中的作用众说纷纭，研究发现它既是凋亡激活因子也是抑制因子，但具体的凋亡作用受细胞类型、微环境等因素的影响。

第五节 细胞衰老、死亡与疾病

一、细胞衰老与疾病

细胞衰老除会引发前文中我们提到的早衰类疾病外，它主要与老年性疾病的发生密切相关。例如神经退行性变性疾病、心血管类疾病、糖尿病以及肿瘤的发生都与其相对应的功能细胞发生衰老有关，这是个体衰老的细胞基础。因此解析细胞衰老的分子机制和内在机制，对于早衰类和老年性疾病的预防及治疗有着至关重要的作用。

二、细胞凋亡与疾病

细胞凋亡作为常见的程序性死亡，是基因调控的自发性细胞死亡。首先，在胚胎发育和个体生长的各个阶段，受到严格遗传基因时序性调控，及时清除功能已发挥的多余细胞，保证生理功能的正常运行，在生长发育、自稳态维持、免疫耐受等方面发挥重要的防御作用。其次，当细胞受到细菌或病毒感染时，机体内细胞毒性 T 细胞通过 FasL/Fas 结合，靶向异常细胞并通过诱导其凋亡有效清除细胞内有害物质，维护内环境的稳态。综上所述，细胞凋亡在机体生理功能的正常运行和抵抗外源感染方面都发挥关键作用。

（一）细胞凋亡受阻诱发的疾病

当细胞凋亡失调时，凋亡不足或过度激活都会诱发机体疾病的发生。细胞凋亡在肿瘤发生过程中起着重要作用，在多种恶性肿瘤中均检测到与凋亡相关基因表达异常，凋亡活化基因发生突变或者低表达；相反，凋亡抑制基因过度激活，异常的肿瘤细胞不发生凋亡，细胞周期紊乱，细胞进入无限增殖的病理状态。因此，靶向肿瘤细胞凋亡的药物或者放疗等技术是临床肿瘤治疗的主要手段，通过诱导肿瘤细胞凋亡延缓肿瘤生长和远处转移。此外，自身免疫系统疾病的发生也与细胞凋亡不足有关。例如系统性红斑狼疮和自身免疫性淋巴细胞增生综合征，由于 *Fas* 基因表达缺陷，导致本应发生凋亡的 T 细胞不能发生凋亡，在全身各处的淋巴器官过度增殖，除产生严重的炎症反应外，还会攻击正常的组织和细胞，危害人体健康。

（二）细胞凋亡过度诱发的疾病

相反的，细胞凋亡被过度激活会严重扰乱免疫神经和心血管系统的正常运行。例如，当人体感染人类免疫缺陷病毒（HIV）时，病毒携带的糖蛋白 120（glycoprotein120，gp120）与位于 $CD4^+$T 细胞表面的受体特异性结合，诱导 T 细胞发生凋亡，免疫系统功能丧失，人体易发生多重感染甚至面临生命危险。在阿尔茨海默病、帕金森病、亨廷顿病等神经退行性变性疾病中，细胞过度凋亡导致功能区神经元的大量丧失，其中 caspase-3 发挥着关键作用，它可与致病蛋白直接结合相互作用，诱导神经元的过度凋亡。此外，研究已证实血管内皮细胞或者血管平滑肌细胞发生过度凋亡是动脉粥样硬化发生的重要原因。

三、细胞坏死与疾病

（一）细胞坏死与炎症相关疾病

当机体受到外源性病毒感染时，坏死性凋亡起着免疫监视的作用，在先天免疫、适应性免疫的有效应答中发挥关键作用。例如，*PIPK3* 基因缺陷的小鼠有较为严重的全身性炎症反应；*PIPK1* 基因缺失的小鼠也存在肠道和骨髓造血异常的表现，这说明坏死性凋亡对于机体生理功能的发挥和内环境稳态至关重要。

（二）细胞坏死与神经系统疾病

目前的研究证实在多种疾病中都有坏死性凋亡的参与。例如神经系统疾病，阿尔茨海默病、肌萎缩侧索硬化（amyotrophic lateral sclerosis，ALS）和多发性硬化（multiple sclerosis，MS）组织中均检测到坏死性凋亡的发生。坏死性凋亡有严重的促炎现象，例如炎症性肠病克罗恩病，类风湿关节炎，慢性阻塞性肺炎甚至引发全身炎症反应综合征。此外，在由于手术或者药物诱发的心脏和肝脏缺血再灌注损伤的小鼠模型中，*PIPK3* 基因缺乏的小鼠的损伤程度要低于野生型小鼠，这提示缺血再灌注带来的损伤至少部分是通过诱导坏死性凋亡来实现的，这提示靶向坏死性凋亡进行药物开发可作为缺血再灌注损伤的预防和治疗策略。

（三）细胞坏死与肿瘤

坏死性凋亡在肿瘤发生发展进程中起着“双刃剑”作用，发挥促进或者抑制肿瘤生长的作用。研究发现，在肿瘤微环境中，坏死性凋亡发生时会释放 DAMP 招募炎症细胞产生大量的炎症因子，破坏周围正常组织的同时，刺激血管新生，促进肿瘤生长和远处转移。然而，炎症因子会激活 $CD8^+T$ 细胞，通过免疫反应杀伤肿瘤细胞，进而发挥抑制肿瘤的作用。新近的一项研究中，科学家们将发生坏死性凋亡的细胞制备成疫苗注射至小鼠体内，发现肿瘤生长受到显著抑制，并证实此类细胞具有免疫原性，通过激活免疫系统有效杀伤肿瘤细胞，这提示靶向坏死性凋亡有望成为临床肿瘤治疗新的研究方向。

四、铁死亡与疾病

（一）铁死亡与肿瘤

铁死亡与多种肿瘤的发生和转移密切相关，如乳腺癌、肝癌、结直肠癌、胰腺癌等。一方面，许多抑癌基因发挥抵抗肿瘤生长的作用主要通过诱导肿瘤细胞发生铁死亡。例如经典的抑癌基因 *P53* 可通过抑制 SLC7A11 的表达和 ALOX12 的活化导致细胞内氧化和抗氧化系统紊乱，诱发铁死亡的发生。另一方面，肿瘤细胞的独特代谢及其高负荷活性氧的特点决定了其本身容易发生铁死亡，因此开发铁死亡疗法有望成为肿瘤治疗的新策略。

（二）铁死亡与缺血再灌注损伤

铁死亡与缺血再灌注导致的肾脏和心脏损伤密切相关，小鼠缺血再灌注损伤实验中，预防性使用铁死亡抑制剂，可大大减轻缺血再灌注带来的损伤面积，这提示铁死亡在缺血再灌注损伤中发挥重要作用。

（三）铁死亡与神经系统疾病

神经退行性变性疾病阿尔茨海默病患者脑部存在谷氨酸、脂质过氧化和铁代谢紊乱导致的铁沉积，研究发现在铁过载诱导的小鼠神经元损伤的模型中，注射铁死亡抑制剂 β-生育酚可显著保护神经元受损，这提示铁死亡在神经系统退行性疾病中发挥关键作用。研究发现铁死亡也参与缺血性脑卒中的发病过程，可观察到病灶内谷胱甘肽减少、铁蛋白异常表达和铁超载诱发的神经元铁死亡，给予铁死亡抑制剂或者补充 *N*-乙酰半胱氨酸可有效降低损伤面积。此外，铁死亡在脑外伤、癫痫和肌萎缩侧索硬化症等疾病中的作用也得到验证，因此从铁死亡的角度解析神经系统疾病发生的机制，靶向铁死亡抑制剂进行临床药物的开发和研究，对于神经系统疾病的预防和治疗具有重要的指导意义。

（初　波）

第十三章 细 胞 膜

第一节 细胞膜的化学组成与生物学特性

细胞膜（cell membrane）又称质膜（plasma membrane）、细胞质膜，是一种包裹在细胞外部的保护层，它将胞内精密的细胞结构与外界环境有效隔离，维持着细胞内部环境的相对稳定性。然而实际上，这层保护膜结构薄而脆弱，其厚度只有5～10nm。历经科学家们漫长年月的研究，现在对细胞膜的结构、生物学特性以及功能有了更深入的了解。

细胞膜研究的里程碑是电子显微镜技术的发展。1959年，大卫·罗伯特森（David Robertson）利用电子显微镜和超薄切片技术，获取了清晰的细胞膜图像，呈现出暗—明—暗的三层结构，厚度约为7.5nm。这就是他所提出的“单位膜”模型，其中包括厚约3.5nm的脂质双层和内外表面各约2nm厚的蛋白质。1972年，基于单位膜模型，乔纳森·辛格（Jonathan Singer）和加思·尼科尔森（Garth Nicolson）结合了免疫荧光技术和冰冻蚀刻技术的研究结果，提出了“流动镶嵌模型”。该模型突出了细胞膜的流动性和膜蛋白分布的不对称性，为我们理解细胞膜的结构和功能提供了新的视角。20世纪70～80年代，科学家们通过使用X射线晶体学等方法，解析了一些关键膜蛋白的三维结构，为我们理解膜蛋白的功能打开了新的视野。目前对于细胞膜的功能认识可归纳如下：①保护和物理隔离。细胞膜是一个物理屏障，将细胞内部的环境与外部环境分离开来，维持细胞的完整性，使得细胞的生命活动能够避免外界干扰。②选择性渗透作用及物质运输。质膜包围着细胞，起着屏障作用，阻止物质在两侧之间的无限制交换，具有选择透过性，它可以控制物质的进出。例如，通过主动运输和被动运输机制允许特定的离子通过，形成浓度差；控制糖和氨基酸等物质的输入进行新陈代谢和合成大分子物质。③信号转导。细胞膜在细胞对外部刺激做出反应的过程中起着至关重要的作用，这些刺激包括特定的分子（配体），也包括如光或机械张力等其他类型的刺激。细胞膜上的受体蛋白嵌入脂质双层中或位于细胞膜表面，与特定分子发生相互作用，从而信号转导至细胞内。不同类型的细胞拥有不同的膜受体，因此能够识别和响应不同的环境刺激。④细胞间相互作用。细胞膜位于细胞的最外层，它调节着细胞与其邻近细胞之间的相互作用。细胞膜使得细胞能够相互识别和传递信号，适当的时候能够相互附着，并且能够进行物质和信息的交换。细胞膜中的蛋白质还有助于细胞外基质与细胞内细胞骨架之间的相互作用。

一、细胞膜的基本成分

细胞膜的基本成分包括脂质、蛋白质和糖类。这道“智能”屏障通过脂质有效地将细胞内外环境分隔开来，同时通过膜蛋白和膜糖的多样性实现与外界的精细交流和调控（图13-1）。

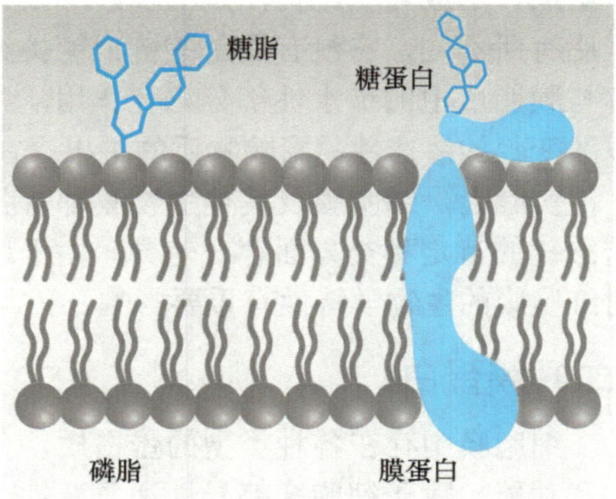

图13-1 细胞膜的基本成分

细胞膜的基本骨架由磷脂双分子层构成，蛋白质、脂质、多糖等分子有序排列。其中部分脂质和糖类结合形成糖脂，部分蛋白质和糖类结合形成糖蛋白

（一）膜脂

细胞膜上的脂类统称为膜脂（membrane lipid），是细胞膜的主要组分之一，构成了细胞膜的磷脂双层结构。细胞膜包含多种不同的脂质，它们全部都是两亲性分子，同时含有亲水性区域和疏水性区域。主要有3种类型：甘油磷脂（glycerophosphatide）、鞘脂类（sphingolipid）和固醇（sterol）。

1. 甘油磷脂 是膜脂的主要成分，约占膜脂的50%以上，主要在内质网合成。甘油磷脂主要包括磷脂酰胆碱（卵磷脂）（phosphatidylcholine）、磷脂酰乙醇胺（脑磷脂）（phosphatidylethanolamine）、磷脂酰丝氨酸（phosphatidylserine）和磷脂酰肌醇（phosphatidylinositol）。甘油磷脂具有以下共同特征：甘油磷脂的基本结构由一个甘油骨架、两个脂肪酸链和一个磷酸基团组成，磷酸基团和甘油骨架的羟基部分是亲水性的（亲水头部），而脂肪酸链是疏水性的（疏水尾部）。这种特殊结构使得磷脂在水环境中自组装形成双层，其中脂肪酸链相互朝向，而磷酸基团朝向膜表面与水接触。脂肪酸链可以是饱和脂肪酸或不饱和脂肪酸。当磷酸基团分别与胆碱、乙醇胺、丝氨酸、肌醇相结合，即形成了上述4种类型的磷脂分子（图13-2）。甘油磷脂在细胞膜中具有重要的生物学功能，包括信号转导、膜蛋白的定位和功能调节等。

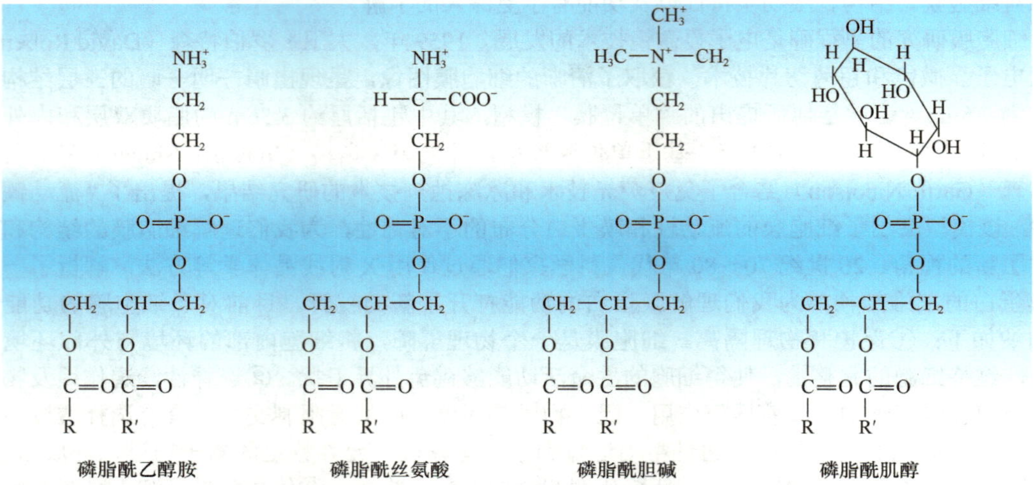

图13-2 主要的甘油磷脂分子结构

2. 鞘脂 鞘脂分子结构与甘油磷脂非常相似，是以鞘氨醇代替甘油，长链脂肪酸结合在鞘氨醇的氨基上，主要在高尔基体合成。某些类型的鞘脂还含有糖类组分，这使得它们成为糖脂的一种。糖类可以是单糖、双糖或多糖，结合在鞘氨醇或脂肪酸链上，形成不同类型的鞘脂。特别是在神经系统中，鞘脂的存在对于神经元传导速度和功能有重要影响。此外，鞘脂还与细胞凋亡、细胞分化等生物学过程密切相关。

3. 固醇 包括胆固醇及其类似物，一般情况下占膜脂的20%～30%。它由多个碳原子和氢原子组成，形成环状结构，是一种四环碳骨架的脂类分子。胆固醇的结构与其他膜脂如甘油磷脂和鞘脂有所不同，它没有脂肪酸链或糖类组分。同时，因其疏水性太强，自身不能形成脂双层，能够与膜脂质中的疏水性部分相互作用，参与生物膜的形成。胆固醇是一种高度脂溶性的分子，可以改变膜的渗透性，影响物质的进出，在调节膜的流动性和稳定性方面具有重要作用。

实际上，细胞膜及其他生物膜都有各自独特的脂质成分，其在脂质类型、头部基团性质和脂肪酸链的特定种类方面存在差异。由于这种结构的多样性，膜脂不仅仅作为简单的结构元件，而对细胞膜的生物学特性有重要影响。

（二）膜蛋白

细胞膜中存在各种类型的蛋白质，分布于磷脂双层的两侧。这些膜蛋白，以其丰富多样的结构和功能，赋予细胞膜特异性和复杂性。特别在动物细胞中，膜蛋白的种类异常繁多，不同类型的细胞其细胞膜上可能富含数百种不同的蛋白质。膜蛋白的分类标准多样：根据其与脂质双层的关联程度是一个主要的分类方式，通常划分为整合膜蛋白、周边膜蛋白以及脂锚定膜蛋白（图13-3）；根据蛋白质的功能，可以分为离子通道蛋白、受体蛋白、载体蛋白和酶蛋白等；如果考虑其跨膜结构，又可以分为单通道蛋白（单跨膜蛋白）和多通道蛋白（多跨膜蛋白）；从电荷性质的角度，可以归类为正电荷蛋白、负电荷蛋白和中性蛋白。以第一种分类方式为例：

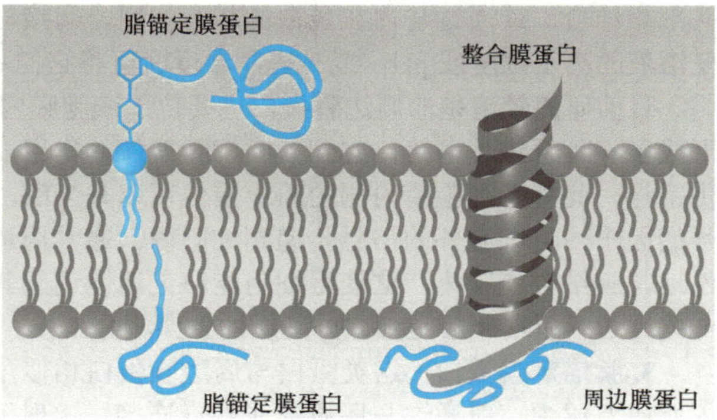

图 13-3 膜蛋白基本类型

1. 整合膜蛋白 是细胞膜中最主要的蛋白质成分，其构成了膜蛋白总数的70%～80%。这些蛋白质都是跨膜蛋白，可以跨越脂质双层。基因组测序研究揭示，整合膜蛋白构成了所有编码蛋白质基因的25%～30%，而且在当前的药物研发中，约有60%的靶点是针对这类蛋白质的。这种蛋白质在诸如受体绑定、离子和溶质运输及电子转移等生物过程中发挥着关键的功能，因此在药物研发中具有重要的应用价值。例如，G蛋白偶联受体（G protein-coupled receptor，GPCR）家族，参与许多生理过程的调控，如视觉、嗅觉、免疫系统的调节、心血管系统的调节及神经传导等，因此许多药物都以GPCR为目标；受体酪氨酸激酶（receptor tyrosine kinase，RTK）在细胞生长和分化的信号转导中起着关键的作用，一些抗癌药物，如赫赛汀和吉非替尼，是针对特定的RTK研发的；抗抑郁药和治疗注意力缺陷障碍的药物，是通过影响神经递质的载体蛋白来实现其药效的。

整合膜蛋白含有疏水性的跨膜结构域，与膜结合紧密，通常需要使用去垢剂处理后才可将其分离出来。如通过离子型去垢剂SDS或非离子型去垢剂Triton X-100，才能从细胞膜中有效地提取出这些蛋白质。SDS是一种强力的去垢剂，它可以破坏蛋白质的三级结构，使蛋白质变为线性形状。相反，Triton X-100通常不会改变蛋白质的三级结构，因此它是在不影响蛋白质活性的前提下，从膜中提取蛋白质的理想选择。如同膜脂，去垢剂也是两性分子，由一个极性端和一个非极性的烃链组成。由于其结构特性，去垢剂与膜脂或膜蛋白的跨膜结构域等疏水部位结合，使它们在水溶液中溶解，从而可以提取蛋白，进行氨基酸组成、分子质量、氨基酸序列等信息分析。

对于晶体结构研究者而言，一些较难进行研究的蛋白质是那些细胞膜上的蛋白质。通常这种蛋白都较大且不可溶，因此膜蛋白很难结晶。即使可以进行结晶，也可能面临所进行的操作扭曲了结构而不能反映出天然分子的风险。其三维结构分析主要是通过X射线衍射技术进行分析。目前在所有已知的高分辨率蛋白质结构中，只有不到1%是整合膜蛋白，而且其中大部分已知的整合膜蛋白结构通常来自原核生物。一旦确定了膜蛋白家族中某个成员的结构，研究者通常可以运用同源建模的策略，来了解该家族其他成员的结构和活性。膜蛋白在结晶过程中面临很多困难，其中包括：①每个细胞中含有的膜蛋白数量较少；②在用于提取的含有去垢剂的溶液中不稳定；③容易聚集；④高度糖基化修饰并且无法在其他类型的细胞中重组表达。目前科研人员通过技术创新和不断地尝试，试图克服这些障碍。在一些情况下，科研人员发现膜蛋白的某些突变体更容易形成晶体结构；或者通过将膜蛋白与其他分子（通常是小的可溶性蛋白，如T4 lysozyme和apocytochrome b562等）共价连接，成功实现了结晶。例如，细菌光合反应中心（bacterial photosynthetic reaction center，BPRC）是一种复杂的膜蛋白复合物，用于光合作用。科学家们发现，通过使用工程方法制备具有特定突变的BPRC，可以显著提高其结晶成功率。而目前发表的大多数GPCR家族蛋白的晶体结构都是使用融合蛋白策略获得的，该策略使该家族中蛋白质的结构能够达到更高的分辨率。近年来，电子显微镜技术的发展，如冷冻电镜技术，使科研人员能够通过在极低温度下成像大量的相同蛋白质，然后将这些图像进行平均处理，从而以高分辨率确定膜蛋白的结构。

2. 周边膜蛋白 是水溶性蛋白，位于在细胞膜内外表面，通过离子键、氢键与膜脂分子极性头部相结合，或通过与内在蛋白的相互作用，间接与膜结合。因此，使用一些温和的方法，如改变溶液的离子浓度或 pH，或是提高温度就可将它们从膜上分离下来，而不破坏膜的基本结构。

目前研究较清楚的周边膜蛋白主要位于细胞膜内侧（胞质面），例如红细胞的血影蛋白，它们形成了一种纤维状网络，起到了膜“骨架”的作用，为细胞膜提供机械支撑，并为整合膜蛋白提供锚点。此外，细胞膜内侧的周边蛋白可以充当酶，帮助催化各种生化反应，或者是传输跨膜信号的因子，将细胞外的信号传递到细胞内。通常周边膜蛋白与膜之间是一种动态关系，可以选择性地与膜结合或脱离，这使得细胞能够灵活地调整其功能和响应不同的生理需求。细胞外表面的一些周边膜蛋白一般是细胞外基质的主要成分。

3. 脂锚定膜蛋白 这类蛋白与周边膜蛋白相似，均位于细胞膜的两侧，尽管它们并未直接插入脂质双层中，但通过与脂质形成共价连接，实现了在细胞膜上的锚定。因此，它们与脂质双层保持着密切的关联，既可以参与细胞膜的功能，也可以在需要时从膜上解离，发挥其他功能。

许多存在于细胞膜外表面的蛋白质，通过与磷脂酰肌醇相连的寡糖链共价结合，从而与膜结合，这类蛋白称为糖磷脂酰肌醇（glycosyl phosphatidylinositol，GPI）锚定蛋白。它们的发现是基于这样一个观察：某些膜蛋白可以通过一种特定的磷脂酶被释放出来，这种磷脂酶能特异性地识别并切割含有肌醇的磷脂。各种受体、酶和细胞黏附蛋白都是 GPI 锚定蛋白。

另一类脂锚定蛋白位于细胞膜的胞质侧，它们通过嵌入脂质双层内叶的一个或多个长碳氢链与细胞膜形成锚定。其中，一些与信号传递有关的脂锚定蛋白（如 Src 和 Ras 蛋白）就存在于胞质侧。这些蛋白在未受到信号刺激时，通过其脂锚保持在细胞膜上的定位。然而，当信号到来后，它们能从膜上解离，转移到胞质中进行信号传递。其中，Src 和 Ras 这两种蛋白已经被证实与肿瘤的形成和发展有关。

（三）膜糖

膜糖是附着在膜蛋白或磷脂上的糖类分子，不同细胞类型和细胞状态其含量存在差异，通常糖类在细胞膜中的占比为 2%～10%。在一些特定的细胞膜中，如神经细胞的膜，糖类的组分可能会占据更高的比例，因为神经细胞的膜表面有大量的糖蛋白和糖脂，这些分子在神经信号传递和神经元之间的相互作用中发挥着关键作用。

糖蛋白（glycoprotein）是蛋白质与糖类分子结合而形成的复合物。它们是细胞膜上最常见的膜糖类型，约占 90%。糖蛋白通过糖基化修饰具有多种不同的糖类结构，主要是 *N*-糖基化和 *O*-糖基化。在 *N*-糖基化中，糖链附加到蛋白质氨基酸侧链的氨基基团上，通常是天冬酰胺，在粗面内质网上进行；在 *O*-糖基化中，糖链附加到蛋白质氨基酸侧链的羟基基团上，如苏氨酸或丝氨酸，在高尔基体中进行。

糖脂（glycolipid）是由脂质和糖类分子组合而成的生物大分子。糖脂主要存在于细胞膜的外侧，脂质是基础结构，糖类分子被附加在脂质的一个或多个部位。糖脂的合成主要在高尔基体中进行。所有膜糖的糖链部分朝向细胞外，可在细胞识别、信号传递和细胞间互作等过程中发挥作用。

二、细胞膜生物学特性

细胞膜是细胞内外的边界，具有细胞识别和通信、细胞内外的信号传转导、细胞生长和形态维持等重要功能，通过精密调控细胞膜上的蛋白质和糖类组分，细胞可以实现对外界环境的感知和响应，维持内外环境的稳态，并参与各种生物学过程。其中膜的流动性和不对称性使得其具备更复杂的结构和功能，以适应不同的生理条件。

（一）膜的流动性

膜的流动性是所有生物膜的基本特性之一，膜脂和膜蛋白的流动性使细胞膜具有高度的可塑性和适应性，为细胞的生理活动和功能调节提供了重要的基础。膜脂的运动方式主要有 3 种：侧向扩散、翻转运动和旋转运动。其中，细胞膜的流动性主要由膜脂的侧向运动所决定，膜脂分子可以在细胞膜表面快速地进行侧向扩散，估计一个磷脂分子可以在一秒钟内从细胞的一端扩散到另一端。相比之下，翻转运动需要更长的时间，磷脂分子的亲水性头基必须穿过膜的内部疏水层，需要几个小时到几天的时间才能从一层翻转到另一层，因此对于磷脂分子而言，在膜中翻转到另一侧是最受限制的运动，同时也是最剧烈的运动。而旋转运动则是指脂质分子其长轴做快速的旋转（图 13-4）。

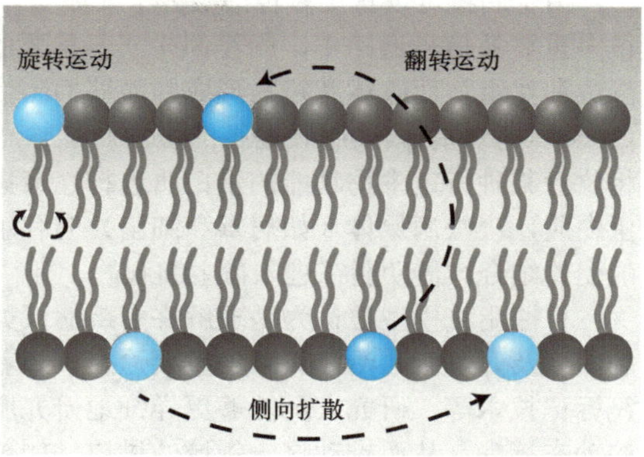

图 13-4　膜脂的运动方式

膜脂的流动性受到多个因素的影响，其中温度是重要的调节因素。较高的温度会增加膜脂分子的热运动，使脂肪酸链更易于移动，从而增强膜脂的流动性。此外，脂肪酸链的长度和饱和度也会影响膜脂的流动性。较短的脂肪酸链和较高的不饱和度会使膜脂分子更加灵活，从而增加了膜脂的流动性。在动物细胞中，胆固醇对膜脂的流动性有着双重调节作用。胆固醇分子与磷脂的疏水脂肪酸链相结合，使膜脂的排列更为有序，相互作用增强，从而限制了膜脂的运动。然而，胆固醇同时也会将磷脂分子隔开，使膜脂更易于流动。因此，胆固醇在细胞膜上起到了维持膜脂流动状态的重要作用。

相比于膜脂分子，膜蛋白的流动性较低。膜蛋白分子的运动形式主要有侧向运动和旋转运动两种。一些因素如蛋白质之间的相互作用、蛋白质的大小和形状及细胞骨架的束缚，都可能对其流动性产生限制。

（二）膜的不对称性

膜的不对称性是指细胞膜内外两侧在组成成分和结构上的差异，膜的不对称性是细胞膜的一个重要特征，为细胞的生物学功能提供了多样性和复杂性。

在脂质双层的两侧，磷脂分子的种类和数量是不对称的。比如，在哺乳动物细胞膜中，外层主要由磷脂酰胆碱和鞘氨醇组成，而内层则主要含有磷脂酰乙醇胺和磷脂酰丝氨酸。这种不对称分布不仅影响膜的物理性质（如流动性和曲率），而且在细胞信号转导中也扮演重要角色。例如，磷脂酰丝氨酸在未受激活的细胞中通常位于内层，而在细胞凋亡或活化过程中，磷脂酰丝氨酸会翻转至外层，作为特定信号被其他细胞识别。

膜蛋白也呈现出显著的不对称分布。其中一些蛋白只存在于细胞膜的一侧，或者在膜的两侧表达不同的功能域。例如，细胞膜上的受体蛋白通常在细胞外部具有结合配体的功能域，而在细胞内部则有传递信号的功能域。另外，一些跨膜蛋白在膜的一侧具有糖基化修饰，而在另一侧则无此修饰。

膜糖主要位于细胞膜的外侧，这主要是因为它们在细胞的表面作为信号分子或受体，参与细胞之间的交流和识别。这种不对称性是由于它们的合成过程中，糖链的添加通常在内质网和高尔基体的内侧进行，然后通过囊泡转运到细胞膜的外侧。

（三）脂筏

近年来，对脂筏（lipid raft）的研究是对细胞膜特性的一个新的理解，其认为细胞膜不是均质的液态双层脂分子模型，而是存在许多富含特定类别脂质（如鞘磷脂、胆固醇等）和膜蛋白的微区，形成了动态的、相对稳定的平台。脂筏在信号转导、蛋白质运输和排序、病原体入侵等过程中发挥重要作用。

由于脂筏可以富集多种信号分子（如受体、激酶等），并通过相互作用促进信号转导，因此在很多重要的信号通路中，脂筏都扮演着重要的角色。例如，T 细胞受体的信号转导就涉及脂筏的形成和重组，而破坏脂筏的形成则能够抑制信号的转导。脂筏可以作为膜蛋白的交通工具，影响内质网-高尔基体-细胞膜途径的蛋白质运输。脂筏还被认为是一个重要的蛋白质排序中心，能够将执行某种特定生物功能的蛋白质选择性聚集和固定在一起。另外，因为脂筏富集了许多受体和蛋白质，一些病原体（如病毒和细菌）会利用脂筏进入宿主细胞。例如，HIV 就是通过与脂筏上的受体结合，借助脂筏进入宿主细胞的。

目前脂筏模型被认为是理解许多疾病（如癌症、心血管疾病、神经退行性变性疾病等）的机制，以及开发新的治疗策略的重要途径。随着技术的不断进步，如单细胞研究、蛋白质组学和脂筏标记技术等，研究人员能够更详细地研究脂筏的详细结构、功能以及观测和理解脂筏在细胞中的动态行为，从而推动这一领域的进展。如单细胞测序技术的发展允许研究人员在单个细胞水平上分析细胞膜中的脂筏，从而能够确定不同细胞类型中脂筏的组成差异。此外，质谱技术可用于鉴定和定量与脂筏相关的蛋白质。为了深入了解脂筏的结构和功能，研究人员还开发了各种脂筏标记技术，包括荧光标记、生物素标记和金纳米颗粒标记，这些技术允许研究人员跟踪脂筏的位置和动态，以及脂筏与蛋白质、信号分子之间的相互作用。另外，计算模拟技术的不断改进，结合显微镜技术进行计算建模，使我们更接近于在细胞膜中直接检测那些难以捉摸的领域。同时，也有研究人员应用无标签方法检测脂筏，不引入外部标志物可以降低实验条件的差异，更准确地观察脂质筏的存在和性质。这些技术和方法的不断进步推动了对脂筏的研究，有望为未来的医学研究和疾病诊治提供更多深入的见解。

三、红细胞的膜结构

哺乳动物成熟的红细胞没有细胞核和内膜系统，是最简单、最易研究的生物膜，也是所有不同类型的膜中研究得最清楚的。这个膜之所以受到关注主要有以下几个原因。首先，获取这些细胞成本低廉，从全血中可以轻松获得大量红细胞。这些细胞以单个细胞的形式存在，无须从复杂的组织中解离。其次，成熟的红细胞较为简单，不像其他细胞会在细胞膜制备中引入杂质。此外，完整红细胞膜可以通过将细胞置于低渗盐溶液中简单获得。细胞对这种渗透性冲击作出反应，吸收水分并膨胀，这一现象被称为溶血。红细胞膜破裂，释放内容物，这时红细胞仍然保持原来的基本性质和大小，留下细胞膜“骨架”，称为血影（ghost）。

正常情况下，红细胞呈双凹形的椭圆球形结构，能通过直径比自己更小的毛细血管。在其平均寿命约 120 天内，人的红细胞往返于动脉和静脉达几百万次而不破损，这就需要红细胞膜既有很好的弹性又具有较高的强度。红细胞膜的这种特性主要由细胞膜蛋白与膜骨架复合体的相互作用来实现的，不过其双凹形椭圆结构的形成还需要其他的骨架纤维参与。

其中，红细胞膜蛋白的主要蛋白质可以通过 SDS-PAGE 分离成约十几条明显的带状条带，其中含有两种整合膜蛋白，带 3 蛋白和血型蛋白。带 3 蛋白（band 3），即人类红细胞阴离子交换蛋白 1，因其在蛋白电泳中位于第 3 条带而得名，主要功能是介导氯离子和碳酸氢盐的交换，以此来调控红细胞中的 pH 值。而血型蛋白是一种富含糖的跨膜蛋白，含有大量的糖链，这些糖链可以在免疫应答中起到关键作用。

红细胞膜骨架复合体的主体是由血影蛋白（spectrin）构成，这是一种长度约 100nm 的异源二聚体，由 α 和 β 两个不同的亚基，卷曲在一起形成。这两个二聚体在头部相连，形成一个既灵活又有弹性的 200nm 长的纤维。在膜骨架中，血影蛋白丰富并以网状结构存在。它们通过非共价键与一个周边膜蛋白即锚蛋白（ankyrin）相连，使得它能附着在膜的内表面上。锚蛋白又与带 3 蛋白的胞质区域通过非共价键连接。所以，锚蛋白作为一种“桥梁”将整合膜蛋白（带 3 蛋白）和膜骨架（血影蛋白）联系起来。

同时，双凹形椭圆结构的构建还需要肌动蛋白和肌球蛋白的参与，它们形成的蛋白质簇作为一个节点，连接血影蛋白丝状物的两端，形成网状结构。如果将红细胞血影中移除周边膜蛋白，那么膜就会破裂成小的囊泡，这说明内部的蛋白质网络是维持膜完整性的必需条件。

此外，人们发现类似的膜骨架结构也存在于其他细胞中，这些膜骨架含有血影蛋白和锚蛋白家族的成员，表明内膜骨架在细胞中的分布是广泛的。

第二节 小分子物质和离子的跨膜转运

细胞膜作为屏障隔离了细胞内容物和周围环境。然而，细胞为了生存和生长必须与外环境进行物质交换，通过对营养物质的摄取、代谢产物或废物的清除以及调节细胞质和细胞器中各种无机离子的浓度，使细胞维持相对稳定的内环境。物质从细胞膜的一侧向另一侧的运输叫作跨膜转运。本节介绍小分子物质和离子的跨膜转运。根据跨膜转运是否需要细胞提供能量，分为被动运输（passive transport）和主动运输（active transport）。被动运输又分为简单扩散（simple diffusion）和易化扩散（facilitated diffusion）。这些转运方式除简单扩散之外都需要膜转运蛋白的参与（图 13-5）。

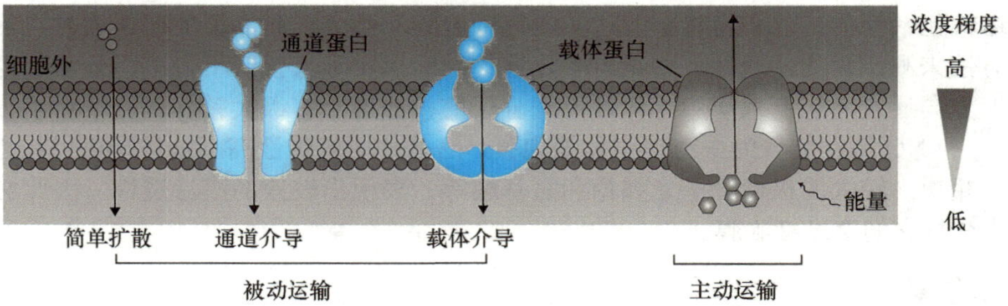

图 13-5 被动运输与主动运输

被动运输是物质顺着其浓度梯度，无须额外能量，通过自由扩散或特定的通道或载体运输；主动运输需要利用能量，以逆浓度梯度方向运输物质

一、膜转运蛋白

除脂溶性物质（非极性）或少数不带电荷的极性小分子物质外，细胞膜脂质双层的疏水内部对大多数亲水分子（包括所有离子）的通透性极低，形成了细胞的渗透屏障。但细胞和细胞器必须允许许多亲水性、水溶性分子通过，如无机离子、糖、氨基酸、核苷酸和其他细胞代谢物。这些物质穿过细胞膜是通过膜上特殊的蛋白质进行跨膜转运的，这类特殊蛋白质称为膜转运蛋白。膜转运蛋白都是跨膜蛋白，其中大多数为多次跨膜蛋白。膜转运蛋白可占膜蛋白总数的15%～30%，通常每种膜转运蛋白只转运某一特定的溶质。每种类型的细胞膜都有特有的膜转运蛋白，它们准确地决定哪些溶质可以进出该细胞或细胞器。

根据介导物质运输的形式不同，膜转运蛋白主要分为两类：通道蛋白和载体蛋白。通道蛋白只介导易化扩散，而载体蛋白则有些介导易化扩散，有些介导主动运输。

通道蛋白根据亲水基团形成的亲水通道的大小和电荷密度等特性，对物质具有高度选择性，允许一定大小的亲水性分子和离子迅速通过。通道蛋白可以分为水通道蛋白和离子通道蛋白，是水分子和离子进出细胞的重要途径。通道蛋白有特定的“闸门”结构，对特定的刺激发生反应时，在数毫秒至数十毫秒的时间瞬时开放，物质顺电化学梯度迅速通过细胞膜，随后迅速“失活”或“关闭”。“失活”和“关闭”是两种不同的功能状态：失活是紧随激活开放而出现的绝对不应期状态，无论遇到什么刺激都不能使它开放；而关闭则相当于细胞兴奋后的相对不应期，能在一定条件下再次激活开放。通道“闸门”的失调会引起一系列疾病，如编码电压门控钠离子通道的

SCN1A 基因在脑和周围神经中发挥重要作用，*SNC1A* 基因突变使得 Ca^{2+}通道的失活受阻，引发持续性的钠离子内流和神经元去极化，导致癫痫和德拉韦（Dravet）综合征等疾病。在心肌细胞中，编码钠离子通道 α 亚基 Nav1.5 的 *SCN5A* 基因突变，可导致通道功能的丧失或增强，进而引发心脏相关疾病，其中功能丧失突变可引起布鲁加达（Brugada）综合征、利（Lev）氏病等，而功能增强突变与 3 型长 Q-T 综合征有关。在转运过程中，被转运物质不与通道蛋白结合，转运速率与物质电化学梯度成比例，比载体蛋白介导的转运速率更为高效。

载体蛋白可以介导易化扩散或主动运输。载体蛋白具有结构特异性，能与某一特定的小分子物质可逆结合，通过一系列构象改变完成物质的跨膜转运。有载体蛋白参与的物质转运统称为载体介导的转运。

二、被动运输

通道蛋白和某些载体蛋白介导溶质跨膜转运时不消耗能量，称其为被动运输。在被动运输中，如果转运的溶质是不带电的非电解质，膜两侧的浓度梯度决定溶质的转运方向，即顺浓度梯度转运；如果被转运的物质是电解质，其转运方向取决于该物质在膜两侧的浓度差和电位差，两者驱动力之和为该物质的电化学驱动力（electrochemical driving force）。

被动运输包括简单扩散和易化扩散。在研究细胞膜对小分子和离子的通透性时，常采用人工脂双层膜方法来测定膜的通透性。如果给予足够的时间，实际上任何不带电小分子都可以从高浓度向低浓度方向通过人工脂双层膜，但是不同分子的扩散速率有极大差异。分子量小、不带电的分子（如 O_2 和 NO 等）能较为快速地穿过细胞膜，这些分子渗透性高，被认为可以在相邻的磷脂之间滑动。相反，较大的极性分子（如糖和氨基酸等）表现出较差的膜渗透性，因此必须通过膜转运蛋白来介导它们穿过细胞膜。

（一）简单扩散

简单扩散也称单纯扩散，是指物质顺浓度梯度从质膜浓度高的一侧通过脂质双层间隙向浓度低的一侧进行跨膜扩散。该过程不需要细胞代谢提供能量，也不需要膜转运蛋白协助，小分子的热运动可使分子以简单扩散的方式跨膜，但必须满足两个条件：一是物质在膜两侧保持一定的浓度差，二是物质必须能透过膜。生物系统中真正以简单扩散方式跨膜的种类很少，主要为脂溶性物质（非极性）和少数不带电荷的极性小分子物质，例如 O_2、CO_2、乙醇、甾体激素、甘油和水等。根据相似相溶原理，高脂溶性物质更容易穿越脂质双层。值得指出的是，虽然水分子是不带电荷的极性小分子，也能以简单扩散的方式通过细胞膜，但因为脂质双层对水的通透性很低，故扩散速度很慢。在体内有些组织对水的通透性很大，是其细胞膜上存在水通道的缘故。

因此，简单扩散的转运速率主要取决于被转运物质在膜两侧的浓度差和物质本身的特性。膜两侧浓度差越大、通透性越高，则单位时间内物质扩散的量就越多。另外，物质所在溶液的温度越高、膜有效面积越大，转运速率也就越高。

（二）易化扩散

易化扩散又称促进扩散，是指一些非脂溶性（或亲水性）的物质，如葡萄糖、氨基酸、核苷酸和细胞代谢产物等，不能以简单扩散的方式穿过细胞膜，可以在膜转运蛋白的协助下顺电化学梯度或浓度梯度实现跨膜转运。如亲水的葡萄糖不能自由穿透疏水的细胞膜，其进出细胞需要通过镶嵌于细胞膜上的葡萄糖转运蛋白完成。完成该过程不消耗细胞代谢产生的能量，转运动力仍来自物质的浓度梯度或电化学梯度。通常来讲，大多数膜转运蛋白具有高度选择性，只转运一种类型的物质。根据跨膜蛋白及其转运溶质的不同，易化扩散可以分为经通道（channel）的易化扩散和转运体（transporter）的易化扩散。

1. 经通道的易化扩散 在通道蛋白介导下，溶质顺浓度梯度或电化学梯度的跨膜转运称为经通道的易化扩散。由于经通道转运的溶质几乎都是离子，因此这类通道蛋白也称为离子通道。离子通道具有以下两个重要的基本特征。

（1）离子选择性：是指每种通道只对一种或几种离子有较高的通透能力，而对其他离子的通透性很小或不通透。例如，钾离子通道对 K^+的通透性要比 Na^+大 1000 倍。据此，可将通道蛋白分为钠离子通道、钙离子通道、钾离子通道、氯离子通道和非选择性阳离子通道等。其中瞬时受体电位（transient receptor potential，TRP）离子通道是非选择性阳离子通道的代表，是一类在外周和中枢神经系统广泛分布的通道蛋白。TRP 通道为六次跨膜蛋白，其 N 端和 C 端均在细胞内，由第五跨膜结构域和第六跨膜结构域共同构成非选择性阳离子孔道。目前已有超过 30 个 TRP 通道家族成员在哺乳动物中被克隆。这些通道可被许多种因素调节，包括温度、pH 值、机械力、渗透压，以及一些内、外源性配体和细胞内信号分子。TRP 通道最公认的功能是介导感觉信号的传递，包括热、冷、疼痛、压力等，其他功能还包括调节细胞 Ca^{2+}平衡和影响发育等。通道对离子的选择性主要取决于孔道的口径和带电状况，同时还与通道的形状、内壁的化学结构以及离子键分布等有关。例如，阳离子通道的内壁带负电荷，故有助于阳离子通过而阻碍阴离子通过。

（2）门控特性：多数已确定的离子通道具有开放或封闭的“闸门”结构，这样的通道又被称为门控通道。“闸门”的开启和关闭由多种因素诱导，受各种复杂的生理因素调节。门控通道分为三大类：①电压门控通道，其分子构象取决于膜两侧电位的差异。②配体门控通道，其分子构象取决于与特定分子（即配体）的结合来引导离子的进出。配体可以与通道的外表面或内表面结合来控制“闸门”的打开或关闭。例如，乙酰胆碱作用于其受体通道的外表面来控制阳离子进出，而环磷酸腺苷（cAMP）作用于 Ca^{2+}通道的内表面来控制“闸门”的开放。③机械门控通道，机械门控通道分子构象的改变取决于施加在膜上的机械力（如拉伸张力）。如内耳听毛细胞上的立体纤毛受到声音刺激或头部运动发生偏转，使位于纤毛膜上的 K^+通道打开。

此外，也有少数通道始终是开放的，称为非门控通道，如神经纤维膜上的钾漏通道。

除离子通道外，细胞膜上还存在水通道。虽然水分子可以简单扩散的方式缓慢穿过脂双层，但对于某些细胞的生理功能而言，为实现水分子的快速转运，需要在细胞膜上存在着大量对水高度通透且总是开放的水通道。组成水通道的蛋白称为水孔蛋白（aquaporin），由 6 个跨膜 α 螺旋组成，嵌入细胞膜中，氨基和羧基末端面向细胞内部，由疏水性氨基酸残基排列组成一个中央通道，形成了独特的沙漏形状，中间狭窄，两端较宽，每秒大约可以有十亿个水分子排成一列通过，而伴随水分子流动的 H^+却无法穿透这些开放的孔隙。水孔蛋白家族已被证明具有多种功能，其成员不仅可以运输水，还可以运输甘油、尿素和 CO_2 等。在哺乳动物中，水通道发挥着多种重要的生理功能，如维持眼内晶状体透明度、维持大脑内水渗透压稳态、促进脂肪代谢以及在肾脏中浓缩尿液等。

2. 转运体的易化扩散 载体蛋白主要介导大部分水溶性有机小分子或少量无机离子的运输。与离子通道和水通道不同，各种载体或转运体不存在贯穿整个细胞膜的孔道结构，但能与一个或少数几个溶质分子或离子特异性结合。经载体的易化扩散是指水溶性小分子物质在载体蛋白介导下顺浓度梯度进行的跨膜转运，属于载体介导的被动运输。载体蛋白对所转运的溶质具有高度专一性，可以借助其上的结合位点与某一物质进行暂时的、可逆的结合。具体来讲，当载体蛋白一侧表面的特异结合位点同溶质分子结合形成复合体，可引起载体蛋白发生构象变化，通过一定的易位机制，将被运送的溶质分子从膜的一侧转移至膜的另一侧；同时随着构象的变化，载体对该溶质分子的亲和力下降，溶质分子与载体蛋白分离，溶质顺着浓度梯度从此扩散出去，载体蛋白恢复到它原有的构象（图 13-6）。

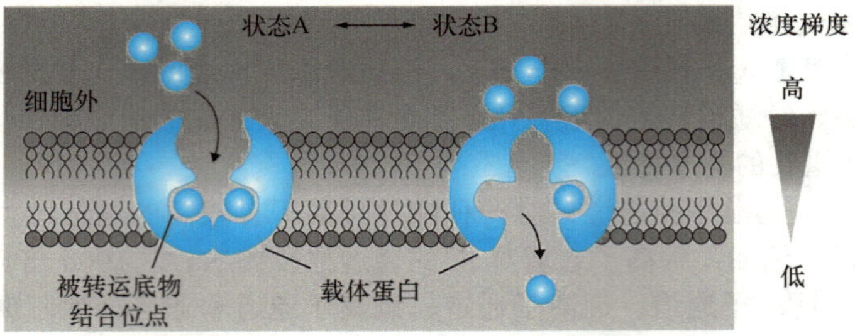

图 13-6 载体蛋白介导的易化扩散

物质通过特定载体蛋白的结合和变构，无须额外能量顺着浓度梯度穿越细胞膜

体内许多重要的物质如葡萄糖、氨基酸等的跨膜转运就是经载体的易化扩散实现的。例如，葡萄糖转运体（glucose transporter，GLUT）可将细胞外的葡萄糖顺浓度梯度运输到细胞内。GLUT 由一条至少跨膜 12 次的多肽链组成，通过几种暂时可逆的构象变化，将葡萄糖从膜的一侧易位至另一侧。由于葡萄糖不携带电荷，因此输送方向仅由葡萄糖浓度梯度决定。当胞外葡萄糖充足时，葡萄糖结合至 GLUT 的胞外侧显示位点，随后通过构象改变，将携带的糖向内释放到葡萄糖浓度较低的细胞质中。相反，当外部葡萄糖水平较低时，胰高血糖素会刺激肝细胞通过分解糖原来产生大量的葡萄糖，肝细胞内部的葡萄糖浓度高于外部。此时葡萄糖可以与 GLUT 胞质侧的显示位点结合，被运出细胞外，供其他需要能量的细胞输入。因此，根据横跨细胞膜葡萄糖浓度梯度的方向，葡萄糖的净流动可以是双向的，如果更多的葡萄糖与 GLUT 的胞外侧显示位点结合，则向内流动；如果相反，则向外流动（图 13-7）。在人体中有 14 种 GLUT，其中 GLUT1、GLUT2、GLUT3 和 GLUT4 这四种转运体生理功能最重要，研究也最为广泛。GLUT1 因其发现最早而得名，几乎存在于人体每一个细胞中，是红细胞和血脑屏障等上皮细胞的主要葡萄糖转运蛋白，对于维持血糖浓度的稳定和大脑供能起关键作用；同时，在许多种类的肿瘤细胞中都有观察到 GLUT1 的过量表达，以大量摄入葡萄糖来维持肿瘤细胞的扩增和生长。

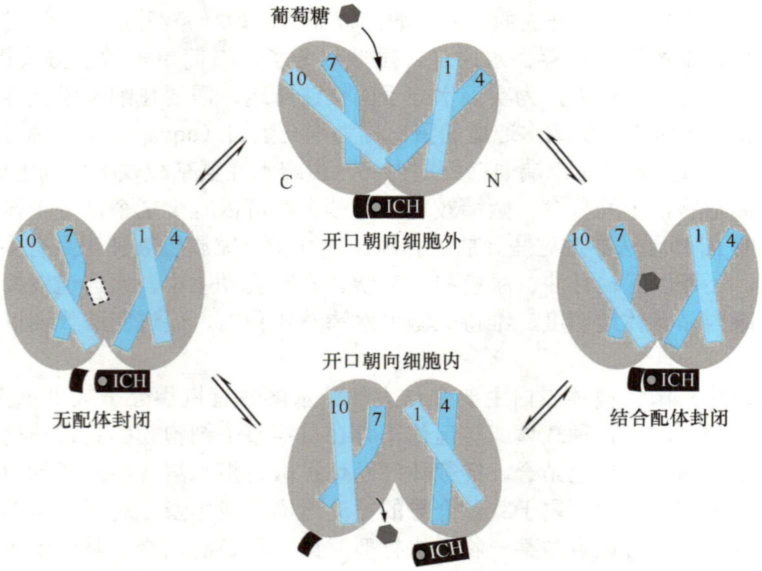

图 13-7 GLUT1 工作模式图

GLUT1 三维晶体结构呈现 12 个跨膜螺旋组成的 N 端和 C 端两个结构域，细胞内结构域之间由一个称为细胞内螺旋束（intracellular helix bundle，ICH）的结构域连接，可能起到闩锁的作用，以确保向外开放构象中细胞内门的关闭。示意图为 GLUT1 完整运输循环所需的预测构象。两个结构域间的配体结合位点朝向细胞外时葡萄糖与之结合，然后构象改变朝向细胞内开放，释放葡萄糖，完成葡萄糖转运的构象变化循环。图中数字指代相应螺旋的跨膜段

经载体的易化扩散具有以下特点：

（1）结构特异性：每种载体只能识别和结合具有特定化学结构的底物。例如，左旋葡萄糖和右旋葡萄糖是一对对映异构体，人体内可利用的糖类都是右旋类。在同样浓度差的情况下，GLUT 对右旋葡萄糖的转运量远超过左旋葡萄糖。

（2）饱和现象：由于细胞膜中载体的数量和转运速率有限，当被转运的底物浓度增加到一定程度时，底物的扩散速度便达到最大值，不再随底物浓度的增加而增大，这种现象称为载体转运的饱和现象。与此不同的是，在简单扩散和经通道的易化扩散过程中，转运速率通常随被转运物浓度的增加而呈线性增加。最大扩散速度 V_m 能反映载体蛋白构象转换的最大速率；当扩散速度达 V_m 一半时的底物浓度，称为米氏常数（K_m），可反映载体蛋白对底物分子的亲和力和转运效率。K_m 越小，表示亲和力和转运效率越高。

（3）竞争性抑制：如果有两种结构相似的物质都能与同一载体蛋白结合，则两底物之间将发生竞争性抑制（competitive inhibition）。其中，浓度较低或 K_m 较大的溶质更容易受到抑制。

三、主动运输

被动运输只能顺浓度梯度运输物质，使细胞内外的物质浓度达到平衡。但正常生命活动中是需要许多物质在细胞内外存在浓度差的，仅仅依靠被动运输显然无法产生这种浓度差并保持相对稳定。那么机体需要存在一种特殊的运输方式，通过与能量的耦合，可以将物质逆浓度梯度运输，从而保证正常的生命活动，这种运输方式称为主动运输。

因此，主动运输是指由载体蛋白介导的，需要消耗能量，驱动物质逆浓度梯度或电化学梯度，将物质从浓度低的一侧向浓度高的一侧进行跨膜转运的一种运输方式，一般通过水解 ATP 提供能量。主动运输的特点如下。

（1）主动运输的跨膜运输是由膜载体蛋白介导的物质跨膜运输。由于这种运输方式是逆浓度梯度的，所以载体蛋白具有类似“泵”的作用，并对维持细胞内外物质的浓度具有重要的作用。

（2）由于主动运输是逆浓度梯度进行的，因此需要消耗能量。能量的来源包括 ATP 水解、光的吸收、电子传递、顺浓度梯度的离子运动方式等。

（3）与经载体的易化扩散一样，介导主动运输的载体蛋白也只能与特定的物质结合，具有高度选择性。载体蛋白与特定物质的结合亦可被竞争性抑制所阻断，从而抑制其活性。

主动运输根据其运输过程中利用的能量方式的不同，可分为原发性主动运输和继发性主动运输两种主要类型。原发性主动运输即为 ATP 驱动泵，包括 P 型离子泵、V 型质子泵、F 型质子泵和 ABC 转运体（ATP-binding cassette transporter）（图 13-8）。继发性主动运输又被称作离子驱动的协同运输（cotransport）。

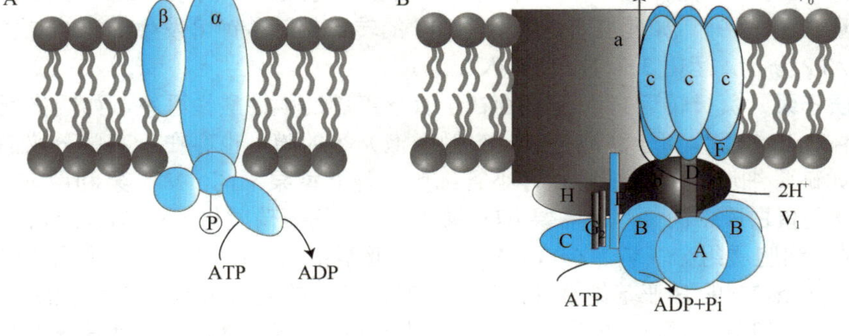

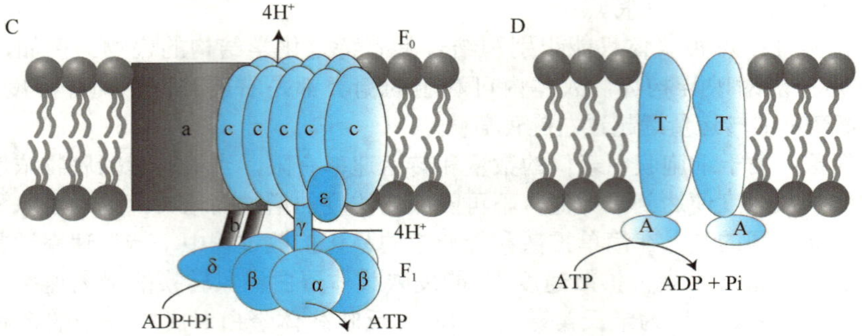

图 13-8 四种类型的 ATP 驱动泵模式图

A. P 型离子泵；B. V 型质子泵；C. F 型质子泵；D. ABC 转运体

（一）ATP 驱动泵

ATP 驱动泵又可称为 ATP 驱动蛋白或运输 ATP 酶（ATPase），为原发性主动运输，它们在膜的胞质侧具有一个或者多个 ATP 结合位点，能够水解 ATP 使自身磷酸化，利用 ATP 水解所释放的能量将被转运的分子或离子从低浓度向高浓度转运。由于参与主动运输的载体蛋白利用能量做功，故常称之为“泵”。根据泵蛋白的结构和功能特性，可分为 P 型离子泵、V 型质子泵、F 型质子泵和 ABC 转运体 4 种类型。前 3 种只转运离子，后一种主要转运小分子。

1. P 型离子泵 机体依靠 P 型离子泵驱动阳离子跨膜转运。泵在转运过程中，形成磷酸化中间体（天冬氨酸残基作为磷酸化位点），P 代表磷酸化，故称为 P 型离子泵。P 型离子泵超家族可分为 5 个不同的亚家族，即 P1～P5，每个亚家族又可进一步分为亚群（A、B 和 C 等），其中重要的类群，如 P2C-ATP 酶是哺乳动物的钠-钾泵和质子-钾离子泵，P2A-ATP 酶和 P2B-ATP 酶被认为是钙泵。

钠-钾泵：又称 Na^+/K^+-ATP 酶，几乎在所有动物细胞膜上存在，在维持细胞膜内外的离子浓度差起主要的作用。钠-钾泵催化水解 ATP 使其自身磷酸化，利用水解释放的能量使其构象改变，驱动 Na^+和 K^+的逆浓度梯度对向运输，即把 Na^+泵出细胞外，把 K^+摄入细胞内。钠-钾泵由 α 和 β 两种跨膜亚基组成，其中大亚基为 α 亚基，分子量为 120kDa，是一个多次穿膜的膜整合蛋白，具有 ATP 酶的活性。小亚基为 β 亚基，分子量为 50kDa，是具有组织特异性的糖蛋白，不直接参与跨膜运输，但在膜内泵的成熟和组装中发挥作用。当把 α 亚基与 β 亚基分开时，α 亚基会丧失酶活性。α 亚基有 3 个 Na^+结合位点、2 个 K^+结合位点和 1 个 ATP 结合位点。α 亚基胞质侧的 3 个 Na^+结合位点与 Na^+结合，激活了 ATP 酶的活性，ATP 被水解，使泵磷酸化，ATP 水解释放的能量驱动 α 亚基构象改变，使 Na^+结合位点朝向细胞外；此时 α 亚基对 Na^+的亲和性降低而对 K^+的亲和性增高，使已经结合的 3 个 Na^+释放到细胞外，并与 K^+结合；与 2 个 K^+结合后磷酸化的 α 亚基去磷酸化，导致蛋白构型再次变化，恢复原始状态，失去对 K^+的亲和力，将 K^+释放到细胞内，完成一次循环（图 13-9）。如此交替进行 Na^+、K^+的转运，每秒钟可发生约 1000 次构象变化，每次水解 1 个 ATP 分子，运出 3 个 Na^+，转入 2 个 K^+。

2. V 型质子泵 负责转运 H^+，主要存在于真核细胞的膜性酸性区室，如网格蛋白包被囊泡、内体、溶酶体、高尔基体和分泌泡（包括突触小泡）等的膜，也存在于某些分泌 H^+的特化的动物细胞膜，如破骨细胞、巨噬细胞和肾小管细胞。与 P 型泵不同，V 型泵利用 ATP 的能量，但不形成磷酸化的蛋白质中间体，即需要 ATP 供能，但不需要磷酸化。V 型质子泵由一个穿膜组分（V_0）和亲水的细胞质组分（V_1）构成。V_1 由 8 个亚基组成，而 V_0 由多个脂蛋白亚基组成。当 ATP 与 V 型质子泵 V_1 的 B 亚基结合并发生水解时，产生的能量将胞质基质中的 H^+经过由 V_1 的 C 亚基和 V_0 的亚基形成的孔道逆化学梯度转运到上述细胞器或囊泡中，使其内部成为酸性环境，维持其功能。例如，溶酶体内的酸性环境保持在狭窄的 pH 范围内（pH 4.5～5.0），这是由 V 型质

子泵和 *TMEM175*（transmembrane protein 175，跨膜蛋白质 175）基因编码的质子选择性通道共同维持的。对于稳态 pH 为 4.6 的典型溶酶体，V 型质子泵将 H^+泵入其管腔，使其内部酸化，V 型质子泵活性随着管腔酸化而降低，当溶酶体超酸化时，TMEM175 介导的 H^+外流增加，使溶酶体内部 pH 向碱性移动，两者的共同作用维持着溶酶体内部环境的 pH。

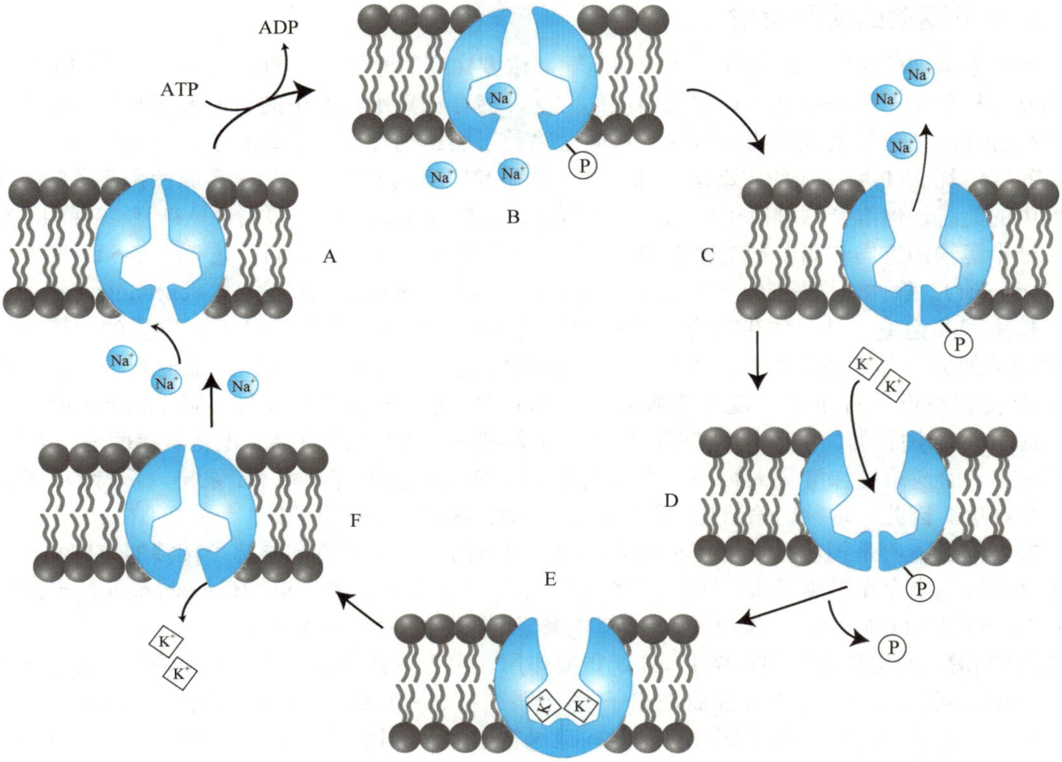

图 13-9 钠-钾泵工作示意图

A. Na^+结合到泵上；B. 泵磷酸化；C. 泵构象变化，Na^+释放到细胞外；D. K^+与泵结合；E. 泵去磷酸化；F. 泵构象恢复原始状态，K^+释放到细胞内

3. F 型质子泵 又称 H^+-ATP 合成酶，主要存在于细菌质膜、线粒体内膜和叶绿体膜中，在线粒体氧化磷酸化和叶绿体光合磷酸化中起重要作用。F 型质子泵转运物质时，不消耗 ATP，而是将 ADP 转化为 ATP，但在一定情况下也具有 ATP 酶的活性。F 型质子泵由 8 个或更多的亚基组成，分为 F_0 和 F_1 两部分，水溶性球状的 F_1 催化 ATP 水解或合成 ATP，而 F_0 嵌入膜内，被动地引导 H^+穿过脂双层，两者之间有柄连接。F 型质子泵通过使 H^+顺浓度梯度运动，释放能量使 ADP 转化成 ATP，偶联 H^+转运和 ATP 合成。

4. ABC 转运体 是一类以 ATP 供能的运输蛋白，目前已发现 100 多种，因这个超家族的所有成员都共享一个同源的 ATP 结合域（ATP-binding cassette）而得名。目前，哺乳动物细胞中已鉴定出超过 50 种不同的 ABC 转运体，它们专一运输一种或一类底物。ABC 转运体有两个膜结构域形成水性通道，有两个胞质侧 ATP 结构域进行 ATP 水解及物质运输相耦联。ABC 转运体在肝、小肠和肾细胞等的细胞膜中存在，整个超家族运输的物质种类繁多，包括单糖、氨基酸、脂肪酸、磷脂、胆固醇、胆汁酸、外源性毒素和药物，甚至一些肽类和蛋白质。例如，ABC 转运体家族成员 P 糖蛋白，由 *ABCB1*（ATP-binding cassette subfamily B member 1，ATP 结合盒亚家族 B 成员 1）基因编码，在许多组织中表达，能将毒素、生物异源物质（包括药物）和代谢物排至尿、胆汁和肠腔中，降低有毒物质（包括药物）的积累而达到自我保护。此外，P-糖蛋白也能转运许多疏水化合物，包括某些化疗药物。肿瘤化疗时，这些药物进入细胞内有毒害细胞的作用，如果

P-糖蛋白过表达，化疗药物被迅速泵出细胞外而达不到药效，即出现耐药性。ABC 转运体在哺乳动物免疫监视中也具有重要作用，来自细菌、病毒或其他病原微生物的蛋白降解产物，可被位于内质网膜上的 ABC 转运体转运至内质网腔，然后被提呈在细胞膜表面作为抗原被细胞毒性 T 细胞识别。

（二）离子驱动的协同运输

由离子驱动的协同运输为继发性主动运输。浓度梯度的建立，例如，Na^+-K^+和 H^+的浓度梯度的建立，提供了一种在细胞中存储自由能的方法，储存在离子梯度中的势能被细胞以各种方式利用来执行功能，包括其他溶质的传输。协同运输是一类由钠钾离子泵或质子泵与载体蛋白协同作用，间接消耗 ATP 所完成的主动运输的方式。物质穿膜运动的直接动力来自膜两侧离子的电化学梯度中的能量，但维持这种离子电化学梯度是通过钠钾离子泵或质子泵消耗 ATP 来实现的。根据溶质分子运输的方向与离子顺电化学梯度转移方向的关系，可分为协同运输（symport）和对向运输（antiport），载体蛋白相应可称为协同转运蛋白（cotransporter）或交换体（exchange carrier）。

1. 协同共运输 是载体蛋白介导的两种溶质分子相同方向的联合转运。物质的逆浓度梯度穿膜运输的方向与所依赖的 Na^+或 H^+顺浓度梯度的运输方向相同。例如，葡萄糖在小肠黏膜上皮的吸收和在近端肾小管上皮的重吸收都是通过钠-葡萄糖耦联转运体（sodium-glucose linked cotransporter）进行的。细胞外 Na^+顺浓度梯度进入细胞，葡萄糖利用 Na^+电化学梯度差中的势能，伴随着 Na^+而逆浓度梯度进入细胞，进入细胞中的 Na^+再由钠-钾泵将 Na^+泵出，保持 Na^+的跨膜电化学梯度。因此，这种运输消耗的能量，是由 ATP 水解间接提供的。

2. 对向运输 是指由离子浓度梯度驱动的，溶质跨膜转运的方向与离子转移的方向相反。在许多动物细胞中存在钠离子-质子泵，也称为钠离子-质子交换载体（Na^+-H^+ exchanger carrier），来执行 Na^+和 H^+的对向运输，其通过 Na^+从胞外侧到胞内侧的顺电化学梯度驱动，来泵出 H^+以调节细胞内的 pH，对维持细胞内特定的 pH 起重要作用。由于载体的胞质侧有一个调节位点，H^+增多时结合位点可提高运输速率，因而钠离子-质子泵交换速率受细胞内 pH 的调控，pH 越低，交换速率越快。在脊椎动物细胞中还有多种对向运输转运体，如钠-钙离子交换载体、氯-碳酸氢根离子交换载体。

上述各种主动运输，均是逆浓度梯度的消耗能量的物质跨膜运输，所需能量可直接或间接来自 ATP，或来自离子电化学梯度，同时还需要膜上特异性载体蛋白介导，有严格的选择性，载体蛋白构象变化影响亲和力，以完成运输功能。不同细胞根据其生理活动的需要，通过各种不同的方式协同完成各种小分子物质的穿膜转运，以保证细胞内环境的相对稳定及细胞的正常代谢活动（表 13-1）。

表 13-1 主要的载体蛋白类型

载体蛋白	位置	能量来源	功能
葡萄糖转运体	大多数动物细胞膜	无	被动运输葡萄糖
钠-葡萄糖耦联转运体	肾小管与肠上皮细胞顶部质膜	Na^+梯度	主动运输葡萄糖
钠离子-质子交换载体	动物细胞膜	Na^+梯度	输出 H^+，调节细胞内 pH
钠-钾泵	大多数动物细胞膜	ATP 水解	主动输出 Na^+、输入 K^+
钙泵	真核细胞膜与内质网膜	ATP 水解	主动运输 Ca^{2+}
质子泵	动物细胞溶酶体膜等	ATP 水解	从细胞质中主动输入 H^+

四、膜电位与冲动传递

由于各种方式的跨膜运输，使得膜两侧不同物质具有特定的浓度分布。对于带电荷的物质特别是对离子来说，细胞内外液之间的离子浓度差储存势能，用以完成各种物质的转运过程及兴奋细胞的电信号转导。细胞膜两侧由于离子的浓度不同，造成膜两侧具有电位差，其总和即为膜电位。当细胞处于静息状态时，细胞膜内侧为负值，外侧为正值，即内负外正的膜电位差，称为静息电位（resting potential）。处于静息电位时细胞膜内外电位差相对稳定，这种现象又称极化（polarization）。动物不同类型的细胞中，典型的膜电位在 −70～−30mV。当细胞接受刺激信号（电信号）达到一定的阈值时，膜电位迅速变化，形成内正外负的膜电位差，称为动作电位（action potential）（图 13-10）。

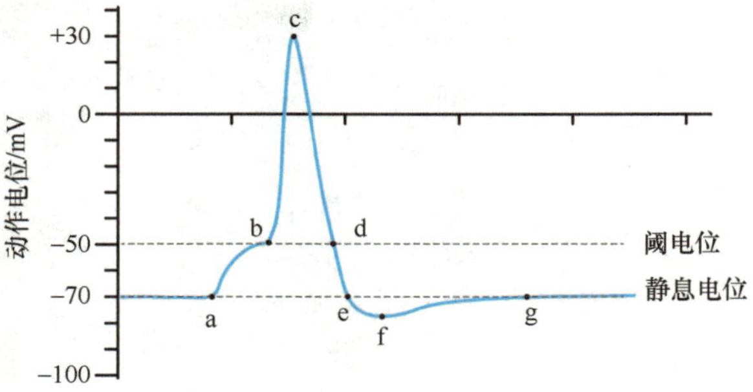

图 13-10 膜电位曲线图

a. 非门控钾漏通道开放产生静息电位；a-b. 局部电位使细胞去极化到阈值；b-c. 在阈值处，电压门控 Na^+通道打开，引起动作电位；c-f. Na^+通道失活，电压门控钾通道打开，使细胞复极化甚至超极化；g. 所有通道关闭，细胞恢复到静息电位

静息电位是由膜对 K^+的通透性及 K^+的跨膜电化学梯度决定的：一是 K^+顺浓度梯度的电渗现象造成的扩散电位；二是钠-钾泵造成的 K^+细胞内外浓度差。动物细胞膜上有许多非门控的 K^+渗漏通道（钾漏通道）开放，而其他离子如 Na^+、Cl^- 或 Ca^{2+}的通道却很少开放。所以当钾漏通道打开时，细胞内高浓度的 K^+顺浓度梯度外流，而阴离子不能外流，结果是膜外正离子过量和膜内负离子过量，从而产生外正内负的静息电位。静息电位值主要反映了跨膜的 K^+电化学梯度。同时，静息电位的维持还需要钠-钾泵，钠-钾泵的工作造成细胞内外 Na^+和 K^+浓度产生巨大差异，而细胞内的高浓度 K^+由细胞内阴离子 Cl^- 和有机分子所带的负电荷所平衡。

动作电位由电压门控钠离子通道介导。细胞膜上有电压门控的 Na^+通道和 K^+通道。当细胞接收刺激信号（电信号或化学信号）超过一定阈值时，电压门控 Na^+通道暂时开放，引起 Na^+顺浓度梯度内流，使静息电位减少，引起膜的去极化（depolarization），从而打开更多的 Na^+通道，瞬间流入大量 Na^+引起进一步去极化，直至局部膜电位升高到一定水平，如从 −60mV 升至+40mV，即达到内正外负状态。随后，Na^+通道通过自动失活机制，迅速地（毫秒内）进入失活状态关闭，直至膜电位恢复到原来负值。当动作电位达到峰值时，电压门控 K^+通道开放，K^+顺电化学梯度迅速外流，使膜更快回到静息电位。此时，钠-钾泵开始工作，将 Na^+泵出细胞外，把 K^+摄入细胞内，以维持胞内外离子浓度差。细胞膜电位具有重要的生物学意义，特别是在神经、肌肉的兴奋传递中起重要作用（图 13-11）。

一旦动作电位被启动，它就不再局限于特定的部位，而是作为神经冲动沿着神经元的长轴传播到神经末梢。而当动作电位传播至轴突末端神经末梢时，信号通过“突触”传递给靶细胞。突触是两个神经元之间或神经元与效应器细胞之间相互接触，并借以传递信息的部位。当突触前细胞借助电信号传递信息的，称为电突触。而当突触前细胞借助化学信号，即递质，将信息传送到突触后细胞的，称为化学突触。由于电突触的突触间隙只有 2～4nm，其电信号的传递是由包含连接蛋白集群的缝隙连接介导的，这些连接蛋白所形成孔道的两端分别连接两个相邻细胞的内部，电阻低，允许离子及细胞内信使和小分子代谢物携带的电荷双向通过。电突触在本质上是双向的，当突触前细胞的动作电位传播到突触后细胞时，突触后细胞的膜静息电位同时传播到突触前细胞。而大多数突触为化学突触，由于化学突触处存在着 20～40nm 的突触间隙，电信号不能直接通过，必须转换为一种化学信号即神经递质，才能将信号传给靶细胞。在神经末梢处，电压门控 Ca^{2+}通道介导了电信号到化学信号的转换。神经递质储存在突触小泡内，当动作电位传递至神经末梢时，细胞膜的电压门控 Ca^{2+}通道迅速开放，细胞外 Ca^{2+}顺浓度梯度流入神经末梢内，细胞质内 Ca^{2+}浓度增加，刺激突触小泡移位与细胞膜融合，以胞吐的方式，把神经递质释放至突触间隙内，电信号转换成化学信号。

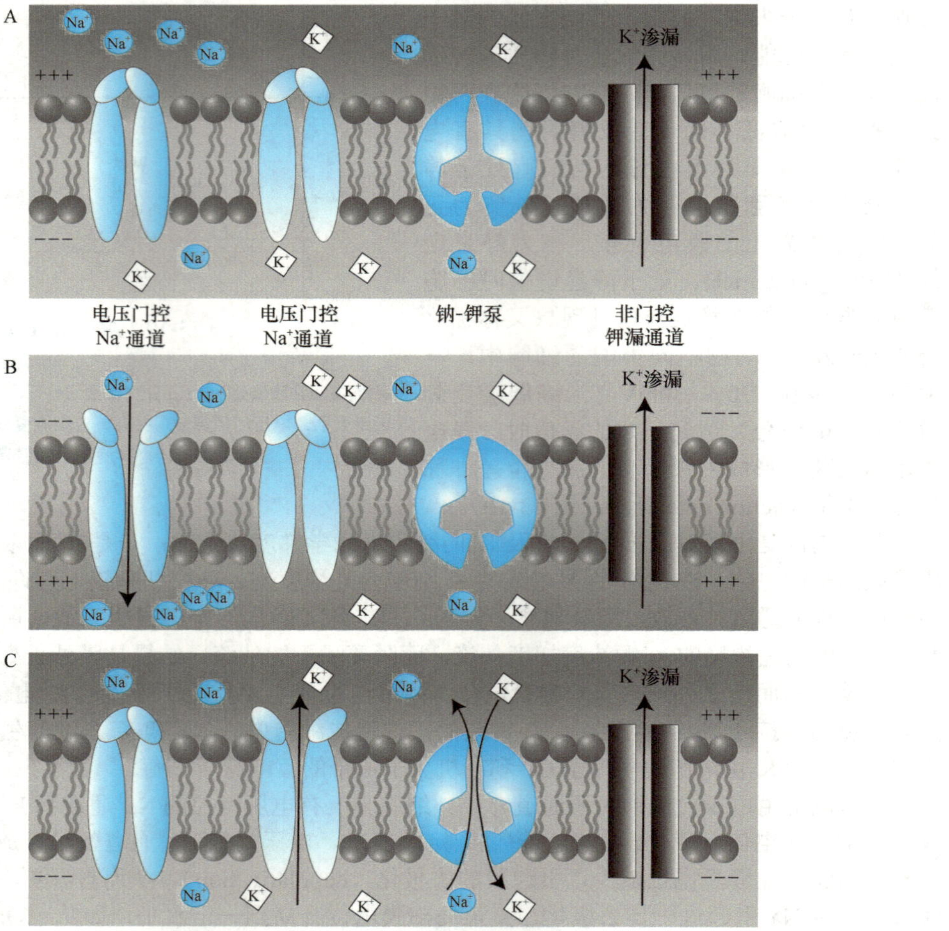

图 13-11 离子通道与动作电位产生过程

A. 静息电位：非门控的钾漏通道开放，细胞内 K^+顺浓度梯度外流，产生外正内负的静息电位；B. 动作电位：电压门控 Na^+通道打开，细胞内 Na^+浓度迅速升高，质膜去极化，形成内正外负状态；C. 恢复静息电位：电压门控 K^+通道打开，K^+外流，质膜复极化，恢复静息电位。同时，钠-钾泵工作，维持细胞内外离子浓度差

神经递质可分为兴奋性和抑制性，释放到突触间隙后，与靶细胞突触后膜上的受体（为配体门控通道）结合，引起配体门控通道开放，靶细胞发生效应。兴奋性神经元轴突末梢产生的神经递质引发突触后细胞产生动作电位，而抑制性神经元轴突末梢产生的神经递质阻止突触后细胞发生动作电位。兴奋性神经递质，如乙酰胆碱和谷氨酸，它们的受体是允许 Na^+或 Ca^{2+}通过的配体门控阳离子通道，递质与受体结合可使离子通道开放，大量的 Na^+内流，使细胞膜去极化，引起动作电位，激活靶细胞。而抑制性神经递质如 γ-氨基丁酸和甘氨酸等，它们的受体是转运 Cl^- 的配体门控阴离子通道，递质与受体结合使 Cl^- 通道开放；但静息电位时，Cl^- 跨膜迁移的驱动力几乎为零，故 Cl^- 很少内流；而当 Na^+通道打开，Na^+内流则会通过 Cl^- 通道引起 Cl^- 内流，中和 Na^+内流的效应，抑制去极化电位的发生，从而阻止突触后细胞发生动作电位。如果靶细胞为肌细胞，动作电位会使质膜特殊部位 T 管上电压门控 Ca^{2+} 通道开放，引起其相邻的肌浆网上 Ca^+通道开放，肌细胞内 Ca^{2+}突然增加，引发肌原纤维收缩。

神经系统是一个庞大的神经元网络，许多支路相互连接。在电突触处，电信号可以直接在突触前细胞和突触后细胞之间双向传递；而在化学突触处，突触前细胞的神经末梢把电信号转变为化学信号，突触后细胞把化学信号转变回电信号来进行信号传递，进而执行着复杂的生物学功能。因而，神经元之间的冲动传递不仅需要直接连接的电信号传递，还需要化学突触来完成信号的接收、翻译、储存和反应等。

第三节　生物大分子的跨膜转运

大分子与颗粒性物质的跨膜转运，如蛋白质和多糖，依赖于胞吞作用、胞吐作用及外泌体的参与，这些机制之间存在着密切的联系，共同支持细胞的生命活动。例如，胞吞作用摄取的物质可能经过内部的处理后，通过胞吐作用或外泌体的形式被排出细胞，完成一个完整的物质转运周期。

一、胞吞作用

胞吞作用（endocytosis）是指细胞膜内陷包裹外部物质形成囊泡，进而内吞至细胞内部的过程。主要的胞吞形式包括吞噬作用（phagocytosis）和胞饮作用（pinocytosis）。吞噬作用专门负责摄取大颗粒物质，如细菌或死亡的细胞，它在一些特化细胞如巨噬细胞和中性粒细胞中常见。胞饮作用可以进一步分为大型胞饮作用、胞膜窖依赖性胞吞作用、网格蛋白依赖性胞吞作用以及非网格蛋白/胞膜窖依赖性胞吞作用（图 13-12）。胞饮作用主要摄取小颗粒物质，如液体和溶解的分子，这个过程在所有真核细胞中都能发生。

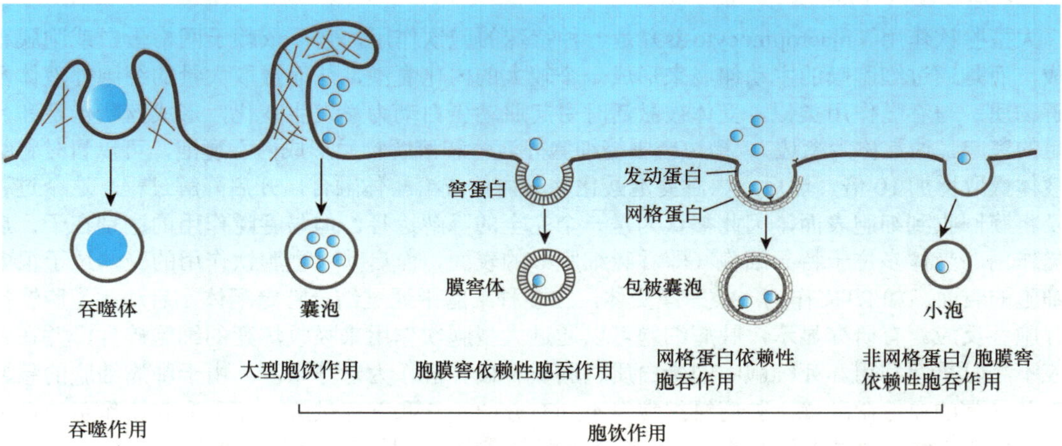

图 13-12　胞吞作用类型

胞吞作用可分为吞噬作用和胞饮作用两大类。胞饮作用又可进一步分为大型胞饮作用、胞膜窖依赖性胞吞作用、网格蛋白依赖性胞吞作用，以及非网格蛋白/胞膜窖依赖性胞吞作用

根据胞吞的物质是否具有专一性，又可将胞吞作用分为受体介导的胞吞作用和非特异性胞吞作用。对大多数动物细胞而言，受体介导的胞吞作用是摄取大分子物质的主要途径，这种途径将特定的大分子物质在细胞表面集中至特定的受体，然后将其内化到细胞内，从而减少细胞外液的摄入，与非特异性胞吞作用相比，可使特殊大分子的内化效率增加 1000 多倍。

（一）吞噬作用

原生生物通过吞噬作用摄取食物，而在高等多细胞生物中，吞噬细胞（如巨噬细胞和中性粒细胞）不仅仅摄取营养物质，还通过其表面的受体分子特异性地识别和吞噬入侵的病原体或清除死亡和受损的自身细胞。这些受体分子包括补体受体、Fc 受体和 Toll 样受体等，各自对应不同的抗原分子。在吞噬过程中，细胞会将目标物质包裹成一个囊泡，形成吞噬体（phagosome）。一旦吞噬体形成，它会与细胞内的溶酶体融合，形成吞噬体-溶酶体复合体，目标物质被溶酶体内的消化酶降解，释放出有用的分子或消除潜在的病原体。

吞噬细胞对细菌、病毒和衰老细胞的识别摄取，在免疫系统的功能中起着关键作用。这是一种受体介导的胞吞作用，其中抗体 Fc 区诱发的吞噬作用研究最为清楚，当外源性病原体侵入生物体内，免疫系统便会产生相应的抗体。抗体由两个主要部分构成，一个是能够特异性识别并与病原体结合的抗原结合部位（Fab 区），另一个是 Fc 区。抗体的 Fc 区能被巨噬细胞或中性粒细胞表面的 Fc 受体识别并结合，在 Rho 家族蛋白的参与下，诱发吞噬细胞伪足的生成并与细胞内微丝及结合蛋白进行装配，启动吞噬作用，细胞膜围绕抗体标记的病原体内陷，形成包裹病原体的吞噬体，随后与含有消化酶的溶酶体融合，对囊泡内的物质进行消化和降解，最终完成对病原体的清除。但也有一些病原体能够躲避吞噬作用的清除，例如巨噬细胞对结核分枝杆菌的内吞过程。由于结核分枝杆菌表面分子结构复杂，巨噬细胞需要依赖不同受体分子参与内化过程，包括 Toll 样受体、补体受体、甘露糖受体、Fc 受体等。若结核分枝杆菌通过甘露糖受体途径被巨噬细胞识别吞噬，会使补体受体介导的 Ca^{2+} 信号通路受到抑制，从而不能诱发巨噬细胞的内吞清除机制，反而提供了一个相对温和的内环境供细菌在宿主即巨噬细胞内生存。其次，结核分枝杆菌的胞壁及其分子组成的特殊性，可使它自身 pH 值保持中性，抑制吞噬小体的酸化来阻止吞噬体的成熟，进而抑制吞噬溶酶体的形成，这也有利于细菌在宿主细胞内存活和增殖。

（二）大型胞饮作用

大型胞饮作用（macropinocytosis）是一种特殊的胞饮作用，它不依赖于网格蛋白或胞膜窖的形成，而是通过细胞膜的主动伸展来形成一个较大的内化囊泡，从而摄取大量的细胞外液体及其溶解物质。与吞噬作用类似，受体被激活时引起肌动蛋白动力学发生变化，形成丝状伪足和片状伪足的突起（通常称为褶边）。褶边会围绕细胞外液体和溶解物质形成内吞囊泡，可以暂时将细胞的液体摄取增加 10 倍。然后，内吞囊泡酸化并与内体或溶酶体融合，开启降解过程。这个过程不涉及将膜回收到细胞表面，因此被认为是一个完全的降解途径。但与吞噬作用的区别在于，启动吞噬作用的受体多位于特异细胞（即吞噬细胞）的表面，而启动大型胞饮作用的受体位于很多类型细胞的表面。如 RTK 作为一类跨膜受体，在多种细胞中通过结合特定配体，启动大型胞饮作用进行胞吞反应。有研究显示，肿瘤细胞可以通过大型胞饮作用来吸收坏死的细胞碎片，并在营养供应不足时重新利用坏死细胞中的蛋白质、脂质和核苷酸作为营养来源。由于肿瘤细胞的急剧扩张以及异常的血管微环境，肿瘤组织常得不到充分的氧气和营养供应，而大型胞饮作用使得肿瘤细胞即使在微环境营养不良的条件下也能满足营养需求并维持细胞存活和增殖。

（三）胞膜窖依赖性胞吞

一般认为，胞膜窖（caveola）是一种特殊类型的脂筏结构，是许多脊椎动物细胞中质膜的小型内陷，这些结构富含蛋白质以及胆固醇等脂质。胞膜窖的特征蛋白是窖蛋白，包括 caveolin-1、caveolin-2 和 caveolin-3。胞吞时，窖蛋白聚集导致在细胞膜中形成富含窖蛋白的微区，诱发胞膜窖的内陷，窖蛋白支架结构域插入质膜，导致其内陷扩大，同时利用发动蛋白（dynamin）的收缩作用，使内陷的胞膜窖从质膜上脱落下来，成为内体样细胞器——膜窖体（caveosome）或被转运到质膜的另一侧。这种胞吞常发生在内皮细胞白蛋白的转胞吐作用或脂肪细胞胰岛素受体的内化作用中。

由于胞膜窖含有大量的受体和蛋白激酶，如 GPCR、生长因子受体、蛋白激酶 C 等，因此胞膜窖不仅仅是一个物质内吞的过程，还在细胞信号转导中发挥功能。例如，表皮生长因子（EGF）是一类分子量较小的胞外信号分子，能够刺激上皮细胞等多种细胞增殖。当表皮生长因子受体（EGFR）与其配体 EGF 结合后，受体二聚化并引起胞质结构域酪氨酸残基自磷酸化而活化，开启细胞下游信号级联反应；另外，细胞通过胞膜窖依赖性胞吞将 EGFR 及 EGF 吞入细胞内降解，从而使细胞信号转导活性下调。胞膜窖的内化是一个复杂且仍在研究中的领域。

（四）网格蛋白依赖性胞吞

网格蛋白依赖的胞吞是一种经典的、已被深入研究的物质摄取途径。网格蛋白（clathrin）由3个二聚体组成，这种三联体骨架（triskelion）在电镜下呈现的一种三腿状结构，因此也被称为三腿蛋白（three-legged protein）。每个三联体骨架由分子量为180kDa的重链和分子量为35～40kDa的轻链组成。网格蛋白的重链和轻链具有各自不同的功能，三条重链形成了结构骨架，而三条轻链的作用是调控网格蛋白的形成和分解。网格蛋白在人体中主要起着运输的作用，生物分子、神经递质、膜蛋白等物质都可以通过网格蛋白进行运输。网格蛋白包被的囊泡能选择性地分选细胞膜、高尔基体和内体的物质，因此具有实施多种膜运输途径的功能。

当网格蛋白依赖性胞吞开始，首先是特定的受体蛋白与待摄取的分子结合，形成受体-配体复合物。随后网格蛋白分子开始聚集在细胞膜上的受体-配体复合物周围，导致细胞膜向内凹陷，形成被称为网格蛋白包被小窝（clathrin-coated pit）的结构。然后，发动蛋白在包被小窝颈部形成环状结构，并通过水解其结合的GTP引起收缩，最终包裹住受体-配体复合物和周围的细胞外物质，接着包被小窝从质膜脱落，形成一个覆盖有网格蛋白的包被囊泡。包被囊泡会进一步与其他囊泡和细胞器（如溶酶体）融合，以将其内部的物质运送到适当的位置，从而进行进一步的处理和降解。

网格蛋白依赖性胞吞是一种受体介导的胞吞作用。其中一个经典的例子是哺乳动物细胞对胆固醇的摄取过程。胆固醇主要在肝细胞中合成，随后与磷脂和蛋白质形成低密度脂蛋白（low-density lipoprotein，LDL），释放到血液中。当细胞进行膜合成需要胆固醇时，细胞合成低密度脂蛋白受体（low-density lipoprotein receptor，LDLR）并将其嵌插到细胞膜中，然后发生胞吞过程：①膜上LDLR与LDL颗粒结合并形成网格蛋白包被小窝；②进入细胞质的包被囊泡随即脱掉网格蛋白衣被，成为无被囊泡，同内体融合；③内体中pH低，使LDLR与LDL颗粒分离，再经晚期内体将LDL送入溶酶体；④在溶酶体中，LDL颗粒被水解成游离的胆固醇而被利用。这个过程是非常精确的，细胞仅在需要摄取时发生，避免胆固醇过度积累。除此之外，网格蛋白依赖性胞吞还发生在其他一些场合，如肝细胞对转铁蛋白的摄取等。

（五）非网格蛋白/胞膜窖依赖性胞吞

非网格蛋白/胞膜窖依赖性胞吞作用是一种广泛存在的非特异性胞吞作用，该过程不依赖于特定的膜受体，也不依赖于网格蛋白和窖蛋白等膜蛋白。这类胞吞作用可由GDP/GTP结合蛋白ARF6或RhoA等途径介导。在细胞质中ARF6与GDP结合以非活性形式存在，当细胞需要胞吞时，ARF6被转移到细胞膜上并与GTP结合形成激活状态，进而促进膜的弯曲和分离，诱导膜泡的形成。这些膜泡随后与内体结合促进内体的成熟，接着通过溶酶体分解为小分子，被细胞进一步利用或排出。RhoA则以GDP的形式存在于细胞膜的内侧，激活状态的RhoA可以诱导肌动蛋白纤维的重组，从而改变细胞形态，使细胞表面特定区域向内凹陷形成膜泡，将摄取的物质或颗粒包裹在内，并递送到内体与之融合。此类胞吞过程在各种类型的细胞中均有发生，其特点是能够大量摄取细胞外的液体和其中的溶质。

细胞内吞机制的多样性反映了生物系统对不同环境条件下的适应性。当网格蛋白/胞膜窖在胞吞过程中出现饱和的情况，或是由于细胞表面存在过多的复合物限制了网格蛋白/胞膜窖依赖性胞吞时，则可以通过这种非特异性的胞吞作用进行摄取。例如，EGFR的胞吞作用既可以通过网格蛋白或胞膜窖依赖性胞吞，也可以通过非网格蛋白/胞膜窖依赖性胞吞作用进行。有研究发现，在表皮生长因子浓度较高的情况下，EGFR更倾向于通过非网格蛋白/胞膜窖依赖性胞吞作用被内吞，但具体的响应机制还有待进一步研究。

二、胞吐作用

胞吐作用（exocytosis）是一种与胞吞相反的生物学过程，细胞通过将包含在囊泡中的物质释放到胞外，以达到与其环境之间的交流和排除代谢废物的目的。依据触发机制和功能，胞吐作用分为组成型胞吐途径（又称连续性分泌）和调节型胞吐途径（又称受调分泌）（图13-13）。

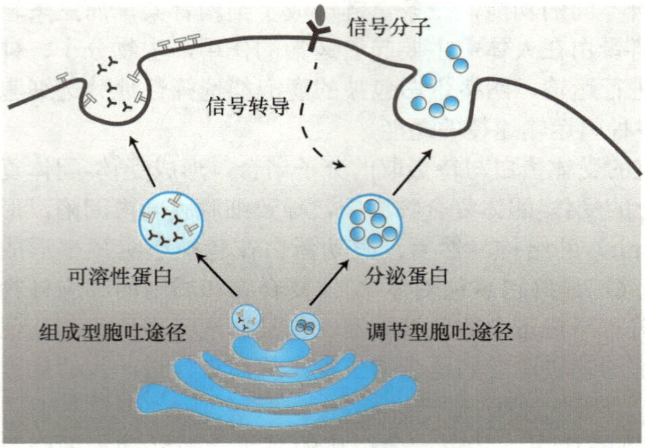

图 13-13　胞吐作用
组成型胞吐途径和调节型胞吐途径转运蛋白质

组成型胞吐途径是指从反面高尔基体网状结构分泌的囊泡持续地向细胞膜流动并与之融合的过程，这一过程不需要特定的信号刺激，而是作为细胞正常生理功能的一部分进行。通过这种途径，新合成的蛋白质和脂质以囊泡的形式不断地更新细胞膜，保证在细胞分裂前细胞膜的膜面积增大，或者进行细胞膜的更新和修复等。需要说明的是，胞吐过程使细胞膜增大是暂时的，因为细胞通过胞吞作用在质膜其他区域移除膜成分的速度，几乎与胞吐作用添加膜成分的速度相同。组成型胞吐途径还可以把可溶性蛋白质运送到细胞表面，再将其释放到外部。这一过程中，部分蛋白质附着在细胞表面成为细胞膜外周蛋白，部分则形成细胞外基质的组成部分，还有一些蛋白质扩散到细胞外液中，充当营养因子或信号分子行使功能。这种动态平衡过程对细胞膜成分的更新和维持细胞的生存与生长是必要的。

调节型胞吐途径在特定的分泌细胞或者神经元中进行，是一种有选择性的、需要特定信号刺激才会发生的胞吐过程。在一些特化类型的分泌细胞中，新合成的可溶性分泌蛋白（如激素、黏液或消化酶）等物质经过内质网和高尔基体修饰、加工、分选后，形成分泌囊泡。分泌囊泡在细胞膜附近积累，当细胞受到信号分子刺激时，分泌囊泡与细胞膜融合并释放其内容物。例如，胰腺β细胞分泌的胰岛素储存在特殊分泌囊泡内，当细胞应答血糖升高时会通过调节性胞吐途径从细胞内分泌出去。而在神经元中，突触小泡从突触前膜或高尔基体等细胞器上产生，通过其膜上的转运蛋白将神经递质装载到突触小泡中。当神经元产生动作电位并传递至末梢时，电压门控Ca^{2+}通道开放，细胞浆内Ca^{2+}浓度瞬时升高，促进突触小泡向突触前膜移动聚集，通过胞吐作用，将神经递质释放到突触间隙。

因此，胞吐作用的具体功能及其运行方式取决于细胞的类型、环境以及待释放物质的性质等，不同的胞吐类型在不同的细胞生命活动中发挥着各自不同但都极为重要的作用。

三、外泌体

胞外囊泡（extracellular vesicle）泛指各种细胞释放到胞外环境的小囊泡，它们的直径可以从几十纳米到几微米不等。胞外囊泡可以根据大小、生成途径以及可能的功能来进行分类，其中最常见的3种类型是外泌体（exosome）、微泡（microvesicle）和凋亡小体（apoptotic body）。外泌体是一种特殊类型的胞外囊泡，由多泡体（multivesicular body，MVB）与细胞膜融合，从而释放到胞外的一类囊泡，其大小在50～200nm；微囊泡是由细胞膜直接向外出芽或裂殖形成的直径在100～1000nm的一类囊泡；凋亡小体是通过细胞发芽脱落机制或自噬体形成机制产生的直径在1000～5000nm的一类囊泡。

外泌体具有脂质双层结构，可以携带蛋白质、脂类和核酸等重要信息，作为细胞间通信的载体。其中，外泌体常见的蛋白质包括与其形成过程有关的膜蛋白和 RAB 蛋白，可以促进 MVB 与细胞膜的融合及外泌体的释放；外泌体表面表达的 CD9、CD63 和 CD81 等跨膜蛋白可以作为外泌体的表面标志物；外泌体有参与抗原提呈过程的蛋白质，如 CD1 和 MHC Ⅰ（major histocompatibility complex Ⅰ，主要组织相容性复合体Ⅰ），其在免疫调节中发挥重要作用；外泌体表面还存在热激蛋白（HSP），如 HSP70 和 HSP90；外泌体含有信号转导蛋白，如 G 蛋白和蛋白激酶；外泌体中还含有细胞质微管蛋白、肌动蛋白和肌动蛋白结合蛋白等。外泌体的脂质成分包括鞘磷脂、胆固醇、饱和脂肪酸和神经酰胺。胆固醇水平对 MVB 分选去向有一定的调节作用，富含胆固醇的 MVB 被靶向分选至细胞膜，进而释放形成外泌体，而低胆固醇水平的 MVB 被靶向运送到溶酶体被降解。外泌体中所含的核酸成分包括 DNA、RNA、mRNA 和 miRNA 等非编码 RNA。例如，外泌体中含有多种 miRNA，包括 let-7、miR-15、miR-151 和 miR-375 等，这些 miRNA 在调控血管生成、胞吐作用及肿瘤发生等生理病理过程中扮演着关键角色。

（一）外泌体的形成和转运

1. 外泌体的形成 过程涉及质膜的双重内陷和细胞内含有腔内囊泡（intraluminal vesicles）的 MVB 的形成，腔内囊泡通过 MVB 与细胞膜融合通过胞吐作用以外泌体的形式分泌到胞外。第一次内陷是在细胞膜上形成一个杯状结构，该结构包含有细胞膜表面蛋白和胞外可溶性蛋白，形成了早期核内体（early sorting endosome），在某些情况下其可以与先前存在的早期分选内体合并；早期分选内体接着成熟为晚期分选内体（late sorting endosome），在这期间，内质网和反面高尔基体网状结构通过物质交换也有助于早期分选内体和晚期分选内体的形成；接着晚期分选内体的质膜再次向内凹陷，形成腔内囊泡并且数量逐步积累增加，最终形成 MVB。MVB 在内体限制膜处的形成主要通过内体分选转运复合体（endosomal sorting complex required for transport，ESCRT）进行。其中，经典的 ESCRT 机制包含 5 个不同的复合物，即 ESCRT-0、ESCRT-Ⅰ、ESCRT-Ⅱ、ESCRT-Ⅲ和 ATP 酶 VPS4（vacuolar protein sorting-associated protein 4，液泡蛋白分选相关蛋白 4）。内体限制膜上的 3-磷酸磷脂酰肌醇 [phosphatidylinositol 3-phosphate，PI(3)P] 和泛素化的受体蛋白募集 ESCRT-0 到内体限制膜上，ESCRT-0 通过与网格蛋白的相互作用，形成微结构域并将货物蛋白富集在特定位置。ESCRT-0 将富集到的泛素化物质传递给 ESCRT-Ⅰ，后者继续招募 ESCRT-Ⅱ，形成超大复合物，引发内体膜的形状变化，使分选的货物蛋白汇集到出芽位点。ESCRT-Ⅱ继而吸引 ESCRT-Ⅲ的参与，导致 ESCRT-Ⅲ组分在内陷囊泡的“颈部”区多聚化形成螺旋结构，进一步压缩囊泡的“颈部”，同时推动货物蛋白的去泛素化。最后，VPS4 复合物介入，诱导 ESCRT-Ⅲ复合物解体，促使内陷囊泡的“颈部”缩小，从膜上分离，形成 MVB 中的腔内囊泡。MVB 形成后，一部分 MVB 会通过自噬-溶酶体途径降解，一部分 MVB 则会在小 G 蛋白 RAB 的调节下与细胞膜融合向胞外分泌腔内囊泡形成外泌体（图 13-14）。

2. 外泌体的转运 外泌体释放到细胞外后，在组织液中移动到邻近的或远处的靶细胞，将信号传递给靶细胞。外泌体与靶细胞以何种方式结合取决于外泌体的大小及外泌体携带的膜表面物质，其传递方式主要有以下 3 种：①外泌体上的跨膜蛋白直接作用于靶细胞膜表面的信号分子。例如，来自 B 细胞和树突状细胞的外泌体，能向 T 细胞提呈抗原并诱导特异性的抗原反应。②外泌体膜通过脂质等分子与靶细胞膜锚定融合，将外泌体中分子如 miRNA 等释放到靶细胞中，调节靶细胞基因的表达。③外泌体通过吞噬作用或胞吞作用进入细胞。例如，作为吞噬标志物的 CD47 和 LAMP1（lysosomal associated membrane protein 1，溶酶体相关膜蛋白 1）可成为外泌体的表面膜蛋白，表明外泌体可通过吞噬作用被靶细胞摄取。

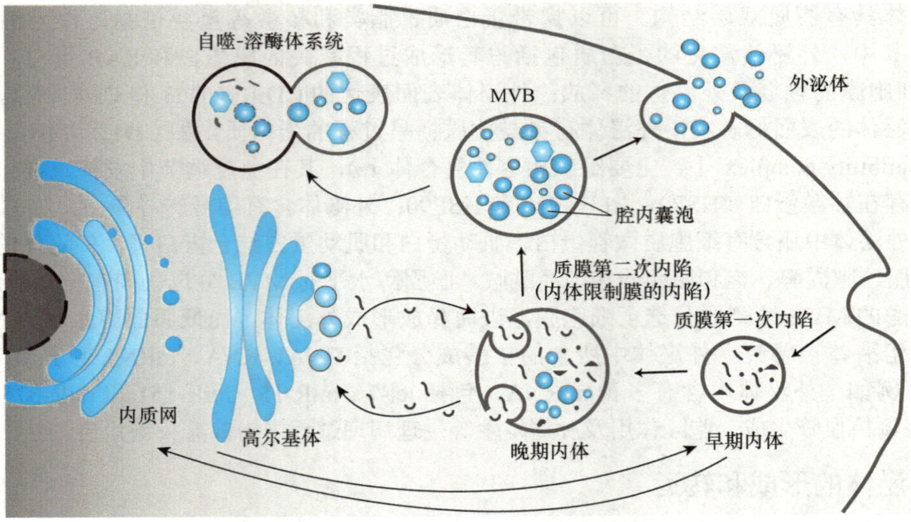

图 13-14　外泌体的形成过程

外泌体的形成过程涉及质膜的两次内陷和含有腔内囊泡的 MVB 的形成

（二）外泌体的生物学特性及应用

外泌体广泛存在于人体的各种体液和组织中，具有高度异质性，不同细胞分泌的外泌体具有不同的功能和物质，即便是相同的细胞在不同的生理状态下分泌的外泌体也具有差异。外泌体的异质性主要体现在大小异质性、含量异质性、功能异质性和细胞来源异质性。外泌体大小异质性原因可能是内体限制膜内陷不均匀，导致腔内囊泡所包裹的物质总含量不同。不同细胞来源的外泌体成分和功能不同，可特异性识别受体细胞，如血小板来源的外泌体能识别内皮细胞和巨噬细胞，却不能识别中性粒细胞，而中性粒细胞来源的外泌体则可识别血小板。外泌体功能异质性表现为对免疫功能的影响，诱导细胞分裂、分化及迁移和调节生殖和发育等。

1. 外泌体与免疫　外泌体可以用两种方式向 T 细胞提呈抗原-MHC 复合物，从而引导 T 细胞对抗原做出免疫应答。一种方式是直接提呈，外泌体表面的抗原-MHC 复合物直接被 T 细胞捕获，进而激活 T 细胞；另一种方式是交叉提呈，由抗原提呈细胞（antigen-presenting cell）识别外泌体携带的抗原，然后将抗原-MHC 复合物提呈给 $CD8^+$T 细胞。此外，外泌体表面还含有乳脂球表皮生长因子 8、四糖蛋白和磷脂酰丝氨酸，这些分子可以直接或间接地促进外泌体与抗原提呈细胞的结合。

外泌体可以通过介导促炎反应促进免疫反应。当细菌感染进入机体时，巨噬细胞分泌外泌体，这些外泌体可以调节免疫反应，激发巨噬细胞和中性粒细胞分泌促炎性细胞因子，如 TNF-α 和趋化因子 RANTES（regulated upon activation，normal T cell expressed and secreted，调节活化正常 T 细胞表述与分泌）。树突状细胞来源的外泌体能够诱导上皮细胞分泌促炎性细胞因子，包括 MCP-1（monocyte chemotactic protein-1，单细胞超化蛋白-1）、IL-8、TNF-α 和 RANTES 等，从而在免疫应答中发挥关键作用。此外，外泌体还能用来调节巨噬细胞对肿瘤细胞的吞噬作用。例如，肿瘤细胞表面的 CD47 可以与巨噬细胞上的 SIRPα（signal regulatory protein α，信号调节蛋白 α）相互作用，进而抑制巨噬细胞的吞噬作用。有研究开发了携带 SIRPα 的外泌体，通过其竞争性抑制来破坏这两者的相互作用，进而增强巨噬细胞对肿瘤细胞的吞噬作用。这些机制共同揭示了外泌体在调控免疫反应中的重要性。

另外，肿瘤细胞释放的外泌体具有抑制免疫反应的作用，通过抑制 T 细胞和 NK 细胞的活性，同时激发骨髓来源的抑制性细胞（myeloid-derived suppressor cells）来抑制免疫反应。例如，小鼠 B16 黑色素瘤细胞释放的外泌体对小鼠巨噬细胞 IFN-γ 的表达有抑制作用，从而影响 $CD4^+$ T 细胞的抗原提呈；肿瘤细胞分泌的外泌体还能够诱导T细胞凋亡，从而促进免疫逃逸。

2. 外泌体诱导细胞分裂和分化 外泌体具有诱导细胞分裂和分化的功能，可促进间充质干细胞分化为不同细胞来替代受损的组织细胞。间充质干细胞产生的外泌体对关节软骨再生起重要作用，可以促进骨髓间充质干细胞的迁移、增殖及软骨细胞增殖。不仅如此，在某些疾病治疗中，间充质干细胞来源的外泌体相较于间充质干细胞本体有更好的作用。间充质干细胞来源的外泌体可促进神经干细胞的迁移，这有利于将内源性神经干细胞集中到脊髓损伤区。此外，脂肪间充质干细胞来源的外泌体能刺激成纤维细胞的增殖、迁移和胶原蛋白合成，并促进多种蛋白、抗原的表达，从而促进皮肤伤口愈合。

3. 外泌体调节生殖和发育 哺乳动物的生殖和胚胎发育需要精准和动态的细胞间通信。精液、羊水、血液和母乳都含有具有特定功能的外泌体。精液中的外泌体与精子的成熟过程密切相关，这些外泌体中包含的miRNA与白介素（如IL-10和IL-13）的表达存在关联，提示外泌体在维护生殖器官免疫环境中扮演着重要角色。精液来源的外泌体可能通过干扰HIV病毒的早期蛋白转录激活因子的募集和随后的病毒转录，来抑制HIV-1的感染。外泌体还可在防止胎盘感染方面发挥作用，通过将外泌体中特定miRNA（如19号染色体miRNA簇）从胎盘内的滋养细胞传递到非胎盘细胞，从而诱导自噬和提供对抗病毒感染（如脊髓灰质炎病毒、人类巨细胞病毒和单纯疱疹病毒1）的防御机制。母乳中的外泌体对新生儿的健康和生长具有潜在的促进作用，其通过递送具有免疫相关功能的miRNA，增加新生儿外周血液中调节性T细胞的数量，从而有助于调节免疫应答和提高免疫耐受性。

4. 外泌体的应用

（1）作为药物载体：外泌体的免疫原性较低，能够规避大部分免疫系统的识别和攻击。与传统的化学药物相比，外泌体具备多重优势：体积小、良好的生物膜透过性、低细胞毒性和良好的生物相容性。此外，外泌体的脂质双层膜结构有助于保护内部药物成分，使其不易被降解，同时保持生物活性。因此，外泌体可用作药物传递的有效载体，协助药物逃避免疫系统的攻击、穿越组织屏障，从而提高药物的传递效率和吸收效果。例如，用聚乙二醇丙烯酸酯修饰装载有紫杉醇的外泌体可以改善药物在血液中的循环时间并能够靶向肺转移的肿瘤细胞。

（2）作为疾病诊断标志物：几乎所有体液和细胞都能分泌外泌体，这让外泌体成为液体活检中十分有前景的检测工具，能够持续监控疾病的发展趋势，并且由于外泌体能携带大量的胞内和胞外物质，为深入、多方面的诊断检测提供了可能性。例如有研究显示，外泌体的miRNA可以作为诊断结直肠癌的生物标志物。由于外泌体参与病理性α突触核蛋白（α-synuclein）在大脑的传播，因此血液或脑脊液的外泌体中α突触核蛋白也被用来研究作为帕金森病的早期诊断标志物。

虽然目前关于外泌体的研究已取得了多方面的进展，但外泌体的功能、与受体细胞的相互作用方式等尚未完全阐明，外泌体内携带的蛋白与核酸等物质也具有不确定性，如何更好地应用和开发外泌体的治疗和诊断价值，这一系列问题都有待于研究人员的进一步探索。

第四节 囊泡和囊泡转运

囊泡是一种由脂质双层膜包围的膜泡结构，在真核生物细胞中广泛存在。这些囊泡包裹着其起源结构（如内质网、高尔基体或细胞膜）中包含的物质，运输到细胞内或细胞外的目的地。囊泡转运是细胞生命活动中至关重要的一个过程，它涉及囊泡的形成、蛋白质的包被、囊泡的定向转运及回收等多个环节。对于这一复杂而又精细的系统，2013年诺贝尔生理学或医学奖授予了囊泡运输调控研究领域的3位科学家：詹姆斯·罗斯曼（James Rothman）、兰迪·谢克曼（Randy Schekman）和托马斯·苏德霍夫（Thomas Südhof），表彰他们对于囊泡运输系统运作机制的贡献。

一、囊泡的蛋白质包被和类型

生物膜构成了细胞及细胞器之间的天然屏障，使得一些重要的生命活动能在相对独立的空间内进行，由此产生了细胞之间和细胞器之间的物质、能量和信息交换的过程。这些交换过程实际上是依赖细胞内膜系统来实现的，即一组在结构和功能上密切相关的细胞结构，主要包括内质网、高尔基体、溶酶体、内体和分泌泡等。这些细胞器之间和与细胞外进行物质传递，例如从内质网向高尔基体的物质转运、高尔基体向溶酶体的物质输送，以及细胞分泌物的外排，均需要依赖囊泡的参与。

细胞内的囊泡有很多种，按结构特征，可以分为包被囊泡和无被囊泡两类。其中，包被囊泡的表面被特定的蛋白质覆盖，这些蛋白质有助于囊泡的形成和定向运输。最常见的包被蛋白包括包被蛋白Ⅱ（coat protein Ⅱ，COP Ⅱ）、包被蛋白Ⅰ（coat protein Ⅰ，COP Ⅰ）和网格蛋白，对应的囊泡也称为COP Ⅱ包被囊泡、COP Ⅰ包被囊泡和网格蛋白包被囊泡。其中COP Ⅱ和COP Ⅰ是一个大的复合体，也称为包被体（coatomer）。相对的，无被囊泡的表面没有特定的蛋白质覆盖，但它们仍能在细胞内进行有效的运输和转运。不同包被囊泡介导不同的转运途径。其中，COP Ⅱ介导从内质网到高尔基体的物质运输；COP Ⅰ介导从高尔基体反面网状结构到顺面网状结构，以及从顺面网状结构到内质网的逆向运输；而网格蛋白介导反面高尔基体网状结构向内体到溶酶体等的运输，以及在受体介导的胞吞途径中负责将物质从细胞表面运往内体转而到溶酶体的运输（图 13-15）。

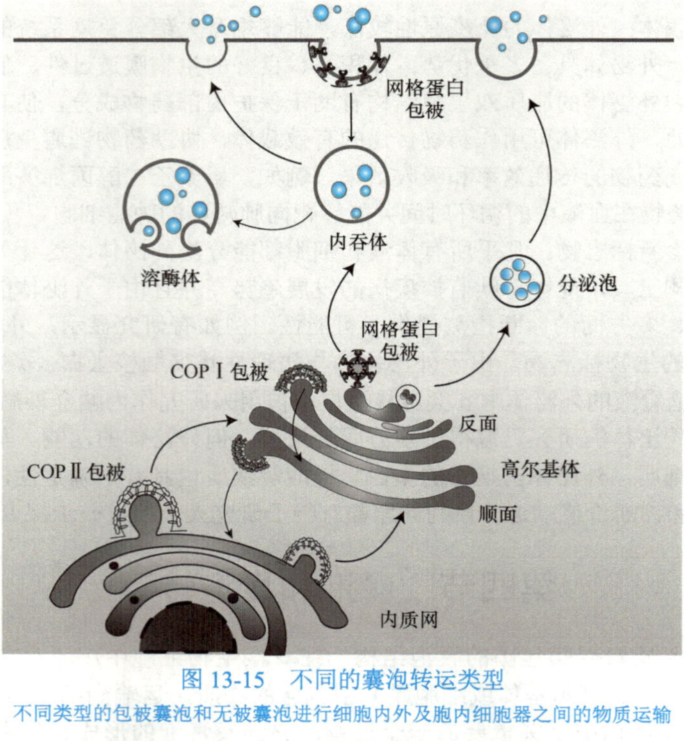

图 13-15　不同的囊泡转运类型

不同类型的包被囊泡和无被囊泡进行细胞内外及胞内细胞器之间的物质运输

按生理功能分类，囊泡主要分为转运囊泡、储存囊泡和分泌囊泡。转运囊泡负责细胞内物质的运输，如蛋白质和脂质；储存囊泡存储如神经递质或激素等待分泌物质；分泌囊泡则将储存的物质释放至细胞外，以进行信息传递或支持其他生物活动。这些不同类型的囊泡在细胞生命活动中扮演着重要的角色，共同保证了细胞内外的物质交换和信息传递。

二、囊泡转运

囊泡转运是细胞进行生命活动至关重要的一个过程，它涉及囊泡的形成、蛋白质包被、锚定和融合等过程，需要货物分子、运输复合体、动力蛋白和微管等的参与以及多种分子的调节。理解这些过程，不仅可以帮助我们更好地了解细胞的基本功能，而且可以为研究细胞的疾病状态，如免疫疾病、神经退行性变性疾病等，提供有价值的线索。下面介绍 3 种主要的包被囊泡如何实现物质在细胞内部及细胞膜外的运输和分配。

（一）COP Ⅱ包被囊泡介导的内质网到高尔基体物质转运

COP Ⅱ包被囊泡介导的是从内质网到高尔基体的顺向物质运输，主要由小分子 GTP 结合蛋白 Sar1、Sec23/Sec24 复合物、Sec13/Sec31 复合物以及大的纤维蛋白 Sec16 组成。COP Ⅱ包被囊泡的形成、运输及融合过程可分以下几个步骤。

（1）首先参与 COP Ⅱ包被囊泡形成的是 Sar1，其自身具有 GTP 酶活性，能进行活化状态/非活化状态的 GTP/GDP 转换，起到分子开关的作用。具体来讲，Sar1-GDP 被特异性招募到内质网膜上，膜上的 GEF Sec12 与 Sec16 结合催化 Sar1-GDP 转换为 Sar1-GTP，此时 Sar1 被激活，构象发生改变，疏水 N 端插入内质网膜，使脂质双层出现弯曲。

（2）Sar1-GTP 招募多肽 Sec23 和 Sec24，两者结合形成二聚体，诱导脂质双层进一步弯曲。同时 Sec23/Sec24 复合物会选择性结合需要被包括在囊泡中的货物蛋白，其中 Sec24 有 4 种异构体，可以识别结合内质网腔的不同货物。

（3）另一对复合物 Sec13/Sec31 随后会结合至 Sec23/Sec24 上，形成 COP Ⅱ包被囊泡的外部框架，并进一步驱动膜的弯曲。接着大纤维蛋白 Sec16 结合在内质网膜表面，最终完成了 COP Ⅱ外壳的组装并形成囊泡（图 13-16）。

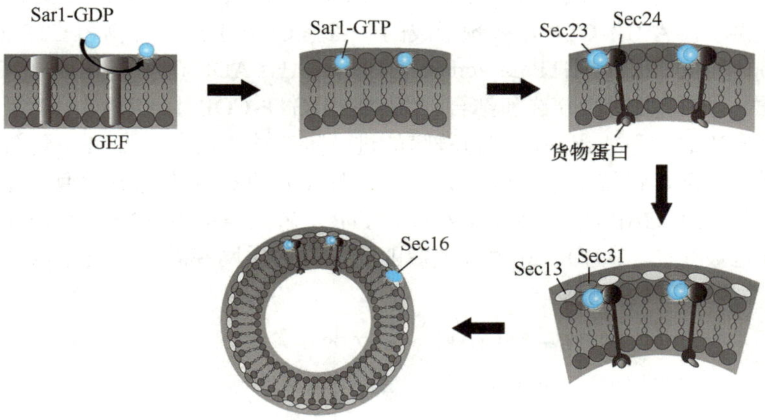

图 13-16 COP Ⅱ包被囊泡的形成

（4）一旦囊泡从内质网脱离，它们会通过细胞骨架网络在细胞中定向移动，通常由马达蛋白质如驱动蛋白（kinesin）或动力蛋白（dynein）驱动，囊泡上的蛋白质，如 RAB 蛋白和 SNARE（soluble *N*-ethylmaleimide-sensitive factor attachment protein receptor，可溶性 *N*-乙基马来酰亚胺敏感因子附着受体蛋白），帮助指导囊泡到其靶膜。

（5）在和靶膜融合之前，需要经历脱包被过程。Sar1-GTP 被 GTP 酶活化蛋白水解为 Sar1-GDP，这一变化导致 Sar1-GDP 对囊泡膜的亲和力降低，从而使其从膜上解离。随着 Sar1 的解离，其他的 COP Ⅱ亚基也被释放。

（6）脱包被后的囊泡将与高尔基体膜融合，将囊泡内的货物释放到高尔基体中。

这些步骤为 COP Ⅱ囊泡转运的一般过程，但实际过程涉及的蛋白质和调控机制更为复杂和精细。例如，Sar1 有两种亚型，Sec23 有两种亚型，Sec24 有四种亚型，Sec31 有两种亚型，这些亚型在膜通过出芽方式形成囊泡的过程中扩展了各种可能性，以适应不同货物。Sec24 是 COP Ⅱ包被囊泡中选择货物类型的主要复合物，表面有多个货物的结合位点，以确保选择性捕获具有特定氨基酸序列或特定构象的货物。而融合过程还需要涉及多种 Rab 家族小 G 蛋白和各种辅因子。

一般而言，COP Ⅱ包被囊泡所转运的物质包括：①在生物合成途径后期起作用的酶，如高尔基复合体的糖基转移酶；②参与囊泡与目标细胞器对接和融合的膜蛋白；③能够结合可溶性货物（如分泌蛋白）的膜蛋白。

（二）COP Ⅰ包被囊泡介导的蛋白质回收至内质网

COP Ⅰ包被囊泡主要涉及蛋白质的逆向运输，包括从反面高尔基体网状结构到顺面高尔基体网状结构、顺面高尔基体网状结构到内质网的运输过程。这些需被回收至内质网的蛋白质包括某些被错误包装进囊泡或从内质网逃逸到高尔基体的蛋白质，以及某些执行完功能的蛋白质。

研究人员利用结构类似 GTP 但不被水解的分子处理细胞，一类包被蛋白在胞内发生聚集，然后通过密度梯度离心将其从细胞匀浆中分离出来，这类蛋白后来被命名为 COP Ⅰ包被蛋白，主要由 7 种蛋白质和 ARF1（ADP-ribosylation factor 1，ADP-核糖基化因子 1）组成。这 7 种蛋白质分别为 α、β、β′、γ、δ、ε 和 ζ 共 7 个亚基，可分为类笼状（cage-like）和类接头（adaptor-like）两种亚复合物。类笼状亚复合物是由 α、β′ 和 ε 亚基组成的三聚体，类接头亚复合物是由 β、γ、δ 和 ζ 亚基组成的四聚体。ARF 为 GTP 结合蛋白，属于 Ras GTP 酶超家族，可分为三类，其中Ⅰ类含 ARF1、ARF2 和 ARF3，Ⅱ类含 ARF4 和 ARF5，Ⅲ类仅含 ARF6。其中 ARF Ⅰ类蛋白被认为是囊泡运输的主要参与者，特别是 ARF1，与高尔基体上的 COP Ⅰ包被囊泡生成密切相关。

COP Ⅰ包被囊泡的形成、运输及融合过程可分为以下步骤：①首先，小 G 蛋白 ARF1-GDP 被 ARF-GEF 即 GBF1（Golgi brefeldin A resistant guanine nucleotide exchange factor 1，高尔基体布雷菲德菌素 A 抗性鸟苷酸交换因子 1）激活，ARF1-GTP 构象改变后通过暴露其 N 端肉豆蔻酰基团连接高尔基体膜。② ARF1-GTP 招募预形成的 7 亚基 COP Ⅰ亚复合物和 GTP 酶活化蛋白 ARF-GAP1（ADP-ribosylation factor GTPase activating protein 1，ADP 核糖基化因子-GTP 酶激活蛋白 1）集结到膜表面，进行货物的分选和结合。③ ARF1-GTP-COP Ⅰ-ARF-GAP1 复合物在膜表面聚合，造成膜的变形弯曲和形成出芽。④随着膜的进一步弯曲，出芽的 COP Ⅰ包被逐渐形成狭窄的颈部。通过切断芽颈部，包被囊泡从膜上分离。⑤脱离后的 COP Ⅰ包被囊泡通过细胞骨架系统进行定向的转运，在 ARF-GAP1 的作用下，ARF1-GTP 水解成 ARF1-GDP，使 COP Ⅰ亚复合物从膜上脱离，囊泡脱包被（图 13-17）。⑥脱包被后的囊泡与内质网膜融合，囊泡内容物被释放到内质网腔内，完成了物质的回收运输。

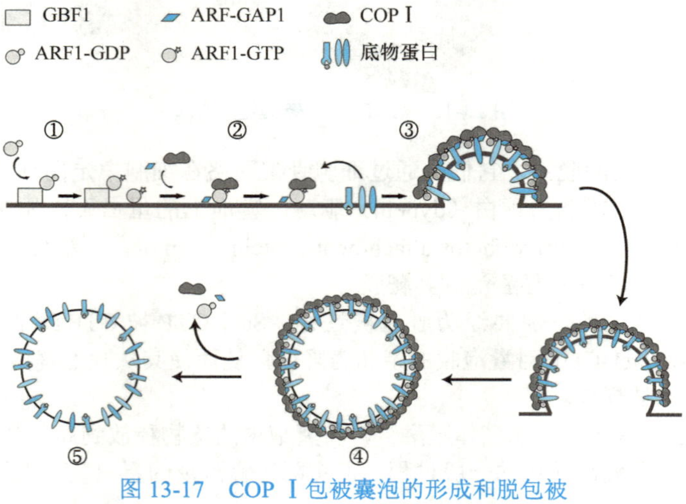

图 13-17　COP Ⅰ包被囊泡的形成和脱包被

细胞可以通过两种机制来决定某特定蛋白质是留在内质网还是进入高尔基体：一是排斥机制，这可能基于蛋白质的物理性质，例如某些驻留蛋白由于其物理性质，如尺寸、形状或参与形成大的蛋白质复合物，不能被装载进入包被囊泡而被保留在内质网中。例如，TANGO1（transport and Golgi organization protein 1，运输和高尔基体组织蛋白 1）可将胶原蛋白装载到 COP Ⅱ包被囊泡，但其本身不会进入。二是回收机制，这种回收过程是通过特异性受体介导的，这些受体可以识别并结合到这些逃逸或待回收蛋白上，然后将它们带回到应该驻留的位置。一般而言，存在于内质网腔内或膜上的驻留蛋白，其 C 端含有一段回收信号序列，该序列作为检索信号，可被特异性受体识别。若这些蛋白被错误包装进囊泡或从内质网逃逸到高尔基体，受体可识别该信号将逃逸蛋白质捕获，并通过 COP Ⅰ包被囊泡将其回收至内质网。例如，内质网中的蛋白二硫键异构酶和分子伴侣等可溶性蛋白，具有典型的 KDEL 回收信号（赖氨酸-天冬酰氨酸-谷氨酸-亮氨酸），而 KDEL 特异性受体是一种在顺面高尔基体网状结构和内质网区室间穿梭的膜蛋白。若缺乏 KDEL 序列，该蛋白则不会运送回内质网，而通过高尔基体继续向前推进；若通过基因工程在该蛋白质 C 端添加 KDEL 序列，则该蛋白质会被回收至内质网。另外，内质网膜蛋白最常见的回收序列是 KKXX 序列（K 为赖氨酸，X 为任意氨基酸），该序列由 COP Ⅰ的 α 和 β 两种亚基特异性识别。

在生物合成过程中，每个膜区室（内质网、高尔基体等）的蛋白质可能都具有特异的检索信号序列，这些信号能被相应的特异性受体识别。当蛋白质错误地被运输到其他区室时，这些受体可以将它们捕获，并通过特定类型的包被囊泡返回原来的位置。这种机制确保了即使囊泡不断地在各个膜区室之间进行运输，每个区室仍能保持其特定的蛋白质组成，从而维持其特定的功能。

（三）网格蛋白包被囊泡介导的高尔基体和细胞膜外物质转运

网格蛋白最初由英国生物学家芭芭拉·珀斯（Barbara Pearse）在 1976 年发现并命名。网格蛋白包被囊泡可以通过细胞膜受体介导的细胞内吞作用形成，也可以由高尔基体产生。如前面章节所述，网格蛋白是由 3 条重链和 3 条轻链组成的三联体；通过内吞作用形成的网格蛋白包被囊泡，将细胞膜外物质转运到细胞质，与其他囊泡或细胞器融合。而由高尔基体产生的网格蛋白包被囊泡，主要介导从高尔基体向溶酶体、内体或细胞膜的物质转运。

网格蛋白包被囊泡介导的物质转运同样涉及供体膜出芽、包被的装配、囊泡的脱落、转运及与目标膜的融合等过程。其中，与 COP Ⅰ囊泡类似，启动网格蛋白包被囊泡形成的 GTP 酶也是 ARF 蛋白。网格蛋白具有与 COP Ⅱ囊泡中的 Sec13/Sec31 复合物类似的网状骨架结构，网格蛋白的轻链与细胞骨架上的肌动蛋白相连，这种连接可以产生使细胞膜出芽和推动囊泡运动所需要的力。

网格蛋白包被囊泡是直径在 50～100nm 的双层结构，外层主要由网格蛋白纤维形成的网状结构，内壳结构中填充了大量的衔接蛋白（adaptor protein，AP）。目前已发现的衔接蛋白有 5 种，分别为 AP1～5。这些衔接蛋白在货物选择、囊泡形成及囊泡运输中均发挥关键作用。不同类型的衔接蛋白可以结合不同类型的受体，从而形成具有不同性质的转运囊泡，并将这些囊泡运输到不同的目的地。例如，AP1 主要参与高尔基体向内体的运输，AP2 参与细胞膜向内体的运输，AP3 参与高尔基体向溶酶体的运输，AP4 参与调控内体降解途径，AP5 定位于晚期内体膜上可调控 6-磷酸甘露糖受体的运输过程。其中，AP1 和 AP2 敲除胚胎致死，AP3 突变可导致赫曼斯基-普德拉克（Hermansky-Pudlak）综合征，AP4 和 AP5 突变可导致人类先天性神经障碍。在囊泡的出芽形成中，除网格蛋白与衔接蛋白之外，还有发动蛋白等因子的参与。发动蛋白是一种大分子 GTP 酶能够催化 GTP 水解，水解后所释放的能量驱动发动蛋白构象改变。如同 COP Ⅰ和 COP Ⅱ包被囊泡，网格蛋白包被囊泡会在囊泡形成之后很快脱去其网格蛋白外壳，转化成无包被囊泡。

网格蛋白包被囊泡的形成和脱包被可以分为以下步骤：①衔接蛋白分别结合网格蛋白三叉支链和膜的货物受体，从而介导膜选择性招募可溶性货物分子进入囊泡；②多个网格蛋白以同样的方式结合到一连串受体上，使膜发生曲率弯曲；③随着膜的进一步弯曲，发动蛋白聚集到囊泡的

“颈部”，GTP 水解驱动发动蛋白构象改变，导致网格蛋白包被囊泡从供体膜断裂并释放；④出芽完成，网格蛋白包被囊泡会在囊泡形成之后很快脱去其网格蛋白外壳，转化成无包被囊泡（图 13-18）。这个过程也使得网格蛋白得以回收，用于生成新的囊泡。无包被囊泡被运输至目标区域并与目标膜融合，然后释放出其内部的货物。

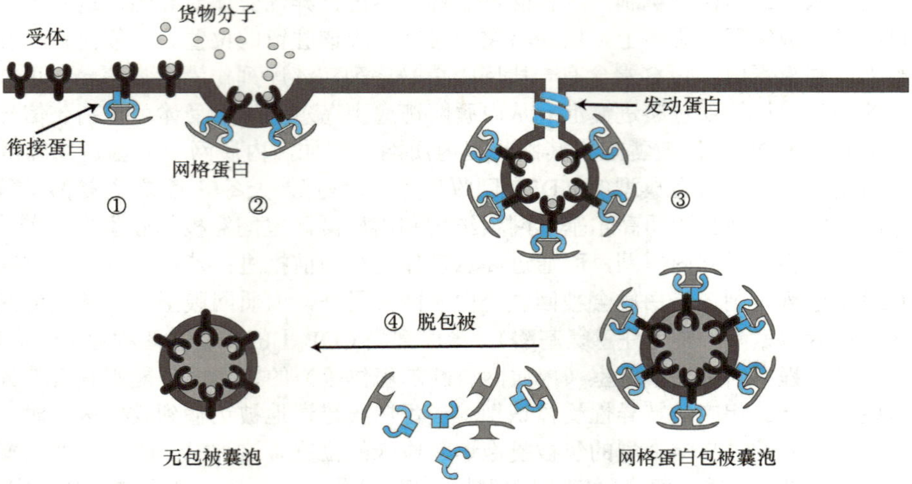

图 13-18　网格蛋白包被囊泡的形成和脱包被

第五节　细胞膜异常与疾病

细胞膜是隔离细胞和外界环境，维持细胞内环境稳态的重要结构。细胞膜的结构和功能异常会对细胞的物质转运、信号转导、能量转化等功能产生重大影响，甚至引起机体功能紊乱。下面介绍几种与通道蛋白、载体蛋白、膜受体和囊泡运输异常相关的疾病。

一、通道蛋白异常与疾病

通道蛋白允许一定大小的亲水性分子和离子迅速通过，其编码基因的遗传突变或表达异常可引起通道蛋白的缺失或功能障碍，进而导致疾病的发生。因此，深入了解通道蛋白的类型和机制，对于研究通道蛋白异常疾病的发病机制和精准治疗具有重要的意义。

1. 氯离子转运异常与囊性纤维化　囊性纤维化（cystic fibrosis）是一种常染色体隐性遗传病，常见于白种人，是由囊性纤维化跨膜转导调节因子（cystic fibrosis transmembrane conductance regulator，CFTR）发生突变而致病。CFTR 是一种 ABC 转运蛋白，调节 Cl^- 转运，广泛表达于肠道、胰腺、汗腺、呼吸道等上皮细胞的顶面，囊性纤维化患者通常呼吸道受累最为严重。在美国约 70% 囊性纤维化患者含有相同的基因突变，即导致 CFTR 第 508 位苯丙氨酸缺失，称为 ΔF508 型基因突变。该突变体多肽无法在内质网膜内正常加工，致使患者上皮细胞的表面完全缺乏 CFTR 通道，进而导致 Cl^- 向细胞外转运减少，对上皮钠离子通道的抑制减弱，Na^+ 被上皮细胞过度吸收，并伴随水的过度吸收，进而导致上皮细胞表面黏液层脱水，分泌的黏液黏度增加，细菌和黏液无法被纤毛移出气道而堵塞支气管，逐渐诱发慢性肺部感染（图 13-19）。

2. 钙离子通道异常和低钾性周期性麻痹　低钾性周期性麻痹（hypokalemic periodic paralysis）是一种常染色体显性遗传病，以发作性骨骼肌弛缓性麻痹和发作时血清钾降低为特征。约 60% 低钾性周期性麻痹患者与 Ca^{2+} 通道基因 *CACNA1S*（calcium voltage-gated channel subunit alpha 1S，钙电压门控通道亚基 α1S）的突变相关。*CACNA1S* 编码肌细胞二氢吡啶敏感的 L 型 Ca^{2+} 通道 α1 亚基，α1 亚基包含有 4 个同源结构域，每一个结构域还包括 6 个跨膜螺旋结构片段（S1-S6）。目

前发现 *CACNA1S* 突变主要影响 S4 片段，其参与调控肌浆网 Ca^{2+}的释放来影响肌肉的兴奋收缩偶联。S4 片段突变后该 L 型 Ca^{2+}通道开放异常，导致 Ca^{2+}释放减少，直接影响骨骼肌细胞的收缩，另外还可诱发 Na^+通道失活，从而导致细胞膜不能兴奋或兴奋性下降，使受累肌肉处于瘫痪状态。然而，*CACNA1S* 突变如何导致低钾血症尚不明确，可能与骨骼肌细胞膜内外 K^+浓度的波动有关。有假说认为，*CACNA1S* 突变会导致异常的 Na^+内流，细胞内 Na^+浓度升高，进而刺激钠-钾泵将细胞内多余的 Na^+移出细胞，同时把细胞外的 K^+移入细胞内，使血钾降低，从而导致低钾血症。

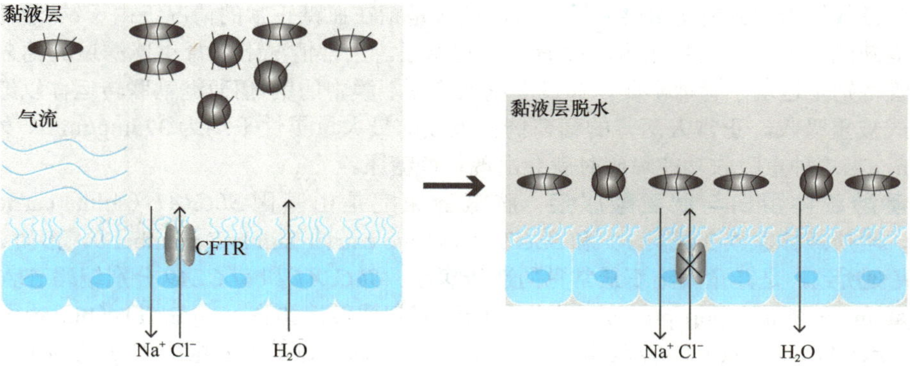

图 13-19 囊性纤维化患者气道上皮细胞功能示意图

囊性纤维化患者 CFTR 突变导致 Cl^- 转运障碍，Na^+和水过度吸收，气道干燥，导致纤毛清除机制障碍，细菌无法被移出气道

3. Na^+通道异常与高钾周期性麻痹 高钾周期性麻痹（hyperkalemic periodic paralysis）又称强直性周期性瘫痪，是一种常染色体显性遗传疾病，发作时血清钾和尿钾含量升高，其病因是编码骨骼肌电压门控 Na^+通道 Nav4.1 α 亚单位的 *SCN4A*（sodium voltage-gated channel alpha subunit 4，钠电压门控通道亚基 4A）基因发生突变。目前已确认该基因至少有 9 种不同的突变可引起高钾周期性麻痹。α 亚单位由 4 个同源跨膜结构域构成，突变主要聚集在结构域Ⅲ和Ⅳ，这是已知的控制 Na^+通道失活的区域，这些区域的突变会导致失活异常。正常骨骼肌 Na^+通道可以在快速和慢速失活门控模式之间转换，通常大多数 Na^+通道都处于快速失活模式。突变的 Na^+通道则在慢速失活门控模式花费更多时间，导致 Na^+内流增加，膜不能正常复极，呈持续去极化，肌细胞膜正常兴奋性消失，产生肌无力。

4. K^+通道异常与发作性共济失调Ⅰ型 发作性共济失调又称周期性共济失调，是一种常染色体显性遗传病，临床表现为发作性小脑共济失调。发作性共济失调Ⅰ型是发作性共济失调最为常见的分型之一，属于短暂的共济失调发作，可能持续几秒钟或几分钟，是由于 *KCNA1*（potassium voltage-gated channel subfamily A member 1，钾电压门控通道亚家族 A 成员 1）基因突变而致病。*KCNA1* 负责编码快速 K^+通道 Kv1.1 中的 α 亚基。Kv1.1 属于一种电压门控 K^+通道，可在有髓和无髓纤维中表达，对维持神经元的兴奋性和动作电位的产生和传导具有重要的作用。Kv1.1 的激活能够降低细胞膜间的电阻以及限制动作电位后轴突的过度兴奋性。因此，当 *KCNA1* 基因突变时，会导致 Kv1.1 的功能障碍或数量减少，继而影响静息膜电位、复极、动作电位发生的频率及其他离子通道的活性和功能，引起一系列临床症状。

5. 水孔蛋白异常与获得性肾性尿崩症 尿崩症是由于下丘脑抗利尿激素合成不足导致肾小管重吸收障碍引起的以多尿、烦渴、多饮和低渗尿为主要表现的病症。对锂的不良反应或低钾血症等引起的获得性肾性尿崩症主要涉及水孔蛋白 2（aquaporin 2，AQP2）的表达减少。集合管主细胞顶端膜和胞质中的囊泡内含有 AQP2，而在基底侧膜中则含有 AQP3 和 AQP4。顶端膜 AQP2 的数量决定了集合管对水的重吸收量，抗利尿激素参与调节这一过程。当患者 AQP2 表达减少时，对水的通透性减少，重吸收减少，远曲小管的低渗小管液得不到浓缩，同时集合管还主动重吸收 NaCl，使尿液进一步被稀释，可出现尿崩症。

二、载体蛋白异常与疾病

载体蛋白在特定的小分子物质跨膜转运中起到了重要的作用，其结构、功能的异常会影响某些物质的跨膜转运，从而使细胞发生异常，导致疾病的发生。明确载体蛋白与相关疾病的关联，揭示疾病的发病机制，可为疾病的预防与治疗提供新的思路和方法。

1. 葡萄糖载体蛋白异常与肾性糖尿 肾性糖尿是指在血糖正常的情况下由于钠-葡萄糖耦联转运体的功能缺陷，导致葡萄糖重吸收障碍而引起糖尿。正常情况下，肾小球滤过的葡萄糖全部会在近端小管特别是近端小管前半段，通过上皮细胞顶端膜中的钠-葡萄糖耦联转运体以继发性主动运输的方式被重吸收。正常人两肾的葡萄糖重吸收的最大量男性平均为 375mg/min，女性平均为 300mg/min，当这种重吸收功能障碍时就会出现肾性糖尿。

2. 氨基酸载体蛋白与胱氨酸尿症 胱氨酸尿症是由基因 *SLC3A1*（solute carrier family 3 member 1，溶质载体家族 3 成员 1）和 *SLC7A9*（solute carrier family 7 member 9，溶质载体家族 7 成员 9）突变所致，是儿童肾结石最常见的遗传病因。*SLC3A1* 和 *SLC7A9* 分别编码 rBAT（neutral and basic amino acid transport protein，中性和碱性氨基酸转运蛋白）和 BAT1（bidirectional amino acid transporter 1，双向氨基酸转运体 1）蛋白。由肾小球滤过的氨基酸主要在近端小管，通过上皮细胞膜中的钠离子-氨基酸同向协同转运体以继发性主动运输的方式被重吸收。近端肾小管上皮细胞上的 rBAT 和 BAT1 蛋白是参与胱氨酸和二氨基氨基酸（即赖氨酸、精氨酸和鸟氨酸）转运的载体蛋白。胱氨酸尿症患者肾小管对以上 4 种氨基酸的重吸收障碍，会导致这 4 种氨基酸在尿中排出过量，在血液中则低于正常水平。由于胱氨酸在正常尿液 pH 下溶解度较低，当尿液中胱氨酸含量超过其饱和浓度时，胱氨酸从尿液中析出，形成尿路结石，造成肾绞痛、血尿、尿路感染等症状。由于氨基酸在小肠的吸收也是通过钠离子-氨基酸协同转运体以继发性主动运输的方式进行，因此胱氨酸尿症患者小肠黏膜上皮细胞的氨基酸吸收和转运可能也存在类似的缺陷，但一般不造成营养不良，仍以肾功能损伤为主。

3. GLUT4 载体蛋白异常与 2 型糖尿病 GLUT4 是一种由 *SLC2A4*（solute carrier family 2 member 4，溶质载体家族 2 成员 1）基因编码的胰岛素依赖性跨膜载体蛋白，介导葡萄糖的易化扩散，主要分布于横纹肌（骨骼肌和心肌）和脂肪等组织。在低胰岛素条件下，大部分 GLUT4 储存在肌细胞和脂肪细胞的胞内囊泡中；当胰岛素水平升高时，GLUT4 可迅速插入细胞膜中，提高葡萄糖转运进入细胞的能力。2 型糖尿病病因主要有两个，胰岛素分泌相对不足和胰岛素抵抗。当患者胰岛素分泌相对不足时，GLUT4 储存在囊泡中，血浆中的葡萄糖不能有效转入细胞内，因而出现糖尿病；当患者 GLUT4 数量或功能降低时，即使胰岛素水平升高，葡萄糖仍不能有效转入细胞内，出现胰岛素抵抗。

三、膜受体异常与疾病

细胞内外信号转导、物质转运，以及某些生物大分子跨膜转运的内吞作用，大多须通过细胞膜受体的介导。膜受体异常，如受体的数量增多或减少，或受体失敏不能结合相应配体，或受体虽能与配体结合但不能与 G 蛋白偶联，均可导致细胞生物学功能障碍，进而导致疾病发生，其治疗方案则可针对具体的致病机制进行设计。

1. 抗乙酰胆碱受体抗体与重症肌无力 重症肌无力（myasthenia gravis）是一种获得性自身免疫病，主要由于自身产生了抗 N 型乙酰胆碱受体（nicotinic acetylcholine receptor，N-AChR）的抗体，引起神经-肌肉接头传递功能障碍。临床主要表现为部分或全身骨骼肌无力和极易疲劳，活动后加重，休息和胆碱酯酶抑制剂治疗后症状减轻。N-AChR 为配体门控通道，激活后诱发兴奋性动作电位。重症肌无力患者 N-AChR 正常，但抗 N-AChR 抗体占据了受体的位置，使乙酰胆碱不能与受体正常结合。突触后膜的 N-AChR 被这种自身免疫反应破坏，不能产生足够的终板电位，致使突触后膜传递功能障碍而发生肌无力。

2. LDLR 缺失或结构异常与家族性高胆固醇血症　*LDLR*、*APOB*（apolipoprotein B，载脂蛋白 B）和 *PCSK9*（proprotein convertase subtilisin/kexin type 9，前蛋白转化酶枯草杆菌蛋白酶 9）等基因突变可导致家族性高胆固醇血症，其中 *LDLR* 突变最为常见。*LDLR* 基因突变导致细胞膜上 LDLR 缺乏或结构异常。LDL 是人体血液中运输胆固醇的主要载体，通过 LDLR 介导的内吞作用进入细胞，为细胞提供胆固醇。LDLR 缺乏或结构异常导致 LDL 颗粒不能进入细胞，血液中胆固醇浓度升高，形成黄色瘤和粥样斑块，最终导致心血管疾病的发生。有些患者 LDLR 数目减少，如重型纯合子患者的 LDLR 只有正常人的 3.6%，血液中胆固醇含量是正常人的 6～8 倍，常在 20 岁左右出现动脉硬化；轻型杂合子病人 LDLR 数目只有正常人的 1/2，血液中胆固醇含量是正常人的 2～3 倍，可能在 40 岁前后发生动脉硬化、冠心病。有些患者 LDLR 数目正常，但结构异常，无法与 LDL 结合，或者与包被小窝结合的部位缺失，使 LDLR 不能定位到包被小窝处；还有的患者 LDLR 在内体中无法与 LDL 解离，使 LDLR 也被溶酶体降解而不能被递送回细胞膜上再次介导 LDL 内吞，使得 LDLR 介导的胞吞作用障碍，出现持续的高胆固醇血症。

四、囊泡运输异常与疾病

囊泡运输参与细胞内物质、信息和能量的交换，是细胞生命活动中至关重要的一个过程。囊泡运输的异常会导致多种细胞器发生缺陷和功能紊乱，与多种神经退行性变性疾病、免疫病和恶性肿瘤等密切相关。阐明囊泡运输异常与疾病的具体机制，可为疾病治疗提供新的策略。

1. 胞外囊泡与克罗恩病　克罗恩病（Crohn disease）是一种慢性透壁性复发性炎症性肠病，可增加结肠癌的患病风险。胞外囊泡是一种由各种细胞释放到细胞外基质的膜性小囊泡，参与细胞通信、细胞迁移、血管新生和肿瘤细胞生长等过程。胞外囊泡中封装的功能分子，包括核酸、脂质和蛋白质，很大程度上决定了其对受体细胞的影响。在活动性克罗恩病患者的血浆或结肠灌洗液中，胞外囊泡内的双链 DNA（包括线粒体 DNA 和细胞核 DNA）水平较高，并且两者均与克罗恩病活动度呈正相关。当来自受损肠上皮细胞的胞外囊泡被巨噬细胞内化，其转运的双链 DNA 可激活巨噬细胞中的 STING（stimulator of interferon gene，干扰素基因刺激因子）通路以引起炎症反应，导致克罗恩病的发生。

2. 逆行运输囊泡异常与晚发性帕金森病　帕金森病以散发性为主，少部分为家族性帕金森病，其由基因突变所致。其中，*VPS35*（vacuolar protein sorting-associated protein 35，液泡蛋白分选相关蛋白 35）基因发生常染色体显性突变可导致晚发性帕金森病。VPS35 是逆行运输囊泡的组成成分，而逆行运输囊泡是一种内体膜结合蛋白复合物，在内体分选货物蛋白的过程中起着关键作用。研究表明，*VPS35* 突变会影响阳离子非依赖性 6-磷酸甘露糖受体从内体回到反面高尔基体网状结构的正常逆行运输，递送到内体-溶酶体系统的组织蛋白酶 D 随之减少，从而导致 α 突触核蛋白加工异常和聚集体的形成；该突变也可能导致 ATG9（autophagy-related protein 9，自噬相关蛋白 9）的错误运输，从而减少自噬小体的形成，影响 α 突触核蛋白聚集体的清除，进而导致帕金森病的发生。

（祝建洪　朱师国）

第十四章 内膜系统

细胞内膜系统（endomembrane system）是细胞中一组相互关联且不断变化的动态结构体系，包括内质网、高尔基体、溶酶体、内吞体、脂滴、过氧化物酶体以及自噬体等。这些细胞器不仅在形态和功能上紧密联系，而且通过生物合成、蛋白质修饰与分选、膜泡运输以及各种质量监控机制之间的协同作用，维持着系统的动态平衡。不同类型细胞内膜系统的比例因细胞种类和生理功能的差异而变化很大。以肝细胞和胰腺外分泌细胞为例，通过对其进行分析，我们可以发现肝细胞的平均体积约为 5000μm³，而胰腺外分泌细胞则约为 1000μm³，在这两种细胞中，总细胞膜面积（包括细胞器膜）分别约为 110 000μm² 和 13 000μm²。此外，这些细胞的质膜和各种细胞器膜所占比例也存在差异。

细胞内膜系统在维持细胞的结构与功能上发挥着关键作用。它们不仅协助细胞内部分隔不同的功能区域，还通过膜泡运输和生物合成等过程，确保细胞内外的分子转运与交流。这些动态的过程深刻影响了细胞的代谢、信号转导和物质运输。本章中，我们将深入探讨细胞内膜系统的组成结构、功能机制，旨在揭示这一重要细胞器网络的关键角色，以及其如何为细胞的正常运作和适应不同生理环境提供支持。

第一节 内 质 网

一、内质网的结构与类型

内质网（endoplasmic reticulum，ER）是真核细胞中最大的膜性细胞器，包括核膜与延伸到细胞质中的外周内质网（peripheral ER）。内质网通常占细胞膜系统的一半左右，是由封闭的管状或扁平囊状膜系统及其包被的腔所形成的互相连通的三维网络结构。内质网的发现可以追溯到 20 世纪 40 年代。1945 年，基斯·罗伯茨·波特（Keith Roberts Porter）等观察到细胞质中具有连续的网状结构，首次提出内质网的概念。随后，乔治·埃米尔·帕拉德（George Emil Palade）与同事于 1954 年证实了内质网是由膜围绕的囊泡组成，并进一步揭示了内质网的结构与功能，后来也因此获得了 1974 年的诺贝尔生理学或医学奖。

内质网（图 14-1）形态多变，适应性强，其形态结构与类型主要取决于细胞的功能与代谢活动，随着细胞分裂，内质网要经历解体与重建的过程。根据外周内质网的形态，可将其区分为片层状内质网和管状内质网。片层状内质网一般位于核膜周围，主要为附着有核糖体的粗面内质网（rough endoplasmic reticulum，rER）。管状内质网一般没有核糖体附着，属于光面内质网（smooth endoplasmic reticulum，sER）。

粗面内质网主要呈扁平囊状，与细胞核的核膜相连，这种相连的区域由双层膜组成，包括外核膜和内核膜，两者之间形成核孔，允许物质在细胞核和内质网之间进行运输。粗面内质网表面附着有大量核糖，是膜蛋白和分泌蛋白合成加工场所，如激素、酶、受体等。在一些需要大量合成和分泌蛋白质的细胞中，如浆细胞、腺细胞等，粗面内质网特别发达。相反，在一些不需要或分泌活动减弱的细胞中，如饥饿时的细胞中，粗面内质网则萎缩或者减少。在细胞受损时，粗面内质网上的核糖体也会脱落或者减少，导致蛋白质合成能力下降或者消失。

光面内质网其表面光滑，没有核糖体附着，通常呈分支管状，形成较为复杂的二级结构以发挥脂质合成、信号转导、与其他细胞器相互作用等功能。光面内质网中含有一些特殊的酶，它们能够催化合成磷脂、甾体等重要的生物分子，或者分解一些有毒或多余的物质，如药物、乙醇等。光面内质网还能够储存和释放离子，从而参与细胞信号转导和肌肉收缩等过程。光面内质网在不同类型的细胞中有不同的形态和功能，例如，在肝细胞中，光面内质网发达，能够进行大量的解毒作用；在肌肉细胞中，光面内质网形成一种特殊的结构叫作肌浆网（sarcoplasmic reticulum），能够调节肌肉收缩。

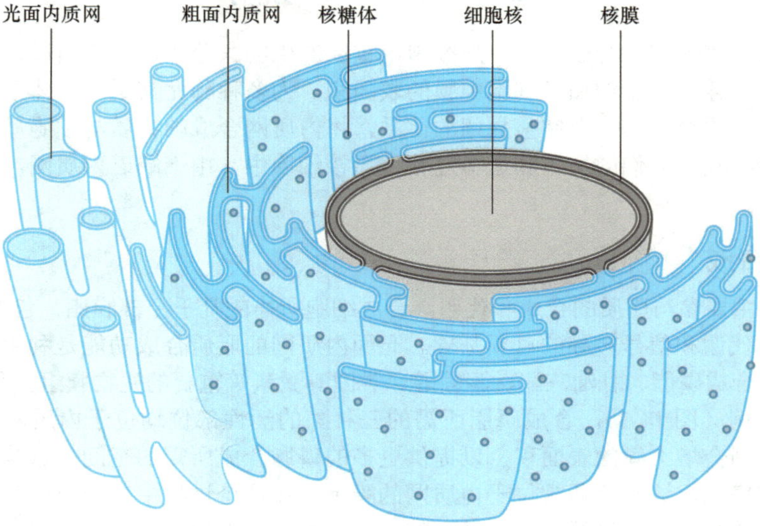

图 14-1 内质网结构示意图

内质网是一个由管状和片状层交织而成的连续的膜系统。片层状内质网一般位于核膜周围，主要为附着有核糖体的粗面内质网；管状内质网一般没有核糖体附着，属于光面内质网

内质网对外界因素（射线、化学药品、病毒等）的刺激非常敏感，受到这些刺激后，内质网会产生应激反应，导致内质网功能紊乱。粗面内质网常见的病理变化是内质网腔扩大并形成空泡，这种病理变化称为内质网膨胀（ER dilation），这些空泡可能是由于内质网膜的过度扩张或者内质网蛋白的聚集所致（图 14-2）。随后，核糖体从内质网膜上脱落，使蛋白质合成受到严重阻碍，这可能导致蛋白质的积累、异常折叠和功能失调。细胞会通过一系列的信号转导途径，如内质网应激，来应对这种情况。然而，当刺激持续存在或过度严重时，细胞可能无法恢复正常，导致细胞损伤和疾病的发生。

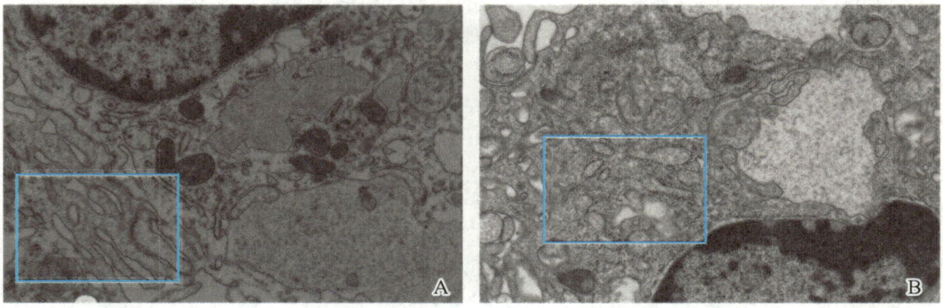

图 14-2 内质网的形态结构

内质网对外界因素（射线、化学药品、病毒等）的刺激非常敏感，受到这些刺激后，内质网会产生应激反应，导致内质网功能紊乱。A 图显示为正常生理状态下的内质网结构，B 图为粗面内质网常见的病理结构：内质网腔扩大并形成空泡，这种病理变化称为内质网膨胀，这些空泡可能是由于内质网膜的过度扩张或者内质网蛋白的聚集所致

（图片由浙江大学季业伟研究员与密歇根大学齐岭教授提供）

内质网结构的病理变化通常与细胞内平衡紊乱、蛋白质聚积和应激等因素相关。除了内质网膨胀，内质网常见的病理变化还包括内质网应激（endoplasmic reticulum stress，ERS）、内质网扩张（endoplasmic reticulum expansion）、内质网断裂（endoplasmic reticulum disruption）、内质网钙离子平

衡紊乱、内质网脂质代谢紊乱等。这些异常变化与多种疾病的发生和发展密切相关，如内质网应激相关的疾病（如糖尿病、癌症等）及蛋白质聚集导致的疾病（如阿尔茨海默病、帕金森病等）。

二、内质网的功能

内质网作为真核细胞的合成工厂，是细胞内重要的生物大分子，如蛋白质、脂类和糖类的合成基地。内质网的存在显著增加了细胞中膜的表面积，为多种酶尤其是多酶体系提供了广泛的结合位点。同时，内质网作为一个完整封闭的体系，将内质网合成的物质与细胞质基质中合成的物质相分隔，这更有利于它们的加工和运输过程。原核细胞中，由于缺乏内质网，由细胞膜来完成一些类似的功能。

（一）脂类的合成

光面内质网主要参与脂质的合成和代谢，合成细胞所需的几乎全部膜脂，包括磷脂和胆固醇，是维持细胞正常代谢和信号转导的重要基础。光面内质网的脂质合成功能是利用细胞内的脂肪酸和甘油等原料，合成磷脂、甘油三酯、胆固醇、类固醇激素等重要的生物膜组分和信号分子。

以卵磷脂为例（图 14-3），合成磷脂所需的三种酶的活性部位均位于内质网膜的细胞质基质侧。首先，内质网会增大膜的表面积，以提供更多的磷脂合成所需的空间。这是因为磷脂的合成需要特定的酶和底物，这些酶通常位于内质网的膜上。在这个过程中，内质网膜的扩展可以容纳更多的酶和反应物，从而促进磷脂的合成。随后，内质网将根据细胞的需要，确定要合成的新磷脂的种类。这涉及选择不同的底物和酶，以合成特定类型的磷脂分子。不同类型的磷脂在细胞膜的结构和功能中起着不同的作用，因此细胞需要根据其功能需求来合成适当的磷脂种类。磷脂在内质网膜上合成几分钟后，借助磷脂转位蛋白（phospholipid translocator）或称转位酶（flippase），由细胞质基质侧转向内质网腔面。

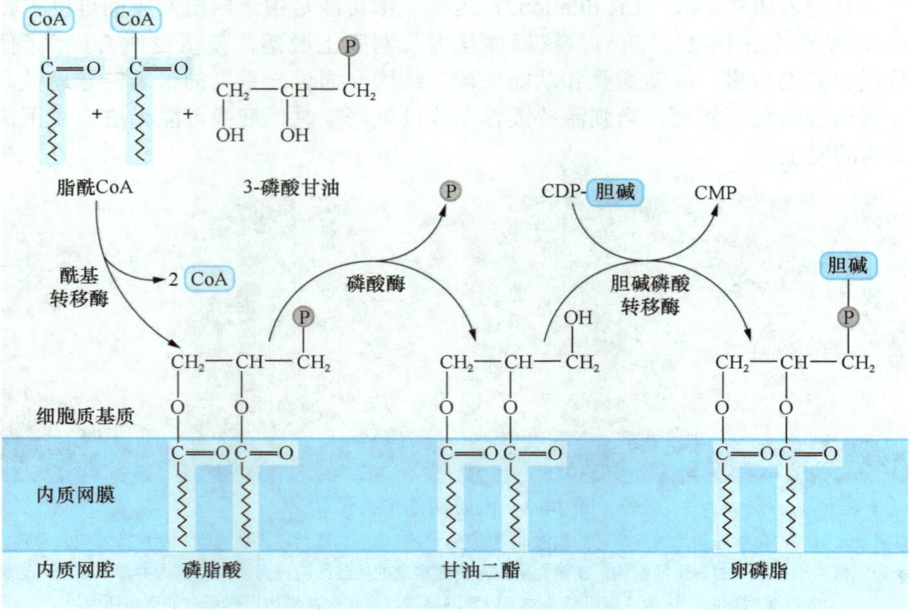

图 14-3 卵磷脂在内质网膜上合成过程的示意图

合成卵磷脂所需的三种酶的活性部位均位于内质网膜的细胞质基质侧。对于磷脂的合成，首先内质网增大膜面积，随后确定新合成磷脂的种类。磷脂在内质网膜上合成几分钟后，借助磷脂转位蛋白，由细胞质基质侧转向内质网腔面。卵磷脂在内质网膜上合成过程主要包括三步：①两分子游离的脂酰 CoA 中的脂肪酰基经过酰基转移酶的作用与 3-磷酸甘油结合，生成磷脂酸。②磷脂酸的磷酸基团在磷酸酶的催化下被取代为羟基，形成甘油二酯。③最后一步涉及胆碱磷酸转移酶，它从 CDP-胆碱中转移磷酸胆碱基团到甘油二酯的羟基上，生成卵磷脂光面内质网的脂质合成功能在不同的细胞类型中有不同的特点和功能。例如，在肝细胞中，光面内质网可以合成胆汁酸，参与胆固醇的排泄和消化；在肾上腺皮质细胞中，光面内质网可以合成皮质醇、雄激素、雌激素等类固醇激素，调节机体的应激反应和性功能；在神经细胞中，光面内质网可以合成神经酰胺等神经细胞特有的脂类，维持神经细胞的结构和功能。光面内质网的脂质合成功能是维持细胞正常代谢和信号转导的重要基础，当光面内质网的脂质合成功能受到干扰或缺陷时，可能会导致多种疾病的发生，如非酒精性脂肪肝、动脉粥样硬化、类固醇激素缺乏症、神经退行性变性疾病等。

（二）蛋白质的合成

粗面内质网表面附着有大量核糖体，作为细胞蛋白质的合成基地，具有合成、加工和运输细胞所需的各种蛋白质的功能。内质网合成的蛋白质主要包括：①向细胞外分泌的蛋白，如激素、抗体等；②整合膜蛋白，如受体蛋白、通道蛋白、转运蛋白等；③细胞器中的可溶性驻留蛋白，如内质网、高尔基体、溶酶体等内膜系统组分中的可溶性蛋白。

分泌蛋白（图 14-4）与细胞器驻留蛋白，其多肽的合成起始于信使 RNA（mRNA）与游离核糖体结合，在此过程中，刚合成不久的多肽链会转移至内质网膜上，随后在粗面内质网继续延伸。具体而言，通过核糖体的识别与连接，多肽链的合成得以启动，随后，多肽链中通常存在着 6～15 个非极性氨基酸残基组成的信号序列，该信号序列位于多肽的 N 端或 N 端附近。一旦信号序列出现，就会被信号识别颗粒（signal recognition particle，SRP）所识别。信号识别颗粒是一个由蛋白质和 RNA 构成的复合物，其功能在于辅助新生多肽链与内质网膜上的 SRP 受体（SRP receptor，SR）[又称停泊蛋白（docking protein，DP）] 结合。SRP 与新生多肽的信号序列和核糖体形成核糖体复合物后，多肽的合成暂停，直到复合体特异性地与 ER 膜结合，使得蛋白质的进一步合成和折叠发生在内质网的腔内。SRP 与信号序列的相互作用决定了蛋白质的定位和转运过程，SRP 通过识别信号序列、暂停蛋白质合成和引导核糖体复合物到内质网，确保蛋白质的正确定位和进一步的合成与折叠。信号肽在蛋白质进入内质网腔后被信号肽酶（signal peptidase）剪切掉，释放出成熟蛋白质。这个过程是细胞中蛋白质定位和细胞器分布的关键机制之一。

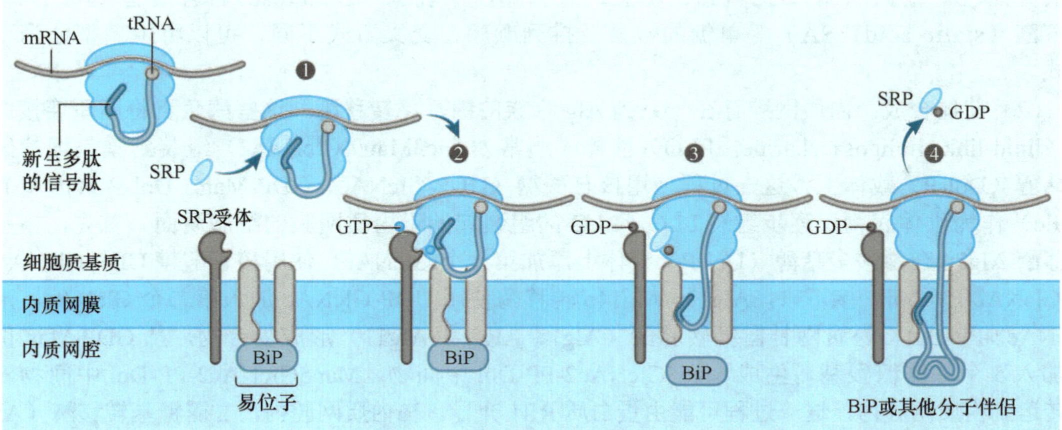

图 14-4 分泌蛋白合成示意图

多肽的合成起始于游离核糖体。①当信号序列从核糖体上出现时，与 SRP 结合，使肽链延伸暂停。②结合有信号序列的 SRP 与内质网膜上的停泊蛋白（SRP 受体）结合，蛋白转运通道（易位子）部分打开（直径 1.5nm），腔面被内质网分子伴侣蛋白（结合蛋白，BiP）密封，核糖体由 SRP 受体和易位子引导到内质网膜上。③信号肽（环式构象）与易位子组分结合，促进易位子完全开放（直径 5nm）。④ SRP 从受体上释放，多肽通过易位子转移到内质网腔内。新生多肽进入内质网腔内后，信号肽被切除，多肽继续合成延伸直至完成整个多肽链的合成。分泌蛋白合成过程中 GTP 结合和水解的作用已在正文中讨论分泌蛋白的合成过程通过 GTP 的结合与水解来调控。GTP 结合蛋白（GTP-binding protein）或 G 蛋白（G protein）主要以两种不同的构型存在，即活化的 GTP 结合构型和失活的 GDP 结合构型。SRP 和 SRP 受体都含有 G 蛋白，当 SRP 与其受体在内质网膜上相互作用时，它们 G 蛋白的 GTP 结合位点都是空的。SRP 与其受体的相互作用刺激两个 G 蛋白成分与 GTP 结合（图 14-4，步骤②）。根据这个模式，GTP 的结合引发信号序列从 SRP 上释放，并插入易位子。SRP 和 SRP 受体结合的 GTP 随后水解（图 14-4，步骤③），导致复合体的解体和 SRP 释放到细胞质基质中（图 14-4，步骤④）。

（三）蛋白质的修饰与加工

在粗面内质网合成的分泌蛋白、膜整合蛋白、细胞器中的可溶性驻留蛋白在它们到达目的地之前，通常要发生 4 种基本修饰与加工：①发生在内质网和高尔基体的糖基化修饰；②在内质网腔内形成二硫键；③蛋白质的折叠和装配；④在内质网、高尔基体和分泌泡发生特异性的蛋白质水解切割。这些修饰和加工过程在细胞中起着关键作用，确保蛋白质在合成后能够正确地定位、折叠和发挥功能。它们是细胞内蛋白质合成和运输过程中必不可少的步骤。

1. 内质网上的糖基化修饰　蛋白质的糖基化是指蛋白质上的某些氨基酸残基在糖基转移酶的催化下形成糖苷键的过程，是一种很重要的蛋白质翻译后修饰。蛋白质的糖基化修饰会影响一些如蛋白质的折叠、转运等基本的细胞过程，以及其在细胞间以及细胞外基质成分之间的相互作用。蛋白质糖基化主要有两种类型：*N*-连接糖基化（*N*-linked glycosylation）和 *O*-连接糖基化（*O*-linked glycosylation）。*N*-连接糖基化发生在内质网，是指将寡糖链连接到蛋白质的天冬酰胺残基上。作为重要的蛋白质修饰，超过 7000 种人类蛋白质被 *N*-连接糖基化修饰。*O*-连接糖基化是指将单个或多个糖类连接到蛋白质的丝氨酸或苏氨酸残基上。下面为内质网上蛋白质的 *N*-连接糖基化修饰过程（图 14-5）。

（1）*N*-连接糖基化的合成基石：*N*-连接糖基化在内质网的早期合成中都是保守的，其异质性出现在其后续的加工过程中。所有的 *N*-连接糖基化都有一个共同的核心结构（asn-GlcNAc2Man3-），它是由 3 个甘露糖（mannose）和 2 个 *N*-乙酰葡萄糖胺（GlcNAc）组成的五糖分子核心结构，通过在核心结构上添加一些其他末端的糖残基进一步延长，增加了糖基化的异质性。根据添加 *N*-乙酰葡萄糖胺、甘露糖、半乳糖（galactose）、岩藻糖（fucose）和唾液酸（sialic acid，SA）等单糖的数量及排列顺序、交叉方式不同，可以将主糖型分为不同形式。

（2）前体合成：内质网腔存在一系列 Alg 家族的糖基化转移酶。这些酶负责将脂质连接的寡糖（lipid-linked oligosaccharide，LLO）前体（通常为 Glc3Man9-GlcNAc2）组装到膜包埋的磷酸多萜醇（Dol-P）载体上。这一过程使用核苷酸糖（UDP-GlcNAc、GDP-Man、Dol-P-Man 和 Dol-P-Glc）作为供体底物，逐步组装 LLO。LLO 的组装起始于内质网膜的细胞质面。首先，糖基化转移酶 Alg7p 在磷酸多萜醇（Dol-P）载体上添加第一个 GlcNAc，使用核苷酸糖 UDP-GlcNAc 生成 GlcNAc-PP-Dol。接下来，Alg13p/Alg14p 转移酶使用 UDP-GlcNAc 加入第二个 GlcNAc，形成 GlcNAc2-PP-Dol。内质网甘露糖转移酶（Alg1、Alg2 和 Alg11）形成复合物，从 GDP-Man 供体中加入 5 个甘露糖残基，生成 Man5GlcNAc2-PP-Dol 中间物。Man5GlcNAc2-PP-Dol 中间物随后被转运到内质网腔内，这一过程可能由蛋白质 Rft1 介导。在内质网腔内，甘露糖基转移酶（Alg3/Alg9/Alg12）和葡萄糖基转移酶（Alg6/Alg8/Alg10）分别附加 4 个甘露糖残基和 3 个葡萄糖残基，进一步拉长 LLO 前体。这一步骤不再使用核苷酸糖作为供体，而是使用膜包埋的 Dol-P-Man 和 Dol-P-Glc。经过糖基转移酶的作用，LLO 前体合成完成，生成 Glc3Man9GlcNAc2-PP-Dol 结构。这个结构将用作供体底物，用于将 *N*-糖基整体转移到合适的多肽链上。

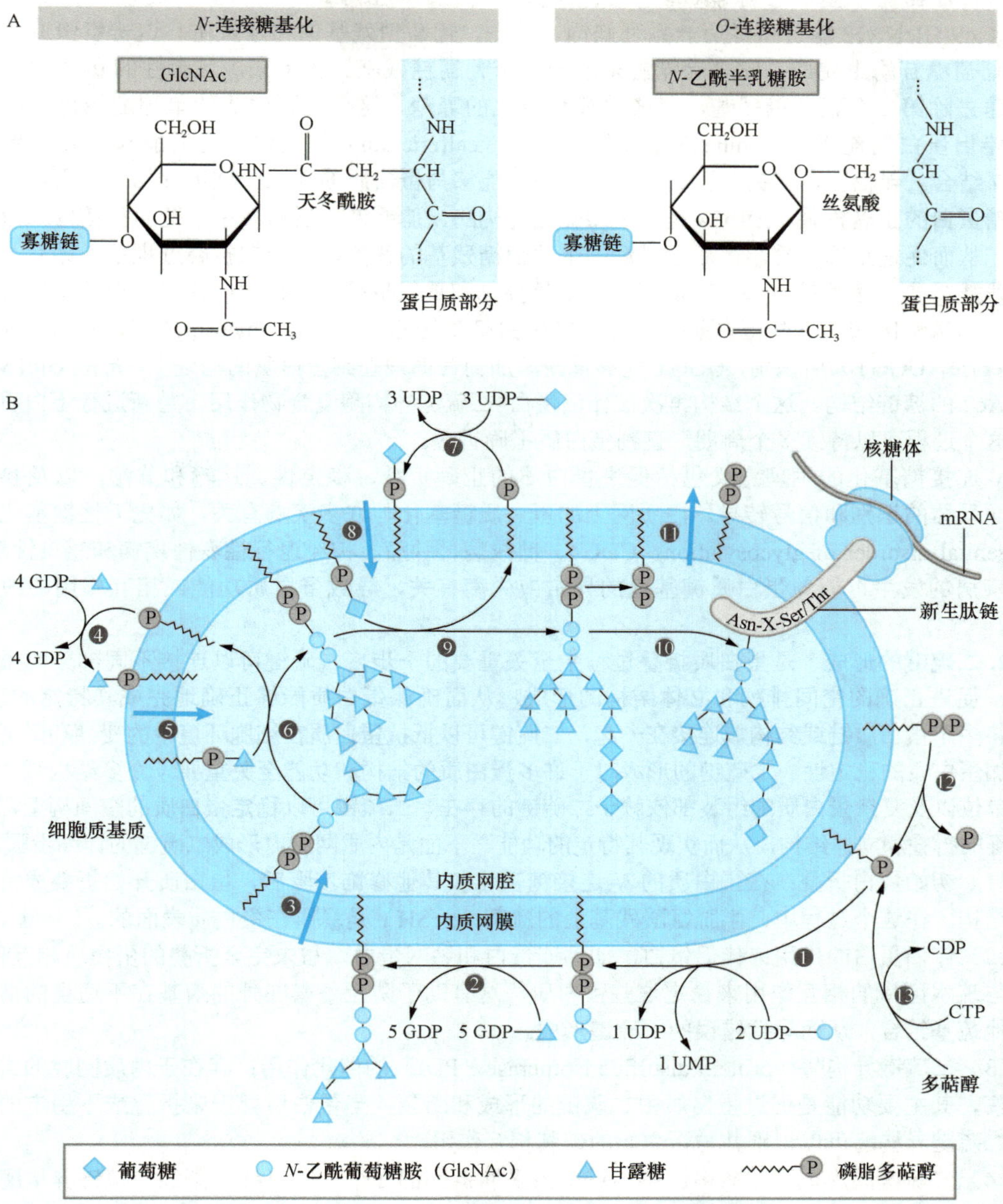

图 14-5 *N*-连接寡糖的核心部分合成示意图

N-连接寡糖的合成包括核心糖链的组装、糖链转移、磷酸多萜醇分子的翻转。A. *N*-连接的糖基化与 *O*-连接的糖基化的主要区别在于：*N*-连接糖基化与之直接结合的糖是 GlcNAc，而 *O*-连接糖基化则是与 *N*-乙酰半乳糖胺结合。B. 粗面内质网 *N*-连接寡糖核心部分的合成步骤。在核心糖链合成的早期，前 7 个糖（5 个甘露糖和 2 个 GlcNAc 残基）依次逐个转到内质网膜的细胞质基质侧的磷酸多萜醇上（步骤①和②）。在这一阶段，磷酸多萜醇及其连接的糖链跨越了内质网膜并从细胞质侧翻转到内质网腔面（步骤③），剩下的糖（4 个甘露糖和 3 个葡萄糖残基）连接在膜的内质网腔面。这些糖在膜的细胞质基质侧依次逐个连接在一个磷酸多萜醇分子的末端（步骤④和⑦）。然后跨膜翻转到腔内（步骤⑤和⑧），并将糖链的生长端暴露在内质网腔面，以便继续添加更多的糖残基（步骤⑥和⑨）。在生长端，糖链继续添加更多的糖残基，使其逐渐扩展。一旦核心糖链组装完成，它将准备转移到新合成的多肽链的天冬酰胺残基上（步骤⑩）。核心糖链通过酶催化，与新合成的多肽链上的天冬酰胺残基结合，实现糖链的转移。在核心糖链转移之后，磷酸多萜醇分子再次翻转回到其最初的方向（步骤⑪）并准备再开始接受糖基（步骤⑫和⑬）

（3）葡萄糖残基的移除：一旦多肽被转运到内质网腔内并开始折叠，连接在蛋白质上的Glc3Man9-GlcNAc2糖链将经历一系列修饰。首先，葡萄糖残基的移除发生。这一步骤通过跨膜酶α-葡萄糖苷酶Ⅰ完成，它去除糖链末端的一个葡萄糖残基。接下来，可溶性的α-葡萄糖苷酶Ⅱ迅速去除第二个葡萄糖残基，形成单葡萄糖化的寡糖。这个过程生成的单葡萄糖化的糖链结构是伴侣蛋白钙连蛋白（calnexin）和钙网蛋白（calreticulin）的配体，它们能与二硫键异构酶ERp57结合。伴侣蛋白（钙连蛋白和钙网蛋白）能够与蛋白质的疏水区域进行相互作用，并帮助新生糖蛋白的正确折叠。ERp57是一个二硫键异构酶，能够催化蛋白质中的链间和链内二硫键的形成，从而促进正确折叠。最后是最后一个葡萄糖残基的移除，在蛋白折叠过程中，最后一个葡萄糖残基会被α-葡萄糖苷酶Ⅱ移除。关于质量控制和重新折叠，未折叠或错误折叠的蛋白质可能会暴露出疏水区域。这些蛋白质被葡萄糖糖蛋白氨基转移酶（UDP-glucose-glycoprotein glucosyltransferase，UGGT）所识别，UGGT能够重新添加葡萄糖残基到蛋白质的糖链上，形成Glc1Man9-GlcNAc2的糖链结构。这个结构再次被伴侣蛋白-二硫键异构酶复合物作用，重新进行蛋白质的折叠。这个过程可以持续多个周期，直到蛋白质正确折叠。

N-连接糖基化的生理意义包括促进蛋白质的正确折叠、稳定性、运输和分泌，以及参与细胞表面受体的识别和信号转导。内质网上的蛋白质糖基化与许多疾病有关，如先天性糖基化缺陷（congenital disorder of glycosylation，CDG）、糖尿病、肿瘤、神经退行性变性疾病和感染性疾病。这些疾病的发生可能与蛋白质糖基化的异常或失衡有关，导致蛋白质功能或相互作用的改变或损失。

2. 二硫键的形成 是蛋白质折叠过程中至关重要的一步，二硫键可以连接不同部分的蛋白质分子，促进正确的空间排列和立体结构的形成，从而确保蛋白质能够正确地完成其特定的功能。通过将多个蛋白质链或结构域连接在一起，二硫键可以抵抗蛋白质在细胞环境中的变性和降解，从而增加蛋白质的稳定性。二硫键的形成对于许多蛋白质的结构和功能至关重要。许多结构域、蛋白质亚单位以及复杂蛋白质的组装都依赖于二硫键的存在，二硫键可以稳定蛋白质的空间构型，确保其正确的折叠和立体结构，从而实现其特定的功能。下面是内质网腔内形成二硫键的详细步骤。

（1）初始蛋白折叠：在蛋白质的*N*-连接糖基化和其他修饰步骤后，蛋白质开始折叠成特定的三维结构。在这个过程中，半胱氨酸残基上的巯基（—SH）是暴露在蛋白质表面的。

（2）伴侣蛋白的作用：伴侣蛋白，如钙连蛋白和钙网蛋白，与未完全折叠的蛋白质相互作用，通过与疏水区域的相互作用来稳定这些蛋白质。这有助于防止暴露在外的巯基在不适当的情况下与其他巯基结合，从而导致错误的二硫键形成。

（3）二硫键异构酶（protein disulfide isomerase，PDI）的催化作用：存在于内质网腔的二硫键异构酶，其主要功能是促进蛋白质中二硫键的形成和断裂。当蛋白质处于未折叠或不稳定的状态时，二硫键异构酶可以识别并与蛋白质的巯基相互作用。

（4）二硫键的形成：一条多肽链内或两条多肽链间的2个半胱氨酸残基经二硫键异构酶脱氢氧化形成二硫键。这个过程涉及巯基的氧化，生成一对硫氧化物（—S—S—），将两个半胱氨酸残基连接在一起。这样的连接可以稳定蛋白质的折叠结构。

（5）正确折叠的维持：一旦正确的二硫键形成，蛋白质将继续折叠成其稳定的三维结构。正确折叠的蛋白质通常会被伴侣蛋白（如钙连蛋白和钙网蛋白）捕获，以确保它们在质量控制过程中保持稳定。

（6）错误折叠和再折叠：如果蛋白质折叠出现问题，导致未折叠或错误折叠的蛋白质，在质量控制过程中可能会通过UGGT被重新糖基化，以再次添加葡萄糖残基。这种重新添加葡萄糖残基的过程可以影响二硫键的形成，从而重新进行蛋白质的折叠。

3. 蛋白质的折叠和装配 是细胞内发生的重要生物学过程，对细胞功能和生命活动具有关键作用，这个过程不仅仅是蛋白质结构的形成，还涉及蛋白质的功能、稳定性和互作。蛋白质的折叠和装配对于维持细胞正常功能、信号转导、细胞识别以及机体免疫等方面具有重要的功能和意义，这个过程的失调可能导致蛋白质异常积累、疾病的发生以及细胞功能的受损。

（1）功能性结构：折叠和装配是蛋白质发挥功能的基础。蛋白质的特定折叠结构决定了其功能，例如酶的活性位点、抗体的抗原结合部位、离子通道的选择性等。蛋白质的折叠使其能够在复杂的细胞环境中准确地与其他分子相互作用，以执行其生物学功能。

（2）稳定性和结构完整性：折叠可以增强蛋白质的稳定性和结构完整性。正确折叠的蛋白质具有较高的稳定性，可以在细胞内外环境的变化下保持其结构和功能。这对于维持细胞内外平衡和适应环境变化至关重要。

（3）质量控制：蛋白质折叠过程中还存在质量控制机制，从而避免错误折叠或未折叠的蛋白质的过度积累，这有助于维护细胞的正常生理功能。

（4）信号转导和调控：折叠状态可以直接影响蛋白质的功能。一些蛋白质在未折叠状态下可能具有不同的活性，而在折叠后才能完成其功能。此外，蛋白质的折叠状态还可以受到其他分子的调控，如伴侣蛋白、信号分子或离子。

（5）细胞信号和识别：折叠状态还可以影响蛋白质在细胞内的定位和细胞间的识别。例如，某些蛋白质折叠后可能被定向送往特定亚细胞器，或者在蛋白质分泌和分泌途径中发挥重要作用。

（6）免疫应答：抗体的折叠和装配是免疫系统中的一个重要过程，它使抗体能够识别和中和病原体。正确折叠的抗体可以激活免疫反应，从而保护机体免受感染。

4. 内质网中特异性蛋白质水解和切割 是一个重要的过程，它涉及蛋白质的成熟、质量控制和信号传递，有助于确保蛋白质的正确折叠、成熟和定位，从而维持细胞的正常功能和健康。同时，这些过程也是细胞应对蛋白质错误折叠和积累的重要机制之一。以下是在内质网中发生的几个重要的特异性蛋白质水解和切割过程：

（1）信号肽切割：在蛋白质合成过程中，N端常常附有一个信号肽，它指导蛋白质在细胞中的定位。在内质网中，信号肽酶（signal peptidase）参与信号肽的切割。信号肽酶会识别信号肽的特定序列，并在核糖体脱离蛋白质时将其切割下来。这个过程使蛋白质从核糖体解离，并进入内质网腔。

（2）糖链修饰和修剪：在内质网中，许多蛋白质经历*N*-连接糖基化，即糖链的附加。然而，糖链形成不仅涉及糖基的附加，还包括糖链的修剪和修饰。在糖链修饰的过程中，一系列酶参与糖基的添加、修饰和修剪，以形成特定的糖链结构。这些糖链结构影响着蛋白质的稳定性、定位和功能。

（3）未折叠的或不稳定蛋白的降解：内质网中的一些蛋白质可能在翻译和折叠过程中发生错误，导致未折叠的或不稳定的蛋白质积累。为了防止这些蛋白积累，细胞会将其引导到内质网相关蛋白降解（ER-associated degradation，ERAD）途径。在这个过程中，未折叠的或不稳定的蛋白被识别、标记，并通过泛素化从内质网膜上排放出来，然后被蛋白酶体降解。

（四）新生多肽的折叠与组装

新生多肽的折叠与组装是指新生多肽通过一系列的分子相互作用，逐步达到其最低自由能状态，从而形成正确的空间构象和功能单元。这个过程可以分为两个阶段：

1. 初级折叠（primary folding）阶段 在蛋白质的生物合成过程中，新生多肽链刚刚从核糖体上合成出来，这时它并没有立即折叠成其最终的功能性构象，而是在这个初级折叠阶段。新生多肽链依靠氨基酸之间的序列信息以及氢键、电荷相互作用等非共价相互作用力逐步形成局部的二级结构，如α螺旋、β折叠片段等，这些局部结构是蛋白质折叠的基础。

2. 三维折叠（tertiary folding）阶段 在初级折叠完成后，新生多肽链会进一步通过疏水作用、范德华力、二硫键、离子键等各种强弱不同的共价或非共价相互作用力，在细胞内获得其最终的三维构象。这个过程是高度复杂的，需要多个区域之间的相互协调，以使蛋白质能够达到最低自由能状态。正确的三维结构是蛋白质在细胞内发挥正确生物学功能的基础。

新生多肽的折叠与组装是一个动态平衡的过程，它受到多种因素的影响，包括温度、pH、离子浓度、水分子、辅助因子、分子伴侣等。这些因素可以改变新生多肽的热力学和动力学性质，从而影响其折叠与组装的速率和效率。例如，过高的温度会导致新生多肽变性或者聚集，阻碍其折叠，失去其原有的结构和功能。pH 可以改变新生多肽中氨基酸残基的电荷状态，从而影响其静电力相互作用。离子浓度可以影响新生多肽中氢键和盐桥的形成。水分子可以参与新生多肽中羟基和羧基等极性基团的溶剂化。辅助因子如金属离子、辅酶等可以提供必要的化学环境或者催化作用。分子伴侣可以帮助新生多肽正确地定位、转运、折叠或者组装。

新生多肽的折叠与组装是一个复杂而精确的过程，它对于维持细胞内蛋白质质量和功能至关重要。如果新生多肽不能正确地折叠或者组装，就会导致蛋白质功能缺失或者异常聚集，从而引发各种疾病，如神经退行性变性疾病、代谢紊乱、免疫缺陷等。蛋白质错误折叠引起疾病，究其机制大体可分为两类彼此重叠的情况，一是正确折叠和转运的蛋白质减少，导致无法满足功能需求，即功能丢失（loss of function）；二是错误折叠的蛋白质将导致功能获得突变（gain of function mutation），例如某些离子通道蛋白突变致使功能异常（肺囊性纤维病）；错误折叠或加工的蛋白质形成细胞毒性聚合体，从而导致人类疾病，如 Aβ 淀粉样斑块导致阿尔茨海默病，亨廷顿蛋白聚合体导致亨廷顿病。

因此，对于新生多肽的折叠与组装机制以及调控机制的研究具有重要的理论意义和实际价值。目前，有许多方法可以用来研究新生多肽的折叠与组装，如质谱、核磁共振、X 射线晶体衍射、电镜等手段，以此研究新生多肽的结构、动力学、相互作用等信息，从而揭示其折叠与组装的分子机制。此外，新生多肽的折叠与组装也可以作为一种生物技术的手段，用来设计和制备具有特定结构和功能的人工蛋白质或者纳米材料，如抗体、酶、药物载体、传感器等，为生物医学和纳米科技等领域提供新的思路和方法。

（五）蛋白质的质量控制

虽然普遍认为，多肽链在翻译过程中具有极高的保真性，且不会随着细胞年龄的增长而下降，但有相关研究发现即使是年轻且健康状态下的细胞，其多肽链在翻译过程中仍有约 10% 的新合成蛋白存在翻译错误，与此同时，还有 20%～30% 的新合成蛋白在早期阶段便因折叠错误而被快速降解。即使是正确折叠组装的蛋白，由于在折叠过程中将所有的疏水基团包埋在三级结构内部，可溶性蛋白之间容易相互接触而导致变性聚集。此外，在应激状态下，损伤的蛋白如不及时清除，不仅功能性蛋白质的活性会因为变性蛋白的干扰而受到影响，同时变性蛋白的累积也会引发蛋白聚集，两个因素的结合最终导致各类疾病的发生。

为了保证蛋白质在极度复杂多变的细胞内环境中的稳定性与功能，内质网需要对它们进行严格的质量控制。内质网的质量控制主要包括两个方面：一是对新合成的蛋白质进行正确折叠和修饰，二是对异常或损伤的蛋白质进行降解和清除。

内质网中存在一系列的分子辅因子，如分子伴侣、酶和受体，它们协同作用，帮助新合成的蛋白质正确折叠和修饰。如果蛋白质折叠或修饰出现错误，这些辅因子会识别并纠正它们，将其留在内质网中，防止其进入高尔基体或其他细胞器。这样可以保证只有正确折叠和修饰的蛋白质才能被运输到目标位置，发挥其功能。例如，内质网中的一种结合蛋白（binding protein，BiP），它是一种属于 Hsp70 家族的分子伴侣。BiP 在内质网中发挥着两方面重要作用：一方面，它与进入内质网的未折叠蛋白质的疏水氨基酸残基结合，防止多肽链的错误折叠和聚集，或者识别错误折叠的蛋白质或未装配好的蛋白质亚基，并促进它们重新折叠和装配，如此 BiP 可以保证内质网中只有正确折叠和装配的蛋白质才能继续向下游转运；另一方面，BiP 防止蛋白质在转运过程中发生变性或断裂。由于内质网是一个动态的网络，它需要不断地进行扩张、收缩和分裂等，以适应细胞对蛋白质合成和转运的需求，这些变化可能会对内质网中的蛋白质造成机械性的损伤或者剪切。BiP 可以通过与这些蛋白质结合，保护它们免受损伤，并且在需要时释放它们。一旦这些蛋白质形成了正确的构象或完成了装配，它们与 BiP 分离，进入高尔基体。

然而，并非所有的错误折叠或修饰的蛋白质都能被及时纠正。有些蛋白质会因为突变、氧化、糖化等原因而变得不稳定或失活，从而在内质网中积累。这些异常或损伤的蛋白质会干扰内质网的正常功能，甚至引起细胞应激和凋亡。为了避免这些后果，内质网需要通过一个特殊的机制来清除这些蛋白质，即所谓的内质网相关降解（ER-associated degradation，ERAD）。ERAD 是一种将异常或损伤的蛋白质从内质网转运到细胞质，并由泛素-蛋白酶体系统降解的过程。ERAD 涉及多种不同类型的蛋白质，如转运因子、泛素连接酶、泛素化酶和解泛素化酶等，它们共同构成了一个复杂而高效的网络，实现了对内质网中各种异常或损伤蛋白质的识别、转运和降解。

在蛋白水平无法维持蛋白动态平衡的情况下，蛋白质量控制系统将通过唤醒细胞凋亡和自噬机制来清除异常细胞，以维持细胞内的正常功能和稳态。内质网自噬有利于隔离无法发挥正常功能的内质网或是大量不能通过其他方式处理的错误折叠蛋白，通过清除蛋白质聚合物及受损的内质网来恢复内质网稳态（图 14-6）。

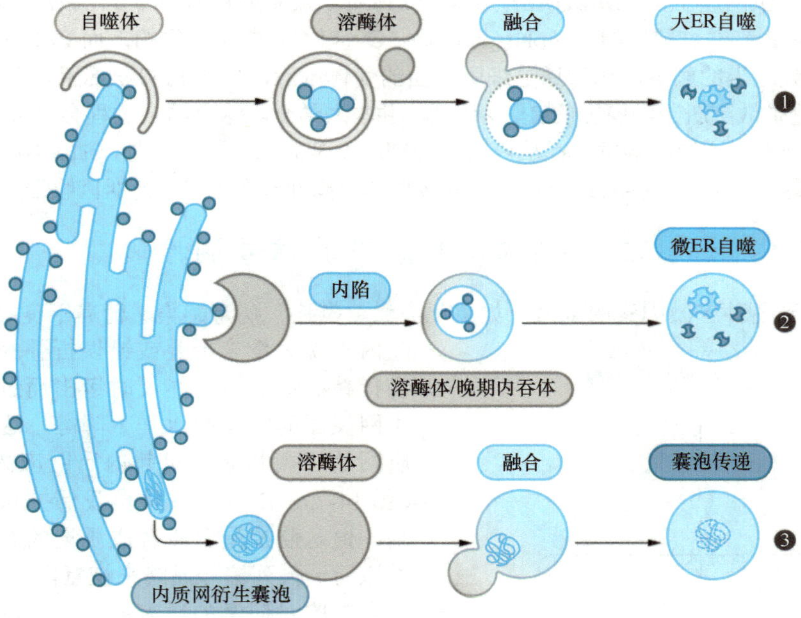

图 14-6　内质网自噬的不同途径

内质网自噬包括 3 条主要途径：大 ER 自噬（macro-ER-phagy），微 ER 自噬（micro-ER-phagy）和囊泡传递（vesicular delivery）。①大 ER 自噬：在内质网应激的诱导下，内质网结构被破坏，需要降解的内质网成分被特定的内质网自噬受体识别“标记”，并被 LC3/GABARAP/Atg8 识别，与内质网连接的隔离膜组装并扩展为吞噬体，然后吞噬体包裹内质网片段并密封形成自噬体。随后，自噬体与溶酶体融合形成哺乳动物细胞中的自噬溶酶体。最终，被自噬体吞噬的成分由溶酶体水解酶降解。②微 ER 自噬：微吞噬溶酶体膜内陷并“挤压”内质网进入溶酶体腔。③囊泡传递：溶酶体可以直接与内质网衍生的囊泡融合进行降解

（六）内质网的其他功能

1. 药物代谢和解毒　光面内质网在一般情况下，所占比例很小，但在某些细胞中却非常发达，显示出其特殊的生理作用。例如，在肝细胞中，光面内质网很丰富，它是合成外输性脂蛋白颗粒的基地。外输性脂蛋白颗粒是一种含有甘油三酯、磷脂和胆固醇等脂类以及载脂蛋白等蛋白质的复合颗粒，它们可以从肝细胞分泌到血液中，为其他组织提供能量和物质来源。肝细胞中的光面内质网不仅参与了外输性脂蛋白颗粒的合成，还含有一些酶，介导氧化、还原和水解反应，使脂溶性的毒物转变成水溶性物质而被排出体外，此过程称为肝细胞的解毒作用（detoxification）。这些毒物包括外源性的药物、杀虫剂、工业废料等，也包括内源性的激素、类固醇等。研究较为深入的是细胞色素 P450 家族酶系的解毒反应，这是一类广泛存在于生物体中的具有多种功能和底

物特异性的氧化酶。聚集在光面内质网膜上的水不溶性毒物或代谢产物在 P450 混合功能氧化酶（mixed-function oxidase）作用下羟基化，即在其分子结构中引入极性基团，使其完全溶于水并转送出细胞进入尿液排出体外。某些药物如苯巴比妥（phenobarbital）进入体内后，便诱导肝细胞中与解毒反应有关的酶大量合成，从而提高了细胞的解毒能力。在以后的几天时间内，光面内质网的面积成倍增加，以适应更高的代谢需求。一旦毒物消失，多余的光面内质网也随之被溶酶体消化，5 天内又恢复到原来的大小。这种光面内质网的动态变化反映了细胞对外界环境的适应性调节。

2. 钙离子储存和调控 心肌细胞和骨骼肌细胞中存在发达而特化的光面内质网，被称为肌浆网。肌浆网是储存 Ca^{2+} 的细胞器，对调节细胞质中的 Ca^{2+} 浓度起着重要作用。在静息状态下，肌浆网膜上的 Ca^{2+}-ATP 酶能够将细胞质基质中的 Ca^{2+} 泵入肌浆网腔中进行储存。当肌细胞受到神经冲动刺激时，肌浆网释放储存的 Ca^{2+}，从而引发肌肉收缩。内质网的 Ca^{2+} 结合蛋白及其高浓度的 Ca^{2+} 储存确保了细胞内 Ca^{2+} 浓度的调节。除了 Ca^{2+} 的储存和释放功能，肌浆网还具有其他重要的功能。例如，肌浆网膜上的三磷酸肌醇（IP_3）受体可以被胞外信号分子 IP_3 激活，IP_3 是由磷脂酰肌醇二磷酸（PIP_2）通过磷脂酶 C（phospholipase C，PLC）酶切产生的，而 PLC 受到外部信号的刺激。细胞受到适当的刺激，比如通过细胞表面的受体激活，导致 PLC 被激活，从而产生 IP_3。产生的 IP_3 会迅速扩散到肌浆网膜上的 IP_3 受体处，并与之结合。这个结合过程会引起 IP_3 受体的构象变化，从而打开 Ca^{2+} 通道，触发 Ca^{2+} 从内质网向细胞质基质的释放。此外，肌浆网还参与肌肉细胞的能量代谢，通过合成和储存肌红蛋白、调控线粒体的局部分布等来支持肌肉收缩所需的能量。

三、内质网应激及其信号调控

内质网受到各种应激因素的刺激，如氧化应激、炎症、病毒感染、营养不良等，导致内质网腔内出现大量未折叠或错误折叠的蛋白质，或正确折叠的蛋白质不能及时运出而过度积累，或内质网表面的胆固醇水平下降等，这些都会打破内质网的平衡状态，引起内质网应激（ERS）反应（图 14-7）。ERS 是一种自我保护和自我调节的机制，也是监控蛋白质合成质量的有效机制，它通过激活一系列信号通路来恢复内质网的正常功能，提高细胞对应激的适应能力，或者在无法修复的情况下启动细胞凋亡程序来清除损伤细胞，从而影响细胞生死抉择。

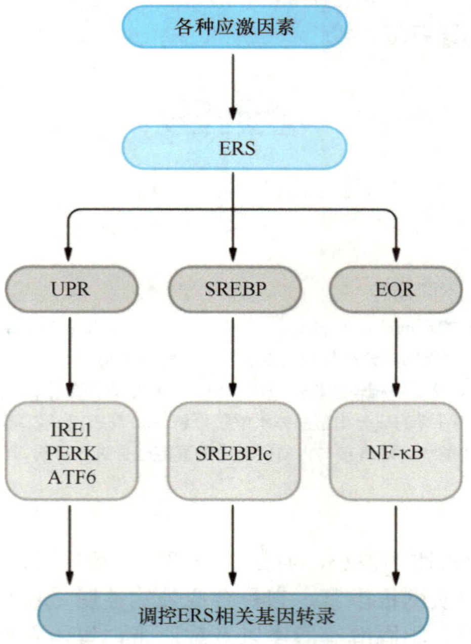

图 14-7 ERS 反应

在各种应激因素（缺氧、内质网腔内异常蛋白积累、体内 Ca^{2+} 失衡、病毒感染等）的作用下，内质网功能发生紊乱，主要通过 3 条途径引发 ERS 反应，调控 ERS 相关基因的表达。这 3 条途径分别为：UPR、EOR、SREBP 介导的固醇调节级联反应

ERS 包括未折叠蛋白质应答（unfolded protein response，UPR）、内质网超负荷反应（endoplasmic reticulum overload response，EOR）、固醇调节级联反应（steroid-regulated cascade response），在某些情况下，如细胞受到严重的内外源性压力时，ERS 会过度激活，内质网功能持续紊乱，细胞将最终启动细胞凋亡程序。

（一）未折叠蛋白质应答

未折叠蛋白质应答（UPR），即错误折叠与未折叠蛋白质不能按正常途径从内质网中释放，从而在内质网腔内聚集，引起一系列分子伴侣和折叠酶表达上调，调控未正确折叠的蛋白质的修复、重折叠或降解，防止其聚集，从而提高细胞在有害因素下的生存能力（图 14-8）。UPR 分别由三种内质网跨膜蛋白作为感应蛋白：肌醇需求酶 1（inositol-requiring enzyme 1，IRE1）、蛋白激酶 R 样内质网激酶（protein kinase RNA-like ER kinase，PERK）和转录性激活因子 6（activating transcription factor 6，ATF6）。这三种感受器在正常情况下，都与内质网腔中的调控蛋白 BiP/GRP78 结合形成稳定的复合物，处于非激活状态。当内质网中的未折叠或错误蛋白质超量积累时，BiP/GRP78 会与这些感应蛋白解离，转而与未折叠蛋白质结合，保护 ERS 下的细胞。UPR 途径之间存在交互和协调，以维持细胞的稳态。

IRE1 途径是目前 UPR 途径中最为复杂的一条。IRE1 是一种具有内切核糖体酶和激酶活性的蛋白质，在被激活后，会自磷酸化并形成二聚体或多聚体。IRE1 的内切核糖体酶活性可以剪切 X-盒结合蛋白 1（X-box binding protein 1，XBP1）mRNA，去除一个含 26 个核苷酸的内含子，使其产生一个新的剪接位点，并翻译成一个稳定且具有转录活性的 XBP1 蛋白质。XBP1 可以激活一系列与 UPR 相关的基因的表达，如分子伴侣蛋白、蛋白质降解酶、磷脂合成酶等。这些基因的产物可以增强内质网的功能和容量，促进未折叠蛋白质的折叠和降解。IRE1 还可以剪切其他靶标 mRNA，如 26S 核糖体 RNA 和多种编码分泌途径相关蛋白质的 mRNA，从而降低这些 mRNA 的稳定性和翻译效率，减少新合成的蛋白质进入内质网。

PERK 途径是 UPR 途径之一。PERK 也是一种激酶，在被激活后，会自磷酸化并形成二聚体或多聚体。PERK 的主要底物是真核起始因子 2α（eukaryotic initiation factor 2α，eIF2α），它是一种参与蛋白质合成起始步骤的因子。当 eIF2α 被 PERK 磷酸化后，它会抑制全局性的蛋白质合成，从而减轻内质网的负担。然而，eIF2α 的磷酸化也会增加一些特定 mRNA 的翻译效率，如激活性转录因子 4（activating transcription factor 4，ATF4）mRNA。ATF4 是一种转录因子，可以激活一些与应激反应、抗氧化、氨基酸代谢和细胞凋亡相关的基因的表达，如 C/EBP 同源蛋白（C/EBP homologous protein，*CHOP*）、生长阻滞与 DNA 损伤诱导蛋白 34（growth arrest and DNA damage-inducible protein 34，*GADD34*）和 *GSH*（glutathione，谷胱甘肽）等。这些基因的产物可以帮助细胞应对 ERS，或者在应激过度时诱导细胞凋亡。

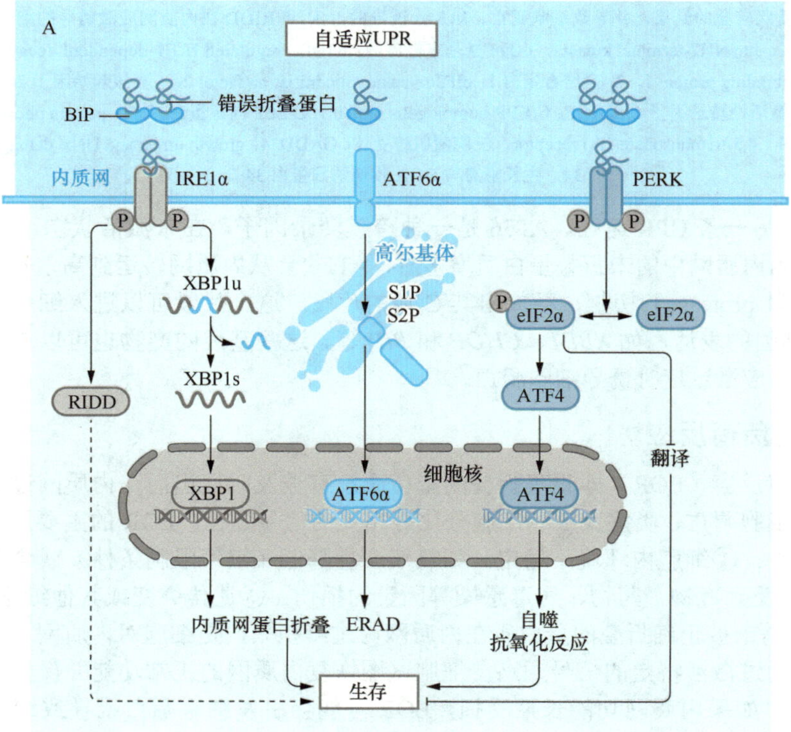

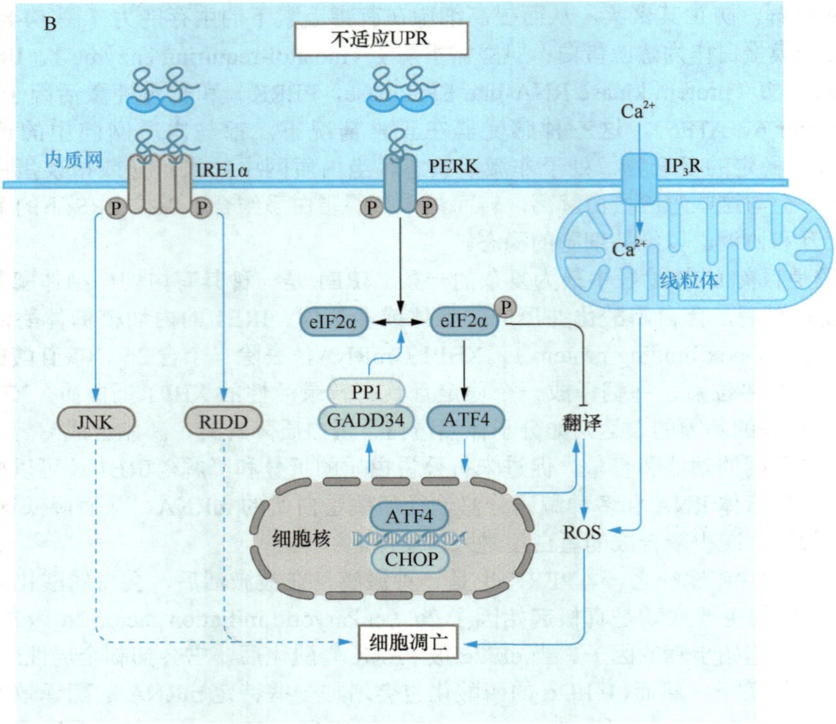

图 14-8　未折叠蛋白质应答

UPR 包括自适应 UPR（adaptive UPR）与不适应 UPR（maladaptive UPR）。A. 自适应 UPR 由 IRE1α-XBP1、ATF6α 和 PERK-eIF2α 三个平行的信号通路组成。UPR 激活的经典观点表明，BiP 组成性地与 ATF6α、IRE1α 和 PERK 的 ER-luminal 结构域结合，并以非活性形式将它们隔离。积聚在内质网中的错误折叠蛋白与 BiP 结合，导致 BiP 从 UPR 传感器释放并触发其信号通路。ATF6α 从 BiP 释放后，被酶 S1P 和 S2P 运输到高尔基体进行加工，释放可溶的胞质片段，进入细胞核诱导靶基因的表达。IRE1α 和 PERK 通过同源二聚化或寡聚化并反式自磷酸化来激活其下游通路并促进细胞存活。B. 不适应 UPR 是由持续激活的 PERK 通路引起的，这是长期严重内质网应激的结果，并导致细胞凋亡。IRE1α 诱导的 JNK 和 RIDD 在内质网应激诱导的细胞凋亡中的作用尚不清楚（虚线）。JNK：c-Jun NH2-terminal kinases，c-Jun 氨基末端激酶；RIDD：regulated IRE1-dependent decay，调节 IRE1-依赖性衰解；XBP1：X-box binding protein 1，X-盒结合蛋白 1；eIF2α：eukaryotic initiation factor 2α，真核起始因子 2α；ATF4：activating transcription factor 4，激活性转录因子 4；CHOP：C/EBP-homologous protein，C/EBP 同源蛋白；PP1：protein phosphatase 1，蛋白质磷酸酶 1；IP_3R：inositol 1,4,5-trisphosphate(IP_3) receptor，三磷酸肌醇受体；GADD34：growth arrest and DNA damage-inducible protein 34，生长阻滞与 DNA 损伤诱导蛋白 34

ATF6 途径是另一条 UPR 途径。ATF6 是一种跨膜转录因子，在未激活状态下，它的 C 端位于内质网腔内。当内质网中的未折叠蛋白质增多时，ATF6 会从内质网转运到高尔基体，在那里被 S1P 蛋白酶（site-1 protease）切割，释放出其 C 端的片段。这个片段可以进入细胞核，激活一些与 UPR 相关的基因的表达，如 *XBP1*、*CHOP* 和 *BiP* 等。这些基因的产物也可以增加内质网的功能和容量，或者在应激过度时诱导细胞凋亡。

（二）内质网超负荷反应

内质网超负荷反应（EOR）即正确折叠的蛋白质没有被及时运出而在内质网过度积累，进而激活细胞存活、细胞凋亡、炎症反应和细胞分化等相关的信号途径。EOR 的主要原因是内质网功能受到损害，例如：①细胞内环境不稳定，如氧气含量降低（氧气限制条件）或含氧量过高（氧化应激）；②细胞受到毒物、药物、病毒感染等因素的损伤；③遗传突变或其他细胞压力的增加。EOR 的主要特征是未被正确折叠的蛋白质在内质网内过度积累，是细胞对内质网功能受损的一种应激响应机制。通过激活特定的信号通路，细胞试图恢复内质网的正常功能并保护细胞免受进一步的损伤。然而，如果内质网功能长期受损，EOR 可能会引发细胞凋亡或导致细胞发生炎症反应，这可能与某些疾病的发生和发展相关。

（三）固醇调节级联反应

胆固醇是一种重要的生物分子，它不仅是细胞膜的主要成分之一，也是许多类固醇激素和胆汁酸的前体。细胞需要通过精确的方式，控制胆固醇的合成和摄取，以保持细胞内外的胆固醇平衡，过多或过少的胆固醇都会对细胞功能造成不利影响。因此，细胞通过固醇调节元件结合蛋白（sterol regulatory element binding protein，SREBP）介导的固醇调节级联反应，来感知和响应胆固醇水平的变化，并相应地调整胆固醇代谢相关基因的表达，从而调节细胞的脂质代谢（图 14-9）。

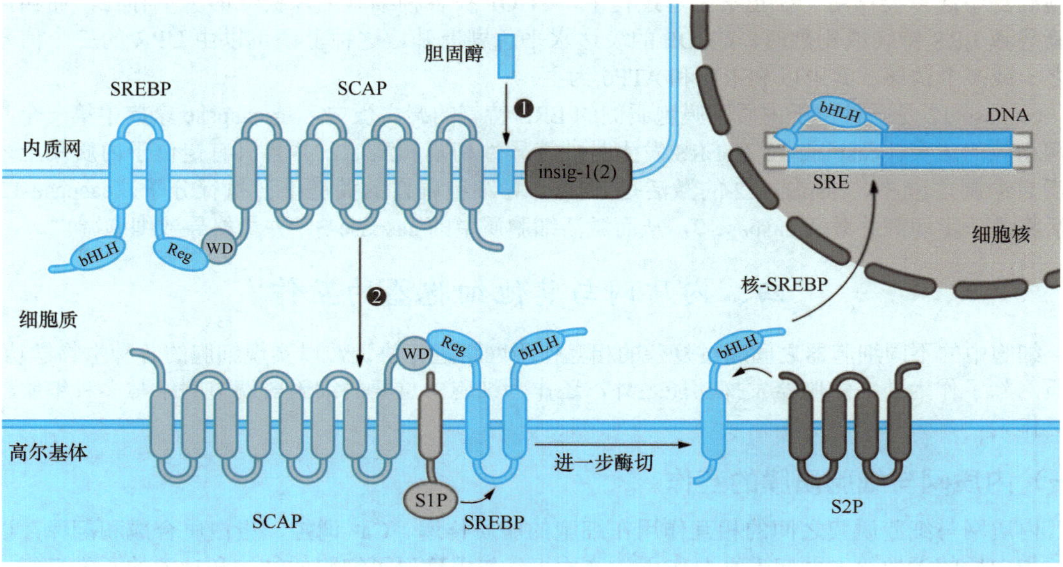

图 14-9 SREBP 的胆固醇敏感调控

当内质网表面合成的胆固醇损耗，SREBP 介导的信号途径响应该信号，调控特定基因表达，从而调节细胞的脂质代谢，这就是固醇调节级联反应。通过这一过程，SREBP 在胆固醇敏感调控中起到关键的作用，根据细胞内胆固醇水平的变化，调控相关基因的转录，以维持细胞内胆固醇的平衡。①当细胞内胆固醇水平升高时，细胞需要抑制胆固醇的合成。在这种情况下，insig-1/2 蛋白与 SCAP（SREBP-cleavage activating protein，SREBP 分裂激活蛋白）上的固醇敏感结构域发生结合。这个结合过程阻止了 SCAP-SREBP 复合物的移动，将其固定在内质网膜上。②当胆固醇水平降低时，insig-1 或 insig-2 与 SCAP 蛋白解离，从而释放了 SCAP-SREBP 复合物。这个时候，SCAP-SREBP 复合物会以膜泡的形式从内质网移动到高尔基体。在高尔基体中，SREBP 受到蛋白酶 S1P（Site-1 protease，位点 1 蛋白酶）和 S2P（Site-2 protease，位点 2 蛋白酶）的作用。S1P 和 S2P 两个酶分别在 SREBP 上切割两个位点，导致 SREBP 的蛋白端 bHLH（basic helix-loop-helix，基础螺旋-环-螺旋）结构域被释放。被释放的 bHLH 结构域，称为核-SREBP（nSREBP），可以进入细胞核。在核内，nSREBP 结合到 SRE（sterol regulatory element，固醇调节元件）位点，这些位点位于靶基因的启动子区域上。一旦 nSREBP 结合到 SRE 位点，它促使靶基因的转录。这些靶基因编码胆固醇合成和摄取途径中的关键酶和蛋白质，如甘油三酯合成酶、LDL 受体等

这套反馈调节系统的核心是依赖胆固醇的转录调控，由内质网表面合成的胆固醇损耗所致，通过固醇调节元件结合蛋白介导的信号途径，来激活或抑制一组含有特定序列元件的靶基因。固醇调节元件（SRE）是一个由 10 个碱基对组成的核苷酸序列，它存在于许多参与胆固醇合成和摄取的基因的启动子区域，如 HMG-CoA 还原酶、LDL 受体等。当 SREBP 结合到 SRE 上时，就可以促进这些基因的转录，从而增加细胞内的胆固醇水平。

当细胞内外的胆固醇水平足够高时，SCAP-SREBP 复合物会被另外两种跨膜蛋白 insig-1/2 所识别并稳定在内质网膜上，从而阻止 SREBP 进入下一步的处理过程。当细胞内外的胆固醇水平降低时，insig-1/2 会失去对 SCAP-SREBP 复合物的结合能力，从而释放 SREBP 进入高尔基体。高尔基体是细胞内负责蛋白质的修饰和分泌的重要场所，它可以对 SREBP 进行两次切割，分别由两种蛋白酶 S1P 和 S2P 完成。S1P 会在 SREBP 的第一个跨膜结构域附近切割，而 S2P 会在第

二个跨膜结构域附近切割。这样，SREBP 的 N 端就会被释放出来，形成一个可溶性的活性因子，它可以进入细胞核，并结合到靶基因的 SRE 上，从而激活胆固醇代谢相关基因的转录。

（四）ERS 反应引发的细胞凋亡

ERS 反应是细胞重要的自我防御机制，适度的 ERS 对调节细胞内稳态发挥重要调节作用。然而，ERS 过强或持续时间过长，超过机体处理未折叠或错误折叠蛋白的能力时，将导致内质网功能障碍，从而破坏内环境平衡和诱发细胞凋亡。

CHOP 又称 GADD153，是细胞内一种调控凋亡通路相关基因的转录因子，它在 ERS 诱导的细胞凋亡中起重要作用。在正常生理过程中，CHOP 在各种细胞中以极低的水平存在，而当某些因素导致 ERS 持续或剧烈时，CHOP 的表达水平急剧上升。这种上调可以由 UPR 的三个信号途径之一或多个诱导，其中以 PERK 和 ATF6 为主。

caspase-12 是一种位于内质网膜胞质侧的 ERS 特有的凋亡蛋白，是 caspase 家族中第一个与内质网相关的成员。caspase-12 在 ERS 发生时被特异性切割和激活，并且只有定位于内质网上才能激活启动凋亡程序。caspase-12 的激活是 ERS 介导细胞凋亡的关键下游执行分子，caspase-12 的激活将进一步切割并激活 caspase-9，从而激活细胞质中的 caspase-3，并最终导致细胞凋亡。

四、内质网与其他细胞器的互作

细胞中的不同细胞器之间通过复杂的相互作用网络进行协调，以实现细胞的各种生物学功能。内质网除了作为独立细胞器发挥功能之外，还作为细胞中重要的细胞器调节网络与多种细胞器发生互作。

（一）内质网与细胞质膜的互作

内质网与细胞质膜之间的相互作用在细胞的脂质传递、Ca^{2+}调控、蛋白质合成和翻译，以及分泌蛋白质的调控等方面起着重要作用，这种相互作用确保了细胞的结构和功能的正常运行，其主要涉及以下几个方面。

1. 脂质传递　内质网是一个复杂的膜系统，与细胞质膜之间存在着联系。内质网主要合成脂质、磷脂和蛋白质，并将它们封装在囊泡中。这些囊泡随后与细胞质膜融合，释放脂质和蛋白质到细胞质膜上。这些脂质和蛋白质的传递对于细胞质膜的完整性和功能维护至关重要，同时也影响到细胞质膜上的信号转导和细胞间通信。

2. Ca^{2+}调控　内质网在细胞内 Ca^{2+}的存储和释放中发挥着关键作用。细胞内 Ca^{2+}浓度的调控对于许多细胞过程，如细胞信号转导和肌肉收缩等至关重要。内质网膜上的 Ca^{2+}通道可以调控 Ca^{2+}的进出，影响细胞内外 Ca^{2+}的平衡。这些 Ca^{2+}的变化可以影响细胞质膜上的离子通道活性，从而影响细胞质膜的电位和兴奋性。

3. 蛋白质合成和翻译　内质网也参与细胞质膜上蛋白质的合成和翻译。细胞质膜上的一些蛋白质需要在内质网上翻译并进行正确的折叠，然后才能被送到细胞质膜表面发挥功能。这种合成和折叠过程确保了细胞质膜上蛋白质的结构和功能的正确性。

4. 分泌蛋白质的调控　内质网与细胞质膜之间的联系还涉及细胞质膜上分泌蛋白质的调控。许多分泌蛋白质在内质网上进行翻译和修饰，然后通过囊泡运输到细胞质膜附近。这些囊泡与细胞质膜融合，释放分泌蛋白质到细胞外。

（二）内质网与高尔基体的互作

通常认为，内质网与高尔基体的互作是蛋白质转运、糖脂代谢、质膜流动与运输的关键。除此以外，内质网与高尔基体之间的膜结构和蛋白质通道，可以促进细胞中的细胞核染色质和高尔基体之间的物质传递，从而参与染色质的重新组装和去核酸化过程。另外，内质网和高尔基体也有直接参与信号传递的作用。以 STING（stimulator of interferon gene，干扰素基因刺激因子）为例，它是一种受体蛋白，它在细胞内起到感知细胞内病毒感染和 DNA 损伤的作用，并激活免疫应答。STING 最初以未成熟形式位于内质网膜上，在细胞内受到刺激后，比如病毒感染或 DNA 损伤，相关的信号通路会导致未活化的 STING 从内质网膜上释放出来。释放到细胞质中的 STING 会通过运输囊泡进一步转运到高尔基体，其中可能涉及转运囊泡的形成和高尔基体的参与。在高尔基体中，STING 会与其他蛋白质相互作用，经历一系列的修饰和激活过程。高尔基体中的泛素连接酶 TRIM32 被认为是 STING 激活所必需的。经过高尔基体内的修饰和激活后，STING 会离开高尔基体并通过转运囊泡进一步转运到细胞的其他位置，例如高尔基体-内质网关联膜（Golgi-ER associated membrane，GEM）。在这些位置，激活的 STING 能够作为免疫信号的中心，激活一系列的细胞信号通路，最终导致干扰素等免疫相关蛋白的产生。最近的研究指出，STING 通过在内质网上形成"液晶状"的相分离作为抑制免疫过度激活的途径，又为内质网的功能增加了新的复杂度。

（三）内质网与线粒体的互作

内质网和线粒体的互作是十分重要的，这种相互作用在细胞的脂质传递、Ca^{2+}调控、蛋白质折叠和应激响应等方面起着关键作用，有助于细胞维持正常功能并适应不同的细胞环境。具体体现在以下几个方面。

1. 脂质传递 内质网合成许多生物膜所需的脂质和磷脂，一部分合成的脂质需要通过细胞质膜传递到其他亚细胞结构，包括线粒体。线粒体是能量产生的主要场所，其内膜含有丰富的脂质。内质网与线粒体之间存在脂质传递的通路，内质网通过将合成的脂质包裹在囊泡中，通过融合将其送到线粒体膜上，维持线粒体膜的完整性和功能。

2. Ca^{2+}调控 内质网在 Ca^{2+}平衡中起着重要作用，而线粒体则参与调控细胞内 Ca^{2+}水平。内质网与线粒体之间存在 Ca^{2+}传递的通道，即线粒体关联膜（mitochondria-associated membrane，MAM），通过调节 Ca^{2+}的传递，它们共同参与调节细胞内 Ca^{2+}浓度。

3. 蛋白质折叠和质量控制 线粒体作为细胞的能量生产中心，需要大量的蛋白质来执行其功能。这些线粒体蛋白通常在内质网中合成，然后被传递到线粒体进行进一步的折叠和装配。如果线粒体蛋白折叠不当，可能会导致线粒体功能受损，影响能量代谢和细胞生存。内质网与线粒体之间的相互作用确保了新合成的蛋白质在正确折叠的状态下被传递到线粒体，从而维持了线粒体的正常功能。这种蛋白质折叠和质量控制的相互作用机制，保障了细胞内蛋白质的高质量折叠，维护了细胞内环境的稳定。

4. 应激响应 ERS 常见于细胞受到外界刺激或内部异常情况。ERS 的响应会引发一系列的分子应答机制，其中包括线粒体的参与，例如产生过量的活性氧化物。线粒体与 ERS 共同参与细胞应激响应的调节，确保细胞能够适应和恢复正常状态。

（四）内质网与溶酶体的互作

内质网与溶酶体之间的相互作用在细胞的蛋白质质量控制、废物处理以及维持细胞稳态等方面起着重要作用。这种协同作用有助于细胞维持正常结构和功能，清除异常蛋白质，以及应对不同的细胞环境。内质网通过与溶酶体之间的协同作用，有助于清除异常的蛋白质和细胞内垃圾。当内质网检测到蛋白质的错误折叠或修饰时，它会标记这些异常蛋白质，并通过囊泡运输将它们送到溶酶体。溶酶体中含有水解酶，可以分解这些异常蛋白质为小分子，使其能够被细胞排出或循环利用。此外，内质网在正常情况下必须维持一定的大小和活性，而在发生内质网应激时需要有限度的扩张，应激终止后又需要恢复到原来的大小。

持续的 ERS 和 UPR 可激活内质网自噬，以维持内质网的稳态平衡。内质网自噬可分为三条途径：大 ER 自噬、微 ER 自噬和囊泡传递（图 14-6）。内质网通过自噬主要行使两大功能：①降解功能：降解部分受损的内质网或隔离未被正确处理的蛋白聚集物，以及为了生存需要而降解部分正常的自身组分。②恢复功能：当 UPR 带来的压力消退后，内质网自噬能减小内质网的大小，使之恢复到正常的比例。

第二节 高尔基体

高尔基体（Golgi apparatus）是一种广泛存在于真核细胞中的细胞器，它由大小各异、形态多变的囊泡体系构成（图 14-10）。高尔基体最早由意大利神经学家卡米洛·高尔基（Camillo Golgi）于 1898 年运用镀银法观察猫头鹰神经细胞时发现，直到 20 世纪 50 年代，电子显微镜技术和超薄切片技术的应用，才最终确认了高尔基体的存在。

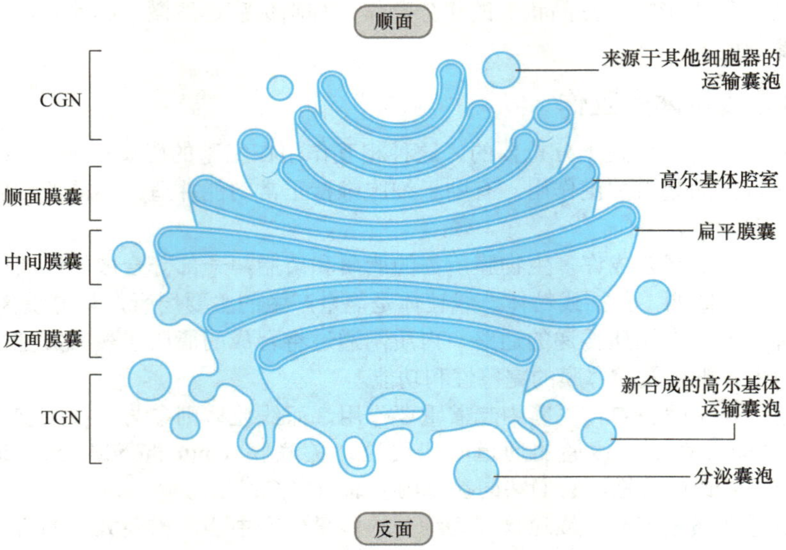

图 14-10 高尔基体形态结构

CGN：顺面高尔基网；TGN：反面高尔基网

高尔基体是一个高度动态的细胞器，其结构在不同细胞和细胞生长阶段之间变化很大。近年来，对高尔基体的研究取得了大量进展，每年都有最新的研究不断涌现，不断刷新我们对高尔基体的认知。这个充满挑战和发现的领域不断推动我们对细胞生物学的理解，也为我们深入了解细胞内的复杂生物过程提供了新的视角。

一、高尔基体的形态与结构

在细胞水平下观察，大多数脊椎动物的细胞中，高尔基体呈现复杂的网状结构。在生理极性细胞，如胰腺细胞、甲状腺细胞和肠道杯状细胞等，高尔基体通常位于细胞核附近。而在神经细胞、卵细胞和精细胞等细胞中，高尔基体则围绕核分布。然而，在大多数无脊椎动物细胞和植物细胞中，高尔基体则呈弥散分布。因此，高尔基体的形状、大小和分布在不同类型的细胞中会有所差异，并且会随着细胞的生理状态而变化。

通过电子显微镜，在细胞器层面上观察，高尔基体由排列较为整齐的扁平膜囊堆叠而成。这些膜囊多为弓形或半球形，周围还有许多大小不等的囊泡结构（图 14-10）。高尔基体是一个极性细胞器，其靠近细胞核的一侧，扁囊弯曲成凸面，凸出的一面对着内质网，称为顺面（cis face）或形成面（forming face）；另一侧面向细胞质膜，常呈凹面，凹进的一面对着质膜，称为反面（trans face）或成熟面（mature face）。然而，研究发现高尔基体的顺反面并不总是严格对应的，可能在某个时期，顺面可能会变成凹面，这体现了高尔基体的高度动态性。物质通常从顺面进入，从反面离开。这两个面在形态、化学组成和功能上存在明显的差异，并与其他膜成分有着特定的结合方式。

阿兰·兰堡（Alain Rambourg）等利用超高压电镜观察了高尔基体，对其形态结构进行了进一步研究。研究结果显示，高尔基体是一个非常复杂的连续整体结构。通过研究酵母细胞中高尔基体功能缺陷的突变株，进一步发现高尔基体由许多功能不同的区域组成，构成了一个复杂而完整的体系。它通常包含三个基本成分：扁平膜囊、大囊泡和小囊泡。高尔基体的主体由5～6个重叠的扁平膜囊组成，而围绕在扁平膜囊周围的大囊泡和小囊泡则是由扁平膜囊端部的膨大和破碎而形成的。高尔基体的结构可进一步细分为顺面膜囊、反面膜囊和中间膜囊。顺面膜囊位于高尔基体顺面（靠近细胞核的一侧），最外侧部分为顺面高尔基网（cis Golgi network，CGN），呈中间多孔连续分支状。反面膜囊位于高尔基体反面（面向细胞质膜的一侧），类似于顺面膜囊，其最外侧部分称为反面高尔基网（trans Golgi network，TGN）。中间膜囊位于高尔基体中间区域，通过扁平膜囊和管道结构与顺面膜囊和反面膜囊相连（图14-10）。

尽管在常规电镜观察中很难区分高尔基体内各个扁平膜囊的不同，但近年来的研究利用单克隆抗体和免疫细胞化学电镜技术已证明高尔基体可以被划分为至少三个区隔或房室——顺面膜囊、中间膜囊与反面膜囊，每个区隔内含有不同的酶。观察高尔基体的组成，可以采用电镜组织化学染色方法。以下是四种常用的细胞化学反应，可用于标记高尔基体的不同组分：①嗜锇反应：通过锇酸染色可以特异地染色高尔基体的顺面膜囊。②焦磷酸硫胺素酶的细胞化学反应：可以特异地显示高尔基体反面的1～2层膜囊。③胞嘧啶单核苷酸酶和酸性磷酸酶的细胞化学反应：常常可以显示靠近反面膜囊状和反面管状结构，同时也是溶酶体的标志酶。④烟酰胺腺嘌呤二核苷磷酸酶的细胞化学反应：这个反应可以标记高尔基体中间几层的扁平膜囊。

二、高尔基体的功能

（一）蛋白质的糖基化及其他修饰

1. 蛋白质的糖基化 高尔基体在细胞内糖蛋白和糖脂的糖链组装中扮演着至关重要的角色。在粗面内质网的*N*-连接糖链合成过程中，核心寡糖的末端已经经历葡萄糖残基的去除。一旦新合成的可溶性或膜糖蛋白进入高尔基体，经过顺面和中间膜囊的转运过程，大部分甘露糖残基也将从核心寡糖上被去除，并通过不同的糖基转移酶依次添加其他糖分子，形成各种不同的寡糖结构。

高尔基体类似于粗面内质网，其中单糖的连接顺序是由特定的糖基转移酶的空间排列决定的，并且这些酶与新合成的蛋白质在高尔基体过程中接触。例如，唾液酸转移酶位于高尔基体的反面膜囊中，它将唾液酸加到寡糖链的末端。新合成的蛋白质将持续向高尔基体这一细胞器运动，从而完成其糖链的修饰过程。与*N*-连接糖链的合成起源于粗面内质网不同，*O*-连接糖链完全是在高尔基体中进行的（图14-11）。

内质网和高尔基体中的酶与糖基化及寡糖加工息息相关，它们在细胞中起着整合膜蛋白的重要作用。这些酶固定在细胞的不同腔室中，其活性部位位于内质网或高尔基体的腔面。在高尔基体中，这些酶的反应底物是核苷酸单糖，通过载体蛋白介导的反向协同运输方式从细胞质基质转运到高尔基体腔室内。不同的膜囊腔室中存在不同的载体蛋白，以维持腔内特定反应底物的浓度。

高尔基体中的蛋白质糖基化是一个复杂的过程，涉及多个酶、糖链结构和特定的蛋白质序列。通过附加糖基：①促进蛋白质折叠和增强糖蛋白稳定性；②使不同蛋白携带不同的标志，利于其分选、包装和转移；③直接介导细胞间的双向通信，或参与分化、发育等多种生命过程；④影响蛋白质的水溶性及其所带电荷的性质。

2. 蛋白质的磷酸化 高尔基体也参与蛋白质的磷酸化修饰，这是通过附加磷酸基团来调节蛋白质的活性和功能。磷酸化的酶在高尔基体中活动，它们识别特定的氨基酸序列，将磷酸基团添加到这些氨基酸上。磷酸化可以改变蛋白质的电荷，从而调节其相互作用和定位。例如，高尔基体中的磷酸化修饰可以调节细胞的信号转导途径。激活的蛋白激酶（protein-kinase）会将磷酸基团添加到底物蛋白质上，从而启动细胞内的一系列反应。这些磷酸化事件影响细胞的生长、分化和应激反应。

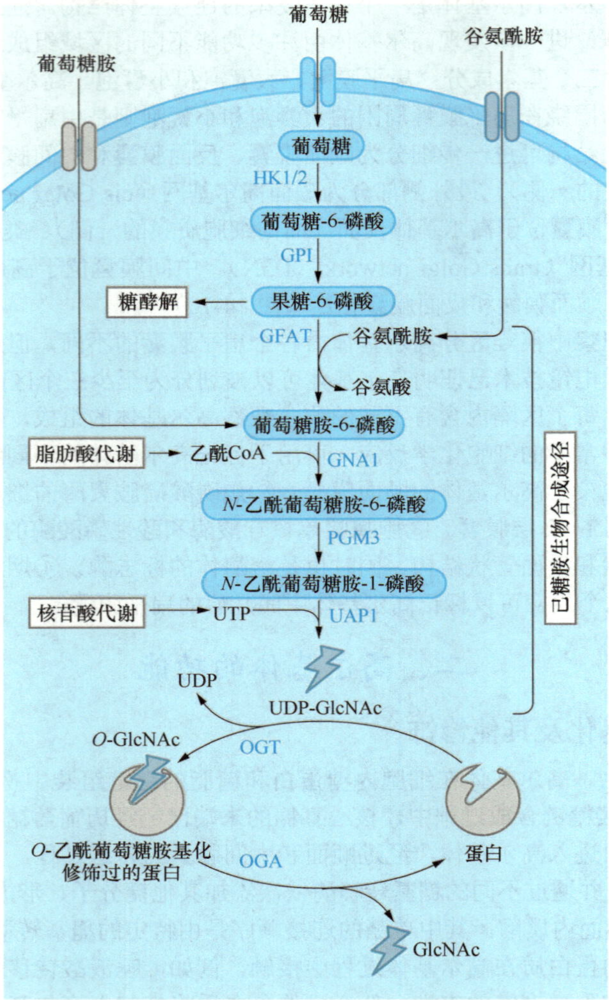

图 14-11　蛋白质的糖基化修饰

GlcNAc，*N*-乙酰葡萄糖胺

3. 其他修饰　高尔基体还能介导其他一些蛋白质修饰，如硫酸化和乙酰化。这些修饰通常会改变蛋白质的结构和功能，从而调节细胞内的生化过程。例如，乙酰化修饰可以影响蛋白质的稳定性和 DNA 结合能力。

（二）参与细胞分泌活动

分泌蛋白质、多种细胞质膜上的膜蛋白、溶酶体中的酸性水解酶及细胞外基质成分，它们的定向转运过程是通过高尔基体来完成的。TGN 是蛋白质包装分选的关键枢纽，在这里至少存在着以下三条分选途径。高尔基体通过这些分选途径将合成的蛋白质进行包装和分选，决定它们的不同定位和去向（图 14-12）。

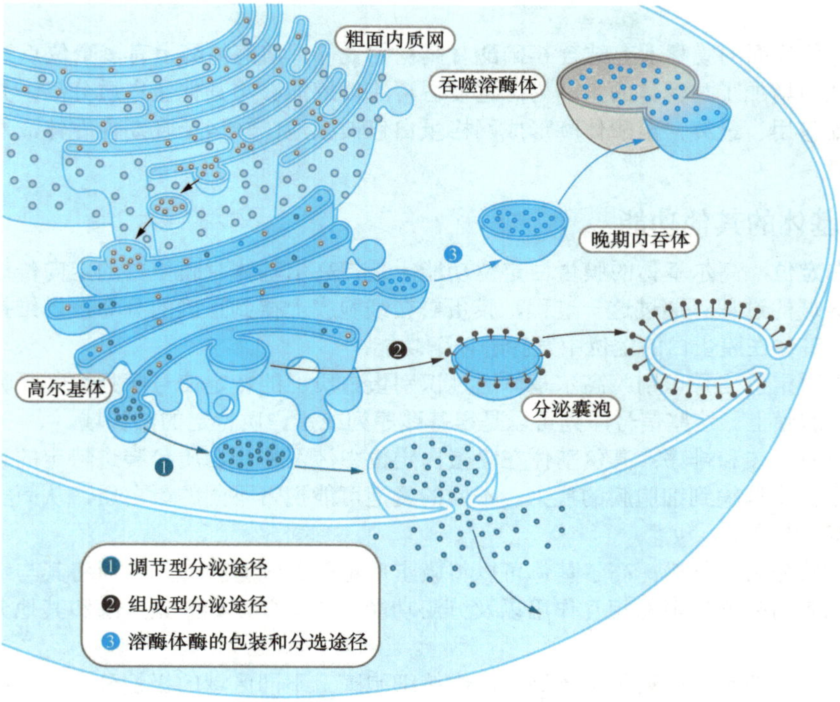

图 14-12　高尔基体参与细胞分泌活动

1. 调节型分泌途径　是一种特殊的分泌途径，其中新合成的可溶性分泌蛋白会在特殊的分泌泡中聚集、储存和浓缩，并只在特定刺激条件下进行释放。例如，胰腺β细胞中的胰岛素会储存在特殊的分泌泡内，在血糖升高时才会被释放出来。

调节型分泌过程中，多种蛋白质如促肾上腺皮质激素（ACTH）、胰岛素和胰蛋白酶原，会进入调节型分泌泡，并在特定刺激下被释放。

电镜观察的形态学证据表明，调节型分泌途径是通过蛋白质的选择性聚集来调控的，并受到特定离子条件（pH 6.5，1mol/L Ca^{2+}）的影响。

2. 组成型分泌途径　在所有真核细胞中，存在一种不受调节的分泌途径，称为组成型分泌。在非极性细胞中，这种途径通过分泌泡连续地释放某些蛋白质到细胞表面。在极性细胞中，分泌蛋白和质膜膜蛋白被选择性分选到顶面或基底面质膜，这可能涉及特殊的信号调控。

有趣的是，蛋白质在高尔基体的分选及其转运信息仅存在于编码这些蛋白质的基因本身。例如，流感病毒和水疱性口炎病毒可以同时感染上皮细胞。这两种病毒的囊膜蛋白都在粗面内质网上合成，然后通过高尔基体转运到细胞膜上。其中，流感病毒的囊膜蛋白会特异地转运到上皮细胞的游离端细胞膜上，而水疱性口炎病毒的囊膜蛋白则转运到基底面的细胞膜上。

组成型分泌途径在细胞中常见，而极性细胞中的分选过程可能受到编码蛋白质的基因的调控。不同蛋白质的分选目的地可能受到特定信号的影响，从而实现有选择性地分泌到细胞的不同区域。

3. 溶酶体酶的包装和分选途径　溶酶体酶是一类重要的酸性水解酶，在细胞内负责分解各种废弃物和有机物质。这些酶经历特定的包装和分选过程，使它们能够正确地定位到溶酶体内。该过程涉及6-磷酸甘露糖（M6P）标记以及与膜受体的结合。

首先，溶酶体酶在内质网合成时会经历*N*-连接糖基化修饰，将寡糖链共价结合到酶分子的天冬酰胺残基上。然后，进入高尔基体膜囊后，通过一系列催化反应，其中包括*N*-乙酰葡萄糖胺磷酸转移酶和磷酸葡糖苷酶，寡糖链中的甘露糖残基被磷酸化形成6-磷酸甘露糖。这种磷酸化反应只发生在溶酶体酶上，而不发生在其他糖蛋白上，可能是因为溶酶体酶本身的构象含有某种磷酸化的信号。

在高尔基体反面的膜囊上有结合6-磷酸甘露糖的受体，溶酶体酶上有多个位点能够形成6-磷酸甘露糖，从而增加了与受体的亲和力。这使得溶酶体酶能够与其他蛋白质分离，并在高尔基体局部发挥浓缩作用。最终，溶酶体酶形成网格蛋白包被膜泡，转运至晚期内吞体，然后在溶酶体中发挥其功能。

（三）高尔基体的其他功能

1. 膜蛋白定位 高尔基体的膜蛋白定位功能，是指高尔基体对膜蛋白的定向传送和定位到适当的细胞膜区域的过程。通过这一过程，膜蛋白在细胞膜上得到正确的分布，以维持细胞的结构和功能。高尔基体在膜蛋白的定位中发挥着以下功能：

（1）蛋白质定位信号识别：高尔基体通过识别蛋白质上的特定信号序列来判断哪些蛋白质应该被定位到细胞膜上。这些信号序列可以是氨基酸序列或蛋白质特定的结构域。

（2）蛋白质包装和排序：高尔基体在膜蛋白定位中涉及将蛋白质包装进特定的囊泡中，这些囊泡具有将蛋白质运输到细胞膜的能力。不同的囊泡可能携带不同的蛋白质，从而实现蛋白质在细胞膜上的有序分布。

（3）蛋白质分泌和外排：高尔基体可以将膜蛋白定位到细胞膜上，从而将其与细胞外环境接触。这对于细胞与外部环境的相互作用以及分泌功能非常重要，如激素、酶和其他分泌蛋白质的释放。

（4）极性分布的维持：高尔基体还可以维持细胞膜上不同区域的极性分布。细胞膜上的不同区域可能需要不同类型的膜蛋白，高尔基体能够确保这些蛋白质被正确地送达并在细胞膜上呈现出适当的极性。

总之，高尔基体在膜蛋白的定位和分布中起着至关重要的作用，确保细胞膜上的蛋白质得以正确定位和分布，从而维持细胞的正常结构和功能。

2. 参与溶酶体的形成 高尔基体通过合成和修饰酶、包装和分泌酶，以及调控囊泡的形成和融合等过程，在溶酶体形成方面发挥着关键的作用。这确保了溶酶体能够有效地降解和清除细胞内的废弃物，维持细胞内环境的清洁和平衡（参见本章第三节）。

3. 细胞极性的建立和维持 高尔基体参与了细胞的极性建立过程。例如，在极性细胞如神经元中，高尔基体负责将膜蛋白分发到轴突（axon）和树突（dendrite）等不同部位，从而形成极性结构，确保信息传递的方向性。高尔基体在细胞极性的建立和维持中，不仅影响单个细胞的极性，还有助于细胞在组织和器官层面形成正确的极性。这对于维持正常的组织结构和功能非常重要。

4. 膜转运 高尔基体位于内质网和质膜之间，在膜转运（membrane trafficking）中发挥着关键的功能，这是细胞内不同细胞膜系统之间物质和膜蛋白传递的过程。转运涉及各种细胞膜之间的融合、分离和运输，这些过程对于细胞内部结构的维持、蛋白质定位、分泌、内吞作用等都至关重要。高尔基体的膜转运功能主要包括：

（1）囊泡的形成和分拣：高尔基体是囊泡形成的重要来源之一。在高尔基体中，蛋白质和其他物质被包装进囊泡，这些囊泡随后通过膜转化过程运输到其他细胞膜系统中。高尔基体参与了不同类型的囊泡的形成，这些囊泡具有不同的细胞膜特征和功能。

（2）细胞膜的更新和修复：高尔基体通过膜转化过程参与了细胞膜的更新和修复。细胞膜不断地与外界发生相互作用，可能会受到损伤或老化。高尔基体通过将修复所需的蛋白质和脂质运送到受损的细胞膜区域，有助于维持细胞膜的完整性和功能。

（3）膜蛋白的降解和再利用：高尔基体还参与了细胞膜蛋白的降解和再利用。一方面，一些膜蛋白可能会被囊泡运输到溶酶体进行降解，从而清除不再需要的蛋白质。另一方面，一些膜蛋白可能会被运送到其他细胞膜系统中，参与不同的细胞功能。

综上所述，高尔基体作为细胞中一个重要而复杂的细胞器，其功能和调控对细胞的正常运作至关重要。不断深入研究高尔基体的结构和功能，有望带来更多关于细胞生物学的新发现，并拓展我们对细胞内复杂生物过程的认知。深入理解高尔基体的机制也有助于揭示其在疾病发展中的潜在作用，并为新的治疗策略提供理论基础。

第三节 内吞体与溶酶体

一、内吞体结构与类型

内吞体（endosome）是一类由细胞膜包裹形成的囊泡，它们通过吞噬、包围外界物质或细胞内部物质，然后将其封装到囊泡内，从而将物质引入细胞内部。这些囊泡内含有外界物质或旧的细胞成分，并与细胞中的其他细胞器进行交互。内吞体与溶酶体等细胞器之间的相互作用，使得细胞能够对外界物质进行摄取和调节，并实现细胞内物质的降解与再利用，维持细胞内环境的稳定。

对于内吞体的认识可以追溯到19世纪末，俄国生物学家伊拉·伊里奇·梅契尼科夫在对海星胚胎的研究中首次观察到了内吞体的现象。他发现一种细胞（后来被称为巨噬细胞）能够通过吞噬微生物来进行防御反应，从而提出了“胞吞”的概念。随后，科学家们对内吞体进行了深入的研究。在20世纪的前几十年里，随着显微镜技术的进步，人们对内吞体的结构和功能有了更清晰的认识。在20世纪50年代和60年代，通过电子显微镜的应用，科学家们开始观察和揭示细胞器的内部结构，其中包括内吞体的形态学特征。20世纪80年代以后，随着细胞生物学和分子生物学等领域的迅速发展，人们对内吞体的机制、信号转导和调控等方面进行了更加深入的研究。研究者们发现内吞体不仅参与细胞摄取和消化，还与细胞信号传递、免疫调节、自噬过程等紧密相关。

（一）内吞体的结构

内吞体的结构非常复杂，涉及多种蛋白质、脂质和信号分子之间的相互作用。内吞体的主要组成部分包括膜囊泡、膜蛋白和内吞物。

1. 膜囊泡 是内吞体形成时，细胞膜发生内凹并封闭，形成的囊泡，将外部物质包裹在内部，类似于细胞膜的结构。

2. 膜蛋白 内吞体膜上富含多种膜蛋白，这些膜蛋白具有关键的功能和调控作用，参与内吞体的形成、转运和降解过程，并与其他细胞器和分子相互作用。

3. 内吞物 内吞体中的内吞物是由细胞摄取的外部物质，可以是溶质、蛋白质、核酸和多糖等，被包裹在内吞体囊泡内，随后通过转运和降解过程进行处理。

（二）内吞体的类型

在细胞中，内吞体起着关键的功能作用，根据不同的阶段和位置，内吞体分为早期内吞体（early endosome，EE）、循环内吞体（recycling endosome，RE）及晚期内吞体（late endosome，LE）（图14-13）。

1. 早期内吞体 位于细胞边缘，呈管状结构，其pH为6.2～6.5。它是内吞过程的起始阶段，在细胞膜凹陷区域形成小囊泡。早期内吞体主要负责细胞对外界物质的摄取和吸收。一旦形成，它会将外界物质带入细胞内部，并将其运输到其他细胞器中，以完成后续的处理和利用。

2. 循环内吞体 形成于早期内吞体的基础上，通过与溶酶体的融合而形成。它主要由直径约60nm的管状结构聚集而成，并与微管相连。循环内吞体的分布在不同细胞中有所差异，有些主要分布在微管组织中心，而其他细胞则广泛分布于整个细胞质。然而，这种分布方式并不影响循环内吞体的功能。循环内吞体在受体蛋白再利用、质膜蛋白和脂质组成的重塑中发挥重要作用。例如在神经元中，循环内吞体能有效调节神经营养因子信号转导、蛋白发育过程中的轴突通路固定、更新和降解、囊泡回收以及突触可塑性等过程。

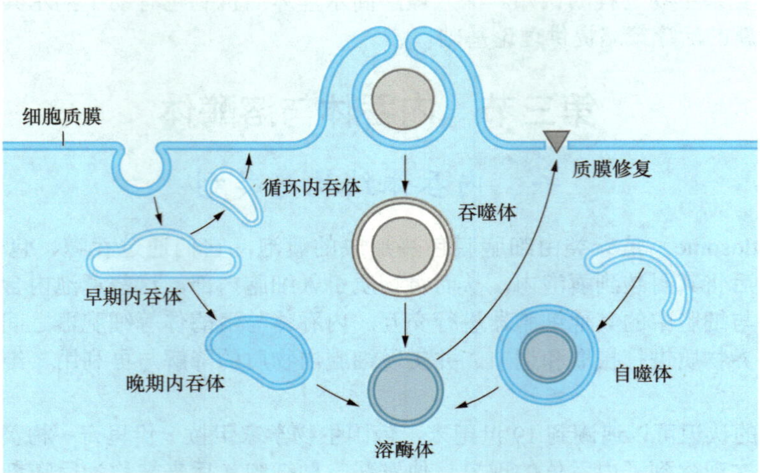

图 14-13 内吞体的类型和运输途径

3. 晚期内吞体 位于靠近细胞核的位置，呈球形，具有较强的酸性，其 pH 约为 5.5。晚期内吞体有些具有多囊泡结构，被称为多囊泡体（multivesicular body，MVB），由多个腔内囊泡（intralumenal vesicle，ILV）组成，外部被一层外膜包裹。晚期内吞体通过与溶酶体相互作用来消化和降解内吞物质，将其转化为小分子物质，然后将这些分子释放到细胞质中供细胞利用。晚期内吞体在细胞内废物处理、营养吸收和细胞代谢等方面发挥重要作用。

内吞体可以通过特定的标志物进行区分，例如早期内吞体的标志物是 Rab5，循环内吞体的标志物是 Rab4 和 Rab11，晚期内吞体的标志物是 Rab7 和 Rab9。此外，不同内吞体的膜脂组成也存在差异，例如 3-磷酸磷脂酰肌醇（phosphatidylinositol-3-phosphate，PI(3)P）主要存在于早期内吞体的胞质面上，磷脂酰肌醇-3,5-二磷酸 [PI(3,5)P_2] 主要存在于晚期内吞体，而溶血磷脂酸（lysobisphosphatidic acid，LPA）主要存在于多囊泡体的腔内胞膜上。

总体而言，内吞体在细胞的摄取、调节和降解过程中发挥着重要作用，对细胞的正常功能和代谢起着至关重要的调节作用。通过深入研究内吞体的结构和功能，我们能够更好地了解细胞内物质运输和代谢的机制，为未来的细胞生物学和医学研究提供有益的信息。

二、内吞体运输

内吞体是细胞内发生细胞膜蛋白和脂质分选，以及细胞信号传递的关键场所。在这一细胞活动过程中，经过内吞或由高尔基体运输到达内吞体的膜蛋白（统称为货物）可以被分选至溶酶体进行降解，或被回收至其他生物膜区域（例如高尔基体或质膜）进行再利用（图 14-14）。由内吞体介导膜运输的过程叫作内吞体运输（endosomal trafficking）。内吞体运输在维持质膜蛋白稳态、免疫应答、营养物质摄取等方面发挥着重要作用，因此，这一过程受到多种关键蛋白质的精准调控。最新研究发现内吞体运输还受到细胞应激的动态调控。细胞可以通过调整内吞体运输的过程来应对不同的细胞环境和外界刺激。除了维持细胞正常功能外，内吞体运输也与多种人类疾病的发生机制紧密相关。例如，帕金森病、阿尔茨海默病和癌症等疾病的发展与内吞体运输的异常有关。此外，许多病原体也利用内吞体运输通路来建立其感染和复制体系。胞内繁殖的细菌，如军团菌和沙门氏菌，以及病毒，如人乳头瘤病毒（HPV）和新冠病毒（SARS-CoV-2），通过劫持或利用内吞体运输的机制，能够进入细胞内并建立感染，进而对宿主细胞造成影响。

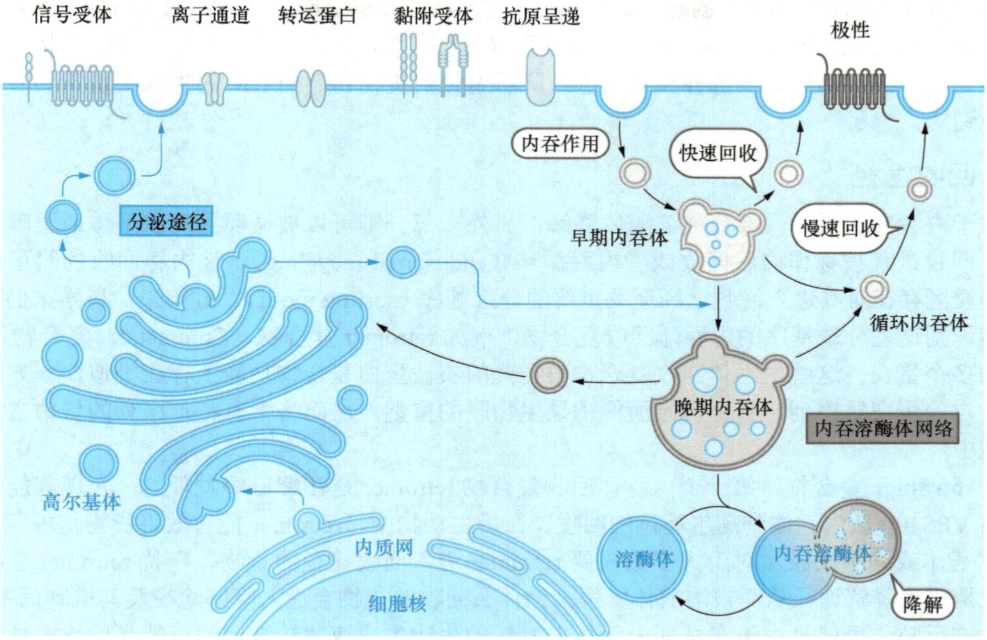

图 14-14　内吞体运输

内吞体运输与分泌途径的整合有助于建立、维持和重塑细胞表面蛋白质组。被内吞后的货物进入早期内吞体开启运输过程。一些货物可以通过选择性地从早期内吞体直接被回收到细胞膜表面，称为"快速回收"，也可以进入循环内吞体后再选择性地被回收到细胞膜表面，称为"慢速回收"。另一些货物可以从内吞体运输至高尔基体，从而进入分泌途径。而不含有特异分选基序的货物会被转运至溶酶体内降解。这主要通过将货物分选到腔内囊泡中来实现

（一）降解途径

触发降解与回收之间的关键因素是货物本身及早期内吞体的特异性磷脂：3-磷酸磷脂酰肌醇[PtdIns3P，PI(3)P]。进入降解途径的货物，例如活化的表皮生长因子受体（EGFR），其胞质区的赖氨酸残基会发生泛素化修饰。泛素化是一种共价修饰，通过这种修饰，被内吞的物质会被引导进入降解途径。这种泛素化通常表现为单一泛素分子的结合，然而，也可能涉及 Lys63 链式多泛素化。泛素化修饰的调控涉及内吞体分拣复合物（endosomal sorting complex required for transport，ESCRT）家族中的多个蛋白质复合物，包括 ESCRT-0、ESCRT-Ⅰ、ESCRT-Ⅱ和 ESCRT-Ⅲ。在这些复合物中，ESCRT-0 是由肝细胞生长因子调节的酪氨酸激酶底物（hepatocyte growth factor regulated tyrosine kinase substrate，HRS）和信号转导适配分子 1（signal transducing adaptor molecule 1，STAM1）构成的异二聚体。一般情况下，ESCRT-0 主要通过 HRS 与 PI(3)P 的相互作用定位于早期内吞体上，在这里 HRS 和 STAM1 可以识别多个带有泛素化修饰的货物。这些货物被 ESCRT-0 识别后，会在 ESCRT-0 自身容易形成更大的多聚体属性下被引导形成聚集体。这些聚集体会使得货物与 ESCRT-0 的复合物在早期内吞体上形成一个降解亚结构区，该结构区能被 HRS 招募的网格蛋白（clathrin）等蛋白进一步稳定。类似地，ESCRT-Ⅰ［包括肿瘤易感基因 101 蛋白（tumor susceptibility gene 101 protein，TSG101）和泛素结合蛋白 1（ubiquitin-associated protein 1，UBAP1）］，以及 ESCRT-Ⅱ［包括液泡蛋白分拣相关蛋白 36（vacuolar protein-sorting-associated protein 36，VPS36）］，其组分也具有与泛素结合的能力，尽管其结合亲和力较低。这些复合物的存在可能有助于在降解亚结构区中进一步富集泛素化货物。

在形成稳定的降解亚结构区后，ESCRT-Ⅲ会被高浓度的 ESCRT-Ⅱ招募到降解亚结构区。ESCRT-Ⅲ的组分能形成寡聚体，限制被捕获的泛素化货物在内吞体膜上的横向扩散。接着，ESCRT-Ⅲ会招募一些脱泛素化酶，脱去被捕获货物的泛素。ESCRT-Ⅲ进一步促进降解亚结构区向

内凹陷形成腔内囊泡（ILV）的轮廓。随着 ILV 的成熟，ESCRT-0、ESCRT-Ⅰ和 ESCRT-Ⅱ从该结构中解离。最后 ESCRT-Ⅲ招募一些蛋白对该区域进行剪切，形成成熟的 ILV。ESCRT 构成了一个高度协调的系统，通过协调选择和富集进入降解途径的货物和调控 ILV 的生成实现货物向溶酶体的可控递送。

（二）回收途径

对于内吞的膜蛋白，部分被溶酶体降解，另外一部分则可以被循环到高尔基体或质膜进行再利用。回收过程被称作内吞回收或者内吞循环（endosomal recycling）。被内吞回收的膜蛋白通常在其胞质区存在对其进入回收途径至关重要的分选基序（sorting motif）。近年来，科学家们鉴定了各种能识别这些分选基序的内吞体回收复合物，例如 retromer 复合物、Commander 复合物及 SNX 家族的多个蛋白。这些内吞体回收复合物与经典的衣被蛋白复合物功能上存在类似，一方面可以识别特定的蛋白质序列，另外一方面能诱导生物膜的重塑，从而将含有特定序列的蛋白富集到运输囊泡中。

1. retromer 复合物 第一个内吞体回收复合物 retromer 是在酵母中发现的，发现其能介导货物蛋白 VPS10p 从内吞体到高尔基体的回收。在后生动物中，retromer 能有效将货物从内吞体回收到高尔基体或细胞质膜。对于大多数需要 retromer 进入回收途径的货物，干扰 retromer 会导致它们错误地进入降解途径从而被溶酶体降解。为什么回收的货物会进入降解途径及其机制尚不清楚，但如上文反映，可能是由于在早期内吞体中 ILV 的生物生成速率较高，也可能是回收未被启动导致货物泛素化的结果。因此，对于许多进入内吞体的货物来说，一个共同的命运是，在货物没有被回收复合物识别的情况下，它们的默认途径是降解途径。

retromer 是由 VPS35、VPS29 和 VPS26 形成的稳定三聚体，一般定位于早期和晚期内吞体表面。一般情况下，retromer 与 SNX 家族的成员（SNX3 和 SNX27）形成稳定复合物，通过 SNX3/SNX27 的 PX 结构域与 PI(3)P 的互作从而使得该复合物定位于早期内吞体；同时，retromer 能与晚期内吞体上的 Rab7 互作，从而定位于晚期内吞体。

在回收货物的过程中，SNX3-retromer 通过结合抵达内吞体货物胞质区特定的基序来识别货物，例如二价阳离子转运蛋白 DMT1-Ⅱ，其胞质区的疏水性 QPELYLL 基序直接与 SNX3-retromer 互作。该识别过程进一步富集 retromer 到内吞体。该疏水性基序也存在于其他 retromer 货物的胞质区中，例如，阳离子不依赖型-6-磷酸甘露糖受体（CI-MPR）、sortilin、Wntless 和 TfR 等，说明这些货物的疏水性基序对其通过 retromer 进入回收途径是至关重要的。

在 SNX27-retromer 介导的货物回收途径中，SNX27 起主要的货物识别作用。除 PX 结构域外，SNX27 包含两个不同的结构域，PDZ（PSD95、Dlg、ZO1）结构域与 FERM（4.1-Ezrin-Radixin-Moesin）结构域。研究发现，SNX27 能通过其 PDZ 结构域识别位于货物胞质区的 PDZ 结合基序，而与 retromer 亚基 VPS26 的结合能有效提高 SNX27 PDZ 结构域与 PDZ 结合基序的亲和力，从而促进货物的识别过程。关于 SNX27-retromer 在内吞体运输中关键证据最初来自对 β_2 肾上腺素受体的研究，该受体包含被 SNX27 直接识别的 PDZ 结合基序。在 SNX27 抑制（或 retromer 抑制）条件下，内吞的 β_2 肾上腺素受体被错误引导入降解途径。之后的蛋白质组分析进一步表明在人类中，超过 400 种货物蛋白需要 SNX27-retromer 进行回收。这些货物包括信号受体和突触活动及神经健康的调节因子，以及许多氨基酸、营养物质和金属离子的转运蛋白。病原微生物，如细菌和病毒，常常利用或操纵宿主内吞体运输途径，以增强其在宿主细胞内的存活和复制能力。近期的研究发现，新型冠状病毒 SARS-CoV-2 利用内吞体运输途径来进行感染。通过基因组规模的 CRISPR 筛选，已确认 SNX27、retromer 和其他内吞体运输途径的关键组分对于 SARS-CoV-2 的感染至关重要。

2. Commander 复合物 由 16 个蛋白亚基组成。除了 DENND10 外，其余 15 个蛋白能被分成两个不同的亚结构，分别称为 Retriever 和 CCC 复合物。Retriever 复合物包括 3 个亚基，

VPS35L-VPS26C-VPS29，并且与 retromer 复合物（VPS35-VPS26-VPS29）有一定的同源性。CCC 复合物总共由 12 个成分组成，其中包括两个螺旋卷曲结构域蛋白（CCDC22 和 CCDC93），以及 COMMD（铜代谢 MURR1 结构域）家族的 10 个成员（表示为 COMMD1～10）。Commander 基因在后生动物中高度保守且泛表达。Commander 复合物负责很多的货物从内吞体到质膜的回收，包括整合素和脂蛋白受体等。这些货物被 Commander 的结合蛋白 SNX17 的 FERM 结构域所识别，后者特异性地结合位于货物胞质尾部的特殊基序（图 14-15）。SNX17 不含在 SNX27 中发现的 PDZ 结构域，也不与包含 PDZ 结合基序的货物结合，也不与 retromer 结合。一些已知的 SNX17 货物包括 P-选择素、低密度脂蛋白受体相关蛋白 1（LRP1）、稳定素 1、淀粉样前体蛋白（APP）和 β1 整合素，这些货物在没有 SNX17 的情况下都会进入降解途径。与 SNX27 类似，SNX17 通过与货物和 PI(3)P 的结合定位于早期内吞体。货物的识别通过 SNX17 的 FERM 结构域来介导。

3. SNX-BAR 最新研究发现，哺乳动物的 SNX-BAR（SNX that contain a BAR domain，包含 Bin/两性蛋白/Rus 结构域的分拣连接蛋白）直接识别一种位于货物胞质区的保守基序，称为 SNX-BAR 结合基序（SBM），并将它们从内吞体回收到高尔基体或质膜（图 14-15）。实验证实由 SNX-BAR 回收的货物包括离子非依赖性甘露糖-6-磷酸受体（CI-MPR）、semaphorin4C（SEMA4C）、胰岛素样生长因子 1 受体（IGF1R）和 TNF 相关的凋亡诱导配体受体 1（TRAILR1）。

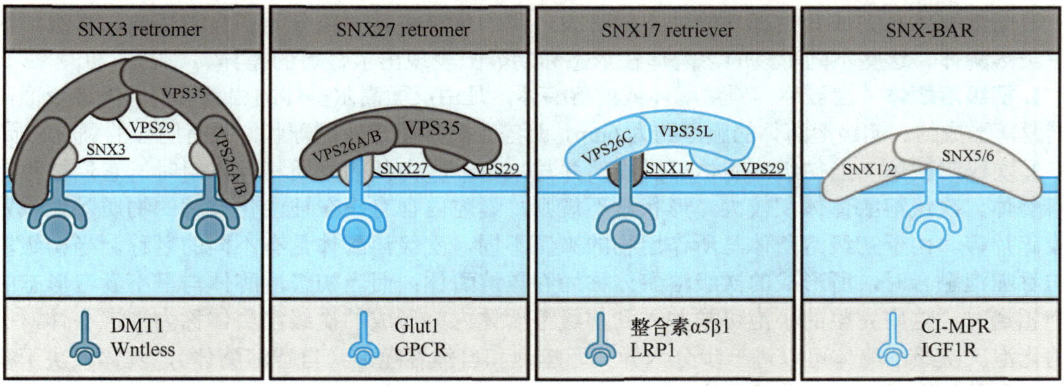

图 14-15 内吞体回收复合物

目前报道的内吞体回收复合物及其转运的代表货物

三、溶酶体结构与类型

溶酶体是真核生物细胞内的一种膜包裹细胞器，其主要功能是通过水解酶降解和分解细胞内吞噬的微生物、废弃物、细胞器的旧部件及其他不需要的物质。这样的降解过程有助于细胞的废物处理、营养物质再循环和细胞内环境的维持。溶酶体的名称来源于其对废弃物和外来物质进行“溶解”和降解的特性（图 14-13）。

对溶酶体的历史研究可以追溯到 20 世纪初。1949 年，比利时细胞生物学家克里斯汀·德·迪夫（Christian René de Duve）及其团队对大鼠肝脏进行细胞分离并进行差速离心分析，希望找出与糖代谢相关的酶。在实验中，他们意外地发现了一种与糖代谢无关的酸性磷酸酶活性，而这种活性主要集中在与线粒体分离的部分。

这一意外的发现引起了迪夫的兴趣，他开始深入研究这种酸性磷酸酶活性存在的细胞结构。通过电子显微镜观察细胞的超微结构，他发现这种活性主要集中在一种被他称为“溶酶体”的细胞器中，并发现溶酶体由膜包裹，类似于囊泡，而这些囊泡内含有水解酶，可以降解各种细胞内的有机分子。这一发现揭示了细胞如何处理废物、维持细胞内平衡，以及执行质量控制。迪夫在随后的研究中不断深入探索溶酶体的结构和功能，为细胞生物学领域开辟了全新的研究方向。迪夫因其在细胞生物学和生物化学领域的突出贡献，尤其是对溶酶体和过氧化物酶体的研究，获得了1974年的诺贝尔生理学或医学奖。

（一）溶酶体的形态结构

溶酶体是一种高度异质性的膜性细胞器，它在细胞内担负着消化、代谢和防御等多种重要功能。几乎所有动物细胞中都存在溶酶体，这说明它们在细胞的生命活动中起着至关重要的作用。溶酶体由一层单位膜包裹而成，膜厚约为6nm，通常呈球形。然而，溶酶体的大小和形态在细胞间和细胞内部有很大的差异。它们的直径一般在0.1～0.8μm，最小的甚至只有0.05μm，而最大的直径可达数微米。在典型的动物细胞中，可能含有数百个溶酶体，溶酶体的大小和形态与其所处的生理功能阶段有关。

溶酶体中含有多种能够分解机体中几乎所有生物活性物质的酸性水解酶，其作用的最适pH通常在4.0～5.5。这些酶的种类包括蛋白酶、核酸酶、酯酶、磷酸（酯）酶和磷脂酶等。然而，每个溶酶体中所含的酶种类是有限的，不同溶酶体中包含的水解酶并不完全相同，因此它们表现出不同的生化或生理性质。这种异质性使得溶酶体能够适应不同的细胞功能需求，并在维持细胞内部环境平衡方面发挥灵活的调节作用。

（二）溶酶体的类型

根据溶酶体在完成其生理功能的不同阶段，我们可以将其大致分为初级溶酶体、次级溶酶体和三级溶酶体。这些不同阶段的溶酶体在形态和功能上表现出了显著的差异。

1. 初级溶酶体　也被称为原溶酶体或前溶酶体，是由反面高尔基体的扁囊端部膨大或反面高尔基网脱落形成的。初级溶酶体的膜厚约为6nm，形态上一般呈透明圆球状，没有明显的颗粒物质。

2. 次级溶酶体　当初级溶酶体经过成熟并与来自细胞内外的物质相互作用时，它们被称为次级溶酶体。次级溶酶体体积较大，形状常不规则，囊腔内含有正在被消化分解的物质颗粒或残损的膜碎片等。由于初级溶酶体与所作用物的来源不同，次级溶酶体具有不同的名称。当初级溶酶体与吞噬泡融合时，所形成的次级溶酶体称为吞噬溶酶体；而当初级溶酶体与呈小囊泡形态的胞饮泡相遇时，这些完整的小泡可被并入到初级溶酶体内，形成的次级溶酶体称为多泡小体，又称为消化泡。次级溶酶体可以进一步分为异体吞噬泡和自体吞噬泡（自噬溶酶体），具体取决于被消化的物质是外源性的还是内源性的。

3. 三级溶酶体　次级溶酶体如果消化完成，形成的小分子物质可以通过膜上的载体蛋白转运到细胞质中，供细胞代谢使用。此时，溶酶体内仅剩下消化不了的残渣物质，这时的溶酶体称为三级溶酶体、残留小体、后溶酶体或末期溶酶体。这些残留小体有些可以通过外排作用排出细胞，而有些则在细胞内积累而不被排出。

溶酶体的分阶段特性使得它们能够根据细胞需求灵活调节，以完成细胞的消化、代谢和防御等重要功能。

四、溶酶体的发生

在细胞生物学中，溶酶体酶是一类在溶酶体内起关键作用的酶，它们的合成和糖基化修饰过程主要发生在内质网上。在内质网上合成的溶酶体酶经过*N*-连接糖基化修饰后，被转运到高尔基体。在高尔基体的顺面膜囊中，溶酶体酶寡糖链上的甘露糖残基经过磷酸化形成6-磷酸甘露糖（M6P）。M6P与高尔基体中的反面膜囊膜上的M6P受体结合，从而使溶酶体酶得以浓缩富集。最后，通过出芽方式，溶酶体酶被网格蛋白包被膜泡转运到溶酶体中。

（一）溶酶体关键酶

在溶酶体酶甘露糖残基的磷酸化过程中，有两种关键酶催化。一种是GlcNAc磷酸转移酶，它负责将来自单糖二核苷酸 UDP-GlcNAc 的 GlcNAc-P 转移至高甘露糖寡糖链上的 α-1,6-甘露糖残基，然后再加上第二个 GlcNAc-P 到 α-1,3-甘露糖残基上。随后，在高尔基体中间膜囊中，磷酸葡糖苷酶则除去寡糖链末端的 GlcNAc，从而暴露出磷酸基团，形成 M6P 标记。

关于磷酸转移酶如何识别溶酶体酶并将其从内质网转运到高尔基体，目前研究已经确认溶酶体酶分子中存在一种识别信号，这种信号不是特定的肽链一级结构序列，而是依赖于溶酶体酶的构象或三级结构形成的信号斑（signal patch）。溶酶体酶通常具有多个 *N*-连接的寡糖链。当这些寡糖链上的信号斑被 GlcNAc 磷酸转移酶识别后，每条寡糖链上就会形成多个 M6P 残基。在高尔基体的 TGN 区，含有多个 M6P 的溶酶体酶与 M6P 受体结合时，它们之间的亲和力常数为 $K=10^5$L/mol。然而，一旦转运到高尔基体的 TGN 区后，溶酶体酶与 M6P 受体的结合亲和力常数可高达 10^9L/mol，前后相比放大了 1 万倍。这样的高亲和力确保了溶酶体酶与 M6P 受体的紧密结合，从而实现了溶酶体酶的局部浓缩和分离，以确保它们能够以出芽的方式转运到溶酶体中。

M6P 受体存在两种类型，一种是依赖于 Ca^{2+}的受体，另一种是不依赖于 Ca^{2+}的受体。该受体在 pH 7.0 左右时与 M6P 结合，而在 pH 6.0 以下则与 M6P 分离。这样的 pH 敏感性使得 M6P 受体能够在高尔基体和初级溶酶体之间穿梭。在高尔基体的中性环境中，M6P 受体与 M6P 结合，而当进入初级溶酶体的酸性环境后，M6P 受体与 M6P 分离，并返回到高尔基体中。同时，在初级溶酶体中，溶酶体酶的 M6P 会被去除磷酸化，从而使 M6P 受体与溶酶体酶完全分离。

（二）溶酶体关键酶的转运

研究表明 TGN 产生的转运小泡首先将溶酶体酶转运到初级溶酶体中。初级溶酶体的主要特征是其脂质膜上带有质子泵，使其内部呈酸性环境，pH 约为 6.0。通过使用抗 M6P 受体的抗体进行免疫标记，可以显示 M6P 受体存在于高尔基体 TGN 和初级溶酶体（晚期内吞体）膜上，但不存在于溶酶体膜上。如果使用弱碱性试剂处理体外培养的细胞，M6P 受体会从高尔基体的 TGN 上消失，仅存在于初级溶酶体膜上。这一结果提示 M6P 受体在高尔基体和初级溶酶体之间穿梭，从而调节溶酶体酶的转运过程。

在高尔基体 TGN 中，包装溶酶体酶的转运膜泡由网格蛋白包被，然而这些膜泡在出芽后很快会脱去包被，并被转运到晚期内吞体并与其融合。这样的转运过程确保了溶酶体酶的准确定位和功能发挥，对于细胞内物质的降解和再利用过程至关重要。

（三）溶酶体酶的分选途径

溶酶体酶的 M6P 特异标志是目前研究高尔基体分选机制中较为清楚的一条途径。然而，这一分选体系的效率似乎并不高，部分带有 M6P 标志的溶酶体酶会通过转运小泡直接分泌到细胞外。在细胞质膜上存在依赖于 Ca^{2+}的 M6P 受体，它能与胞外的溶酶体酶结合，并在网格蛋白的协助下通过受体介导的内吞作用将酶运送到初级溶酶体中。M6P 受体同样也能返回细胞质膜，循环使用，这一过程是高效而精密的。

然而，在溶酶体中，除了可溶性水解酶之外，还存在一些与膜结合的酶，例如葡糖脑苷脂酶。此外，溶酶体膜上还有一些特异膜蛋白，这些膜蛋白也是在内质网上合成，并经过高尔基体的加工和分选。这些膜蛋白的分选机制尚不清楚，特别是在与其他蛋白质的区分以及特异地分选到溶酶体膜上方面的机制。

实际上，溶酶体的形成可能是一个复杂的过程，可能存在多种途径。不同类型的细胞可能采用不同的途径，即使是同一类型的细胞也可能有不同的方式，甚至某些酶可能通过不同的路径进入溶酶体。例如，酸性磷酸酶在合成时是一种跨膜蛋白，它并不依赖 M6P 途径，而是通过高尔基体转运到细胞表面，然后依赖于胞质侧的某些酪氨酸残基信号，从细胞表面再转运到溶酶体。在细胞质中，通过硫基蛋白酶和溶酶体中的天冬氨酸蛋白酶的作用，该酶变为可溶性酶。溶酶体酶的加工通常发生在它们进入溶酶体后，不同类型的酶有不同的加工方式。然而，一些加工过程，如糖侧链的部分水解，可能是由溶酶体内特定环境引起的，并不一定与酶的活性有关。

此外，已发现在正常淋巴细胞中，如在细胞毒性 T 细胞和自然杀伤细胞的溶酶体中，既含有溶酶体酶也含有水溶性蛋白穿孔素和颗粒酶，它们通过 M6P 依赖和非依赖的途径进入溶酶体。这类溶酶体在细胞受到外界信号刺激后会释放内含物，以杀伤靶细胞，因此又称为分泌溶酶体。

五、溶酶体的功能

（一）溶酶体是细胞的回收中心

在真核细胞中，细胞内会产生许多生物大分子、蛋白质和细胞器，其中一些可能在其生命周期内遭受损伤、错误折叠或功能失调。为了维持细胞的正常功能和稳态，及时清除这些问题分子和受损细胞器显得尤为重要。

对于快速周转特性的蛋白质，比如与细胞周期调控相关的激酶等，通常采用泛素依赖的蛋白酶体降解途径进行清除。这个过程涉及蛋白质的泛素化，即将泛素分子共价连接到目标蛋白质上，然后由蛋白酶体进行识别和降解，最终使蛋白质被分解成小片段并回收利用。

另一些半衰期较长的蛋白质，为了确保其代谢稳定和避免积累导致细胞功能失调，采用细胞自噬介导的溶酶体降解途径进行清除。自噬是一种特殊的细胞吞噬过程，通常通过包裹并形成自噬体来将细胞内的废弃或受损分子转运至溶酶体进行降解。自噬体内的物质在溶酶体中被降解，并将释放的产物回收为细胞的新生物质。

此外，对于受损或需要淘汰的细胞器，如线粒体、内质网和过氧化物酶体等，通常采用自噬降解途径进行清除。这些细胞器会被围绕形成自噬体，然后与溶酶体融合，从而将细胞器内的有害成分降解。这个过程被称为特异性细胞器自噬，又称细胞器自噬或饥饿感应。总的来说，溶酶体通过自噬途径，对于需要清除或回收的生物大分子、蛋白质和细胞器进行精准的调控，确保细胞内环境的平衡和稳定。

（二）溶酶体是细胞内代谢信号的中枢

溶酶体起着细胞的消化器官的作用，将吞噬的物质降解为小分子物质，供细胞进一步利用。对于一些细胞组分，如膜组分、细胞外基质和其他被吞噬的物质，它们则需要通过胞吞作用包裹在胞吞泡中，经过溶酶体途径进行消化，然后才能被细胞利用。当细胞发生凋亡并形成膜包裹的碎片时，周围的细胞会吞噬这些碎片，并通过溶酶体对其进行消化。对于很多单细胞真核生物，如黏菌、变形虫等，它们依靠吞噬细菌和某些真核微生物来获取生存所需的营养物质，因此溶酶体的消化作用对它们而言显得尤为重要。当基因突变导致溶酶体酶缺失或功能异常时，溶酶体无法对底物进行水解，导致底物在溶酶体中积聚，从而引起代谢紊乱和疾病的发生。

衰老细胞的清除主要由巨噬细胞完成，例如红细胞在衰老过程中，细胞膜骨架发生改变，使其失去了进入比其直径更小的毛细血管的能力。同时，细胞表面的唾液酸残基脱落，暴露出半乳糖残基，这使得巨噬细胞能够识别并捕获这些细胞，并将其吞噬和降解。

在氨基酸代谢过程中，溶酶体发挥着以下几个重要作用：

1. 溶酶体参与蛋白质降解　细胞外蛋白通过受体介导的胞吞作用、胞饮作用或吞噬作用被内化并运输到溶酶体。一旦蛋白质进入细胞，它们通过囊泡融合和多囊体的形成被引入溶酶体，激活溶酶体蛋白水解途径。

2. 溶酶体在氨基酸回收中的作用　通过蛋白质降解过程，溶酶体释放的氨基酸和小肽段可以再次被细胞利用。这些回收的氨基酸可以参与合成新的蛋白质、合成酶或其他需要氨基酸的生物分子。

3. 氨基酸代谢产物的降解　除了蛋白质降解和氨基酸回收外，溶酶体还参与一些特定氨基酸代谢产物的降解。例如，某些氨基酸代谢产物可能无法通过其他细胞器进行降解，但可以在溶酶体中被分解成较小的分子，使其成分能够被重新利用或排出细胞。

总的来说，溶酶体在氨基酸代谢中起着至关重要的作用，帮助细胞回收和重新利用氨基酸，维持细胞内氨基酸平衡，并参与一些特定代谢产物的降解。

（三）防御功能

防御功能是细胞的重要特性之一，它允许某些细胞识别和吞噬入侵的病毒或细菌，并通过溶酶体的作用将它们杀死和降解。在动物体内，存在多种吞噬细胞，它们分布在肝脏、脾脏和其他血管通道中，主要任务是清除抗原抗体复合物、吞噬细菌、病毒等入侵者，同时持续清除衰老死亡细胞和血管中的颗粒物质。

当机体受到感染时，单核细胞会迁移到感染或发炎部位，并分化为巨噬细胞。巨噬细胞内富含溶酶体，其中的溶酶体酶与过氧化氢、超氧化物等协同作用，用于杀死细菌。通过电镜观察，常可见到巨噬细胞内的许多残留体，这也可能是巨噬细胞寿命仅为1～2天的原因之一。

某些病原体，例如麻风杆菌和利什曼原虫，被细胞吞噬进入吞噬泡中，但未被完全消灭。这些病原体能在巨噬细胞的吞噬泡内繁殖，其主要原因是通过抑制吞噬泡的酸化，从而抑制了溶酶体酶的活性。

某些病毒则借助受体介导的细胞内吞作用侵入宿主细胞。它们巧妙地利用内吞体的酸性环境将病毒核衣壳释放到细胞质中。然而，如果在细胞培养液中加入氢氧化铵或氯奎等碱性试剂，将内吞体的pH值提高至约7.0，则病毒虽然可以进入细胞，但无法将其核衣壳从内泡中释放到细胞质中，因此也无法在细胞内繁殖。

此外，在免疫细胞中，溶酶体还参与抗原的处理。外源性抗原被细胞摄取后，经过溶酶体的降解作用，产生小肽，然后提呈到细胞表面供$CD4^+$T细胞-$CD8^+$T细胞识别。这一过程是免疫系统中的关键步骤，帮助机体识别和应对外来入侵物质。

（四）溶酶体的其他功能

溶酶体参与分泌过程的调节。在这个过程中，溶酶体能够降解蛋白质前体，如甲状腺球蛋白，将其转化为具有生物活性的甲状腺激素，并将其分泌到细胞外。这个机制对于甲状腺激素的正常合成和分泌至关重要，确保了机体的代谢和生理功能的平衡。

溶酶体另一个重要的功能是形成精子的顶体，并参与顶体反应。顶体反应是受精的先决条件，顶体的形成和功能与溶酶体的活性密切相关。当精子到达卵子周围时，顶体的膜与卵子的细胞膜融合，顶体释放出包含多种蛋白水解酶的顶体酶，使卵子外围的覆盖物溶解，形成许多小孔，使精子到达卵细胞表面。

在生物发育过程中，也需要吞噬细胞溶酶体的参与。例如，蝌蚪尾巴的退化以及哺乳动物断奶后乳腺的退行性变化等，都涉及特定细胞凋亡。在这些过程中，溶酶体能够清除和消化不再需要的细胞成分，促进组织重塑和器官发育。这对于生物发育和维持生理平衡至关重要。

总的来说，溶酶体在细胞内参与了许多重要的生物学过程，包括分泌调节、生殖作用和生物发育中的细胞凋亡。它们的功能与细胞内物质的降解、回收和消化密切相关，确保了细胞和机体的正常运作。对这些过程的深入了解，不仅有助于揭示生物学的奥秘，还可能为治疗一些相关疾病和生殖问题提供新的研究思路和治疗策略。

第四节 过氧化物酶体

一、过氧化物酶体的形态与结构

过氧化物酶体（peroxisome）是一种存在于真核细胞中的小型膜性细胞器（图14-16），又称过氧化酶体、过氧化氢体、过氧小体或微体（microbody）。过氧化物酶体最早是由瑞典的约翰内

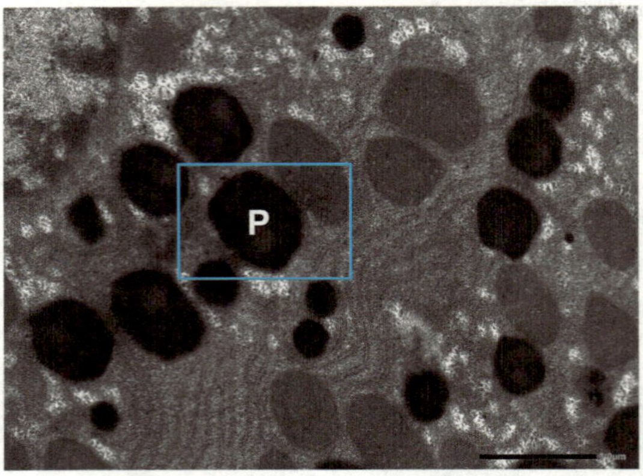

图 14-16 过氧化物酶体的形态结构
（图片由武汉大学宋保亮教授提供）

斯·罗丁（Johannes Rhodin）于 1954 年研究小鼠肾近曲小管上皮细胞时经电镜发现，称其为微体。此后，研究多集中在哺乳动物的肝和肾，陆续发现微体中存在一些氧化酶和过氧化氢酶。1967 年，比利时细胞学家克里斯汀·德·迪夫鉴定其为细胞器，建议把微体命名为过氧化物酶体，至今这一术语已被人们普遍接受。

（一）过氧化物酶体的异质性

过氧化物酶体是一种真核细胞广泛存在的细胞器，由一个单位膜包裹，呈卵圆形或圆形。它的主要结构成分是由单层脂质双层膜包围的过氧化物酶体基质。该膜起到隔离作用，将过氧化物酶体内部的反应与胞质中的其他反应分开。过氧化物酶体膜的组成与其他细胞膜类似，含有磷脂、胆固醇和膜蛋白。其中一些膜蛋白是特异性的，如过氧化物酶体载体蛋白（peroxins，Pex）和过氧化物酶体膜蛋白（peroxisomal membrane protein）。

过氧化物酶体存在于多种细胞类型中，包括肝细胞、肾细胞和白细胞等。它们的形态和大小具有很大的异质性，通常直径在 0.1～1.0μm，呈球形或棒状。在肝细胞中，过氧化物酶体呈现为椭圆形或圆形，直径为 0.1～1μm。而在肾细胞中，过氧化物酶体则呈现为管状结构，长 2～5μm。这种异质性与细胞类型的功能需求密切相关，可以根据细胞类型和代谢状态而发生变化。

过氧化物酶体的异质性是指过氧化物酶体在不同的生物、细胞或发育阶段中，其形态、大小、酶类和功能有所不同。这种异质性反映了过氧化物酶体对不同的代谢需求的适应性。过氧化物酶体的形态可以从球形或棒状变化为多角形、管状或网状，甚至可以与其他细胞器相互连接。过氧化物酶体的大小也可以从 0.1～1.0μm 不等，甚至可以超过 1.0μm。这些形态和大小的变化可能与过氧化物酶体的分裂、融合、生长和降解等动态过程有关。

过氧化物酶体的酶类也具有很大的多样性，目前已知有 50 多种不同的酶存在于过氧化物酶体中。不同的细胞类型或组织中，过氧化物酶体所含的酶类也不尽相同，这取决于它们所参与的代谢途径。例如，在植物细胞中，过氧化物酶体主要参与乙醛酸循环和光呼吸，因此含有乙醛酸循环相关的酶；而在动物细胞中，过氧化物酶体主要参与脂肪酸的 β 氧化和毒性物质的解毒，因此含有脂肪酸氧化相关的酶。中链和长链脂肪酸主要在线粒体中被氧化，只有很少一部分在过氧化物酶体中被氧化；而超长链脂肪酸几乎完全由过氧化物酶体的 β 氧化进行代谢。过量的 H_2O_2 会引起氧化应激，为有效缓解氧化应激，需要过氧化物酶体运输过氧化氢酶（catalase）至其基质中。

（二）过氧化物酶体与溶酶体的区别

过氧化物酶体与溶酶体在形态和功能上存在显著差异。电镜下，过氧化物酶体中的尿酸氧化酶等常形成晶格状结构，可作为识别的主要特征。

1. 结构差异 过氧化物酶体由单层磷脂双分子层膜包裹，膜上有过氧化物酶体特异性膜蛋白。溶酶体也由单层磷脂双分子层膜包裹，但膜上是特定的溶酶体膜蛋白和特殊的磷脂。关于形态大小，过氧化物酶体通常呈球形或椭圆形，大小不一，直径在 0.1～1.0μm；而溶酶体通常呈球形，大小较为一致，直径在 0.2～0.8μm。

2. 酶和代谢途径 过氧化物酶体内含有参与多种代谢途径的酶，如脂肪酸氧化、ROS 的解毒、特定脂质、氨基酸和嘌呤的代谢等。溶酶体内含有多种水解酶，如酸性水解酶，它们负责降解和回收细胞组分，如蛋白质、脂质、糖类和核酸等。

3. pH 环境　过氧化物酶体的内部环境是中性或稍偏碱性的，通常 pH 为 7.0～7.4，这有利于过氧化物酶体内发生的酶促反应。溶酶体的内部环境是酸性的，pH 为 4.5～5.0，这种低 pH 环境是溶酶体水解酶发挥最佳活性所必需的。

4. 起源　过氧化物酶体可以从内质网原位生成，或通过从已存在的过氧化物酶体裂解而产生。溶酶体来源于高尔基复合体，在那里特定蛋白质和酶通过囊泡运输途径运送到溶酶体。

5. 细胞功能　过氧化物酶体主要参与脂肪酸代谢、有害物质的解毒、ROS 代谢和某些脂质的合成，它们还参与细胞信号转导和氧化还原稳态的维持。溶酶体负责通过自噬、内吞和吞噬等过程降解和回收细胞组分，它们在细胞清除和维持营养和能量平衡中起着重要作用。

二、过氧化物酶体的发生

过氧化物酶体的发生与细胞内的蛋白合成和膜蛋白转运过程密切相关。过氧化物酶体含有的酶类以过氧化氢酶和催化酶为主。过氧化氢酶是一种关键的酶类，能够催化过氧化氢的分解，防止其对细胞内的脂质和蛋白质造成损伤。催化酶则参与细胞内的脂肪酸代谢过程，将长链脂肪酸氧化为较短的脂肪酸，以提供能量和合成其他生物活性物质。过氧化物酶体的发生是一个复杂的过程，涉及多个分子机制和调控通路，可以概括为蛋白质合成与转运、酶的合成和装配、过氧化物酶体的分裂和增殖这三个方面（图 14-17）。

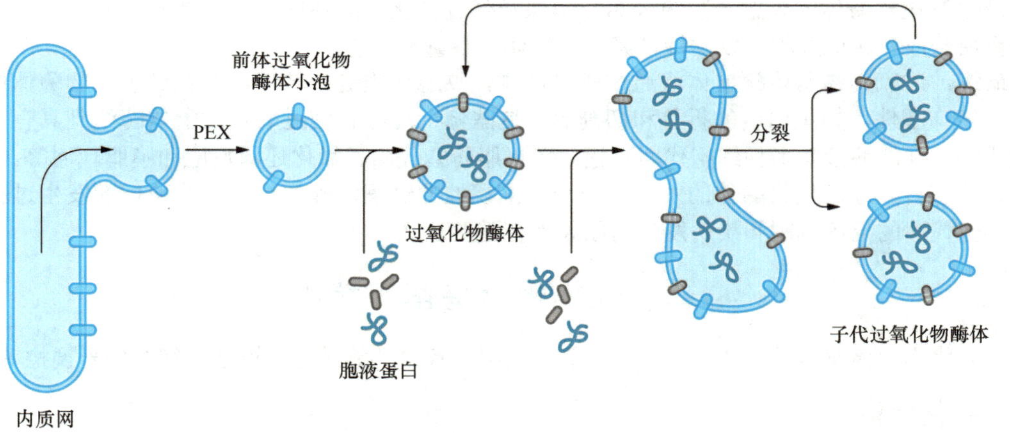

图 14-17　过氧化物酶体生物发生与分裂过程模型

图示为过氧化物酶体生物发生与分裂过程模型。经内质网出芽形成前体过氧化物酶体小泡后，装载胞液蛋白形成特定的过氧化物酶体。已存在的过氧化物酶体经过生长、分裂形成子代过氧化物酶体

（一）蛋白质合成与转运

过氧化物酶体内的蛋白质主要由细胞质中的游离核糖体合成，并经过一系列复杂的蛋白质转运过程进入过氧化物酶体内。这一过程涉及多个分子伴侣和转运通道的参与，确保蛋白质的正确定位和有效折叠。

过氧化物酶体的发生可以追溯到细胞的发育和分化过程。在细胞发育早期，一些特定的蛋白质被合成并定位到内质网中。这些蛋白质包括过氧化物酶体酶的前体，它们在合成过程中含有特定的信号序列，被称为过氧化物酶体定位信号（peroxisomal targeting signal，PTS）。PTS 可以是一段氨基酸序列，例如常见的 PTS1 信号序列为 SKL（丝氨酸-赖氨酸-亮氨酸）。

一旦完成合成，这些蛋白质前体将通过内质网膜上的转运蛋白被运输到高尔基体。在高尔基体中，这些蛋白质前体将经历一系列的修饰过程，包括糖基化和蛋白质的剪接等。这些修饰有助于蛋白质有效折叠和正确定位。

过氧化物酶体的膜蛋白主要负责维持过氧化物酶体的结构和稳定性。膜蛋白组成过氧化物酶

体的单位膜，并与其他细胞器之间进行物质交换；还参与调控过氧化物酶体的分裂和增殖过程。过氧化物酶体酶的活性需要一些辅助蛋白质的参与。例如，过氧化氢酶活性的正常发挥需要过氧化氢酶辅助蛋白和硒酸还原酶等辅因子的协同作用。这些辅助蛋白质能够增强酶的催化活性，提高过氧化物酶体的代谢效率。

（二）酶的合成和装配

过氧化物酶体内的过氧化氢酶和催化酶等特定酶类是过氧化物酶体功能的关键。它们的合成和装配过程与其他细胞器内的蛋白质合成和装配有所不同。这些酶类在合成过程中需要特定的信号肽和酶体蛋白质酶的协同作用，确保它们正确地定位到过氧化物酶体内，完成装配过程。

已经修饰的过氧化物酶体酶前体将与特定的载体蛋白结合，这些载体蛋白负责将其从高尔基体运输到细胞质中。运输过程可能涉及各种囊泡和膜的融合事件，以确保过氧化物酶体酶的正确定位。一旦到达细胞质，过氧化物酶体酶前体将进一步定位到已经存在的成熟过氧化物酶体。成熟过氧化物酶体是由已经形成的过氧化物酶体膜所包裹的，其中包含一系列酶和蛋白质。过氧化物酶体膜的形成可能涉及酶复合物的组装和膜融合等过程。

（三）过氧化物酶体的分裂和增殖

过氧化物酶体是动态的细胞器，它们可以通过分裂和增殖的方式维持细胞内的稳态。分裂过程涉及过氧化物酶体的膜融合和膜分离，确保子代过氧化物酶体的形成。增殖过程则依赖于细胞内的蛋白合成和转运过程，以维持过氧化物酶体的数量和功能。

最终，过氧化物酶体酶前体将通过成熟过氧化物酶体膜进行转运，并在过氧化物酶体内发生转录后修饰事件，如蛋白质的折叠和切割等。这些修饰过程将使过氧化物酶体酶达到具有功能活性的状态，并能够参与多种细胞代谢过程，包括脂肪酸代谢、氧化还原反应和膜脂代谢等。

总体而言，过氧化物酶体的发生是一个精细调控的过程，理解过氧化物酶体的发生过程对于揭示细胞代谢的调控机制和疾病发生的原因具有重要意义。

三、过氧化物酶体的功能

过氧化物酶体发挥着重要作用，包括氧化代谢、解毒功能、免疫调节、细胞信号调控等功能。

（一）氧化代谢

过氧化物酶体的主要功能是通过 β 氧化破坏脂肪酸分子。动物组织中，有 25%～50% 的脂肪酸是在过氧化物酶体中氧化的。长链脂肪酸转化为中链脂肪酸，中链和长链脂肪酸主要在线粒体中被氧化，只有很少一部分在过氧化物酶体中被氧化；而超长链脂肪酸几乎完全由过氧化物酶体的 β 氧化进行代谢。过氧化物酶体 β 氧化的限速步骤依赖其基质中的 ACOX1，该酶通过使乙酰 CoA 去饱和形成 2-反式烯醇式 CoA，并导致 H_2O_2 的产生。而在酵母和植物细胞中，过氧化物酶体主要参与乙醛酸循环和光呼吸，这一过程仅在过氧化物酶体中进行。

（二）解毒功能

过氧化物酶体在细胞的解毒功能方面发挥着关键的作用，并涉及多个关键分子的参与。过氧化物酶体中的氧化酶，可利用分子氧，通过氧化反应去除特异有机底物上的氢原子，产生过氧化氢；而过氧化氢酶，又能够利用过氧化氢去氧化诸如甲醛、甲酸、酚、醇等反应底物，氧化的结果使这些有毒性的物质变成无毒性的物质，同时也使 H_2O_2 进一步转变成无毒的 H_2O。氧化酶与过氧化氢酶催化作用的偶联，形成了一个由过氧化氢协调的简单的呼吸链（图 14-18）。这种氧化反应对于肝、肾的解毒特别重要，比如将饮酒后摄入的乙醇氧化为乙醛，达到解毒的目的。

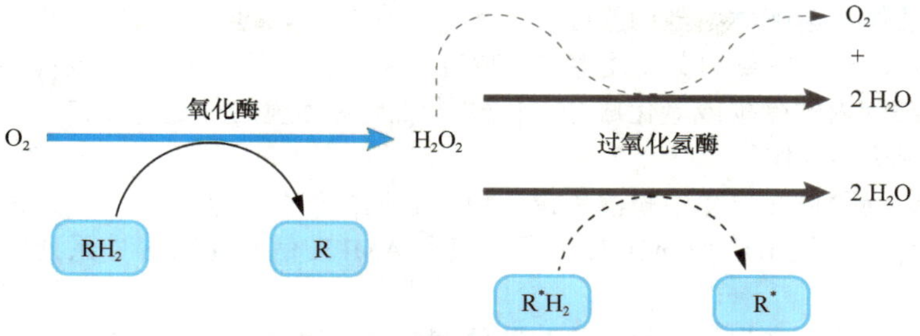

图 14-18 过氧化物酶体呼吸链`

（三）免疫调节

过氧化物酶体通过对炎症、凋亡、细胞活性的调节，来维持细胞免疫功能的平衡和稳定。

首先，过氧化物酶体中的过氧化氢酶能够清除细胞内过氧化物和有害的自由基，减轻炎症反应和细胞损伤。同时，过氧化物酶体中的抗氧化酶还能够调节氧化还原平衡，维持细胞内环境的稳定，从而调节炎症的程度和持续时间。其次，过氧化物酶体中的脂质代谢酶参与调节细胞膜脂质组成和代谢产物的生成，影响免疫细胞的功能和活性。最后，过氧化物酶体中的氧化酶和谷胱甘肽过氧化物酶（glutathione peroxidase）参与清除过氧化物和有害的氧自由基，减轻氧化应激对细胞的损伤，保护细胞免受凋亡的影响。

（四）细胞信号调控

过氧化物酶体中的一些特定酶，如过氧化酯酶，可以参与调控细胞的信号转导过程。它们通过氧化还原反应调节一些关键蛋白的活性状态，从而影响细胞的生理功能（图 14-19）。

1. 过氧化物酶体与线粒体 一个关键的信号通路是过氧化物酶体与线粒体之间的相互作用。过氧化物酶体产生的 H_2O_2 可以通过渗透线粒体外膜，并在线粒体内发挥信号传递的作用。这种信号通路可以影响线粒体功能、能量代谢和细胞生存。其次，过氧化物酶体和线粒体在氧化还原反应中扮演互补的角色。过氧化物酶体内的过氧化物酶参与氧化反应，通过降解过氧化氢及其他过氧化物来清除细胞内的有害物质，从而维持细胞的氧化还原平衡。而线粒体内的电子传递链酶参与氧化反应，将高能电子从底物转移到氧，释放出能量用于 ATP 的合成。

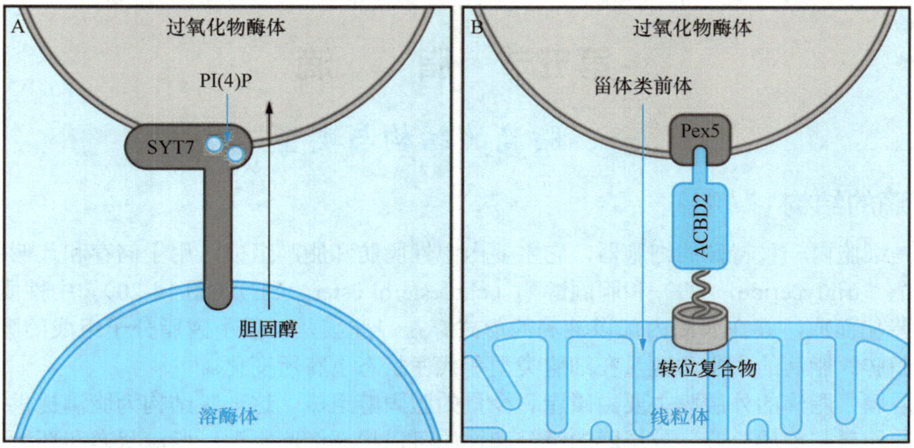

图 14-19 过氧化物酶体-细胞器相互作用和功能的示意图

A. 过氧化物酶体与溶酶体互作示意图；B. 过氧化物酶体与线粒体互作示意图 PI(4)P：phosphatidylinositol 4-phosphate，4-磷酸磷脂酰肌醇；SYT7：synaptotagmin 7，突触标记蛋白 7；Pex5：peroxin-5，过氧化物酶体蛋白 5；ACBD2：acyl-CoA binding domain containing protein 2，脂酰辅酶 A 结合结构域的蛋白质 2

2. 过氧化物酶体与溶酶体 当细胞面临各种应激条件时，过氧化物酶体和溶酶体之间存在功能上的交叉。其中，一种重要的交叉发生在自噬过程中。自噬是细胞内的一种清除和再利用机制，通过分解和降解细胞内的受损或老化成分，以维持细胞内环境的稳定。在自噬过程中，过氧化物酶体和溶酶体紧密协同合作。

首先，过氧化物酶体在自噬中扮演关键角色，它们能产生过氧化氢，作为信号分子参与自噬的调控。过氧化氢通过调节诸如 mTOR 信号通路和 AMPK 信号通路等一系列信号通路，促进自噬的启动和执行。

其次，过氧化物酶体产生的过氧化氢与其他细胞器如溶酶体之间通过化学分子进行联系。过氧化氢能进入溶酶体内部，促进溶酶体形成酸性环境。这对溶酶体内部的酸性水解酶活性至关重要，因为这些酶只在酸性环境下发挥最佳降解作用。

此外，过氧化物酶体还通过产生 ROS 与溶酶体共同参与细胞内外有害物质的降解和清除。ROS 是一种强氧化剂，能与细胞内的有害物质（如细菌、病毒和受损细胞成分）发生反应，使它们更容易被溶酶体降解。此外，ROS 还能促进溶酶体的融合和酸性环境的形成，从而增强溶酶体的降解能力。

（五）过氧化物酶体的其他功能

过氧化物酶体与一些重要的转录因子和细胞增殖相关的蛋白有关。其中，过氧化物酶体可以调节一些转录因子的活性，如核因子 E2 类转录因子（nuclear factor erythroid derived 2-like 2，Nrf2），该因子对抗氧化应激非常重要。过氧化物酶体还参与细胞的膜脂质代谢和信号转导，与一些细胞增殖和凋亡相关的蛋白（如 TGF-β 和细胞凋亡信号调节激酶）之间存在交互作用。

过氧化物酶体中的蛋白酶系统对于细胞增殖也具有重要作用。例如，由过氧化物酶体产生的寡肽酶 THOP（thimet oligopeptidase）参与调控细胞周期进程。THOP 能够降解细胞周期蛋白相关因子（cyclin-CDK 复合物）中的 cyclin 亚基，从而控制细胞周期的转变。这种降解作用对于细胞周期的正常进行和细胞增殖的调控至关重要。

此外，过氧化物酶体还参与维持基因组稳定性。它们具有氧化还原酶活性，能够清除细胞内的氧化剂并保护细胞免受氧化应激的损伤。细胞内氧化应激的积累会导致 DNA 的氧化损伤和突变，从而影响细胞增殖和遗传稳定性。过氧化物酶体中的过氧化物酶和超氧化物歧化酶等关键分子可以将有害的氧化物分子转化为相对无害的物质，从而保护细胞的基因组完整性。

第五节 脂　　滴

一、脂滴的结构与类型

（一）脂滴的结构

脂滴是细胞内一种特殊的细胞器，它主要由中性脂肪和脂膜组成，用于储存和代谢中性脂质，如甘油三酯（triglyceride，TG）和胆固醇酯（cholesterol ester，CE）（图 14-20）。中性脂肪由甘油与脂肪酸酯化而成，其在脂滴内部以液滴的形式存在。脂膜是一层由磷脂分子组成的膜结构，包裹着中性脂肪。脂滴的大小和数量在细胞类型和代谢状态下有所变化。

1. 外层膜 脂滴的外层膜主要由磷脂和少量的胆固醇组成。这一膜结构为脂滴提供了稳定性，并将内部的脂质与胞质分开。外层膜的组分和性质可以根据细胞类型、脂滴状态和环境因素而异。

2. 内部脂质 脂滴的内部是由中性脂质组成的液滴。中性脂质包括甘油三酯和胆固醇酯，它们是能量的重要来源和储存形式。在脂滴内，中性脂质以高浓度积聚，并呈现出液滴的形状。这种结构允许脂滴容纳大量的脂质，并且具有较低的表面张力，使得脂滴能够稳定存在并快速动态地调节脂质的代谢。

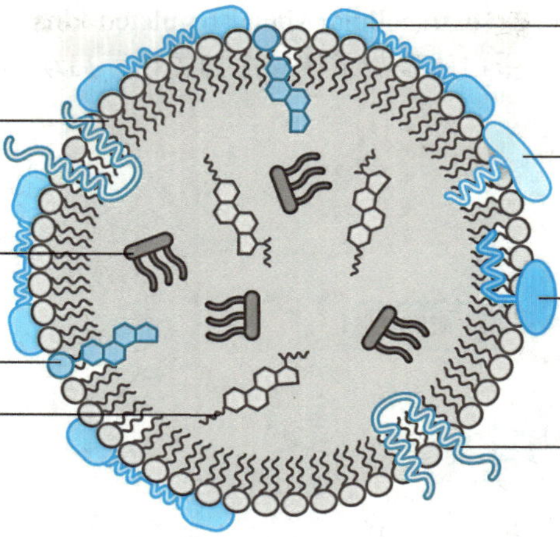

图 14-20 脂滴基本结构

3. 表面蛋白 脂滴表面膜与细胞内的蛋白质相互作用，这些蛋白质称为脂滴表面蛋白。脂滴表面蛋白包括多种类型，其中最重要的是脂滴包被蛋白（Perilipin）家族。Perilipin 通过与脂滴外层膜上的磷脂双分子层相互作用，调节脂滴的结构和功能。不同的 Perilipin 家族成员在不同组织和细胞类型中表达，并且具有不同的功能。

（二）脂滴的类型

根据其来源和位置，脂滴可以分为两种类型：内源性脂滴和外源性脂滴。内源性脂滴形成于细胞质中，常见于肝细胞、肌细胞和脂肪细胞等。外源性脂滴则来源于外部摄取的脂质，如脂肪细胞吞噬摄取的脂肪颗粒。

根据其功能，脂滴可以分为三种类型：胞质脂滴、内质网脂滴和胆固醇酯酶脂滴。

1. 胞质脂滴（cytoplasmic lipid droplet） 是最常见的脂滴类型，分布在细胞质中。它们在能量代谢、脂质代谢和信号调节中起着重要作用。胞质脂滴的生长和分裂可以通过多种信号通路调控，如细胞内脂质信号分子、脂滴相关蛋白和细胞应激等。

2. 内质网脂滴（endoplasmic reticulum lipid droplet） 与内质网相互关联。它们是由内质网膜延伸形成的小囊泡，其中储存了合成和代谢所需的脂质。内质网脂滴在调控脂质合成、内质网膜蛋白转运和蛋白质质量控制等方面发挥重要作用。

3. 胆固醇酯酶脂滴（cholesteryl ester lipid droplet） 主要储存胆固醇酯。这些脂滴存在于细胞的胆固醇酯酶相关区域，特别是在肝脏和肾上腺中。胆固醇酯酶脂滴的形成与胆固醇代谢、脂蛋白颗粒形成和胆固醇类激素合成等过程相关。

通过理解脂滴的结构和调控机制，我们可以深入了解脂滴在细胞代谢和调节中的功能，以及与疾病发生发展相关的机制。这对于开发新的治疗策略和药物靶点，以及理解脂质代谢相关疾病的发病机制具有重要意义。

二、脂滴的生物发生

（一）内质网出芽模型

脂滴的生命周期始于脂肪酸（fatty acid）和胆固醇酯。至今，关于这些脂质如何聚集形成脂滴核心的过程尚未完全清楚，而内质网出芽模型是目前较为经典的假说模型之一（图 14-21）。

在内质网出芽模型中，新合成的中性脂质在内质网的磷脂双分子层中积累。随着中性脂质的逐渐积累，内质网膜会形成一个芽状的包裹结构。脂滴的出芽过程通过蛋白质之间的相互作用启动，从而使脂滴与内质网膜表面分离并脱落，最终形成存在于细胞质内游离的脂滴。研究表明，细胞外信号调节激酶 2（extracellular signal-regulated kinase 2，ERK2）和磷脂水解醇 D1（phospholipase D1，PLD1）等蛋白质参与了调控脂滴的出芽启动和调控其与内质网膜表面的分离等过程。

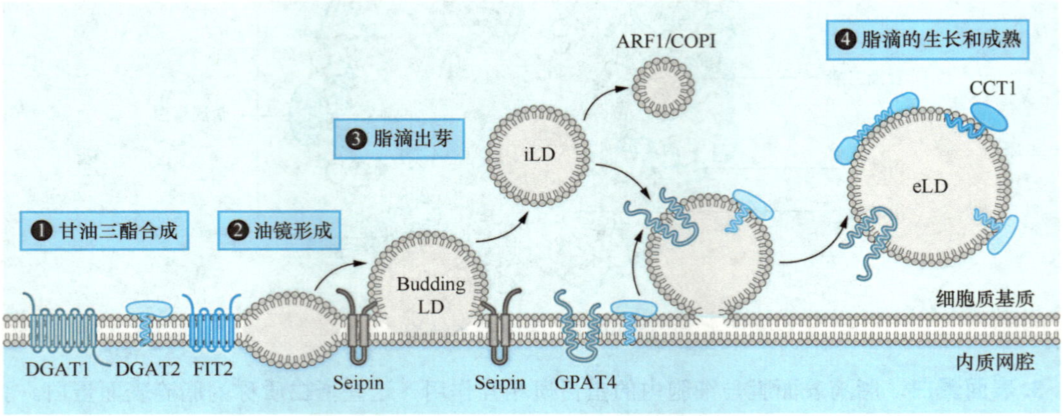

图 14-21 脂滴的生物发生模型

图示为脂滴的生物发生模型。脂质分子在酶的催化下将甘油和脂肪酸分子合成甘油三酯（步骤①）。内质网膜内形成了类似于油镜的结构，有效储存甘油三酯，平衡调节脂质代谢（步骤②）。甘油三酯分子组成的脂滴开始从内质网膜上分化，逐渐聚集，出芽（步骤③），通过获取脂滴调节因子等特定蛋白质实现脂滴生长和成熟（步骤④）。Budding LD/iLD/eLD：脂滴发生中间态。DGAT1/2：diacylglycerol O-acyltransferase 1/2，二酰基甘油酰基转移酶 1 和 2；FIT2：fat storage-inducing transmembrane protein 2，脂肪储存诱导跨膜蛋白 2；Seipin：编码先天性全身脂质营养不良 2 型致病蛋白质；GPAT4：glycerol-3-phosphate acyltransferase 4，甘油-3-磷酸酰基转移酶 4；ARF1:ADP-ribosylation factor 1，腺苷二磷酸核糖基化因子 1；COPI：coat protein I，即外被蛋白 I；CCT1：chaperonin-containing TCP-1 subunit 1，伴侣蛋白携带 t 复合多肽 1

脂滴的形成涉及中性脂质的合成，其中甘油三酯和胆固醇酯的合成是脂滴形成的先决条件。在哺乳动物细胞中，甘油三酯的合成主要由两种酶催化，分别是二酰基甘油酰基转移酶 1 和 2（diacylglycerol O-acyltransferase 1/2，DGAT1/2）。而胆固醇酯的合成则由乙酰辅酶 A 胆固醇酰基转移酶 1 和 2（acyl-CoA:cholesterol acyltransferase 1/2，ACAT1/2）完成。这些酶主要存在于内质网膜中，其中 ACAT1 和 DGAT2 富集在内质网与线粒体关联的内质网膜（mitochondria-associated ER membrane，MAM）中，这也是目前支持脂滴起源于内质网的直接证据之一。

在内质网膜上特定的区域，甘油三酯和胆固醇酯的聚集被视为脂滴形成的起始点。随着中性脂质在脂滴形成位点的积累，脂滴开始膨胀并形成类似于晶状体的结构。在这一过程中，先天性全身脂质营养不良 2 型（berardinelli-seip congenital lipodystrophy type 2，*BSCL2*）基因编码的蛋白质 Seipin 等参与其中，通过调节甘油-3-磷酸酰基转移酶（glycerol-3-phosphate acyltransferase）的活性，脂滴能够获取更多的磷脂成分，增大单层膜面积，从而促进新的脂滴的形成。此外，中性脂质的生成需要较低的双层膜张力。最近的研究数据表明，在磷脂酶 A2（phospholipase A2, PLA2）的作用下，人宫颈癌 HeLa 细胞可以瞬时产生较高含量的溶血磷脂，这种磷脂能够导致双层膜张力的降低，从而诱导脂滴的形成。

（二）脂滴生物发生的关键调控蛋白

1. 脂滴包被蛋白（Perilipin） Perilipin 家族蛋白在细胞内调控着脂滴生物发生的关键过程。它们作为脂滴表面的主要结构蛋白，稳定了脂滴的结构，并参与了脂滴的生长和分解。在脂滴膜上形成的 Perilipin 蛋白保护层，有效阻止了脂滴内部脂肪酸与细胞质环境的接触，从而减少了脂滴的分解速率。Perilipin 蛋白通过与脂滴外层膜上的磷脂双分子层相互作用，调节了脂滴的结构和功能。不同的 Perilipin 家族成员在不同组织和细胞类型中表达，并且具有各自独特的功能。例如，Perilipin 1 主要存在于脂肪组织中，而 Perilipin 2（又称 Adipophilin）在多种类型细胞中广泛表达，对脂滴的生物发生和脂滴脂质代谢发挥重要作用。特别是 Perilipin 2，在脂滴的形成和融合过程中扮演调控角色，并与其他脂滴相关蛋白相互作用，以调节脂滴的生长和稳定性。它的表达水平与脂滴的积累和肥胖状况密切相关。除了 Perilipin 蛋白，还有其他脂滴表面蛋白参与脂滴的调控，如脂蛋白和细胞膜相关蛋白等。

2. 可溶性 NSF 附着蛋白受体（soluble NSF attachment protein receptor，SNARE） 是一类参与细胞膜融合的关键蛋白，它们在脂滴的融合过程中起着重要作用。它们负责调节细胞吞噬、囊泡运输和神经递质释放等细胞过程。通过与细胞膜上的 SNARE 蛋白相互作用，脂滴可以与其他细胞器膜融合，实现脂滴内脂肪酸的释放和代谢。当涉及细胞内分子运输和膜融合时，SNARE 蛋白是一个非常重要的组成部分。

SNARE 蛋白主要由目标膜上的靶膜 SNARE（t-SNARE）和囊泡膜上的囊泡 SNARE（v-SNARE）构成。t-SNARE 由一种蛋白复合物组成，包含多个亚基，其中最重要的是突触融合蛋白（Syntaxin）和突触小体相关蛋白 25（synaptosomal-associated protein 25, SNAP-25）。v-SNARE 通常由单一蛋白质突触小泡缔合性膜蛋白（synaptic vesicle-associated membrane protein，VAMP，又称 Synaptobrevin）组成。SNARE 蛋白通过其高度保守的 SNARE 结构域相互作用，参与了膜融合的过程。

在膜融合事件中，t-SNARE 和 v-SNARE 通过特定的配对方式结合，形成一个稳定的 SNARE 复合物。这个复合物的形成使得目标膜和囊泡膜之间的距离缩短，促进膜的融合。SNARE 蛋白复合物的形成是一个高度特异性的过程，其中 SNARE 结构域的氨基酸序列和构象起到了至关重要的作用。

3. 脂滴分解酶 是一类参与脂滴代谢的酶，它们能够催化脂滴内中性脂肪的水解，释放出甘油和游离脂肪酸，以供细胞进行能量代谢。

在细胞中，脂滴分解酶主要包括脂肪酶（lipases）和酯酶（esterases）。这些酶能够作用于脂滴表面的脂质分子，将其水解为脂肪酸和甘油，以及其他可能的代谢产物。这些分解产物可以进一步通过线粒体呼吸链等细胞内的代谢途径产生能量供细胞使用。

脂滴分解酶的活性受到多种调控因子的影响。一方面，细胞内的荷尔蒙和神经递质可以调节脂滴分解酶的表达水平和活性，以适应细胞对能量的需求。另一方面，细胞内的信号转导通路和代谢状态也能够影响脂滴分解酶的活性，确保脂滴分解与细胞代谢的协调。

4. 人源脂质合成关键蛋白（Seipin） Seipin 是一种蛋白质，其编码基因为 *BSCL2*。它主要分布在内质网与脂滴之间的接触点，参与调控脂滴的生成和降解过程，在脂滴的生物学产生中扮演关键的调控角色。尽管 Seipin 的功能机制尚未完全阐明，但已经取得了一些重要的研究成果。

研究表明，Seipin 可能通过调整脂滴膜的脂质组成和生物物理特性来影响脂滴的稳定性和膜融合能力；可能参与调控细胞内脂质代谢，包括脂质的合成、转运和降解等过程；调控甘油-3-磷酸酰基转移酶（glycerol-3-phosphate acyltransferase）的活性，这是脂滴获取更多磷脂成分、扩大单层膜面积以及形成新脂滴的重要步骤；通过调整与脂滴相关蛋白的分布和稳定性，以及促进脂滴膜的生成，从而促进脂滴的生长和发展。此外，Seipin 还与内质网蛋白相互作用，调控内质网的脂质合成和传递，为脂滴的生成提供所需的脂质来源。

Seipin 的缺失或突变可能导致脂滴生成异常从而引起相关疾病，如先天性全身脂肪营养不良 2 型。

三、脂滴的功能

（一）参与脂类代谢

1. 脂质储存 脂滴作为细胞内脂质的主要储存形式，能够将多余的脂质以甘油三酯和胆固醇酯的形式存储在细胞内。这种脂质储存的能力使得细胞能够调节脂质平衡，并在需要时释放脂质来提供能量和营养物质。

2. 能量代谢 脂滴内的脂质，特别是甘油三酯，可以作为重要的能源储备，在需要时被分解释放出游离脂肪酸和甘油。这些游离脂肪酸可以通过线粒体内的β氧化途径进一步代谢，产生ATP供给细胞。

3. 脂质调节和传递 脂滴可以作为脂质代谢产物的中转站，在细胞内传递和调节脂质的平衡和代谢。脂滴可以与其他细胞器，如内质网、线粒体和高尔基体等发生相互作用，参与脂质的合成、分解和转运过程。

4. 保护细胞 脂滴还可以在细胞内形成保护屏障，防止脂质与其他细胞组分的不必要接触和损害。脂滴表面的脂滴相关蛋白（如Perilipin）能够形成保护层，减少脂滴内部脂质与细胞质环境的接触，从而保护细胞免受脂质氧化和毒性物质的损害。

5. 信号调节 脂滴还可以作为细胞内脂质信号分子的储存和释放平台。脂滴内的脂质代谢产物，如甘油三酰磷酸、甘油磷酸酰胺等，可以调节细胞内的代谢途径和信号转导通路，参与细胞生理过程的调节。

（二）调控细胞信号转导

脂滴与不同细胞器之间的功能联系涉及多种关键分子和细胞过程，包括脂质合成、转运、氧化代谢、分泌和回收等。这些联系对于维持细胞内脂质代谢的平衡和细胞功能的正常运行至关重要（图14-22）。

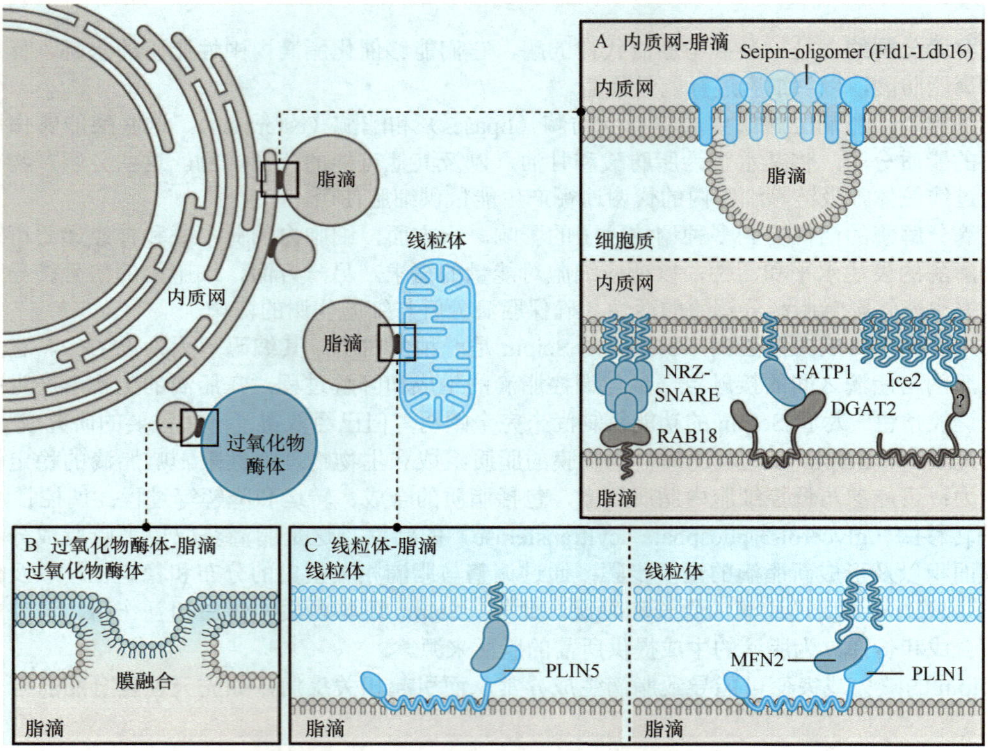

图14-22 脂滴-细胞器相互作用和功能的示意图

A. 脂滴与内质网互作示意图；B. 脂滴与过氧化物酶体互作示意图；C. 脂滴与线粒体互作示意图。PLIN1：Perilipin 1，脂滴蛋白1；PLIN5：Perilipin 5，脂滴蛋白5；MFN2：Mitofusin 2，即线粒体融合蛋白2；RAB18：Ras-related protein Rab-18，Rab家族蛋白18；NRZ-SNARE：nuclear envelope localized SNARE，核膜定位脂滴融合蛋白；seipin-oligomer(Fld1-Ldb16)：Seipin寡聚体，包含Fld1和Ldb16两个蛋白；Ice2：integrin cytoplasmic domain-associated protein 2，整合素胞内结合蛋白2；FATP1：fatty acid transport protein 1，脂肪酸转运蛋白1；DGAT2：diacylglycerol *O*-acyltransferase 2，二酰基甘油酰基转移酶2

1. 脂滴与线粒体 线粒体作为生物体内的能量代谢中心，与脂滴的形成和代谢分解密切相关。首先，脂滴内的主要成分，如甘油三酯和胆固醇等，是由线粒体内三羧酸循环产生的各种中间代谢产物为原料合成的。最近的研究发现了一种特殊的线粒体亚群，被称为“环状线粒体”。这些线粒体广泛分布在脂肪细胞中，具有与普通线粒体不同的棒状结构，通常以环绕的方式嵌套在脂滴的外侧。科学家发现，通过基因编辑技术阻断这类线粒体的生成时，生物体的脂滴生成显著受到抑制。因此，人们将这种新发现的线粒体称为“脂滴管家线粒体”。

除了合成脂滴，线粒体还是脂滴分解供能的主要场所。通过荧光探针成像的研究，人们发现线粒体在运动过程中与脂滴发生高频率的碰撞，而且这种碰撞还受到能量信号和内质网的调节。在这些短暂的碰撞过程中，科学家观察到快速的脂肪酸进入线粒体，并且在一些脂质代谢旺盛的细胞中，脂滴和线粒体还会通过 Perilipin 家族的脂滴常驻蛋白锚定在一起，形成稳定的结构。

此外，线粒体自身的融合与分裂也会影响其对脂滴合成和分解的能力。这种融合和分裂过程对应了不同组织在不同生理条件下脂肪的动员和利用情况。线粒体的融合能够增加线粒体内脂滴的合并，从而提高能量产生的效率。而线粒体的分裂则可以将脂滴分散到更多的线粒体中，以提高脂滴的代谢速率。

2. 脂滴与高尔基体 脂滴与高尔基体之间的联系主要涉及脂质转运和分泌途径。近年来，关于脂滴与高尔基体之间功能联系的研究不断取得新的进展，揭示了它们在细胞生物学中的重要性。

最新的研究表明，脂滴与高尔基体之间的功能联系主要涉及脂质合成、转运和分泌途径。高尔基体作为细胞内的重要合成和分泌中心，参与脂质的合成和修饰，并将其转运到脂滴或细胞膜上。

首先，一些关键的脂质合成酶被发现与高尔基体膜和脂滴膜之间形成物理联系，这有助于将新合成的脂质从高尔基体转运到脂滴。例如，高尔基体内的鞘磷脂合成酶（sphingomyelin synthase）与脂滴膜上的特定脂质转运蛋白相互作用，促进脂质的转运和脂滴的形成。

其次，一些脂质转运蛋白在高尔基体和脂滴之间起到桥梁的作用，调节脂质的转运和分布。最近的研究发现，脂质转运蛋白氧化固醇结合蛋白（oxysterol-binding protein，OSBP）参与了高尔基体和脂滴之间的脂质转运。OSBP 可以与高尔基体内的鞘磷脂结合，并通过其脂质结合域将脂质转运到脂滴膜上，进而调节脂滴的形成和生长。

此外，一些脂滴相关蛋白与高尔基体之间的功能联系也得到了研究。例如，最近的研究发现，高尔基体膜蛋白 Golgin-97 与脂滴相关蛋白 Perilipin 3（又称 TIP47）相互作用，促进脂滴与高尔基体之间的脂质转运和合成。

（三）脂滴的其他功能

1. 参与免疫信号调节 脂滴内富集了多种免疫信号分子，如细胞因子、趋化因子和抗菌肽等。这些分子可以在免疫应答中发挥重要作用，调节免疫细胞的活性和功能。例如，脂滴内富集的抗菌肽可以直接杀死细菌，参与机体的免疫防御。

脂滴与免疫细胞之间存在密切的相互作用。免疫细胞可以通过吞噬脂滴来获取能量和营养，并调节其活性和功能。同时，脂滴内的脂质代谢产物和信号分子可以影响免疫细胞的分化、极化和功能。例如，一些脂滴内富集的脂质代谢产物可以作为活化免疫细胞的信号分子，促进炎症反应和免疫应答的启动。

2. 调节炎症反应 炎症反应是免疫系统对损伤和感染的一种防御反应。脂滴在炎症反应中扮演着重要的角色。研究发现，脂滴可以调节炎症反应的程度和持续时间。脂滴内富集的脂质代谢产物和信号分子可以调控炎症细胞的活性和炎症介质分泌。

肥胖、糖尿病和动脉粥样硬化等炎症性疾病被认为与脂滴的异常积聚和功能失调有关。脂滴的过度积聚会导致细胞内脂质平衡的紊乱，引发慢性炎症反应和免疫系统的异常激活。因此，研究脂滴与炎症性疾病之间的关联对于了解疾病的发生机制和开发相关治疗策略具有重要意义。

第六节　自噬与自噬体

自噬体（autophagosome）是一种直径在 300～900nm 的囊泡，具有双层膜结构。它由比利时科学家克里斯汀·德·迪夫首次发现，由于自噬体和溶酶体的紧密关系，迪夫意识到自噬体可能是细胞内物质降解的主要途径，并将该降解过程命名为细胞自噬（autophagy）（图 14-23）。然而，直到 20 世纪 90 年代初，日本科学家大隅良典（Yoshinori Ohsumi）才发现细胞自噬在进化上的保守性，并能够受到饥饿等刺激的诱导。随后，大隅良典以酵母为遗传学研究工具，筛选出了一系列调控细胞自噬过程的核心基因，并发现整个自噬过程依赖于两个类似于泛素化修饰的蛋白质共价修饰系统。在此基础上，整个自噬与生命中各个过程的联系，以及自噬的核心机制、功能与疾病发生的联系在随后的 30 年间被逐步解释。

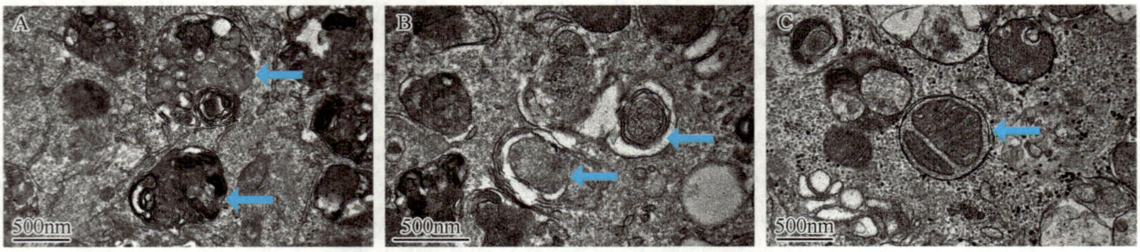

图 14-23　自噬体电镜图

A. 自噬溶酶体，包裹的内容物不均一；B. 具有双层膜结构的自噬体；C. 线粒体自噬过程，线粒体被包裹在双层自噬体膜中

（图片由广州医科大学冯杜教授提供）

一、自噬概述

自噬作为一种质量控制机制，涉及细胞成分的降解和回收，帮助细胞去除受损或不必要的细胞器、蛋白质和其他细胞结构；自噬作为一种细胞生存机制，使细胞能够适应不利条件并回收营养物质以产生能量；自噬作为一个高度调控的过程，可以由各种刺激诱导，例如营养缺乏、能量应激或细胞损伤。自噬在维持细胞稳态、支持细胞生长和发育以及促进免疫反应方面发挥着至关重要的作用，如衰老、组织重塑和消除细胞内病原体等过程。

自噬可以分为选择性自噬（selective autophagy）和非选择性自噬（non-selective autophagy）。选择性自噬可以将功能失调的蛋白与细胞器在造成损害之前将其特定清除，非选择性自噬倾向于随机吞噬和降解细胞里的物质，二者相辅相成，在维持细胞健康方面发挥着至关重要的作用。功能失调的自噬与多种人类疾病有关，包括神经退行性变性疾病、癌症和代谢性疾病。

根据包裹物质及运送方式的不同可将自噬分为微自噬（microautophagy）、分子伴侣介导的自噬（chaperone-mediated autophagy，CMA）、巨自噬（macroautophagy）。

（一）微自噬

与巨自噬通过形成双膜自噬体隔离细胞物质不同，微自噬通过溶酶体或内吞体膜的直接内陷或突出来实现功能。微自噬的常见形式有三种：①溶酶体微自噬：即溶酶体膜内陷或突出，直接吞噬细胞质物质，并在溶酶体酶的作用下进行降解。②内吞体微自噬：参与细胞内运输的内体膜内陷，隔离细胞质物质，然后物质在内吞体内降解。③质膜微自噬：在某些情况下，质膜本身可以内陷并直接内化细胞质成分。这个过程被称为质膜微自噬。

微自噬通过选择性去除受损或不必要的细胞成分、维持细胞稳态和回收营养物质，在细胞质量控制中发挥作用。特别是在自噬体形成受限或受损的情况下，微自噬尤其重要。

（二）CMA

CMA是一种选择性形式的自噬，专门针对并降解单个蛋白质，以维持细胞蛋白质稳定性并消除受损或不需要的蛋白质。在CMA中，分子伴侣的特定蛋白质会识别并结合具有KFERQ样基序的目标蛋白。

最常见的分子伴侣是热激关联蛋白70（heat shock cognate protein 70，HSC70）。HSC70通过识别并结合目标蛋白中的KFERQ样基序，将靶蛋白转运到溶酶体膜上并与溶酶体相关膜蛋白2A型（lysosome-associated membrane protein 2A，LAMP-2A）相互作用。HSC70-靶蛋白复合物与LAMP-2A的胞质侧结合，形成易位复合物，促进靶蛋白跨过溶酶体膜易位到溶酶体腔中，被溶酶体蛋白酶降解。另外，未折叠或部分未折叠的蛋白质通过LAMP-2A通道进入，并在溶酶体腔内降解成小肽，最终被进一步加工成氨基酸以供细胞内循环再利用。

CMA是一种选择性过程，在细胞蛋白质质量控制中具有重要作用。氧化应激或营养缺乏等应激情况中，错误折叠或受损蛋白质的积累是致病的关键。因此，CMA的紊乱将导致有毒蛋白质聚集体的积累，进而导致细胞功能障碍，从而促进帕金森病、阿尔茨海默病和亨廷顿病等神经退行性变性疾病的进展。

（三）巨自噬

巨自噬是最常见的一种自噬，主要参与降解和回收不必要或功能失调的细胞成分等细胞生物学过程。这一基本真核细胞过程通常在饥饿等刺激条件诱导下，由细胞质内细胞器产生双层膜囊泡，将受损细胞器或降解蛋白包裹成自噬体，最终与溶酶体融合以实现降解功能。巨自噬由多种内外部信号驱动，受高度调控。能量应激情况下，细胞分解细胞成分以获得基本营养；细胞压力情况下，细胞触发自噬实现对氧化压力、DNA损伤或细胞内病原体的抵抗。

巨自噬的调节涉及一个复杂的蛋白质网络，统称为自噬相关基因（autophagy-related genes，ATG）。这些ATG蛋白协调自噬的不同阶段，包括自噬体的形成、货物识别和封存、自噬体-溶酶体融合、货物降解和回收。巨自噬的紊乱与各种疾病有关，包括神经退行性变性疾病（如阿尔茨海默病和帕金森病）、癌症、代谢紊乱和感染。调控自噬已成为这些疾病的潜在治疗策略。

二、细胞自噬的生物学过程

细胞自噬的本质是细胞内的膜重排。自噬的发生涉及以下过程（图14-24）：①自噬前体（吞噬泡）的形成；②自噬体的形成；③自噬体与溶酶体的融合；④自噬溶酶体内降解与释放。

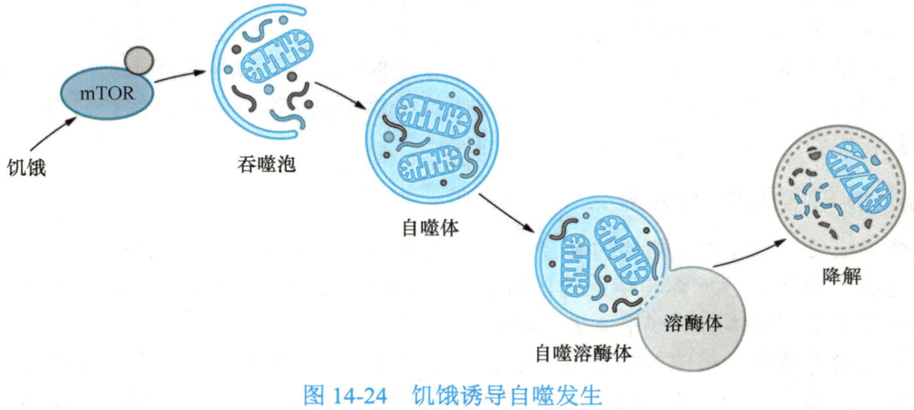

图14-24 饥饿诱导自噬发生

细胞在饥饿情况下，mTOR信号被抑制，在细胞质的某处，一个小的类似“脂质体”样的双层膜结构不断形成扩张，称为吞噬泡。随后吞噬泡延伸，将细胞质中的成分，如细胞器、蛋白等包裹，成为密闭的球状的自噬体。自噬体形成后，与溶酶体融合形成自噬溶酶体，其间自噬体的内膜被溶酶体酶降解，两者的内容物合为一体，自噬体中的物质也被降解，产物（氨基酸、脂肪酸等）被输送到细胞质中，供细胞重新利用，而残渣或被排出细胞外或滞留在细胞质中

（一）自噬前体的形成

自噬是一种通过内部和外部信号触发的细胞过程，如营养剥夺、氧化压力、DNA 损伤和病原体入侵。这些信号激活自噬的启动通路，其中一个核心调节器是哺乳动物雷帕霉素靶蛋白复合物 1（mammalian target of rapamycin complex，mTORC1）。在充足营养时，mTORC1 抑制自噬，而在压力或饥饿下，mTORC1 受抑制，从而允许自噬发生。在自噬启动的早期，哺乳动物细胞会形成自噬前体 PAS 点状物，用以聚集自噬所需的分子机器。

相比之下，在酵母细胞中，自噬的早期会形成一个名为细胞自噬前体 PAS 的点状结构，该结构在自噬过程中集合起重要作用的分子。PAS 的产生对于自噬体的形成是必要的，并依赖于 PI(3)P。

研究者发现，利用在内质网上锚定的 PI(3)P 结合蛋白——DFCP1-GFP（double FYVE domain-containing protein）标记细胞，饥饿等刺激导致细胞质中的 DFCP1 形成点状结构，这些结构总是沿着内质网移动，因其具有膜的连续性，这一点状结构被命名为奥米伽体。奥米伽体是细胞自噬体生长的关键起始点，随着自噬体生长，DFCP1 信号会随着 LC3 信号的增强而逐渐减弱，以致奥米伽体消失。

奥米伽体募集许多蛋白发生自噬，尤其是自噬形成的关键蛋白。DFCP1 作为 PI(3)P 结合蛋白，锚定于内质网；PI(3)P 通过与包含 PH、PX 结构域的蛋白相互作用来募集 PI(3)P 结合蛋白。因而奥米伽体可能作为富集自噬形成相关蛋白的平台，促进自噬的形成。

（二）自噬体的形成

一旦启动自噬，就会形成一个专门的膜结构，称为吞噬体或隔离膜。在这个过程中，多种蛋白质，包括自噬相关基因（ATG）蛋白，被招募和组装，发挥关键作用。吞噬体随后扩张并伸长，最终演变成一个双层膜的自噬体，用以包围和封闭细胞质的特定部分，如受损细胞器、蛋白质聚合体等。

在吞噬体形成点开始伸长时，额外的 ATG 蛋白参与，如关键蛋白 ATG9。它在不同的膜室之间穿梭，为生长的吞噬体提供膜组分。其他 ATG 蛋白，如 ATG12-ATG5-ATG16L1 复合体、ATG2 和 WIPI（WD-repeat protein interacting with phosphoinositides，WD 重复域磷脂酰反应）蛋白，也参与吞噬体伸长，促进膜扩张和弯曲。实验结果表明，在自噬体形成过程中，大部分隔离膜被内质网以“三明治”的方式包围和融合。随着吞噬体的伸长，它最终自行封闭，形成一个完整的双层膜自噬体。

管理自噬体闭合的确切机制仍不完全清楚，但半胱氨酸蛋白酶 ATG4 参与其中。ATG4 可裂解 ATG8/LC3，它与自噬体内膜上的磷脂酰乙醇胺（PE）结合，有助于自噬体的关闭和随后的货物封存。完成的自噬体，连同其封闭的货物（受损的细胞器、蛋白质聚合体或其他需要回收的细胞成分），准备好进入溶酶体进行降解。自噬体将这些物质包裹在内膜中，保护它们免受细胞质的影响，直到它们到达溶酶体进行降解。

（三）自噬体与溶酶体的融合

自噬体形成后，通过与溶酶体的融合进一步成熟。溶酶体是带膜的细胞器，含有多种水解酶，能够降解生物大分子。吞噬体与溶酶体的融合产生自噬溶酶体，由 SNARE 蛋白等介导，使自噬体内的物质暴露在溶酶体酶的作用下进行降解。

自噬体的内容被送到溶酶体中进行降解。融合过程涉及一系列的事件和分子相互作用。在融合发生之前，自噬体经历了成熟过程，获得溶酶体特征和激活自噬体内的酶。自噬体与溶酶体对接，使这两个细胞器紧密相连。这种对接是由各种蛋白质促成的，包括溶酶体膜上的溶酶体相关膜蛋白 2（lysosomal-associated membrane protein 2，LAMP2）和自噬体膜上的 LC3。LC3 存在于自噬体的外膜上，与溶酶体膜上的 LAMP2 相互作用。同型融合和蛋白分选复合体（homotypic fusion and protein sorting complex，HOPS 复合体）是自噬体-溶酶体融合过程的经典分子，参与介导自噬体和溶酶体之间的最初接触和拴系。这些因素作为分子桥梁，将两个细胞器物理地连接起来。

随后自噬体和溶酶体发生融合。融合由 SNARE 蛋白介导，自噬体和溶酶体膜上特定的 SNARE 蛋白形成反式 SNARE 复合物，使膜紧密相连，为融合做准备。反式 SNARE 复合物催化自噬体和溶酶体膜的融合，使自噬体的内容物被释放到溶酶体中。融合过程涉及半融合中间体的形成，即膜的外叶合并，然后形成一个融合孔，使内叶合并。随后形成融合孔，允许内容物释放到溶酶体中。这一融合事件的结果是形成一个单一的混合细胞器，称为自噬溶酶体。

一旦发生融合，自噬体的货物，包括蛋白质、脂质和细胞器，暴露在溶酶体内的水解酶面前。自噬体与溶酶体的融合受到严格监管，涉及多种蛋白质的协调，确保有效地将物质送入溶酶体进行降解和回收。

（四）自噬溶酶体内降解与释放

在自噬溶酶体内部，溶酶体酶，包括蛋白酶、核酶、脂肪酶和糖苷酶，将封存的货物降解为更小的分子，包括氨基酸、核苷酸、脂肪酸和糖。这一过程促使细胞重新利用这些降解产物，用于能量生产、生物合成和维持细胞成分。同时，货物降解过程中的产物通过特定运输器从吞噬溶酶体运输到细胞质，实现分子回收。这一清除过程确保了剩余碎片的清除，并保持了一个干净的细胞环境。

吞噬物质的降解和降解产物的释放有几个重要目的：①回收和营养供应：降解产物，如氨基酸、核苷酸和糖，可用于细胞能量生产、生物合成和维持基本的细胞过程。循环利用这些分子可确保为细胞功能提供持续的营养物质。②清除病原体和细胞废物：吞噬作用是一种机制，免疫细胞通过这种机制消除入侵的微生物、死亡细胞和细胞碎片。吞噬物质的降解有助于清除病原体和清除不需要的或受损的细胞成分。通过降解吞噬物质，细胞可以维持一个平衡的内部环境，清除潜在的有害物质，确保细胞的正常功能和健康。③免疫反应的调节：吞噬细胞，如巨噬细胞和树突状细胞，在免疫反应中发挥关键作用。吞噬体中吞噬物质的降解有助于抗原呈现，病原体的降解肽被呈现在主要组织相容性复合体（MHC）分子上，以激活免疫反应并启动适应性免疫系统。

（五）自噬溶酶体的再生

为了维持细胞的稳态，功能性自噬溶酶体的再生必须保持高度动态的循环。这一过程不仅确保新溶酶体的生成，还包括将细胞中已经存在的“旧”溶酶体与晚期内吞体的融合，实现膜组分与内容物的混合，随后溶酶体酸化、蛋白酶回收，从而保证了自噬溶酶体再生的高效性。

自噬溶酶体的再生是一个动态过程，旨在确保功能性溶酶体持续供应，从而实现高效的自噬和细胞稳态。其主要内容包括：①溶酶体的生物生成：溶酶体的生物生成是在细胞内产生新的溶酶体的过程。它涉及溶酶体膜蛋白的合成和贩运，如溶酶体酶和溶酶体相关膜蛋白，以形成功能性溶酶体。溶酶体的生物生成受各种转录因子的调节，包括转录因子 EB（TFEB），它协调参与溶酶体功能和生物生成的基因的表达。②与晚期内吞体融合：晚期内吞体通过内体膜向内出芽形成腔内囊泡（ILV），与自噬体或自噬溶酶体融合，实现内容物和膜成分的交换，促进自噬溶酶体的再生。③溶酶体室的改造：自噬体/自噬溶酶体与晚期内吞体融合后，内部成分混合形成功能溶酶体室。④酸化和激活：通过膜上的质子泵酸化，使溶酶体内建立适宜的酸性环境，激活溶酶体酶以降解货物。⑤溶酶体膜蛋白的回收：在融合过程中，回收溶酶体膜蛋白，确保功能性溶酶体膜和蛋白的维护。这一循环过程确保了功能性溶酶体膜的维持，并有适当的溶酶体蛋白用于自噬降解。

自噬性溶酶体的再生对于维持有效的自噬过程和维持细胞的平衡至关重要。通过不断补充溶酶体及其内容物，细胞确保了功能性溶酶体的可用性，以降解货物和回收大分子，促进细胞健康和正常的细胞功能。

三、自噬的核心元件

自噬研究的一个重大突破是在酵母中发现了 ATG 基因。这些 ATG 基因编码调节自噬过程的蛋白质，如 ATG1、ATG5、ATG7 等。这些蛋白被确定为自噬的关键驱动因素。通过对 ATG 蛋白的进一步调查，科学家们对其结构和功能有了深入了解。例如，ATG8（或称 LC3）蛋白家族的发现揭示了它们在自噬中的重要作用。ATG8 蛋白可以与自噬体膜上的脂质结合，参与自噬体的形成和关闭。

通过研究 ATG 蛋白及其相互作用，研究人员逐渐揭开了自噬体形成的分子机制。这些研究显示，ATG 蛋白复合物协调自噬体膜的伸长和关闭以及协调蛋白质共轭系统，包括 ATG12-ATG5-ATG16 复合物和 ATG8/LC3 的脂化作用。同时，先进成像技术的发展如电子显微镜和活细胞成像，为自噬体的组成和动态性质提供了直观证据。这些技术使研究人员能够更详细地观察自噬体，深入了解其大小、形态以及与其他细胞结构的相互作用。

通过基因研究、蛋白质分析和先进成像技术等手段，科学家在了解自噬体组成的核心成分方面取得了重大进展。这些发现为进一步研究自噬的分子机制及其在各种生理和病理过程中的影响铺平了道路。

（一）ATG1/ULK1 复合物

自噬相关蛋白 1（ATG1/ULK1）复合物在自噬过程中起着关键作用，该复合物由 ATG1 和 ULK1 核心蛋白质成分组成。ATG1/ULK1 复合物的功能是启动自噬体的形成。

研究表明 ATG1 是一种丝氨酸/苏氨酸蛋白激酶，可激活细胞的自噬过程。正常状态下，mTOR 通过 Raptor（rapamycin insensitive companion of mTOR，雷帕霉素不敏感的 mTOR 伴侣）与 ULK1 结合，使得 ULK1 发生磷酸化并抑制其激酶活性，从而抑制自噬。而在应激状态下，ATG1/ULK1 复合物被激活，mTOR 从该复合物上脱离，ULK1 激活并将下游目标磷酸化，导致自噬体形成。该复合物磷酸化并激活脂质激酶 VPS34，该激酶在自噬体膜上生成 PI(3)P。PI(3)P 作为其他自噬相关蛋白的对接点，有助于招募自噬体形成所需的额外成分。除了 ULK1，ATG13 也作为自噬的启动因子，受限于 mTOR 的磷酸化抑制。同时哺乳动物中的 ATG101 通过 ATG13 直接连接 ULK1-ATG13-FIP200 复合物发挥功能。

ATG1/ULK1 复合物通过协调自噬体形成的早期阶段而成为自噬的关键启动器。它的激活和随后的信号事件对自噬过程的正常运作至关重要，使细胞能够保持平衡，消除受损成分，并适应不断变化的环境条件。

（二）PI3K 复合物

根据底物特异性，与自噬有关的 PI3K 复合物被分为Ⅰ型 PI3K 和Ⅲ型 PI3K。PI3K 复合物在细胞生长与收缩平衡中起关键作用。

Ⅰ型 PI3K 可磷酸化 PI(4)P 和 $PI(4,5)P_2$ 形成 $PI(3,4)P_2$ 和 $PI(3,4,5)P_3$，通过 AKT 的 PH（pleckstrin homology）区域与 PDK1（phosphoinositide dependent kinase 1）相结合，PDK1 可以进一步磷酸化其他激酶如 P70S6 激酶等（mTOR 的下游信号）。Ⅰ型 PI3K 的激活往往可以抑制细胞自噬。

Ⅲ型 PI3K 与自噬密切相关，由 VPS34、VPS15 和 Beclin-1 组成，产生 PI(3)P，控制膜转运和自噬体形成。活性 PI3K 复合物可被负调控，如 Bcl-2（B-cell lymphoma-2 protein，B 淋巴细胞瘤-2 蛋白）与 Beclin-1（recombinant human Beclin 1 protein，重组人自噬效应蛋白 Beclin 1）结合

抑制复合物形成，抑制自噬。而刺激如营养剥夺、氧化应激和蛋白聚集，解离 Bcl-2/Beclin-1 复合物，激活 PI3K 复合物，诱导自噬。

（三）泛素样修饰蛋白

泛素样修饰在细胞自噬中起着关键作用。泛素样修饰包括 ATG8 和 ATG12 两个修饰系统（图 14-25）。ATG12 连接系统包括泛素样蛋白 ATG12、活化酶 ATG7、泛素结合酶 ATG10 及底物 ATG5，而 ATG8 连接系统包括泛素样蛋白 ATG8、半胱氨酸蛋白酶 ATG4、活化酶 ATG7、泛素结合酶 ATG3 及底物磷脂酰乙醇胺（PE）。其中 ATG12 和 ATG5 共价连接，ATG8 和 PE 共价连接。这两种连接物都是自噬体形成所必需的。LC3 和 GABARAP 家族的成员介导这些修饰，有助于有效吞噬自噬体内的货物。泛素样修饰在自噬中的作用包括：①作为分子标签识别货物；②通过脂化形成 LC3-Ⅱ 促进自噬体膜的动态变化；③协助自噬体和溶酶体融合；④参与选择性自噬，降解受损细胞器或蛋白质聚集体；⑤通过调节蛋白的共轭和解共轭参与自噬的调节。

泛素样修饰在多个层面促进了细胞自噬，包括货物识别、自噬体膜动态、自噬体-溶酶体融合、选择性自噬和自噬过程的调节。

1. ATG12 连接系统 是自噬过程中的重要泛素样连接系统之一（图 14-25）。该系统包括 ATG12、ATG5、ATG7 和 ATG10 等关键蛋白。ATG12 首先以非活性形式合成，然后在 ATG7 和 ATG10 的作用下与 ATG5 连接，形成 ATG12-ATG5 共轭物。ATG7 是一种 E1 样酶（激活酶，泛素通过硫酯键与之发生 ATP 依赖性反应），可激活 ATG12 并促进其与 ATG5 的连接。它还参与激活其他参与自噬的泛素样蛋白。ATG10 是一种 E2 样酶，促进 ATG12 从 ATG7 转移到 ATG5。ATG12-ATG5 共轭物是隔离膜（吞噬体）扩张的关键调节因子，同时与 ATG16L1 相互作用形成更大的 ATG16L1-ATG12-ATG5 复合物。该复合物在自噬体膜的伸长、ATG 蛋白的定位以及货物的降解中起重要作用。总之，ATG12 连接系统通过调节自噬体膜的扩张和货物降解，对自噬过程具有重要影响。

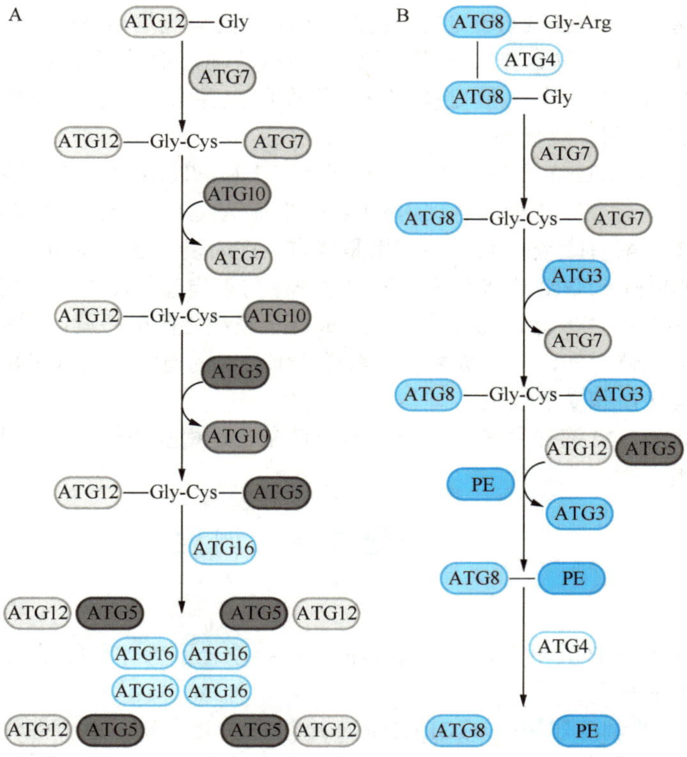

C

泛素样蛋白	E1	E2	E3	底物
ATG12	ATG7	ATG10		ATG5
ATG8	ATG7	ATG3	ATG12-ATG5	PE

图 14-25 ATG8 和 ATG12 泛素样修饰系统

A. ATG12 连接系统，包括泛素样蛋白 ATG12、活化酶 ATG7 及泛素结合酶 ATG10 及底物 ATG5，ATG12-ATG5-ATG16 相互连接、形成一个复合物；B. ATG8 连接系统，包括泛素样蛋白 ATG8、半胱氨酸蛋白酶 ATG4、活化酶 ATG7、泛素结合酶 ATG3 及底物 PE；C. 在 ATG8 的修饰过程的最后阶段，ATG12-ATG5 复合物充当了 E3 的作用，促使形成 ATG8-PE

2. ATG8 连接系统 泛素样修饰对自噬的调控至关重要，尤其是 ATG8 蛋白家族，如哺乳动物中的 LC3，对自噬体形成和货物识别至关重要。在自噬体形成和货物识别中发挥着重要作用（图 14-25）。正常情况下，LC3/ATG8 被具有蛋白内切酶活性的 ATG4 在羧基端剪切，生成胞质型 LC3-Ⅰ。在自噬启动中，ATG8/LC3 通过 ATG4 酶的处理暴露其 C 端甘氨酸残基，然后与细胞膜中的 PE 脂质共轭。这个共轭过程由 ATG7（E1 样酶）、ATG3（E2 样酶）和 ATG12-ATG5-ATG16L1 复合物（E3 样酶）介导。PE 共轭后，LC3 变成 LC3-Ⅱ并结合到膜上。LC3-Ⅱ与扩展的吞噬体膜结合，参与吞噬的货物降解。同时，LC3-Ⅱ还招募货物受体，如 P62/SQSTM1（the protein sequestosome 1）、NDP52（nuclear dot protein 52， 核点蛋白 52）或 NBR1（neighbor of BRCA1 gene protein，BRCA1 基因蛋白的邻近蛋白），它们含有与 LC3-Ⅱ相互作用的 LIR 区域，有助于货物在自噬体中的固定。随着自噬体成熟，其膜脂和蛋白质不断增加，并最终与溶酶体融合，实现货物降解和产物回收。LC3 等蛋白介导的 ATG8 连接系统具有促进吞噬体伸长、货物识别和自噬体形成的特定功能。LC3-Ⅱ与 PE 的共轭及其与货物受体的相互作用标记了自噬体结构，促进自噬体-溶酶体融合，最终导致货物的降解。

3. ATG12 与 ATG8 系统之间的联系 泛素样修饰在细胞自噬中起着重要调节作用，特别是 ATG8 蛋白家族（如 LC3），它们在自噬体形成和货物识别中具有关键功能。整个过程始于细胞膜 LC3（LC3-Ⅰ）的合成，LC3-Ⅰ等待自噬的召唤。自噬启动时，ATG4 酶裂解 LC3-Ⅰ，暴露其 C 端活性甘氨酸残基，为 LC3 的转化创造条件。活性甘氨酸残基由 ATG7 激活，然后与 ATG3、ATG12-ATG5-ATG16L1 复合物合作，与膜上的 PE 脂质共轭，形成脂质化的膜结合形式 LC3-Ⅱ。LC3-Ⅱ在自噬过程中起关键作用，固定在扩展的吞噬膜上并通过与货物受体（如 P62/SQSTM1、NDP52、NBR1）相互作用实现货物识别。

ATG12 连接系统以 ATG12 蛋白为核心，它在 ATG7 和 ATG10 的协作下被激活并与 ATG5 共轭形成 ATG12-ATG5 共轭物，进而与 ATG16L1 结合形成 ATG16L1-ATG12-ATG5 复合物。虽然类似于 ATG8 连接系统，ATG12 连接系统的作用是确定 ATG8 蛋白在吞噬膜上的位置和方向，促进自噬体的形成。ATG8 和 ATG12 连接系统通过相互作用协调自噬，ATG12-ATG5-ATG16L1 复合物与包括 LC3 在内的 ATG8 家族蛋白相互作用，形成两个系统之间的桥梁。这种合作有助于协调膜扩张、货物识别和自噬体成熟，降解货物。泛素样修饰介导的自噬及其 ATG8 和 ATG12 连接系统描绘了细胞调控的有序性和复杂性。

总之，ATG8 和 ATG12 连接系统，无论是单独存在还是相互协作，都构成了细胞成分的命运的一部分并确保细胞平衡。

四、细胞自噬的调控

（一）mTOR 通路

细胞自噬的关键是 mTOR 通路，这复杂的信号网络整合了营养和能量状态，协调细胞反应，决定细胞生长和自噬的平衡。

1. mTOR 对自噬的调控作用 mTORC1 是一个蛋白质复合物，包含催化 mTOR 激酶、支架蛋白 Raptor 和其他相关蛋白。它充当传感器，综合来自营养、生长因子和能量水平等各种信号，调控细胞生长和自噬。在富营养和最佳能量状态下，mTORC1 促进细胞生长和蛋白质合成，并抑制自噬。mTORC1 通过调控下游目标的磷酸化来实现这一调控。mTORC1 主要靶标之一是自噬相关蛋白激酶 ULK1。mTORC1 活跃时，会磷酸化 ULK1，抑制自噬的启动。此外，mTORC1 还调控自噬相关蛋白 ATG13 的磷酸化，抑制其活性，并影响关键自噬蛋白的表达和活性。

在营养匮乏、能量胁迫或不利条件下，mTORC1 的抑制减弱，自噬被激活。mTORC1 的抑制可以由多种机制触发，如氨基酸不足、能量变化等。能量感应激酶 AMPK 或 LKB1 复合物的激活可以直接磷酸化和抑制 mTORC1，促进自噬。一旦 mTORC1 活性降低，启动子 ULK1 去磷酸化，激活自噬过程。ATG13 也被去磷酸化，与其他自噬蛋白结合，促进自噬体的形成。此外，自噬相关基因的转录加速，促进参与自噬的基因的表达。

2. mTOR 调控自噬的影响因素

（1）氨基酸：细胞自噬的调控中，氨基酸对 mTOR 通路发挥关键作用。氨基酸不仅是细胞新陈代谢的燃料，还是引导自噬命运的关键信号分子，对 mTOR 通路有双重影响。在有利条件下，氨基酸是 mTORC1 的强效激活剂，促进细胞生长并抑制自噬。但氨基酸缺失时，mTORC1 受到抑制，促进自噬的发生。

氨基酸感知系统包括氨基酸转运体和传感器，如 Rag 鸟苷三磷酸酶（Rag GTPase）和 GATOR 复合体 [GTPase-activating protein (GAP) activity toward Rags-1]，它们向 mTORC1 传递信息。在富营养条件下，氨基酸丰富时，这些传感器向 mTORC1 传递积极信号，激活 mTORC1。特别是 Rag GTP 酶在这一过程中起着重要作用，以 GTP 结合的状态与 mTORC1 在溶酶体表面形成复合物。活化的 Rag GTP 酶将 mTORC1 招募到溶酶体，使其暴露于其他信号分子，从而微调 mTORC1 的活性。mTORC1 磷酸化下游靶点，如促进细胞生长、抑制自噬的 S6K（S6 kinase，S6 激酶）和 4E-BP1（4E-binding protein 1，4E 结合蛋白 1）蛋白。结节性硬化症复合体（TSC，tuberous sclerosis complex）在这一过程中扮演重要负调控角色。在富营养条件下，活性 mTORC1 磷酸化并抑制 TSC，从而维持 mTORC1 信号转导并抑制自噬。

然而，氨基酸匮乏会引发一系列事件，导致 mTORC1 受抑制，自噬启动。氨基酸不足时，Rag GTP 酶处于 GDP 结合的非活性状态，无法招募和激活 mTORC1。此外，氨基酸缺乏还会激活其他信号通路，如 GCN2 激酶（general control nonderepressible 2 kinase，一般性调控阻遏蛋白激酶 2）和 ISR（integrated stress response，整合应激反应），协助抑制 mTORC1。这些通路感知氨基酸缺乏，刺激磷酸化级联，最终抑制 mTORC1 并激活自噬。氨基酸缺乏后，mTORC1 的抑制解除，自噬的启动子 ULK1 去磷酸化并激活，进而引发自噬体的形成和细胞成分的降解。

总之，氨基酸具有双重调节作用，在营养丰富的条件下激活 mTORC1 以促进生长并抑制自噬。然而，当氨基酸水平下降时，mTORC1 受到抑制，引发自噬以维持细胞平衡并确保存活。

（2）生长因子：对 mTOR 通路发挥作用。这些由细胞分泌的信号分子传递着重要信息，并协调着细胞生长、增殖和自噬之间的微妙平衡。

生长因子通过细胞膜上的受体酪氨酸激酶（RTK）传递信号，激活一系列信号转导，其中重要的是 PI3K-Akt 通路。生长因子受体活化引发 PI3K 的招募和激活，产生 PIP_3 信使，作为下游效应物的招募平台。PI3K-Akt 通路的主要靶点是自噬调控核心参与者丝氨酸/苏氨酸激酶 mTOR。Akt 激活后，磷酸化并抑制 mTOR 的负调控因子 TSC，解除 mTOR 的抑制，推动细胞生长并抑制自噬。

在丰富的生长因子和活跃 PI3K-Akt 通路下，mTORC1 复合物（由 mTOR 及相关蛋白组成）参与促进细胞合成代谢，包括蛋白质合成和自噬抑制。活性 mTORC1 磷酸化下游靶点，如 S6K 和 4E-BP1，促进翻译启动和细胞生长。然而，当生长因子信号受干扰或衰竭时，PI3K-Akt 通路受抑制，减少 mTORC1 的激活。生长因子信号减弱后，mTORC1 抑制解除，引发有利于自噬启动的事件。抑制 mTORC1 可激活自噬机制，包括自噬启动因子 ULK1 的去磷酸化和激活，推动自噬体的形成和细胞成分降解。

总之，生长因子是 mTOR 通路的强效调节因子，控制着细胞生长和自噬之间的微妙平衡。当生长因子丰富时，PI3K-Akt 通路被激活，导致 mTORC1 的活化和自噬的抑制，促进细胞的合成代谢和生长。相反，当生长因子信号被破坏或缺失时，mTORC1 被抑制，引发自噬以维持细胞平衡和存活。

（二）AMPK 通路

AMPK 信号通路可以微调细胞能量状态和自噬启动之间的平衡，是重要的能量传感器，可检测细胞能量水平的变化并协调细胞反应以维持能量平衡。

AMPK 由催化亚基（α）和调节亚基（β 和 γ）组成，是关键的酶复合物。当细胞能量不足时，如 ATP 耗竭或 AMP/ATP 值增高，AMPK 被激活。激活后，AMPK 作为细胞哨兵，探测能量状态，通过磷酸化多个下游靶点，包括自噬直接和间接调节因子。

AMPK 的主要靶点之一是结节性硬化症复合体（TSC），它是雷帕霉素机制靶点复合体 1（mTORC1）的负调控蛋白复合体。AMPK 磷酸化并激活 TSC2，从而抑制 mTORC1，mTORC1 是自噬调节的核心参与者。AMPK 对 mTORC1 的抑制对细胞自噬具有深远影响。在活性状态下，mTORC1 抑制自噬的启动，促进细胞生长和蛋白质合成。然而，AMPK 激活抑制 mTORC1，启动一系列事件，有利于自噬。AMPK 不仅抑制 mTORC1，还通过磷酸化直接激活自噬启动激酶 ULK1，后者在自噬启动中发挥关键作用，协调自噬体的形成，自噬体是关键的降解结构。此外，AMPK 通过调节其他自噬相关蛋白的表达和活性影响自噬，其磷酸化并激活 TFEB，主导溶酶体生物发生和自噬相关基因表达。TFEB 激活促进自噬相关基因表达，增强自噬反应。

总之，AMPK 信号通路作为主要调控因子，在能量应激条件下精细控制细胞自噬。AMPK 的激活导致 mTORC1 的抑制和 ULK1 的直接激活，启动自噬，促进细胞在能量耗竭时的适应和存活。

五、细胞自噬的生理意义

（一）细胞自噬与细胞死亡

细胞自噬和细胞死亡是维持生物体生理平衡的两个重要过程。细胞自噬是一种在细胞内分泌效应的影响下，部分细胞器或蛋白质被自身的溶酶体降解的现象。而细胞死亡是细胞在特定的环境条件下，自我执行的一种生存状态的终止过程。虽然这两种过程按照其描述看似不直接相关，但是，它们之间存在着紧密微妙的关联。

首先，这两个过程在生物体中具有重要作用。细胞自噬可及时清除老化或受损的细胞部分，维持细胞内环境的稳定。微小偏差可能导致细胞病态。细胞死亡，一方面可以清除损伤过重无法修复的细胞，减少其对周围细胞的影响，另一方面也能调节细胞总体数量，保持生物体组织的平衡。

其次，细胞自噬与细胞死亡相互影响，相互制约。在某些情况下，细胞自噬可抑制细胞死亡。例如，细胞在营养匮乏时，通过降解蛋白质和细胞器提供能量，帮助存活。病毒感染时，细胞自噬可降解病毒，抑制病毒复制，防止过度死亡。

然而，过度的细胞自噬则会导致细胞死亡。当细胞内部的蛋白质和细胞器被过度自噬，会导致细胞的功能丧失，细胞无法正常运作，最终引发细胞死亡。

此外，细胞自噬与细胞死亡还存在一种相互转化的关系，即细胞自噬可以转变为细胞死亡，也可以从细胞死亡中恢复生命活动。对于失控的细胞生长，如癌症，细胞自噬和细胞死亡能够形成一个有效的防线，防止病变的发生和发展。

综上，细胞自噬与细胞死亡间关系复杂微妙，相互影响、制约，甚至转化。平衡对生理健康至关重要，为研究治疗疾病，特别是与细胞增生、凋亡相关的疾病，提供新思路和方法。

（二）细胞器质量控制

细胞器是细胞运作的基本单位，特别是线粒体等细胞器的功能对细胞生命活动具有直接影响。细胞器质量控制确保新生成的细胞器功能正常，同时清除旧、损伤或过量的细胞器，维持平衡。而细胞自噬就是细胞器质量控制中的一个重要机制，通过形成自噬体，将需要淘汰的细胞器包裹起来，进一步融合为溶酶体后，进行消化与降解。在分子层面上，细胞自噬途径与细胞器质量控制，尤其是线粒体质量控制，有密切的内在联系。

线粒体是细胞内重要的能量工厂和细胞凋亡的控制中心，线粒体的功能失常与许多病理过程密切相关。线粒体质量控制依赖于线粒体的生物合成、分布、动态变化以及清除等机制。线粒体的清除主要依靠线粒体自噬（mitophagy）机制实现，这是细胞自噬的特殊形式，是对损伤线粒体的选择性降解。受损线粒体上的蛋白质如PINK1（PTEN-induced putative kinase 1，PTEN诱导激酶1）和Parkin发生改变，促使线粒体易于识别、包裹，形成自噬体，然后在溶酶体中降解。

在正常生理条件下，细胞自噬和线粒体质量控制同步进行，保证整体的细胞功能。在病理条件下，比如线粒体功能丧失或者细胞过度分裂时，这两种机制调控则分别呈现特定的异常模式，并可能互相影响。

（三）维持染色体稳定

染色体稳定性是指染色体的形态、结构、数量和功能保持稳定，对于维持生物体的遗传稳定性及生命活动的正常进行至关重要。染色体进行DNA复制的过程中可能受到内外因素的影响产生错误，如插入、删除、突变、重组等，这些错误都可能导致染色体的不稳定。近年来研究发现，细胞自噬和维持染色体稳定性之间存在重要的关联。一方面，细胞自噬可以帮助清除细胞内损坏的DNA或者错误修复的DNA，阻止这些损坏或错误修复的DNA引发基因突变，从而维持染色体稳定性。另一方面，如果细胞自噬的过程出现错误或者被抑制，可能导致蛋白质和细胞器的累积，进而影响DNA的修复和复制，使得染色体稳定性降低。

维持染色体的稳定性是一个复杂的过程，需要许多生物学机制的共同参与，包括DNA的损伤应答、DNA修复、细胞分裂监视等。而细胞自噬作为一个清除损伤蛋白质和细胞器的过程，是这个维持染色体稳定性网络中的重要一环。如果细胞自噬的功能发生障碍，可能会导致DNA损伤的累积，进而产生染色体不稳定，最终可能导致疾病的发生。已有研究探讨调控细胞自噬以防止染色体不稳定，作为防治疾病的新策略。深入了解自噬与染色体稳定性关系，有助于开发更有效的治疗方式。

总之，细胞自噬和维持染色体稳定性之间的关系是密切和复杂的。细胞自噬作为一种保护机制，通过清除细胞内的损坏蛋白质和细胞器，以减少DNA损伤，维持染色体的稳定性。自噬障碍可能导致染色体不稳定和疾病。因此，了解细胞自噬与染色体稳定性之间的机制，对于疾病治疗具有重要的意义。

第七节　细胞内膜系统异常与疾病

一、肿　　瘤

细胞内膜系统异常与肿瘤发生发展有着密切的关系，它们通过影响细胞内外环境和信号通路，调节肿瘤细胞的增殖、侵袭、转移和耐药等特性。因此，深入研究这些细胞器在肿瘤中的作用机制和调控策略，有助于揭示肿瘤的发病机制和提供新的治疗靶点。

（一）内质网异常与肿瘤的关系

内质网异常在肿瘤发生发展中具有双重作用：一方面，它们可以抑制肿瘤的发生和发展，通过清除异常的蛋白质或诱导肿瘤细胞死亡；另一方面，它们也可以促进肿瘤的进展和耐药性，通过增强肿瘤细胞的适应能力或激活其他信号通路。GRP78 作为内质网中一类重要的分子伴侣，具有结合 Ca^{2+}和抗凋亡的特性，可作为内质网应激的标记蛋白，并与乳腺癌的侵袭性、转移性和预后相关。GRP78 可以通过与多种受体相互作用，调节不同的信号通路，如 PI3K/Akt、MAPK、NF-κB 等，从而促进乳腺癌细胞的生长、迁移、侵袭和抗凋亡。内质网异常还与肿瘤血管生成密切相关。在肿瘤发展过程中，肿瘤细胞需要大量的营养和氧气供应。内质网在调控血管生成过程中扮演重要角色，其中内质网应激和血管生成之间存在密切的关联。内质网应激可以通过释放一系列的细胞因子和信号分子，如 VEGF、HIF-1α 和 ERK 等，来促进肿瘤细胞的血管生成能力，从而维持肿瘤的生长和转移。

（二）高尔基体异常与肿瘤的关系

肿瘤细胞中的高尔基体异常与肿瘤的侵袭性、转移性和耐药性相关。高尔基体的糖基化功能受损，导致细胞表面糖链的改变，影响细胞间的黏附和识别，最终促进肿瘤的逃逸和免疫逃避；高尔基体的运输功能增强，输送出大量的分泌物，如蛋白酶、生长因子和趋化因子等，会影响细胞外基质的降解和细胞间的交流，促进肿瘤的侵袭和血管生成。肺癌细胞中的高尔基体分泌出趋化因子 CXCL12，结合到周围血管内皮细胞上的 CXCR4 受体，参与 CXCL12/CXCR4 信号轴的激活，促进肺癌的血管生成和转移。高尔基体异常与肿瘤细胞的耐药性发展密切相关。研究发现，高尔基体在蛋白质修饰和分泌过程中参与了多种化疗药物的转运和代谢，其功能紊乱可能导致肿瘤细胞对化疗药物的耐药性增加，从而降低化疗药物对肿瘤细胞的杀伤效果。

（三）内吞体异常与肿瘤的关系

内吞体的功能障碍会导致细胞内环境的紊乱，从而增加肿瘤的发生和发展的风险。具体来说，内吞体的吞噬功能障碍会导致细胞内积累大量的废物和外源物质，如氧化脂质、DNA 损伤和病原体等，引发自噬障碍和氧化应激，促进肿瘤的发生；内吞体的回收功能失调，会导致细胞表面受体和信号分子的异常循环，影响细胞增殖、分化和凋亡等过程，促进肿瘤的发展和耐药性。卵巢癌细胞中的内吞体回收 EGFR，使其重新定位到细胞表面，参与 EGFR 信号通路的持续激活，促进卵巢癌的增殖和耐药性。

（四）溶酶体异常与肿瘤的关系

溶酶体异常在肿瘤细胞中广泛存在，并与肿瘤的侵袭性、治疗抵抗性和免疫逃逸相关。一方面，溶酶体的降解功能受损，导致细胞内积累有害物质，如蛋白聚集体、DNA 损伤等，引发细胞应激和炎症反应，促进肿瘤的发生；另一方面，溶酶体的分泌功能增强，释放出水解酶和生长因子等，影响细胞外基质的重塑和血管生成，促进肿瘤的侵袭和转移。乳腺癌细胞中的溶酶体分泌出基质金属蛋白酶 9（matrix metalloproteinase 9, MMP-9），参与基质金属蛋白酶/基质金属蛋白酶抑制剂（MMP/TIMP）平衡的破坏，促进乳腺癌的侵袭和转移。此外，在肿瘤细胞中，溶酶体功能紊乱可能导致抗原降解和提呈的异常。这可能影响肿瘤细胞的抗原表达和免疫识别，从而降低免疫系统对肿瘤细胞的攻击能力，使肿瘤细胞逃避免疫监视。

（五）过氧化物酶体异常与肿瘤的关系

过氧化物酶体是细胞内重要的氧化应激和代谢调节器。一方面，当过氧化物酶体的氧化功能发生紊乱时，细胞内的活性氧水平会出现异常，从而导致 DNA 损伤、蛋白质泛素化、线粒体功能障碍等，诱导细胞凋亡或增殖。另一方面，过氧化物酶体的代谢功能也会发生改变，干扰脂质的合成和分解过程，调节肿瘤细胞的能量供应和信号转导。因此，过氧化物酶体在肿瘤发生和发展中起着重要的作用。如前列腺癌细胞中的过氧化物酶体参与雄激素合成途径，提供肿瘤细胞所需的雄激素，促进前列腺癌的生长。另外，过氧化物酶体参与调节细胞的免疫应答和抗肿瘤免疫。在过氧化物酶体功能紊乱的情况下，肿瘤细胞可能对免疫系统的攻击能力产生抵抗，从而逃避免疫监视。还有研究表明，过氧化物酶体异常可能影响肿瘤细胞与免疫细胞之间的相互作用，如抗原提呈和T细胞活化，从而影响抗肿瘤免疫的效应。

（六）脂质代谢异常与肿瘤的关系

根据肿瘤细胞的脂质代谢需求和调节机制，脂滴的数量和大小会发生相应的变化。脂滴的结合蛋白则决定了肿瘤细胞对脂滴内含物的利用和释放效率。因此，脂滴的形态和功能特征，反映了肿瘤细胞的脂质代谢状态。异常的脂滴积聚可能导致肿瘤细胞的胞内黏附和胞外基质降解能力增强，从而促进肿瘤细胞的侵袭和迁移。此外，脂滴异常还可能调节肿瘤细胞的细胞外信号感知和细胞骨架的重塑，进一步增强肿瘤细胞的迁移能力。

（七）自噬异常与肿瘤的关系

自噬体的降解功能失衡和保护功能失效是肿瘤发生发展的两个重要因素。自噬体的降解功能失衡会导致细胞内积累有害物质，激活细胞应激和炎症反应，促进肿瘤的发生。自噬在肿瘤细胞的代谢适应和免疫逃逸中发挥重要作用，可以通过各种途径支持肿瘤生长和存活（图14-26）。肿瘤细胞通常面临营养不足和氧气紧缺等逆境，自噬可以为肿瘤细胞提供额外的能量和生存所需的原料，通过降解细胞内成分来维持生存。此外，自噬对于维持肿瘤细胞的基因组稳定性也是必需的，自噬失活后会导致多倍体肿瘤细胞增加，可能促进肿瘤的发展。自噬体的保护功能失效会导致细胞无法适应低氧、营养缺乏等恶劣环境，从而触发细胞凋亡或坏死程序，影响肿瘤的生存。结肠癌细胞中的自噬体参与了P53信号通路的调控，通过降解P53下游效应分子P21和PTEN，抑制细胞凋亡和衰老，促进结肠癌的生长。

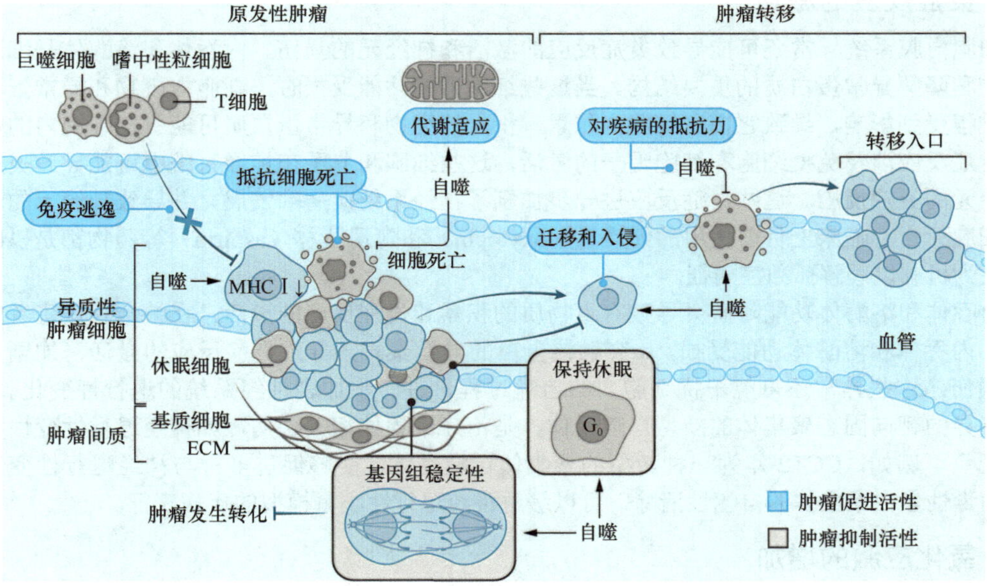

图 14-26　自噬在原发性肿瘤和转移中的作用

自噬在肿瘤细胞的代谢适应和逃避免疫监视过程中发挥重要作用，可以通过各种途径支持肿瘤生长和存活。在转移过程中，自噬可以支持在分层或循环肿瘤细胞中对分离诱导的细胞死亡（anoikis）的抵抗，并可以通过循环利用细胞蛋白质和细胞器来促进肿瘤细胞在营养限制时期对代谢应激的适应。自噬也被证明是维持肿瘤休眠和基因组稳定性所必需的，自噬失活后多倍体肿瘤细胞增加。抑制自噬可导致转移性生长增强，这种自噬抑制肿瘤活性的潜在机制尚不清楚，但可能涉及多个自噬靶点

ECM，细胞外基质

二、神经系统疾病

在神经系统中，细胞内膜系统的正常功能对于神经元的发育、维持和功能至关重要。神经系统疾病与细胞内膜系统异常有着密切的关系，因为神经元和神经胶质细胞都是高度依赖于细胞内膜系统的细胞类型，它们需要通过细胞内膜系统来完成多种生命活动，如神经递质的合成和释放、突触的形成和重塑、神经髓鞘的建立和维持、神经元的存活和死亡等。细胞内膜系统异常与多种神经系统疾病的发生和发展密切相关，这些异常可能包括膜蛋白的异常聚集、囊泡转运的紊乱、废物物质的堆积及细胞内垃圾的清除障碍等。因此，当细胞内膜系统出现异常时，会影响神经元和神经胶质细胞的正常功能，甚至导致它们的损伤或死亡，从而引发或加重神经系统疾病的发生和发展。

（一）蛋白质的异常聚集和降解

细胞内膜系统异常与神经系统疾病之间的关联部分源于蛋白质的异常聚集和降解。在正常情况下，细胞内膜系统中，包括内质网、高尔基体、内吞体和溶酶体等细胞器协同工作，以确保蛋白质的正确折叠和定位，同时通过自噬过程清除异常或陈旧的蛋白质。然而，当细胞内膜系统发生异常时，蛋白质的折叠和定位过程可能受到干扰，导致异常蛋白质的积累和聚集。这些异常蛋白质聚集可以干扰细胞内正常的生物化学过程，影响细胞的功能和存活。在神经系统中，这种蛋白质聚集的累积可能导致神经元的损伤和细胞死亡，从而促进神经系统疾病的发展。研究发现，阿尔茨海默病患者大脑中的内质网发生异常，导致蛋白质的异常聚集和积累，如β淀粉样蛋白和Tau蛋白。这些异常蛋白质聚集可能通过干扰内质网的蛋白质折叠和降解机制，引发神经元的毒性损伤和细胞死亡。

（二）炎症反应的激活

细胞内膜系统异常还可能导致炎症反应的激活和神经元的损伤。内吞体和溶酶体是细胞内清除废物和降解异常蛋白质的重要结构。当这些细胞器的功能受损时，细胞内废物和异常蛋白质的清除过程受到影响，导致它们在细胞内积累。积累的废物和异常蛋白质可能引发细胞内的炎症反应。炎症反应涉及免疫细胞和细胞因子的激活，这些细胞和分子在神经系统中可能导致炎症损伤和神经元的炎症反应。这些炎症反应进一步加剧了神经系统疾病的发展，并导致神经元的功能损伤和细胞死亡。临床上目前使用的催产素（oxytocin）和阿司匹林（aspirin）等药物都是以降低脑内炎症为机制以缓解孤独症病征。

内吞体和溶酶体功能障碍会导致有毒物质的积累和炎症反应的激活，在帕金森病患者的脑组织中，内吞体和溶酶体功能受损，α突触核蛋白的异常聚集，导致炎症反应的激活，加剧了神经元的损伤。这些异常还可能干扰细胞内的自噬过程，进一步加剧神经系统的退行性变化。因此，寻找特异的靶向固态聚集体的新型自噬受体，是治疗聚集体相关疾病，如神经退行性变性疾病的重要靶点。例如，CCT2作为一种新型的聚集体自噬受体，能够促进多种与神经退行性变性疾病相关的毒性蛋白聚集体的自噬性清除，可以缓解神经退行性小鼠模型的疾病表征。

（三）氧化应激的增加

细胞内膜系统异常还可能导致氧化应激的增加和细胞死亡途径的激活。过氧化物酶体是细胞内膜系统的一个重要组成部分，参与氧化代谢过程。当过氧化物酶体功能异常时，氧化应激水平可能升高，导致细胞内的氧化损伤。氧化应激可以引发多种细胞死亡途径的激活，包括凋亡、坏死和自噬细胞死亡。这些细胞死亡途径的激活会导致神经元的损伤和死亡，促进神经系统疾病的进展（图14-27）。过氧化物酶体功能异常引发氧化应激和炎症反应的增加，与神经炎症性疾病，如多发性硬化之间存在关联。研究发现，多发性硬化患者的神经系统中存在过氧化物酶体的异常表达和功能障碍，导致氧化应激的增加和炎症反应的激活。这些病理过程进一步导致神经元的损伤和脱髓鞘，促进多发性硬化的发展。

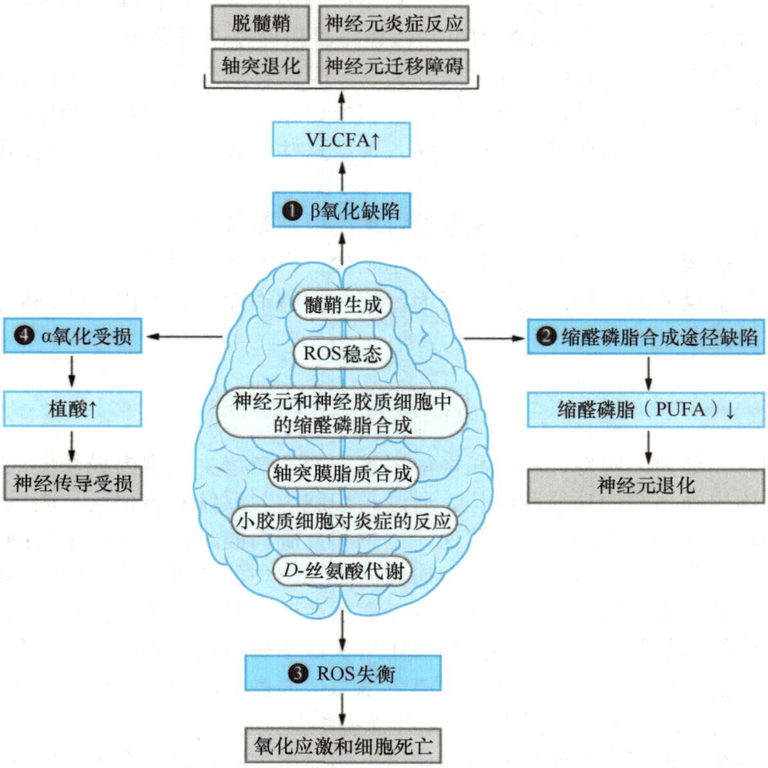

图 14-27　脑内过氧化物酶体功能障碍导致神经系统疾病示意图

脑内过氧化物酶体具有多种功能，如髓鞘生成、ROS 稳态、神经元和神经胶质细胞中的缩醛磷脂合成、轴突膜脂质合成、小胶质细胞对炎症的反应、*D*-丝氨酸代谢等，上述功能缺陷可导致各种神经系统疾病。①脂肪酸的 β 氧化缺陷导致 VLCFA 累积，从而导致脱髓鞘、轴突退化、神经元炎症反应、神经元迁移障碍等。②由缩醛磷脂合成途径缺陷引起的高度不饱和缩醛磷脂（PUFA）水平降低会导致神经元退化。③过氧化氢酶的缺乏在脑内造成 ROS 失衡，并导致氧化应激和细胞死亡。④过氧化物酶体 α 氧化受损导致植酸积累，从而减缓神经传导速度，降低感觉的敏感性或延迟感觉传递

VLCFA：very-long-chain fatty acid，超长链脂肪酸；ROS：reactive oxygen species，活性氧；PUFA：polyunsaturated fatty acid，多不饱和脂肪酸

（四）脂质代谢异常

脂滴紊乱会导致脂质代谢异常，脂质过度积累，引发细胞内脂质氧化应激，产生自由基和氧化产物。这些氧化产物可能对细胞膜、线粒体和细胞内的其他结构产生毒性影响，增加细胞损伤的风险。在亨廷顿病患者的神经系统中，脂滴数量和大小异常增加，脂滴紊乱和脂质代谢异常可能导致神经元的损伤。这些异常可能影响细胞的功能，例如细胞内运输、膜的稳定性和信号转导。此外，脂质代谢异常还可能导致细胞凋亡、炎症反应和神经元的死亡，这些异常进一步导致神经元的损伤和病理变化。

（五）蛋白糖基化异常

高尔基体是细胞内蛋白质糖基化的主要地点之一，它参与复杂的糖基化修饰过程。高尔基体异常与神经发育异常相关，导致蛋白质糖基化异常。例如，在阿尔茨海默病中，糖基化异常的淀粉样前体蛋白（amyloid precursor protein，APP）可能导致 Aβ 蛋白的异常聚集。糖基化异常可能干扰蛋白质的正确折叠和翻译后修饰，导致内质网应激，这在一些神经系统疾病中可能起到促进

作用，如帕金森病和阿尔茨海默病。溶酶体是细胞内蛋白质降解的主要地点之一，但蛋白质糖基化异常可能影响其被有效清除的能力，这可能导致神经系统疾病中异常蛋白质的积累，如帕金森病中的α突触核蛋白。蛋白糖基化异常也会影响蛋白质的合成、修饰和运输，导致神经递质合成和分泌的异常，这可能在神经系统疾病中引发传导障碍和神经递质失衡。

细胞内膜系统异常与神经系统疾病之间的关联涉及多种病理生理学机制。蛋白质聚集和异常降解、炎症反应激活、氧化应激、脂质代谢异常和蛋白糖基化异常等在神经系统疾病的发生和发展中起到重要作用。进一步的研究将有助于深入理解这些机制，并为开发新的治疗策略和干预手段提供基础。

在治疗方面，目前的研究重点在于发展针对细胞内膜系统功能的特定药物，以修复异常和恢复功能。药物治疗的策略包括针对内质网、高尔基体、内吞体和溶酶体等不同组分的药物，以及针对氧化应激和炎症反应的药物。此外，基因治疗和细胞治疗也显示出治疗细胞内膜系统异常相关神经系统疾病的潜力。

三、病原微生物感染

病原微生物，如细菌、病毒、真菌和寄生虫等，为了在宿主细胞内成功侵入和复制自身，常常利用或操纵细胞内膜系统的功能和结构。通过与细胞内膜系统的蛋白质、脂质和囊泡等相互作用，病原微生物可以促进其在细胞内的传递、定位和复制。同时，宿主细胞的细胞内膜系统也在感染过程中发挥重要作用，参与宿主细胞对病原微生物感染的免疫反应。细胞内膜系统通过吞噬病原微生物并将其转运到溶酶体进行降解，或者通过激活信号通路来引发免疫反应，以阻止病原微生物的进一步传播和复制。这种复杂的相互作用决定了病原微生物感染的结果，从而影响宿主的免疫应答和疾病的发展。对于这些细胞内膜系统与病原微生物相互作用的深入研究，有助于理解感染过程的分子机制，并为开发新的抗感染疗法提供基础。

内质网在病毒和细菌感染方面起着重要作用，病原微生物可以利用内质网的功能和结构，通过改变宿主细胞的内质网结构和功能来提高自身的复制和传播能力。以流感病毒为例，它会感染宿主细胞并干扰内质网功能，导致内质网应激。内质网应激是细胞内质网失去平衡的一种应激反应，通常由蛋白质未折叠或错误折叠所引起。流感病毒感染会导致大量病毒蛋白的合成，这些蛋白在内质网中的折叠过程可能会出现异常，导致内质网应激体的形成。内质网应激激活了一种称为IRE1的蛋白质。IRE1是内质网应激途径的重要组分，其主要功能是通过IRE1α-XBP1信号通路调控细胞的应激反应。在内质网应激发生后，IRE1会剪切XBP1的mRNA，形成活性的XBP1，进而启动一系列的转录反应。这些转录反应调节了一些与内质网功能恢复、抗应激反应、细胞存活等相关的基因的表达。在流感病毒感染中，内质网应激和IRE1α-XBP1信号通路的激活对于病毒的复制和传播至关重要。

内质网应激在病毒感染中有双重作用。一方面，内质网应激帮助病毒的复制和传播，因为它促进了病毒蛋白的合成和折叠。另一方面，内质网应激也可能引发宿主细胞的应激反应，包括启动免疫和炎症反应，以抵御病毒感染。总的来说，内质网在病毒感染中起着重要的调节作用。病毒感染会导致内质网应激，从而激活IRE1信号通路，促进病毒复制和传播。对于这些内质网应激途径的研究，有助于深入了解病毒感染的分子机制，为开发新的抗病毒治疗和疫苗策略提供基础。

细菌和病毒等病原微生物，常常利用或操纵宿主内吞体分选途径，增强其在宿主细胞内的存活和复制能力。近期的研究发现，新型冠状病毒SARS-CoV-2利用内吞体分选途径来进行感染。通过全基因组CRISPR筛选，已确认SNX27、retromer等关键组分对于SARS-CoV-2的感染至关重要。此外，蛋白质组学研究还发现病毒蛋白与调节内吞体分选的宿主蛋白之间存在广泛的相互作用，其中包括SNX27和WASH复合物。

针对 SARS-CoV-2 的感染过程，内吞体分选复合物可能通过多种机制进行调节。首先，作为 SARS-CoV-2 的关键宿主受体，血管紧张素转换酶 2（ACE2）具有一个 SNX27 PDZ 结构域结合位点（PDZ binding motif，PDZbm）在其细胞质尾部。通过与 SNX27 发生相互作用，ACE2 的表达可能受到内吞体回收途径的调节。其次，SNX27 还与 SARS-CoV-2 的刺突蛋白（spike protein）的 C 端尾部发生直接相互作用，有助于增强刺突蛋白在细胞表面的定位和提高病毒感染的效率。对于这些相互作用的分子基础和其在病毒感染过程中的具体调节机制，仍需进一步深入研究。

细胞自噬对于细胞应对各种应激条件以及维持稳态平衡至关重要，同时还能参与抵抗外来入侵的病原菌和病毒。在病毒侵染的过程中，一些病毒蛋白和病毒感染引起的细胞应激可以激活宿主细胞的自噬通路。自噬作为细胞的防御机制，通过将病毒或病毒蛋白运送到溶酶体进行降解，激活先天性和适应性免疫反应，或调节病毒诱导的细胞死亡，从而抵御病毒感染。然而，病毒也进化出各种机制以逃避自噬降解，一些病毒甚至能够利用自噬通路的膜结构完成自身的复制和释放。例如，多种正链 RNA 病毒能够阻断自噬体与溶酶体的融合，并将 RNA 复制机器锚定在自噬膜结构上进行病毒基因组的复制。

近期的研究发现，SARS-CoV-2 编码的辅助蛋白 ORF3a 通过阻断 HOPS 复合物介导的 SNARE 复合体的组装，从而抑制自噬溶酶体的形成。ORF3a 还能够抑制溶酶体的功能，并导致溶酶体损伤。此外，SARS-CoV-2 病毒感染也能够导致 VPS39 亚基在晚期内吞体上聚集，从而阻断自噬溶酶体的形成，抑制自噬活性。通过阐明 SARS-CoV-2 编码的蛋白质与宿主因子的相互作用机制，特别是对于在其他冠状病毒中不保守的辅助蛋白的研究，对于我们理解 SARS-CoV-2 的高传染性和致病性，以及研发潜在的新型冠状病毒肺炎（COVID-19）治疗方法至关重要。

四、其他疾病

代谢性疾病与细胞内膜系统异常有密切关联。高胆固醇血症是一种常见的代谢性疾病，其特征是血液中低密度脂蛋白胆固醇（LDL-C）水平过高，其主要致病原因是内质网应激导致的胆固醇代谢异常。此外，高胆固醇血症也与高尔基体功能紊乱有关，患者中的高胆固醇水平可能会影响高尔基体的功能，导致蛋白质修饰和分泌异常，进而影响胆固醇的转运和代谢过程。糖尿病是另外一种常见的代谢性疾病，其特征是血液中的血糖水平异常升高，内质网应激可能是胰岛素抵抗和胰岛素分泌异常的重要机制之一，导致胰岛 β 细胞功能受损。内质网应激导致细胞凋亡、炎症反应和蛋白质异常积累，影响胰岛素信号转导和胰岛素的合成与分泌。糖尿病患者中，高血糖水平可能影响高尔基体的功能，导致蛋白质修饰异常，进而影响胰岛素的分泌和作用。

细胞内膜系统异常在消化系统疾病的发生中发挥重要作用。克罗恩病是一种慢性炎症性肠病，与内质网应激和细胞内膜系统异常有关。内质网应激可能由炎症因子和肠道菌群紊乱等引起，导致肠上皮细胞的功能紊乱和黏膜屏障的破坏。消化道疾病中，细胞内膜系统异常会影响营养物质的吸收和运输过程。高尔基体和内吞体参与蛋白质、脂质和糖类等营养物质的运输和分泌。细胞内膜系统的异常可能导致吸收和运输通路的紊乱，进而影响肠道功能。

细胞内膜系统异常也可导致免疫系统疾病发生。系统性红斑狼疮（systemic lupus erythematosus，SLE）是一种自身免疫病，与细胞内膜系统中多个细胞器异常有关。SLE 患者的淋巴细胞中观察到了内质网异常，包括 ER 应激和内质网蛋白质处理途径的紊乱。这可能导致异常折叠的蛋白质在细胞内积累，激活免疫系统产生自身抗体。此外，SLE 患者的免疫细胞中也观察到溶酶体的功能异常，包括酸性酶活性的改变和溶酶体酸化的紊乱。这可能导致细胞内废弃物的清除受阻，引发自身抗原的释放和免疫反应。这些细胞器的异常功能可能导致自身抗原的异常折叠、细胞内垃圾的清除不完全等，进而引发免疫系统的激活和自身抗体的产生，参与 SLE 的发生和发展。

（贾　大）

第十五章　线　粒　体

线粒体（mitochondrion）普遍存在于除哺乳动物成熟红细胞以外的所有真核细胞中，是细胞进行生物氧化和能量转换的细胞器，为细胞生命活动提供 80% 的所需能量。线粒体与细胞内氧自由基生成、细胞代谢及细胞死亡等生理过程密切关联，其异常改变显著影响人类疾病的发生发展。

第一节　线粒体的基本特征

一、线粒体的进化、形态与结构组成

（一）线粒体的进化起源

线粒体一词最早来源于希腊语“mitos”（线）和“khondrion”（颗粒）。线粒体于 1850 年发现，1898 年命名。线粒体有自身遗传体系，且与细菌非常相似。人们猜测远古独立生活的需氧细菌被原始真核细胞吞噬后，在长期互利共生进化中形成了线粒体。在进化中需氧细菌逐步丧失独立性，并将大量遗传信息转移到宿主细胞的细胞核，但保留了细菌独立遗传系统，赋予线粒体半自主性。这种认为线粒体起源于内共生体的假说，即“内共生学说”。

（二）线粒体的结构组成与形态

线粒体由内外两层单位膜包裹而成，外膜（outer membrane）平滑，内膜（inner membrane）向内折叠形成嵴（cristae），两层膜之间形成膜间腔（intermembrane space），中央是基质（matrix）（图 15-1）。线粒体基质含有三羧酸循环所需全部酶类。内膜上有大量复杂组装呼吸链酶系，还分布着大量有 ATP 酶活性的基粒（elementary particle）。线粒体外膜与内膜之间相互接近之处变窄，易形成转位接触点（translocation contact site）。这是物质进出线粒体的临时性结构，聚集着负责物质转运的特异受体和通道蛋白，分别称为线粒体内膜转位酶（translocase of the inner mitochondrial membrane，TIM）和线粒体外膜转位酶（translocase of the outer mitochondrial membrane，TOM）。此外，线粒体外膜还可与内质网、细胞骨架等其他细胞器和细胞组分之间通过特殊蛋白复合体结构形成功能联系。

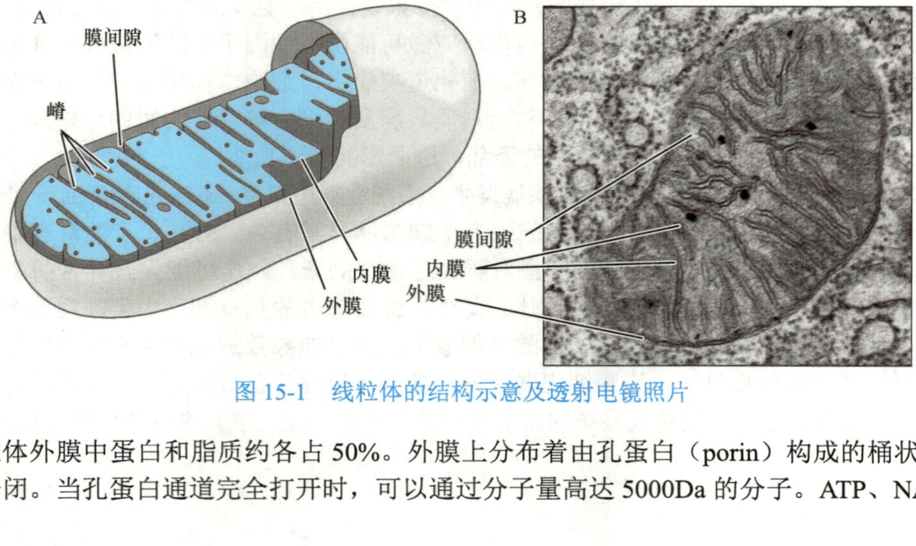

图 15-1　线粒体的结构示意及透射电镜照片

线粒体外膜中蛋白和脂质约各占 50%。外膜上分布着由孔蛋白（porin）构成的桶状通道，能可逆性开闭。当孔蛋白通道完全打开时，可以通过分子量高达 5000Da 的分子。ATP、NAD、CoA

等分子量小于 1000Da 的物质可自由通过外膜。外膜的标志酶是单胺氧化酶。线粒体内膜有很高的蛋白质/脂质比（质量比≥3∶1），缺乏胆固醇，富含心磷脂。这种组成决定了内膜的不通透性（impermeability），限制了许多大分子和离子自由通过，是质子电化学梯度建立和 ATP 合成所必需的。线粒体内膜上“嵴”的形成，大大增加了内膜面积。肝细胞线粒体内膜面积相当于外膜的 5 倍、细胞质膜的 17 倍。线粒体内膜标志酶是细胞色素氧化酶。线粒体膜间隙宽度相对稳定，膜间隙内液态介质含有可溶性酶、底物和辅助因子。腺苷酸激酶是膜间隙标志酶。由于外膜通透性高，膜间隙中离子环境几乎与胞质相同。线粒体基质具有特定 pH 和渗透压，富含可溶性蛋白胶状物质，可催化包括三羧酸循环、脂肪酸氧化在内的许多重要生化反应。基质标志酶是柠檬酸合成酶。此外，基质中还含有 DNA、RNA、核糖体以及转录、翻译所必需的生物大分子。

不同组织类型细胞或同类型细胞在不同生理条件下对 ATP 需求量不同，导致所含线粒体的数量、大小和形态差异较大。同时，线粒体嵴的形状、数量和排列，与细胞种类及所处生理状况密切相关。如心肌和骨骼肌线粒体嵴的数量相当于肝细胞线粒体嵴的 3 倍。动物细胞常见由内膜规则性折叠形成的“片状嵴”，而植物细胞则常见由内膜不规则内陷形成的“管状嵴”。

二、线粒体的遗传体系及核编码分子输入线粒体

（一）线粒体基因组组成及其复制、转录和翻译

线粒体由两个彼此分隔的遗传体系控制，即线粒体基因组和细胞核基因组，这种特点导致线粒体遗传具有“半自主性”。线粒体 DNA（mtDNA）的结构特点：①封闭、环状、双链、无组蛋白结合；②不含内含子、非编码区和调节序列很少；③不严谨的密码子配对；④部分遗传密码与通用密码意义不同；⑤起始密码为 AUA 而非 AUG；⑥编码产物仅为线粒体自用；⑦依赖核 DNA（nuclear DNA，nDNA）发挥功能。

人类 mtDNA 含有 16 569 个碱基对，呈双链环状。根据转录本密度被分为重链（H）和轻链（L）。两条链共编码 37 个基因，其中 H 链编码 28 个基因，L 链编码 9 个基因，能编码蛋白的基因仅有 13 个，其他 24 个基因编码 2 种 rRNA（用于构成线粒体核糖体）和 22 种 tRNA（用于线粒体 mRNA 翻译）。13 个编码蛋白的基因中，3 个编码细胞色素 c 氧化酶复合体（复合体Ⅳ）催化活性中心的亚单位（COX Ⅰ、COX Ⅱ和 COX Ⅲ）。2 个为 ATP 合酶复合体（复合体Ⅴ）F_0 部分的 2 个亚基（A6 和 A8）。7 个为 NADH-CoQ 还原酶复合体（复合体Ⅰ）的亚基（ND1、ND2、ND3、ND4L、ND4、ND5 和 ND6）；还有 1 个编码 $CoQH_2$-细胞色素 c 还原酶复合体（复合体Ⅲ）中细胞色素 b 亚基。

线粒体 DNA 复制类似于原核细胞 DNA 复制，但有所不同。由于重链复制起始点（origin of heavy-strand replication，O_H）和轻链复制起始点（origin of light-strand replication，O_L）分离，导致 mtDNA 复制比较特别，需要一系列进入线粒体的核编码蛋白协助。mtDNA 复制特点：① mtDNA 含有两个单向复制叉，H 链和 L 链各含 1 个复制叉。② H 链与 L 链复制合成方向相反。③ mtDNA 复制不受细胞周期影响。mtDNA 转录从两个主要启动子处开始，分别为重链启动子（heavy-strand promoter，HSP）和轻链启动子（light-strand promoter，LSP）。线粒体转录因子（mitochondrial transcription factor A，mtTFA）负责线粒体基因的转录调节。mtTFA 可与 HSP 和 LSP 上游 DNA 特定序列结合，并在 mtRNA 聚合酶作用下启动转录。线粒体基因转录类似原核生物转录，为多顺反子转录。mtDNA 转录特点：①需要核基因编码 mtRNA 聚合酶和线粒体转录因子。②重链和轻链各有一个启动子，转录 3 种 RNA，转录出来的 mtRNA 在线粒体内合成蛋白。

线粒体蛋白来源有两种路径：一是外源性的，即在细胞质中合成的蛋白运输进入线粒体；二是内源性的，即由线粒体自身合成。线粒体蛋白合成特点：①线粒体蛋白合成与线粒体 mRNA 转录几乎同步进行，这与原核生物相似。②线粒体蛋白合成起始密码是 AUA，而胞质合成蛋白是由 AUG 起始。③一些药物如氯霉素、红霉素、链霉素等可抑制线粒体蛋白合成，而胞质蛋白合成则

对以上药物不敏感。④线粒体合成蛋白占总量 10%，但几乎是线粒体活动中的关键酶，如电子传递链中 4 种复合体和 ATP 合酶的主要组分。

（二）细胞核基因编码蛋白转运进线粒体

线粒体蛋白大多数是由 nDNA 编码、在胞质核糖体上合成后，转运入线粒体。这些被转运的蛋白称为线粒体前体蛋白，其 N 端 20～80 个氨基酸序列称为导肽（leader peptide）或基质靶向序列（matrix-targeting sequence，MTS）。导肽的特点是：①导肽具有识别、牵引作用。②导肽富含带正电荷氨基酸（如精氨酸、赖氨酸、丝氨酸和苏氨酸），有利于与线粒体表面受体结合进入基质。③前体蛋白由细胞质中分子伴侣系统（如热激关联蛋白 HSC70、HSC60、HSC10）帮助去折叠，穿过线粒体膜后又重新恢复折叠构象。④细胞质中分子伴侣与前体蛋白结合，能防止前体蛋白形成不可解开的构象。⑤前体蛋白到达线粒体表面时，ATP 水解提供能量使 HSC70 从前体蛋白上解离下来，前体蛋白在导肽的作用下与输入受体结合。⑥导肽将前体蛋白导入线粒体后，被线粒体内水解酶水解。

多肽链穿越线粒体过程为：解折叠的前体蛋白多肽链在导肽的作用下与转位接触点接触→线粒体外、内膜上的成孔膜蛋白形成并开放输入通道→ ATP 水解供能→胞质 HSC70 离开多肽→多肽穿越线粒体外、内膜进入到基质腔→基质腔中的基质分子伴侣（如 mtHSP70）与进入线粒体的前导肽链交联，mtHSP70 具有维持解折叠状态作用，能将多肽链完全拉进入基质，mtHSP70 分子变构产生拖力，使解折叠的前体蛋白多肽链快速进入线粒体内。最后，前体蛋白在 mtHSP70 为主的分子伴侣系统介导下重新折叠。

三、线粒体的分裂与融合

活细胞中线粒体是动态细胞器，可持续不断进行分裂（fission）与融合（fusion）（图 15-2）。线粒体可以相互融合连接形成网络状结构，也可以分裂形成彼此分散的个体，这种动态变化称为线粒体动力学（mitochondrial dynamics）。分裂与融合不仅塑造线粒体形态，也影响线粒体功能，使细胞能适应不断变化的生理环境。

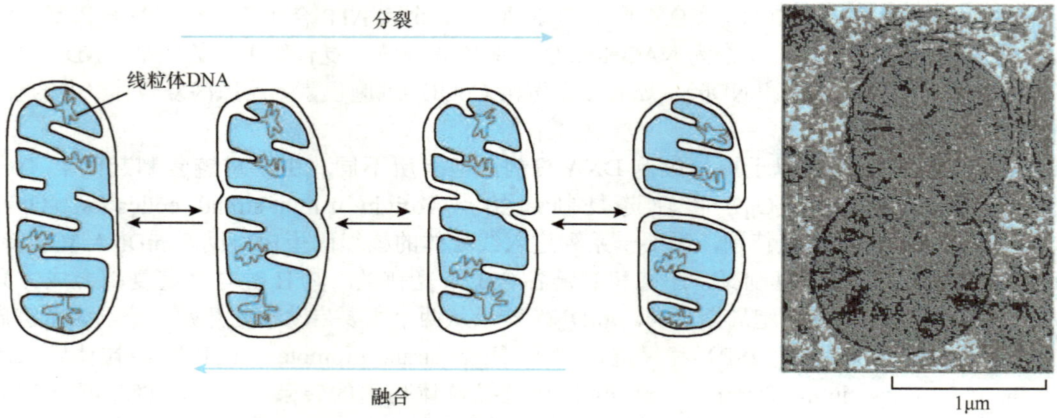

图 15-2　线粒体分裂与融合示意及电镜照片

线粒体分裂与融合需要特定的蛋白进行精确调控（表 15-1）。这类线粒体动力学相关蛋白，以发动蛋白（dynamin）类为代表，相当一部分是 GTP 酶。尽管不同类型 GTP 酶具有各自特征性结构，但它们的共性是有一个类似 GTP 酶结构域。除了介导线粒体融合与分裂外，这类 GTP 酶通常还介导其他膜性细胞器融合与分裂，同时在细胞膜泡转运过程中也扮演着重要角色。目前，人们已将真核生物基因组中编码 GTP 酶的所有基因归类为一个超家族，统称为发动蛋白相关蛋白（dynamin-related protein，DRP）。依照这种归类，介导线粒体融合和分裂的重要基因均被列为 *DRP* 基因超家族成员。

表 15-1　部分线粒体动力学相关蛋白

酵母	哺乳动物	定位	作用
Dnm1	Drp1	细胞质	外膜缢缩环形成，GTP 酶
FIS1	FIS1	外膜	协助外膜定位，Dnm1/Drp1 受体
Mdv1/Caf4		外膜	与 DRP 和 FIS1 相互作用
	Mff、MiD49、MiD51	外膜	协助 DRP 定位至分裂位点
Fzo1	MFN1、MFN2	外膜	外膜融合，GTP 酶
Ugo1		外膜	协助外膜融合，与 Fzo1 和 Mgm1 相互作用
Mgm1	Opa1	内膜和膜间腔	内膜融合，GTP 酶
Clu1	Clu	细胞质、外膜	缺陷导致线粒体聚集

（一）线粒体分裂

线粒体分裂过程依赖于特定的发动蛋白介导和调控。研究发现，编码这类蛋白的基因，如酵母中的 *Dnm1*、大鼠中的 *DLP1*、线虫和哺乳动物中的 *Drp1*，如果发生突变，会显著抑制线粒体分裂，导致细胞中出现结构异常的大体积线粒体。与介导线粒体融合的基因（*Fzo* 和 *Mfn*）相比，线粒体分裂必需的发动蛋白类基因序列在酵母、动物和植物间高度同源。这说明，线粒体分裂的分子机制在整个真核生物进化中高度保守。

线粒体分裂必需的 Dnml、Dlpl 和 Drpl 蛋白结构中，没有线粒体膜定位结构域。这些蛋白多以可溶性形式存在于细胞质中。线粒体分裂时，这类 GTP 酶在其他蛋白协助下有序排布到线粒体外膜分裂点（图 15-3），组装形成环绕线粒体的纤维状结构。该结构与线粒体膜间隙及内膜下其他蛋白协同缢缩，使线粒体膜发生环形内陷，最终一分为二。如果相关基因发生突变，会导致线粒体分裂过程中膜内陷和膜断裂出现障碍。由于线粒体分裂相关发动蛋白类不具备膜定位能力，

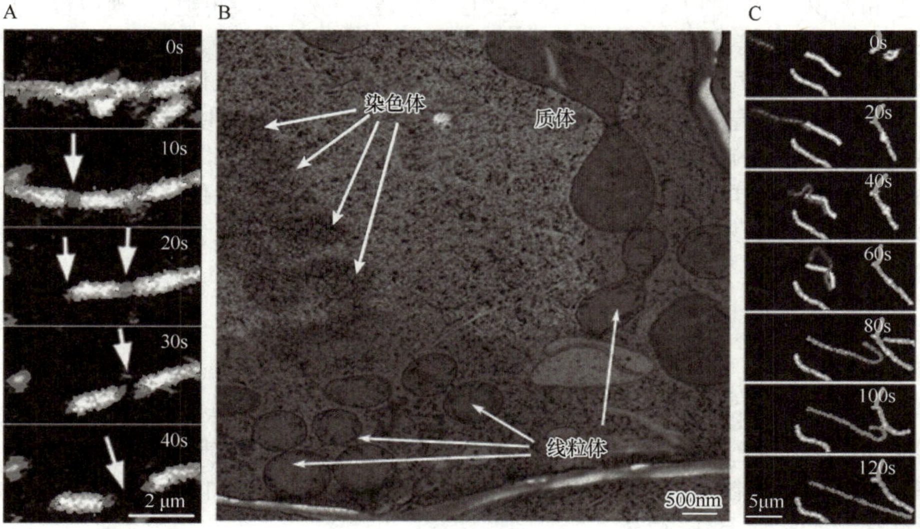

图 15-3　线粒体分裂与融合的代表性实验结果　彩图 15-3

A. 转染表达的 DRP3A 蛋白（GFP-DRP3A，箭头）定位在培养的烟草 BY-2 细胞线粒体（MitoTracker 染色）的分裂前和分裂后位点；B. 正处于分裂中期的拟南芥根细胞中 1 个正处于分裂状态的线粒体，以及 3 对刚完成分裂的线粒体；C. 洋葱上皮细胞转染表达 DRP3B 负显突变体蛋白（K56A）后线粒体融合被阻断。线粒体本体被荧光转换蛋白 Kaede 标记后，有些线粒体呈红色，有些呈绿色，而发生融合后呈黄色

如何将它们招募到线粒体表面适当位置，是线粒体分裂调控分子机制研究的关键内容。两种线粒体分裂必需蛋白 FIS1 和 Mdv1 在这个环节中发挥着重要作用（表 15-1）。其中 FIS1 的 C 端具有线粒体外膜跨膜结构，保证该蛋白 N 端朝向细胞质并定位于线粒体外膜；而 Mdv1 同时结合 FIS1 和 Drp1（或 Dnm1、Dlp1），以桥连的方式将 Drp1（或 Dnm1、Dlp1）定位到线粒体外膜上。除此之外，线粒体分裂还需要分裂蛋白 MFF 和 GDAP1 等分子参与。线粒体分裂的机制非常复杂，目前还在进一步研究揭示中。

线粒体分裂不是均等的。在同一线粒体中，可能存在野生型和突变型 mtDNA。同一细胞中，也可能存在着带有不同 mtDNA 的线粒体。分裂时，野生型和突变型 mtDNA（或线粒体）发生分离，随机地分配到新的线粒体（或细胞）中，使子线粒体（或子细胞）拥有不同比例的突变型 mtDNA，这种随机分配，导致 mtDNA 异质性变化的过程称为复制分离。在连续分裂过程中，异质性细胞中突变型 mtDNA 和野生型 mtDNA 比例会发生漂变，向同质性方向发展。这种漂变的结果使细胞表型也随之发生改变。

（二）线粒体融合

调控线粒体融合必需的基因最早发现于果蝇，取名 *Fzo*（fuzzy onion，模糊的葱头）。在野生型果蝇的精细胞发育过程中，细胞内线粒体发生聚集并融合形成一个大体积球形线粒体。该线粒体膜系统呈同心圆排布，在切片上酷似葱头平切面结构特征，故被称为“葱头”。“模糊的葱头”指的是一个果蝇突变体（*fzo*），其精细胞中线粒体同样会聚集到一个球形区域内，但不发生融合。这样，没有融合的线粒体群在显微镜下不呈同心圆膜系统特征，“模糊的葱头”因而得名。分子遗传学研究结果表明，决定果蝇精细胞线粒体融合的基因（*Fzo*）编码一个跨膜的 GTP 酶（表 15-1），定位在线粒体外膜上，介导线粒体融合。

进一步研究发现，与 *Fzo* 同源的基因家族广泛存在于酵母和哺乳动物基因组内。这些基因编码结构类似的 GTP 酶，其核心功能也是介导线粒体融合。可见，线粒体融合的分子机制在进化中高度保守。在哺乳动物中，上述 GTP 酶被称为“线粒体融合素”（mitofusin），而编码线粒体融合素的 *Fzo* 同源基因为 *Mfn* 基因（如小鼠的 *Mfn1* 和 *Mfn2*）。由于线粒体融合与分裂动态平衡维持线粒体的形态和体积，突变的 *Fzo* 或 *Mfn* 导致线粒体分裂单向频发，细胞内出现线粒体数目增加和体积减小的现象，该现象被称作“线粒体片段化”。

线粒体融合有利于不同线粒体之间的信息和物质相互交换，如膜电位快速传递以及线粒体内容物交换。伴随着细胞衰老，mtDNA 会累积很多突变。线粒体融合可以使不同线粒体的基因组交换，并有效修复这些 DNA 突变，保证线粒体群体的整体功能。另外，线粒体膜电位也会影响线粒体的融合与分裂。如果分裂后新形成的子代线粒体具有较高的膜电位，线粒体将能继续下一轮融合和分裂循环；如果子代线粒体的膜电位下降，出现去极化，线粒体将发生线粒体自噬而被清除。

第二节　线粒体代谢

细胞呼吸（cellular respiration）与能量转换是线粒体生物供能的主要途径，其本质是在线粒体进行一系列酶催化的氧化还原代谢反应。细胞摄取或合成各种大分子物质，通过分解代谢变为糖、氨基酸和脂肪酸等进入线粒体。在 O_2 参与下，经过生物氧化或细胞氧化，产生 CO_2 和 H_2O，并将释放能量储存于 ATP 分子中。

以葡萄糖氧化为例，从糖酵解（glycolysis）到 ATP 合成是一个复杂连续的过程，大体可分为三个阶段：即糖酵解、三羧酸循环（tricarboxylic acid cycle，TCA 循环）和氧化磷酸化（oxidative phosphorylation）。蛋白质和脂肪的彻底氧化，只是在第一阶段与葡萄糖有所区别。葡萄糖在细胞质进行糖酵解，1 分子葡萄糖经过十多步反应，生成 2 分子丙酮酸，脱下 2 对 H 交给受氢体

NAD^+，净生成 2 分子 ATP。在无氧情况下，糖酵解产物丙酮酸的代谢，可由 $NADH+H^+$供氢而还原为乳酸；进行有氧呼吸时，丙酮酸通过丙酮酸载体进入线粒体基质。$NADH+H^+$借助线粒体内膜上特异性穿梭系统进入线粒体内。线粒体基质中，在丙酮酸脱氢酶复合体作用下，丙酮酸进一步分解为乙酰 CoA，NAD^+作为受氢体被还原，然后正式进入后续循环。

一、线粒体代谢途径

（一）三羧酸循环

三羧酸循环发生在线粒体基质，以乙酰 CoA 与草酰乙酸缩合形成柠檬酸开始，故又称柠檬酸循环。在每一次循环中，柠檬酸经历一系列酶促氧化反应、脱氢和脱羧反应生成 CO_2 及高能量电子。在循环末端重新生成的草酰乙酸，又可以和另一分子乙酰 CoA 结合生成柠檬酸，继续下一次循环，如此周而复始。三羧酸循环是糖类、脂肪、氨基酸这三大营养物质分解产能的共同通路。它们经分解代谢最终都产生乙酰 CoA，进入三羧酸循环并氧化供能。同时，三羧酸循环也是这三类营养物质相互转化的枢纽。三羧酸循环过程由八步反应组成（图 15-4）：①乙酰 CoA 与草酰乙酸缩合，形成柠檬酸；②柠檬酸由顺乌头酸酶（ACO_2）催化，异构化形成异柠檬酸；③异柠檬酸在异柠檬酸脱氢酶（IDH3）作用下氧化脱羧，形成 α-酮戊二酸；④ α-酮戊二酸由 α-酮戊二酸脱氢酶（OGDH）复合体催化脱羧，生成琥珀酰 CoA；⑤琥珀酰 CoA 合成酶（SCS）催化琥珀酰 CoA 底物水平磷酸化，生成琥珀酸；⑥琥珀酸脱氢酶（SDH）催化脱氢，生成延胡索酸；⑦延胡索酸在延胡索酸水合酶（FH）作用下加水，生成苹果酸；⑧苹果酸被苹果酸脱氢酶（MDH2）催化，生成草酰乙酸。其中，第 1、3、4 步为限速步骤。整个循环过程共消耗 3 分子 H_2O，生成了 2 分子 CO_2、1 分子 ATP 和 4 对氢。脱下的 4 对氢，有 3 对被 NAD^+接受形成 NADH 和 H^+，另 1 对被 FAD^+接受形成 $FADH_2$，NADH 和 $FADH_2$ 将循环中产生的高能电子携带至线粒体内膜的电子传递链上，开启后续氧化磷酸化过程。

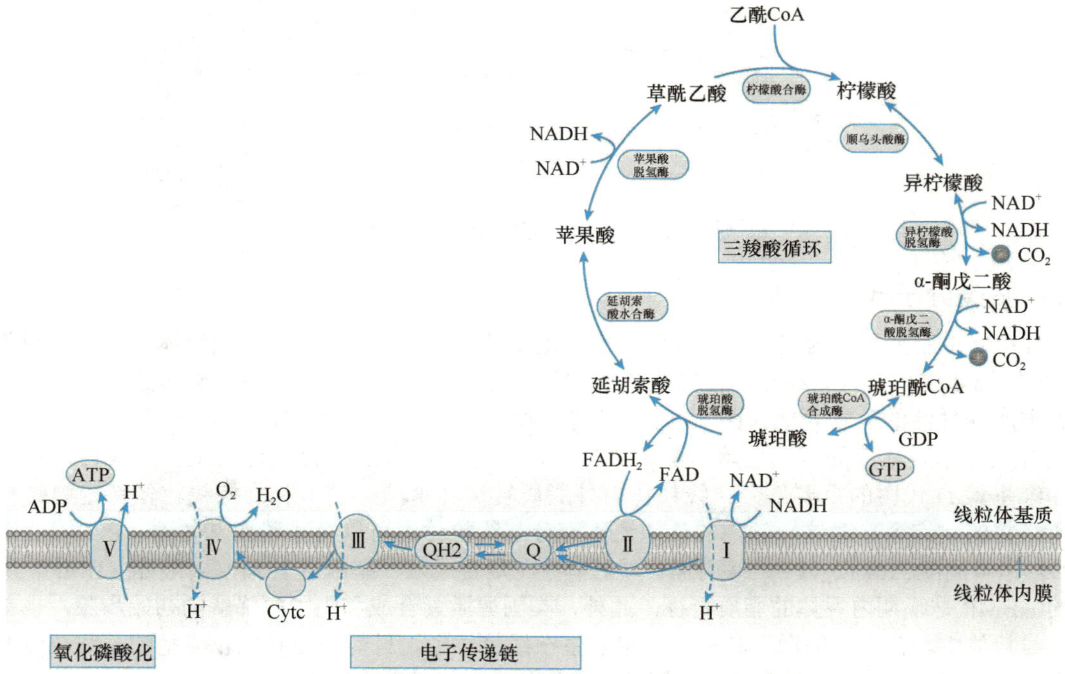

图 15-4 三羧酸循环和电子传递链

虽然发生在线粒体基质中的三羧酸循环被看作是有氧代谢，但实际上三羧酸循环过程中并没有利用氧。氧的消耗是在线粒体内膜呼吸链上进行电子传递时发生的。三羧酸循环是各种有机物进行最后氧化的必经历程，也是各类有机物相互转化的枢纽。除了丙酮酸外，脂肪酸和一些氨基酸也从细胞质进入线粒体，并进一步转化成乙酰 CoA 或三羧酸循环中的其他中间体。三羧酸循环的中间产物，可用来合成包括氨基酸、卟啉及嘧啶核苷酸在内的许多物质。一个功能正常的线粒体进行三羧酸循环，不但需要源源不断的乙酰 CoA 输入，还需要三羧酸循环中间产物的连续供给用以合成草酰乙酸。三羧酸循环中间产物的耗竭（cataplerosis）发生在循环中间多个步骤节点，用以提供生物合成过程或流入其他代谢途径的前体底物；三羧酸循环中间产物的回补（anaplerosis）可提供代谢流以连续产生草酰乙酸（图 15-5）；这种消耗或回补，主要依赖于细胞中其他代谢路径的驱动。它们或直接产生乙酰 CoA，或通过调节丙酮酸脱氢酶复合体活性间接地产生乙酰 CoA 或间接地提供丙酮酸来源。只有经过三羧酸循环，有机物质才能被完全氧化，提供远超无氧氧化所得的能量，供细胞生命活动所需。

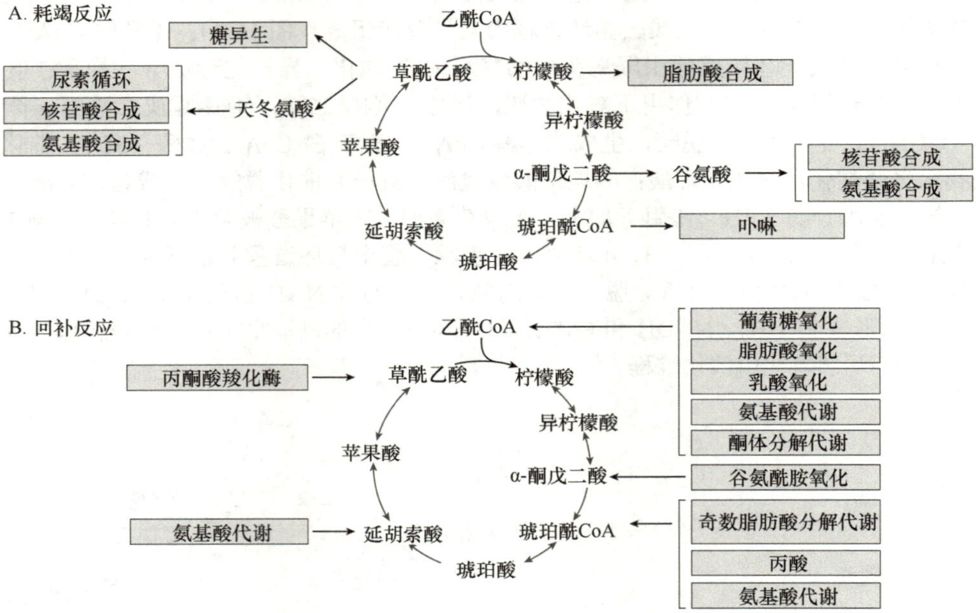

图 15-5　三羧酸循环的代谢输出和输入

（二）脂类分子代谢

线粒体中脂类分子的代谢参与各种膜性细胞器的维持、分裂和融合、线粒体自噬及细胞色素 c 介导的细胞凋亡过程。线粒体中脂质代谢过程十分错综复杂，涉及磷脂、磷脂酰乙醇胺、心磷脂和磷脂酰甘油的生物合成（图 15-6），目前，对这类代谢过程细节并不十分清楚。线粒体中脂肪酸合成是脂质代谢的辅因子硫辛酸所必需的。此外，辅酶 Q 的合成也发生在线粒体，是类固醇和维生素 D 代谢的重要部分。线粒体内外脂质转运和重塑是调节和维持线粒体特定膜结构特性所必需的。迄今，对这一领域的认识还不充分。线粒体中可以合成磷脂基甘油（PG）、心磷脂（CL）和磷脂酰乙醇胺（PE）等磷脂。线粒体 PG 是合成双（单酰基甘油）磷酸酯（BMP）所必需的，BMP 是晚期内吞体的脂质特征。此外，类固醇激素合成和胆固醇降解的初始步骤，也都发生在线粒体中。钙三醇的激活和失活，也发生在线粒体中。目前，相对比较清楚的是线粒体的脂肪酸合成过程，用于细胞能量产生的脂肪酸 β 氧化就在线粒体中发生。

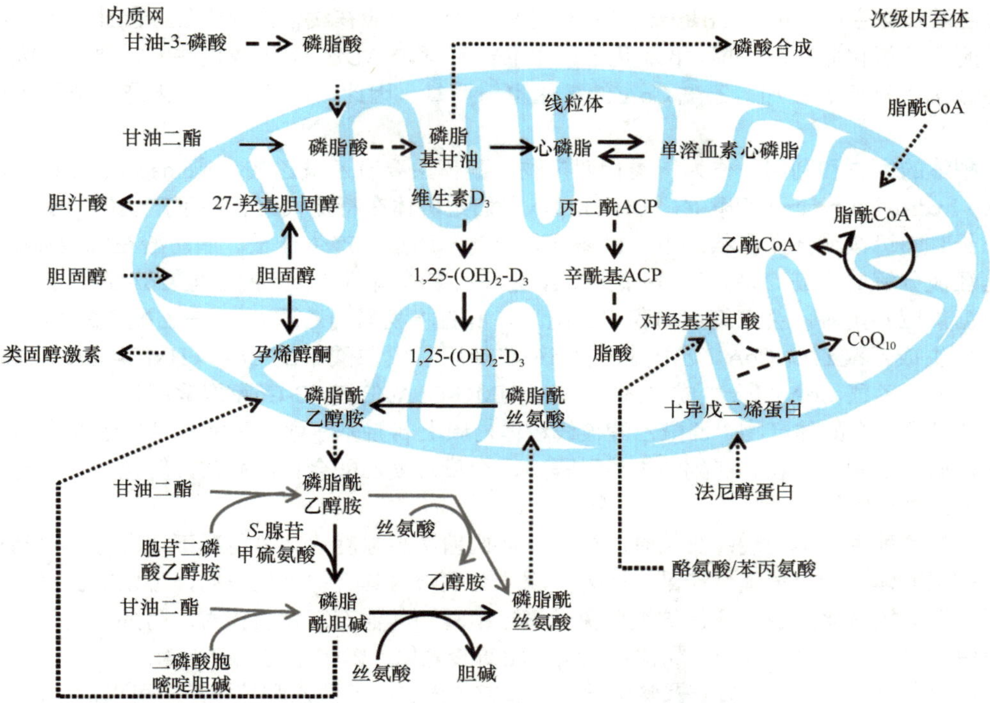

图 15-6 人细胞线粒体中的脂质代谢转运

实线箭头，单个反应；短虚线箭头，多重反应；虚线箭头，运输

1. 脂肪酸 β 氧化 作为脂肪酸代谢的重要组成部分，脂肪酸 β 氧化主要在线粒体进行。这一能量产生途径，通过将长链脂肪酸分解为较短脂肪酸和乙酰 CoA 进入三羧酸循环，继而通过氧化磷酸化产生 ATP。在长时间饥饿、低血糖和高强度运动等情况下，脂肪酸氧化是组织主要能量来源。脂肪酸氧化可以清除过多脂肪酸，防止脂肪堆积，从而维持正常脂肪代谢。脂肪酸氧化还可产生一系列代谢产物，如 NADH 和 $FADH_2$，参与氧化磷酸化并最终产生 ATP。

脂肪酸要进行 β 氧化，首先必须被活化，在 ATP、CoA-SH、Mg^{2+}存在下，由位于内质网及线粒体外膜的脂酰 CoA 合成酶，催化生成脂酰 CoA。长链脂酰 CoA 不能跨过线粒体内膜，需要在肉碱帮助下进入线粒体，随后在肉碱脂酰转移酶 I 作用下形成脂酰肉碱，并借助线粒体内膜上转位酶（或载体）转运到内膜内侧进行氧化分解。通常 10 个碳原子以下活化脂肪酸不需经此途径转运，而直接通过线粒体内膜进行氧化。脂酰 CoA 进入线粒体基质后，在脂肪酸 β 氧化酶系催化下，进行脱氢、加水，再脱氢及硫解共 4 步反应，最后使脂酰基断裂，生成 1 分子乙酰 CoA 和 1 分子比原来少 2 个碳原子的脂酰 CoA。因为此类反应均在脂酰 CoA 烃链的 α，β 碳原子间进行，最后 β 碳被氧化成酰基，故称为 β 氧化。

第一步，脱氢（dehydrogenation）反应是由脂酰 CoA 脱氢酶活化的，辅基为 FAD，脂酰 CoA 在 α 和 β 碳原子上各脱去 1 个氢原子生成具有反式双键的 α、β- 烯脂酰 CoA。脱下的 2 个氢原子由该酶的辅酶 FAD 接受生成 $FADH_2$。后者经电子传递链传递给氧而生成水，同时伴有 1.5 个分子 ATP 生成。第二步，加水（hydration）反应由烯酰 CoA 水合酶催化，生成具有 L- 构型的 β- 羟脂酰 CoA。第三步，再脱氢反应是在 β- 羟脂酰 CoA 脱氢酶（辅酶为 NAD^+）催化下，β- 羟脂酰 CoA 脱去 β 碳上 2 个氢原子生成 β- 酮脂酰 CoA，脱下的氢由该酶的辅酶 NAD^+接受，生成 $NADH+H^+$并经电子传递链氧化生成水及 2.5 个分子 ATP。第四步，硫解（thiolysis）反应，β- 酮脂酰 CoA 在硫解酶（β-ketoacyl CoA thiolase）催化下，加 1 分子 CoA 使碳链断裂，产生乙酰 CoA 和一个比原来少 2 个碳原子的脂酰 CoA。

脂肪酸活化生成脂酰 CoA 是一个耗能过程，β 氧化反应在线粒体内进行。因此，没有线粒体的红细胞不能氧化脂肪酸供能。β 氧化过程中 $FADH_2$ 和 $NADH+H^+$生成这些氢，要经呼吸链传递给氧生成水，需要氧参加。乙酰 CoA 的氧化也需要氧。因此，脂肪酸 β 氧化是一个需氧的代谢过程。

2. 酮体的生成和利用 作为一类代谢产物，酮体主要有乙酰乙酸（acetoacetic acid）、β-羟基丁酸（β-hydroxybutyrate）和丙酮（acetone）。它们是机体在特定代谢状态下产生的。酮体生成过程：在长时间饥饿或低血糖状态下，机体开始分解脂肪酸来产生能量。脂肪酸在线粒体中通过 β 氧化途径被分解成乙酰 CoA，部分乙酰 CoA 进入三羧酸循环，余下的乙酰 CoA 在代谢途径受阻或葡萄糖供应不足时，会在细胞内积累。随后，肝脏将积累的乙酰 CoA 在乙酰乙酰 CoA 硫解酶作用下，生成乙酰乙酰 CoA。乙酰乙酰 CoA 在羟甲基戊二酸单酰 CoA（HMG-CoA）合酶作用下，与 1 分子乙酰 CoA 缩合生成 HMG-CoA，HMG-CoA 在 HMG-CoA 裂解酶作用下，生成乙酰乙酸，这是第一个酮体产物。乙酰乙酸被线粒体内膜上 β-羟基丁酸脱氢酶作用，还原为 β-羟基丁酸，这是第二个酮体产物。在酮体生成过程中，少量乙酰乙酸会自然脱羧，转化为丙酮，丙酮常以呼气形式排出体外。

酮体有多种生物学功能：在长时间饥饿、低血糖或高强度运动等情况下，身体会将储存的脂肪分解产生酮体，给身体提供能量。此外，酮体在细胞内具有抗氧化作用，可以减少氧化应激损伤，通过调节抗氧化酶表达来保护细胞免受氧自由基和其他有害物质损害。另外，酮体在一些代谢途径中发挥调节作用。例如，酮体可以调节脂肪酸氧化，影响脂肪代谢平衡。

酮体的利用：在肾脏、心脏及脑组织细胞线粒体内含有乙酰乙酸硫激酶，可以活化乙酰乙酸，生成乙酰乙酰 CoA。随后乙酰乙酰 CoA 硫解生成乙酰 CoA，进入三羧酸循环。β-羟基丁酸可以通过血液循环被转运到其他组织细胞中，如心脏、肌肉和大脑，这些组织细胞可以利用酮体作为能量来源。在组织内，β-羟基丁酸在 β-羟基丁酸脱氢酶的催化下，被再次氧化为乙酰乙酸，再转变为乙酰 CoA，然后通过三羧酸循环产生 ATP。

（三）尿素循环/鸟氨酸循环

尿素循环（urea cycle）又称鸟氨酸循环，是一种将多余的氮从机体内排出的过程。尿素循环主要发生在肝脏细胞中，可以将游离氨和天冬氨酸中的氮转化成尿素，并通过肾脏随尿排出。因为氨是一种高度毒性物质，如果在体内积累过多，会导致神经系统功能障碍，甚至昏迷和死亡。尿素代谢可以将氨转化为尿素，从而降低体内氨的浓度和毒性。此外，尿素代谢是连接柠檬酸循环的桥梁。尿素代谢不仅将氨和二氧化碳合成为尿素，而且生成 1 分子延胡索酸，使尿素循环与柠檬酸循环联系起来。尿素循环主要由五个酶促反应步骤组成（图 15-7）：

第一步，在氨基甲酰磷酸合成酶 Ⅰ（CPS-Ⅰ）作用下，1 分子的二氧化碳和 1 分子的游离氨，结合成氨基甲酰磷酸（CPA），此过程消耗 2 个 ATP 分子。CPS-Ⅰ是鸟氨酸循环的限速酶，主要存在于肝脏中。*N*-乙酰谷氨酸（AGA）是 CPS-Ⅰ的变构激活剂，由谷氨酰胺和乙酰 CoA 在 *N*-乙酰谷氨酸合成酶（NAGS）的催化下诱导 CPS-Ⅰ发生构象变化，进而增加酶对 ATP 的亲和力。此外，该反应还需要 Mg^{2+}作为辅基。除了 CPS-Ⅰ外，还有氨基甲酰磷酸合成酶Ⅱ（CPS-Ⅱ），CPS-Ⅱ存在于细胞质中，用谷氨酰胺为原料合成嘧啶。第二步，在鸟氨酸氨基甲酰转移酶（OCT）的作用下，CPA 和 *L*-鸟氨酸结合成瓜氨酸，此过程释放 1 个磷酸二酯（Pi）分子。OCT 主要位于肝细胞线粒体，是一种肝脏特异性酶，其在肝脏含量最丰富，测定鸟氨酸氨基甲酰转移酶是肝胆疾病的敏感指标。

以上两步均发生在线粒体中，生成的瓜氨酸需要转运至细胞质中，才能进入下一步反应。将瓜氨酸从线粒体转运到细胞质的是鸟氨/瓜氨转运蛋白（ORC）。ORC 是存在于线粒体膜上的反向转运蛋白，可以将瓜氨酸与胞质里鸟氨酸交换，从而将尿素循环在胞质和线粒体的两部分连接起来。此外，它也在瓜氨酸合成和胍基乙酸代谢中发挥作用。此外，瓜氨/天冬转运蛋白（CAT）在瓜氨酸转运过程中也发挥重要作用。CAT 是位于线粒体内膜的双向转运蛋白，它可以将瓜氨酸从线粒体内转运到胞质中，同时将天冬氨酸从胞质中转运到线粒体内。

第三步，在精氨酸代琥珀酸合成酶（ASS）作用下，转运到细胞质的瓜氨酸与天冬氨酸反应生成 1 个精氨酸代琥珀酸，此过程消耗 1 分子 ATP，是尿素循环中精氨酸合成的限速步骤。第四步，在精氨代琥珀酸裂解酶（ASL）作用下，精氨酸代琥珀酸被裂解成 1 分子 *L*-精氨酸和 1 分子尿素。第五步，在精氨酸水解酶（ARG）作用下，*L*-精氨酸被水解，产生 1 分子 *L*-鸟氨酸和 1 分子尿素。

以上三步均发生在细胞质中，生成的鸟氨酸被 ORC 转运回线粒体中，重新结合氨基甲酰磷酸生成瓜氨酸，从而构成完整的尿素循环。

总体来看，尿素循环每循环 1 次，能够将 2 分子氨（1 分子来自游离氨和 1 分子来自天冬氨酸）转化生成 1 分子尿素，同时将 1 分子天冬氨酸转化生成 1 分子延胡索酸，并消耗 3 分子 ATP。

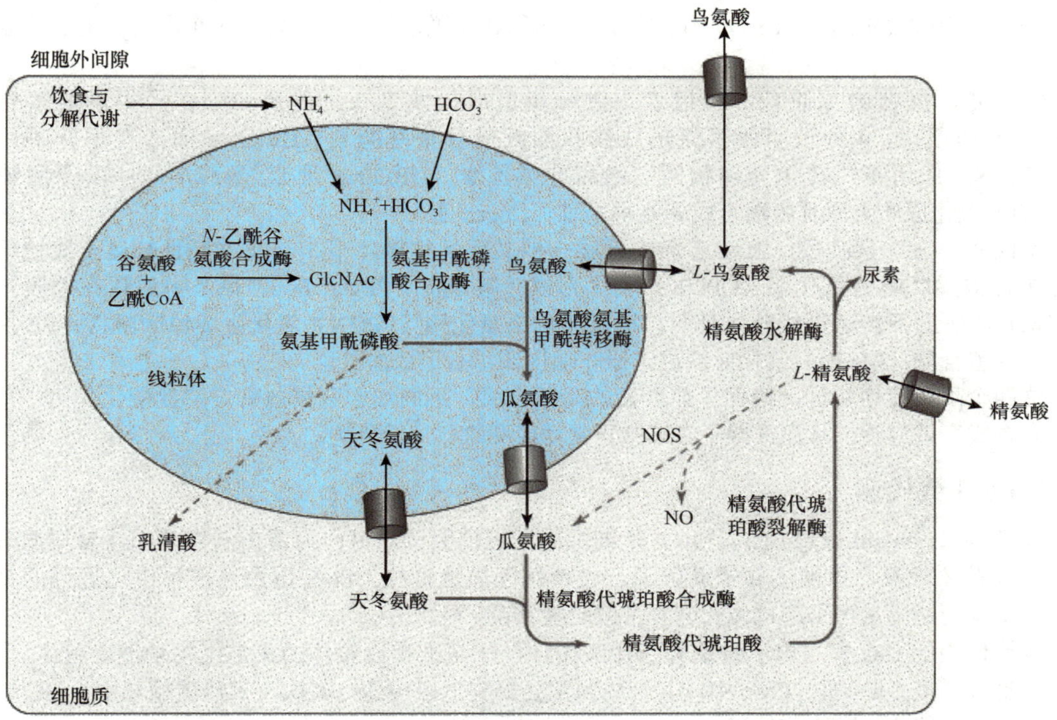

图 15-7 尿素循环中的氮中间产物代谢

（四）血红素代谢

血红素（heme）是红细胞中铁质色素，可作为血红蛋白、肌红蛋白、细胞色素、过氧化物酶等的辅基。血红素由 1 个四氮杂环（卟啉环）和 1 个铁原子组成。位于中心的铁原子（Fe）通过与 4 个卟啉环氮原子配位，形成 1 个稳定血红素分子。铁原子能够在两种价态之间转换：氧化态（Fe^{3+}）和还原态（Fe^{2+}）。这使得血红素能够在氧气结合和释放过程中发挥关键作用。

机体呼吸过程中氧气输送、储存与释放离不开血红素。血红素能与氧气高亲和力结合，在红细胞内部形成氧合血红蛋白，从肺部将吸入的氧气运送至身体各个组织和器官。这种氧气输送是细胞呼吸的基础，为维持能量代谢和正常生理功能提供必要条件。除氧气输送外，血红素在细胞呼吸过程中线粒体电子传递链上还扮演了重要角色。Cytc 是含一个血红素辅基的单链蛋白。Cytc 分子中心包含 1 个铁原子，该铁原子与血红素结合，允许 Cytc 在电子传递链中接受和释放电子，从而介导氧化还原反应。氧合血红蛋白不仅仅是氧气运输工具，它还能够精密调控氧气释放。在肺部高氧环境中，血红素与氧气结合，形成氧合血红蛋白，以储存氧气。而在组织细胞处于低氧环境时，这种结合会逆转，由储存氧气转变为释放氧气供细胞使用。这一动态平衡机制，确保了氧气在不同生理环境下高效传递和利用，这对于维持细胞正常生理功能至关重要。此外，血红素还在机体二氧化碳运输与排放、pH 值调节与生理平衡、维持体内铁稳态及充当基因调控的信号分子方面也发挥重要作用。

血红素合成起始和终末阶段发生在线粒体中，中间阶段发生在细胞质中，共由 8 个酶促步骤催化，整个合成过程可分为四个主要阶段：

第一步，酮戊酸阶段。血红素合成始于线粒体，其关键步骤是由甘氨酸和琥珀酰 CoA（succinyl-CoA）在 5-氨基酮戊酸合酶（ALAS）催化下，发生克莱森（Claisen）缩合并脱羧生成 5-氨基酮戊酸（ALA）。ALAS 是血红素生物合成限速酶，在血红素合成中起重要作用。

第二步，胆色素原阶段。随后，ALA 从线粒体输出到细胞质。在胆色素原合成酶（PBGS）或氨基乙酰丙酸脱水酶（ALAD）作用下，2 分子 ALA 脱水缩合生成含有 1 个吡咯环的胆色素原（PBG）。

第三步，粪卟啉原阶段。胆色素原进一步反应仍发生在细胞质中。在羟甲基胆素合酶（HMBS）作用下，4 分子胆色素原形成线状四吡咯羟甲基胆素（HMB），而后在尿卟啉原合酶（UROS）作用下，转化为环状四吡咯尿卟啉原Ⅲ（UROgen Ⅲ）。最后，尿卟啉原脱羧酶（UROD）催化尿卟啉原Ⅲ脱羧合成粪卟啉原Ⅲ（Cpgen Ⅲ）。

第四步，血红素阶段。血红素合成最后一步又回到线粒体中。粪卟啉原Ⅲ转运至线粒体膜间隙中，被粪卟啉原氧化酶（CPOX）氧化为原卟啉原Ⅸ（PPgen Ⅸ）。原卟啉原Ⅸ在跨膜蛋白 TMEM14C 协助下转运进线粒体基质，被原卟啉原氧化酶（PPOX）氧化生成原卟啉Ⅸ（PP Ⅸ）。最后，铁螯合酶（FECH）催化亚铁进入原卟啉Ⅸ环中心形成血红素。

这四个阶段有序协同，确保了血红素的高效合成。不同细胞区域内特定酶促催化作用，使得血红素合成高效进行，从而维持了红细胞正常功能和氧气运输能力。

（五）Fe-S 簇代谢

Fe-S 簇（iron-sulfur cluster，ISC）是细胞内无机辅因子，可作为蛋白活性基团，参与调节酶活性、线粒体呼吸、核糖体和辅助因子合成及基因表达调控。Fe-S 蛋白是多种生化过程的关键酶，其结构功能异常可引起机体代谢异常或功能紊乱。

线粒体中的 ISC 参与电子传递和三羧酸循环，从而维持线粒体的正常生物功能。首先，ICS 分布在复合体Ⅰ/Ⅱ/Ⅲ、Cytc 中，其合成异常会影响电子传递；其次，三羧酸循环中，ISC 还是顺乌头酸酶和琥珀酸脱氢酶的辅基。

线粒体是真核细胞 Fe-S 蛋白合成的关键部位，组成线粒体 ISC 代谢系统的蛋白几乎均为细胞必需。ISC 代谢系统是多步骤合成系统，根据复杂的反应进程，将线粒体内铁硫蛋白合成分为三步：①在支架蛋白 Isu1 上合成［2Fe-2S］簇；②分子伴侣协助［2Fe-2S］簇转移到谷氧还蛋白 5（Grx5）；③ Fe-S 簇目标因子协助［4Fe-4S］蛋白合成。

线粒体内 ISC 合成受阻，或细胞质与线粒体之间的铁转运失调，会导致细胞质铁耗竭或线粒体铁过载。铁过载会产生大量活性氧，继而给线粒体带来巨大损伤，进一步影响整个细胞和机体功能，最终导致包括多发性线粒体功能障碍综合征在内的多种疾病。

二、线粒体呼吸与 ATP 生成

（一）电子传递链/呼吸链

电子传递链（electron transport chain，ETC）又称呼吸链（respiratory chain），是按顺序排列在

线粒体内膜上的一系列酶促体系。它们相互交联进行动态组装形成链状排列，作用是可逆地接受和释放 H^+和 e。该体系以氧为电子接受体，与细胞对氧的摄取密切相关。1 分子葡萄糖在无氧氧化、丙酮酸脱氢和三羧酸循环过程中共产生 6 分子 CO_2 和 12 对 H，但只有当这些 H 进一步经过氧化成为 H_2O，整个有氧氧化过程才结束。事实上，H 并不能直接与 O_2 结合，它先解离为 H^+和 e，电子经过电子传递链的逐级传递，最终使 1 分子 O_2 成为 $2O^{2-}$。O^{2-}再与基质中 2 个 H^+生成 H_2O。电子传递过程依次为：NAD(FAD) → 辅酶 Q → Cytb → $Cytc_1$ → Cytc → Cyta → $Cyta_3$ → O_2。

只传递电子的酶和辅酶称为电子传递体，它们可分为醌类、细胞色素和铁硫蛋白三类化合物；既传递电子又传递质子的酶和辅酶称为递氢体。除了泛醌（辅酶 Q，CoQ）和 Cytc 之外，呼吸链上的其他成员分别组装形成了 Ⅰ、Ⅱ、Ⅲ、Ⅳ四个脂类蛋白质复合体，并包埋在线粒体内膜中。CoQ 是脂溶性蛋白，可在脂双层中从膜一侧向另一侧移动；Cytc 是膜周边蛋白，可在膜表面移动。因此，呼吸链可拆分为可流动的辅酶 Q 和 Cytc，以及 4 种聚合组装的功能复合体Ⅰ、Ⅱ、Ⅲ、Ⅳ（图 15-8）。

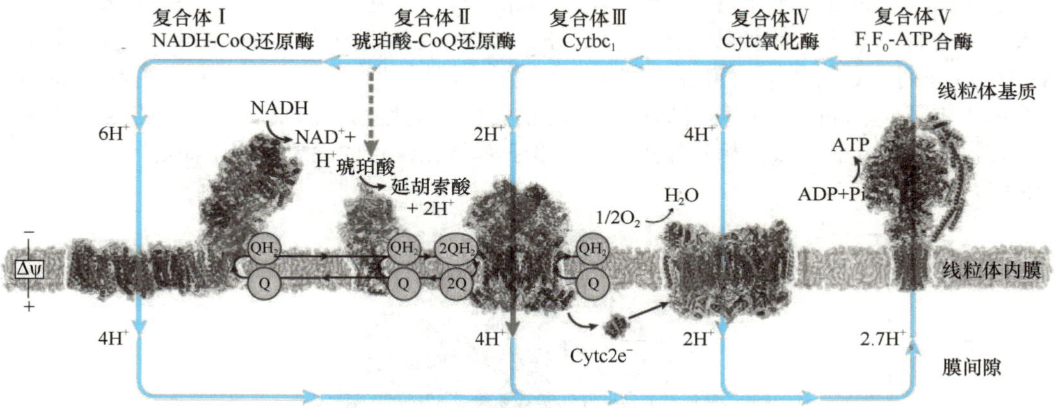

图 15-8 线粒体呼吸链结构组装

复合体Ⅰ：称 NADH-CoQ 还原酶或 NADH 脱氢酶。哺乳动物线粒体复合体Ⅰ由 42 个不同亚基构成（其中 7 个亚基由线粒体基因编码），以二聚体形式存在，是呼吸链中最大最复杂的酶复合体。复合体Ⅰ由 1 个带 FMN 的黄素蛋白与至少 6 个铁硫中心组成，呈 L 形，一侧臂嵌于膜上，另一侧臂延伸至基质。复合物Ⅰ由基质接受 NADH 的 1 对电子传递给 CoQ。CoQ 将电子通过疏水蛋白中 Fe-S 再传递到内膜上的泛醌。每传递 1 对电子过程同时可伴随将 4 个 H^+从内膜基质侧泵到膜间隙（图 15-10），所以，复合物Ⅰ具有质子泵功能。

复合体Ⅱ：称琥珀酸-CoQ 还原酶或琥珀酸脱氢酶，由 4 种亚基构成。复合体Ⅱ催化来自琥珀酸的 1 对电子从琥珀酸通过 FAD 和铁硫蛋白传给 CoQ 进入呼吸链，是三羧酸循环中唯一在膜上结合的酶。复合体Ⅱ电子传递的过程释放能量较少，且不能使质子跨膜转移。

复合体Ⅲ：称 CoQ-Cytc 还原酶、细胞色素还原酶或 $Cytbc_1$ 复合物，由 10 种亚基构成，以二聚体形式存在。每个复合体Ⅲ含有 1 个 Cytb（由线粒体基因编码）、1 个 $Cytc_1$ 和 1 个铁硫蛋白，作用是催化电子从 CoQ 传递给 Cytc。每传递 1 对电子伴随将 4 个 H^+从基质泵到膜间隙（图 15-8，图 15-10）。所以，复合体Ⅲ既是电子传递体，又是递氢体。

复合体Ⅳ：称 Cytc 氧化酶或细胞色素氧化酶。哺乳动物的复合体Ⅳ由 13 个亚基组成，以二聚体形式存在，其中有 3 个亚基由线粒体基因编码。此复合体有 4 个氧化还原中心：Cyta、$Cyta_3$ 和 2 个铜原子（CuA，CuB），作用是催化电子从 Cytc 传递给 O_2 生成 H_2O。复合体Ⅳ传递 1 对电子消耗 4 个 H^+，其中 2 个被转移至线粒体膜间隙，另外 2 个用于 H_2O 的生成（图 15-8，图 15-10）。所以，复合体Ⅳ既是电子传递体，也是递氢体。

四种呼吸链复合体在电子传递过程中协同作用。主呼吸链为复合体Ⅰ、Ⅲ、Ⅳ超级组装形成NADH呼吸链，催化NADH的氧化；次呼吸链为复合体Ⅱ、Ⅲ、Ⅳ超级组装形成的$FADH_2$呼吸链，催化琥珀酸氧化。

（二）ATP合酶

线粒体内膜（包括嵴）上分布有许多圆球形基粒，基粒由突出于膜外的头部和嵌于膜内的基部构成（图15-9）。基粒的本质是ATP合酶（ATP synthase），又称F_1F_0-ATP酶，是生物体能量转换的核心酶，定位于线粒体内膜，是ADP磷酸化生成ATP的关键装置。

ATP合酶的头部称为F_1偶联因子，由5种类型的9个亚基组成$\alpha_3\beta_3\gamma\varepsilon\delta$组分。其中α和β亚基具有核苷酸结合位点，并且β亚基的结合位点具有催化ATP合成或水解的活性。F_1的功能是催化ATP合成，在缺乏质子梯度情况下则呈现ATP水解活性。γ、ε亚基具有很强的亲和力，结合形成“转子”（rotor），旋转于$\alpha_3\beta_3$中央，调节β亚基催化位点的开放和关闭，帮助F_1和F_0相连接。ε亚基可抑制酶水解ATP活性，并且具有堵塞H^+通道、减少H^+泄漏的功能（图15-9）。

ATP合酶的基部结构称作F_0，对寡霉素（oligomycin）敏感。与亲水性F_1相比，F_0是个疏水性蛋白复合体，嵌合于线粒体内膜，由a、b、c三种亚基组成跨膜质子通道。a亚基和b亚基形成二聚体排列在c亚基十二聚体形成的环状结构外侧。同时，a亚基、b亚基及F_1的δ亚基共同组成“定子”（stator），也称外周柄。F_0的主要作用就是利用跨膜质子的势能推动F_1的“转子”旋转，与3个β亚基依次相互作用，调节β亚基催化位点的构象变化，源源不断地产生ATP（图15-9）。

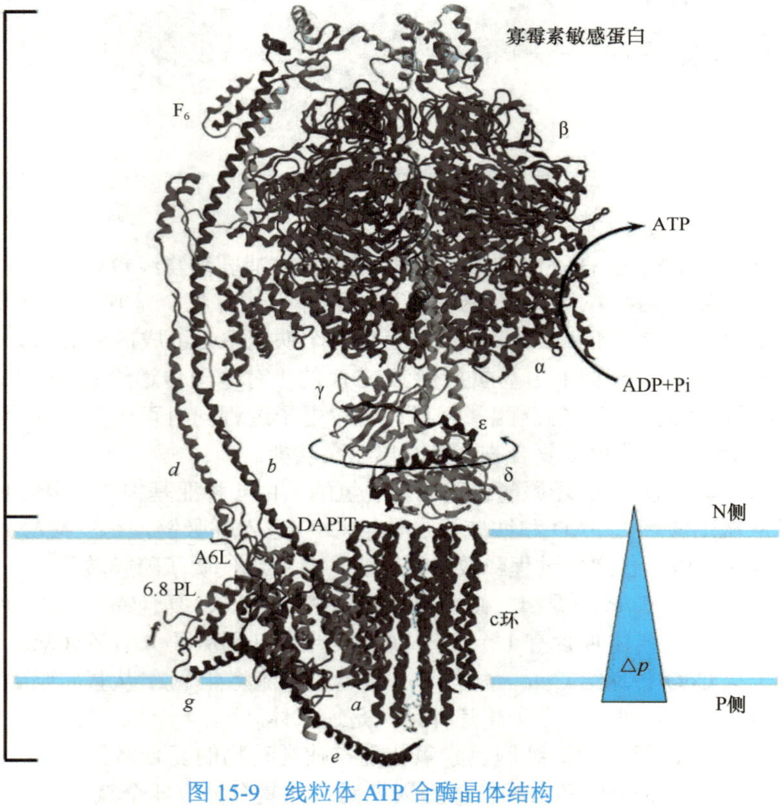

图15-9　线粒体ATP合酶晶体结构

Δp：电势差

（三）氧化磷酸化

氧化磷酸化是有机物质在体内氧化时释放的能量通过呼吸链供给 ADP 后与无机磷酸合成 ATP 的代谢偶联反应。在三羧酸循环中产生的 2 种还原性的电子载体 NADH 和 $FADH_2$，经线粒体内膜上电子传递链将其携带的电子传递给 O_2，本身则被氧化。而电子传递过程中，释放的能量则被 ATP 合酶用来催化 ADP 磷酸化，最终合成 ATP（图 15-10）。线粒体的能量转换，主要是通过有氧代谢过程发生氧化磷酸化，将摄取有机物中所含的化学能转变为能被细胞直接利用的 ATP。

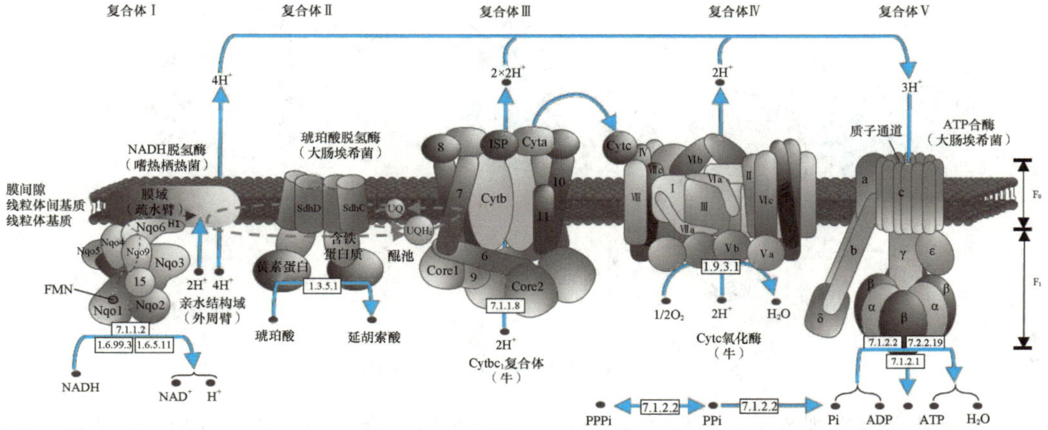

图 15-10 线粒体氧化磷酸化过程

目前，被广泛接受的电子传递偶联氧化磷酸化的机制，为英国生物化学家彼得·米切尔（Peter Mitchell）于 1961 年提出的化学渗透假说（chemiosmotic hypothesis）。该假说认为，电子传递过程中的自由能差导致 H^+穿膜传递，转变为线粒体内膜的电化学质子梯度，质子顺梯度回流，释放能量，驱动 ATP 合酶催化 ADP 磷酸化生成 ATP。这一过程要点如下：①呼吸链中的电子传递体在线粒体内膜中有着特定的不对称分布，递氢体和电子传递体是间隔交替排列的，催化反应是定向的。②在电子传递过程中，复合物Ⅰ、Ⅲ和Ⅳ的递氢体起到质子泵作用，将 H^+从线粒体内膜基质侧，泵至内膜外侧的空间，将电子传给其后的电子传递体。③线粒体内膜对质子具有不可自由透过的性质，泵到外侧的 H^+不能自由返回。结果形成内膜内外的电化学势梯度（由质子浓度差产生的电位梯度）。④线粒体 F_1F_0-ATP 酶复合物能利用 ATP 水解能量将质子泵出内膜，但当存在足够高的跨膜质子电化学梯度时，强大的质子流通过 F_1F_0-ATP 酶进入线粒体基质时，释放的自由能源源不断地推动 ATP 合成（图 15-10）。

测定表明，呼吸链中有 3 个主要的质子由基质转运到线粒体膜间腔的位点：① NADH → FMN 之间；② Cytb → Cytc 之间；③ Cyta → O_2 之间。在这 3 个位点，质子在基质和膜间腔间形成了浓度梯度和电位差，可以使 2.5 分子的 ADP 磷酸化生成 2.5 分子 ATP，是能量主要释放的部位。两种载氢体进入呼吸链的部位不同。1 分子 NADH 和 H^+经过电子传递可产生 2.5 分子 ATP，$FADH_2$ 经电子传递可产生 1.5 分子 ATP。

当细胞不利用氧化磷酸化供能时，只能靠无氧代谢的糖酵解提供 ATP。1 分子葡萄糖经过糖酵解只能净生成 2 分子 ATP，而通过有氧代谢供能途径，共可生成 32 分子或 30 分子 ATP。葡萄糖通过氧化磷酸化的产能效率远远大于糖酵解。因此，线粒体被称作人体细胞的“动力工厂”。线粒体通过氧化磷酸化作用高效驱动能量转换，其内膜上的电子传递链、ATP 合酶及内膜本身的理化性质，都为氧化磷酸化的时刻正常进行提供了可靠保障。

（四）氧化应激

细胞氧化与抗氧化作用失衡称为氧化应激（oxidative stress），这是由氧自由基在体内产生的一种负面作用。氧，作为人体细胞必需物质有双重作用。一方面，O_2 作为呼吸链的电子受体参与产生 ATP 的氧化磷酸化反应，维持能量代谢；另一方面，O_2 通过一系列反应，可生成氧自由基、活性氧（ROS）等。如果过量产生会造成细胞损伤、衰老和一些疾病发生。线粒体 ROS 产生相当一部分发生在呼吸链复合体 Ⅰ、Ⅱ、Ⅲ上（图 15-11）。

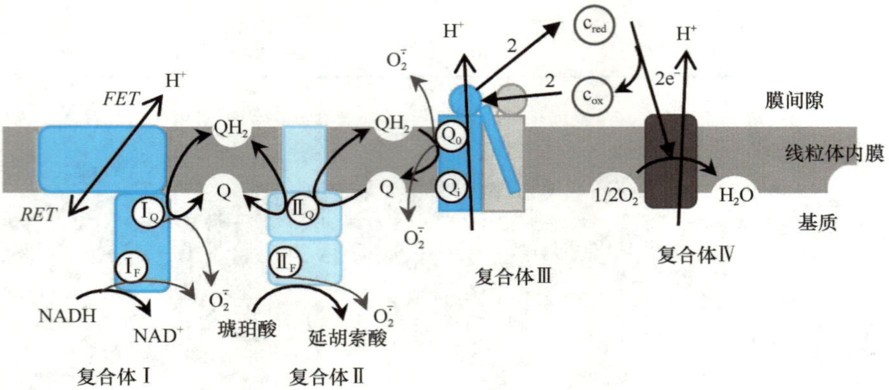

图 15-11　线粒体呼吸链中 ROS 产生的可能位点

在药物等外界因素刺激下，线粒体中 ROS 形成增加时，会启动解偶联机制。当线粒体应激，ROS 过快增加时，积累的 ROS 激活线粒体内膜上非特异通透性转换孔（permeability transition pore，PTP）开放，H^+ 在膜两侧恢复平衡，呼吸链作用底物在细胞质与线粒体基质间达到平衡状态，跨膜质子梯度消失，呼吸链的呼吸速率达到最大值，快速消耗氧，导致活性氧产生下降、PTP 关闭。当 ROS 过量积累超过阈值会导致线粒体膨大，线粒体通透性转换孔会持续开放，膜电位降低，Cytc 脱落泄漏至胞质，Bax 表达，caspase 活化，细胞启动凋亡过程。

三、线粒体与其他细胞器相互作用改变代谢流

线粒体是高度动态的细胞器，可响应特定生理条件，与内质网、溶酶体、过氧化物酶体、高尔基体、脂滴和黑素体等其他膜性结构建立物理接触和功能联系。目前已鉴定出几十对特定蛋白间相互作用，可介导线粒体与其他细胞器间多种相互作用，从而改变传统熟知的细胞内代谢流。这方面，了解相对较多的是线粒体-内质网相互作用，可调控包括钙信号和脂质转运在内等多种代谢过程。线粒体与溶酶体、过氧化物酶体和脂滴间相互作用目前也得以初步认知，但对代谢改变细节了解不多。线粒体与高尔基体、黑素体等其他细胞器间相互作用目前研究较少（图 15-12）。

（一）线粒体与内质网相互作用

线粒体与内质网间直接接触形成的膜结构，称为线粒体相关内质网膜（mitochondria-associated endoplasmic reticulum membrane，MAM）。MAM 在内质网和线粒体间形成特殊通道，将内质网和线粒体不同功能偶联起来。MAM 调控线粒体和内质网间的钙离子运输、脂质代谢、能量运输、线粒体形态维持等不同过程。

1. 线粒体-内质网互作调控 Ca^{2+} 转运　线粒体和内质网是细胞内两种 Ca^{2+} 储存库。线粒体 Ca^{2+} 转运对于调节 ATP 产生、细胞内钙信号转导、调节能量代谢、产生 ROS 和调节细胞死亡至关重要。线粒体主要通过 Na^+/Ca^{2+} 交换系统（mNCX）和线粒体 H^+/Ca^{2+} 交换系统（mHCX），将线粒体基质中 Ca^{2+} 转运到线粒体外。在线粒体外膜上高表达的电压依赖性阴离子通道蛋白（VDAC）

将 Ca^{2+}渗透进线粒体。同时，线粒体内膜上 Ca^{2+}转运蛋白（MICU1 和 MICU2）形成同源或异源二聚体，并根据线粒体外 Ca^{2+}浓度来开启单向转运器（MCU）来对 Ca^{2+}进行摄取。由于 MCU 是一个 Ca^{2+}亲和力较低的蛋白，线粒体通过与内质网形成 MAM，使两个细胞器大量紧密接触，从而实现 Ca^{2+}在两个细胞器间高效转运。

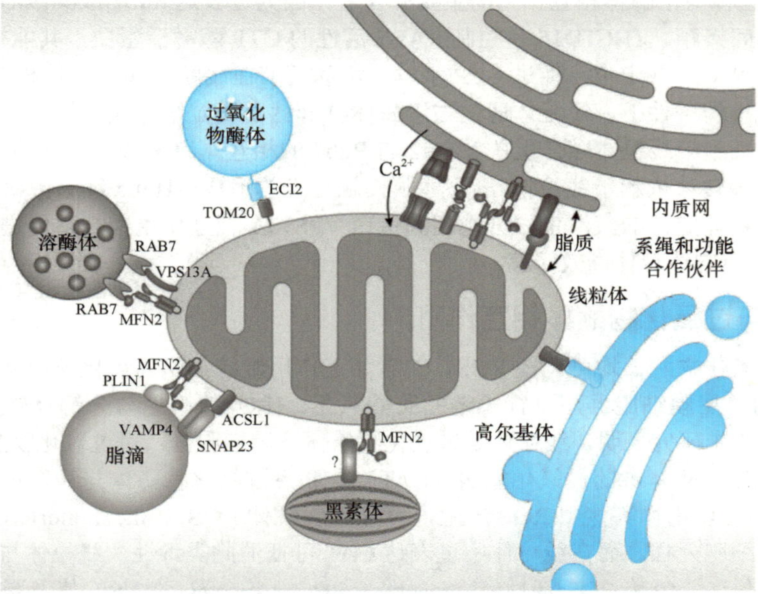

图 15-12 线粒体与细胞内膜性细胞器间相互作用

？示目前仅知道线粒体与高尔基体存在相互作用接触，但两者联结的分子配对尚不清楚

2. 线粒体-内质网互作调控脂质运输 内质网是膜脂主要的合成中心，线粒体膜成分中含有高水平磷脂、低水平甾醇和鞘脂。发生在 MAM 处的非膜泡转运对于两个细胞器间脂质转运至关重要。多种介导磷脂合成的关键酶定位在 MAM，例如，磷脂酰丝氨酸合成酶（PSS1/2）和磷脂酰乙醇胺 *N*-甲基转移酶 2（PEMT2）。此外，参与甘油三酯合成和类固醇生成的关键调节因子也富集在 MAM，包括酰基-CoA/二酰基甘油酰基转移酶（DGAT2）和类固醇生成急性调节蛋白（StAR）。另外，介导脂肪酸连接 CoA 的长链脂肪酸-CoA 连接酶（FACL41）和催化胆固醇生成的酰基辅酶（ACAT1/SOAT1）也在 MAM 处富集。这表明 MAM 与线粒体和内质网间脂质交换和脂质代谢密切相关。

3. 线粒体-内质网互作调控线粒体动力学 线粒体分裂可由定位于线粒体的肌动蛋白和内质网蛋白 INF2 介导。INF2 被激活后可进一步聚合肌动蛋白，从而产生线粒体起始分裂收缩驱动力。一旦肌动蛋白在线粒体将要发生分裂部位组装完成，便会使聚集在线粒体外膜上的 Drp1 围绕线粒体螺旋运动，完成内质网介导的线粒体分裂过程。线粒体融合主要由线粒体融合蛋白 MFN1 和 MFN2 协调，MFN1 在线粒体融合中起关键作用，MFN2 则主要协调 2 个融合线粒体之间相互作用。位于内质网膜上的 MFN2 蛋白可与定位于线粒体上的 MFN1 和 MFN2 形成同源或异源二聚体，这表明线粒体-内质网互作对线粒体分裂和融合均至关重要。

（二）线粒体与溶酶体相互作用

溶酶体是存在于所有真核细胞中的酸性细胞器，内含有多种酸性水解酶，通过降解多种生物大分子和膜性结构，保证细胞器更新，维持细胞生长增殖、能量稳态和生物合成。近年发现，线粒体和溶酶体间相互依赖。在急性线粒体损伤初期，细胞通过激活 AMPK 信号刺激溶酶体生物合成，促进受损的线粒体通过自噬途径进行降解。当线粒体损伤持续存在时，细胞则抑制 AMPK 信号，介导溶酶体功能降低而抑制细胞自噬流进行，从而导致线粒体和溶酶体损伤均积累。反之，当溶酶体功能障碍时，细胞会抑制新线粒体生物发生的同时抑制线粒体自噬，最终导致线粒体和溶酶体均受损。线粒体损伤会影响溶酶体功能和动力学，而溶酶体破坏能触发线粒体体内平衡受损。

RAB7 是线粒体与溶酶体相互作用的主要介导者，因为过表达 *Rab7* 或其激活突变体均显著增加这两个细胞器间接触。TBC1D15 是控制 RAB7 活性的 GTP 酶激活蛋白，其能被 FIS1 募集至线粒体分裂位点与 RAB7 共定位，促进 GTP 水解，协助调节在线粒体和溶酶体相互作用的动力学。在应激或线粒体损伤条件下，线粒体通过与溶酶体融合触发线粒体自噬降解。当通过饥饿诱导自噬时，小鼠心脏细胞中线粒体融合蛋白 MFN2 与 Rab7 的相互作用增加，这显著促进了自噬-溶酶体的形成。脂肪酸转移依赖于线粒体-溶酶体膜接触位点的形成。HeLa 细胞中研究发现，溶酶体上的 RAB7 与线粒体定位的液泡蛋白分选相关蛋白 VPS13A 相互作用结合，促进脂类分子经线粒体-溶酶体接触位点向线粒体高效转移。

（三）线粒体与过氧化物酶体相互作用

线粒体与过氧化物酶体均可调控 ROS，二者相互作用维持细胞内氧化还原稳态。过氧化物酶体是高度动态的单层膜细胞器，执行长链脂肪酸氧化、H_2O_2 的产生与分解及磷脂合成等多种功能。哺乳动物细胞中研究表明，线粒体是过氧化物酶体下游细胞器，对过氧化物酶体中 ROS 改变十分敏感。过氧化物酶体中的过氧化氢酶（CAT）是联系过氧化物酶体与线粒体的重要分子。用 ROS 诱导剂增加过氧化物酶体中 ROS 产生，可导致线粒体 ROS（mitochondrial，mtROS）增加、线粒体破碎甚至细胞死亡，而在线粒体中过表达 CAT 可抵消此类毒性。线粒体与过氧化物酶体间氧化还原信号的传递，依赖 ROS/活性氮（reactive nitrogen species，RNS）值及脂肪酸代谢产物。

线粒体与过氧化物酶体直接接触相互作用，显著影响细胞代谢。ECI2 是位于过氧化物酶体的烯酰辅酶 A 异构酶，是促进线粒体-过氧化物酶体连接复合体形成的关键蛋白。在小鼠 Leydig 肿瘤细胞的邻位连接实验中表明，过氧化物酶体上 ECI2 可与线粒体 TOM20 相互作用结合。ECI2 过表达导致发生在线粒体中的类固醇生物合成增加。此外，脂肪酸 β 氧化代谢要顺利完成，必须线粒体与过氧化物酶体直接接触相互作用才能实现。极长链脂肪酸（>16 个碳）首先要在过氧化物酶体中缩短（至 6～8 个碳的脂肪酸），才能高效转位至线粒体进行完全彻底氧化。但缩短的脂肪酸如何从过氧化物酶体穿梭至线粒体迄今未知。另外，线粒体衍生出来的囊泡（mitochondrial-derived vesicle，MDV）可选择性携带货物并递送至过氧化物酶体与之融合。作为氧化应激的早期反应，线粒体通过释放 MDV 将自身膜脂和可溶性膜蛋白转运到过氧化物酶体。ROS 诱导含线粒体锚定蛋白连接酶的 MDV 生成，后者被运输到过氧化物酶体中，调节过氧化物酶体形态并影响其生理功能。

第三节　线粒体质量控制系统

一、线粒体分子伴侣与蛋白酶体系统

（一）细胞质/线粒体分子伴侣与线粒体蛋白折叠和转运

不同质量控制系统监控着线粒体前体蛋白的合成及后续向外膜、膜间腔、内膜和基质的输入、定位、折叠及高级结构或复合体组装。在胞质核糖体上合成时，线粒体前体蛋白本身具有可切割和不可切割的靶向信号。核糖体相关质量控制系统（ribosome-associated quality control，RQC），包括线粒体定位的核糖体相关质量控制（mitochondria-localized ribosome-associated quality control，MitoRQC），负责清除新生有缺陷的尚在细胞质中的线粒体前体蛋白。细胞质中分子伴侣系统在前体蛋白靶向线粒体前，负责保持后者处于易于输入的未折叠状态，并将难以输入的前体蛋白递送到蛋白酶体进行降解。TOM 复合体的形成，是大多数线粒体前体蛋白输入的闸门。在 TOM 复合体处，特定的质量控制系统降解难以输入的前体蛋白。TIM 复合体的形成，协助含有前序列的前体蛋白跨越线粒体内膜。线粒体加工肽酶（mitochondrial processing peptidase，MPP）负责去除前体蛋白中前序列。进入线粒体基质后，分子伴侣系统负责折叠新输入的蛋白，而蛋白水解酶负责去除错误折叠或未加工的蛋白。氧化酶组装蛋白 1（OXA1）负责将内膜定向前体蛋白以共翻译方式插入线粒体内膜，随后与细胞核编码的亚基组装形成呼吸链复合体。未组装成功的复合体亚基则被及时降解清除。对线粒体内不同区域蛋白质量控制系统的认知迄今为止尚不完全。总体来看，主要有两类质量控制系统监测错误折叠和定位的线粒体蛋白质进行降解清除：泛素-蛋白酶体系统（ubiquitin–proteasome system，UPS）主要降解外膜蛋白，而蛋白水解酶主要降解内部隔室的蛋白（图 15-13）。

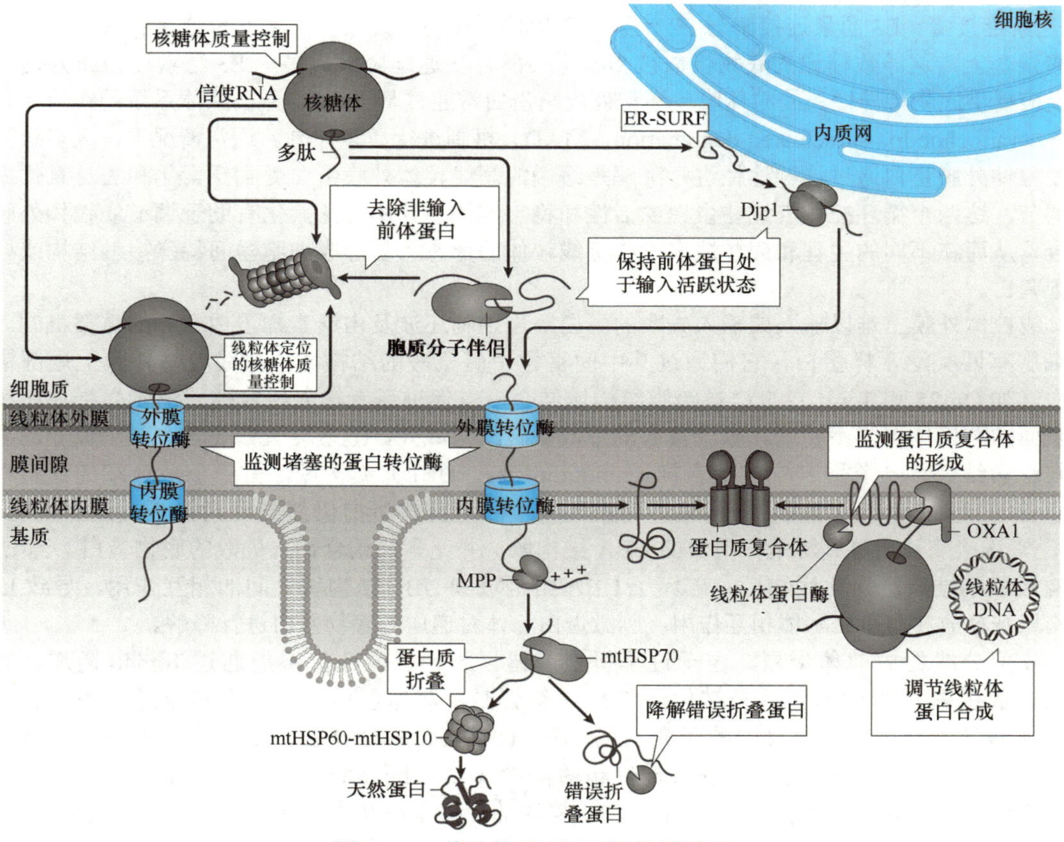

图 15-13　线粒体蛋白组质量控制系统

mtHSP，线粒体热激蛋白

线粒体蛋白输入和折叠机制：以 Tom20、Tom70 和 Tom22 为主组装形成的 TOM 复合体，是所有线粒体前体蛋白的输入门控。在跨域线粒体内膜运输时，TIM23 复合物介导含有前序列的蛋白转运至基质内或插入内膜。呼吸链活动建立的跨越内膜内外的膜电位，推动前体蛋白经过 TIM23 复合体进行门控运输。该过程的完成及后续肽链释放到基质，是由线粒体热激蛋白 HSP70（mtHSP70）以 ATP 依赖方式进行引导的，HSP70 是前序列转位酶相关的马达装置（presequence translocase- associated motor，PAM）的核心成分。在前体蛋白输入线粒体时，加工肽酶（MPP）先去除其前序列。前体蛋白输入后和进一步加工时，伴侣分子 mtHSP70 和 HSP60 协作，以 ATP 依赖方式对底物蛋白反复进行结合和释放循环，并在辅助伴侣分子帮助下，最终将输入蛋白折叠成正确的构象，从而阻止它们聚集。在酵母线粒体中，mtHSP70 还协助少数底物蛋白输入组装形成呼吸链复合体多亚基。当 HSP70 和 HSP60 出现缺陷，会导致错误折叠的蛋白积累，最终导致酵母细胞死亡。另外，热应激诱导的 AAA 伴侣蛋白家族（ATPases associated with diverse cellular activity，AAA ATPase）成员 HSP78 与 mtHSP70 协作，可对错误折叠的蛋白质进行解聚和重折叠，并促进 LON 蛋白酶介导对受损蛋白质的降解。

（二）泛素-蛋白酶体系统与线粒体外膜蛋白质量控制

除了分子伴侣介导的细胞质或基质蛋白质量控制机制外，泛素-蛋白酶体系统在去除不能正确输入、受损和错位及折叠错误的线粒体的蛋白，特别是控制线粒体膜蛋白稳态方面，发挥着中心地位作用。泛素-蛋白酶体系统发挥作用，主要是通过酶的级联反应，将泛素链共价连接到底物蛋白上标记并最终递送给蛋白酶体进行降解。E1 泛素激活酶与泛素形成共价硫酯键，并将其转移到 E2 泛素连接酶。E3 泛素连接酶与 E2 泛素连接酶协同作用，经常将泛素共价连接到底物蛋白的赖氨酸残基上，这导致标记的底物蛋白被 26S 蛋白酶体快速地降解。多个 E3 泛素连接酶为这一级联反应提供底物特异性。线粒体膜包埋和外周膜蛋白常通过基于泛素-蛋白酶体系统的线粒体相关降解（mitochondria- associated degradation，MAD）机制进行质量控制。通常情况下，大多数天然的线粒体外膜蛋白通过这种途径进行降解是缓慢的。线粒体外膜蛋白受到泛素化和去泛素化循环的调节，这两个循环控制着这些蛋白的活性和稳态维持。其中，泛素化有助于调节线粒体外膜的融合，从而在不同的生理和应激情况下维持线粒体的形态，易形成细胞器间特殊接触结构或导致细胞凋亡。

线粒体外膜上难以输入或输入失败的蛋白质量控制还涉及由泛素样蛋白介导的重要机制。人类细胞有四类泛素样蛋白，它们通过其中间富含甲硫氨酸的结构域，与线粒体外膜上尾部锚定蛋白（如 Om25 和 Tom5）的 C 端跨膜结构域结合，以促进后者输入线粒体。泛素样蛋白在线粒体表面的对接位置尚不明确。除了富含的甲硫氨酸结构域外，泛素样蛋白还含有两个保守的结构域与泛素结合：一个是 N 端的泛素样（ubiquitin-like，UBL）结构域，另一个是 C 端的泛素相关（ubiquitin-associated，UBA）结构域。当输入失败时，前体蛋白仍然与泛素样蛋白结合。随后，E3 泛素连接酶被招募到泛素样蛋白的 UBA 结构域，并泛素化结合输入失败的底物蛋白。当 UBA 结构域识别结合泛素化底物后，破坏了 UBA 结构域和 UBL 结构域之间的相互作用，导致 UBL 结构域被释放并与蛋白酶体相互作用，刺激蛋白酶体对递送的底物蛋白进行降解。

一部分线粒体前体蛋白，由于过早折叠或错误折叠，导致其不能通过 Tom40 通道。当折叠失误的蛋白 N 端的前序列与转位酶 TIM23 结合时，前体蛋白被阻止在转位通道中，导致其堵塞在通道蛋白处。在酵母中的研究发现，在 TOM 复合体处有三种不同的策略防止前体蛋白在通道处堵塞。①通过线粒体蛋白转位相关降解（mitochondrial protein translocation- associated degradation，mitoTAD）途径，连续地将转位停滞的前体蛋白从外膜转位酶（TOM 复合体）中移除。其中，泛素调节 X 蛋白（Ubx2）将细胞质中的 AAA ATPase Cdc48 招募到 TOM 复合体，后者提取转位受阻的前体蛋白到蛋白酶体中进行降解。②在应激条件下，通过线粒体受损蛋白输入反应（mitochondrial compromised protein import response，mitoCPR）途径，从 TOM 复合体中移除转位停滞的前体蛋白。线粒体蛋白输入缺陷，导致桔霉素敏感敲除蛋白 1（Cis1）表达上调。胞质蛋白 Cis1 将 AAA ATPase Msp1 连接到 TOM 复合体的 Tom70 上。Msp1 驱动 ATP 依赖的、被 TOM 复合体阻滞的前体蛋白解离，随后后者被蛋白酶体降解。③通过线粒体定位的核糖体相关质量控制（mitochondria-localized ribosome-associated quality control，mitoRQC）系统，防止线粒体膜上核糖体停滞的问题多肽的导入。这是一个多步骤的过程。首先，核糖体质量控制复合体亚基 2（Rqc2）将羧基端的丙氨酸和苏氨酸残基（CAT Tail）添加到新生链上，以促进 E3 泛素连接酶 Ltn1 介导的泛素化，从而使多肽在从 60S 亚基释放后被蛋白酶体降解。这一过程由多肽 tRNA 水解酶 Vms1 介导。

（三）蛋白酶水解系统与线粒体内膜/基质蛋白质量控制

为了适应因营养供给和低氧反应等引起的细胞呼吸变化，线粒体内膜上的蛋白丰度也会受到严格调控。与能量代谢有关的内膜蛋白，代谢产物载体、呼吸链复合体亚基和 F_1F_0-ATP 酶等，主要通过 AAA 蛋白水解酶降解去除。两种六聚体 AAA 蛋白水解酶，i-AAA 和 m-AAA 蛋白酶在内膜蛋白的质控中起核心作用。这两种酶都含有一个 AAA 结构域，该结构域负责将底物蛋白递送至蛋白酶水解中心。i-AAA 酶将其催化中心暴露在膜间隙，而 m-AAA 酶将其催化中心暴露在基质。它们的主要活性作用是降解错误折叠或未组装正确的内膜蛋白，包括许多呼吸链亚基。当一些膜间隙和外膜蛋白（如 Tom22 和 Om45）向膜间隙暴露出可溶性结构域时，i-AAA 蛋白酶可将错误折叠的这些蛋白降解去除。同时，m-AAA 蛋白酶也能降解一些基质蛋白。Yme1 和 Yme1L 的同源六聚体分别构成了酵母和人类线粒体中 i-AAA 蛋白酶。Yme1 能够感知底物蛋白中暴露于溶剂状态结构域的折叠状态。在酵母中，m-AAA 蛋白酶由 Yta10 和 Yta12 亚基组成。在哺乳动物线粒体中，m-AAA 蛋白酶由 AFG3L2 同源六聚体或 AFG3L 和 SPG7 异六聚体组成。另外，有些脂转移蛋白负责将磷脂运送到线粒体内外膜之间的膜间隙，Yme1/YmelL 还能通过降解这些脂转移蛋白来调节线粒体的脂质组成。

前体蛋白输入线粒体基质后也受到严格的加工、折叠和控制，以防止无功能蛋白在基质中积累。位于基质中的线粒体加工肽酶（mitochondrial processing peptidase，MPP）裂解输入蛋白的前序列，允许它们随后进行折叠。酵母中，前体蛋白的部分成熟涉及线粒体加工多肽酶 Icp55 或 Oct1 催化水解加工。释放出来的前序列被基质中多肽酶 Cym1 降解。如果干扰这一蛋白加工网络会导致未加工的前体蛋白聚集，严重影响细胞存活。哺乳动物细胞线粒体基质中有两种 AAA 蛋白酶（CLPXP 和 LON 蛋白酶），负责降解错误折叠的蛋白质并防止其聚集。CLPXP 由 ClpP 蛋白酶组成，与 AAA 伴侣 ClpX 结合，后者作为一种去折叠酶发挥作用，以 ATP 依赖方式向 ClpP 递送底物蛋白进行降解。另外，在某些应激条件下，线粒体基质蛋白水解酶能直接去除与之接触的其他部位线粒体蛋白（如呼吸链亚基），以快速调节线粒体功能。例如，在缺氧和心肌缺血时，人类 LON 蛋白酶降解磷酸化的复合体Ⅳ。其还与 AAA 蛋白酶 CLPXP 协同降解去极化线粒体复合体Ⅰ，以减少活性氧产生。

二、线粒体自噬依赖的清除系统

（一）线粒体自噬和分类

线粒体自噬（mitophagy）是指在 ROS 胁迫、营养缺乏、细胞衰老等因素刺激下，细胞内线粒体发生去极化损伤，为了维持线粒体网络和内环境稳定，细胞通过自噬机制选择性地包裹和降解细胞内受损或功能障碍的线粒体的过程。线粒体自噬主要包括四个过程：①在外界刺激下线粒体去极化并失去膜电位，这是线粒体自噬发生的前提。②线粒体被自噬体包裹形成线粒体自噬体。③线粒体自噬体与溶酶体融合，线粒体被自噬体运送至溶酶体中。④线粒体内容物由溶酶体降解。

根据不同生理条件，线粒体自噬可分为三类：①基础性线粒体自噬：细胞持续清理衰老和损伤的线粒体，确保线粒体能循环利用。人体线粒体自噬水平较高的器官包括心脏、肝脏、肾脏、骨骼肌和神经系统等。②应激诱导性线粒体自噬：细胞外应激信号引起线粒体膜电位去极化，影响线粒体生理功能急性改变，导致线粒体清除。③程序性线粒体自噬：在组织不同发育阶段被激活，如视网膜神经节细胞发育，体细胞向多能干细胞化学重编程过程，心肌细胞成熟，红细胞分化，受精后精子来源线粒体清除等过程。

（二）线粒体自噬调控机制

线粒体自噬的经典信号通路可分为泛素依赖型或非依赖型，这取决于细胞本身的遗传背景和具体所处的组织微环境。

1. PINK1-Parkin 通路介导线粒体自噬 在健康线粒体中，PINK1（PTEN induced putative kinase 1）通过线粒体靶向序列靶向线粒体，经 TOM/TIM 复合体进入线粒体，PINK1 被线粒体内膜蛋白酶 PARL 切割并被泛素-蛋白酶体降解。当线粒体应激受损发生膜去极化，PINK1 向线粒体输入被阻止，使其稳定在线粒体外膜上。PINK1 通过自身磷酸化招募 E3 泛素连接酶 Parkin 在线粒体外膜积累并触发后者酶活性，使许多外膜蛋白发生多聚泛素化。PINK1 进而磷酸化多聚泛素链发出“吃我”信号，被自噬机器中衔接蛋白（如 P62、OPTN、NDP52）识别，使泛素化的外膜蛋白通过与 LC3 结合被招募到自噬体中。这导致泛素化线粒体被包裹产生成熟自噬体，继而与溶酶体融合形成自噬溶酶体并最终降解（图 15-14A）。值得注意的是，去泛素化酶如 USP15、USP30 和 USP35 等可消除 Parkin 诱导的线粒体表面泛素化，从而抵消 PINK1 触发的线粒体自噬。这表明线粒体表面泛素化和去泛素间精妙平衡调控着线粒体自噬。

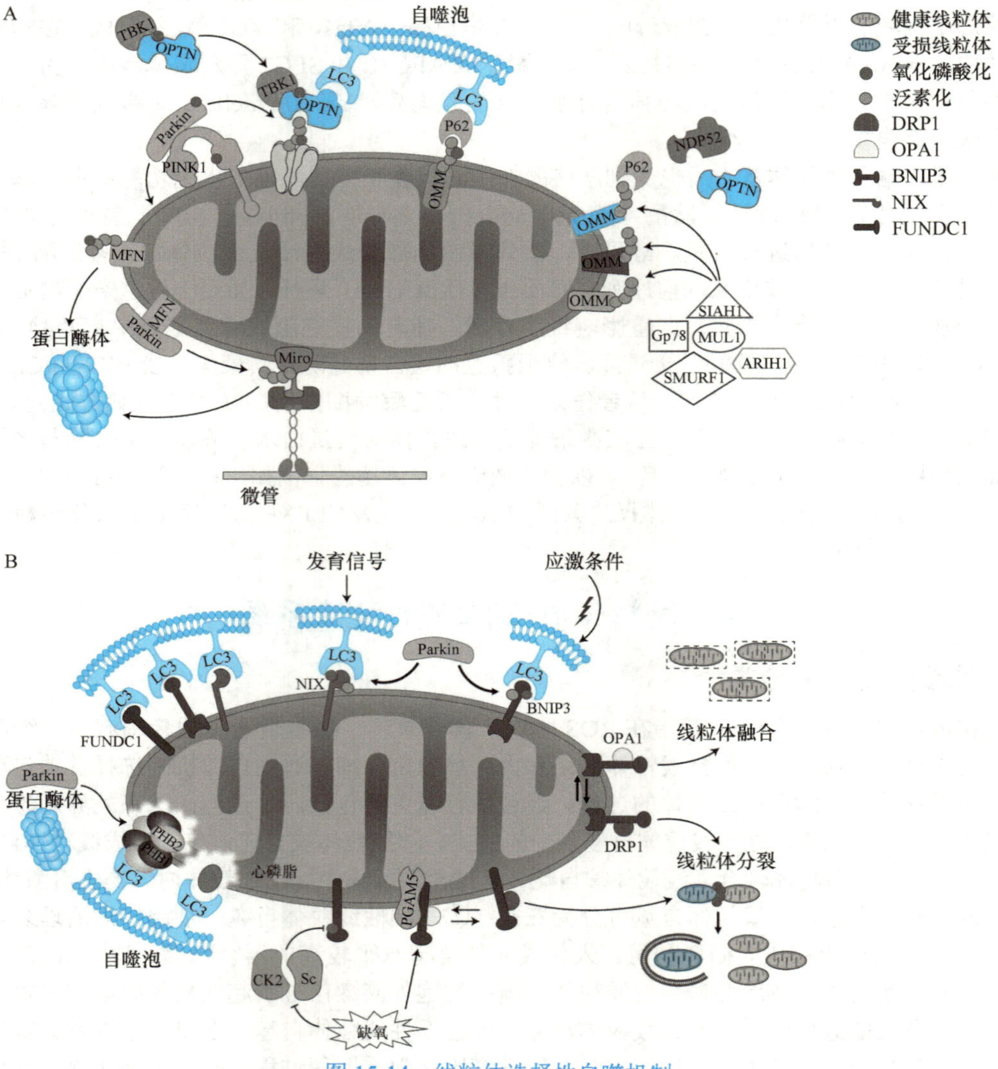

图 15-14 线粒体选择性自噬机制

A. PINK1-Parkin 通路介导的线粒体自噬；B. 受体介导的线粒体自噬

有研究表明，内质网-线粒体接触点的形成，可能是 PINK1-Parkin 激活和“去泛素化”事件发生的热点。两个细胞器接触位点的形成，可通过保护线粒体特定外膜蛋白免于 PINK1-Parkin

依赖性降解来负调节线粒体自噬。PINK1-Parkin 通路也会干扰其他线粒体质量控制系统。例如，PINK1 可间接触发 DRP1 活性，促进失能线粒体分裂。PINK1 依赖的蛋白酶体对 MFN 降解更新，会阻止线粒体融合，导致有缺陷的线粒体从健康线粒体网络中分隔开来。线粒体解偶联后，PINK1 磷酸化 MFN2 触发其与 Parkin 结合，介导 MFN2 降解，继而破坏内质网-线粒体接触点，使受损线粒体分离。另外，线粒体外膜上的 Rho-GTP 酶 Miro 可通过将线粒体锚定在细胞骨架上从而维持线粒体运动。PINK1 依赖的 Parkin 诱导的 Miro 泛素化降解，可抑制线粒体细胞内转运（图 15-14A）。因此，PINK1-Parkin 通路介导的线粒体分裂增强和运输阻断，也能促进线粒体自噬。

2. Parkin 非依赖的线粒体自噬 目前发现的 Parkin 非依赖线粒体自噬，主要由 Gp78、SMURF1、SIAH1、MUL1 和 ARIH1 等 E3 泛素连接酶介导。它们催化线粒体外膜蛋白发生泛素化修饰，触发 OPTN、NDP52 和 P62 等自噬衔接蛋白募集到线粒体外膜。后者通过其 LIR 基序与自噬体微管相关蛋白 1 轻链 3（LC3）直接结合，将泛素标记的线粒体锚定到自噬体中。研究表明，丝/苏氨酸蛋白激酶 TBK1 通过磷酸化 OPTN、NDP52 和 P62 等自噬衔接蛋白，显著增强这些蛋白与线粒体外膜上多聚泛素链结合，这极大促进了有缺陷线粒体的快速清除（图 15-14B）。

除了泛素依赖的线粒体自噬外，线粒体自身蛋白也可充当响应各种刺激的自噬受体，将失能线粒体直接靶向自噬体进行降解（图 15-14B）。在缺血缺氧条件下，线粒体外膜蛋白 BNIP3 和 NIX 可通过 2 种路径诱导细胞内线粒体自噬发生：① BNIP3 通过其 BH3 结构域调控自噬核心蛋白 Beclin-1 竞争性地与 Bcl-2 结合，诱导 Beclin-1 大量释放，激活线粒体自噬发生；② BNIP3 的 N 端具有 LIR 序列，其可识别 LC3 并与之直接结合，诱导线粒体自噬发生。FUNDC1 是调控线粒体自噬的关键受体，在非应激条件下，其被 Sc 和 CK2 激酶磷酸化，导致与 LC3 亲和力下降，促使其与线粒体分裂机器组分 OPA1 结合并介导 DRP1 募集来维持线粒体片段化。在缺血缺氧条件下，酪氨酸激酶被灭活，FUNDC1 与 LC3 结合亲和力显著提升，显著促进了线粒体自噬发生。FUNDC1 可被线粒体磷酸酶 PGAM5 去磷酸化，进而诱导线粒体自噬发生。同时，FUNDC1 的去磷酸化破坏了其与 OPA1 结合，诱导其易位到内质网-线粒体接触位点，从而抑制线粒体融合。因此，细胞应激条件下 FUNDC1 的修饰状态可决定线粒体形态和线粒体自噬间平衡。

（三）线粒体自噬干预与检测

一般可通过人为干预方式来诱导或抑制线粒体自噬，主要方法包括药物处理、物理损伤、饥饿、线粒体自噬基因的表达敲降或过表达等。常用线粒体解偶联剂 CCCP 和 FCCP 作为诱导剂，可引发线粒体短时间内剧烈去极化和线粒体自噬发生，但会造成细胞骨架破坏及溶酶体酸化的抑制。因此，实验中常用如抗霉素 A 等比较温和的诱导药物。此外，饥饿和光照辐射也可以诱导部分线粒体发生自噬。环孢菌素 A 是一种抑制线粒体通透性改变的药物，作为线粒体自噬诱导后保护剂，可明显降低线粒体自噬体总量。此外，非免疫抑制剂 NIM811 也可发挥同样作用。线粒体自噬相关基因的敲低或过表达可用于某一特定基因在整个线粒体自噬通路中的功能研究。如在果蝇 PINK1-Parkin 依赖性线粒体自噬途径的研究中发现，敲除 PINK1 和 Parkin 可造成线粒体自噬抑制。

迄今还没有一种检测手段可以独立说明线粒体自噬发生或其活性水平。常见的研究方法主要是对线粒体功能检测。如线粒体膜电位测定、ATP 水平测定、ROS 浓度测定、Ca^{2+} 浓度测定、线粒体形态观察，特别是线粒体自噬标志物（PINK1、Parkin、P62、Beclin1、LC3B）的检测。

三、线粒体融合与分裂稳态维持系统

（一）细胞稳态中的线粒体分裂和融合

线粒体是高度动态的细胞器，可通过分裂和融合过程改变自己整体形貌，以适应不同的生理或病理环境。稳态细胞中，线粒体经历连续分裂和融合循环，以维持健康的线粒体网络来满足细胞各种代谢需求。当分裂和融合平衡被打破，会导致线粒体网络出现碎片化或高度融合状态。线粒体网络出现高度融合通常导致细胞氧化磷酸化能力增强，而其碎片化则易导致细胞糖酵解作用增强。活细胞中的线粒体，通过不断分裂和融合过程持续发生形状动态变化。线粒体这些变化受到严格调控，用以满足细胞能量需求或缓冲应对代谢压力，并将线粒体定位在细胞内最需要的地方。线粒体外膜的融合主要是由 MFN 蛋白的同源和异源二聚化介导的。线粒体内膜的融合主要是由 OPA1 蛋白介导的（图 15-15）。线粒体分裂，通常需要将 DRP1 募集到线粒体上的分裂受体：MFF、FIS1、MiD49 和 MiD51。线粒体分裂发生，主要由上游蛋白激酶磷酸化 DRP1 来进行调控。DRP1（pS616）磷酸化会增加其对受体的亲和力，而 DRP1（pS637）磷酸化则减少其对受体的亲和力。

线粒体分裂能增加细胞内线粒体数量，分裂的子代线粒体由分子马达介导在细胞内运输。线粒体分裂是线粒体质量控制的重要组成部分。当线粒体发生去极化时，线粒体分裂与细胞内分选机制相结合，提供了一种细胞特定结构分离和功能调节的方法。去极化的子代线粒体可激活相应信号通路，诱导线粒体选择性自噬。线粒体自噬可限制 ROS 过量产生及去极化线粒体中促凋亡因子释放。线粒体融合可以是两个或多个线粒体的结合，其过程分为线粒体外膜和内膜融合，膜间腔和基质内容物结合不同阶段。细胞利用线粒体融合作为关键机制介导受损线粒体对细胞的有害影响。例如，呼吸链成分受损或 mtDNA 突变的线粒体通过与健康线粒体融合，可缓冲 ROS 的过量产生、线粒体膜去极化和线粒体异质性。又如，线粒体会对诱导巨自噬（如营养饥饿）的刺激做出反应而延长，以防止自己被自噬体吞噬。

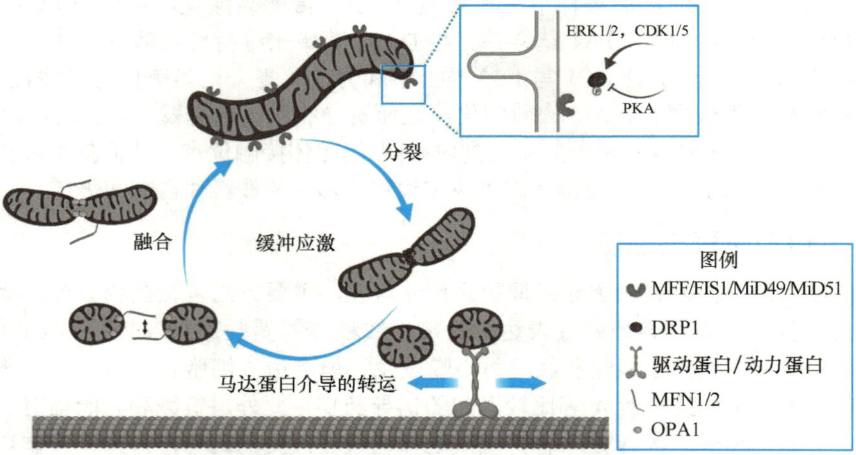

图 15-15　线粒体形态变化周期及融合分裂机制

（二）线粒体分裂与融合的分子调控机制

在分子水平上，线粒体分裂与融合主要是由 GTP 酶 DRP 家族蛋白调控。DRP 主要通过 GTP 结合、寡聚化诱导构象变化和对生物膜形状修饰来发挥作用。DRP 家族成员目前发现包括动力蛋白和动力蛋白样蛋白、鸟苷酸结合蛋白、视神经萎缩蛋白 1（optic atrophy protein 1，OPA1）、线粒体融合蛋白 MFN1 和 MFN2。DRP 家族蛋白可调控细胞膜的分裂、融合或细胞内膜的管腔化，从而控制不同细胞器的形态。

介导线粒体分裂的机制主要是靠动力蛋白相关蛋白 1（DRP1/DNM1L）被招募到线粒体外膜上众多受体中之一结合来启动。这些受体主要包括线粒体动力学蛋白（MiD49/MiD51、MIEF2/MIEF1）、线粒体分裂因子 1（mitochondrial fission 1，FIS1）和线粒体分裂因子（MFF）。这些 DRP1 受体的作用是提供对接位点来稳定 DRP1 二聚体在线粒体表面结合。一旦与肌动蛋白细胞骨架接触，并出现内质网介导的收缩环，会导致线粒体膜延长和DNM介导的子代线粒体分裂。此外，人们还鉴定发现了影响线粒体分裂和融合的其他受体和调节蛋白。目前，线粒体相关数据库Mitocarta 3.0注释了约30个介导线粒体动力学的重要基因。有研究表明，可能存在两种类型的线粒体分裂机制：第一种机制涉及MFF介导的DRP1招募，会导致亲代线粒体分裂成两个相同的子代线粒体，最终能增加线粒体的总体数量。第二种机制涉及FIS1介导的DRP1招募，会导致亲代线粒体不对称分裂，最终会产生体积较小的子代线粒体。后一种分裂方式常伴随着线粒体自噬发生或线粒体衍生囊泡（MDV）介导的降解现象；介导线粒体融合的机制主要是通过外膜GTP酶MFN1和MFN2，以及内膜GTP酶OPA1实现的。一个线粒体上的MFN蛋白形成同源或异源二聚体，通过与另一个线粒体上的MFN蛋白对向结合，将两个线粒体外膜紧密拉近结合在一起。细胞在特定应激条件下，如氧化应激或代谢应激时，常诱导MFN蛋白的转录表达上调来增加线粒体融合。此外，某些应激信号（如基因组不稳定或*RAS*超突变等）也能控制线粒体中DRP1蛋白稳定性，从而促进线粒体融合。

（三）介导线粒体分裂-融合蛋白的翻译后修饰

GTP酶家族蛋白的各种翻译后修饰（PTM）控制其在细胞中的活性、定位或丰度，因此，其介导的线粒体分裂-融合也受蛋白质翻译后修饰变化的影响。

介导分裂的DRP1磷酸化是研究得较为清楚的线粒体形状调节机制。DRP1上的多个位点都能发生磷酸化，其中S616磷酸化是非常典型的翻译后修饰位点，它会增强DRP1的GTPase活性，增加其对受体的亲和力，从而促进更为高效的线粒体分裂。S616-DRP1磷酸化受细胞外激酶（ERK1/2）和细胞周期蛋白依赖性激酶1（CDK1）信号调节，这将线粒体分裂、增殖和细胞分裂有机联系起来。此外，在不同细胞和刺激条件下，S616-DRP1磷酸化修饰还受到非典型的细胞周期蛋白CDK5、PTEN诱导的激酶1（PINK1）和双特异性磷酸酶6（DUSP6）等多种细胞信号调控，导致线粒体形状发生不同形式变化（表15-2）；与前述不同的是，DRP1上另一个丝氨酸位点S637翻译后修饰对其GTPase活性和DRP1与其受体结合起抑制性作用。蛋白激酶A（PKA）介导S637-DRP1磷酸化，而钙依赖性磷酸酶calcineurin或Bβ2（线粒体定位蛋白磷酸酶PP2A调节亚基）却能使其去磷酸化。因此，线粒体形状改变，可以通过GPCR/cAMP信号（导致分裂抑制），或钙离子依赖性calcineurin信号（导致分裂去抑制）相互调控；另外，DRP1受体也受磷酸化修饰调节。代谢应激下，AMP激活的蛋白激酶（AMPK）磷酸化MFF的S155和S172位点，导致线粒体上DRP1招募增强并刺激其分裂增多。MET受体酪氨酸激酶（RTK）磷酸化FIS1的Y38位点，可增加线粒体对DRP1招募，提高DRP1对FIS1亲和力，导致线粒体分裂增多。此外，线粒体自噬过程中，Parkin泛素化MFN1导致后者蛋白酶体降解从而增加线粒体分裂。

介导线粒体融合的重要蛋白MFN也受翻译后修饰调节。ERK1/2磷酸化T562-MFN1，可抑制MFN1寡聚化和促进线粒体融合。蛋白激酶Cβ（PKCβ）磷酸化S86-MFN1导致线粒体融合抑制。有研究表明，S442-MFN2与E3泛素连接酶PARKIN介导的非降解泛素化（Ub）和融合抑制偶联。一方面，由于PINK1在线粒体膜去极化情况下完全稳定，pS442-MFN2将线粒体应激与线粒体分裂增强和线粒体自噬联系起来。在这种情况下，泛素特异性肽酶30（USP30）被证明可以去除Ub标记并恢复线粒体分裂。JNK介导的S27-MFN2位点的磷酸化与泛素-蛋白酶体降解偶联，导致线粒体融合抑制。另一方面，C684-MFN2在氧化应激下被氧化，导致MFN2寡聚并刺激线粒体融合。AMPK可通过同时磷酸化MFF和MFN2来刺激线粒体分裂。另外，几种蛋白水解酶控制着OPA1的促线粒体融合活性。研究表明，长变异体的OPA1（L-OPA1）可被切割产生短变异体的S-OPA1。L-OPA1和S-OPA1共同促使线粒体融合和氧化磷酸化能力最大化。还有证据表明，L-OPA1和心磷脂之间异型相互作用刺激线粒体融合。L-OPA1之间同型相互作用则阻断了其促融合活性，但S-OPA1与L-OPA1结合又可恢复线粒体融合。因此，两种形式的OPA1都是线粒体最大融合率所必需的。

表 15-2 介导线粒体分裂-融合蛋白的翻译后修饰及其对线粒体形态的影响

翻译后修饰	对线粒体形态影响	机制
S616-DRP1	线粒体分裂增多	ERK2 介导磷酸化
S616-DRP1	线粒体分裂增多	CDK1 介导磷酸化
S616-DRP1	线粒体分裂增多	CDK5 介导磷酸化
S616-DRP1	线粒体融合增加	DUSP6 介导去磷酸化
S616-DRP1	线粒体分裂增多	PINK1 介导磷酸化
S637-DRP1	线粒体分裂增多	PGAM5 介导去磷酸化
S637-DRP1	线粒体融合增加	PKA 介导磷酸化
S637-DRP1	线粒体分裂增多	Calcineurin 介导去磷酸化
S155-MFF	线粒体分裂增多	AMPK 介导磷酸化
S172-MFF	线粒体分裂增多	AMPK 介导磷酸化
Y38-FIS1	线粒体分裂增多	MET 介导磷酸化
T562-MFN1	线粒体分裂增多	ERK 介导磷酸化
S86-MFN1	线粒体分裂增多	PKC 介导磷酸化
Ub-MFN1	线粒体分裂增多	PARKIN 介导泛素化
Ub-MFN2	线粒体自噬减少	USP30 介导去泛素化
S442-MFN2	线粒体分裂增多	PINK1 介导磷酸化
S27-MFN2	线粒体分裂增多	JNK 介导磷酸化
C684-MFN2	线粒体融合增加	GSSG 介导氧化

四、线粒体核糖体翻译质量控制系统

（一）核糖体翻译质量控制系统

在蛋白质合成过程中，核糖体停滞会导致合成截短的多肽链，对细胞正常功能造成影响。因而，在真核细胞中，蛋白质的合成有一套精密的监控系统，即核糖体翻译质量控制（ribosome associated protein quality control，RQC）系统（图 15-16）。在新生肽链合成过程中，一系列的因素都会导致核糖体翻译阻滞，包括 mRNA 缺陷，氨酰 tRNA 不足等。

在 RQC 系统中，Rqc2 与异常的核糖体 60S 亚基结合，招募 E3 泛素连接酶 Ltn1，使 Ltn1 与核糖体 60S 亚基形成稳定的复合物，进而 Ltn1 催化与核糖体 60S 亚基结合的新合成的截短多肽链发生泛素化。随后，泛素化的多肽链募集 Cdc48/Vms1，负责将新生肽链与 60S 亚基解离，进而被蛋白酶体降解。此外，RQC 系统还有一套精密的故障保护（fail-safe）系统，即当 Ltn1 无法泛素化新生的蛋白多肽链时，Rqc2 可以在没有 mRNA 模板的情况下，募集 tRNA 在新生多肽链的 C 端加上丙氨酸和苏氨酸，造成非正常的 C 端延伸（unusual C-terminal extension，CTE），在酵母系统中被称为 CAT 尾巴（CAT tail），使多肽链上的赖氨酸暴露，被 Ltn1 泛素化，进而由蛋白酶体降解。此外，当 Ltn1 无法泛素化新生多肽链时，C 端的丙氨酸和苏氨酸可以促进新生多肽链形成淀粉样聚集体。淀粉样聚集体可能诱导应激信号通路的激活，如转录因子 HSF1。通常情况下，HSF1 与分子伴侣结合，处于未激活状态；在应激情况下，分子伴侣与未正确折叠蛋白结合，释放 HSF1，HSF1 会进一步激活分子伴侣的表达。

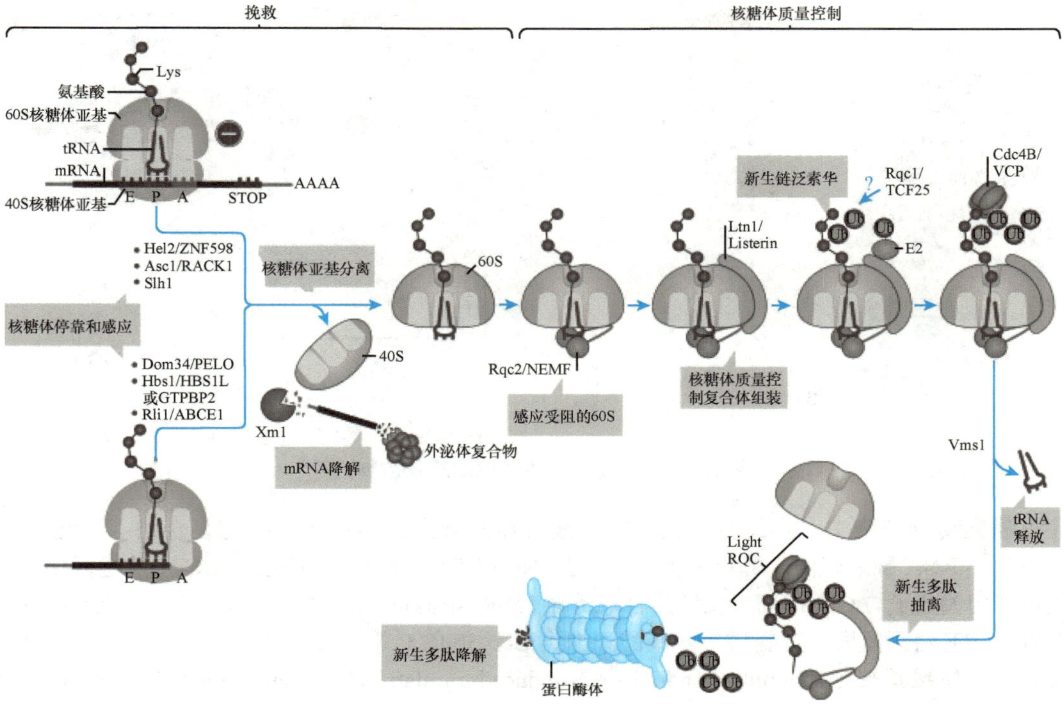

图 15-16 真核核糖体相关质量控制途径

（二）线粒体核糖体翻译质量控制系统

蛋白质的线粒体转运对于维持线粒体正常的功能非常重要。近年来研究表明 RQC 在蛋白质线粒体转运质量控制中起到重要的作用。当核基因编码的线粒体呼吸链复合物（nucleus-encoded respiratory chain component，nRCC）的 mRNA 被招募到线粒体外膜上，经线粒体外膜上的核糖体翻译后转运至线粒体。nRCC 的 mRNA 在线粒体外膜的翻译-转运受到线粒体核糖体翻译质量控制系统严格控制（图 15-17）。例如，当线粒体内膜膜电位下降，导致蛋白质的线粒体转运受阻，线粒体外膜相关新生肽链合成停滞，进而激活 RQC 信号通路。在酵母细胞中，线粒体外膜上的核糖体停滞会导致所结合的 mRNA 和核糖体 40S 亚基解离，诱导 RQC 复合物组装。Ltn1 介导新生肽链泛素化，并依赖 Cdc48 将新生肽链从线粒体重新转运至细胞质，被蛋白酶体降解。当 Ltn1 缺失时，Rqc2 在新生肽链 C 端修饰 CAT 尾巴，进一步激活 RQC 信号通路。

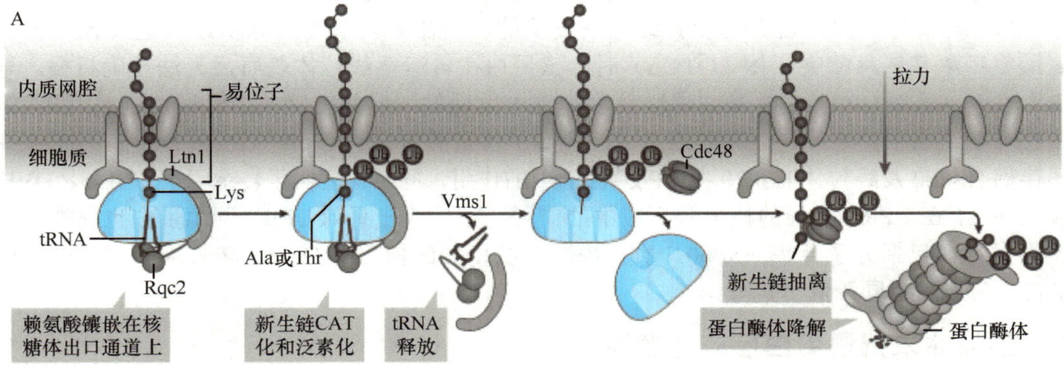

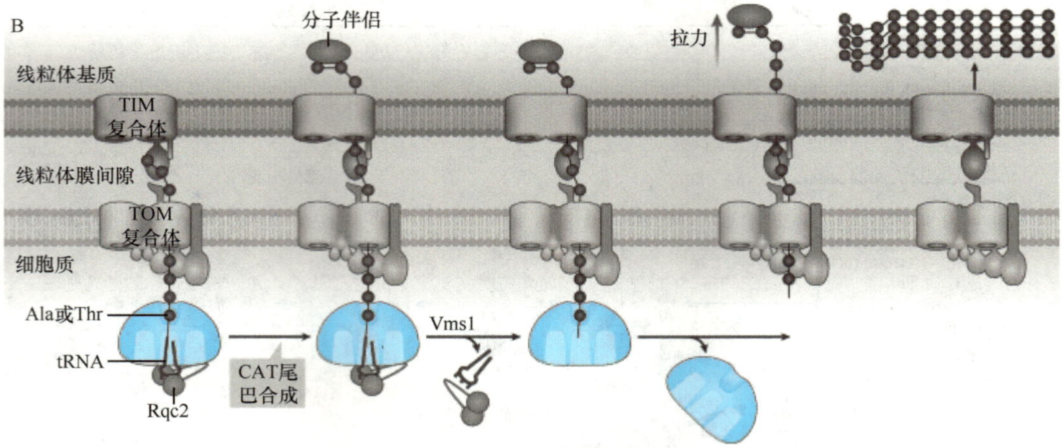

图 15-17　真核核糖体线粒体质量控制途径

在哺乳动物细胞中，当线粒体受损时，线粒体外膜上的线粒体呼吸链复合物Ⅰ 30kDa 亚基（C-Ⅰ 30）mRNA 翻译阻滞，募集 RQC 复合物，NOT4 E3 泛素连接酶导致 ABCE1 的泛素化，进而募集自噬相关分子与 C-Ⅰ30 新生肽链结合，诱导 PINK1-Parkin 依赖的线粒体自噬。当 PINK1-Parkin 突变时，CTE 将丙氨酸、苏氨酸等氨基酸添加到 C-Ⅰ 30 的 C 端，称为线粒体应激诱导的翻译终止损伤和蛋白质羧基端延伸（mitochondrial-stress induced translational termination impairment and protein carboxyl terminal extension，MISTERMINATE）现象。

五、线粒体未折叠蛋白反应

（一）未折叠蛋白反应的发现及定义

线粒体有上千种蛋白质，但只有 13 种蛋白质是线粒体基因组编码的，其余的线粒体蛋白均由核基因编码，在细胞质中合成，进而通过 TOM/TIM 复合物转运至线粒体。因而，线粒体蛋白转运与线粒体功能及蛋白质内稳态的维持都密切相关。蛋白质的线粒体转运效率被认为是线粒体稳态扰动的“感应器”，当线粒体蛋白转运严重受损时，线粒体自噬（mitophagy）激活，导致整个受损线粒体的降解。线粒体未折叠蛋白反应（mitochondrial unfolded protein response，UPR^{mt}）是近些年发现的另一种由线粒体蛋白转运受损激活的应激反应机制（图 15-18）。UPR^{mt} 是一种适应性的转录反应，通过在转录水平增加线粒体伴侣分子表达，促进线粒体蛋白的正确折叠及转运，恢复线粒体功能。UPR^{mt} 对维持线粒体蛋白质稳态、介导各组织间的信号转导，调控机体衰老等方面都十分重要。UPR^{mt} 信号转导异常与癌症和神经退行性疾病等多种疾病相关。

UPR^{mt} 最早是在体外培养的哺乳细胞中发现的。当在哺乳动物细胞中过表达线粒体靶向的鸟氨酸氨甲酰基转移酶突变体（OTCΔ）时，该蛋白在转运至线粒体基质后无法正确折叠，导致 UPR^{mt} 激活。虽然 UPR^{mt} 最早是在哺乳动物细胞中发现的，但其完整的信号通路则是利用 RNAi 技术在秀丽线虫中鉴定的。在秀丽线虫中，证实了丝氨酸蛋白酶 ClpP（casein lytic proteinase P）、分子伴侣 HSP60 及线粒体 HSP70 在 UPR^{mt} 激活中的作用，同时也证实了转录因子 UBL-5、DVE-1，以及 ATFS-1 在 UPR^{mt} 介导的核信号反应中的作用。随后，一系列 UPR^{mt} 同源蛋白也在哺乳动物细胞中发现，包括分子伴侣 HSP60，质量控制系统相关的蛋白酶 ClpP，转录因子 CHOP、ATF4 及 ATF5（ATFS-1 同源蛋白）等。

（二）线粒体未折叠蛋白反应的调控机制

随着研究的深入，除了线粒体蛋白转运受损导致 UPR^{mt} 激活之外，线粒体蛋白内稳态改变，mtDNA 缺失，氧化磷酸化功能受损，线粒体内膜膜电位降低，ATP 耗竭等都被证实可以激活

UPR^{mt}。UPR^{mt}信号通路中的蛋白通常由核基因编码，因而线粒体与细胞核之间的通信对于维持线粒体稳态及功能都起到了重要作用，即线粒体将信号传递给细胞核，调控核基因表达，进而维持线粒体稳态。

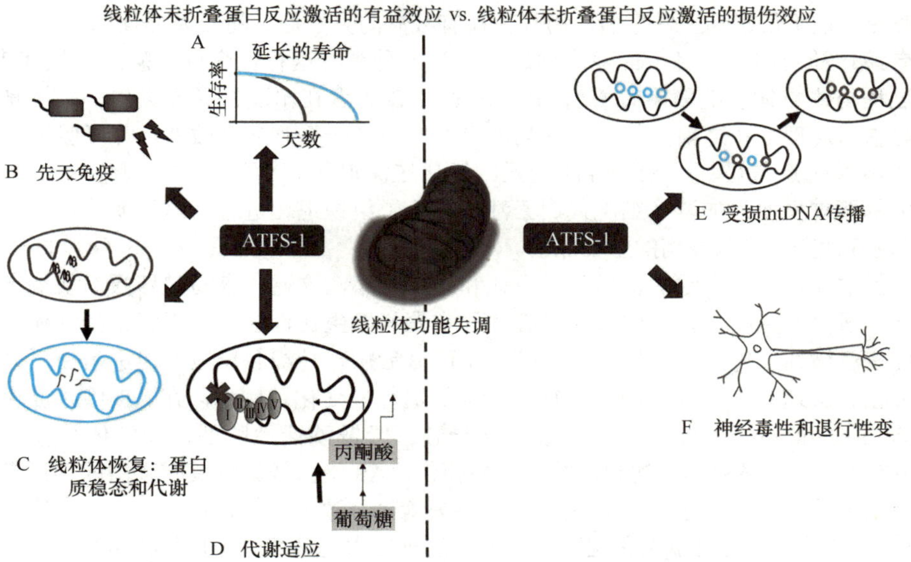

图 15-18　线粒体未折叠蛋白反应（UPR^{mt}）激活的功能和后果

在秀丽线虫中，UPR^{mt}的激活主要由转录因子ATFS-1介导。ATFS-1含有一个bZIP结构域，N端同时含有线粒体靶向序列（mitochondrial targeting sequence，MTS）和核转运信号肽（nuclear localization signal，NLS）。在生理条件下，ATFS-1转运至线粒体后被Lon蛋白酶（lon peptidase 1，LONP1）降解。但当其线粒体转运受损时，ATFS-1发生核转运，诱导一系列线粒体蛋白稳态相关基因表达上调。因而，ATFS-1对于协调线粒体蛋白转运机制和线粒体蛋白质量控制系统起到重要作用。ATFS-1在细胞核内的功能主要由ZIP-3蛋白负调控，抑制ZIP-3蛋白会导致UPR^{mt}在非应激状态下的持续激活；相反地，通过抑制蛋白质的泛素化，增强ZIP-3的稳定性会抑制UPR^{mt}在线粒体应激状态下的激活。线粒体应激激活ATFS-1核转运后，可以调控多种基因的表达，包括线粒体分子伴侣和蛋白酶，抗氧化相关基因，以及免疫相关基因。同时，部分未发生核转运的ATFS-1与mtDNA非编码区结合，抑制氧化磷酸化相关基因的表达。

与秀丽线虫不同，整合应激反应（integrated stress response，ISR）被认为是哺乳动物中UPR^{mt}的主要调控元件。ISR是一种适应性的翻译系统，主要由不同的激酶，包括PERK（protein kinase R-like endoplasmic reticulum kinase，蛋白激酶R样内质网激酶）、GCN2（general control nonderepressible kinase 2，一般性调控阻遏蛋白激酶2）、PKR（protein kinase R，蛋白激酶R）及HRI（heme-regulated inhibitor，血红素调节抑制剂）导致真核翻译起始因子eIF2的α亚基的磷酸化，激活转录因子CHOP、ATF4和ATF5，进而激活蛋白质线粒体转运。与ATFS-1相似，ATF5同时含有线粒体转运信号肽及核转运信号肽，调控ATF5在线粒体及细胞核之间的转运。线粒体应激激活ATF5后，上调HSP60、mtHSP70及LONP1的表达，同时抑制线粒体呼吸相关蛋白表达。

第四节　线粒体失能与疾病

线粒体功能障碍与包括神经退行性变性疾病、代谢综合征、衰老、肥胖和癌症等在内的许多疾病密切相关。篇幅所限，以下仅举三例说明。

一、线粒体未折叠蛋白反应与阿尔茨海默病

许多人类衰老相关疾病均伴有一定程度的线粒体功能障碍。阿尔茨海默病（Alzheimer's disease，AD）是最常见的神经退行性变性疾病。AD 患者表现出记忆力减退，解决问题的能力下降和人格改变，这不仅影响正常生活，而且往往有致命的并发症。随着人类预期寿命的增加，AD 正在成为老龄化社会中一个棘手的健康问题。作为一种神经退行性变性疾病的典型代表，AD 的发生发展过程与线粒体功能障碍有着密切的联系。AD 患者在出现神经元丢失、突触减少、认知功能减退等临床病理症状之前，线粒体的功能已经发生了一系列病理改变，如呼吸链及能量代谢紊乱、氧化磷酸化系统破坏、ATP 合成受限、氧化应激产物积聚等。这些线粒体损伤情况导致了细胞自由基严重失衡，加剧了细胞代谢紊乱，加速了组织退化进程。这说明线粒体功能障碍是 AD 等神经退行性变性疾病发病的重要原因。

衰老过程中往往伴随广泛的蛋白质过表达和异常聚集，这通常容易破坏蛋白质稳定，打破细胞生理平衡。研究已证实，蛋白质错误折叠和异常聚集发生在许多神经退行性变性疾病中。由此产生的毒性应激破坏了整个蛋白质稳态系统，从而激活病理性级联反应，促进蛋白质异常聚集和神经毒性发生、加速衰老、细胞凋亡、行为障碍等退行性变化。例如，在 AD 中，淀粉样前体蛋白（amyloid precursor protein，APP）过表达会导致呼吸链酶活性降低、线粒体肿胀、内外膜破裂，甚至 Aβ 直接进入线粒体，诱导线粒体功能损伤。Aβ 蛋白低聚物具有强烈的神经毒性，可抑制细胞内蛋白质降解系统功能，引起蛋白质稳态失衡，导致氧化应激、炎症、Ca^{2+}稳态等多种生理功能紊乱。Aβ 蛋白本身过度沉积也可诱导过量的氧自由基破坏细胞抗氧化防御系统，攻击线粒体 DNA、呼吸链和三羧酸循环酶系统，引起蛋白质氧化和脂质过氧化，使线粒体功能下降。Aβ 蛋白引起的病理性级联反应导致突触功能障碍，最终导致神经元凋亡。

蛋白质质量监控体系通常由泛素-蛋白酶体系统（UPS）和自噬-溶酶体途径（autophagy-lysosomal pathway，ALP）组成，维持了细胞内蛋白质水平处于动态平衡，避免机体受到由蛋白质紊乱引起的疾病侵扰。当细胞失去自主维护蛋白质动态平衡的能力，则无法应对体内生理条件改变或外界环境所带来的胁迫，此时蛋白质稳态失调并逐步衰退和紊乱，由此引起一系列蛋白质中毒病变，最终导致细胞功能完整性被破坏。线粒体未折叠蛋白反应（UPR^{mt}）是近年来研究发现的一种新的蛋白质质量控制系统，其通过协调线粒体与细胞核之间的信号转导，可以减轻线粒体氧化应激损伤，有助于恢复线粒体乃至细胞内蛋白质稳态。在衰老过程中往往伴随大量未折叠蛋白或错误折叠蛋白的产生与积累，而 UPR^{mt} 可通过控制未折叠蛋白或错误折叠蛋白的积累量，从而起到维持细胞蛋白质稳态的目的。UPR^{mt} 通过协调线粒体与细胞核之间的信号转导提高线粒体功能，还可能进一步诱导线粒体自噬，不仅选择性清除多余或受损严重的线粒体，而且参与各种异常蛋白（例如 Aβ 蛋白）聚集体的降解。虽然 UPR^{mt} 在 AD 中的具体作用机制尚不清楚，但已有研究表明，UPR^{mt} 可能参与了 Aβ 蛋白诱导的神经元凋亡，并通过调节线粒体动力学和线粒体质量控制来影响 AD 的发生与发展。随着 UPR^{mt} 相关分子机制研究的日益深入，使用药理方法或者基因工程可以调控与 UPR^{mt} 相关的信号通路，恢复蛋白质稳态，减轻神经退行性变性疾病中异常聚集蛋白引起的神经毒性，从而缓解和治疗患者的相关病理表征。

二、线粒体脂质代谢异常与动脉粥样硬化

动脉粥样硬化（AS）是一种常见心血管疾病，其主要特征为动脉内膜下脂质沉积形成斑块，进而导致血管狭窄和血液循环障碍。动脉粥样硬化可能并发血压异常以及心肌缺血等症状，不稳定斑块破裂可诱发急性心肌梗死、心力衰竭、心律失常、脑梗死和脑卒中等不良心血管事件。研究表明，线粒体脂质代谢异常可能与动脉粥样硬化的发展相关。

（一）脂质代谢与斑块形成

线粒体作为脂质代谢的重要场所，异常的线粒体脂质代谢可能影响胆固醇的平衡，导致胆固

醇的过度积累，加速动脉粥样硬化的发展。

长期以来，研究认为巨噬细胞胆固醇代谢紊乱在动脉粥样硬化的致病机制中具有重要作用。在巨噬细胞线粒体功能异常的情况下，由于缺乏必要的胆固醇代谢酶，氧化型低密度脂蛋白（Ox-LDL）和胆固醇被巨噬细胞过度吞噬，形成“泡沫细胞”，而泡沫细胞在血管壁堆积逐渐形成动脉粥样硬化斑块。在动脉粥样硬化发展过程中，胆固醇逆转运效率的降低是一个重要环节。胆固醇逆转运是通过高密度脂蛋白将多余的胆固醇从体外转运至肝脏，然后在肝脏代谢后排出体外的过程。在这个过程中，ATP 结合盒转运体 A1（ABCA1）和 G1（ABCG1）是胆固醇逆转运的关键分子。正常情况下，线粒体内膜上的胆固醇 -27-羟化酶（CYP27A1）会将胆固醇转化为 27-羟化固醇，激活肝 X 受体 α（LXRα），促进 ABCA1/G1 的表达，从而促使细胞内胆固醇的外流。而 CYP27A1 的活性与线粒体的功能紧密相关。当线粒体功能受损时，线粒体膜上的胆固醇转运过程可能受到影响，从而降低 CYP27A1 的活性和胆固醇的外流。线粒体呼吸链的效率降低会导致细胞内 ATP 供应不足，影响线粒体内胆固醇逆转运的速率，进而加速泡沫细胞的形成，加剧动脉粥样硬化的进程。

因此，线粒体脂质代谢与动脉粥样硬化的关系在于，线粒体的功能状态直接影响了巨噬细胞对胆固醇的摄取和代谢，进而影响了泡沫细胞的形成和动脉粥样硬化的发展。

（二）氧化应激与炎症反应

线粒体作为细胞的能量中心，不仅负责产生细胞所需 ATP，还在调节细胞新陈代谢中起着关键作用。然而，线粒体代谢产物，如 ROS 等，却有可能成为细胞内的双刃剑。在动脉粥样硬化的背景下，高脂饮食等因素会引发线粒体内 ROS 过度产生，导致氧化应激发生。氧化应激不仅会损伤细胞内脂质、蛋白质和 DNA，还能激活炎症反应。

线粒体的主要功能之一是通过电子传递链产生 ATP。在这个过程中，一小部分电子可能会从电子传递链跃迁到氧分子上，产生超氧阴离子（$O_2^{\cdot-}$）。虽然细胞内存在一些抗氧化酶清除超氧阴离子，但过多超氧阴离子的产生会超过这些抗氧化酶的清除能力，从而导致氧化应激发生。线粒体内膜富含脂质，这些脂质易受氧自由基攻击，导致脂质过氧化反应。这些过氧化脂质分子可以进一步引发链式反应，产生更多的氧自由基，从而造成膜脂质的氧化损伤。进而导致线粒体膜失去稳定性，影响电子传递链功能，形成恶性循环。脂质代谢紊乱可能导致细胞内脂质堆积，形成脂滴。这些脂滴可能与线粒体相互作用，干扰线粒体的正常功能。同时，脂滴中脂质分子也可能受到氧自由基的攻击，促使氧化应激的产生。

炎症信号与动脉粥样硬化的关系也不容忽视。受损的动脉内膜成为炎症细胞的聚集地，释放细胞因子如 TNF-α、IL-1 等，这些因子进一步激活内皮细胞，增强其黏附分子的表达。这使得炎症细胞得以通过血流进入内皮细胞，以摄取 Ox-LDL 形成泡沫细胞，进而加剧脂质积累和氧化应激。线粒体 DNA 的氧化损伤和释放被认为是一种损伤信号，可以刺激免疫和炎症反应的产生。同时，炎症细胞因子也可能干扰线粒体正常功能，甚至抑制线粒体呼吸链活性，导致线粒体功能异常，进一步加剧氧化应激及炎症反应。

总的来说，线粒体脂质代谢与动脉粥样硬化之间的关系复杂而密切。异常的线粒体脂质代谢可能导致胆固醇代谢紊乱、氧化应激、炎症反应等，这些因素共同促进了动脉内壁斑块的形成和发展。因此，维持健康的线粒体脂质代谢有助于预防和减缓动脉粥样硬化的进展，从而降低心血管疾病的风险。

三、线粒体融合分裂异常与肿瘤进展转移

线粒体对整合癌细胞中的各种代谢和信号通路至关重要。过去认为，肿瘤经常发生代谢重新编程使有氧糖酵解（Warburg 效应）速率增强。这种教条导致人们误以为肿瘤细胞中线粒体功能下调，甚至失能。确实，有些肿瘤细胞中存在使线粒体呼吸功能失活的基因突变。例如，在 *K-RAS*、*c-MYC*、*PI3K* 癌基因突变，或者 *PTEN* 和 *P53* 抑癌基因的失活的部分肿瘤细胞中，糖酵解能力增强更为显著。然而，更多的实验证据表明，即使在这些情况下，线粒体仍然是肿瘤细胞

ATP 产生的主要来源。通常，高度融合的线粒体网络促进肿瘤细胞氧化磷酸化能力增强，而线粒体碎片化增加的肿瘤细胞，其糖酵解作用也相应增强。尽管细胞中线粒体分裂和融合经历连续循环，但当分裂占主导地位时，高度碎片化的线粒体网络可促进肿瘤细胞代谢表型转换，促进癌细胞局部膜突起形成板状伪足和侵袭性伪足，最终导致癌细胞运动、侵袭和转移增加。

线粒体分裂可促进肿瘤进展和转移。与正常组织相比，肿瘤组织中促进线粒体分裂的蛋白（如 DRP1、MFF、FIS1 和 MiD49 等）表达常显著增加。例如，有研究发现 DRP1 和 MFN1 的高表达可驱动人乳腺癌的侵袭和迁移表型。组织芯片实验表明，DRP1 表达在正常组织中最低，在整个乳腺癌进展过程中呈渐进式上调，在淋巴结转移灶中表达最高。细胞模型实验表明，与非转移性乳腺癌细胞相比，转移性乳腺癌细胞线粒体片段化程度更高。这种趋势与 DRP1 表达水平和 pS616-DRP1 磷酸化修饰增加及 MFN1 表达水平降低相关。当用药物抑制或对 DRP1 表达敲低，或过表达 MFN1 或 MFN2 时，能显著减少这些高转移性乳腺癌细胞系的迁移和侵袭表型。这种 DRP1 高表达和（或）MFN1 低表达的趋势，也在转移性肝癌、黑色素瘤的细胞和裸鼠模型中得以证实。且临床来源的这些肿瘤标本实验进一步表明，DRP1 高表达和（或）MFN1 低表达与患者更晚期的病理级别和更差的预后相关。促进线粒体分裂的受体（如 MiD49，也称为 MIEF2）在肿瘤转移中作用目前仍有争议。总的来看，许多促进线粒体分裂的蛋白在致瘤性和转移性患者样本中表达更高（表 15-3）。这些蛋白高表达，不仅与肿瘤患者预后较差显著相关，还显著驱动肿瘤进展中的许多细胞表型（如体内迁移、侵袭、原发性肿瘤生长和转移），说明线粒体分裂可能是转移性肿瘤的重要治疗靶点。线粒体分裂驱动肿瘤细胞运动、侵袭和转移的机制十分复杂。目前还未能形成共识，但线粒体分裂影响癌细胞代谢变化、Ca^{2+}驱动的细胞运动和板足形成，是比较认可的事实。

表 15-3　线粒体分裂-融合蛋白表达变化对肿瘤进展转移的影响

肿瘤类型	分裂融合蛋白表达	对肿瘤进展影响
乳腺癌	肿瘤进展中 DRP1 表达增高	增加了肿瘤细胞迁移和侵袭
肝癌	转移灶比原发灶 DRP1 表达增高	与临床预后差正相关
	转移灶比原发灶 MFN1 表达减少	与临床预后差正相关
胃癌	肿瘤与正常组织比 FIS1 表达增高	临床转移增多
黑色素瘤	病理级别高的肿瘤 FIS1 表达增高	与局灶性或远处转移不相关
卵巢癌	肿瘤与正常组织比 MiD49 表达增高	与临床预后差正相关
胰腺癌	肿瘤与正常组织比 MiD49 表达减少	与临床预后差正相关
黑色素瘤	病理级别高的 MFN2 表达增高	与淋巴结或远处转移正相关

关于线粒体融合蛋白对肿瘤进展转移的影响研究相对较少。有研究表明，促进线粒体融合的蛋白会抑制肿瘤细胞中的线粒体定位并减弱其侵袭能力。在前列腺癌细胞中，MFN1 的缺失显著增加细胞边缘突起处线粒体数量。而当 PI3K 抑制后，细胞突起处线粒体数量增加又需要 MFN1 表达。这提示，线粒体运输到肿瘤细胞外周可能受控于复杂的裂变/融合机制。另有研究表明，与鼻窦黑色素瘤相比，FIS1 在口腔黑色素瘤中表达更高，而 MFN2 在鼻窦黑色素瘤中表达要高于口腔黑色素瘤。这提示，即使同是黑色素瘤，不同亚型可能依赖于不同的线粒体分裂或融合来促进其进展。进一步研究需要回答为什么某些黑色素瘤亚型更多地依赖于 MFN2 而不是 FIS1。为何某些亚型黑色素瘤更倾向于融合而不是裂变，一种可能的解释是，在其代谢过程中氧化磷酸化可能比糖酵解更为重要。

总之，线粒体分裂可以驱动包括细胞运动、侵袭和体内转移等在内的肿瘤进展许多方面。驱动肿瘤生长和存活的不同信号通路，如 ERK、RTK 和 PKA 信号等，可通过各自独立机制驱动线粒体分裂。这也是为什么碎片化线粒体经常出现在高度侵袭和转移细胞中。目前，DRP1、MFN 和分裂受体上多种翻译后修饰调控其蛋白功能在肿瘤进展中的作用，是这一领域研究热点。

（张思河）

第四篇　细胞的结构与生物学功能

细胞是生物体基本的结构和功能单位，主要由细胞核与细胞质构成，表面的细胞膜为其提供了选择性通透屏障。真核细胞内部高度区室化，为实现高效的生物化学反应和复杂生物学过程提供了基础。细胞骨架即真核细胞中的蛋白纤维网络结构，是细胞区室化的物质基础。有膜细胞器与无膜细胞器共同构建细胞内部的区室。有膜细胞器由磷脂膜包围而形成，包括细胞核、线粒体以及构成细胞内膜系统的内吞体、脂滴、过氧化物酶体、自噬体等。无膜细胞器如核仁、中心体和卡哈尔小体等，缺乏磷脂膜封闭结构，通过快速发生组装和解聚过程以响应不同信号。此外，通过形成细胞连接或黏附，细胞之间以及细胞与细胞外基质之间建立起确定的结构联系和相互作用。细胞结构与其生物学功能之间存在着密切的关系，它们相互依赖、相互影响，共同维持着生命活动的正常进行。本篇将探讨细胞结构与功能之间的关系，以及这种关系对生物学研究的重要意义。

第十六章　细胞骨架

细胞是生命体结构和功能的基本单位。在各种生理活动中，细胞需要跟外界环境发生相互作用，进行内外物质交换；细胞需要改变它们的形状，从一个地方运动到另外一个地方；在细胞的生长、分裂和适应环境的变化过程中，需要重新组织、安排细胞内部的各种成分。在真核细胞中，以上所有的空间和物理功能都是由细胞质中一个专门的蛋白质纤维状网架系统来执行的，这个系统叫作细胞骨架（cytoskeleton）。

细胞骨架主要包括微管、微丝和中间丝 3 种结构组分。其中，微管主要分布在细胞核周围，呈放射状向细胞质四周扩散；微丝主要分布在细胞质膜的内侧，呈束状和网状结构；而中间丝分布在整个细胞中（图 16-1）。3 种不同的细胞骨架相互协作，共同组成一个完整的网络，维持细胞的结构和极性并参与细胞运动。细胞骨架是动态的，可以在 1 分钟之内进行重新组织，也可以在数小时内稳定存在。

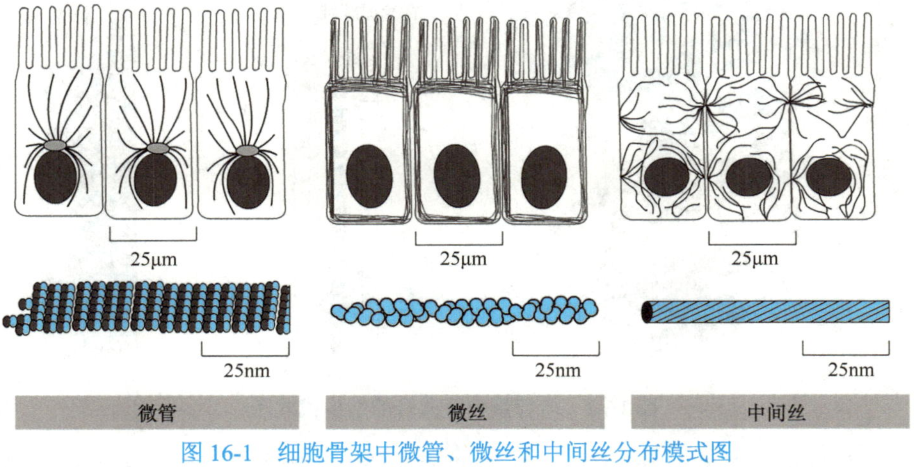

图 16-1　细胞骨架中微管、微丝和中间丝分布模式图

从 1963 年发现微管以来，对细胞骨架的研究已成为当前细胞生物学研究中最活跃的领域之一。对细胞骨架的研究也从早期的形态学及细胞内分布和定位推进到在分子水平上研究骨架蛋白

及骨架结合蛋白的结构与功能、动态组装与调控等内容。本章主要介绍微管、微丝、中间丝的结构、组装与功能，讨论细胞骨架与细胞运动的关系。

第一节　微　　管

微管（microtubule，MT）是真核细胞中普遍存在的细胞骨架成分，在细胞内微管呈网状或束状分布，主要定位在细胞核周围，呈放射状向细胞质四周扩散。其功能包括维持细胞形态、细胞极性和胞内物质运输，还可与其他蛋白质共同组装成鞭毛、纤毛、纺锤体、基体和中心体等结构，参与细胞运动、细胞分裂等过程。

一、微管的化学组成与形态结构

微管是由αβ-微管蛋白异二聚体组装而成的细长而坚硬的中空管状结构。 微管是3种细胞骨架中最为粗大者，其长度不等，一般为几微米。

（一）微管的化学组成与极性

微管的基本组成成分是微管蛋白（tubulin）。微管蛋白在细胞内由多基因编码。根据氨基酸序列的同源性，微管蛋白可分为α-微管蛋白、β-微管蛋白和γ-微管蛋白3种类型。其中α-微管蛋白含有450个氨基酸残基，β-微管蛋白含有455个氨基酸残基，它们分子量都在55 000Da左右，空间结构相似，通过非共价键紧密地结合成8nm的异二聚体（图16-2A）。微管原纤维（protofilament）是由αβ-微管蛋白异二聚体组装而成，它们是细胞内游离态微管蛋白的主要存在形式，也是微管组装的基本结构单位。由于每一根原纤维都由这样的二聚体首尾相连呈有规律的排列，导致每根原纤维的两端不对称，微管的某一末端都是α-微管蛋白，而在另一末端都是β-微管蛋白，从而使整根微管原纤维在结构上具有极性。通常将末端为β-微管蛋白的那端称为正极，将末端为α-微管蛋白的那端称为负极（图16-2B）。

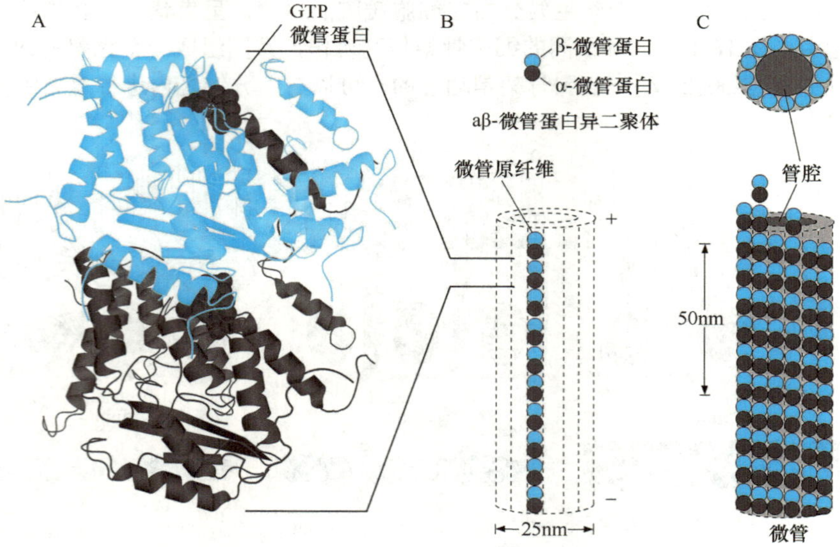

图16-2　微管蛋白及微管的结构模式图

α-微管蛋白和β-微管蛋白中各有一个GTP结合位点，α-微管蛋白中结合的GTP分子非常紧密，通常不能水解成GDP，被称为不可交换位点（nonexchangeable site，N位点）；β-微管蛋白的GTP分子容易发生水解生成GDP，它在微管的动态变化中发挥重要的作用，β亚基GTP结合点称为可交换位点（exchangeable site，E 位点），该 GTP 在微管蛋白二聚体参与组装成微管后即被水解成 GDP。此外，微管蛋白异二聚体上还存在二价阳离子、药物（如秋水仙碱和紫杉醇）的结合位点。

γ-微管蛋白存在于所有真核生物中，在微管组装的起始过程中发挥重要作用（见后文）。

（二）微管的形态结构与类型

微管在细胞中有不同的形态，既构成鞭毛、纤毛等运动器官，也是中心粒的主要结构组成。

1. 微管的形态结构 微管是一种细长而相对坚硬、中空的长管状结构。微管首先由 α-微管蛋白和 β-微管蛋白通过非共价键首尾相连形成原纤维，再由 13 条原纤维螺旋排列而围成（图 16-2C）。微管的外径约 25nm，内径约 15nm，壁厚约 4nm，这种组装方式比单条原纤维更具有热稳定性，结构更难以被破坏。由于微管原纤维具有极性，因此，微管纤维也具有极性，将末端为 β-微管蛋白的一端称为正极，而末端为 α-微管蛋白的一端称为负极。在细胞中微管的长度变化很大，在大多数细胞中微管的长度只有几微米，但在某些特定的细胞中，如在中枢神经系统运动神经元的轴突中可以长达几厘米。

2. 微管的存在形式 微管在细胞中有 3 种不同的存在形式：单管（singlet）、二联管（doublet）和三联管（triplet）（图 16-3）。单管是由 13 根原纤维平行排列而成，是细胞质中微管的主要存在形式，常分散、成束或成网分布。二联管由 A、B 两根单管组成，A 管为由 13 根原纤维组成的完整微管，B 管仅有 10 根原纤维，是不完整微管，与 A 管共用 3 根原纤维，二联管为分布于纤毛和鞭毛杆状部分的主要结构。三联管则由 A、B、C 三根单管组成，A 管有 13 根原纤维，B 管和 C 管均由 10 根原纤维组成，B 管与 A 管及 C 管与 B 管分别共用 3 根原纤维，B、C 管是不完整微管。三联管主要位于中心粒及纤毛和鞭毛的基体部分。其中单管不稳定（如纺锤体），易受低温、Ca^{2+}和秋水仙碱等因素的影响而发生解聚，二联管和三联管则属于成束排列的稳定微管结构。

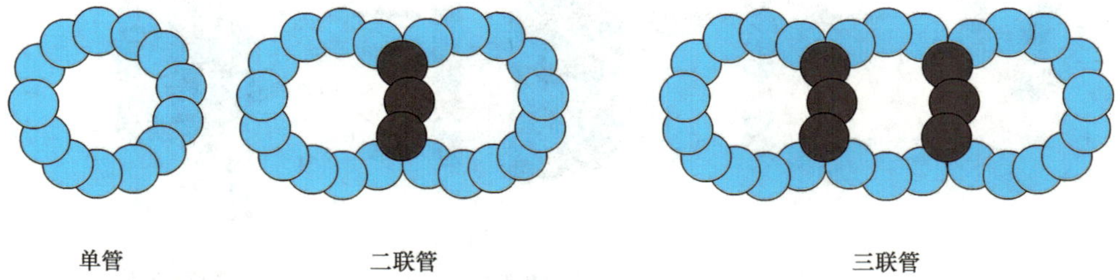

图 16-3 3 种类型的微管横断面示意图

二、微管的组装和去组装

微管蛋白亚单位分子很小，可以在细胞质中迅速地扩散移动，而组装好的细胞骨架纤维在细胞质中移动是很困难的。因此，细胞骨架纤维可以通过发生组装、去组装和再组装的方式，在细胞中不同的位置进行迅速的结构重塑以适应细胞功能的需要。如在细胞进入有丝分裂期，胞质中的微管需要先解聚，再重新组装成微管，形成纺锤体帮助染色体排列和移动。大多数微管都是动态结构，可通过快速组装和去组装达到平衡。

（一）微管的体外组装与去组装

细胞内成分复杂，难以观察微管的组装过程，因此，微管的体外研究实验对微管生物学研究起到非常重要的作用。通过荧光标记微管蛋白，利用荧光显微镜等方法在体外研究微管的组装与去组装。早在 1972 年，理查德·魏森贝格（Richard Weisenberg）首次从小鼠脑组织分离出微管蛋白，将其置于试管中，加入含有 Mg^{2+}（无 Ca^{2+}）、EDTA 和 GTP 的缓冲液中，在合适的 pH（pH=6.9）和温度（37℃）下，在体外成功装配成微管。随后，精子尾部、肾脏、胚胎细胞和培养细胞提取物的微管蛋白都能在体外成功装配成微管。体外研究发现，只要微管蛋白异二聚体达到一定的临界浓度（critical concentration，C_c）（约 1mg/ml），有 Mg^{2+}存在（无 Ca^{2+}）、由 GTP 提供能量、在适当的 pH 和温度的缓冲体系中，αβ-微管蛋白异二聚体就能组装成微管。微管的组装对温度十分敏感，当温度低于 4℃或加入过量 Ca^{2+} 时，已形成的微管又可去组装。同样，降低微管蛋白异二聚体浓度，几秒钟后，就可观察到微管消失。

微管的自我组装是一个复杂而有序的过程。大体上可分为 3 个阶段。首先是成核期（nucleation phase），该期需要微管异二聚体装配成一个短的寡聚体形成组装核心，再由它们首尾相接形成短的原纤维，经过在两端和侧面增加异二聚体扩展成片层，当片层扩展到 13 条原纤维时，即合拢成一段微管。由于体外缺乏中心体，如果组装体系是从单体开始，则成核期是一个缓慢的过程，都会有一个起始的延迟，故也称为延迟期。因此，成核期是微管组装的限速步骤。成核期之后，新的异二聚体不断加到微管的两端，使之延长（图 16-4）。微管组装就进入微管纤维快速生长的过程，称为聚合期（polymerization phase），又称延长期（elongation phase）。

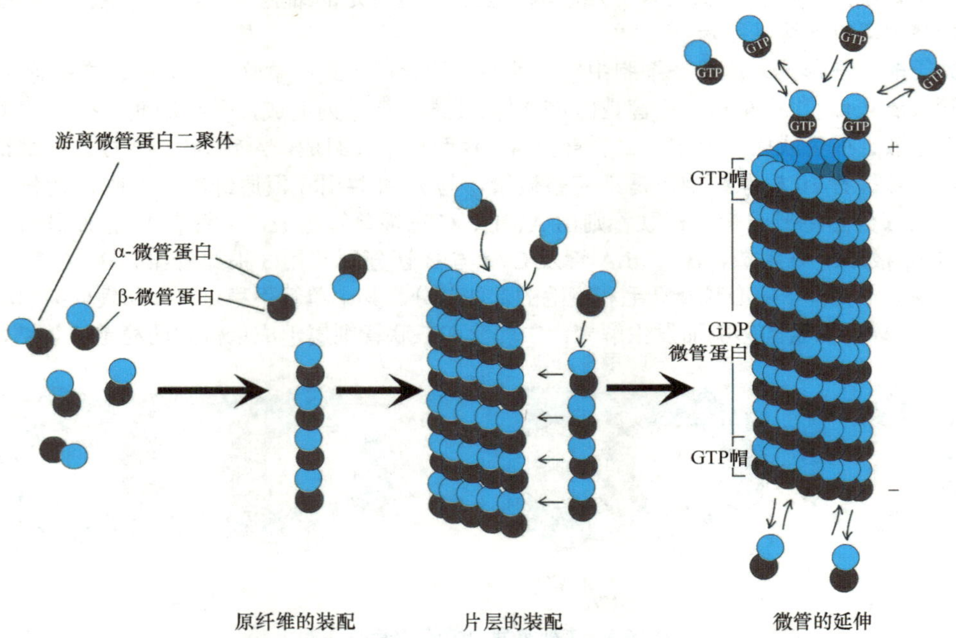

图 16-4　微管的体外装配过程示意图

在聚合期，体外两端可同时发生组装和去组装，即在两端都有游离 GTP-微管蛋白异二聚体的加入和 GDP-微管蛋白异二聚体的脱落（图 16-4）。一旦 GTP 微管蛋白结合在微管上，β-微管蛋白上结合的 GTP 就会被水解成 GDP。因此，生成的微管中 β-微管蛋白大部分由 GDP 微管蛋白组成。由于微管具有极性，决定了它们添加 GTP-微管蛋白异二聚体的能力不同，使得微管两端具有不同的组装速度。聚合期游离 GTP-微管蛋白异二聚体的浓度较高，正极的组装速度较快，解离速度较慢而呈现生长状态，负极组装速度较正极慢，但仍高于解离速度，因此这时微管处于延伸阶段，微管两端都在延长。而且由于两端聚合速度较快，在微管两端的一个小的区域含有一段新加入的 GTP-微管蛋白异二聚体。这一部分 GTP-微管蛋白异二聚体像帽子一样位于微管生长末端，因此称为 GTP 帽（图 16-4）。这个帽子结构可以稳定整个微管聚合物，防止微管解聚，从而使微管继续生长。而随着反应体系中 GTP-微管蛋白异二聚体单体浓度的减少，微管组装速度逐渐减慢。会发生正极因组装而延长，负极的组装速度低于解离速度而呈现缩短的现象，这种现象称为踏车现象（treadmilling）（图 16-5）。最终微管组装过程达到一个稳定期（steady state phase），即微管纤维正极聚合的速度与负极解聚的速度相同，微管纤维的长度保持不变，但是构成微管的单体蛋白亚单位在不断地更新。在稳定期，胞质中的游离 GTP-微管蛋白异二聚体的浓度称为临界浓度（C_c）。通常溶液中游离微管蛋白浓度高于临界浓度，微管延长，反之，则微管缩短。微管的这种动态变化有利于细胞应对外界刺激变化时微管结构能够迅速调整和变化，以适应细胞功能的需要。

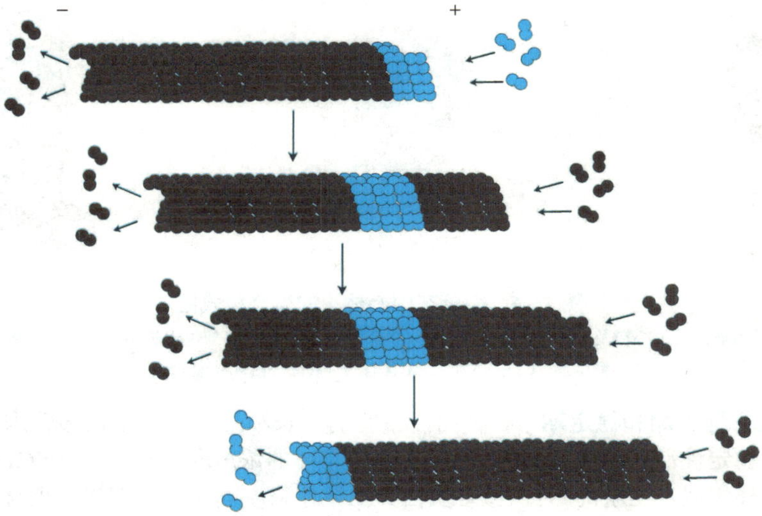

图 16-5　微管的踏车现象示意图

（二）微管的体内组装与去组装

微管在体内的装配比在体外的装配要复杂得多，但它是一个有序的过程，受到严格的时间和空间控制。微管在体内的装配也分为成核期、延长期和稳定期。成核反应阶段也是体内微管组装的限速步骤，微管单体需要花费很长时间，发生各种复杂的反应才能形成一个 αβ-微管蛋白寡聚体。

微管在体内的成核作用通常在微管组织中心（microtubule organizing center，MTOC）进行，它对微管的形成、微管的数量和微管极性的确定至关重要。体内 MTOC 包括中心体、着丝粒、纤毛和鞭毛的基体等。通常微管的负端附着于 MTOC 上，使负端稳定，而微管延长或缩短则发生在正端。

1. 体内的微管组织中心　微管组织中心是细胞内微管起始组装的区域。在哺乳动物细胞中，中心体（centrosome）是主要的微管组织中心。

（1）中心体：分布在靠近细胞核的位置，在有丝分裂时位于细胞的两极。它与细胞有丝分裂密切相关，主要参与纺锤体的形成。中心体由中心粒周物质（pericentriolar material，PCM）和一对中心粒组成，PCM 中包含有 γ-微管蛋白环状复合物（γ-tubulin ring complex，γ-TuRC）（图 16-6A、图 16-6C），γ-TuRC 定位于微管的负端，像模板一样参与微管蛋白的成核。它可以刺激微管核心的形成，并包裹微管蛋白负端防止微管蛋白的掺入。中心粒直径为 0.16～0.23μm，成对相互垂直排列。中心粒不直接参与微管成核，它具有召集 PCM 的作用。微管在中心体端成核、起始发生，中心体端为负端。微管纤维从中心体生长出来，呈辐射状，远离中心体的一端为正端（图 16-6B）。

（2）体内微管的成核反应：成核反应主要由 γ-TuRC 介导。γ-TuRC 中包含有多种辅助蛋白，这些辅助蛋白相互作用形成一个蛋白聚合体，再与 γ-微管蛋白亚单位进行结合，形成一个“帽子”样的结构。中心体上每一个 γ-TuRC 像一个基座，都是微管生长的起始点，即成核部位。微管组装时，游离的微管蛋白异二聚体以一定的方向添加到 γ-TuRC 上，而且 γ-微管蛋白只与二聚体中的 α-微管蛋白结合，结果产生的微管在靠近中心体的一端是负极，而另一端是正极。随后 αβ-微管蛋白异二聚体作为微管组装的蛋白亚单位，就可以直接加入这个帽子样结构的右端，进行微管的延伸和生长。

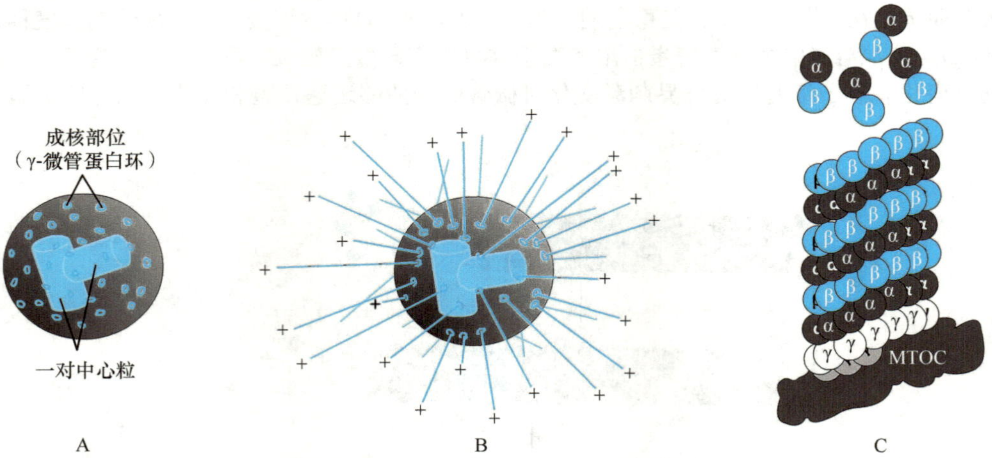

图 16-6　微管在中心体上的聚合模式图

A. 中心体含有一对互相垂直的中心粒及许多 γ-微管蛋白环；B. 微管从中心体成核部位生长出来，负端在中心体中，正端游离在细胞质；C. 中心体 PCM 含有 γ-微管蛋白环状复合物

2. 体内微管的延长期和稳定期　在体内，微管的延长和缩短只发生在微管末端。有两个因素影响微管组装的稳定性：即游离 GTP-微管蛋白异二聚体的浓度和 GTP 水解成 GDP 的速度。体内微管的延长与体外相似，当游离 GTP-微管蛋白异二聚体浓度高时，微管正端聚合较快，可在正端形成 GTP 帽，此帽可防止微管解聚，从而使微管继续延长。在体内，也会出现踏车现象，而当微管正端聚合速度等于解聚速度时，进入稳定期，微管长度保持不变，使微管保持动态平衡。

由于含有 GDP-微管蛋白异二聚体的微管在生理浓度下不稳定，随着 GTP-微管蛋白异二聚体浓度降低，或可能因为帽结构的 GTP 水解或微管蛋白随机解离，几个重要的 GTP-微管蛋白异二聚体从微管脱落从而 GDP 微管蛋白暴露。这种情形可使微管从生长状态转变成快速缩短状态（图 16-7）。微管从生长状态转变成迅速缩短状态的过程称为“骤变”（catastrophe）。骤变可使整个微管迅速解聚。当微管蛋白异二聚体浓度升高时，微管又可开始延长，而发生“复原”（rescue）过程。因此，锚定在中心体上的微管会不断地改变其形态，一些微管在生长而同时有些微管会缩

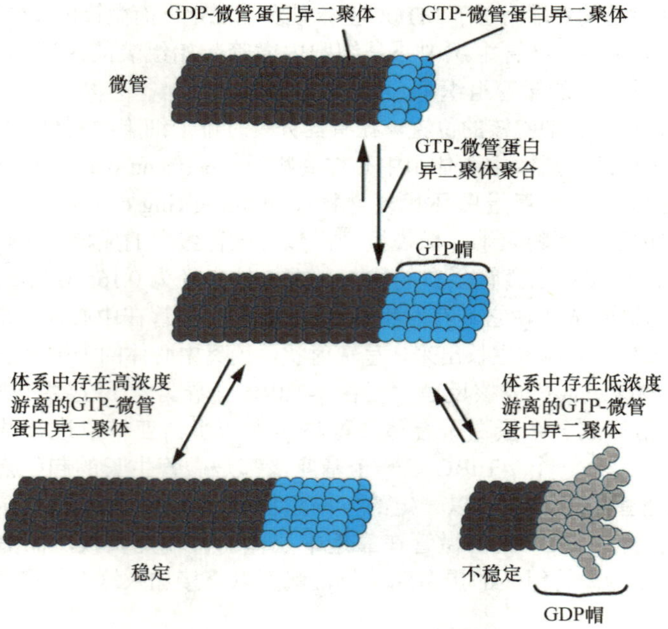

图 16-7　微管的聚合与解聚模式图

短。由此可见，在微管的组装过程中，微管不停地在延长和缩短两种状态下转变，这是微管组装动力学的一个重要特点，即微管的动态不稳定性。在细胞分裂间期，微管的动态不稳定性有利于纺锤体的快速聚合与解聚。

（三）微管组装的动态不稳定性

大量体内外实验研究表明，大多数的微管是不稳定的，他们呈现出生长、缩短和再生长的循环，这种消耗能量的过程即为微管动态不稳定性。如体外研究发现，一旦集结成核，微管会不断地向其游离的正极添加 αβ-微管蛋白异二聚体，使微管从组织中心向外生长。该过程可持续数十分钟，然后微管会出乎意料地突然发生转变，微管蛋白二聚体又从正端脱落下来，使微管很快缩短（即“骤变”）。而微管可能会缩短一小段后，又突然重新开始增长（即“复原”）（图 16-8）。微管有时甚至可能会完全解离，然后从同一个 γ-微管蛋白环上重新开始长出一根新的微管。

微管动态不稳定性可以使微管进行快速的重塑，对微管功能的发挥起着重要的作用。它在整个细胞周期受到许多微管结合蛋白的严密调控。微管的动态不稳定性可使微管末端探寻细胞的三维空间，不断地寻找和结合细胞内的各种结构组分。如在细胞周期间期，微管可以依赖它们的动力学特性促进对色素颗粒和线粒体的捕捉，起始对它们向负极的运输。而在有丝分裂期，动态的微管被用来搜寻和捕捉染色体，促进染色体的排列和分离，微管应用这种动态不稳定性大大地增加了染色体与微管连接的速度。如果中心体长出的微管的正极与其他分子或者细胞结构发生结合并阻止了微管的解聚，这根微管就可以稳定下来。这种随机探索和选择性稳定的简单策略使中心体和其他成核中心可以在细胞的特定位置建立起一套有序的微管系统。同样的策略也被用于控制细胞器的相对位置。

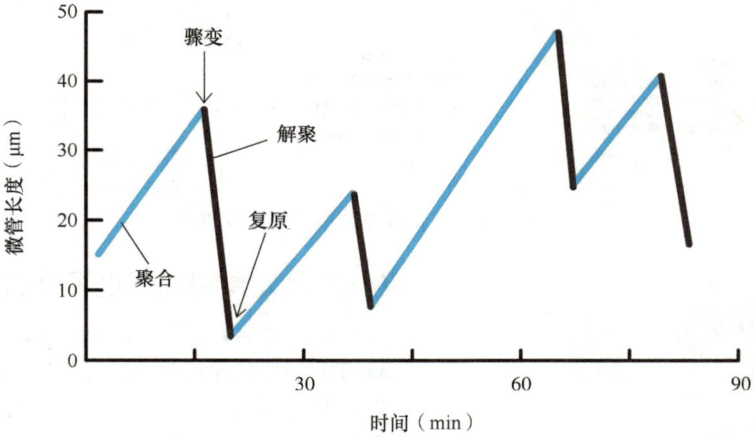

图 16-8　体外微管的动态不稳定性模式图

（四）微管组装的影响因素

微管组装会受到多种因素的影响。体外实验证实，温度、pH、游离微管蛋白的浓度、GTP 浓度和离子浓度都能影响微管组装的过程。例如，适当浓度的 Mg^{2+} 是微管组装必需的条件，而 Ca^{2+} 的浓度过高则会抑制微管组装。

有许多特异性药物可以影响细胞内微管的组装和去组装。如秋水仙碱（colchicine）、诺考达唑（nocodazole）、紫杉醇（taxol）等可以影响细胞内微管的组装和去组装。其中紫杉醇就是一种临床非常常用的化疗药物，可用于治疗乳腺癌、胃癌和白血病。这些药物可以通过作用于微管使细胞有丝分裂停滞而抑制细胞的快速增殖。当紫杉醇与微管结合后可以阻止微管的解聚，但不影响微管末端的组装。它是一种促进微管聚合和稳定已聚合的微管的药物，是微管特异性的稳定剂。微管可以增长，但不能缩短。因此，它可使细胞分裂阻滞在有丝分裂期。秋水仙碱是一种生物碱，它可以与微管蛋白异二聚体紧密结合，可阻止微管蛋白亚基的加入和脱落，它们都是打破了微管组装与去组装稳定状态的平衡，从而破坏了微管的动态性质。如果用秋水仙碱处理有丝分裂的细胞，纺锤体会迅速消失，染色体无法分离。由此可见，维持微管组装与去组装的动态平衡是保证细胞正常生命活动的重要因素。

此外，一些微管蛋白结合蛋白也可以对微管的组装与去组装发挥调节作用。

三、微管结合蛋白的种类与功能

在提取微管蛋白时，始终有一些蛋白质与微管结合在一起，这类蛋白质被命名为微管结合蛋白（microtubule binding protein，MTBP）。广义的微管结合蛋白是指一切能与微管结合且能调控微管结构和功能的蛋白质，它们与微管的聚合与解聚有关，或能使微管之间及微管与其他成分之间产生联系。目前发现有一百多种蛋白可与微管发生相互作用，根据微管结合蛋白的功能如稳定微管或促进微管解聚等，可以将之分为以下几大类（图 16-9）。

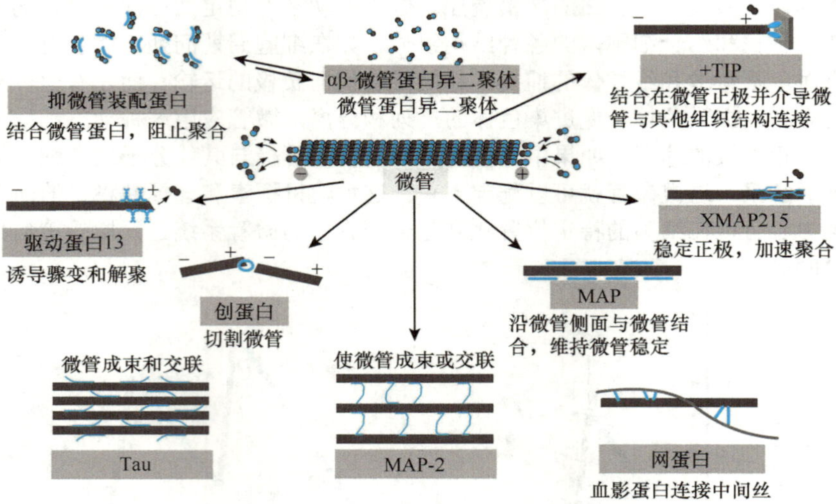

图 16-9 微管结合蛋白功能示意图

（一）稳定微管和促进聚合的微管结合蛋白

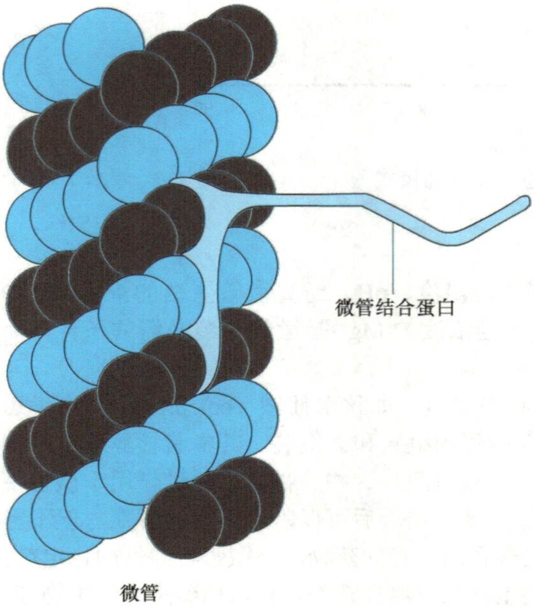

图 16-10 微管相关蛋白 MAP-2 的结构模式图

1. 微管相关蛋白（microtubule associated protein，MAP） 在非神经细胞中过表达时可诱导微管成束，并使微管具有抵抗微管解聚药物的能力。包含 MAP-1、MAP-2、MAP-4 和 Tau 四种蛋白，是研究最深入的一类微管结合蛋白。它们通过与微管侧面结合起到稳定微管的作用（图 16-10），将微管交联成束排列，其中 MAP-1、MAP-2 和 Tau 蛋白主要存在于神经细胞中，而 MAP-4 广泛存在于各种神经细胞和非神经细胞中，在进化上具有保守性。由于 MAP-2 和 Tau 具有热稳定性而研究得较为清楚。Tau 主要在神经细胞的轴突中表达，MAP-2 存在于神经细胞的胞体和树突中。在阿尔茨海默病患者的脑细胞中可以看到过度磷酸化的 Tau 的聚集，称为神经原纤维缠结。研究表明，Tau 的过度磷酸化可导致神经元死亡和突触功能障碍。

2. 微管正端追踪蛋白（plus-end tracking protein，+TIP） 是一类结合在微管正端蛋白的总称，在介导微管与细胞质膜、高尔基体和微丝等结构的连接中发挥重要作用。它们还具有稳定微管 GTP 帽结构，促进微管延长的作用。这类蛋白质可用于微管正端的示踪。

（1）正端追踪蛋白 EB1（end-binding-1，EB1）：是一种主要的正端追踪蛋白。它只与正在生长的微管正端帽结构的 GTP-β-微管蛋白结合，促进微管聚合。此外，EB1 作为微管正端追踪蛋白机器的核心分子，定位于着丝粒和微管连接处，可以招募和调控其他微管正端追踪蛋白在着丝粒和微管连接处行使功能。

（2）XMAP215 蛋白：可与微管蛋白异二聚体结合，将其输送到微管的正端，促进微管蛋白的聚合；同时它还可对抗骤变因子（catastrophe factor）对微管的解聚作用。在细胞有丝分裂时，该蛋白发生磷酸化，其功能受到抑制，导致骤变因子占据主导作用，使微管不稳定性增加 10 倍，易解聚。

（二）促进微管解聚的微管结合蛋白

这是一类能够促进微管解聚的微管结合蛋白。虽然大部分调控微管动态的蛋白都作用于微管正端，在某些时期，有些蛋白也可结合在微管负端发挥解聚作用。

1. 剑蛋白（Katanin） 是一种微管剪切蛋白，存在于所有类型的细胞中。它以异二聚体的形式存在。它的小亚基具有 ATP 酶活性可催化 ATP 水解提供能量从 MTOC 附着的地方切断微管，可使从 MTOC 释放的微管迅速解聚。剑蛋白主要参与细胞有丝分裂纺锤体极微管的快速解聚。

2. 制止蛋白（Stathmin） 是微管延伸过程中的去稳定蛋白，其功能是加速微管的骤变。由于 Stathmin 有非常强的解聚能力，目前认为它一方面可以结合在游离的微管蛋白异二聚体亚基上，防止其添加到微管的末端；另一方面，它可结合在弯曲的微管末端通过增加微管原纤维弯曲度来促进微管原纤维解聚（图 16-11）。

3. 驱动蛋白 13（Kinesin 13） 又称骤变因子，大部分驱动蛋白是马达蛋白，主要功能是参与物质运输。但 Kinesin 13 是一个潜在的促进微管解聚的解聚酶。它可与微管原纤维末端结合并使之弯曲转变成解聚构象，导致微管快速解聚（图 16-11）。Kinesin 13 可使微管发生骤变的频率增高。

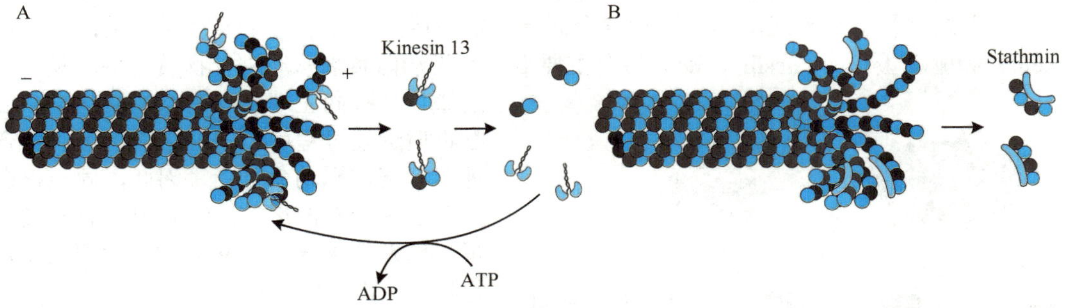

图 16-11 Kinesin 13 和 Stathmin 与微管结合示意图

四、微管的主要功能

（一）参与维持细胞的形态

微管具有一定的强度，可为细胞提供抗压和抗弯曲的机械力。因此，微管构成网状支架和其他细胞骨架一起在细胞中起支撑作用，共同维持细胞形态。

（二）参与细胞内物质运输

在真核细胞内，细胞器和内膜系统高度区室化，因此，新合成的物质需要内膜系统的运输才能到达功能区域行使功能。微管以中心体为中心，向四周辐射延伸，为细胞内物质运输提供了运输轨道。微管的极性可以使驱动蛋白和动力蛋白沿着微管定向运动。研究发现，如果微管结构被破坏，细胞内合成的一些运输小泡，如分泌颗粒、色素颗粒等物质的运输将会受到抑制。微管可参与神经递质的传递，参与细胞膜泡及细胞器的运输（图 16-12）。

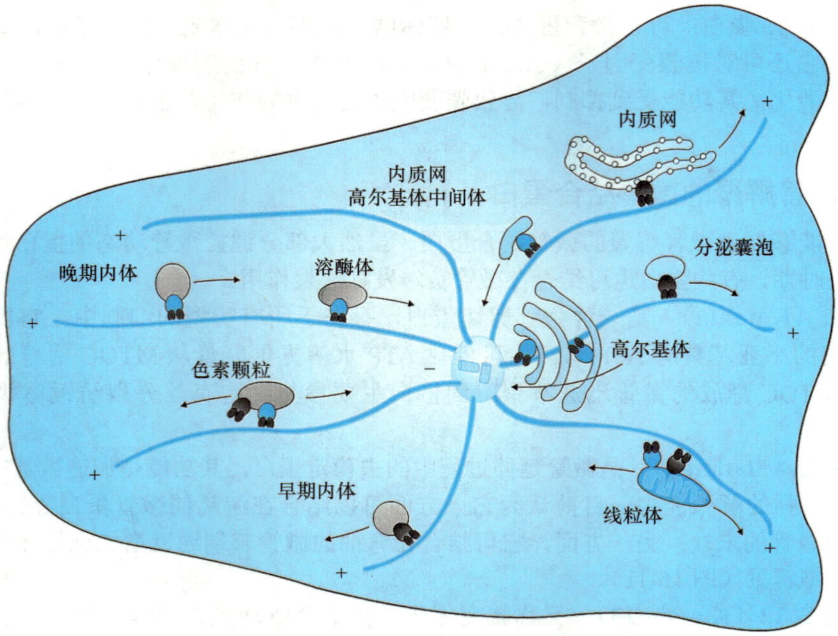

图 16-12　细胞中微管介导的物质运输模式图

微管主要利用马达蛋白 ATP 水解释放能量完成物质运输。马达蛋白（motor protein）是指介导细胞内物质沿细胞骨架运输的蛋白质。马达蛋白与细胞骨架纤维结合，利用水解 ATP 获得的能量，沿着细胞骨架体系运动。与微管结合而起运输作用的马达蛋白主要有两大类：动力蛋白（dynein）和驱动蛋白（kinesin）。动力蛋白主要沿微管正端向负端移动进行物质运输。驱动蛋白沿微管负端向正端移动进行物质运输。由于在物质运输过程中，一根微管上可以结合多种驱动蛋白和动力蛋白，因此，同一根微管上可以进行双向运输。细胞内还有一类马达蛋白称为肌球蛋白（myosin），主要沿微丝进行物质运输（见本章第二节）。

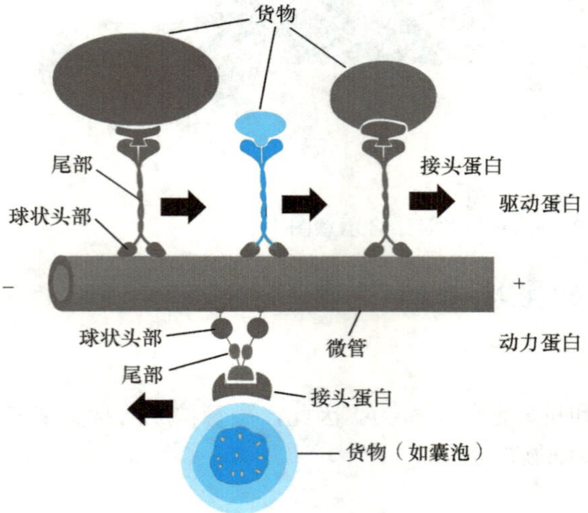

图 16-13　驱动蛋白和动力蛋白的结构及转运模式图

驱动蛋白和动力蛋白超家族，包含很多的蛋白成员，不同成员之间差异也很大。它们都包含头部马达结构域（motor domain）和尾部。头部由两个直径约 10nm 的球状结构组成，负责识别和选择微管并水解 ATP，尾部负责识别、选择运输的“货物”（图 16-13）。通过消耗 ATP，改变蛋白构象，不断重复与微管结合、解离及再结合的动作使货物沿着微管运动。他们的尾部可直接或通过接头蛋白（adaptor protein）与货物结合。不同类型的驱动蛋白和动力蛋白介导不同货物的转运。如在成熟轴突中微管是物质运输的主要轨道，并对各种细胞器进行定位。

（三）参与维持细胞器的定位和分布

微管及其相关的马达蛋白在真核细胞内的膜性细胞器的定位上起着重要作用。体外实验显示，用秋水仙碱处理细胞可使细胞内的微管解体，细胞由椭圆形变成圆形，同时内质网回缩到细胞核附近，高尔基体解体成小泡分散分布于细胞质内，说明微管在维持细胞形态、组织细胞内部细胞器定位等方面发挥重要作用。在细胞中，线粒体的分布与微管相伴随。游离核糖体附着于微管和微丝的交叉点上。内质网沿微管在细胞质中展开分布。高尔基复合体沿微管向核区牵拉，定位于细胞中央。

（四）参与组成纤毛和鞭毛的运动元件

细胞纤毛和鞭毛是由细胞质膜包围，突出于细胞表面的高度特化的细胞结构。其内部是由微管及动力蛋白等组成的轴丝（axoneme）。轴丝起源于基体的微管。

鞭毛中微管为9+2结构，即由9个二联管和一对中央微管组成。其中二联管由AB两个管组成，两者共用3条原纤维。A管对着相应的B管伸出两条动力蛋白臂，并向鞭毛中央发出一条辐条（图16-14）。基体的微管组成是9+0，由9个三联管组成，结构类似中心体。它是鞭毛和纤毛成核的微管组织中心。

纤毛和鞭毛的运动一般以微管滑动模型来解释（见本章第四节）。

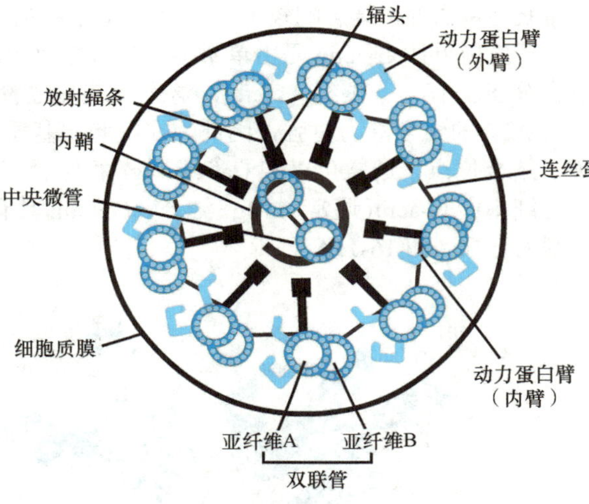

图16-14　纤毛和鞭毛的轴丝结构模式图

（五）参与纺锤体形成

微管是构成纺锤体的主要成分，在细胞分裂时微管组成纺锤体，对染色体的运动起到决定作用。到了细胞分裂末期，纺锤体解聚重新形成胞质微管网络（见第十章第一节）。

（六）参与细胞内信号转导

微管参与蛋白激酶信号转导功能，微管之间或者微管蛋白之间通过相互作用后，进一步传递信号分子。信号分子可直接与微管作用或通过马达蛋白和一些支架蛋白与微管作用，参与JNK、Wnt、ERK及PAK蛋白激酶信号转导通路。

第二节　微　　丝

微丝（microfilament，MF）普遍存在于所有真核细胞中。与微管不同，它是一种实心纤维。在细胞中，微丝组装成微丝束或微丝网络结构，参与物质运输、细胞分裂和细胞运动等重要的生命活动。

一、微丝的化学组成与形态结构

微丝是由球状肌动蛋白（globular actin，G-actin）聚合形成的直径为7nm的纤维状结构，又称纤维状肌动蛋白（filamentous actin，F-actin）。

（一）微丝的化学组成与极性

微丝的主要结构成分是 G-actin。它最早是从骨骼肌中分离出来的，后来发现它也存在于所有真核非肌细胞中。在肌细胞中肌动蛋白的含量可占细胞总蛋白量的 10% 左右。在非肌细胞中占细胞总蛋白的 1%～5%。迄今为止，在人类与动物细胞中已经分离出 6 种肌动蛋白：它们是 4 种 α-actin，分别存在于横纹肌、心肌、血管平滑肌和肠道平滑肌中，组成细胞的收缩性结构。另两种 β-actin 和 γ-actin 则存在于所有肌细胞和非肌细胞中，其中，γ-actin 与形成应力纤维（stress fiber）有关；β-actin 通常位于细胞边缘的细胞皮层（cell cortex）和在迁移细胞的前沿组装形成微丝协助细胞运动。

肌动蛋白在进化上高度保守，一般由 374～377 个氨基酸组成，氨基酸的同源性可达 80% 以上。4 种 α-actin 在氨基酸组分上有微小差异（大约在 400 个氨基酸序列中有 4～6 个变异），这种差异对肌动蛋白的组装影响较小，但对于肌动蛋白结合蛋白和调节蛋白发挥功能起着重要作用。

肌动蛋白单体 G-actin 是由单个多肽链折叠而成，分子量为 43kDa。X 射线衍射实验揭示在肌动蛋白分子上有一个裂缝（cleft），这个裂缝的位置可以结合 ATP 或者 ADP（图 16-15A）。肌动蛋白与 ATP 的结合能力更强，因此，在细胞质基质中 G-actin 通常结合 ATP。这个裂缝还有一个阳离子结合位点，通常可以和 Ca^{2+} 或 Mg^{2+} 相结合。在动物细胞胞质中 Mg^{2+} 浓度高于 Ca^{2+}，因此在动物细胞中 G-actin 通常与 Mg^{2+} 结合。G-actin 具有一定的极性，其缝隙开口一端称为负极，另一端则为正极（图 16-15A）。

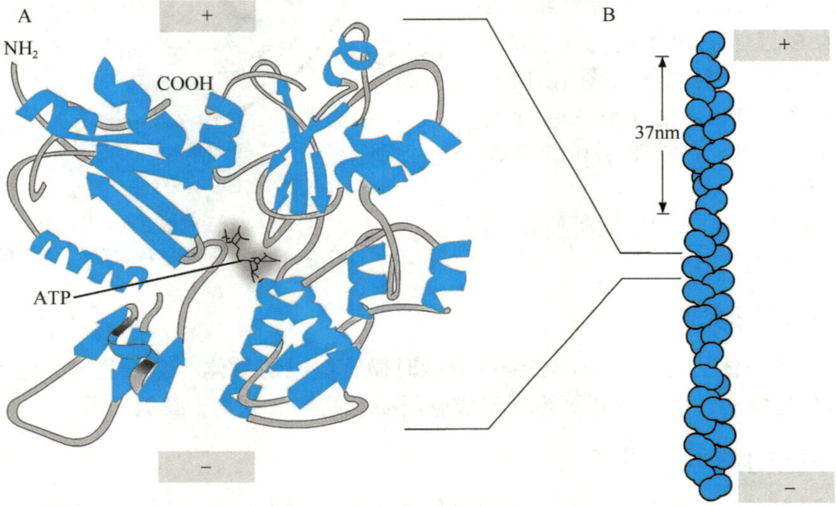

图 16-15　肌动蛋白单体和微丝的结构模式图

（二）微丝的形态结构

微丝是由肌动蛋白首尾相连组装而成的实心纤维。电镜下，单根微丝是由 2 条原丝（protofilament）呈右手螺旋盘绕而成，直径约 7nm，螺距为 37nm，一个螺旋含有 14 个 G-actin。由于肌动蛋白分子上有一个裂缝，且微丝所有单体都沿着链轴指向相同的方向。因此微丝具有极性，缝隙开口一端称为负端，另一端则为正端（图 16-15B）。

与微管相比，微丝较细，较短，且更富有韧性。在细胞中，微丝的数量多于微管，通常微丝的总长度是微管总长度的好几倍。与微管和中间丝不同的是，微丝很少单独存在，它们都是在微丝结合蛋白的协助下，交联成束或形成网络而发挥功能，有一定的强度和韧性，为细胞提供支撑。

二、微丝的组装与去组装

微丝是由 G-actin 组装而成的多聚体。在大多数非肌细胞中微丝也是一种动态结构，微丝的组装被精细地调控。有些微丝在数秒钟内不断进行增长和缩短以产生推力改变细胞形态或推动细胞进行定向运动。

（一）微丝的体外组装与去组装

体外组装实验中，微丝的组装必须有一定的 G-actin 浓度、一定的盐浓度（主要是 Mg^{2+}、K^+或 Na^+），还需要 ATP 参与才能进行。在含有 G-actin 的溶液中加入 ATP、Mg^{2+}及较高浓度的 K^+或 Na^+时，可诱导 G-actin 聚合成 F-actin，但这个过程是可逆的，当降低溶液中的上述离子浓度时，F-actin 可以解聚为 G-actin。通常只有结合 ATP 的 G-actin 才能参与 F-actin 的聚合。与微管聚合类似，当 ATP G-actin 结合到纤维的末端后，ATP 水解为 ADP+Pi。ATP G-actin 与纤维末端的结合能力强，当微丝组装速度大于 ATP G-actin 水解速度时，在微丝末端可以形成 ATP-G-actin 帽，这时微丝可以持续组装。而结合 ADP 的肌动蛋白对纤维末端的亲和力弱，容易脱落使纤维缩短。

微丝的组装过程也分为三个阶段：成核期、延长期和稳定期（图 16-16）。

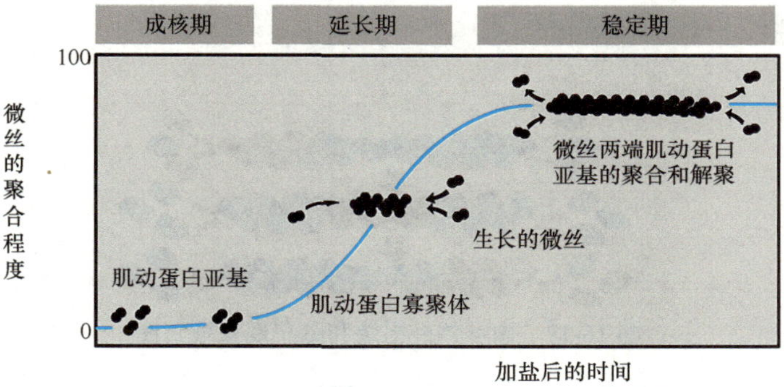

图 16-16 微丝组装成核期、延长期和稳定期的模式图

成核期是微丝组装的限速时期。成核期是 2～3 个 G-actin 聚合组成寡聚体的时期。当寡聚体含有 3 个亚基时，它可以作为种子或核，启动进入延长期。一旦进入延长期，短的寡聚体通过在末端加入 G-actin 而迅速延长。延长期 G-actin 在核心两端聚合，正端聚合快，负端聚合慢。体外动力学实验证明，微丝的正极聚合速度可快于负极近 10 倍，且微丝的聚合速度依赖于 ATP G-actin。而 ADP G-actin 从两末端解离下来的速度差不多，解离速度不依赖于 ATP G-actin 的浓度。通过数据计算得到微丝正极的临界浓度［C_c^+或 C_c（T）］0.12μmol/mol 远低于负极的临界浓度［C_c^-或 C_c（D）］0.6μmol/mol，临界浓度即可以使 ATP G-actin 聚合的最低浓度。

在延长期，体系中的肌动蛋白浓度高于负极的临界浓度，微丝两端聚合速度均大于解聚速度，肌动蛋白单体不断加到微丝的两端，微丝快速延长（图 16-17A）。因此，微丝两端由于快速聚合可形成 ATP 肌动蛋白组成的帽子结构，有利于微丝聚合。随着微丝的延长，ATP G-actin 的浓度下降，聚合速度逐渐减慢。当溶液中 ATP G-actin 的浓度大于正极临界浓度且小于负极临界浓度时，正端在聚合延长，负端则在解聚缩短，两端的聚合和解聚过程仍在进行。对每个肌动蛋白单体而言，它会先从正极加入，逐渐向负极移动，最后从负极解离，表现出踏车现象（图 16-17B、图 16-17C）。在一定浓度下，当正极的聚合速度等于负极的解聚速度，则微丝的长度不变，但是组成微丝的肌动蛋白是变化的。进入稳定期，此时 ATP G-actin 的浓度即为临界浓度 C_c^+。如果 ATP 肌动蛋白单体 G-actin 浓度低于 C_c^+，正极 ATP 肌动蛋白水解速度大于聚合速度，肌动蛋白倾向于从微丝末端解离下来，微丝正极就开始缩短，微丝解聚。

（二）微丝体内组装与去组装

在体内，微丝的组装同样经历成核期、延长期和稳定期三个阶段。研究表明，在体内有两大类蛋白能介导微丝成核。一类是肌动蛋白单体相关蛋白（actin related protein，ARP）复合物，另一类是形成蛋白（formin）。它们受信号转导途径的调控而协助成核。其中 ARP 复合物介导微丝形成分支网络结构，而 formin 则介导微丝形成不分支长链。

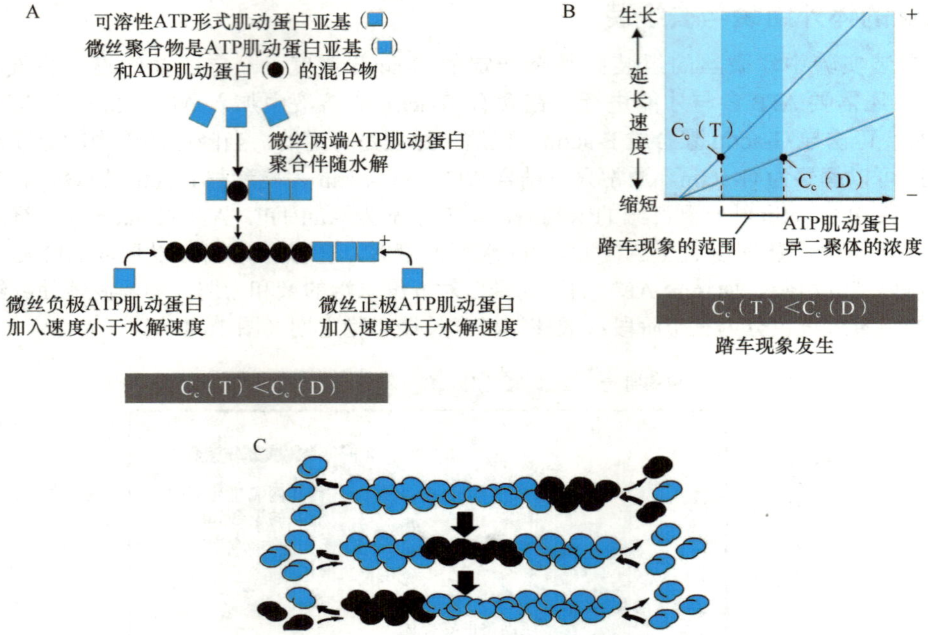

图 16-17　微丝体外组装和踏车现象模式图

1. Arp2/3 复合物的成核作用　介导 F-actin 成核作用的 ARP 复合物，共含有 7 个亚基，其中有 2 个亚基分别叫作 Arp2 和 Arp3。Arp2 和 Arp3 与肌动蛋白有大约 45% 的序列相似度，因此可以参与成核反应。ARP 复合物存在于所有真核细胞中，包括植物、酵母和动物细胞。Arp2 和 Arp3 独立存在，成核能力非常弱。而 ARP 复合物包含有多种辅助蛋白，它们可以跟 Arp2 和 Arp3 蛋白亚基相互作用，然后 G-actin 可以直接加入这个结构上成核并进行延伸。待微丝延伸到一定的程度后，Arp2/3 复合物可结合到微丝的侧面成核，游离的肌动蛋白不断在正极端加入而使侧支向细胞质膜处延伸形成 70° 角微丝分支。随着分支的不断形成，可最终形成微丝网络结构（图 16-18）。

Arp2/3 复合物成核形成分支需要与成核促进因子（nucleation promoting factor，NPF）相互作用。NPF 可以改变 Arp2 和 Arp3 蛋白亚基的构象使它们结合在已形成微丝的侧面而启动成核形成分支。一旦成核，NPF 被释放，新分支链延长直到正极端 Z 帽蛋白（CapZ）结合在微丝正极端。NPF 中有两个重要的成员，一个是 WASP，另一个是 WAVE。WASP 需要接受两个信号使其 WCA 结构域开放激活 Arp2/3 复合物成核，一个信号是存在于细胞质膜上的 PIP_2，另一个信号是活化的 GTP 结合蛋白 Cdc42。WAVE 也含有 WCA 结构域可激活 Arp2/3 复合物成核。

2. 形成蛋白（formin）的成核作用　formin 存在于所有真核细胞中。在脊椎动物中可分为七大类，虽然它们结构多样，但是都含有 2 个相邻的结构域：FH1 和 FH2 结构域（formin-homology domains 1 and 2）。2 个 formin 单体的 FH2 结构域相互作用形成“面圈样”复合物（图 16-19），这个复合物可以结合 2 个肌动蛋白单体，并将它们卡在圈内，促进成核。微丝在正极端的聚合继续进行，微丝延长。formin 一直定位在微丝的正极端。而相邻的 FH1 结构域在微丝的延长期发挥作用。FH1 结构域富含脯氨酸，可与多个前纤维蛋白 profilin（微丝结合蛋白）分子结合，profilin 可置换 ADP G-actin 生成 ATP G-actin，形成 profilin-ATP G-actin，使复合体处 profilin-ATP G-actin 浓度增高，profilin 解离后可加到微丝的正极端，加速微丝的聚合。因此，formin 不仅可以促进微丝成核，还可以使微丝延长速度大大加快。膜结合蛋白 Rho-GTP 可结合并激活 formin（图 16-29）。formin 主要负责不分支肌动蛋白长微丝（如微丝束）的合成，可启动非肌细胞中的应力纤维、丝状伪足和细胞分裂末期形成的收缩环中的微丝的组装。

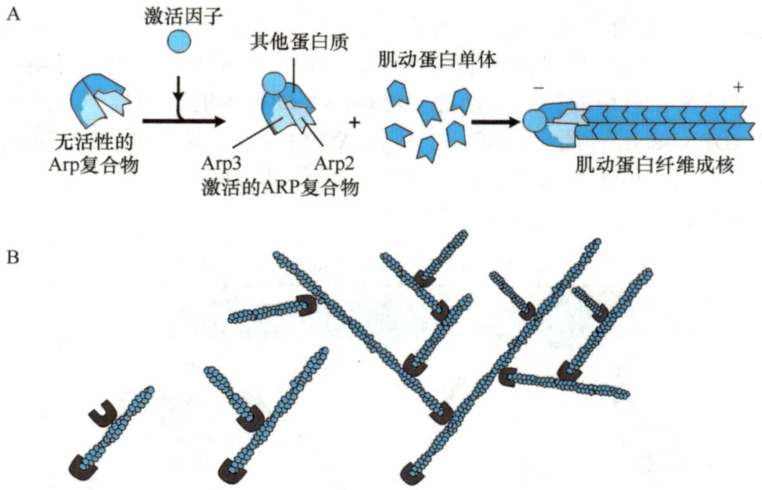

图 16-18 Arp2/3 复合物的成核作用模式图

A. Arp2/3 复合物促进成核反应；B. Arp2/3 复合物促进微丝分支形成网络

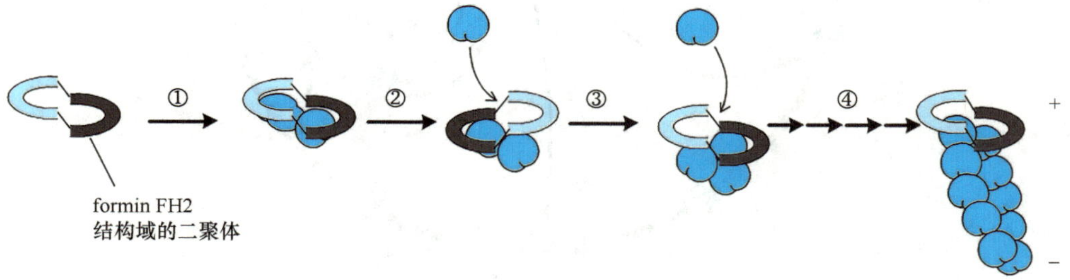

图 16-19 formin 成核的模式图

① formin FH2 结构域形成的二聚体结合 2 个 G-actin；②～④ formin FH2 结构域形成的二聚体允许更多的 G-actin 加入，使微丝从正端生长

3. 微丝组装的动态调节 与微管装配类似，在微丝成核后，也进入延长期，最后进入稳定期。由于在肌细胞和非肌细胞中，ATP 肌动蛋白的浓度基本高于 100μmol/L，远高于微丝正极和负极的临界浓度，因此，细胞内的游离 ATP G-actin 应该都聚合成微丝，但事实并非如此，在细胞中存在着游离 ATP 肌动蛋白库。在细胞内存在多种肌动蛋白结合蛋白（actin binding protein），它们可以调节微丝的组装和去组装并维持细胞中的游离 ATP 肌动蛋白库。如 profilin 可使从微丝上水解下来的 ADP G-actin 置换成 ATP G-actin，而后者可结合单体隔离蛋白胸腺素 β_4（thymosin）阻止 ATP 肌动蛋白结合到微丝末端参与微丝聚合。单体隔离蛋白的存在，可使细胞内存在一个较大的游离 ATP 肌动蛋白库。细胞内当游离 ATP G-actin 的浓度低于临界浓度时，胸腺素 β_4 可解离下来而促进微丝聚合。

体内微丝也是一种动态的结构，处于不断组装和去组装的过程中。体内踏车现象只发生在微丝的正端，研究发现由于肌动蛋白结合蛋白如 profilin 等蛋白的存在，体内发生踏车现象的速度是体外的几倍。

（三）微丝解聚过程的调控

微丝的聚合和解聚在体内受到精细的调控。在某些结构中微丝可存在数小时，但在另一些结构中，微丝具有高度动态结构，可在数秒钟发生伸长和缩短的转变。在需要快速合成微丝时，细胞需要有效的解聚机制快速补充 ATP 肌动蛋白库。因为新合成肌动蛋白对于细胞微丝骨架快速重塑太过缓慢。因此，细胞需要通过一定的调控机制来促进微丝的快速解聚。这种微丝组织的快速变化可产生机械力造成细胞形态的改变或驱使细胞运动。

近年来研究发现了一类微丝结合蛋白称为丝切蛋白（cofilin）/微丝解聚因子（actin depolymerizing factor，ADF）家族，它们可以促进微丝的快速解聚。如 cofilin 可从微丝负极端剪切微丝使之片段化。由于 cofilin 可结合在剪切的微丝片段的正极端而生成更多的负极端，因此大大加快微丝的解聚而生成更多的 ADP G-actin，通过 profilin，可将 ADP G-actin 置换成 ATP G-actin，可加速聚合。在细胞内存在 cofilin、profilin 和胸腺素 $β_4$ 的循环，以保证 ATP G-actin 浓度，调控微丝的聚合和解聚以适应细胞内微丝功能的需要（图 16-20）。

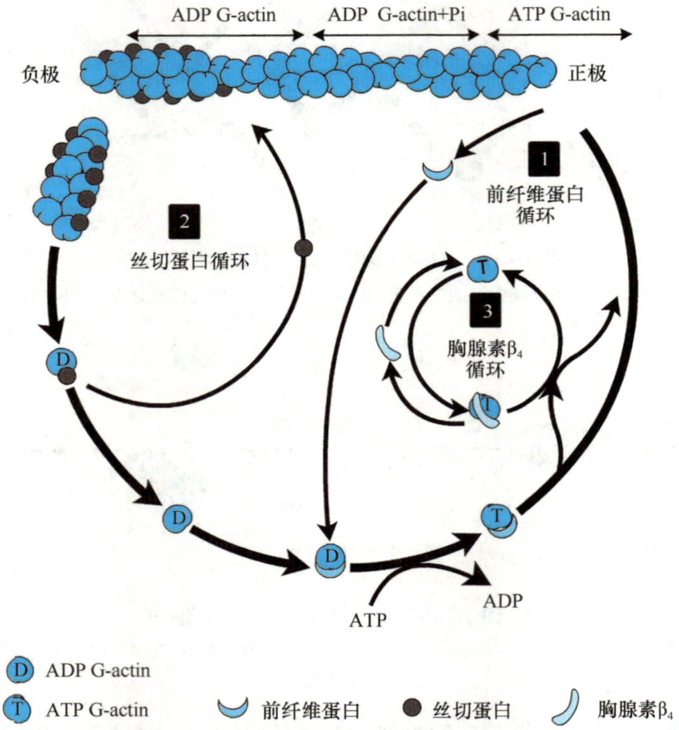

图 16-20　丝切蛋白、前纤维蛋白和胸腺素 $β_4$ 的循环模式图

（四）影响微丝组装的因素

微丝的组装受到 G-actin 浓度、离子浓度及肌动蛋白结合蛋白等因素的影响。而影响微丝组装的特异性药物有细胞松弛素（cytochalasin）和鬼笔环肽（phalloidin）。细胞松弛素是真菌的代谢产物，与微丝结合后可以将微丝切断并结合在微丝末端阻止肌动蛋白在该部位聚合，破坏微丝的组装，但对微丝的解聚没有明显影响。鬼笔环肽与微丝表面有强亲和力，但不与肌动蛋白单体结合，能阻止微丝的解聚，使其保持稳定的状态。用荧光标记的鬼笔环肽染色可以清晰地显示细胞中微丝的分布，可用于细胞内微丝骨架的标记。

三、微丝结合蛋白的种类与功能

体外实验表明，纯化的肌动蛋白虽然在体外能够聚合成肌动蛋白纤维，但它们不具有相互作用能力，不能形成有组织的束状或网状结构而发挥特有功能。许多研究表明微丝的体内组装在时空上受微丝结合蛋白的调节。不同的微丝结合蛋白可通过调节微丝的组装与去组装，或使微丝发生交联，将肌动蛋白纤维组织成各种不同的结构，从而执行不同的功能。目前在动物细胞中已发现有一百多种微丝结合蛋白，在微丝发挥功能过程中起到非常重要的作用。根据它们与微丝的相互作用不同，可将微丝结合蛋白分为八大类（图 16-21）。

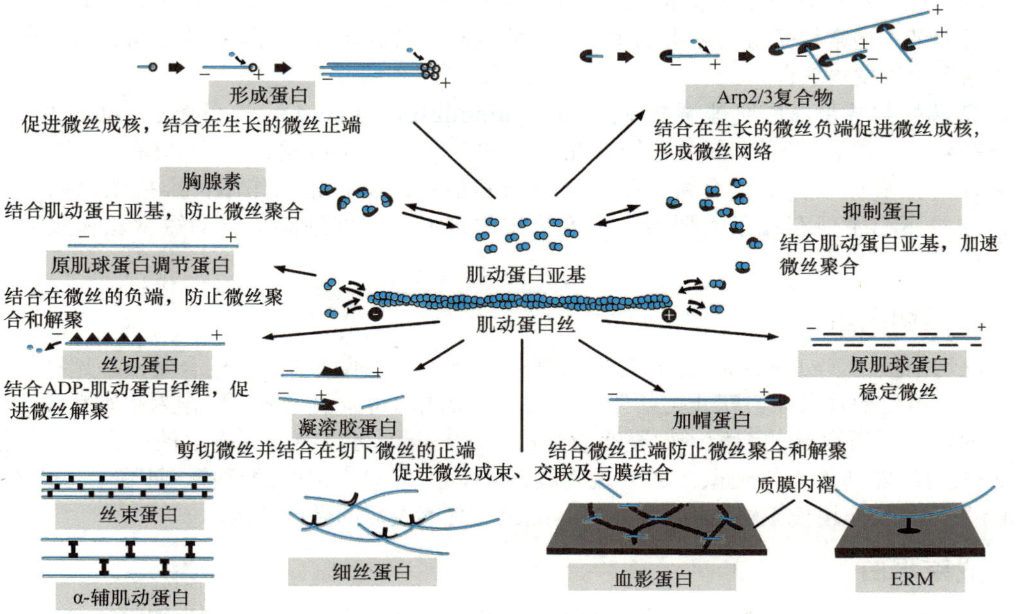

图 16-21 微丝结合蛋白的种类和功能模式图

（一）成核蛋白

成核蛋白促进 G-actin 成核，启动微丝的组装过程。包括前面已述及的 Arp2/3 复合物，其功能是促进微丝成核，促进微丝形成分支进而形成网络结构，与细胞运动密切相关。而 formin，其功能是起始蛋白成核反应，主要参与形成不分支的微丝束。

（二）肌动蛋白单体结合蛋白

1. 单体隔离蛋白 单体隔离蛋白的作用是与游离 ATP 肌动蛋白结合形成游离肌动蛋白库。

胸腺素 β_4 是一种隔离蛋白，它与游离 ATP G-actin 结合，可阻止 ATP G-actin 与微丝两个末端的结合，也可抑制 ATP G-actin 水解成 ADP G-actin。因此，这种蛋白在非肌细胞中负责维持高浓度的 ATP 肌动蛋白单体。一旦需要迅速聚合成微丝，ATP G-actin-胸腺素 β_4 复合物就会解离，为微丝聚合提供游离 ATP G-actin。

2. 前纤维蛋白（profilin） 可结合游离肌动蛋白，促进微丝聚合。

profilin 可结合在 PIP_2 上，激活后，从膜上脱离，可与胸腺素竞争结合 ATP G-actin。profilin 的另一重要特性是在结合肌动蛋白的同时还可以结合富含脯氨酸的蛋白质。可结合 formin（富含脯氨酸）促进成核。胸腺素 β_4 与 profilin 相互拮抗，协同调控微丝的动态。

（三）微丝解聚蛋白

cofilin/ADF 家族：cofilin 是另一小分子蛋白质，它通常结合在微丝负端含有 ADP G-actin 上，加速微丝的解聚。cofilin 和 profilin 共同作用可使微丝负端解聚和正端聚合的速度大大增加（图 16-20）。细胞可以通过细胞信号转导调控 cofilin 和 profilin，来调节微丝的组装与去组装。profilin 也可释放 ATP G-actin 与胸腺素 β_4 结合进入细胞游离肌动蛋白库保存。

（四）封端蛋白

封端蛋白能够结合 F-actin 正端或负端，抑制并封闭微丝末端的聚合/解聚，使微丝稳定。

1. 正端的封端加帽蛋白 Z 帽蛋白（CapZ） 主要存在于肌小节中，它因与微丝正端具有非常高的亲和力而与微丝正端紧密结合，可抑制微丝正端的聚合和解聚，使微丝稳定。在微丝成核期间也可以通过稳定肌动蛋白寡聚体，促进微丝成核。细胞内有一套精细的时空调控系统对微丝的聚合进行调节。通常加帽蛋白可阻止微丝正端的组装，当需要时一些调控蛋白可结合在微管正端防止加帽而促进微丝聚合。

2. 负端的封端蛋白原肌球调节蛋白（tropomodulin，Tmod） 在骨骼肌与心肌中含量高。与 CapZ 类似，原肌球调节蛋白可结合在微丝的负端，阻止微丝的聚合和解聚，维持微丝稳定。它还可沿着微丝侧面结合微丝防止微丝与其他蛋白质有相互作用，维持微丝的稳定性和强度。这类蛋白主要存在于需要微丝高度稳定的区域如在红细胞皮层的短微丝和肌细胞里的微丝。

（五）微丝切割蛋白

微丝切割蛋白（adseverin）是指能够与微丝结合并将其剪断的微丝结合蛋白。这种剪切作用促进了原有微丝的片段化。在一定条件下，这些新形成的短微丝末端可以作为起始新微丝聚合的核，因而加速了新微丝的装配。如凝溶胶蛋白（gelsolin）可以结合到微丝的侧面，打断相邻的 G-actin 之间的非共价连接使微丝断裂成两段。gelsolin 受 Ca^{2+}浓度的调控。即在有 Ca^{2+}存在时，gelsolin 发挥剪切作用使微丝结构遭到破坏，它还可使断裂后的微丝解聚。

（六）成束蛋白

成束蛋白（fasciclin）的主要作用是使微丝成束，增加强度，使微丝成为细胞突起的内部骨架结构。成束蛋白包括 α-辅肌动蛋白（α-actinin）和丝束蛋白（fimbrin）两类。可同时结合两根微丝，促使微丝形成紧密的、平行的束状结构。如 fimbrin 存在于小肠上皮细胞的微绒毛中将微丝连接成束状结构，赋予微绒毛刚性且具有相同的极性。

（七）交联蛋白

在细胞中交联蛋白（cross-linking protein）可使微丝之间发生交联，促进微丝形成凝胶样结构。交联蛋白可同时结合两根微丝，使相邻微丝形成网络结构。细丝蛋白（filamin）是一种微丝横向交联蛋白，具有两个肌动蛋白结合位点，可将肌动蛋白丝交联成网状结构，可存在于应力纤维和丝状伪足中（图 16-22）。

图 16-22 细丝蛋白的交联功能模式图

（八）膜结合蛋白

膜结合蛋白可同时连接微丝和膜，将微丝定位在质膜上。

四、微丝的主要功能

微丝具有多种功能，在不同细胞中的表现不同，在肌细胞中组成细肌丝，帮助肌肉收缩，在非肌细胞中，它的主要功能是维持细胞表面形态和参与细胞运动。微丝能在细胞中形成临时性的动态结构，也可以形成稳定结构（如微绒毛）。

（一）参与构成细胞支架并维持细胞形态

在细胞中微丝不能单独发挥作用，必须形成网络结构或束状结构才能发挥作用。免疫荧光染色的结果显示，在细胞内大部分微丝都集中在紧贴细胞质膜的细胞质区域，由微丝交联蛋白结合形成网络，呈凝胶状结构，该区域被称为细胞皮层。细胞皮层具有很高的动态性，其中密布的微丝网络可以为细胞质膜提供强度和韧性，有助于细胞形成特定的形状，维持细胞表面形态（图 16-23）。

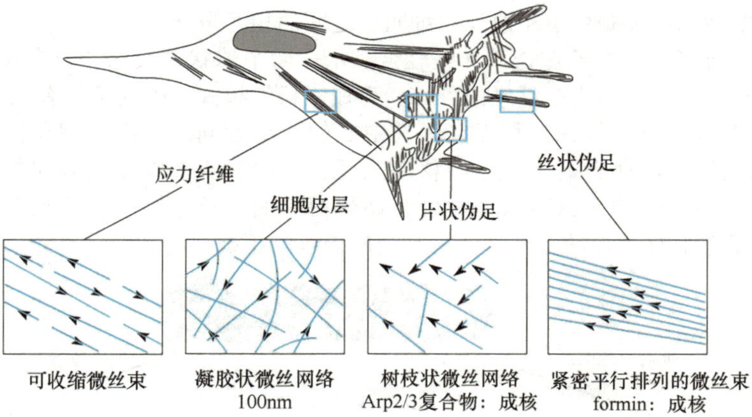

图 16-23　微丝排列的模式图

体外培养的细胞在基质表面铺展时，常在细胞质膜的特定区域与基质之间形成紧密黏附的黏着斑（plaque）。在紧贴黏着斑的细胞质膜内侧有大量成束排列的微丝，这种微丝束被称为应力纤维。它是细胞内一种较稳定的纤维状结构，是真核细胞中广泛存在由微丝和肌球蛋白Ⅱ组成的可收缩微丝。它的结构与骨骼肌细胞中的肌原纤维结构非常相似，其结构组分除了微丝外还包含肌球蛋白Ⅱ、原肌球蛋白、细丝蛋白和 α-辅肌动蛋白。细胞内应力纤维与细胞的长轴平行排列，而相邻的微丝呈反向平行（图 16-23）。应力纤维具有收缩功能，它可对抗表面张力维持细胞形态，也可为细胞提供一定的韧性和强度。

（二）参与细胞的运动

微丝几乎存在于所有真核细胞中，对细胞的多种运动发挥重要作用。如细胞在物体表面的爬行运动、巨噬细胞和白细胞从血液循环中运动到炎症部位都离不开微丝的聚合和解聚（见本章第四节）。李斯特菌的运动是通过微丝聚合实现的。

（三）参与细胞内的物质运输

基于微丝骨架系统的马达蛋白是肌球蛋白超家族。肌球蛋白能结合并水解 ATP，为其向微丝正端移动提供能量。肌球蛋白最初发现于骨骼肌，肌动蛋白与肌球蛋白的相互作用对于肌肉收缩发挥重要作用。人类基因组含有约 40 个肌球蛋白基因，分为约 20 种类型。其中 3 种类型的肌球蛋白研究最为深入。它们是 I 型肌球蛋白、Ⅱ型肌球蛋白和 V 型肌球蛋白。研究发现每一种肌球蛋白都可以执行一种特定的功能。如 I 型肌球蛋白主要参与物质运输，Ⅱ型肌球蛋白可在肌肉收缩过程中发挥作用。肌球蛋白都包含有保守的头部马达结构域和尾部结构。参与物质运输的肌球蛋白头部区域负责结合微丝，具有水解 ATP 驱动马达的活性。其尾部负责结合被运输的特定分子（蛋白质或脂类）或运输小泡而发挥运输功能。

（四）参与细胞分裂

细胞进入有丝分裂末期，在两个即将分裂的子细胞中部质膜下方，出现的由大量肌动蛋白和肌球蛋白（myosin Ⅱ）聚集形成的起收缩作用的环状结构，称为收缩环。收缩环由大量平行排列且极性相反的微丝组成。在收缩环的收缩下，细胞一分为二。

（五）参与肌肉收缩

骨骼肌收缩的基本结构单位是肌小节，其主要成分是肌原纤维。肌原纤维由粗肌丝和细肌丝组成。粗肌丝由Ⅱ型肌球蛋白组成，细肌丝由肌动蛋白、原肌球蛋白（tropomyosin）和肌钙蛋白（troponin）组成，又称为肌动蛋白丝。1954 年安德鲁·赫胥黎（Andrew Huxley）提出肌收缩的滑动模型，认为肌肉的收缩是由于粗肌丝与细肌丝之间的相互滑动。

Ⅱ型肌球蛋白分子包含 2 条重链和 4 条轻链，形成两个球状的头部和一个长长的尾部。它们通过尾部聚集在一起，头部露出在纤维的外部，形成双极性模式，中间是只有尾部聚集的裸露区。肌球蛋白丝像一支双头箭，两头分别指向远离中心的两个方向。肌肉收缩和松弛时，一边头部以一种方向与微丝结合，使之朝一个方向移动；而另一边的头部以相反方向与微丝结合，使之向相反方向移动。即含肌球蛋白粗肌丝与含肌动蛋白的细肌丝之间产生滑动而使肌肉收缩或松弛（图 16-24）。Ⅱ型肌球蛋白的头部基团总是会向微丝的正极移动。

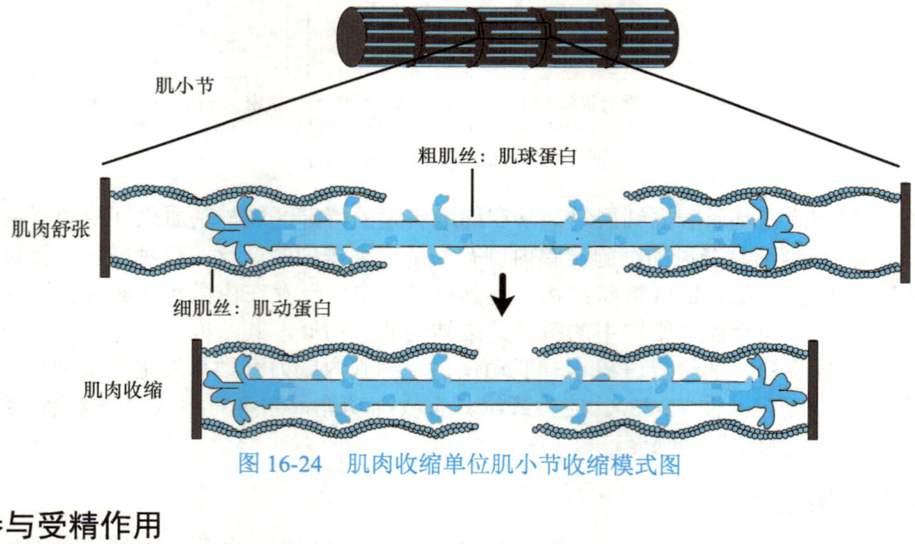

图 16-24　肌肉收缩单位肌小节收缩模式图

（六）参与受精作用

受精的过程需要顶体破裂，释放出一些酸性水解酶。这些酶可以破坏卵细胞周围一些滤泡细胞，使精子和卵细胞膜进行接触。同时在顶体内启动微丝的组装形成刺突，牵拉靠近卵细胞膜。随着顶体微丝束的不断聚合，穿透卵细胞表面的胶质层和卵黄层，使精子和卵子发生膜融合而完成受精。

（七）参与细胞内信息传递

微丝参与细胞运动主要受一些胞外信号的调节。这些胞外信号可通过一定的信号转导途径调节微丝的组装形成伪足进而参与细胞运动。微丝主要参与 Rho（Ras homology）蛋白家族的有关信号转导。Rho 蛋白家族属于 Ras 超家族，其家族成员包括 Cdc42、Rac 和 Rho（见本章第四节）。

第三节　中　间　丝

中间丝（intermediate filament）又称为中间纤维，只在一部分多细胞生物中存在，比如脊椎动物、线虫和软体动物。中间丝通常存在于容易遭受外界机械压力的细胞中，具有很强的抗拉强度，给细胞和组织提供物理支撑。中间丝在细胞中的分布最广泛，它在细胞中贴着核膜并围绕着细胞核分布，与核纤层、核骨架共同构成贯穿于核内外的网架体系。它在细胞质中成束成网，并扩展到质膜，与质膜上细胞连接如桥粒、半桥粒连结，通过细胞连接把相邻的细胞连成一体。

一、中间丝的蛋白类型与形态结构

中间丝是直径介于微管与微丝之间的一种细胞骨架成分，直径 10nm，它是最稳定的细胞骨架成分。中间丝具有不同于微管和微丝的独特性质：①微管与微丝都是由球形蛋白装配而成的。中间丝则是由长的、杆状的蛋白装配而成。②中间丝具有组织特异性，即不同的组织表达不同的中间丝蛋白。③中间丝没有极性，且不与 GTP 或 ATP 结合，即中间丝组装不需要能量。④中间丝具有很大的张力，如头发和指甲里含有中间丝蛋白角蛋白，使它们具有较好的韧性。⑤虽然中间丝也存在组装和去组装的动态过程，但是中间丝比微管和微丝更具有稳定性。

（一）中间丝蛋白的类型

中间丝蛋白是一类形态上非常相似，而化学组成上有明显差异的蛋白质，其成分比微管和微丝都要复杂。中间丝蛋白类型繁多，成分复杂，具有组织特异性。不同来源的组织细胞表达不同类型的中间丝蛋白。不同类型的细胞以及同一类型细胞的不同部位的中间丝蛋白组成也不同。如人类中间丝蛋白由至少 6 个亚家族的 70 多个不同的基因编码。根据中间丝蛋白的氨基酸序列、基因结构、组装特性以及在发育过程中的组织特异性表达模式等，可将中间丝分为 6 种主要类型（表 16-1），其中，5 种中间丝蛋白在细胞质表达，1 种在细胞核表达：

角蛋白（keratin）是在上皮细胞中发现的Ⅰ型（酸性）和Ⅱ型（中性和碱性）中间丝蛋白，为上皮细胞提供强度支持。在人类中，由 50 多个基因编码。角蛋白是由一个酸性角蛋白亚基和一个碱性角蛋白亚基组成二聚体，再进一步聚合成中间丝。角蛋白是最具多样性的中间丝蛋白家族，是头发和指甲的主要成分。上皮细胞中角蛋白是桥粒和半桥粒的重要组成，调控细胞与细胞之间或者细胞与细胞外基质之间的连接。Ⅲ型中间丝蛋白包括多种类型，通常在细胞内形成同源多聚体，例如：波形蛋白（vimentin）存在于间充质来源的细胞；胶质细胞原纤维酸性蛋白（glial fibrillary acidic protein，GFAP）特异性分布于中枢神经系统星形胶质细胞中；结蛋白（desmin）存在于肌肉细胞和成熟肌细胞（骨骼肌、心肌和平滑肌）中；外周蛋白（peripherin）存在于中枢神经系统神经元和外周神经系统感觉神经元中；Ⅳ型神经丝蛋白（neurofilament protein，NF）主要分布在神经元中的轴突中，由 3 种特定的神经丝蛋白亚基（NF-L、NF-M、NF-H）组装而成；Ⅴ型核纤层蛋白（lamin）存在于核膜内层的核纤层，有 lamin A、lamin B 和 lamin C；神经（上皮）干细胞蛋白也称“巢蛋白”（nestin），是较晚发现的分布在神经干细胞中的一种Ⅵ型中间丝蛋白。

表 16-1　脊椎动物细胞内中间丝蛋白的主要类型、中间丝、分布细胞和功能

类型	中间丝	分布细胞	功能	
Ⅰ Ⅱ	酸性角蛋白 碱性角蛋白	上皮细胞 上皮细胞	维持上皮细胞的张力和完整性	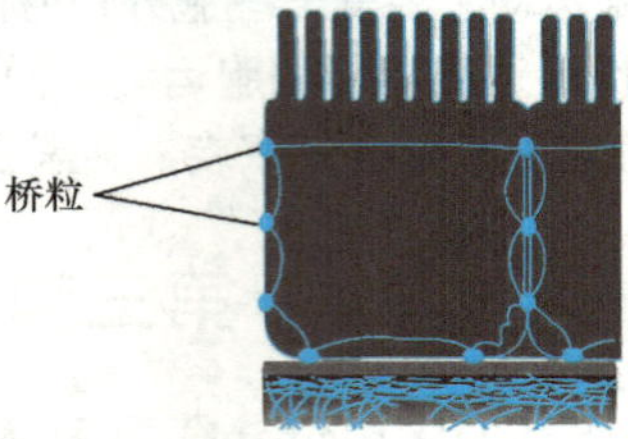
Ⅲ	波形蛋白 结蛋白 胶质细胞原纤维酸性蛋白 外周蛋白	间充质细胞 肌肉细胞 神经胶质细胞 外周神经元	肌小节成分维持肌组织完整性	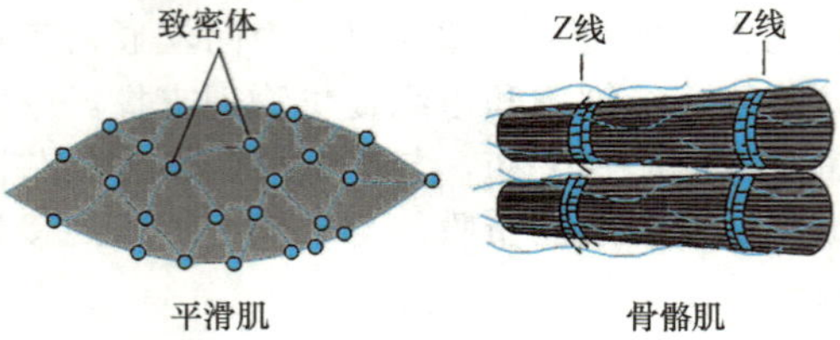
Ⅳ	神经丝蛋白	神经元	神经元轴突成分	
Ⅴ Ⅵ	核纤层蛋白 神经干细胞蛋白	细胞核 神经干细胞	核纤层成分 影响神经脊细胞迁移	

（二）中间丝的形态结构

中间丝的形态结构像一条由多股长线互相缠绕的绳索。中间丝是一类最坚韧的细胞骨架成分，没有极性，结构非常稳定。秋水仙碱、细胞松弛素 B 对它都无作用。中间的共同结构特点是具有非螺旋的头、尾和 α 螺旋组成的杆状中心区域。杆状区的长度和氨基酸的顺序是高度保守的，杆状区的两端是高度可变的（图 16-25），具有不同的氨基酸组成和化学性质。

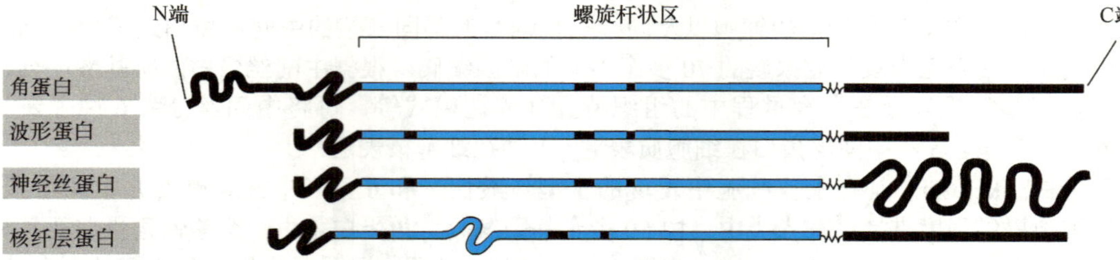

图 16-25　中间丝蛋白的结构模式图

二、中间丝的组装过程及特点

中间丝是由长的中间丝蛋白亚基组装而成的，组装过程如下：①两条多肽链以其对应的中间杆状 α 螺旋区互相缠绕形成双股螺旋二聚体结构，二聚体具有极性。中间丝蛋白单体以相同的方向组成一个双螺旋二聚体。②两个二聚体结合形成四聚体。在四聚体中，两个二聚体以反向平行、半交错的形式排列结合，故四聚体没有极性。③若干个四聚体首尾结合和侧向结合组装成原纤维，8 条原纤维绞合在一起形成竹筏状的中间丝（图 16-26）。由于中间丝原纤维沿着蛋白质长轴的蛋白质侧面相互作用不断重叠，这种并肩合力赋予了中间丝强大的抗压强度。

与微管和微丝的组装相比，中间丝的组装具有以下特点：①中间丝在体外组装时，不需要核苷酸参加提供能量，不依赖蛋白质单体的浓度和温度，也不受温度变化的影响，不需要其他蛋白

质辅助。②中间丝在体内组装时，由于中间丝蛋白绝大部分已装配成中间丝，细胞内几乎不存在相应的可溶性的游离蛋白。而微管或微丝组装时，只有约 30% 蛋白质分子处于组装状态。③中间丝的组装与去组装通过中间丝蛋白的磷酸化和去磷酸化来调控，最常见的是丝氨酸和苏氨酸的磷酸化。

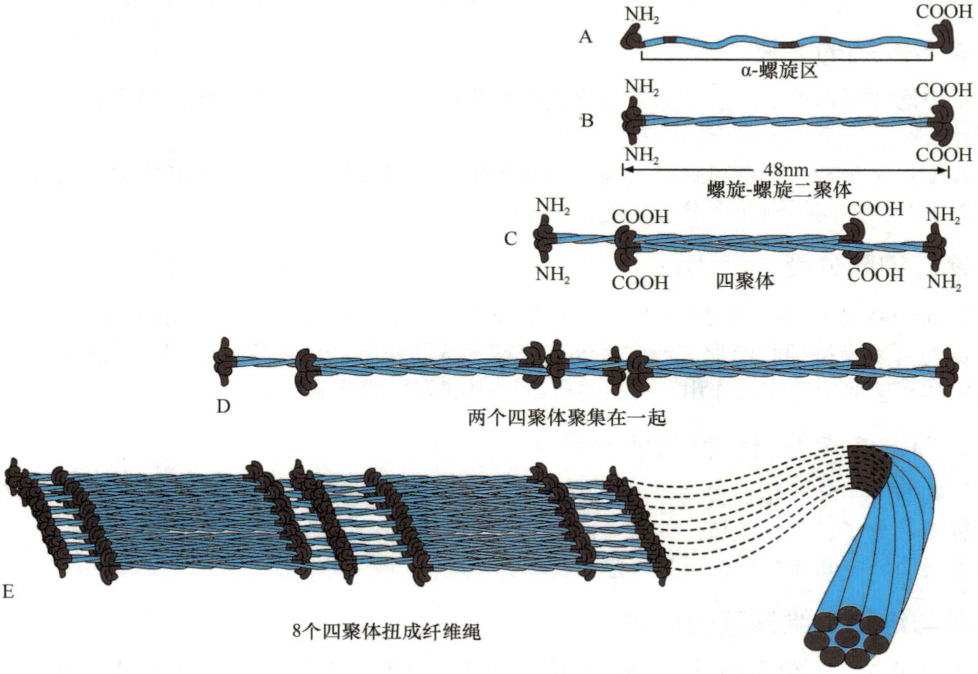

图 16-26 中间丝的组装过程示意图

虽然中间丝比微管和微丝稳定，但是中间丝还是一种动态结构。有实验表明如果将生物素标记的角蛋白注射入成纤维细胞，研究发现在 2 小时内，标记的角蛋白已经嵌入到已存在的细胞骨架中。

三、中间丝结合蛋白

许多中间丝可以通过一些辅助蛋白得到进一步的稳定和加固，这类蛋白被称为中间丝结合蛋白（intermediate filament associated protein，IFAP）。IFAP 能够将中间丝相互交联成束、成网，并把中间丝交联到质膜或其他骨架成分上。例如，plakin 家族主要负责中间丝与其他结构的连接。一些 plakin 成员可负责角蛋白中间丝参与桥粒连接，使组织稳定；一些 plakin 成员沿着中间丝分布，含有微管和微丝的结合位点，如免疫电镜下观察到，网蛋白（plectin）可与微管和微丝相连接。因此，IFAP 的一个重要作用是将中间丝同微丝、微管交联起来形成大的细胞骨架网络。

四、中间丝的主要功能

（一）为细胞提供机械强度支持

中间丝由 8 条原纤维绞合在一起形成竹筏状的中间纤维，这种组装方式具有强烈的侧面疏水相互作用力，使中间纤维易于弯曲，却难以破坏，有利于给细胞和组织提供有力的物理支撑，抵抗外界剪切力。体外实验证明，在受到较大外力时，中间丝比微管和微丝更不容易断裂，其化学药物耐受性更强。

（二）参与形成细胞连接

中间丝在细胞中与其他细胞成分是相互联系的，不是孤立存在的。中间丝在胞质中形成发达的网络结构，与细胞膜上特定的部位连接，参与了桥粒和半桥粒的形成，并通过一些跨膜蛋白与细胞外基质和相邻的细胞的中间丝相互连接。中间丝通过桥粒在维持上皮连续性上起到至关重要的作用。

（三）参与细胞的分化

由于中间丝蛋白的表达和分布具有严格的组织特异性，它与细胞分化密切相关。许多研究表明中间丝对胚胎发育，上皮分化具有影响。

在胚胎发育早期，细胞可通过发育方向调节中间丝蛋白的表达类型和表达量。当正常组织发生恶性增生时，中间纤维并不发生改变。

（四）参与细胞分裂

有研究表明波形蛋白中间丝是细胞分裂时皮层张力的主要调节蛋白。细胞分裂时，高的皮层张力被认为可以维持细胞圆形，产生足够的空间形成纺锤体和使染色体分裂。即皮层张力对纺锤体和染色体有空间定向支架作用，并负责子细胞中细胞器的分配和定位。

（五）参与细胞内物质运输与信息传递

神经细胞中中间丝蛋白参与了轴突的营养物质运输。在信息传递过程中，中间丝水解产物可作为一种信息分子进入细胞核，通过与组蛋白和 DNA 的作用，调节 DNA 的复制和转录。越来越多的研究表明，中间丝角蛋白可参与信号转导。

（六）参与维持细胞核膜的稳定

在核被膜内侧有核纤层蛋白构成的网络，这是一种非常稳定的结构，对维持细胞核形态发挥重要作用，而核纤层蛋白是中间丝的一种（见第十七章）。

（七）参与调节微管的稳定性

有许多研究表明细胞骨架多种功能的发挥依赖于微管、微丝和中间丝的相互作用。3 种细胞骨架都参与细胞迁移、细胞黏附和细胞分裂过程。例如中间丝波形蛋白具有稳定微管的作用，这种作用主要通过减少微管骤变频率，促进微管复原来实现。

第四节　细胞骨架与细胞运动

在生物体内各种生命活动中，细胞运动是其中的一个重要环节。细胞运动不仅在胚胎发育、细菌吞噬、损伤修复等生理过程中发挥重要作用，它与一些疾病的发生过程（如肿瘤转移）密切相关。细胞骨架以动态结构的方式参与细胞运动，如细胞的整体运动和细胞形态的改变等。

一、细胞骨架参与多种形式的细胞运动

（一）微管和微丝参与细胞位置的移动

1. 微管参与鞭毛、纤毛的摆动　极少数的细胞通过鞭毛或纤毛进行运动，如单细胞生物纤毛虫借助纤毛进行移动和摄取食物。人呼吸道表面的上皮细胞有无数摆动的纤毛，它们可将带有灰尘微粒和死细胞的黏液层扫向喉咙以被吞入人体内最终排出。而精子依靠鞭毛的摆动在液体中游动。鞭毛通常比纤毛长，它沿着长度方向规律性的波动，从而推动细胞在液体中穿行。

基体是鞭毛和纤毛的成核组织中心。基体的构造是 9+0 的特征——外圈是 9 个三联体（由微

管蛋白组成），而与鞭毛的结构相比中间缺少两根中心微管蛋白。鞭毛和纤毛的结构含 9 个二联管和 2 根中心微管。虽然鞭毛和纤毛的运动机制略有不同，但二者有着相似的内部结构。其中的微管都以一种独特的方式进行排列，利用微管间相互滑动造成的弯曲进行运动。鞭毛和纤毛中含有连接蛋白发挥交联作用将成束的微管捆在一起，而微管动力蛋白可以产生鞭毛和纤毛的弯曲运动。

纤毛和鞭毛的运动机制可通过微管滑动模型，即二联管间的滑动和弯曲运动来解释。如果将鞭毛外侧的二联管及其结合的动力蛋白从精子中分离出来，并加入 ATP，可以观察到这些二联管可在动力蛋白的作用下发生互相滑动。由于没有连接蛋白，不能发生弯曲运动。滑动的大致过程如下。①接触：动力蛋白臂头部携带上一次 ATP 水解产物 ADP+Pi 与相邻的二联管的 B 管接触。②做功：动力蛋白臂头部释放 ADP+Pi，引起头部与二联管间角度改变，同时推动相邻的二联管的滑动。③分离：动力蛋白臂头部与新的 ATP 结合，引起头部与 B 管的分离。④复原：ATP 水解为 ADP+Pi，动力蛋白复原。然后动力蛋白臂头部再与相邻的二联管的 B 管的另一位点结合，开始又一次做功过程。动力蛋白臂这种随着 ATP 水解而发生的角度变化将化学能转变成机械能，推动二联管间的滑动（图 16-27A）。

弯曲运动是由于在体内二联体微管被柔韧的连接蛋白捆绑在一起，连接丝、辐条、中央单管及中央鞘限制了二联管的过度滑动而将滑动转变为弯曲运动（图 16-27B）。鞭毛和纤毛中的 9 组二联管被连接丝捆成一体，由于连接丝具有很强的弹性，易于弯曲的发生又能限制二联管间的过度滑动，保持 9 组二联管为一体。

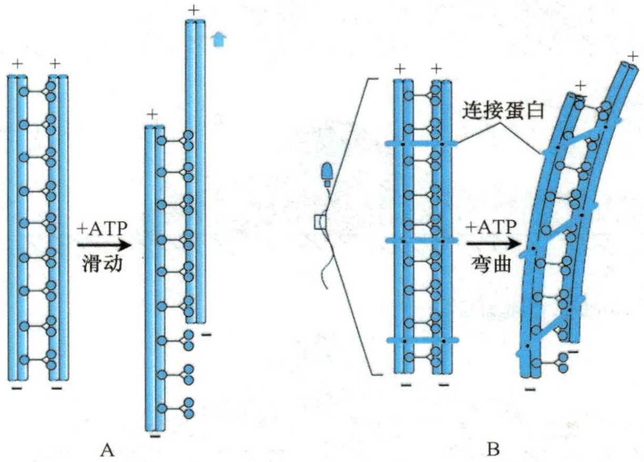

图 16-27　动力蛋白运动导致微管滑动和鞭毛弯曲示意图

A. 在从精子鞭毛中分离的二联管和动力蛋白中加入 ATP，这些二联管在动力蛋白作用下会发生相互滑动；B. 在正常的鞭毛中，由于二联管被柔韧的蛋白质绑定在一起，因此鞭毛整体的动作是弯曲而不是滑动

2. 微丝参与阿米巴样运动　大多数动物细胞是通过爬行的方式在细胞外基质或固体表面上运动，这是一个高度协同的复杂过程。如变形虫的运动方式是沿着运动的方向生长身体的一部分，这种延伸被称为伪足，因为当它完全伸展时，就像一个伪装的肢体。它通过挤压一部分质膜，形成一个比变形虫主体在运动方向上更远的部分来实现这一目的。变形虫体内的细胞质和各种细胞器以及细胞核，通过伪足来进行运动。这种运动可以分为四个过程：①细胞表面在它的运动方向的前端或前沿形成突起，也称为伪足；②细胞伸出的突起与基质之间形成新的锚定点，使这些突起附着在基质表面，而锚定位点就是黏着斑，它是一种细胞连接；③细胞的其余部分通过锚定点上的牵引力将自己向前拉；④最后，位于细胞后部的附着点与基质脱离，细胞的尾部也向前迁移（图 16-28）。

细胞的迁移起始于在细胞前沿形成大而宽的质膜突起即片状伪足。显微镜可以观察到片状伪足的形成依赖于质膜突起处微丝的组装，肌动蛋白聚合可以产生使细胞向前运动的推力。当成纤维细胞受到外来细胞的刺激时，可激活位于细胞质膜附近的 WASP 进一步激活 Arp2/3 复合物启动微丝的成核和组装。微丝延伸到一定长度之后，Arp2/3 复合物可结合在微丝的侧端启动新的微丝成核而形成分支，分支可以继续延长，形成新的分支，持续延伸的微丝网络就可以推动细胞质膜向信号源方向伸出形成伪足，细胞最后表现为向信号源方向进行迁移。在细胞进行迁移的过程中，细胞的皮层和应力纤维都有助于细胞向某一个方向进行迁移。丝状伪足和片状伪足都是试探性可移动结构，其形成和收缩的速度都极快，并可发现到达目标的正确途径。

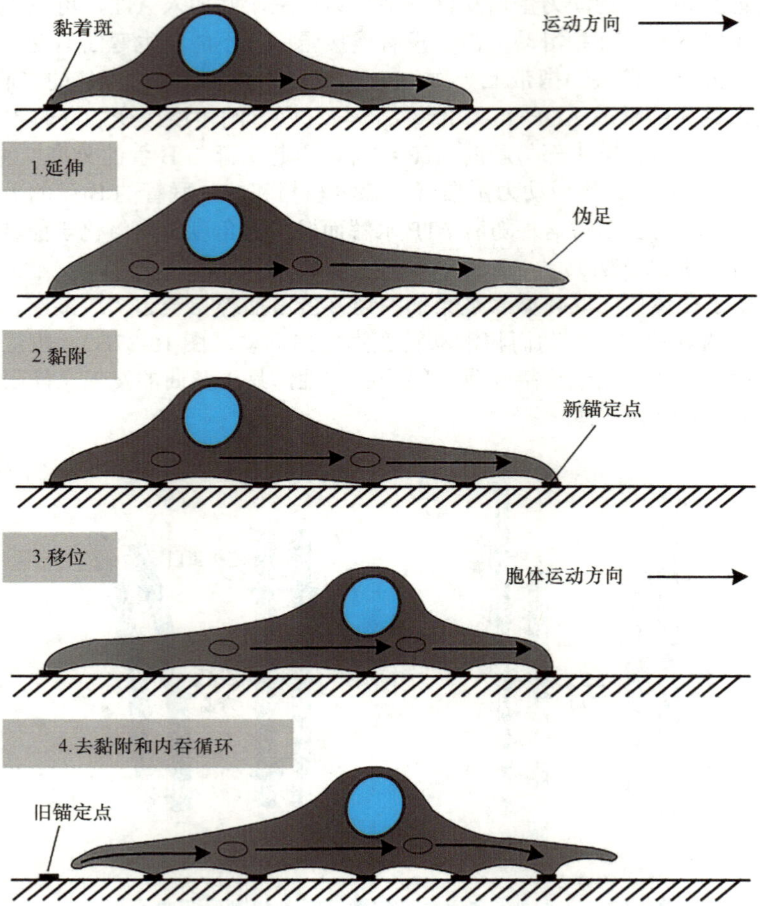

图 16-28　培养的动物细胞爬行的模式图

（二）微丝参与细胞的形态改变

体内大多数细胞的运动表现为十分活跃的形态改变。如肌纤维的收缩、神经元轴突的生长及顶体反应等。肌肉的运动主要依靠肌肉细胞中肌丝之间的相互滑动（肌丝滑动理论）造成肌肉细胞的缩短。肌肉细胞只是发生长短的变化，并不发生移动。而细肌丝中的微丝参与了肌肉收缩。

（三）微丝和微管参与细胞内发生的亚细胞结构运动

细胞内发生的亚细胞结构运动复杂而多样，包括前面已经述及的细胞内的物质运输及细胞分裂期的染色体分离等，这些过程都有微丝或微管的参与。膜泡可以沿着微管或微丝运输，在马达蛋白的作用下，可将膜泡转运到特定的区域。在细胞胞吞过程中，可观察到吞噬体下方存在大量的微丝，说明微丝与细胞内吞作用密切相关。

二、细胞运动受多种因素的调节

细胞运动可分为自发性运动和引导性运动两类。自发性运动是指在没有外界刺激的情况下的自行运动如单细胞生物的运动。引导性运动是指细胞在受到外部刺激的情况下向特定方向运动。如细胞在化学因子的吸引下向其浓度高的方向运动。大多数情况下，细胞的运动都不是随机的，而是在精密的时间、在特定的部位发生的，如在发育过程中细胞的移动，免疫细胞向病菌的运动，损伤组织的修复等。

（一）Cdc42、Rac 和 Rho 共同调节细胞迁移

体外的划痕试验证实，Cdc42、Rac 和 Rho 在调节细胞迁移过程中发挥重要作用。在外界信号的刺激下，胞外信号分子如生长因子可与细胞膜上受体结合，激活 Cdc42、Rac 和 Rho，进而激活 Arp2/3 复合体和 formin（图 16-29）。

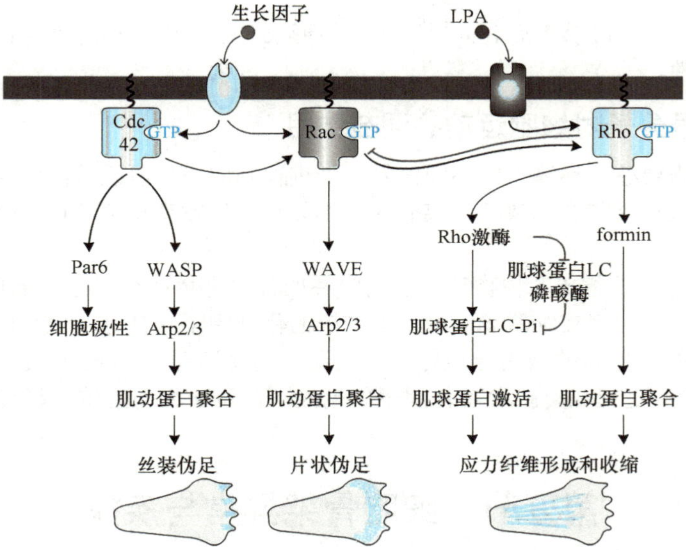

图 16-29 信号分子诱导微丝骨架变化信号通路示意图

图 16-29 中 Cdc 42 的激活可以激活 WASP，WASP 进一步激活 Arp2/3 复合体促进微丝网络的形成。Cdc 42 也可激活 Rac。它还可激活极性蛋白 Par6，调控细胞极性。Rho 的激活有两个功能。一个是激活 formin 促进不分支微丝的组装，另一个功能是激活 Rho 激酶使肌球蛋白轻链磷酸化，进一步激活Ⅱ型肌球蛋白促进应力纤维的形成和细胞后部回缩。在某些类型的细胞中，Rac 可激活 Rho 进而产生收缩力在细胞间接触形成过程中发挥功能。

下面以中性粒细胞杀菌为例来看 Rac 和 Rho 是如何调控细胞进行定向运动的。中性粒细胞识别细菌释放的三肽，发生形态改变，并向细菌肽高浓度区域定向移动。细菌肽作为一个趋化信号，被细胞质膜 GPCR 受体识别，并激活两条相互拮抗的通路。第一条通路是通过激活 Rac，在细胞前端激活 WAVE，进一步激活 Arp2/3 复合物促进成核反应，加快微丝聚合形成网络结构，产生大量片状伪足，促进细胞定向移动。关键点在于第二信使的半衰期非常短，它的效果局限于受体的附近，因此激活的 Rac 也局限在细胞的前端。第二条通路是激活 Rho，因为 Rac 激活可抑制 Rho 的激活。因此 Rho 的活性只存在于细胞的尾部，在此处激活的 Rho 激活 formin 促进生成应力纤维，在Ⅱ型肌球蛋白的作用下产生收缩力，促进细胞尾部收缩。趋化信号通过激活两条信号通路调节细胞运动（图 16-30）。

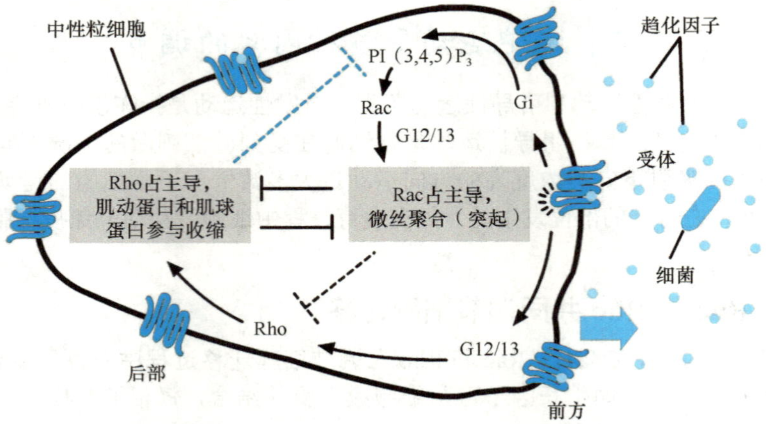

图 16-30 趋化因子诱导细胞前沿和后部微丝动态调节细胞运动示意图

Cdc42 在细胞迁移时可以激活 Rac 促进伪足的形成。在细胞运动时不仅调节微丝的聚合，它还可调节微管的极性。

（二）细胞外信号分子对细胞运动的调节作用

在体内，细胞需要感知环境中的不同信号，来进行朝向信号源或背离信号源的运动。如果细胞不能以正确的方式运动将会导致各种疾病的发生如与神经发育相关的认知障碍、免疫缺陷，以及肿瘤转移。

研究表明，细胞可以感知各种物理性或化学性的外界环境改变引起细胞的极化并产生运动。如可扩散的趋化因子、吸附在细胞表面的不可扩散的化学因子、具有一定几何形状的固体物质及一定的电场都可被细胞感知并被引导进行定向运动。趋化运动（chemotaxis）是研究最多的例子（图 16-30）。趋化运动是指在可扩散趋化因子的调控下，引导细胞沿浓度梯度向着浓度高的部位定向运动。

第五节 细胞骨架异常与疾病

细胞骨架在细胞形态的维持、细胞运动及分化、胞质分裂、细胞器运动和质膜的流动等重要生命活动中发挥重要作用。这些生命活动都需要微管和微丝的协调流动和重建。因此，细胞骨架的结构与功能的异常将会导致各种疾病的发生如肿瘤发生与转移、神经系统疾病和一些遗传性疾病等。

一、细胞骨架异常与肿瘤

（一）细胞骨架在肿瘤细胞中的变化

在恶性转化的细胞中，细胞常表现为细胞骨架结构的破坏和微管的减少。细胞骨架异常可增加癌细胞的运动能力。在体外培养的多种人癌细胞中，免疫荧光染色显示微管和微丝发生明显改变：微管数量减少，网架紊乱甚至消失；微丝应力纤维破坏和消失，微丝束及末端黏着斑的破坏使肌动蛋白发生重组，形成小体，聚集分布在细胞皮层，由于其形状为小球形或不规则形，被命名为“肌动蛋白小体”或“皮层小体”等。肌动蛋白小体的出现与肿瘤的浸润特性和转移特性有关。

肿瘤转移是导致患者死亡的主要原因之一，转移性肿瘤的发生是一个复杂的过程，它需要细胞骨架重组和改建的参与。尤其是微丝和微管与其相互作用蛋白间存在的一些经典信号通路对肿瘤转移具有重要意义，如 Rho 家族 GTP 酶信号通路是调节肌动蛋白和微管细胞骨架的一个很重要的信号通路，在多种肿瘤中都发现 Rho GTP 酶基因高表达与肿瘤侵袭迁移的生物学特性相关。

许多研究表明，波形蛋白是上皮细胞-充间质转化（epithelial to mesenchymal transition，EMT）的标志蛋白，而这一过程对肿瘤转移起着非常重要的作用。有研究表明，波形蛋白中间丝的表达可以用于判断前列腺癌的复发和转移。它还可用于判断转移乳腺癌细胞的来源。中间纤维的分布具有严格的组织特异性，绝大多数肿瘤细胞在发生转移后仍表现其原发肿瘤的中间纤维类型。故可作为临床肿瘤鉴别诊断和肿瘤是否转移的判断依据。

（二）细胞骨架与肿瘤治疗

微管和微丝可作为肿瘤化疗药物的作用靶点，如长春新碱、秋水仙碱、细胞松弛素及其衍生物等作为有效的化疗药物可抑制细胞增殖，诱导细胞凋亡。紫杉醇可加强微管蛋白的聚合作用，抑制其解聚作用，导致形成稳定的非功能性的微管，因而破坏肿瘤细胞的有丝分裂，可治疗乳腺癌、非小细胞肺癌，对胰腺癌、卵巢癌、胃癌和头颈癌也有效。

二、细胞骨架异常与神经系统疾病

许多神经系统疾病与细胞骨架蛋白的异常表达有关，例如，在阿尔茨海默病（AD）患者的神经元中，可见到不溶性神经原纤维缠结（neurofibrillary tangle，NFT）。NFT 为纤维性结构，主要由高磷酸化状态的 Tau 蛋白组成。Tau 蛋白是一种微管结合蛋白，过度磷酸化的 Tau 蛋白对微管的亲和力降低，从而使微管的稳定性降低。

AD 患者的神经元中微管蛋白的数量并无异常，但存在微管聚集缺陷。在肌萎缩性侧索硬化（amyotrophic lateral sclerosis，ALS）和幼稚性脊柱肌肉萎缩症（infantile spinalmuscleatrophy）中，神经原纤维在运动神经元胞体和轴突近端的堆积是其神经元退化的早期表现，随后运动神经元丧失，导致骨骼肌失去神经支配而萎缩，造成瘫痪，最终死亡。

三、编码细胞骨架蛋白的相关基因突变与遗传性疾病

编码细胞骨架蛋白的相关基因发生突变可导致一些遗传性疾病的发生。卡塔格内综合征（Kartagener syndrome）是一种男性不育症，它是由于纤毛动力蛋白的基因突变导致精子不具有运动能力造成的。同时，患者支气管很容易受到感染，患有慢性支气管炎，主要原因是患者呼吸道的纤毛没有动力蛋白臂，不能通过纤毛运动排除侵入肺部的细菌和废物。

威斯科特-奥尔德里奇综合征（Wiskott Aldrich syndrome，WAS）是 X 连锁隐性遗传的免疫缺陷病，临床表现有血小板减少、湿疹和反复感染，并发不同程度的细胞免疫和体液免疫缺乏。研究表明，WAS 患者 T 细胞的细胞骨架异常，血小板和淋巴细胞变小，微绒毛数量减少，形态变小。进一步研究表明引起 WAS 的根源是微丝的异常。由于 *WASP* 基因缺陷，使 WASP 蛋白呈非活性折叠构象，导致 WCA 结构域不能发挥功能而抑制肌动蛋白聚合。最终微丝不能正常形成而导致疾病发生。

单纯型大疱性表皮松解症（epidermolysis bullosa simplex）是一种罕见的人类遗传病。主要是由于患者角蛋白基因的突变破坏了表皮中角蛋白丝的形成，使患者皮肤极易受到机械创伤。轻微的压力都会导致表皮细胞破裂，引起皮肤起水疱。

（史岸冰）

第十七章 细 胞 核

细胞核（nucleus）是真核细胞内最大、最重要的细胞器，是遗传信息的储存、复制、转录和转录产物加工的场所。细胞核的位置通常靠近细胞中央（图 17-1），但也可能被其他细胞结构推挤而发生偏移，如含有分泌颗粒的腺体细胞核多位于细胞的一侧。大多数细胞为单核，但也有双核和多核细胞，如肝细胞、肾小管细胞和软骨细胞中存在双核，而破骨细胞的细胞核可多达几百个。

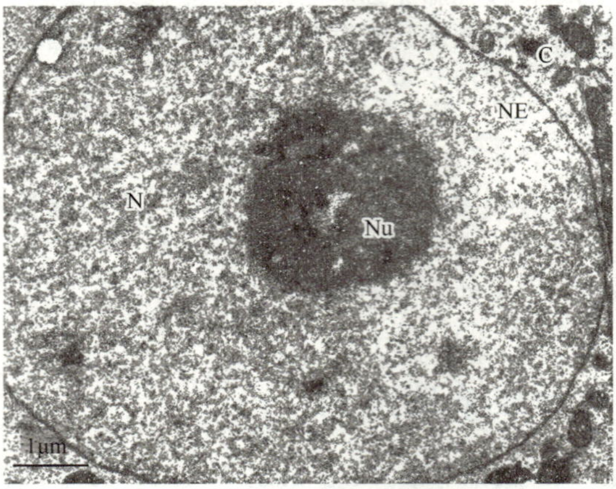

图 17-1 细胞核电镜图

N，细胞核；C，细胞质；NE，核膜；Nu，核仁

（图片由王自彬提供）

细胞核主要由核膜、染色质或染色体、核仁、核基质等结构组成（图 17-2）。细胞核的核膜控制大分子的核-质双向转运，参与染色质和染色体的组织和定位，并为细胞核提供机械稳定性。虽然核质（nucleoplasm）中充满了染色质和核糖核蛋白（ribonucleoprotein，RNP），但蛋白质仍能高速在细胞核中扩散。

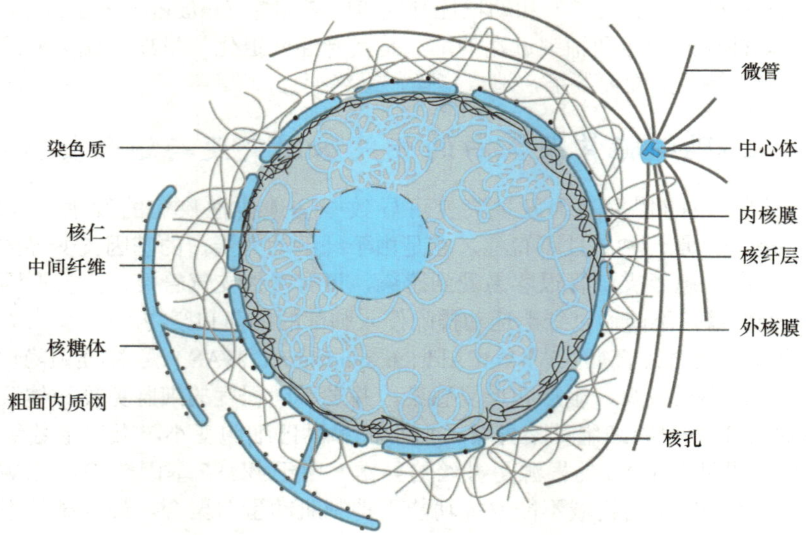

图 17-2 细胞核结构示意图

第一节 核 膜

核被膜（nuclear envelope）简称核膜（nuclear membrane），是细胞核与细胞质之间的具有选择通透性的界膜。它将细胞分成细胞核与细胞质两大结构与功能区域。遗传物质的储存、复制、转录和加工主要在细胞核内进行，蛋白质翻译则在细胞质中完成。核膜对于维持细胞核和细胞质的独特生化特性至关重要。核膜是内膜系统的组成成分，也是保护基因组的屏障，参与组织染色

质、调节基因表达、DNA 修复和基因组稳定性。核膜在核-质运输、染色质定位、细胞分裂和信号转导中起重要作用。核膜主要包括双层单位膜基本结构、核孔复合体（nuclear pore complex，NPC）和附着在核膜内侧的核纤层（图 17-2）。

一、核膜的组成

组成核膜的主要成分是脂类和蛋白质，以及少量的核酸。核膜中的脂类与内质网相似，但含量有一定差别。核膜所含的不饱和脂肪酸的含量较低，而胆固醇和甘油三酯的含量较高。核膜中的蛋白质丰富，包括与内质网相似的酶类和核膜特有的结构蛋白。核膜与内质网化学成分的相似性和差异性说明核膜与内质网之间既有密切联系也具有各自的特点。

二、核膜的基本结构

电镜下，核膜具有双层单位膜的基本结构，包括外核膜（outer nuclear membrane，ONM）、内核膜（inner nuclear membrane，INM）和核周间隙（perinuclear space）三个部分（图 17-3）。两层膜厚度相同，均约为 7.5nm。由于内、外核膜的组成、结构各有特点，因此核膜是一种不对称的双层膜结构。

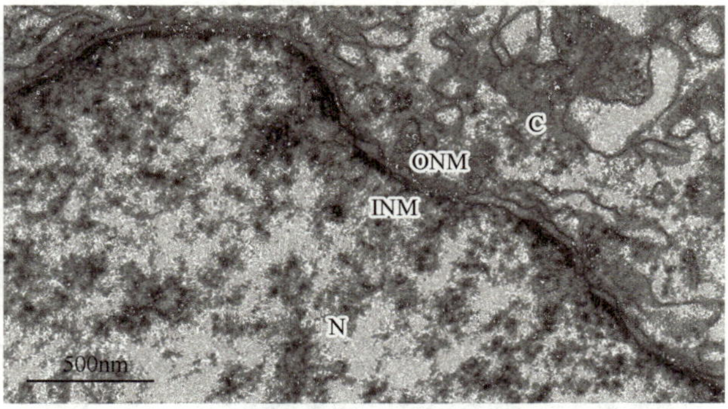

图 17-3 核膜电镜图

N，细胞核；C，细胞质；ONM，外核膜；INM，内核膜
（图片由王自彬提供）

（一）外核膜

外核膜是指核膜面向胞质的一层单位膜，与粗面内质网相连续，形态和功能与粗面内质网相近。外核膜外表面上有核糖体附着，可进行蛋白质的合成。外核膜可以被看作粗面内质网的特化结构。外核膜的外表面可见由中间纤维和微管形成的细胞骨架网络，细胞骨架参与固定细胞核并维持细胞核形态。

（二）内核膜

内核膜是指核膜面向核基质的一层单位膜。内核膜内侧附着一层纤维蛋白网络，对核膜起支持作用，即核纤层（nuclear lamina）。内核膜上有许多膜蛋白成分，如核纤层蛋白 B 受体（lamin B receptor，LBR），核纤层相关蛋白 1（lamina-associated protein 1，LAP1）、Emerin、SUN 蛋白。这些膜蛋白和核纤层蛋白共同介导核膜与染色质的相互作用。一些内核膜蛋白结合核纤层来帮助将核纤层网络锚定在内核膜上，而很多蛋白可以与染色质相互作用。例如，LBR 结合异染色质蛋白 1（heterochromatin protein 1，HP1），并将核膜与浓缩的染色质相连。如果同时破坏 LBR 和核纤层蛋白 A（lamin A）可以从核膜内侧释放大部分异染色质。某些内核膜蛋白通过与外核膜蛋白结合，贯穿整个核膜（图 17-4）。例如，SUN 蛋白对维持核膜稳定和核周间隙的宽度具有重要作用。

（三）核周间隙

内、外核膜之间存在 20～50nm 的空隙，被称为核周间隙或核间隙。不同类型细胞的核间隙可能具有不同宽度，并随细胞状态变化而改变。由于外核膜与粗面内质网膜相连，所以核间隙与粗面内质网腔相通（图 17-2），并且含有多种蛋白质和酶类。

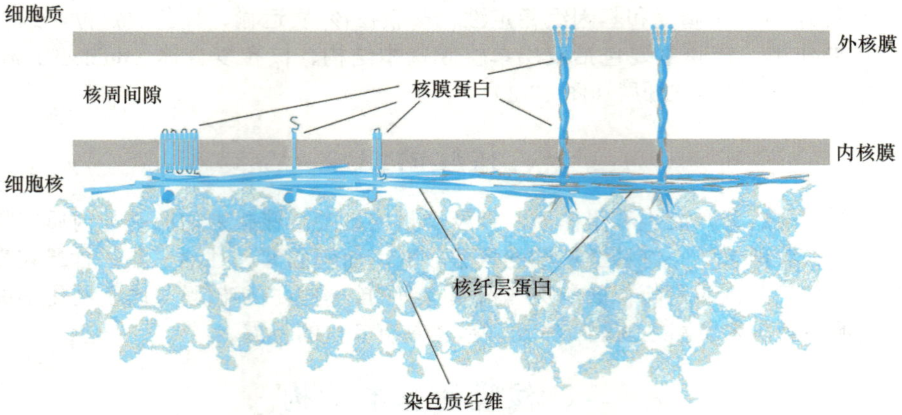

图 17-4 内核膜蛋白与核纤层示意图

三、核孔复合体

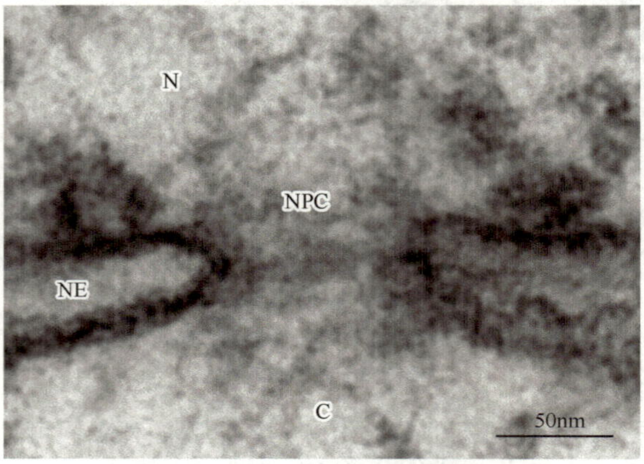

图 17-5 核孔电镜图

N，细胞核；C，细胞质；NE，核膜；NPC，核孔复合体

（图片由王自彬提供）

内、外核膜在局部融合并特化形成环形孔状结构（图 17-5），即核孔（nuclear pore）。核孔是细胞核和细胞质沟通的重要通道。核孔的数目在不同细胞种类和生理状态下存在很大差异。一般来说，动物细胞的核孔数多于植物细胞，合成活跃的细胞含有的核孔数更多。例如，非洲爪蟾的一个卵细胞就有约 1000 万个核孔。

（一）核孔复合体的组成

核孔并非单纯由内、外核膜融合形成的孔洞，而是由多种蛋白质共同组成的蛋白质复合体，即核孔复合体（图 17-5）。核孔复合体的大小大约是核糖体的 15～30 倍。脊椎动物的核孔复合体是一个大型结构，冷冻电镜的观察结果表明核孔复合体的质量约为 90～120MDa。质谱分析发现其核心组分的分子量约 70MDa。核孔复合体主要由蛋白质组成，尽管核孔复合体很大而且结构复杂，但是只含有大约 30 种不同的蛋白质，被称为核孔蛋白（nucleoporin）。核孔蛋白在酵母和脊椎动物中是基本保守的，一般有 8（或 8 的整数倍）个拷贝以保持核孔的八重对称结构。

部分核孔蛋白在其氨基酸序列中含有大量的苯丙氨酸-甘氨酸重复序列（FG repetitive seqnence）。FG 重复序列聚集在特定的被称为 FG 结构域的区域，FG 结构域具有舒展并灵活的结构。含有 FG 重复序列的核孔蛋白被用于围绕核孔复合体的中央通道，而纤维状的 FG 结构域延伸至 20～30nm 宽的通道中心。FG 结构域可以形成疏水性筛网，阻止较大的分子（>40kDa）在细胞核和细胞质之间扩散。总体上，核孔蛋白在核孔内部高度灵活紊乱的结构域中包含大约 5000 个这样的 FG 重复序列。

值得注意的是，核孔复合体并不是静态结构，它的许多组成蛋白可以在短时间内被其他同类蛋白组分所取代。

（二）核孔复合体的结构

核孔复合体位于核孔的内、外核膜融合处。核孔复合体分子量大、含有的组成成分众多，结构复杂且处于动态变化中。由于现有的核孔复合体分离纯化技术并不完善，所以核孔复合体的结构模型一直都是细胞生物学的重要研究领域。近几十年来，生物物理学方法不断发展，核孔复合体的结构模型不断更新完善。目前用来解释核孔复合体结构的分子模型主要是以“捕鱼笼”模型（或称“篮网”）为基础发展起来的。根据“捕鱼笼”模型（图 17-6），核孔复合体是一种在 8 个方向上的对称结构，或简称八重对称结构。

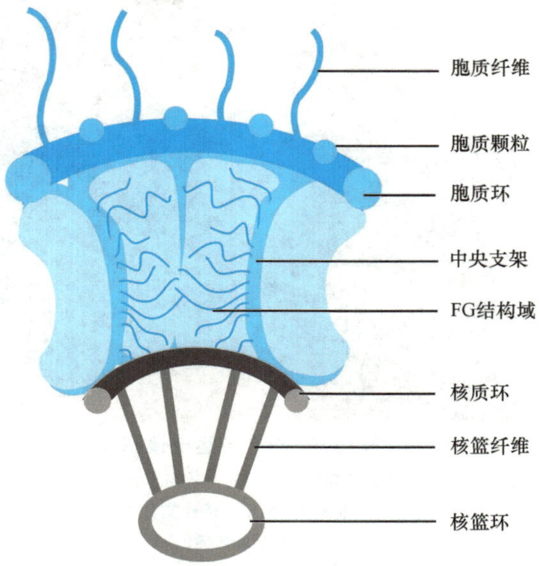

图 17-6 核孔复合体“捕鱼笼”模型示意图

1. 环状结构 核孔复合体含有多个层叠的环状或近环状结构，包括：一个将核孔复合体固定在核膜上的中央支架（central scaffold）[或称为轮辐环（spoke ring）]，一个位于核膜外侧的胞质环（cytoplasmic ring）（或称为外环），一个位于核膜内侧的核质环（nucleoplasmic ring）（或称为内环），一个位于核内的直径约 60nm 的核篮环（nuclear basket ring）。轮辐并不是简单的环状结构，从内而外可以分为三个部分。内侧结构环绕形成核孔复合体的运输通道，中层结构帮助连接内、外环并支撑核孔复合体，外侧结构可以穿过核膜脂双层伸入内、外核膜融合处的核间隙。轮辐中的蛋白复合物构成核孔的支架，并与具有跨膜结构域的核孔蛋白相互作用。这些跨膜结构域弯曲并使内、外核膜融合。其中一些蛋白质与包裹膜性运输小泡的网格蛋白具有类似的结构特征。

2. 纤维状结构 核孔复合体含有多种纤维结构，包括 8 条与胞质环相连并向核外延伸的胞质纤维（cytoplasmic filament）、8 条连接核篮环与核质环的核篮纤维（basket filament），以及富含 FG 重复序列的 FG 结构域。胞质纤维参与核孔运输过程中生物大分子的结合，核篮纤维用来连接核篮环和核质环，结构紊乱的 FG 结构域排列在中央通道上并延伸到开口处形成疏水网络。

3. 颗粒状结构 核孔复合体上含有一些特殊的颗粒结构。胞质环外侧含有 8 个胞质颗粒，胞质颗粒与胞质纤维间隔排列。某些核孔复合体中可以观察到中央颗粒（central granule）或中央栓（central plug）。中央颗粒位于核孔的中心，呈颗粒状或棒状。它可能在核-质交换中发挥作用。但是，有人认为它并不是核孔复合体的结构组分。

因此，核孔复合体沿纵轴呈八重对称，而在核质面与胞质面两侧的结构并不对称，这与内、外核膜功能上的不对称性是一致的。电子显微镜观察表明核孔复合体内部形成一个中央通道，中央通道的最小直径约为 40nm，通道长 50～70nm。核篮的形状与捕鱼笼和篮球网相似。

（三）核孔复合体的功能

1. 核孔复合体的转运特点 不同类型的物质以不同的方式在细胞核与细胞质间进行转运。几乎所有通过核孔的生理性转运，甚至是小分子的转运，都是需要特定载体蛋白的运输过程。

（1）小分子的核孔转运：核孔具有组成性的扩散通道，不超过 30～40kDa（直径 5～10nm）的溶质和较小的生物大分子具备通过被动扩散进出这些通道的可能。例如水分子、离子、单糖、氨基酸、核苷酸等相对分子质量较低的物质均可以自由地通过核孔。实际上，并不是所有符合上述条件的分子都是通过这种被动扩散的方式穿过核膜。

（2）大分子的核孔转运：核孔也可以通过中央通道主动运输更大的大分子（图 17-7）。直径超过中央水性通道孔径的分子，如 DNA 聚合酶、RNA 聚合酶、核糖体亚基、mRNA 等，一般都是以主动运输方式通过核孔复合体。这对于维持细胞核内、外特定大分子物质的分布差异具有重要的意义。例如，可保证细胞的 RNA 转录、蛋白质合成等活动均限定在特定的区域中。核孔通

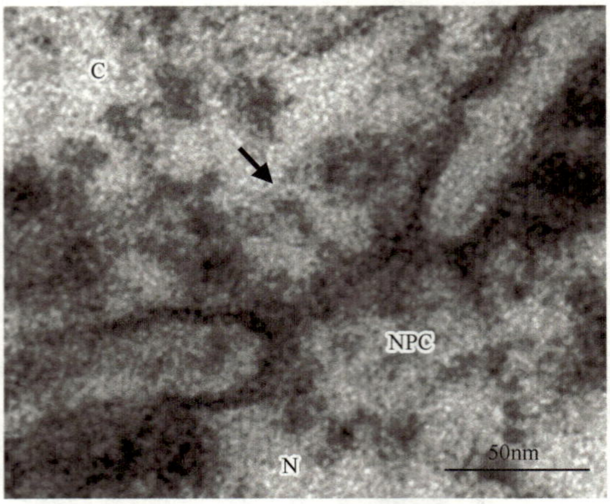

图 17-7 核孔转运电镜图

箭头所示为核孔复合体正在转运的“货物”分子；N，细胞核；C，细胞质；NPC，核孔复合体

（图片由王自彬提供）

道最大可以打开至约 40nm，但较大的颗粒可以挤压通过，前提是它们是可形变的。例如，一种由 RNA 和大约 500 种包装蛋白组成的直径约 50nm 的 RNP 颗粒，在挤压穿过核孔时可以变形为杆状结构。

（3）跨膜蛋白的转移：跨膜蛋白通过特殊的方式进入细胞核。例如，内核膜的跨膜蛋白通过在膜平面内的侧向扩散进入细胞核。例如，前文提到的内核膜蛋白 LBR 在内质网中具有高度流动性，并迅速扩散到核膜，随后通过核孔复合体的外周通道过渡到内核膜。LBR 一旦进入细胞核内膜，就会固定在适当的位置。这种涉及侧向扩散和滞留的机制是膜蛋白易位进入细胞核的常见方式。

核孔复合体是一个高效的双向运输通道，每秒可通过约 100MDa 的货物。单个核孔可以同时在两个方向上传输大分子。出核运输的对象包括信使核糖核蛋白（messenger RNP，mRNP）、核糖体亚基和转运 RNA（transfer RNA，tRNA）等。入核运输的对象包括转录因子、染色质成分和核小体蛋白等。其他分子遵循更复杂的路线。例如，小核 RNA（small nuclear RNA，snRNA）被输出到细胞质以获得必需的蛋白质组分，然后他们被重新导入细胞核，在那里他们再参与 RNA 的成熟过程。

2. 核孔复合体的转运机制 虽然核孔复合体的运输原理并不复杂，但是核孔转运系统需要特定的关键序列和多个重要的转运组分。

（1）信号序列：被输入细胞核的蛋白质带有核定位序列（nuclear localization sequence，NLS），又称核定位信号（nuclear localization signal，NLS），NLS 可以被特定的转运蛋白所识别。NLS 与指导蛋白质跨膜运输的信号肽不同，NLS 序列可存在于亲核蛋白的不同部位，并且在指导亲核蛋白完成核输入后并不被切除。目前，研究最多的 NLS 包含碱性氨基酸序列 PKKKRKV，这个 NLS 最初是在 SV40 病毒的大 T 抗原（large T antigen）上鉴定获得的（图 17-8）。由点突变产生的 PKNKRKV 序列则不具有 NLS 的功能。另一种类似的 NLS 则包括被非特异性间隔序列连接的两个较短的碱性氨基酸关键序列（图 17-8）。例如，核质蛋白（nucleoplasmin）就是一种含有双片段 NLS 的蛋白质。用含有 NLS 的核质蛋白片段包裹直径超过 20nm 的胶体金颗粒后，可以共同被转运入核（图 17-9）。NLS 的位置、大小和序列各不相同，并被许多不同种类的转运受体识别。

核质蛋白由 5 个单体组成，每个单体蛋白含有 1 个核心蛋白结构域（头部）和 1 个具有 NLS 的线性结构域（尾部）。通过显微注射实验可以验证 NLS 对亲核蛋白入核的关键作用。完整的亲核蛋白和仅含有尾部结构域的肽段均可以进入细胞核，而仅含有头部结构域的肽段则无法顺利入核。用含有 NLS 的核质蛋白尾部片段可以介导所结合的胶体金颗粒进入细胞核。

许多从细胞核输出的蛋白质具有一个核输出序列（nuclear export sequence，NES），该序列被转运蛋白识别。与入核信号类似，NES 的大小和复杂性也各不相同。例如，人类免疫缺陷病毒（human immunodeficiency virus，HIV）的 Rev 蛋白含有富含亮氨酸的序列（LQLPPLERLTL）。同时，某些 RNA 序列或结构也可作为 NES。

（2）参与核孔转运的组成成分：参与核孔转运的组分主要包括接头分子（adapter）、核转运受体（nuclear transport receptor）、定向因子或回收因子（directionality factor 或 recycling factor）。

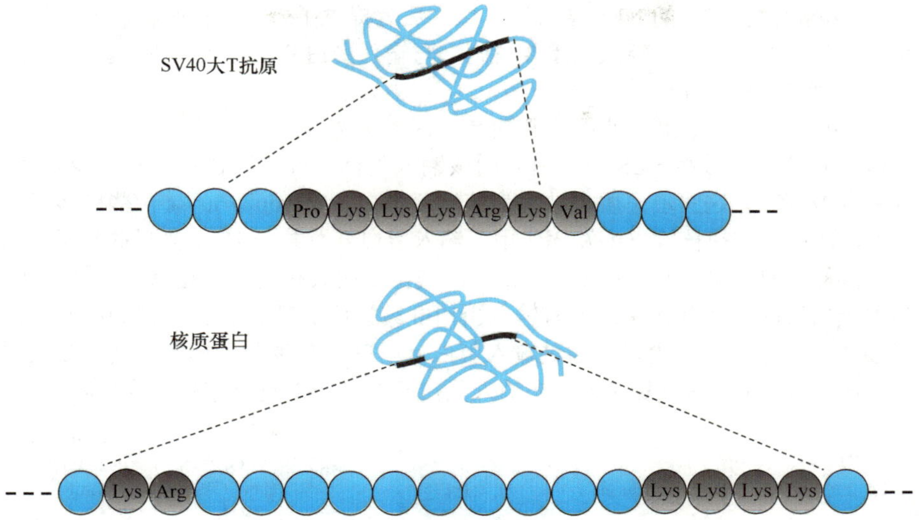

图 17-8 核定位信号示意图

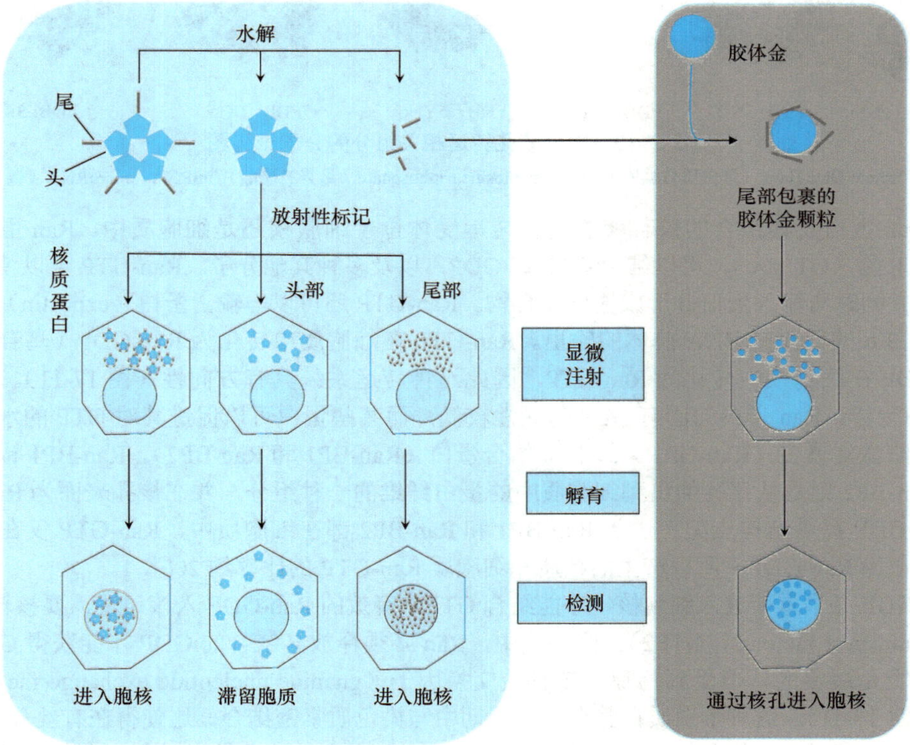

图 17-9 核质蛋白显微注射实验示意图

1）接头分子与一些货物分子上的 NLS 或 NES 序列结合，同时也可以与核转运受体上的特定结构域结合。最具特征的接头分子是核输入蛋白 α（importin α）或简称输入蛋白 α，它负责识别小的碱性 NLS 序列，并在核孔转运中与输入蛋白 β（importin β）结合。输入蛋白 α 的 N 端含有一个高度灵活的类似 NLS 的输入蛋白 β 结合结构域，随后是含有 10 个 α 螺旋重复基序的 armadillo repeat（犰狳重复）结构域，它使整个分子的结构具有类似蛞蝓（俗称鼻涕虫）的形状（图 17-10）。输入蛋白 β 结合基序既可以结合输入蛋白 β 上的 NLS 结合结构域，也可以结合输入蛋白α本身（“蛞蝓的腹部”）的 NLS 结合结构域。后者提供了一种自抑制机制，被认为是在核输入周期结束时调节核内货物分子释放的重要机制。与输入蛋白β结合后，输入蛋白α上的 NLS 结合位点能更有效地结合货物分子。

2）除 mRNP 从细胞核输出（使用特殊的转运因子）外，所有的核转运受体都与输入蛋白β有关，输入蛋白β是携带碱性 NLS 的蛋白质的核输入受体。脊椎动物中已知至少有 20 种核转运受体（酵母中有 14 种）。这些蛋白质也被称为核转运蛋白（karyopherin）。一些核转运蛋白在核输入中发挥作用，而另一些在核输出中发挥作用。输入蛋白β总共由 19 个拷贝的相互作用螺旋基序组成，该基序被称为 HEAT 重复（HEAT repeat），使蛋白质具有蜗牛状超螺旋的形状（图 17-10），有可能与多种蛋白质配体相互作用。所有输入蛋白β家族成员都有 Ran 蛋白的结合位点。输入蛋白β可以直接结合多种 NLS，也可能通过输入蛋白α与其他货物分子相互作用。在通过核孔复合体的过程中，核孔蛋白的 FG 重复序列夹在输入蛋白β的 HEAT 重复序列螺旋之间。

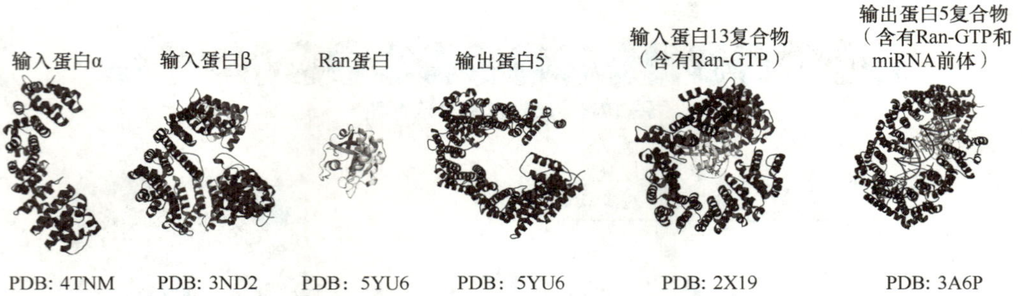

图 17-10 部分核孔转运相关组分的分子结构图

PDB: Protein Data Bank（蛋白质数据库）；GTP：guanosine triphosphate（鸟苷三磷酸）；miRNA：microRNA（微 RNA）

3）Ran 蛋白及其结合的核苷酸决定核转运受体位于细胞核还是细胞质中。Ran 蛋白是一种 Ras 样 GTP 酶（GTPase），可以结合 GTP 或 GDP，以及多种其他分子。Ran-GTP 可以使输入复合物解离，并同时与输入蛋白β形成输出复合物。Ran-GTP 还可以与输出蛋白（exportin）结合并参与输入蛋白α的回收或 RNA 前体的输出。Ran-GTP 在细胞质中转化为 Ran-GDP（鸟苷二磷酸），而 Ran-GDP 在细胞核中转化为 Ran-GTP，因此这种转运系统具有方向性（图 17-11）。与其他的小 GTP 酶一样，Ran 蛋白的固有 GTP 酶活性较低，而某些蛋白可以促进其对 GTP 的水解，例如 Ran-GTP 酶激活蛋白（Ran-GAP）或 Ran 结合蛋白（Ran-BP1 和 Ran-BP2）。Ran-BP1 锚定在细胞质中，Ran-BP2 则是从核孔伸出到细胞质中的蛋白纤维的一种组分，并在核孔表面为 Ran-GTP 转化为 Ran-GDP 提供结构支架。由于 Ran-BP1 和 Ran-BP2 都在细胞质中，Ran-GTP 仅在细胞质中有效地转化为 Ran-GDP，所以产生的核质和细胞质 Ran-GTP 的比率约 200∶1。

Ran-GDP 必须重新进入细胞核，才能结合 GTP。有效的 Ran-GDP 入核运输需要核转运因子 2（nuclear transport factor 2，NTF2）。回到核中，Ran 必须释放其结合的 GDP 才能获得 GTP。GDP 解离本质上是缓慢的，但受到鸟嘌呤核苷酸交换因子（guanine nucleotide exchange factor，GEF）的促进（图 17-11）。这种蛋白质在整个细胞周期中与染色质紧密结合。这使得在有丝分裂结束时，在核膜重建后可以立即恢复核输入。因为 Ran 蛋白参与大多数核孔转运过程，所以这种小分子蛋白质非常频繁地进出细胞核。在培养的细胞中，每分钟有几百万个 Ran 蛋白穿过核孔复合体。

（3）核孔转运过程：首先是带有 NLS 的蛋白质本身或通过接头分子结合到一个核输入受体（nuclear import receptor）上，形成复合物。然后，复合物穿过核孔复合体进入细胞核。在细胞核中，货物和接头分子（如果需要）从核输入受体上解离。随后，接头分子释放它的货物，并作为核输出受体（nuclear export receptor）的货物被运送回细胞质。核输入受体也通过核孔穿梭回来，并可以结合其他的货物（或货物-接头分子复合物）。从细胞核输出的分子通过不同方式利用与上述循环类似的过程进行转运，它们被细胞核中的转运载体携带穿过核孔复合体并被释放到细胞质中。

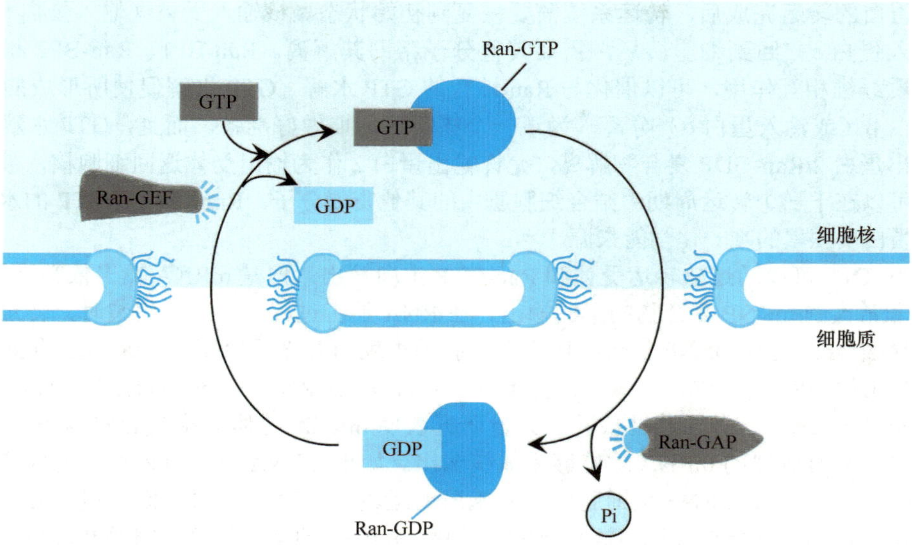

图 17-11 Ran-GTP 与 Ran-GDP 的转换模式示意图
Ran，Ran 蛋白；GAP，GTP 酶激活蛋白；GDP，鸟苷二磷酸；GTP，鸟苷三磷酸；GEF，鸟嘌呤核苷酸交换因子

以亲核蛋白为例的典型核孔转运循环包括以下几个步骤（图 17-12）：①在细胞质中，输入蛋白 β 通过接头分子输入蛋白 α 的衔接与含有 NLS 的蛋白质分子形成核输入复合物。②核输入复合物与核孔的胞质纤维结合。③核转运受体介导复合物穿过核孔，但具体过程尚不明确。一种流行的模型认为核孔蛋白的 FG 重复序列所形成的非结构化区域在核孔中央通道内相互作用形成水凝胶，阻止大多数分子通过核孔扩散。核转运受体（如输入蛋白 β）通过将 FG 重复序列捕获在其排列整齐的螺旋之间来与其结合。这在局部使水凝胶“融化”，受体及其结合的核蛋白快速通过核孔。这个过程不需要 ATP 水解提供能量。④在细胞核中，Ran-GTP 与输入蛋白 β 结合，并释放货物分子与输入蛋白 α。⑤输入蛋白 β 和 Ran-GTP 通过核孔返回细胞质。由于货物分子已经与输入蛋白 α 形成复合物，复合物会结合一个称为输出蛋白 2（exportin-2）的核输出受体。Ran-GTP 和输出蛋白 2 与输入蛋白 α 紧密结合，并释放货物分子。⑥输出蛋白 2 通过核孔将输入蛋白 α 和 Ran-GTP 运送回细胞质。因此，输入蛋白 α 在一个方向上起着接头分子的作用，在另一个方向上作为被转运的货物分子。

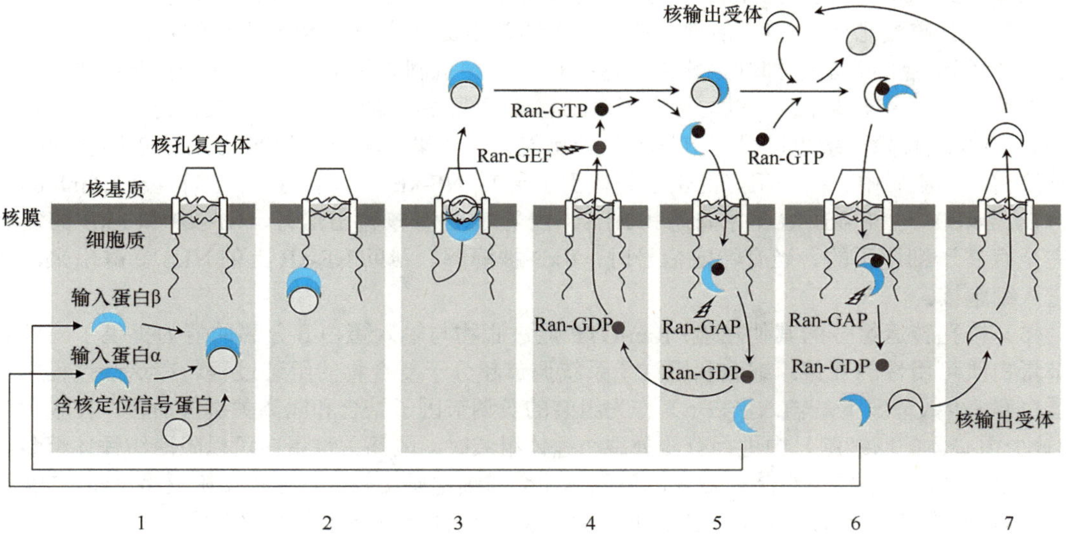

图 17-12 亲核蛋白转运机制示意图
Ran，Ran 蛋白；GAP，GTP 酶激活蛋白；GDP，鸟苷二磷酸；GEF，鸟嘌呤核苷酸交换因子；GTP，鸟苷三磷酸

亲核蛋白的转运完成后，转运系统需要恢复到初始状态。核输入受体（输入蛋白 β）和接头分子（输入蛋白 α）回到细胞质后，需要其他分子帮助其解离。Ran-BP1、Ran-BP2 和 Ran-GAP 与核孔胞质纤维相互作用，可以催化与 Ran 结合的 GTP 水解。GTP 水解促使所形成的 Ran-GDP 与输入蛋白 β（或输入蛋白 α）分离，为下一个核输入周期做好准备。而且，GTP 水解导致输入蛋白 α/输出蛋白 2/Ran-GDP 复合物解离，允许输出蛋白 2 作为输出受体返回细胞核，被释放的输入蛋白 α 可以在下一个转运周期中结合细胞质中的其他货物分子。Ran 蛋白上 GTP 的水解是驱动细胞核中蛋白质积累的唯一化学能来源。

虽然小 RNA 可以通过核转运受体和 Ran-GTP 定向输出，但是 mRNA 输出依赖不同的机制。mRNA 以非常大的 mRNP 复合物的形式输出。在 RNA 加工过程中，开始组装时，转录输出复合物与 mRNA 结合。这些 mRNP 复合物停靠在核孔的内表面并接受检查。错误加工的 mRNA 被降解。正确加工的 mRNA 通过二聚体转运受体 NXF1（nuclear RNA export factor 1）-NXT1（NTF2-related export protein 1）引导通过核孔。大量研究表明 mRNA 前体剪接与 mRNA 输出之间存在功能性联系。只有成熟的 mRNA 才能够完成核输出。如果 mRNA 仍含有未切除的内含子，则该 RNA 滞留在细胞核中。mRNP 从细胞核到细胞质的运输伴随着显著的结构重塑。某些蛋白质从 mRNA 中剥离，而其他蛋白质则被添加到复合物中。mRNP 的运输似乎不需要 Ran 蛋白，但需要位于核孔复合体胞质纤维上的 RNA 解旋酶的活性。解旋酶可能为 mRNA 进入细胞质提供了动力。ATP 水解给这个过程提供了方向性，并在细胞质中被用来改变 RNA 结构并与 NXF1-NXT1 解离，从而阻止 RNP 重新进入核孔中。

（4）核孔转运的调控：上述运输过程的关键是控制运输的方向性。核内组分被定位到细胞核内，而胞质组分被定位到细胞核外。这意味着每个载体在核膜的一侧取走货物分子，并将其释放在另一侧。这种定向转运系统的关键调节因子是上文提到的 Ran 蛋白。虽然转运过程的步骤和组分较复杂，但转运过程的原理比较简单，转运的货物分子和方向由 Ran 蛋白结合的鸟嘌呤核苷酸的状态来调节。使 Ran-GDP 与 GEF 结合发生在细胞核中，而促进 GTP 水解与形成 Ran-GDP 在细胞质中完成。需要入核的货物分子在核内含有高水平 Ran-GTP 的情况下从其载体中释放出来。相反，运往细胞质的货物只有在核内 Ran-GTP 水平较高的情况下才会被载体结合，当 Ran-GTP 在细胞质中转化为 Ran-GDP 时，货物才会被释放。通过这种方式，转运的方向性由细胞质中不同浓度的 Ran-GDP 和 Ran-GTP 来决定（图 17-11）。

同时，细胞可以通过多种方式调节核孔转运：①控制核孔的数量。在大鼠肝脏中，核膜每平方微米含有约 20 个核孔（约 4000 个核孔/细胞核），而转录静止的鸟类红细胞核中只有很少的核孔复合物。②磷酸化调控 NLS 活性。核孔转运通常由货物分子上 NLS 附近的磷酸化调节。与碱性 NLS 相邻位点的磷酸化抑制核输入。这提供了一种机制来调节特定货物分子进入细胞核的能力，以响应细胞周期调控或可以与特定蛋白激酶激活偶联的其他信号。③ NLS 的屏蔽和解除。通过屏蔽 NLS 或解除屏蔽也可以调节核孔的转运能力。如果亲核蛋白的 NLS 被掩盖则会导致蛋白质被滞留在细胞质中。一个很好的例子是核因子-κB（NF-κB）。核因子-κB 抑制蛋白（inhibitor of NF-κB，I-κB）与 NF-κB 结合并掩盖其 NLS。由于 I-κB 有核输出信号，NF-κB 和 I-κB 的复合物是完全存在于细胞质的。当有特定信号时，I-κB 被降解，帮助 NF-κB 上的 NLS 暴露出来，引导其进入细胞核。

（5）核孔转运组分的其他功能：Ran-GTP 促进底物与输入蛋白 β 分离的能力提供了一种高效调节蛋白质可用性的开关。细胞利用这个系统调节超分子复合物的组装过程。在这些过程中，输入蛋白 β（少数情况下是输入蛋白 α）作为组装的负调节因子结合和隔离关键蛋白质。在较大细胞（如缺少中心体的卵细胞）中进行有丝分裂纺锤体组装时，隔离关键蛋白可以阻滞纺锤体组装。只有在核膜破裂后，纺锤体组装被触发，染色体才会与细胞质接触。在染色体附近将 Ran-GDP 转换为 Ran-GTP 导致 Ran-GTP 与输入蛋白 β 结合，释放结合蛋白并触发有丝分裂纺锤体形成。输入蛋白 β 和 Ran 蛋白可以通过类似方式隔离核孔的关键组分，控制核孔复合体组装，直至这些组分被 Ran-GTP 所释放。

四、核 纤 层

核纤层是位于内核膜内表面与染色质之间的一层由高电子密度纤维蛋白质组成的薄层网状结构（图 17-4）。核纤层为核膜提供机械支撑，作为染色质纤维的附着点，在细胞分裂中调节核膜的崩解和重建。核纤层的厚度大约为 10～20nm，某些细胞中可达 100nm。

（一）核纤层的组成

核纤层是由被称为核纤层蛋白（lamin）的纤维蛋白组成。核纤层蛋白主要包括 A、B 和 C 三种分子量为 60～80kDa 的核纤层蛋白亚型。核纤层蛋白均属于细胞骨架蛋白家族中的 V 型中间纤维，但仅存在于细胞核中。核纤层蛋白基因表达模式取决于细胞类型和发育阶段。其中，核纤层蛋白 B 在哺乳动物细胞中广泛表达。胚胎干细胞和早期胚胎的核纤层由核纤层蛋白 B 组成。核纤层蛋白 A 和 C 通常出现在细胞开始分化的后期，并且它们的表达在不同的细胞类型中有所不同。核纤层蛋白 A 和 C 增加核膜硬度，而仅含核纤层蛋白 B 的细胞核更具有弹性。

核纤层蛋白也可以分为两大类：核纤层蛋白 A 家族由同一个基因编码，该基因通过选择性剪接（alternative splicing）产生四种主要的多肽链，其中核纤层蛋白 A 和 C 的前 566 个氨基酸完全相同，但是 C 端的序列不同。核纤层蛋白 B 家族成员是两个不同基因的产物，主要包括 B1 和 B2 两个分子，其氨基酸序列具有大约 60% 的同源性。通常，哺乳动物的核纤层蛋白质 B 是指核纤层蛋白 B1。

（二）核纤层的结构

核纤层蛋白形成纤维状网络结构，纤维直径约 10nm，与中间纤维相当。与中间纤维蛋白一样，核纤层蛋白有一个主要为 α 螺旋的中心杆状结构域（图 17-13）。核纤层蛋白的 α 螺旋杆状结构域之后是一个较长的 C 端结构域，其中主要包括一个核心球形结构域和一个 NLS。大多数核纤层蛋白 C 端存在翻译后脂质修饰。法尼基（farnesyl）被特定的酶添加到一个被称为 CAAX 盒的氨基酸基序的半胱氨酸侧链的羧基末端上。其中 C 是位于羧基末端 4 个氨基酸位置的半胱氨酸，A1 是任何脂肪族氨基酸，A2 为缬氨酸、异亮氨酸或亮氨酸，X 通常是甲硫氨酸或丝氨酸。添加法尼基后去除 AAX 残基。核纤层蛋白 B 并不经过添加脂质的加工修饰。核纤层蛋白纤维首先是由两个相同的核纤层蛋白单体通过 α 螺旋区端对端组装成相互螺旋平行的二聚体结构。然后，二聚体通过首尾相连形成线性多聚体（图 17-13）。最后，线性多聚体间通过侧面横向相连，形成更加复杂的纤维网络。

图 17-13 人核纤层蛋白 A 的分子结构图

图中为核纤层蛋白 A 的 α 螺旋杆状结构域的主体部分。图中的核纤层蛋白 A（或核纤层蛋白 C）多聚体由 4 条肽链组成。PDB 文件：6JLB

核纤层与内核膜、核孔复合体以及染色质之间存在密切的结构和功能联系。已知核纤层可以通过两种方式与核膜结合：①通过翻译后加工在核纤层蛋白的 C 端半胱氨酸残基上添加的法尼基基团与核膜相互作用；②与 LBR 结合。与细胞质的中间纤维类似，核纤层蛋白的组装受到磷酸化和去磷酸化的调节，进而参与核膜结构的动态调控。核纤层蛋白还可以与其他蛋白质相互作用，包括核膜蛋白（如 LAP 蛋白）、核孔复合体蛋白（如 nesprin）、细胞骨架结合蛋白（如 SUN 蛋白）、核基质与染色质结合蛋白等。其中，SUN 蛋白质可以同时结合核纤层蛋白 A 和外核膜蛋白的 KASH 结构域，通过外核膜蛋白与三种主要的细胞质骨架产生联系。

（三）核纤层的功能

1. 支撑细胞核　核纤层蛋白形成的纤维骨架结构位于核膜内侧（图 17-4），参与维持细胞核的形态和大小。核纤层蛋白均可以与核膜结合，从而把核膜固定在核纤层蛋白上，其中核纤层蛋白 B 与核膜的亲和力最高。核纤层介导核骨架与细胞骨架之间的联系，参与形成细胞的连续骨架网络系统。

2. 调节核膜的崩解和重建　核纤层与核膜的崩解和重建密切相关。在细胞分裂过程中，核膜经历崩解与重建的变化。有丝分裂前期，核纤层去组装使核膜破裂。有丝分裂末期，核纤层蛋白重新在细胞核的周围聚集使核膜再次形成（图 17-14）。

3. 参与染色质定位和组装　核纤层的内侧与染色质相互作用（图 17-4），影响染色质在细胞核内的定位和染色体组装。在人类细胞中，大约 40% 基因存在于核纤层相关结构域（lamina-associated domain，LAD）。在大多数细胞中，大约 15% LAD 可以与核纤层结合。核纤层蛋白与染色质结合，为染色质提供附着位点。有丝分裂间期，核纤层与染色质紧密结合，抑制其螺旋化成染色体。而在有丝分裂前期，核纤层蛋白解聚，染色质逐渐凝集成染色体。在多细胞动物的有丝分裂过程中，核膜的解体会释放染色体。

4. 参与 DNA 复制与修复　核纤层参与 DNA 的复制与修复，但具体机制尚不明确。首先，有研究发现缺少核纤层的细胞核虽然含有 DNA 复制所需的蛋白质和酶，但无法完成 DNA 复制。这提示核纤层参与 DNA 复制。其次，有研究发现核纤层蛋白 A 是双链 DNA 修复所必需的，而核纤层蛋白功能异常的细胞含有不稳定的基因组，并且 DNA 修复迟缓。

5. 调节基因表达　核纤层与染色质的相互作用有助于维持和稳定间期染色质高度有序，这对于基因表达的调控非常重要，但机制尚不清楚。单细胞分析表明组成型 LAD 的转录活性较低。事实上，异染色质相关的组蛋白标记促进特定染色体区域与核纤层的关联；果蝇细胞的研究表明，沉默基因更倾向于分布于核纤层附近，因为异染色质更易与核纤层结合，而且核纤层附近染色质的乙酰化水平较低（易形成异染色质）；酵母细胞中转录活性高的基因也分布于核纤层附近，它们常与核孔复合体结合。在哺乳动物细胞中，核孔附近的染色质比靠近核纤层的染色质含有更少的异染色质。

五、核膜的崩解和组装

在大多数真核细胞的有丝分裂过程中，核膜需要经历崩解与重建（图 17-14）。纺锤体和染色体之间的相互作用始于分裂前期结束时核膜的崩解，而有丝分裂末期核膜再重新组装，形成子代细胞的新细胞核。核膜崩解时，核膜、核孔复合体和核纤层被分解成不同的微小组分，重新分布在细胞中。

核膜的整个动态变化过程被认为是由关键激酶（如细胞周期蛋白依赖性蛋白激酶）引发的底物磷酸化所调控。磷酸化和去磷酸化可以调控核纤层和核孔复合体的解聚与聚合。细胞分裂前期，核纤层蛋白磷酸化，核纤层解聚，促使核膜崩解。核孔复合体的解聚是由于某些组分的磷酸化导致核孔蛋白之间的相互作用被破坏。同时，细胞骨架也参与到核膜的崩解过程中。例如，微管可以通过机械牵拉作用促进核膜发生破裂。也有研究认为，核膜开始崩解之前首先被细胞质中与外核膜相连的动力蛋白分子在膜上打孔，但随后的变化过程尚存在争议。核膜崩解之后，核纤层蛋白 A 和 C 分散到细胞质中，而核纤层蛋白 B 与核膜的结合更牢固，解聚后保持与核膜形成的囊泡相结合。同时，核孔蛋白解离后形成围绕细胞核区域的组分。传统的观点认为，核膜分裂成一些分散在有丝分裂细胞中的小囊泡，或被吸收进入内质网膜。目前也有观点认为，有丝分裂期间，内质网可以保持相对完整，而不需要断裂成小的膜相片段。有丝分裂末期，核纤层蛋白发生去磷酸化，又重新在细胞核的周围聚集，子代细胞的核膜形成，并与新形成的染色质结合。

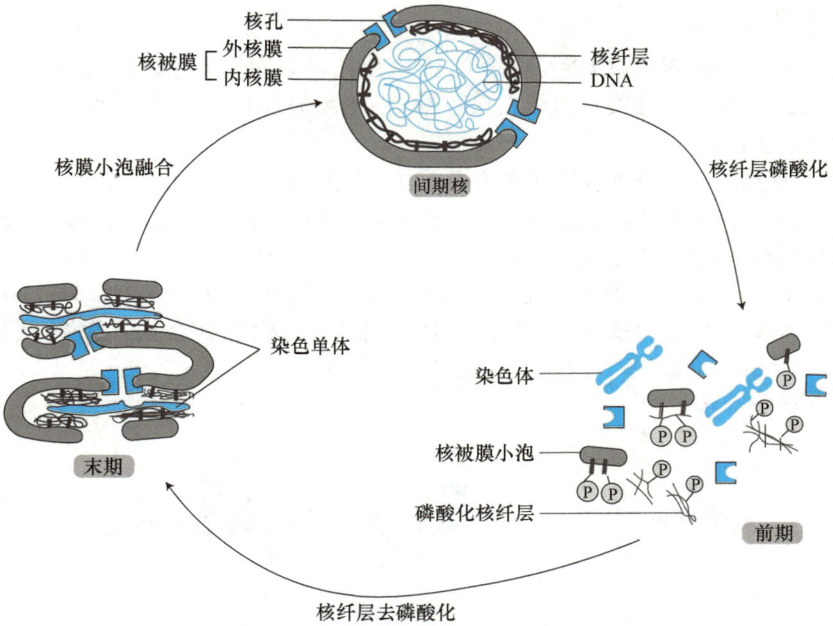

图 17-14 核膜的崩解与重建过程示意图

第二节 染色质与染色体

真核细胞的基因组 DNA 分配在不同的染色体中，染色体双螺旋结构的 DNA 分子的直线长度比细胞核直径长数千倍。因此，DNA 分子在整个细胞周期中必须保持高度压缩状态。这种长度的压缩是通过将 DNA 与结构蛋白结合形成染色质（chromatin）来完成的。染色质折叠必须使 DNA 紧密，但仍然允许转录相关分子进入基因表达所需的染色体区域。在有丝分裂的过程中，染色质还会进一步凝缩成染色体。1879 年，弗莱明（W. Flemming）首次提出染色质的概念。1888 年，瓦尔德耶（W. Waldeyer）正式提出染色体（chromosome）这一术语。目前，我们已经知道染色质和染色体是同一种物质在细胞不同生长阶段的可以相互转变的两种存在形式。

一、染色质的组成

染色质是指有丝分裂间期细胞核内主要由 DNA 和组蛋白构成的线性复合结构，是间期细胞核内遗传物质的存在形式。同时，染色质也含有非组蛋白及少量 RNA。

（一）染色质 DNA

1. DNA 的结构 真核细胞中每条未复制的染色质均含有一条线型 DNA 分子。DNA 分子不仅一级结构的核苷酸序列具有多样性，二级结构的双螺旋形式也存在不同构型。DNA 二级结构的构型可以分为三种：首先，B 型 DNA（右手双螺旋 DNA）是经典的“沃森-克里克”结构（Watson-Crick model），相对稳定，是最常见的 DNA 构型。另外两种 DNA 构型都是 B 型的变构形式。其次，A 型 DNA 是右手双螺旋 DNA，其分子形状与 RNA 的双链区和 DNA/RNA 杂交分子非常相似。另外，还存在 Z 型 DNA，是左手螺旋 DNA，一个真核细胞单倍染色体 DNA 中所含的全部遗传信息称为一个基因组（genome）。

2. DNA 序列的类型　真核细胞的 DNA 序列根据其特点可以分为两类：单一序列（unique sequence）和重复序列。重复序列是指具有多个拷贝的 DNA 序列，又可以具体分为中度重复序列和高度重复序列（详见第一章第二节）。

（二）染色质蛋白

染色质蛋白是指与染色质 DNA 结合的蛋白质，可以分为组蛋白（histone）和非组蛋白（nonhistone protein，NHP）两类。组蛋白可以结合 DNA 但没有序列特异性，非组蛋白则结合特定 DNA 序列或组蛋白。

1. 组蛋白　是真核细胞染色质的基本结构蛋白，与 DNA 的含量相当。

（1）组蛋白的结构和类型：组蛋白属于小分子碱性蛋白质，富含带正电荷的精氨酸和赖氨酸，可以和富含负电荷的 DNA 紧密结合。组蛋白与 DNA 同时合成，合成后即转移到核内，与 DNA 装配成核小体（nucleosome）。真核细胞的组蛋白主要包括 H1、H2A、H2B、H3、H4 五种。根据功能差异，可以将组蛋白分为核小体组蛋白和 H1 组蛋白（或连接组蛋白）两类（图 17-15）。

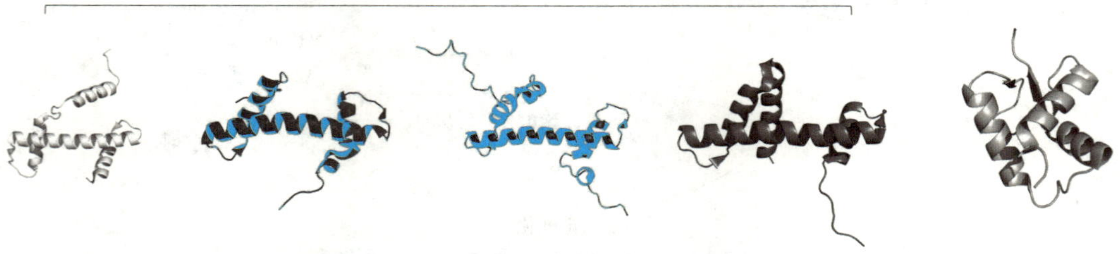

图 17-15　组蛋白分子结构图

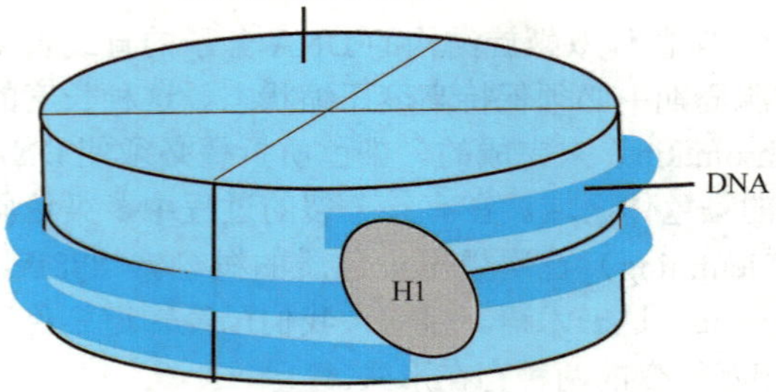

图 17-16　核小体结构示意图

1）核小体组蛋白包括 H2A、H2B、H3 和 H4 这 4 种组蛋白，它们之间可以相互作用形成八聚体复合物，并可以与 DNA 分子结合，从而使 DNA 盘曲成稳定的核小体结构（图 17-16）。高分辨率的核小体核心颗粒的晶体结构表明，每个核心组蛋白具有一个由 70～100 个氨基酸残基组成的紧凑结构域，它具有一个特征性的 Z 形“组蛋白折叠”（图 17-15），其中包括一个长的 α 螺旋，两侧分别是两个较短的 α 螺旋。核小体组蛋白（尤其是 H3 和 H4）的基因非常保守，没有种属及组织特异性，在某些亲缘关系较远的种属中也仅仅相差几个氨基酸残基。例如，牛和豌豆的 H4 组蛋白只有 2 个氨基酸残基的差异，而它们在进化过程中出现分歧的时间大约在 3 亿年前。目前分析，H3 和 H4 的高度保守性主要是因为它们的所有氨基酸几乎都参与重要功能，因此任何氨基酸残基的突变都可能是致命的。

2）与核小体组蛋白不同，H1 组蛋白保守性较低，有一定的种属和组织特异性。H1 组蛋白的中心颗粒结构比较保守，而两端的氨基酸变异较大。在构成核小体时，H1 组蛋白起连接作用（图 17-16），并使染色质具有一定的极性。哺乳动物至少有 8 种变异形式（或称为亚型）的 H1 组蛋白。这些变异体的氨基酸序列差异可以超过 40%。例如，在某些细胞中，H1 组蛋白被变异形式的组蛋白代替（如 H5 组蛋白）。

（2）组蛋白的化学修饰：组蛋白的特定共价修饰可以影响基因活性，如乙酰化、磷酸化和甲基化（图 17-17）。组蛋白乙酰化或磷酸化，可改变组蛋白的电荷，减弱其与 DNA 的结合，使

DNA 解旋，从而增加 DNA 的复制与转录活性。相反，组蛋白甲基化可增强组蛋白与 DNA 的结合，降低 DNA 的活性。组蛋白发生的修饰作用都是可逆的，并且分别被不同的特异性酶所调控。3 种不同水平的赖氨酸甲基化都可以被不同的结合蛋白识别。组蛋白的乙酰化与甲基化两种修饰存在相互排斥，即乙酰化的赖氨酸不能被甲基化，反之亦然。

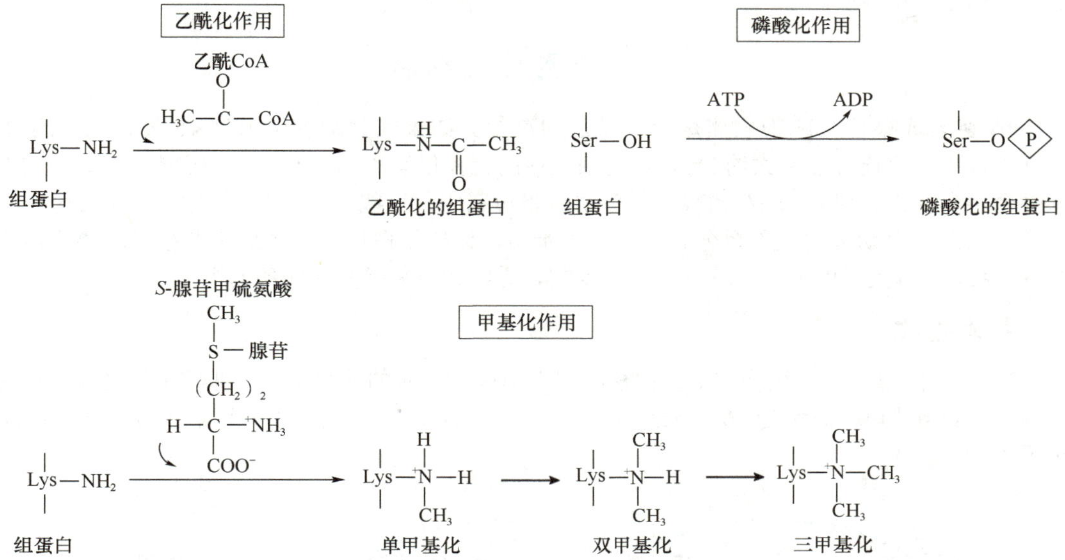

图 17-17 组蛋白修饰示意图

真核细胞中含有的少量组蛋白变异体，也可以参与核小体的装配，例如，H3 组蛋白变异体 H3.3，H2 组蛋白变异体 H2AX、H2AZ 等（图 17-18）。

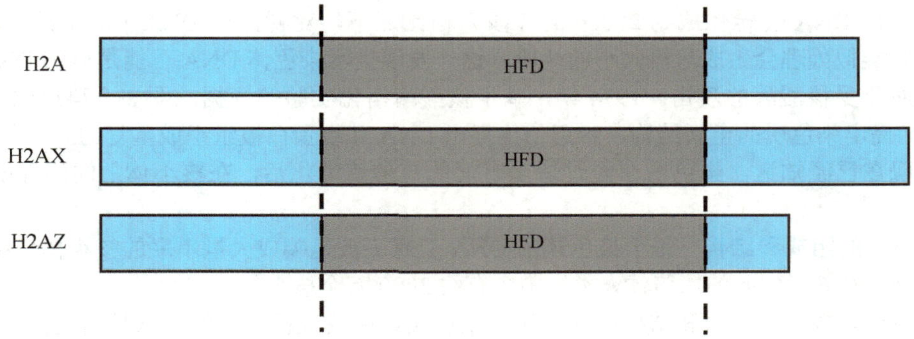

图 17-18 组蛋白 H2A 变异体示意图

HFD，组蛋白折叠结构域（histone fold domain）

2. 非组蛋白 是指细胞核中除组蛋白以外的蛋白质总和。与组蛋白不同，非组蛋白的含量较少，而且在不同细胞中差异较大。在细胞核中，活性染色质中的非组蛋白含量较高。虽然其种类繁多，功能各异，但一般均属于带负电荷的酸性蛋白质，通常富含天冬氨酸、谷氨酸等。非组蛋白在整个细胞周期中都能合成，并与组蛋白相似，在细胞质中合成后就被转移到细胞核内。非组蛋白能够识别特异的保守 DNA 序列，并通过非共价键与其结合。非组蛋白大概包含有 500 多种不同组分，可以是酶、反式作用因子或结构蛋白。因此，非组蛋白的功能也十分广泛，包括 DNA 复制、转录相关的蛋白，染色质组装和修饰相关的蛋白，核酸代谢相关酶类等。

非组蛋白可以作用于一段特异性 DNA 序列，解除组蛋白对特定 DNA 的活性抑制作用，促进相关基因的转录。非组蛋白可能有助于有丝分裂染色体结构形成，这些证据来自于用核酸酶处理染色体以消化 DNA 并提取支架成分的实验。残存的“染色体”含有大约 5% 的蛋白质和不到 0.1% 的 DNA，但仍然看起来接近染色体的形态。如果 DNA 未被消化，则 DNA 袢环从蛋白质中突出。其中的蛋白质结构被称为染色体骨架（chromosome scaffold）或染色体支架，因为它看起来像染色体的结构骨架。事实上，染色体骨架成分含有一些在有丝分裂染色体结构的形成和维持中起重要作用的蛋白质。

二、染色质的结构

DNA 包装成染色质或染色体是一个复杂的过程。如果人类细胞中所有 46 条染色体的 DNA 双螺旋可以首尾相连会达到大约 2m。然而细胞核的直径仅有约 6μm。这相当于把长 14km 的细丝装入 1 个乒乓球中。包装 DNA 的艰巨任务由组蛋白完成，这些蛋白质结合并折叠 DNA 分子。此外，染色质是一个动态的细胞组分。其中，组蛋白、调控蛋白以及多种酶不断接触和离开组蛋白核心复合物，以促进 DNA 的转录、压缩、复制、重组和修复等复杂任务的进行。

（一）基本结构

DNA 压缩的第一步是缠绕在组蛋白核心周围形成染色质的基本结构，即核小体（或被认为是染色体的一级结构）。被称为 10 纳米纤维的核小体“串珠”状结构的形成（图 17-19），使 DNA 缩短至 1/7。

图 17-19　核小体“串珠”状结构示意图

1. 核小体的发现　在 20 世纪 70 年代初期，研究发现当染色质经过非特异性核酸酶处理时，大部分的 DNA 会转化成约 200bp 的片段。相比之下，对裸露的 DNA（即不结合蛋白质的 DNA）进行类似处理会生成随机大小的片段。这一发现提示染色体 DNA 可能是得到 DNA 结合蛋白的保护而免受核酸酶的攻击。1974 年，基于核酸酶消化实验等证据，罗杰·科恩伯格（Roger Kornberg）提出染色质的全新结构。科恩伯格提出 DNA 和组蛋白被组织成重复的亚单位，被称为核小体。现在已经知道，染色质在经过适当时间的核酸酶消化后，在核小体之间的裸露 DNA 会被降解。

2. 核小体的组成和结构　每个染色体的 DNA 双螺旋被包装成大量串联的核小体（图 17-19）。例如，一个含有 64 亿 bp 的二倍体人类细胞含有约 3000 万个核小体。

（1）核小体核心的组成和结构：通过研究染色质结晶发现核小体的形态是扁圆柱体，直径约为 11nm，高约为 6nm，具有对称性。我们现在知道每个核小体包含一个核小体核心颗粒，它由约 146bp 的左旋超螺旋 DNA 绕着一个由 8 个组蛋白分子组成的盘状复合物约 1.75 圈（图 17-20）。每个核小体的组蛋白核心由 H2A、H2B、H3 和 H4 组蛋白各 2 个组装而成，共包括 4 个异源二聚体。

（2）H1 组蛋白的作用：H1 组蛋白存在于核小体核心颗粒之外，被称为连接组蛋白。它可以结合到核小体外侧的 20bp 长度的 DNA 上，DNA 分子可以从这个位置进入和退出核小体（图 17-21）。H1 组蛋白和组蛋白八聚体共同与约 166bp 的 DNA 相互作用。可以通过将样品暴露在低离子强度的溶液中，有选择性地从染色质纤维中除去 H1 组蛋白分子。当在电子显微镜下观察去除 H1 组蛋白的染色质时，可以看到核小体颗粒和裸露的连接 DNA，因此它们看起来像是“串珠”（图 17-19）。目前，H1 组蛋白在染色质中的作用仍然不够明确。最初认为 H1 组蛋白调节染色质的压缩，然而它在细胞核中是可移动的，H1 组蛋白分子可以持续解离和结合染色质，每个位置停留的时间不超过几分钟。

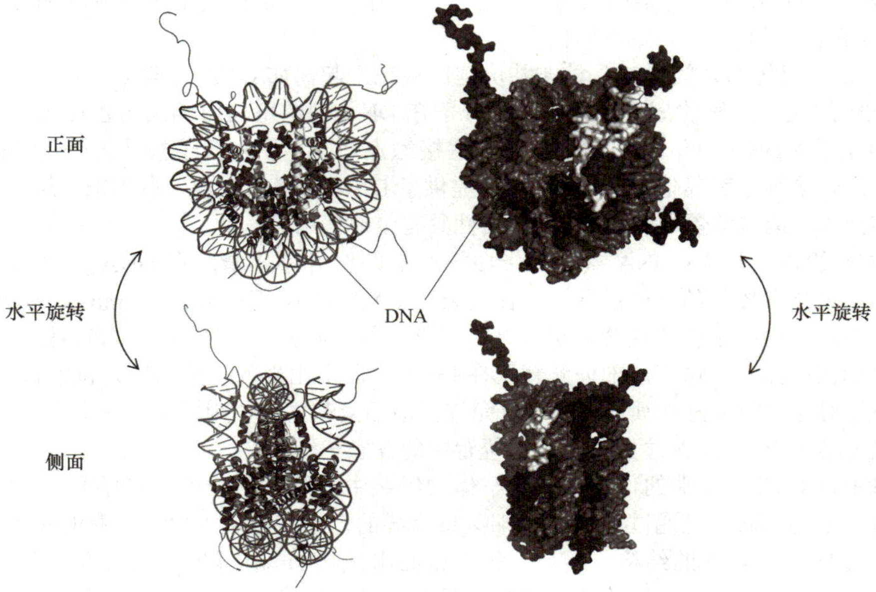

图 17-20 核小体中组蛋白八聚体的分子结构图

图中为 X 线衍射解析的非洲爪蟾核小体的分子结构，包括核心组蛋白八聚体和 147bp DNA。PDB 文件：1KX5

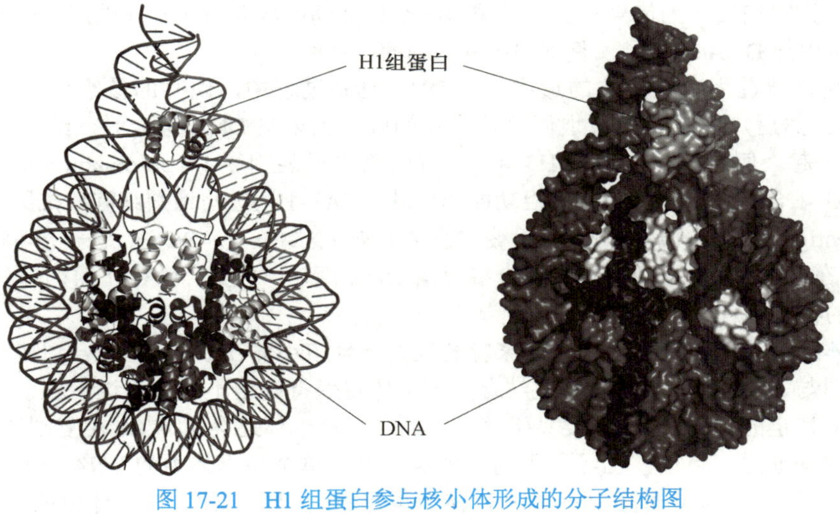

图 17-21 H1 组蛋白参与核小体形成的分子结构图

冷冻电镜解析的人核小体分子结构；PDB 文件：7PEX

（3）核小体 DNA 的长度：一般来说，核小体在约 200 个核苷酸对的间隔重复出现，除去形成核小体所需的 166bp，相邻核小体之间约有 34bp 的连接 DNA。但是，相邻核小体之间的连接 DNA 的长度有很大差异，可以从几个碱基对到约 80bp 不等。

3. 核小体的组装 核小体组装的过程首先是 H3 和 H4 四聚体（两个异二聚体）与新合成的裸露 DNA 结合，然后是两个 H2A 和 H2B 异二聚体加入，最后是 H1（连接）组蛋白的结合以及核小体的成熟。

（1）DNA 和组蛋白的相互作用：DNA 和组蛋白的相互作用具有很宽阔的接触面，每个核小体中 DNA 与组蛋白核心之间形成 142 个氢键。其中近一半是由组蛋白的氨基酸骨架和 DNA 的戊糖磷酸骨架之间形成的。还有许多疏水相互作用和盐桥将 DNA 和蛋白质紧密结合在核小体中。

核心组蛋白中超过五分之一的氨基酸是赖氨酸或精氨酸（这两种氨基酸具有碱性侧链），它们的正电荷能有效中和DNA磷酸骨架的负电荷。这些相互作用在一定程度上可以解释为什么几乎任何序列的DNA都能与组蛋白八聚体结合。

DNA和核心组蛋白之间通过几种非共价键连接在一起，如DNA骨架上带负电的磷酸盐与组蛋白上带正电的残基之间的离子键。这两种分子在DNA的沟壑向内朝向组蛋白核心的位置相互接触，并存在于大约每10bp的间隔中。在这些接触点之间，两种分子被认为处于相距较远的位置，这可能为转录因子和其他DNA结合蛋白提供了DNA的接触区域。多年来，组蛋白被认为是惰性的结构分子，但这些蛋白对相关DNA活性具有重要作用。

（2）DNA的盘绕特点：DNA盘绕组蛋白核心的路线并不平滑。在DNA中可以看到几处弯曲，这是由于组蛋白核心的凹凸所致。弯曲需要对DNA双螺旋的小沟壑（minor groove）进行显著的压缩。小沟壑中的某些二核苷酸更容易被压缩，并且某些核苷酸序列比其他核苷酸序列更易牢固地结合到核小体上。这可能部分解释了在DNA片段上出现的一些精确定位的核小体的情况。然而，核小体对序列的偏好必须足够弱，以允许其他因素起主导作用，因为在大多数染色体区域，核小体可以占据多个与DNA序列相对应的位置中的任意一个。

（3）组蛋白C端和N端的作用：在核小体的组装中，组蛋白分子的C端和N端具有不同功能。组蛋白分子的二聚化是通过它们的C端区域介导的，这些区域主要由大量的α螺旋在核小体的核心内折叠成一个紧密的结构。相反，每个核心组蛋白N端（以及H2A的C端）的约30个氨基酸残基呈现出一种长而灵活的尾部结构（图17-15），延伸到DNA螺旋之外并进入周围环境，并介于核小体表面的邻近DNA螺旋之间，对于核小体内外的相互作用非常重要。尽管这些N端尾巴不是有序排列在核小体核心颗粒的晶体中或溶液中，但它们是核小体组蛋白中最保守的区域之一。这是因为它们要作为信号平台，并调节核小体之间的相互作用。N端尾巴的共价修饰调控着染色质纤维内部DNA对转录、复制和修复机制的可及性。

（4）细胞分裂过程中核小体的形成：在DNA复制过程中，现有的核小体随机分配到子代DNA链之间。然后，新组装的核小体填补这些间隙。当未与DNA结合时，组蛋白始终与分子伴侣结合在一起。例如，新合成的H3和H4与染色质组装因子1（chromatin assembly factor-1，CAF-1），CAF-1含有一个具有分子伴侣功能的亚基。CAF-1通过与增殖细胞核抗原（proliferating cell nuclear antigen，PCNA）的相互作用被定位到DNA复制位点，PCNA是一个环状蛋白，可以环绕DNA，在复制过程中帮助DNA聚合酶沿着DNA滑动。因此，CAF-1将新合成的组蛋白定位到染色体的特定位点。

4. 核小体结构的动态调节 生物学家曾经认为一旦核小体在DNA上结合到特定位置，由于其核心组蛋白与DNA之间非常紧密地结合，核小体将保持固定不变。但这不利于基因读取，因为原则上许多特定的DNA序列需要易于接触。而且，核小体还会阻碍DNA复制和转录“机器”在染色质上快速通过。目前，已经利用动力学实验发现单个核小体中的DNA会从两端以大约4次/秒的速率展开，并保持暴露10～50ms，然后再重新关闭。因此，核小体中的大部分DNA在理论上可以与其他蛋白质结合。

（1）染色质重塑复合物：细胞中染色质的动态特性需要DNA与组蛋白的结合足够灵活。真核细胞包含多种依赖ATP的染色质重塑复合物（chromatin-remodeling complex），大多数是包含10个以上亚单位的大型蛋白质复合物，其中一些与组蛋白上的特定修饰相结合，影响核小体乃至整个染色质的结构。这些复合物包含一个水解ATP的亚单位，这个亚单位既与核小体的蛋白质核心结合，也与其周围的双链DNA结合。通过利用ATP水解的能量将这段DNA与核小体核心颗粒相对移动，复合物可以暂时改变核小体的结构，使DNA与组蛋白核心的结合更松散。通过重复进行ATP水解循环，使核小体核心沿着DNA双螺旋滑动。通过这种方式，它们可以重新定位核小体以暴露特定的DNA区域，从而使它们能够与细胞中的其他蛋白质相互作用。此外，通过与各种结合组蛋白的分子伴侣协同作用，一些重塑复合物能够将核小体核心的全部或部分结构从核小体中移除。例如，通过催化 H2A 和 H2B 组蛋白的交换或彻底将八聚体核心从 DNA 上去除。通过检测发现，基于上述过程，典型的核小体在细胞核内每 1～2 小时就会在 DNA 上发生更替。

（2）核小体结合蛋白：尽管一些 DNA 序列与核小体核心的结合比其他序列更紧密，但影响核小体定位最重要的因素似乎是 DNA 上存在的其他紧密结合的蛋白质。某些结合蛋白促进核小体在它们旁边的位置组装，而有些结合蛋白会形成阻碍，迫使核小体移动到其他位置。因此，核小体沿 DNA 的准确位置主要取决于是否存在其他 DNA 结合蛋白以及其特性。由于存在依赖 ATP 的染色质重塑复合物，核小体在 DNA 上的排列可以非常动态，并根据细胞的需要快速改变。

（3）组蛋白变异体：组蛋白变异体也参与核小体结构和功能的调节。除了上面讨论的四种“传统”的核心组蛋白之外，大多数细胞还合成了几种 H2A 和 H3 组蛋白的替代版本（图 17-18）。尽管这些组蛋白变异体的重要性尚不明确，但人们认为它们具有特定的功能。其中一种变异体 H2A.X 分布在整个染色质中，它在部分核小体中取代了传统的 H2A。H2A.X 在 DNA 链断裂的位点被磷酸化，并可能参与招募修复 DNA 的酶。当某些基因被激活时，组蛋白变异体 H2A.Z 和 H3.3 可以嵌入到核小体中，并可能在促进该基因位点的转录中起作用。

（二）高级结构

虽然核小体是公认的染色质的基本结构，但是染色质在细胞内通常并非以这种相对延伸的“串珠”状态存在。染色质形成更高级结构的方式和机制尚存在疑问。由于细胞核中大分子的高密度组装，现阶段直接观察染色质纤维的高级结构细节比较困难。

1. 30 纳米纤维 多年的研究结果表明，在某些细胞中，10 纳米纤维的染色质经过进一步压缩可以形成螺旋状的 30 纳米纤维（即染色体的二级结构）。

（1）30 纳米纤维的结构：如果将染色质从细胞核中释放出来并置于生理离子强度下，可以用电镜观察到直径约 30nm 的染色质纤维。目前，30 纳米纤维的结构仍然存在争议。具有代表性的两个模型是“扭转”模型（zig-zag model）和“螺线管”模型（solenoid model），两者均认为核小体串珠被螺旋化形成更高级、更粗的 30 纳米染色质纤维，区别是核小体的相对位置有所不同。在“扭转”模型中，连接 DNA 以线性延伸的状态存在，来回穿过相邻的核心颗粒，这些核心颗粒被组装成两个独立的核小体。在“螺线管”模型中，连接 DNA 在连接相邻的核心颗粒时略微弯曲，这些核心颗粒被组织成一个连续的螺旋阵列，每个螺旋周期含有约 6～8 个核小体。最近的研究结果倾向于支持“扭转”模型（图 17-22）。例如，通过 X 射线晶体学或高分辨率电子显微镜对重组染色质的研究，得到核小体多聚体的分子结构，支持了核小体在 30 纳米纤维中的“扭转”模型。无论如何，30 纳米纤维的组装使 DNA 的包装比增加约 6 倍。

（2）30 纳米纤维的维持：30 纳米纤维的结构维持取决于相邻核小体的组蛋白分子之

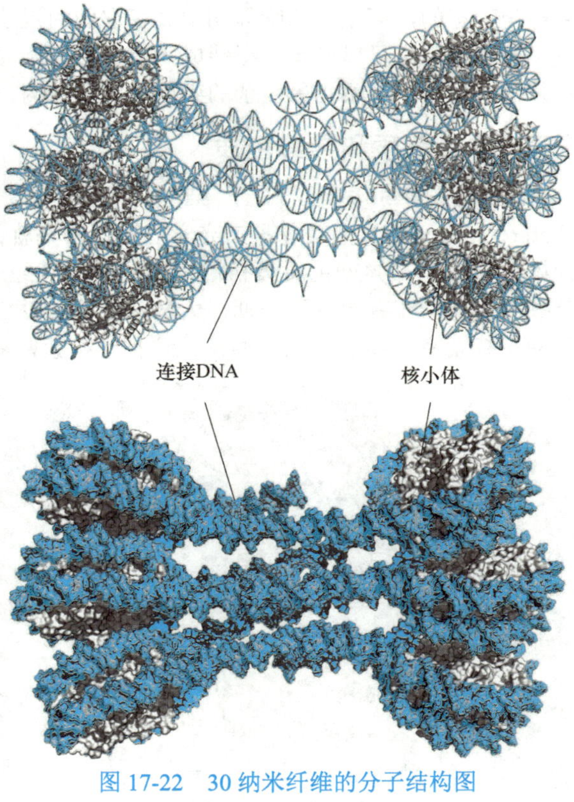

图 17-22 30 纳米纤维的分子结构图

图中为包含 H1 组蛋白的人核小体组装高级结构的“扭转”模型，包含 6 个核小体结构。由于实验条件的原因，图中染色质结构的凝集程度略低于高度扭转的 30 纳米纤维。PDB 文件：6HKT

间的相互作用。核心组蛋白和连接组蛋白都被认为参与染色质的高级组装。核小体在彼此之间可以紧密堆叠的原因至少包括两方面因素：一方面因素是核小体组蛋白尾部的连接作用。相邻核小体的核心组蛋白可以通过其长而灵活的尾部相互作用。例如，一个核小体核心颗粒的 H4 组蛋白的 N 端尾部可以伸出并与相邻核心颗粒之间的连接 DNA 以及相邻颗粒的 H2A-H2B 二聚体进行广泛接触。这些类型的相互作用被认为介导核小体纤维向更粗的纤维压缩。事实上，使用缺少尾部的 H4 组蛋白制备的染色质无法折叠成更高级的染色质纤维。另一方面重要因素是 H1 组蛋白的作用。通常，H1 组蛋白与核小体核心呈 1∶1 的比例（图 17-16）。单个 H1 组蛋白分子与每个核小体结合，与 DNA 和蛋白质接触，并改变 DNA 从核小体中退出的路径。这种 DNA 退出路径的改变有助于压缩核小体 DNA。如果选择性地从紧密的染色质中去除 H1 组蛋白，30 纳米纤维将解开，形成更细的串珠状纤维。重新添加 H1 组蛋白会恢复高级结构。其他染色质结合蛋白的存在也可能会对染色质高级结构的特征产生一定影响。有研究结果表明，大多数细胞中是否都存在 30 纳米纤维仍不确定。例如，冷冻电子显微镜研究表明，大多数染色质区域的结构并不规则。

2. 更高级的染色质结构 30 纳米染色质纤维可以进一步折叠成更复杂的结构，形成压缩程度更高的直径更粗的纤维。电子显微镜研究观察到直径为 100～300nm 的染色质纤维。通过荧光标记物（如荧光蛋白）对活细胞进行超分辨率荧光显微镜观察，可以观察到染色质纤维的组织结构。通过原位杂交技术在固定的间期细胞核内可视化特定的 DNA 位点，可以通过比较两个已知碱基对之间的物理距离来估计染色质的压缩程度。结果表明在 10 纳米纤维之外至少存在两个层次的染色质折叠。

因此，根据现有研究结果，染色质的精确结构仍有待进一步阐明。现阶段认为：间期染色质由不规则的 10 纳米染色质纤维组成，核小体以“串珠”状存在于 10 纳米纤维上；单个核小体在局部是动态的，可以在细胞周期中改变它们的组装和位置；细胞中以 10 纳米纤维存在的染色质较少，核小体通常可以进一步组装成 30 纳米纤维，同时染色质在局部也存在一些不规则结构；在特定条件下，可以观察到更复杂的染色质高级结构。

（三）常染色质和异染色质

根据结构和功能特征，染色质通常可以分为常染色质（euchromatin）和异染色质（heterochromatin）两类。早期光学显微镜研究就已经可以区分高等真核细胞间期细胞核中的这两种染色质类型。异染色质最初被发现是因为其经过 DNA 结合染料染色后比间期细胞核的其他部分颜色更深。在有丝分裂间期，大部分染色质以松散的细纤维状态存在，而约 10% 染色质在整个间期保持紧密压缩的状态。通常，这种结构紧密的染色质在细胞核内处于外围，并被称为异染色质，而处于分散状态的则被称为常染色质。

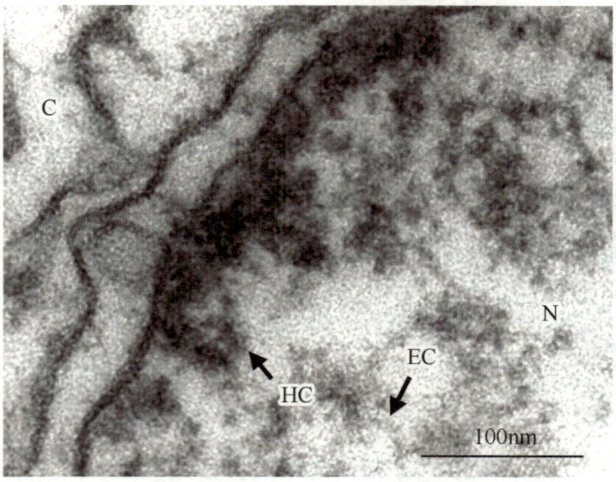

图 17-23 常染色质和异染色质分布电镜图
N，细胞核；C，细胞质；EC，常染色质；HC，异染色质
（图片由王自彬提供）

1. 常染色质和异染色质的区别

（1）分布：细胞核中的染色质可以同时含有常染色质和异染色质，但两者在细胞核中的分布以及在染色体上的位置有所不同。深染的异染色质通常集中在核膜附近和核仁周围，而浅染的常染色质占据核内的大部分区域（图 17-23）。常染色质大部分位于间期核的中央，少部分介于异染色质区之间。在细胞分裂期，常染色质位于染色体的臂。异染色质在某些特定区域中高度集中，特别是在染色体的着丝粒和端粒区域，但同时也存在于染色体的许多其他位置。这些位置的染色质类型可以根据细胞的生理状态改变而变化。转录活性较低的细胞核往往含有相对较多的异染色质。

（2）组蛋白修饰：不同类型的染色质状态与组蛋白的化学修饰有关。例如，异染色质含有的组蛋白 H3 的第 9 位或第 27 位的赖氨酸通常被甲基化修饰，而多数常染色质含有的组蛋白 H3 的第 9 位和第 14 位赖氨酸通常被乙酰化修饰。无论是常染色质还是异染色质，都会稳定地传递到同类的子代细胞中。

（3）基因活性：常染色质和异染色质的基因活性和含有的基因类型具有显著差异。常染色质包括几乎各类基因，既有活跃基因，也有沉默基因。很多常染色质具有转录活性，但并非常染色质的所有基因都具有转录活性，处于常染色质状态是基因转录的必要条件，而不是充分条件。异染色质在转录上被抑制，并且通常比常染色质更加紧凑。异染色质高度有序并限制基因表达，异染色质中的 DNA 通常含有很少的编码基因。当常染色质区域转变为异染色质状态时，基因活性通常会关闭。构成常染色质的 DNA 主要是单一序列（如编码蛋白基因）和中度重复序列（如组蛋白基因和核糖体蛋白基因）；而构成异染色质的 DNA 含有较多的高度重复序列（如端粒基因和着丝粒基因）。

目前认为异染色质的概念包括多种染色质凝缩模式，对基因表达有不同的影响。因此，异染色质是对染色质高度凝缩区域的概括，这些区域的共同特点是基因表达高度失活。

（4）核酸酶敏感性：体外生化实验表明活性染色质对 DNA 酶 I 的敏感性更高。用 DNA 酶 I 消化染色质，可将染色质降解成小的 DNA 片段，而有基因表达活性的染色质 DNA 对 DNA 酶 I 的降解作用比没有转录活性的染色质 DNA 要敏感得多。正在转录或具有潜在转录活性而未转录的基因对 DNA 酶 I 同样敏感。因此，活性染色质对 DNA 酶 I 的高敏感性来自可转录染色质自身的基本特征。目前已知活性染色质对 DNA 酶 I 的高敏感性需要某些非组蛋白的参与。

2. 组成性异染色质和兼性异染色质 异染色质可以分为组成性异染色质（constitutive heterochromatin）和兼性异染色质（facultative heterochromatin）两类。

（1）组成性异染色质：在所有细胞中始终保持凝集状态，含有永久沉默的 DNA，在细胞周期中复制较晚。在哺乳动物细胞中，大部分组成性异染色质位于每条染色体的端粒和着丝粒附近的区域。组成性异染色质的 DNA 主要由高度重复序列组成，并且含有相对较少的基因。实际上，通常活跃的基因如果被转移到异染色质的相邻区域，它们的转录倾向于被沉默，这种现象被称为位置效应（position effect）。因此，异染色质含有影响附近基因的组分，其作用范围可以向外拓展一定距离，但同时也会被特殊的屏障序列（barrier sequence）所阻断。组成性异染色质还能够抑制同源重复序列之间的遗传重组。这种重组可能导致 DNA 的重复和缺失。

（2）兼性异染色质：与组成性异染色质不同，是在机体发育的特定阶段或某些分化细胞中被特异性失活的染色质，而在其他阶段或细胞中是松散的常染色质。一般高度分化的细胞中含量较多，说明随着细胞分化，一些基因逐渐失活。因此，染色质的异染色质化是关闭基因活性的一种方式。

1）兼性异染色质的一个代表性例子是雌性细胞的 X 染色体随机失活现象。在哺乳动物中，雌性细胞含有两个 X 染色体，而雄性细胞含有一个 X 染色体和一个 Y 染色体。由于 X 和 Y 染色体只有少数基因是共有的，雄性仅携带性染色体上大多数基因的一份拷贝。尽管雌性的细胞含有两个 X 染色体，但只有一个 X 染色体是转录活跃的，这是因为 X 染色体产物的双倍剂量可能是致命的。因此，雌性哺乳动物进化出一种机制，可以在每个细胞中永久性地关闭其中一个 X 染色体的基因活性。

在胚胎发育的早期阶段，每个细胞核中的两个 X 染色体中的其中一个会随机地高度凝缩成异染色质，X 染色体异染色质化形成的结构被称为巴尔小体（Barr body）。该 X 染色体的凝缩和非活性状态被这些细胞的许多后代所继承。形成巴尔小体可以确保雄性和雌性细胞具有相同数量的活跃 X 染色体，从而合成等量的由 X 连锁基因编码的产物。在减数分裂开始之前，异染色质化的 X 染色体在生殖细胞中重新激活。因此，在卵子发生过程中，两个 X 染色体都是活跃的，并且所有的配子都会获得一个常染色质的 X 染色体。X 染色体失活是所有真核细胞中的一个特殊的例子，这个过程在更细微的尺度上帮助控制基因表达。当一个细胞分裂时，它可以将其组蛋白修饰、染色质结构和基因表达模式传递给两个子细胞，这对于复杂多细胞生物发育过程中不同细胞类型的建立和维持至关重要。

2）由于母源和父源的 X 染色体可能携带相同特征的不同等位基因，成年雌性在某种程度上是遗传嵌合体，不同等位基因在不同细胞中发挥作用。X 染色体随机失活在一些哺乳动物的皮毛上呈现出不同颜色的嵌合，如猫的三色斑纹。由 X 染色体失活引起的基因嵌合现象在女性中也存在。例如，如果将红光或绿光射入携带红绿色盲杂合基因的女性眼睛中，可以在视网膜细胞中发现缺陷视觉斑块与正常视觉斑块交替出现。X 染色体失活检查可用于性别和性染色体异常鉴定。

3）X 染色体失活属于单等位基因表达（monoallelic expression）的例子。除了 X 染色体上的约 1000 个基因和约 300 个印记基因（imprinting gene）之外，还有另外 1000～2000 个人类基因表现出单等位基因表达。与 X 染色体失活类似（与基因印记不同），这些基因拷贝的表达和沉默通常是随机的，并可以持续存在于多次细胞分裂后。由于选择性失活通常在发育相对较晚的时候进行，同一组织中的细胞可以表达特定基因的不同拷贝。

3. 异染色质的形成机制

（1）组蛋白修饰：不同染色质结构的建立和维持大都是由不同的组蛋白尾部修饰协同完成的（图 17-24）。例如，指导形成最常见类型异染色质的修饰包括组蛋白 H3 尾部第 9 位赖氨酸（H3K9）的修饰。异染色质与常染色质区域中的核小体具有明显的差异。异染色质区域中的 H3 组蛋白的第 9 位赖氨酸残基主要是甲基化的，而常染色质区域中的同一残基往往是非甲基化的（通常被乙酰化）。去除 H3 和 H4 组蛋白上的乙酰基是将常染色质转化为异染色质的最初步骤之一。通过比较女性细胞中非活性的异染色质 X 染色体（其中包含去乙酰化的组蛋白）与有活性的常染色质 X 染色体，可以发现转录抑制与组蛋白去乙酰化之间的相关性。组蛋白去乙酰化常伴随着 H3K9 的甲基化，甲基化可以稳定该区域的异染色质特性。

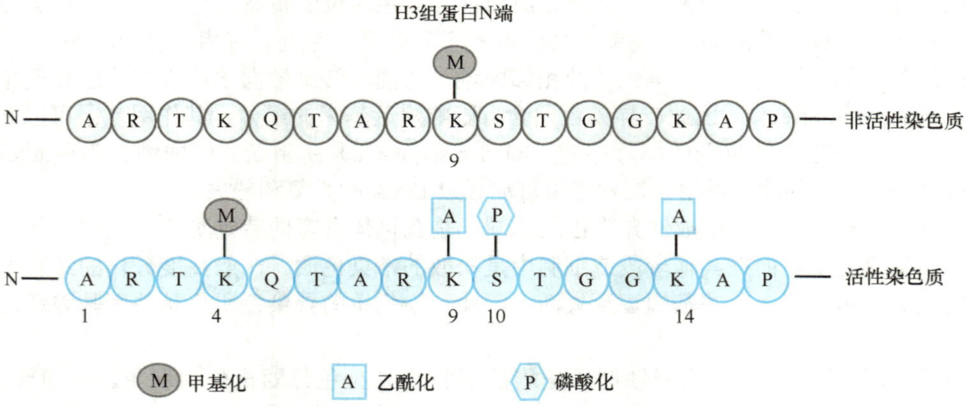

图 17-24 组蛋白修饰与染色质活性示意图

（2）异染色质区的扩散：一旦异染色质形成，它可以扩散到邻近的 DNA 区域，因为它的组蛋白尾部修饰会吸引一些异染色质特异性蛋白，包括组蛋白修饰酶，这些酶会在相邻的核小体上添加相同的组蛋白尾部修饰。这些修饰进一步招募更多的异染色质特异性蛋白，导致异染色质“队伍”沿着染色体扩大。这个拓展的异染色质区域将继续扩散，直到遇到能够阻止传播的屏障序列（图 17-25）。例如，一些屏障序列包含组蛋白修饰酶的结合位点，这些酶会在组蛋白 H3 尾部的第 9 位赖氨酸上添加一个乙酰基团。这种修饰会阻止该赖氨酸的甲基化，从而阻止异染色质的进一步扩散。例如，红细胞前体细胞中的一个称为 HS4 的屏障序列，它通常将包含人类 β 珠蛋白基因座的活性染色质区域与相邻的异染色质区域分隔开来。如果删除 HS4，β 珠蛋白基因座就会被异染色质侵入。在转基因实验中，通常将 HS4 序列添加到要插入哺乳动物基因组中的基因两端，以保护该基因免受异染色质扩散引起的沉默作用。正常细胞中的大部分被折叠成异染色质的DNA并不包含编码基因。由于异染色质非常紧凑，被错误地包装到异染色质中的基因通常无法表达。因此，DNA在异染色质中的不恰当包装可能会导致疾病。

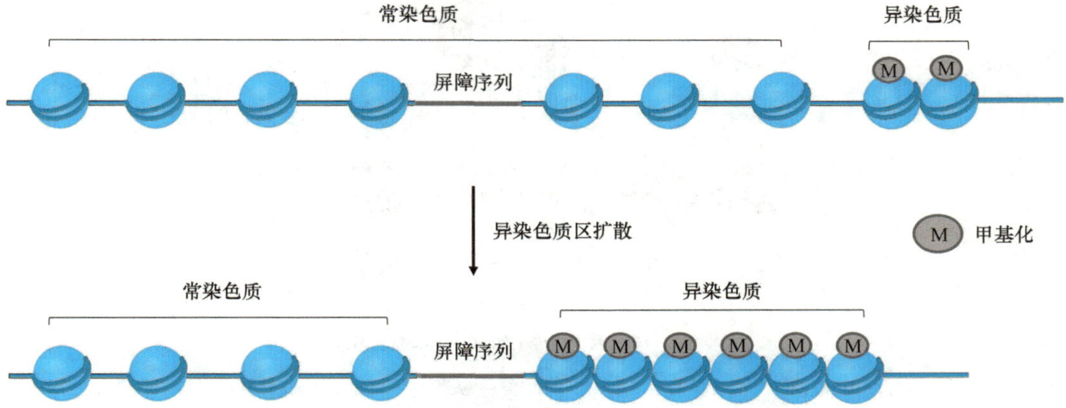

图 17-25 屏障序列阻止异染色质区扩散示意图

（3）不同类型异染色质的形成：组成性异染色质的形成机制通常与DNA重复序列相关，例如卫星DNA。这些DNA序列被压缩成在每种细胞类型中都呈“封闭”的状态。有部分研究表明，形成组成性异染色质涉及对这些重复DNA元件的转录，产生双链RNA，然后通过RNAi机制将其切割成短片段。据认为，由此产生的RNA分子会有助于在目标位点上形成异染色质。

兼性异染色质的形成机制有所不同，我们可以从X染色体失活的研究中获得一些线索。早在1992年，有研究表明X染色体失活也是由非编码RNA分子介导的。X染色体失活是从X染色体中央附近的一个单一位点开始并扩散，这个位点被称为X失活中心，在其内部有一个可转录的长链非编码RNA（long non-coding RNA，lncRNA）基因，这个非编码RNA仅从发生失活的X染色体上的基因（这个基因在人类中称为*XIST*）转录而来。X染色体失活特异转录因子（X-inactive specific transcript，XIST）RNA是一个大的转录本，这使它与许多其他非常小的非编码RNA有所区别。XIST RNA不会扩散到核质中，而是沿着整个染色体扩散，并指导基因沉默。这个过程可能涉及组蛋白修饰酶和其他蛋白质的招募，从而形成抑制性染色质状态。X染色体上约10%的基因（包括*XIST*本身）逃脱了这种沉默并保持活跃。X染色体失活的维持则是通过DNA甲基化和抑制性组蛋白修饰来完成的。

（四）染色质修饰与染色质活性调控

1. 组蛋白尾部修饰作用 大多数参与基因调控的非组蛋白与核小体DNA的结合能力显著低于裸露的DNA。因此，核小体结构是一个DNA复制和基因转录的抑制环境，除非有信号可以解除这种抑制。组蛋白的特定修饰可以通过改变核小体的密度和定位来影响染色质活性。组蛋白的修饰酶可以在组蛋白N端尾部添加修饰，或者去除已存在的修饰。尽管大部分修饰发生在核小体组蛋白N端尾部，核小体的核心颗粒上也存在超过20种特定的修饰。

（1）作为各种调控蛋白的结合位点：不同的修饰模式吸引特定的非组蛋白结合到染色质的特定区域。其中一些因子促进染色质的凝缩，而另一些因子促进染色质的伸展。尾部修饰的特定组合以及与其结合的蛋白对于染色质具有不同的影响。例如，一个模式可能标记染色质的特定区域为新复制的区域；另一个模式可能表明该染色质区域中的基因正在活跃表达；还有一些与被沉默的基因相关联。组蛋白的修饰可以处于动态变化之中并实时改变基因活性。以组蛋白的乙酰化为例，转录共激活因子含有组蛋白乙酰转移酶（HAT），可以将乙酰基添加到核小体上并促进基因激活（图17-26）。同样，通过类似的方式招募的转录共抑制因子可以含有组蛋白去乙酰化酶

（HDAC），可以从特定的赖氨酸残基上去除乙酰基。去乙酰化倾向于抑制基因表达（图 17-26），并且是调控细胞周期 G_1 期（DNA 合成前期）进展的一种机制。

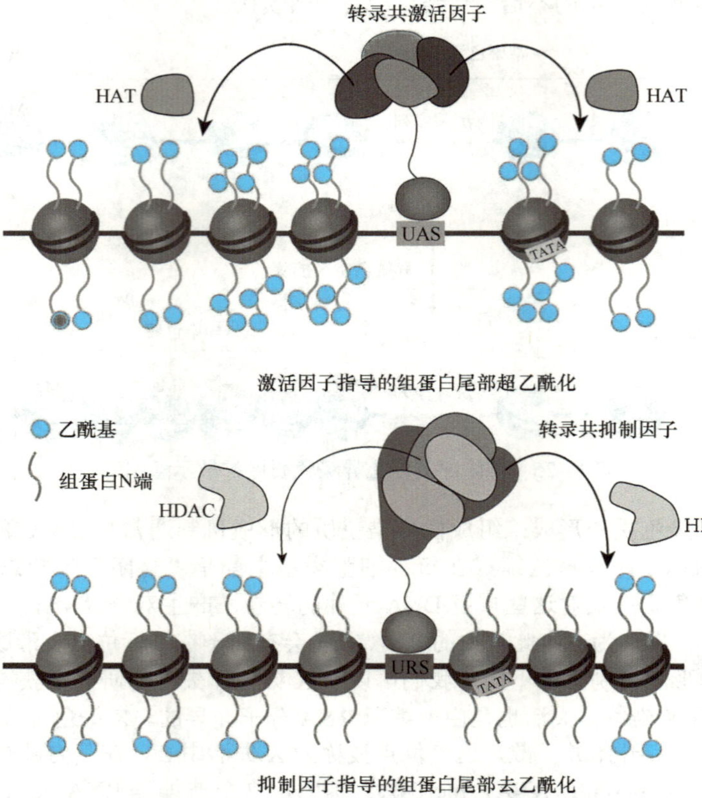

图 17-26 组蛋白乙酰化调控机制示意图

UAS，上游激活序列（upstream activating sequence）；URS，上游阻抑序列（upstream repressing sequence）

（2）影响相邻核小体相互作用：组蛋白尾部修饰影响染色质结构和功能的另一种方式是通过改变相邻核小体的组蛋白尾部之间或与核小体结合的 DNA 之间的相互作用方式。这些相互作用类型的改变可以导致染色质的高级结构发生变化。例如，组蛋白 H4 的第 16 位赖氨酸残基的乙酰化阻碍 30 纳米染色质纤维的形成。

（3）组蛋白密码：有人提出，组蛋白上的多个修饰组合类似于一种特殊的编码不同区域的染色质活性的"代码"（图 17-24），即组蛋白密码（histone code）。组蛋白尾部中的氨基酸修饰的组蛋白密码被其结合蛋白所"读取"，进而促进染色质的凝缩或解旋。真核生物表达许多含有染色质结构修饰结构域（chromatin organization modifier domain 或 chromodomain）的蛋白质，如 HP1。HP1 只有在组蛋白 H3K9 被二甲基化或三甲基化（$H3K9me_{2/3}$）时才会与其结合。HP1 还包含一个染色质阴影结构域（chromoshadow domain，CSD），CSD 经常出现在含有染色质结构修饰结构域的蛋白质中，并能够与其他 CSD 结合。因此，含有 $H3K9me_{2/3}$ 的染色质会被 HP1 组装成一种紧凑的染色质结构。除与自身结合外，由于 HP1 的 CSD 还与相应甲基转移酶结合，所以含有 HP1 的异染色质区域的邻近核小体的组蛋白 H3K9 也会被甲基化。这种甲基化会在染色体上使异染色质范围不断扩张，直至遇到屏障序列。目前，组蛋白密码的概念仍存在一定争议。而且，与 DNA 甲基化可以通过多次细胞分裂传递的特点不同，尚不清楚是否所有细胞均利用组蛋白修饰传递遗传信息。

2. 组蛋白变异体的作用　除组蛋白 H4 之外的每种核心组蛋白都有已知的变异体，组蛋白变异体也可以组装成核小体。这些变异体组蛋白的含量比主要组蛋白要少得多，并且它们在长时间的进化过程中保守性较差。

主要的组蛋白大部分在细胞周期的S期（DNA合成期）合成，并马上组装成核小体。相比之下，大多数组蛋白变异体在间期合成。它们通常插入已经形成的染色质中，这需要染色质重塑复合物催化的组蛋白交换过程。这些重塑复合物含有使其结合到染色质特定位点和携带特定变异体的组蛋白伴侣的亚基。因此，每种组蛋白变异体都以高度选择性的方式插入到染色质中。

3. 染色质重塑复合物的作用 真核细胞可以利用染色质重塑复合物快速调整染色质局部结构。这些蛋白质复合物利用ATP水解的能量来改变包裹在核小体周围的DNA的位置。通过与组蛋白八聚体和包裹在其周围的DNA相互作用，染色质重塑复合物可以改变核小体的局部排列，暴露或隐藏一段DNA序列，从而促进或抑制DNA与细胞中的其他蛋白质的接触。在有丝分裂期，许多染色质重塑复合物失活，这可能有助于有丝分裂染色体保持其紧密的结构。

三、染色体的组装

当细胞分裂时，染色质会发生显著变化，形成可以准确分离到子代细胞的有丝分裂染色体。有丝分裂中期染色体代表染色质最高程度的压缩，但目前尚不清楚有丝分裂染色体中染色质纤维的确切组装方式。有丝分裂染色体中染色质的压缩组装机制是一个备受关注并富有争议的领域。为简要说明染色体组装的基本特点，可以将染色体组装的代表性模型概括为早期的多级螺旋模型（multiple coiling model，hierarchical model）和逐渐发展起来的放射环模型（looping model）。

（一）染色体组装的结构模型

1. 多级螺旋模型 多级螺旋模型认为，30nm的染色质纤维会进一步螺旋盘曲，形成逐渐加大的直径和更高程度的压缩。例如，电镜下可以观察到直径0.4μm的染色质纤维，被称为超螺线管（super solenoid），超螺线管是由30nm螺线管进一步螺旋化形成的染色体组装的三级结构。这种超螺线管进一步螺旋折叠，可以形成长2～10μm的染色单体，即染色体组装的四级结构。根据多级螺旋模型，在经过核小体、螺线管、超螺线管、染色单体的四级组装后，染色体DNA的长度压缩至1/10000（图17-27）。

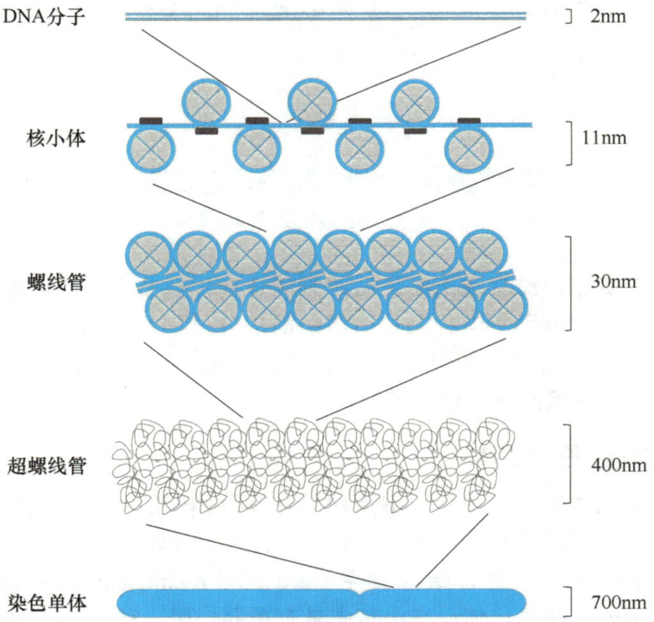

图17-27 染色体组装的多级螺旋模型示意图

2. 放射环模型 越来越多的研究表明，在染色体组装的过程中，30nm 的染色质纤维可以形成大量的分布均匀度更高的环状（loop）结构。染色质环（或袢环）为有丝分裂染色体高度压缩提供结构基础。通常情况下，染色质环只有在特定条件下才可以进行观察。例如，用低渗溶液处理有丝分裂中期染色体使其膨胀后，可以用电镜观察到染色质环从染色单体轴向外辐射；或者用去除组蛋白的溶液处理染色体，可以看到无组蛋白的 DNA 从蛋白质支架上向外延伸形成环状。此外，一些特殊染色体，如卵母细胞的灯刷染色体（lampbrush chromosome）或昆虫细胞的多线染色体（polytene chromosome），几乎都含有类似的染色质环结构域。

染色质环与基因表达调控之间存在联系。在许多物种的卵母细胞的减数分裂前期，可以清楚地看到灯刷染色体结构中的染色质环。这些袢环是具有高度转录活性的区域，因为卵母细胞在受精卵的早期发育过程中储存了大量所需的组分，以进行快速的细胞分裂。因为 DNA 上覆盖着许多 RNA 转录本，以及参与其包装和加工的蛋白质，所以这些袢环很容易被观察到。果蝇幼虫的某些组织中存在巨大的多线染色体，其中也存在类似的袢环。多线染色体具有复杂的数千个条带的特征。条带在不同个体之间基本保持一致，但在果蝇属的不同种之间存在明显差异。应激或激素对基因表达的刺激会导致某些条带失去紧凑的形状并向侧面膨胀。每个膨胀区由数百个相同的活跃转录染色质环状结构组成。因此，在放射环模型中，由 30 纳米纤维形成的袢环结构可能是染色体高级结构的普遍特征。这些袢环沿染色体纵轴排布，通过与染色体支架结合形成更粗的纤维（100～400nm）。该模型也被称为染色体骨架-放射环结构模型（图 17-28），并受到越来越多的关注。但是，目前仍不确定含有袢环的染色质纤维如何进一步形成更高级的染色体结构。

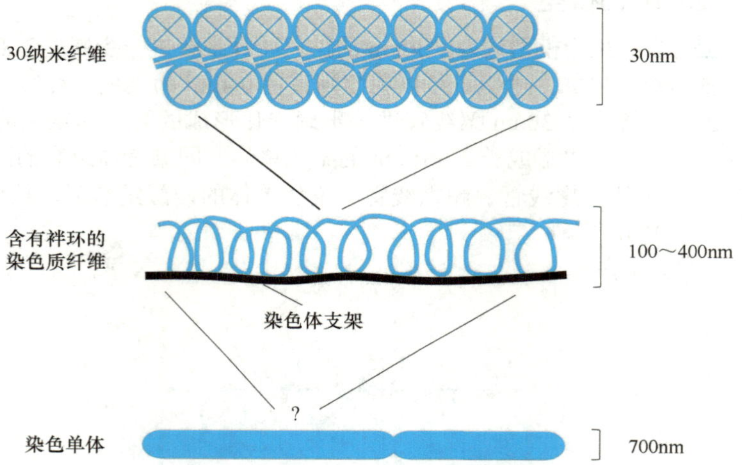

图 17-28 染色体组装的放射环模型示意图

上述两种模型各有侧重，前者提出染色质纤维的螺旋化组装方式，后者强调染色体支架蛋白和染色质环的重要作用，均有助于解释染色体组装的部分过程。因此，染色体在不同条件下的组装机制可能并不唯一，上述两种（或更多种）方式在染色体组装过程中有可能同时存在。例如，有学者提出融合上述两种观点的统一结构模型。

（二）非组蛋白稳定染色体结构

在染色质组装成染色体的过程中，关键蛋白质在染色体臂的轴向区域集中，并稳定染色体结构。早期研究表明，非组蛋白可能对有丝分裂染色体的结构具有重要作用。

1. 染色体结构维持蛋白 染色体结构维持（structural maintenance of chromosome，SMC）蛋白家族的成员（图 17-29），在染色体动态组装中具有重要作用。SMC 蛋白参与形成相应的蛋白质复合物，包括黏连蛋白（cohesin）和凝缩蛋白（condensin）。它们对有丝分裂染色体的结构、姐妹染色单体配对的调控、DNA 修复和复制以及基因表达的调控都是至关重要的。

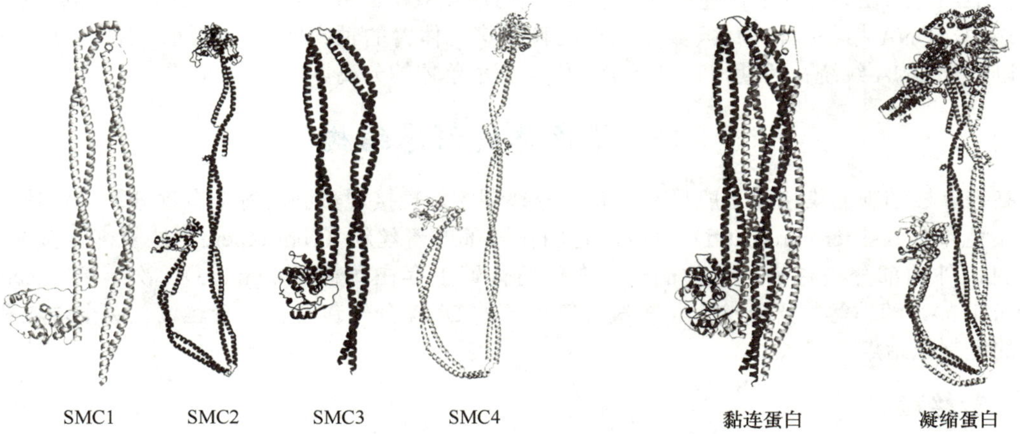

图 17-29 SMC 蛋白的分子结构图

PDB 文件：7OGT 和 6YVU

（1）黏连蛋白：包含 SMC1 和 SMC3 及两个辅助亚基。每个 SMC 多肽在铰链区域折叠，形成一个长的反向平行螺旋，从而使分子两端的结构域相互结合，最终形成一个环状分子（图 17-30）。尽管一般认为它在物理上环绕着两个姐妹 DNA 分子，黏连蛋白如何将两个姐妹染色单体保持在一起仍然存在争议。黏连蛋白在 DNA 复制过程中组装在染色体上。

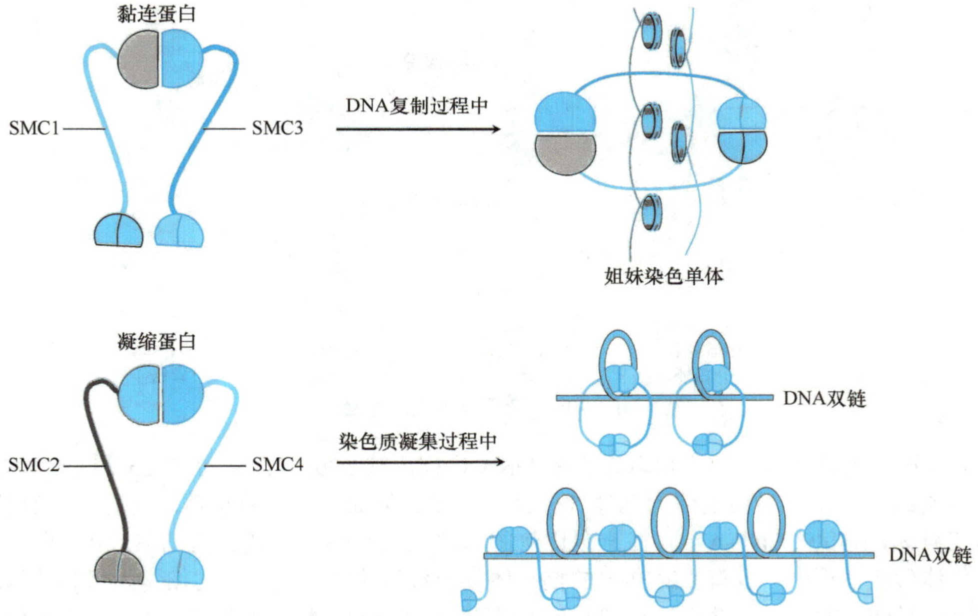

图 17-30 黏连蛋白和凝缩蛋白的结构与功能示意图

（2）凝缩蛋白：由 SMC2 和 SMC4 及两组辅助亚基组成。凝缩蛋白和黏连蛋白结构类似，是一个环形结构（图 17-30）。ATP 结合使得两个球状结构域相互结合。凝缩蛋白在有丝分裂前期染色体组装中的作用比较复杂。凝缩蛋白 I 和凝缩蛋白 II 以不同方式参与促进染色质凝缩。细胞周期蛋白依赖性蛋白激酶复合物通过对辅助亚基的磷酸化来调节凝缩蛋白与 DNA 的结合。在有丝分裂期间，凝缩蛋白聚集在染色体臂的中央轴上。体外实验发现，当凝缩蛋白与裸露的 DNA 结合时，它可以利用 ATP 水解的能量使 DNA 形成超螺旋。这可能有助于改变染色质袢环的构象。

2. DNA 拓扑异构酶　是调控染色体结构的重要酶类。例如，DNA 拓扑异构酶Ⅱα 动态存在于细胞核中，可以在染色体上快速移动。它将一个 DNA 双螺旋链穿过另一个 DNA 双螺旋链。在有丝分裂中，DNA 拓扑异构酶Ⅱα 集中在着丝粒和染色体臂的轴向区域。前期，当染色质凝缩时，它可以解开 DNA 缠绕；后期，它可能参与姐妹染色单体的分离。

四、染色体的形态结构

高等真核细胞的染色体一般只有在有丝分裂期才能直接观察到。每个有丝分裂染色体由两个姐妹染色单体（sister chromatid）组成，它们在腰部的着丝粒（centromere）处紧密连接在一起，着丝粒以外的部分被称为染色体的臂。在染色体臂上存在端粒（telomere）、次缢痕（secondary constriction）、随体等特殊结构。每个线性染色体的 DNA 分子包含一个着丝粒、两个端粒和足够数量的复制起始点。

（一）着丝粒

每个染色体外表面都包含一个富含异染色质的显著凹陷区域，称为主缢痕（primary constriction），其中含有着丝粒结构，能抵抗低渗膨胀和核酸酶消化。着丝粒将染色体分为长臂（p）和短臂（q）。在高等真核生物中，有丝分裂染色体的着丝粒可以被视为姐妹染色单体紧密结合的区域，是有丝分裂和减数分裂过程中调控染色体运动的位点。着丝粒是鉴别染色体的重要特征，可以根据着丝粒的位置将染色体分为 4 种类型（图 17-31）。

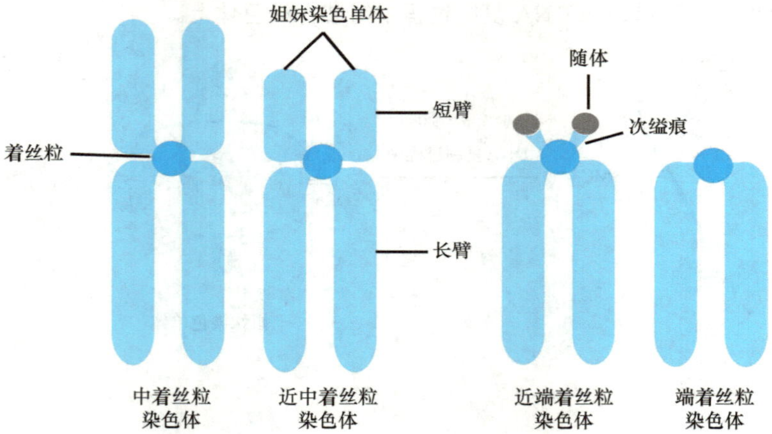

图 17-31　染色体分类示意图

在人类中，着丝粒包含一个串联重复的 DNA 序列，其长度至少为 50 万 bp。这段 DNA 与特定的蛋白质结合，使其与染色体的其他部分区分开来。例如，着丝粒染色质含有一种独特的 H3 组蛋白变异体，称为 CENP-A，它在一定比例的着丝粒核小体中取代常规的 H3 组蛋白。在有丝分裂染色体形成过程中，含有 CENP-A 的核小体位于着丝粒的外表面，它们作为组装着丝粒的平台。着丝粒又作为微管的连接点，在细胞分裂过程中分离染色体。缺乏 CENP-A 的染色体无法组装着丝粒，并在细胞分裂过程中丢失。

在着丝粒外表面会形成一个被称为动粒（kinetochore）的蛋白质复合物，动粒可以通过纺锤体微管将染色体连接到有丝分裂纺锤体上，使染色体能够彼此分离。每个有丝分裂中期染色体含有两个动粒，在结构上与着丝粒相互关联，组成着丝粒-动粒复合体（centromere-kinetochore complex）（图 17-32），并共同介导纺锤体微管对染色体的捕获和定位。

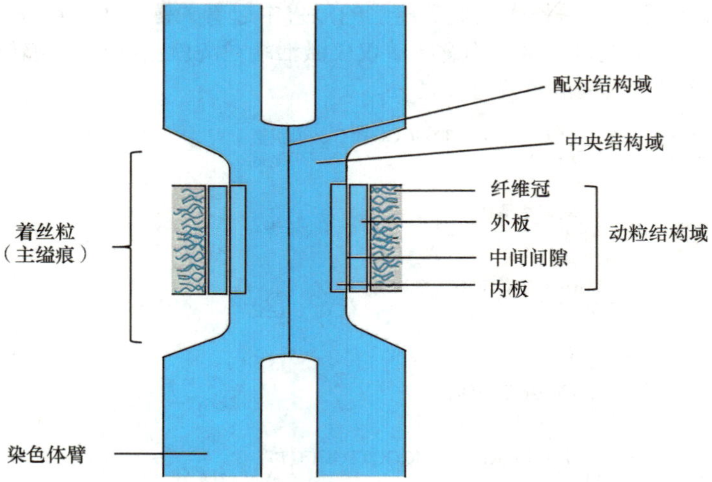

图 17-32 着丝粒-动粒复合体示意图

（二）端粒

1. 端粒的结构 每个染色体（染色单体）包含一个连续的双链 DNA 分子。每个 DNA 分子的末端由一段特殊的重复序列（TTAGGG）组成，这段序列与一系列蛋白质共同形成染色体末端的特殊保护结构，被称为端粒，端粒序列位于染色体的末端异染色质区。人类的端粒序列重复 500～5000 次，在细胞内保护 DNA 分子末端并确保染色体末端基因的完全复制。端粒序列在脊椎动物中普遍存在，并且在大多数其他生物中也存在类似的序列。这种序列的相似性表明端粒在不同生物中具有保守的功能。端粒特异性结合蛋白对端粒功能至关重要。

2. 端粒缩短的机制 DNA 聚合酶可以直接启动 DNA 链的合成，但只能在现有链的 3′ 端添加核苷酸来延长 DNA 分子。因此，在每个新合成链的 5′ 端的起始 DNA 复制需要先合成一个短的 RNA 引物，随后引物被移除。基于这种机制，每个新合成链的 5′ 端原有 RNA 引物所占据位置上缺少一段 DNA，而突出的 3′ 端长度超过其互补链的 5′ 端（图 17-33）。如果细胞不能完整复制其 DNA 的末端，染色体在每一轮细胞分裂中会变得越来越短。这种缺陷被称为“末端复制问题”。

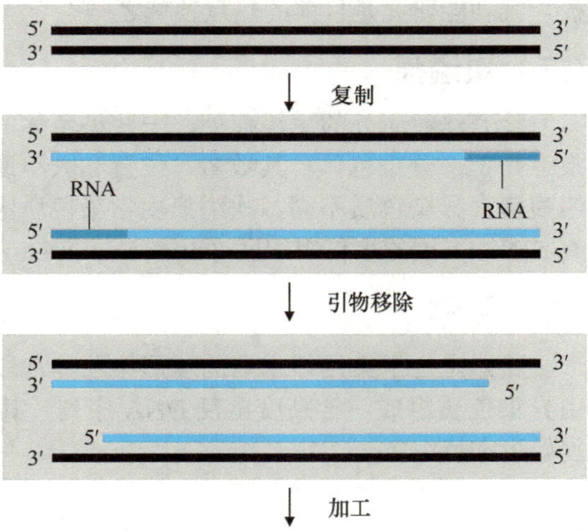

图 17-33 端粒缩短机制示意图

3. 端粒酶的功能 细胞解决“末端复制问题”的主要机制是借助端粒酶（telomerase），它可以在突出链的 3′ 端添加新的重复单元。一旦模板链的 3′ 端被延长，常规的 DNA 聚合酶可以使用新合成的 3′ 端片段作为模板，将互补链的 5′ 端延长（图 17-34）。

因为大多数细胞缺乏端粒酶，随着每次细胞分裂，染色体的端粒变得越来越短。当端粒的缩短持续到一个临界点，将会触发细胞内的生理反应，导致细胞停止继续生长和分裂。相比之下，过表达端粒酶的细胞可以继续增殖。生殖腺的生殖细胞保留端粒酶活性，它们的染色体端粒在细胞分裂中不会缩短。因此，每个后代细胞最初都含有最大长度的端粒。同样，干细胞也高表达端粒酶，使得这些细胞能够继续增殖并产生机体所需的大量分化细胞，例如皮肤干细胞、造血干细胞。端粒酶缺失或端粒酶异常高表达均有可能导致疾病。例如，普遍认为端粒缩短可以限制潜在

“肿瘤细胞”的分裂次数，在保护人类免受癌症的危害中起着关键作用。约 90% 人类肿瘤由含有活性端粒酶的细胞组成。但是，这并不意味着仅仅激活端粒酶就会导致细胞转化为恶性细胞。细胞无限分裂只是癌症发生发展的重要特征之一。

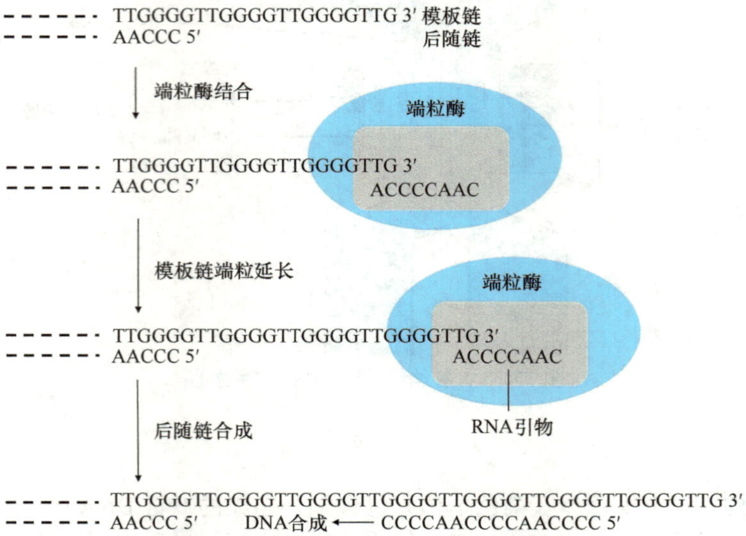

图 17-34　端粒酶作用示意图

4. 端粒的其他功能　最近研究发现，端粒的短重复 DNA 序列还作为非编码 RNA 合成的模板，其功能研究是目前的热点领域之一。

（三）次缢痕

除着丝粒所处的主缢痕外，一些染色体的长、短臂上存在其他缢痕区，被称为次缢痕。次缢痕存在于部分染色体。其数量、位置和大小通常不易变化，是某些染色体的重要形态特征。与主缢痕富含异染色质不同，次缢痕由常染色质区组成，含有活性基因。例如，与核仁形成有关的含有 rRNA 基因的核仁组织区（nucleolar organizing region，NOR）通常位于次缢痕部位。

（四）随体

随体是位于染色体末端的球形染色体片段，通过次缢痕区与染色体主体部分相连。随体主要由异染色质组成，含高度重复 DNA 序列，其形态、大小在染色体上是恒定的，是识别染色体的重要形态特征之一。

五、核　型

（一）核型的概念

核型（karyotype）是指一个体细胞中的全部有丝分裂中期染色体，按其数目、大小、形态特征顺序排列所构成的特征总和。密切相关的物种可以具有截然不同的染色体核型，这表明相似的遗传信息能够以不同的方式组织在染色体上。核型分析有助于研究人类遗传病的机制、物种亲缘关系鉴定等科学问题。

（二）核型的鉴定

通常采用常规染色和染色体显带技术来鉴别不同染色体的特征。常规染色方法只能够简单分析染色体大小、着丝粒和次缢痕等显著特征，难以准确鉴别形态相似的染色体。染色体显带技术则能精准鉴别每一条染色体。染色体显带技术使染色体显现出明暗或深浅相间、宽窄有别的横向条带（图 17-35）。因此，通过染色体显带法进行核型分析能够检测各条染色体的微小变化。

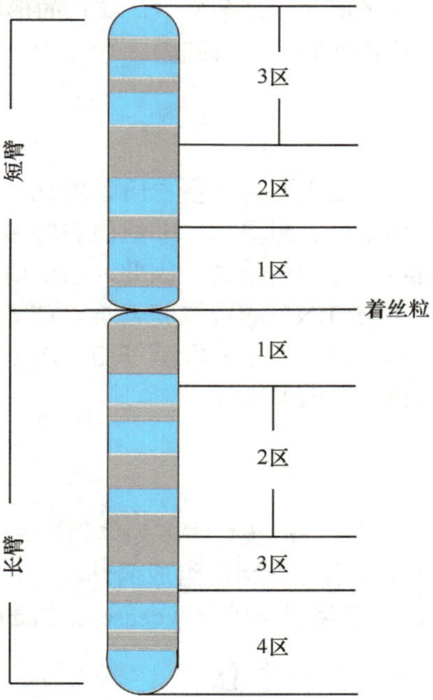

图 17-35 染色体显带示意图

六、染色质和染色体的空间分布

（一）染色体疆域

相对于有丝分裂中期染色体而言，大多数细胞的间期染色质空间分布缺乏高度的有序性，无法通过普通显微镜或电子显微镜进行有效分辨，但仍然遵循一些规律。首先，间期染色质的结构普遍比较松散，但并不是随机分散在细胞核中，而是被组织成独立的染色体疆域（chromosome territory）。例如，基于原位杂交技术的染色体涂染（chromosome painting）可以同时显示多个独立的染色体，结果表明单条染色体倾向于集中在离散的区域内，而不是出现在整个细胞核中，彼此之间的交错程度有限，尤其是人类体细胞核中的染色体。彼此重叠的区域通常位于相邻染色体疆域的边界，其染色质往往比其他区域更松散。大多数 RNA 转录和加工被认为发生在这个结构域内。其次，染色体的精确位置在细胞之间是不可重复的，尽管大染色体倾向于位于细胞核边缘，而小染色体多位于细胞核中心。染色体的位置大多是通过在前一次有丝分裂结束时染色体所处的位置来确定的。另外，间期染色质的运动距离大多在 0.5μm 以内。这些运动主要发生在拓扑关联结构域（topologically associated domain，TAD），而整体上染色体保持相对静止。

在各种类型的细胞中，富含活跃转录基因的染色体往往定位在细胞核内部，而活跃基因含量较低的染色体则倾向位于细胞核周围。在某些情况下，活跃基因位于染色体疆域之外，它们的激活可能需要从染色质中扩展出一个更大的区域。这些基因激活过程中的染色质运动可能是一个从转录相对不活跃区向转录热点区域重新定位的过程。

（二）染色质构象捕获技术

随着高通量 DNA 测序技术的发展，染色质构象捕获（chromatin conformation capture，3C）及许多衍生技术逐渐建立起来。这些技术的目标是确定间期细胞核内染色质的三维空间组织特征。在高通量染色质构象捕获技术（high-throughput chromatin conformation capture，Hi-C）实验中，细胞经过甲醛固定处理，将蛋白质与 DNA 非特异性交联，从而将相邻的 DNA 片段捕获在一起。在用限制性内切酶切割 DNA 后，DNA 末端被标记上生物素化的核苷酸，然后将捕获的相邻 DNA 片段连接在一起。最后，通过对含有生物素的 DNA 进行高速测序，生成一个具有大约 100kb 分辨率的含有染色体上所有邻近片段的“图纸”。结果表明，在细胞核中彼此邻近的 DNA 序列在线性染色体上可能相距很远，甚至位于不同的染色体上。

因此，遗传物质在细胞核内的分布具有显著的时空特异性，并与细胞内的基因表达以及生长状态密切相关。

第三节 核 仁

在真核细胞的间期细胞核中，含有 rDNA（编码核糖体 RNA 的基因序列）的染色质区域被集中在一起，形成一个或多个不规则形状的结构，称为核仁。核仁是间期细胞核中最显著的结构（图 17-1），其功能是“生产”核糖体，在细胞分裂期中表现出周期性的消失和重建。在不同细胞中或者不同生理条件下，核仁的形状、大小和数目均存在差异。代谢旺盛的细胞含有较大的核仁，如分泌细胞、卵母细胞。

一、核仁的组成

核仁主要含有蛋白质、RNA 和 DNA 三种成分。核仁的蛋白质约占核仁干重的 80%，包括核糖体蛋白、组蛋白、非组蛋白等多种蛋白质。近 700 种蛋白质与人类核仁稳定结合，还有些蛋白质可能会短暂结合。因此，核仁的蛋白质组成会随着细胞代谢状态的不同而改变。许多核仁蛋白质参与 rRNA 的合成和修饰，或者参与核糖体亚基的组装。核仁中的 RNA 约占核仁干重的 10% 左右。蛋白质合成旺盛细胞中的 RNA 含量高。核仁中的 DNA 约占 8% 左右，主要是存在于核仁染色质中的 DNA。

二、核仁的结构

光镜下的核仁大多为体积较大的颗粒状结构，可以被特定染料着色。电镜下的核仁是无生物膜包裹的由纤维网络组成的结构（图 17-36）。核仁的超微结构主要包括：纤维中心（fibrillar center，FC）、致密纤维组分（dense fibrillar component，DFC）和颗粒组分（granular component，GC）。

（一）纤维中心

核仁主要由新生核糖体亚基组成，使核仁呈颗粒状外观。在这个颗粒状物质中存在着一个或多个圆形核心，主要由纤维状物质组成，电镜下呈浅染，被称为纤维中心（图 17-36）。纤维状物质主要由多拷贝的 rDNA 和新生 rRNA 转录本，以及与 rDNA 结合的 RNA 聚合酶和转录因子等组成。通常认为纤维中心是核仁组织区在间期的分布状态。核仁的数目可能随 rDNA 转录活性的不同而存在差异。

rDNA 实际上是从染色体上伸展出的 DNA 袢环（有研究表明核仁染色质无核小体结构），袢环上的 rRNA 基因成串排列，通过高速转录产生 rRNA，并共同形成核仁，因此 rDNA 被称为核仁组织者（nucleolus organizer）。人类的 rRNA 基因分布于 5 对染色体（第 13、14、15、21 和 22 号）的次缢痕部位（图 17-37）。

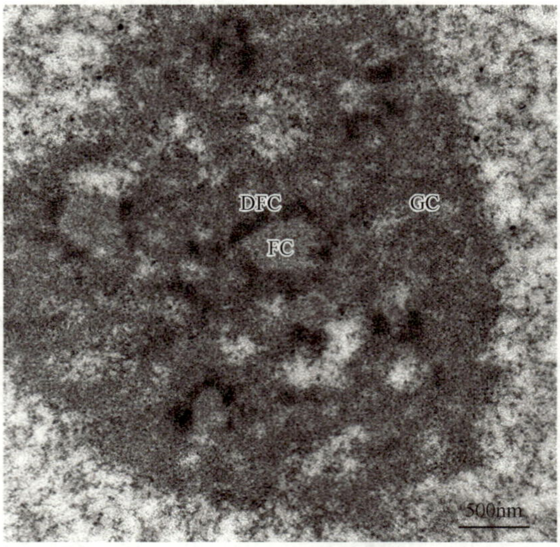

图 17-36　核仁结构电镜图

FC，纤维中心；DFC，致密纤维组分；GC，颗粒组分

（图片由王自彬提供）

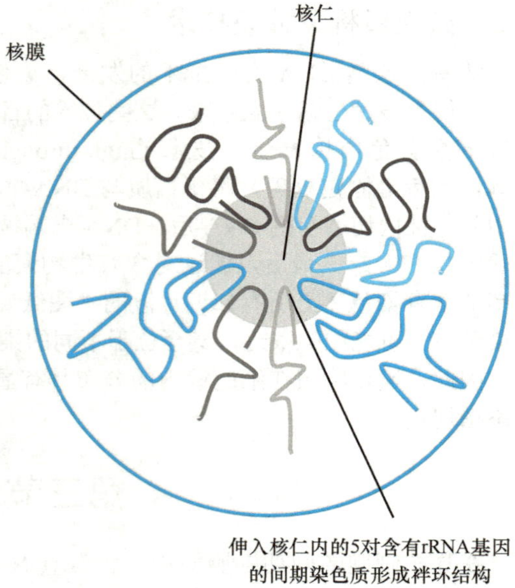

图 17-37　人染色体的核仁组织区示意图

（二）致密纤维组分

一般认为，rRNA 的加工首先在核仁的致密纤维组分中进行。核仁中的致密纤维组分是指纤维中心周围的高电子密度区域，呈环形或半月形分布（图 17-36）。电镜下，该区域含有致密的细纤维丝，直径一般为 4～10nm。致密纤维组分主要含有正在转录的 rRNA 分子和相关蛋白。

（三）颗粒组分

颗粒组分是指电子密度较大的颗粒结构，直径为 15～20nm，分布在纤维中心或致密纤维组分的周围（图 17-36）。颗粒组分含有 rRNA 和蛋白质组成的 RNP，是 rRNA 进一步加工的场所，主要为处于不同加工及成熟阶段的核糖体亚基前体。在代谢旺盛的细胞中，颗粒组分是核仁的主要结构。

（四）其他成分

核仁内部的核仁基质（nucleolar matrix）是以上 3 种主要组分的存在环境，包含一些无定形的液体物质，电子密度较低。核仁基质又称核仁骨架。用核酸酶处理核仁，可以在电镜下观察到核仁基质。

核仁周围往往被附近的染色质所包围，这些围绕核仁的染色质被称为核仁相随染色质或核仁结合染色质。核仁相随染色质可以分为两类：深入到核仁内部的，称为核仁内染色质，主要为常染色质；而包围核仁的染色质称为核仁周边染色质，主要为异染色质。

三、核仁的功能

从核仁的组成和结构特点可以发现，核仁的主要功能均与 rRNA 的合成、加工和核糖体组装相关。纤维中心负责 rRNA 的转录表达，rRNA 的初步加工发生在核仁的致密纤维组分中。在细胞质中合成的核糖体蛋白质被运输进入细胞核，与已有的 rRNA 前体在颗粒组分中被组装成核糖体的亚基。

（一）核糖体 RNA 的合成

真核细胞中有 4 种 rRNA，其中 5.8S rRNA、18S rRNA 及 28S rRNA 均在核仁中合成，5S rRNA 在核仁外合成。3 种 rDNA 紧密连锁在一个转录单位中，多个拷贝的转录单位与非转录片段间隔排列。每个转录单位可产生 45S 的 rRNA 前体。在 rRNA 合成时，串联重复排列的 rRNA 基因同时转录表达，每一个转录单位的 rDNA 上可以延伸出长度依次增加的新生 RNA 链，从整体上形成一个箭头状结构。由于多个转录单位同时启动 rRNA 的合成，rDNA 上可出现若干重复的箭头状结构。因此，电镜下观察正在转录的 rRNA，可见成串的“圣诞树”样结构（图 17-38）。

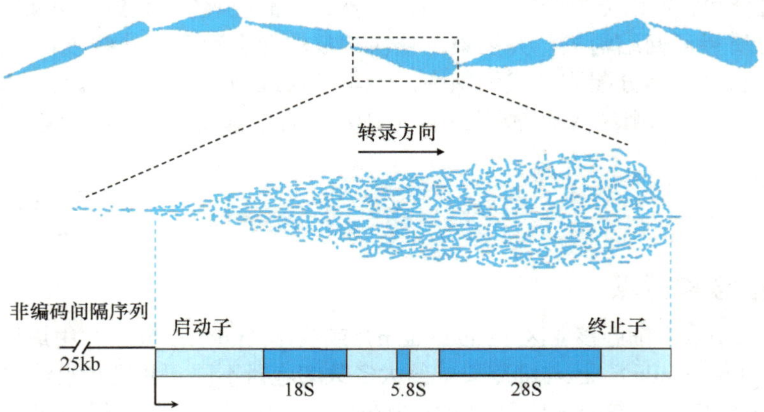

图 17-38 rRNA 转录的“圣诞树”状结构示意图

（二）核糖体的组装和转运

细胞内 rRNA 在核仁中与蛋白质形成复合物，在经过加工形成核糖体亚基的前体后被转运出核仁。与其他 RNA 转录本相比，rRNA 前体在特定位点含有大量的甲基化核苷酸和假尿苷残基。所有这些修饰都发生在 rRNA 前体合成之后。由于 rRNA 前体受到大量的甲基化修饰，可以通过将细胞与放射性标记的甲硫氨酸（作为甲基供体）孵育来跟踪其合成过程。结果表明，放射性标记主要出现在一个 45S 的 rRNA 前体分子中。当这个 45S rRNA 经转录生成后，可迅速地与进入核仁的蛋白质结合形成 80S 的 RNP。45S rRNA 经过加工被切割成较小的分子，然后被加工成 28S、18S 和 5.8S 的 rRNA 分子。18S rRNA 与蛋白质形成核糖体小亚基，而 5S rRNA、5.8S rRNA 及 28S rRNA 与蛋白质结合组装成大亚基。然后，大、小亚基通过核孔输出到细胞质中，再进一步组装为成熟的核糖体（图 17-39）。rRNA 前体的加工是在大量小核仁 RNA（small nucleolar RNA，snoRNA）的帮助下完成的，这些 snoRNA 与特定的蛋白质结合成 snoRNP。电镜观察发现，在 rRNA 前体完全转录之前，snoRNP 就开始与其关联。

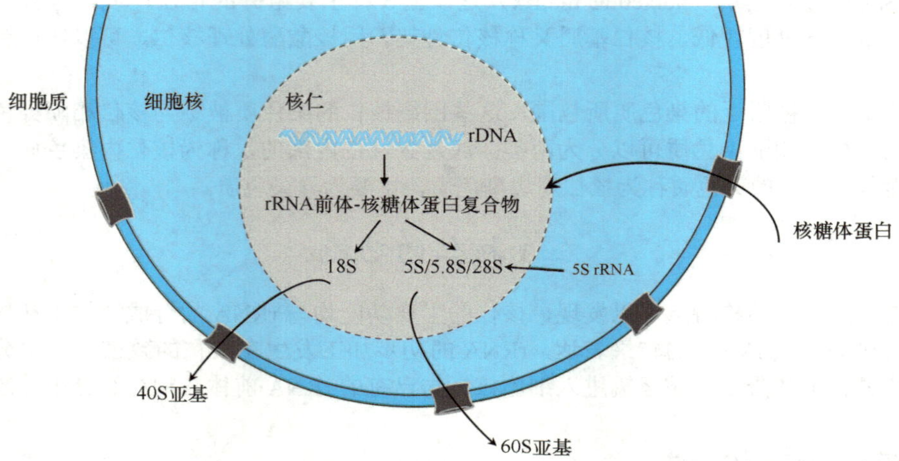

图 17-39　核仁中核糖体合成与组装示意图

另外，有研究表明核仁也参与 mRNA 的输出与降解。例如，一些特殊的 mRNA 可以在高等真核细胞的核仁中检测到。

四、核仁周期

核仁的结构在细胞分裂过程中发生周期性变化。在有丝分裂前期，核仁蛋白发生磷酸化，导致致密纤维组分和颗粒组分离开染色质并逐渐分散。随着染色质凝集，rRNA 的合成暂停，核仁组织区的染色质袢环回缩消失，并以染色体次缢痕的形态存在。一些核仁蛋白继续保持与染色体的结合，并随染色体分配到子代细胞中，参与子代细胞核仁的建立。在有丝分裂末期，染色体解旋，重新形成核仁组织区的袢环结构，rRNA 的合成重新开始，核仁逐渐恢复原有的形态结构。

五、核　　体

（一）核体的概念和特点

核仁是细胞核中众多细胞核亚区（subdomain）或核体（nuclear body）中最显著的一个。核体也被称为细胞器（orgenalle），但与细胞质中的大多数细胞器不同，并没有膜结构包裹。核体可以将特定的 RNA 和蛋白质与参与其成熟的酶浓缩在一起，加速大分子的组装和成熟过程，或在特定染色体位点浓缩参与基因调控或修复的组分。与核仁类似，其他核体也含有特定蛋白质和 RNA 分子，它们结合在一起形成高度渗透性的网络，可以让周围核质中的其他蛋白质和 RNA 分子通过。荧光漂白恢复（fluorescence recovery after photobleaching，FRAP；fluorescence photobleaching recovery，FPR）实验表明许多蛋白质在核体和周围环境之间非常迅速地进行交换。

（二）核体的类型

常见的核体包括核斑（nuclear speckle）、卡哈尔体（Cajal body）、PML（promyelocytic leukemia）小体（PML body）等。

1. 核斑 当使用荧光显微镜观察 RNA 加工因子时，可以看到 20～50 个明亮的核斑。大多数核斑包含聚集的染色质间颗粒（interchromatin granule）。蛋白质组学分析表明单个染色质间颗粒含有 200 多个稳定结合的蛋白质，其中大多数与 RNA 加工有关，如储存参与 mRNA 前体剪接的小核 RNP（small nuclear RNP，snRNP）。有研究表明，大多数转录位点与核斑外周相关，但核斑一般不是转录活跃位点。核斑可能是 RNA 加工因子在没有活性时积累的动态库。

2. 卡哈尔体 以前也被称为卷曲小体（coiled body），是直径为 0.3～1.0μm 的紧凑结构，在电子显微镜下看起来像是缠绕在一起的线团。快速增殖细胞的核中通常含有数个明显的卡哈尔体，并发挥关键作用，而在其他细胞中并不存在或者是功能冗余的。卡哈尔体可以加工被转运入核的 snRNP，并使其在 RNA 剪接反应中发挥功能，另外还可能参与端粒酶的成熟等过程。

3. PML 小体 哺乳动物细胞核包含 10～30 个大小不等的 PML 小体，其具体功能并不清楚。PML 蛋白是细胞生长和基因组稳定性的重要调节因子，可能是泛素或泛素样蛋白的 E3 连接酶。在正常细胞中，PML 小体与组装共抑制复合物有关，这些复合物可以修饰染色质以抑制转录。

第四节 核 基 质

在真核细胞核内，如果去除脂质、核酸和大多数蛋白质，还存在一个以蛋白质成分为主的纤维网络，其基本结构与细胞骨架类似，被称为核基质（nuclear matrix）或核骨架（nuclear scaffold）。相对于狭义的核骨架，广义的核骨架概念比较宽泛，还可以包括核纤层、核孔复合体、染色体骨架以及连接核纤层和细胞骨架的核膜蛋白等。

一、核基质的组成

核基质的组成主要是蛋白质和少量 RNA。RNA 的作用可能是连接蛋白纤维成分。可以认为核基质的结构组分是 RNP 复合物。核基质蛋白的种类比较复杂多样，大体可以分为结构性的纤维蛋白和核基质结合蛋白。另外，少量 DNA 也可以与核基质结合。

二、核基质的结构

核基质分布在整个细胞核内，是一个以纤维蛋白成分为主的纤维网架结构。这些网架结构由粗细不均的纤维组成。核骨架、核纤层通过核膜与细胞质骨架相互作用，形成一个贯穿整个细胞的复合网络系统，并可以动态变化。

三、核基质的功能

核基质不仅仅是细胞核内的结构支架，而且可以参与细胞核内的生物学过程，包括 DNA 复制和转录、RNA 加工、染色体构建与定位等。

（一）DNA 复制

核基质可以作为DNA复制的空间支架，与DNA分子动态结合，提高DNA复制的效率和准确性。一方面，核基质可能通过结合DNA复制的相关酶类，提高DNA复制活性。研究表明，无细胞的DNA复制效率和准确性均低于细胞中的复制过程。另一方面，核基质也可以结合DNA。DNA复制的起始位点能够连续不断地与核基质结合，帮助DNA复制起始。新合成的DNA通过其中的核基质结合区与核基质中的特异性蛋白质相连。例如，通过将细胞与荧光标记的DNA前体孵育来追踪新合成的DNA分子，可以发现新合成DNA的定位与核基质高度重合。随着时间推移，DNA会逐渐从核基质释放出来，形成DNA袢环。

（二）基因表达

核基质通过调节基因转录活性和RNA前体加工来参与基因表达调控。首先，与参与DNA复制类似，核基质具有活性基因和转录相关酶类的结合位点。有研究表明，3类主要的RNA分子均在核基质上合成。其次，有研究发现RNA转录后加工修饰过程的位置与核基质具有密切联系。例如，mRNA前体很可能通过poly A尾部附着在核基质中完成进一步加工。

（三）染色体构建

在细胞周期中，核基质作为支架参与染色质与染色体的构建过程。例如，放射环模型中的30nm染色质袢环需要结合在核骨架上，而DNA的超螺旋化结构也需要核基质的稳定结合。在间期，核基质与核纤层共同参与染色质DNA在细胞核中的结构维持和空间排布。

因此，虽然核基质的研究仍有待深入，总体而言，核基质作为一种不溶性的蛋白质纤维网络，可以作为支架和平台帮助细胞维持细胞核和遗传物质的结构稳定、动态变化以及参与基因复制和表达的调控过程。

第五节　细胞核异常与疾病

一、核膜结构异常

核膜结构异常的原因有很多，并可能导致多种疾病。其中，核膜蛋白的遗传缺陷至少会导致20种疾病。例如，1994年发现的埃默里-德顿弗斯肌营养不良（Emery-Dreifuss muscular dystrophy，EDMD）与核膜结构异常密切相关。大部分EDMD患者具有*EMD*基因突变。*EMD*基因编码Emerin蛋白，该蛋白定位于多种肌细胞的内核膜，可以结合核纤层蛋白并稳定核膜，对于肌细胞抵抗机械力非常重要。由于内核膜Emerin蛋白缺陷，电镜下可见核内染色质聚集，染色质与核膜的结合解离。EDMD患者的骨骼肌呈现营养不良样改变，细胞核的数目明显增多但形态异常。除Emerin蛋白突变外，还存在其他亚型的EDMD，患者往往也具有不同原因的核膜结构异常改变，如核纤层蛋白突变。

目前发现人的核纤层蛋白突变可以导致多种疾病，这些疾病被统称为核纤层蛋白病（laminopathy），如某些早老症。尽管核纤层蛋白在分化细胞中普遍存在，每个突变相关的缺陷往往仅限于特定组织细胞，如肌细胞。可能是由于肌细胞需要抵抗更强的牵拉，所以对突变更敏感，但仍有一些细胞中的缺陷无法合理解释。同时，正常人在衰老的过程中也存在核纤层蛋白减少的现象。

二、染色体结构异常

基因突变在改变遗传信息的同时也可能显著改变染色体的结构。染色体的一部分可能会丢失，或者不同染色体之间的片段发生交换。

（一）染色体断裂

某些染色体由于自身结构特点而更易发生断裂，而某些外源刺激有可能增加染色体断裂的风险，如射线、病毒、化学物质等。如果染色体结构异常发生在体细胞中，在细胞本身不发生癌变的情况下，通常对机体的危害较小。减数分裂过程复杂而且持续时间较长，尤其是粗线期的基因重组过程，如果发生异常的染色体片段交换，则可能产生具有严重缺陷的子代细胞。如果极少数携带有染色体异常的胚胎并没有及时被机体发现并终止妊娠，那么细胞中的异常染色体将导致后代患有罕见的遗传性疾病。例如，布卢姆综合征（Bloom syndrome），是一种常染色体隐性遗传病。患者身材矮小，对日光敏感，血清免疫球蛋白减少，易感染，发生肿瘤风险高。其病因是 *BLM* 基因突变引起的染色体断裂和重排，进而导致 DNA 修复功能缺陷。

（二）端粒异常

机体通过保持端粒的合适长度来维持染色体的正常结构和细胞活性。一方面，端粒缩短是人类生理性和病理性衰老的重要因素。例如，沃纳综合征（Werner syndrome）是一种衰老相关的遗传病，其特征是端粒长度维持发生异常，导致患者比正常人衰老更快。端粒酶的突变或功能异常也可以导致端粒缩短加速和细胞功能受损，进而导致疾病。例如，某些遗传性骨髓造血疾病与干细胞端粒酶活性异常有关。另一方面，端粒对于细胞分裂次数的限制在很多情况下是必要的，细胞必须在分裂次数和基因组稳定之间保持平衡。正常细胞的端粒缩短起到了一种防止细胞无限增殖的保护作用。癌细胞通过激活端粒酶或其他机制来维持端粒的长度，从而逃避端粒缩短对细胞增殖的限制。

（三）染色质结构异常

染色质结构改变导致的基因异常表达也可能引起严重的疾病。例如，编码人类 β 珠蛋白的基因位于异染色质区域附近。如果屏障 DNA 序列发生遗传性缺失，异染色质区会扩大并导致 β 珠蛋白基因失活。β 珠蛋白是构成携氧血红蛋白的成分之一，因此患者的红细胞功能发生缺陷，表现出严重贫血等症状。

（四）核型异常

核型异常的典型疾病是唐氏综合征（Down syndrome），又称 21- 三体综合征（trisomy 21 syndrome），是儿童遗传病中最常见的一种。正常情况下，人类细胞中只有 2 个 21 号染色体。唐氏综合征个体携带 3 个 21 号染色体。可能是由于生殖细胞在减数分裂时或受精卵发育过程中，21 号染色体未正常分离，导致胚胎细胞内含有一条额外的 21 号染色体。

三、核转运异常

核孔蛋白的结构异常，转运载体缺陷或信号序列突变均可能导致核转运异常，并与多种疾病相关，如癌症、免疫系统紊乱和神经系统疾病。其中核孔复合体的组成和结构非常复杂，任何一个蛋白异常均可能导致核孔结构紊乱和功能障碍，这也是导致疾病的重要原因。例如，Ran-BP2，是一种核孔复合体蛋白，参与生物大分子的核质间转运。Ran-BP2 突变或表达异常，会导致核孔转运受阻，有可能引起神经系统疾病等。帕金森病（Parkinson’s disease，PD）的突变 parkin 蛋白可以作为泛素连接酶（E3）介导 Ran-BP2 蛋白降解。病毒感染的患者如果携带有 *Ran-BP2* 基因突变，则会诱发急性坏死性脑病（acute necrotizing encephalopathy，ANE）。

（丁　童）

第十八章　细胞连接和细胞外基质

在高等的多细胞生物体内，没有哪个细胞是孤立存在的，同一组织或不同组织的细胞之间，常会以不同的结构形式，形成直接或间接、持久或临时的联系，生物体借此形成协调统一的整体结构而进行生命活动。细胞连接和细胞黏附是细胞社会性的重要体现。通过形成连接或黏附，细胞之间以及细胞与细胞外基质之间建立起确定的结构联系和相互作用。这是细胞极性维持、生物体组织形成、器官发生及稳态维持的重要保证。

第一节　细胞连接

人和动物体内，除结缔组织和血液外，绝大多数组织细胞均按一定方式相互接触，并在相邻细胞膜表面或者细胞膜与细胞外基质之间形成具有特定分子组成及结构特征的连接装置，这类连接装置称为细胞连接（cell junction），以加强细胞间的机械联系，维持组织结构的完整性，并协调组织细胞的生理活动。根据其结构和功能特点可分为三种主要类型，即紧密连接、锚定连接和通讯连接（图 18-1）。

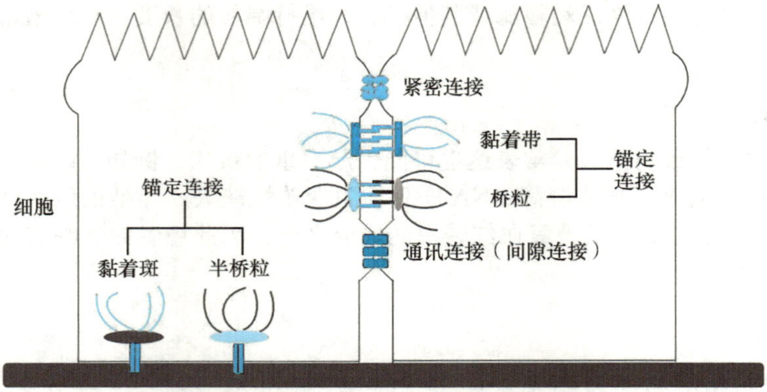

图 18-1　脊椎动物上皮细胞的连接方式

一、紧密连接

紧密连接（tight junction）又称封闭连接（occluding junction），广泛分布于人和脊椎动物体内管腔及腺体上皮细胞靠腔面的顶端侧面区域，脑毛细血管内皮细胞等部位。透射电镜显示，相邻细胞质膜呈间断融合，点状接触部位无缝隙，形成拉链状的封闭索（sealing strand），非接触处尚有 10～15nm 的细胞间隙（图 18-2）。冰冻断裂复型技术获得的小肠上皮细胞电镜结果显示，紧密连接区域是一种“焊接线”样的带状网络，这些“焊接线”是由相邻细胞膜上成串排列的穿膜蛋白彼此对合连接形成的封闭索。封闭索交织成网，呈带状环绕每个上皮细胞的顶部，将相邻细胞紧紧连接在一起。

（一）紧密连接的分子组成

紧密连接由穿膜蛋白和胞质外周蛋白组成（图 18-3A）。穿膜蛋白主要有三类，一类是密封蛋白家族（claudin），此类蛋白为 4 次穿膜蛋白，是形成封闭索的主要成分。目前已鉴定出 27 种（claudin 1～claudin 27），其分子量为 20kDa～27kDa，蛋白 N 端和 C 端均位于细胞质，C

端还具有 PDZ（PSD95-Dlg-ZO）结构域，可与其他紧密连接蛋白结合（图 18-3C）。一类是具有 MARVEL（Met-Ala-Arg-Val-Glu-Leu）结构域的紧密连接相关蛋白（tight junction associated MARVEL protein，TAMP），其包括闭合蛋白（occludin），tricellulin 和 MarvelD3，MARVEL 结构用于囊泡运输和膜连接。其中闭合蛋白也是 4 次穿膜蛋白，该家族包含 24 个成员，分子量约为 65 000，蛋白 N 端和 C 端均位于细胞质（图 18-3B）；tricellulin 蛋白介导 3 个细胞相邻部位的紧密连接，也称三细胞紧密连接（tricellular TJ，tTJ）。另一类是连接黏附分子（junctional adhesion molecule，JAM），此类分子属于免疫球蛋白超家族，包括 JAM-1（A）、JAM-2（B）、JAM-3（C）等，单次跨膜蛋白，其分子量约为 40kDa，蛋白 N 端位于细胞外，含有 2 个 Ig 样结构域，C 端位于细胞质，含有 1 个 PDZ 结构域，可与 ZO-1、MUPPI 等蛋白结合（图 18-3D）。

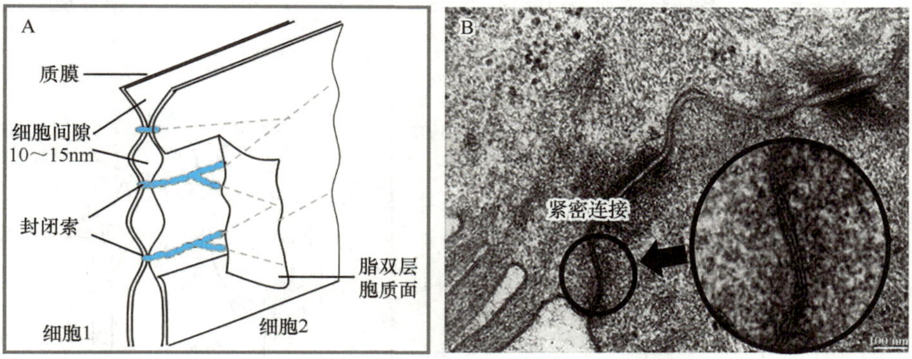

图 18-2　紧密连接结构

A. 模式图；B. 电镜图

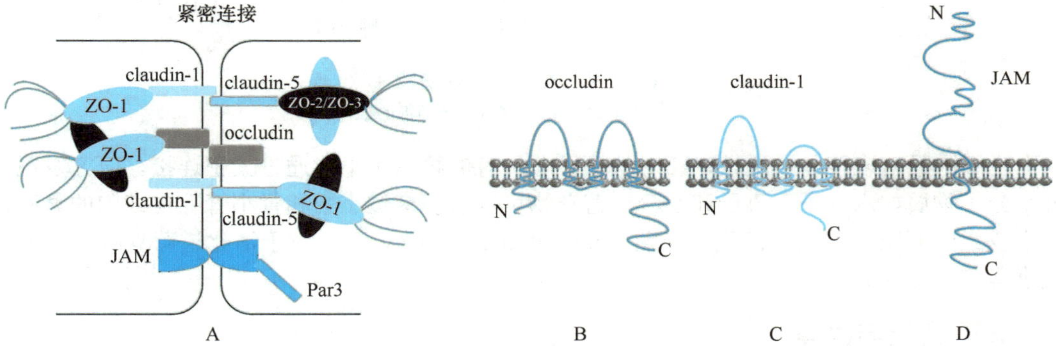

图 18-3　参与紧密连接的蛋白质

胞质外周蛋白将膜蛋白连接到肌动蛋白细胞骨架上，根据有无 PDZ 结构域分为两类，一类是 PDZ 蛋白，包括 ZO-1、ZO-2、ZO-3、MUPP-1、PAR-3、PAR-6、PALS-1、PATJ 等，另一类是非 PDZ 蛋白，包括 Cingulin、Symplekin、Rab3b、Rab13 等。

相邻细胞膜上同类型的穿膜蛋白通过其胞外结构域的相互作用而结合，形成细胞间的“桥梁”，其细胞内 C 端与质膜下的支架蛋白分子（如 ZO 蛋白、Par-3、PATJ）等相互作用，并通过 ZO 蛋白的介导与肌动蛋白丝相连，支架蛋白也可募集蛋白激酶、磷酸酶等多种调节蛋白。

（二）紧密连接的功能

首先，紧密连接最基本的功能是机械连接，将上皮细胞紧密联合成整体。

其次，紧密连接具有封闭作用，阻止物质从细胞间隙通过，保证组织内环境的稳定。最典型的例子就是血脑屏障和血生精小管屏障，大脑的血管内皮细胞和睾丸的精细管支持细胞间具有丰富的紧密连接，可以阻止血液中的某些物质进入大脑或生精上皮，从而保证这两个重要器官内环境的稳定性。

再者，紧密连接具有屏障作用，限制膜蛋白和膜脂分子的侧向扩散，维持上皮细胞的极性，保证物质转运的方向性。紧密连接是上皮细胞极性建立和维持的基础，由于紧密连接的存在，将上皮细胞分为顶端膜（apical surface）即游离面与基底侧膜（basolateral surface）即侧面和基底面，限制膜分子只能在各自的膜区域（顶端膜或基底侧膜）运动，行使其各自不同的功能。我们以小肠吸收葡萄糖为例，在小肠靠近肠腔的这一侧，即小肠上皮细胞顶端膜，含有一种运输 Na^+和葡萄糖的同向协同转运蛋白，通过主动运输将葡萄糖从肠腔运输到上皮细胞内部，而在它的基底侧膜含有相关的葡萄糖载体蛋白，将内部的葡萄糖顺浓度梯度运输到细胞外液，从而完成葡萄糖的吸收和转运。正是由于紧密连接限制膜蛋白和膜脂分子流动性，才保证了小肠上皮细胞物质运转的方向性（图 18-4）。

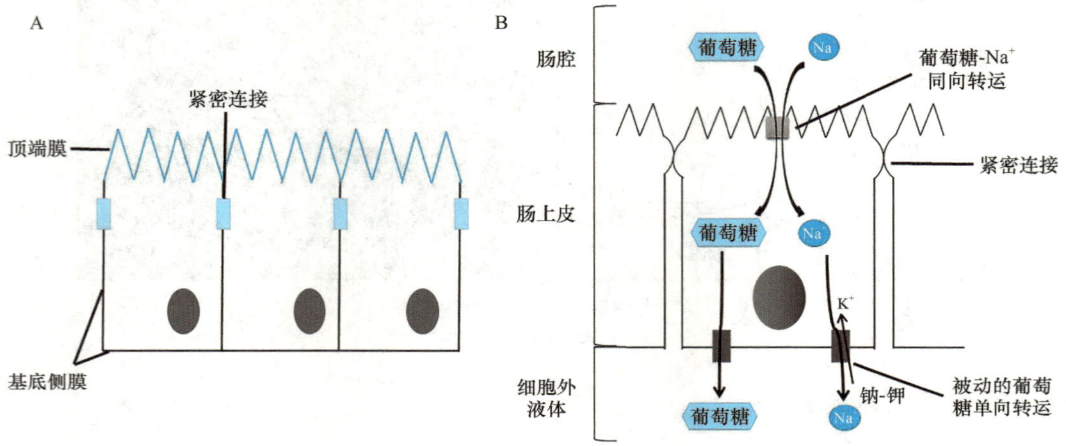

图 18-4　紧密连接的功能

A. 上皮细胞极性；B. 小肠吸收葡萄糖的过程

上皮细胞紧密连接的通透性是相对的，并非所有的物质都不能通过紧密连接。研究发现，一部分小分子物质如水分子、离子和小分子营养物可以直接穿过小肠和肾小管上皮细胞的紧密连接进入上皮组织间隙，称其为细胞旁通路（paracellular pathway），这对于消化道营养吸收和肾小管重吸收具有重要意义。

（三）紧密连接与医学

1. 紧密连接与遗传性疾病　如 *claudin-1* 基因突变会导致新生儿硬化性胆管炎和鱼鳞病；*claudin-14* 基因突变会导致耳聋。

2. 紧密连接与传染性疾病　claudin-3 和 claudin-4 是产气荚膜梭菌（clostridium perfringens，CPE）肠毒素的受体，CPE 是食物中毒的常见原因，当 CPE 结合细胞中表达的 claudin-4 时，该复合物内化导致紧密连接功能紊乱；幽门螺杆菌毒素 CagA 与 PAR1/MARK 激酶特异性结合，抑制其激酶活性，破坏胃上皮细胞的极性和屏障功能，引发胃黏膜损伤和炎症；在病毒感染中，闭合蛋白和封闭蛋白是丙型肝炎病毒（hepatitis C virus，HCV）的共受体，JAM-A 是呼肠孤病毒的受体；此外，致病病毒（如致流感病毒）靶向胞质紧密连接相关蛋白的 PDZ 结构域。

3. 紧密连接与肿瘤　随着紧密连接的减少，癌细胞失去其特定的功能和极性。在人类结肠和子宫内膜分化良好的腺癌中发现，闭合蛋白随着癌细胞去分化逐渐减少，而最终导致紧密连接缺失。另一方面，上皮细胞-间充质转化（epithelial-mesenchymal transition，EMT）为上皮细胞通过特定程序转化为具有间质表型细胞的生物学过程，在此过程中，闭合蛋白和 E-钙黏蛋白表达降低，上皮细胞极性丢失，从而促进肿瘤进展。

二、锚定连接

锚定连接（anchoring junction）是一类由细胞骨架参与、存在于细胞-细胞或细胞-细胞外基质之间的细胞连接。这种连接方式不仅加强了单个细胞承受机械压力的能力，同时可将所承受的机械力向相邻细胞或胞外基质分散传递，从而极大地增强了组织抵抗机械张力的能力。因此，锚定连接在那些需承受机械力的组织，如上皮、心肌和子宫颈等组织中分布尤为丰富。

锚定连接的共同结构模式是通过相邻细胞膜上穿膜黏着蛋白（transmembrane adhesion protein）胞外结构域的相互作用或胞外结构域与细胞外基质成分的相互作用，将相邻细胞或细胞与胞外基质相连；其胞内结构域则通过与胞内锚定蛋白（intracellular anchor protein）相互作用而锚定于质膜下成束排列的细胞骨架纤维上（图 18-5）。

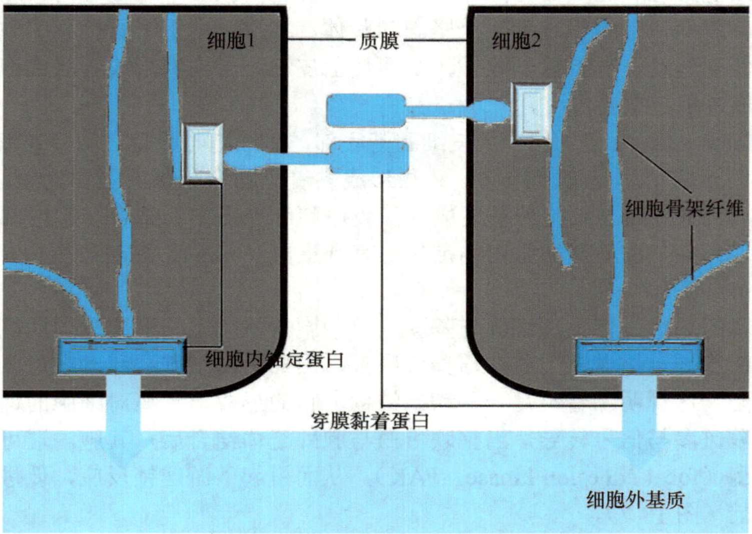

图 18-5　锚定连接的结构示意图

根据形态结构及参与连接的细胞骨架成分的不同，可将锚定连接分为黏着连接（由肌动蛋白丝参与）和桥粒连接（由中间纤维丝参与）两大类。

（一）黏着连接

黏着连接（adhering junction）根据定位不同可分为两类：细胞与细胞之间的黏着连接，称为黏着带；细胞与细胞外基质之间的黏着连接，称为黏着斑。

1. 黏着带（adhesion belt）　位于上皮细胞靠顶部的侧面，呈连续带状，因其分布在紧密连接与桥粒之间，又称中间连接（intermediate junction）。小肠绒毛上皮细胞的透射电镜显示：黏着带处的细胞之间存在 15～20nm 的间隙，充满中等电子密度的无定形物质，其成分主要为相邻细胞膜上穿膜黏着蛋白相互作用的胞外端（图 18-6A）。

构成黏着带的穿膜黏着蛋白是一种依赖于 Ca^{2+} 的单次穿膜糖蛋白，称为钙黏蛋白（cadherin）。钙黏蛋白在质膜中形成同源二聚体，其胞内结构域通过质膜下锚定蛋白与肌动蛋白丝相连，从而使相邻细胞的微丝束通过胞内锚定蛋白和穿膜黏着蛋白连成网络，使上皮组织形成一个整体（图 18-6B）。胞内锚定蛋白包括 α、β、γ 联蛋白（catenin），黏着斑蛋白（vinculin），斑珠蛋白（plakoglobin）和 α-辅肌动蛋白（α-actinin）等，形成复杂的多分子复合体，起锚定肌动蛋白丝的作用。

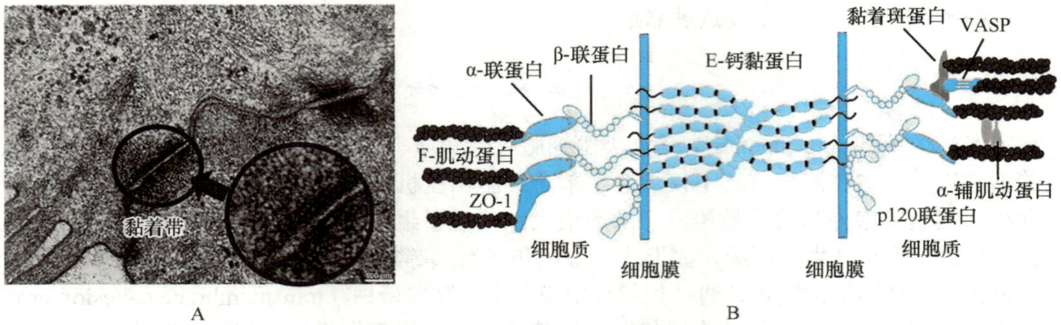

图 18-6 黏着带的结构

A. 黏着带电镜照片；B. 黏着带结构模式图

黏着带维持细胞形态和组织器官的完整性，相邻细胞的微丝束通过胞内锚定蛋白和穿膜黏着蛋白连成广泛的穿膜网，使组织连为一个坚固的整体。其次，由于平行排列的微丝及其结合的肌球蛋白能够产生相对运动，导致微丝收缩，从而使上皮细胞层内卷形成管状或泡状原基，在动物胚胎发育形态建成过程起重要作用。

2. 黏着斑（focal adhesion） 位于上皮细胞基底部，肌细胞与肌腱之间，是细胞通过点状接触与细胞外基质之间形成的锚定连接结构。参与形成黏着斑的穿膜黏着蛋白为整联蛋白（integrin）（大多数为 $\alpha_5\beta_1$），其胞外区与细胞外基质成分（胶原和纤连蛋白）结合，胞内部分通过锚定蛋白与肌动蛋白丝相连。参与黏着斑的胞内锚定蛋白有踝蛋白（talin）、黏着斑蛋白、α-辅肌动蛋白和细丝蛋白（filamin）等。

黏着斑最基本的功能是使上皮细胞与基膜、肌细胞与肌腱之间形成稳固的机械连接。研究发现，体外培养的细胞通过黏着斑附着在培养皿底部，当黏附的细胞要移动或进入有丝分裂时，黏着斑会迅速去装配。这说明黏着斑是一种动态结构，它的形成与解离对细胞的铺展和迁移有重要作用。此外，黏着斑参与信号转导，当整联蛋白与胞外配体结合后，其胞内端可激活某些蛋白激酶，如黏着斑激酶（focal adhesion kinase，FAK），从而引起下游连锁反应，促进与细胞生长和增殖相关的基因转录（图 18-7）。

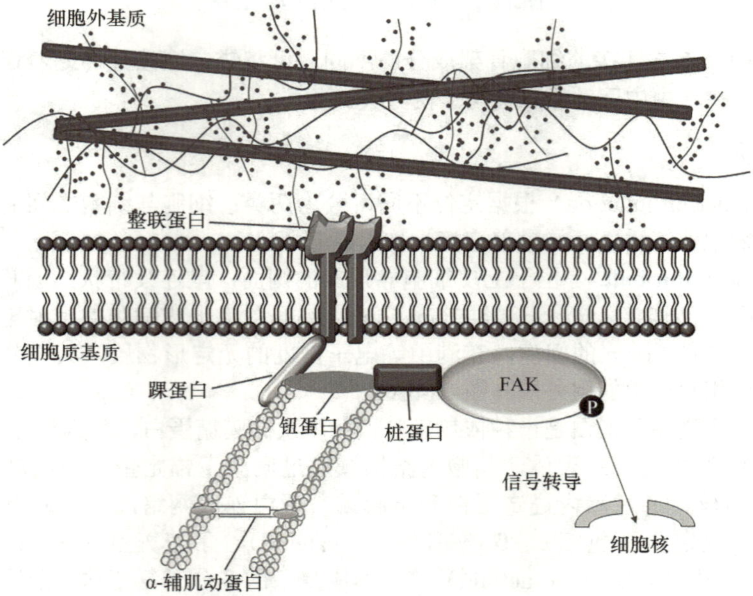

图 18-7 黏着斑的结构与功能示意图

（二）桥粒连接

桥粒连接（desmosome junction）根据定位不同也分成两类：细胞与细胞之间的桥粒连接，称为桥粒；细胞与细胞外基质之间的桥粒连接，称为半桥粒。

1. 桥粒（desmosome） 广泛存在于承受机械力的组织中，如皮肤表皮、食管、膀胱和子宫颈等的上皮细胞间及心肌细胞闰盘处，位于黏着带的下方。电镜下，桥粒处的细胞间隙为20～30nm；其结构最显著的特征是在质膜的胞质侧由众多胞内锚定蛋白排列在一起，形成一个致密的斑状结构，厚10～20nm，直径约0.5μm，称为桥粒斑（desmosomal plaque），整个桥粒像纽扣样，将相邻细胞铆接在一起（图18-8A）。

构成桥粒的穿膜黏着蛋白为桥粒黏蛋白（desmoglein）和桥粒胶蛋白（desmocollin），它们均属于钙黏蛋白家族，故又称桥粒钙黏蛋白。其胞外部分相互重叠，通过Ca^{2+}依赖的黏附机制牢固结合，形成电镜下可见的间隙中的线状结构，胞内部分则与桥粒斑成分相结合。桥粒斑由桥粒斑珠蛋白（plakoglobin）和桥粒斑蛋白（desmoplakin）等多种锚定蛋白构成。这些蛋白又与质膜下成束的中间纤维结合，从而使中间纤维以返折袢环的形式锚定于桥粒斑上（图18-8B）。不同类型细胞中附着的中间纤维不同，如上皮细胞中为角蛋白丝（keratin filament），心肌细胞中则为结蛋白丝（desmin filament）。相邻细胞间中间丝通过细胞桥粒斑和穿膜黏着蛋白连成了贯穿整个组织的网架，为整个上皮层提供了结构上的连续性和抗张力。

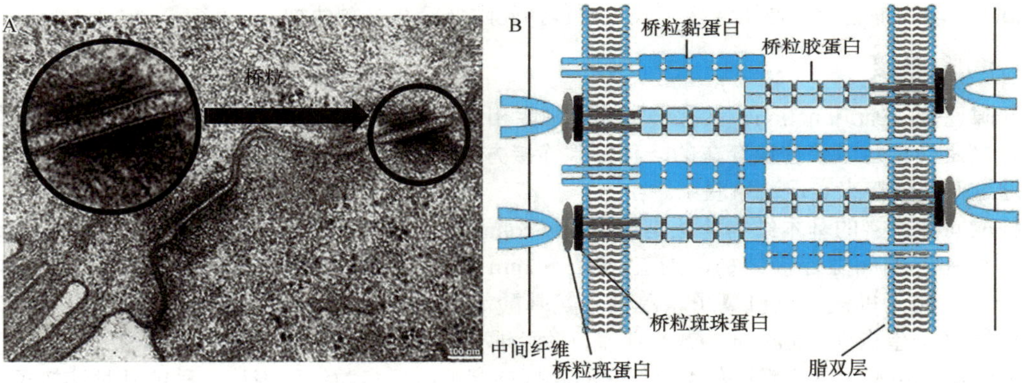

图18-8 桥粒的结构

A. 桥粒电镜照片；B. 桥粒结构模式图

桥粒在细胞与细胞之间形成了牢固而坚韧的机械连接，对维持组织结构的完整性非常重要。临床上一种自身免疫病——天疱疮（pemphigus），由于患者产生自身抗体（桥粒黏蛋白-3抗体和桥粒黏蛋白-1抗体），与桥粒穿膜黏着蛋白结合，导致细胞-细胞间桥粒结构破坏，细胞黏附丧失，组织液渗透，诱发严重的皮肤水疱病。

2. 半桥粒（hemidesmosome） 位于上皮细胞基底面与基膜之间，因其结构相当于半个桥粒而得名。半桥粒在质膜内侧也形成一个胞质斑，该胞内锚定蛋白主要由网蛋白（plectin）组成，角蛋白丝与胞质斑相连并伸向胞质中。构成半桥粒的穿膜黏着蛋白包括整联蛋白（$\alpha_6\beta_4$）和穿膜蛋白（BP180），通过与胞外基质中一种特殊的层粘连蛋白相互作用而与基膜相连，从而将上皮细胞铆定在基膜上（图18-9）。

半桥粒的主要作用是将上皮细胞与其下方的基底膜连接在一起，防止上皮组织从下方组织剥离。抗半桥粒的自身抗体可导致多见于老年人的大疱性类天疱疮（bullous pemphigus）。另外，层粘连蛋白和整联蛋白α_6或β_4的突变可引起大疱性表皮松解症（epidermolysis bullosa）。

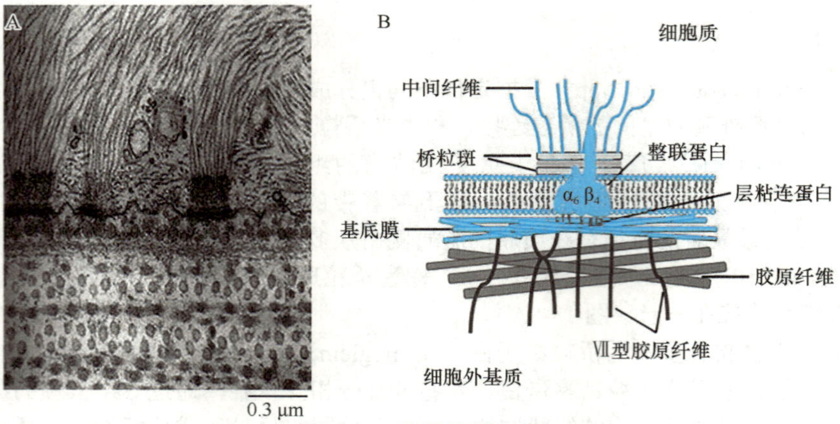

图 18-9　半桥粒的结构

A. 半桥粒电镜照片；B. 半桥粒结构模式图

三、通讯连接

生物体大多数组织的相邻细胞膜上存在特殊的细胞连接结构，可实现细胞间电信号和化学信号的通讯联系，从而协调群体细胞间的活动。这种连接形式称为通讯连接（communicating junction），动物细胞中的通讯连接方式主要包括间隙连接和突触两种。

（一）间隙连接

间隙连接（gap junction）又称缝隙连接，因相邻细胞膜间的连接处有 2～3nm 的间隙而得名。间隙连接是动物组织中普遍存在的一种细胞连接方式，除骨骼肌和血细胞外，几乎所有的组织细胞都通过间隙连接来实现通讯联系。

构成间隙连接的基本结构单位是连接子（connexon）。相邻两个细胞通过各自的连接子对接，形成一个完整的间隙连接结构，为直径 1.5～2nm 的亲水性通道，允许分子量小于 1200 的水溶性小分子，如无机盐、无机离子、单糖、氨基酸等通过（图 18-10）。每个连接子由 6 个穿膜蛋白，即连接子蛋白（connexin，Cx）亚基环聚而成。目前已发现 20 余种连接子蛋白，分子量为 25 000～62 000Da，它们都具有 4 个保守的 α 螺旋穿膜区。多数细胞表达一种或几种连接子蛋白，单个连接子可以是相同的连接子蛋白构成的同源连接子，也可以是不同的连接子蛋白构成的异源连接子。这样，由不同连接子蛋白构成的连接子在通透性、导电率和可调性方面是不同的，它们的分布具有组织细胞特异性。

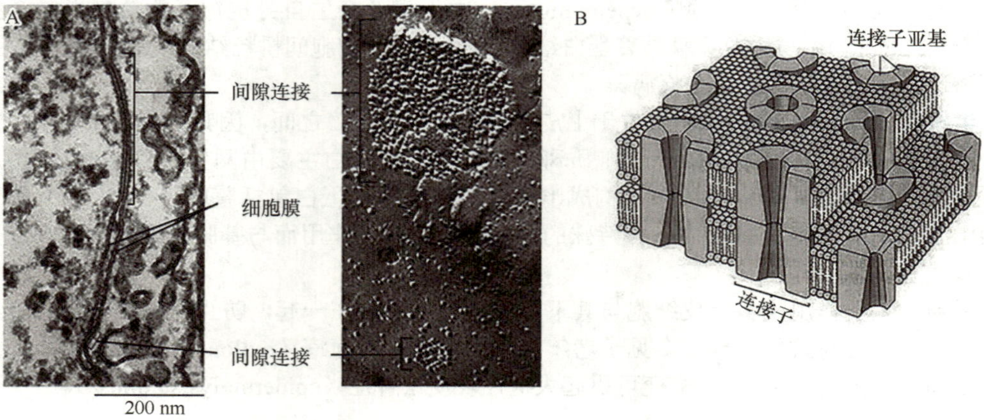

图 18-10　间隙连接的结构

A. 间隙连接电镜照片；B. 间隙连接结构模式图

间隙连接的重要功能是介导细胞间通讯，即介导化学递质或电信号在细胞间的快速传递，从而在细胞间形成代谢偶联（metabolic coupling）或电偶联（electric coupling），以此协调群体细胞的功能活动。①代谢偶联指单糖、氨基酸、核苷酸、ATP 等小分子代谢物和 cAMP、IP_3 等信号分子，可以通过间隙连接形成的亲水性通道在两个相互接触的细胞之间自由直接通过，保证了同一组织中不同细胞间物质的相互交流、平均分配和功能状态的平衡与协调。例如在细胞分泌或代谢调节过程中，cAMP、Ca^{2+}等信号分子在细胞间共享，使组织细胞对同一刺激信号产生同步化反应，形成协同的生理效应。在胚胎发育早期，小分子物质通过间隙连接在相邻细胞中平均分配，使同一发育区的细胞分化状态保持一致。②电偶联又称离子偶联（ionic coupling），带电离子通过间隙连接在相邻细胞间快速传递，从而使电信号从一个细胞传递到另一个细胞。电偶联对于兴奋性细胞功能活动的协调、神经冲动的快速传导具有重要意义。例如电偶联使心肌细胞保持同步收缩和舒张，从而维持心脏的正常跳动；使小肠平滑肌细胞协同收缩，控制小肠蠕动。

间隙连接受多种因素调控，其调节机制分为长期调控和短期调控。长期调控是指通过改变连接蛋白的表达和构象，从而影响间隙连接的结构和功能，其表现在蛋白质转录、翻译、翻译后修饰以及蛋白质定位等方面改变。短期调控又称为门控调节，其包括细胞内外 pH、Ca^{2+}、电压梯度/胞外化学信号如 cAMP 水平等因素。另外，不同连接子蛋白的表达具有显著的组织器官特异性，反映出间隙连接具有编码分化信息、调控细胞增殖与分化的作用。研究发现肿瘤细胞之间的间隙连接明显减少或消失，间隙连接的关闭可能是肿瘤细胞失去正常细胞的调控、获得自主生长的原因之一。

（二）突触

突触（synapse）存在于神经元之间或神经元与效应细胞之间，能够直接通过电冲动或通过释放化学递质来传导神经冲动，包括电突触（electrical synapse）和化学突触（chemical synapse）两种基本类型。化学突触的突触前细胞与突触后细胞之间存在 20nm 的间隙，电信号不能直接通过，有一个将电信号转化为化学信号，再将化学信号转化为电信号的过程，因而与电突触相比，表现出动作电位在传递中的延迟现象。电突触对兴奋的传递速度比化学突触快很多，这对于某些无脊椎动物和鱼类的快速逃避反射十分重要。

第二节　细胞黏附

多细胞生物在个体发育过程中，在细胞识别的基础上，同类型细胞会相互黏着聚集形成细胞团或组织，这一现象称为细胞黏附（cell adhesion）。细胞黏附可发生于同种细胞之间，也可发生于不同种细胞或细胞与细胞外基质之间，其实质是细胞表面特定的黏附分子进行特异性识别并相互作用的过程。细胞黏附不仅是多种组织形成和结构维持的基础，也是组织基本功能状态的一种体现。在个体发育过程中，无论是受精、胚泡植入、形态发生、组织器官形成，还是成体组织结构与功能的维持，都离不开细胞黏附。

细胞黏附是由细胞黏附分子（cell adhesion molecule，CAM）介导形成的。细胞黏附分子是存在于细胞膜的一类穿膜糖蛋白，以受体-配体结合的形式发挥作用。目前已发现百余种细胞黏附分子，它们在不同类型细胞表面分布不同，其特异性决定着细胞识别和黏附的选择性。细胞黏附分子结构特点：N 端较长的胞外区，结合有糖链，为配体识别位点；穿膜区为单次穿膜的 α 螺旋；C 端较短的胞质区，可与质膜下的细胞骨架成分或信号蛋白结合，介导细胞与细胞之间或者细胞与细胞外基质之间的黏附。根据分子结构与功能特性，主要的细胞黏附分子可分为四大类：钙黏蛋白、选择素、免疫球蛋白超家族、整联蛋白家族。

细胞黏附分子通过三种方式介导细胞识别和黏附：①同亲型结合（homophilic binding），即相邻细胞表面的同种黏附分子间的识别和黏附，如钙黏蛋白；②异亲型结合（heterophilic binding），即相邻细胞表面的不同种黏附分子间的相互识别与黏附，如选择素和整联蛋白；③连接分子依赖性结合（linker-dependent binding），即相邻细胞表面的黏附分子通过其他连接分子的帮助完成相互识别与黏着（图 18-11）。

细胞黏附分子多数需要依赖 Ca^{2+} 或 Mg^{2+} 而发挥作用，由其介导的细胞黏附还能在细胞骨架的参与下形成黏着带、黏着斑、桥粒和半桥粒等细胞连接结构。细胞黏附是细胞连接的前提和基础，细胞连接是细胞黏附的发展。

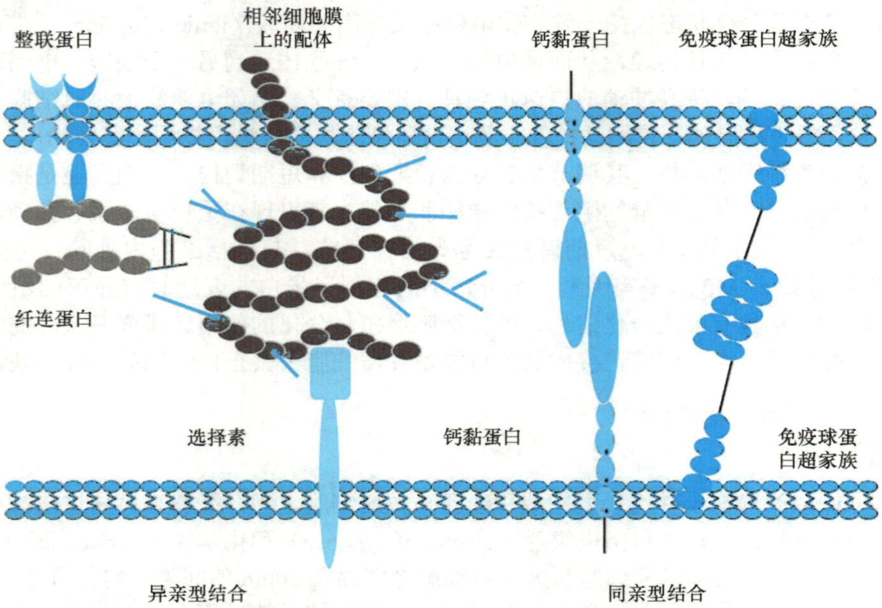

图 18-11　黏附分子同亲型结合和异亲型结合示意图

一、钙黏蛋白超家族

（一）钙黏蛋白的分子结构特征

大多数钙黏蛋白是单次穿膜糖蛋白，由 700～750 个氨基酸残基组成，在质膜中常形成同源二聚体或多聚体，依靠 Ca^{2+} 与相邻细胞表面的钙黏蛋白结合。目前发现人类钙黏蛋白超家族成员大于 180 个，分为典型钙黏蛋白（classic cadherin）和非典型钙黏蛋白（non-classic cadherin）。典型钙黏蛋白包括：存在于许多类型上皮细胞中的上皮钙黏蛋白（epithelial cadherin，E-cad）；存在于胎盘和表皮细胞的胎盘-钙黏蛋白（placental cadherin，P-cad）；存在于神经、肌肉和晶状体细胞的神经钙黏蛋白（neural cadherin，N-cad）；存在于血管内皮细胞的血管内皮钙黏蛋白（VE-cadherin）等。大量的非典型钙黏蛋白在序列上差别很大，如在大脑表达的多种原钙黏蛋白（protocadherin），与桥粒形成有关的桥粒钙黏蛋白（desmosomal cadherin），参与信号转导的 T-钙黏蛋白等（表 18-1）。

表 18-1　钙黏蛋白的部分成员

名称	连接类型	分布	在小鼠中失活后的表型
典型钙黏蛋白			
E-钙黏蛋白	黏着连接	上皮细胞	胚泡期死亡
N-钙黏蛋白	黏着连接、化学突触	神经元、心脏、骨骼肌、晶状体和成纤维细胞	胚胎死于心脏缺陷
P-钙黏蛋白	黏着连接	胎盘、表皮、乳腺上皮	乳腺发育异常

续表

名称	连接类型	分布	在小鼠中失活后的表型
VE-钙黏蛋白	黏着连接	内皮细胞	血管发育异常
非典型钙黏蛋白			
桥粒糖蛋白	桥粒	皮肤	皮肤起疱
桥粒钙黏蛋白	桥粒	皮肤	起疱性皮肤病
α/β/γ-原钙蛋白	化学突触	神经元	神经元变性
弗拉明戈蛋白	细胞-细胞连接	感觉和其他上皮细胞	神经管缺陷

典型的钙黏蛋白分子的胞外区常折叠形成5个串联的重复结构域，每个结构域约含110个氨基酸残基，Ca^{2+}结合在重复结构域之间，可将胞外区锁定在一起形成棒状结构。Ca^{2+}对维持钙黏蛋白胞外结构域刚性构象是必需的，Ca^{2+}结合越多，钙黏蛋白刚性越强。当去除Ca^{2+}，钙黏蛋白胞外部分就会松软塌落，失去相互黏附的能力（图18-12）。正因为如此，在细胞培养时常用阳离子螯合剂EDTA破坏Ca^{2+}或Mg^{2+}依赖性细胞黏着。X射线晶体衍射结果显示，钙黏蛋白通过N端胞外结构域相互结合形成“细胞黏附拉链”（cell adhesion zipper），从而使相邻细胞彼此黏合。钙黏蛋白的胞内部分是高度保守的区域，通过胞内衔接蛋白联蛋白（α-catenin或β-catenin）与肌动蛋白丝连接；也可与胞内信号蛋白（如β-catenin或p120-catenin）相连，参与信号转导。

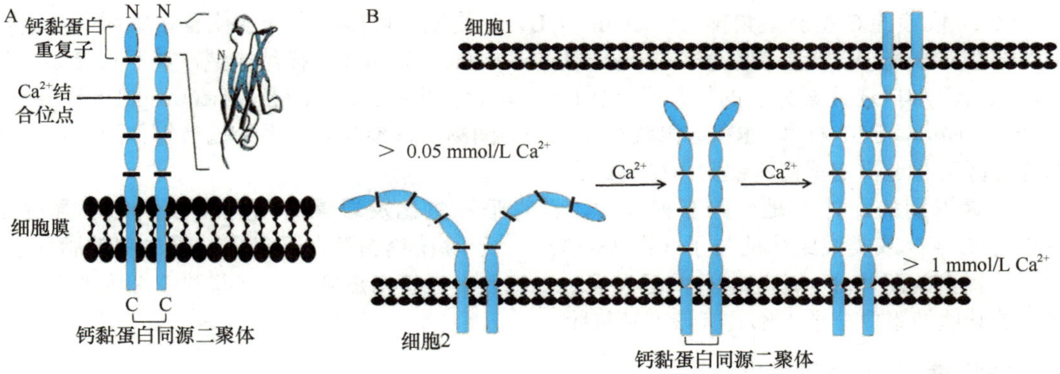

图18-12　钙黏蛋白的结构与功能示意图

A. 典型的钙黏蛋白结构；B. Ca^{2+}对钙黏蛋白功能的影响

（二）钙黏蛋白的功能

钙黏蛋白主要介导细胞连接，在胚胎发育中的细胞识别、迁移、组织分化以及成体组织器官的形成中起重要作用。

1. 介导细胞连接、维持细胞的生理功能　桥粒中桥粒钙黏蛋白的胞外部分相互重叠并牢固结合，胞内部分通过胞内锚定蛋白与中间纤维结合，形成牢固的桥粒结构；黏着连接中钙黏蛋白胞外段相互作用，通过细胞内锚定蛋白α-catenin、β-catenin与肌动蛋白丝连接，形成牢固连接的黏着带。研究发现，在众多上皮组织来源的恶性肿瘤中，癌细胞表面E-钙黏蛋白表达降低，导致细胞-细胞之间的黏附作用与锚定连接结构被破坏，诱发EMT，促进肿瘤的迁移和侵袭。因此，E-钙黏蛋白又称转移抑制分子，其表达水平是检测上皮性肿瘤迁移侵袭能力的一个重要标准。相反，N-钙黏蛋白过表达会促进肿瘤细胞的浸润和转移，敲除N-钙黏蛋白，肿瘤细胞的迁移、侵袭能力显著下降。

2. 影响细胞分化、参与组织器官的形成　在胚胎发育过程中，细胞通过调控钙黏蛋白表达的类型和数量而决定细胞间的相互作用（黏附、分离、迁移、再黏附），从而影响细胞的分化，参与组织器官的形成。当小鼠胚胎发育至 8 细胞时，会首先表达 E-钙黏蛋白，使松散的卵裂球细胞紧密黏附。在外胚层发育形成神经管时，参与神经管构建的细胞停止表达 E-钙黏蛋白，转而表达 N-钙黏蛋白；而随着胚胎进一步发育，那些将要脱离神经管形成神经嵴的细胞又转而表达钙黏蛋白-7；而当神经嵴细胞迁移至神经节并分化成神经元时，又重新表达 N-钙黏蛋白；成熟的神经元还会表达原钙黏蛋白（protocadherin），参与突触的形成与功能维持。

3. 参与信号转导、调控细胞的功能 钙黏蛋白连接胞外环境与胞内的肌动蛋白丝，可作为受体参与由细胞外向细胞内的信号传递。如 VE- 钙黏蛋白不仅参与血管内皮细胞间的黏附和连接，还作为内皮生长因子的辅助受体，参与内皮细胞存活信号的转导。大量实验表明，E-钙黏蛋白介导的细胞黏附丧失可以促进 β-catenin 的释放和信号转导，调控 Wnt 信号通路。

二、选 择 素

选择素（selectin）是一类依赖于 Ca^{2+}的异亲型细胞黏附分子，能与特异糖基识别并结合。选择素家族包括 3 种成员：L-选择素（leukocyte selectin），最早在淋巴细胞上作为归巢受体被发现，后来发现存在于所有类型白细胞上；P-选择素（platelet selectin），主要位于血小板和内皮细胞上；E-选择素（endothelial selectin），表达于活化的内皮细胞表面。

（一）选择素的分子结构特征

选择素是单次穿膜糖蛋白，其家族各成员的胞外区具有较高同源性，均包含 3 个结构域：①N 端 Ca^{2+} 依赖的 C 型凝集素样（C lectin，CL）结构域，可以结合碳水化合物集团，是选择素与配体结合部位。②表皮生长因子（epidermal growth factor，EGF）样结构域，其不直接参与配体结合，但对于维持选择素分子的构型是必需的。③补体调节蛋白（complement regulatory protein，CRP）重复序列，EGF 样和 CRP 结构域有加强分子间黏附、参与补体系统调节等作用。选择素分子的胞质区可通过锚定蛋白与细胞内微丝结合。

选择素识别的配体都是一些寡糖集团，具有唾液酸化及岩藻糖化的 *N*-乙酰氨基乳糖结构（sLeX 及 sLeA）或类似结构的分子（图 18-13）。由于寡糖集团存在于多种糖蛋白和糖脂分子中，因此，选择素的配体分布广泛。目前已发现，白细胞、血管内皮细胞、某些肿瘤细胞的表面以及血清中的某些糖蛋白分子上都具有该寡糖集团。

（二）选择素的功能

选择素主要介导白细胞或血小板与血管内皮细胞的识别与黏附，参与淋巴细胞归巢或使白细胞从血液进入炎症部位。

1. 参与淋巴细胞归巢 淋巴细胞归巢（lymphocyte homing）是指淋巴细胞向淋巴器官或炎症部位的定向迁移。淋巴细胞的 L-选择素作为受体，识别并结合血管内皮细胞表面的寡糖集团，介导淋巴细胞归巢。

2. 参与白细胞向炎症部位的迁移 在炎症发生部位，炎症因子诱导血管内皮细胞表达选择素，并与白细胞表面唾液酸化的路易斯寡糖（sLe^X）结合，由于二者的亲和力较小，在血流影响下，白细胞会在血管中通过黏附、分离、再黏附、再分离而不断向前运动。随后激活自身整联蛋白（LFA-1/Mac），其与血管内皮细胞上的免疫球蛋白超家族成员 ICAM-1 结合，而形成更为牢固的黏附，促使白细胞穿过内皮细胞间隙到达血管外炎症部位（图 18-14）。

3. 参与信号转导 选择素可作为信号分子，在结合胞外配体后引发细胞内反应。如中性粒细胞上的 L-选择素与配体硫酸酯结合，能诱导细胞内钙库释放从而导致胞内 Ca^{2+}浓度升高。

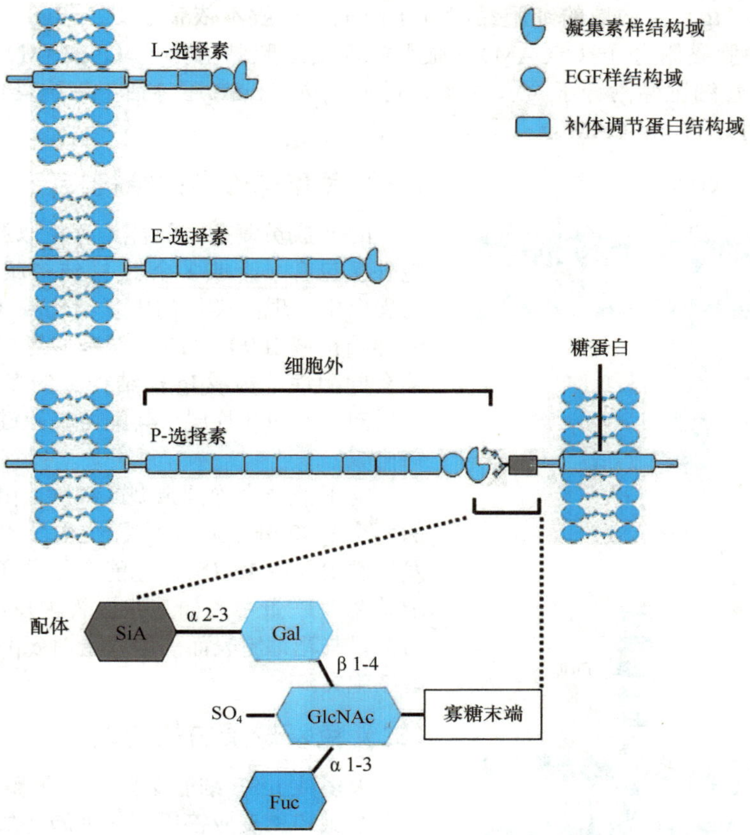

图 18-13　3 种选择素的结构示意图

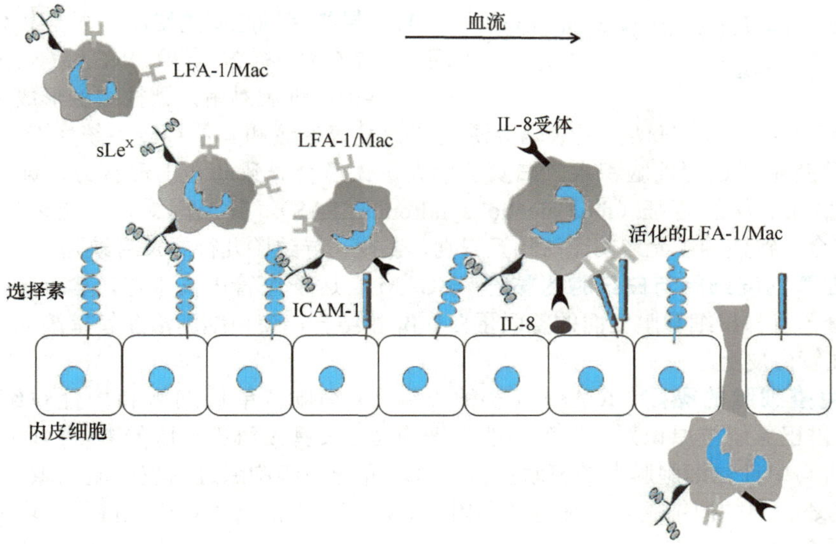

图 18-14　选择素与整联蛋白介导白细胞迁移

三、免疫球蛋白超家族

免疫球蛋白超家族（immunoglobulin superfamily，IgSF）由一类含有类似免疫球蛋白

(immunoglobulin，Ig）结构域的细胞黏附分子组成，一般不依赖于 Ca^{+}。IgSF 包括多个黏附分子家族：神经细胞黏附分子（NCAM)、血小板内皮细胞黏附分子（PECAM)、细胞间黏附分子（ICAM)、血管细胞黏附分子（VCAM)。除此之外，IgSF 还包括 T 细胞受体、B 细胞受体、MHC 及细胞黏附分子（Ig-CAM)。

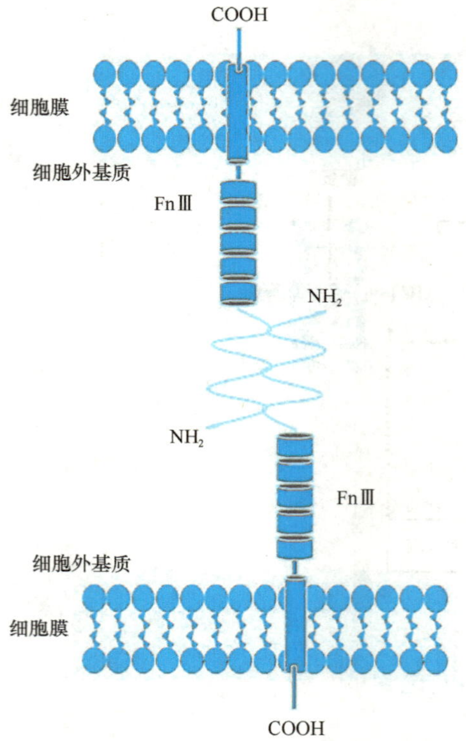

图 18-15　同亲型 IgSF 细胞黏附分子相互作用示意图

（一）免疫球蛋白的结构特征

IgSF 成员复杂，但都具有相似的分子结构：N 端胞外区包含一个或多个 Ig 样结构域以及若干个在纤连蛋白中发现的类似的重复结构域（Fn Ⅲ)。每一个 Ig 样结构域由 90～110 个氨基酸组成，其氨基酸序列具有同源性。构成 Ig 样结构域的多肽链折叠形成两个反向平行的 β 片层，其间由二硫键连接形成稳定的结构域。

IgSF 既能介导同亲型的细胞黏附，相邻细胞表面的两个 IgSF 分子通过 Ig 样结构域的相互作用使细胞发生黏附（图 18-15)；也能介导异亲型细胞黏附，其配体为整联蛋白，如某些血管内皮细胞上的 IgSF 蛋白可以与靶细胞表面的整联蛋白 $\alpha_4\beta_1$ 结合，介导异亲型细胞黏附。

（二）免疫球蛋白的功能

大多数 IgSF 细胞黏附分子为整合膜蛋白，介导淋巴细胞和免疫应答所需的细胞（如吞噬细胞、树突状细胞和靶细胞）之间特异性相互作用，但某些 IgSF 成员，如 NCAM 介导非免疫细胞的黏附。

1. 介导神经细胞间的黏附　根据其 C 端剪切部位的不同，NCAM 有 20 余种。NCAM 以同亲型的结合方式介导神经细胞黏附，调控突触形成和成熟，与神经系统发育密切相关。*NCAM* 基因缺陷会诱发智力发育迟缓和其他神经系统病变。如 *NCAM-L1* 基因突变导致新生儿致死性脑积水。妇女孕期大量饮酒会导致幼儿出现智力迟钝、精神异常及颜面畸形等胎儿酒精综合征（fetal alcohol syndrome，FAS)，其原因就是一定浓度的酒精可与 NCAM-L1 结合，致使神经元之间无法相互识别、黏附，导致胎儿神经发育缺陷。

2. 介导血管内皮细胞与白细胞的黏附　VCAM 表达于血管内皮细胞，含 6～7 个 Ig 样结构域，该黏附分子可与白细胞膜表面的整联蛋白 $\alpha_4\beta_1$ 相结合，使白细胞沿血管壁滚动迁移并固着于炎症部位的血管内皮上。

3. 介导免疫细胞的黏附　ICAM 有多种类型，T 细胞、单核细胞和中性粒细胞上表达的 ICAM，参与淋巴系统抗原识别、细胞毒性 T 细胞功能发挥及淋巴细胞的募集；血管内皮细胞表达的 ICAM 可与中性粒细胞膜上的整联蛋白结合，介导白细胞通过内皮细胞间隙进入炎症部位。此外，ICAM 还介导肿瘤细胞与白细胞的黏附，肿瘤细胞上的 ICAM 表达降低，可能与肿瘤细胞逃逸免疫监视有关。

4. 介导血小板和内皮细胞的黏附　PECAM 主要表达于血小板和内皮细胞，通过同亲型或异亲型方式与不同配体结合，介导血小板与内皮细胞的识别黏着，也参与内皮细胞之间的紧密黏附。

四、整联蛋白家族

整联蛋白（integrin）又称整合素，是一类依赖于 Ca^{2+} 或 Mg^{2+} 的异亲型细胞黏附分子，广泛分布于脊椎动物的细胞表面，介导细胞与细胞之间和细胞与细胞外基质之间的相互识别和黏附，在细胞信号转导、细胞生存、迁移、增殖和分化等活动中起作用。

（一）整联蛋白的分子结构特征

整联蛋白家族成员都是由 α（120～185kDa）和 β（90～110kDa）两个亚基组成的异二聚体穿膜蛋白。整联蛋白 α 亚基和 β 亚基均由胞外区、穿膜区和胞质区三个部分组成，两个亚基通过胞质区形成二硫键结合在一起。

整联蛋白由 α 和 β 亚基胞外区组成的球状“头部”，向下连着穿过细胞质膜的“腿”。其头部具有其与配体的结合位点，包括二价阳离子（Ca^{2+} 或 Mg^{2+}）结合区，含有 Arg-Gly-Asp（RGD）序列的细胞外基质成分（纤连蛋白、层粘连蛋白等）结合位点；其胞内段较短（β_4 亚基除外），可通过细胞内的锚定蛋白（踝蛋白、α-辅肌动蛋白等）与细胞骨架成分相互作用，使细胞与细胞外基质成为一体。

整联蛋白胞外段晶体结构解析显示：α 亚基的胞外结构域包含四部分：一个 β 片层头部、1 个 thigh 结构域、2 个 calf 结构域（C1、C2）。不同的 α 亚基在其胞外区域的共同结构是 β 片层头部的 7 个重复基序组成，它们在上表面折叠形成一个七叶螺旋桨结构，在叶片 4～7 的下表面，具有二价阳离子结合位点。整联蛋白 α 亚基（即 α_1、α_2、α_{10}、α_{11}、α_D、α_X、α_M、α_L）包含 200 个氨基酸的结构域，称为插入（I）结构域或 αA 结构域，位于 β 螺旋桨（propeller）的叶片 2 和 3 之间。αI 结构域的结构包含一个金属离子依赖的黏附位点基序（MIDAS），这是主要的配体结合位点。β 亚基的胞外结构域包括七部分：1 个插入到杂交结构域的 βI 结构域、1 个 PSI 结构域、4 个富含半胱氨酸的表皮生长因子（EGF）模块和 1 个尾部结构域（βTD）结构域（图 18-16）。

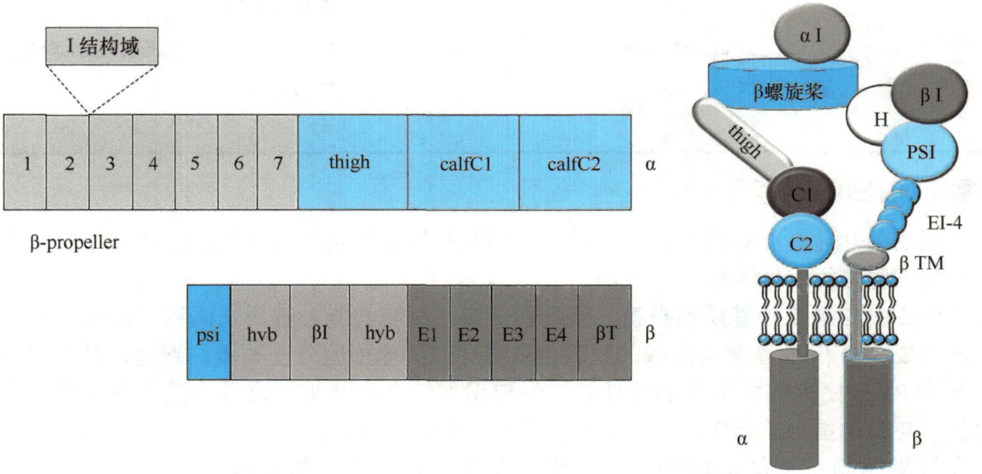

图 18-16 整联蛋白分子结构示意图

迄今已发现 24 种 α 亚基和 8 种 β 亚基，它们相互组合构成 24 种不同 αβ-异二聚体（表 18-2）。多数 α 亚基可以与一种 β 亚基结合，而大部分 β 亚基可以与不同的 β 亚基结合。一种整联蛋白可结合一种或几种配体，而同一种配体也可以与多种整联蛋白相结合；根据与整联蛋白结合部位的序列差异，配体可分为 RGD 序列和非 RGD 序列两类。

表 18-2 常见的整联蛋白及其配体

整联蛋白的亚单位组成	配体	主要的细胞分布
$\alpha_1\beta_1$	胶原、层粘连蛋白	多种细胞类型
$\alpha_2\beta_1$	胶原、层粘连蛋白	多种细胞类型
$\alpha_3\beta_1$	纤连蛋白	单核细胞、B 细胞、T 细胞
$\alpha_4\beta_1$	纤连蛋白、VCAM-1	造血细胞
$\alpha_5\beta_1$	纤连蛋白	胸腺细胞、T 细胞、单核细胞、血小板
$\alpha_6\beta_1$	层粘连蛋白	胸腺细胞、T 细胞、单核细胞、血小板
$\alpha_v\beta_1$	纤连蛋白、骨桥蛋白	血小板、内皮细胞、巨核细胞
$\alpha_7\beta_1$	层粘连蛋白	肿瘤细胞
$\alpha_8\beta_1$	纤连蛋白、玻连蛋白、骨桥蛋白	平滑肌细胞、肺泡间质细胞
$\alpha_9\beta_1$	纤连蛋白、VCAM-1、骨桥蛋白、VEGF	皮肤、中性粒细胞
$\alpha_{10}\beta_1$	—	软骨细胞、纤维组织
$\alpha_{11}\beta_1$	胶原	肿瘤细胞
$\alpha_L\beta_2$	ICAM-1、ICAM-2	T 细胞
$\alpha_M\beta_2$	ICAM-1、血纤维蛋白原	单核细胞
$\alpha_X\beta_2$	ICAM-1、血纤维蛋白原、脂多糖	髓样细胞
$\alpha_D\beta_2$	ICAM-3	白细胞
$\alpha_{IIb}\beta_3$	纤连蛋白、血纤维蛋白原	血小板
$\alpha_v\beta_3$	CD31、玻连蛋白、血小板反应蛋白	内皮细胞、血小板、自然杀伤细胞
$\alpha_6\beta_4$	层粘连蛋白	上皮细胞
$\alpha_v\beta_5$	玻连蛋白	肿瘤细胞、成纤维细胞
$\alpha_v\beta_6$	纤连蛋白	某些肿瘤细胞系
$\alpha_4\beta_7$	VCAM-1、纤连蛋白	黏膜淋巴细胞、自然杀伤细胞、嗜酸性粒细胞
$\alpha_E\beta_7$	—	黏膜淋巴细胞
$\alpha_v\beta_8$	—	—

（二）整联蛋白的功能

整联蛋白的功能主要有两方面：一是介导细胞与细胞外基质或其他细胞的黏着；二是介导细胞外环境与细胞内的信号转导。

1. 介导细胞与细胞外基质的黏着 整联蛋白参与细胞与胞外基质之间锚定连接（黏着斑和半桥粒）的形成。由 β_1 亚基参与形成的整联蛋白可通过其球形胞外区与蛋白聚糖、纤连蛋白、层粘连蛋白等含 RGD 序列的大多数细胞外基质蛋白识别结合，胞质区通过连接蛋白（踝蛋白、黏着斑蛋白等）与肌动蛋白丝连接，从而使细胞黏附于细胞外基质上。

2. 介导细胞与细胞间的黏附 白细胞表面表达许多整联蛋白包括 $\alpha_4\beta_1$、$\alpha_9\beta_1$、$\alpha_L\beta_2$、$\alpha_M\beta_2$、$\alpha_X\beta_2$、$\alpha_D\beta_2$、$\alpha_4\beta_7$ 和 $\alpha_E\beta_7$，其中，含有 β_2 亚基的整联蛋白在白细胞中最为丰富，称为白细胞整合素。当感染发生时，白细胞，如中性粒细胞、嗜酸性粒细胞和嗜碱性粒细胞，被血流携带到感染部位附近，白细胞上表达的整联蛋白 β_2 亚基与血管内皮细胞上的配体 ICAM-1 结合，使白细胞黏附在血管内皮上并开始快速滚动，迁出血管进入炎症部位发挥作用。遗传性“白细胞黏合缺陷症”患者因不能合成 β_2 亚基，容易发生细菌感染。

3. 参与细胞与环境间的信号传递 整联蛋白信号传导是双向的，具有“由外向内（outside in）”

和“由内向外（inside out）”两种形式。“由内向外”信号调节整联蛋白对黏附配体的亲和力，而配体依赖的“由内向外”信号调节细胞对整联蛋白的反应。整联蛋白通过信号转导，从而调节细胞迁移、增殖、分化和凋亡等行为（图 18-17）。

静息的整联蛋白以弯曲-闭合构象存在，无活性，不能与配体结合，整联蛋白可以延伸并形成具有开放头部的高亲和力构象。开放的头部构象是由结合配体诱导的，这种激活状态具有较高的结合亲和力。配体的结合进一步为构象变化触发内外信号转导提供了能量。活化的整联蛋白可作为受体介导信号从细胞外环境向细胞内的传递，称为“由外向内”的信号转导。整联蛋白与胞外配体的结合后会激活两条 FAK 通路，FAK 被募集于此处并发生自磷酸化而与 Src 激酶结合，FAK/Src 复合体磷酸化多个下游分子，活化 FAK-MAPK 和 FAK-PI3K 等信号通路，从而调控细胞黏附、增殖、存活与凋亡等生命活动。

整联蛋白还介导信号“由内向外”传递。在细胞内信号分子（如踝蛋白、FAK 等）的启动下，整联蛋白胞外构象发生改变，由折叠状态无活性的形式变为伸展状态而活化的形式，从而与细胞外基质成分或相邻细胞表面的其他黏附分子的亲和力增强。整联蛋白介导的“由内向外”的信号转导主要调控细胞黏附能力，对血小板和白细胞参与的黏附反应非常重要。在凝血过程中，血小板结合于受损血管或被其他可溶性信号分子作用后引起细胞内信号传递，导致血小板质膜上的整联蛋白 $\alpha_{IIb}\beta_3$ 构象改变而激活，活化的整联蛋白与血液中的含有 RGD 序列的纤维蛋白原的亲和性增加，粘连在一起形成血凝块。含有 RGD 序列的人工合成肽可以竞争性地阻止血小板整联蛋白与纤维蛋白原的结合，从而抑制血凝块的形成。含有类似 RGD 结构的非肽类抗血栓药物（如 aggrastat）或 $\alpha_{IIb}\beta_3$ 整联蛋白抗体药物（如 ReoPro）已在临床使用来预防血栓的形成。

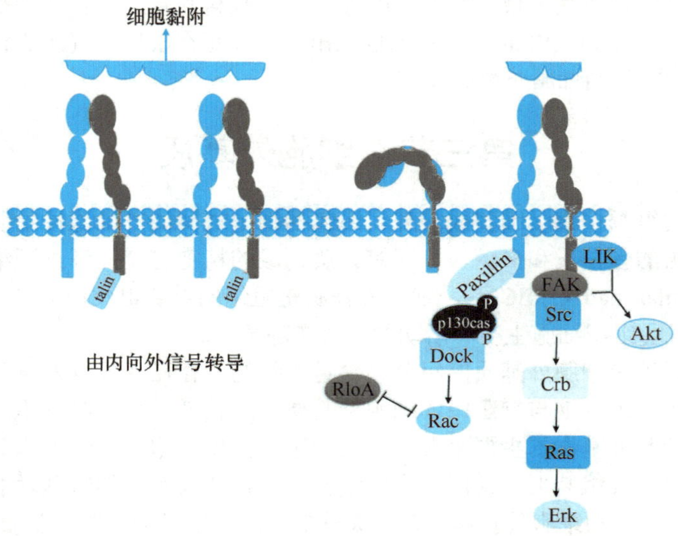

图 18-17　整联蛋白双向信号转导

（三）整联蛋白与医学

整联蛋白作为细胞黏附和信号蛋白调控多种生物学功能。

1. 整联蛋白参与多种疾病的纤维化过程　非酒精性脂肪肝（nonalcoholic fatty liver disease，NAFLD）中活化的整联蛋白 $\alpha_9\beta_1$ 被肝细胞内吞并以细胞外囊泡的形式分泌，这些囊泡被单核细胞来源的巨噬细胞（monocyte-derived macrophage，MOMF）捕获，捕获的整联蛋白 $\alpha_9\beta_1$ 通过与 VCAM-1 结合介导 MOMF 黏附肝窦内皮细胞（liver sinusoidal endothelial cell，LSEC），加速肝纤维化。在造血干细胞中，整联蛋白 $\alpha_8\beta_1$ 通过激活转化生长因子-β（transforming growth factor-β，

TGF-β）促进肝纤维化。整联蛋白 $\alpha_v\beta_3$ 与 OPN 结合可促进层粘连蛋白和 α-SMA 表达，导致细胞外基质积累，加速纤维化进展。在 $CD4^+$ T 细胞中，整联蛋白 $\alpha_4\beta_7$ 与肝细胞的 MAdCAM-1 结合，将 $CD4^+$ T 细胞招募到肝脏，诱导肝脏炎症和纤维化。肺动脉高压（pulmonary hypertension，PH）是肺血管系统紊乱疾病，随着 PH 的发展，肺动脉血管平滑肌细胞中的整联蛋白 α_1、α_8、α_v、β_1、β_3 表达上调，α_5 表达下调，改变 Ca^{2+}浓度，促进内膜纤维化。整联蛋白 $\alpha_v\beta_3$ 与 OPN 结合也可通过激活 FAK 信号转导，参与血管重构过程。常染色体显性肾脏疾病（autosomal dominant polycystic kidney disease，ADPKD）是由多囊肾病-1（*PKD1*）基因或多囊肾病-2（*PKD2*）基因突变引起的。肾小管上皮细胞表达的整联蛋白 $\alpha_v\beta_3$ 与骨膜蛋白结合，激活 TGF-β，促进肾纤维化；此外，肾小管上皮细胞表达整联蛋白 β_1 可增强胶原、纤维连接蛋白和 α-SMA 的表达，诱发肾纤维化。

2. 整联蛋白参与肿瘤进程 大多数整联蛋白在多种实体肿瘤中起着肿瘤发生启动子的作用，但也有一些整联蛋白在肿瘤发生中也起抑制因子的作用。例如，研究发现，抑制整联蛋白 β_1 或缺失 β_1 基因可逆转乳腺癌的恶性表型，降低胃癌、卵巢癌和肺癌的耐药性和减少转移。整联蛋白 $\alpha_2\beta_1$ 在正常乳腺上皮细胞上高表达，在小鼠模型和人类乳腺癌中是一种转移抑制因子；然而，其他研究表明，整联蛋白 α_2 或 $\alpha_2\beta_1$ 却是促进肝癌细胞侵袭的关键调控因子。此外，层粘连蛋白结合整联蛋白 $\alpha_3\beta_1$ 和整联蛋白 $\alpha_6\beta_4$ 对肿瘤的发展和进展有相反的作用，促进肿瘤形成但抑制肿瘤转移。整联蛋白既可通过激活 TGF-β 发挥其抗增殖作用而抑制肿瘤进展，也在肿瘤免疫调节中发挥着重要作用。例如，$\alpha_4\beta_7$ 招募产生 IFN-γ 的 $CD4^+$ T 细胞、细胞毒性 $CD8^+$ T 细胞和自然杀伤细胞到结直肠癌组织，进而引起有效的抗肿瘤免疫反应。

目前，以整联蛋白 $\alpha_{IIb}\beta_3$、$\alpha_4\beta_7$/$\alpha_4\beta_1$ 和 $\alpha_L\beta_2$ 为靶点治疗心血管疾病、炎症性肠病/多发性硬化和眼干燥症的治疗方法已成功上市。针对 $\alpha_v\beta_3$ 在癌症、眼科和骨质疏松症治疗领域的药物也在研发过程中；整联蛋白 $\alpha_v\beta_6$ 和 $\alpha_v\beta_1$ 的新抑制剂也已出现，并正在临床研究用于治疗纤维化疾病，包括特发性肺纤维化和非酒精性脂肪性肝炎。

第三节 细胞外基质

多细胞生物体的组织中除了细胞成分外，还包括细胞之间的非细胞性物质，这些存在于细胞外空间、由细胞分泌的蛋白质和多糖大分子等物质构成的精密有序的纤维网络结构体系，称为细胞外基质（extracellular matrix，ECM）。细胞外基质是组织的重要组成成分，是细胞生命代谢活动的分泌产物，也构成了组织细胞生存和活动的直接微环境。

生物体内不同组织中细胞外基质的组分、含量、结构、存在形式及发育阶段具有差异性和多样性。上皮组织、肌组织及脑与脊髓中的细胞外基质含量较低，而结缔组织中细胞外基质含量较高。成纤维细胞是细胞外基质的主要来源，但肌细胞、内皮细胞、软骨细胞等多种细胞也可以分泌。细胞外基质的组分及组装形式由所产生的细胞决定，并与组织的特殊功能需要相适应，具有组织特异性。例如，角膜的细胞外基质为透明柔软的片层，肌腱的细胞外基质则坚韧如绳索，骨、牙齿的细胞外基质则坚硬如石。

细胞外基质构成复杂的网架结构；是细胞微环境的构成成分；支持、连接、保水、保护组织结构；影响细胞的增殖、分化、运动、代谢等功能活动。细胞外基质结构和功能的异常与许多疾病甚至肿瘤息息相关，如器官组织的纤维化，肿瘤的恶变、浸润和转移；另外，某些遗传性疾病的病理变化也与细胞外基质有关。近年来，有关细胞外基质的研究备受关注，已经成为细胞生物学及医学科学领域的重要研究前沿之一。

一、细胞外基质的主要成分

构成细胞外基质的大分子种类繁多，其组成成分可大致分为三大类：一是氨基聚糖和蛋白聚糖，能够形成水性的胶状物，即凝胶样基质；二是结构蛋白，包括胶原和弹性蛋白，赋予细胞外基质一定的强度和韧性；三是非胶原糖蛋白，包括纤连蛋白与层粘连蛋白，属于黏合成分，促进细胞与细胞外基质结合。

（一）氨基聚糖与蛋白聚糖

1. 氨基聚糖（glycosaminoglycan，GAG） 又称为黏多糖，糖胺聚糖。是由重复的二糖单位构成的无分支直链多糖，常硫酸化。其二糖单位由氨基己糖（*N*-乙酰葡萄糖胺或 *N*-乙酰氨基半乳糖）和糖醛酸（葡糖醛酸或艾杜糖醛酸）组成。

由于糖基带有硫酸基团或羧基，氨基聚糖带有大量负电荷（图 18-18），一方面负电荷之间相互排斥，使分子伸展，另一方面，负电荷能结合许多阳离子（如 Na^+）而增加渗透压，从而将大量水分子吸收到基质中。因此，氨基聚糖呈现出充分的伸展构象和高度的亲水性，形成了充满整个细胞外基质空间的多孔凝胶，既能对组织起到机械支撑的作用，又能允许水溶性分子的扩散和细胞在细胞外基质中的迁移。

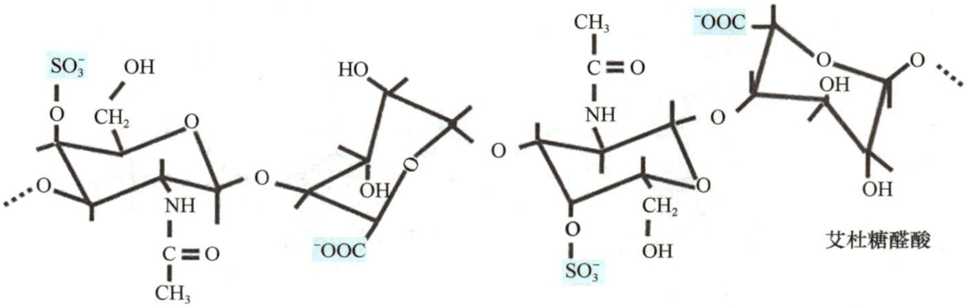

N-乙酰半乳糖-4-硫酸

图 18-18　氨基聚糖（硫酸皮肤素）二糖单位的化学结构

氨基聚糖根据其组成糖基和连接方式的不同可分为 4 类（表 18-3）：①透明质酸（hyaluronan）；②硫酸软骨素（chondroitin sulfate）和硫酸皮肤素（dermatan sulfate）；③硫酸角质素（keratan sulfate）；④硫酸乙酰肝素（heparan sulfate）和肝素（heparin）。

表 18-3　氨基聚糖的种类和组织分布

氨基聚糖	二糖结构单位的糖基组成		硫酸基	主要组织分布
透明质酸	*D*-葡糖醛酸	*N*-乙酰葡萄糖胺	－	皮肤、结缔组织、软骨、滑液、玻璃体
4-硫酸软骨素	*D*-葡糖醛酸	*N*-乙酰半乳糖胺	＋	皮肤、骨、软骨、动脉、角膜
6-硫酸软骨素	*D*-葡糖醛酸	*N*-乙酰半乳糖胺	＋	皮肤、骨、动脉、角膜
硫酸角质素	*D*-半乳糖	*N*-乙酰葡萄糖胺	＋	软骨、椎间盘、角膜
硫酸皮肤素	**D*-葡糖醛酸	*N*-乙酰半乳糖胺	＋	皮肤、血管、心脏、心瓣膜
硫酸乙酰肝素	**D*-葡糖醛酸	*N*-乙酰葡萄糖胺	＋	肺、动脉、细胞表面
肝素	**D*-葡糖醛酸	*N*-乙酰葡萄糖胺	＋	肝、肺、皮肤、肥大细胞

* 亦可为其差向异构体 *L*-艾杜糖醛酸

透明质酸是唯一不含有硫酸基团的氨基聚糖，其结构最为简单，整个分子全部由葡糖醛酸及乙酰葡萄糖胺重复二糖单位排列而成，一个分子中可含有几千个二糖单位，分子量很大。透明质酸表面含有大量的亲水基团，使其可结合大量的阳离子及水分子，增加了离子浓度和渗透压，形成水合胶体。同时，透明质酸分子中含有大量负电荷羧基，借助负电荷之间的相斥作用，使得整个分子呈伸展状并有一定的刚性。透明质酸的这种理化性质赋予了其具有体内发挥保水、维持细胞外空间、赋予组织弹性和抗压性、调节渗透压、润滑等重要生理功能。

首先，透明质酸是构成人体细胞间质、玻璃体、关节滑液等的主要成分，增加了体液和滑液的黏度和润滑性，具有调节渗透压和润滑的作用。其次，透明质酸在体内发挥保水、维持细胞外空间、赋予组织弹性和抗压性等重要生理功能。再者，透明质酸形成的水合空间有利于细胞保持彼此分离，使细胞易于增殖和迁移。在早期胚胎或创伤组织中，合成旺盛、含量丰富的透明质酸可促进细胞增殖或迁移；一旦细胞增殖或迁移停止，透明质酸则被活性增强的透明质酸酶所降解，同时细胞表面的透明质酸受体减少。

2. 蛋白聚糖（proteoglycan） 是由核心蛋白（core protein）与氨基聚糖（除透明质酸外）共价结合的糖蛋白，其含糖量极高，可达分子总重量的90%～95%，分布于结缔组织、细胞外基质和许多细胞表面。蛋白聚糖存在单体和多聚体两种形式。核心蛋白为单链多肽，一个核心蛋白上可同时结合一个到上百个同一种类或不同种类的糖胺聚糖链，形成大小不等的蛋白聚糖单体，若干蛋白聚糖单体又能够通过连接蛋白（linker protein）与透明质酸以非共价键结合形成蛋白聚糖多聚体（图18-19）。

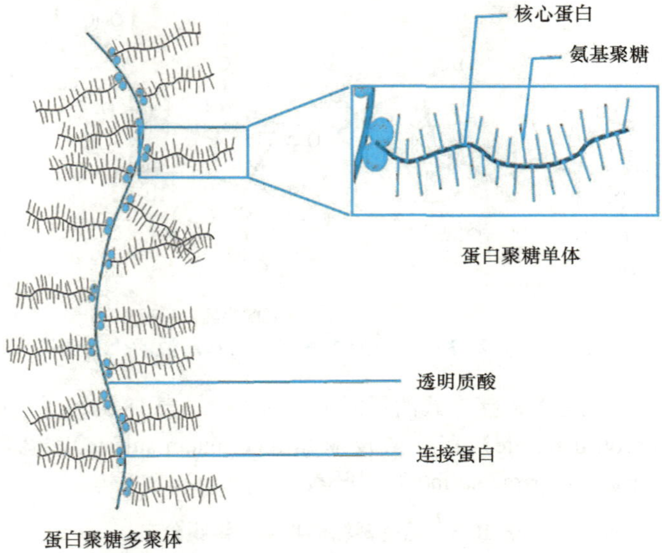

图 18-19 蛋白聚糖结构示意图

蛋白聚糖的装配一般在内质网和高尔基体中进行。核心蛋白多肽链在粗面内质网上的核糖体合成，随之进入内质网腔，而多糖侧链是在高尔基体中装配到核心蛋白上的。首先，在核心蛋白的丝氨酸残基（一般是Ser-Gly-X-Gly序列）上结合一个专一的连接四糖（link tetrasaccharide）（—木糖—半乳糖—半乳糖—葡糖醛酸—），再在专一的糖基转移酶（glycosyl transferase）作用下，糖基逐个添加使糖链增长，形成氨基聚糖链（图18-20）。同时，在高尔基体中对所合成的二糖单位进行硫酸化和差向异构化修饰。硫酸化极大地增加了蛋白聚糖的负电荷，差向异构化则改变了糖分子中绕单个碳原子的取代基的构型。

细胞外基质中的氨基聚糖和蛋白聚糖的功能：①由于具有强负电性和亲水性，构成水合凝胶样基质，赋予组织弹性和抗压性。②氨基聚糖和蛋白聚糖孔隙大小和电荷密度可调节对分子和细胞的通透性，允许某些营养物、代谢产物、激素和细胞因子等在血液和组织细胞之间迅速扩散。同时，单个的蛋白聚糖或透明质酸-蛋白聚糖复合物可直接与胶原纤维连接成细胞外基质中的纤维网络，对细胞外基质的连贯性具有重要作用。③细胞表面蛋白聚糖有信息传递作用（作为膜分子胞外段结合信号分子），可与细胞外基质中成纤维细胞生长因子（FGF）、TGF-β等生物活性分子结合，增强或抑制其与细胞表面受体的结合，进而影响细胞信号转导。④氨基聚糖和蛋白聚糖的种类和数量随年龄而变动，与发育过程中组织的功能相适应。如透明质酸和硫酸软骨素在婴儿皮肤中的含量是成人的 20 倍，其含量会随着年龄的增长而降低。蛋白聚糖的异常与人类疾病密切相关，例如，构成软骨的蛋白聚糖，其含量不足或代谢障碍可引起长骨发育不良，四肢短小。

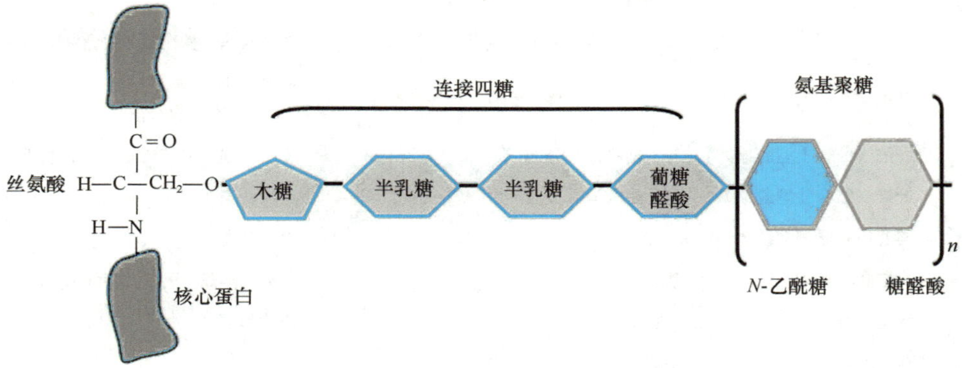

图 18-20　蛋白聚糖分子结构的示意图

（二）结构蛋白

1. 胶原（collagen）　是动物体内高度特化、不溶性的纤维蛋白家族，是细胞外基质的框架结构。胶原是人体含量最丰富的蛋白质，占总蛋白的 25%～30%；不同组织中胶原的含量差别很大，其主要由成纤维细胞、成骨细胞、软骨细胞合成分泌。胶原分布广泛，具有组织特异性。

胶原的基本结构单位是由 3 条 α 链构成的三股右手超螺旋结构——原胶原（tropocollagen）分子（图 18-21）。构成原胶原分子的每条 α 链约含 1050 个氨基酸残基，呈左手螺旋构象。α 链由一系列重复的 Gly-X-Y 序列构成，其中 X 常为脯氨酸（proline），Y 常为羟脯氨酸（hydroxyproline）或羟赖氨酸（hydroxylysine）残基，α 链中丰富的甘氨酸和脯氨酸对于维持胶原三级螺旋结构的稳定性非常重要。

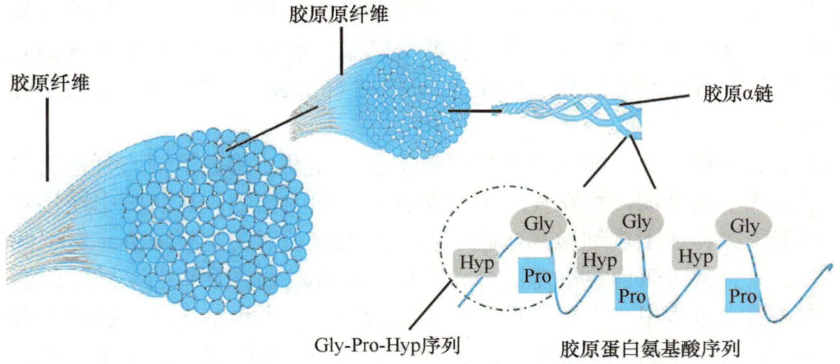

图 18-21　原胶原分子的结构示意图

人类基因组有 42 个基因编码 α 多肽链，不同组织常表达不同类型的 α 链，原胶原可以是同源或者异源三聚体组成。目前已经发现的胶原有 29 种，具有不同的分子组成和功能，不同类型的胶原分布具有组织特异性（表 18-4）。Ⅰ、Ⅱ、Ⅲ型胶原蛋白在组织中的含量最为丰富：Ⅰ型胶原分布广泛，主要存在于皮肤、肌腱、韧带和骨组织中，具有较强的抗张力；Ⅱ型胶原主要存在于软骨组织中，Ⅲ型胶原主要存在于皮肤、血管及内脏等疏松结缔组织中。

表 18-4 胶原的类型及特性

类型	多聚体形式	组织分布	突变表型
Ⅰ	纤维	骨、皮肤、肌腱、韧带、角膜、体内器官等（占人体胶原蛋白的 90%）	严重的骨缺陷、骨折（成骨不全症）
Ⅱ	纤维	软骨、脊索、人眼玻璃体	软骨缺陷，侏儒症（软骨发育异常）
Ⅲ	纤维	皮肤、血管、体内器官	皮肤易损、关节松软、血管易破（埃勒斯-当洛斯综合征）
Ⅴ	纤维（结合Ⅰ型胶原）	与Ⅰ型胶原共分布	皮肤易损、关节松软、血管易破
Ⅺ	纤维（结合Ⅱ型胶原）	与Ⅱ型胶原共分布	近视、失明
Ⅸ	与Ⅱ型胶原侧面结合	软骨	骨关节炎
Ⅳ	片层状（形成网络）	基膜	肾炎、耳聋［奥尔波特（Alport）综合征］
Ⅶ	锚定纤维	鳞状上皮下	皮肤起疱
Ⅹ、Ⅴ、Ⅱ	非纤维状	半桥粒	皮肤起疱
Ⅹ、Ⅴ、Ⅲ	非纤维状	基膜	近视、视网膜脱落、脑积水

胶原的合成与装配起始于内质网，在高尔基体中进行修饰，最终在细胞外组装成为胶原纤维（图 18-22）。①在粗面内质网的核糖体上合成前 α 链（pro-α chain），其结构包括内质网信号肽，N 端和 C 端各有一段不含 Gly-X-Y 三体序列的前肽（propeptide），并通过内质网信号肽运送到内质网腔中。②前 α 链的内质网信号肽被信号肽酶识别并切除，脯氨酸和赖氨酸经过羟基化修饰成为羟脯氨酸和羟赖氨酸，部分羟脯氨酸残基被糖基化。3 条前 α 链会通过 C 端前肽之间的二硫键彼此交联，从 C 端向 N 端聚合形成三股螺旋结构，而前肽序列部分则保持非螺旋卷曲构象，这种带有前肽结构序列的三股螺旋胶原分子称作前胶原（procollagen）。③前胶原经过高尔基体中修饰加工后，以分泌小泡的形式转运到细胞外，由细胞外的两种特异性前胶原肽酶分别水解除去 N 端和 C 端的前肽序列，形成原胶原（tropocollagen）分子，在被切除前肽序列的原胶原两端，依然分别保留着一段被称为端肽区（telopeptide region）的非螺旋结构区域。④不同的原胶原分子相互间呈阶梯式有序排列，并通过侧向的共价结合，彼此交联聚合形成胶原原纤维（collagen fibril）。⑤胶原原纤维在其表面的原纤维结合胶原（fibril associated collagen）作用下，进而聚集结合成胶原纤维（collagen fiber）。

胶原以其丰富的含量、良好的刚性和极高的抗张力强度，构成了细胞外基质的骨架结构。胶原在不同组织中发挥不同功能，如在皮肤中抗衡各个方向的张力；在肌腱中连接肌肉和骨骼并承受巨大拉力；Ⅳ型胶原构成上皮细胞基底膜。胶原是细胞黏附的重要成分，对于大部分细胞增殖是必需的，不同胶原类型可以诱导细胞的分化方向。哺乳动物在发育的不同阶段会表达不同类型的胶原，如在生长发育进程中，Ⅰ型胶原取代Ⅲ型胶原。在生理情况下，胶原半衰期较长（骨胶原分子可达 10 年），而在创伤、炎症期，胶原转换率加快，并伴有胶原类型的转变。胶原可以被胶原酶（collagenase）降解，胶原酶的活性和胶原的合成与降解过程受多种因素调节（如激素，糖皮质激素、甲状旁腺素），在创伤组织、癌变组织中，胶原酶活性会显著增强。临床上胶原酶溶解术已广泛应用于治疗腰椎间盘突出。

胶原合成异常会引发多种疾病。成骨发育不全综合征为遗传性胶原病，编码Ⅰ型胶原 α_1 链（Ⅰ）基因（*COL1A1*）或 α_2（Ⅰ）链的基因（*COL1A2*）突变，使Ⅰ型胶原合成障碍，导致骨骼发育不良、畸形、四肢短小、骨质疏松易骨折，严重者夭折；Ⅱ型胶原基因发生突变，可导致软骨异常、关节畸形，身材矮小。维生素 C 缺乏会导致坏血症，就是因为缺少维生素 C 时，影响前 α 链的羟基化，不能组装成稳定的三股螺旋结构，前 α 链就会降解，导致细胞外基质中胶原的缺乏，而存在于基质及血管中的正常胶原逐渐丧失，导致组织中胶原缺乏，而引起血管、肌腱、皮肤等脆性增加，皮下、牙龈易出血及牙齿松动等症状。埃勒斯-当洛斯综合征又称爱-唐综合征，患者缺乏切除前肽的酶，导致胶原不能正常组装，其特征为皮肤和血管脆弱，皮肤弹性过强。

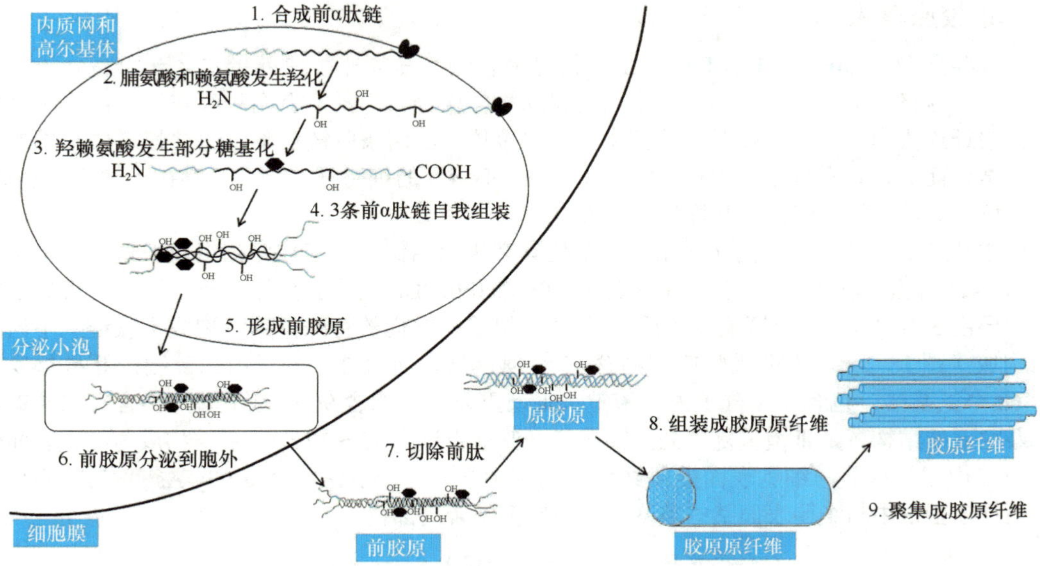

图 18-22 胶原的合成与装配过程

2. 弹性蛋白（elastin） 是弹性纤维的主要成分，主要存在于脉管壁、韧带和肺组织中，少量存在于皮肤和疏松结缔组织中，赋予组织弹性和抗张能力。弹性纤维（elastic fiber）中心区域主要由弹性蛋白构成，外围包绕着一层由微原纤维（microfibril）构成的壳。弹性蛋白为高度疏水的非糖基化纤维蛋白，由两种类型短肽交替排列构成，呈无规则卷曲网状结构。1 条高度疏水性的短肽富含甘氨酸、脯氨酸，不发生糖基化修饰，赋予分子弹性；1 条亲水性的短肽富含丙氨酸和赖氨酸，呈 α 螺旋，负责相邻分子之间形成交联。这种结构使得弹性蛋白在整体上呈现出两个明显的特征：①构象为无规卷曲状态，使分子富有弹性；②通过赖氨酸残基相互交联成疏松网状结构（图 18-23）。

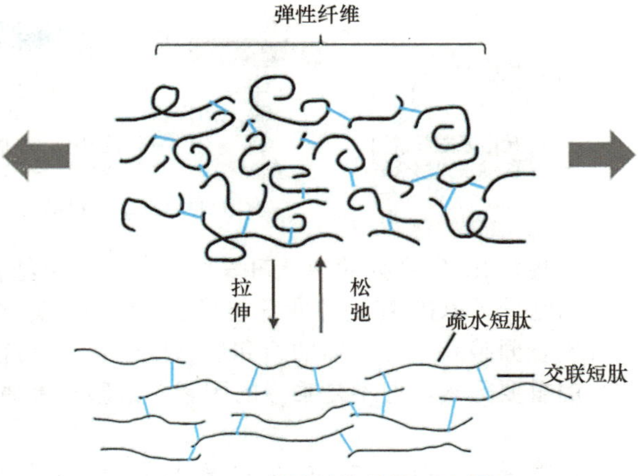

图 18-23 弹性纤维结构示意图

弹性蛋白初合成时为水溶性单体，称为原弹性蛋白（tropoelastin），部分脯氨酸羟化形成羟脯氨酸。原弹性蛋白被分泌到细胞外，再经赖氨酰氧化酶的催化，使原弹性蛋白肽链中的赖氨酸经氧化酶催化成为醛，形成原弹性蛋白中所特有的氨基酸锁链素（desmosine）和异锁链素（isodesmosine），并借此聚集交联，在细胞膜附近装配成具有多向伸缩性能的弹性纤维立体网络结构。

弹性纤维合成和组装异常会引发疾病。皮肤松弛症是一种常染色体遗传病，患者的皮肤和结缔组织中缺乏弹性纤维，表现为皮肤下垂肥大松弛。威廉姆斯综合征患者因编码弹性蛋白的基因突变，产生弹性蛋白多肽链缩短，缺乏形成分子交联结构域，难以组装成弹性纤维。该患者表现为缺乏弹性纤维的动脉壁中平滑肌细胞过度增殖，导致出现严重的大动脉管腔狭窄。微原纤维与弹性蛋白结合对于弹性纤维完整性具有重要作用。马方综合征是一种遗传性疾病，患者骨骼关节畸形，四肢、手指、脚趾细长不匀称，身高明显超出常人，伴有心血管系统异常，严重者易发生主动脉破裂，该病是由于弹性纤维外壳糖蛋白原纤蛋白-1（fibrillin1，*FBN1*）基因突变造成的。

（三）非胶原糖蛋白

1. 纤连蛋白（fibronectin，FN） 是动物界最普遍存在的非胶原糖蛋白之一，高分子的纤维状糖蛋白，含糖量为45%～95%。纤连蛋白在动物体内分布广泛，有两种存在形式：一种是可溶性的血浆纤连蛋白，存在于血浆、体液中，呈二聚体，由两条肽链亚单位通过其C端形成的二硫键交联结合而成，整个分子呈“V”型；另一种是不溶性的细胞纤连蛋白，存在于细胞外基质中，呈多聚体，通过链间二硫键交联称为纤维束。

构成纤连蛋白分子的不同肽链结构亚单位具有极为相似的氨基酸序列组成，每一亚单位肽链约含有2450个氨基酸残基，分子量为220 000～250 000Da。纤连蛋白每个亚单位包括数个结构域，主要由3类（Ⅰ～Ⅲ型）重复的氨基酸序列组成，它们的特殊排列，构成了肽链上不同的功能结构域（图18-24）。Ⅰ型重复序列约含40个氨基酸，包含2个分子内二硫键；Ⅱ型重复序列约含60个氨基酸，包含2个分子内二硫键；Ⅲ型重复序列约含90个氨基酸，不含有二硫键。其中，最主要的结构域是Ⅲ型重复序列，其在每个亚基中达到15～17个，主要构成与细胞表面受体结合的结构域。这些与细胞表面受体结合结构域中含有一个RGD（Arg-Gly-Asp）三肽序列，该序列是纤连蛋白中与细胞表面某些整联蛋白识别及结合的部位。

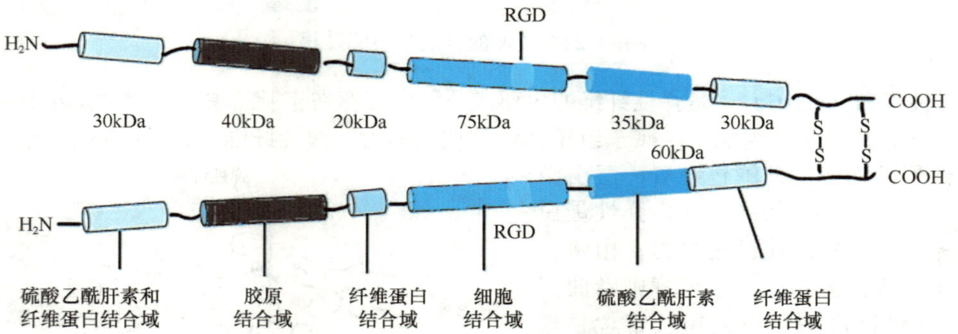

图 18-24　纤连蛋白结构示意图

一些含RGD序列的短肽可与纤连蛋白竞争结合细胞上的结合位点，从而抑制细胞同细胞外基质的结合。RGD序列并非纤连蛋白所独有，许多细胞外基质都含有此序列。单纯的RGD序列与细胞表面整联蛋白受体的亲和性远低于整个纤连蛋白分子，即RGD虽然是细胞外基质与细胞结合的重要因素，但不是唯一的因素，细胞与基质的结合除了需要RGD序列外，还需要其他序列协同。

纤连蛋白具有多方面的生物学功能。①纤连蛋白介导细胞与细胞外基质的黏着（黏着斑），促进细胞铺展。细胞表面的纤连蛋白可以识别并结合细胞膜上的纤连蛋白受体，也可以与细胞外基质中的胶原、蛋白聚糖等结合，从而使细胞与细胞外基质组成一个整体。②通过黏着，纤连蛋白参与信号转导途径，维持细胞形态，调控增殖、迁移、分化等。③血浆纤连蛋白促进血液凝固和创面修复，增强巨噬细胞功能。软组织损伤时，血浆纤连蛋白与纤维蛋白共同形成血凝块，成为组织修复的初始基质，纤连蛋白一方面可以吸引成纤维细胞、平滑肌细胞以及内皮细胞到达创伤部位形成肉芽组织，然后纤维化形成瘢痕；另一方面刺激上皮细胞向血块迁移而闭合创面。

2. 层粘连蛋白（laminin，LN） 是动物个体胚胎发育过程中最早出现的细胞外基质成分，是基膜所特有的非胶原糖蛋白。相对于纤连蛋白，层粘连蛋白是一种更为巨大的高含糖量非胶原蛋白质，其含糖量可达15%～28%，分子量为820 000～850 000Da，由一条重链（α链）和两条轻链（β 链与 γ 链）借二硫键交联成非对称十字形分子构型（图 18-25）。构成层粘连蛋白的 3 条不同多肽链，以其各自的 N 端序列形成了层粘连蛋白非对称十字形分子结构的 3 条短臂，每一短臂上都有相间排列的 2 个或 3 个球区和短杆区。层粘连蛋白十字形结构的长臂杆状区域，为 3 条组成肽链的近 C 端序列所共同构成。长臂末端，则由位于 3 条肽链中间的一条 α 肽链 C 端序列高度卷曲而形成一个较大的球状结构，此为与肝素结合的部位。

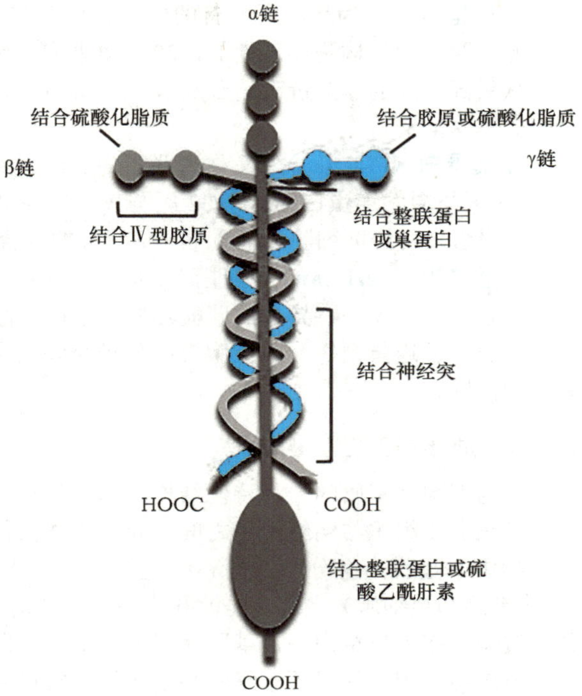

图 18-25　层粘连蛋白分子结构示意图

目前已发现的层粘连蛋白分子结构亚单位有 8 种，α_1、α_2、α_3、β_1、β_2、β_3、γ_1 和 γ_2，由不同的结构基因编码，这些亚单位可以组合形成至少 7 种类型的层粘连蛋白。

早期胚胎中的层粘连蛋白，对于保持细胞间黏附、细胞极性、细胞分化均具有重要的意义。层粘连蛋白作为基膜的主要结构成分对基膜的组装起着关键作用，其主要功能是在细胞表面形成网络结构，并将细胞固定在基膜上；参与半桥粒形成，调节细胞黏附、迁移、增殖和分化。

二、细胞外基质的特化结构

基膜（basal lamina）又称基底膜（basement membrane），是细胞外基质特化而成的一种薄层网膜结构，厚度通常为 40～120nm，以不同的形式存在于不同的组织结构之中。在上皮组织和内皮组织中，基膜位于上皮细胞和内皮细胞基底部，具有连接的作用；在肺泡、肾小球中，基膜介于两层细胞之间，具有滤筛的作用；在肌肉、脂肪等组织中，基膜包绕在细胞周围，具有将细胞与结缔组织隔离的作用。

（一）基膜的组成成分

构成基膜的绝大多数细胞外基质组分都是由位于基膜上方的上皮细胞和下方的结缔组织细胞合成并分泌的。虽然不同组织器官的基膜，甚至是同一基膜的不同区域，其组成成分有所不同，但所有基膜都含有以下 4 种蛋白成分（图 18-26）。

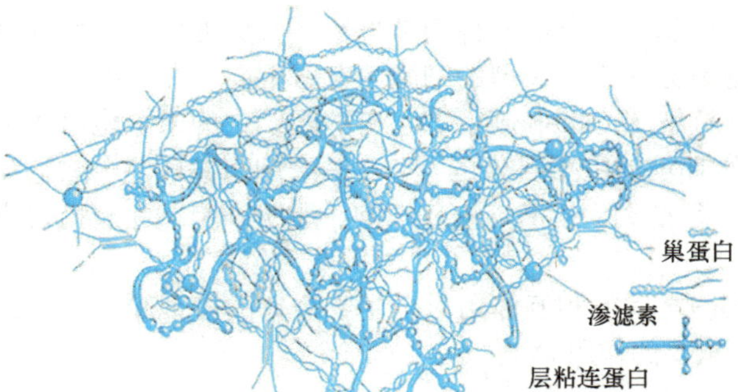

图 18-26　基膜结构成分示意图

1. 层粘连蛋白　是基膜中最主要的蛋白组分，以其特有的非对称型十字结构，相互之间通过长、短臂的臂端相连，装配成二维纤维网络框架。由于层粘连蛋白具有多种结构域，既可通过巢蛋白与Ⅳ型胶原相结合，形成完整的基膜结构，又可与细胞表面受体结合，将细胞与基膜紧密结合起来。

2. Ⅳ型胶原 为基膜所特有的蛋白。Ⅳ型胶原分子长400nm，与Ⅰ、Ⅱ、Ⅲ型胶原不同，Ⅳ型胶原三股螺旋结构是不连续的，20多处非螺旋结构为其提供可弯曲部位。Ⅳ型胶原分子通过C端球状头部之间的非共价键结合及N端非球状尾部之间的共价交联，形成二维网络结构，构成了基膜的基本框架。

3. 巢蛋白（nidogen） 又称内联蛋白（endonexin），其分子呈杆状或者哑铃状，具有3个球区，G3区与层粘连蛋白结合，G2区与Ⅳ型胶原结合，基膜中层粘连蛋白通过巢蛋白与Ⅳ型胶原结合，巢蛋白可协助细胞外基质中其他成分的结合，在基膜组装中发挥重要作用。

4. 渗滤素（perlecan） 是基膜中最丰富的蛋白聚糖之一，包含一个多结构域的核心蛋白，蛋白上结合有2～15条特异性的硫酸乙酰肝素链。渗滤素可与许多细胞外基质成分（Ⅳ型胶原、层粘连蛋白、纤连蛋白等）和细胞表面分子交联结合，共同构成基膜的网络结构，在基膜中起滤过和结构作用。

（二）基膜的生物学功能

作为细胞外基质的一种特化结构，基膜具有多方面的重要功能。①基膜不仅是上皮细胞的支撑垫，在上皮组织与结缔组织之间还起结构连接作用。②在机体组织的物质交换运输和细胞的运动过程中，基膜具有分子筛滤和细胞筛选的作用。例如，在肾小球等部位，基膜介于两层细胞（内皮细胞和祖细胞）之间，是滤孔膜的主要结构，基膜和上皮细胞突起间裂隙共同控制着原尿的分子过滤。在上皮组织中，基膜允许淋巴细胞、巨噬细胞和神经元突触穿越通过，但却可以阻止其下方结缔组织中的成纤维细胞与上皮细胞靠近接触。③在胚胎发育过程中，基膜为细胞的分离和分化提供支架；在成年机体中，基膜参与细胞的增殖、分化、迁移和组织损伤修复等过程。

第四节　细胞微环境与细胞间的相互作用

在哺乳动物和人体组织中，细胞并不是孤立存在的，细胞与细胞微环境相互依赖并发挥功能。细胞微环境总是处于一种动态平衡状态，即为微环境稳态。细胞微环境的各种成分不仅对细胞起支持、保护、连接和营养作用，而且与细胞的增殖、分化、黏附与迁移、代谢等基本生命活动密切相关。细胞微环境成分的异常变化可使细胞结构和成分发生病变导致疾病的发生。

细胞微环境的组成包括不同类型的细胞成分、细胞外基质、细胞外调节因子和液体物质。细胞外基质是细胞微环境的核心组分，具有两种存在形式：细胞之间的间质性基质和特化结构——基膜。细胞外调节因子包括细胞因子和信号分子。其中，信号分子是生物体内某些化学分子，与细胞受体结合后，在细胞间和细胞内传递信息，如激素、神经递质、生长因子等。细胞因子是免疫细胞（如巨噬细胞、T细胞、B细胞、NK细胞等）和一些非免疫细胞（如成纤维细胞、内皮细胞等）分泌的小分子蛋白质，他们通过与相应的受体结合而发挥调节作用，如免疫反应、血管生成、损伤修复等。细胞生存的微环境中的细胞成分在不同类型的细胞中有所不同。在干细胞微环境中主要是干细胞龛（stem cell niche，又称支持细胞，support cell）。有些组织中的未分化前体细胞（如干细胞），其相邻的微小血管也是细胞微环境的主要组分之一。在肿瘤细胞微环境中除了实质细胞（肿瘤细胞），还存在大量的间质细胞，包括炎症细胞、内皮细胞、脂肪细胞、肿瘤相关成纤维细胞等。

细胞外基质与细胞的相互作用、细胞与细胞之间的相互作用对于生物个体的发育和分化、细胞正常生命活动和组织稳态的维持起到了至关重要的作用。

一、细胞外基质与细胞的相互作用

细胞通过细胞外基质行使多种功能，细胞外基质不仅对组织细胞起支持、保护、营养等作用，还能参与调节细胞组织的诸多基本生命活动，两者相互依存，共同构成了完整的有机体。

(一)细胞外基质对细胞生命活动的影响

1. 细胞外基质决定细胞的形态 细胞形态往往与其特定的生存环境密切相关。体外实验证明，大部分细胞脱离其细胞外基质后，处于单个游离悬浮状态时会呈圆球状。上皮细胞只有黏附于基膜时才能显现极性状态，并通过细胞间连接的建立而形成上皮组织。同一种细胞在不同基质上附着，会呈现不同的形状，如成纤维细胞在天然的细胞外基质中呈扁平多突状，而在Ⅰ型胶原凝胶中则呈梭状，若将其置于玻片上时又会呈球状。细胞外基质对细胞形状的决定作用，主要是通过其受体影响细胞骨架的组装来实现的。

2. 细胞外基质影响细胞的生存和死亡 除成熟的血细胞外，几乎所有的细胞都需要黏附于一定的细胞外基质上才能得以生存，否则便会发生凋亡，称为失巢凋亡（anoikis）。例如，当乳腺上皮细胞黏附于人工基膜（matrigel）时，可避免凋亡，而当其黏附于纤连蛋白或Ⅰ型胶原时，就会发生凋亡。不仅如此，不同细胞对细胞外基质的黏附还具有一定的特异性和选择性，即细胞并非黏附在任意一种细胞外基质上都能够生存。例如，中国仓鼠卵巢细胞和人成骨肉瘤细胞在无血清培养时，只有通过 $\alpha_5\beta_1$ 整联蛋白的介导，黏附于细胞外基质的纤连蛋白，才能存活，其他整联蛋白虽能介导黏附，但细胞仍会发生凋亡，可见，细胞外基质对细胞的生存具有决定性作用。

3. 细胞外基质参与细胞的增殖 绝大多数细胞只有黏附、铺展在一定的细胞外基质上，才能进行增殖，一旦离开细胞外基质则不能够进行增殖，这种现象称为细胞锚着依赖性生长（anchorage dependent growth）。细胞外基质的许多成分中含有某些生长因子的同源序列、一些基质成分可结合的生长因子、一些不溶性大分子，常常可与细胞表面特异性受体发生作用，可直接或间接地影响到细胞的增殖活动。不同的细胞外基质对细胞增殖的影响不同。例如，成纤维细胞在纤连蛋白基质上增殖加快，在层粘连蛋白基质上增殖减慢；而上皮细胞对纤连蛋白及层粘连蛋白的增殖反应速度则与成纤维细胞相反。此外，肿瘤细胞的增殖丧失了锚着依赖性生长，可在半悬浮状态生长。

4. 细胞外基质参与细胞的分化 细胞外基质在个体胚胎发育的组织、细胞分化以及器官形成中具有重要的调控作用，其多种组分可通过与细胞表面受体的特异性结合，从而触发细胞内信号传递的某些连锁反应，影响细胞核基因的表达，最终表现为细胞的生存和功能状态及其表型性状的改变。例如，在纤连蛋白基质中处于增殖状态且保持未分化表型的成肌细胞，当被置于层粘连蛋白基质上时，其增殖活动立即终止并转入分化状态，进而融合为肌管；纤连蛋白对于成红细胞具有促进其分化的作用。再如，未分化的间质细胞，在纤连蛋白和Ⅰ型胶原基质中可形成结缔组织的成纤维细胞；在软骨粘连蛋白和Ⅱ型胶原基质中可演化为软骨细胞；而在层粘连蛋白与Ⅳ型胶原基质中则又会分化为呈片层状极性排列的上皮细胞。

5. 细胞外基质影响细胞的迁移 无论是在动物个体胚胎发育的形态发生、组织器官形成，还是在成体组织的再生及创伤修复过程中，都伴随着十分活跃的细胞迁移活动。在细胞迁移过程中，与之密切相关的细胞黏附与去黏附、细胞骨架组装与去组装等，都不能离开细胞外基质的影响和作用。例如，纤连蛋白可促进成纤维细胞及角膜上皮细胞的迁移；层粘连蛋白可促进多种肿瘤细胞的迁移。细胞外基质不仅为细胞迁移提供支架，而且还在很大程度上决定并控制着细胞迁移的方向和速度以及迁移细胞未来的分化趋势。以多向分化的神经嵴细胞为例，神经嵴周围的细胞外基质富含的透明质酸可促进神经嵴细胞的分散迁移；然而，当神经嵴细胞分别沿着背、腹两侧进行迁移时，由于背、腹两侧不同路径中细胞外基质所含成分存在差别，结果导致了原本同一来源的同种细胞在背、腹两侧迁移速度的不同：与腹侧途径相比，背侧迁移途径的细胞外基质中硫酸软骨素成分含量较高，这对细胞迁移有抑制作用，从而使得背侧迁移细胞的移动速度远远慢于腹侧细胞。同样是神经嵴细胞，在沿富含纤连蛋白基质途径进行迁移时，最终可分化为肾上腺素能神经元，形成神经节；当其迁移终止于缺乏纤连蛋白基质部位时，在这些细胞表面就会表达神经元黏附分子和N-钙黏蛋白，以使神经节中的细胞黏附。

总而言之，由于细胞外基质对细胞的形状、结构、功能、存活、增殖、分化和迁移等生命现象具有全面的影响，因而无论在胚胎发育的形态发生、器官形成过程中，或在维持成体结构与功能完善（包括免疫应答及创伤修复等）的一切生理活动中均具有不可忽视的重要作用。

（二）细胞对细胞外基质的影响

1. 细胞控制细胞外基质的产生 细胞不仅是产生细胞外基质的最终来源，而且还调控着细胞外基质组分在胞外的加工修饰过程、整体组装形式和空间分布状态。不同的细胞外基质成分，是由不同局部的细胞合成和分泌的。同一个体的不同组织，同一组织的不同发育阶段，或同一发育阶段、同一组织中细胞的不同功能状态，所产生的细胞外基质也会有所不同。细胞外基质的差异性取决于来源细胞的性质与功能状态。例如，胚胎结缔组织中成纤维细胞产生的细胞外基质以纤连蛋白、透明质酸、Ⅲ型胶原及弹性蛋白为主，成年结缔组织成纤维细胞产生的细胞外基质以纤连蛋白、Ⅰ型胶原等为主。

2. 细胞控制细胞外基质成分的降解 细胞对细胞外基质的作用，不仅在于能够决定细胞外基质各种成分的有序合成，而且还表现在能够精密地控制细胞外基质成分的降解。细胞外基质中主要的蛋白水解酶包括：基质金属蛋白酶（matrix metalloproteinase，MMP）家族，该蛋白家族在真核生物中含有超过 50 种成员，具有多种类型，如胶原酶、明胶酶、基质溶解素、弹性蛋白酶等，其主要通过结合 Ca^{2+}和 Zn^{2+}发挥水解酶的活性；丝氨酸蛋白酶（serine proteinase）家族，其活性区域含有丝氨酸残基。基质金属蛋白酶通常与丝氨酸蛋白酶协同作用，以降解胶原、层粘连蛋白和纤连蛋白等。基质金属蛋白酶大多以无活性酶原形式分泌到细胞外，随后激活进而在细胞周围发挥其降解细胞外基质的作用。

基质金属蛋白酶的激活主要通过组织金属蛋白酶抑制物（tissue inhibitor of metalloproteinase，TIMP）来调控。TIMP 家族由 4 个成员（TIMP1～TIMP4）组成，可与各种基质金属蛋白酶结合，抑制基质金属蛋白酶的水解作用，以维持细胞外基质的动态平衡。MMP/TIMP 比值决定了整体的蛋白水解活性，细胞外基质的稳态。在肿瘤进展中，MMP/TIMP 平衡失控导致细胞外基质被破坏。

二、间质细胞与实质细胞的相互作用

大多数器官由实质细胞和间质细胞组成，其中实质细胞是主要承担该器官功能的细胞，间质细胞是辅助实质细胞完成器官功能的细胞，二者相互支持相互依靠，从而维持组织稳态。例如大脑中，神经元就是实质细胞，而神经胶质细胞就是起支持营养神经元作用的一种间质细胞；肝脏中，肝细胞就是实质细胞，而肝小叶间的肝纤维细胞就是起支持作用的一种间质细胞。

（一）间质细胞对实质细胞的影响

间质细胞是实质细胞正常生长、发挥其功能的重要保障。成纤维细胞可分泌大量的细胞外基质，为实质细胞提供良好的生存环境；免疫细胞是防御系统的重要组成部分，可以及时清除已经死亡的细胞、体内的废物和代谢产物，并产生抗体与细胞因子，来识别和杀伤病原体和肿瘤细胞。例如，T 细胞和 B 细胞分别负责细胞免疫和体液免疫，能够识别并锁定病原体或肿瘤细胞表面的特定蛋白质，然后产生抗体或释放细胞因子进行消灭；而巨噬细胞和自然杀伤细胞则可以直接吞噬和杀死病原体和肿瘤细胞。

肿瘤微环境（tumor microenviroment，TME）是肿瘤存在的细胞环境。除肿瘤细胞外，TME 还包括周围血管、细胞外基质、其他非恶性细胞以及信号分子。目前已确定了 TME 中细胞类型，包括肿瘤细胞（实质细胞）和内皮细胞、成纤维细胞、免疫细胞（如 T 细胞、B 细胞、自然杀伤细胞和自然杀伤 T 细胞、肿瘤相关巨噬细胞等）以及周细胞，有时还有脂肪细胞。不同类型的细胞通过分泌不同细胞因子来调控肿瘤进展。

1. 免疫细胞（间质细胞）对肿瘤细胞的作用　细胞毒性 $CD8^+$ 记忆 T 细胞通过识别肿瘤细胞上的特异性抗原并刺激免疫应答来杀死肿瘤细胞；Th17 细胞产生 IL-17A、IL-17F、IL-21 和 IL-22，其通过促进抗微生物组织炎症而促进肿瘤细胞增殖；肿瘤相关巨噬细胞（tumor-associated macrophage，TAM）通过产生各种促进组织重塑的分子来支持细胞的侵袭和扩张，如 EGF、MMP9、MT1-MMP 和 MMP2，以及促炎分子，如 TNF-α、CXCL10、IL-1β。

2. 内皮细胞（间质细胞）对肿瘤细胞的作用　肿瘤血管生成通常从先前存在的血管向外分支或来源于内皮祖细胞，内皮细胞可以为肿瘤的生长和发展提供营养支持。

3. 成纤维细胞（间质细胞）对肿瘤细胞的作用　TME 中的成纤维细胞可以分泌生长因子，如肝细胞生长因子（HGF）、成纤维细胞生长因子（FGF）和 CXCL12 趋化因子，它们不仅可以促进恶性细胞（实质细胞）的生长和存活，还可作为化学引诱剂刺激其他细胞迁移到 TME 中。

（二）实质细胞对间质细胞的影响

在许多病理状态下，实质细胞一方面会通过分泌各种细胞因子、趋化因子和其他因子，在功能上塑造其微环境，导致周围细胞重编程，包括成纤维细胞的募集、免疫细胞的迁移等。肝细胞肝癌（hepatocellular carcinoma，HCC）进展过程中，脂质代谢发生改变，导致游离胆固醇和相关脂肪毒性的积累，触发炎症细胞因子（TNF-α 和 IL-6）的分泌释放，诱导肝星状细胞活化。非酒精性脂肪性肝炎（nonalcoholic steatohepatitis，NASH）诱发的肝纤维化中，涉及多种形式的溶解性死亡，包括凋亡、坏死、铁死亡和焦亡，凋亡的肝细胞可在吞噬凋亡小体后通过激活库普弗（Kuffer）细胞/巨噬细胞直接引发炎症。

另一方面，实质细胞表面会表达一些蛋白，与免疫细胞表面的配体结合，从而调控免疫细胞活性。例如，许多肿瘤细胞会高表达 PD-L1 或 CTLA-4，其会与 T 细胞膜表面的 PD-1 结合，而来抑制 T 细胞杀伤肿瘤等免疫活性，导致肿瘤细胞产生免疫逃逸。除此之外，肿瘤细胞还能吸引那些具有抑制其他免疫细胞功能的免疫细胞，以此来促进肿瘤的生长，这些免疫抑制的细胞包括了调节 T 细胞及其他特定类型的骨髓细胞。

第五节　细胞微环境异常与疾病

一、细胞微环境异常与器官纤维化

纤维化病变可发生在所有器官，如肺、心、肾和肝，纤维化会阻碍组织功能，最终导致器官衰竭。纤维化是一种异质性结缔组织疾病，究其本质为伤口愈合过程中组织修复异常。正常的组织修复程序需要复杂的分子机制来快速响应组织损伤以正确愈合组织伤口，成纤维细胞在这一过程中起着核心作用，它们在组织损伤部位受到多种多样的信号激活，分化为肌成纤维细胞，分泌基质分子，恢复细胞外基质结构。而在纤维化中，这种修复功能破坏或抑制而导致功能性的组织被僵硬和无序的细胞外基质取代。

纤维化组织的特征是 I 型胶原结构紊乱、交联增强而过度积聚。据报道，在增生性瘢痕疙瘩、肺纤维化和活化的肝星状细胞中，胶原交联酶如 LOX、LOXL2 表达增加。靶向 LOX 和 LOXL2 的策略已被作为纤维化治疗的有前途的工具，并且正在开发几种化学抑制剂和单克隆抗体。例如，在肝和肺纤维化动物模型中，用抑制性单克隆抗体（AB0023）靶向 LOXL2 可防止成纤维细胞的活化。

TGF-β 通路是研究最充分和最有效的纤维化刺激因子。TGF-β 诱导转录因子 SMAD2-SMAD3 复合物易位到细胞核，在细胞核中直接促进细胞外基质相关基因如 *COL1A1*、*COL3A1* 和 *TIMP1* 的表达，导致大量细胞外基质堆积，进而产生纤维化。

此外，一些细胞因子，如 IL-33，通过激活免疫细胞来促进纤维化。在肝脏中，IL-33 促进固有淋巴样细胞的扩增，从而产生 IL-13 来激活肝星状细胞，刺激胶原蛋白积累、下调基质金属蛋白酶表达和招募促纤维化先天免疫细胞来促进纤维化。IL-13 还能促进成纤维细胞向肌成纤维细胞的分化，通过增加 TGF-β 的表达，激活 TGF-β 通路来诱发纤维化。

二、细胞微环境与恶性肿瘤

细胞外基质成分的组成和排列形成了一个组织特异性的微环境，在肿瘤进展中起着关键作用。微环境稳态的微小变化可以对癌细胞的增殖产生显著的影响。胶原蛋白作为最重要的细胞外基质成分，决定了细胞外基质的主要功能特性，胶原蛋白的沉积或降解会导致细胞外基质稳态失衡，诱发肿瘤的发生。恶性肿瘤的发生、侵袭和转移常常伴有细胞外基质及其细胞表面受体表达的变化。例如，正常肝细胞没有基膜，也不表达层粘连蛋白的特异性整合素族受体 $\alpha_6\beta_1$；而在肝细胞癌组织中，层粘连蛋白和 $\alpha_6\beta_1$ 不仅表达水平升高，呈明显的共分布，而且其高水平表达与肝癌患者的预后呈负相关。

肿瘤细胞的一个关键标志是它们能够通过周围组织进行迁移，穿透邻近的基底膜。随着肿瘤细胞的不断增殖，它们在空间上受到边缘基底膜的限制，这种迅速增长的肿瘤细胞数量显著增加了沿着细胞膜的机械应力，最终导致基底膜破裂，并使细胞逃离其微环境。事实上，侵袭性肿瘤的电子显微镜结果表明，侵袭性肿瘤细胞将一个突出的臂延伸到基底膜中。随着基底膜被破坏，膜裂缝变宽，允许随后的细胞穿过胶原边界，并在破坏位点也发现了胶原蛋白Ⅳ降解产物水平升高，基质金属蛋白酶对细胞外基质的降解是肿瘤细胞侵袭和转移的关键环节之一。因此，细胞微环境与肿瘤发生发展密切相关。

（陆　蒙）

第五篇　细胞与分子生物学常用技术

细胞生物学与分子生物学的发展有赖于一系列研究手段与技术方法的创新，如可利用 DNA 克隆、DNA 测序、PCR、RNA 干扰、蛋白质相互作用等分子生物学技术、生物信息学分析方法等来研究生物分子的结构和功能、生物分子间的相互作用，揭示生命的本质和规律；利用细胞培养、细胞和细胞组分的分离和纯化、细胞化学和细胞内分子示踪技术等细胞生物学研究方法，以不同的方式或过程来展示细胞的生命活动。并以上述技术方法作为重要工具，在分子水平开展基因诊断、基因治疗以及在细胞水平上进行细胞治疗、实施细胞工程。本篇着重介绍常用分子生物学技术，常用细胞生物学研究方法的基本概念、基本原理及其在医学中的应用，并就基因诊断、基因治疗与细胞治疗、细胞工程等专题展开较深入的介绍，为将来从事生物医学研究打下基础。

第十九章　常用的分子生物学技术

分子生物学是通过研究生物分子的结构和功能、生物分子间的相互作用等来揭示生命的本质和规律的学科，其所应用的技术手段成为研究生命现象的重要工具。本章着重介绍了 DNA 克隆、DNA 测序技术、PCR 及其衍生技术、RNA 干扰技术、蛋白质相互作用技术和生物信息学分析方法的基本原理和应用。

第一节　DNA 克隆

DNA 克隆又称重组 DNA 技术，或者称分子克隆（molecular cloning）、基因克隆（gene cloning）、基因工程（gene engineering）等，是体外从基因组或 DNA 中分离单个基因，并在细胞中复制拷贝的过程。经典的重组 DNA 技术的过程包括获取来自不同生物的基因，在体外与适当的载体进行连接，构成新的重组 DNA，然后转入受体细胞中扩增表达。重组 DNA 技术已广泛应用在生物制药、基因诊断和基因治疗等多个领域。

一、DNA 克隆常用的工具酶和载体

在进行 DNA 体外操作过程中，常需要借助工具酶获取目的 DNA，以及将目的 DNA 导入合适的载体中进行扩增和表达。

（一）常用的工具酶

进行 DNA 切割、连接、合成与修饰等，需要多种酶参与，包括限制性核酸内切酶、DNA 连接酶、DNA 聚合酶、逆转录酶、碱性磷酸酶、多核苷酸激酶、末端脱氧核苷酸转移酶等（表 19-1）。

表 19-1　DNA 克隆常用的酶及其功能

酶	功能
限制性核酸内切酶	识别特异位点，切割核酸
DNA 连接酶	催化相邻的 5′ 磷酸基团与 3′ 羟基之间形成磷酸二酯键

续表

酶	功能
DNA 聚合酶 I	具有 5′→3′ 聚合酶活性、3′→5′ 外切核酸酶活性。5′→3′ 外切核酸酶活性针对单链 DNA
DNA 聚合酶 I 大片段 [克列诺（Klenow）片段]	具有 5′→3′ 聚合酶活性、3′→5′ 外切核酸酶活性
逆转录酶	合成 cDNA
碱性磷酸酶	切除 5′ 端或 3′ 端的磷酸基团
多核苷酸激酶	催化 ATP 的 γ-P 转移到 ssDNA、dsDNA、ssRNA 或 dsRNA 分子的 5′—OH 端上
末端脱氧核苷酸转移酶	催化 3′ 端同聚物加尾

1. 限制性核酸内切酶（restriction endonuclease） 是指能识别 DNA 中特异碱基序列（一般为回文结构或反向重复序列）将 DNA 双链切断的核酸酶，经过酶切后，DNA 形成黏性末端或平末端的片段。限制性核酸内切酶分 4 种，在基因工程中使用的是 Ⅱ 型内切酶。Ⅱ 型内切酶识别回文序列（palindromic sequence），回文序列是反向重复序列，即其 5′→3′ 序列和其互补链的 5′→3′ 序列完全相同。经过内切酶切割后，DNA 片段产生黏性末端或者平末端两种形式（图 19-1），对于黏性末端而言，又分为 5′ 突出黏性末端（5′ overhang sticky end）和 3′ 突出黏性末端（3′ overhang sticky end），当内切酶酶切位点更靠近 5′ 端时，酶切后出现 5′ 突出黏性末端，即在 5′ 端出现数个碱基单链状态，反之亦然（图 19-1A）。

限制性核酸内切酶的酶切效率与多种因素相关，包括 DNA 纯度、DNA 结构、酶切位点侧翼序列和修饰状态及反应体系组成等。

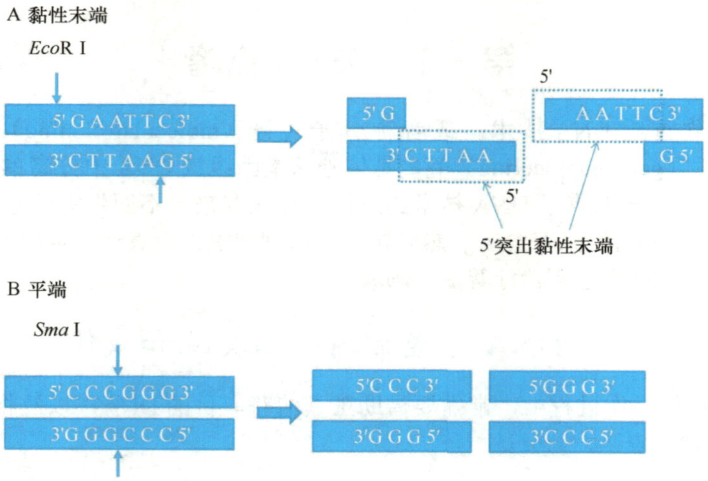

图 19-1 限制性核酸内切酶的酶切产生黏性末端和平端

2. DNA 连接酶（DNA ligase） 参与 DNA 复制和损伤修复，在基因工程中，DNA 连接酶催化目的 DNA 与载体 DNA 间形成磷酸二酯键，构成重组 DNA。DNA 连接酶主要有 4 类，*E. coli* DNA 连接酶、噬菌体 T4 连接酶、哺乳动物 DNA 连接酶和耐热的 DNA 连接酶（ampligase）。*E. coli* DNA 连接酶不能有效地连接 2 个平端 DNA 分子（除非有聚乙二醇协助），也不能有效地连接 DNA 和 RNA。哺乳动物 DNA 连接酶有 4 种，连接酶 Ⅰ 参与 DNA 复制，连接酶 Ⅲ 和 Ⅳ 与 DNA 修复相关（目前认为连接酶 Ⅱ 是连接酶 Ⅲ 在体外进行蛋白质水解纯化时出现的人为假象）。耐热 DNA 连接酶具有高耐热性，允许核酸杂交能在严格条件下进行，保证连接的特异性。在基因工程中最常用的连接酶是 T4 连接酶，可以连接双链 DNA 或寡核苷酸的平末端/黏性末端、双链 RNA、RNA-DNA 杂交体，但不能连接单链核酸。

（二）常用的载体

基因克隆的载体（vector）是辅助外源 DNA 进入宿主的工具。按照功能分为克隆载体和表达载体，有的载体兼具两种功能。克隆载体（cloning vector）是指可以在生物体内稳定存在，并且可以插入外源 DNA 片段进行克隆的 DNA 分子。表达载体（expression vector）是可以在受体细胞表达外源基因的载体。载体按照来源和特性不同，分为质粒（plasmid）、病毒载体（viral vector）、黏粒（cosmid）和人工染色体（artificial chromosome）。

1. 质粒　是基因工程最常用的载体。质粒是存在于细菌染色体外、能独立复制的双链闭合环状 DNA 分子，质粒能赋予宿主细胞某些额外的生物学特性。质粒载体有很多种，有克隆性质粒（如 pUC 系列），有具备表达功能的质粒（如 pGEX-4T-1、pCDNA3.1）。此外还有进行基因遗传元件研究的质粒（如荧光素酶报告质粒）、病毒质粒（进行病毒体外包装）和可进行基因敲降的质粒、进行基因组编辑的质粒等。本节只以 pUC 和 pGEX-4T-1、pCDNA3.1（+/−）为例，介绍克隆质粒和表达质粒的基本特性。

克隆载体 pUC 系列 pUC18/pUC19（图 19-2），包含以下元件：①复制起始点（ori），可以在宿主细胞内进行复制扩增；②氨苄西林抗性基因（amp^R），用于载体克隆筛选；③ *lacZ'* 基因，进行重组体筛选；④多克隆位点（multiple cloning site，MCS），为连续的限制性酶切位点，是外源基因插入位点，而且 MCS 位于 *lacZ'* 基因内，可筛选出导入外源 DNA 克隆。克隆质粒主要用于外源 DNA 的克隆和 DNA 测序。

表达载体是为了在细胞内表达外源基因编码的蛋白质，可以在原核或者真核细胞中进行。表达载体除含有复制起始点、克隆位点和抗性基因外，还含有更多的和基因转录翻译相关的 DNA 元件，如启动子、核糖体结合位点和终止子等元件。如 pGEX-4T-1（图 19-3）是在原核细胞表达的载体。含有强启动子 tac、GST 标签序列。融合有 GST 标签的蛋白质，有利于蛋白质纯化。

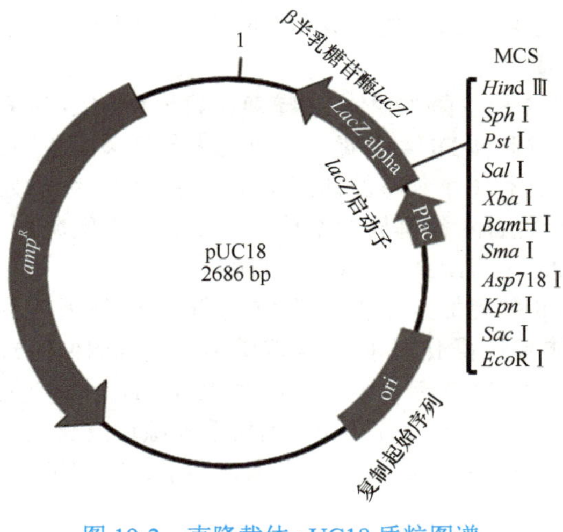

图 19-2　克隆载体 pUC18 质粒图谱

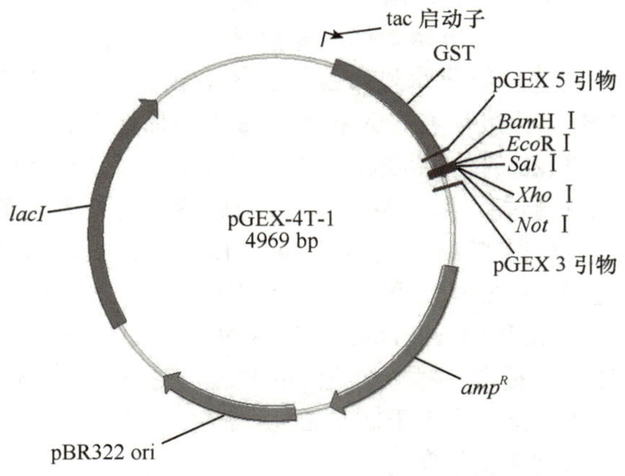

图 19-3　表达载体 pGEX-4T-1 质粒图谱

pCDNA3.1（+/−）（图 19-4）是在真核细胞中使用的表达基因载体。①含有真核细胞表达调控元件，如真核启动子（CMV 启动子和 T7 启动子）、增强子、转录终止序列和 poly(A) 加尾信号（BGH polyadenylation sequence，BGHpA）。②真核细胞复制起始序列，满足载体基因及外源基因在真核细胞内复制。③真核细胞药物抗性基因（neomycin resistance gene，新霉素抗性基因），用于真核细胞内的克隆筛选。由于要表达出蛋白质，因此要注意在 MCS 位点插入外源 DNA 时是有方向性的，同一个真核表达载体有+/− 两种，二者差异是 MCS 处限制性内切酶排序方向相反，可根据需要选择合适的载体。

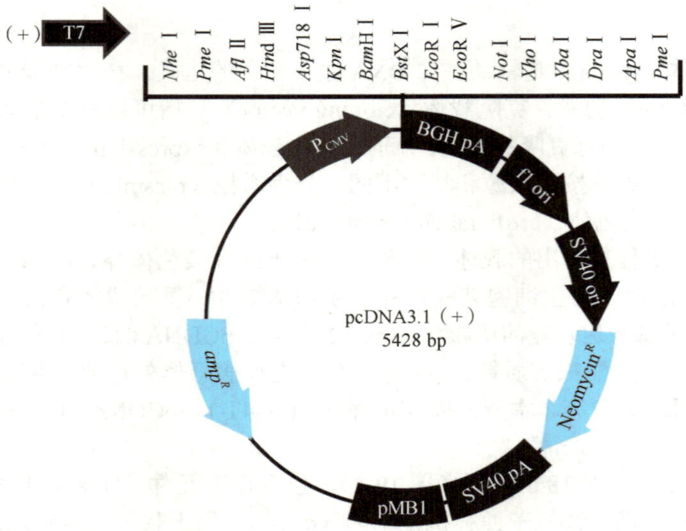

图 19-4　表达载体 pcDNA3.1（+）质粒图谱

2. 病毒载体　是携带经修饰的病毒 DNA 或 RNA 的基因工程病毒。病毒载体包括逆转录病毒、慢病毒、腺病毒、腺相关病毒、植物病毒、杂交病毒载体（hybrid viral vectors）等多种，λ 噬菌体载体也是病毒型载体。

病毒载体自身无感染性，但仍含有病毒启动子和转基因，允许转基因通过病毒启动子翻译。由于病毒载体缺乏侵染性序列，需要辅助病毒或包装细胞才能产生具有侵染性的病毒。多数病毒载体已质粒化，病毒载体质粒由病毒启动子、包装元件、选择性遗传标记及原核细胞复制子等组成。病毒载体可将外源 DNA 整合到宿主基因组中，也可以用非整合载体瞬时表达外源基因。包装后的病毒既可用于侵染细胞，也可在活体内侵染组织器官。

（1）噬菌体载体：噬菌体是感染细菌的病毒。有 2 种噬菌体载体：λ 噬菌体载体和 M13 噬菌体载体。噬菌体载体属于克隆型载体。λ 噬菌体是双噬菌体 DNA 病毒，可以在大肠杆菌中复制。λ 噬菌体载体有插入载体和置换载体两种。插入载体含有 1 个独特的切割位点，可以插入大小为 5～11kb 的外源 DNA。在替换载体中，切割位点位于包含对裂解周期不重要的侧翼基因区域内，在克隆过程中，该区域可能被删除，替换为外源 DNA，可插入 8～24kb 的外源 DNA。

M13 噬菌体是环状单链 DNA（ssDNA），M13mp 系列插入了多克隆位点和 *LacZ* 基因。单链 DNA 的酶切和连接比较困难，因此 M13 噬菌体载体操作是利用其双链复制型 DNA 形式（replicative form DNA，RF DNA）。即从感染细胞中纯化 M13 噬菌体，此时为 RF DNA，操作类似质粒提取，插入外源 DNA 后，通过转化方法再次导入细胞。M13mp 系列插入外源片段长度小于 1.5 kb。应用于制备 DNA 测序时用的单链模板和核酸探针，也被用于噬菌体展示、定向进化、纳米结构支架等方面。

（2）其他病毒载体：逆转录病毒载体和慢病毒载体均能将外源 DNA 整合入宿主细胞基因组中，但前者对不分裂细胞（如神经元）无法侵染，后者对分裂细胞和不分裂细胞均有很好的感染性，广泛应用于各种细胞的基因敲除/敲入等实验。此外慢病毒载体免疫原性低，也能很好应用于动物实验。腺病毒载体属于非整合、瞬时表达载体。腺相关病毒载体可以感染分裂细胞和非分裂细胞，并可能将其基因组整合到宿主细胞的基因组中，但腺相关病毒整合入宿主基因组的效率不高，一般还是视作细胞内的“附属物”，长期而稳定地进行外源基因表达，因此是基因治疗的很好候选载体，缺点是只能携带 5kb 大小的外源基因。病毒载体已广泛应用在科学研究、疾病的基因治疗、疫苗制备、药物递送等方面。

3. 黏粒　是包含噬菌体 λDNA 片段的质粒，该片段具有黏性末端位点（cos），该位点包含将外源 DNA 包装成 λ 颗粒所需的元件。当有适当的复制起始子（ori）时，它可作为质粒复制。通常用于克隆 28～45kb 的 DNA 大片段。

4. 人工染色体 是为了重组更大 DNA 片段而制造的，包括酵母人工染色体（yeast artificial chromosome，YAC）、细菌人工染色体（bacterial artificial chromosome，BAC）和人类人工染色体（human artificial chromosome，HAC）等。人工染色体包括复制起始、着丝粒和端粒末端序列。

YAC 是来自酿酒酵母的染色体 DNA，将其连入质粒中而构建的人工载体。可插入 100～1000kb 的 DNA 大片段，并通过染色体步移法进行 DNA 片段的物理作图。人类基因组计划最初使用 YAC 作 DNA 克隆载体，但由于其稳定性欠佳，YAC 逐渐被 BAC 取代。

BAC 是来源于 F 质粒的 DNA 载体，通常可插入大小为 150～350kb 的 DNA 片段。BAC 曾在各种大规模基因组计划（包括人类基因组计划）中发挥巨大作用，用于对生物体的基因组测序，后来被更简便省时的全基因组鸟枪法测序和二代测序技术所取代。

HAC 是人工构建的外源性小染色体（mini-chromosome），HAC 可以作为天然染色体，独立于宿主基因组进行复制和分离，因为它们自身拥有完整的基因组基因座，包括上游和下游调控元件。正是由于 HAC 是游离存在于细胞内，可避免产生诸如因外源基因整合到不适合位点，导致外源基因的沉默，抑或变为致癌基因等偏差。HAC 可以携带 10～100Mb 大小的基因组 DNA，理论上具有无限的克隆能力，允许插入所有调控元件以正确表达外源基因。HAC 可用作基因和细胞治疗的载体。

二、DNA 克隆基本过程

DNA 克隆主要分为 5 步进行，包括：①目的 DNA 获取；②目的 DNA 与载体连接；③重组 DNA 导入宿主细胞扩增；④重组 DNA 筛选和鉴定；⑤重组 DNA 表达。

（一）目的 DNA 获取

目的 DNA 是研究者感兴趣的 DNA 片段，有 cDNA 和基因组 DNA，有多种方法可以获得 DNA，目前最常用的是体外扩增 DNA 法。

1. 从基因组中获得目的 DNA 从基因组中，寻找目的 DNA 片段上下游的合适限制性核酸内切酶的酶切位点，提取基因组 DNA，酶切后获得。缺点是不容易找到合适的酶切位点。

2. 从基因文库中筛选目的 DNA 有 2 种文库，基因组文库和 cDNA 文库。基因组文库是用限制性核酸内切酶将基因组进行酶切，将大小不同的基因片段连入合适的载体，构建而成基因组文库，理论上基因组文库涵盖基因组全部 DNA 片段。cDNA 文库是以 mRNA 为模板，经体外逆转录获得 cDNA，同样连入载体而构建成的文库。cDNA 文库包含了细胞全部的 mRNA 信息。根据目的 DNA 的已知序列合成探针，用核酸分子杂交方法从文库中筛选出目的 DNA 片段。

3. PCR 扩增获得目的 DNA 这是目前获得目的 DNA 最常用的方法。根据已知序列以基因组或者 cDNA 为模板，进行目的 DNA 的大量扩增。同时可根据需要在 PCR 引物 5′ 端添加酶切位点、DNA 元件等，对目的 DNA 进行有限的改造。

4. 化学合成目的 DNA 随着 DNA 化学合成技术的发展，利用已知蛋白质编码基因，可以快速合成出编码多肽和蛋白质的基因。化学合成法适合分子小、不易获得的基因，也用于自然界不存在的基因序列，如体外构建抗原多表位串联重复的基因序列等。

（二）目的 DNA 与载体连接

目的 DNA 与载体连接过程其实就是 DNA 体外重组。根据外源 DNA 大小及实验目的，选择合适的载体，用相应的核酸内切酶切割，获得线性 DNA 片段，在连接酶作用下，进行目的 DNA

与载体的连接反应。

1. 黏性末端连接 外源 DNA 和载体用相同的核酸内切酶或者同尾酶切开后，二者具有相同的黏性末端，在体外很容易互补配对，连接效率高。尤其是双酶切产生的不同黏性末端，不仅连接效率最高，还有利于进行 DNA 定向插入。若用单一酶切产生的 2 个相同的黏性末端，插入 DNA 片段后，需要通过酶切或者测序来确定 DNA 插入的方向。如果酶切后是要黏性末端-平末端连接，可采取提高连接酶量、延长连接时间、降低连接反应温度、提高目的 DNA 片段含量等方式，提高连接效率。

2. 平端连接 限制性核酸内切酶切割产生、黏性末端补平/切平产生的平端，由 T4 连接酶催化 2 个平端的碱基之间形成磷酸二酯键。平端连接有普适性，可以降低对限制性核酸内切酶的选择难度，缺点是平端连接效率低、目的片段多拷贝连接插入、DNA 插入呈双向性、载体或 DNA 自连等。

为提高平端连接效率，可用同聚物加尾连接法或人工接头连接法对酶切端口进行改造。同聚物加尾连接法是使用平端转移酶使 1 个 DNA 分子的 3′ 端加入同聚核苷酸，如 ploy(A)，同时给另一个 DNA 分子 3′ 端添加 ploy(T)，相当于黏性末端的连接。人工接头连接法是用化学合成 DNA 片段（linker）——人工接头，接头中带有人为设计的限制性核酸内切酶切位点，将接头与 DNA 的平端连接，后用限制性核酸内切酶切开，产生黏性末端。

3. TA 克隆 不需要限制性核酸内切酶，只需要连接酶，是 PCR 产物体外快速重组技术。*Taq* DNA 聚合酶扩增的 PCR 产物中 3′ 端会带有 poly(A) 尾，与线性载体（T 载体）的 3′ 端 T 突出进行互补连接，产生重组克隆。Pfu DNA 聚合酶扩增的 PCR 产物没有 poly(A) 尾，利用 DNA 拓扑异构酶 I 作为连接酶，直接将 PCR 产物与 T 载体相连接。

4. Gateway 技术 是借助特异位点重组酶识别载体和外源 DNA 上的重组酶特异识别位点，并催化其断裂和重接，从而将目的基因克隆到目标载体上的方法。特异位点重组酶（site-specific recombinase，SSR）能识别特定 DNA 序列并介导 2 个特定位点之间重组。Gateway 技术应用了 λ 噬菌体重组酶系统 [λ 整合酶 Int、λ 切除酶 Xis、大肠埃希菌整合宿主因子（integration host factor，IHF）]、4 个特定重组位点（attB、attP、attL 和 attR）及 2 个重组反应：BP 反应（表示在 attB 和 attP 位点发生的重组反应）和 LR 反应（在 attL 和 attR 位点发生的重组反应）。该方法需要入门载体（entry vector）和目的载体（destination vector）两种含有不同特异重组位点的载体，入门载体含有的重组位点和重组酶，可高效、快速地将目的基因转到目的载体上，而不需要使用限制性核酸内切酶。重组过程分两步：首先，通过 BP 重组反应将 DNA 片段与供体载体（donor vector）发生重组，产生含有新的重组位点 attL 和外源 DNA 片段，同时切除了 *ccdB* 基因的新的重组载体，即入门载体。然后，将入门载体与目的载体、SSR 和 IHF 等物质混合，通过 LR 重组反应将 DNA 片段转移到目的载体上，同样切除了 *ccdB* 基因，此时的载体为表达载体（expression vector），可表达外源 DNA 片段（图 19-5）。Gateway 技术为高通量、多片段克隆提供了一种高效可靠的方法。但是 Gateway 技术没有去除目的克隆中的重组酶特异识别位点，使得目的克隆的表达蛋白质携带有额外氨基酸，也无法实现多个 DNA 片段的无缝克隆。

（三）重组 DNA 导入宿主细胞扩增

重组 DNA 分子需要导入合适的宿主细胞才能进行扩增和表达。宿主细胞有原核细胞和真核细胞，后者有哺乳动物细胞、酵母和昆虫细胞。对不同的宿主细胞有不同的导入方法。

1. 重组 DNA 导入原核细胞 将载体携带的外源 DNA 导入原核细胞中，使其扩增或表达的过程，称为转化（transformation）。由 λ 噬菌体或病毒介导的外源 DNA 进入原核细胞的过程，称为转导（transduction）。最常见的用作工程细胞的原核细胞是大肠埃希菌，而且在细菌生长周期中，只有在某些状态下才能接受外源 DNA 进入，这个状态称为感受态（competence）。

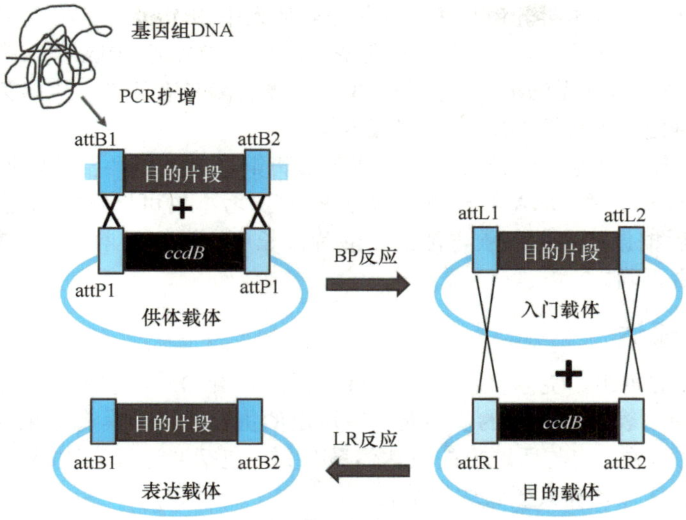

图 19-5　Gateway 克隆技术流程图

供体载体携带 *ccdB* 基因，*ccdB* 编码一种毒性蛋白质，具有抑制 DNA 促旋酶的作用，导致 DNA 不能复制，因此表达 *ccdB* 基因的细胞将不能增殖。表达载体用于表达目的片段

（1）$CaCl_2$ 转化法：将对数生长早、中期的大肠埃希菌用 0℃、$CaCl_2$ 低渗液处理后，细菌膨胀，细胞膜通透性增强，同时 Ca^{2+}在低温下与细胞膜磷脂形成液晶结构，此时加入 DNA 重组体，在细胞表面形成羟基-钙磷酸复合物，细胞表面出现孔隙。在 42℃短暂热冲击下，有助于 DNA 重组体通过孔隙进入菌体细胞内。

（2）电穿孔法：利用高压脉冲，在短暂击穿细胞膜，形成微孔，有利于重组 DNA 分子进入细胞内。电穿孔转化效率较高。

2. 重组 DNA 导入真核细胞　重组 DNA 分子进入真核细胞过程称为转染（transfection）。

（1）脂质体法：脂质体是一种人工制备的脂双层膜泡，阳离子脂质体表面带正电荷，能与核酸的磷酸根通过静电作用将 DNA 分子包裹入内，形成 DNA-脂复合体，通过膜的融合或内吞进入细胞。脂质体法是常用的转染真核细胞的方法。

（2）磷酸钙-DNA 共沉淀法：DNA 重组分子与磷酸钙形成沉淀物，黏附于细胞表面，通过细胞的内吞作用而使 DNA 被细胞捕获。适用于稳定、转染和瞬时转染，但转染效率低。

（3）电穿孔法：也可用于在重组 DNA 分子导入真核细胞。

（4）显微注射法：需要借助精密的仪器，直接将外源性核酸注射至宿主细胞核内。多用于转基因动物。

（5）病毒介导法：通常是逆转录病毒，通过病毒侵染宿主细胞的机制将外源基因整合到宿主细胞的染色体中，获得稳定表达的细胞株。常用于难转染的细胞。

（四）重组 DNA 筛选和鉴定

重组 DNA 分子转入宿主细胞过程中，存在成功转入重组 DNA 分子的细胞（阳性细胞）和未转入的细胞（阴性细胞），需要筛选出阳性细胞，同时要鉴定导入的重组 DNA 是否正确。

1. 抗性筛选　常用的人工载体大多携带编码某个抗生素的抗药基因，如氨苄西林抗性、卡那霉素抗性等，可根据载体所携带的抗性基因，进行阳性克隆的筛选。经过抗性筛选的克隆可能是插入外源基因的重组克隆，也可能是空载体克隆，需要进一步进行鉴定。

2. 蓝白斑筛选　有的载体（如 pUC18）携带 β-半乳糖苷酶基因（*lacZ'* 基因）的调控区和 N 端区域，并在 N 端区域内插入多克隆位点，与载体相匹配的工程菌则只能有 *lacZ'* 基因的 C 端区域。空载体转入匹配的工程菌后，载体携带的 N 端区域编码 α 肽与工程菌编码的 ω 肽互补结合

（α 互补），形成具有活性的 β-半乳糖苷酶，催化培养体系中的 X-gal，形成蓝色产物（蓝色克隆菌斑），此反应需要加入 IPTG 进行 β-半乳糖苷酶诱导产生。当外源 DNA 插入多克隆位点后，破坏了 N 端区域的读码框，这样无法形成 α 互补，β-半乳糖苷酶没有活性，克隆菌斑为白色，通过蓝白斑筛选可以初步确定插入外源 DNA 的阳性克隆。

3. 对重组 DNA 分子鉴定　选择抗性筛选或蓝白斑筛选等初步晒出的阳性克隆进行扩增，提取质粒，进行重组体中外源 DNA 的检测，包括 PCR 扩增；也可以选择合适的限制性核酸内切酶，进行酶切，然后根据琼脂糖凝胶电泳的核酸片段长度判读。目前多进行重组 DNA 测序，直接判读插入序列是否正确。

（五）重组 DNA 表达

通过外源 DNA 的重组、克隆及鉴定，获得所需的特异 DNA 克隆后，需要在合适表达载体和适宜的宿主细胞中，表达出相应的蛋白质。表达出的蛋白质必须具有原来的生物学活性，这既与外源 DNA 正确性相关，也与所选择的表达体系有关，包括要选择表达载体和相应的表达细胞。表达体系分为原核表达体系和真核表达体系。

1. 原核表达体系　大肠埃希菌表达系统因其培养简单、生长迅速、成本较低且适合大规模生产而广为应用。

（1）对外源目的基因的要求：原核生物缺乏真核生物转录后的加工系统，不能切除内含子形成成熟的 mRNA；同时原核生物也缺乏真核生物翻译后的加工系统，因此真核生物的目的基因要源自 cDNA 序列，不能有内含子和非编码区。

（2）真核生物基因在原核细胞中的表达：真核基因也可在大肠杆菌中进行表达，产生的蛋白质包括非融合型表达蛋白质、融合型表达蛋白质和分泌型表达蛋白质。

非融合型表达蛋白质不会与细菌的蛋白质或多肽融合共表达，其与真核生物体内蛋白质结构和功能相近；但易被细菌蛋白酶所破坏。融合型表达蛋白质则是在其一端或两端带有载体编码的肽段，如加入 His、FLAG、GST 等标签，有利于表达蛋白质的纯化和鉴定。融合蛋白质中外加的多肽可根据实验目的，在后期用化学裂解法和酶解法去除。分泌型表达蛋白质也属于融合型表达范畴，表达蛋白质 N 端加载了来自载体的分泌信号肽，可将基因表达产物运送到细胞周质空间，有利于蛋白质产物的正确折叠，提高可溶性。

（3）包涵体（inclusion body）：是大肠埃希菌高效表达外源基因时形成的由膜包裹的高密度、不溶性蛋白质颗粒。包涵体的形成有利于防止蛋白酶对表达蛋白质的降解，便于富集和分离纯化，但是包涵体内的蛋白质不具有生物活性，必须对表达蛋白质进行复性。

（4）原核表达系统的局限性：目的蛋白质常以包涵体形式表达，导致蛋白质复性存在一定困难。原核表达系统的翻译后加工修饰体系不完善，不能进行糖基化、甲基化等多种修饰，影响表达产物的生物活性。细菌内毒素影响表达蛋白质的临床应用。

2. 真核表达体系　真核表达产物具有翻译后修饰，因此对于膜蛋白质、分泌型蛋白质、蛋白质复合体中的亚基等蛋白质表达，具有优势。常用酵母、昆虫、动物和哺乳类细胞等表达系统。

（1）酵母表达系统：酵母是蛋白质表达宿主细胞的良好选择。酵母细胞发酵简单快速，易于遗传操作，具有蛋白质翻译后修饰功能，可分泌表达，纯化工艺简单且安全。最早开始使用的是酿酒酵母来生产异源蛋白质，现在毕赤酵母、乳酸克鲁维酵母、解脂耶氏酵母已成为优选的宿主细胞。酵母质粒载体也为穿梭载体，既可以在大肠埃希菌中，又可以在酵母系统中进行复制与扩增。常用的酿酒酵母表达载体有 YIp、YRp、YCp 和 YEp 等，在毕赤酵母中应用的分泌型表达载体有 pPICZαA、pPIC9K 等。

（2）昆虫表达系统：昆虫杆状病毒表达载体系统（baculovirus expression vector system，BEVS）是常见的昆虫表达系统，是通过转座作用把表达组件定点转座到杆状病毒穿梭载体上，在大肠杆菌中扩增穿梭质粒，然后将穿梭质粒 DNA 转染昆虫细胞，得到重组病毒。将重组病毒感染昆虫细胞，获得重组蛋白质。昆虫表达系统具有外源基因表达水平高、易于表达异源多聚体蛋白质、安全性高等优点；重组表达的蛋白质具有正确的翻译后修饰和生物学活性，如二硫键的形成、磷酸化、糖基化等；特别适用于表达大分子蛋白质。

（3）哺乳动物细胞表达系统：是将外源基因导入哺乳动物细胞，在细胞中表达获得蛋白质。哺乳动物细胞表达的蛋白质具有最接近于天然状态的翻译后修饰，有利于表达蛋白质进行正确的折叠和聚合，因此被大量用于治疗性重组蛋白质的生产。哺乳动物细胞表达系统常用的细胞如COS 细胞、HEK293 细胞、CHO 细胞、NIH3T3、HeLa 细胞等，根据实验目的需求建立瞬时表达、稳定表达或者诱导表达细胞系。瞬时表达是指宿主细胞在导入表达载体后不经选择培养，载体 DNA 随细胞分裂而逐渐丢失，目的蛋白质的表达时限短暂。稳定表达是载体进入宿主细胞并经选择培养，载体 DNA 稳定存在于细胞内，目的蛋白质的表达持久、稳定。诱导表达是指目的基因的转录受外源小分子诱导后才得以开放。常用的哺乳动物细胞表达载体有前文已述的质粒、腺病毒、慢病毒载体等。哺乳动物细胞表达系统的缺点是操作技术难、费时、成本较高。

三、DNA 克隆技术在分子生物学的应用

DNA 克隆技术广泛应用于基础生物科学和应用生物科学。

1. 基因功能分析　利用分子克隆技术制备探针，用于检测基因表达。克隆基因还可以通过敲降基因，或使用区域诱变或定点诱变，进行单个基因的生物学功能的鉴定。

2. 生产重组蛋白质　重组肽类药物治疗疾病，如人组织型血纤蛋白酶原激活因子、凝血因子Ⅷ、干扰素、红细胞生成素、人生长激素、人抗凝血素Ⅲ，集落刺激因子等。

3. 转基因生物　如转基因鼠、转基因植物（抗除草剂植物）等用于科学研究和农业生产。

4. 基因治疗　向缺乏功能的细胞提供功能性基因，纠正遗传障碍或获得性疾病。基因治疗可以大致分为两类：第一类是生殖细胞，即精子或卵子的改变，这会导致整个生物体及其后代的永久性遗传变化；第二类基因治疗是“体细胞基因治疗”。基因治疗已在临床上应用。

第二节　DNA 测序技术

DNA 测序是确定 DNA 中核苷酸的顺序。目前不断发展的 DNA 测序技术已实现高通量、快速测序，有助于对多种类型的物种进行基因组测序，加速推动了生物学和医学的研究进展。

一、第一代测序技术

1978 年第一代 DNA 测序方法正式产生，该方法涉及添加链终止和放射性标记（早期方法）或荧光标记（后期方法）的双脱氧核苷酸，对模板链互补的 DNA 链进行测序。该方法称为桑格（Sanger）测序，随着毛细管电泳的引入，该方法不断改进，并作为一种“第一代测序”方法获得广泛接受，用于对细菌、噬菌体和人类的大小基因组进行测序。

（一）双脱氧末端终止法

1977 年，桑格（Sanger）创立了双脱氧核苷酸末端终止测序法（chain terminator sequencing），因此其也称 Sanger 测序法。Sanger 测序法的原理是由于双脱氧核苷三磷酸（ddNTP）的 2、3 位置不含羟基，在 DNA 合成反应中不能形成磷酸二酯键，使 DNA 合成反应中断。在 4 个 DNA 合成反应体系中分别加入 4 种不同的带有放射性同位素标记的 ddNTP，得到一系列不同长度的核酸片段，这些片段的 3′ 端是 ddNTP，但是有共同的引物 5′ 端的起点，片段长度取决于 ddNTP 掺入时，掺入位点与引物 5′ 端距离的远近。通过凝胶电泳和放射自显影后，根据电泳带的位置确定待测分子的 DNA 序列（图 19-6）。Sanger 测序法的优点是操作快、简单、准确率高和测序片段较长（700～900nt），但测序速度慢、通量低。

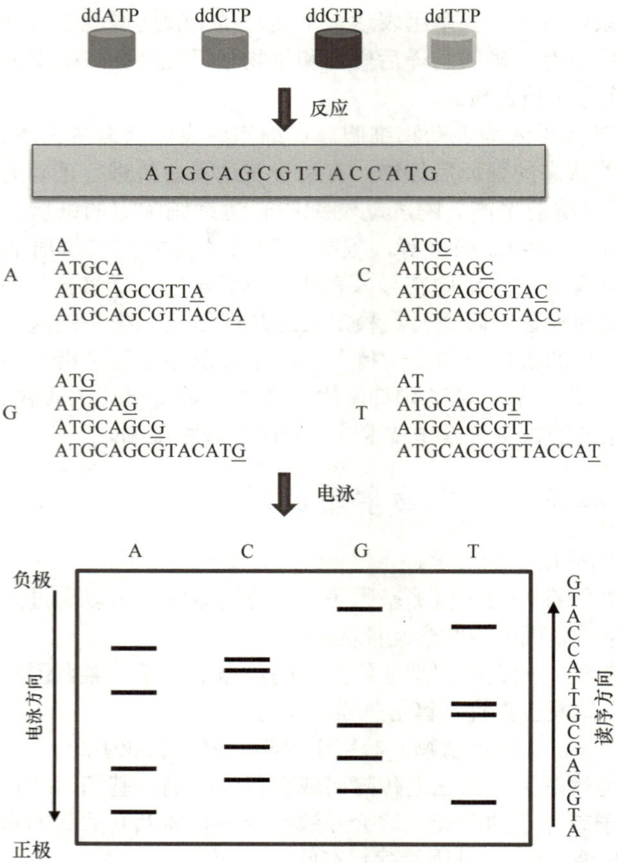

图 19-6　Sanger 测序法

（二）自动激光荧光 DNA 测序

在 Sanger 测序法基础上，1986 年史密斯（Smith）利用 4 色荧光标记 4 种 ddNTP，能够在电泳分离过程中通过在专用测序仪器上激光诱导荧光发射对每个片段进行检测，而且产物的电泳分离过程可以在一个泳道内实现，解决了不同泳道迁移率存在差异的问题，同时也提高测序效率，实现自动读取不同长度的序列。

二、第二代测序技术

第一代测序技术测序通量低，不能满足大规模基因组测序的需求，2005 年，DNA 第二代测序技术（next-generation sequencing）又称高通量测序（high throughput sequencing）产生，采用矩阵分析技术，实现了大规模平行化操作，矩阵上的 DNA 样本可以被同时并行分析；不再采用电泳技术，使得 DNA 测序仪得以微型化，测序成本大大降低；边合成边测序，测序速度大幅提高。第二代测序技术的缺点是读序长度偏短，需要进行拼装组成长 DNA 片段上的测序数据，这给结构变异或复杂性区域的 DNA 读序带来困难。第二代测序技术广泛应用于基因组的从头测序、基因组重测序、转录物组测序、小 RNA 测序和表观基因组测序等。

第二代测序技术平台包括多种，454 测序、Solexa 测序、SOLiD 测序、Polonator 测序和 HeliScope 测序等，本节只重点介绍前三种。

1. 454 测序　应用焦磷酸测序技术，用发光法检测焦磷酸合成，采用边合成边测序的方法。①构建片段长度为 300～800bp 的 DNA 测序文库，在 DNA 片段两端连接上特定的锚定接头。②进行乳液 PCR（emulsion PCR）扩增，将固化引物的微球与文库单链 DNA 片段、PCR 体系混合，保证每个微球只结合 1 条 DNA 片段，进行扩增，每个微球的 DNA 片段为单拷贝。③测序，微球转移至规则阵列的微孔板，每个微孔只容纳一个微球。将微孔板置于流通池内，通过连续流动依次向流通池内加入 4 种 dNTP，每次只加入 1 种 dNTP，当有配对互补的三磷酸核苷结合到 DNA 链上时，释放出焦磷酸，在 ATP 硫酰化酶（ATP sulfurylase）作用下，焦磷酸合成 ATP。ATP 将作为荧光素酶底物，参与荧光素氧化反应而释放荧光，荧光信号被仪器所捕获和分析。454 测序读长可达约 700bp，但是准确率低，成本高。

2. Solexa 测序　也称为 Illumina 测序，同样是一种边合成边测序技术。①构建 DNA 片段长度为 100～200bp 的测序文库，DNA 片段两端加上已知序列接头。②进行桥式扩增，将连有接头的 DNA 片段放入含有基片的流通池内，基片上固定有与接头互补的序列，这样 DNA 片段两端可固定在基片上，形成桥式结构，互补的小片段相当于引物，进行多轮 PCR 扩增。③测序，加入带有 4 种不同荧光标记的 dNTP。这些 dNTP 的 3′ 端羟基连接有可逆性的抑制基团，阻止其他脱氧核苷酸与之结合，使得每轮聚合反应只能加入 1 个 dNTP，仪器可检测出荧光信号，从而测出加入的是何种核苷酸。读取之后，结合在 dNTP 上的荧光基团被切割掉，继续进行下一个荧光标记 dNTP 的掺入。Solexa 测序具有准确性高、高通量、高灵敏度和低运行成本等优点，但是，基于 DNA 模板扩增，导致在组装高 GC 含量基因组时受限，而且测序读长较短（70～100bp）。

3. SOLiD 测序　在边合成边测序过程中采用连接反应而不是聚合反应。①构建 DNA 片段长度为 100～200bp 的测序文库，DNA 片段长度与 Solexa 测序相近。②同样采用乳液 PCR 扩增，同 454 测序一致，不同的是 SOLiD 测序中微球更小，仅 1μm，扩增收集微球后固定在玻璃基板上形成无规则微阵列。③测序采用连接反应，体系中加入连接酶，其反应连接底物是 8 碱基单链荧光探针混合物（3′-XXnnnzzz-5′）。SOLiD 测序另一个特点是应用双碱基编码原理（图 19-7）。双碱基编码意味着每个碱基被测定两次，即使一次测定中造成错误的累积，但二次测定可以检测出来，具有误差校正功能，能将单碱基突变或 SNP 与随机错误区分开来。SOLiD 测序技术准确度高，读长与 Solexa 测序近似。

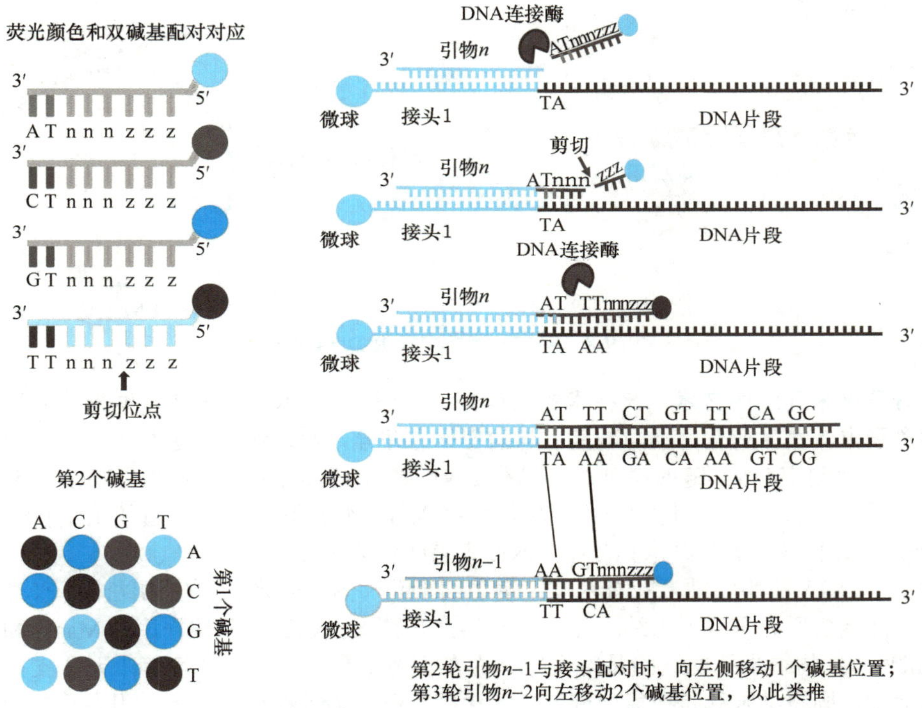

图 19-7　SOLiD 测序的连接反应和双碱基编码荧光配对示意图

三、第三代测序技术

第三代测序技术（third-generation sequencing）实现了单分子测序，不需要对模板进行扩增，读取长度在 10kb 以上，远远超过 Sanger 法或短读序的第二代测序技术，“长读”技术很好地解决了短读时遇到的问题，如全基因组重复和结构变异等。与第二代测序方法相比，第三代技术的早期局限性是读取的准确性不高，随着技术改进，读取的准确性已明显提高。

第三代测序技术主要包括单分子实时测序（single molecular real-time sequencing，SMRT 测序）、真正单分子测序（true single molecular sequencing）、基于荧光共振能量转移的测序（fluorescence resonance energy transfer sequencing）和单分子纳米孔测序（single-molecule nanopore DNA sequencing）等。第三代测序技术主要应用于全基因组从头组装、结构变异检测、全长转录本检测、扩增子测序、宏基因组学测序等。也可以对 RNA 直接测序，避免逆转录带来的误差；可以直接检测甲基化的 DNA，实现对表观修饰位点检测；进行 SNP 检测，发现稀有碱基突变位点及频率。本节重点介绍单分子实时测序技术和单分子纳米孔测序技术。

1. 单分子实时测序技术（SMRT 测序） 是基于荧光标记的边合成边测序技术，其原理是：将 1 分子 DNA 聚合酶和 DNA 模板固定在零模波导（zero-mode waveguide）孔底部，4 种不同荧光标记的 dNTP（荧光标记在磷酸基团上）通过布朗运动随机进入检测区域与聚合酶结合。与 DNA 模板匹配的碱基生成化学键的时间比其他碱基停留的时间长，这有利于荧光标记的 dNTP 被激发而检测到相应的荧光信号，识别延伸的碱基种类，之后经过信息处理可测定 DNA 模板序列。由于荧光标记在磷酸基团上，在聚合反应时将被切去，有利于反应持续进行，因此 SMRT 测序具有超长读长和实时测序的优点。早期 SMART 的读错率很高，高达 14%，为提高准确率，将双链 DNA 模板两端连有发夹接头，扩增时，模板将以单链环状 DNA 分子的形式存在（图 19-8），可进行多次滚环复制，模板 DNA 测序 1 次产生 1 条子读序（subread），同一个模板链多次测序，产生多个子读序，这样 1 个子读序的随机错误，可参考其他子读序序列进行纠正，目前 SMART 读序准确性已超过 99%。

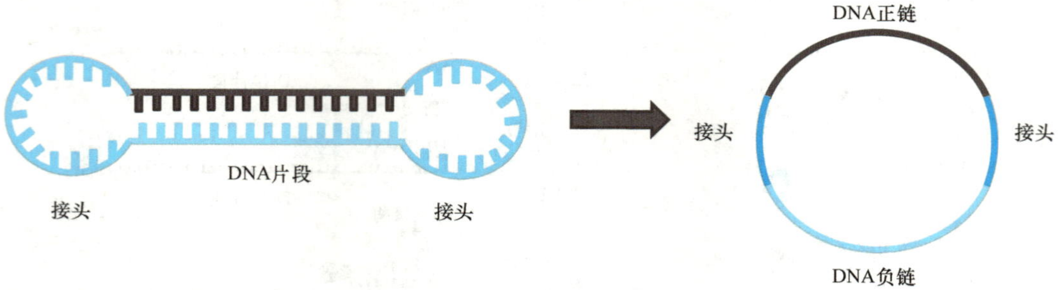

图 19-8　SMRT 测序中模板 DNA 形式

2. 单分子纳米孔测序技术 此技术的原理为单个碱基或 DNA 分子通过纳米孔通道时，会引起通道中离子电流发生变化。不同碱基引起的变化有差异，对这些变化进行检测可以得到相应碱基的类型，进而测定 DNA 链的序列。与以往 DNA 测序技术相比，纳米孔测序技术无需各种酶的参与，也无需对 DNA 进行化学修饰、标签物插入等生物或化学处理，直接采用物理方法读出 DNA 序列，因此也有学者将纳米孔测序技术归为第四代测序技术。

目前用于 DNA 测序的纳米孔有两类：生物纳米孔和固态纳米孔。生物纳米孔来源于基因工程产生的天然蛋白质分子或人工纳米孔，如 α-溶血素孔蛋白、耻垢分枝杆菌的 MspA 和枯草芽孢杆菌的 Phi29。生物纳米孔的缺陷是寿命短、内在不稳定和需要特定环境等，无法支持生物传感器的长期运行。固态纳米孔是在氮化硅、二氧化硅和石墨烯等绝缘材料上，用离子刻蚀技术、电子刻蚀技术、聚焦电子束或离子束等制作出的微小孔洞。具有很高的化学稳定性、高通量的优点，而且纳米孔测序读长可达到 1Mb，缺点是错误率较高，达 2%～15%。

第三节　聚合酶链反应及其衍生技术

聚合酶链反应（polymerase chain reaction，PCR）是一种基于 DNA 复制原理在体外进行的特异性 DNA 序列扩增的方法，又称无细胞分子克隆技术。PCR 技术已发展成为分子克隆的基础，应用于包括 DNA 测序、体外诱变、突变检测、cDNA 和基因组 DNA 的克隆以及等位基因分型等多个方面。

一、PCR 技术原理和应用

PCR 技术是美国科学家穆利斯（Mullis）于 1983 年发明的体外扩增 DNA 的实验技术，在分子生物学的方法学上掀起一场革命，并获得 1993 年的诺贝尔化学奖。

（一）PCR 技术原理

PCR 技术的基本原理类似于 DNA 复制过程，合成体系包括模板 DNA、引物、4 种脱氧核苷酸和 DNA 聚合酶。待扩增的 DNA 片段与其两侧互补的寡核苷酸链引物结合，DNA 聚合酶催化合成与模板 DNA 互补的 DNA 链。经“变性—退火—延伸”三步反应的多次循环，使 DNA 片段数量呈指数增加，从而在短时间内获得大量特定基因片段。

PCR 反应步骤包括：①模板 DNA 变性：模板 DNA 经加热至 94℃，DNA 双链或经 PCR 扩增形成的双链 DNA 解离成为单链。②退火：模板 DNA 经加热变性成单链后，温度降至适宜温度时，引物与模板 DNA 单链的互补序列配对结合。③延伸：温度升至 72℃，DNA 聚合酶（如 *Taq* DNA 聚合酶）以 dNTP 为原料，靶序列为模板，催化合成新的 DNA 分子，至反应第三轮开始，扩增出目的片段，经多次重复循环变性—退火—延伸过程，即可指数级扩增目的 DNA 片段（图 19-9）。

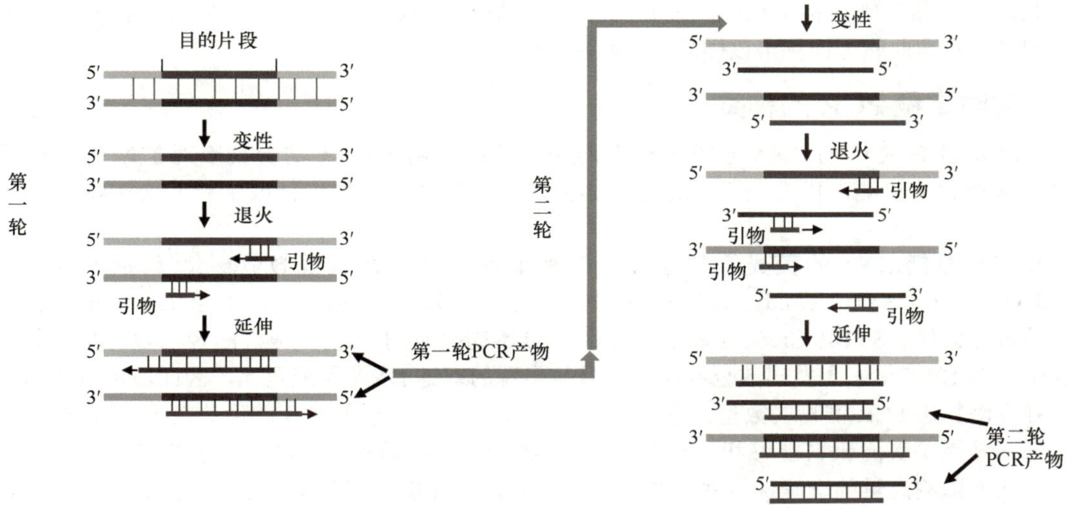

图 19-9　PCR 技术反应步骤

（二）PCR 技术的应用

常规 PCR 技术仍然是日常科研工作中最常用的实验手段，主要用于获取目的基因、定量分析核酸、体外改变基因序列等。

1. 获得目的基因　PCR 技术为在重组 DNA 过程中获得目的基因片段提供了简便快速的方法。在人类基因组计划完成之前，PCR 技术是从 cDNA 文库或基因组文库中获得序列相似的新基因片段或者新基因的主要方法。目前，该技术是快速获得已知序列目的基因片段的主要方法。

2. 定量分析核酸　PCR 技术高度敏感，对模板 DNA 的量要求很低，是 DNA 和 RNA 微量分析较好的方法。理论上讲，存在 1 分子的模板，就可以获得目的片段。因此，在基因诊断方面具有极广阔的应用前景。

3. 体外改变基因序列　在 PCR 技术建立前，在体外进行基因改造是一项困难的工作，利用 PCR 技术可以随意设计引物，在体外对目的基因进行嵌合、缺失、点突变等改造。

4. 测定 DNA 序列　将 PCR 技术引入 DNA 序列测定，使测序工作大为简化，也提高了测序的速度。待测 DNA 片段既可克隆到特定的载体后进行测定，也可直接测定。

5. 检测基因突变 PCR 与其他技术结合可以大大提高基因突变检测的敏感性，例如单链构象多态性分析、等位基因特异的寡核苷酸探针分析、基因芯片技术等。

二、实时定量 PCR 技术

实时定量 PCR（real-time quantitative PCR）技术是一种定量分析目的 DNA 或 RNA 的方法，是在 PCR 过程中（即实时）监测靶向 DNA 分子的扩增，进行定量和半定量分析。

（一）实时定量 PCR 的原理

实时定量 PCR 是在 PCR 过程中，通过特异性的 DNA 结合染料或探针对 PCR 过程进行动态监测，并据此绘制动态变化图的一种方法。在 PCR 反应混合液中，靶序列的起始浓度越大，未来达到荧光阈值所需的 PCR 循环数就越少，因此，靶序列的起始浓度可用 PCR 循环数（cycle threshold，C_t）来表示。C_t 值（循环阈值）是指每个反应管内的荧光信号到达设定的阈值时所经历的循环数。每个模板的 C_t 值与其起始拷贝数的对数存在线性关系，起始拷贝数越多，C_t 值越小。利用标准品绘制出标准曲线，然后对未知样品产生的荧光信号进行“实时”检测并获得 C_t 值，即可从标准曲线上计算出该样品的起始拷贝数。

（二）实时定量 PCR 的种类

实时定量 PCR 中的 DNA 分析主要有两种方式：使用 dsDNA 结合染料对扩增产物进行特异性和非特异性检测，以及使用荧光基团连接的寡核苷酸（引物探针或探针）检测特异性 PCR 产物。

1. 结合双链 DNA 的荧光染料法 有多种染料可结合在双链 DNA 上，包括 YO-PRO-1、SYBR Green Ⅰ、SYBR Gold、SYTO、BEBO、BOXTO 及 EvaGreen。其中 SYBR Green Ⅰ是最常用的荧光染料。SYBR Green Ⅰ带有负电荷，与 dsDNA 的小凹槽有很好的亲和力，在 1 个 PCR 反应中，SYBR Green Ⅰ发出的全部荧光信号与出现的双链 DNA 量成正比，因此，可以根据荧光信号强度测算出 PCR 产物的数量。这种荧光染料掺入的实时定量 PCR 的优势在于检测方法简便，成本低。缺点是荧光染料能够和所有双链 DNA 结合，因此易受到非特异性扩增和引物二聚体的干扰，从而影响定量的准确性，并且 SYBR Green Ⅰ对 PCR 反应有染料依赖的抑制作用，需要控制染料剂量。EvaGreen 是第三代 dsDNA 结合染料，对 PCR 的抑制作用小，可以在饱和条件下使用，以产生更强的荧光信号。

2. 荧光基团标记的寡核苷酸探针法 寡核苷酸探针分为三类：引物型探针、探针和核酸类似物型探针。

（1）引物型探针：是将引物和探针结合在 1 个分子中的寡核苷酸，在 qPCR 的变性或延伸阶段检测引物探针发出的荧光。以 Amplifluor ™引物型探针为例进行介绍。Amplifluor ™引物型探针为单链的具有发卡样结构的 DNA 分子，荧光报告基团（reporter，R）位于发夹的 5′ 端，内部猝灭基团（quencher，Q）连接在发夹的 3′ 端，3′ 端还连接有 Z 序列和 Z 引物，Z 引物充当 PCR 引物。当发夹结构完整时，报告基团通过 FRET 原理将能量转移到猝灭基团，此时检测不到荧光。最初两轮 PCR 扩增时，加入带有 Z 序列的引物，通过扩增，使新合成的 DNA 分子携带 Z 序列。第三轮 PCR 扩增时，则加入带有发卡型荧光基团的探针，该探针通过自身 Z 序列与新扩增 DNA 分子的 Z 序列互补结合，这样再次合成的 DNA 分子将带有发卡型探针；第四轮扩增中，DNA 聚合酶延伸到发卡探针处，将打开发卡，报告基团和猝灭基团分离，报告基团发射的荧光可被检测（图 19-10）。

（2）探针：是带有报告基团和猝灭基团的寡核苷酸。分为水解型探针和杂交型探针。TaqMan 探针是应用较广的水解型探针，在 PCR 反应体系中加入一对引物的同时，再加入一个能与模板 DNA 特异性结合的荧光探针。此荧光探针为一个 30～45bp 的寡核苷酸，其 5′ 端标记荧光报告基团，3′端标记荧光猝灭基团。探针完整时，3′端猝灭基团抑制5′端报告基团的荧光发射，无荧光信号。在PCR扩增中，*Taq* DNA聚合酶沿模板移动至探针结合处，其5′→3′外切核酸酶活性将探针5′端连接的R基团切割下来，游离于反应体系中，发出荧光信号。由于被释放的荧光基团数目和PCR产物数量是相对应关系，且荧光强度同被释放的荧光基团的数目也呈正比，因此可对模板进行准确定量（图19-11）。TaqMan探针技术特异性好、准确性高、假阳性低、重复性比较好，但需要设计特异性的探针，成本较高。

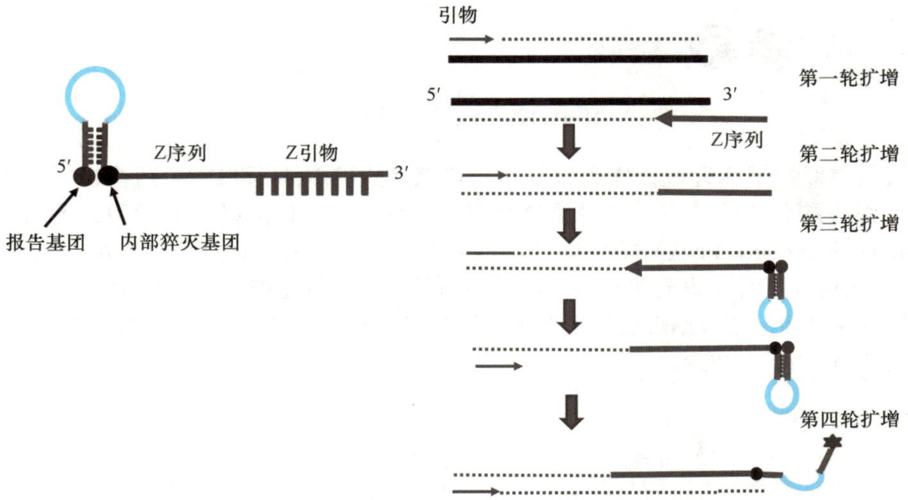

图19-10　Amplifluor™引物型探针

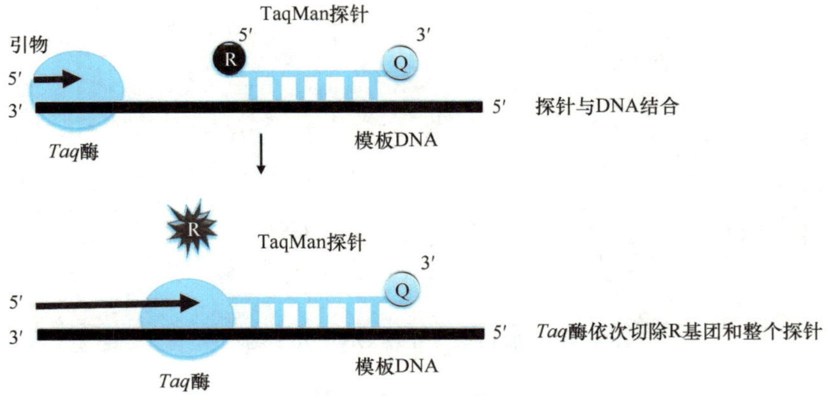

图19-11　TaqMan探针法实时PCR原理（以一条DNA链为例）

分子信标探针属于杂交型探针。分子信标（molecular beacon）探针是单链发夹形寡核苷酸，分为4部分：①环，与靶DNA序列互补的18～30bp的片段；②茎，其由位于探针每一端的5～7bp的两个互补序列形成；③连接到5′端的荧光报告基团；④连接到3′端的荧光猝灭基团。当靶DNA与分子信标结合时，分子信标的构象发生改变成链状，使R基团与Q基团分开，发出荧光信号（图19-12）。与探针结合的DNA分子数量越多，荧光信号也就越强。分子信标法优点是特异性强，荧光背景低，探针可循环应用；缺点是探针设计困难，杂交探针不能完全与模板结合，稳定性较差，成本高。

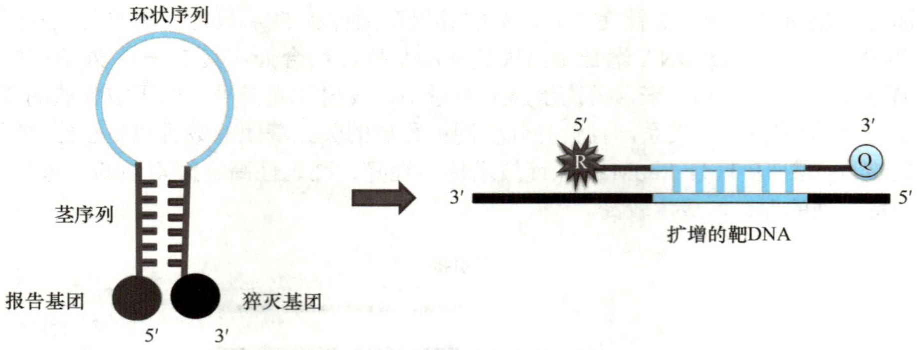

图 19-12　分子信标探针原理

（3）核酸类似物型探针：核酸类似物是与自然产生的 RNA 和 DNA 结构相似的化合物。类似物具有天然核酸分子的特点，但性质更稳定，并且与互补核酸靶点的亲和力更高，例如肽核酸（peptide nucleic acid，PNA）（图 19-13）、锁核酸（locked nucleic acid，LNA）、拉链核酸（Zip nucleic acid，ZNA），以及非天然碱基（iG 和 iC）等。如 PNA 能够与双链 DNA 或 RNA 以高亲和力和强特异性结合，这种结合通过链置换而不是三螺旋形成发生。PNA 同时连接 1 分子噻唑橙分子或荧光基团，用于 qPCR。

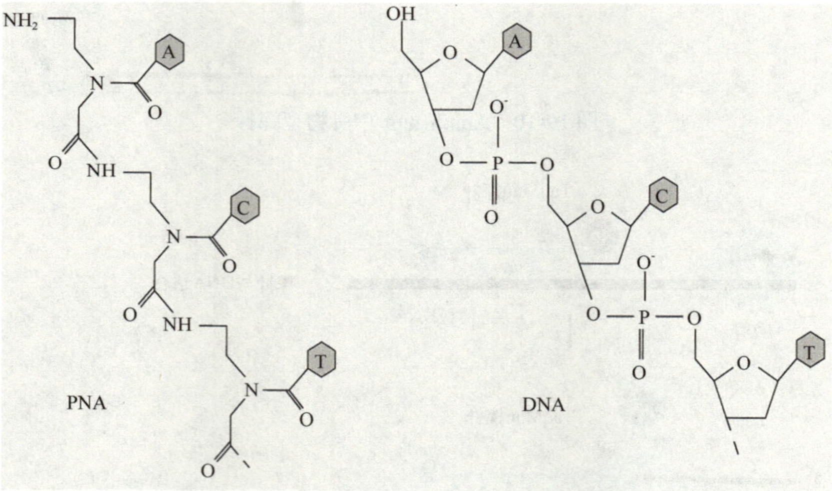

图 19-13　肽核酸与正常 DNA 分子结构图

三、PCR 衍生技术

PCR 技术不断发展和改进，与多种其他技术结合形成了几十种 PCR 衍生技术。下面介绍几种常见的 PCR 衍生技术。

1. 逆转录 PCR（reverse transcription PCR，RT-PCR）　是以 RNA 为模板逆转录生成 DNA 后，再进行 PCR 的一种技术。首先利用逆转录酶将 RNA 逆转录生成 cDNA，然后以 cDNA 为模板，进行 PCR 扩增。RT-PCR 可用于对细胞和组织中 RNA 进行定性和半定量检测，是检测基因表达的实验手段。

2. 原位 PCR（*in situ* PCR）　是以单细胞或组织切片上 DNA 为模板，对特异 DNA 或 mRNA 进行扩增，然后采用 DNA 分子原位杂交、免疫组化或荧光测定法对细胞内特定核酸序列进行鉴定及定位的技术。原位 PCR 克服了 PCR 不能将靶基因定位和原位杂交敏感性低的缺点。

3. 染色体步移（chromosome walking） 基于 PCR 技术的染色体步移是通过已知 DNA 片段对其旁侧未知序列进行克隆的方法，分为两大类，一类是依赖酶切连接介导的，如反向 PCR、锅柄 PCR 等；另一类是不需要酶切连接介导的，如热不对称交错 PCR、位点找寻 PCR 等。最早提出并用于实践的是反向 PCR（inverse PCR，IPCR）。

反向 PCR 通过三步扩增已知序列旁侧的上、下游序列，基本过程可概括为：①选择合适的限制性核酸内切酶切割基因组 DNA，该核酸内切酶对已知 DNA 序列不能切割；②酶切后的 DNA 片段用 DNA 连接酶处理，使其进行自连接，从而产生环状 DNA；③以环化产物作为实验底物，用根据已知序列设计的反向引物进行 PCR 扩增，最终得到已知序列侧翼未知片段的扩增产物。

4. 数字 PCR（digitalpolymerase chain reaction，dPCR） 是进行单分子 DNA 绝对定量的技术。“数字 PCR”一词最早由金兹勒（Kinzler）和沃格尔斯坦（Vogelstein）在 1999 年提出，但其实更早就有实验室描述为“单分子 PCR”或“有限稀释 PCR”。与传统 PCR 不同，dPCR 是将 PCR 溶液分成数万个纳升大小的液滴，在每个液滴中进行单独的 PCR 反应。dPCR 在进行扩增反应前，将含有 DNA 模板的 PCR 反应溶液稀释后分布到大量的独立反应室内，单分子间通过稀释分离，独自进行 PCR 扩增，在多次 PCR 扩增循环后，用二进制读数“0”或“1”检查样品的荧光（图 19-14）。记录荧光液滴的分数，应用泊松定律，描绘样品中目标分子的分布，从而对 PCR 产物中的目标链进行定量。dPCR 可定量微量 DNA 分子，具有操作方便、检测通量高、特异性强、灵敏度高、定量准确等优点。

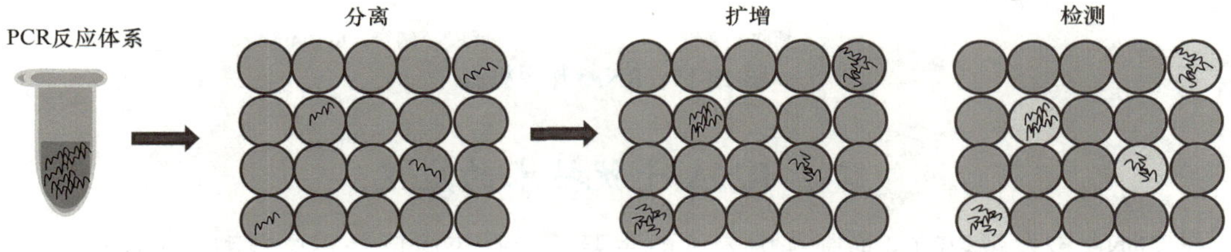

图 19-14 dPCR 反应示意图

第四节 RNA 干扰技术

1998 年，安德鲁·法尔（Andrew Fire）和克雷格·梅洛（Craig Mello）首次在秀丽隐杆线虫中描述了 RNA 干扰（RNAi）沉默基因表达的机制，他们为此获得 2006 年诺贝尔生理学或医学奖。RNAi 已在所有真核生物中发现，包括原生动物、无脊椎动物、脊椎动物、真菌、藻类和植物。目前 RNAi 技术作为一种强大的反向遗传学工具，用于细胞和生物体水平上研究基因功能、调节和相互作用。

一、RNA 干扰技术原理

RNAi 是指与靶基因同源的双链 RNA 诱导的特异的基因沉默现象。其作用机制是双链 RNA 被特异的核酸酶降解，产生 siRNA，这些 siRNA 与同源的靶 RNA 互补结合，特异性酶降解靶 RNA，从而抑制、下调基因表达。

引起 RNAi 途径的分子有 3 类：介导 siRNA 途径的 siRNA、介导 miRNA 途径的 microRNA 和介导 piRNA 途径的 Piwi 互作 RNA（piRNA）。研究最深入的是 siRNA 和 miRNA，但目前 siRNA 已作为一种技术手段应用于基因沉默，因此本节只介绍介导 siRNA 途径的 siRNA 沉默基因的分子机制和应用。

RNAi 是一种 RNA 依赖性基因沉默过程，当外源性长双链 RNA（dsRNA）（包括病毒 RNA 和实验引入的 dsRNA），或者内源性 dsRNA[来源于重复或转座子元件（如转座子 RNA）、结构基因座和重叠转录物等］出现在细胞内时，将触发Ⅲ型核糖核酸酶 Dicer（Dcr）启动，Dicer 酶将 dsRNA 分子切割成 21～23bp 短双链片段（siRNA）。siRNA 将与 RNA 诱导沉默复合物（RNA-induced silencing complex，RISC）中的 Argonaute 2（AGO2）结合，AGO2 是核酸内切酶，有义链（sense/passenger strand）被 AGO2 切割而降解，反义链（antisense/guide strand）通过碱基配对与靶 mRNA 结合，这就将与反义链结合的 RISC 引导到目标 mRNA 上，RISC 中的 AGO2 继续切割、降解 mRNA。反义链上的碱基需要与 mRNA 完全配对，而且与 mRNA 配对结合位点多在编码区（图 19-15）。

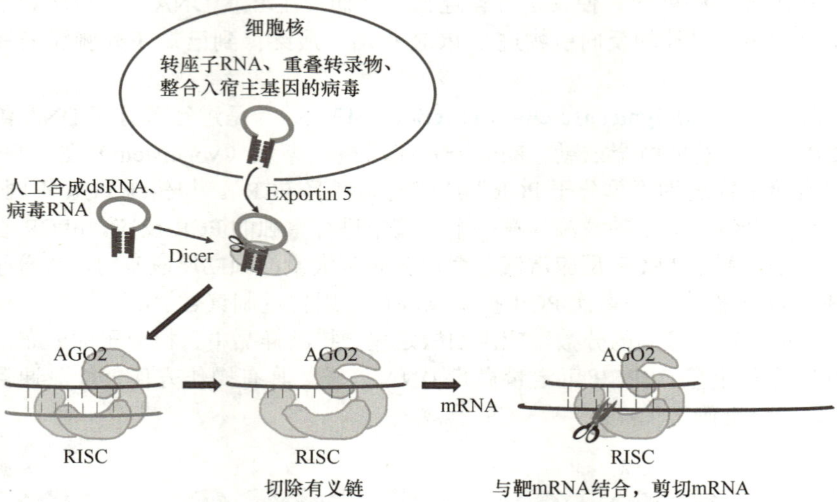

图 19-15　RNAi 作用机制

二、RNA 干扰技术的应用

在 siRNA 被发现以前，抑制基因表达的主要手段是应用反义寡核苷酸（antisense RNA），siRNA 作为双链分子，比反义寡核苷酸更加稳定，具有更强的实用性。

（一）siRNA 的设计和合成

siRNA 反义链与靶基因序列之间需要严格的碱基配对，单个碱基错配就会大大降低沉默效应，而且 siRNA 还可以造成与其具同源性的其他基因沉默（也叫交叉沉默），所以要求所设计的 siRNA 只能与靶基因具高度同源性而尽可能少的与其他基因同源。

常见的获得 siRNA 的方法有 2 种：一是直接化学合成；二是将 siRNA 构建入载体，在细胞内表达。利用化学合成生产 siRNA 片段时，一般需要为 1 个基因合成 3 对 siRNAs，属于瞬时转染沉默基因表达。构建 siRNA 表达载体时，需要明确有效的 siRNA 序列，依据此序列合成 2 段编码短发夹 RNA（short hairpin RNA，shRNA）序列的 DNA 单链，通过退火形成双链 DNA 片段，克隆到相应的穿梭质粒载体上，最后需要在细胞内包装产生病毒颗粒。经过载体表达的 shRNA 在细胞内经过类似 siRNA 成熟过程，最终以 siRNA 作用方式沉默基因。构建表达载体可以通过抗性筛选进行稳定表达。

（二）siRNA 递送方式

siRNA 可被天然或合成载体包裹或结合，从而被有效地递送至特定部位，参与特定组织中的细胞内化，还可避免血清降解和巨噬细胞吞噬。载体既可以是非病毒载体，也可以是病毒载体。

1. 非病毒载体递送　有多种方式，常见的包括以下几种。

（1）脂质体导入 siRNA：阳离子脂质是较常见的一类非病毒基因递送载体，可通过静电吸附或自组装与 siRNA 形成脂质/siRNA 复合物，保护 siRNA 并帮助其实现内体逃逸。

（2）纳米颗粒：纳米粒尺寸小、比表面积大、无免疫原性，在体内不易降解，多以原型排出，毒性较低，且在外加磁场作用下可定向移动，可实现药物的靶向递送。包括量子点（QD）、碳纳米管（CNT）和金纳米粒子（Au NP）等。

（3）抗体：用抗体与阳离子载体耦合，赋予载体主动靶向功能，能提高基因药物的治疗效果。

（4）外泌体：是由多种细胞分泌的内源性纳米级囊泡，采用外泌体包载外源 siRNA 等，可实现特异性识别靶细胞及药物高效递送。

（5）缀合物载体：糖蛋白 *N*-乙酰半乳糖胺（GalNAc）以共价形式缀合到 siRNA 正义链的 3′ 端而形成稳定的缀合物。GalNAc 识别肝细胞表面唾液酸糖蛋白受体（asialoglycoprotein receptor，ASGPR），达到 siRNA 靶向递送。

2. 病毒载体递送　常用的 siRNA 病毒递送载体有腺病毒载体和慢病毒载体，病毒载体较其他载体在递送能力上具有明显优势。腺病毒转染效率高，但是属于瞬时表达的载体，对有些原代细胞、干细胞、神经元等难以转染。慢病毒载体可以整合入宿主基因组，进行稳定表达，对难转细胞有很好的感染性。

（三）RNA 干扰技术在医学上应用

1. 基因功能的研究　利用 RNAi 技术，可以在 RNA 水平部分阻断某基因的表达，获得功能性丧失，进一步研究相关基因的功能。

2. 临床治疗疾病　siRNA 目前已逐步应用于临床治疗肿瘤、高血压、肝病、罕见病等。如 siG12D-LODER 含有针对 *KRAS* 基因 G12D 突变的 siRNA，用于肿瘤治疗，目前处于Ⅱ期临床试验中；Patisiran（Ⅲ期临床）用于治疗遗传性淀粉样多发性神经病变；Givosiran（Ⅲ期临床）治疗急性肝卟啉病 (AHP) 等。

第五节　蛋白质相互作用技术

蛋白质是构成生物体的重要生物大分子，调节和控制几乎所有的生命基础活动和高级生物学行为。从小分子的转运、代谢和信号转导，到单个细胞的增殖、分裂、分化和凋亡，几乎都离不开蛋白质及它们之间的相互作用。尤其是蛋白质组学旨在鉴定体内蛋白质-蛋白质相互作用，以便将蛋白质复合物组装在一起，从而构建生物过程。有多种技术可以检测蛋白质间的相互作用，如 GST-牵出技术、免疫共沉淀、酵母双杂交等。

一、GST-牵出技术

GST-牵出（GST-pull down）技术是体外检测蛋白质相互作用的技术，是将诱饵蛋白质和谷胱甘肽 S-转移酶（glutathione S-transferase，GST）标签融合表达，纯化后与含有目的蛋白质的溶液进行孵育，利用谷胱甘肽-琼脂糖介质将 GST-融合蛋白质-目的蛋白质复合物沉淀下来，然后进行聚丙烯酰胺凝胶电泳（SDS-PAGE）鉴定与诱饵蛋白质相互作用的蛋白质。GST-pull down 技术可用于鉴定与已知蛋白质相互作用的未知蛋白质，也能检测已知蛋白质之间是否存在相互作用；也可以证明蛋白质分子是否存在直接物理结合；也可构建诱饵蛋白质的某个结构域，分析蛋白质之间结合的具体结构部位（图 19-16）。

二、免疫共沉淀技术

免疫共沉淀（co-immunoprecipitation，Co-IP）技术其实也属于 GST-pull down 试验范畴，以抗体捕获靶蛋白质，来研究蛋白质之间是否存在相互作用。将目标蛋白质与其特异性抗体或者带标签蛋白质的特异性抗体结合后，加入蛋白 A 或蛋白 G 偶联的琼脂糖珠子，因为细菌的蛋白 A

或蛋白 G 与免疫球蛋白 Fc 段可特异性结合，因此用此珠子去沉淀目标蛋白质及其抗体形成的复合物，最后通过免疫印迹或质谱等方法确定复合物中的蛋白质。Co-IP 实验不能确定蛋白质之间的相互作用是直接还是间接的，但其优点是可以在生理条件下，检测细胞或组织内与目的蛋白质相结合的蛋白质，也应用于验证已知相互作用的蛋白质（图 19-17）。

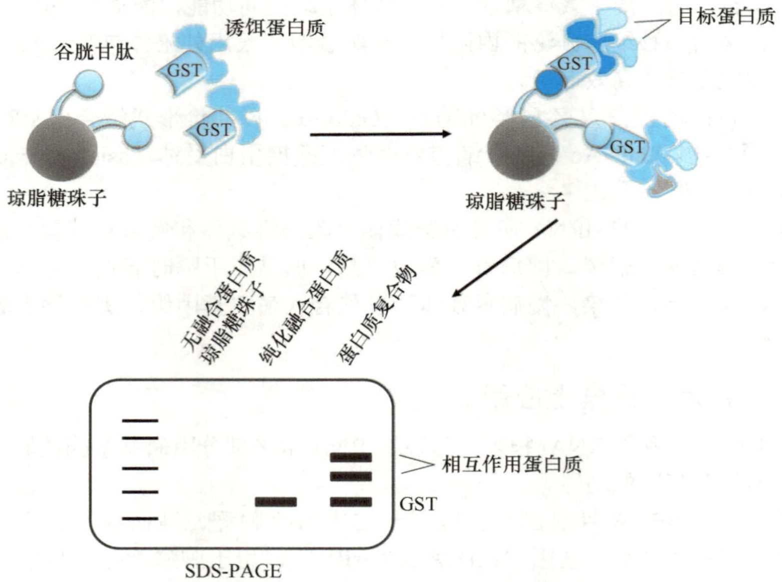

图 19-16 GST-pull down 技术原理示意图

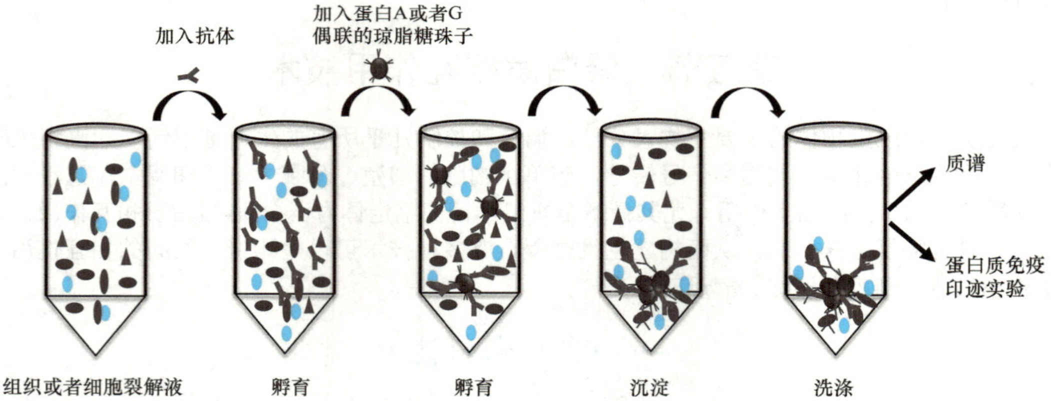

图 19-17 免疫共沉淀技术流程

三、酵母双杂交技术

酵母双杂交系统（yeast two-hybrid system）是分析细胞内未知蛋白质相互作用的常用手段之一。它的原理建立于对酵母激活性转录因子 GAL4 激活下游靶基因表达的认识基础上，GAL4 具有 DNA 结合结构域（DNA-binding domain，BD）和转录激活结构域（activating domain，AD），两者分开时不能激活基因转录，只有 BD 和 AD 在空间上足够靠近，才能发挥 GAL4 转录激活作用。利用此特点，人为将诱饵 Bait（已知蛋白质）基因与 BD 基因融合，猎物 Prey（未知蛋白质）基因与 AD 基因融合，然后在酵母中共表达相应的融合蛋白质（BD-Bait 和 AD-Prey）。如果诱饵与猎物之间存在相互作用，就能使 BD 和 AD 相互靠近，恢复其转录因子的活性，激活下游报告基因（如 *lacZ'*、*HIS3* 或者 *URA3* 等）活性（图 19-18）。如果将 Prey 换成基因文库，即可直接从基因文库中筛选到能与 Bait 蛋白相互作用的 DNA 序列。

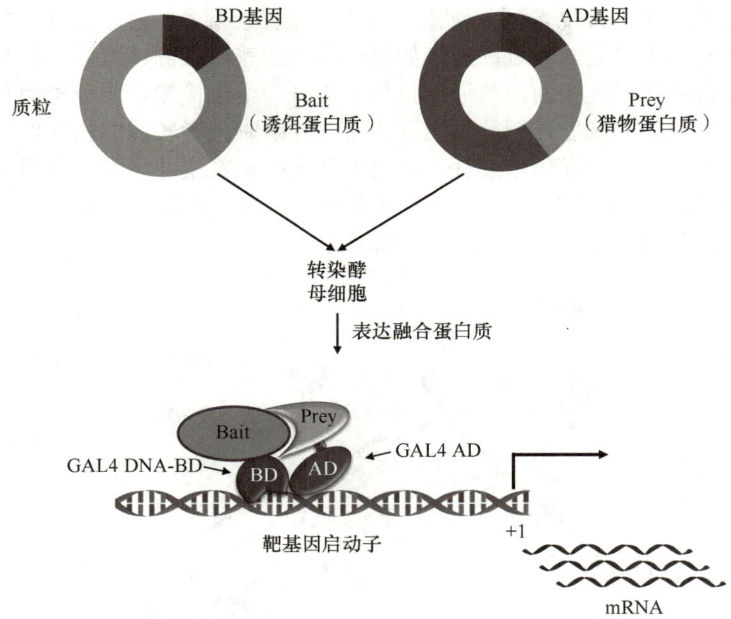

图 19-18 酵母双杂交实验原理

酵母双杂交系统操作简便，无需烦琐的蛋白质纯化操作，可以检测蛋白质之间较弱的相互作用，但假阳性率较高，灵敏度较低。为克服这些缺点，相继出现了反向双杂交系统（reverse two-hybrid system）、双诱饵酵母双杂交系统（dual bait yeast two-hybrid system）、酵母单杂交系统、酵母三杂交系统、SOS 和 RAS 募集系统（SRS and RAS recruitment system）及断裂泛素系统（split-ubiquitin system）等一系列衍生技术。

酵母双杂交系统可以发现新的蛋白质及其功能，检验已知蛋白质之间的作用，寻找蛋白质-蛋白质交互作用的结构域或活性位点，建立蛋白质相互作用图谱，建立基因组-蛋白质连锁图谱。

四、表面等离子共振技术

表面等离子共振技术（surface plasmon resonance，SPR）是在 20 世纪 90 年代发展起来的一种新技术，检测生物传感芯片（biosensor chip）上配体与分析物之间的相互作用。表面等离子共振（SPR）原理是当入射光以临界角（θ）入射到两种不同折射率的介质界面时，将引起全反射。即使发生全反射，入射光达到界面时，也会穿透介质界面 1 个波长的距离，并且平行界面扩散半个波长的长度，此为消失波，消失波可引起界面处金属膜上的自由电子产生共振，由于共振致使电子吸收了光能量，从而使反射光减弱。使反射光完全消失的光入射角称为 SPR 角。SPR 角会随表面折射率的变化而变化，而折射率大小与结合在金属表面的生物分子质量成正比。因此可通过获取生物反应过程中 SPR 角的动态变化，得到生物分子之间相互作用的特异性信号（图 19-19）。SPR 技术的优点是不需标记物或染料，反应过程可实时监控。测定快速且安全，不仅用于检测蛋白质间相互作用，还可用于检测其他生物大分子之间的相互作用。

五、邻近标记技术

邻近标记技术（proximity labeling）依赖于具有标记功能的酶，包括过氧化氢酶（APEX，HRP）和生物素连接酶（BioID，TurboID）等，在活细胞水平对邻近生物分子进行共价修饰，从而标记，最后通过亲和素富集标记蛋白质，进行鉴定。BioID，也称为 BirA*，是一种突变的大肠埃希菌生物素连接酶，催化 ATP 激活生物素。活化的生物素寿命很短，因此只能扩散到接近生物识别的区域。当活化的生物素与附近的胺（如蛋白质中的赖氨酸侧链胺）反应时，可以将蛋白质标记上生物素。依赖生物素连接酶的邻近标记技术是一种用于检测生物分子相互作用的方法。该技术的优点包括：可以检测细胞内靶分子相互作用包括瞬时或者较弱的相互作用；若是荧光标记亲和素，可实时监测分子间相互作用过程。若用亲和素磁珠富集并与质谱联用能实现高通量检测（图 19-20）。邻近标记方法已被用于研究不容易完全分离的生物结构的蛋白质组，如纤毛、线粒体、突触后分裂、P 体（P body）、应激颗粒和脂滴等。

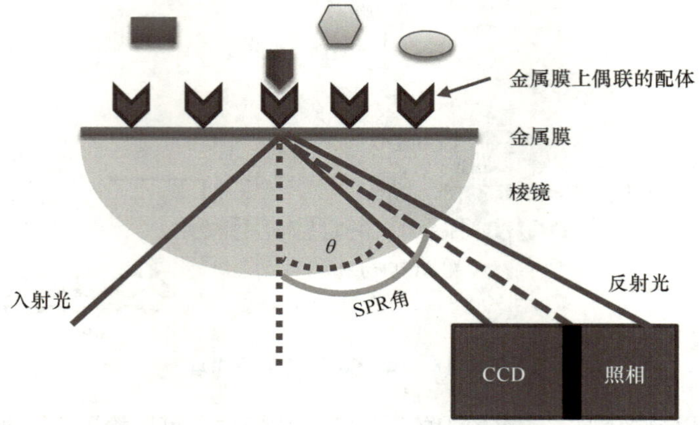

图 19-19 表面等离子共振技术原理

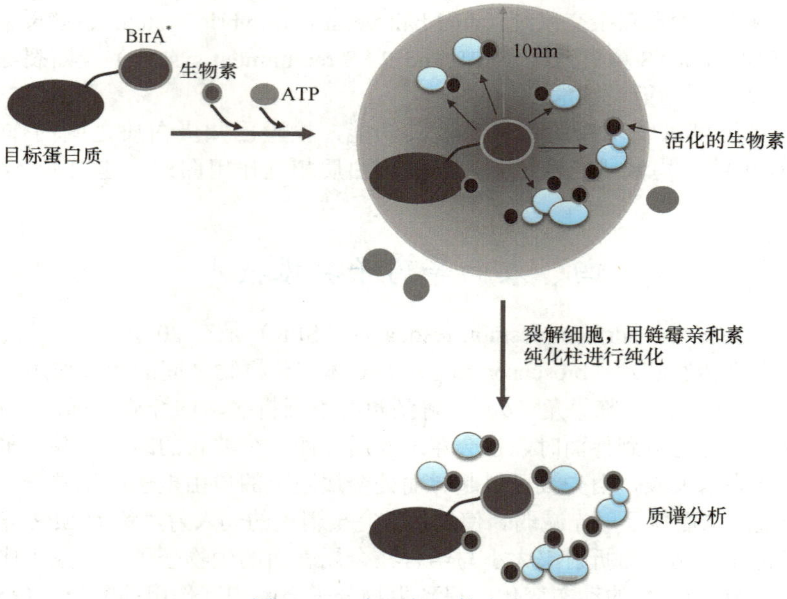

图 19-20 邻近标记技术原理

六、亲和纯化质谱法

亲和纯化质谱（affinity purification combined with mass spectrometry，AP-MS）是常用的检测蛋白质-蛋白质相互作用的方法，它可特异性识别能与诱饵蛋白质相互作用的蛋白质，并对其进行选择性富集。通过负载于固体支撑物上的配体特异性识别诱饵蛋白质，经质谱方法对诱饵蛋白质及相互作用蛋白质进行高通量鉴定。AP-MS 用于检测正常生理环境蛋白质-蛋白质相互作用。

七、邻位连接技术

邻位连接技术（proximity ligation assay，PLA）是一种特殊的免疫分析方法，可用于检测目标蛋白质和蛋白质间相互作用。该方法通过一对标记有一段寡聚脱氧核苷酸（单链 DNA）的单克隆或者多克隆抗体的探针，即 PLA 探针，识别目的蛋白质，当这 2 个探针识别同 1 个蛋白质时，2 个探针之间的距离靠近，产生了所谓的邻近效应（proximity effect）。此时，加入一段分别与连接在抗体上的 DNA 互补的寡聚脱氧核苷酸（connector oligonucleotide），PLA 探针上的 DNA 就会通过配对互补作用，与该段 DNA 互补，然后在连接酶的作用下，PLA 探针上的片段 DNA 被连接在一起形成 1 条新的 DNA 片段。通过荧光 PCR 扩增并对新的 DNA 片段进行定量，从而定量对应的目标蛋白质（图 19-21），也可以进行细胞内定位。

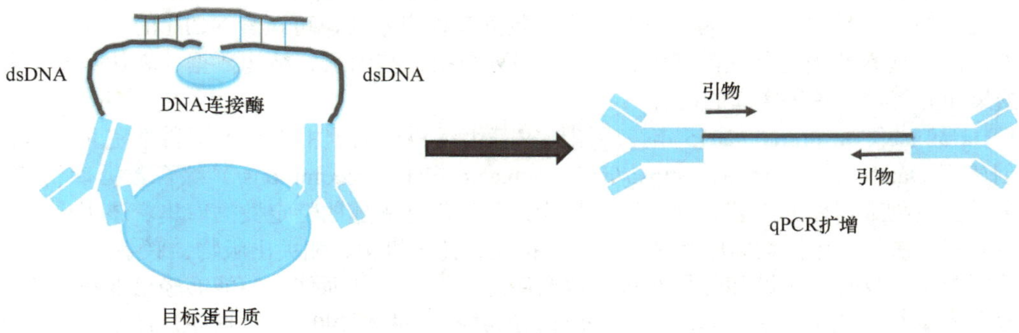

图 19-21　邻位连接技术原理

第六节　生物信息学在分子生物学中的应用

生物信息学（bioinformatics）是综合计算机科学、信息技术和数学的理论和方法来研究生物信息的交叉学科。包括生物学数据的研究、存档、显示、处理和模拟，基因遗传和物理图谱的处理，核苷酸和氨基酸序列分析，新基因的发现和蛋白质结构的预测等。其研究重点主要体现在基因组学和蛋白质组学两方面，即从核酸和蛋白质序列出发，分析序列中表达结构功能的生物信息。

一、生物信息数据库概述

数据库（database）是生物信息学的主要内容之一，随着生物科技和信息科技的迅猛发展，基于生命组学的大数据积累和应用均已达到前所未有的程度。2023 年 1 月《核酸研究》（*Nucleic Acids Research*）杂志数据库专辑中收录的分子生物学数据库已达 1764 个（https://www.oxfordjournals.org/nar/database/c）。多元的生物数据库资源，特别是急剧增长的生物学大数据在生物化学与分子生物学研究中得到了广泛应用，对生物学、生物医学的基础研究和转化应用起到了助推器的作用。

（一）生物数据库分类

生物信息学所使用的信息源可分为原始 DNA 序列、蛋白质序列、大分子结构和基因组测序等。生物学数据库可被分为一级数据库（primary database）、二级数据库（secondary database）和专用数据库（specialized database）。一级数据库由原始的实验数据结果组成，如 GenBank、DDBJ（DNA Data Bank of Japan）、EMBL（European Molecular Biology Laboratory）数据库。而二级数据库对数据进行了汇编和解释，即数据管护（data curation），如 PIR（Protein Information Resource

蛋白质信息资源）、UniProtKB/Swiss-Prot、PDB（Protein Data Bank，蛋白质数据库）、SCOP2（Structural Classification of Proteins2，二级蛋白质结构数据库）和Prosite等数据库。专用数据库是针对特定类型信息的数据库，如小RNA数据库（miRBase）、细胞外囊泡数据库（ExoCarta）、模式生物数据库（DroID数据库——果蝇的蛋白质相互作用数据库）等。

生物信息学主要任务是建立涵盖广泛的数据库，并对数据库的信息进行深度挖掘、整合及注释。可应用在序列比对、表达分析、蛋白质结构预测、蛋白质相互作用、表型组学、生物系统模拟、代谢网络模型分析、进化生物学、生物多样性等方面。

（二）生物数据库的检索系统

由于存在大量的不同种类的数据库，因此需要界面友好的用户检索和接入平台，实现多个数据库数据的跨库整合检索功能。

1. Entrez 系统　是美国国家生物技术信息中心（NCBI，https://www.ncbi.nlm.nih.gov/）开发并提供维护的，是目前应用最为广泛的生物学数据库检索系统，可检索NCBI的子库和部分外源数据库信息，搜索范围包括文献（PubMed）、序列数据、基因组、结构数据、表达数据、种群研究数据集和分类学信息等字库的内容。

2. Database Commons　2015年，中国国家基因组科学数据中心和中国科学院北京基因组研究所创建了Database Commons（https://ngdc.cncb.ac.cn/databasecommons/）综合数据库访问平台，提供全世界生物数据库的完整景观，更容易检索和访问感兴趣的特定数据库集。该平台收集大量数据库的相关信息（包括数据库名称、URL、描述、托管机构、相关出版物、联系信息等），并根据其数据类型、物种、主题和位置对每个数据库进行编目，从而使人们能够轻松地找到感兴趣的特定数据库集合。截至2023年6月底，该数据库共搜集纳入5905个数据库，涉及1525个物种，覆盖72个国家或地区。

二、用于分析核酸的常用数据库及应用

生物信息最基本和常用的信息源是序列信息，对核酸的分析包括序列比对、序列装配、基因识别、多态性和基因间区分析、分子进化、RNA表达和结构预测、分子互作等多方面。可进行核酸分析的数据库有多个，如GenBank/RefSeq、Gene、Genome、遗传多态性数据库（dbSNP、dbVar、dbGaP、ClinVar）、EMBL-EBI、DDBJ等。但是需要明确的是，许多数据库是综合性的，不仅仅有核酸的信息，同时还包括蛋白质序列和结构等多种多样的信息。本节只选取GenBank和KEGG数据库作简要介绍，更多数据库信息详见表19-2。

（一）GenBank

GenBank与EMBL-EBI（European Molecular Biology Laboratory-European Bioinformatics Institute，欧洲分子生物学实验室-欧洲生物信息研究所）、DDBJ并称世界三大生物信息序列数据库。GenBank（https://www.ncbi.nlm.nih.gov/genbank/）数据库是NCBI于1992年建立的综合性序列数据库。GenBank序列数据库详细注释了公开的核苷酸序列及其蛋白质序列。截至2023年6月已发布约2.4亿条序列信息。

GenBank序列信息主要有3种来源。一是由用户直接上传实验获得的序列数据，不可避免会存在数据的冗余和错误。二是每天与European Nucleotide Archive（ENA，欧洲核苷酸序列数据库）和DDBJ互换信息，确保序列信息的全球覆盖。三是美国专利局提供的专利序列数据。GenBank提供的序列形式除了传统分类的核酸序列（Nucleotide），还有大规模测序中心批量提交的序列，包括基因组概览序列（genome survey sequence，GSS）、表达序列标签（expressed sequence tag，EST）、序列标签位点（sequence tagged site，STS）、高通量测序的基因组序列（high-throughput genome sequence，HTGS）等。GSS是早期基因组测序的短序列数据，几乎没有注释。

EST 通常是较短的（<1kb），来自特定组织和（或）发育阶段的单次 cDNA 序列。或者是通过差异显示或 cDNA 末端快速扩增（RACE）实验获得的更长的序列。由于对 EST 知之甚少；因此 EST 缺乏特征注释。STS 是短的基因组标记序列，适合制图（mapping）。GSS、EST 和 STS 的序列信息在 GenBank 中有各自单独的子库。

GenBank 序列被划分为 18 个分类，其中 11 个大致对应于细菌（BCT）、病毒（VRL）、灵长类（PRI）、无脊椎动物（INV）、啮齿类（ROD）和植物/真菌/藻类（PLN）等。这些“传统”分类中的基因组 DNA 或 cDNA 序列都进行了分类和特征注释。

GenBank 数据库的重要功能：①便于研究者查询序列信息以及相关的研究文献，包含其科学命名、物种、分类名称、参考文献、序列特征表，以及序列本身。序列特征表里包含对序列生物学特征注释，如编码区、转录单元、重复区域、突变位点或修饰位点等。②研究者可将研究序列提交到数据库中从而获取序列号，这样发表文献时便于引用，也有利于其他人进行重复实验验证。

（二）KEGG 数据库

随着后基因组时代的发展，功能基因组学研究重点是要阐明基因组序列的功能，明确基因编码序列的转录、翻译产物，解读基因表达的调控过程。因此需要对基因及其产物进行高通量的注释，通过获得的各类物种的全基因组测序的数据，以及海量涌现的基因、基因产物及生物学通路的数据，利用计算机计算程序，构建注释基因及其功能的数据库。应用较为广泛的是基因本体数据库（gene ontology，GO）和京都基因与基因组百科全书数据库（Kyoto encyclopedia of genes and genomes，KEGG）。本节简要介绍 KEGG 数据库。

KEGG 数据库（https://www.kegg.jp/）创立于 1995 年，由日本京都大学生物信息学中心 Kanehisa 实验室开发并提供维护。是一个关于基因组、生物学通路、疾病、药物和化学物质的数据库集合。KEGG 数据库首次发布时，只包含流感嗜血杆菌的 1 个完整基因组和其他少数物种的不完整基因组。目前，已包含 8400 多个基因组，涵盖广泛的生物种群。

KEGG 数据库已被开发为以分子相互作用和反应网络为代表的生物信息系统的计算机模型。KEGG 模型是利用已发表文献的知识，通过人工智能进行手动创建的。从完整测序的基因组中得到的基因信息与细胞、物种和生态系统水平的系统功能关联起来是 KEGG 数据库的特色之一。

KEGG 数据库大致分为系统信息（systems information）、基因组信息（genomic information）、化学信息（chemical information）和健康信息（health information）等 4 大类。进一步细分为 16 个主要的数据库。系统信息是有关分子相互作用/反应/关系网络；基因组信息是有关细胞生物和病毒的基因和蛋白质；化学信息是有关化合物和反应，健康信息是有关人类疾病和药物。在基因和基因组数据库中，包括完整和部分测序的基因组序列，以及经过实验验证的蛋白质功能；功能信息存储在 PATHWAY 数据库里，包含了分子相互作用和反应网络，分为代谢、遗传信息处理、环境信息处理、细胞过程、生物体系统、人类疾病和药物等 7 项。

KEGG 提供了 Java 的图形工具来访问基因组图谱，比较基因组图谱和操作表达图谱，以及其他序列比较、图形比较和通路计算的工具。与其他数据库相比，KEGG 的一个显著特点是具有强大的图形功能，它利用图形来诠释众多的代谢途径以及各途径之间的关系，可以使研究者能够对其所要研究的代谢途径有一个直观全面的了解。

KEGG 数据库的主要特点：①获取完整和部分测序的基因组序列；②获取图解的细胞生化过程如代谢、膜转运、信号传递、细胞周期，还包括同系保守的子通路等信息；③获取化学物质、酶分子、酶反应等信息，进行药物开发中的转化研究；④具有强大的图形功能。

三、用于分析蛋白质的常用数据库及应用

蛋白质是基因表达产物，是生物体生命活动的承担者，对蛋白质结构、与其他分子间的相互作用等的研究将有助于更深入解析蛋白质的功能。有众多的数据库可用来进行蛋白质分析（表 19-2）。

（一）UniProt 蛋白质数据库

2002 年，Swiss-Prot、TrEMBL 和 PIR（Protein Information Resource，蛋白质信息资源数据库）三个国际上主要蛋白质序列数据库合并，建立通用蛋白质资源数据库（Universal Protein Resource，UniProt，https://www.uniprot.org/），统一收集、管理、注释、发布蛋白质序列数据及注释信息。

UniProt 是蛋白质序列和功能信息的数据库，许多数据来自基因组测序项目，包含了大量来自研究文献的关于蛋白质生物学功能的信息。UniProt 包括 3 个主要部分，即蛋白质知识库（UniProt Knowledgebase，UniProtKB）、蛋白质序列归档库（UniProt Sequence Archive，UniParc）和蛋白质序列参考集（UniProt Reference Clusters，UniRef）。为适应蛋白质组学研究的需要，UniProt 数据库还新增了蛋白质组（Proteome）和参考蛋白质组数据。此外，UniProt 数据库还包括文献引用（Literature Citations）、物种分类学来源（Taxonomy）、亚细胞定位（Subcellular Locations）、数据库交叉链接（Cross-reference Databases）、相关疾病（Diseases）和关键词（Keywords）等辅助数据。

蛋白质知识库 UniProtKB 是 UniProt 的核心，包含蛋白质序列及其大量注释信息。利用公开发表的文献和其他数据库的信息，由人工阅读和计算机提取得到，内容包括蛋白质功能基因本体（Gene Ontology，GO）注释、物种名及分类、亚细胞定位、蛋白质加工修饰、表达等信息。此外，UniProtKB 还提供与基因组、核酸序列、蛋白质结构、蛋白质家族、蛋白质功能位点、蛋白质相互作用等其他数据库的交叉链接。UniProtKB 有 2 个子库：Swiss-Prot 和 TrEMBL。二者差异在于 Swiss-Prot 子库中的序列条目以及相关信息都经过手工注释（manual annotation）和人工审阅（reviewed），而 TrEMBL 的所有序列条目是由计算机根据一定规则进行自动注释。2023 年 2 月底 Swiss-Prot 子库收录约 56.9 万条序列，而 TrEMBL 子库的数据量接近 2.5 亿条。

蛋白质序列归档库 UniParc 是目前数据最为齐全的非冗余蛋白质序列数据库，但是没有注释，可以通过 UniParc 条目中的数据库交叉引用，从源数据库中检索相关蛋白质的信息。

蛋白质序列参考集 UniRef 的蛋白质序列来自 UniProtKB 和选定的 UniParc 部分条目，由 UniRef100、UniRef90 和 UniRef50 等 3 个数据库组成。UniRef100 数据库是将相同的序列和序列片段（来自任何生物体）组合到 1 个单一的 UniRef 条目中。使用 CDHIT 算法对 UniRef100 序列进行聚类，当与最长序列有至少 90% 序列同一性时，这些序列将归为 UniRef90 子库，若只有 50% 序列同一性时，则被归于 UniRef50 子库。对序列进行聚类大大减小了数据库的大小，使序列搜索速度更快。

UniProt 数据库中的蛋白质组数据，主要是来自已经完成全基因组测序物种的核酸序列翻译所得的蛋白质序列。2022 年，AlphaFold 增加了结构预测，这是一个由 Deep Mind 开发的机器学习系统，可以根据蛋白质的氨基酸序列预测蛋白质的三维（3D）结构。现在有超过 2.14 亿个条目可以查看 AlphaFold 结构。

UniProt 蛋白质数据库最主要特点：具有全面且高质量的蛋白质序列信息和功能信息。UniProt 是目前国际上序列数据最完整、注释信息最丰富的非冗余蛋白质序列数据库。

（二）BioGRID 数据库

相互作用数据集生物总库（The Biological General Repository for Interaction Datasets，BioGRID，https://thebiogrid.org/）是来自模式生物和人类的基因和蛋白质相互作用数据，包括蛋白质-蛋白质相互作用、遗传相互作用、化学相互作用和翻译后修饰等生物信息。最初由加拿大西奈山医院 Lunenfeld-Tanenbaum 研究所于 2003 年创建，后续加入了蒙特利尔大学免疫学和癌症研究所和普林斯顿大学 Lewis Sigler 综合基因组研究所的团队。

BioGRID 在 2023 年 7 月的最新发布显示，通过对 82 612 篇文献的数据进行挖掘整理，目前数据库包含非冗余相互作用总数达到 2 043 953 个，原始相互作用达到 2 623 060 个；非冗余化学缔合反应达到 13 347 个，原始化学缔合反应达到 30 725 个，非冗余翻译后修饰位点达到 563 757 个，尚未确定的翻译后修饰位点达到 57 396 个。覆盖人、小鼠、酿酒酵母和拟南芥等 70 多个物种。

通过查询网站获得感兴趣蛋白质的相互作用信息，查询结果中展示的每对相互作用，均带有易于研究者识别的注释信息，如物种、实验方法和发表的文献等。BioGRID 数据库自带可视化工具，允许研究者手动设置过滤参数，如相互作用类型、支持证据的数目等，对相互作用网络进行重新绘图和排列。

此外，BioGRID 还有多个子库，如 BioGRID CRISPR 筛选开放数据库（The BioGRID Open Respository of CRISPR Screens，ORCS），这个数据库是对生物医学文献中报道的所有全基因组 CRISPR 筛选数据进行全面管理、汇编而成的，可通过基因/蛋白质、表型、细胞系、作者和其他属性进行完全搜索。ORCS 中记录的每个数据都附有结构化元数据注释。主题管护项目数据库（Themed Curation Projects）则侧重与疾病相关的生物学过程，包括新型冠状病毒（SARS-COA-2）、范科尼贫血（Fanconi anemia）、胶质母细胞瘤（glioblastoma）、泛素-蛋白酶体系统（ubiquitin-proteasome system）和自噬（autophagy）等。

BioGRID 数据库的主要优势：①人工管护的高质量的蛋白质相互作用数据库；②包含蛋白质翻译后修饰以及蛋白质或基因与生物活性小分子（包括许多已知药物）的相互作用信息；③内置的网络可视化工具结合了所有注释，允许用户生成蛋白质、遗传和化学相互作用的网络图；④对部分疾病或者某些生物学过程建立单独的主题项目，便于研究者针对性查询。

（三）STRING 数据库

STRING（https://cn.string-db.org/）是检索已知的和预测的蛋白质-蛋白质相互作用的生物学数据库。STRING 数据库优势是其全面性和易用性——涵盖众多生物体，从多种数据源中提取数据，提供直观的界面功能，包括个性化、富集检测和程序访问。最新版本（12.0 版，2023 年 7 月）包含了来自 14 094 个生物体的 6760 万种蛋白质，含有大于 200 亿个相互作用。STRING 数据库信息来源包括实验数据、计算预测方法和公共文本集合。STRING 数据库通过文献整理从实验得到的蛋白质-蛋白质相互作用中获取数据。此外，STRING 还能计算预测蛋白质的相互作用，预测依据来源于：①科学文本的信息挖掘，从文献管护数据库中检索出具有统计学意义的、有相关性的共表达基因；②根据基因组特征计算的相互作用；③基于同源性原理，从模型生物得到的蛋白质关联性推演到其他生物体内。STRING 数据库提供的蛋白质相互作用以 KEGG 数据库所注释的功能性伙伴关系为基准。在 STRING 数据库中，每个蛋白质-蛋白质相互作用都用 1 个或多个“分数”进行注释。这个分数并不表示相互作用的强度或特异性，而是置信度指标，是对数据进行加权和积分后计算得到的蛋白质相互作用的置信度得分，即在现有证据下，STRING 判断蛋白质相互作用真实性有多大。分数从 0 到 1，1 表明可能有相互作用的最高置信度，0.5 则预示着有可能是假阳性。

STRING 数据库（12.0 版）增加了多个功能：①通过提交编码蛋白质的基因序列，可为任何感兴趣的新基因组创建、浏览和分析一个完整的相互作用网络；②共表达网络增加 2 个新的来源，单细胞 RNA-seq 和实验蛋白质组学数据；③在 STRING 的“实验性”证据可靠性评估中，每个数据集以三级置信度（“high 高”、“medium 中等”和“exploratory 探索性”）来表示，用户可以更好地了解实验来源的蛋白质相互作用可靠性。

STRING 数据库特点：①数据涵盖全面，系统地收集和整合蛋白质-蛋白质相互作用，这种相互作用既包括物理性的相互作用，也包括其与功能的关联性。是蛋白质互作数据库中覆盖物种最多，相互作用信息数量最大的数据库。②平台界面友好，易于使用，用户提供单一蛋白质名称，即可获得与其有相互作用的网络图，进一步的详细信息都可点击相应部位进行获取。

表 19-2　部分核酸和蛋白质数据库

数据库名称	内容
核酸数据库	
EMBL-EBI (https://www.ebi.ac.uk/)	一个国际性的核酸序列数据库，与 GenBank 和 DDBJ 合作共享数据。它拥有全球范围内的序列数据资源。提供丰富的注释信息，包括基因的功能、结构、表达模式等。注释信息的质量较高
DDBJ (https://www.ddbj.nig.ac.jp/)	一级核酸数据库，日本 DNA 数据库，由日本国立遗传学研究所（National Institute of Geneics，NIG）开发并负责维护。与 GenBank 和 EMBL 合作共享数据。它包含了来自亚洲地区的丰富序列数据资源。注释信息的质量较高
RefSeq (https://www.ncbi.nlm.nih.gov/refseq/)	美国国家生物信息技术中心（NCBI）提供的参考序列二级数据库，是通过自动及人工精选出的非冗余数据库，包括基因组序列、转录序列和蛋白质序列。有实验证据支持的序列信息标记为 NM_ 和 NR_
ENA (https://www.ebi.ac.uk/ena/browser/home)	欧洲核苷酸数据库 ENA 由 EMBL-EBI 提供维护，提供世界范围的核酸测序原始数据、序列拼装和功能注释信息
Gene 数据库 (https://www.ncbi.nlm.nih.gov/gene/)	由 NCBI 收录全部已测序物种的基因注释信息，包括基因的名称、染色体定位、基因序列和编码产物（mRNA、蛋白质）情况、基因功能和相关文献信息等，并与 GenBank、OMIM、遗传多态数据库（如 dbSNP、dbVar）等 NCBI 子库，以及 KEGG、Gene Ontology 等外源性数据库进行交叉引用。Gene 数据库是目前最权威的基因注释数据库
Ensembl (https://www.ensembl.org)	包含脊椎动物的基因组信息，支持比较基因组学、进化、序列变异和转录调控的研究。Ensembl 注释基因、计算多重比对、预测调节功能并收集疾病数据
NONCODE (http://www.noncode.org/index.php)	多种物种中的非编码 RNA（ncRNA）信息，包括 microRNA（miRNA）、small interfering RNA（siRNA）、piRNA、lncRNA 等，主要侧重在 lncRNAs。数据库提供了关于 ncRNA 的功能、结构、表达、组学等方面的信息，并且提供可以用于分析和计算的功能性数据库
CircBase (http://www.circbase.org/)	环状 RNA（circRNA）数据库
miRBase（microRNA Database）(https://www.mirbase.org/)	microRNA 的基因注释数据库。在 miRBase 序列数据库的每个条目代表一个预测的 miRNA 转录发夹部分在成熟的 miRNA 序列的位置和序列信息
RNAcentral (https://test.rnacentral.org/)	EBI 开发的一个非编码 RNA 数据库，寻找非编码 RNA，提供最新、最全面的 ncRNA 的序列和功能信息
综合性 RNA 二级结构数据库	
RNA Sstructrue Atlas (http://rna.bgsu.edu/rna3dhub/pdb)	提供碱基对、碱基堆积、碱基-主链磷酸根作用、碱基-主链核糖作用、内部环（包括膨胀圈）、发夹环以及 3 路连结信息
URSDB 库 (http://server3.lpm.org.ru/urs)	提供序列、序列模式、二级结构模式、结构元件（环、发夹、膨胀圈、内部环、假结和多路连结）组合、假结样式、ECR 样式、碱基对类型、多重体和 RNA-蛋白质氢键等信息。对 RNA 二级结构各种类型的收录最为全面
蛋白质结构数据库	
PDB（Protein Data Bank）(https://www.rcsb.org/)	PDB 是目前最主要的收集生物蛋白质三维结构的数据库，是通过 X 射线单晶衍射、核磁共振、电子衍射等实验手段确定的三维结构数据库。其内容包括蛋白质的原子坐标、参考文献、一级和二级结构信息，也包括了晶体结构因数以及 NMR 实验数据等
InterPro (https://www.ebi.ac.uk/interpro/)	将蛋白质分类为家族并预测结构域和功能来提供蛋白质的功能分析。包含关于蛋白质家族、域、重复序列和作用位点等数据资源

续表

数据库名称	内容
CDD （https://www.ncbi.nlm.nih.gov/Structure/cdd/cdd.shtml）	NCBI 提供的蛋白质保守结构域数据库，收集了大量保守结构域序列信息和蛋白质序列信息
IUPHAR-DB （https://www.guidetopharmacology.org/）	为 G 蛋白偶联受体、离子通道数据库，提供这些蛋白质的基因、功能、结构、配体、表达图谱、信号转导机制、多样性等数据。可以用于药物靶点查找
GO （http://geneontology.org/）	适用于各种物种的，对基因和蛋白质功能进行限定和描述的数据库。GO 数据库总共有三大类，分别是生物学过程（Biological Process，BP）、细胞定位（Cellular Component，CC）和分子功能（Molecular Function，MF），各自描述了基因产物可能行使的分子功能，所处的细胞环境，以及参与的生物学过程。是最大的基因功能信息的数据库
综合性蛋白质相互作用数据库	
GeneMANIA 数据库 （http://genemania.org/）	用于预测基因功能。涵盖 9 种主要物种，如人、果蝇、线虫、拟南芥和酵母等，收录已知和预测蛋白质相互作用
IntAct 数据库 （http://www.ebi.ac.uk /intact /）	是欧洲生物信息学研究所数据库系统的重要组成部分。包含人、小鼠、果蝇、线虫、大肠埃希菌和拟南芥等物种的相互作用信息，并提供来自实验的二元相互作用的可靠性评分。提供直观的界面用于数据查询，图形化展示蛋白质相互作用
MINT 数据库 （http://mint.bio.uniroma2.it）	主要收录来自文献并经过实验验证的蛋白质相互作用数据。提供相互作用类型、检测方法、文献来源和物种等查询信息。覆盖了从人、线虫和细菌等多个物种的相互作用
DIP 数据库 （http://dip.doe-mbi.ucla.edu/dip/Main.cgi）	收录实验来源的蛋白质相互作用信息，数据为经过专家手工挖掘或通过计算方法获得最可靠的蛋白质相互作用
IMex 联盟数据库 （http://www.imexconsortium.org）	与 16 个蛋白质相互作用数据库合作，提供多物种的非冗余的相互作用
特定物种的蛋白质相互作用数据库	
HPRD 数据库 （http://www.hprd.org/）	收录人蛋白质相互作用，专家从文献中人工提取、整合蛋白质结构域、翻译后修饰、疾病关联等信息。网站还提供按照蛋白质的分子类别、结构域、基序、翻译后修饰和定位进行分类浏览的功能。数据可靠性较高，但是提供的信息量不如综合数据库多
PIPs 数据库 （http://www.compbio.dundee.ac.uk/www-pips/）	预测人类蛋白质-蛋白质相互作用的数据库。其中绝大部分都没有被其他实验来源的蛋白质相互作用数据库收录。采用贝叶斯方法综合计算蛋白质表达、同源性、结构域、翻译后修饰和亚细胞定位等信息，得到可信度较高的蛋白质相互作用数据（得分值＞1）
InWeb_InBioMap 数据库 （https://zs-revelen.com/）	高覆盖的人蛋白质相互作用数据库，包括来自 8 个蛋白质相互作用数据库的数据
CORUM 数据库 （http://mips.helmholtz-muenchen.de/corum/）	收录高可信度的、实验证实的哺乳动物蛋白质复合体相互作用数据，此数据库不存储大规模研究数据集，被看作“金标准”蛋白质相互作用数据
生物学通路数据库	
Reactome 数据库 （http://www.reactome.org）	收录以人为主的生物学通路和生物反应，还收集包括小鼠、果蝇、线虫、酵母和拟南芥等 17 种生物的同源蛋白质的生物反应信息。除经典的生化反应外，此数据库还收录结合（binding）、激活（activation）、转位（translocation）、降解（ degradation）等数据

（贾竹青）

第二十章　常用细胞生物学研究方法

细胞生物学的发展历史充分证明，人们对于细胞的认知依赖于研究手段和技术方法，其主要原因是细胞的体积微小且内部结构及生命活动过程复杂。从最初发现细胞所用的光学显微镜，到电子显微镜在生物学领域的应用，人们对细胞的认知从细胞水平深入到亚细胞水平。一种新技术或新方法的创立与应用，常常会给学科开辟一个新的领域，或带来革命性的变化。到目前为止，细胞生物学研究方法很多，原理和操作步骤各不相同，但都是利用细胞及其分子的性质，以不同的方式或过程来展示细胞的生命活动。本章将从细胞的形态观察、细胞的分离和培养、细胞组，以及功能基因组学研究技术等方面，对一些常用技术的原理、方法和应用作简要介绍，以期读者能对细胞生物学研究方法有个概貌的了解，为今后从事生物医学研究打下基础。

第一节　显微镜技术

一般来说，动物细胞的直径为10～20μm，而人眼的生理结构限定了其分辨能力约为100μm。因此对于细胞的形态、结构、组成及生命活动的观察需要借助仪器设备，其中最为重要的就是显微镜。从最初的光学显微镜用于观察细胞，到电子显微镜的出现，细胞生物学研究得到了极大的发展，人们对生命的认知也产生了革命性的变化。

一、光学显微镜技术

历史上安东尼·范·列文虎克（Anthony van Leeuwenhoek）在17世纪70年代用自制的显微镜看到了细菌和动物的精子细胞，逐步地，人们通过观察认识到所有的动物和植物都是由细胞组成的。光学显微镜由“光”作为观察的介质，这与人眼的感知方式是一致的，由此光学显微镜在生命科学领域成为必不可少的工具之一。伴随着人们对显微镜的不断改进，结合必要的标本制备和染色技术，人们可以在观察细胞大小和形态的基础上，进一步观察到细胞的一些内部结构。

（一）普通光学显微镜

普通光学显微镜（light microscope）是光学显微镜中最基础的一种显微镜，聚光镜、物镜和目镜三部分是其基础的组成结构，其中物镜和目镜是影响显微镜成像的核心组件（图20-1）。判断显微镜成像能力的主要参数是显微镜的分辨率（resolution，R）。分辨率是指能够区分相邻两点的最小距离。能够区分的两点的距离越小，则分辨率越高。理论上光学显微镜分辨率的极限约0.22μm，实际应用中光学显微镜的横向分辨率约为0.5μm，这个数值与细胞中线粒体的大小接近，因此线粒体也成为普通光学显微镜能观察到的细胞内最小结构。一般来说，光学显微镜下所见物体结构被称为显微结构（microscopic structure）。

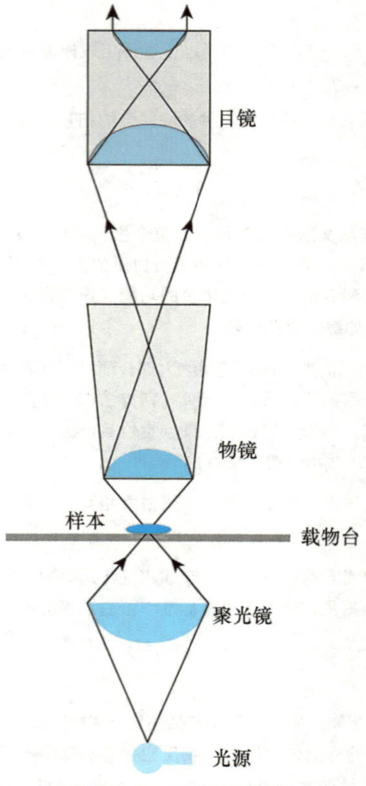

图20-1　光学显微镜

普通光学显微镜的光路，光线被聚光镜聚集于样品，物镜和目镜的组合能聚焦形成眼睛中的样品图像

原则上，显微镜的分辨率越高，样本就越可以被放大。但事实上由于人眼分辨率的限制，显微镜的放大倍数越大并不意

味着越能够看清楚更小的物体，光学显微镜的放大倍数有一个极限，可用下面的公式表示：

$$\text{最大放大倍数} = \frac{\text{人眼分辨率（}\approx 100\mu m\text{）}}{\text{光镜分辨率（}\approx 0.2\mu m\text{）}} \approx 500$$

超过极限的放大倍数不会提高分辨率，属于无效放大。

在实际应用中，人眼和显微镜对样本的观察是基于生物样本各部分结构对光的折射率有较显著的差别实现的，但绝大多数的细胞总重量的70%是无色透明的水。因此，未经处理的细胞在普通光学显微镜下几乎是看不见的，所以通常需要对观察的生物样本进行染色（staining）处理。染色剂从来源上可分为天然染色剂（如苏木精、卡红、巴西红木精等）和人工合成染色剂；人工合成染色剂多数为有机染色剂，都是从煤焦油中提取的苯的衍生物，常见的如丽春红、甲苯胺蓝、甲基绿、花青素等。除了天然的和有机染色剂，一些无机化合物也常被用来染色，如氯化金、硝酸银、碘、高锰酸钾等。

生物组织在染色前必须固定（fixation），固定使得大分子交联而保持在原有的位置上，不致在以后的染色等处理过程中移位或丢失而产生人工假象。常用的固定剂多数为醛类，如甲醛或戊二醛溶液，这两种分子都能够与蛋白质的氨基酸残基形成共价键，从而将邻近的蛋白质分子牢固地交联在一起。

一般来说，游离的细胞可以通过涂片或爬片的方式，固定后进行染色观察，但是对于多数的组织，由于太厚而不能直接在显微镜下观察，因此需要在固定后通过包埋（embed）和切片（section）等过程，制成适用于光镜观察的切片（厚度为1～10μm），染色后进行观察。

（二）相差显微镜

光波作为光学显微镜的介质，其波长决定可见光的各种色彩，振幅决定光的亮度，二者的变化虽然能够被人眼辨识，但是在光线通过活细胞时基本不会改变。当光线通过活细胞的时候，由于不同结构成分之间的折射率和厚度的差别，光线的光程及相位会产生变化，虽然相位的变化人眼无法识别，但是可以利用带有环状光栅的聚光镜和带有相位片的相差物镜，通过光的衍射和干涉效应把透过标本不同区域的光波的光程差（相位差）变成振幅差，使活细胞内各种结构之间不通过染色也可呈现清晰可见的对比。这种显微镜被称为相差显微镜（phase contrast microscope），是荷兰科学家弗里茨·泽尔尼克（Frits Zernike）于1932年发明的，并于1953年获得诺贝尔物理学奖。在此基础上，1952年乔治·诺马斯基（Georges Nomarski）采用偏振光作为光源，降低了光噪声，图像边缘光晕减小，图像质量显著提高，这种显微镜称为微分干涉差显微镜（differential interference contrast microscope，DICM），又叫诺马斯基（Nomarski）相差显微镜。

为了更好地观察培养中的活细胞，人们将相差显微镜的光源和聚光镜装在载物台的上方，相差物镜在载物台的下方，这样就可以清楚地观察到培养瓶内的贴壁或悬浮细胞。这种倒置相差显微镜成为细胞培养中的重要工具。即便多数活细胞的活动缓慢，如细胞运动或分裂，人们也可以通过显微电影摄影术（microcinematography）或电视录像（video recording）以一定时间间隔拍摄记录。再用正常速度放映时，所拍摄的细胞活动过程可以在短时间内呈现出来，用以准确地记录细胞或细胞器的运动过程和速度。

（三）暗视野显微镜

暗视野显微镜（dark-field microscope）是将中央的背景光挡住或将光源以一定的角度倾斜照射到样品上，样品发出的散射光能进入物镜，而照射光被大部分挡住或无法进入物镜，因此极大地降低了背景光的干扰。虽然在一定程度上能够提高分辨率，但是由于进光量少，分辨不清内部的微细构造，适合于观察活细胞内的细胞核和线粒体、液体介质中的细菌和真菌等。

（四）荧光显微镜

荧光显微镜（fluorescence microscope）是利用荧光分子的特性进行成像的一种光学显微镜。荧光分子可以在吸收特定波长的光（激发光，excitation light，多数为紫外光或蓝紫光）后，发射出更长特定波长的发射光（emission light）。当细胞内的成分被荧光分子染色或标记后，就可以通过其特定波长的发射光观察该成分在细胞内的分布，进一步可以利用荧光分子的属性，包括光漂白、光激活、转化、光消融等，研究细胞的生命活动过程。

荧光分子种类较多，常见的包括罗丹明类（如罗丹明 B）、荧光素类（如异硫氰酸荧光素，fluorescein isothiocyanate，FITC）、花青类（如 Cy3、Cy5）等。DAPI 是一种可以特异性结合 DNA 的蓝色荧光染料。除此之外绿色荧光蛋白（green fluorescent protein，GFP）及其衍生的 RFP、BFP、YFP 等可以克隆到靶标载体中，并通过使用该荧光蛋白来跟踪靶标的表达。

在普通光学显微镜的基础上，荧光显微镜的光源主要是高压汞灯，可发射较强的紫外或蓝紫光，足以激发各种荧光分子。随着技术的发展，LED 光源也应用于荧光显微镜，其特点是寿命长，衰减慢。荧光显微镜区别于普通光学显微的是其两组滤光片。第一组滤光片在光源与标本之间，仅能通过荧光染料的激发光；第二组滤光片在标本与物镜之间，仅能通过发射光（图 20-2）。由于激发光无法通过第二组滤光片，因此原则上荧光显微镜观察到的图像均是荧光染料发射出的发射光，与暗背景形成强反差，检测灵敏度得到极大的提高。

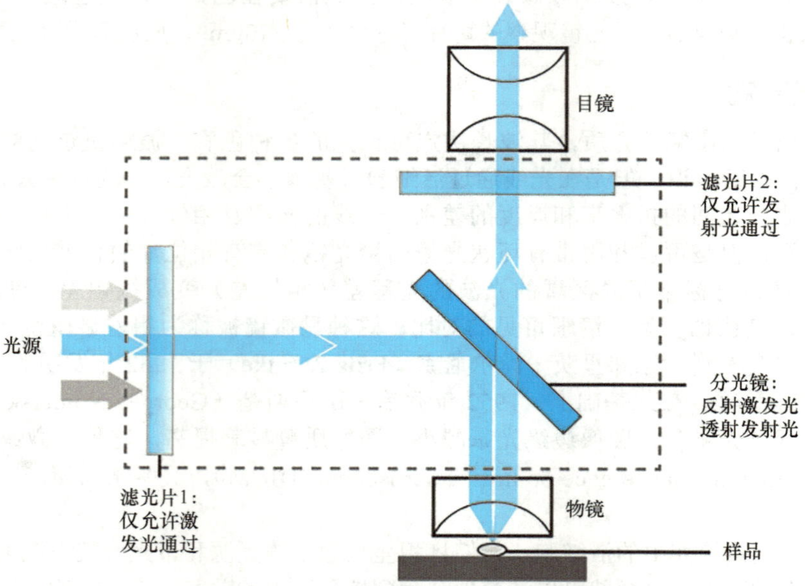

图 20-2 荧光显微镜的光学系统

荧光显微镜的滤镜组包括两个滤光片（滤光片 1 和滤光片 2）和一个分光镜。检测荧光分子荧光素的滤镜组如图所示。由于放大，荧光图像的亮度与物镜的镜头孔径成比例，因此，对于这种显微镜来说，高镜头孔径的物镜特别重要

（五）共聚焦激光扫描显微镜

普通光学显微镜，包括荧光显微镜是全视野照明，来自焦平面前后的漫射光线参与最后成像，降低了图像的反差和分辨率。共聚焦激光扫描显微镜（confocal laser scanning microscope，CLSM）扫描的激光与荧光收集共用一个物镜，物镜的焦点即扫描激光的聚焦点，也是瞬时成像的物点。系统经一次调焦，扫描限制在样品的一个平面内，保证了只有从标本焦面发出的光线聚焦成像，焦面以外的漫射光不参加成像，因此能有效抑制背景噪声，提高信噪比，使图像更加清晰（图 20-3）。当调焦深度不一样时，就可以获得样品不同深度层次的图像，即对样本进行“光学切片”，进一步通过计算机可以重构样品的三维结构。这是共聚焦激光扫描显微镜与荧光显微镜相比

的突出优势。

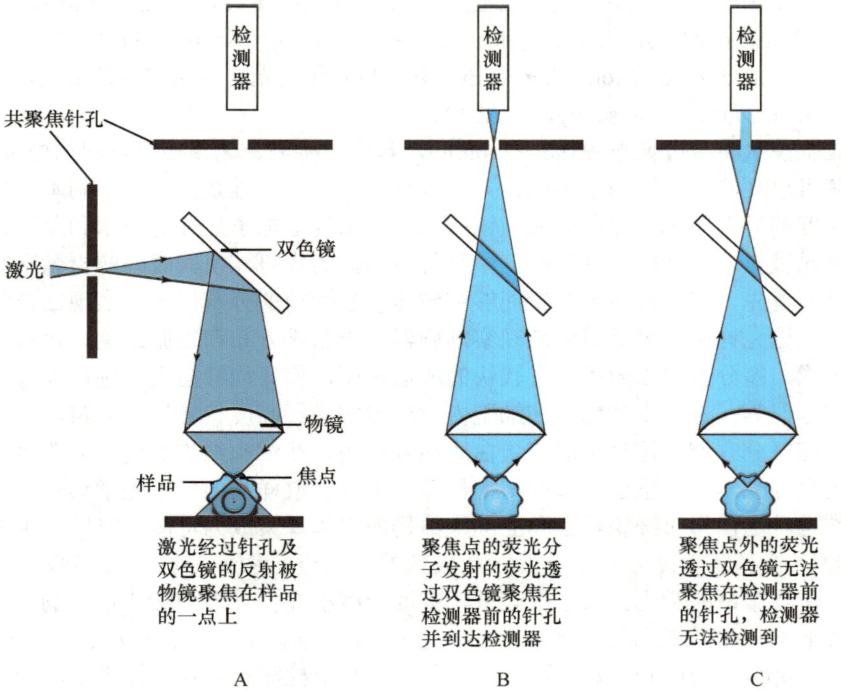

图 20-3　共聚焦激光扫描显微镜

A. 激光经针孔聚于样品的一点上；B. 从样品点上发出的荧光聚焦于第二个共聚焦针孔上；C. 从样品的其他部位发出的光不能聚焦于第二个针孔处，故不能成像。通过光束扫描样本，在焦平面上建立一个清晰的二维图像，而不受样品其他区域光线的影响

共聚焦激光扫描显微镜多用于检测发射荧光或用荧光标记的物质，其横向和纵向分辨率一般为 200nm 和 500nm，基本达到了光学显微镜分辨率的理论值。由于其操作简便，可观察活细胞，在细胞生物学的研究中被广泛应用。共聚焦激光扫描显微镜可以辨别细胞内许多复杂物质的三维结构，包括构成细胞骨架系统的纤维、染色体及基因的排列等。

（六）超分辨光学显微镜

光的衍射效应，即穿过小孔径后的光会发生扩散，使光不能用来观察比其本身波长短得多的细节。这是光学显微镜存在分辨率极限的主要原因。1873 年德国人恩斯特·阿贝（Ernst Abbe）首先阐明了衍射效应对光学显微镜分辨率的影响，确定了物镜镜口率、照明光线波长与显微镜分辨率的关系。因此，通常将由于光的衍射效应导致的光学显微镜分辨率极限称为 Abbe 限度（Abbe limit）。近几年来，在应用新的光学原理（如非线性光学原理）、发光/示踪分子和信号分析技术的基础上，已经建立起了实用的能够突破 Abbe 限度的超分辨显微技术（super-resolution microscopy），使光学显微镜的分辨率达到了 30～50nm 的纳米尺度。

超分辨显微技术主要是根据荧光分子的发光特性和物理机制，使距离衍射限度内的两个邻近荧光分子差异激发，以呈现分辨率超越 Abbe 限度的图像。也就是说，超分辨显微技术利用荧光基团的物理或化学特性，使相邻的衍射限度内的分子处于不同的“开”或“关”的状态，以使彼此区分开来。一般可将超分辨率显微技术分为两类：一类是集成成像技术，利用结构化光照明在空间上调制位于衍射限度内分子的荧光行为，使全部荧光分子不同时发射，以此来获得分辨率小于衍射限度的图像，如受激发射损耗（stimulated emission depletion，STED）技术、相关的可逆饱和线性荧光跃迁（reversible saturable optical linear fluorescence transitions，RESOLFT）技术，以及饱和结构光照明显微技术（saturated structured illumination microscopy，SSIM）；另一类是单分子成像技术，利用光开关（photoswitching）或其他机制在不同的时点随机激活位于衍射限度内的单个分子，然后测量每一个单独荧光基团的位置，并进行三维重建，以此获得衍射限度内的图像，如随机光学重建显微技术（stochastic optical reconstruction microscopy，STORM）、光激活定位显微技术（photoactivated localization microscopy，PALM）和荧光光激活定位显微技术（fluorescence photoactivation localization microscopy，FPALM）。

超分辨显微技术利用可见光（380～740nm），具有非接触、无损伤、可观测内部结构的特点。这些特点使其可以观测活的组织或细胞，并可进行内部深层三维结构成像。同本节后面介绍的能够达到纳米尺度的显微技术，即电子显微镜技术、扫描隧道电子显微镜技术和原子力显微镜技术相比，超分辨显微技术在细胞生物学研究中具有较明显的优势，使其成为解析微观结构和动态过程的强大工具。首先，超分辨率显微镜能够突破传统显微镜的分辨极限，实现比传统显微镜更高的空间分辨率。这允许科学家更清晰地观察细胞器、蛋白质分布和细胞结构，揭示微小的亚细胞级别细节。其次，超分辨率显微镜具有较快的成像速度，使其能够捕捉细胞内动态过程，如蛋白质运动、细胞分裂等。进一步其允许在细胞内对标记物进行高度特异性的观察，即使这些标记物非常靠近也能够区分它们。这对于研究蛋白质相互作用、亚细胞结构和信号通路至关重要。超分辨率显微镜还允许光学剖面重建，超分辨率显微镜可以获取样品的多个光学切片，并在三维空间中重建细胞结构。这使得对细胞器官和亚细胞结构的立体观察成为可能，有助于更全面地理解细胞的组织。超分辨率显微镜可以以非侵入性成像的方式进行图像分析，与某些传统显微镜技术相比，超分辨率显微镜的激光光束强度较低，有助于减小光学毒性和细胞损伤的可能性，使其成为对细胞进行长时间观察的理想工具。最后，有些超分辨率技术，如单分子荧光显微镜（single molecule microscopy，SMLM），甚至可以在单分子水平上检测标记物，提供了对分子尺度细节的独特洞察力。

超分辨率显微镜在细胞生物学研究中具有许多优势，使其成为解析微观结构和动态过程的强大工具。总体而言，超分辨率显微镜为细胞生物学研究提供了前所未有的视角，使科学家能够更深入、更全面地理解细胞结构和功能。随着其技术和设备的发展和完善，必将像普通光学显微镜一样，在生命科学研究中得到广泛应用。

二、电子显微技术

传统光学显微镜无法分辨小于 0.2μm 的微细结构，主要原因是受光源波长的限制。高速电子束具有光的特性，且电子运动越快，波长就越短，例如 10 万 V 电压加速的电子，其波长约为 0.004nm。由于其以高速电子束取代光，因此称为电子显微镜（electron microscope），显微镜的分辨率将得到极大提高，理论上分辨率可达 0.002nm。由于使用电子束作为成像介质，因此光学显微镜的透镜也被电磁透镜取代，即通过磁场使电子束聚焦或改变方向。电磁透镜的相差比玻璃透镜的相差要大得多，导致电镜的实际分辨率不超过 0.1nm。生物样品由于标本的制备、反差及照射损伤等原因，电子显微镜的分辨率实际上仅约 2nm，可观察到细胞膜、细胞核、线粒体、高尔基体、核糖体、中心粒等细胞器的微细结构。这种在电子显微镜下观察到的细胞的结构称为亚显微结构（submicroscopic structure）或超微结构（ultrastructure）。

（一）透射电子显微镜

上述电子显微镜总体设计与光学显微镜相似，不同的是用高速电子束取代光作为成像介质，电子束与光一样需要穿透样品，因此称为透射电子显微镜（transmission electron microscope，TEM）。其“照明光源”是钨丝释放的电子，在电场的作用下加速，通过路径上的小孔形成高速电子束。沿镜筒的精密线圈产生轴对称磁场使电子聚焦，起类似光学显微镜中玻璃透镜的作用。由于电子能与空气中的分子碰撞而发生散射，故须维持镜筒中高度真空状态。因此样本也需要在真空状态下被观察，其通过一个特殊气闸送入镜筒，置于电子束的通道上。电子束通过标本时，根据标本各部位密度的不同，部分电子发生散射不参与成像，剩余的电子经电子物镜和投影镜等放大后投射到照相底片上或荧光屏上成像。故标本中密度大的部分成像时电子量少，形成暗区，标本密度小的部位透过的电子多而最终形成明区（图 20-4）。

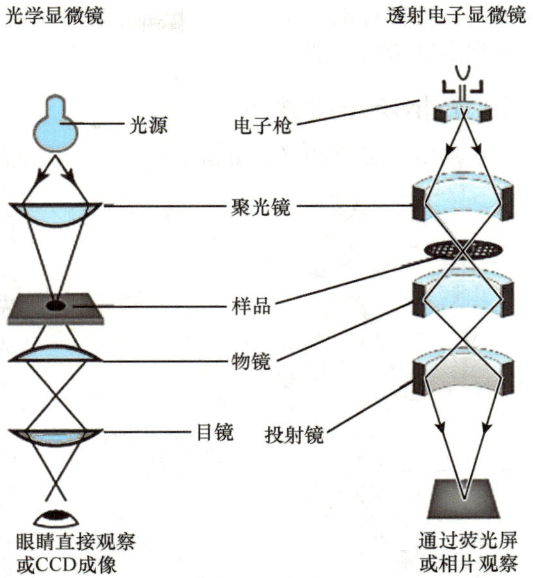

图 20-4　光学显微镜和透射电子显微镜的比较

基于透射电子显微镜的特点，其观察的生物样本的制备也不同于光学显微镜。生物样本含水量大，无法在真空下观察，因此需要先进行脱水处理。为防止生物样品在死亡后自融以及在脱水过程中产生结构改变，离体的生物样本要迅速加以固定。常用戊二醛和四氧化锇双重固定，戊二醛可对蛋白质分子交联固定，四氧化锇除了交联蛋白质外，还对多种成分特别是对脂类有良好的固定效果。固定和脱水之后，将样本放入液态的单体树脂中浸透，加温使之聚合成为固体的包埋块。由于电子的穿透力很弱，因此电子显微镜样本需要进行超薄切片，厚度为 50～100nm。由于透射电子显微镜是用电子束作为成像介质，因此样本无法放在载玻片上观察，因此切片需要放置在直径 3mm 的金属载网（常见为铜网）上染色和观察。

生物样本主要是由氢、氧、碳、氮等元素组成的，它们原子序数低，电子束打在上面较难产生明显的散射，成像后几乎没有明显的明暗反差。为此，常常在切片前后用重金属锇、铀、铅等的盐类进行电子染色。基于细胞的不同成分对这些盐类的不同亲和力，其染色程度也各不相同，最终显示出不同的反差。例如，锇对脂质容易着色，因此锇酸染色可以提升细胞膜性结构的观察效果。

对于透射电子显微镜来说，加速电压越高，电子波长越短，电镜的分辨率也越高。因此又出现了高压透射电子显微镜（high-voltage electron microscope，HVEM）和超高压透射电子显微镜，它们的光源加速电压分别在 20 万 V 和 50 万 V 以上。随着电子的穿透力增强，如果加速电压为 300 万 V 时，可以观察到 10μm 厚切片内的超微结构。

电子显微镜在生物领域的应用使人们对细胞的认识从显微水平提高到了亚显微水平，随之而来越来越多的样品制备技术使透射电子显微镜的应用范围进一步扩大。

金属投影法（metal shadowing）把样品干燥后，在真空下高温蒸发铂或钯等重金属，并使金属颗粒以一定的倾斜角度喷向样品。重金属镀膜的薄厚随样品高低起伏而变化，可形成投影（shadowing）效果。如果喷镀的样品很小或喷镀后的金属膜薄得足以使电子束透过，可直接用透射电子显微镜观察金属膜。如果样品厚度较大，则可在喷镀后将样品部分溶去，在仅剩薄薄的样品的金属复型（replica）上用碳元素垂直喷镀形成厚度均一的碳膜用来加固复型，然后在透射电子显微镜下观察复型。下述冰冻断裂与冰冻蚀刻两种技术是金属复型法的最好应用事例，为细胞生物学的研究作出了重大贡献。

冰冻断裂（freeze-fracture）多用于观察细胞膜性结构的内部构造。将样品用液态氮（−196℃）快速冷冻后用刀切割。当切面从膜脂质双层的中央疏水部通过时，疏水部位会直接断开，暴露出膜的内部构造。将暴露的部位按照上面的方法进行金属复型后用透射电子显微镜观察断裂面的表面特征。用此技术对蛋白质在膜内的分布情况进行观察，方便、直观，具有划时代意义。

冰冻蚀刻（freeze-etching）是在冰冻断裂技术的基础上发展起来的更复杂的复型技术。样本低温（液态氦，−269℃）下切割后，徐徐升温，真空下使水分升华（冷冻干燥），除了断裂面暴露外，其他部位的冰迅速减少下陷，膜和其他结构暴露，制作复型后有显著的断面浮雕效果，可用于观察细胞的内部构造。

（二）扫描电子显微镜

扫描电子显微镜（scanning electron microscope，SEM）比透射电子显微镜小，结构简单，可直接观察标本表面的三维形态。扫描电镜的电子枪发射出的电子束，被电磁透镜汇聚成极细的电子束，又称电子探针（约 0.5nm）。极细的电子束打在样本表面会产生二次电子，二次电子被同步收集并转变成电信号，信号经放大后产生此处的图像点。当电子探针通过栅状扫描后可获得样本表面的图像。由于样本表面凹凸起伏，因此电子探针打在样本表面的角度不尽相同，因此产生的二次电子也会有所不同，这样会依据样品表面的凹凸起伏形成不同明暗差异。扫描电子显微镜样本同样需要经过固定、脱水、干燥等过程，然后在表面喷涂一层金属膜用来增强二次电子。与透射电子显微镜不同的是由于扫描电子显微镜观察样本表面特征，因此不需要进行切片，也不用包埋（图 20-5）。扫描电子显微镜分辨率较低，一般为 3～10nm。进一步由于电子探针轰击样本时，不同的原子会发出特定波长的 X 射线，收集这些 X 射线可以对样品各个微区的元素进行分析（能谱分析）。

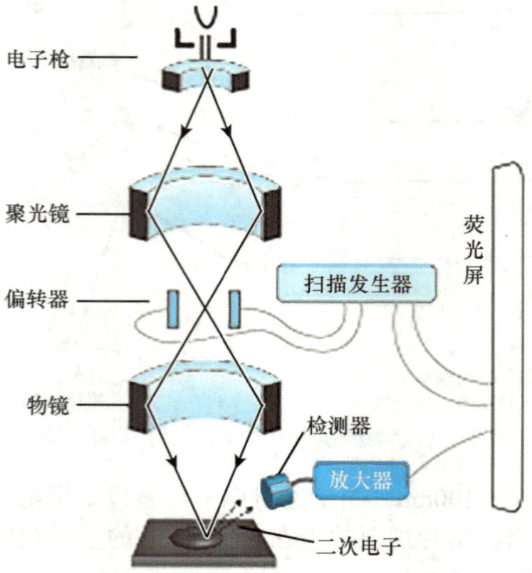

图 20-5　扫描电子显微镜的工作原理

在扫描电子显微镜中，电磁线圈聚焦电子束扫描样品，产生二次电子，经检测器收集后在荧光屏成像

（三）冷冻电子显微镜技术

电子显微镜在对样品的结构解析上发挥了强大的实力，但是在生物样本解析上却受到很大的限制。一方面高速电子束会严重破坏生物样品结构；其次生物样品含水导致使用电子显微镜前必须经过固定、脱水、包埋等一系列过程；再者生物样品的组成元素为轻质元素，成像衬度低，必须要进行重金属染色。从 1974 年肯尼思 · 泰勒（Kenneth Taylor）和罗伯特 · 格莱斯（Robert Glaeser）发现了冷冻样品有助于减低样品的辐照损伤开始，冷冻电子显微镜（cryo-electron microscopy，cryo-EM）技术，简称冷冻电镜开始逐渐发展并走入人们视野，并成为重要的结构生物学研究方法，与另外两种技术：X 射线晶体学（X-ray crystallography）和核磁共振（nuclear magnetic resonance，NMR）一起构成了高分辨率结构生物学研究的基础，在获得生物大分子的结构并揭示其功能方面极为重要。经过 30 多年的发展，冷冻电镜技术已经产生了多种解析生物分子或细胞结构的方法。2017 年诺贝尔化学奖授予三位冷冻电镜领域的学者，表彰他们“在开发用于溶液中生物分子高分辨率结构测定的冷冻电子显微镜技术方面的贡献”。

冷冻电镜样本制备采用的是快速冷冻技术。当样品冷冻过程足够快时，水分子会凝固成无定形的玻璃态，而不会形成缓慢冷冻时形成的冰晶，冰晶产生的强烈的电子衍射会掩盖样品信号。常用的冷却剂是液态乙烷。生物样品中的水冷却成玻璃态的好处是一方面样品结构得到保持和固定，另一方面玻璃态的“冰”不会在真空环境中挥发，可在一定程度上减少电子辐射的损伤。常规的透射电镜成像时，电子束速度越高，高电子剂量导致成像质量越好，但是同时生物样本受到的损伤也会越大，因此为了获得更多的细节，需要采取低电子剂量辐照成像。常规的方法有两种：冷冻电子断层扫描（cryo-electron tomography，cryo-ET）和单颗粒分析成像（single particle analysis，SPA）。进行断层扫描时，样品被连续不停地旋转，并在每个旋转角度上都进行一次成像。每一幅电子显微像是物体在不同投影方向的二维投影像，经傅里叶变换会得到一系列不同取向的截面，当截面足够多时，会得到傅里叶空间的三维信息，再经傅里叶反变换便能得到物体的三维结构。单颗粒分析成像通过制备很多具有同样结构的大分子样品，将其进行分散冷冻后进行随机的投影拍照，再通过计算模拟测定角度，对具有相同角度的粒子进行组合，其成像分辨率更高。2013 年以来，由于电子直接探测器（direct electron-detector device，DDD）的发展，冷冻电镜取得了革命性的进步，解析的蛋白质分辨率达到 0.34nm。

第二节　细胞的分离和培养

动物组织往往是由多种不同细胞组成的，而对于细胞结构组成及生命活动的研究需要大量同种细胞的富集。这就需要从组织中分离纯化目的细胞或通过扩大培养的方式获得大量体外培养的细胞。

一、细胞分离

多数情况下，从组织中获得单一细胞种类首先要将组织细胞分散开制成细胞悬液。一般的方法是利用蛋白水解酶（如胰蛋白酶或胶原酶等）消化组织块，再通过振荡、吹打等方式使组织解散，获得含有多种细胞的游离细胞悬液。一般在利用蛋白酶消化时会同时加入一些金属离子螯合剂（如 EDTA 和 EGTA）以去除液体中的钙离子，这些钙离子是细胞黏附所依赖的，以提高消化效率。

酶解方法在操作过程中必须遵守以下基本原则：①消化体系所用的溶液须是等渗的，要具有缓冲性的离子强度；②低温以降低细胞的代谢活动；③无菌操作。

（一）基于物理和生物学特性的细胞分离和筛选

有些类型的细胞的生长和增殖依赖于对培养皿表面的黏附（贴壁细胞），利用这种特性可以将悬浮在培养基中的其他种类细胞去除掉。例如可以将贴壁的上皮、内皮、成纤维、骨骼肌等类型的细胞与非贴壁的血液细胞或操作过程中形成的死细胞分离。

除此之外，可以根据细胞的密度特性有效地分离细胞。血浆白蛋白使血浆具有一定的黏稠度和密度，是一种天然的密度介质。外周血中的白细胞密度介于血浆和红细胞之间。2500g 离心 10 分钟即可将外周血分成三层，白细胞层位于血浆层（上层）和红细胞层（下层）之间，从而将白细胞分离。在离心力的作用下，细胞可沉降于与自身密度相同的密度平衡点。因此，使用能够形成精细密度梯度的介质，如 Percoll（胶体硅）等，可对密度差异较小的细胞进行精细分离。

（二）流式细胞术

流式细胞仪（flow cytometer，FCM）又称荧光激活细胞分选仪（fluorescence activated cell sorter，FACS），可通过荧光标记从多细胞悬液中分离目的细胞。流式细胞仪通过调节液压，可迫使待分选悬浮细胞排成单列，按重力方向流动进入激光束检测区，此时每个细胞都会形成单个的微小液滴。当目的细胞经过检测区时，激光会激发目的细胞中的荧光分子（可利用抗原-抗体反应让目的细胞被标记上荧光分子）就会发出激发光从而被检测器检测到，其所在的液滴就会被带上负电，其余没有荧光分子染色的细胞液滴带上正电。这些细胞在经过随后的电场时由于所带电荷性质不同从而产生不同方向的偏转而分离。流式细胞仪可以每秒 2 万个的速度对细胞进行分选，其纯度可超过 95%（图 20-6）。

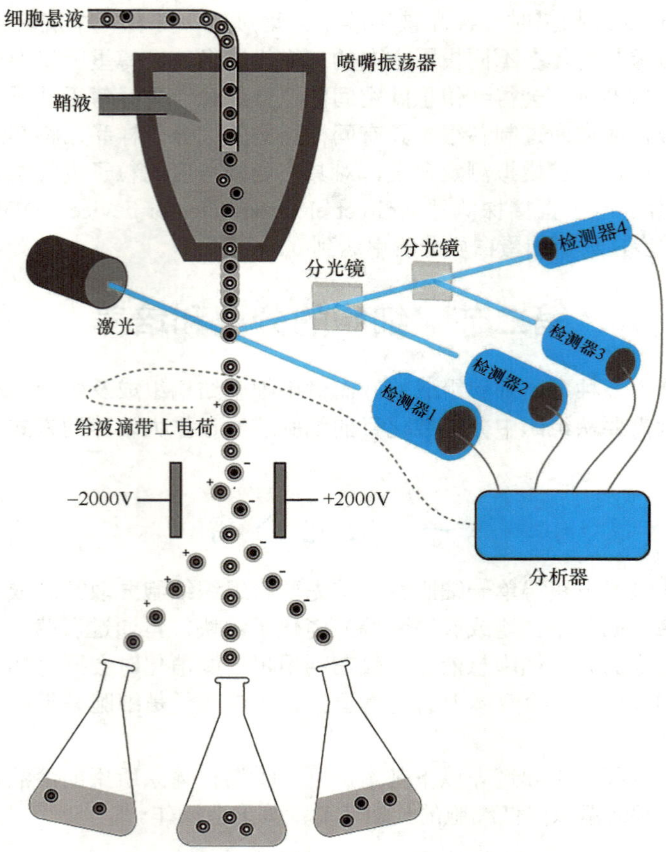

图 20-6　流式细胞仪原理图解

监测通过激光束的细胞的荧光。根据细胞是否带有荧光，含有单个细胞的液滴被带上负电或正电。在电场的作用下将带有不同电荷的液滴分别收集于各自的细胞收集器。注意：要将细胞浓度调整到大多数液滴不含细胞并且能够流入废液缸

（三）免疫磁珠法

免疫磁珠（immunomagnetic microsphere）是一种人工合成的内含磁性氧化物（如 Fe_2O_3 或 Fe_3O_4）核心的免疫微球颗粒，外包一层为聚乙烯性质的高分子材料，可以进一步包被特定的单克隆抗体。这种包被特定单克隆抗体的免疫磁珠与待分离的细胞悬液混合孵育后加入分离柱，在有外界磁场的作用下，与免疫磁珠结合的细胞会与磁珠一起吸附在分离柱内，而其他细胞则会从分离柱中流出。进一步洗去残留的未吸附的细胞后，去除磁场，回收目的细胞。免疫磁珠法操作简便，特异性强，具有很好的细胞回收率，同时磁珠颗粒对细胞无影响。连续两次过柱分选可进一步提高分选细胞纯度，通常可达 95%～99%。

（四）激光捕获显微切割技术

激光捕获显微切割技术（laser capture microdissection，LCM）可从组织中精确地分离单个细胞，组织可以是冰冻切片，也可以是石蜡包埋的组织切片。其优点是不破坏组织结构，能够保证要捕获的细胞和其周围的组织的完整性。制备组织切片（通常是冰冻切片），在显微镜下将组织切片覆以特制的透明薄膜，用激光束切割所需的细胞区域，覆膜在激光束经过的地方被溶化，并与下面的细胞紧密连在一起，然后再用另一激光束将其弹出到细胞收集管（图 20-7）。激光捕获显微切割技术将形态学观察与分子水平研究有机结合起来，特别适用于待分离细胞在组织（切片）中的数量较少或呈散在分布的情况。

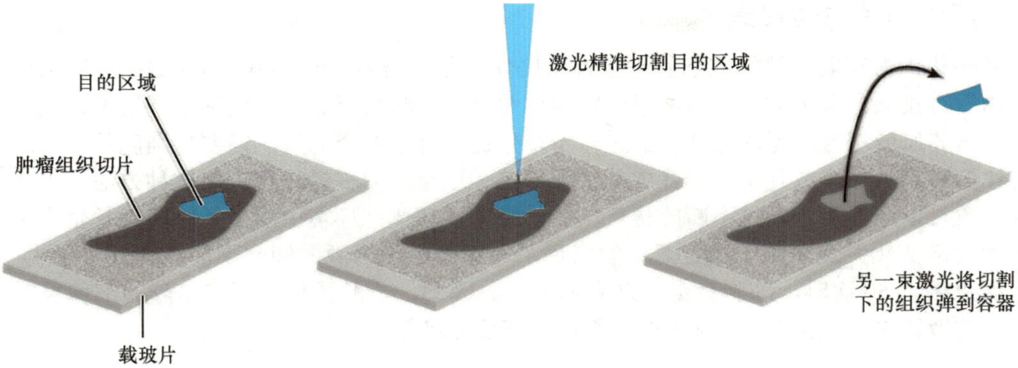

图 20-7 激光捕获显微切割技术

激光显微切割允许从组织切片中选择分离细胞。这种方法使用激光束切割所需部位并将其弹出到容器中，因此即使单个细胞也可以从组织样品中分离

二、细胞培养

一般情况下，动物体内的多数类型的细胞均可在体外合适的条件下存活并增殖，虽然这种细胞已经离开在体内的原始生活环境，但是仍然能够保留原有的某些分化特征，可以用来直接观察或研究其生物学特性。这种让细胞在体外合适的（模拟机体内）无菌环境下生长繁殖的技术，称为细胞培养（cell culture）。通过细胞培养可以获得大量的、性状相同的细胞，或者是将两种细胞混合在一起培养，除了可以研究细胞的形态结构、化学组成之外，也可研究细胞的生理活动过程。

（一）细胞培养的基本条件

无菌环境是细胞培养的全过程的基本条件，其主要目的是避免环境中的微生物及其他有害物质的影响。首先，细胞培养需要一个专用的无菌的细胞培养室，是细胞培养的专用场所，通常包含操作间和缓冲间两部分。缓冲间位于细胞培养室的入口处，一般用于进入操作间的前期工作，如更换专用服装，个人消毒等。操作间是细胞培养活动的主要场所，要求有供无菌操作的超净工作台、倒置显微镜、小型离心机、水浴锅、CO_2 培养箱等。其中 CO_2 培养箱可通过连接 CO_2 钢瓶来给培养箱内部提供一个恒定的 CO_2 浓度（一般为 5%），主要是用来维持培养基的 pH，减缓因细胞生长代谢导致的培养基 pH 值的变化，除此之外，细胞通过代谢将 CO_2 转化为碳酸，提供碳源用于生物大分子（如葡萄糖）的合成。这对于细胞生长、分裂和代谢过程至关重要。CO_2 水平的变化还可以影响细胞的凋亡和分化。在一些情况下，适当的 CO_2 水平可能有助于提高细胞的存活和特定细胞类型的分化。在细胞培养箱中，通过控制 CO_2 浓度，可以维持特定的气氛，模拟体内环境，提供最适合细胞生长和功能的条件。CO_2 水平的变化可能会影响培养基中其他成分的平衡，例如溶解氧的浓度和离子平衡，从而影响细胞的生存和生长。总体而言，适当的 CO_2 浓度对于细胞培养的成功和维持细胞生存至关重要。在细胞培养过程中，通过调节 CO_2 水平，可以提供一个稳定的培养环境，满足细胞的生理需求。其次，培养基主要为细胞生长提供所需的营养物质，其含有细胞生长所需要的基础营养成分，一般在使用前需过滤除菌。细胞生长的营养物质由培养基供给。目前常用基础培养基有 Eagle 氏培养基、RPMI-1640、DMEM，以及 F12 培养基等。这些基础培养基虽然组成不尽一致，但都含有细胞所需要的氨基酸、维生素和微量元素等成分。基础培养基只能提供细胞生长的简单营养物质，细胞实际培养中，往往还需要添加一些天然的生物成分，其中最主要是动物血清。处于发育阶段的初生动物或胚胎动物的血清含有多种生长因子，是促进细胞贴壁和增殖必不可少的成分。不同的细胞培养需要选择不同的培养基。

（二）原代培养与传代培养

直接从体内获取的组织或细胞进行首次培养为原代培养（primary culture）；一般来说，原代细胞由于直接取自有机体，其生物学性状与体内时的形状接近。当原代细胞经培养增殖到一定数目后，培养皿或培养瓶无法给细胞的进一步增殖提供足够的空间时，需要将细胞从一个培养器以一定比例移到另一个或几个培养器中的扩大培养，这个过程称为传代。用这种方法可以重复传代数周、数月以至数年。经过不断的传代培养的细胞，在体外环境中的生长时间过长也会引起细胞特性的逐渐变化并逐渐趋于稳定，一般来说，大部分组织来源的细胞不能在体外“永生”，当传代的次数接近 50 次时，细胞会走向衰老和死亡。因此，一般会将需要将培养的细胞及时冷冻在 −196℃的液氮中长期保存，待需要时将细胞复苏后再培养。

（三）细胞系

一般来说，原代培养的细胞经首次成功传代后即可称为细胞系（cell line）。但多数原代培养的脊椎动物细胞，在体外经过约 10 次的传代就会出现生长停滞，有少数的细胞会也可以度过“危机”存活下去，即便如此这些细胞的传代次数也不会超过 50 代。同时，来源于不同组织的细胞的传代次数也会存在着差别，从胎儿中分离到的成纤维细胞可传 50 代，来源于成人肺组织的成纤维细胞只能传 20 余代。当细胞传代次数到达极限时，部分细胞的遗传物质会发生一定程度的改变，从而帮助这些细胞度过第二次“危机”，从而有可能在体外培养的条件下无限代地传代下去。有时人们也会利用化学、物理方法诱导细胞产生突变，从而可以无限代繁殖下去。另一种情况是，如果细胞来源于恶性肿瘤组织，这些细胞能够在体外无限繁殖、传代。通常在实验室中将这些能够无限代繁殖下去细胞称为细胞系。在实验室最常见的细胞系中，最著名的是来源于宫颈癌组织的 HeLa 细胞系，于 1951 年建立，至今仍在世界各地的实验室应用，成为研究肿瘤的“工具细胞”。

对于体外培养的细胞系，还可以用细胞克隆化（cloning）的方法进一步改善其均一性，即分离出具有某种特性的单个细胞使之增殖形成细胞群（colony）。由此产生的细胞群称为细胞株（cell strain），它来源于一个克隆（clone），是一个具有相同性质或特征的培养细胞群体。

迄今世界上所建立的各种能连续传代的细胞系和细胞株达 5000 余种。许多国家的研究机构均设有细胞库，随时可以供研究者使用。

（四）细胞模型

体外培养的细胞是研究细胞生命活动过程的理想工具，是研究细胞行为的主要模型。通常细胞重要的生物学特性如增殖能力、迁移能力、分化特性等在体外培养的条件下同样可以保持下来。常见的研究细胞增殖能力的方法有很多，包括软琼脂集落生成、检测线粒体琥珀酸脱氢酶活性、流式细胞仪检测细胞周期等。利用划痕试验、底层膜由细胞外基质成分构成的嵌套小室（transwell），可以简便地观察细胞侵袭和转移能力的变化。

第三节　细胞组分的分离和纯化技术

体外培养的细胞可以用来研究细胞的生物学行为，但是如果要研究细胞内的细胞器或分子，就需要对细胞器和功能分子进行分离。

一、细胞裂解

如果需要获得细胞内的亚细胞结构，如各种细胞器，需要在破坏细胞膜的前提下尽量维持细胞内部膜性结构的完整性。一般来说，尽可能保护各种亚细胞结构固有的功能和细胞功能分子的活性，是细胞裂解的基本原则。裂解细胞的常见方法包括物理方法和化学方法。

物理方法裂解细胞通常可以避免或减轻对亚细胞结构的损伤，如低渗透压、超声振荡、强制通过微孔、机械破碎或研磨等方法。内质网由于其特殊的结构和细胞内分布，基本上上述方法裂解细胞的同时也会使内质网膜破裂成为断片，断片立即自我封闭形成小泡。通常由内质网形成的小泡称作微粒体（microsome）。而细胞内其他的各种亚细胞结构如细胞核、高尔基复合体、线粒体、溶酶体、过氧化物酶体等基本不受损伤。一般来说。裂解细胞时形成的这些膜性成分与细胞的蛋白质、核酸、多糖、离子等功能性分子悬浮在细胞裂解液中，称为匀浆（homogenate）。

化学方法裂解细胞最常用的物质是去垢剂，其可以溶解细胞的膜性结构，并且破坏蛋白质分子之间的疏水相互作用，提高蛋白质的溶解性。去垢剂一般可以分为离子型（如阴离子去垢剂十二烷基磺酸钠，SDS）、非离子型（如 TritonX-100 和 NP-40）和兼性离子型（如 CHAPS）等几类。离子型去垢剂对膜的溶解作用强，细胞裂解充分，但易引起蛋白质变性；非离子型去垢剂作用温和，对细胞裂解不彻底，甚至适当浓度下可以选择性地抽提细胞膜上的蛋白，这也成为免疫荧光“透膜”的常用试剂；非离子型和兼性离子型去垢剂不影响蛋白质的等电点，常用于双向电泳样品制备中。

尿素、盐酸胍、异硫氰酸胍等离液剂（chaotropic agent）也广泛应用于细胞裂解。但它们对蛋白和膜脂具有较强的变性作用，常用于无须保持蛋白质活性的样品制备和细胞 DNA 和 RNA 的抽提中。

二、细胞器及细胞组分的分级分离

离心可以分离提取亚细胞结构和功能分子。利用细胞内各种颗粒成分的大小、形状和密度不同，采用差速离心或密度梯度离心的方法将其分离。蛋白质、核酸等细胞的功能分子存在于亚细胞结构的基质或细胞匀浆离心后形成的上清中，可利用层析技术或离心技术进一步分离纯化。电泳技术可对分离纯化得到的终产物进行初步的鉴定。

（一）差速离心

差速离心法（differential centrifugation）是分离细胞核、线粒体等亚细胞结构的常用方法。对于这些直径差别较大的亚细胞结构，在密度均一的介质中它们的沉降速度不同。因此在低速离心时，大的组分如细胞核和没破坏的细胞沉降速度快，会在离心管底部形成小的沉降团块；在较高速度时，稍大的线粒体沉降成块；进一步更高速度加长时间离心则可以先后收集封闭小泡和核糖体（图 20-8）。

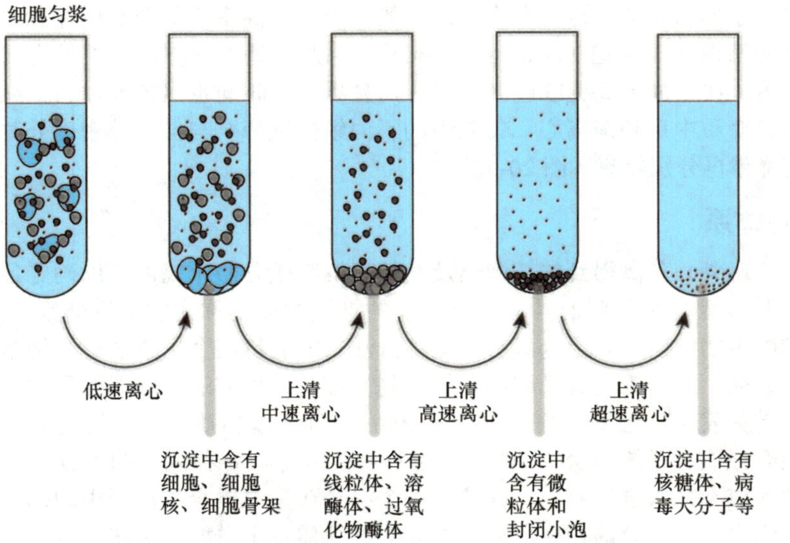

图 20-8 用离心法进行细胞成分的分级分离

逐渐提高离心速度可以使细胞匀浆按成分分离。一般来说，亚细胞成分越小，所需离心力越大。图中所示各步离心的数值如下：低速 1000*g*，10 分钟；中速 20 000*g*，20 分钟；高速 80 000*g*，1 小时；超速 150 000*g*，3 小时离心沉降主要是利用颗粒的大小进行分离，但是在沉降过程中较大的颗粒往往会带下较小颗粒，导致分级分离所得到的分离组分纯度不高。若想获得高纯度的组分，可以再次悬浮小沉降块中的组分，通过反复离心去掉杂质而纯化。

应用物理的方法，在等渗缓冲液中裂解细胞，离心后获得的细胞匀浆中含有膜性结构完整的细胞器。这些细胞器的表面分布有特异性的蛋白质，如位于线粒体外膜参与蛋白质转运的TOMM22，过氧化物酶体表面参与蛋白质转运的PM70。利用能够识别这些标志的磁珠（magnetic bead），无须高速离心，即可将膜性细胞器从细胞匀浆中方便地分离出来。

用 100 000*g* 将细胞匀浆超速离心，可以将各种细胞器及微粒体沉降下来，上清部分即包含分布于细胞内细胞器之间的液相成分，即细胞质溶胶（cytosol）。细胞质溶胶是细胞内蛋白质合成及其他主要生化反应的场所，含有 RNA 及大量的蛋白质。

（二）速度沉降

差速离心可以将那些大小显著不同的组分分开。如果想进行更加细致的分离，则需要进行速度沉降（velocity sedimentation）。速度沉降是指细胞组分或细胞器在密度梯度介质中按照各自的沉降系数以不同的速度下沉而达到分离的方法。主要用于分离。这种分离方法主要用于分离密度相近但是大小不等的组分。一般来说，分离介质的最大密度应小于被分离组分的最小密度。分离方法是在离心管中加入稀盐溶液，将细胞的抽提液在盐溶液上覆一薄层。为防止对流混合，在离心管中制备由顶部到底部逐渐增加的蔗糖溶液的密度梯度（通常 5%～20%）。离心后混合物中的各成分以不同的速度沉降，形成不同的沉降带，各沉降带可分别收集（图 20-9A）。不同组分的沉降速率取决于它们的大小与形状，通常用沉降系数（S）值表示，实际上是物质沉降时间的倒数。一般来说蛋白质和核酸的沉降系数为 1～200。目前超速离心机的转速可以达到 85 000 转 / 分，产生的离心力为重力的 600 000 倍。在这样巨大的离心力下，即使较小的生物分子，如 tRNA 分子和简单的酶分子都可根据它们的大小将其分开。

超速离心法可以根据生物大分子的沉降系数较精确地测定其分子量。

（三）平衡沉降

平衡沉降（equilibrium sedimentation）法也是一种可以精确分离的技术，它取决于细胞成分的浮力密度，与大小形状无关。这种分离方法一般需要在较高密度的介质中进行，且要求较高的梯度，高浓度差的蔗糖或氯化铯（cesium chloride）。除此之外这种方法需要的力场一般也比速度沉降大 10～100 倍，往往需要高速或超高速离心，且离心的时间也比较长。当把细胞匀浆均匀分布在蔗糖或氯化铯介质中后超速离心，匀浆中的不同组分沉降至与自身等密度处时不再移动，形成沉降带，各沉降带再分别收集（图 20-9B）。

（四）非细胞体系

通过对经超速离心分离得到的细胞器及其他亚细胞成分的研究，可以确定各种细胞器及细胞成分的功能。从分级分离得到的具有生物功能的细胞抽提物称为非细胞体系（cell free system），广泛应用于细胞生物学研究。因为只有用这种方法，才能将某个生物过程与细胞中发生的其他复杂的反应分割开来，从而确定其详细的分子机制。应用这种方法所取得的早期成果是阐明了蛋白质合成机制。首先发现，细胞粗提物可以从 RNA 翻译出蛋白质。把粗提物进行分级分离，即可得到与蛋白质合成有关的核糖体、tRNA 及各种酶的成分。各种纯化的组分一旦得到后，就可以分别地采取加入或不加入进行对照，弄清楚每个组分在蛋白质合成过程中的确切作用。在确定了蛋白质合成过程中的各成分的作用之后，体外非细胞体系蛋白翻译系统被成功地用于破译遗传密码，即用已知序列的合成多核苷酸作为 mRNA，在体外翻译成多肽。

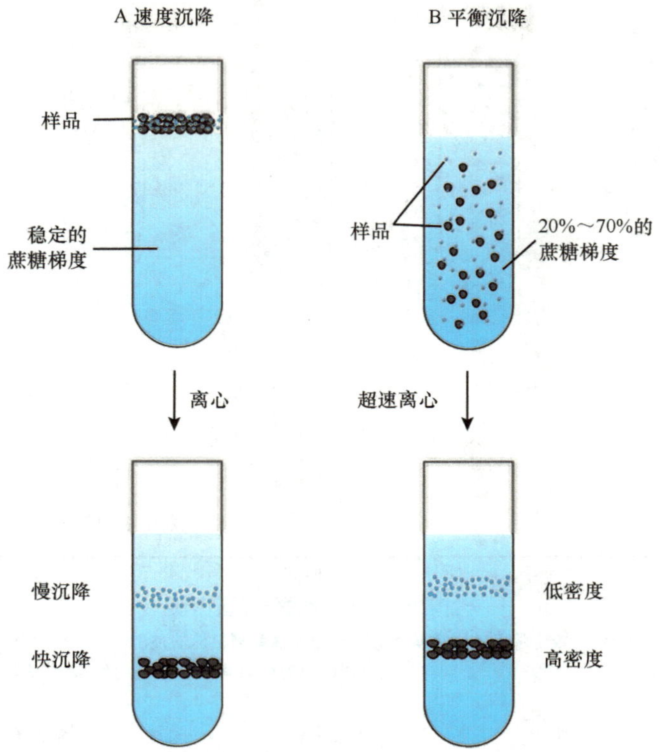

图 20-9 速度沉降和平衡沉降离心的比较

在速度沉降（A）中，亚细胞成分样品置于含有蔗糖的稀溶液上层，根据其大小与形状以不同速度沉降。为稳定沉降带，离心管内由上至下须制作成 5%～20% 连续蔗糖梯度；在平衡沉降（B）中，离心形成蔗糖密度梯度（用更高浓度的氯化铯分离蛋白与核酸分子效果更好），亚细胞成分根据自身的密度或升或降，以达到与蔗糖同样密度的位置

三、蛋白质的分离与鉴定

蛋白质是细胞内的最主要的大分子物质之一，更是细胞内多种生物功能的执行者。但是将蛋白质分级分离并最终纯化，需要综合运用多种手段才能够完成，包括盐析、有机溶剂沉淀、各种常规层析、高压液相层析（high performance liquid chromatography，HPLC）等。要根据目的蛋白质在组织或细胞中的含量，蛋白质分子量的大小，蛋白质的理化性质及检测方法来摸索、选择合适的途径。

（一）蛋白质层析

分离纯化细胞中蛋白质最常用的方法是柱层析（column chromatography）。将细胞匀浆在常压或高压下通过用固体性颗粒充填形成的柱，不同的蛋白质因与颗粒相互作用的不同而被不同程度地滞留，导致这些蛋白通过分离柱的速度不同而被分离（图 20-10）。

柱层析根据所选择的充填颗粒的不同可以分为常见的四大类：①离子交换层析，充填颗粒带有电荷，通过的蛋白质则按其表面电荷的分布而被分离（图 20-11A）。②凝胶过滤层析，充填颗粒为凝胶，其多孔的结构可以根据蛋白质的大小将其分离（图 20-11B）。③疏水性层析，主要是利用充填颗粒上的疏水基团，根据蛋白质表面疏水区域会有强弱的差异分离蛋白质。④亲和层析，把能够与蛋白质表面的特定部位进行特异性结合的分子共价连接于惰性多糖类颗粒上，如酶的底物、特异性抗体或抗原（图 20-11C），根据蛋白质亲和性的不同将其分离。亲和层析分离纯化重组蛋白质为最常用的方法。

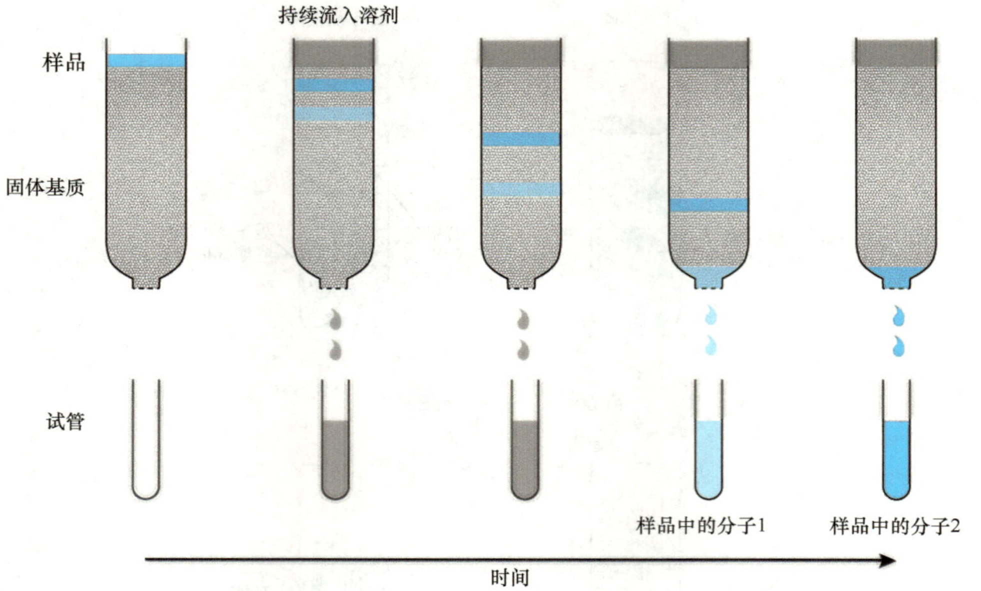

图 20-10 柱层析法分离蛋白质

将含有多种成分的样品添加到充满浸没于溶剂的固体基质的圆形玻璃株或塑料株的顶部，随后，大量溶剂缓慢流过柱子，将底部流出的液体分别收集于不同试管。由于不同样品成分在柱中的移动速率不同，因此可以分离后收集于不同的试管

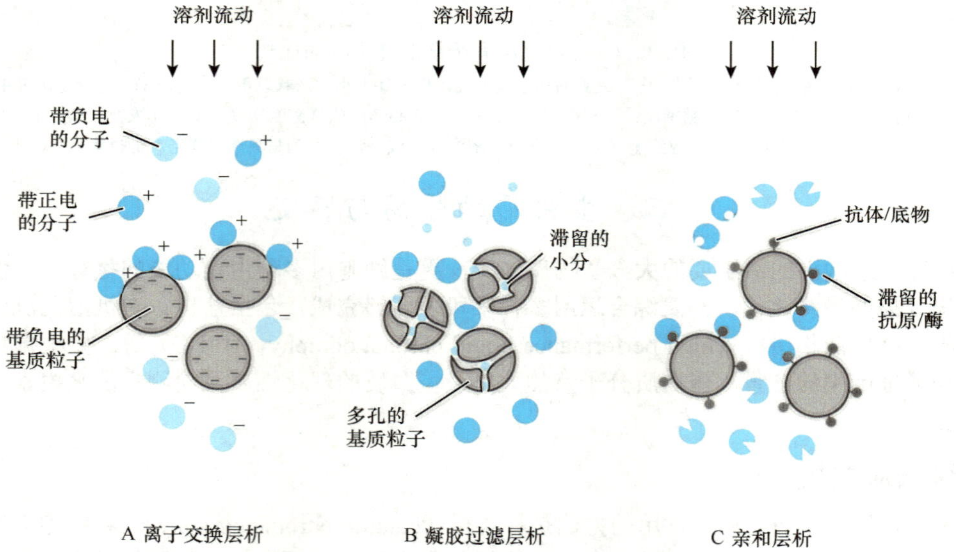

图 20-11 三种常用的层析法工作原理

在离子交换层析（A）中，不可溶的基质上的荷电离子阻滞带有相反电荷分子的移动。可溶性分子与基质结合的强度取决于各自的离子强度与溶液的 pH；在凝胶过滤层析（B）中，基质是惰性的多孔粒子，能够进入基质的小分子因旅程长而溶出延迟。根据多孔粒子孔径的大小可以分离分子量 500～5×10^6 的分子；亲和层析（C）中特异配体，如抗体、酶底物等，被共价连接在基质上以结合特定蛋白。当被固定的底物与酶分子特异结合后，酶分子可以被高浓度的游离底物重新溶出。而与固定抗体结合的蛋白，可以用高盐溶液或高、低 pH 值溶液使抗原-抗体复合物分离而使抗原蛋白溶出。仅通过一个亲和层析柱，常可以得到高纯化蛋白

值得强调的是，由于蛋白质的结构、理化性质的复杂多样性，除了带有特殊标签的人工表达蛋白质以外，很难找到针对某种特定蛋白质的特异性亲和层析法。因此，大部分蛋白质的分离纯化需要多种方法，包括多种柱层析法的组合，才能够达到目的。普通柱层析法由于充填颗粒的不均匀等因素，使通过柱的液相流量不均，导致分离能力下降。高压液相层析是将直径在 3～10μm

的微小球型树脂（通常为硅胶树脂）用特殊的装置均匀充填在层析柱中。由于颗粒小充填紧密，必须加高压才能使液相流过。高压液相层析所用层析柱多为不锈钢柱，分离时间短、效率高，可用来分析各种大小分子，但所需仪器精密，造价高。

各种层析方法包括高压液相层析，多可以维持蛋白质不发生变性，保持蛋白原有的功能。但高压液相层析的反向层析柱常被用来分离小分子蛋白质、用酶或化学试剂切断的蛋白质的多肽混合物，根据多肽亲疏水性特点，流动相采用梯度有机溶剂。

（二）蛋白质电泳

由于氨基酸带有正电荷或负电荷，蛋白质往往带有净正电荷或净负电荷。将含有蛋白质的溶液加上电场，蛋白质分子就会按照它们的净电荷多少、大小及形状的不同在电场中移动，这一技术称为电泳（electrophoresis），丙烯酰胺凝胶是目前最常用的支持体。

1. SDS 聚丙烯酰胺凝胶电泳　莱姆利（Laemmli）在 1970 年利用十二烷基硫酸钠（SDS）改良了聚丙烯酰胺凝胶电泳（SDS polyacrylamid gel electrophoresis，SDS-PAGE），成为当前常规的蛋白质分析方法。还原剂，如 2-巯基乙醇（2-mercaptoethanol，2-ME）或二硫苏糖醇（dithiothreitol，DTT）处理过的蛋白质的二硫键被打开，而溶液中的 SDS 的疏水端可以结合蛋白质的疏水区域，SDS 所带的负电荷的亲水端互相排斥，最终使蛋白质表面结合有大量的负电荷并展开成线性的多肽链。大量带负电的 SDS 结合还使蛋白质本身所带电荷被掩盖从而可以被忽略不计，因此蛋白质可以在电场的作用下以相同的速度向正极的方向移动。聚丙烯酰胺凝胶则是蛋白质分离的支持体。当单体丙烯酰胺交联聚合成聚丙烯酰胺凝胶，其内部含有凝胶孔，蛋白质在其内部的迁移速度会受到凝胶孔的影响，肽链越长，受到的阻力越大，因此基丙烯酰胺凝胶中的蛋白质在电场的作用下会根据蛋白质分子量的大小被分离开（图 20-12）。

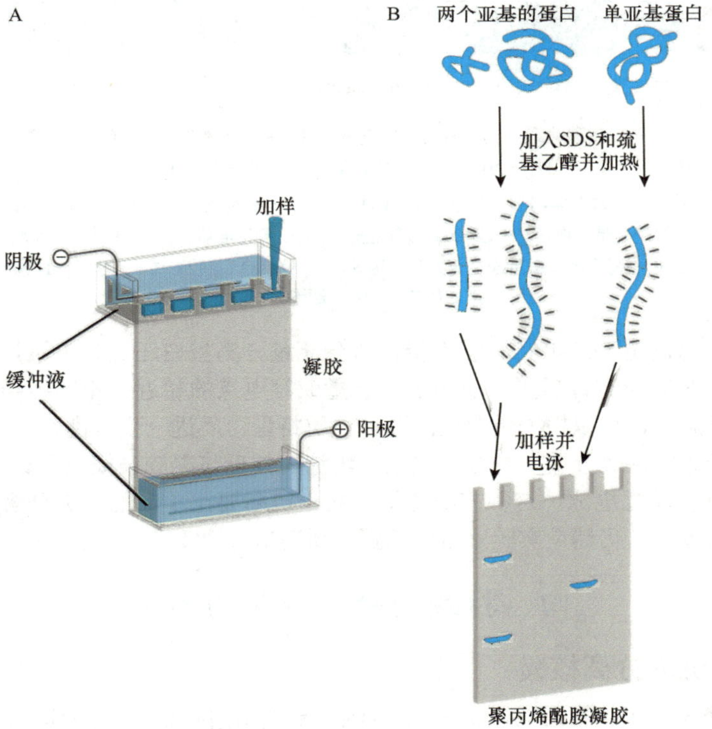

图 20-12　SDS-PAGE

A. 电泳装置；B. 单个多肽链与荷负电的 SDS 分子形成复合物，因此，荷负电的 SDS-蛋白复合物在多孔聚丙烯酰胺凝胶中向阳极移动。在这种条件下，多肽的分子量越小，移动速度越大，因此这种技术可被用于确定多肽链和蛋白亚基的分子量。但是，如果蛋白质含有大量碳水化合物，那么该蛋白在凝胶中的移动速度不规范，用 SDS-PAGE 测得的表观分子量不准确

2. 等电聚焦电泳 蛋白质所带电荷性质是由其组成的氨基酸综合决定的，在不同的 pH 值条件下，蛋白质最终带电性质也会产生改变。所有的蛋白质都有自己特定的等电点，此时由于蛋白质不带电荷，在电场中就不会移动。等电聚焦电泳（isoelectric focusing electrophoresis）是在丙烯酰胺凝胶两端形成电场，使含有不同等电点的两性电解质（ampholyte）在电场当中形成 pH 梯度，此时如果凝胶中的蛋白质样品处的 pH 与样品蛋白质的等电点不同，蛋白质就会显示出带正电或负电，因此会在电场的作用下迁移到其等电点对应的 pH 的位置，此时蛋白质所带的总电荷综合为零，因此蛋白质将停在此处。综合起来，样品中所有的蛋白质在电泳时都向自己的等电点处移动，最后聚集、静止于各自的等电点。如此蛋白质就可以根据其等电点被分离开（图 20-13）。

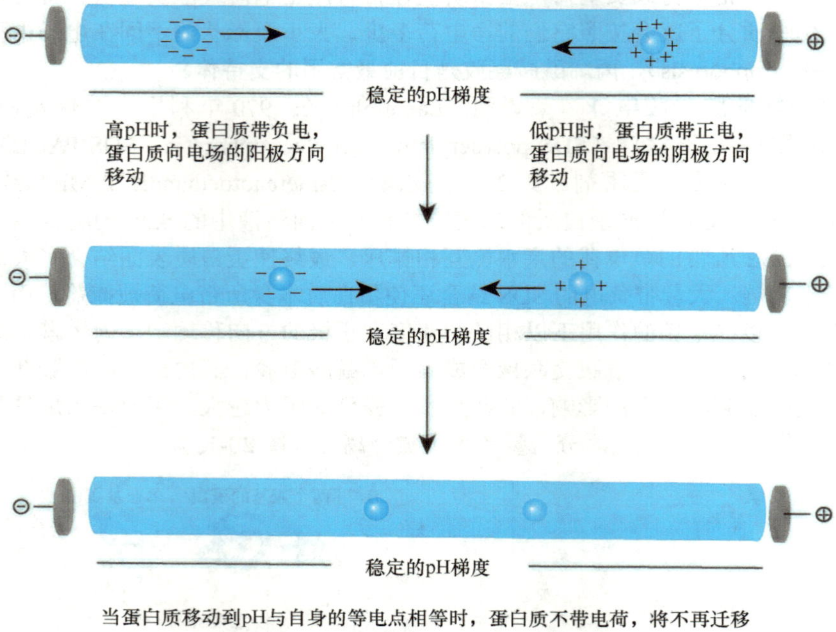

图 20-13 等电聚焦电泳分离蛋白质

低 pH（高 H^+ 浓度）时，蛋白质的羧基倾向于不带电荷（—COOH），含氮碱性基团带正电荷（如—NH_3^+），使大部分蛋白质净电荷为正。高 pH 时，蛋白质的羧基带负电荷（—COO^-），碱性基团倾向于不带电荷（如—NH_2），使大部分蛋白质净电荷为负。在一个蛋白质的等电点时，正负电荷平衡，所带净电荷为零。因此，电场中管状凝胶形成一个固定 pH 梯度时，每种蛋白质都移动至它的等电 pH，聚集成一条带

3. 双向电泳 无论是 SDS-PAGE 根据蛋白质分离量分离蛋白还是等电聚焦电泳根据蛋白质等电点分离蛋白质，都难免有许多蛋白质由于分子量或等电点的相近或相同而导致相互重叠。双向电泳则将二者结合起来，可以根据蛋白质的两种性质将蛋白质进一步分离。

方法是先在长条状凝胶介质中进行等电聚焦电泳，然后将凝胶条横放于聚合好的平板 SDS-丙烯酰胺凝胶上再进行垂直电泳。这种方法的蛋白质分辨率要比单一的电泳分辨率提高很多。即便在技术不断进步的今天，仍然是实验室常用的蛋白质高效分离手段之一。

四、核酸的分离纯化与鉴定

（一）差速离心沉淀分离核酸

细胞内的核酸大分子包括 DNA 和 RNA，DNA 是细胞遗传信息的载体，而 RNA 在遗传信息的表达中起到核心作用。通常情况下，无论 DNA 还是 RNA 在细胞中总是与蛋白质结合，以复合物的形式存在于细胞中。因此在分离细胞内核酸的过程中一方面要对核酸分子进行纯化，同时也要保证核酸分子一级结构的完整性。

细胞中的DNA分子主要存在于细胞核和线粒体中。细胞核中的染色体DNA是长的线性分子，相对稳定，纯化过程中产生的机械剪切力可使其断裂。线粒体DNA是环形分子，一般需先分离纯化细胞的线粒体，之后才能获得高纯度的线粒体DNA。RNA分子在细胞核和细胞质中均有分布。由于细胞内广泛存在RNA酶，因此在提纯细胞内RNA分子时最重要的是防止RNA分子的降解。

核酸的高负电荷磷酸骨架使其比蛋白质、脂类、多糖等细胞内其他组分具有更高的亲水性，且在乙醇等试剂的作用下可以沉淀，因此可通过选择性沉淀和差速离心使核酸与其他组分（主要是蛋白质）分离。由于DNA和RNA在理化性质上类似，因此往往需要通过在纯化过程中加入对应的核酸酶，而选择性地保留DNA或RNA分子。

（二）核酸的凝胶电泳

由于核酸分子自身带有负电荷，在碱性条件下即可在电场中向阳极移动，因此通过电泳分离核酸要比分离蛋白质简单得多。琼脂糖（agarose）凝胶电泳是最为常用的分离核酸的方法。除此之外丙烯酰胺（acrylamide）电泳同样也可以分离核酸。凝胶中的核酸在电场的作用下移动，分子量越大，迁移速度越慢。

琼脂糖凝胶制作简便，电泳速度快，样品无须事先处理就可直接进行电泳，结果观察方便。一般需要根据所分离的核酸的分子量大小选择合适的凝胶浓度以获得更好的分辨率。但是总体上琼脂糖凝胶电泳分辨率相对较低，不能够有效分离100碱基以下的核酸分子。相对丙烯酰胺凝胶电泳分辨率高，当分离500碱基以下的DNA分子片段时，可以将两条仅相差一个碱基的DNA片段分开。

（三）蛋白质-核酸相互作用

蛋白质-核酸相互作用是生物学中一类重要的分子相互作用研究，指的是蛋白质与核酸（通常是DNA或RNA）之间的结合，这些相互作用对于维持细胞功能、基因表达调控和维护生命的正常活动不可或缺。研究蛋白质-核酸相互作用的方法涉及多种实验技术，常见的如电泳迁移实验，是通过电泳移动性的变化来检测蛋白质与核酸结合；染色质免疫沉淀通过特定抗体选择性地沉淀与目标蛋白结合的DNA片段，通过PCR、测序或其他分子生物学技术，对沉淀的DNA进行分析，以确定DNA片段是否与蛋白质之间存在相互作用；RNA免疫沉淀与染色质免疫沉淀类似，是研究体内蛋白与RNA结合情况的有效方法。除了上述方法之外，荧光共振能量转移、核磁共振、光学拉力钳及表面等离子体共振等都可以从不同方面检测蛋白质与核酸之间的相互作用。

以上技术的选择通常取决于研究问题、样品的性质和研究者的目标等。通常，综合运用多个方法可以更好地研究蛋白质与核酸的相互作用，对于研究细胞生物学、疾病机制和药物研发具有重要意义，包括基因的转录调控、DNA复制和修复、RNA合成和加工、RNA的后转录加工和修饰以及蛋白质合成的调控等。

第四节　细胞化学和细胞内分子示踪技术

形态与功能相结合是细胞生物学研究的突出特点，显示细胞内大分子、小分子甚至是无机离子在细胞内分布的分子示踪技术对细胞生物学的研究尤为重要。目前实验室普遍应用的细胞内分子示踪技术是基于光镜和电镜的细胞化学技术。细胞化学技术（cytochemistry technique）是一类将细胞形态观察和组分分析相结合的分析方法，是在保持组织原有结构的情况下利用生物大分子、小分子、无机离子的物理、化学特性来研究它们在细胞内的分布、数量及动态变化，包括酶细胞化学技术、免疫细胞化学技术、放射自显影技术、活细胞内分子示踪等。随着检测分析仪器的进步和以荧光染料为代表的活体染料的广泛使用，细胞内的分子示踪技术已经能够对活细胞内的分子进行实时的动态观察。

一、酶细胞化学技术

酶在细胞的生命活动中发挥着重要作用，是细胞生理活动的最终执行分子，其异常又往往在细胞病理过程中起关键作用。结合酶与底物反应的特异性和显色技术，可以有效地检测酶在细胞内、组织内的分布及活性，这就是酶细胞化学技术（enzyme cytochemistry）。酶细胞化学反应的产物与显色剂反应生成荧光分子、有色可溶性化合物、有色沉淀或高电子密度沉淀，最后通过光度计、光镜、电镜等进行检测和观察。

二、免疫细胞化学技术

利用抗体与抗原识别、结合的特异性，可以有效地检测细胞内的组分。免疫细胞化学技术（immunocytochemistry，ICC）是利用免疫学中抗原抗体特异性结合的原理来定性和定位研究器官、组织和细胞中的生物活性大分子的技术。其显示方式既可以是荧光染料，也可以是电子密度高的胶体金。前者通常是将荧光分子偶联在抗体上，当抗体和抗原特异性结合后，可以在荧光显微镜下观察到抗原在细胞或组织内的定位。后者相似，但要用电子显微镜进行观察，由于电子显微镜分辨率更高，因此可以更清楚地观察到抗原分子的亚细胞定位，其缺点是电子显微镜的样本制作更为复杂。无论是荧光分子还是胶体金作为检测媒介，为了提高检测灵敏度，可以将荧光物质或胶体金与一级抗体结合的抗体（二级抗体），共价偶联，而不是标记与抗原直接反应的抗体（一级抗体）。由于每个一级抗体上可以结合多个二级抗体，因此最终的结果的信号强度会大大增强。

三、放射自显影技术

利用放射性同位素（radioisotope）衰变时释放出的β射线或γ射线，也可以检测细胞内的组分的分布定位。生物学研究中常用的放射性同位素有 ^{32}P、^{131}I、^{35}S、^{14}C、^{45}Ca、^{3}H 等。通常β-粒子可以用盖革计数器或液体闪烁计数器定量计数。

放射性自显影技术（autoradiography）是用放射性同位素取代生物样品中的大分子或其前体物质中对应的元素，然后通过乳胶感光（卤化银还原成为银原子），接收同位素释放的粒子从而显示出被标记物在组织和细胞内的位置、数量及其变化，其特点是灵敏度高，通常同位素的每次衰变均可被检测到。实验中常以 ^{3}H-亮氨酸和 ^{35}S-甲硫氨酸标记蛋白质，用 ^{3}H-岩藻糖和 ^{3}H-甘露醇标记糖类，^{3}H-胸腺嘧啶脱氧核苷、^{3}H-胸苷或 ^{3}H-尿苷标记核酸。放射性自显影技术的具体操作步骤：用注射、掺入、脉冲标记等方法将放射性化合物渗入活细胞，培养不同时间后取样固定，制备光、电镜切片；在暗盒中把感光乳胶覆盖在切片上存放数日。由于放射性同位素衰变产生的粒子会使乳胶感光（自显影），经过显影和定影，根据银盐颗粒所在位置即可知道细胞中放射性物质的分布情况。

四、活细胞内分子示踪

上述方法虽然能检测出细胞内生物分子的分布，但由于在观察前通常要先将细胞固定，无法观察到活细胞中分子的分布，这给研究生命活动过程带来了一定的限制。随着技术的进步，一些方法可以让研究人员在活细胞内对一些离子或分子物质进行示踪。

（一）离子探针

离子在细胞的生理活动中发挥重要作用，如钙离子可以作为信号转导的信使，钠、钾、钙、镁、铜、铁、锌、锰等离子则是酶促反应所必需的，钠、钾等离子直接影响膜电位，钙离子可促进膜的融合。一些染料专一地与某种离子结合后会产生荧光或改变本身荧光的发射波长与强度，从而通过荧光检测可以显示该离子的量。如 Fluo-3-AM 就是一种常见的钙离子荧光探针，进入细胞后能够指示细胞内钙离子的变化，且通常不会干扰细胞内的条件。

（二）绿色荧光蛋白

绿色荧光蛋白（GFP）含有 238 个氨基酸，约 25kDa。GFP 上存在着一个发色团，可以直接吸收激发光的能量，在短时间内以波长更长的发射光释放能量。最初由下村脩等人在 1962 年在维多利亚多管发光水母中发现，其广泛存在于多种海洋生物中。目前是应用最广泛的研究蛋白质亚细胞内定位的报告分子。GFP 不含辅基，也不需要辅因子，在蓝色光源（450～490nm）的激发下，发射出绿色荧光（520nm）。*GFP* 基因表达稳定，因此可以作为报告基因使用，可以很容易地导入到其他种类的细胞中去表达。构建 *GFP* 基因与目的蛋白基因的融合基因表达载体，转染特定的细胞，可以在荧光显微镜或者是共聚焦显微镜下观察目的蛋白在细胞内的位置及随时间变化情况。

在大部分情况下，所表达的融合蛋白的状态是由目的蛋白决定的，也就是说融合蛋白中的 GFP 仅仅是一个标记物，不影响另一部分目的蛋白在细胞内的真实定位。

通过点突变的方法研究 GFP 的结构与功能，发现一些突变蛋白的光吸收与荧光行为发生改变，由此开发出多种不同颜色“GFP”。目前常用的有不同激发光与发射光谱的“GFP”，包括 GFP、黄色荧光蛋白（YFP）、青色荧光蛋白（CFP）、蓝色荧光蛋白（BFP）等。此外还有相应的荧光强度较大的增强绿色荧光蛋白（EGFP）、增强黄色荧光蛋白（EYFP）、增强青色荧光蛋白（ECFP）等，其中 EGFP 与 GFP 的不同在于有 F64L 和 S65T 两个点突变。

细胞的信号传递过程、酶的失活或激活过程、受体和配体的结合等重要的分子事件都依赖于蛋白质与蛋白质的相互作用。虽然 GFP 的融合蛋白能够提供许多信息，也可以研究几种蛋白质的细胞内共定位，但不能给出蛋白质与蛋白质有直接相互作用的证据。此时，荧光共振能量转移就有了广泛应用。

（三）荧光共振能量转移

一般情况下，荧光分子吸收激发光，会发射出波长更长的发射光。如果一个荧光分子（供体分子）的发射光谱与另外一个荧光分子（受体分子）的激发光谱重叠，供体分子将不再以发射光的方式释放能量，而是将能量以非辐射的方式传递给受体分子，诱导受体分子发射出激发光，这就是荧光共振能量转移（fluorescence resonance energy transfer，FRET）。供体分子和受体分子之间的距离是发生 FRET 的决定因素。当两个分子空间距离较近（7～10nm）时，可以发生 FRET，随着距离的延长，FRET 显著减弱。除此之外，FRET 能否发生还依赖于供体分子与受体分子的荧光生色团必须以适当的方式排列。因此能够发生 FRET 的有效能量转移的条件是较为苛刻的。但是这一点也恰恰使得 FRET 成为研究蛋白质相互作用或蛋白质空间构象的有说服力的技术手段。目前常用的 FRET 荧光染料对主要有 Cy3-Cy5、Alexa546-Alexa647 和 Texas Red-Tetramethylrhodamine 等；而供体和受体均为荧光蛋白的包括 CFP-YFP、BFP- EGFP 等。

（四）单分子示踪

单分子荧光成像（single molecular fluorescence imaging）和原子力显微镜（atomic force microscope）是活细胞体系中单分子研究的两种核心技术。

单分子荧光成像具有较高的时间分辨率，对细胞在生理活性条件下的检测比其他技术更为成熟，是目前用于活细胞中单分子研究的最重要的一种方法。与普通荧光技术相比，单分子荧光成像技术具有样品激发范围小、光子收集效率高、采用高量子产量高信噪比荧光基团及低本底荧光的特点。目前单分子荧光成像技术可以采用全内反式荧光显微镜（total internal reflection fluorescence microscope，TIRFM）和共聚焦激光扫描显微镜进行成像。目前已报道的活细胞单分子荧光成像在细胞生物学研究中的应用包括研究配体与受体的结合，蛋白质的聚合和解聚，蛋白质、mRNA 等生物大分子的动力学行为及蛋白质、病毒的示踪等。

原子力显微镜通过检测待测样品表面和一个微型力敏感元件之间的极微弱的原子间相互作用力来研究物质的表面结构及性质，以纳米级分辨率获得检测物质的表面形貌结构信息及表面粗糙度信息。其特点包括：能够在溶液和室温下进行操作，分辨率高，不需要对样品进行任何特殊处理，非常适合于在生理条件下显示生物分子的特异性相互作用。因此，原子力显微镜成为研究生物大分子的有力工具之一，包括细胞表面形态观测，生物大分子结构观测，生物分子间力谱曲线的检测等。

尽管活细胞单分子行为的研究目前仍处于起步和探索性阶段，其应用还主要限于简单的分子以及已经研究得比较成熟的简单生物学问题，但是不难看出活细胞单分子行为及实时检测研究是生命科学向微观世界深入探索的一个重要标志。

（李　丰）

第二十一章　基因诊断、基因治疗与细胞治疗

人类疾病都直接或间接与基因有关，在基因水平上进行疾病的诊断和治疗（基因诊断与基因治疗）是现代分子医学的重要内容之一，并已发展成为分子医学中最活跃的领域。随着医学技术的进步，当代医学也正迅速从分子治疗向细胞治疗发展。

第一节　基因诊断

基因诊断作为一种新的诊断模式，已经逐步从实验室进入临床应用阶段，广泛地应用于遗传性疾病、感染性疾病、肿瘤等疾病的诊断。

一、基因诊断概述

基因诊断（gene diagnosis）是指利用分子生物学技术，从 DNA/RNA 水平检测基因的结构和表达状态，对疾病和人体状态做出诊断的方法。基因诊断包括 DNA 诊断与 RNA 诊断。基因诊断属于分子诊断（molecular diagnosis）的范畴，分子诊断检测的目标分子包括 DNA、RNA 与蛋白质。

基因诊断的优点：①直接检测致病基因，属于病因诊断，可实现早期诊断；②采用核酸分子杂交、PCR 等技术，具有灵敏度高、特异性强的特点，可实现快速检测；③适用范围广，可用于遗传性疾病、感染性疾病、肿瘤、法医学等领域。

基因诊断的临床意义是通过检测致病基因（包括人体内源基因与外源性病原体基因）的存在、结构异常或表达产物的异常改变，不仅能对有表型出现的疾病做出明确诊断，而且可实现早期诊断：如产前诊断遗传性疾病，检出感染性疾病潜伏期的病原微生物，早期发现某些恶性肿瘤；还可以分析疾病的分期分型、发展阶段；此外可以指导疾病的治疗（疗效监测、个体化用药）和预后判断；还可以评估个体对肿瘤、心血管疾病等的易感性和患病风险等，从而指导亚健康个体疾病的分子预防、健康管理。

二、基因诊断的基本技术与方法

基因诊断的主要内容包括致病基因的定性分析（检测个体的基因序列特征、基因突变分析；检测外源性病原体基因）和定量分析（测定基因的拷贝数、基因转录产物 mRNA 定量或长度分析）。

基因诊断的临床样品有血液、组织块、羊水和绒毛、精液、毛发、唾液、尿液、痰等。基因诊断的基本流程包括临床样品的核酸提取（根据分析目的抽提基因组 DNA 或各种 RNA）、靶基因扩增、基因序列和结构分析、信号检测。

（一）基因诊断的基本技术

1. 核酸分子杂交　利用已知序列的探针直接检测样本中是否含有与之互补的同源核酸片段，具有特异性强等优点。基因诊断常用的核酸分子杂交技术主要包括以下类型：① Southern 印迹法：是最经典的 DNA 分析方法，主要用于基因组 DNA 的分析、检测特异的 DNA 片段、基因突变分析等。② Northern 印迹法：是经典的 RNA 分析法，用于定性和定量分析组织细胞中的总 RNA 或 mRNA。③斑点印迹法（dot blotting）、狭线印迹法（slot blotting）：可检测 DNA 和 RNA。用于基因组中特定基因及其表达水平的定性及定量分析。④反向点杂交（reverse dot blotting，RDB）：将探针固定在膜上，加入扩增标记的待测样品进行杂交。⑤原位杂交：可检出含核酸序列的具体组织或细胞、基因拷贝数目及类型、基因和基因产物的亚细胞定位。⑥基因芯片技术：是 20 世纪末兴起的基因分析检测新技术，实质也是一种大规模集成的反向点杂交，可检测基因的结构及其突变、多态性，而且可以高通量分析基因表达的情况，在基因诊断中的应用前景非常广阔。

2. PCR 从临床样品中提取的核酸通常需要进行特异性扩增足够拷贝数的待测靶基因序列以进行下一步特异性分析。扩增靶基因的主要技术是 PCR。PCR 通过采用特异性引物扩增特异 DNA 片段（原理见第十九章第三节），具有周期短、特异性强、灵敏度高、操作简便、快速及对原始 DNA 样品的数量和质量要求低等特点。PCR 除了扩增靶基因的拷贝数，也可以定性定量分析特定序列。

PCR 及衍生技术如 RT-PCR、套式 PCR、多重 PCR 等，尤其是荧光定量 PCR 技术，在基因诊断中已得到广泛应用。PCR 常与其他技术如核酸分子杂交、限制性片段长度多态性分析（restriction fragment length polymorphism，RFLP）、单链构象多态性（single-strand conformation polymorphism，SSCP）、核酸序列测定等联合应用。

3. 核酸序列测定 测序是基因诊断中最直接、最准确的技术，通过直接分析待测基因的碱基序列，检测基因的突变并确定突变的部位、性质。随着第二代测序技术的发展及商业化，个人基因组测序可以在普通实验室完成，测序分析技术有望在临床得到广泛应用。

（二）基因诊断的基本方法

人类疾病的原因可分为内因和外因两大类，内因主要指遗传因素，包括：①基因结构改变即基因突变，主要是导致疾病发生的致病突变；② DNA 多态性的基因变异；③基因拷贝数变异（基因扩增等）等导致基因表达水平的异常：不能产生基因表达产物、产物的表达量不足或过量。外因是指外在环境因素，如外源性病原体的侵入导致病毒、细菌等的致病基因在体内扩增表达。针对上述病因可采取相应的基因诊断方法。基因诊断的基本方法建立在核酸分子杂交、PCR、核酸序列分析或几种技术联合应用的基础上，主要包括以下四个方面：

1. 检测基因突变或 DNA 拷贝数的改变 大多数情况下，基因诊断主要通过检测相关基因的突变来实现。基因突变包括点突变、缺失或插入、基因重排、染色体易位及基因扩增等。检测突变的技术有很多，包括测序、PCR、等位基因特异性寡核苷酸（allele specific oligonucleotide，ASO）探针法、SSCP、异源双链分析法（heteroduplex analysis，HA）、基因芯片技术、质谱技术、寡核苷酸连接分析法（oligonucleotide-ligation assay，OLA）、蛋白质截短检测（protein truncation test，PTT）等。下面以点突变的检测为例加以阐述。

（1）检测已知点突变：由于一些单基因遗传病的突变位点已被阐明，且该突变不改变限制酶的识别位点，故可以采用 PCR-ASO 探针杂交法等检测突变。图 21-1 显示为β地中海贫血珠蛋白基因第 17 个密码子（CD17）点突变检测的原理。

在突变位点 A 两端分别设计引物进行 PCR 扩增目标 DNA 片段，然后将 PCR 产物固定在膜上，分别加入两种 ASO 探针（正常探针、突变探针）进行斑点杂交。

受检者扩增的 PCR 产物与正常探针杂交，与突变探针不杂交，表明是正常样品（A）；如果只有突变探针可以杂交，则说明是突变纯合子（B）；若正常探针与突变探针都可杂交，则说明是突变杂合子（C）。

利用基因芯片技术，可以同时对许多已知的点突变进行平行检测。对于每个突变热点，除了上述两个探针外，再设计两个探针，其中央碱基分别为 C 和 G。这一组四个探针（即 1 个正常探针，3 个突变型探针）可以原位合成或预合成后点样的方式固化在载体上。然后将样品核酸 PCR 扩增标记后与芯片杂交。杂交信号分析见图 21-2。若扩增产物与中央碱基为 C 或 G 的探针杂交，则可清楚地表明该基因的新突变类型为 A → G 或 A → C。

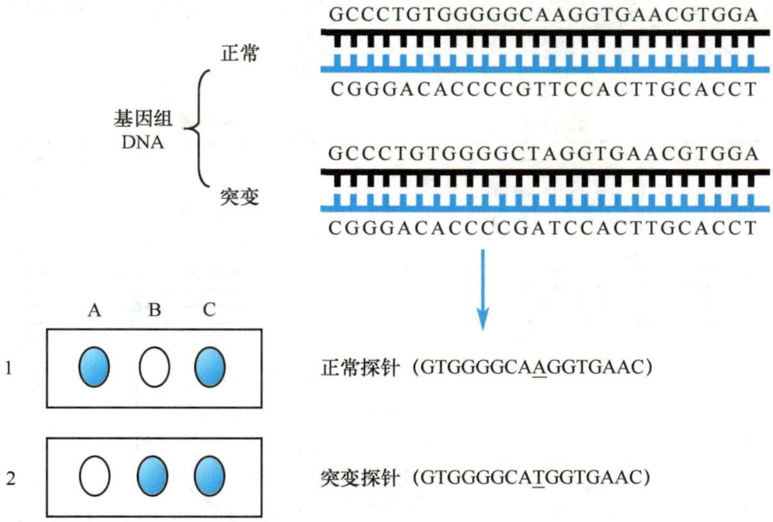

图 21-1　β 地中海贫血珠蛋白基因 CD17 点突变检测的 PCR-ASO 探针法

1. 正常探针检测膜条；2. 突变探针检测膜条。A、B、C. 三个样品的 PCR 产物斑点

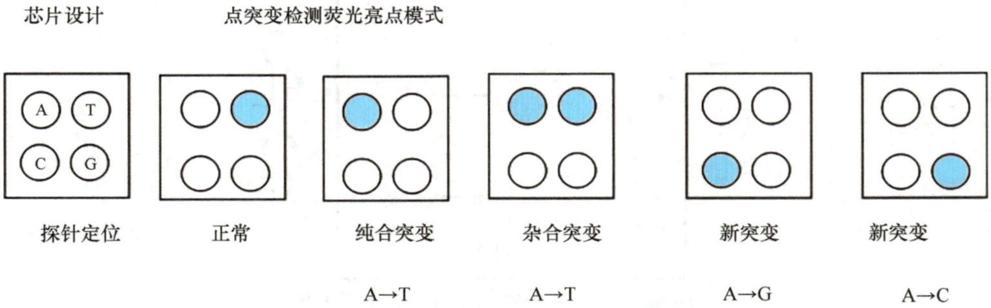

图 21-2　基因芯片技术检测点突变示意图

A、T、C、G 代表中央碱基分别为 A、T、C、G 的探针

（2）检测未知突变：未知突变的检测可采用 PCR-SSCP 的方法。单链 DNA 分子可形成一定的空间构象，DNA 分子中碱基变异（甚至仅一个碱基）可导致其构象发生改变。相同长度的单链 DNA 因其碱基组成或排列顺序不同可形成各异的构象类型称为单链构象多态性，并可导致其在凝胶电泳中的迁移率发生改变。以 PCR 同时扩增待测基因和野生型对照基因的 DNA 片段，将扩增的双链 DNA 变性成单链，用中性聚丙烯酰胺凝胶进行电泳分离。待测基因的单链 DNA 上单个碱基的改变可导致构象的改变，其电泳迁移率也会发生改变。通过比较这两者的迁移率，即可判断是否发生基因突变（图 21-3）。在 SSCP 分析法检测到突变位点存在的基础上，再通过 DNA 序列测定确定突变的性质。

基因芯片技术用于大规模未知突变的筛查，则更显示出该技术的优越性。筛查 N 个碱基长度序列的每个碱基的变异，需要 4×N 个探针（1 个正常探针，3 个检测突变的探针；叠瓦式探针设计见图 21-4）。如在 1.28cm^2 的支持物上原位合成 16 000 个寡核苷酸探针，通过一次杂交即可快速确定 4kb 序列内所有的点突变及其部位。

2. 基因病原体的特异基因序列　细菌、病毒、寄生虫等病原体侵入机体后引起机体发生感染性疾病。病原体的检测可采用微生物学、免疫学和血清学等方法，但上述方法存在不足之处，灵敏度不高，或特异性较低，不能早期诊断。如今许多病原体的基因结构已被阐明，应用核酸分子杂交或 PCR 等技术，设计特异性探针，或合成特异的寡核苷酸引物，即可早期、快速、灵敏、特异地确定病原体的有无、拷贝数多少、分型以及耐药性等信息，将感染性疾病的诊断提高到新的分子水平。

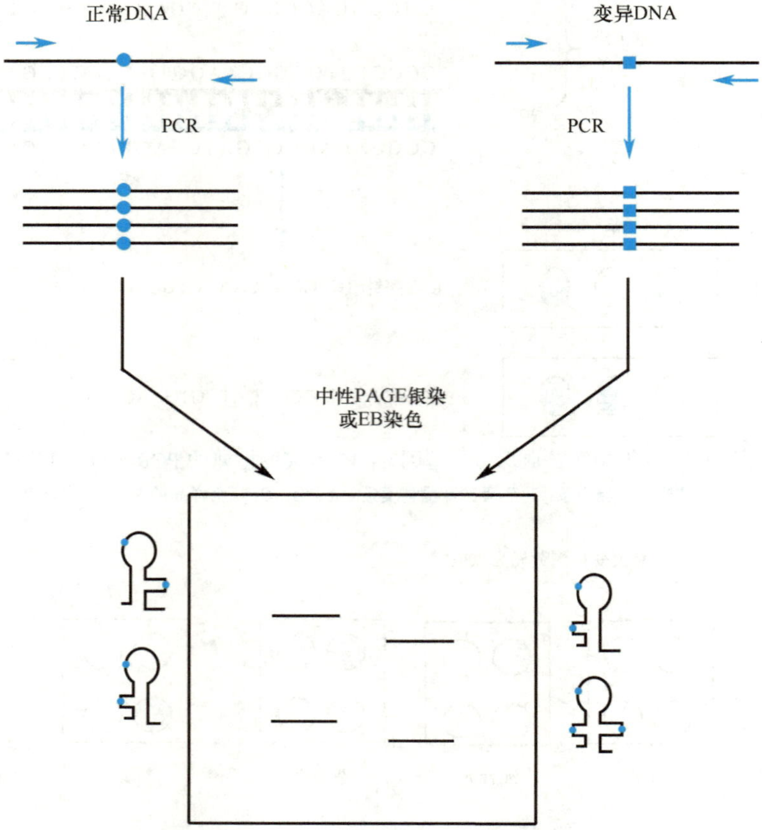

图 21-3　PCR-SSCP 检测点突变示意图

```
…G C A A A C G A G G C A A A A G T C C…
        T T T G C T C C G T T T T C A        （正常探针）
        T T T G C T C A G T T T T C A
        T T T G C T C G G T T T T C A
        T T T G C T C T G T T T T C A
        T T G C T C C C T T T T C A G
        T T G C T C C A T T T T C A G
        T T G C T C C G T T T T C A G        （正常探针）
        T T G C T C C T T T T T C A G
```

图 21-4　突变筛查基因芯片叠瓦式探针设计示意图

3. DNA 多态性分析　在人群中，个体间基因的核苷酸序列存在着差异性，称为 DNA 的多态性。这些多态性位点和染色体上位置靠近的相邻基因在遗传过程中常常一起遗传，形成连锁，因此可以作为遗传标记。通过分析连锁的遗传标记（DNA 多态性位点检测），可判断致病基因存在的可能性或致病基因导致疾病发生的概率。常用的第一、二、三代 DNA 多态性标记分别是以下三种。

（1）限制性片段长度多态性：DNA 多态性的发生可导致限制性内切酶识别位点的增加、缺失或易位，使 DNA 分子的限制性酶切位点数目、位置发生改变。用限制酶切割基因组时，所产生的限制性片段的数目和每个片段的长度就不同，即限制性片段长度多态性（RFLP）。

RFLP 分析法主要有限制性酶切图谱直接分析法和 RFLP 间接分析法。

1）限制性酶切图谱直接分析法：适用于分析点多态性、核苷酸的缺失、插入或重组引起的多态性，可用于诊断疾病基因结构多态性变异已经明确的疾病。

其方法有两种：①根据已知的变异选用特定的限制酶水解 DNA，然后用特异探针进行 Southern 印迹法，若存在疾病基因，则显示与正常人不同的杂交条带，据此诊断疾病；②用 PCR 法扩增基因片段后，再用特定限制酶水解扩增产物，分析酶解后产物分子的大小，判断是否有疾病基因。例如，镰状细胞贫血是一种单基因遗传病，是由于正常的血红蛋白（*HbA*）基因突变成镰状细胞贫血（*HbS*）基因引起的，突变的位点在 *HbA* 基因的 *Mst* Ⅱ 限制酶切割位点上。用 *Mst* Ⅱ 限制酶切割患者的 *HbS* 基因和正常人的 *HbA* 基因，然后用凝胶电泳分离酶切片段即可做出诊断（图 21-5）。

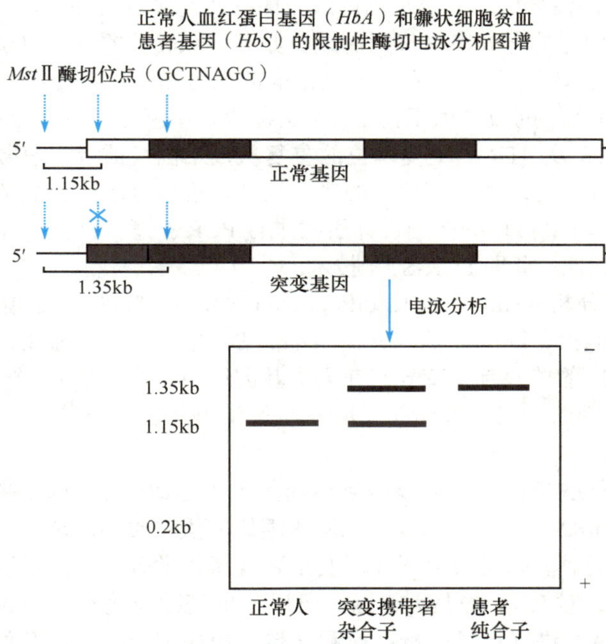

图 21-5　镰状细胞贫血患者基因酶切图谱

2）RFLP 间接分析法：一些由基因缺陷引起的遗传性疾病的致病基因结构、突变情况和基因产物等遗传基础并不清楚，不能应用限制性酶切图谱直接分析法进行诊断，而需要采用多态性连锁分析。

RFLP 按照孟德尔方式遗传。在某一特定的家庭中，如果某一致病基因与特异的多态性片段紧密连锁，就可用这一种“遗传标记”来判断家庭成员或胎儿的基因组中是否携带有致病基因。这种通过对 RFLP 的连锁分析对疾病基因进行间接诊断的方法称为 RFLP 间接分析法。

当重要的 DNA 多态性位点周围的 DNA 序列已知时，应用 PCR 技术将包含待测多态性位点的突变 DNA 片段扩增出来，然后用识别该位点的限制性内切酶来酶切，电泳后直接检测多态性位点的状态（存在或丢失），通过连锁分析，即可对有遗传危险的胎儿进行产前诊断和携带者检测。这称为 PCR/RFLP 连锁分析法。

先根据先证者及双亲的检测结果，明确该家系中致病基因与邻近 DNA 多态等位片段之间的连锁关系，检测家系中其他成员的多态等位片段，经连锁分析判断待测者是否获得了带有致

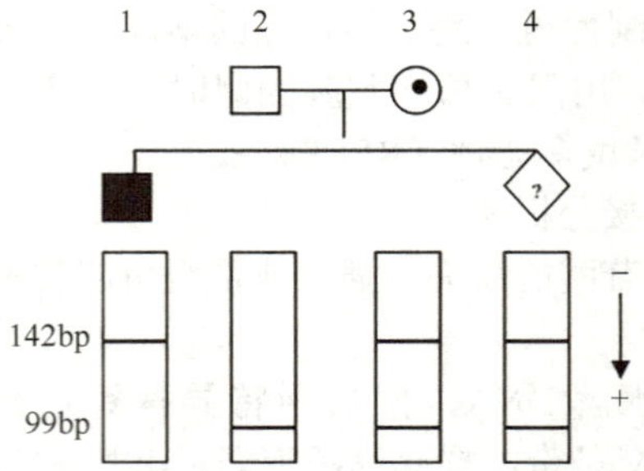

图 21-6 PCR/RFLP 法进行甲型血友病家系基因连锁分析及产前诊断

1. 儿子（先证者），2. 父亲（正常），3. 母亲（携带者），4. 胎儿（待测者）

病基因的染色体而做出诊断。甲型血友病凝血因子Ⅷ基因结构庞大，突变类型多样，包括点突变或少数碱基的缺失等，直接诊断有一定难度。其中插入点突变可导致 *Bcl* Ⅰ等酶切位点发生改变。图 21-6 为甲型血友病家系 DNA 用一对扩增Ⅷ因子基因（F8）第 18 外显子内一个 142bp 片段、经 *Bcl* Ⅰ酶切后的电泳示意图。从该图可见，先证者因突变缺失 *Bcl* Ⅰ酶切位点，只有 142bp 条带（该 142bp 片段来源于母亲，与缺陷的 F8 基因连锁）。正常父亲具有 *Bcl* Ⅰ酶切位点，只有 99bp 条带（43bp 由于分子量小，常跑出胶外看不见。该 99bp 片段与正常 F8 基因连锁）。其母有两条区带（142/99bp）。胎儿具有与母亲相同的图谱，用 Y 探针证实为女性。因此产前诊断该胎儿仅是甲型血友病基因携带者，可以继续妊娠至分娩。

（2）DNA 重复序列多态性分析：人类基因内或旁侧存在许多重复序列，这些重复序列是由许多相同的重复单位以首尾相连的方式串联排列而成，如 6～70bp 长的重复单位串联排列成的小卫星 DNA 又被称为可变数目的串联重复序列（variable number of tandem repeat，VNTR）；核心序列长为 1～4bp 的重复单位串联排列成的微卫星 DNA 又称为短串联重复序列（short tandem repeat，STR）。人类基因组中 VNTR 及 STR 的重复单位的重复次数不同（前者重复数次至数百次；后者可达数十次）而形成多态性。对这些重复序列的多态性分析也成为基因诊断的重要内容。如 STR 两侧的 DNA 序列已知，即可根据这些序列设计引物进行 PCR 扩增，通过扩增产物的电泳、带型比较来分析重复序列的多态性，此即 PCR-STR 技术。

（3）单核苷酸多态性分析（single nucleotide polymorphism，SNP）：是指在基因组上单个核苷酸的改变（包括置换、颠换、缺失和插入）而引起的 DNA 序列的多态性。一般而言，SNP 是指人群中变异频率大于 1 % 的单核苷酸变异。在人类基因组中大概每 1000 个碱基就有一个 SNP。有些 SNP 位点还会影响基因的功能，甚至导致疾病。在 SNP 的检测方法中，通过 PCR 扩增后直接测序是十分有效的方法。

4. 基因表达检测 在一些病例中可以检测到引起基因表达改变的 DNA 拷贝数变化。然而也存在转录水平的改变导致 mRNA 增加，引起相应基因编码的蛋白质的增加。

在基因结构未发生改变而基因拷贝数变异或发生表观遗传学改变的情况下，基因表达水平发生异常，仍可引起疾病。针对 RNA 的基因诊断，可以分析基因表达水平是否出现异常：可对待测基因的转录产物（mRNA）进行定量分析，检测其转录和加工的缺陷以及外显子的变异等，既可用于疾病的诊断，也可用于基因治疗效果的监测。其中 mRNA 的定量分析可采用逆转录 PCR、荧光定量 PCR 等技术；mRNA 定性分析可采用 Northern 印迹法。运用基因芯片技术通过一次杂交即可平行检测成千上万个基因的表达状况，从而在 RNA 诊断上具有显著的优越性。

三、基因诊断的应用

随着分子生物学的不断发展，基因诊断技术已经广泛地应用于遗传病、感染性疾病、肿瘤以及法医学等领域。尽管基因诊断在理论、技术或伦理上还存在一些问题，但仍然具有广阔的发展前景，不仅诊断的疾病种类会越来越多，而且在对疾病的易感性分析、疾病的个体化治疗、预后、预防上将起到越来越重要的作用。

（一）遗传性疾病的基因诊断

基因诊断在遗传性疾病中主要用于诊断性检测（为遗传性单基因病提供确诊依据）和症状前检测预警（为一些特定疾病的高风险个体、家庭或潜在人群开展症状前检测，预测个体发病风险，提供预防依据）。

遗传性疾病都与某种或多种基因的突变有关。遗传病的基因诊断有两种基本策略，即直接诊断策略和间接诊断策略。

1. 直接诊断策略　在致病基因明确，其正常序列和结构已被阐明、突变位点固定的情况下，可采取直接诊断策略，即通过检测基因突变的方法，直接检测已知的致病基因，进而对该疾病诊断进行确认。

DNA 长度改变较小，甚至没有长度改变的基因突变要根据其突变类型来选择基因诊断技术。如检测已知点突变，可以采取 PCR-ASO、PCR-RFLP、基因芯片等进行诊断，例如导致 β 地中海贫血的基因突变大多不引起 β 珠蛋白基因的限制性酶切位点改变，所以一般不采用 RFLP。最主要的基因诊断技术是 PCR-ASO 探针法；还可用 PCR-RDB、基因芯片技术等进行诊断。检测未知的点突变，可以采用 PCR-SSCP、PCR-DHPLC（变性高效液相色谱）、异源双链分析、DNA 序列测定等技术。另外，α 地中海贫血、β 地中海贫血患者的珠蛋白 mRNA 含量减少，可以采用基因表达水平分析的方法，运用定量 RT-PCR 技术，测定 α 珠蛋白或 β 珠蛋白 mRNA 的含量，通过含量的改变诊断地中海贫血。

检测 DNA 大片段缺失或插入的首选基因诊断技术是 Southern 印迹法。迪谢内肌营养不良（Duchenne muscular dystrophy，DMD）是抗肌萎缩蛋白（dystrophin）基因突变引起抗肌萎缩蛋白的缺失或结构功能的异常导致。约 60% 患者的抗肌萎缩蛋白基因发生了缺失突变，该基因中 9 个易发生缺失的“热点区”片段分布在外显子 4、8、12、17、19、44、45、48、51。针对缺失热点区设计基因组 DNA 探针或 cDNA 探针进行 Southern 印迹法可检测相应基因变异；或采用多重 PCR 技术，针对上述 9 个热点区设计 9 对引物进行 PCR 扩增（图 21-7），可鉴定 90% 以上的具有基因缺失的 DMD 患者。

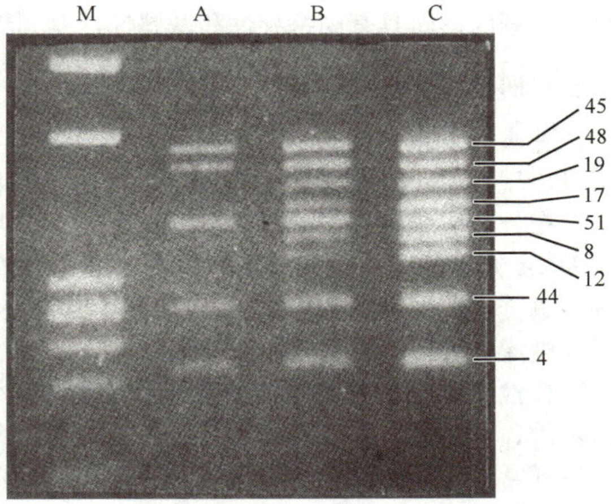

图 21-7　多重 PCR 检测 DMD 基因缺失

M. DNA 分子量标准；A. 无外显子 8、12、17、19 对应条带，说明患者外显子 8～19 缺失；B. 患者 A 中未扩增外显子带的强度为 C 的一半，提示为区域缺失携带者；C. 正常人 DMD 基因外显子的一般扩增形式

2. 间接诊断策略　一些遗传病的致病基因是多基因、多突变，或致病基因明确，但是基因异常的性质不明确或没有突变热点，因此无法对致病基因进行直接诊断。但致病基因被定位在染色体的特定位置上，与特异的多态性片段紧密连锁。所以可采取间接诊断策略：采取多态性分析方法检测与致病基因连锁的遗传标记进行基因诊断。

间接基因诊断不直接检测 DNA 的遗传缺陷，而是检测连锁的遗传标记。常用的第一至三代 DNA 多态性标记分别是 RFLP、VNTR 和 STR、SNP。间接诊断的实质是在家系中进行多态性连锁分析和关联分析，确定个体来自双亲的同源染色体中哪一条带有致病基因，从而判断该个体是否带有该致病染色体。通过分析多态性遗传标记的分布频率来估计被检者患病的可能性。

基因诊断目前可用于遗传筛查和产前诊断，还可实现症状前检测，预测个体发病风险，提供预防依据。这对遗传病的防治和优生优育具有重要意义。目前我国主要针对一些常见单基因遗传病开展基因诊断性检测，如地中海贫血、甲型血友病、苯丙酮酸尿症、DMD 等。欧美发达国家如美国华盛顿大学儿童医院等开展的人类遗传病基因诊断服务项目多达一千多种。

（二）感染性疾病的基因诊断

感染性疾病的病原生物来源非常广泛，从原虫、真菌、细菌到病毒，都能引起侵袭性感染的发生。感染性疾病的基因诊断主要检测病原体基因的有无及拷贝数的多少。

感染性疾病的基因诊断策略包括以下两个方面：①一般性检出策略：就是针对特异性的核酸序列通过核酸分子探针杂交，或者靶分子扩增技术直接检出病原微生物的DNA/RNA，判断有无感染和是何种病原体感染。②完整检出策略：采用基因诊断技术对感染性病原体的存在与否做出明确诊断，并且要诊断出带菌者和潜在性感染，并对病原体进行分类、分型（亚型）和耐药性鉴定。目前临床上常用的感染性疾病基因诊断技术可分为以下两大类：

1. 信号放大技术 常用分支DNA（branched DNA，bDNA）、杂交捕获系统、液相杂交检测技术。不涉及靶分子的扩增，采用多酶、多探针或二者结合等方式来增加探针标记物的浓度使检测信号得到放大。

2. 靶分子扩增技术 包括：①以PCR为基础的扩增方法如RT-PCR、巢式PCR、多重PCR、荧光定量PCR（FQ-PCR）等；②替代的扩增方法如转录依赖的扩增系统（transcription-based amplification system，TAS）；③探针扩增系统：连接酶链反应（ligase chain reaction，LCR）等。

目前基因诊断方法被广泛地应用到感染性疾病的病原体定量检测、现场快速检测、快速分型及药物敏感性分析、治疗的监控和预测、病情发展过程的危险性评价及疾病预后等各个领域。病原体的基因诊断具有高特异性和敏感性，有利于疾病的早期诊治、隔离和人群预防。

（三）肿瘤的基因诊断

肿瘤的发生是多因素、多基因、多阶段相互协同作用的癌变过程，其关键是人类细胞基因组本身出现异常。存在于正常细胞中的癌基因和抑癌基因，以正负信号分别调节控制细胞增殖、分化。在外界因素如化学物质、射线、病毒等作用下，癌基因的激活、抑癌基因的失活及表达异常及DNA修复基因的改变等，失去了对细胞增殖、分化、凋亡调控的能力，从而导致肿瘤的发生。肿瘤进一步发展可发生侵袭、转移，这个过程又涉及肿瘤转移基因、肿瘤转移抑制基因等的改变。目前肿瘤的基因诊断可采取以下策略。

1. 检测肿瘤相关基因的突变与异常表达 检测肿瘤相关基因包括癌基因、抑癌基因、肿瘤转移基因、肿瘤转移抑制基因、肿瘤标志物基因等基因的突变及表达异常。可应用检测基因突变及表达异常的诊断方法。*RAS*癌基因是人类肿瘤中最常被激活的癌基因。激活的分子机制主要是点突变，高发区域为第12、13或61密码子。90%胰腺癌，50%结直肠癌，约1/3肺腺癌有*K-RAS* 12号密码子的突变。常用PCR/ASO、PCR-SSCP进行检测。又如采用RT-PCR或PCR/ASO方法检测*BCR-ABL*融合基因有助于慢性髓细胞性白血病（CML）诊断；采用RT-PCR扩增*C-ERBB2*、Northern印迹法检测*NM23*基因表达状态有助于肿瘤转移及预后判断。RT-PCR检测白血病患者体内的多药耐药（multiple drug resistance，MDR）基因的表达状态，则有助于疗效监测及指导合理治疗方案的制定。

2. 检测肿瘤相关病毒的基因 包括：①与鼻咽癌、Burkitt淋巴瘤有关的EB病毒；②与宫颈癌有关的人乳头瘤病毒（HPV）；③与肝癌有关的乙肝病毒（HBV）、丙肝病毒（HCV)；④与成人T细胞性白血病、淋巴瘤有关的人类嗜T细胞病毒-1（human T-cell lymphotropic virus-1，HTLV-1）等。均可采用检测外源基因的诊断方法。

3. 肿瘤相关基因表达谱分析 采用基因表达水平分析的方法。如兰德等采用基因芯片技术分析了38例白血病患者的基因表达谱，分别找到了25个与急性髓细胞性白血病（acute myeloid leukemia，AML）和急性淋巴细胞性白血病（acute lymphocytic leukemia，ALL）相关的差异表达基因。因此，根据基因表达谱数据可以对患者的白血病进行分子水平的分型。

（四）基因诊断在法医学中的应用

法医学鉴定中的个体识别可以通过DNA多态性分析来实现。人类个体的特征取决于基因组DNA核苷酸的差异即DNA多态性，即多态性标记具有个体特异性。VNTR和STR是重要的第二代多态性标记。针对 VNTR 设计、合成寡核苷酸探针，与经过酶切的人基因组 DNA 进行 Southern 印迹法，可以得到长度不等的杂交带，而且杂交带的数目和分子量大小具有个体特异性，就像人的指纹一样，因而把这种杂交带图谱称为 DNA 指纹（DNA fingerprint）。由于 DNA 指纹具有高度特异性及稳定性，从同一个体中不同组织、血液、肌肉、毛发、精液等产生的 DNA 指纹完全一样。DNA 指纹鉴定是法医学个体识别的核心技术（图 21-8）。STR 在人基因组中分布广泛，长度一般在几十个碱基至几百个碱基之间，且绝大多数位于非编码区，极少出现在编码区域。目前基于 STR 的 PCR 扩增技术由于其方法简便、快速、准确度高等优点，目前已发展成为法医学实验室最主要的个体识别检测手段，取代了上述基于 DNA 印迹的操作程序。

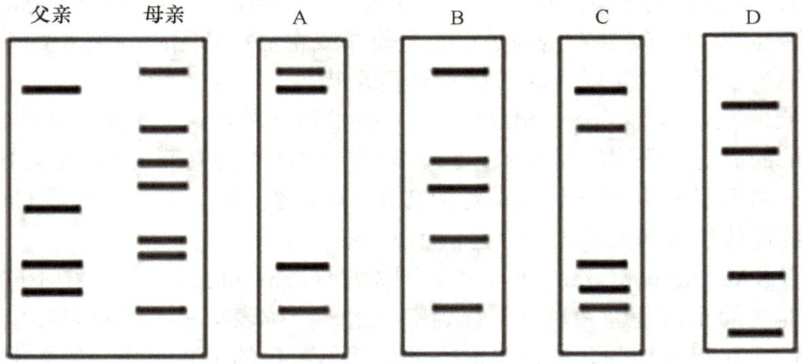

图 21-8　DNA 指纹图与亲子鉴定

一个重组家庭生了两个女儿，妻子带来与前夫所生的女儿，又领养了一个女孩。这家人的 DNA 指纹如图所示。根据子代的杂交带来源于父亲或母亲的一方，可推断出：A 和 C 是亲生女儿；B 为妻子与前夫所生；D 为养女

第二节　基 因 治 疗

基因治疗（gene therapy）是以改变人的遗传物质为基础的生物医学治疗。广义的基因治疗是指运用分子生物学技术与原理在 DNA 和 RNA 水平上对疾病进行治疗。基因治疗的范围已经从单基因遗传病扩展到恶性肿瘤、感染性疾病、心血管疾病、神经系统疾病、代谢性疾病等。

一、基因治疗概述

基因治疗的原理是通过删除、添加或修饰 DNA（编码基因）来解决疾病的根源，而不仅仅是治疗因基因缺陷而诱发的疾病或症状。但目前基因治疗主要通过将有治疗作用的外源基因转移至人体靶细胞内并有效地适度表达，以最小的副作用来缓解或治愈疾病的症状。导入的治疗基因可与患者靶细胞的染色体基因组发生整合或不发生整合，游离在染色体外。

基因治疗采取的策略可以是直接修复、补偿缺陷的基因，或抑制某些基因的过度表达；也可以采用间接方式增强机体的免疫功能，或利用外源基因对病变细胞进行特异杀伤。根据是否针对患者的致病基因而采取措施，可将基因治疗的策略分为直接策略和间接策略两大类。

（一）直接策略

直接策略主要针对致病基因，目的是修复细胞功能或干预细胞功能。

1. 基因修复（gene repair）　在不破坏基因组结构的情况下，对缺陷的致病基因进行精确的原位修复。包括两种方法：①基因矫正（gene correction）：将致病基因的突变碱基加以纠正。②基因置换（gene replacement）：指通过同源重组技术，将正常基因定点整合到靶细胞基因组内以原位替换致病基因。这两种方法是最为理想的基因治疗方法。但目前尚未能从理论和技术上取得突破。

近十多年来一系列基于位点特异性人工核酸内切酶的基因编辑技术——锌指核酸酶（zinc finger nuclease，ZFN）、转录激活因子样效应因子核酸酶（transcription activator-like effectors nuclease，TALEN）和 CRISPR/Cas 系统的兴起与突破，为实现体内基因组的定点修饰和改造、进行疾病的精准基因治疗提供了可靠手段，为基因治疗打开新的篇章。与前两者相比，CRISPR/Cas 系统更简单、更容易操作、效率更高，是一种具有广阔应用前景的基因编辑工具。基因编辑技术提供了一个精准的“手术刀”进行基因的增加、减少以及修改。其主要机制包括：①通过核酸内切酶靶向切割基因组形成双链断裂（double strand break，DSB），通过非同源末端连接（nonhomologous end joining，NHEJ）的方式在靶位点处产生 DNA 片段的插入或缺失（indel）导致基因敲除；②在有模板存在的条件下可通过 NHEJ 或同源重组（homologous recombination，HR）的方式发生靶向整合，对异常基因进行定点修复或将治疗基因靶向整合到基因组中，成功编辑的细胞可以传递给子代，以实现疾病的长期修复效果。

近年来新发展的碱基编辑（base editor，BE）技术是一种结合了 CRISPR/Cas9 和胞嘧啶脱氨酶及腺嘌呤脱氨酶的高精度基因编辑技术。碱基编辑技术在不切割双链 DNA 及 HR 的情况下，可以精确地实现从一种碱基对到另一种碱基对的转变（C/G 到 T/A，T/A 突变成 C/G）。碱基编辑为单碱基突变引起的遗传性疾病的基因治疗提供了重要工具。

2. 基因增补（gene augmentation） 又称基因添加（gene addition），是指不删除致病基因，导入与致病基因相对应的正常基因并随机整合到基因组，异位表达正常产物以补偿、替代致病基因的功能或使原有的功能得以加强。这是目前临床上基因治疗的主要策略。目前由于无法做到基因在基因组中的准确定位插入，因此增补基因的整合位置是随机的。这种整合可能会导致基因组正常调节结构的改变，甚至可能导致新的疾病。基因增补的必要条件：①导入的外源基因及其表达产物要非常清楚；②外源基因能够被有效地导入靶细胞；③外源基因要能够在靶细胞中长期稳定存在并适度表达；④基因导入的方法及所用载体对宿主安全无害。

该策略适用于因基因功能丧失所引起的疾病，主要针对隐性遗传病，如腺苷脱氨酶缺乏症、囊性纤维化等，导入的外源基因在体内即使少量表达也可以明显改善临床症状。

3. 基因失活（gene inactivation） 又称基因沉默（gene silencing）或基因干扰（gene interference），是指采用反义 RNA、核酶、RNA 干扰 (RNA interference，RNAi)、三链 DNA 及上述基因组编辑等技术，抑制某些致病基因的异常表达，而不影响其他正常基因表达，达到治疗目的。基因沉默主要通过以下机制来实现：如将反义 RNA 或反义寡核苷酸、核酶、siRNA 及 miRNA 的表达质粒或病毒载体等导入细胞后，与靶 mRNA 结合并使其失活（反义核酸与靶 mRNA 结合而抑制翻译；核酶可剪切靶 RNA 分子；siRNA、miRNA 可降解或抑制靶 mRNA），从而在翻译前水平阻断基因的表达；或导入特异性寡脱氧核苷酸（oligodeoxyribonucleotide，ODN），使 ODN 与靶基因的 DNA 双螺旋分子特异性结合形成三螺旋结构，阻断 DNA 复制或抑制基因转录。此类基因治疗的靶基因主要针对过度表达的癌基因和病毒基因等。

该策略适用于因功能获得、细胞内存在有害或有毒性的基因产物所致的疾病，不仅可用于经典遗传病的治疗，也广泛应用于肿瘤、病毒感染性疾病等的治疗研究。

（二）间接策略

间接策略是将与致病基因无直接联系的治疗基因导入病变细胞或免疫细胞，改善细胞功能，使某些细胞具有新的生物学特性，选择性直接杀伤或间接杀伤病变细胞。

1. 免疫基因治疗（immunogene therapy） 导入能使机体产生抗肿瘤免疫或抗病毒免疫力的基因。①直接杀伤肿瘤细胞：将编码某种细胞因子的基因，如 *IL-2*、*TNF-α*、*GM-CST*、*IFN* 等导入肿瘤细胞，可直接杀死肿瘤细胞。②借助免疫系统间接杀伤肿瘤细胞：将外来抗原基因导入到肿瘤细胞以增强肿瘤的免疫原性，使之易被机体的免疫系统所识别；或者将细胞因子基因导入到特异免疫细胞中，增强其对靶细胞的免疫应答反应，杀伤肿瘤细胞。嵌合抗原受体 T 细胞免疫疗法（chimeric antigen receptor T-cell immunotherapy，CAR-T），是近些年来建立的一种新型的借助细胞免疫的癌基因治疗方法，该方法通过将嵌合抗原受体基因整合到 T 细胞的基因序列中，使免疫 T 细胞不仅能够特异性地识别肿瘤细胞，同时可以激活 T 细胞杀死肿瘤细胞。该疗法对血液系统肿瘤具有显著治疗效果。

2. 自杀基因疗法　将一些来源于病毒或细菌的基因导入肿瘤细胞，该基因表达产生的酶可催化无毒性的药物前体转变为细胞毒性物质，从而杀死肿瘤细胞；同时通过“旁观者效应”杀死邻近未导入该基因的分裂细胞而显著扩大杀伤效应。由于携带该基因的宿主细胞本身也被杀死，所以这类基因被称为“自杀基因”。常用的自杀基因包括单纯疱疹病毒（HSV）的胸苷激酶（thymidine kinase，*tk*）基因、大肠埃希菌胞嘧啶脱氨酶（cytosine deaminase，*CD*）基因等。其中 *HSV-tk* 基因编码的胸苷激酶催化丙氧鸟苷（ganciclovir，GCV）磷酸化成为磷酸化的核苷酸类似物（GCV 三磷酸），抑制 DNA 聚合酶活性，阻断 DNA 的合成，导致细胞死亡；同时还存在旁观者效应（bystander effect）杀死邻近没有被转染自杀基因的肿瘤细胞（图 21-9）。CD 可将 5′-氟胞嘧啶转化为 5′-氟尿嘧啶而发挥细胞毒性作用。

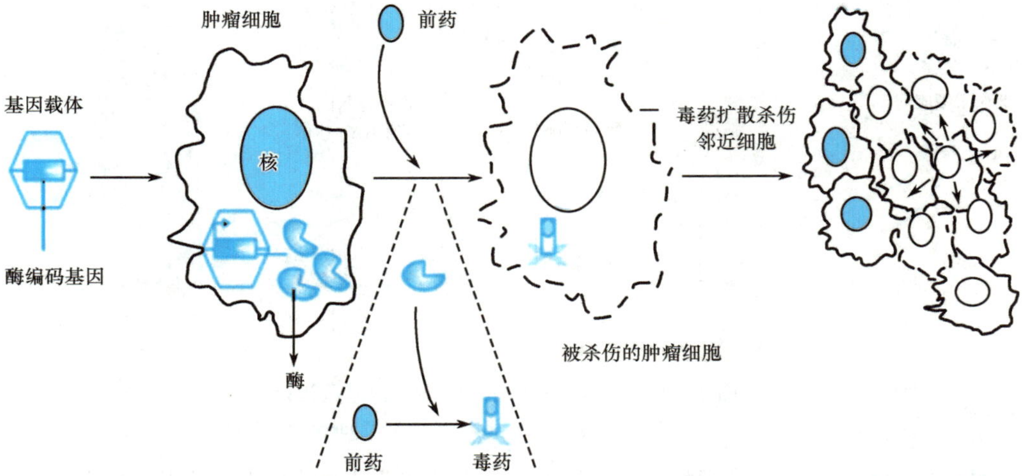

图 21-9　自杀基因的作用机制

3. 特异性细胞杀伤　指利用重组 DNA 技术将生物来源的细胞毒素基因与一些特异受体的配体基因融合，构建融合基因表达载体，通过配体-受体的特异性结合，导入高度表达该受体的肿瘤细胞，以靶向性杀伤该肿瘤细胞。如将绿脓杆菌外毒素（pseudomonas exotoxin，*PE*）或白喉毒素（diphtheria toxin，*DT*）基因与 *TGF-α* 基因组成融合基因 *TGF-α-PE* 或 *TGF-α-DT*。由于 TGF-α 与 EGF 结构类似，也能与表皮生长因子受体（EGFR）结合，故该融合基因的表达产物可特异性进入并杀死高度表达 EGFR 的膀胱癌、肾癌、肺癌、乳腺癌等肿瘤细胞。

上述三种间接策略常用于肿瘤的基因治疗。总之，基因治疗的策略较多，各种策略有其各自的优缺点，实际应用时要根据具体情况来选择。

二、基因治疗的基本原理

（一）基因治疗的分类

基因治疗的基本过程是运用细胞与分子生物学等技术，选择并制备治疗基因，然后以一定的方式将其导入患者体内，并使该基因有效表达。根据基因导入的方式可将基因治疗分为两种：在体或直接体内（*in vivo*）基因治疗和离体或离体（*ex vivo*）基因治疗。

1. 离体基因治疗　先从体内取出靶细胞在体外培养，将治疗基因导入细胞内，经过筛选和增殖后将细胞回输给患者，使该基因在体内有效地表达相应产物，以达到治疗的目的。其基本过程类似于自体细胞移植（图 21-10A）。

离体基因治疗由于利用自体细胞，因而不会产生免疫反应；同时还可在体外筛选到高效转导以及无脱靶的细胞，进而实现高效安全的治疗效果。但由于步骤烦琐，细胞活力低等缺点也受到一定的局限。此外，整合型载体的使用更易引起体内的随机插入，进而产生癌变也是亟须解决的问题之一。离体基因治疗疾病的代表：CAR-T 细胞免疫疗法，地中海贫血和镰状细胞贫血的基因治疗。

CAR-T 免疫治疗通过基因改造技术，在 T 细胞上加入一个嵌合抗原受体。再把基因改造后的 T 细胞回输到患者体内，让改造后的 T 细胞攻击肿瘤细胞，从而达到治疗肿瘤的目的。

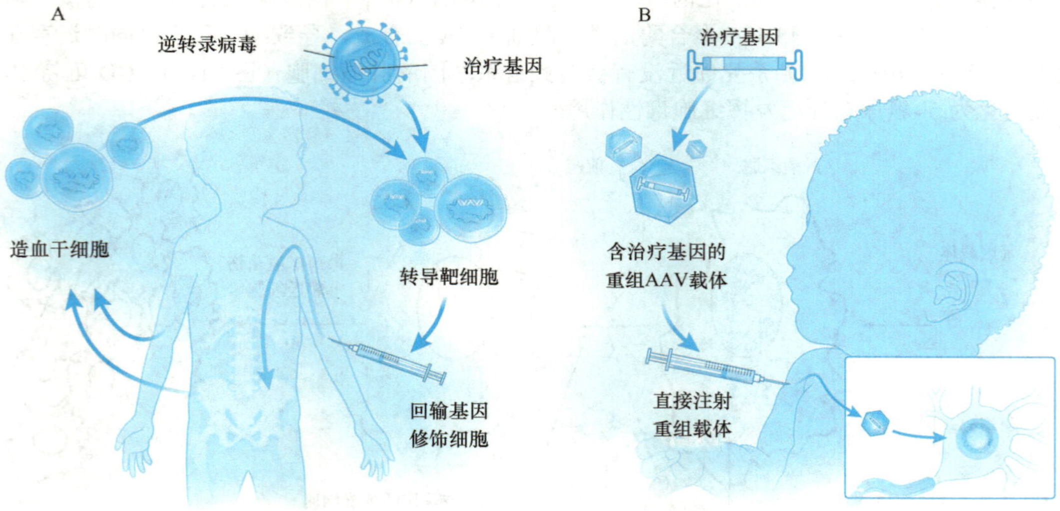

图 21-10　离体基因治疗与直接体内基因治疗

A. 离体（*ex vivo*）基因治疗；B. 直接体内（*in vivo*）基因治疗；AAV. adeno-associated virus，腺相关病毒

2. 直接体内基因治疗　是指将有功能的治疗基因通过非整合载体直接注射给患者体内缓慢分裂的靶细胞或特异组织器官如肌肉、眼睛或脑（图 21-10B），以在体内修饰靶细胞并恢复疾病的正常表型。

直接体内基因治疗目前虽然尚不成熟，也存在安全性等问题，但是其操作简便、容易推广，是基因转移研究的方向。

直接体内基因治疗疾病的代表：莱伯遗传性视神经病变、脊髓性肌萎缩症和血友病。AAV-*RPE65* 是第一个直接通过腺相关病毒（AAV）作为载体、通过视网膜下注射该药物（“体内”直接用药）进行基因治疗的药物，用于治疗 *RPE65* 基因缺陷引起的遗传性视网膜病变（inherited retinal diseases，IRD），即莱伯遗传性视神经病变。*RPE65* 基因编码一种哺乳动物视网膜色素上皮中参与视觉循环的异构酶，该酶可将全反式视黄醇酯转化为 11-顺式视黄醇。该基因的突变可干扰该循环，导致先天性致盲眼病。

（二）基因治疗的基本流程

基因治疗的基本流程是运用细胞与分子生物学等技术，选择并制备治疗基因，然后以一定的方式将其导入患者体内，并使该基因有效表达。下面以 *ex vivo* 基因治疗为例，介绍基因治疗的基本流程。

1. 治疗基因的选择与制备　治疗基因大致可分为两类：一是与致病基因相对应的有功能的正常基因，如重症联合免疫缺陷综合征（SCID）是由于腺苷脱氨酶（*ADA*）基因缺陷所致，对该疾病进行基因治疗时就选择 *ADA* 基因作为治疗基因；二是与致病基因无关、有治疗作用的基因，如癌基因治疗中选用的细胞因子基因、自杀基因、多药耐药基因等。这些基因可以是细胞内不表达或低表达的基因，甚至是不存在的基因。应用中可根据基因治疗的策略来选择。治疗基因可以是基因组 DNA 或 cDNA 或寡核苷酸。

治疗基因的制备有多种方法，主要包括基因克隆、人工合成、PCR 扩增等方法。其中基因克隆是最常用的方法。

2. 载体的选择与重组载体的构建　治疗基因通常本身不含启动子等调控序列，必须重组于载体的合适位置上进行表达。基因治疗的理想载体应该具备以下几个特点：①有足够的空间来递送大片段的治疗基因；②具有高转导效率，能感染分裂和非分裂的细胞；③能靶向特定的细胞，且可以长期稳定表达转基因；④具有较低的免疫原性或致病性，不会引起炎症；⑤具备大规模生产的能力。

目前基因治疗最常用的递送系统是病毒载体，它也是世界上第一个用于基因治疗的临床研究载体。根据是否整合到靶细胞的染色体上，又分为整合病毒载体和非整合病毒载体。整合病毒载体主要包括逆转录病毒载体（retroviral vector，RV）、慢病毒载体（lentiviral vector，LV）等 RNA 病毒。病毒的单链 RNA 在感染细胞后可以逆转录为 cDNA，进一步合成双链 DNA 而整合到宿主细胞的染色体中。非整合病毒载体包括腺病毒载体及腺相关病毒载体。各种病毒载体的特点不同，应用时可根据不同的目的来选择。

基因治疗用重组病毒载体的改造主要包括以下内容：①去除病毒复制必需基因和致病基因，消除其感染能力和致病能力，同时产生的空白区以治疗基因取而代之；②保留其基因的调控序列和包装信号等；③插入标记基因如新霉素抗性基因（Neo^R）以便于对基因转染细胞的抗性筛选等。

病毒原有的复制和包装等功能由包装细胞（packaging cell）提供。实际应用中先将重组病毒载体导入包装细胞（一种已经转染和整合了病毒复制和包装所需的辅助病毒基因组的细胞），在其中进行复制并包装成新的病毒颗粒，获得足量的重组病毒后感染靶细胞。

3. 靶细胞的选择　基因治疗根据靶细胞可分为体细胞基因治疗与生殖细胞（germ cell）基因治疗两大类。生殖细胞基因治疗的目的是特异修饰配子、合子或早期胚胎，由于伦理的原因，靶向修饰细胞核 DNA 的生殖细胞基因治疗在人类被广泛禁止。线粒体替代疗法（mitochondrial replacement therapy，MRT）是一种特殊的生殖细胞基因疗法，由女性供体的卵细胞提供健康的线粒体和正常 mtDNA，以取代受损的线粒体，可阻止严重的 mtDNA 疾病传播，该疗法已经在英国被合法化。体细胞基因治疗靶向患者的体细胞或组织，遗传修饰的任何后果仅限于该患者，目前所有的人类基因治疗试验和方案都涉及修饰体细胞的基因组。

靶细胞的选择可根据疾病的特点、基因治疗的策略、目的基因及其转移的方式等因素来确定。靶细胞可以选择病变细胞，也可选择在疾病的发生发展中发挥重要调控作用的细胞，如免疫细胞等。靶细胞选择时一般需考虑以下几个原则：①易于从体内取出和回输；②易于在体外培养与增殖；③易于外源基因的高效转移；④在体内有较长的寿命并具有较强的增殖能力。目前较常用的靶细胞有骨髓细胞、造血干细胞、淋巴细胞、上皮细胞、内皮细胞、成纤维细胞、肝细胞和肌细胞及肿瘤细胞等。

4. 基因转移　将治疗基因高效地导入特异的靶细胞并稳定、适度表达，是基因治疗的一个关键环节。基因转移系统大致可分为病毒类转移系统与非病毒类转移系统两类。

病毒载体是目前最有效的基因转移载体。根据是否整合到靶细胞的染色体上，又分为整合病毒载体和非整合病毒载体。整合病毒载体主要包括 γ 逆转录病毒、慢病毒等 RNA 病毒；非整合病毒载体包括腺病毒及腺相关病毒。病毒载体主要通过携带有治疗基因的病毒载体感染靶细胞来实现基因的转移。其特点是基因转移效率高，但安全问题需要重视。各种常用的病毒载体及其基因转移的特点见表 21-1。

表 21-1 基因治疗常用病毒载体的特征

	逆转录病毒载体	慢病毒载体	腺病毒载体	腺相关病毒载体	单纯疱疹病毒载体
基因组	ssRNA，二倍体	ssRNA，二倍体	dsDNA	ssDNA	dsDNA
载体大小（kb）	8～11	9	36	5	152
外源基因容量（kb）	＜8	＜8	37	＜4.5	50
靶细胞要求	分裂细胞	分裂细胞或非分裂细胞	分裂细胞或非分裂细胞	分裂细胞或非分裂细胞	分裂细胞或非分裂细胞
基因转移效率	高	中	高	中	中
基因整合	随机整合	优先整合入编码区	不整合	野生型定点整合于19染色体长臂；重组型不整合	不整合
转基因表达时间	长期	长期	短暂	长期	短暂
安全性及其他	有插入突变风险、致癌可能	有插入突变风险	比较安全，可诱发免疫反应；缺乏靶向性	无致病性；宿主范围较宽	有细胞毒性，神经组织特异性
主要型别	γ-RV	HIV-1	Ad2、Ad5、CRAd	AAV2、AAV9	HSV-1

CRAd：条件复制型 Ad

另一类是非病毒载体基因转移系统，即通过物理方法、化学方法或受体介导的内吞作用等将治疗基因导入细胞内或直接导入人体内。非病毒载体系统免疫原性低，将目的基因导入细胞后，通常不整合到染色体；与病毒转移系统相比较安全性好。但其转移效率及转基因表达水平均比较低。

物理方法包括直接注射、显微注射、电穿孔及基因枪（微粒轰击技术）、超声介导的转染（ultrasound-mediated transfection）、激光辐照介导转染（gene transfection using laser irradiation）、光化学转染等。化学方法包括磷酸钙沉淀法、脂质体法等。物理、化学方法具有操作简便、安全性高、外源基因长度不受限制等优点，但转移效率低，外源基因转导到宿主细胞后表达时间短，靶向性差。

非病毒载体转移系统中最简单的是直接注射法（裸 DNA 注射），可直接注入特定的组织，特别是肌肉，能达到较高水平的基因表达，在临床基因治疗中裸 DNA 注射有着较为广泛的应用。非病毒载体转移系统较常用的是脂质转移系统。通常将目的基因与质粒构建重组质粒载体，然后将重组质粒载体与脂质混合以制备核酸脂质体复合物，该复合物可与细胞膜结合，进而被细胞内吞，达到基因转移的目的。阳离子脂质体和阳离子脂质纳米粒是最常用的两种脂质载体，阳离子脂质囊泡是将 siRNA 导入细胞的理想选择。近年来纳米技术在基因转移中已得到广泛应用，包括反义纳米颗粒、磷酸钙纳米颗粒、DNA 纳米颗粒等。受体介导的内吞作用可实现靶向性基因转移。常用非病毒载体基因转移系统的优缺点见表 21-2。

表 21-2 常用非病毒载体基因转移系统的优缺点

转移方法	优点	缺点
直接注射	简便，安全性高	导入效率低，需要注射大量 DNA
显微注射	组织细胞靶向性、简单、有效、可重复、无毒，可导入大片段	操作复杂，表达效率差异大，不适宜大量细胞的转染
电穿孔	高效、可重复，可进行基因定点转移，可转移大片段 DNA	不能进行大面积组织的转移；高电压会影响 DNA 的稳定性；表达时间短
基因枪	简便、效率高，DNA 用量少	可引起组织损伤
磷酸钙沉淀法	简单易行	转移效率低
脂质体法	易制备、成本低、体外实验效率高	体内基因转染效率低，表达时间短
受体介导的内吞作用	细胞靶向性，转染效率高	易降解，表达水平低

5. 基因转染细胞的筛选与基因表达鉴定、扩增　目前基因转移的效率总的来说较低，更难以达到 100%，所以有必要将基因转染的细胞筛选出来，并鉴定该细胞中治疗基因的表达状况。基因转染细胞的筛选可采用抗性筛选的方法：如重组载体上插入有标记基因 Neo^R，导入受体细胞后可使其产生对 G418（geneticin）药物的抗性。在加入 G418 的培养基中进行选择性培养时，转染 Neo^R 基因的细胞能够存活，而未转染的细胞则死亡；又如，将胸苷激酶 *tk* 基因导入 tk^- 的靶细胞后，只有转染细胞才能在 HAT（次黄嘌呤、氨甲蝶呤和胸腺嘧啶）培养基中生长。

基因转染细胞中治疗基因的表达状况决定了基因治疗的效果，因此需要进一步监测治疗基因的表达情况，可采用 RT-PCR、实时 PCR、Northern 印迹法等检测 mRNA 的表达或采用 Western 印迹法、ELISA 等技术测定其表达产物即蛋白质的含量等方法。

6. 将基因修饰细胞回输到患者体内　将稳定表达治疗基因的细胞经培养、扩增后，以合适的方式（如静脉输液，肌内注射，皮下注射，视网膜下注射，瘤内注射，腔内或血管内注射，自体细胞移植）回输体内以发挥其治疗效果。如将基因修饰的淋巴细胞以静脉注射的方式回输到血液中；将皮肤成纤维细胞以细胞胶原悬液注射至患者皮下组织；采用自体骨髓移植的方法输入造血细胞；或以导管技术将血管内皮细胞定位输入血管等。在回输基因修饰造血干细胞之前，通常需要清除骨髓中原本的天然造血干细胞。

三、基因治疗的应用

自 1990 年 9 月世界上第一例人体基因治疗获得成功以来，基因治疗的研究进展非常迅速，研究的范围从单基因疾病扩展到多基因疾病，从遗传性疾病扩展到肿瘤、感染性疾病、心血管疾病、神经系统疾病、代谢性疾病等。基因治疗为那些传统治疗方法无法有效治疗的疾病提供了更多的选择。

（一）遗传病的基因治疗

由于遗传病的发病机制较明确，所以遗传病（尤其是单基因遗传病）的基因治疗率先取得一些突破性进展，并为其他疾病的基因治疗奠定了基础。至今已有 30 多种单基因遗传病被列为基因治疗的主要对象，其中腺苷脱氨酶（*ADA*）基因缺陷所致的重症联合免疫缺陷综合征（severe combined immunodeficiency，SCID）、囊性纤维化跨膜转导调节因子（*CFTR*）基因缺乏所致的囊性纤维化（CF），低密度脂蛋白受体（*LDLR*）基因缺陷所致的家族性高胆固醇血症，凝血因子Ⅸ缺陷引起的乙型血友病，以及葡萄糖脑苷脂酶基因缺乏引起的 Gaucher 症等疾病的基因治疗研究已获准进入临床试验及应用阶段，并已取得不同程度的疗效。近年来，基因治疗在镰状细胞贫血、β 地中海贫血、凝血因子Ⅷ缺陷引起的甲型血友病、神经遗传性疾病如运动神经元存活基因（survival motor neuron gene 1，SMN1）缺陷所致的脊髓性肌萎缩（spinal muscular atrophy，SMA）、Leber’s 先天性黑矇等罕见遗传病的治疗研究中都呈现积极的进展。

单基因遗传病的致病基因比较清楚，基因治疗的方案主要是采用基因增补的策略，将正常基因导入患者体内，表达出正常的功能蛋白质，补偿或替代致病基因的功能。

1. *ADA* 基因缺陷所致 SCID 的基因治疗　ADA 缺乏症是一种常染色体隐性遗传病，由于 *ADA* 基因失活突变所致。ADA 缺乏导致核酸代谢产物异常堆积，使 T 细胞受损，产生严重联合免疫缺陷。美国国立卫生院（NIH）于 1990 年 9 月对 1 例 4 岁 *ADA* 缺乏症儿童进行了全世界首次基因治疗的临床试验。该治疗方案主要通过将正常 *ADA* 基因插入逆转录病毒构建重组体，导入体外培养的患者外周血 T 细胞，筛选 *ADA* 基因表达阳性的 T 细胞并在体外培养增殖后回输患者体内。通过数次同样的治疗，患儿体内 ADA 水平达到正常人的 25%，免疫系统功能恢复，临床症状明显改善，首例基因治疗获得成功。

2. 乙型血友病的基因治疗　1991 年 12 月乙型血友病的基因治疗是中国人体基因治疗第一个成功的例子。乙型血友病是一种 X 连锁隐性遗传病，由凝血Ⅸ因子遗传性缺陷引起。中国复旦大学遗传所薛京伦等将人凝血因子Ⅸ cDNA 重组到逆转录病毒载体后，导入乙型血友病患者体外培养的皮肤成纤维细胞中，经体外筛选鉴定后再回植入患者皮下，使患者血中凝血因子Ⅸ浓度升高，出血症状及次数都明显减少。

（二）癌基因治疗

近年来癌症发生发展的分子机制不断取得进展，加上临床治疗的迫切需要，癌症的基因治疗是目前基因治疗研究中最活跃的领域，已批准开展进行的基因治疗方案中 70% 以上是针对恶性肿瘤的。结合临床治疗的实际应用需求，目前癌基因治疗主要针对以下三个方面：

1. 直接杀伤肿瘤细胞或抑制其生长 ①采用针对抑癌基因的基因增补的策略：2003 年 12 月中国推出的携带野生型 *P53* 基因的腺病毒癌基因治疗产品是世界上第一个获批准的基因治疗药物。②导入自杀基因或毒素基因，靶向杀伤肿瘤细胞等。③采用直接杀伤肿瘤细胞的免疫基因治疗策略：将编码细胞因子如 IL-2、TNF-α、IFN 等基因导入肿瘤细胞，直接杀死肿瘤细胞。④采用基因失活的策略：抑制血管内皮生长因子（VEGF）的合成，阻断肿瘤诱导的血管生成过程；或抑制癌基因的过度表达。⑤基因修饰的溶瘤病毒基因治疗：携带治疗基因的溶瘤疱疹病毒、溶瘤腺病毒、新城疫病毒等治疗恶性肿瘤发展前景良好。

溶瘤病毒（oncolytic virus，OV）是一种能够感染肿瘤细胞并在肿瘤细胞中选择性复制并诱导细胞病变的病毒，最终导致细胞死亡，而对正常细胞没有影响。溶瘤病毒疗法的治疗效果不仅依赖于直接的病毒溶瘤，也依赖于结合细胞因子/趋化因子基因修饰如 *GM-CSF* 基因诱导抗肿瘤免疫。首个溶瘤病毒于 2005 年在中国被批准用于治疗鼻咽癌。

2. 间接杀伤肿瘤细胞的免疫基因治疗 ① CAR-T 免疫治疗：T 细胞进行体外基因改造、加入一个嵌合抗原受体，以特异性地识别癌症细胞并激活 T 细胞杀死癌症细胞。以 CAR-T 形式对血液瘤治疗取得的进展最快，2017 年两款 CAR-T 基因治疗产品获美国 FDA 批准，具有里程碑式的意义。② T 细胞受体-基因工程 T 细胞（T cell receptor-gene engineered T cell，TCR-T）免疫治疗：通过基因工程的手段，直接改造 T 细胞识别肿瘤抗原的表面受体 TCR，从而加强 T 细胞识别和杀伤肿瘤细胞的能力。TCR-T 有望在实体瘤领域取得突破。③将细胞因子导入肿瘤浸润淋巴细胞（TIL）中，增强 TIL 的抗肿瘤作用，间接杀死或抑制肿瘤细胞。④将外来抗原基因导入到肿瘤细胞以增强肿瘤的免疫原性，使之更易被机体的免疫系统所识别。

3. 辅助化疗药物间接杀伤肿瘤细胞 ①将耐药基因如多药抗性基因（*MDR-1*）导入人体细胞（骨髓造血干细胞），提高其耐受化疗药物的能力而起到保护作用，使机体能够耐受更大剂量的化疗，增强对肿瘤细胞的杀伤能力。②增强肿瘤细胞对药物的敏感性：将药物增敏基因导入肿瘤细胞或沉默肿瘤细胞中多药耐药基因的表达。

（三）感染性疾病的基因治疗

基因治疗在感染性疾病尤其是病毒性疾病如 HIV 感染等的治疗研究中也取得初步成效，主要采用基因失活的策略，直接干扰病毒复制、表达或降解病毒 RNA；或者增强机体免疫功能，促进机体清除病毒感染细胞和游离病毒。

（四）基因治疗的安全性问题和伦理问题

1. 基因治疗的安全性问题 已有的基因治疗临床研究大多应用病毒载体。γ-逆转录病毒具有激活癌基因、诱发肿瘤的风险；腺病毒载体可能引起严重的免疫和炎症反应。1999 年美国 1 名 18 岁的患者，因患鸟氨酸转氨甲酰酶缺乏症，接受腺病毒介导的基因治疗 4 天后不幸死亡。2002 年，SCID 患者接受逆转录病毒介导的基因治疗后发生了白血病；上述事件给基因治疗带来了严峻的挑战，也促使该领域的科学家致力于研发应用更安全有效的基因治疗载体，腺相关病毒载体、慢病毒载体尤其是自失活慢病毒载体，因其安全性较好，是目前基因治疗领域应用较广泛的载体，但是其远期效应仍有待进一步观察、评估。

2. 伦理问题　体细胞基因治疗因为导入基因不致影响下一代，而可以治疗当代个体的疾病，接受程度较高。对于生殖细胞基因治疗而言，由于治疗基因导入生殖细胞或受精卵，可传给后代，并影响后代的遗传结构，因而引发一系列伦理问题。对基因治疗的安全性、基因表达调控机制、基因治疗对后代基因组的影响等问题认识清楚之后，生殖细胞基因治疗将有望被人们接受。

（五）基因治疗的进展及展望

截至 2023 年，欧洲药品管理局（EMA）、美国食品药品监督管理局（FDA）及中国国家药品监督管理局（NMPA）等机构至少已批准 32 种基因治疗产品上市，包括体外基因疗法 15 款，基于病毒载体的体内基因疗法 14 款，其他 3 款，其中部分主要产品见表 21-3。引人关注的是 2023 年全球首款 CRISPR 基因编辑疗法获批上市。同时还有 2600 多项细胞和基因治疗正在进行临床试验。

表 21-3　已经批准的主要基因治疗产品

年份	基因治疗产品	载体-靶基因	疾病	监督管理机构	备注
2003	重组人 P53 腺病毒注射液（Gendicine）	Ad-*P53*	头颈部鳞状细胞癌	NMPA	第一个产品
2005	重组人 5 型腺病毒注射液（Oncorine）	Oncolytic Ad5	头颈癌	NMPA	OV 疗法
2012	Alipogene tiparvovec（Glybera）	AAV1-*LPL*	脂蛋白脂酶缺乏症（LPLD）	EMA	
2015	Talimogene laherparepvec（Imlygic）	HSV-GM-CSF	黑素瘤	EMA、FDA	OV 疗法，直接注射
2016	编码腺苷脱氨酶 cDNA 序列的自体 CD34⁺细胞（Strimvelis）	RV-*ADA*	ADA 缺陷病（SCID）	EMA	体外干细胞基因治疗
	用自杀基因改造的同种异体 T 细胞（Zalmoxis，有条件上市许可）	RV-HSV-TK	部分白血病和淋巴瘤	EMA	自杀基因疗法
2017	Tis agenlecleucel（Kymriah）	LV-CD19	年龄小于 25 岁的复发或难治性 ALL 患者	FDA 2017 EMA 2018	全球首款 CAR-T 疗法
	Axicabtagene ciloleucel（Yescarta）	RV-CD19	某些类型的非霍奇金淋巴瘤	FDA 2017 EMA 2018 NMPA 2021	全球第二款 CAR-T 疗法
	Voretigene neparvovec（Luxturna）	AAV2-*RPE65*	双等位基因 RPE65 相关视网膜营养不良	FDA 2017 EMA 2018	体内基因治疗
	Spinraza	靶向 SMN2 的反义寡核苷酸	脊髓性肌萎缩（SMA）	FDA	反义寡核苷酸（ASO）
2019	Onasemnogene abeparvovec-xioi（Zolgensma）	AAV9-*SMN1*	2 岁以下脊髓性肌萎缩患者	FDA	
	编码 βA-T87Q 珠蛋白基因的自体 CD34⁺细胞（Zynteglo）	LV-β 珠蛋白	年龄大于 12 岁且伴有输血依赖型 β 地中海贫血（TDT）且无 β^0/β^0 基因型的患者	EMA 2019 FDA 2022	自体干细胞疗法
2020	Tecartus	LV-CD19	复发或难治性套细胞淋巴瘤	FDA	全球第三款 CAR-T 疗法

续表

年份	基因治疗产品	载体-靶基因	疾病	监督管理机构	备注
2021	Abecma	LV-BCMA	复发或难治性多发性骨髓瘤	FDA	全球首款靶向 BCMA 的 CAR-T 细胞疗法
2022	Ebvallo	EBV	单药治疗 EB 病毒相关的移植后淋巴增殖性疾病	EMA	全球首款获批上市的通用型 T 细胞疗法
2023	Casgevy（有条件上市许可）	电穿孔导入红细胞特异性靶向 BCL11A 增强子的 CRISPR-Cas9	12 岁及以上镰状细胞贫血（SCD）伴复发性血管闭塞危象（VOC）患者	MHRA	全球首款 CRISPR 基因编辑疗法

MHRA：英国药品和保健品管理局；AAV：腺相关病毒；Ad：腺病毒；HSV：单纯疱疹病毒；LV：慢病毒；RV：逆转录病毒；ALL：急性淋巴细胞性白血病

中国基因治疗研究及临床试验与世界发达国家几乎同期起步，主要以肿瘤、心血管病等重大疾病为主攻方向，但在罕见病领域起步较晚、进展相对较慢。中国已经有多款基因治疗药物包括 3 款 CAR-T 疗法上市，主要用于恶性肿瘤治疗。此外还有近 20 个针对恶性肿瘤、心血管疾病、遗传性疾病的基因治疗产品进入了临床试验。

基因治疗作为一种革命性的医疗技术，近 30 多年来经历了从兴起、低潮再到重新崛起的发展历程。在基础研究方面取得了长足的进步，特别是新的基因载体、新的基因编辑技术以及在细胞生物学和免疫学领域取得的显著进展，为基因治疗的安全性和有效性提供了理论和技术支持。但仍存在安全性、伦理问题以及一些技术问题有待解决。其中更安全、更高效、靶向性基因转移系统的构建是关键环节，治疗基因的可持续性和可调控性又是一大挑战。尽管如此，基因治疗的发展前景广阔。相信 21 世纪的人类基因治疗，将像 20 世纪抗生素的应用一样，随着关键技术的突破，逐步成为一种重要的常规治疗方法，造福于人类健康。

第三节 细胞治疗

随着人类医学技术的不断进步，当代医学领域进展迅猛，逐渐从分子治疗迈入细胞治疗。进入 21 世纪，细胞治疗作为一种安全有效的治疗手段，掀起了一阵研究热潮。细胞治疗已被广泛地应用于肿瘤、免疫病、血液系统疾病、代谢系统疾病、神经系统疾病等治疗研究中。

一、细胞治疗概述

细胞治疗（cell therapy）是指将正常或基因工程修饰的人体细胞移植或输入患者病变部位，代偿病变细胞丧失的功能，或者发挥更强的功能，从而达到对组织、器官进行修复及治疗患者疾病的目的。可以选择自体细胞或异体细胞进行细胞治疗，可以是成体细胞或干细胞。

细胞治疗具有治疗效果相对长久、副作用小的优势。细胞治疗采用的是植入活细胞的方式，不会被身体代谢系统所分解。目前细胞治疗中最常使用的免疫细胞和干细胞，都具有较低的免疫原性，在进行移植后，不会产生严重的排斥反应。且其只在特定的环境中激活，发挥相应功能，与传统药物治疗相比，副作用较小。

二、细胞治疗的基本原理

（一）细胞治疗的类型

细胞治疗有血细胞治疗、干细胞治疗和其他组织特异性细胞治疗几种类型。目前最广泛的细胞治疗方式为免疫细胞疗法和干细胞疗法两种。其他组织特异性细胞治疗包括采用肝细胞、胰岛细胞、皮肤细胞、软骨细胞等进行的治疗。

目前比较常见的免疫细胞疗法，包括 T 细胞疗法（如 CAR-T）、树突状细胞（DC）疗法、自然杀伤（NK）细胞疗法、细胞因子诱导的杀伤细胞（CIK）疗法等。比较常用的免疫细胞，包括 T 细胞、DC 细胞、NK 细胞等。

干细胞是人体内一类具有无限更新及多向分化潜能的原始细胞群体。干细胞具有易获取、低免疫原性、无伦理争议等生物学特性。近年来，干细胞凭借其多向分化、免疫调节以及分泌细胞因子等功能，成为细胞治疗研究的热点。

目前较常使用的干细胞种类主要有间充质干细胞、造血干细胞、神经干细胞、皮肤干细胞、胰岛干细胞、脂肪干细胞等。涉及病症包括免疫系统疾病、血液系统疾病、代谢系统疾病、神经系统疾病等上百种。

（二）细胞治疗的基本流程

细胞治疗的基本流程是分离细胞及培养，细胞扩增（分化、增殖）或进行基因修饰（与基因治疗中的基因转移一致）、筛选后扩增，表型鉴定（评估细胞表面标志物的表达及细胞存活率等）、回输患者体内。细胞治疗的基本原理与基因治疗类似。干细胞治疗等一般不需要基因修饰的过程。免疫疗法如 CAR-T 细胞疗法及 TCR-T 疗法的基本过程包括基因修饰，如前所述。

细胞治疗和基因治疗的范畴也有所交叉。细胞治疗既可以是将患者自体的 NK 细胞、CIK 及 DC 等免疫细胞进行体外筛选、分离、增殖、回输，也可以是将分离后的自体细胞进行基因工程改造后再扩增回输（如前述的 CAR-T 疗法），而后者同时也属于体外基因治疗的范畴。

三、细胞治疗的应用

目前批准的干细胞治疗，包括造血干细胞（HSC）、间充质干细胞（MSC）及角膜缘干细胞（LSC）治疗。造血干细胞移植是治疗血液系统恶性疾病、先天性遗传病等最有效的方法之一。HSC 产品主要被批准用于治疗血液疾病。MSC 疗法适用于多种疾病，包括心血管疾病、移植物抗宿主病（GVHD）、退行性疾病和炎症性肠病。干细胞占当前细胞治疗临床试验的 36%。干细胞治疗试验，主要是造血干细胞和间充质干细胞的临床试验，涵盖了广泛的适应证。

目前市场上只有 T 细胞和 DC 被批准为治疗产品。大多数被批准的 T 细胞产品是用于血液系统恶性肿瘤的 CAR-T 疗法，而 DC 产品被用作治疗实体癌的肿瘤疫苗。

组织特异性细胞主要用于再生医学和组织工程应用，例如，用于治疗烧伤烫伤的自体皮肤细胞和用于修复软骨缺损自体软骨细胞支架等。

细胞治疗在其他疾病如心脏病、骨骼和肌腱损伤等领域也具有巨大的应用前景。

细胞治疗作为 21 世纪当代医学的重点研究方向，有望以药物治疗的形式存在和发展，调节患病组织或器官的功能，成为一些常规治疗无效或疗效甚微的重大疑难病症的潜在疗法，具有不可估量的临床应用前景。

（李　凌）

第二十二章　细胞工程

细胞工程（cell engineering）是指应用现代生物学的理论和方法，通过工程学技术手段，按照人们的需要，有目的地在细胞水平上进行遗传操作，以获得新型生物或特定的细胞、组织产品或产物的一门综合性生物工程技术。

细胞工程是生物工程的一个重要方面，与基因工程一起代表着现代生物技术最新的发展前沿。伴随着多种技术的发展，细胞工程将在生命科学、农业、医药、食品、养殖业、生物资源与环境保护、新物种构建等领域发挥着越来越重要的作用，并将带来技术与产业革命。

第一节　细胞工程的主要相关技术

细胞工程涉及的领域相当广泛，需要所有应用于生物学和医学的、以细胞为操作对象的技术手段。就其技术范围而言，大致有细胞组织培养技术、细胞融合与单克隆抗体技术、细胞核移植技术与胚胎移植技术、基因转移技术与基因编辑技术和染色体工程等。本节将重点介绍这些技术。

一、细胞组织培养技术

细胞组织培养，泛指所有的体外培养，将动物或植物的组织片段转移到人工环境中，使其能够继续生存和发挥作用。培养的组织可以由单个细胞、细胞群或器官的全部或部分组成。培养物中的细胞可以繁殖；改变大小、形态或功能；表现出特殊的活动（如肌肉细胞收缩）；或与其他细胞相互作用。组织培养使生物科学有了许多发现。例如，它揭示了有关细胞组成和形态的基本信息，它们的生物化学、遗传和生殖活动，它们的营养、新陈代谢、特殊功能以及衰老和愈合过程，物理、化学和生物制剂（例如药物和病毒）对细胞的影响，以及正常细胞和异常细胞（例如癌细胞）之间的差异。组织培养的工作有助于识别感染、酶缺乏和染色体异常的细胞，对肿瘤进行分类，并制定和测试药物和疫苗。

（一）动物组织培养技术

动物组织培养通常包括以下三个方面：细胞培养、原代外植体培养和器官培养。细胞培养在前面（第二十章第二节）已有介绍，此节将不再介绍。

对于原代外植体培养而言，从动物组织来源的碎片可以多种不同的方式保存。组织在细胞外基质的帮助下黏附在表面，如胶原蛋白或血浆凝块，导致细胞从外植体的外围迁移。这种培养物称为初级外植体，迁移细胞称为生长物。这已经用于分析与正常细胞相比癌细胞的生长特征，尤其是与改变的生长模式和细胞形态有关的生长特征。

在原代外植体培养这个过程中，组织最初悬浮在基础盐溶液中，然后适当地切碎并通过沉淀洗涤。组织碎片均匀分布在生长表面上，然后加入合适的培养基，培养3～5天。当细胞生长变慢时，移除旧培养基，加入新鲜培养基。一旦达到最佳生长状态，将外植体分离并转移到含有新鲜培养基的新培养容器中。该技术主要用于分解少量组织。机械分离和酶解不适合少量组织，因为存在细胞损伤的风险，这可能最终影响细胞活力。这种技术的一个主要缺点是某些组织在生长表面（基质材料）上的黏附性差，这可能会在选择细胞以获得所需的生长方面产生问题。然而，该技术已被频繁用于培养胚胎细胞，特别是神经胶质细胞、成纤维细胞、成肌细胞和上皮细胞。

体外器官培养一般来源于胚胎的整个器官或部分成年器官。器官培养中的这些细胞保持其分化特性、功能活性，并保持其体内结构。它们生长不快，细胞增殖仅限于外植体的外围。这些培养物并不能长时间繁殖。器官培养有助于研究细胞的功能特性以及检查外部试剂（如药物或其他分子）和产物对体内解剖分离的其他器官的影响。

近年来，为了更好地在体外培养动物组织器官，开发了多种天然和合成来源的生物聚合材料。为了开发新材料，了解细胞和这些材料之间可能的相互作用至关重要。从生理上讲，细胞总是被复杂而动态的微环境包围，其中包括细胞外基质、生长因子和细胞因子，以及邻近的细胞。了解细胞外基质中存在的配体与细胞受体之间的相互作用很重要。这种相互作用允许多种细胞内信号转导，这些转导过程可以导致细胞行为的改变，如生长、迁移和分化。天然的细胞外基质如胶原蛋白提供天然的黏附配体，促进细胞与整合素的连接。这类生物材料被认为是设计新生物材料的潜在资源。当在塑料培养皿上培养来自合适组织的分离细胞时，细胞从体内环境到体外环境的这种转变会导致几种功能的丧失，并且由于未知原因，细胞通常开始去分化。识别导致细胞表型和功能变化的微环境信号将有助于理解体外条件下的细胞行为。目前大多数涉及组织工程构建体的研究都涉及合适的支架，这些支架不仅起到锚定细胞的作用，而且有助于更详细地研究细胞行为和发育阶段。已经开发了几种支架，它们提供了合适的结构，特别是初始的结构完整性和支撑，或者是基质形式的骨架，细胞在基质中排列并形成大量功能组织。还开发了一些技术，例如用于培养动物细胞的三维基质，以帮助了解细胞如何探测周围环境。生物材料基质的设计方式使其能够控制细胞在人工环境中的位置和功能。对于迄今为止开发的大多数材料或周围微环境对细胞发育、行为和功能的影响，我们还缺乏了解。

微流体技术是组织工程的一个强大的平台，这是一个涉及多个学科的领域，旨在替换和修复受损和患病的组织和（或）器官，并开发模拟生理条件的体外模型。成功的临床应用包括开发芯片上的器官技术——一种用于再生医学的微流体灌注设备以及一种基于芯片的用于细胞培养和毒理学研究的平台。

目前，科学家们依靠体外细胞培养平台和体内动物模型来研究生物过程和制定疾病的治疗策略，尽管信息丰富，但仍存在重大缺陷。体外平台无法模拟对体内调节细胞行为至关重要的复杂细胞-细胞和细胞-基质相互作用。芯片组织设备可以提供生物学相关性，是高通量应用的必要条件。器官芯片是一种微流体细胞培养装置，包括具有连续灌注室的微芯片，所述连续灌注室被注入活细胞，所述活细胞被布置为模拟 3D 组织微环境。这些芯片有可能对药物发现和毒性测试产生重大影响。芯片上器官装置最简单的功能单元是由单一类型的培养细胞组成的灌注微流体室。这些系统用于研究器官特异性反应，如对药物或毒素的反应，以及物理刺激。在一个复杂的系统中，两个或多个独立灌注的平行微通道通过多孔膜连接，以重建不同组织之间的界面。已经开发了许多芯片组织模型来模拟体内生物过程。芯片组织模型包括肝、肾、肺、肠、肌肉、脂肪和血管的组织模型及肿瘤模型。例如，长期服用各种化学品和药物会导致不良反应和急性肝损伤，即肝毒性。用于鉴定药物诱导的肝毒性的体外模型的效用非常有限。因此，需要高效可靠的肝毒性检测工具。用于肝脏组织和细胞的微流体设备可以保持代谢活性，并可用于药物发现和毒性研究，在解决这一问题方面显示出巨大的潜力。多曼斯基（Domansky）等开发了具有灌注多孔板装置的生物反应器，模拟肝细胞的生理和机械微环境，这些微环境可以支持肝组织长达 1 周的生长和功能完整性。赫塔尼（Khetani）和巴蒂亚（Bhatia）在多孔微图案共培养系统中开发了人类肝细胞的微型培养物，该系统可以维持肝细胞的表型功能长达数周。

（二）类器官培养技术

类器官（organoid）培养技术是近年来开发的一种组织培养技术。类器官一词定义了包含大量器官特异性的三维（3D）细胞结构，是通过干细胞的自组织和分化形成的。类器官比传统的二维（2D）细胞培养物更能代表体内的细胞环境。自组织的能力有助于类器官模仿体内器官的组织结构、发育轨迹以及特异性功能，而这在 2D 培养中很难实现。

汉斯·克里夫（Hans Clevers）等在 2009 年首次将干细胞用于产生自组织的肠隐窝绒毛单元，在之后的十来年里，已建立了为多种器官生成类器官的方法。目前，已经建立了肝脏、结肠、小肠、肾脏、肺、前列腺、胰腺、胃、子宫、乳腺、甲状腺、海马体、大脑皮质和视网膜等生成类器官的方法。此外，类器官也可以来源于肿瘤组织，肿瘤类器官培养在很大程度上模拟了体内肿瘤的特征和遗传异质性。考虑到机体的器官占据 3D 空间，为了器官研究的目的，类器官比 2D 培养物更好地模拟体内环境。因此，科学家们转而使用类器官来研究正常生理状态和各种疾病，并将其作为测试人类疾病潜在治疗手段的一种方法。

类器官的形成和成熟过程涉及单细胞或小细胞簇的扩增和重排。根据干细胞的来源，类器官主要有两种类型。第一种来源于胚胎干细胞（embryonic stem cell，ESC）和诱导多能干细胞（induced pluripotent stem cell，iPSC），第二种来源于器官特异性成体干细胞（adult stem cell，ASC）。目前已经开发了各种工作流程来生成类器官；然而，专门的类器官类型需要独特的培养方法，而且并非所有的通用工作流程都是合适的。细胞培养条件和 3D 基质的选择对于这种复杂的组织至关重要。

培养类器官的方法是组织依赖性的，但需要遵循一些总体原则。将来源于多能干细胞或从组织样本中获得的成体干细胞的祖细胞等起始材料嵌入细胞外基质中，并置于含有模拟体内细胞环境所需营养素和生长因子的培养基中。在这些条件下，起始细胞增殖并自组织以构建可长时间维持的类器官的 3D 结构。对于一些上皮类器官（如肠类器官），可以通过常规传代（即将类器官分成小块并重新接种到新的培养物中）无限期地维持培养。

研究类器官的培养条件至关重要。必须满足某些条件，才能使驻留在器官中的干细胞保持并分化为适当的细胞。类器官生成的这一基本特性有助于理解器官发育和成体或组织的生物学组织。

生长因子是类器官培养基的重要组成部分，因为它们通过一系列信号通路组合来指导干细胞的分化，这些信号通路组合可以产生和维持特定的类器官类型。对于大多数类器官类型，生长因子包括 Wnt、R-spondin-1（Rspo）或两者组合使用。例如，对于肠类器官，需要 Rspo 和 BMP 信号的拮抗剂，如 Noggin 或 Gremlin 1。

类器官在 3D 扩增和自组织的环境中培养。最常见的细胞外基质（ECM）是 Engelbreth Hold Swarm，也称为 Matrigel、geltrex 和 cultrex BME。在某些情况下，类器官可以在没有 ECM 的情况下成功培养。

类器官的成功培养有助于理解干细胞生物学和器官的发育。类器官有助于许多其他应用，如细胞生物学、药物开发和对疾病的理解。它们的广泛应用，加上它们有可能显著减少动物模型的使用，同时允许在人体细胞上进行简单的实验，使类器官成为有价值的模型系统。因此，类器官模型系统在世界各地的实验室中被迅速采用。

（三）合成生物学技术

合成生物学是一个跨学科的研究领域，涵盖了工程、生物科学和计算建模等诸多学科，其主要目标是从尽可能小的组成部分，包括 DNA、蛋白质和其他有机分子，创建完全可操作的生物系统。合成生物学所创建的合成系统可用于生产从乙醇、药物到完整合成的生物体，如可以消化和中和有毒化学物质的复杂细菌。理想情况下，用合成生物学方法产生的生物系统和生物体比基于操纵自然存在的生物体的方法安全得多，也不那么复杂。合成系统和生物体基本上就像生物工厂或计算机一样运作。

第一位成功进行合成生物学研究的科学家是德国化学家弗里德里希·维勒（Friedrich Wöhler），他于 1828 年用无机物氯化铵合成有机物尿素。从此，科学家们便通过各种传统的化学过程创造出有机物。20 世纪 70 年代，科学家们开始进行基因工程和重组 DNA 技术的实验，通过插入单个野生型基因改变细菌的功能，以此修改了细菌的遗传密码。这项技术促进了利用重组细菌生产生物药物、蛋白质和其他有机化合物制成的制剂，例如重组人胰岛素。然而，由于基因工程使用了现有的基因和细菌，它有技术限制，而且成本高昂。同时，随着基因工程的发展，科学家们发现了从头定制基因的方法。从 20 世纪 80 年代至 21 世纪初，DNA 合成技术越来越省时和廉价，从而实现了通过合成新的 DNA 片段，有效地从头产生比自然界中出现的更复杂、更适合特定用途的有机化合物。

2008 年，美国 J.Craig Venter 研究所（JCVI）的科学家从零开始，成功组装了生殖支原体的基因组。与重组 DNA 研究中的逐个基因修饰明显不同，这是将许多基因连接在一起形成了一个新的基因组。合成的基因组与天然基因组仅有细微不同，这点区别使得病原体失去致病能力。科学家们将这种新版本命名为生殖器支原体 JCVI-1.0。它有 582 970 个碱基对，比以前组装的任何基因组都长 10 倍。选择生殖器支原体进行实验是因为它是最简单的天然存在的微生物，其基因组仅由 482 个基因组成。2010 年，JCVI 的研究人员宣布，他们已经创建了 108 万个碱基对组成的合成基因组，并将其插入到细菌的细胞质，这是第一个具有合成基因组功能的生命体，他们将合成的细胞命名为蕈状支原体 JCVI-syn1.0。它的基因组几乎与天然蕈状支原体的基因组相同，只是它有某些遗传“水印”来指示其合成成分。2016 年，JCVI 团队创建了迄今为止功能最小的合成细胞，分枝杆菌 JCVI-syn3.0，该细胞仅包含 531 560 个碱基对和 473 个基因。JCVI-syn3.0 是 JCVI-syn1.0 的一种基因组最小化版本，使用全基因组设计（选择 DNA 并以产生功能基因组的方式组织它）和化学合成相结合的方法生产。然后将合成的基因组移植到细胞质中以测试生存能力。JCVI-syn3.0 成功地复制并产生了在形式上与 JCVI-syn1.0 相似的菌落。

JCVI 的科学家们假设，在不牺牲其功能的情况下，可以从生殖器支原体 JCVI-1.0 基因组中再去除大约 100 个基因（尽管他们不确定是哪 100 个基因）。含有大约 381 个基因的基因组被认为是维持生命所需的最小大小的基因组。研究人员计划创建这个缩写的基因组，然后将其插入细胞，从而创建一种人工生命形式。他们计划将这种生命形式称为 *M. laboratorium*，并为此提交了专利申请。*M. laboratorium* 将被用作一个底盘细菌，在其中添加其他的基因，以产生具有多种用途的定制细菌，包括作为产生新形式的燃料细菌或能清洁环境的细菌，用于去除土壤、空气或水中的污染物。

另一位在合成生物学领域杰出的科学家是美国生物工程师德鲁·恩迪（Drew Endy），他开发了一个由 DNA 和其他分子合成基本生物部分所需的信息目录。其他科学家和工程师能够利用这些信息来制造他们想要的任何生物产品。德鲁·恩迪希望这些信息能像电阻器和晶体管一样为生物工程服务。

还有一些科学家试图创造出具有扩展遗传密码的合成 DNA，除了天然存在的 A-T 和 C-G 外，还包括新的碱基对。异源核酸（xeno nucleic acid，XNA）是人工合成的核酸类似物，具有不同于天然核酸 DNA 和 RNA 的糖骨架。与 RNA 不同，异源核酸的复制或许并不需要酶的参与。在不用酶的情况下日本名古屋大学的科学家们成功合成了异源核酸，这有力地支持了“在 RNA 世界出现前有 XNA 世界的存在”这一猜测。除了更好地了解历史上发生过的生物进化，异源核酸的研究还能探索能够控制甚至重新编程生物体基因组成的方法。另外，异源核酸在解决目前转基因生物的遗传污染问题上显示出巨大潜力。

总之，合成细胞是模块化的基因表达区室，在生物学和医学中有着广阔的应用前景。合成细胞是由单个成分构建的细胞大小的基因表达区室，目的是重现细胞样功能。它们以前曾被用于在定义明确的模型环境中研究生物化学过程，也被用作能够影响天然细胞活动的智能药物或小分子递送设备。然而，以前关于如何将合成细胞与天然细胞连接的大多数研究都使用了相同的、有限的部分来控制基因表达和实现细胞-细胞通信。为了使合成细胞成为一种具有深远应用的成熟技术，将着手生产新的合成细胞和生物部件，以实现对合成细胞活动的靶向、刺激响应控制，以及更好地开发合成细胞与天然细胞相互作用的方法。

二、细胞融合与单克隆抗体技术

当两个或多个细胞发生细胞融合，结合在一起就会形成具有许多细胞核的新细胞。一些细胞类型，如肌肉细胞和破骨细胞，可以自然地经历细胞融合这一过程，也可以通过化学物质或电场的作用产生细胞融合。细胞融合对多细胞生物至关重要，并在各种细胞类型和组织的形成如肌肉发育，有性生殖过程中的精子/卵子受精事件，以及胎盘中多核破骨细胞、巨噬细胞系巨细胞以及胚胎生物学中多核细胞和组织（如合胞体和胎盘合胞滋养层）的发育中发挥着关键作用。细胞融合是生物工程研究的重要内容和基本技术，具有广泛的医学和技术应用，例如产生具有新特征的杂交细胞和修复受损的组织。单克隆抗体的制备是细胞融合技术最有意义的成果之一。另外，包括癌症和病毒感染在内的恶性疾病可能是由异常的细胞融合过程引起的。

（一）细胞融合技术

细胞融合是指在人工外力的作用下，将不同种生物或同种生物不同类型的单细胞或原生质体相互接触，通过无性方式发生膜融合、胞质融合和核融合形成一个杂合细胞的技术。细胞融合技术的出现标志着细胞工程的诞生。细胞融合可导致细胞表型和（或）功能的改变，可以按照预先设计创造新的杂合细胞，被广泛应用于单克隆抗体制备、生物远缘杂交、新品种培育，人类基因组作图工作的进行也得益于小鼠和人类细胞的融合。

细胞融合是一种在植物和动物细胞中已知多年的现象。在植物中，它参与多核细胞的形成，例如在一些藻类和真菌中发现的多核细胞。在动物中，细胞融合是胚胎发育、组织再生和免疫反应过程中的一个基本过程。20 世纪初，德国生物学家约翰内斯·霍尔特弗雷特（Johannes Holtfreter）报告了动物细胞融合的第一个实验证据。他观察到，来自不同动物物种的细胞可以融合在一起形成杂交细胞，他称之为异核细胞。霍尔特弗雷特的工作为后来的细胞融合研究奠定了基础，这些研究揭示了这一过程的许多重要方面，包括细胞融合的分子机制和多核细胞的生理功能。20 世纪中期，研究人员开始使用细胞融合技术创造用于生物医学研究的杂交细胞。一个显著的例子是杂交瘤的产生，杂交瘤是通过将抗体产生细胞与永生化的癌细胞融合而形成的杂交细胞。杂交瘤用于产生单克隆抗体，是生物医学研究和临床应用的重要工具。如今，细胞融合仍然是一个活跃的研究领域，在生物技术、再生医学和疾病建模方面都有应用。细胞生物学和分子遗传学的进步极大地扩展了我们对细胞融合机制和功能的理解，目前正在开发新的技术来操纵细胞融合以达到治疗的目的。

细胞融合包括同型细胞融合和异型细胞融合。同型细胞融合涉及相同类型的细胞。当破骨细胞或肌纤维与其各自类型的细胞融合时，就会出现这种情况。每当两个细胞核结合时，就会产生一个合核体细胞。在细胞核没有融合的情况下，就会出现双核体细胞。双核体是两个或多个细胞融合的结果，它能够自我繁殖数代。当两个相同类型的细胞在没有融合细胞核的情况下融合时，产生的细胞被称为合胞体。与同型细胞融合相反，异型细胞融合发生在不同种类的细胞之间。在没有核融合的情况下，这种融合产生了双核异核体，而不是合核体。有几种不同类型的细胞融合可以发生在植物和动物细胞中。①合胞体融合：这种类型的融合包括将两个或多个细胞合并为单个多核细胞，这是肌肉和胎盘细胞中常见的过程。②拟有性融合：当两个基因不同的细胞融合在一起，但它们的细胞核不混合，相反，它们经历了一个基因组重排的过程，产生了一个新的杂交基因组。③异核融合：这是来自不同物种或具有不同遗传背景的两个细胞融合，形成具有两个或多个细胞核的杂交细胞，这种类型的融合通常用于研究基因表达的调节和特定蛋白质的功能。④体细胞核转移（somatic cell nuclear transfer，SCNT）：这是一种融合，涉及将细胞核从一个细胞转移到摘除的受体细胞，这项技术已经被用于制造克隆动物，例如多莉羊。⑤病毒融合：当病毒将其包膜与宿主细胞的细胞膜融合，使病毒进入细胞并复制时，就会发生这种情况。这些只是可能发生的不同类型细胞融合的几个例子。每种类型的融合都有独特的分子和细胞机制，并可能具有不同的生物和生理效果。

融合细胞一般采用以下策略：电介导的细胞融合、聚乙二醇介导的细胞融合、仙台病毒诱导的细胞融合、热等离子体诱导的细胞融合以及基于微流控芯片的细胞融合技术等。

1. 电介导的细胞融合 电细胞融合技术是20世纪80年代发展起来的一门细胞工程和生物物理技术。双向电泳使两个细胞接触以启动这一过程。与使用直流电的电泳不同，双向电泳使用高频交流电。在将细胞聚集在一起之后，输送脉冲电压。电压脉冲导致细胞膜渗透，随后的膜融合导致细胞融合。在此之后，施加短暂的交流电压以稳定该过程。因此细胞质融合，细胞膜整体融合。

2. 聚乙二醇（PEG）介导的细胞融合 使用PEG进行细胞融合是最简单但对细胞损害最大的方法。PEG作为脱水剂，在这种细胞融合中不仅融合质膜，还融合细胞内膜。由于PEG刺激细胞凝集和细胞间接触，这导致细胞融合。尽管这是最常见的细胞融合类型，但它有一些缺陷。通常，PEG可以触发几个细胞不受控制地融合，从而形成巨大的多核体。此外，典型的PEG融合的细胞难以繁殖，并且不同类型细胞对融合的易感性各不相同。这种细胞融合通常用于产生体细胞杂交体和哺乳动物克隆中的核转移。

3. 仙台病毒诱导的细胞融合 发生在四个不同的阶段。第一阶段持续时间不超过10分钟，病毒吸附发生，病毒抗体可以阻断吸附的病毒。第二阶持续时间20分钟，是pH值依赖性的，病毒抗体的存在仍然可以阻断最终融合。第三阶段，也是抗体耐受阶段，病毒包膜成分仍然可以在细胞表面识别。第四阶段，细胞融合变得明显，神经氨酸酶和融合因子开始降解。

4. 热等离子体诱导的细胞融合 近红外激光和等离子体纳米粒子是热等离子体的基础。激光通常起到光学陷阱的作用，用于将等离子体纳米粒子加热到令人难以置信的高温度，并局部温度显著增加。将这种纳米加热器光学地捕获在两个膜囊泡或两个细胞的界面上，会导致两者立即融合，这可以通过其内容物和脂质的混合来证实。与受盐影响的电转化不同，融合可以在任何缓冲环境下完成。

5. 基于微流控芯片的细胞融合技术 利用基于芯片技术的微流控系统不仅可以实现对细胞甚至单个细胞的操控，比如转移、定位、变形等，也可以同时输送、合并、分离和分选大量细胞，细胞融合在芯片上可以通过并行或快速排队的方式实现，此外由于在微通道内的腔体容积很小，所以会大幅减少细胞融合中所需的细胞数量，同时细胞融合率和杂合细胞的成活率会大大提高。

（二）单克隆抗体技术

单克隆抗体是通过基因工程及相关技术人工产生的抗体。单克隆抗体的生产是20世纪末出现的生物技术中最重要的技术之一。当被抗原激活时，循环B细胞繁殖形成浆细胞克隆，每个浆细胞分泌相同的免疫球蛋白分子。正是这种源自单个B细胞后代的免疫球蛋白被称为单克隆抗体。

然而，对自然感染或主动免疫产生的抗体是多克隆的。换句话说，它涉及许多B细胞，每个B细胞识别免疫抗原的不同抗原决定簇（表位）并分泌不同的免疫球蛋白。因此，免疫的人或动物的血清通常包含多种抗体的混合物，所有抗体都能够与相同的抗原结合，但与出现在抗原表面的不同表位结合。此外，存在与相同抗原表位结合的不同抗体，但这些抗体与抗原表位结合的强度和方式可能有所不同。这使得从多克隆混合物中分离相当数量的特定单克隆抗体变得极其困难。

多发性骨髓瘤是一种由单一B细胞增殖形成的抗体分泌细胞的肿瘤克隆，与所有癌细胞一样可以无限增殖。因此，骨髓瘤产生的免疫球蛋白是单克隆的，骨髓瘤细胞能增殖产生大量单克隆抗体。然而骨髓瘤细胞产生的抗体所结合的抗原尚不清楚。如果免疫学家想获得大量的特定抗体，比如说抗Rh抗体，诱导骨髓瘤是无用的，因为已经证明不能预先设定骨髓瘤会分泌什么抗体。

在偶发情况下，培养的骨髓瘤细胞系生长良好，但失去了分泌免疫球蛋白的能力。1975年，免疫学家乔治·科勒（Georges Köhler）和塞萨尔·米尔斯坦因（César Milstein）将非分泌抗体的骨髓瘤细胞与来自被免疫小鼠脾脏的正常 B 细胞融合，产生了杂交细胞。该杂交细胞既具有其骨髓瘤无限繁殖的能力，同时也保留其 B 细胞产生抗体的能力。这种杂交细胞被称为杂交瘤细胞。乔治·科勒和塞萨尔·米尔斯坦因因此获得了 1984 年诺贝尔生理学或医学奖。

单克隆抗体制备的基本过程如下：①用抗原免疫动物。②在末次免疫后 3～5 天从已免疫过的动物取脾脏分离淋巴细胞。③收集的脾细胞和处于对数生长期的骨髓瘤细胞在聚乙二醇（PEG）的作用下融合成杂交瘤细胞。④杂交瘤细胞的选择性培养：B 细胞不能无限增殖，5～7 天左右死亡，用于融合的骨髓瘤细胞是次黄嘌呤-鸟嘌呤磷酸核苷转移酶（hypoxanthine-guanine phosphoribosyltransferase，HGPRT）缺陷型细胞株，在含有 HAT［次黄嘌呤（hypoxanthine，H）、氨基蝶呤（aminopterin，A）、胸腺嘧啶核苷（thymidine，T）］的选择性培养液中会死亡，因此只有杂交瘤细胞既有骨髓瘤细胞无限增殖的能力，又能利用 B 细胞的 HGPRT，在 HAT 选择性培养液中生长。⑤单克隆筛选：在单克隆抗体的生产过程中，由于 B 细胞的特异性是不同的，经 HAT 培养液第一次筛选出的杂交瘤细胞产生的抗体也有差异，因此必须对杂交瘤细胞进行第二次筛选，选出能产生特定抗体的杂交瘤细胞，并进行克隆化即把培养孔中的细胞从单个细胞进行培养繁殖，使之成为单克隆，其分泌的抗体达到均一性。

（三）人源化单克隆抗体技术

单克隆抗体是有效的治疗试剂，因为它们对其靶标表现出显著的特异性，并赋予效应功能，如受体-配体阻断、靶细胞细胞毒性和受体拮抗。然而，单克隆抗体在临床环境中的使用因许多技术挑战而变得复杂，包括免疫原性反应。对抗体疗法的免疫原性反应会影响安全性和药代动力学特性，这会影响抗体的利用和疗效。白喉抗毒素是从白喉免疫马的血清中分离出来的抗原特异性 IgG，至今仍在使用。它是一种挽救生命的治疗方法，但会导致患者出现严重的免疫问题，它是在可控的条件下给药的，如果需要，可以立即使用抗组胺药。随着该领域的日趋成熟，人们对这些问题的认识也有所提高，对治疗方法产生的免疫反应的临床效果也得到了报道和详细研究。因此，如何降低抗体的免疫原性是亟须解决的关键问题。

向患者注射纯化的小鼠来源的单克隆抗体，也可能引起免疫反应。对小鼠抗体免疫反应后果的认识促进了开发具有较低免疫反应风险的工程化抗体。来源于杂交瘤细胞的单克隆抗体通常通过用相应的人源序列取代抗原结合不需要的区域来进行人源化。通过将小鼠序列衍生的氨基酸顺序替换为人源序列，明显地降低了抗体的免疫原性。人源化的目的是降低免疫原性，同时保留亲本抗体的亲和力。人源化产生抗体，其中只有可变（Variable，V）区的互补决定区（complementarity determining region，CDR）来源于小鼠序列。目前的技术水平已经达到了全人源化氨基酸序列衍生的抗体区域治疗方法，其中通过使用转基因小鼠或抗体工程过程结合筛选在体内选择抗原特异性。全人源化抗体在人类中诱导免疫反应的风险比小鼠或嵌合抗体低。然而，互补决定区移植到人框架区（framework region，FR）上通常会产生亲和力降低的分子，因此需要进一步改善抗原的结合能力。改善亲和力可以通过多种方法实现，包括随机或定向诱变和在体外产生体细胞超突变的方法。

尽管从大鼠或小鼠细胞制备单克隆抗体已经成为常规做法，但构建人类杂交瘤并没有那么容易。这在一定程度上是因为大多数人类骨髓瘤细胞在培养基中生长不好，从而不能产生稳定杂交瘤的细胞。然而，如果从血液中分离被 EB 病毒感染的人类 B 细胞，它们可以在培养基中增殖，继续分泌免疫球蛋白。它们几乎不能产生具有所需特异性的抗体，即使是来自已经免疫的受试者；但在某些情况下，免疫学家已经成功地鉴定和选择了分泌所需免疫球蛋白的细胞。这些细胞可以作为分泌单克隆抗体的单个克隆在培养物中生长。研究人员利用这一过程获得了针对 Rh 抗原的人类单克隆抗体。

使用重组 DNA 技术可以实现构建人单克隆抗体的更简单的方法。一旦使用刚才描述的传统方法构建了小鼠单克隆抗体，就可以分离编码抗体分子的抗原结合部分的DNA并将其与编码抗体的人DNA融合。然后将杂交DNA插入一种细菌中，产生一半小鼠一半人类的单克隆抗体。这种方法制备的抗体在给人使用时不太可能诱导免疫反应。可以进一步微调以改变抗体的不直接参与结合特异性抗原的部分。这项技术已被用于生产用于治疗的大量不同的单克隆抗体。

人类单克隆抗体也可以使用噬菌体展示技术产生。在这种方法中，人类抗体蛋白被工程化并在噬菌体病毒粒子的表面上表达。然后可以纯化融合噬菌体的培养物，富集可用于进一步研究的融合蛋白。阿达木单抗是第一个通过噬菌体展示技术开发的全人重组单克隆抗体，于2002年被批准用于临床，治疗类风湿关节炎。帕利珠单抗（palivizumab）是一种可注射的人源化单克隆抗体，可用于预防高危婴儿和儿童的严重呼吸道合胞病毒（respiratory syncy tial virus，RSV）。

三、细胞核移植技术与胚胎移植技术

细胞核移植技术是现今唯一能产生全能性胚胎的技术，也是哺乳动物克隆所使用的主要技术，因此一直备受科学和医学界的关注。细胞核移植和胚胎移植为研究基因重编程机制、从体细胞中建立胚胎干细胞和克隆后代提供了一种独特而强大的实验工具。核移植技术涉及两种不同的细胞。第一种是卵母细胞，卵母细胞去核，提供基因重编程和早期胚胎发育所需的细胞成分。第二种是供体细胞，它们的细胞核被注射到去核的卵母细胞中。供体细胞核在卵母细胞细胞质中被重新编程。重建的卵母细胞随后被激活并开始分裂。胚胎现在有一个与原始供体细胞相同的基因组。这些胚胎可以用于基础研究，也可以植入养母体内发育至足月。经过几十年的努力，随着细胞核移植技术和胚胎移植技术的不断发展，产生的克隆动物可以用于药物生产、优良畜种的培育和扩大、拯救濒危动物及治疗性克隆的研究。

（一）细胞核移植技术

细胞核移植是一项精细的显微操作技术，即一种将供体细胞的细胞核移植到去除细胞核的卵细胞的细胞质中的技术。一旦进入卵子，细胞核就会被卵子细胞质因子重新编程，成为受精卵核，在一定条件下，能像受精卵一样分裂、分化并发育成胚胎、幼体乃至成体。该技术有别于高等动物的有性生殖方式，属于用人工的、非有性生殖的方式完成的繁殖和发育过程。根据细胞核移植对象的不同，可以将核移植技术分为胚胎细胞核移植技术、干细胞核移植技术和体细胞核移植技术等。

核移植的概念最早由德国胚胎学家汉斯·斯佩曼（Hans Spemann）于1928年提出，他最初尝试将蝾螈胚胎细胞核转移到卵细胞中。十年后，斯佩曼提出了通过将分化细胞的细胞核移植到去核卵细胞中来产生克隆的想法，但是他从未进行过这项实验。当时，他认为这一过程在技术上是不可能实现的，因为当时没有在不损害遗传物质或卵细胞的情况下从细胞中取出细胞核所需的显微手术工具。此外，通过分化细胞的核移植产生生物体在当时是被怀疑的，因为只有全能细胞才能够分化成体内任何类型的细胞，从而引导胚胎发育。然而，在20世纪50年代，美国科学家罗伯特·布里格斯（Robert Briggs）和托马斯·金（Thomas King）成功地实现了青蛙囊胚细胞的核移植而克隆了蝌蚪，而这些囊胚细胞已经失去了一些全能特性。十年后，英国发育生物学家约翰·B. 格登（John B. Gurdon）从分化的青蛙肠道细胞核中克隆产生了蝌蚪。Gurdon的实验表明，卵细胞能够去分化先前已分化的细胞核，尽管当时这一过程发生的机制尚不清楚。由于他的发现，Gurdon共享了2012年诺贝尔生理学或医学奖。20世纪90年代，英国发育生物学家伊恩·维尔穆特（Ian Wilmut）带领他在苏格兰罗斯林（Roslin）研究所的科学家团队利用核移植技术生产出绵羊克隆体，其中最著名的是1996年出生的芬恩多塞特羊多莉。这项研究激发了人们对卵细胞重新编程分化细胞核能力的新兴趣。用于产生多莉的技术激发了体细胞核转移技术的发展，体细胞核转移技术已成为干细胞研究和理解控制胚胎发育和核重编程的细胞机制的重要技术。

细胞核移植技术主要包括以下6个步骤：核受体细胞的准备、核供体细胞的准备、核移植、激活、重构胚胎的培养和胚胎移植。受体细胞一般采用卵母细胞、受精卵和二细胞胚胎，其中处于第二次减数分裂中期（MⅡ期）的卵母细胞最为普遍。一般采用化学处理、紫外光灭活染色体法或显微手术法等方法去除受体细胞的细胞核。核供体细胞一般来源于胚胎卵裂球、体细胞、胚胎干细胞和胎儿成纤维细胞等。核移植的常用方法是胞质内注射和透明带下注射。核移植后的卵母细胞激活后形成原核，重新进行发育，一般采用瞬时直流电脉冲法和化学试剂法完成。重构胚胎的培养是指经过激活的重组胚胎移入中间受体进行体内培养或体外培养至胚囊。胚胎移植一般选用品种优良、皮肤颜色与供体品种不同、繁殖能力强的受体母畜。

（二）胚胎移植技术

在胚胎移植之前、期间和之后，许多因素有助于胚胎移植的成功。胚胎移植是体外受精（*in vitro* fertilization，IVF）过程的最后阶段，受精卵（胚胎）被放入雌性动物或女性的子宫。胚胎被装载到导管中，导管穿过阴道和宫颈，进入子宫并沉积在那里。如果进行新鲜转移，这通常发生在取卵后3～5天，如果进行冷冻转移，则发生在4周至几年后。有许多不同类型的胚胎移植：新鲜、冷冻、卵裂（第3天）、胚泡（第5天）、单胚胎和多胚胎移植。现在的标准做法是一次移植一个胚胎（偶尔移植两个）。因为体外培育的胚胎数量多，并不会一次性全部移植到子宫内，所以多余的胚胎通常可以进行保留，一般是通过冷冻的方式保存，能够促进胚胎存活。如果第1次试管失败，通常可以使用保存的胚胎再次进行移植，增加妊娠的概率。如果还有生育二胎的需求，也可以将冷冻保存的胚胎在需要的时候再取出解冻复苏进行移植。如果没有生育需求，可以选择将胚胎销毁或者是将胚胎捐赠给医院进行医学实验。超声波可以用来帮助指导医生移植胚胎。胚胎通常在2～8个细胞阶段转移到女性的子宫中。胚胎可以在取卵后的第1～6天的任何时候转移，通常是在第2～4天。现在一些医院允许胚胎在移植前达到胚泡阶段，移植发生在第5天左右。

四、基因转移技术与基因编辑技术

基因转移技术又称转基因技术，是指借助基因工程技术将外源基因导入受体生物染色体内，外源基因与受体生物整合后随细胞的分裂而扩增，在体内表达并能稳定遗传给后代的技术。转基因主要侧重人工导入外源基因，也就是把A物种的某个基因导入B物种中，从而使B物种获得该性状。基因编辑技术是指在基因组水平上对目的基因序列甚至是单个核苷酸进行替换、切除，增加或插入外源DNA序列的基因工程技术。基因编辑则强调通过技术手段把本身已有的基因进行编辑修改，从而改变该基因的表达量或功能，以达到定向改变生物表型的目的。

（一）转基因技术

在过去的几十年里已经开发了许多技术，可以将特定的DNA序列引入生物体。一旦插入这些序列，可以稳定地代代相传。特定品系的每个个体都会在其身体的每个细胞中携带转基因。转基因能持续表达，并且这种表达受到正确的组织特异性、发育和生理调节。因此，现在可以分析特定克隆基因在整个生物体内的作用和调节。这种生物被称为转基因生物。

转基因动物的研究是20世纪80年代发展起来的一项生物高新技术研究。1974年鲁道夫·耶尼施（Rudolf Jaenisch）和比阿特丽丝·敏茨（Beatrice Mintz）应用显微注射法在世界上首次地获得了SV40病毒DNA转基因小鼠。1980年戈登（Gordon）等首先育成带有人胸苷激酶基因的转基因小鼠。1982年帕尔米特（Palmiter）等将大鼠的生长激素基因导入小鼠受精卵的雄原核后移植，获得比普通小鼠生长速度快2～4倍、体形大1倍的转基因“硕鼠”，由此转基因动物技术轰动了整个生命科学界。随后的十几年里，转基因动物技术飞速发展，转基因兔、转基因猪、转基因牛、转基因鸡、转基因鱼等陆续育成，转基因动物技术已广泛应用于生物学、医学、药学、畜牧学等研究领域，尤其与体细胞克隆技术结合后所产生的动物生物反应器，在生物制品的生物技术生产中显示了极为诱人的前景。

培育转基因生物的关键是如何将外源基因导入受体细胞。在过去的十年里，人们开发了多种转基因的策略（见第二十一章第二节）。

（二）基因编辑技术

基因编辑技术具有对活体 DNA 序列进行高度特异性改变的能力，本质上是定制其基因组成。基因编辑是使用酶进行的，特别是已经被设计成靶向特定 DNA 序列的核酸酶，在那里它们将切割引入 DNA 链，从而能够去除现有 DNA 并插入替代 DNA。

使用基因编辑来治疗疾病或改变性状的想法至少可以追溯到 20 世纪 50 年代 DNA 双螺旋结构的发现。在 20 世纪中期，研究人员意识到 DNA 中的碱基序列是从父母本忠实地传递给后代的，序列的微小变化可能意味着健康和疾病之间的差异。对于疾病的治疗而言，可以识别导致遗传疾病的“分子错误”，开发纠正这些错误的策略，从而预防或逆转疾病。这一概念是基因治疗背后的基本理念，从 20 世纪 80 年代起，它被视为分子遗传学的圣杯。

为了真正纠正遗传错误，研究人员需要能够从构成人类基因组的 30 多亿个碱基对中，在所需的位置精确地制造 DNA 的双链断裂。一旦产生双链断裂，细胞可以通过使用模板有效修复，该模板指导用“好”序列替换“坏”序列。然而，在基因组中准确地在所需的位置进行 DNA 断裂并不容易。目前主要有 3 种基因编辑技术，分别为：人工核酸酶介导的锌指核酸酶（zinc-finger nuclease，ZFN）技术；转录激活因子样效应物核酸酶（transcription activator-like effector nuclease，TALEN）技术；RNA 引导的 CRISPR-Cas9 核酸酶（clustered regulatory interspaced short palindromic repeat /Cas-based RNA-guided DNA endonuclease，CRISPR/Cas9）技术。

这三种基因编辑系统，都是由 DNA 识别结构域和核酸内切酶两部分组成。当 DNA 识别结构域结合靶 DNA 序列后，核酸内切酶切割 DNA 造成双链断裂，再启动 DNA 损伤修复机制，实现基因敲除、插入。相比较而言，CRISPR/Cas9 系统使用起来非常简单，同时设计和构建速度最快，成本也最低，而且能实现 RNA 的编辑。但是 CRISPR/Cas9 技术也有一些缺陷，比如脱靶的问题，与 ZFN 和 TALEN 复杂的二聚体结构不同，CRISPR/Cas9 系统拥有更简单的单体结构，可通过碱基配对识别同源位点，因此在识别和切割期望的 DNA 位点方面特异性低，而且靶突变验证难度很高，需要扫描全基因组。

五、染色体工程

染色体工程是一项按照人们的需求对染色体进行操作，添加、削减或替换同种或异种染色体，以改变其遗传模式的技术。染色体工程旨在从头创造人工染色体，或通过操纵染色体蛋白质来改变基本的遗传过程。染色体工程创造的工具可以大大加快育种进程，使之服务于人们的需要。染色体工程一词，虽然在 20 世纪 70 年代初才提出，但早在 20 世纪 30 年代，美国欧内斯特·罗伯特·西尔斯（Ernest Robert Sears）及其学生就已开始研究。它不仅在改良生物的遗传基础培育新品种上受到重视，而且也是基因定位和染色体转移等基础研究的有效手段。动物染色体工程主要包括染色体倍性改造、结构改造及人工染色体等技术。

（一）染色体倍性改造技术

染色体倍性改造是一种改变同源和异源特异性基因组或染色体组的数量和组合的技术。它最初是在 20 世纪初两栖动物中进行研究的。染色体数量的变化是由一组染色体的破坏引起的，如破坏卵细胞或精子中的染色体，或者破坏体细胞的有丝分裂过程中的中期纺锤体。

1. 单倍体育种 雌核发育是用伽马射线、X 射线或紫外线（UV）或二甲基硫酸盐处理精子，在不使精子失活的情况下破坏遗传物质。去染色体的精子激活卵细胞，然后进行休克处理（以防止第二极体释放），并建立相应条件。与雌核发育对应的是雄核发育，母体（卵细胞）基因组通过辐射灭活，并与正常精子受精。如果不进行特殊处理，产生的单倍体胚胎就会死亡，因此需要通过休克处理加倍染色体使胚胎变成二倍体，提高胚胎的存活率。

通过冷和热、压力或化学冲击，导致受精卵内对纺锤体形成至关重要的微管蛋白聚合物的解聚，抑制纺锤体的形成，能诱导染色体加倍。例如当在第一次分裂前不久施加热休克时，细胞质分裂被抑制，并导致合子经历两次基因组复制，只有一次细胞质分裂。这能诱导雌核和雄核后代染色体加倍以及诱导三倍体和四倍体。

经过雌核或雄核发育的个体，需要经过一定的鉴定，以确保其正确性：①染色体分析是确定倍性水平的最简单、最合适的方法，但是费时费力。②可以通过在光学显微镜下测量和比较红细胞的细胞核体积和细胞体积来区分倍性水平。③用流式细胞术测量染色体 DNA 的含量。

2. 多倍体育种 动物多倍体育种的研究早期主要侧重三倍体诱导的方法、最佳诱导条件等。到了 20 世纪 80～90 年代则转向多倍体效应的研究和四倍体诱导的研究。

染色体加倍可以分为自然加倍和人工诱导加倍两种。自然加倍效率低，在生产上主要采用人工诱导加倍的方法。

化学诱导染色体加倍是最常用的方法之一，主要使用秋水仙碱、细胞松弛素 B 和麻醉剂 N_2O 等。物理学方法包括温度休克法、水静压法和高盐高碱法等。前两种方法较为常用且效果较好。

（二）染色体结构改造技术

染色体有一个明确的结构和组织，从一次有丝分裂到下一次通常是恒定的。然而，它们有时会经历某些结构修饰，即染色体畸变。由于这些修饰也会导致生物体的变化，因此它们也被称为染色体突变。发生变化的染色体就像正常染色体一样复制。染色体畸变或突变应与基因突变区分开来。基因突变只涉及染色体上单个基因的变化。另外，染色体突变通常会导致基因块的变化。染色体的变化在自然界中很少发生。然而，它们可以通过化学物质、X 射线和原子辐射的处理人工产生。

染色体的断裂对于任何结构变化都是必要的。断裂的原因尚不清楚，但已发现断裂在自然条件下也能发生。染色体断裂后可能保持不变。当这种情况发生时，染色体上没有中央的部分。有时，断裂的末端可能会立即结合，从而恢复原始染色体。在其他情况下，断裂端可能会连接其他断裂产生的线段，从而导致结构变化。染色体畸变有四种类型：缺失、重复、倒置和易位。

通过染色体片段的删除和重排，产生携带特定染色体区片段缺失突变的动物，有助于在特定的染色体区实现系统的基因定位和功能分析。放射线使得染色体产生缺失、易位、倒位、复制及基因内的点突变。1951 年罗素（Russell）等就开始用此方法对小鼠非常显著的遗传标记位点产生突变，进行基因功能分析。利用胚胎干细胞（ESC）还可以产生突变个体并进行功能研究，已经成为研究功能基因组学的热点。我国科学家于 2022 年报道了基于类精子干细胞介导半克隆技术，通过 CRISPR/Cas9 靶向染色体重复序列，实现小鼠染色体融合改造，建立全新的稳定传递的染色体改造纯和小鼠品系，揭示了染色体融合的机制，并阐释了真核生物基因组组装的系统稳健性是染色体演化的重要基础。

Cre 重组酶是在噬菌体中发现的 38kDa 的蛋白质，能识别 34bp 的特异序列（loxP），介导两个 loxP 之间的序列发生重组，将两个 loxP 位点之间的序列删除，整个过程不需要任何其他辅助因子的帮助。loxP 位置和方向不同，Cre 重组酶介导的重组产物也不同，可以导致染色体的倒位、删除和易位，实现对染色体的定点操作。已经被应用于果蝇、哺乳动物中。

在动物方面，染色体的易位工程主要应用于家蚕的性别控制。雄性家蚕比雌性家蚕出丝率高 20% 以上，体质要强壮，因此在养蚕生产上用的杂种一代如果全是雄的，可以在不用增加成本的基础上增加 10%～15% 的蚕丝。目前采用染色体的易位工程和辐射诱变技术先后培育出有性别标记的限性家蚕品种。

（三）人工染色体技术

从本质上讲，我们的 DNA 是由蛋白质精心包装而成的，构成染色质。如果 DNA 就像一根线，那么这些蛋白质就是 DNA 线缠绕在一起的线轴，使其在微观细胞内保持组织整齐。然而，当没有线轴的外来裸 DNA 线被引入环境中时，会发生什么？有趣的是，细胞配备了自己自制的线轴来供应这种新的 DNA 线，使这种裸露的 DNA 线能够在细胞环境中稳定地维持，作为细胞新库的一部分。我们称这个过程为人工染色体的形成。

近年来，人工染色体在基因组和基因功能研究中都是一种强大的研究工具，尤其是在哺乳动物和酵母中。构建人工染色体有两种方法：自上而下和自下而上。自上而下是基于端粒介导的染色体截短（telomere-mediated chromosome truncation，TMCT），它在 DNA 整合位点播种一个新的端粒，并通过将端粒序列引入植物中产生截短的染色体。自下而上，也被称为染色体的从头构建，通常在体外与自主复制序列（autonomously replicating sequence，ARS）、着丝粒和（或）端粒组装。除了必要的元素外，还需要选择标记和位点特异性重组系统，其中可以插入靶基因。将 ARS、着丝粒、端粒 3 个关键序列用分子生物学方法拼接起来就得到人造微小染色体（artificial minichromosome），其在大片段 DNA 分子的克隆、基因组分析基因功能鉴定、基因治疗以及研究染色体结构与功能关系等研究中得到了广泛的应用，具有极为重要的价值。目前，正在研究或应用的有酵母人工染色体（yeast artificial chromosome，YAC）、细菌人工染色体（bacterial artificial chromosome，BAC）和哺乳动物人工染色体（mammalian artificial chromosome，MAC）。

第二节　细胞工程的应用

一、体外受精动物与试管婴儿

体外受精（*in vitro* fertilization，IVF）动物是指将哺乳动物的卵细胞与精子在体外结合，形成受精卵，待胚胎在体外发育到一定阶段，将胚胎移植回子宫内进行妊娠，完成发育出生的动物。

试管婴儿是指通过 IVF 辅助生殖，将受精卵在实验室中培育，并将其移植到母体子宫内发育成胎儿。试管婴儿技术已经广泛应用于人类医学领域，并取得了显著的成功。

（一）体外受精动物

体外受精技术在畜牧业、种群保护、动物基础研究和药物安全性测试等领域都有广泛的应用，为我们深入了解生殖过程、改善繁殖效率和保护濒危物种提供了重要的工具和方法。

其中在药物安全性测试中，新药开发需要进行一系列的药物安全性测试。体外受精技术可用于评估药物对动物胚胎的影响，从而提前筛选出可能具有生殖毒性的药物，并减少动物实验的需求。

体外受精动物在药物安全性测试中的一个例子是使用小鼠模型进行胚胎毒性评估。从健康的小鼠中收集卵子和精子，通常通过超排卵来增加卵子的数量。将采集到的卵子与精子结合，形成受精卵。这一步通常在体外培养皿中进行，以模拟自然受精过程。将待测药物添加到培养基中，使其与受精卵接触。此时，可以设置不同剂量梯度，以评估药物对胚胎的不同影响。在药物处理后的一段时间内，观察受精卵的发育情况。可以检查胚胎的细胞分裂、胚胎囊胚形成和胚胎内器官的发育等指标。根据观察结果，评估药物对胚胎发育的影响。这包括评估胚胎生存率、异常胚胎的比例、胚胎畸形等。

通过这种体外受精动物模型，可以初步评估药物对胚胎发育的安全性。如果发现药物对胚胎有不良影响，可能需要进一步的研究来确定其毒性机制和潜在的风险。这种方法能够减少对活体动物进行实验的数量，并提供快速且相对成本较低的初步筛选方案，以确保药物的安全性。

（二）试管婴儿

试管婴儿技术在不孕症治疗、遗传疾病筛选、年龄相关性不孕、冻融胚胎移植中有广泛的应用。

试管婴儿技术可以用于筛查某些遗传病。通过在体外受精前对卵子或胚胎进行遗传学检测，可以识别出携带遗传疾病基因的胚胎，并选择没有遗传疾病风险的胚胎进行移植，降低染色体异常和遗传疾病的发生率。

试管婴儿技术可以帮助夫妇筛选出存在单基因疾病风险的胚胎。例如，囊性纤维化是一种常见的单基因疾病，主要影响呼吸系统、消化系统等器官。这种疾病由 *CFTR* 基因引起，这是一个负责调节离子通道的基因。当一个家庭有导致囊性纤维化的 *CFTR* 基因突变时，可能会考虑通过试管婴儿技术进行遗传筛选，以减少患囊性纤维化的风险。试管婴儿筛选的过程中，可以选择受精卵或染色体，通过检测其携带的 *CFTR* 基因是否存在差异，然后选择未携带差异的染色体进行移植，以降低腹泻风险。

某些染色体异常也可以通过试管婴儿技术进行筛选。通过对胚胎进行染色体核型分析，可以识别具有染色体异常的胚胎。试管婴儿技术也可用于治疗染色体异常的例子之一是唐氏综合征。唐氏综合征是一种常见的染色体异常疾病，由异常细胞分裂造成基因障碍，导致 21 号染色体出现一个额外的完整或部分拷贝而引起的。在试管婴儿过程中，可以通过染色体核型分析来检查受精卵是否出现了额外的第 21 号染色体。通过识别没有唐氏综合征的受精卵，然后将其植入母体，从而选择性地降低患唐氏综合征的风险。

二、克隆动物与转基因动物的应用

近年来，克隆动物和转基因动物的技术得到了很大的发展，目前已经应用这些技术建立了人类多种疾病模型，为生物医学的发展起到积极推动作用。

（一）克隆动物的应用

克隆动物在科学研究、物种保护、生产、药物研发等方面有广泛的应用。

在畜牧养殖业上，克隆动物的主要用途是动物种质资源的保存。动物克隆还是优良稳定的选育遗传种畜的理想手段。在动物杂种优势选用方面，与传统方法相比，哺乳动物无性繁殖技术具有明显的优点，特别是费时少，而且选育的种畜性状稳定。

在生物多样性保护方面，克隆技术在挽救保存濒危物种方面有着广泛的应用。对某些濒危物种来说，克隆技术虽然不能使基因增多，但可培育出更为优良的个体，为保护这种物种开辟一条有效的途径。

在医学上动物克隆技术也有广泛的应用。动物克隆可以培植出人的乳房、耳朵、软骨、肝脏、皮肤，甚至心脏、动脉等组织和器官，供医院临床应用，这样既避免了目前普遍存在的移植器官短缺的难题，同时也解决了异体器官移植可能出现的排斥反应。2024 年 3 月，中国科学家在异种肝脏移植临床研究方面取得重大突破：成功将一只多基因编辑猪的全肝以辅助的方式移植到一位脑死亡患者体内。国内外未见同类报道，属世界首例。同期，美国哈佛大学麻省总医院医疗团队宣布，他们成功完成人类历史上首例基因编辑猪肾的人类活体移植。此外，在大量培育更好的食品等方面动物克隆也展现出了诱人的前景。

（二）转基因动物的应用

转基因动物可用于疾病研究、药物开发、生物学研究等。其中在药物研发方面，转基因动物能够用于药物研发的评估和测试，它们能够帮助科学家评估新药物的功能、安全性和效果。

在肿瘤研究方面，可以通过将特定的肿瘤相关基因突变导入小鼠体内，使其模拟人类肿瘤的发生发展过程。这样的转基因小鼠模型也可被广泛用于评估新型抗癌药物的疗效和毒副作用。

在心血管研究方面，通过导入特定基因变异，可以生成心脏病、高血压等心血管疾病模型的转基因动物模型。这些转基因动物模型可以用于评估新药物的心血管保护作用、降低血压的能力等。

转基因动物模型也用于炎症和免疫病研究，通过与炎症和免疫反应相关的基因导入转基因动物体内，可以产生炎症或自身免疫病模型。这些模型可用于评估新药物的抗炎、免疫调节等效果，并提供了研究这些疾病发病机制的工具。

在神经系统疾病研究方面，神经系统疾病如阿尔茨海默病和帕金森病等通常很难模拟和研究。通过将相关基因突变导入小鼠体内，可以产生与这些疾病相关的特征和症状，从而更好地理解疾病的发生机制。这些转基因小鼠模型可用于测试新型神经保护药物的疗效，以及评估治疗措施对疾病进展的影响。

三、动物细胞与生物制药

20 世纪 60 年代，动物细胞大规模培养技术已用于生产大分子的生物制品。随着生物技术的发展，动物细胞培养主要用于生产激素、疫苗、单克隆抗体、酶、多肽等功能性蛋白质，以及皮肤、血管、心脏、大脑、肝、肾、肠等组织器官。它在医药工业和医学工程的发展中占重要地位。大规模动物细胞培养生产药物产品将是生物制药领域的一个很重要的方面，具有重大的经济效益和社会效益。根据细胞来源不同，可以分为基于天然动物细胞的生物制药、利用杂交瘤细胞制备单克隆抗体以及转基因动物细胞表达生物药物等。

（一）基于天然动物细胞制备生物药物

基于天然动物细胞制备的生物药物在疫苗生产、蛋白质药物生产和基因治疗等方面有广泛的应用。

动物细胞培养在生产疫苗方面是一种非常有效的技术。使用动物细胞培养技术生产疫苗具有以下优势：由于动物细胞培养生产技术所需的设备和技术都比传统的疫苗生产方法简单，因此疫苗的生产成本较低；由于动物细胞培养的速度快，因此疫苗的生产量也相应地提高；动物细胞培养生产疫苗，可以保证产品纯度高，副作用较低。

在蛋白质药物生产方面，可以用动物细胞制备天然干扰素。干扰素是一种细胞因子，是真核细胞对各种刺激反应后形成的一组复杂的蛋白质（主要是糖蛋白）。由于天然干扰素制备成本高，纯度不够，限制了其临床应用，目前已逐渐被基因重组技术生产的干扰素替代。

天然动物细胞制备的生物药物可以用于基因治疗，纠正某些由于单个基因的突变或缺陷引起的遗传性疾病。通过使用天然动物细胞制备的生物药物作为载体，可以修复或替代患者的缺陷基因。例如，腺相关病毒载体可以用来传递正常的基因到患者的细胞中，以治疗囊性纤维化、遗传性视网膜色素变性等疾病。

天然动物细胞生物药物可以用于基因治疗的免疫疗法。通过将特定的抗癌基因导入至患者的 T 细胞中，这些 T 细胞可以识别和杀伤癌细胞。例如，CAR-T 细胞疗法是一种新兴的免疫治疗方法，通过利用天然动物细胞制备的生物药物，将患者自身的 T 细胞进行基因工程改造。首先，从患者血液中收集 T 细胞，然后利用天然动物细胞制备的载体将嵌合抗原受体（chimeric antigen receptor，*CAR*）基因导入这些 T 细胞中。这样改造的 T 细胞可以识别和攻击肿瘤细胞，从而增强免疫系统对癌症的作用。

（二）杂交瘤细胞制备单克隆抗体

杂交瘤细胞制备的单克隆抗体在临床诊断、药物开发、肿瘤治疗和蛋白质纯化等方面都有广泛的应用。

单克隆抗体以其特异性强、纯度高、均一性好等优点，在临床上主要应用于病原微生物抗原和抗体的检测、肿瘤抗原的检测、免疫细胞及其亚群的检测、激素测定以及细胞因子的测定。

在肿瘤治疗中，单克隆抗体可以被用作药物递送系统，将抗癌药物或放射性同位素等有毒药物直接送达肿瘤组织中。这种方式可以减少对正常组织的伤害，并提高治疗的效果。例如，通过制备针对 HER2 的单克隆抗体，如曲妥珠单抗（trastuzumab/herceptin），可以将化疗药物或其他治疗剂直接递送到 HER2 阳性乳腺癌细胞上。这种药物递送系统提高了药物的选择性和特异性，减少了对正常组织的毒副作用。

另外，在蛋白纯化方面，可以利用单克隆抗体特异性强、亲和力高等特点，用于蛋白提纯等工艺。

（三）转基因动物细胞表达生物药物

转基因动物细胞表达的生物药物在蛋白质药物生产、疫苗开发、基因治疗、建立转基因动物模型等方面有广泛的应用。

一般而言，转基因动物体内含有编码目的产物的转基因，该基因被整合在动物的基因组中，且能够遗传给后代。目前，用于生产治疗性重组蛋白的转基因动物系统主要包括转基因哺乳动物和家禽，从而通过相应的奶和蛋生产目的重组蛋白。在转基因动物体内可以进行复杂的翻译后修饰以满足治疗用药需求，尤其是能够以更低成本生产与人类蛋白质非常匹配的抗体和人类重组蛋白。近年来，靶向基因组编辑技术的发展为转基因动物生产系统的开发开辟了全新的前景，由于对基因表达和基因组功能调控的分子遗传机制认识更加深入，有望对具有特定和稳定目标性状的转基因动物进行标准化管理，将其广泛应用于大规模生产高质量且稳定一致的治疗性药物、活性添加剂等生物制品。

利用转基因动物细胞表达生物药物的技术，可以构建用于研究人类疾病的转基因动物模型。这些模型可以帮助科学家更好地理解疾病机制，评估治疗方案的有效性，并加速新药的开发过程。

四、干细胞工程与组织工程

干细胞是人体内一类具有自我更新复制及多向分化潜能的原始细胞分群体，在特定的条件下，干细胞能够分化成为人体各个组织所需的多种类型的细胞。干细胞以其易获取、低免疫原性、无伦理争议等优势，成功在细胞治疗时代突出重围，成为当下临床医学研究的重点方向之一。干细胞又分为胚胎干细胞、成体干细胞以及诱导多能干细胞。

组织工程指应用工程科学和生命科学的原理，开发用于恢复、维持及提高受损伤组织和器官功能的生物学替代物。组织工程的主要目的或内涵是对人体器官和组织进行修复。

（一）胚胎干细胞的应用

胚胎干细胞在医学研究和临床应用中有广泛的潜力，如在疾病模型、组织工程和再生医学、药物筛选和毒性测试、基因研究和基因编辑等方面的应用。

胚胎干细胞在基因编辑方面有很多应用实例，如基因突变修复。例如，通过引入 DNA 片段来修复基因中的点突变，可以恢复目标基因的正常功能。这种方法有助于研究基因突变与疾病之间的突变的关系，并为基因治疗提供潜在的解决方案。β 地中海贫血是一种遗传性血液疾病，由于 β 地中海贫血基因中的突变而导致。科学家利用 CRISPR/Cas9 系统在干细胞中引入 DNA 模板，该模板带有正常的 β 地中海贫血基因序列。通过这种方式，他们成功地将突变的 β 地中海贫血基因（*CD41/42*）修复为正常的基因，使细胞能够产生正常的血红蛋白。

胚胎干细胞在药物筛选和毒性测试中也有很多应用。一个典型的例子是使用胚胎干细胞来进行心脏药物筛选。使用干细胞可以模拟心脏的形成和功能，从而评估药物的效果和潜在的毒性。将心脏疾病模型中的胚胎干细胞暴露于候选药物或成分中。通过监测心脏细胞的功能，如收缩力和节律性，以及检查细胞的干细胞率和结构，研究人员可以评估药物对心脏疾病的治疗效果。此外，还可以通过特异性测量蛋白质标志物的表达水平来评估药物对心脏细胞的影响。这种胚胎干细胞模型可以帮助研究人员更好地认识药物对心脏细胞的作用机制，找到更有效的药物治疗方案，并避免潜在的心脏药物引起的毒性。另外，这种方法也有利于减少对动物的影响的实验需求，从而在药物筛选过程中避免伦理学问题和提高实验效率。

（二）成体干细胞的应用

成体干细胞是存在于成体组织中的多功能细胞，具有自我更新和分泌为不同细胞类型的能力。它们在医学研究和治疗上有广泛的应用潜力。如组织修复和再生、神经退行默认治疗、免疫系统治疗、组织工程、药物筛选和毒性测试等。

研究人员利用成体干细胞作为心肌细胞的来源，通过将这些细胞注入受损的心脏组织，以促进心肌再生。这种方法可以改善心脏功能，并为治疗心脏病提供新的策略。例如，心肌梗死是冠状动脉阻塞导致心肌急性缺血性坏死。在过去的研究中，科学家探索了利用成体干细胞治疗心肌梗死的可能性。

成体干细胞可以修复损伤神经细胞和神经支持细胞，因此被用于治疗神经系统疾病和损伤。例如，将成体干细胞移植到损伤部位，可以促进神经细胞再生和重新连接，从而改善患者的运动和感觉功能。

成体干细胞在药物筛选和毒性测试方面可以用作肝脏细胞模型，肝脏对药物的作用和毒性作用产生了重要的作用。利用成体干细胞可以生成人工肝脏细胞，这些细胞可以用于评估药物的作用和毒性作用。通过观察药物对肝脏细胞的影响，可以更好地了解其对人体的影响。

基于干细胞的类器官对药物发现很有吸引力，因为它们可以相对大规模地生产，用于捕捉疾病异质性并长期储存的一系列亚型，从而创建生物库。这提供了测试药物安全性和有效性的机会。目前已经开发了多种高通量方法，可以在 1 周内获得药物反应的结果。

除了体外应用外，类器官还被用于移植研究，以评估再生潜力。类器官的成功移植可以为再生医学应用中使用类器官作为组织工程移植物开辟新的途径。

（三）诱导多能干细胞的应用

诱导多能干细胞（iPSC）最初是日本科学家山中伸弥（Shinya Yamanaka）团队在 2006 年利用病毒载体将四个转录因子（Oct4、Sox2、Klf4 和 c-MYC）的组合转入到小鼠胚胎或皮肤纤维母细胞中，使其重编程而得到的类似胚胎干细胞的一种细胞类型。其应用十分广泛，在疾病模型研究、细胞治疗、药物筛选和组织工程等方面都有涉及。

诱导多能干细胞类似于胚胎干细胞，具有强大的分化再生能力，可以分化成人体各个器官和组织所需要的各种细胞类型。它是通过遗传编辑而来的一种干细胞，因此在来源方面不存在社会伦理问题。但是，诱导多能干细胞有致癌的可能，所以其临床应用安全性和可靠性评估体系仍需要完善。

（四）组织工程的应用

组织工程的主要应用领域有组织的再生和修复、开发人工器官和人体部件模型、肿瘤治疗、药物筛选和测试、疾病研究等。

在修复、维护人体各种组织或者各种器官层面上，目前，组织工程已经可以应用于复制肌肉、韧带、皮肤、软骨等组织，还可以开发人工肝脏、人工肾脏、人工血液。

组织工程在药物筛选和测试方面涉及广泛，如药物毒性测试：组织工程可以帮助评估潜在药物的毒性。通过构建人体组织和器官的模型，可以模拟真实的生理环境，并观察药物对组织的影响。这有助于提前检测出可能具有毒性的药物物体选择，并减少对动物实验的需求。其中常见的肝脏模型有二维肝细胞模型：最简单的肝脏模型是利用二维培养皿中培养的肝细胞，通常采用人肝细胞株或原代肝细胞。该模型可以用于评估药物对肝细胞的毒性，如细胞死亡、氧化和触发反应等。

另外，三维肝球体模型能够更好地模拟组织的结构和功能。该组织模型使用多种细胞类型，如细胞、内皮细胞和星形细胞等，来构建具有三维结构的小球体。该模型可以用于研究药物代谢、细胞毒性等反应。例如，3D 生物打印技术是一种将细胞和生物材料以特定的结构和层次进行打印的方法。通过生物打印技术，可以构建出更真实的肝脏组织模型，包括血管和胆管系统。模型可以用于评估药物在肝脏中的分布、激活和毒性，以及模拟肝脏疾病的反应。

多器官微流控系统是一种结合多个组织工程模型的技术，通过微流控设备将这些模型连接起来，并模拟人体不同器官之间的交互。系统中，肝脏模型可以与其他器官模型（如肺、心脏、肾等）集成，以评估药物在不同器官之间的相互影响和潜在毒性。

（王中原）

参考文献

白晓春, 邓凡, 2023. 医学细胞生物学. 2 版 . 北京 : 科学出版社.

卜友泉, 2020. 生物化学与分子生物学. 2 版. 北京: 科学出版社.

陈娟, 李凌, 2022. 医学生物化学与分子生物学. 4 版. 北京: 科学出版社.

陈坤明, 曾文先, 赵立群 , 等 ,2022. 细胞生物学. 北京 : 科学出版社.

陈晔光, 张传茂, 陈佺, 2011. 分子细胞生物学. 2 版. 北京: 清华大学出版社.

陈誉华, 陈志南, 2018. 医学细胞生物学. 6 版. 北京: 人民卫生出版社.

储琳, 钱旻, 严缘昌, 2006. 细胞周期蛋白依赖性激酶活化激酶 (CAK) 的研究进展. 生命科学, 18(2): 127-132.

冯作化, 药立波, 2015. 生物化学与分子生物学. 3 版. 北京: 人民卫生出版社.

付航玮, 钟浩, 陈平, 2017. 泛素连接酶 APC/C 参与的泛素化与细胞周期调节. 中国生物化学与分子生物学报, 33(7): 667-673.

高燕, 林莉萍, 丁健, 2005. 细胞周期调控的研究进展. 生命科学, 17(4): 318-322.

韩烨, 高国全, 2020. 医学分子生物学实验学技术. 4 版. 北京: 人民卫生出版社.

胡火珍, 税青林, 2019 . 医学细胞生物学. 8 版. 北京 : 科学出版社.

刘卫霞, 彭小忠, 袁建刚, 等, 2002.SCF(Skp1-Cul1-F-box 蛋白）复合物及其在细胞周期中的作用 . 中国生物工程杂志, 22(3): 1-3.

毛亚文, 陈江华, 2018.DNA 测序技术的发展进程. 亚热带植物科学, 47(1): 94-100.

桑建利, 2016. 细胞生物学.3 版. 北京: 科学出版社.

盛晓菁, 齐晓雪, 徐蕾, 等, 2020. 基因克隆及组装技术的研究进展. 中国生物工程杂志, 40(1): 133-139.

孙慧, 金宏福, 郭沈睿, 等, 2023. 整合应激反应在阿尔茨海默病发病中作用的研究进展. 上海交通大学学报（医学版), 43(6): 755-760.

王建, 2017. 蛋白质相互作用数据库. 中国生物化学与分子生物学报, 33(8): 760-767.

王应雄, 2016. 分子与细胞. 北京: 人民卫生出版社.

杨娜, 侯巧明, 南洁, 等, 2008. 泛素连接酶的结构与功能研究进展 . 生物化学与生物物理进展, 35(1): 14-20.

杨荣武, 2017. 分子生物学. 2 版. 南京: 南京大学出版社 .

张晓伟, 史岸冰, 2020. 医学分子生物学. 3 版. 北京: 人民卫生出版社.

左伋, 刘艳平, 等, 2015. 细胞生物学.3 版. 北京 : 人民卫生出版社.

C. 卡尔伯格, F. 美恩, 2015. 基因调控机制. 秦玉琪, 钟耀华 , 译. 北京: 科学出版社.

J.D. 沃森, T.A. 贝克, S.P. 贝尔, 等, 2015. 基因的分子生物学. 7 版 . 杨焕明 , 译. 北京: 科学出版社.

Ahn J H, Davis E S, Daugird T A, et al., 2021. Phase separation drives aberrant chromatin looping and cancer development. Nature, 595: 591-595.

Alberti S, Gladfelter A, Mittag T, 2019. Considerations and challenges in studying liquid-liquid phase separation and biomolecular condensates. Cell, 176: 419-434.

Banani S F, Lee H O, Hyman A A, et al., 2017. Biomolecular condensates: organizers of cellular biochemistry. Nature Reviews Molecular Cell Biology, 18(5): 285-298.

Beutel O, Maraspini R, Pombo-García K, et al., 2019. Phase separation of zonula occludens proteins drives formation of tight junctions. Cell, 179(4): 923-936.

Brangwynne C P, Eckmann C R, Courson D S, et al., 2009. Germline P granules are liquid droplets that localize by controlled dissolution/condensation. Science, 324(5935): 1729-1732.

Bury M, Le Calvé B, Ferbeyre G, et al., 2021. New insights into CDK regulators: novel opportunities for cancer therapy. Trends in Cell Biology, 31(5): 331-344.

Cappell S D, Mark K G, Garbett D, et al., 2018. EMI1 switches from being a substrate to an inhibitor of APC/C^{CDH1} to start the cell cycle. Nature, 558(7709): 313-317.

Carlton J G, Jones H, Eggert U S, 2020. Membrane and organelle dynamics during cell division. Nature Reviews Molecular Cell Biology, 21(3): 151-166.

Chau, B A,CHen V Cochrane A W,et al., 2023. Liquid-liquid phase separation of nucleocapsid proteins during SARS-CoV-2 and HIV-1 replication. Cell Rep, 42(1): 111968.

Chen F X, Smith E R, Shilatifard A, 2018. Born to Run: control of transcription elongation by RNA polymerase II. Nature Reviews Molecular Cell Biology, 19: 464-478.

Chuong E B, Elde N C, Feschotte C, 2017. Regulatory activities of transposable elements: from conflicts to benefits. Nature Reviews Genetics, 18(2): 71-86.

Consortium U, 2023. UniProt: the universal protein knowledgebase in 2023. Nucleic Acids Research, 51(D1): 523-531.

Cramer P, 2019. Eukaryotic transcription turns 50. Cell, 179(4): 808-812.

Cramer P, 2019. Organization and regulation of gene transcription. Nature, 573(7772): 45-54.

Du M J, Chen Z J, 2018. DNA-induced liquid phase condensation of cGAS activates innate immune signaling. Science, 361(6403): 704-709.

Dunce J M, Dunne O M, Ratcliff M, et al., 2018. Structural basis of meiotic chromosome synapsis through SYCP1 self-assembly. Nature Structural & Molecular Biology, 25(7): 557-569.

Feric M, Vaidya N, Harmon T S, et al., 2016. Coexisting liquid phases underlie nucleolar subcompartments. Cell, 165(7): 1686-1697.

Franzmann T M, Jahnel M, Pozniakovsky A, et al., 2018. Phase separation of a yeast prion protein promotes cellular fitness. Science, 359(6371): eaao5654.

Galvanin A, Vogt L M, Grober A, et al., 2020. Bacterial tRNA 2′-O-methylation is dynamically regulated under stress conditions and modulates innate immune response. Nucleic Acids Research, 48(22): 12833-12844.

Gibson B A, Doolitle L K, Schneider M W G,et al., 2019. Organization of Chromatin by Intrinsic and Regulated Phase Separation. Cell, 179(2): 470-484.

Gudimchuk N B，Mcintosh R, 2021. Regulation of microtubule dynamics, mechanics and function through the growing tip. Nature Reviews: Molecular Cell Biology, 22(12)：777-795.

Johnson D, Crawford M, Cooper T, et al., 2021. Concerted cutting by Spo11 illuminates meiotic DNA break mechanics. Nature, 594(7864): 572-576.

Kampen K R, Sulima S O, Vereecke S, et al., 2020. Hallmarks of ribosomopathies. Nucleic Acids Res, 48(3): 1013-1028.

Kastenhuber E R, Lowe S W, 2017. Putting p53 in context. Cell, 170(6):1062-1078.

Kelly K A, 2021. Plectin in cancer：from biomarker to therapeutic target. Cells, 10(9): 2246.

Kent L N, Leone G, 2019. The broken cycle: E2F dysfunction in cancer. Nature Reviews Cancer, 19(6): 326-338.

Lafontaine D L J, Riback J A, Bascetin R, et al., 2021. The nucleolus as a multiphase liquid condensate. Nat Rev Mol Cell Biol, 22(3): 165-182.

Li W, Hu J, Shi B, et al., 2020. Biophysical properties of AKAP95 protein condensates regulate splicing and tumorigenesis. Nat Cell Biol, 22(8): 960-972.

Liu Q X, Li J X, Zhang W J, et al., 2021. Glycogen accumulation and phase separation drives liver tumor initiation. Cell, 184(22): 5559-5576.

Loyfer N, Magenheim J, Peretz A, et al., 2023. A DNA methylation atlas of normal human cell types. Nature, 613(7943): 355-364.

Lu H D, Wang X L, Li M, et al., 2022. Mitochondrial unfolded protein response and integrated stress response as promising therapeutic targets for mitochondrial diseases. Cells, 12(1): 20.

Lyko F, 2018. The DNA methyltransferase family: a versatile toolkit for epigenetic regulation. Nature Reviews Genetics, 19(2): 81-92.

Martinez A M, Afshar M, Martin F, et al., 1997. Dual phosphorylation of the T-loop in cdk7: its role in controlling cyclin H binding and CAK activity. The EMBO Journal, 16(2): 343-354.

Matthews H K, Bertoli C, de Bruin R A M, 2022. Cell cycle control in cancer. Nature Reviews Molecular Cell Biology, 23(1): 74-88.

Navarro E, Serrano-Heras G, Castaño M J, et al., 2015. Real-time PCR detection chemistry. Clinica Chimica Acta, 439: 231-250.

Orellana E A, Siegal E, Gregory R I, 2022. tRNA dysregulation and disease. Nature Reviews Genetics, 23: 651-664.

Oudelaar A M, Higgs D R, 2021. The relationship between genome structure and function. Nature Reviews Genetics, 22(3): 154-168.

Oughtred R, Rust J, Chang C, et al., 2021. The BioGRID database: a comprehensive biomedical resource of curated protein, genetic, and chemical interactions. Protein Science: a Publication of the Protein Society, 30(1): 187-200.

Parry A, Rulands S, Reik W, 2021. Active turnover of DNA methylation during cell fate decisions. Nature Reviews Genetics, 22(1): 59-66.

Patel A, Lee H O,Jawerth L,et al., 2015. A liquid-to-solid phase transition of the ALS protein FUS accelerated by disease mutation. Cell, 162(5): 1066-1077.

Peissert S, Schlosser A, Kendel R, et al., 2020. Structural basis for CDK7 activation by MAT1 and Cyclin H. Proceedings of the National Academy of Sciences of the United States of America, 117(43): 26739-26748.

Prosser S L, Pelletier L, 2017. Mitotic spindle assembly in animal cells: a fine balancing act. Nature Reviews Molecular Cell Biology, 18(3): 187-201.

Qin Z, Sun H H,Yue M T, et al., 2021. Phase separation of EML4-ALK in firing downstream signaling and promoting lung tumorigenesis. Cell Discov, 7(1): 33.

Reyes A A, Marcum R D, He Y, 2021. Structure and function of chromatin remodelers. Journal of Molecular Biology, 433(14): 166929.

Riley J F, Dao T P,Castañeda C A, 2018. Cancer mutations in SPOP put a stop to its inter-compartmental hops. Mol Cell, 72(1): 1-3.

Rodríguez-Molina J B, West S, Passmore L A, 2023. Knowing when to stop: transcription termination on protein-coding genes by eukaryotic RNAPII. Molecular Cell, 83(3): 404-415.

Sanidas I, Morris R, Fella K A, et al., 2019. A code of mono-phosphorylation modulates the function of RB. Molecular Cell, 73(5): 985-1000.

Savastano A, de Opakua A I, Rankovic M, et al., 2020. Nucleocapsid protein of SARS-CoV-2 phase separates into RNA-rich polymerase-containing condensates.Nat Commun, 2020. 11(1):6041.

Sengupta S , Parent C A , Bear J E, 2021. The principles of directed cell migration.Nature Reviews Molecular Cell Biology, 22(8): 529-547.

Shan Z L,Tu Y T,Yang Y, et al., 2018. Basal condensation of Numb and Pon complex via phase transition during Drosophila neuroblast asymmetric division. Nat Commun, 9(1): 737.

Sheu-Gruttadauria J, MacRae I J, 2018. Phase transitions in the assembly and function of human miRISC. Cell, 173(4): 946-957.

Shi B, Li W, Song Y S, et al., 2021. UTX condensation underlies its tumour-suppressive activity. Nature, 597(7878): 726-731.

Shin Y, Chang Y C, Lee D S W, et al., 2018. Liquid nuclear condensates mechanically sense and restructure the genome. Cell, 175(6): 1481-1491.

Simoneschi D, Rona G, Zhou N, et al., 2021. $CRL4^{AMBRA1}$ is a master regulator of D-type cyclins. Nature, 592(7856): 789-793.

Suski J M, Braun M, Strmiska V, et al., 2021. Targeting cell-cycle machinery in cancer. Cancer Cell, 39(6): 759-778.

Szklarczyk D, Kirsch R, Koutrouli M, et al., 2023. The STRING database in 2023: protein–protein association networks and functional enrichment analyses for any sequenced genome of interest. Nucleic Acids Research, 51(D1): 638-646.

Tahmasebi S, Khoutorsky A, Mathews M B, et al., 2018. Translation deregulation in human disease. Nature Reviews Molecular Cell Biology, 19(12): 791-807.

Tucci V, Isles A R, Kelsey G, et al., 2019. Genomic imprinting and physiological processes in mammals. Cell, 176(5): 952-965.

Uhlmann F, 2016. SMC complexes: from DNA to chromosomes. Nature Reviews Molecular Cell Biology, 17(7): 399-412.

Vervoort S J, Devlin J R, Kwiatkowski N, et al., 2022. Targeting transcription cycles in cancer. Nature Reviews Cancer, 22: 5-24.

Voelkerding K V, Dames S A, Durtschi J D, 2009. Next-generation sequencing: from basic research to diagnostics. Clinical Chemistry, 55(4): 641-658.

Wang L, Gao Y F, Zheng X D, et al., 2019. Histone modifications regulate chromatin compartmentalization by contributing to a phase separation mechanism. Mol Cell, 76(4): 646-659.

Wang L, Hu M L, Zuo M Q, et al., 2020. Rett syndrome-causing mutations compromise MeCP2-mediated liquid-liquid phase separation of chromatin. Cell Research, 30(5): 393-407.

Wang Z X, 2021. Regulation of cell cycle progression by growth factor-induced cell signaling. Cells, 10(12): 3327.

Watson J D, Baker T A, Bell S P, et al., 2014. Molecular biology of the gene. 7th ed. New York: Cold Spring Harbor Laboratory Press.

Weinberg R A, 1995. The retinoblastoma protein and cell cycle control. Cell, 81(3): 323-330.

Wu Q, Schapira M, Arrowsmith C H, et al., 2021. Protein arginine methylation: from enigmatic functions to therapeutic targeting. Nature Reviews Drug Discovery, 20(7): 509-530.

Xie J Y, Gan L, Xue B J, et al., 2023. Emerging roles of interactions between ncRNAs and other epigenetic modifications in breast cancer.

Frontiers in Oncology, 13: 1264090.

Zaib S, Rana N, Khan I, 2022. Histone modifications and their role in epigenetics of cancer. Current Medicinal Chemistry, 29(14): 2399-2411.

Zhang J Z, Lu T W, Stolerman L M, et al., 2020. Phase separation of a PKA regulatory subunit controls cAMP compartmentation and oncogenic signaling. Cell, 182(6): 1531-1544.

Zhang Y, Sun Z, Jia J, et al., 2021. Overview of histone modification. Adv Exp Med Biol, 1283: 1-16.

Zhu G, Xie J, Kong W, et al., 2020. Phase separation of disease-associated SHP2 mutants underlies MAPK hyperactivation. Cell, 183(2): 490-502.

Zuo L, Zhang G, Massett M, et al., 2021. Loci-specific phase separation of FET fusion oncoproteins promotes gene transcription. Nat Commun, 12(1): 1491.